THEORIE UND BERECHNUNG DER EISERNEN BRÜCKEN

VON

DR.-ING. FRIEDRICH BLEICH

MIT 486 TEXTABBILDUNGEN

BERLIN
VERLAG VON JULIUS SPRINGER
1924

ISBN-13:978-3-642-98799-1 e-ISBN-13:978-3-642-99614-6
DOI: 10.1007/978-3-642-99614-6

Reprint of the original edition 1924

Vorwort.

Als ich vor einigen Jahren den Plan zu einem Buche über die Berechnung eiserner Brücken entwarf, war mir von vornherein klar, daß bei der Abfassung desselben zwei im Wesen grundverschiedene, aber dennoch eng miteinander verknüpfte Aufgaben zu lösen waren. Eine Erörterung der derzeit in Geltung stehenden Methoden der Berechnung eiserner Brücken mußte, wenn das Buch nicht sein wissenschaftliches Gepräge verlieren sollte, von einer eingehenden Kritik der theoretischen und erfahrungsgemäßen Grundlagen, auf denen diese Verfahren aufgebaut sind, ausgehen. Dem praktischen Berechnungsverfahren wurde so die Theorie der eisernen Brücken gegenübergestellt. Natürlich ging das Streben dahin, Theorie und Berechnung jeweilig als ein einheitliches Ganzes, letztere als das sich selbst darbietende Ergebnis der vorangehenden Theorie, darzustellen, doch war bei der Mannigfaltigkeit der hier zur Darlegung gelangenden Probleme zum Teil auch eine andere Anordnung des vorgetragenen Stoffes notwendig. Das vorliegende Buch, das die Kenntnis der baulichen Gestaltung der eisernen Brücken voraussetzt, wird so, wie ich hoffe, seinen doppelten Zweck erfüllen können, einerseits ein vertieftes Studium der Berechnungsmethoden der eisernen Brücken zu ermöglichen, anderseits dem schaffenden Ingenieur als Hilfsmittel beim Entwerfen, als Handbuch, zu dienen.

Die eigentliche Grundlage einer Theorie der eisernen Brücken bilden die Ergebnisse der vergleichenden Untersuchungen an ausgeführten Brücken und die Ergebnisse der Laboratoriumsversuche. Wie sehr es aber der Theorie an Erfahrungsgrundlagen mangelt, war mir erst während der Niederschrift meiner Arbeit so richtig zum Bewußtsein gekommen. Hier dürfte wohl vieles in den nächsten Jahren besser werden, da in weiten Kreisen des Eisenbaues die Notwendigkeit der versuchsmäßigen Erforschung einer ganzen Reihe ungeklärter Probleme endlich erkannt wurde. Die seit etwa 15 Jahren im Gange befindlichen Versuche des Deutschen Eisenbauverbandes lassen manche Klärung erhoffen. Viel Erfolg versprechen die sehr geschickt angelegten Versuche der Technischen Kommission des Vereines Schweizerischer Brückenbauanstalten. Auch in anderen Ländern, vor allem in den Vereinigten Staaten von Nordamerika, regt sich das Bedürfnis, die Versuchsforschung, mehr als dies bisher der Fall war, in den Dienst des Eisenbaues zu stellen.

Wenn in einzelnen Fällen das Ergebnis der Versuche nicht in Einklang mit der aufgewendeten Mühe stand, so lag der Grund hierfür vielfach in dem Umstande, daß man allzu voraussetzungslos an die Ausführung der Versuche heranging. Ohne Arbeitshypothese, also ohne sorgfältig durchdachte Theorie ist fast jeder Versuch ein Unding. Der Versuch kann nur die Theorie erhärten, Fingerzeige für ihren weiteren Ausbau, oder für eine grundlegende Änderung derselben geben. Die Fragestellung muß eine durchaus einfache und klare sein, auf ein Dutzend Fragen zu gleicher Zeit wird kaum eine befriedigende Antwort erfolgen. Nur wenn Theorie und Versuchsforschung Hand in Hand gehen, ist ein Erfolg zu erwarten.

Ich fühle mich zu diesen Bemerkungen veranlaßt, weil in Kreisen der praktisch tätigen Ingenieure vielfach die Meinung besteht, daß es bloß entsprechender Mittel bedarf, um viele Fragen durch großzügig angelegte Versuchsreihen der Lösung näher zu bringen. Die Arbeiten der hervorragendsten und erfolgreichsten Forscher haben aber bisher immer bewiesen, daß nur eine innige Verbindung von Theorie und Versuch den Erkenntnisfortschritt ermöglicht.

Ich habe das Buch in acht Abschnitte gegliedert. In den ersten vier Abschnitten werden, von den einleitenden Teilen des ersten abgesehen, die für den Eisenbrückenbau wichtigsten Probleme der technischen Festigkeitslehre und der Elastizitätstheorie erörtert Den eigentlichen Brückenbau behandelt die zweite Hälfte des Buches.

Der erste Abschnitt beschäftigt sich mit den angreifenden Kräften. Ein größerer Absatz wurde der mathematischen Behandlung der dynamischen Wirkungen bewegter Lasten gewidmet. Mir erschien es wichtig, gerade auf diesem schwierigen Gebiet ausführlicher zu sein, da dieses Problem mit der Frage des Sicherheitsgrades in engem Zusammenhange steht. Ich hoffe, daß die von mir gegebene Darstellung auch dem in Aufgaben der Dynamik weniger geschulten Leser gut verständlich sein wird.

Der folgende Abschnitt erörtert die mit den Festigkeitseigenschaften des Baustoffes im Zusammenhang stehenden Grundlagen für die in Übung stehenden Bemessungsverfahren. § 7 über Sicherheitsgrad und zulässige Beanspruchung wurde bereits im Jahre 1918 niedergeschrieben. Ich war daher angenehm überrascht, als mir im Frühjahr 1922 die neuen Reichsbahnvorschriften zu Gesichte kamen und meine Ausführungen, die damals schon im Druck waren, nur einiger ergänzender Hinweise auf die neuen Vorschriften bedurften.

Einen sehr großen Raum nehmen in diesem Buche die Darlegungen über die Knicksicherheit der gedrückten Glieder eiserner Brücken ein, die den dritten Abschnitt füllen. Der eigentlichen Behandlung der Theorie des labilen Gleichgewichtes wurde die Erläuterung der wichtigsten Knickformeln vorausgeschickt, um den Leser schrittweise in dieses schwierige Gebiet einzuführen, und um die gebräuchlichsten Berechnungsverfahren gedrückter Stäbe übersichtlich zusammenfassen zu können. Erst der folgende § 9 bringt die Theorie der Knickfestigkeit der geraden Stäbe. Bei der Abfassung desselben war ich bemüht, den Kern des Knickproblems, das trotz der zahlreichen und guten Veröffentlichungen der letzten Jahre von vielen Ingenieuren noch immer nicht richtig erfaßt wird, tunlichst klar herauszuschälen. Zur Ermittlung der Knickfestigkeit von Stäben mit veränderlichem Querschnitt und von gegliederten Stäben, wurde das Verfahren von Ritz benutzt, um so eine weitere sehr fruchtbare Methode bei der Behandlung von Knickaufgaben vorführen zu können. In eingehender Weise habe ich in § 11 die in § 8 für den Gebrauch übersichtlich zusammengestellten Regeln über die Knicklänge theoretisch zu begründen versucht. Ausführlich wurde auch die Knicksicherheit elastisch gestützter Gurte und die Knicksicherheit von Bogenträgern behandelt. Den Schluß dieses Abschnittes bildet ein Absatz über das Ausbeulen der Wände gedrückter Stäbe und ich hoffe, daß es mir gelungen ist, nicht nur eine leicht faßliche Darstellung dieses Problems für den elastischen und unelastischen Bereich der Knickung zu geben, sondern auch dem ausübenden Statiker einfache Formeln für den Gebrauch beim Entwurf eiserner Brücken zur Verfügung zu stellen.

Die Untersuchungen des dritten Abschnittes sind im wesentlichen auf den Tetmajerformeln als der hier in Betracht kommenden Erfahrungsgrundlage aufgebaut, ohne daß deren Allgemeinheit hierdurch beeinträchtigt erscheint. Es ist selbstverständlich, daß die in diesem Abschnitt entwickelten besonderen Berechnungsverfahren ihre Geltung behalten, wenn irgendein anderes, erfahrungsmäßig gewonnenes Knickgesetz zugrunde gelegt wird. Es ändern sich dann nur jene Zahlenwerte in den Formeln oder Tafeln dieses Abschnittes, die eben das zugrunde gelegte Knickgesetz zum Ausdruck bringen.

Der vierte Abschnitt behandelt in knappster Fassung zunächst die wichtigsten Sätze über Zug und Druck, Biegung und Verdrehung. Es schien mir notwendig, hier eine Reihe von Aufgaben zu behandeln, die einen tieferen Einblick in das Spannungspiel in

Stabanschlüssen, Augenstäben, in der Umgebung der Nietlöcher usw. gewähren. Derartige Einsichten sind dem schaffenden Ingenieur, wie ich aus eigener Erfahrung weiß, von großem Vorteil bei der baulichen Gestaltung der Einzelheiten eiserner Brücken. Ein größeres Kapitel wurde dem Torsionsproblem, das durch die Arbeiten von Föppl, Weber u. a. in der letzten Zeit bedeutende Klärung erfahren hat, gewidmet, um den Leser instand zu setzen, sich auch über den Einfluß von Verdrehungsmomenten auf die Bauteile eiserner Brücken ein Urteil zu bilden.

Der fünfte Abschnitt umfaßt die Berechnung der Fahrbahntafel der eisernen Brücken. Der Berechnung der Fahrbahn ist eine kurze Theorie der Lastverteilung vorangestellt, um auf Grund einiger, leider nur theoretisch gehaltener Betrachtungen, allgemeine Regeln für die Wirkung von Einzellasten aufstellen zu können. Auf diesem Gebiete stehen dem Brückenbauer fast gar keine Versuchsergebnisse zur Verfügung. Ausführlich wurde auch auf die Berechnung der Eisenbetonfahrbahnplatten eingegangen, da diese Art der Rostabdeckung bei neueren Straßenbrücken immer mehr und mehr Bedeutung gewinnt. Die zweite Hälfte dieses Abschnittes behandelt den Fahrbahnrost, d. h. die Längs- und Querträger.

Bei der Auswahl des Stoffes für den sechsten Abschnitt, der sich mit der Berechnung der Hauptträger beschäftigt, ging ich von dem Grundsatz aus, die allgemeinen Berechnungsverfahren nur so weit zu berühren, als dies unbedingt erforderlich war, das Hauptaugenmerk aber auf die Vorführung von Näherungsformeln für den Vorentwurf und für die Vorberechnung statisch unbestimmter Systeme zu richten, da ich aus Erfahrung weiß, wie erwünscht derartige Hilfsmittel bei der Inangriffnahme eines Brückenentwurfes sind. Das Vorhandensein von zahlreichen guten Werken über Baustatik, vornehmlich des grundlegenden Werkes von Müller-Breslau, ließen es unnötig erscheinen, auf die eigentlichen baustatischen Theorien näher einzugehen, deren Kenntnis vielmehr vorausgesetzt wird. § 20 über fachwerkartige Hauptträger wurde durch einen kurzen Absatz über die bauliche Gestaltung der Fachwerke eingeleitet. Die Theorie der Einzelheiten im Fachwerk ist noch in den ersten Anfängen, Elastizitätstheorie und Versuchsforschung haben hier noch manche Aufgabe zu lösen. Ausführlich wurden auch die Fachwerknebenspannungen behandelt und auch hier Gewicht darauf gelegt, durch einfache Überlegungen Regeln für die Abschätzung der Nebenspannungen, denen aber nach meiner Meinung kaum jene Bedeutung zukommt, die ihnen von mancher Seite beigelegt wird, zu entwickeln. Meinen Standpunkt in der Frage der Nebenspannungen habe ich in einem eigenen kurzen Absatz dargelegt.

Die Berechnung der Wind- und Querverbände sowie der Lager und Gelenke wurde in den beiden letzten Abschnitten erörtert.

Was die Art der Vorführung des gebotenen Stoffes anbelangt, so wäre hierzu folgendes zu sagen: Ich war überall, wo es anging, bestrebt, die aus allgemeinen oder theoretischen Überlegungen folgenden Ergebnisse in eine kurzgefaßte Schlußfolgerung umzuprägen. Bei der Aufstellung mathematischer Formeln für den Gebrauch habe ich auf tunlichste Einfachheit derselben gesehen, wobei häufig das Verfahren benutzt wurde, schwierigere Gesetzmäßigkeiten nach ziffernmäßiger Auswertung durch eine einfache Näherungsformel zu ersetzen. Die für den Gebrauch wichtigen Gleichungen und Regeln oder Zahlenwerte wurden jeweilig an passender Stelle tafelmäßig zusammengestellt, damit sie von Fall zu Fall rasch aufgefunden werden können. Durch zahlreiche Beispiele wurde der Text belebt, die allgemeine Darstellung ergänzt und hierdurch, wie ich hoffe, das Verständnis derselben erleichtert. In einigen Fällen, wie z. B. im Abschnitt über die Berechnung der Quer- und Längsträger haben die Beispiele den Zweck, langatmige allgemeine Erörterungen zu ersetzen und inbesondere dem Anfänger ein Berechnungsmuster vorzuführen.

Die zahlreichen Literaturnachweise, die allerdings nicht den Anspruch auf Vollständigkeit machen, werden vielen Lesern erwünscht sein.

In dem vorliegenden Buche wurde versucht, eine zusammenfassende Darstellung des derzeitigen Standes der Theorie der eisernen Brücken und der in Anwendung stehenden Berechnungsverfahren zu geben. Ich hoffe damit eine vielen Fachgenossen willkommene Ergänzung der vorhandenen Lehr- und Handbücher, die in erster Linie die bauliche Gestaltung der eisernen Brücken behandeln, geschaffen zu haben.

Herr Ing. Franz Anderle, Wien, war mir bei der Ausarbeitung einzelner Beispiele und bei der Durchführung der Korrektur in liebenswürdiger Weise behilflich, wofür ich ihm an dieser Stelle meinen Dank sage.

Die Fertigstellung des Buches, das nach dem ursprünglichen Plane im Jahre 1922 erscheinen sollte, hat sich angestrengter beruflicher Tätigkeit wegen stark verzögert. Ich danke der Verlagsbuchhandlung für die freundlichen Bemühungen um rascheste Drucklegung des Buches und für die fürsorgliche Ausstattung, die sie ihm hat angedeihen lassen.

Wien, im Januar 1924.

Dr.-Ing. Friedrich Bleich.

Inhaltsverzeichnis.

Einleitung.

Erster Abschnitt.

Die angreifenden Kräfte.

§ 1. Die bleibenden Lasten eiserner Brücken.

§ 2. Die Verkehrslasten.

§ 3. Schnee- und Winddruck.

§ 4. Sonstige angreifende Kräfte.

§ 5. Dynamische Wirkungen der Verkehrslasten.

Zweiter Abschnitt.

Grundlagen für die Bemessung eiserner Brücken.

§ 6. Festigkeitseigenschaften.

§ 7. Sicherheitsgrad und zulässige Beanspruchung.

Dritter Abschnitt.

Die Knicksicherheit der gedrückten Glieder eiserner Brücken.

§ 8. Knickformeln für gerade Stäbe.

§ 9. Theorie der Knickfestigkeit gerader Stäbe.

§ 10. Knickfestigkeit von Stäben mit veränderlichem Querschnitt und von gegliederten Stäben.

§ 11. Knickfestigkeit ebener Stabnetze.

§ 12. Knicksicherheit der Druckgurte offener Brücken.

§ 12a. Knicksicherheit von Bogenträgern.

§ 13. Ausbeulen der Wände gedrückter Stäbe.

Vierter Abschnitt.

Die örtlichen Anstrengungen in den Bauteilen eiserner Brücken.

§ 14. Zug, Druck, Biegung und Verdrehung.

§ 15. Die Niet- und Schraubenverbindungen.

Fünfter Abschnitt.

Die Berechnung der Fahrbahntafel eiserner Brücken.

§ 16. Die Fahrbahn.

§ 17. Der Fahrbahnrost.

Sechster Abschnitt.

Die Hauptträger der eisernen Brücken.

§ 18. Allgemeine Erörterungen.

§ 19. Vollwandige Träger.

§ 20. Fachwerkartige Träger.

§ 21. Rahmenartige Hauptträger.

Siebenter Abschnitt.

Die Wind- und Querverbände der eisernen Brücken.

§ 22. Die Windverbände.

§ 23. Die Querverbände.

Achter Abschnitt.

Lager und Gelenke eiserner Brücken.

§ 24.

Anhang.

Berichtigungen.

S. 105, fünfzehnte Zeile v. o. statt: $\frac{S_1}{S_2}\cdots$ lies: $\frac{S_2}{S_1}$.

„ 139, sechste „ v. u. statt: $f_0 \cdots$ lies: f_3.

„ 161, dreizehnte „ v. o. statt: Tafel 19 ··· lies: Tafel 20.

„ 186, vierzehnte und fünfzehnte Zeile v. o. τ_1 und τ_2 sind miteinander zu vertauschen.

„ 186, sechzehnte Zeile v. o. τ_1 entfällt im Nenner.

„ 215, statt: Abb. 17 ··· lies: Abb. 167.

„ 227, in Gl. (24') statt: 7772 ··· lies: 1943.

„ 444, in Abb. 364a statt: $\frac{4f}{l}\cdots$ lies: $\frac{l}{4f}$.

„ 446, „ „ 366c statt: $\mu = y \cdots$ lies: $\mu = \operatorname{tg}\varphi$.

„ $1\cdot\frac{1}{y}\cdots$ lies: $1\cdot\operatorname{tg}\varphi$.

Einleitung.

Allgemeines über die statische Berechnung eiserner Brücken.

Ziel jeder statischen Berechnung eines Bauwerkes ist es, genügend genaue Anhaltspunkte für die zweckmäßige und sparsame Bemessung seiner Teile zu finden. Die Berechnung ist daher von Fall zu Fall so weit zu führen, bis dieses Ziel — selbstverständlich von praktischen Gesichtspunkten aus betrachtet — erreicht ist. Umfang und Genauigkeitsgrad der statischen Berechnung haben sich diesem Zwecke anzupassen. Die für den Bauentwurf in Anwendung kommenden Berechnungsverfahren sollen einfach und durchsichtig sein, um Fehler und Mißverständnisse tunlichst auszuschließen und um den Zeitaufwand für ihre Durchführung auf ein Mindestmaß einzuschränken. Anderseits aber soll die Berechnung ein möglichst genaues Bild des tatsächlichen Kräftespiels und der Verformungsvorgänge im Bauwerk liefern. Daß sich Einfachheit und Genauigkeit vielfach gegenseitig ausschließen, ist leider Tatsache; hier den richtigen Mittelweg zu finden, ist die Kunst des ausübenden Ingenieurs. Man verwechsle nicht die Theorie eines Eisenbauwerkes mit den den Bedürfnissen der Praxis angepaßten Berechnungsmethoden. Das im Einzelfalle der statischen Untersuchung zugrunde gelegte System ist nur ein durch Abstraktion gewonnenes Schema der Wirklichkeit. Sache der Theorie einerseits, zu der wir auch die Versuchsforschung rechnen, ist es, dieses Schema festzulegen, kritisch zu beleuchten und seine mehr oder weniger große Annäherung an die Wirklichkeit festzustellen; Aufgabe des ausübenden Statikers anderseits, das geeignetste Schema für den Einzelfall auszusuchen, sich aber stets die theoretische Kritik vor Augen zu halten, um den Geltungsbereich der benützten Verfahren und Formeln in jedem Anwendungsfalle zu übersehen. Diese stete Beschäftigung mit der Theorie wird dem Brückenbauingenieur immer neue Erkenntnisse zuführen und es verhindern, daß ihm Methoden und Formeln zu leeren inhaltslosen Schemen herabsinken. Erfolg und Fortschritt sind gebunden an das innige Zusammenwirken von Theorie und Praxis.

Die Abmessungen eines Eisenbauwerkes sind in der Regel durch die Bedingung bestimmt, daß an den am stärksten angestrengten Stellen gewisse Grenzwerte der Materialbeanspruchung — unter gleichzeitiger Beachtung des Umstandes, daß die Formänderungen in einem gewissen Einklang mit dem Zweck des Bauwerkes stehen müssen — nicht überschritten werden. Man muß sich hierbei vor der irrtümlichen Meinung hüten, daß die errechneten Beanspruchungswerte mit den tatsächlichen Materialanstrengungen genau übereinstimmen. Diese rechnungsmäßigen Beanspruchungen stellen bei praktischen statischen Berechnungen — und nur solche haben wir hier im Auge — in der Regel bloß einen mehr oder weniger guten Annäherungswert vor, da wir ja der Rechnung ein gegenüber der Wirklichkeit meist stark vereinfachtes Schema unterwerfen; doch muß dieser Annäherungswert die Forderung erfüllen, daß er sich dem tatsächlichen Beanspruchungswerte von oben her nähere, d. h. daß die errechnete Beanspruchung unter allen Umständen einen oberen Grenzwert für die wirklich auftretende Materialspannung bilde[1]).

Ist es bei praktischen Rechnungen nicht möglich, den wahren Wert der Anstrengung des Baustoffes an den in Frage kommenden Stellen der Brücke zu bestimmen, sondern gelingt es nur, einen oberen Grenzwert zu ermitteln, der aller Voraussicht nach von der tatsächlichen Beanspruchung nicht überschritten wird, so läge es doch nahe, dem oberen Grenzwert einen unteren Grenzwert gegenüberzustellen, um die Wirtschaftlichkeit des benützten Berechnungsverfahrens zu prüfen. Je näher diese beiden Grenzwerte einander liegen, um so genauer ist die angewandte Berechnungsmethode und um so weniger läuft man Gefahr, Material zu verschwenden. Eine ideale statische Berechnung würde daher in jenen Fällen, wo die tatsächliche Materialanstrengung nicht nachweisbar ist, und dies ist meistens der Fall, für jede Beanspruchung zwei Werte zu liefern haben, einen oberen und einen unteren Grenzwert, zwischen denen die tatsächliche Beanspruchung liegt[2]). Die untere Grenze muß natürlich nicht in jedem Einzelfalle ausgewiesen werden, es genügt, wenn man sich bei Beurteilung der anzuwendenden Berechnungsmethode ein für allemal darüber klar geworden ist, wie groß die Abweichung der wirklichen Materialanstrengung von der berechneten, die die obere Grenze darstellt, ungünstigsten Falles werden kann. Diesen unteren Grenzwert festzustellen, ist sonach eine der Aufgaben einer Theorie der eisernen Brücken.

Die Grundlage jeder statischen Berechnung bildet die Feststellung der angreifenden Kräfte und sonstiger äußerer Einflüsse, die die Spannungen und Formänderungen im untersuchten Systeme bestimmen. Hier befindet sich allerdings der Brückenbauer in der angenehmen Lage — wenigstens in der Überzahl der Fälle — sich auf die Vorschriften staatlicher Behörden oder der Bahnverwaltungen stützen zu können. Wo dies nicht der Fall ist, — und es kommt häufig genug vor — ist bei der Feststellung der der Rechnung zugrunde zu legenden Belastung, insbesondere der Betriebslasten, große Vorsicht geboten. Die von den Auftraggebern übernommenen Unterlagen müssen genauest überprüft und der der statischen Berechnung als Grundlage dienende Betriebslastenzug so festgelegt werden, daß in menschlicher Voraussicht gelegenen Änderungen, die sich fast immer in der Richtung zu schwereren Lastenzügen bewegen, vorgegriffen wird. Mit der gleichen Vorsicht muß die Frage des Eigengewichtes der Brücken behandelt werden. Es ist unbedingt notwendig, nach Fertigstellung der Entwurfszeichnungen und nach Aufstellung der Gewichtsberechnung die statische Berechnung hinsichtlich der Ansätze der Eigengewichte zu überprüfen, um einerseits unliebsame Überraschungen zu vermeiden und um anderseits einer überflüssigen Eisenverschwendung Einhalt zu tun.

Ein besonderes Augenmerk — und dies kann nicht oft genug betont werden — ist bei der Querschnittsgestaltung gedrückter Elemente der eisernen Brücken, bei der Bemessung elastisch gestützter Gurtungen offener Brücken, der Bedachtnahme auf die ausreichende Knicksicherheit zuzuwenden, da die Erfahrung gelehrt hat, daß die Überzahl der Brückeneinstürze und Unfälle ihre Ursache in der mangelhaften Knicksicherheit lebenswichtiger Teile der eingestürzten Brücke hatten[3]).

Große Aufmerksamkeit erfordert auch die Untersuchung und Berechnung der Ver-

[1]) Wir denken hier in erster Linie an die sogenannten Grundspannungen; Nebenspannungen, deren Beurteilung nach anderen Gesichtspunkten erfolgt, mögen hier außer acht bleiben.

[2]) Ein einfaches Beispiel: Bei einem elastisch eingespannten Balken, dessen Einspannungsverhältnisse rechnerisch schwer zu verfolgen sind, liefert die Berechnung als frei aufliegenden Balken die obere Grenze, die Berechnung als fest eingespannten Balken die untere Grenze für die tatsächlichen Beanspruchungen in der Mitte des Balkens.

[3]) Nach einer Aufstellung von G. L. Girard in seiner Abhandlung „La recherche de la légèrité dans les constructions métalliques", Revue universelle des mines 1911, haben von 19 Einstürzen fertiger Eisenbrücken im Zeitraum 1881 bis 1897, 15 Fälle ihre Ursache im Ausknicken von Brückenteilen. Bei den restlichen 4 Unfällen ist nach Angabe der Quelle die Einsturzursache unbekannt.

bindungsstellen der Elemente eiserner Brücken. Auch in diesem Punkte wurde und wird noch viel gesündigt. Stabanschlüsse, Stoßverbindungen, Quer- und Längsträgeranschlüsse sind solche schwache Punkte. Es handelt sich hier nicht immer nur um den üblichen statischen Nachweis der Beanspruchungen an den Verbindungsstellen, viel wichtiger erscheint die richtige Erfassung des Kräfteflusses an derartigen Orten und die Ausnützung der so gewonnenen Erkenntnisse für die richtige bauliche Durchbildung der Verbindungen.

Es ist nicht üblich, neben den Grundspannungen auch noch die Nebenspannungen, deren wesentliches Kennzeichen darin liegt, daß sie nach Überschreiten der Elastizitätsgrenze langsamer wachsen als die Grundspannungen, zu berechnen und bei der Bemessung zu berücksichtigen. Nichtsdestoweniger wird sich der einsichtige Statiker in besonderen Fällen Klarheit über die beiläufige Größe der Nebenspannungen verschaffen müssen, um Anhaltspunkte über Vorzüge oder Nachteile eines in Aussicht genommenen Trägersystems oder um Winke für die bauliche Durchbildung unter Bedachtnahme auf die Nebenspannungen zu gewinnen.

Die statische Berechnung hat von der angreifenden Kraft — kurz Last genannt — auszugehen. Die Wirkung jeder Last ist bis in die Bauwerkfundamente zu verfolgen. Die Berechnung der einzelnen Bauteile hat zweckmäßigerweise in jener Reihenfolge stattzuhaben, in der die einzelnen Teile, von der Last ausgehend, aufeinander liegen. Bei eisernen Brücken berechne man zunächst die Fahrbahntafel, dann die Längsträger, hierauf die Querträger, dann die Hauptträger und Verbände und schließlich die Auflager und die Widerlager und Pfeiler. Neben den Eigengewichtslasten und den Wirkungen der ruhenden oder bewegten Verkehrslasten ist noch die Wirkung der Luft-Wärmeschwankungen und der Sonnenbestrahlung, der Einfluß von Stützen- und Fundamentsenkungen zu berücksichtigen. Schließlich sind noch die Verschiebungen charakteristischer Punkte der Brücke unter der Wirkung der Nutzlasten festzustellen, um Vergleichswerte für die Belastungsproben zu gewinnen und um Grundlagen für die Beurteilung der Steifigkeit des Brückentragwerks zu erlangen.

Dies sind in groben Zügen die wesentlichsten Gesichtspunkte, die bei der Aufstellung einer statischen Berechnung für eine eiserne Brücke, gleichgültig, ob es sich hierbei um einen Neuentwurf oder um die Überprüfung eines bestehenden Bauwerks handelt, in Frage kommen. In den verschiedenen Abschnitten dieses Buches werden wir Gelegenheit haben, die hier nur sehr kurz gestreiften Fragen näher zu behandeln und die Anwendung der erörterten Grundsätze im Einzelfalle kennen zu lernen.

Erster Abschnitt.

Die angreifenden Kräfte.

§ 1. Die bleibenden Lasten eiserner Brücken.

1. Eigengewichte der Eisenbahnbrücken.

Das Eigengewicht einer eisernen Brücke setzt sich im wesentlichen zusammen aus dem Gewichte der Fahrbahn und aus dem Eisengewicht des Brückentragwerks. Bei Eisenbahnbrücken besteht die Fahrbahn aus Schienen, Schwellen und Brückenbelag oder bei Brücken mit durchgehendem Kiesbett aus Schienen, Schwellen, Kiesbett und der Rostabdeckung. Diese Rostabdeckung kann aus Buckelplatten, Hängeblechen, Belageisen, Eisenbetonplatten usw. bestehen. Das Eisengewicht des Tragwerks selbst wird zweckmäßigerweise in zwei Teile zerlegt, in das Gewicht des Fahrbahnrostes, d. i. das Eisengewicht der Quer- und Längsträger erster und zweiter Ordnung samt den dazugehörenden Quer- und Horizontalverbänden sowie den Fußwegunterstützungen samt Geländer und in das Eisengewicht der Hauptträger einschließlich der sie zu einem räumlichen Ganzen verbindenden Quer- und Windverbände.

Nach Feststellung der baulichen Gestaltung der Fahrbahn läßt sich ihr Gewicht in jedem Einzelfalle ohne große Mühe unmittelbar bestimmen und ebenso der Belastungsanteil, der auf die einzelnen Elemente des Fahrbahnrostes entfällt. Es ist daher unzweckmäßig, bei der Durchführung genauerer statischer Berechnungen die in den Lehr- und Handbüchern angegebenen Mittelwerte für die Fahrbahngewichte zu benützen. Die Mannigfaltigkeit der Verhältnisse ist so groß, daß es beinahe unmöglich erscheint, allen diesen Verschiedenheiten in Tabellen Rechnung zu tragen. Selbst bei Eisenbahnbrücken mit normalem Querschwellenoberbau beeinflußt das Schienenprofil, Schwellenquerschnitt und -länge, die Schwellenverlagsweite, die Stärke und Art des Brückenbelages, das Vorhandensein oder Nichtvorhandensein von Leitschienen in hohem Maße das Gewicht der Fahrbahn. Es ist daher unbedingt anzuraten, bei jeder genaueren statischen Berechnung das Fahrbahngewicht unmittelbar zu berechnen und nur für rohe Vorberechnungen die weiter unten (Tafel 1) angegebenen Fahrbahngewichte zu benützen.

Ganz ähnlich verhält es sich mit der Aufstellung der Eisengewichte des Fahrbahnrostes. Durch die aufeinanderfolgende Ermittlung der Schwellenträger- und Querträgerquerschnitte werden die der Berechnung zugrunde zu legenden Eisengewichte schrittweise bekannt und sind Fehler in der Abschätzung bei der erstmaligen Rechnung nahezu belanglos, da bei Schwellen- und Querträgern der Einfluß des Eisengewichtes ein ganz untergeordneter ist.

Für die Berechnung des **Gewichtes der Fahrbahn von Eisenbahnbrücken** mögen folgende Angaben dienen:

Gleisgewicht samt Kleinzeug für normalspurige Bahnen:

für schwersten Verkehr (10 t Raddruck) . . . . . . 0,125 t/m
„ mittelschweren Verkehr (8 t Raddruck) . . . . 0,100 t/m
„ leichten Verkehr (6 bis 7 t Raddruck) . . . . . 0,070 bis 0,080 t/m
„ Schmalspurbahnen (0,75 bis 1 m Spurweite) . . . 0,045 bis 0,060 t/m

Spezifisches Gewicht der Schwellen und des Holzbelages 1 t/m^3.
Der Holzbelag wird gewöhnlich 5 cm stark angenommen.
Spezifisches Gewicht des Schotters bei durchgehender Bettung 1,9 t/m^3 [1]).
Gewicht für je 1 mm Stärke der Buckelplatten 0,008 t/m^2.

Der Gewichtsberechnung anderer Rostabdeckungen hat die statische Berechnung derselben voranzugehen, die dann die nötigen Zahlen für das Gewicht unmittelbar liefert.

Bei der Festsetzung des **Eisengewichtes der Hauptträger** ist es gut, sich bei der erstmaligen statischen Berechnung auf Erfahrungsdaten von ausgeführten Brücken zu stützen. Für den endgültigen statischen Nachweis kann in der Regel auf Grund einer genügend genauen Gewichtsberechnung des ausgearbeiteten Entwurfes das Eisengewicht der Hauptträger samt Verbänden ermittelt und notwendig werdende Verbesserungen, die — wenigstens bei Brücken kleiner oder mittlerer Spannweite — meist nicht schwer ins Gewicht fallen, in der statischen Berechnung durchgeführt werden.

Dircksen[2]) hat auf Grund zahlreicher Entwürfe der preußischen Staatsbahnen die nachstehende Tafel 1, S. 6 u. 7 zusammengestellt, die für die verschiedenen Ausführungsformen normalspuriger eingleisiger Eisenbahnbrücken für schwere Belastung bis 80 m Stützweite sehr gute Anhaltspunkte für die erstmalige Abschätzung der bleibenden Lasten liefert. Bei Benützung der dort angeführten Gewichtswerte ist folgendes zu beachten:

Den Eigengewichtsformeln sind durchweg normale Verhältnisse zugrunde gelegt, d. s.: a) Rechtwinklig zur Brückenachse stehende Widerlager; b) Nichtbeschränkte Bauhöhe: die Höhe der Blechträger beträgt $^1/_{10}$, der Fachwerkträger $^1/_8$ der Stützweite; c) Die Brücke liegt in der Geraden; d) Belastung durch den Lastenzug **A** und Berechnung nach den Vorschriften vom 1. Mai 1903. Bei Abweichungen von diesen Normen ist das Gewicht entsprechend zu erhöhen, und zwar:

Höhe der Blechträger $^1/_{14}$ statt $^1/_{10}$: Erhöhung des Eisengewichtes der Hauptträger um 20%. Für zwischenliegende Werte ist geradlinig einzuschalten.

Höhe der Fachwerkträger $^1/_{12}$ statt $^1/_8$: Erhöhung des Eisengewichtes der Hauptträger um 15%. Für zwischenliegende Werte ist geradlinig einzuschalten.

Sehr beschränkte Bauhöhe: Erhöhung des Gewichtes des Fahrbahnrostes um 25%.

Schiefe Grundrißgestaltung der Brücke: Erhöhung des Gewichtes des Fahrbahnrostes um 15%.

Krümmung des Gleises $R < 300$ m bei Stützweiten unter 40 m: Erhöhung des Gesamteisengewichtes bis etwa 12%.

Für die unter Zugrundelegung des Lastenzuges **N**, **E** und **G** der deutschen Reichsbahn-Vorschriften[3]) zu entwerfenden Brücken sind die Gewichtsangaben der Tafel 1 um folgende Beträge zu erhöhen bzw. zu erniedrigen:

---

[1]) Die Vorschriften der deutschen Reichsbahn geben 2,0 t/m^3 an.

[2]) Dircksen, F.: Hilfswerte für das Entwerfen und die Berechnung von Brücken mit eisernem Überbau, Berlin 1913.

[3]) Deutsche Reichsbahn. Vorschriften für Eisenbauwerke. Grundlagen für das Entwerfen und Berechnen eiserner Eisenbahnbrücken. Vorläufige Fassung. Berlin 1922.

Tafel 1.

Eigengewichte eingleisiger eiserner Eisenbahnbrücken der preußischen Staatsbahnen.

Aufgestellt unter Zugrundelegung der Berechnungsvorschriften vom 1. Mai 1903.

Bauart der Brücke	Stütz-weite in m	Haupt-träger-abstand in m	Eisengewichte in kg für das Meter der Brücke: Hauptträger mit Querverband, Windverband und Lager (L = Stützweite in m)	Eisengewichte in kg für das Meter der Brücke: Fahrbahnrost	Eisengewichte in kg für das Meter der Brücke: Hauptträger mit Querverband, Windverband, Lager und Fahrbahnrost	Fahrbahn (Schienen, Schwellen und Bohlenbelag) bzw. (Schienen, Schwellen und Bettung) ohne Leitschienen, die 150 kg/m wiegen kg/m	Gesamtes Eigengewicht der Brücke einschließlich der Fahrbahn für das Meter in kg	$\frac{L}{h}$
1. Fahrbahnen ohne Bettung.								
Blechträger mit unmittelbarer Schwellenauflagerung	10	1,8	$240 + 54\,L$		$240 + 54\,L$	640	$880 + 54\,L$	
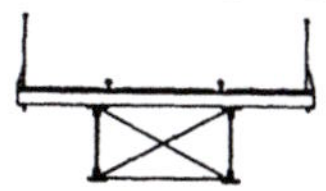	bis							$\frac{1}{10}$
	25	2,0	$240 + 54\,L$		$240 + 54\,L$	775	$1015 + 54\,L$	
Blechträger mit versenkter Fahrbahn und mit einem seitlichen Fußsteig	10	3,0	$270 + 44\,L$	380	$650 + 44\,L$	595	$1245 + 44\,L$	
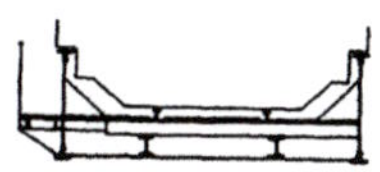	bis	3,3	$270 + 44\,L$	430	$700 + 44\,L$	630	$1330 + 44\,L$	$\frac{1}{10}$
	25	3,7	$270 + 44\,L$	520	$790 + 44\,L$	660	$1450 + 44\,L$	
Fachwerkträger, Fahrbahn versenkt ohne besonderen Fußweg	20	4,8	$540 + 27\,L$	600	$1140 + 27\,L$	680	$1820 + 27\,L$	
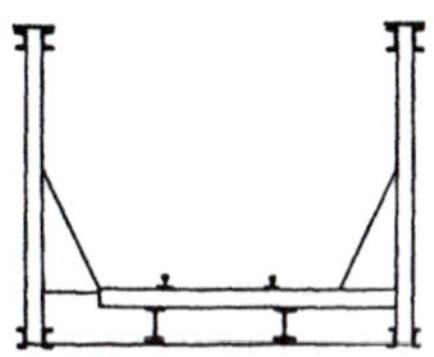	bis	4,9	$540 + 27\,L$	625	$1165 + 27\,L$	680	$1845 + 27\,L$	
	40	5,0	$540 + 27\,L$	670	$1210 + 27\,L$	680	$1890 + 27\,L$	$\frac{1}{8}$
	40	4,8	$680 + 27\,L$	600	$1280 + 27\,L$	680	$1960 + 27\,L$	
	bis	4,9	$680 + 27\,L$	625	$1305 + 27\,L$	680	$1985 + 27\,L$	
	80	5,0	$680 + 27\,L$	670	$1350 + 27\,L$	680	$2030 + 27\,L$	

Fachwerkträger, Fahrbahn oben 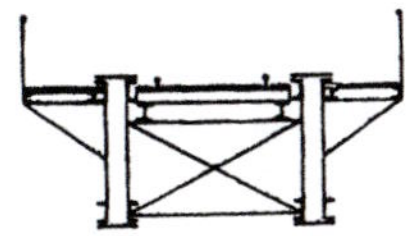		2,5	540 + 27 L	490	1030 + 27 L	550	1580 + 27 L	$\frac{1}{8}$
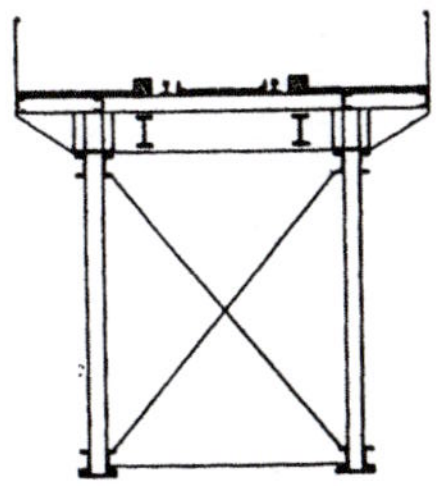		3,5	540 + 27 L	580	1120 + 27 L	550	1670 + 27 L	
2. Fahrbahnen mit Bettung. Blechträger mit durchgehendem Kiesbett 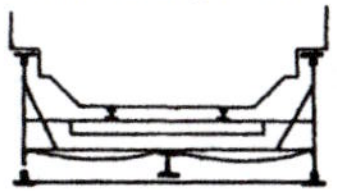	10 bis 25	3,3 3,7	270 + 49 L 270 + 49 L	670 840	940 + 49 L 1110 + 49 L	2840 3260	3780 + 49 L 4370 + 49 L	$\frac{1}{10}$
Blechträger mit durchgehendem Kiesbett 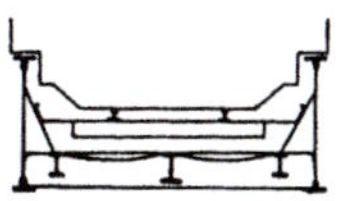	10 bis 25	3,3 3,7	270 + 49 L 270 + 49 L	770 940	1040 + 49 L 1210 + 49 L	2680 2820	3720 + 49 L 4030 + 49 L	
Blechträger mit durchgehendem Kiesbett über den Hauptträgern 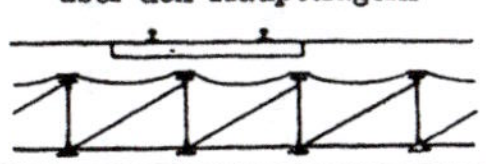	10 bis 20	Eisengewicht für 1 m² Brücke 160 + 24 L				Gewicht für 1 m² Brücke 920	Eigengewicht für 1 m² Brücke 1080 + 24 L	$\frac{1}{8}$
Eingleisige Fachwerkbrücken mit durchgehendem Kiesbett nach Landsberg[1]) 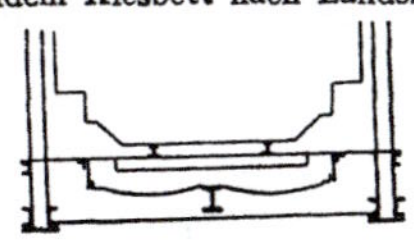	20 bis 80	4,7 bis 5,0	30 + 62 L[2]) 30 + 57 L[3])	810 780	840 + 62 L 810 + 62 L	2740 1720	3580 + 62 L 2530 + 57 L	

[1]) Handbuch der Ingenieur-Wissenschaften, Teil II, Bd. III.
[2]) Kleinste Bettungsstärke 36 cm.
[3]) Kleinste Bettungsstärke 23 cm.

Für den Lastenzug **N**:

Fahrbahnrostgewicht: Erhöhung um 25%

Hauptträgergewicht: bis $L =$ 40 m, Erhöhung um 35%

$L = 40$ bis 80 m, „ „ 30%

$L >$ 80 m, „ „ 25%

Für den Lastenzug **E**:

bis $L = 40$ m, Erhöhung um 5%

$L > 40$ m, „ „ 10%

Für den Lastenzug **G**:

Erniedrigung um 10%

In der Aufstellung von Dircksen ist hinsichtlich der Hauptträgersysteme der Fachwerkbrücken kein Unterschied gemacht. Dies ist bei Stützweiten bis 80 m ziemlich berechtigt, da die Abweichungen in den Eisengewichten der verschiedenen Hauptträgersysteme keineswegs so bedeutend sind, daß sie einen nennenswerten Einfluß auf die statische Berechnung ausüben.

Auf Grund einer sehr gründlichen Arbeit von Jaußner[1]), die sich auf neuere Ausführungen der österreichischen Staatsbahnen stützt, wurde die nachfolgende Tafel 2, S. 10 u. 11, zusammengestellt. Leider hat Jaußner nur den Gesamtaufwand an Eisen angegeben, ohne eine Trennung nach Fahrbahnrost und Hauptträger durchzuführen Bei Fachwerkträgern wurde zwischen Parallelträgern und Halbparabelträgern unterschieden. Tafel 2 enthält auch noch die Lagergewichte für die verschiedenen Stützweiten. Bei Abweichungen von der Norm sind die in der Tafel 2 angegebenen Zuschläge zu berücksichtigen.

Für **zweigleisige Eisenbahnbrücken** mit unten liegender Bahn und 8,5 m Hauptträgerentfernung, Schienen auf hölzernen Querschwellen, Hauptträger einfache Balkenträger gelten nach Schaper[2]) folgende Formeln

von 20 bis 40 m Stützweite: $G_e = 1500 + 65\,L$ kg/m

„ 40 „ 100 m „ $G_e = 1500 + 74\,L$ „

L ist die Stützweite in Metern, G_e das Gesamteisengewicht des Tragwerkes ohne Gehstege für den laufenden Meter Brücke. Für einen Gehsteg ist für jeden Meter Breite G_e um 100 kg/m zu vermehren. Das Gewicht der Fahrbahn, d. s. Schienen, Schwellen, Bohlenbelag beträgt für den laufenden Meter Brücke 1360 kg/m.

Über die Eigengewichte von **Lokalbahnbrücken** macht Landsberg[3]) folgende Angaben:

α) Normalspurige Lokalbahnen mit Holzschwellenoberbau, auf denen Lokomotiven der Hauptbahnen nicht übergehen. Für Brücken von 10 bis 50 m Stützweite,

Fahrbahn oben: $g = 292 + 31\,L$ kg/m,

„ unten: $g = 462 + 32\,L$ kg/m.

β) Schmalspurige Lokalbahnen von 1,00 m Spurweite mit Holzschwellenoberbau:

Fahrbahn oben: $g = 305 + 26\,L$ kg/m,

„ unten: $g = 425 + 27\,L$ kg/m.

g ist das Eigengewicht der Brücke für den lfd. Meter. Für Schmalspurbahnen von 75 cm Spurweite können die unter β) angegebenen Gewichte noch um 20% verringert werden.

---

[1]) Jaußner, Rudolf: Anordnung und Materialaufwand für den eisernen Überbau von Eisenbahnbrücken. Zeitschr. d. österr. Ing.- und Arch.-Ver. 1908, S. 137.

[2]) „Eiserne Brücken". 3. Aufl. Berlin, 1914.

[3]) Handbuch der Ingenieur-Wissenschaften, Teil II, Bd. III.

Eisengewichte von Hauptträgern großer Stützweiten. Theoretische Formeln. Bei Hauptträgern größerer Stützweiten, weiter in jenen Fällen, wo die Verkehrslasten stark von der Norm abweichen, versagen die oben angegebenen Erfahrungsformeln. In diesen Fällen empfiehlt sich, um einen ersten Anhaltspunkt für das Eisengewicht der Hauptträger zu gewinnen, folgender Vorgang: Nach Feststellung des Gewichtes der Fahrbahntafel und nach Durchführung der statischen Berechnung des Fahrbahnrostes ermittle man das Gewicht des Fahrbahnrostes und aller hierzu gehörenden Verbände. Dann denke man sich das gewählte Brückentragwerk in jeder Brückenöffnung durch ein Balkentragwerk mit Parallelhauptträgern von normalen günstigen Höhenverhältnissen ersetzt ($h/l = 1/9$). Die Wandgliederung dieses Parallelträgers ist so zu gestalten, daß die durch die Querträgerabstände gegebenen Feldweiten — wenn notwendig, unter Benützung von Zwischensystemen — eingehalten werden. Kurz gesagt, der Ersatzhauptträger ist so zu gliedern, daß eine tunlichst günstige Lösung der Aufgabe, die gegebene Brückenöffnung mit einem Parallelträger zu überbrücken, erzielt wird. Nun berechnet man für diesen Ersatzhauptträger, unter Berücksichtigung der tatsächlichen Verkehrs- und Fahrbahnlasten, nach der unten angegebenen theoretischen Formel das Eisengewicht und verbessere das so erhaltene Gewicht je nach der Art des zur Ausführung gewählten Hauptträgersystems durch passende Zu- oder Abschläge. Das Gewicht der Wind- und Querverbände wird ebenfalls durch einen entsprechenden Zuschlag berücksichtigt.

Das Eisengewicht eines solchen Ersatzhauptträgers läßt sich auf theoretischem Wege wie folgt ermitteln. Bezeichnet:

S die größte Stabkraft in t aus Eigengewicht und Verkehrslast einschließlich der Stoßwirkungen, aber ohne Rücksicht auf Wind und sonstige Nebenwirkungen,

s die Systemlängen der Stäbe in m,

σ_{zul} die für alle Stäbe gleiche zulässige Beanspruchung in t/cm², ohne Rücksicht auf Wind und sonstige Nebenwirkungen,

$\gamma = 7{,}85$ t/m³ das spezifische Gewicht des Eisens,

α eine erfahrungsgemäße Bauziffer,

so läßt sich das Eisengewicht des Hauptträgers in t durch die Formel

$$G = \alpha \sum \frac{S s \gamma}{10\,000\, \sigma_{zul}}$$

darstellen. Die Summierung ist über alle in Spannung gesetzten Stäbe des Parallelhauptträgers zu erstrecken.

In der Bauziffer α kommt der Mehraufwand an Baustoff durch die Nietabzüge in den Zugstäben, durch die Sicherung gegen Ausknicken der Druckstäbe, der Materialaufwand für die Stoßdeckungen, die Knotenbleche, die Vergitterungen und Schnallen, die Nietköpfe usw. zum Ausdruck. Auf Grund durchgeführter Vergleichsrechnungen kann die Bauziffer α für Parallelträger im Mittel mit 1,70 angenommen werden[1]). Führt man diesen Betrag für α ein, so wird, wenn man γ heraushebt und durch 7,85 ersetzt

$$G = \frac{1}{750} \sum \frac{S s}{\sigma_{zul}} \qquad (1)$$

Bezeichnet weiter:

g_h das Gewicht eines Hauptträgers für den lfd. Meter Brücke,

g_f das auf einen Hauptträger entfallende Gewicht der Fahrbahn und des Fahrbahnrostes für den lfd. Meter Brücke,

S_0 die Stabkräfte, infolge Vollbelastung des Hauptträgers mit 1 t/m,

---

[1]) Schaper: Die Bauziffer eiserner Brücken. Zentralbl. Bauv. 1909, S. 123. Die Ziffer erscheint bei sparsamer Durchbildung reichlich hoch gegriffen.

Tafel 2.

Eisengewichte eingleisiger Eisenbahnbrücken der österreichischen Bundesbahnen.

Unter Zugrundelegung der Brückenverordnung vom 28. August 1904.

Bauart der Brücke	$\frac{h}{l}$	Stütz-weite in m	Haupt-träger-entfernung in m	Eisengewicht des ganzen Tragwerkes in kg für den laufenden Meter Brücke ohne Geländer und ohne Lager L = Stützweite in m	Lagergewicht eines Überbaues (Gußeisen und Stahlguß) in kg	Vermehrung des Eisengewichtes des ganzen Tragwerks bei abnormaler Ausführung
Blechträger mit unmittelbarer Schwellenauflagerung 	$\frac{1}{10}$	5 bis 20	1,80 bis 1,90	$350 + 43\,L$	für alle Arten Blechträgerbrücken: L = 3—7 m = 300 7—10 m = 400 10—13 m = 450 13—17 m = 800 17—20 m = 1000	A. Durch schiefe Stellung der Widerlager nach Abb. a) b) oder c) a) Bahn unten 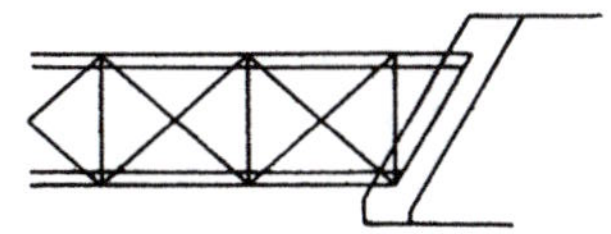
Blechträger mit obenliegender versenkter Bahn 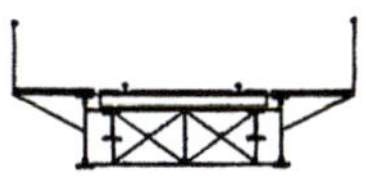	$\frac{1}{10}$	7 bis 20	2,60 bis 2,70	$540 + 45\,L$		b) Bahn unten 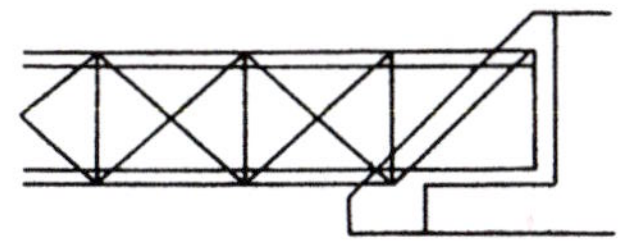
Blechträger mit untenliegender Bahn 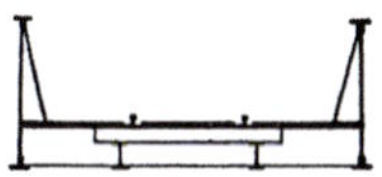	$\frac{1}{10}$	10 bis 20	4,55 bis 4,60	$740 + 49\,L$		c) Bahn oben 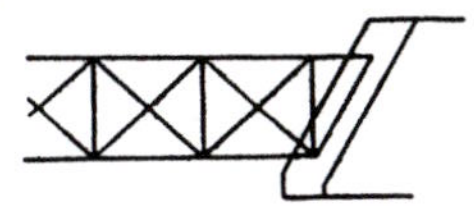

Zwillingsträger 	$\frac{1}{20}$	3 bis 6	1,52	$460 + 70\,L$	3 bis 6	450
Fachwerkträger mit obenliegender Bahn 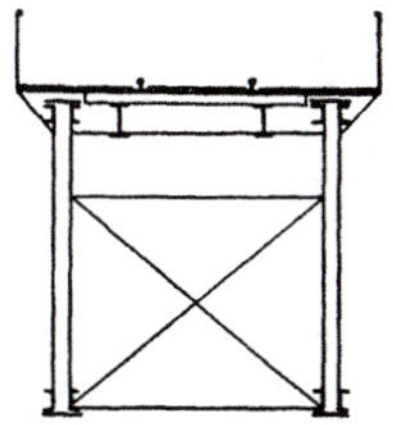	$\frac{1}{9}$	20 bis 100	2,70 bis 5,00	Parallelträger $300 + 58\,L$	für alle Arten Fachwerkträgerbrücken	$L = 20$— 25 m = 1800 25— 30 m = 2300 30— 40 m = 3300 40— 50 m = 4600 50— 60 m = 5400 60— 70 m = 7600 70— 80 m = 9400 80— 90 m = 11000 90—100 m = 13000
	$\frac{1}{7}$	45 bis 100		Halbparabelträger $500 + 44\,L$		
Fachwerkträger mit untenliegender Bahn a) Offene Brücken 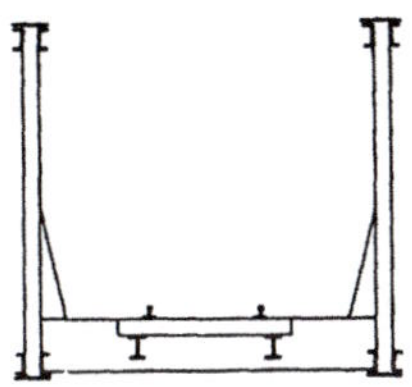	$\frac{1}{9}$	20 bis 45	4,70 bis 5,00	Parallelträger $680 + 52\,L$		
b) Geschlossene Brücken 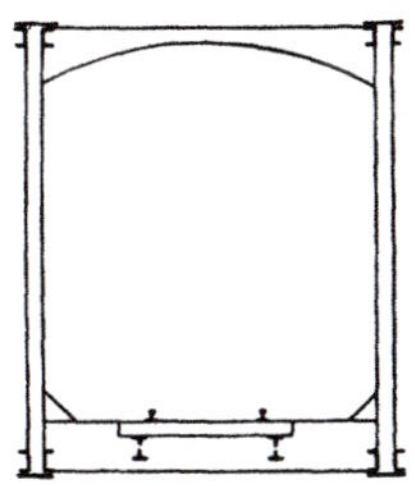	$\frac{1}{9}$	45 bis 100		Parallelträger $680 + 52\,L$		
	$\frac{1}{7}$			Halbparabelträger $680 + 40\,L$		

Stützweite in m	Vermehrung in Hundertteilen des Normalgewichtes — Anordnung nach Abb. . a)	b)	c)
0— 10	7	12	7
10— 20	6	8,5	4
20— 40	4	5,5	3
40— 60	3	4,5	2
60— 80	2	3	1
80—100	1,5	2	1

B. Durch Lage der Brücke im Bogen

Stütz-weite in m	Gleisradius in m: 150	250	300	400	600	1000
	Vermehrung in Hundertteilen des Normalgewichtes					
0— 5	8	6	5	4,5	4	3
5— 10	9	6,5	6,5	6	4,5	3,5
10— 20	10	7	7	7	4,5	4
20— 40	12	10	8	8	6	5
40— 60	17	13	11,5	10,5	8,5	6,5
60— 80	24	18	15	13	11	7,5
80—100	34	25	21	17	13	9

S_v die größten von der Verkehrslast herrührenden Stabkräfte im Hauptträger, so gilt

$$S = S_0 (g_h + g_f) + S_v.$$

Führt man diesen Wert in 1) ein, so entsteht, wenn man $G = g_h L$ schreibt, wobei L die Stützweite bedeutet,

$$g_h L = \frac{1}{750} \sum \frac{s}{\sigma_{zul}} [S_0 (g_h + g_f) + S_v],$$

woraus

$$g_h = \frac{\sum \frac{s}{\sigma_{zul}} (S_0 g_f + S_v)}{750 L - \sum \frac{S_0 s}{\sigma_{zul}}} \quad \ldots \ldots \ldots \ldots (2)$$

das Metergewicht des Hauptträgers in t/m folgt. Rechts vom Gleichheitszeichen stehen nur bekannte Größen.

Die Stabkräfte S_0 und S_v lassen sich beim Parallelträger sehr rasch und mühelos bestimmen, insbesonders dann, wenn man die in den Brückenvorschriften enthaltenen Tafeln der Momente und Querkräfte für den Träger auf zwei Stützen benützt. Dies ist auch der Grund, weshalb für die theoretische Gewichtsermittlung der Ersatz des Hauptträgersystems durch einen Parallelträger vorgeschlagen wird. Ist g_h für den Parallelträger ermittelt, so findet man das richtige Hauptträgergewicht durch folgende Verbesserungen:

1. Halbparabelträger. Der Halbparabelträger mit $h/L = {}^1/_7$ ist um etwa 10 % leichter als der Parallelträger mit $h/L = {}^1/_9$.

2. Fachwerkbogen mit Zugband. Bei kleineren Stützweiten, bis etwa $L = 80$ m, ist der Fachwerkbogen mit Zugband bis 10 % schwerer als der Parallelträger. Von 80 bis 120 m Stützweite ist er so schwer wie der Parallelträger. Bei größeren Stützweiten gilt das Halbparabelträgergewicht. In allen Fällen ist der Bogen reichlich hoch zu wählen.

3. Fachwerkbalken, versteift durch einen Stabbogen. Hier gilt das gleiche wie unter 2.

4. Fachwerkbogen mit festen Kämpfergelenken[1]). Bei gleichen Bauverhältnissen wie beim Bogen mit Zugband, ist er um das Gewicht des Zugbandes leichter wie dieser. Man bestimmt mit einer der üblichen Näherungsformeln den Horizontalschub H in t und ermittelt mittels der Bauziffer $\alpha = 1{,}25$ (Schaper) das Gewicht des Zugbandes in t/m mit

$$g_z = \alpha \frac{H \cdot \gamma}{10000\, \sigma_{zul}} \quad \ldots \ldots \ldots \ldots (3)$$

5. Auslegeträger und durchlaufender Balken. Bei 2 Öffnungen ist vom Parallelträgergewicht ein Abschlag von 10 %, bei 3 Öffnungen ein Abschlag von 15 % zu machen. Hierbei ist vorausgesetzt, daß die Trägerhöhen dem Momentenverlauf gut angepaßt sind[2]).

Wind- und Querverbände. Das Gewicht der Wind- und Querverbände kann bei großen Brücken, wo zwei Windverbände in Frage kommen, mit 11 % des Hauptträgergewichtes angenommen werden (Schaper).

---

[1]) Siehe auch Trauer: Beitrag zur Berechnung der Bogenbrücken. Günstigster Gurtabstand und Gewichte eiserner Zweigelenkbogen. Eisenbau, 1910, S. 255.

[2]) Hier sei auf die wertvolle Arbeit von Kurt Beyer: Eigengewichte, günstige Grundmaße und geschichtliche Entwicklung des Auslegeträgers, Leipzig 1908, verwiesen, deren zahlreiche Tabellen ausgezeichnete Anhaltspunkte für die zweckmäßige Wahl der Stützweitenverhältnisse und Trägerhöhen bieten.

2. Eigengewichte der Straßenbrücken.

Was unter 1. über die Feststellung des Eigengewichtes der Fahrbahn und des Fahrbahnrostes der Eisenbahnbrücken gesagt wurde, hat in noch erhöhtem Maße bei Straßenbrücken Geltung, denn hier sind die Verschiedenheiten, die durch die Ausbildung der Fahrbahntafel, durch die Art und Größe der Verkehrslasten und nicht zuletzt durch die Mannigfaltigkeit der Fahrbahn- und Gehwegbreiten in die bauliche Gestaltung der Straßenbrücken hineingelangen, noch viel größer als bei Eisenbahnbrücken. Es ist daher auch hier anzuraten, nach Festlegung der baulichen Ausbildung der Fahrbahn, ihr Gewicht und dessen Verteilung unmittelbar zu bestimmen und mit diesen Angaben die Abmessungen der Elemente des Fahrbahnrostes zu ermitteln. Sind die Abmessungen bekannt, so läßt sich ohne große Mühe das Gewicht des Fahrbahnrostes für die statische Berechnung des Hauptträgers aufstellen.

Für die Berechnung der Gewichte der Fahrbahn kommen folgende Einheitsgewichte in Frage:

Hartes Holz, naß: Eiche, Buche	1,0 t/m³	Kiesbeton	2,2 t/m³
Weiches Holz, naß: Kiefer, Lärche	0,9 „	Ziegelbeton	1,8 „
Schotter, festgefahren	2,0 „	Bimsbeton	1,6 „
Sand	1,6 „	Eisenbeton	2,4 „
Steinpflaster (Granit) einschließlich Fugen	2,8 „	Buckelplatten, Tonnenbleche, Flachbleche, für je 1 mm Stärke	0,008 t/m²
Klinkersteine, gesintert	1,9 „	Belageisen, je nach Profil	0,035—0,070 „
Randsteine (Granit)	3,0 „	Geländer: leichtes, einfaches	35 kg/m
Holzstöckelpflaster, besandet	1,1 „	„ mittelschweres	70 „
Gußasphalt	1,8 „	„ schweres, reiches	120 „
Stampfasphalt	1,7 „		

Für überschlägige Berechnungen mögen hier noch die Eisengewichtsformeln Bertschingers angeführt werden.

Eisengewicht des Fahrbahnrostes (einschließlich Eisenbelag oder Bohlenabdeckung):

leichte Fahrbahn . . . . $g = 70 + 14\,b$ kg/m²,
mittelschwere Fahrbahn . . . . $g = 100 + 14\,b$ „
schwere Fahrbahn . . . . $g = 120 + 16\,b$ „

b ist die Entfernung der Hauptträger in m. Bei mehr als zwei Hauptträgern bedeutet b den Abstand zweier benachbarter Tragwände.

Eisengewicht des Fußweggerippes außerhalb der Hauptträger einschließlich der eisernen oder hölzernen Rostabdeckung:

$$g = 30 + 30\,b' \text{ kg/m}^2,$$

b' ist die Breite des Fußweges in m.

Bei der Festlegung des Eigengewichtes der Brücken darf nicht auf die Belastung durch die bei städtischen Brücken häufig vorkommenden Rohrleitungen für Wasser und Leuchtgas sowie auf die Belastung durch Kabelleitungen vergessen werden.

Eisengewicht der Hauptträger. Bertschinger, den wir schon oben erwähnt haben, hat in einer sehr ausführlichen Abhandlung[1]) unter anderm auch die Frage des Eigengewichtes von Straßenbrücken behandelt und auf Grund einer vergleichenden Untersuchung von 117 deutschen Straßenbrücken, die innerhalb der letzten 30 Jahre erbaut wurden, Formeln für das Eisengewicht der Brücken aufgestellt. Die sehr lesenswerte Arbeit enthält in Tabellenform ausführliche Angaben über das den aufgestellten Gewichtsformeln zugrundeliegende Erfahrungsmaterial. Von jeder der 117 Brücken ist angegeben: Baujahr, Stützweite, Hauptträgersystem, Höhenverhältnis, Achsenabstand, Fahr-

[1]) Bertschinger, R. O.: Breitenbemessung, Verkehrslasten und Eisengewichte der Straßenbrücken. Verkehrstechn. Woche 1912.

bahnausbildung und Lage der Bahn, Fußwegausbildung, das m^2-Gewicht der Hauptträger, Quer- und Windverbände, Fahrbahn, Fußwege, Lager, Geländer; schließlich Angaben über die Verkehrslasten und die Beanspruchungen.

Bertschinger hat bei der Aufstellung seiner Formeln nicht wie andere Autoren zwischen Stadtstraßen- und Landstraßenbrücken unterschieden, da bei neueren Ausführungen die schwersten Verkehrsmittel, Dampfstraßenwalze, Dampfpfluglokomotive und Menschengedränge beiden Brückenarten gemein sind. Ebenso ist zwischen den verschiedenen Arten der massiven Fahrbahndecken, wie Beschotterung, Kleinpflaster, Holzstöckelpflaster auf Beton kein Unterschied hervorgehoben und nur den Brücken mit massiver Fahrbahndecke die viel leichteren Brücken mit Bohlenbelag gegenübergestellt. Die Formeln geben das Gewicht für den Quadratmeter Grundrißfläche der Brücke (gemessen zwischen den Geländerfluchten) an und stellen lineare oder quadratische Funktionen der Stützweite L vor. Bei Bogenträgern erscheint auch die Pfeilhöhe der Hauptträger in der Formel.

Eisengewichte der Hauptträger für 1 m^2 Brückengrundrißfläche nach Bertschinger.

(L = Stützweite in m.)

1. Fachwerkbrücken mit Bohlenbelag: $g = 25 + 2L + 0{,}008\,L^2$ kg/m².
2. Brücken mit massiver Fahrbahndecke:
   a) Blechträgerbrücken ohne Fußwege $g = 60 + 5\,L$ kg/m²;
   b) Blechträgerbrücken mit Fußwegen $g = 20 + 5\,L$ „ „
   c) Fachwerkbalkenbrücken mit innerhalb der Hauptträger liegenden Gehwegen:
      α) Parallelträger von 15 bis 40 m Stützweite $g = 50 + 3{,}7\,L$ kg/m²;
      β) Fachwerkbalkenträger mit gekrümmten Gurtungen von 15 bis 40 m Stützweite $g = 30 + 3{,}7\,L$ kg/m²;
      γ) Fachwerkbalkenbrücken mit gekrümmten Gurtungen von 40 bis 60 m Stützweite (mit oberem Windverband) $g = 60 + 3{,}7\,L$ kg/m².
   d) Fachwerkträger mit außerhalb der Hauptträger liegenden Gehwegen:
      α) Fachwerkbalkenträger mit parallelen Gurtungen, ohne oberen Windverband, Stützweite 15 bis 40 m, $g = 40 + 2{,}8\,L$ kg/m²;
      β) Fachwerkbalkenträger mit gekrümmten Gurtungen, ohne oberen Windverband, Stützweite 15 bis 40 m, $g = 20 + 2{,}8\,L$ kg/m²;
      γ) Fachwerkträger mit oberem Windverband, Stützweite von 40 bis 200 m, $g = 50 + 2\,L + 0{,}01\,L^2$ kg/m²;
      δ) Bogenträger, versteift durch einen Balken (Langer-Träger), Stützweite 30 bis 60 m, $g = 40 + 2{,}8\,L$ kg/m²;
      ε) Bogenträger mit Zugband, Stützweite 30 bis 200 m, $g = 100 + 2\,L + 0{,}01\,L^2$ kg/m².
   e) Eigentliche Bogenträger (f Pfeilhöhe):

$$g = \frac{L}{f}(15 + 0{,}002\,L^2)\ \text{kg/m}^2.$$

In den vorstehenden Eisengewichtsformeln ist das Gewicht der Windverbände, soweit sie vorhanden sind, mitenthalten. Für die Gewichte der Wind- und Querverbände allein gilt die Formel:

$$g_w = 15\,(1 + 01\,L)\ \text{kg/m}^2.$$

Es braucht wohl nicht ausdrücklich hervorgehoben zu werden, daß den vorstehenden Erfahrungsformeln, trotz der Sorgfalt, die zu ihrer Aufstellung verwendet wurde, nur ein beschränkter Wert innewohnt, da sich die Mannigfaltigkeit der baulichen Bedingungen bei Straßenbrücken, die ihren Ausdruck auch im Eisengewicht der Hauptträger findet, nicht in wenigen Formeln mit den Variabeln L und b fassen läßt. Für eine genaue statische Berechnung — vornehmlich bei Brücken größerer Stützweite — wird es unerläßlich sein, die Eigengewichtsansätze auf eine genauere Gewichtsermittlung, wenigstens unter Benützung der unter **1** (Seite 12) angegebenen theoretischen Formeln, zu gründen[1]).

§ 2. Die Verkehrslasten.

3. Verkehrslasten der Eisenbahnbrücken.

Die Entwicklung des Eisenbahnwesens hat das Streben gezeitigt, aus Gründen der Wirtschaftlichkeit immer schwerere Lokomotiven in Dienst zu stellen und die Achslasten der Wagen ständig zu erhöhen. Diesen Bestrebungen ist bald eine Reihe älterer Brücken zum Opfer gefallen, da bei deren Bau, aus Mangel an Erfahrung, keine Rücksicht auf das Anwachsen der Verkehrslasten und der Fahrgeschwindigkeit genommen wurde. Nicht Baufälligkeit, sondern unzureichende Tragfähigkeit zwangen zur Auswechslung der eisernen Tragwerke, wo es nicht durch Anordnung zweckmäßiger Verstärkungen gelang, die Lebensdauer der eisernen Überbauten zu verlängern. Die Erkenntnis, daß es nicht genügt, eiserne Brücken mit den zur Zeit ihres Baues ungünstigsten Lastenzügen zu berechnen, war bald Allgemeingut der Bahnverwaltungen geworden. Die von diesen Verwaltungen für die statische Berechnung der Brücken vorgeschriebenen Lastenzüge tragen daher, falls sie nicht inzwischen durch die fortschreitende Entwicklung überholt sind, einer zukünftigen Vergrößerung der Achslasten Rechnung. Wie rasch diese Entwicklung vor sich geht, kann man an der Tatsache ermessen, daß 7 Jahre nach Einführung des preußischen Lastenzuges **A** (17 t Achsdruck) sich die Notwendigkeit herausstellte, bei der Bauausführung neuer Brücken — wenigstens auf einzelnen Hauptbahnlinien — einen schweren Lastenzug B (20 t Achsdruck) der Berechnung zugrunde zu legen. Die neuen deutschen Reichsbahnvorschriften vom Jahre 1922 sehen bereits Lastenzüge mit zwei 175 t schweren Lokomotiven mit 25 t Achsdrücken vor. Daß diese Entwicklung noch nicht abgeschlossen ist, ist sicher, da gerade die Einführung der elektrischen Zugförderuug zu einer weiteren Erhöhung der Achslasten der Lokomotiven drängt. So hat die Schweiz erst neuerdings für Brücken auf Strecken mit elektrischer Zugförderung Lastenzüge, die aus 132 t schweren Lokomotiven bestehen, vorgeschrieben.

Bei der Feststellung des Berechnungslastenzuges ist auch noch auf den Umstand Bedacht zu nehmen, daß die verschiedenen auf ein und derselben Bahnlinie verkehrenden Lokomotiven die mannigfaltigsten Achslastverteilungen zeigen, so daß es vorkommen kann, daß Lokomotiven kleineren Gewichtes in einzelnen Gliedern der eisernen Brücken größere Beanspruchungen hervorrufen, als solche höheren Gesamtgewichtes. Man berücksichtigt diesen Umstand bei Aufstellung des Berechnungslastenzuges vielfach in der Weise, daß für jene Brückenteile, für die nur einzelne Radlasten maßgebend sind, diese mit einem erhöhten Wert in Rechnung gestellt werden.

Es ist selbstverständlich, daß man den Berechnungslastenzug, der ja nur einen Ideallastenzug darstellt, dessen Wirkungen ungünstiger sind als die zur Zeit seiner Aufstellung in Frage kommenden Betriebslastenzüge, möglichst einfach gestaltet. Ein sehr gutes Beispiel hierfür bot der Lastenzug **A** der preußischen Staatsbahnen, der nur zwei verschiedene Achsdrücke 17 t und 13 t enthielt und dessen Einzellastabstände 1,5 m oder ein Vielfaches davon betrugen. Welche Vorteile ein so gestalteter Einzellastenzug für die Berechnung, insbesonders bei der Auswertung der Einflußlinien, bietet, liegt auf der Hand.

---

[1]) Von neueren vergleichenden Untersuchungen über das Eisengewicht der Hauptträger seien hier noch genannt: Hauffe, W.: Gewichte und günstigste Abmessungen der durch Parallelträger versteiften Kabelbrücken. Dresden 1910, Akad. Buchhandlung, A. Dressel.

Melan, J.: Fachwerkträger mit weiter Ausfachung, Eisenbau 1914.

Siehe auch die in den Fußnoten Seite 12 angegebene Literatur.

In den ersten Jahrzehnten des Eisenbrückenbaues wurden die Eisenbahnbrücken mit einer den tatsächlichen Lastenzug stellvertretenden gleichförmig verteilten Belastung berechnet. Die Nachteile dieses Verfahrens sind augenscheinlich. Die stellvertretende Last p ändert sich von Stützweite zu Stützweite, ist eine andere für die Momente als für die Querkräfte und ihre Verwendungsweise war nur auf den einfachen Balkenträger zugeschnitten. Die Benützung der gleichen Ersatzlasten p für andere Hauptträgersysteme führte zu ganz erheblichen Fehlern. Die Tatsache, daß die für die Bemessung maßgebenden Momente und Querkräfte für den einfachen Balken sich leicht ein für allemal in Tafeln zusammenstellen lassen, die jede Rechnen- oder Zeichnenarbeit überhaupt unnötig machen, sowie die fortschreitende Verwendung von Einflußlinien bei der Berechnung anderer Trägerarten hat dazu geführt, von dem Arbeiten mit Ersatzlasten ganz abzusehen. Viele Brückenvorschriften enthalten daher Tafeln, aus denen Momente und Querkräfte für den einfachen Balken für beliebige Stützweiten und Belastungslängen unmittelbar entnommen werden können. Bei der Untersuchung anderer Trägersysteme ist die Benützung von Einflußlinien, wenigstens in Deutschland und Österreich, wohl allgemein Gebrauch geworden. Immerhin kann die Rechnung mit Ersatzlasten bei vorläufigen Berechnungen zwecks überschlägiger Gewichtsermittlung, bei der Bestimmung von Durchbiegungen, bei vergleichenden Untersuchungen mehrerer Trägerarten usw. in Frage kommen.

Die Art der Benützung der in den verschiedenen Brückenvorschriften vorhandenen Tafelwerte zur Ermittlung der Momente und Querkräfte soll nicht näher berührt werden, da die Vorschriften diesbezügliche Erläuterungen enthalten und ihre höchst einfache Anwendungsweise überdies jedem Brückenbauer geläufig ist.

Bei der Auswertung von Einflußlinien ist noch auf folgendes zu achten: Besteht die Einflußlinie aus mehreren positiven und negativen Zweigen, so ist in der Regel zwecks Ermittlung der ungünstigsten Wirkungen nur der Fall eines einzigen zusammenhängenden Lastenzuges in Betracht zu ziehen, wobei aber jene Teilstrecken, deren Belastung eine Verminderung der Gesamtwirkung hervorruft, mit unbeladenen Wagen besetzt werden sollen. Abb. 1. Mehrere hintereinander fahrende Züge sind aus Verkehrsrücksichten ausgeschlossen. Die Wahrscheinlichkeit von Zugstrennungen auf der Brücke ist sehr klein, gering die Wahrscheinlichkeit, daß gerade die Zugstrennung so erfolge, daß eine ungünstige Lastengruppierung gebildet wird, äußerst gering sonach das Zusammentreffen beider zufälligen Ereignisse.

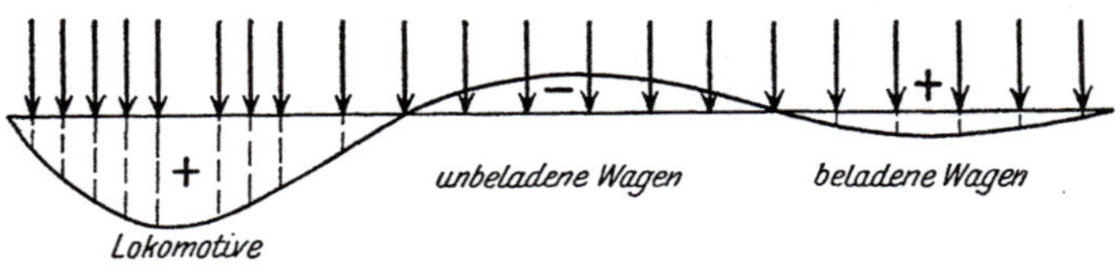

Abb. 1.

Tritt dies dennoch ein, so kann man ohne Sorge in dem nur in sehr langen Zeiträumen wiederkehrenden Falle eine selbst bedeutend erhöhte Beanspruchung — wenn sie nur unter der Elastizitätsgrenze bleibt, was nach der Sachlage zu urteilen auch immer der Fall sein wird — mit in Kauf nehmen[1]).

Bei zweigleisigen Brücken sind die Hauptträger in der Regel für zwei entgegengesetzt fahrende Lastenzüge, jeder in seiner ungünstigsten Stellung, zu berechnen, obwohl die Wahrscheinlichkeit des Zusammentreffens gerade in den maßgebenden Stellungen nicht sehr groß ist. Kommt ein Rückwärtsfahren der Züge in Frage (Verschubbereich der Stationen), so ist jeder Träger für den einfachen Lastenzug zu berechnen.

An dieser Stelle soll noch auf einen wichtigen Umstand aufmerksam gemacht werden, der häufig übersehen wird. In allen Fällen, wo die vom Eigengewicht hervor-

[1]) Im Gegensatz zu dem hier erörterten Standpunkt schreiben einzelne Bahnverwaltungen die Annahme mehrerer hintereinander fahrender Lastenzüge oder ungünstigste Verteilung der Lokomotiven im Lastenzuge vor. Siehe z. B. die bayerischen und österreichischen Vorschriften. Auch die neuen deutschen Reichsbahnvorschriften nehmen die Möglichkeit einer Zugstrennung an.

gerufene Zugkraft S_g in irgend einem Brückengliede größer ist als die von der Verkehrslast herrührende Druckkraft $-S_v$, ist die Druckkraft $-S_v$ mit einem Zahlenfaktor $\alpha > 1$ (gewöhnlich 1,5) multipliziert in Rechnung zu stellen, so daß die der Bemessung zugrunde zu legende Gesamtspannung $S = S_g - \alpha S_v$ beträgt. Der Grund für diese Vorsichtsmaßregel ist leicht einzusehen. In derartigen Fällen kann es leicht vorkommen, daß bei zu reichlich angenommenem Eigengewicht die statische Berechnung das Vorhandensein einer Zugkraft vortäuscht, wo in Wirklichkeit Druckkräfte auftreten.

Ist nun der Stab nur für die Aufnahme von Zugkräften bemessen, so kann leicht ein Ausknicken des Stabes erfolgen. Auch bei richtiger Einschätzung des Eigengewichtes besteht die Gefahr, daß durch verhältnismäßig geringe Steigerung der Wirkung der Verkehrslasten, und mit solchen Zufälligkeiten muß gerechnet werden — man braucht nur an die dynamischen Wirkungen der bewegten Lasten zu denken —, die vermeintliche Zugspannung in eine Druckspannung umschlägt. Diese Überlegungen haben natürlich sinngemäß in allen jenen Fällen Anwendung zu finden, wo Eigengewicht und Verkehrslast entgegengesetzte Wirkung üben und der Einfluß der Verkehrslast für sich betrachtet, der ungünstigere ist. Als Beispiel sei nur der Fall des durchlaufenden Balkens erwähnt. Die bleibende Last wird in allen Auflagerpunkten positive, d. h. nach aufwärts gerichtete Auflagerkräfte hervorrufen. Bei gewissen Stellungen der Verkehrslast können aber in einzelnen Lagerpunkten negative Auflagerkräfte entstehen. Wenn auch die Rechnung einen Überschuß an aufwärts gerichteter Balkenreaktion ergibt, so wird man doch vorsichtshalber überprüfen müssen, ob auch bei etwa 1,5facher Verkehrslast die Auflagerkraft ihre positive Richtung beibehält, anderenfalls müßte man Vorsorge gegen das Abheben der fraglichen Auflagerpunkte treffen.

Nachstehend werden die Belastungsvorschriften einiger Eisenbahnverwaltungen auszugsweise angeführt.

a) Vorschriften der deutschen Reichsbahn[1])

(eingeführt mit Erlaß vom 12. Mai 1922).

1. Lastenzüge. Bei Eisenbahnbrücken mit Regelspurgleisen kommen im allgemeinen als Verkehrslast nur die in den Abb. 2 bis 4 dargestellten Lastenzüge **N**, **E** und **G** in Frage. Welcher von diesen Lastenzügen für den einzelnen Fall angewendet werden muß und für welche Strecken schwächere Lastenzüge zugelassen sind, wird durch besondere Vorschriften geregelt.

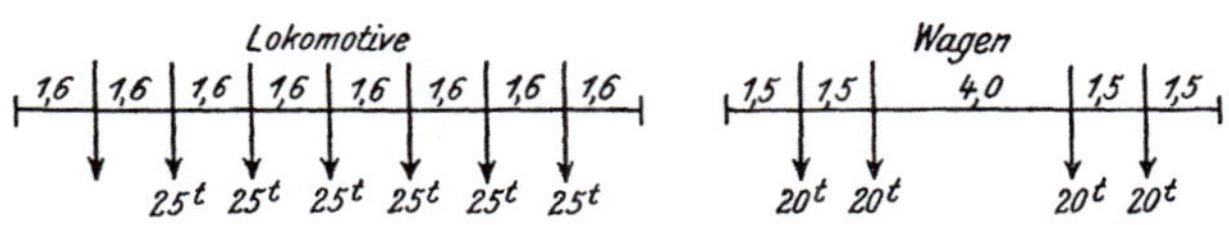

a) b)

Abb. 2. Deutsche Reichsbahn, Lastenzug N.

Lastenzug N. 2 Tenderlokomotiven von den in der Abb. 2a wiedergegebenen Abmessungen und Achslasten und ein- oder zweiseitig angehängte Großgüterwagen von den in der Abb. 2b wiedergegebenen Abmessungen und Achslasten (8 t/m).

Lastenzug E. 2 Tenderlokomotiven von den in der Abb. 3 wiedergegebenen Abmessungen und Achslasten und ein- oder zweiseitig angehängte Großgüterwagen (Abb. 2b).

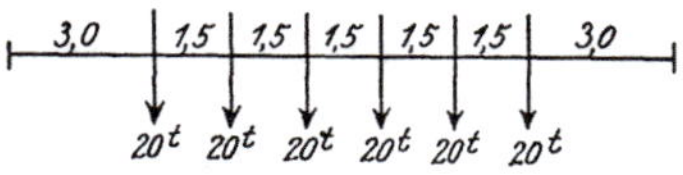

Abb. 3. Deutsche Reichsbahn, Lastenzug E.

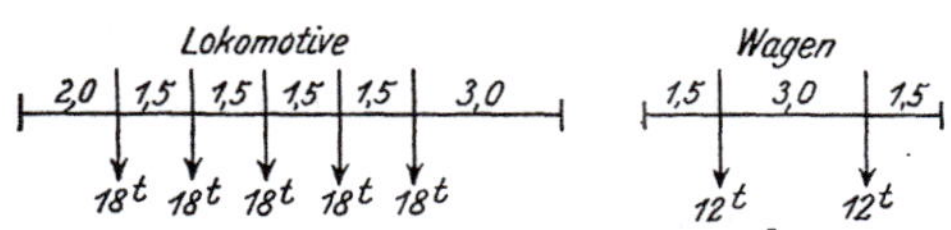

a) b)

Abb. 4. Deutsche Reichsbahn, Lastenzug G.

Lastenzug G. 2 Tenderlokomotiven von den in der Abb. 4a wiedergegebenen Abmessungen und Achslasten oder 2 Großgüterwagen (Abb. 2b) mit ein- oder zweiseitig angehängten Güterwagen von den in der Abb. 4b wiedergegebenen Abmessungen und Achslasten (4 t/m) oder 1 Tenderlokomotive (Abb. 4a), 2 einseitig angehängte Großgüterwagen (Abb. 2b) und an diese anschließende Güterwagen (Abb. 4b).

---

[1]) Siehe die in der Fußnote [3]) auf S. 5 angegebene Quelle.

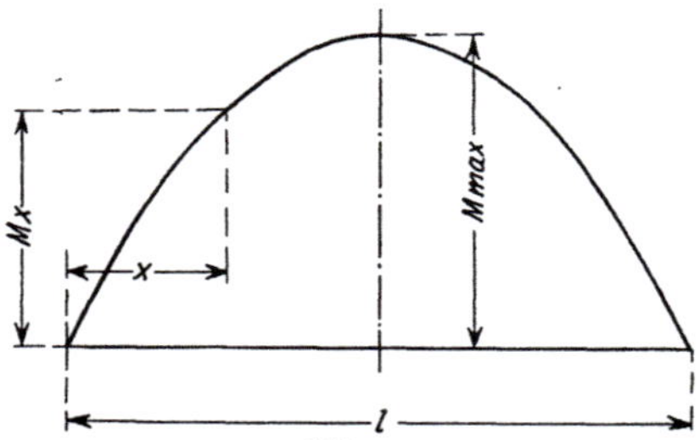

Abb. 5.

Für einfache Balkenträger auf 2 Stützen können die durch die Verkehrslast erzeugten größten Biegungsmomente und Querkräfte mit Hilfe der in den Vorschriften enthaltenen Tafeln berechnet werden.

Für die Berechnung der Größtmomente in Zwischenpunkten kann die Annahme gemacht werden, daß die größten Momente aus der Verkehrslast die Ordinaten einer Parabel mit der Pfeilhöhe $M_{\max}$ sind. (Abb. 5.) Diese Annahme ist bei der Unsicherheit in der Bestimmung der Größe der Stoßzahl berechtigt.

2. Belastung von Fußwegen und Bahnsteigen. Bei Fußwegen, die nur Bahnzwecken dienen, ist eine Verkehrslast von 400 kg/m² in Rechnung zu stellen. Eine gleichzeitige Belastung solcher Fußwege und der Gleise ist im allgemeinen nicht anzunehmen. Die Geländer solcher Fußwege sind für eine quergerichtete, wagerechte, am Geländerholm angreifende Kraft von 50 kg/m zu berechnen. Bei Fußwegen, die dem öffentlichen Verkehr dienen, ist eine Verkehrslast von 500 kg/m² anzunehmen. Die Geländer öffentlicher Fußsteige sind für eine quergerichtete, wagerechte, am Geländerholm angreifende Kraft von 100 kg/m zu berechnen. Bei Bahnsteigen ist eine Karreneinzellast von 1 t und außerhalb der 1 × 2 m großen Karrenfläche eine Verkehrslast von 500 kg/m² anzunehmen.

Bei Trägern, deren Momente und Querkräfte usw. nicht unmittelbar aus den Tafeln entnommen werden können, z. B. bei statisch unbestimmten Trägerarten, sind die ungünstigsten Laststellungen mit Einflußlinien oder ähnlichen Verfahren zu bestimmen. Ungünstige Laststellungen, die durch beliebige Kürzung der Fahrzeuge und Züge oder durch Zugtrennung möglich sind, sind zu berücksichtigen.

Bei zweigleisigen Eisenbahnbrücken ist, soweit dies ungünstigere Werte ergibt, anzunehmen, daß beide Gleise in gleicher Richtung gleichzeitig befahren werden.

b) Vorschriften für Neben- und Lokalbahnen in Sachsen und Württemberg[1]).

1. Lastenzug für die sächsischen Nebenbahnen mit Vollspur. 2 Tenderlokomotiven in ungünstigster Stellung mit einseitig angehängtem Güterwagen nach Abb. 6.

2. Lastenzug für die sächsischen Lokalbahnen mit Schmalspur. Lokomotivzug aus vierachsigen Lokomotiven der Abb. 7 bestehend, alle in einer Richtung stehend. Dort wo nur eine Achslast in Frage kommt, ist diese mit 10 t anzunehmen.

3. Lastenzug für die württembergischen vollspurigen Nebenbahnen. Die ganze Brücke ist mit zwei Brust an Brust gestellten Zügen von Lokomotiven und Tendern nach Abb. 8 zu belasten.

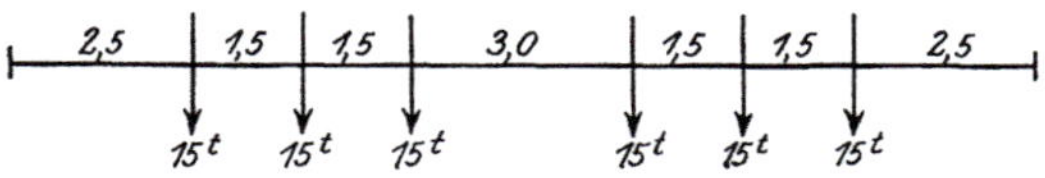

Abb. 6. Sächsische Nebenbahnen mit Vollspur.

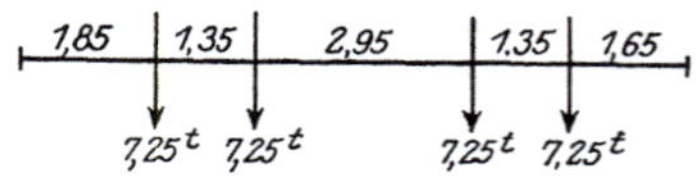

Abb. 7. Sächs. Nebenbahnen mit Schmalspur.

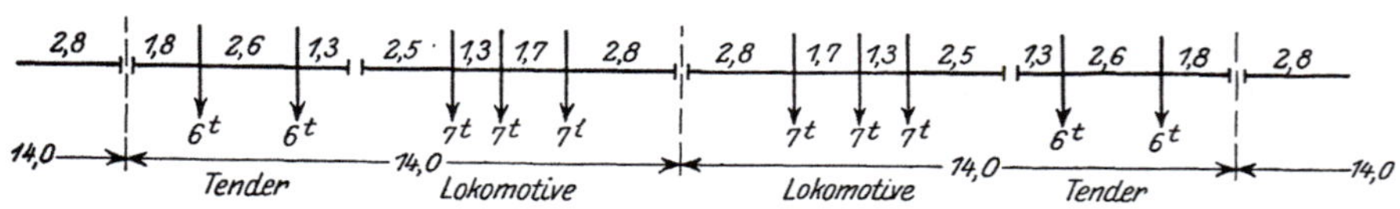

Abb. 8. Württembergische vollspurige Nebenbahnen.

c) Vorschriften der bayerischen Staatseisenbahnen vom 1. Februar 1908.

Der zur Bestimmung der größten angreifenden Kräfte erforderliche Lastenzug ist zusammenzusetzen:

1. Für Hauptbahnen aus 3 Tenderlokomotiven (Abb. 9a) und aus einer beliebigen Anzahl der Güterwagen (Abb. 9b).

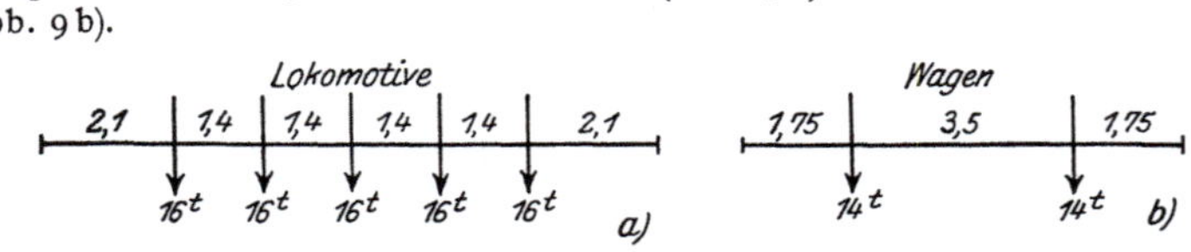

Abb. 9. Bayerische Staatseisenbahnen, Hauptbahnen.

[1]) Verordnung für die Lieferung von Eisenkonstruktionen zu Brücken und Hochbauten der Kgl. sächsischen Staatseisenbahnen vom Jahre 1895.

Eiserne Brücken der Kgl. württembergischen Eisenbahnverwaltung. Deutsche Bauztg. 1896, S. 294.

2. Für Nebenbahnen (mit Vollspur) aus 2 Tenderlokomotiven (Abb. 10) und aus einer beliebigen Anzahl von Güterwagen nach Abb. 9b.

Die Lokomotiven können in den Lastenzügen beliebig verteilt sein oder auch einzeln oder zu zweien, mit und ohne Wagen verkehren.

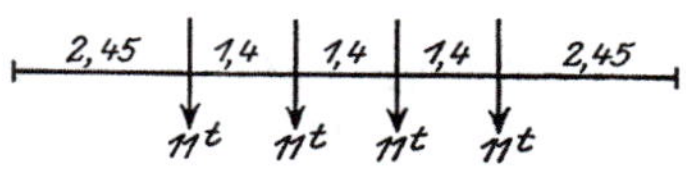

Abb. 10. Bayerische Staatseisenbahnen, vollspur. Nebenbahnen.

Bei Brücken mit durchgehendem Überbau oder bei Bogenbrücken kann der Lastenzug auch getrennt zur Anwendung kommen.

Für solche Konstruktionsteile, zu deren Berechnung lediglich eine dieser Lokomotiven mit oder ohne Güterwagen ausreicht, sind für die Bestimmung der größten angreifenden Kräfte bei Hauptbahnen zwei Lokomotivachsen mit je 20 t, bei Nebenbahnen eine solche mit 14 t Gewicht in Rechnung zu bringen.

Fußwegkonstruktionen, welche nur Bahnzwecken dienen, sind mit einer Belastung von 200 kg/m² Grundrißfläche, zu berechnen und wird angenommen, daß diese Belastung nicht gleichzeittg mit der Zugbelastung auftritt.

Die bayerischen Vorschriften enthalten Tafeln, aus denen die größten Balkenmomente und Balkenquerkräfte unmittelbar abgelesen werden können.

d) Vorschriften für die österreichischen Eisenbahnen.

(Verordnung vom 28. August 1904.)

1. Vollspurige Hauptbahnen (Belastungsnorm I). Zwei der in Abb. 11 dargestellten Lokomotiven samt Tendern und einseitig angehängten Wagen.

Insofern weniger als fünf Lokomotivachsen, von welchen eine an der ungünstigsten Stelle, mit 20 t, die übrigen mit 16 t Belastung anzunehmen sind, größere Einwirkungen ergeben als die Lokomotive nach Abb. 11, ist dieser Belastungsfall zugrunde zu legen.

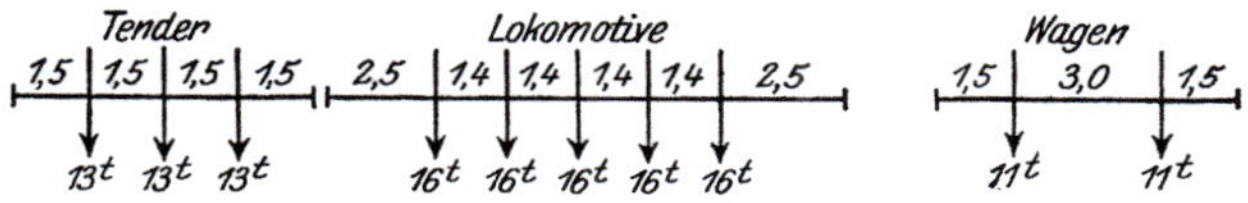

Abb. 11. Österreich, Belastungsnorm I.

2. Vollspurige Nebenbahnen (Belastungsnorm II). Zwei Lokomotiven samt Tendern nach Abb. 12 oder zwei Tenderlokomotiven nach Abb. 13 mit einseitig angehängten Güterwagen der Belastungsnorm I.

Insofern zwei Lokomotivachsen, von denen eine an der ungünstigsten Stelle mit 16 t, die andere mit 14 t anzunehmen ist, oder nur eine Achse mit 16 t Belastung größere Einwirkungen ergeben als die Lokomotiven, ist der ungünstigste Belastungsfall anzunehmen.

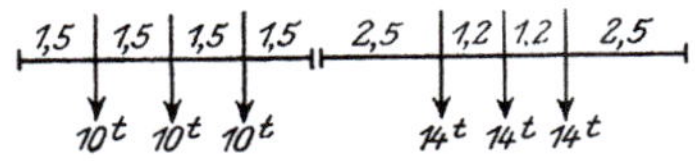

Abb. 12. Österreich, Belastungsnorm II.

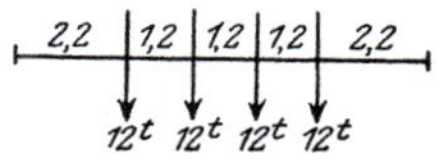

Abb. 13. Österreich, Belastungsnorm II.

3. Schmalspurige Lokalbahnen (Belastungsnorm III). Zwei Tenderlokomotiven mit einseitig angereihten Güterwagen nach Abb. 14.

Für die Berechnung von Brücken mit einfachen Balkenträgern sind die größten Biegungsmomente und Querkräfte in Tafeln zusammengestellt. Die Linie der größten Biegungsmomente kann gebildet werden durch zwei Parabelstücke mit einer sie verbindenden Geraden im Abstande von M_{max} von der Grundlinie. Die Länge der Geraden beträgt 0,1 L (Abb. 15).

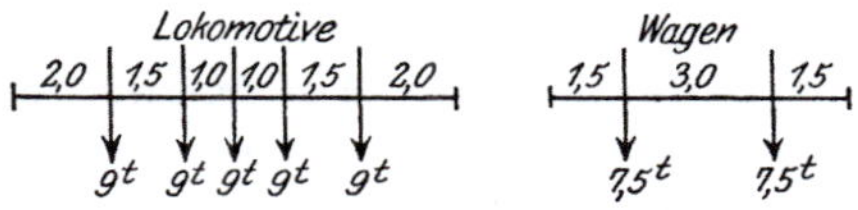

Abb. 14. Österreich, Belastungsnorm III.

Bei über mehr als zwei Stützen durchlaufenden Trägern und bei Bogenträgern sind zur Ermittlung der größtmöglichen Einwirkungen mehrere Belastungszüge in ungünstigster Stellung anzunehmen.

Gehwegkonstruktionen, die nur dem Bahnverkehr dienen, sind für eine Belastung von 340 kg/m² Grundrißfläche zu berechnen. Dabei ist die Annahme gestattet, daß diese Belastung nicht gleichzeitig mit der Zugbelastung auftritt Dienen die Gehwegkonstruktionen dem allgemeinen Verkehr, so hat die Berechnung unter Zugrundelegung einer gleichzeitig mit der Zugbelastung auftretend gedachten Belastung von 400 kg/m² Grundrißfläche zu erfolgen.

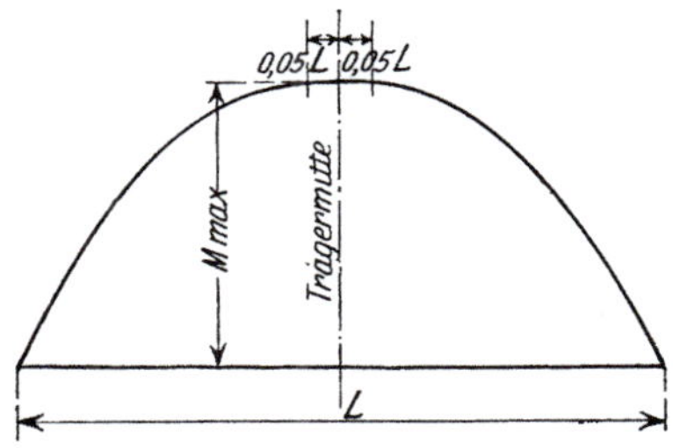

Abb. 15.

e) Vorschriften für die schweizerischen Bahnen.

(Verordnung des Bundesrates vom 7. Juni 1913.)

1. Brücken auf Hauptbahnen. Für Hauptbahnen ist ein Zug von zwei Lokomotiven und eine unbeschränkte Zahl einseitig angehängter Wagen nach Abb. 16 anzunehmen. Außerdem sind fallweise zwei Achslasten von je 22 t in 1,5 m Abstand voneinander zu berücksichtigen. Bei Brücken bis zu 15 m Stützweite, sowie bei Quer- und Schwellenträgern sind die Verkehrslasten um $2\,(15 - L)\,{}^0/_0$ (L = Stützweite in m) zu erhöhen.

2. Brücken auf normalspurigen Nebenbahnen. Der Lastenzug besteht aus zwei Lokomotiven nach Fig. 17 und einseitig angereihten Wagen wie bei 1.

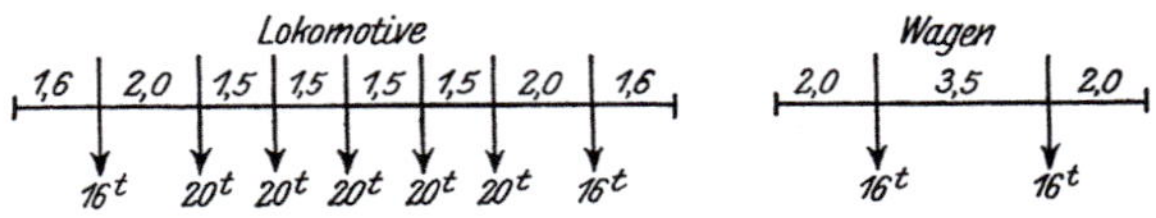

Abb. 16. Schweiz, Hauptbahnen.

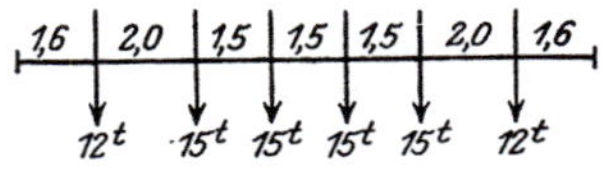

Abb. 17. Schweiz, Normalspurige Nebenbahnen.

Außerdem sind fallweise zwei Achslasten von je 17 t in 1,5 m Abstand zu berücksichtigen. Bei Brücken bis 15 m Spannweite, sowie bei Quer- und Schwellenträgern ist der gleiche Zuschlag wie bei 1 zu berücksichtigen.

3. Brücken auf Schmalspurbahnen mit Lokomotivbetrieb. Zwei Lokomotiven mit einseitig angereihten Wagen nach Abb. 18.

Bei Brücken bis 15 m Stützweite, sowie bei Quer- und Schwellenträgern ist der gleiche Zuschlag wie bei 1 zu berücksichtigen.

4. Brücken auf Hauptbahnen mit elektrischer Zugförderung. Der statischen Berechnung neuer eiserner Brücken auf Hauptbahnen ist ein Belastungszug zugrunde zu legen, bestehend aus einer unbeschränkten Anzahl Lokomotiven nach Abb. 19. Außerdem sind bei Brücken bis 15 m Stützweite sowie bei Quer- und Schwellenträgern die Verkehrslasten zu erhöhen und zwar:

bei bewegter Verkehrslast um . . . . $2\,(15 - L)\,{}^0/_0$
bei ruhender Verkehrslast um . . . . $1\,(15 - L)\,{}^0/_0$
L = Stützweite in m.

Für Stabilitätsberechnungen ist ein Zug von leeren Wagen mit einem Gewicht von 1,2 t/m anzunehmen.

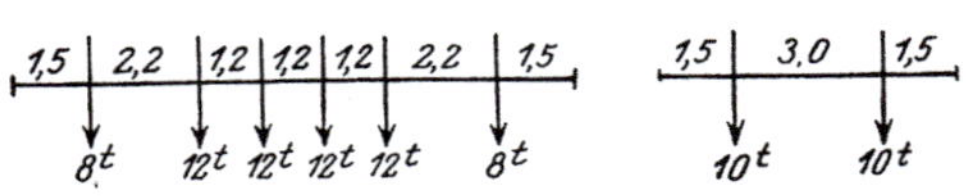

Abb. 18. Schweiz, Schmalspurige Nebenbahnen.

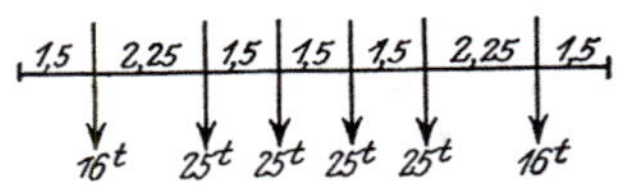

Abb. 19. Schweiz, Hauptbahnen mit elektrischer Zugförderung.

f) Vorschriften für die schwedischen Eisenbahnen.

(Normalbestimmungen vom 3. Mai 1919.)

1. Normalspurige Eisenbahnen für Erztransport, Belastungszug A. Zwei Lokomotiven mi Tender und einseitig angehängten Erzwagen nach Abb. 20.

2. Normalspurige Eisenbahnen ohne Erztransport, Belastungszug B und C. Zwei Lokomotiven mit Tendern und einseitig angereihten Wagen nach Abb. 21 oder fallweise nach Abb. 22

3. Schmalspurige Eisenbahnen (Spurweite 1,067 m). Hier gilt ebenfalls der Lastenzug **B.**

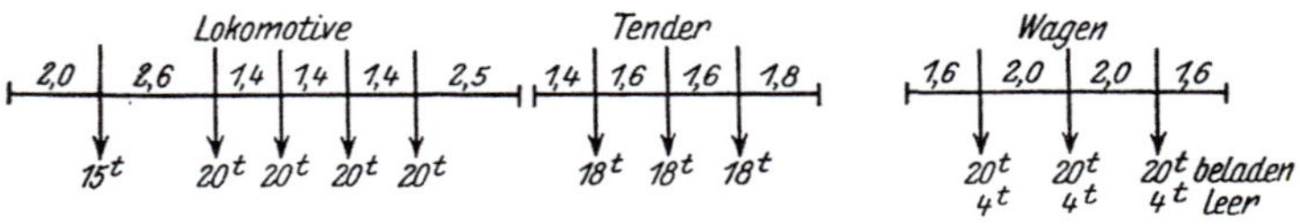

Abb. 20. Schweden, Lastenzug A.

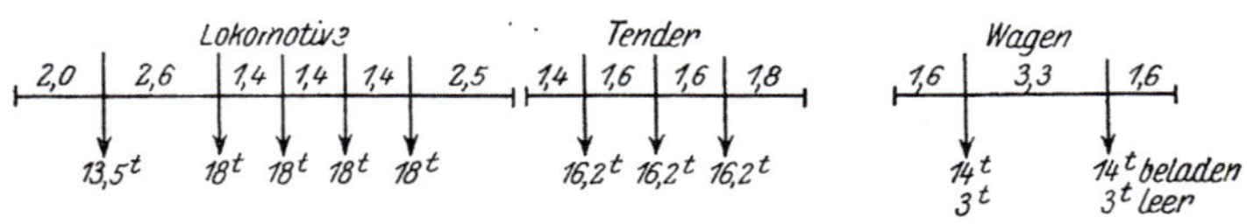

Abb. 21. Schweden, Lastenzug B.

4. Schmalspurige Eisenbahnen (Spurweite 0,891 m). Derartige Brücken sind mit dem Lastenzug **B** zu berechnen, wobei aber die Achsdrücke auf 0,8 bzw. 0,6 der oben angegebenen Werte herabzusetzen sind.

Zweigleisige Brücken sollen für gleichzeitige Belastung beider Gleise (Lastenzüge in ungünstigster Stellung) berechnet werden. Für Brückenteile, die von beiden Lastenzügen beeinflußt werden, ist eine Herabsetzung der Belastung um $\left(5+\frac{l}{10}\right)$ % gestattet, wobei l die theoretische Belastungslänge in Metern bezeichnet.

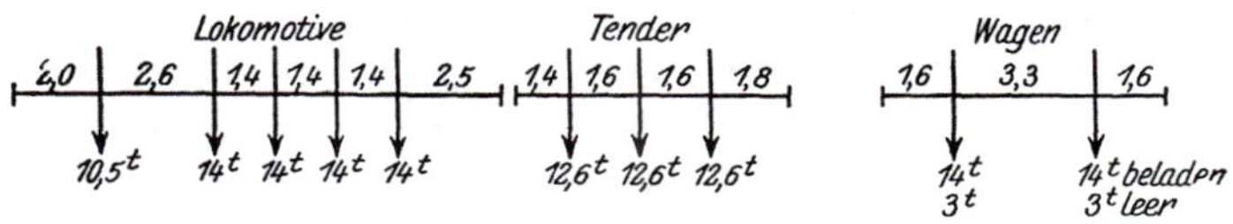

Abb. 22. Schweden, Lastenzug C.

Die Lastenzüge sind jeweils in die für den betreffenden Brückenteil ungünstigste Stellung zu bringen, ohne daß eine Zugtrennung anzunehmen ist, doch sind hierbei beladene und nicht beladene Wagen so anzuordnen, daß eine ungünstigste Wirkung erzielt wird.

Die Maximalmomentenlinie für Träger auf zwei Stützen kann aus zwei Halbparabeln, die durch eine Gerade verbunden sind, die im Abstand von M_{max} von der Grundlinie verläuft und die Länge $l/8$ hat, dargestellt werden. Im übrigen enthalten die Vorschriften ausführliche Tabellen der Momente und Querkräfte für den einfachen Balken.

4. Verkehrslasten der Straßenbrücken.

Die Verkehrslasten der Straßenbrücken sind im allgemeinen viel mannigfaltiger als die der Eisenbahnbrücken, und in diesem Umstande mag der Grund liegen, weshalb auf dem Gebiete des Straßenbrückenbaues noch viel weniger einheitliche Belastungsgrundlagen für die Berechnung der Brücken geschaffen wurden als dort. Die Verkehrslasten der Straßenbrücken sind: Personen- und Lastfuhrwerke, Kraftwagen, Straßenbahnwagen, Dampfstraßenwalzen, Dampfpflüge und Menschen. Diese Aufzählung allein zeigt die Mannigfaltigkeit der Verkehrsmittel, wozu noch innerhalb jeder Gruppe zahlreiche Abstufungen nach Achsdruck, Radstand, Spurweite usw. in Frage kommen. Schwankt doch das Gewicht der Pferdefuhrwerke, wenn man von ganz leichten Wagen absieht, zwischen 3 t und 20 t, das der Dampfstraßenwalzen zwischen 14 t und 23 t. Es ist darnach klar, daß einer Feststellung von Belastungsvorschriften eine Klassifizierung der Brücken, je nach Lage und Verkehr, vorangehen muß. Die meisten Straßenverwaltungen unterscheiden daher auch je nach Art und Höhe der ihrer Berechnung zugrunde zu legenden Belastung zwei oder gar drei Klassen von Brücken.

Bei der Festsetzung der Brückenbelastung ist darauf zu achten, daß einzelne Verkehrsmittel, die man als außergewöhnliche Verkehrslasten bezeichnet, wie Dampfstraßenwalzen, sehr schwere Lastwagen, Dampfpflüge, die nur einzeln, also nicht in Zügen die Brücke befahren, Träger größerer Stützweite, wie z. B. die Hauptträger, nur wenig beeinflussen, während Träger kleinerer Stützweite, z. B. die Fahrbahnrostelemente sehr stark durch derartige außergewöhnliche Belastungen in Anspruch genommen werden. Auch bei der der Rechnung zugrunde zu legenden Menschenlast unterscheidet man vielfach gewöhnliche Belastung, die für die Hauptträger und die Fahrbahnteile gilt, und außergewöhnliche Belastung, die für die Bauteile des Gehsteges in Frage kommt. Die Gründe für diese Maßnahmen werden aus den weiter unten folgenden Ausführungen über die Bemessung der Höhe der Menschenlast klar werden. Da die außergewöhnlichen Belastungen, wie schon der Name besagt, nur selten auftreten und auch nur für die Bemessung gewisser Brückenteile ausschlaggebend sind, so wäre es aus Gründen der Wirtschaftlichkeit angezeigt, für solche außergewöhnliche Belastungen eine höhere Beanspruchungsziffer zuzulassen. Ein anderer Weg, der Forderung nach sparsamem Bauen entgegenzukommen, wäre der, solchen außergewöhnlichen Verkehrslasten vorher bestimmte Fahrbahnstreifen für das Übersetzen der Brücke zuzuweisen. Dies gilt hauptsächlich für Dampfstraßenwalzen und für Dampfpflüge.

Die Größe der Achsdrücke der Lastwagen richtet sich nach den örtlichen Bedürfnissen. Sie schwankt, wie schon oben erwähnt, innerhalb weiter Grenzen. Sie hängt u. a. ab von dem landesüblichen Pferdeschlag und von dem Zustande der Straßen. Da das Streben, das Pferdefuhrwerk durch Lastkraftwagen zu ersetzen, immer deutlicher zutage tritt, so soll bei neuen Brückenausführungen auf derartige Wagen Rücksicht genommen werden[1].

---

[1]) Man beachte in dieser Hinsicht die schwedischen Normalbestimmungen vom Jahre 1919 (s. S. 29).

Die schwersten Dampfwalzen wiegen 23 t, doch zeigen neuere Ausführungen geringeres Gewicht, etwa 19 t. Die Gewichte der Straßenbahnwagen schwanken sehr stark, es sind von Fall zu Fall die tatsächlichen Achsdrücke der statischen Berechnung zugrunde zu legen. Der schwerste Fowlersche Dampfpflug wiegt nach Bertschinger 22 t. Radstand und sonstige Abmessungen sind in Abb. 23 dargestellt[1]).

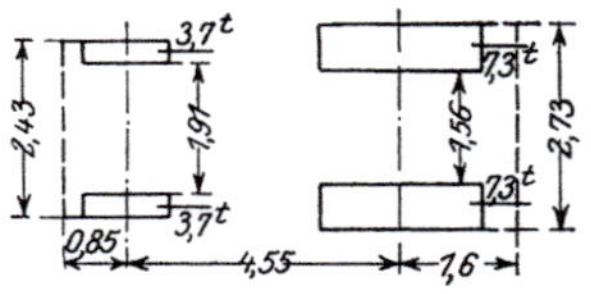

Abb. 23. 22 t-Dampfpflug nach Bertschinger.

Die Belastung der Brücken durch Menschengedränge wird in den meisten Brückenvorschriften mit 400 bis 500 kg/m² angegeben. Um zu einem Urteil über diese üblichen Belastungszahlen zu gelangen, mögen hier die Ergebnisse einiger Versuche angeführt werden.

Der amerikanische Ingenieur L. J. Johnson[2]) fand folgende Belastungsgrößen:

Gedränge wie auf städtischen Bürgersteigen mit lebhaftem Geschäftsverkehr	390 kg/m²;
Gedränge, daß das Durchkommen schon Schwierigkeiten bereitet	490 „ „
Der Einzelne kann sich seinen Weg nur mit Anstrengung bahnen	600 „ „
Dichtes, geschlossenes Gedränge, daß der Einzelne aber noch bequem stehen kann	700 „ „

Hunscheidt[3]) macht auf Grund der von ihm angeführten Versuche folgende Angaben:

Mäßiges Gedränge, die Menschen berühren sich, ohne sich zu beengen	565 kg/m²;
Gedränge, wie es auf belebten Straßenübergängen sowie beim Entleeren von Versammlungsräumen beobachtet wird	650 „ „
Gedränge, wie beim Ansammeln großer Menschenmassen in engen Straßen, Landungsbrücken usw.	700 „ „

Nimmt man an, daß der Verkehr auf Brücken kaum dichter sein wird als auf stark belebten Bürgersteigen, so wird eine Belastungsziffer von 390 kg/m², abgerundet also 400 kg/m², für Fahrbahn und Hauptträger als ausreichend betrachtet werden müssen. Insbesondere bei großen Brücken, wo schon bedeutende Menschenmassen vorhanden sein müssen, um die Fahrbahn zu füllen, wird diese Zahl als obere Grenze zu betrachten sein, um so mehr, als selbst im ausnahmsweisen Überschreitungsfalle eine Mehrbeanspruchung in allen Teilen der Brücke ohne Schaden für das Eisentragwerk zugebilligt werden kann. Man darf nicht vergessen, daß dichtere Menschenmengen sich nur sehr langsam vorwärts bewegen können, in solchen Fällen also von dynamischen Wirkungen der Verkehrslast keine Rede sein kann. Im Einklang mit der oben festgestellten Ziffer stehen die meisten Vorschriften; die Abweichungen nach oben oder unten betragen höchstens 60 kg/m².

Anders liegt die Frage bei der Berechnungslast der eigentlichen Fußwegkonstruktion. Die Abmessungen dieser Tragwerksteile hängen stark von den örtlichen Belastungen ab. Es erscheint daher berechtigt, bei der Bemessung dieser Teile auf ein örtlich beschränktes, dichteres Zusammendrängen einiger Menschen Rücksicht zu nehmen. Nach den Versuchen Johnsons wäre eine Ziffer von 600 kg/m² als Belastung der Gehwege zu emp-

---

[1]) Siehe die in der Fußnote S. 13 angegebene Quelle.

[2]) Eng. News 1904.

[3]) Hunscheidt: Versuche zur Ermittlung der Belastung durch Menschengedränge. Zentralbl. Bauv. 1904, S. 504.

fehlen. Diese Belastung ist dann als außergewöhnliche Belastung aufzufassen. Die meisten Bestimmungen schreiben 500 bis 560 kg/m² vor.

Bei der Berechnung der einzelnen Brückenteile sind die Fuhrwerke in die für die untersuchte Wirkung ungünstigste Stellung zu bringen, wobei meist mehrere Reihen von Fahrzeugen nebeneinander anzuordnen sind. Die noch freibleibenden Flächen der Fahrbahn und Gehwege sind mit Menschen besetzt anzunehmen. Bei großen Brücken erzeugt Menschengedränge für sich allein meist größere Wirkungen als die Fahrzeugreihen, da die Durchschnittsbelastung der Fuhrwerke auf den Quadratmeter umgerechnet, wegen des großen Raumes, den die Bespannungen einnehmen, kleiner ist als die Belastung durch Menschenansammlung.

Die statische Untersuchung der Hauptträger erfolgt am besten unter Zuhilfenahme von Einflußlinien, selbst in jenen Fällen, wo der Hauptträger als Träger auf zwei Stützen ausgebildet ist, zumindest aber in jenen Fällen, wo für die Untersuchung Einzellastenzüge in Frage kommen. Die im Schlußabsatze der allgemeinen Erörterungen über die Verkehrslasten von Eisenbrücken (S. 16) behandelte Frage spielt naturgemäß auch im Straßenbrückenbau eine Rolle. Die obigen Darlegungen haben daher auch bei der Berechnung eiserner Straßenbrücken sinngemäße Anwendung zu finden.

Zur Erläuterung der voranstehenden Ausführungen mögen die Belastungsbestimmungen einer Reihe von Vorschriften über Straßenbrücken auszugsweise mitgeteilt werden. In Deutschland haben die meisten Eisenbahnverwaltungen auch Vorschriften für den Bau von Straßenbrücken herausgegeben, so Bayern, Sachsen, Württemberg, Baden. Gleiches gilt für Österreich. In Preußen fehlen einheitliche Straßenbrückenvorschriften überhaupt. Daneben besteht allerdings eine Reihe von Vorschriften, die von den Bauverwaltungen der größeren Städte erlassen wurden.

In den letzten Jahren traten vielfach Bestrebungen zutage, die Vorschriften für ganz Deutschland zu vereinheitlichen. Ausführliche Vorschläge haben Kayser, Schaper, Ellerbeck und Starker gemacht[1]). Die Vorschläge Kaysers verdienen ernsteste Beachtung.

Prof. Kayser teilt die Brücken je nach der Bedeutung des Verkehrsweges in 3 Klassen ein. Klasse I: Staats- und Hauptstraßen, Klasse II: Verbindungsstraßen, Klasse III: Nebenstraßen und Feldwege, und legt jeder derselben verschiedene Belastungen zugrunde. Prof. Kayser macht weiter den beachtenswerten Vorschlag, die Breite eines Verkehrsbandes einheitlich mit 2,50 m festzusetzen und bei jeder Brückenklasse mit einer Lastengruppe schwerer Einzellasten in ungünstigster Stellung, im übrigen aber mit gleichförmig verteilten Lasten zu rechnen. Die Lastengruppe besteht aus einer Straßenwalze und zwei schweren Lastkraftwagen, die je nach Erfordernis in ungünstigster Stellung neben oder hintereinander aufzustellen sind. Für die Berechnung der Hauptträger sind diese drei Lasten in ungünstigster Stellung nebeneinander anzunehmen, falls die Brücke drei Verkehrsbahnen hat, andernfalls ist die Zahl der schweren Kraftwagen entsprechend zu vergrößern oder zu verkleinern. Vor und hinter, sowie neben dieser Lastengruppe sind die Brückenflächen mit Menschengedränge zu belasten.

Die vorgeschlagenen Belastungen für die einzelnen Brückenklassen sind folgende:

Klasse I: Eine Lastengruppe, bestehend aus einer Dampfwalze von 20 t Gesamtgewicht (Vorderwalze 8 t, Hinterwalze 12 t, Radstand 3,5 m) und 2 Lastkraftwagen von je 9 t Gewicht (Vorderachse 3 t, Hinterachse 6 t, Radstand 4 m), im übrigen Menschengedränge von 500 kg/m².

---

[1]) Kayser, H.: Belastungsannahmen für Straßenbrücken und Vorschläge für ihre Vereinheitlichung. Zeitschr. Bauw. 1916, S. 75.

Schaper: Die Belastungsannahme usw. für Straßenbrücken. Zentralbl. Bauv. 1916, S. 142.

Dr.-Ing. Ellerbeck und Starker: Berechnungsgrundlagen für eiserne Straßenbrücken. Zeitschr. Bauw. 1920, S. 115.

Klasse II: Eine Lastengruppe, bestehend aus einer Dampfwalze von 14 t Gesamtgewicht (Vorderwalze 5 t, Hinterwalze 9 t, Radstand 3,0 m) und 2 Lastkraftwagen von je 6 t Gewicht (Vorderachse 1,5 t, Hinterachse 4,5 t, Radstand 3,5 m), im übrigen Menschengedränge von 450 kg/m².

Klasse III: Lastengruppe bestehend aus einer Pferdewalze von 9 t Gesamtgewicht (Walze 6 t, 2 Paar Pferde von je 1,5 t) und 2 Lastkraftwagen von je 6 t Gewicht, wie bei Klasse II. Im übrigen Menschengedränge von 400 kg/m².

An dem Vorschlag Kaysers beanstandet Ellerbeck und Starker die Tatsache, daß die Pferdewalze (Klasse III) bei Trägern kleiner Stützweite (Längsträger) größere Momente erzeugt, als die 14 t-Dampfwalze der Klasse II. Er schlägt vor, die Pferdewalze durch eine 7 t schwere Dampfwalze (5 t + 2 × 1 t) zu ersetzen.

a) Vorschriften der bayerischen Staatsbahnen (Straßenbrücken) vom 1. Februar 1908.

1. Klasse I (Staats- und Distriktsstraßen). α) Belastung durch eine Dampfstraßenwalze mit 20 t Dienstgewicht (Abb. 24) und gleichzeitig durch Menschengedränge mit 360 kg/m² auf den übrigen Teilen der Fahrbahn und auf den Fußwegen.

β) Für Brücken mit Stützweiten über 20 m: Belastung durch Reihen von 8 t-Wagen (Abb. 25) ohne Bespannung und Deichsel und gleichzeitig Menschengedränge von 360 kg/m². Die Wagen folgen einander in Abständen von 4 m.

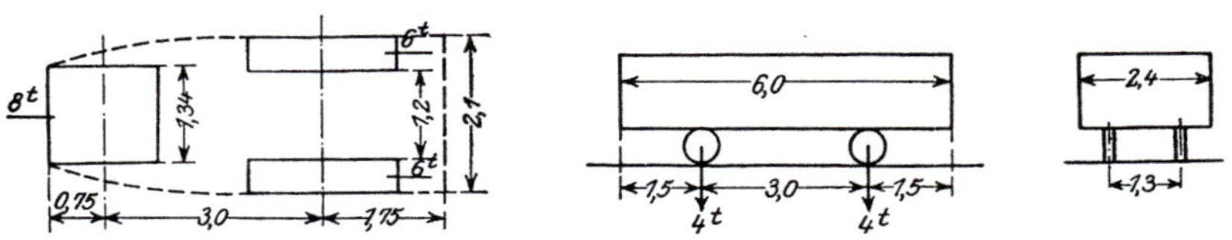

Abb. 24 und 25. Bayern, Staats- und Distriktsstraßen.

2. Klasse II (Gemeindewege und Ortsstraßen). Belastung durch einen Wagen mit 8 t Gewicht (Abb. 25) und gleichzeitig Menschengedränge von 360 kg/m².

3. Klasse 3 (Feldwege). Belastung durch einen Wagen mit 4 t Gesamtgewicht (Abb. 26) ohne Deichsel und Bespannung und gleichzeitiger Menschenbelastung mit 360 kg/m² auf den übrigen Teilen der Fahrbahn.

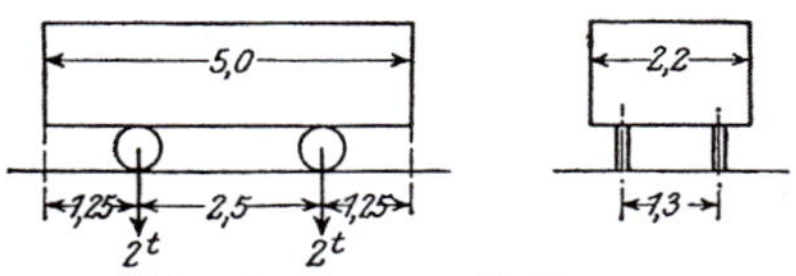

Abb. 26. Bayern, Feldwege.

4. Fußgängerstege. Jene Teile der Fahrbahn- und Fußwegtafel, auch der Fußgängerstege (Querträger, Zwischenlängsträger, Konsolen und ähnliche Teile), welche die Fahrbahn und Fußwegdecke unmittelbar zu tragen oder ihre Belastung auf Hauptträger zu übertragen haben, sind für sich (ohne gleichzeitige Belastung durch Fahrzeuge) auch für Menschenbelastung mit 540 kg/m² zu berechnen.

Die Geländer sind für einen in Holmhöhe wirkenden Seitendruck von 100 kg für den lfd. m zu berechnen.

b) Vorschriften der sächsischen Staatseisenbahnen (Straßenbrücken) vom April 1895.

Menschengedränge von 400 kg/m², desgleichen für Berechnung einzelner Teile von Fußwegen 560 kg/m². Wenn größere Beanspruchungen eines Teiles hierdurch entstehen, so können ein oder mehrere Lastwagen nach folgendem Schema angenommen werden:

1. Für Straßen mit starkem Verkehr: 12 t-Wagen nach Abb. 27 mit Bespannung.

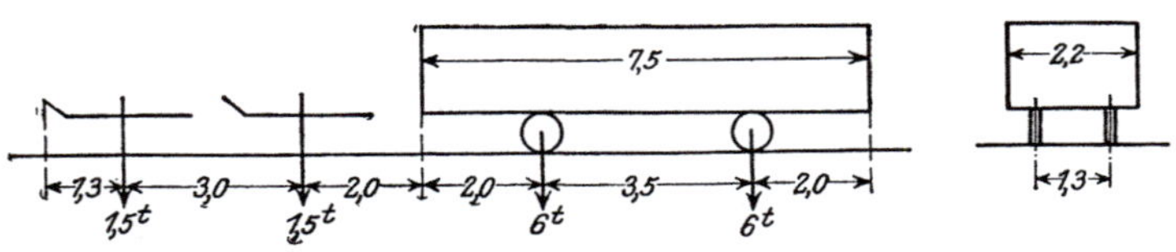

Abb. 27. Sachsen, Straßenbrücken mit starkem Verkehr.

2. Für Straßen mit mittlerem Verkehr: 6 t-Wagen nach Abb. 28 mit Bespannung.

3. Für Straßen mit schwachem Verkehr: 3 t-Wagen nach Abb. 29 mit Bespannung.

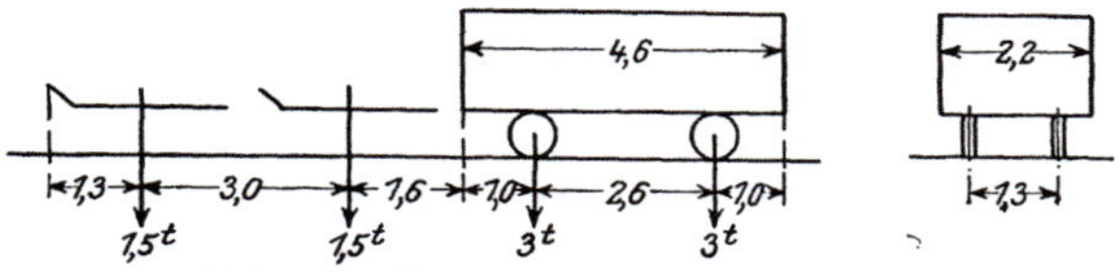

Abb. 28. Sachsen, Straßenbrücken mit mittlerem Verkehr.

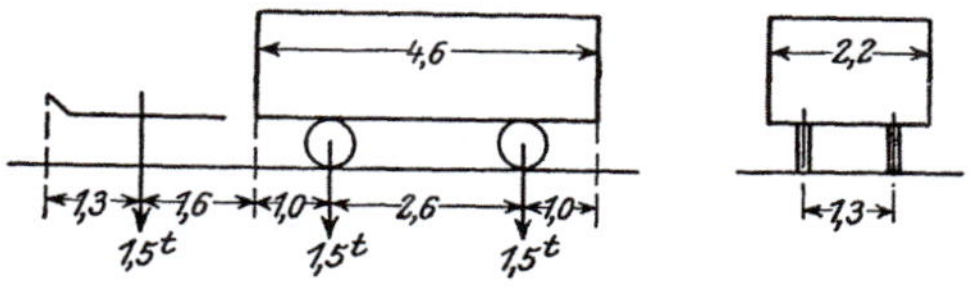

Abb. 29. Sachsen, Straßenbrücken mit schwachem Verkehr.

Wo stärkere Belastung durch Dampfstraßenwalzen usw. zu erwarten ist, ist diese der Berechnung zugrunde zu legen. In der Regel ist nur ein Gefährt auf dem Überbau, der übrige Teil aber durch Menschengedränge belastet anzunehmen. Die hierbei sich ergebende Beanspruchung darf bis zum $1^1/_2$ fachen der sonst zulässigen Inanspruchnahme steigen.

c) Vorschriften der württembergischen Staatseisenbahnen, Februar 1909 (und der Straßenbauverwaltung).

1. Brücken im Zuge von Hauptstraßen, die mit Dampfstraßenwalzen gewalzt werden. Innerhalb oder in der Nähe verkehrsreicher Städte: Menschengedränge für Fahrdamm bei über 20 m Spannweite 400 kg/m², sonst 500 kg/m², ebenso wie durchweg für die Bürgersteige. Dazu Belastung durch 16 t schwere Dampfwalze nach Abb. 30. Bei von verkehrsreichen Städten entfernten Straßen: 400 kg/m² (bei Fahrdamm der Brücken über 20 m Spannweite 350 kg/m²) Menschengedränge, 16 t schwere Dampfwalze.

2. Brücken im Zuge von Landstraßen (Staatsstraßen und wichtigen Gemeindestraßen). Menschengedränge bei Spannweite unter 20 m 460 kg/m², über 20 m nur 350 kg/m², dazu 12 t schwerer Lastwagen nach Abb. 31.

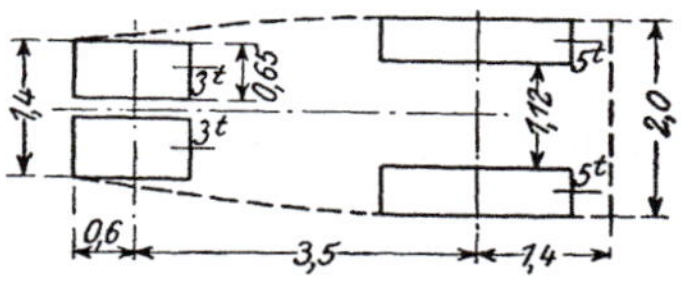

Abb. 30. Württemberg, 16 t-Dampfwalze.

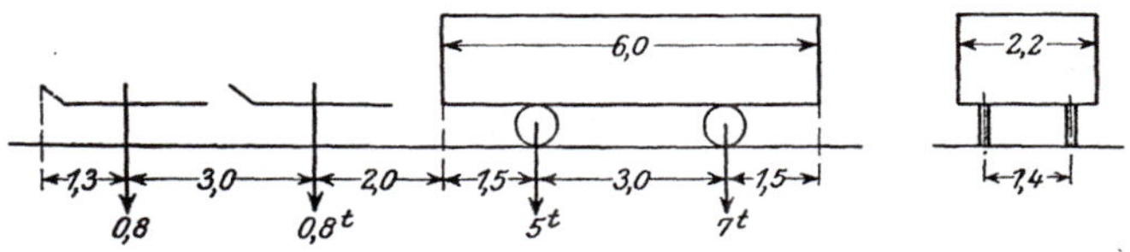

Abb. 31. Württemberg, Landstraßenbrücken.

3. Brücken im Zuge von Feldwegen. Menschengedränge 350 kg/m² unter 20 m Spannweite, 300 kg/m² über 20 m Spannweite, dazu 6 t schwere Lastwagen nach Abb. 32.

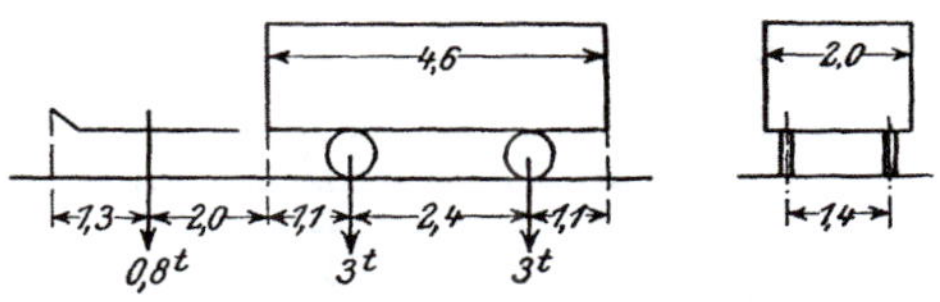

Abb. 32. Württemberg, Feldwegbrücken.

4. Fußstege. Über Stationsgleisen 450 bzw. 400 kg/m² (letzteres bei über 20 m Spannweite), bis auf 500 m Entfernung von Stationen 350 bzw. 300 kg/m², bei geringerem Verkehr 200 kg/m².

Es sind für jeden Konstruktionsteil die ungünstigsten Belastungen anzunehmen, jedoch neben Menschengedränge nur eine Dampfwalze oder ein Lastwagen. Bei der Berechnung der Hauptträger können statt der Einzellasten der Fahrzeuge entsprechende, auf deren Grundfläche gleichförmig verteilte Belastungen zugrunde gelegt werden (für die Dampfwalze 1600 kg, bei 12 t-Lastwagen 500 kg, bei 6 t-Lastwagen 450 kg auf 1 m² von dem Fahrzeug überdeckter Fläche). Bei großen Spannweiten können die Hauptträger mit gleichmäßig verteilter Last berechnet werden, die dem Mittelwert aus der Belastung durch Menschengedränge und dem Belastungsgleichwert der Fahrzeuge entspricht.

d) Vorschriften der badischen Staatsbahnen, Februar 1903.

1. Für städtische Brücken mit starkem Verkehr. Gleichmäßig verteilte Last von 450 kg/m² oder ein vierrädriger Wagen von 20 t Gewicht nach Abb. 33a oder 23 t-Dampfwalze nach Abb. 33b.

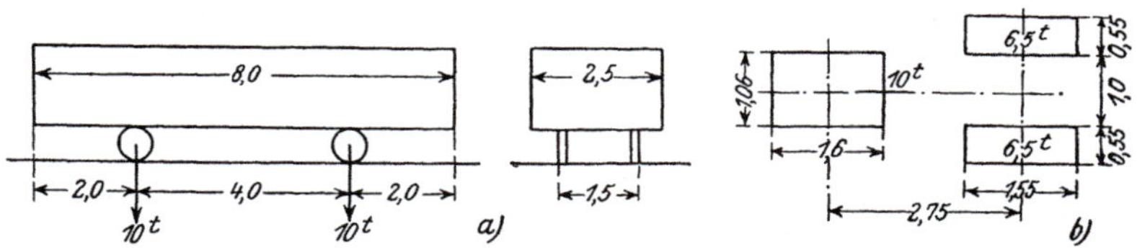

Abb. 33. Baden, Brücken mit starkem Verkehr.

2. Für alle übrigen öffentlichen Brücken. Gleichmäßig verteilte

Last von 400 kg/m² oder ein vierrädriger Wagen von 12 t Gewicht nach Abb. 34a oder 17,5 t-Dampfwalze nach Abb. 34b.

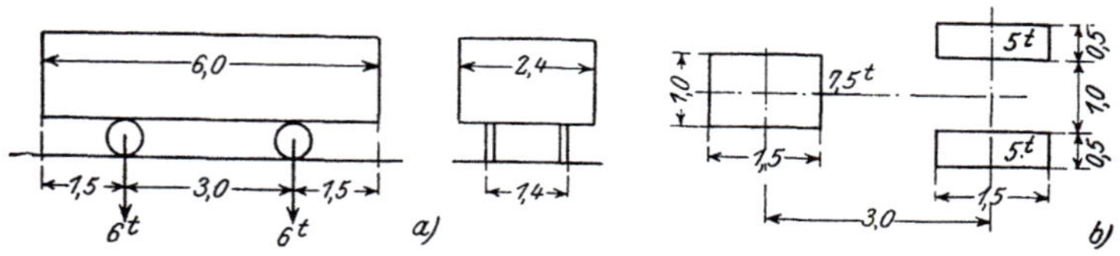

Abb. 34. Baden. Brücken mit gewöhnlichem Verkehr.

3. **Für Nebenwege.** Gleichmäßig verteilte Belastung von 350 kg/m² oder ein vierrädriger Wagen von 6 t Gewicht nach Abb. 35.

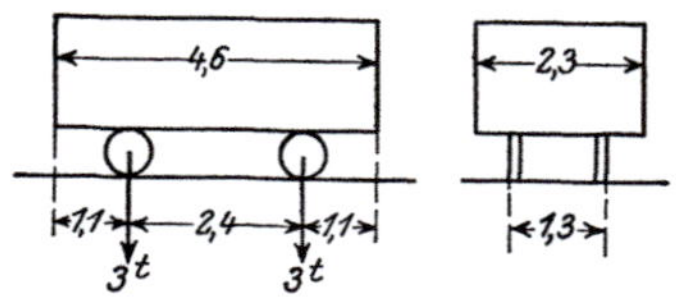

Abb. 35. Baden, Brücken für Nebenwege.

Für die einzelnen Teile der Gehwege und Fußgängerstege ist anzunehmen: in Städten 500 kg/m², im übrigen 400 kg/m².

Für Brücken in Straßen untergeordneter Bedeutung, auf welchen ausnahmsweise stärkeres Menschengedränge zu erwarten ist, werden keine stärkeren Querschnitte angenommen, als die durch die Belastung nach 3. erforderlichen, solange keine größeren Beanspruchungen sich ergeben, als die erlaubten Höchstwerte angeben.

e) Vorschriften der Stadt Berlin für Straßenbrücken.

1. **Hauptträger.** α) Belastung durch einen 20 t Wagen nach Abb. 36a und Menschengedränge von 400 kg/m² neben und hinter dem Wagen. Die Spannungen, die bei gleichzeitiger Einwirkung mehrerer dieser schweren Wagen entstehen, sind rechnerisch nachzuweisen. Das Gewicht der Bespannung kann vernachlässigt werden.

β) Belastung durch eine Dampfwalze von den in Abb. 36b dargestellten Abmessungen, aber ohne Menschengedränge.

γ) Bei größeren Brücken, deren Hauptträger nur mittelbar durch Raddrücke belastet werden: Belastung durch Menschengedränge, ohne Wagen 500 kg/m².

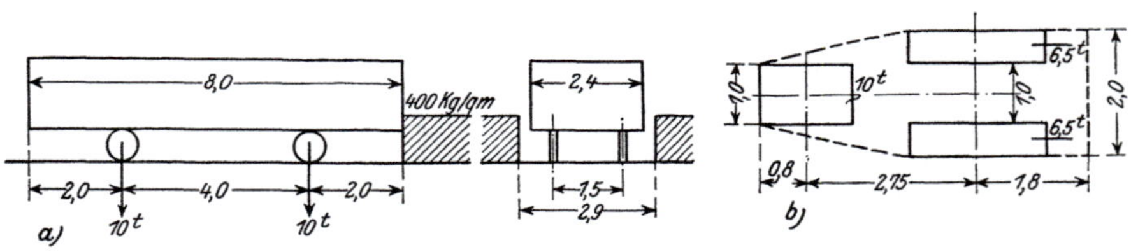

Abb. 36. Straßenbrücken in Berlin.

2. **Fahrbahnkonstruktion.** Die gleiche Belastung wie unter α), jedoch mit 20% Zuschlag für die Stoßwirkung der Räder, oder wie unter β). Außer den angeführten Lasten sollen, insofern sie ungünstigeren Wert ergeben, auch nebeneinandergestellte Straßenbahnwagen und Automobilomnibusse mit nebenstehenden Abmessungen und Gewichten, Abb. 37 und 38, berücksichtigt werden, wie dies vornehmlich bei Querträgern von Trogbrücken vorkommen kann.

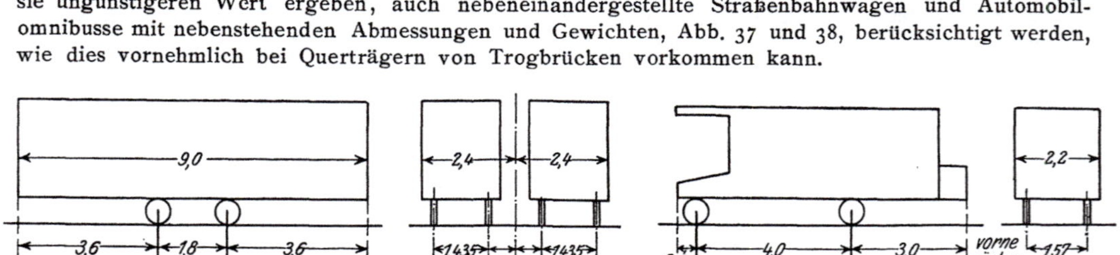

Abb. 37 und 38. Straßenbrücken in Berlin.

3. **Bürgersteigkonstruktion.** Volle Belastung mit Menschengedränge von 500 kg/m². Außerdem ist ein wagrechter Druck von 100 kg/m auf den Geländerholm in Rechnung zu stellen.

4. **Widerlager und Pfeiler.** Belastung mit Menschengedränge 500 kg/m².

f) Vorschriften der Stadt Köln für den Bau der neuen Rheinstraßenbrücke, Ersatz-Schiffbrücke [1]).

Als Verkehrslasten sind in Rechnung zu stellen:

1. Wagen der elektrischen Bahn, Abb. 39;
2. Lastfuhrwerke mit den in Abb. 40 dargestellten Radständen und Abmessungen;

α) sehr schwere Wagen von 20 t Gewicht;

β) mittelschwere Wagen von 10 t Gewicht,

γ) eine Dampfstraßenwalze von 23 t Gewicht nach Abb. 36b (S. 26);

δ) Menschengedränge 450 kg/m².

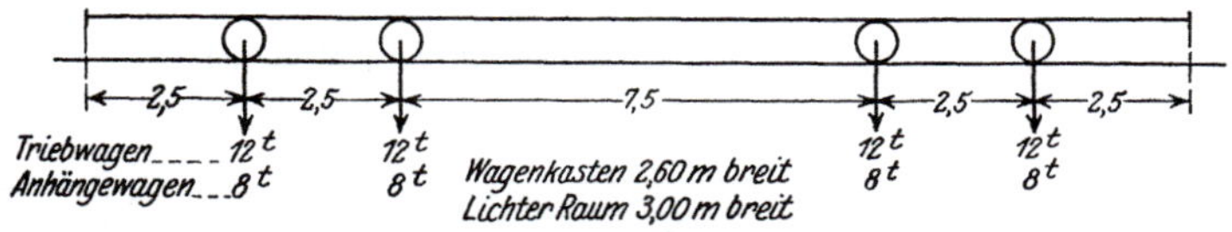

Abb. 39. Neue Rheinstraßenbrücke in Köln, Straßenbahnwagen.

Für die Fahrbahn kommen in Betracht:

1. Eine Reihe unmittelbar aufeinanderfolgender elektrischer Triebwagen von 12 t Achsdruck, auf beiden Gleisen.

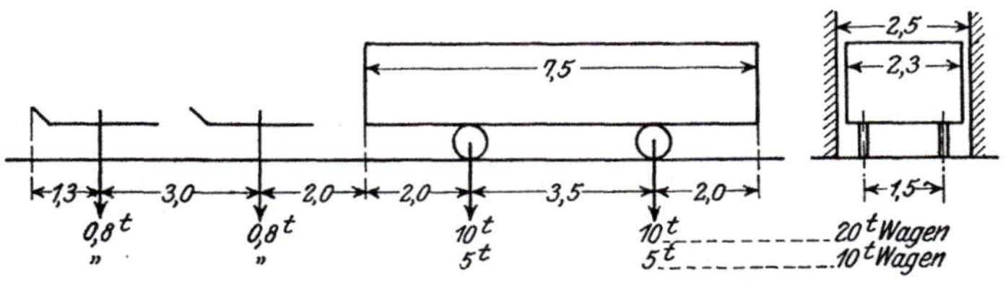

Abb. 40. Neue Rheinstraßenbrücke in Köln, Lastwagen.

2. Ein 20 t-Lastfuhrwerk.
3. Beliebig viele 10 t-Lastfuhrwerke.
4. Menschengedränge von 450 kg/m² auf den freibleibenden Teilen der Fahrbahn.
5. Als außerordentliche Belastung soll die Dampfstraßenwalze, umgeben von Menschengedränge, die Brücke an jeder Stelle der Fahrbahn passieren können

Für die Hauptträger und Fußwege kommen in Betracht:

α) **Hauptträger.** Beide Gleise der elektrischen Bahn sind mit einer Reihe von unmittelbar aufeinanderfolgenden Zügen, die aus je 2 Zügen mit 12 t Achsdruck und 1 Anhängewagen von 8 t Achsdruck bestehen, zu belasten. Der restliche Fahrbahnteil ist mit Menschengedränge von 450 kg/m², der eine Fußweg mit solchem von 550 kg/m² zu belasten. Die Lasten sind so zu gruppieren, daß jeweils nur die positiven oder negativen Teile der Einflußlinien belastet sind.

β) **Fußwege.** Menschengedränge von 550 kg/m². Die Geländer sind für eine am Geländerholm angreifende wagrechte Kraft von 120 kg/m zu berechnen.

g) Österreichische Vorschriften für Straßenbrücken.

(Erlaß aus dem Jahre 1905.)

Die größten von der Verkehrslast herrührenden angreifenden Kräfte sind im allgemeinen unter Zugrundelegung der folgenden zufälligen Belastungen zu ermitteln, und zwar:

a) unter Annahme einer größtmöglichen Wagenansammlung (einschließlich Bespannung) auf der Fahrbahn und einer gleichzeitigen Menschenansammlung auf den Gehwegen sowie auf dem übrigbleibenden Teile der Fahrbahn;

b) unter Annahme einer Menschenansammlung sowohl auf den Gehwegen als auch auf der Fahrbahn;

c) bei Straßenbrücken erster und zweiter Klasse, für welche die Befahrung mit Dampfstraßenwalzen in Frage kommt, unter Annahme einer Dampfstraßenwalze bei gleichzeitiger Belastung der übrigen Brückenfläche nach Absatz a).

Von diesen Belastungsarten ist in jedem einzelnen Falle und für jeden Tragwerksteil die nachteiligere zu berücksichtigen.

---

[1]) Mehrtens und Bleich: Der Wettbewerb um den Bau einer Rheinstraßenbrücke in Köln. Der Eisenbau 1911, S. 399 ff.

1. Brücken erster Klasse. Vierrädrige Lastwagen von 12 t Gesamtgewicht nach Abb. 41 a, eine Menschenlast von 460 kg/m², eine Dampfstraßenwalze von 18 t Gesamtgewicht nach Abb. 41 b.

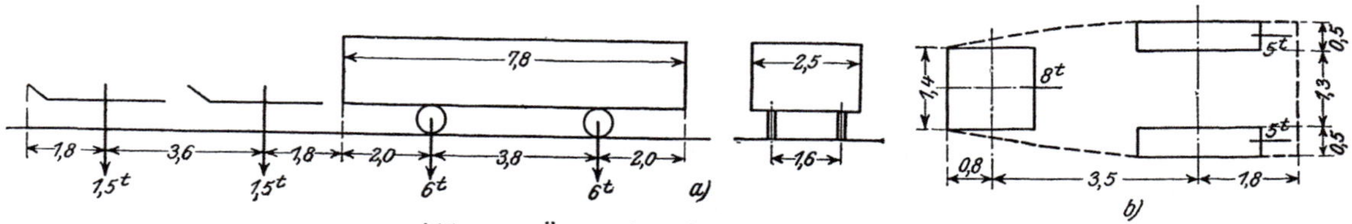

Abb. 41. Österreich, Brücken erster Klasse.

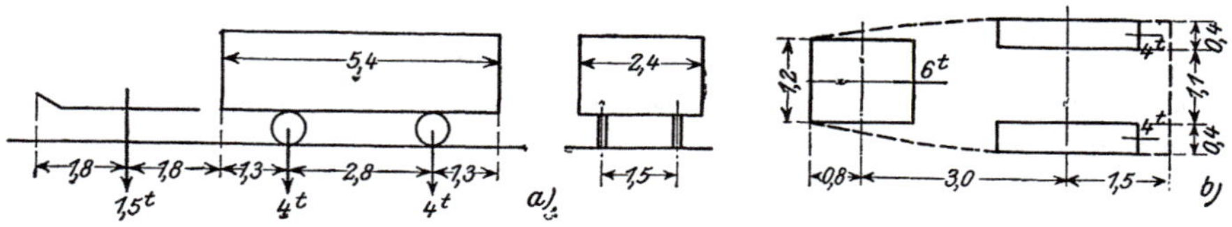

Abb. 42. Österreich, Brücken zweiter Klasse.

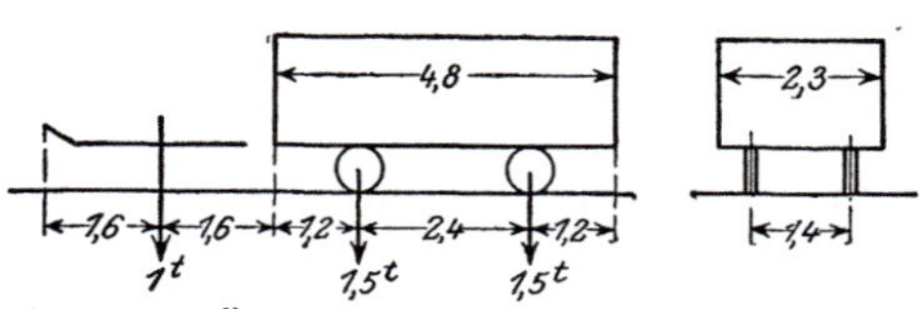

Abb. 43. Österreich, Brücken dritter Klasse.

2. Brücken zweiter Klasse. Vierrädriger Lastwagen von 8 t Gesamtgewicht nach Abb. 42 a, eine Menschenlast von 400 kg/m², eine Dampfstraßenwalze von 14 t Gesamtgewicht nach Abb. 42 b.

3. Brücken dritter Klasse. Vierrädriger Lastwagen von 3 t Gesamtgewicht nach Abb. 43, eine Menschenlast von 340 kg/m².

h) Vorschriften der Stadt Wien für den Umbau der Aspernbrücke 1912[1]).

Als Verkehrsbelastungen sind anzunehmen:

α) 460 kg/m² Menschengedränge und 160 kg/m² als Nutzlast für Leitungen unter den Gehwegen.

β) Eine örtliche Belastung der Fahrbahntafel, der Quer- und Längsträger durch einen 25 t schweren zweiachsigen Lastwagen nach Abb. 44, daneben zwei Stück 12 t schwere Lastwagen nach Abb. 41 a und zwei Stück 8 t schwere Lastwagen nach Abb. 42 a dazu noch Menschengedränge auf den restlichen Fahrbahn- und Gehwegflächen je nach ihrer ungünstigsten Stellung, jedoch mit Ausschluß des Straßenbahnverkehrs.

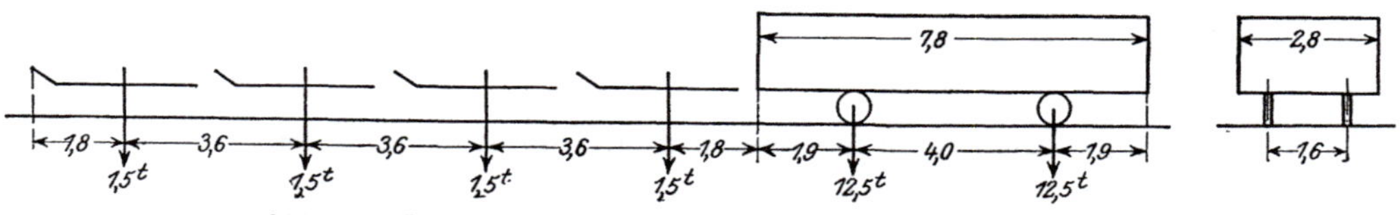

Abb. 44. Umbau der Aspernbrücke in Wien, 25 t-Lastwagen.

γ) Örtliche Belastung der Fahrbahntafel der Quer- und Längsträger durch eine 18 t schwere Dampfstraßenwalze nach Abb. 41 b, daneben 12 t und 8 t schwere Lastwagen und Menschengedränge auf den verbleibenden Fahrbahn- und Gehwegflächen. Bei Befahren der Brücke mit der Dampfwalze kann auch ein Gleis mit den unter δ) erwähnten Motorzügen als besetzt angenommen werden.

δ) Belastung durch die in Abb. 45, 46 und 47 dargestellten Motorzüge, entsprechend Abb. 48,

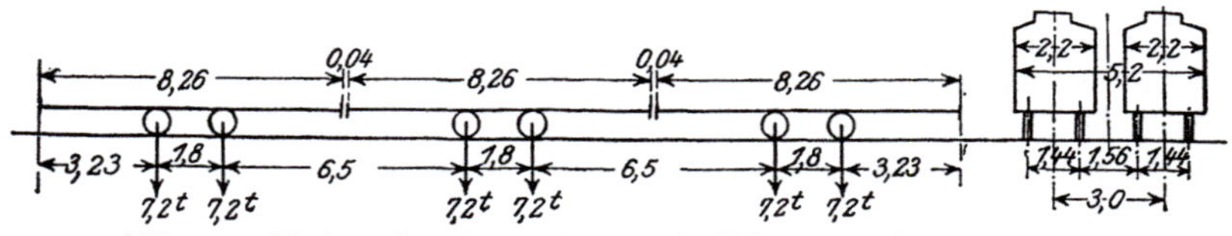

Abb. 45. Umbau der Aspernbrücke in Wien, Straßenbahnwagen.

---

[1]) Bleich, Friedrich: Der Wettbewerb um den Umbau der Aspernbrücke über den Donaukanal in Wien. Der Eisenbau 1915, S. 64.

wobei nach Erfordernis be de Gleise ganz oder zum Teil mit Motorzügen besetzt anzunehmen sind, während auf dem restlichen Teil der Fahrbahn die ungünstigst wirkenden Stellungen von 12 t und 8 t schweren, neben- und hintereinander gereihten Wagen einschließlich Bespannung sowie Menschengedränge auf den noch unbesetzten Fahrbahn- und Gehwegflächen anzunehmen sind.

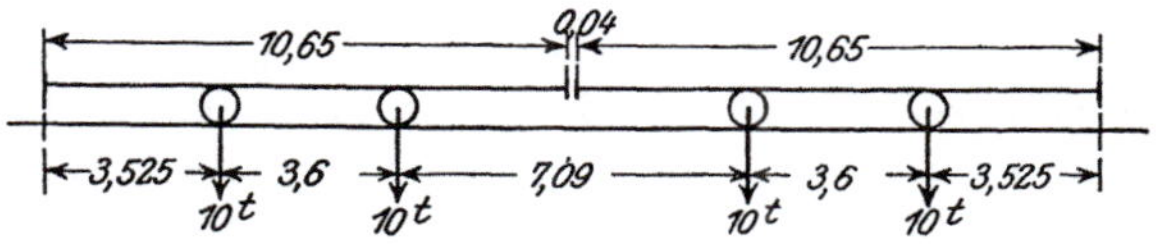

Abb. 46. Umbau der Aspernbrücke in Wien, Straßenbahnwagen.

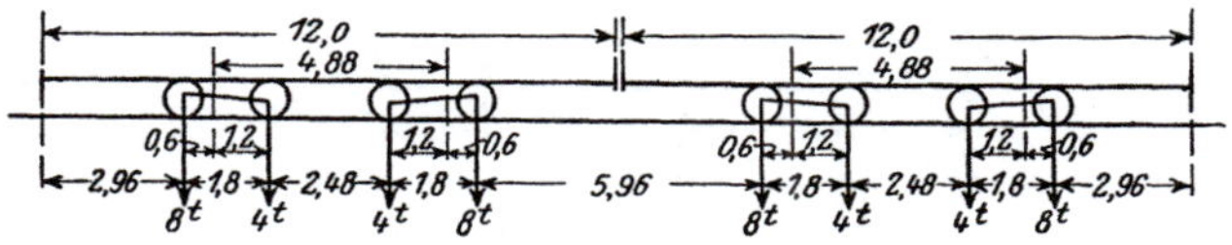

Abb. 47. Umbau der Aspernbrücke in Wien, Straßenbahnwagen.

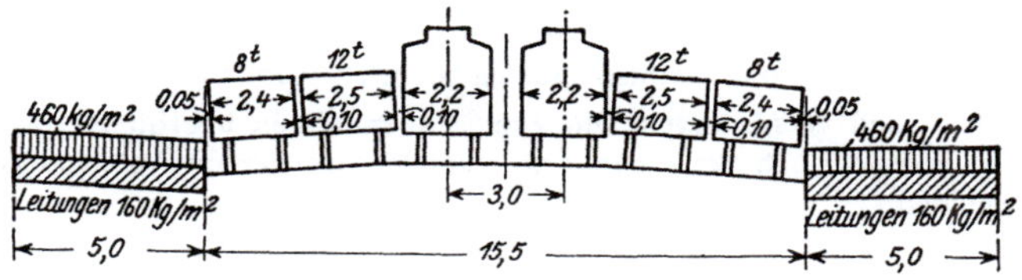

Abb. 48. Umbau der Aspernbrücke in Wien.

i) Schweiz.

(Verordnung vom 7. Juni 1913.)

1. Hauptstraßen. Der Berechnung ist eine gleichmäßig verteilte Last von 500 kg/m² oder ein Lastwagen nach Abb. 49a von 22 t, mit ungleichen Achsdrücken von 10 t und 12 t oder eine Walze von 18 t Gewicht, Abb. 49b, zugrunde zu legen.

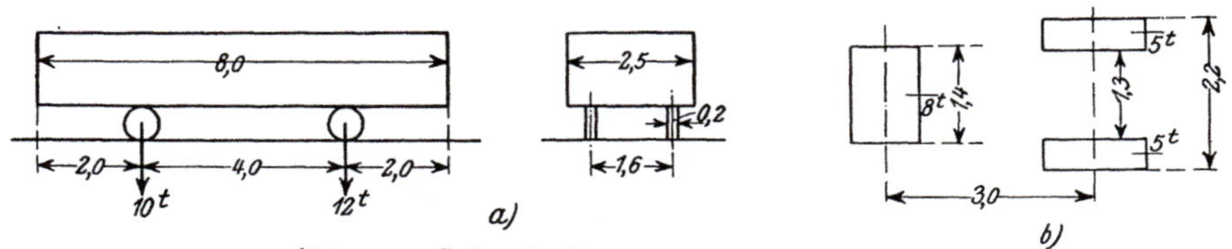

Abb. 49. Schweiz, Brücken für Hauptstraßen.

2. Wichtige Nebenstraßen. 400 kg/m² oder ein Lastwagen von 14 t (6 t + 8 t), Abb. 50, oder eine Walze von 18 t.

3. Übrige Straßen und Wege. 300 kg/m² oder ein Lastwagen von 7 t (3 t + 4 t), Abb. 51.

4. Feldwege und Wege im gebirgigen Gelände. 200 kg/m² oder ein Lastwagen von 3 t, Abb. 52.

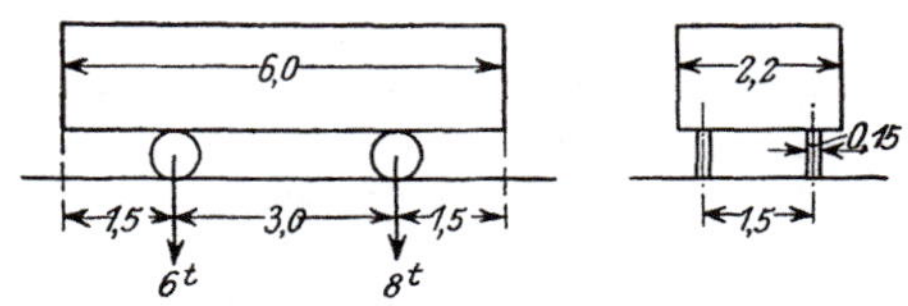

Abb. 50. Schweiz, Brücken für wichtige Nebenstraßen.

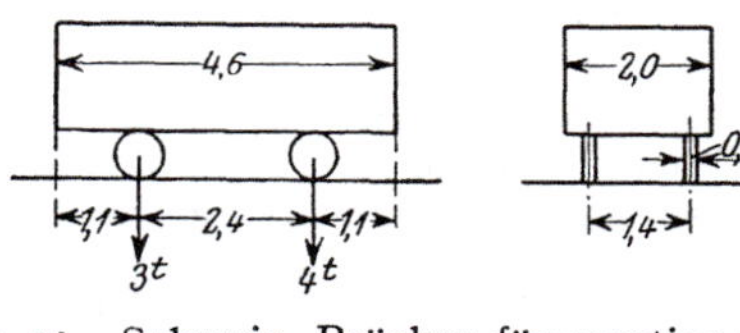

Abb. 51. Schweiz, Brücken für sonstige Straßen.

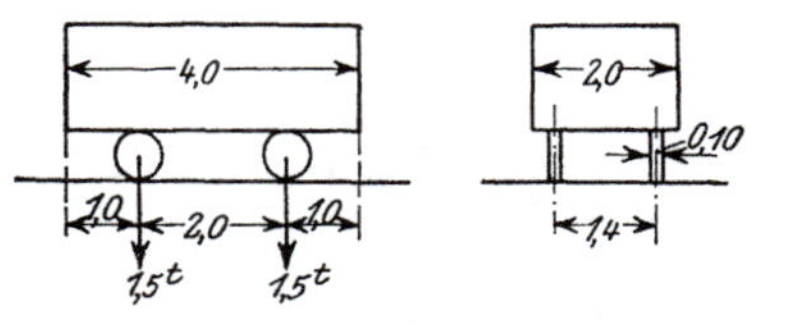

Abb. 52. Schweiz, Brücken für Feldwege.

k) Schweden.

(Normalbestimmungen vom 3. Mai 1919.)

a) Menschengedränge und Schneedruck. Belastung durch Menschengedränge und Schneedruck zusammengenommen 500 kg/m². Bei Berechnung von Fußgängerbrücken und von Brücken mit höchstens 3 m nutzbarer Breite kann diese Belastung auf 300 kg/m² erniedrigt werden.

b) Wagenverkehr. 1. Straßenbrücken, die unter 4,8 m nutzbare Breite haben, sollen für einen Lastkraftwagen von den in Abb. 53 angegebenen Achsdrücken und Abmessungen berechnet werden.

2. Straßenbrücken mit mehr als 4,8 m nutzbarer Breite sollen für zwei einander entgegenkommende Lastkraftwagen nach Abb. 53 (0,2 m Seitenabstand) berechnet werden.

3. Brücken mit höchstens 3,0 m Breite sind mit Wagen nach Abb. 54 zu belasten.

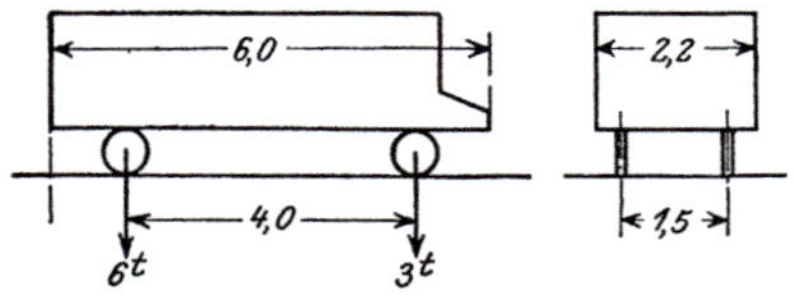

Abb. 53. Schweden, Lastkraftwagen.

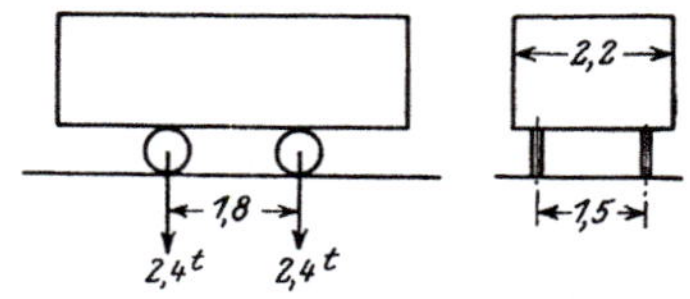

Abb. 54. Schweden, Lastwagen.

4. Stadtstraßenbrücken oder Brücken in größeren Industrieorten sind zu belasten mit zwei einander begegnenden Kraftwagen mit 0,2 m Seitenabstand nach Abb. 53, aber mit 4 t Vorderachs- und 8 t Hinterachsdruck und mit einer 20 t-Dampfstraßenwalze nach Abb. 55.

5. Solche Straßen- und Wegbrücken, die von Straßenbahnen überquert werden, sind außer für die oben angeführten Wagen noch für einen Zug, gebildet aus den in Abb. 56 dargestellten Straßenbahnwagen, zu berechnen.

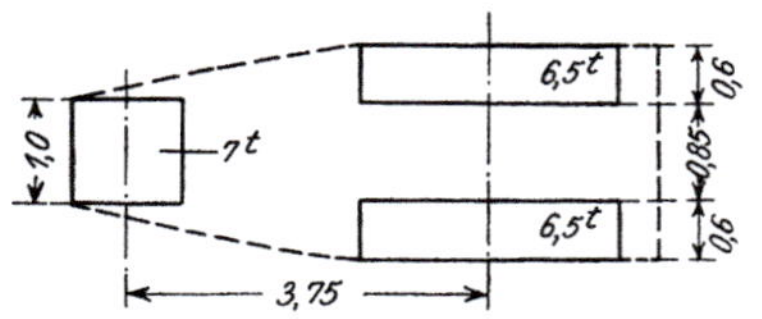

Abb. 55. Schweden, Dampfstraßenwalze.

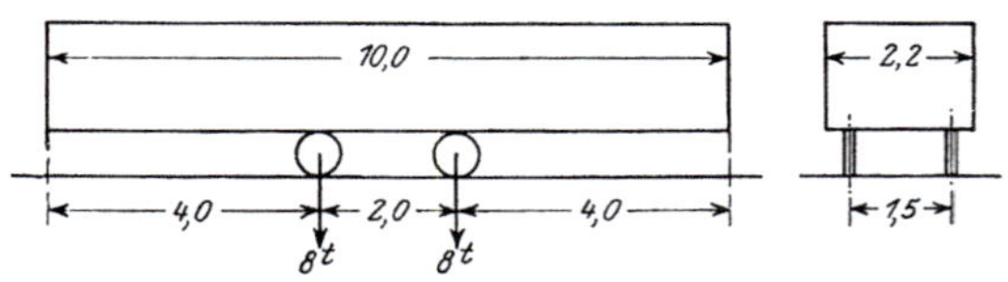

Abb. 56. Schweden, Straßenbahnwagen.

Die dynamischen Wirkungen der Fahrbetriebsmittel sind nicht besonders zu berücksichtigen. Sowohl die Fahrbahn als auch die Hauptträger sind auf Grund der ungünstigsten Kombination von Wagenbelastung und Menschengedränge zu berechnen.

1) Dänemark.

In Dänemark bestehen keine einheitlichen Brückenvorschriften. Wir zitieren hier die Verkehrs- und Belastungsvorschriften, wie sie der Ausführung der statischen Berechnung für den internationalen Wettbewerb für den Entwurf einer neuen Brückenverbindung über den Limfjord zwischen Aalborg und Nörresundby zugrunde gelegt wurden.

Es mußte mit den nachstehenden Verkehrslasten der Brücke gerechnet werden:

1. Ein 20 t-Lastwagen mit der Last gleichmäßig auf vier Räder verteilt; Achsabstand 4,5 m, Abstand von Mitte bis Mitte der Räder 1,5 m, Länge und Breite 7,0 m bzw. 2,4 m. Abstand der Vorderachse von Vorderkante des Wagens und Abstand der Hinterachse von Hinterkante desselben werden gleich groß gerechnet.

2. Eine 23 t-Dampfwalze. Um unnötig komplizierte Berechnungen zu vermeiden, wird die Benutzung einer französischen Dampfwalze mit einem Vorder- und einem Hinterrad von je 11,5 t, Achsabstand 2 m, Durchmesser jedes Rades 1,5 m, Breite desselben ebenfalls 1,5 m, vorausgesetzt. Die Gesamtbreite der Dampfwalze ist mit 2,7 m und ihre Gesamtlänge mit 5,4 m anzunehmen, mit gleich großen Abständen von Vorderachse bis Vorderkante und von Hinterachse bis Hinterkante der Walze.

3. Straßenbahnwagen. Es ist eine eingleisige Straßenbahn normaler Spurweite vorauszusetzen. Das Gewicht jedes Wagens einschließlich Passagiere wird mit 15 t angenommen, und zwar gleichmäßig auf vier Räder verteilt, mit Achsabstand 1,8 m, Pufferabstand 9,2 m und Wagenbreite 2,0 m.

4. Gewöhnlicher Verkehr, Menschengedränge, Fuhrwerke usw. Es ist vorauszusetzen, daß diese Belastung sowohl für Fußwege als Fahrbahn 500 kg/m^2 betragen kann, und zwar nicht nur auf kürzeren Strecken, sondern auf ganzen Spannweiten oder auf der ganzen Brücke.

Die Preisbewerber müssen die Möglichkeit berücksichtigen, daß die erwähnte Dampfwalze dem erwähnten Lastwagen als Vorspann dienen kann; es soll aber nicht mit der Möglichkeit gerechnet werden, daß mehrere Dampfwalzen oder mehrere Lastwagen größeren Gewichtes als die erwähnten Straßenbahnwagen die Brücke gleichzeitig passieren. Dagegen ist außer Lastwagen, Dampfwalze und Straßenbahnwagen auch mit der Menschenbelastung auf dem ganzen von diesen nicht gedeckten Teil der Brückentafel zu rechnen.

Belastungszuschläge wegen dynamischer Wirkungen sind nicht gefordert.

Die Geländer sind für einen wagrechten Druck, 80 kg/m, winkelrecht zur Oberkante zu berechnen.

§ 3. Schnee- und Winddruck.

5. Schneedruck.

Zu den zufälligen Belastungen der eisernen Brücken zählen Schnee und Winddruck. Die Größe dieser beiden Einwirkungen hängt in erster Linie von den klimatischen Verhältnissen ab. Nach Schaller[1]) ist die maximale Schneebelastung in Deutschland nahezu unabhängig von der geographischen Lage des Ortes und nimmt in annähernd linearem Verhältnis mit der absoluten Meereshöhe zu. Schaller teilt Deutschland dementsprechend in drei Schneezonen ein:

Ia. Tiefebenezone für Gebiete bis 200 m Meereshöhe Schneebelastung 75 kg/m²,
Ib. Flachlandzone für Gebiete von 200—500 m Meereshöhe . . . . „ 120 kg/m²,
II. Hochlandzone für Gebiete von 500—2000 m Meereshöhe . . . . „ 340 kg/m²,

wobei die angegebenen Schneedrucke als Mittelwerte aufzufassen sind.

Diese Einteilung in drei Zonen hat den Nachteil, daß beim Übergang von einer Zone zur andern sich die Belastung sprungweise ändert. Es wäre daher zweckmäßiger, die Schneebelastung auf Grund der ebenfalls von Schaller angegebenen Formel

$$p_s = \left(1 + \frac{H}{500}\right) \cdot 70 \text{ kg/m}^2 \qquad (1)$$

zu ermitteln, worin p_s den Schneedruck in kg/m², H die Höhe über dem Meeresspiegel bedeutet.

Im Brückenbau ist es im allgemeinen nicht üblich, die Schneebelastung neben den übrigen angreifenden Kräften zu berücksichtigen. Für Brücken im Tieflande mag wegen der Geringfügigkeit der Schneebelastung im Vergleich zu den hohen Verkehrslasten eine Vernachlässigung des Schneedrucks angängig sein. Anders aber bei Brücken im Gebirge. Hier erreicht die Schneelast Werte, die vornehmlich bei Landstraßenbrücken, wo der Schnee in der Regel nicht beseitigt wird, an die Verkehrslasten heranreichen.

Die bayerischen Vorschriften vom 1. Februar 1908 schreiben daher in Erkenntnis dieser Sachlage für Straßenbrücken vor:

Die ständige Last besteht aus dem Gewichte des Tragwerks samt allen Bauteilen, welche das Tragwerk belasten, ferner aus einer Schneebelastung von 100 kg/m² Fahrbahn und 50 kg/m² Fußweg.

Die schwedischen Bestimmungen sehen ebenfalls die Berücksichtigung des Schneedruckes in der Weise vor, daß die zufällige Belastung durch Menschengedränge entsprechend erhöht in Rechnung gestellt wird. Siehe S. 29.

Bei Eisenbahnbrücken kann mit einer Reinigung der Fahrbahn bei starkem Schneefall aus Verkehrsgründen vor Überleitung der Eisenbahnzüge gerechnet werden, weshalb es berechtigt erscheint, bei derartigen Brücken von einer Berücksichtigung der Schneelasten Abstand zu nehmen.

6. Der Winddruck.

Trotz mannigfacher Versuche ist die Frage des Winddruckes auf ebene oder gekrümmte Flächen, die Abhängigkeit der Größe des Winddruckes von der Windgeschwindigkeit und von der Größe und Form der getroffenen Fläche, der Zusammenhang zwischen Winddruck und Anfallwinkel usw. noch nicht in befriedigender Weise geklärt.

Beim vollkommen elastischen Stoß ist der Druck, den der stoßende Körper gegen eine feste Wand ausübt, proportional der lebendigen Kraft des anprallenden Körpers,

---

[1]) Schaller, Ludwig: Die Belastung der Baukonstruktionen durch Schnee. Versuche und Studien über das spez. Gewicht von Schnee und über Schneelasten. Berlin 1909.

daher ist der Winddruck, soweit man den Stoß der Luftteilchen gegen eine feste Wand als elastischen Stoß auffassen und von Energieverlusten durch Wirbelbewegungen absehen kann, proportional der lebendigen Kraft des anfallenden Windes. Es ist daher der Druck auf die senkrecht vom Winde getroffene Fläche F durch die Gleichung

$$W = \zeta F m \frac{v^2}{2}$$

gegeben, wobei m die Masse eines Kubikmeters Luft bei 0^0 und 760 mm Barometerstand, v die Windgeschwindigkeit und ζ einen Proportionalitätsfaktor bedeutet. Setzt man

$$m = \frac{\gamma}{g} = \frac{1{,}293 \text{ kg/m}^3}{9{,}81 \text{ m/sek}^2} \quad \text{und} \quad \zeta = 1{,}86 \text{ (nach Grashof)},$$

so erhält man

$$W = 0{,}1225\, F v^2$$

oder abgerundet

$$W = {}^1/_8\, F v^2 \quad . \; . \; . \; . \; . \; . \; . \; . \; . \; . \; . \; . \; . \; . \; . \quad (2)$$

Die Erfahrung lehrt, daß der durch die Formel (2) gegebene Zusammenhang nur annäherungsweise gilt, da in Wirklichkeit der Beiwert ζ von der Form und Größe der Fläche F und von deren Elastizität abhängig ist. Bei gegebener Fläche verhalten sich aber genau genug die Winddrücke wie die Quadrate der Geschwindigkeiten.

Beim Bau der Brücke über den Firth of Forth wurden von ihrem Schöpfer Baker Versuche mit verschieden großen Platten, die gegen Federn abgestützt waren und so den Winddruck zu messen erlaubten, durchgeführt[1]). Die Versuchsanordnung gestattete es auch, den örtlichen Winddruck in der Mitte und am Rand von großen rechteckigen Tafeln von 300 Quadratfuß Fläche zu bestimmen. Die Versuche ließen deutlich erkennen, daß der Winddruck auf kleinen Flächen durchweg größer war als auf der großen Fläche, ohne daß sich bei den einzelnen Beobachtungen ein unabänderliches Verhältnis der Winddruckgrößen bei der kleinen und großen Platte feststellen ließ. Die Beobachtungen erstreckten sich auf einen Zeitraum von über 5 Jahren. Die Versuche erwiesen auch, daß die Winddruckverteilung auf den großen Flächen ungleichmäßig war, ohne aber eine bestimmte Gesetzmäßigkeit hervortreten zu lassen. In neuerer Zeit wird für größere Flächen mit der besser stimmenden Formel $W = 0{,}1\, F v^2$ gerechnet.

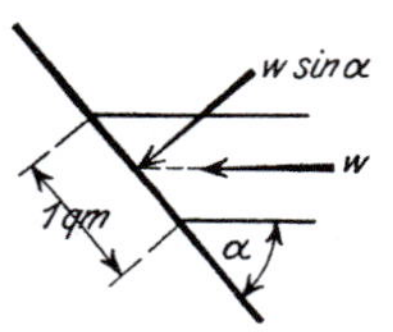

Abb. 57.

Der Zusammenhang zwischen Winddruck und Neigungswinkel der getroffenen Fläche gegen die Windrichtung, Abb. 57, wird durch das von v. Loessl angegebene Erfahrungsgesetz[2])

$$w_\alpha = w \sin \alpha$$

dargestellt. Eine einfache theoretische Überlegung liefert die früher und auch noch jetzt viel gebrauchte Formel:

$$w_\alpha = w \sin^2 \alpha,$$

die aber in keiner Weise mit der Erfahrung in Einklang zu bringen ist. Im Brückenbau wird hierbei die Windkraft w als horizontal wirkend angenommen.

Die wichtigste Frage, die uns hier beschäftigt, ist die nach dem Größtwerte des Winddruckes. Kohlfahl macht in seiner oben erwähnten Abhandlung ausführliche Angaben über die Ergebnisse von Windgeschwindigkeitsmessungen der Deutschen Seewarte in Hamburg und Wüstrow. Die von Kohlfahl bearbeiteten Beobachtungen erstrecken sich auf einen Zeitraum von 20 Jahren, von 1878 bis 1898. Er kommt zu folgendem Ergebnis: Für Hamburg und Wüstrow kann eine Windgeschwindigkeit von 25 m/sek als eine häufig vorkommende, eine solche von 35 m/sek, als die äußerste je vorkommende angesehen werden. Die entsprechenden Windpressungen ergeben sich nach Gl. (2) abgerundet zu 75 kg/m² bzw. 150 kg/m². (Kohlfahl benutzt den Beiwert ${}^1/_8$.) Die erste

[1]) Kohlfahl, R.: Winddruck. Z. d. V. d. I. 1900, S. 1021.
[2]) v. Loessl: Studie über aerodynamische Grundformeln. Z. österr. Ing.- u. Arch.-Ver. 1881, S. 103.

Ziffer ist als normale, die letzte als größte Windpressung zu bezeichnen. Da aber erfahrungsgemäß auf der Windschattenseite (Leeseite) eines Bauwerks eine Luftverdünnung sich bemerkbar macht, wodurch eine mit der Windpressung w gleichgerichtete Saugwirkung w_1 entsteht, so muß man die gesamte Windwirkung auf das Bauwerk mit $w + w_1$ in Rechnung stellen. Kohlfahl schätzt die Größe der Saugwirkung auf $^1/_3$ des Winddruckes auf der Luvseite, welche Annahme ganz gut mit Ergebnissen von Versuchen des Prof. A. Smith, Ind.[1]) in Einklang zu bringen ist und erhält dementsprechend die Winddrücke:

normal 100 kg/m²,
maximal 200 „ ,

wobei noch bemerkt werden muß, daß diese bedeutenden Winddrücke nur bei aus SW wehenden Winden auftraten und mit dem äußerst ungünstigen Beiwert $^1/_8$ aus der Windgeschwindigkeit errechnet wurden.

Bei Bauwerken, die bedeutende Höhenerstreckung aufweisen, werden die von Kohlfahl aufgestellten Winddruckzahlen als zu knapp angesehen werden müssen, da Beobachtungen auf der Spitze des Eiffelturmes in Paris in einer Höhe von etwa 300 m über dem Erdboden 2 bis 5mal größere Winddrücke erwiesen haben, als sie auf dem 21 m hohen Turm des meteorologischen Zentralbureaus in Paris gemessen wurden. Bedeutende Höhenerstreckungen kommen aber im Brückenbau, von ganz seltenen Ausnahmen abgesehen, kaum vor, man wird daher die von Kohlfahl festgestellten Winddruckziffern, die aus Beobachtungen im norddeutschen Küstengebiet, also unter ziemlich ungünstigen Umständen abgeleitet wurden, als maßgebende Vergleichsbasis für die im Brückenbau gebräuchlichen Winddruckzahlen benützen dürfen[2]). Vergleicht man nun diese Zahlen mit den im Brückenbau üblichen Windpressungen von 150 kg/m² und 250 kg/m², so erkennt man, daß diese Vorschriften noch einen reichlichen Sicherheitszuschlag enthalten. Daß ein solcher Zuschlag nicht ganz unberechtigt ist, mag aus dem Umstande erklärt werden, daß in einzelnen Fällen in besonders dem Winde ausgesetzten Orten noch höhere Windpressungen festgestellt wurden. So wurden in jener Nacht, in der die Taybrücke bei Dundee in Schottland unter der Gewalt eines außerordentlichen Sturmwindes einstürzte, in Glasgow ein Winddruck von 204 kg/m² gemessen, und nach Schätzungen dürfte der Sturmdruck an der Unglücksstelle zeitweise bis 340 kg/m² betragen haben.

Nichtsdestoweniger wäre für Brücken, die im Binnenlande liegen, eine ganz nennenswerte Ermäßigung der üblichen Winddruckzahlen zu befürworten, wenn auch die hierdurch erzielte Materialersparnis keine bedeutende wäre. Neuere Brückenverordnungen, wie die der Schweiz und Schweden, begnügen sich auch mit bedeutend kleineren Winddruckgrößen als wie sie in älteren Vorschriften gebräuchlich sind.

Es ist im Brückenbau üblich, mit zwei Winddruckzahlen zu rechnen, mit einem kleineren Winddruck, der für die belastete Brücke in Betracht kommt und der einem normalen starken Wind entspricht, und einem außerordentlichen Winddruck, dem die unbelastete Brücke unter allen Umständen widerstehen muß. Man erhält einen oberen Grenzwert für den Winddruck auf die belastete Brücke aus der Überlegung, daß diese Windpressung nicht größer sein kann als jene, die die üblichen Fahrbetriebsmittel zum

[1]) Müllenhoff: Versuche über Winddruck. Eisenbau 1916, S. 109.

[2]) Über Winddruckmessungen im Innern Deutschlands macht Dr.-Ing. H. Saller: Winddruck bei Brücken. Zentralbl. Bauv. 1915, S. 6, folgende Angaben: Die größten von der meteorologischen Zentralstation in München gemessenen Geschwindigkeiten betragen etwa 30 m/sek (90 kg/m²). Auf der Wetterwarte in Nürnberg wurden seit 1905 größere Windgeschwindigkeiten als 18 m/sek (32 kg/m²) nicht beobachtet. Die größte in Wien beobachtete Windgeschwindigkeit betrug 36 m/sek (130 kg/m²). In Berlin wurde eine größte Windgeschwindigkeit von 31 m/sek (96 kg/m²) registriert. S. Saller gibt in seiner Abhandlung kleinere Winddrücke an, da er mit dem Beiwert 0,08 rechnet, während hier die Umrechnung mit dem jetzt allgemein üblichen Beiwert 0,1 vorgenommen wurde.

Umstürzen bringt. Die leichten gedeckten Güterwagen der preußischen Staatsbahnen sind beladen bis zu einem Winddruck von 145 kg/m² stabil, die schwersten vierachsigen Personenwagen widerstehen noch einem Winddruck von 190 kg/m². Es ist daher bei Windpressungen von rd. 150 kg/m² ein gesicherter Verkehr von Eisenbahnzügen nicht mehr möglich und diese Zahl kann daher als äußerste Windbelastung für belastete Brücken gewählt werden.

Eine weitere Frage, die wir hier einer näheren Erörterung unterziehen wollen, ist die nach der Größe der für die Windpressung in Betracht kommenden Flächen des Tragwerks und der Verkehrslasten. Die Windrichtung wird, um möglichst ungünstig zu rechnen, senkrecht zur Brückenlängsrichtung angenommen; vom Winde erscheinen sonach alle seitlichen Ansichtsflächen des Tragwerks und der Verkehrslasten getroffen. Da das Verteilungsgesetz des Winddruckes über eine größere Fläche unbekannt ist, so bleibt nichts anderes übrig, als die einfachste Annahme, die der gleichmäßigen Verteilung, zu treffen.

Es ist nun klar, daß bei vollwandigen Hauptträgern nur die Fläche des windseitsgelegenen Hauptträgers in Frage kommt, da der zweite oder weitere Hauptträger gleicher Form vollständig im Windschatten des ersten Trägers liegen. Anders aber bei fachwerkartigen Hauptträgern. Je größer die offenen Maschenflächen des ersten Hauptträgers im Vergleich zu seiner Gesamtumrißfläche sind, um so leichter können Teile der dahinterliegenden Tragwände getroffen werden. Daß auch die Entfernung der Träger hierbei eine Rolle spielt, ist sicher, doch fehlt jeder theoretische oder erfahrungsmäßige Anhaltspunkt, die Wirkung des Trägerabstandes bei der Bestimmung der vom Wind getroffenen Fläche in Rechnung zu stellen.

Bezeichnet: F die Gesamtfläche eines Hauptträgers,
F' die Gesamtfläche der offenen Fachwerkmaschen (in Abb. 58 die nicht schraffierten Flächen),
μ das Verhältnis $\frac{F'}{F}$,

so ist die vom Wind getroffene Fläche des ersten Hauptträgers $(F - F')$ und in erster Näherung die des zweiten Hauptträgers $\alpha(F - F')$, wobei α eine Funktion von μ darstellt, von der wir aber zunächst nichts weiter aussagen können, als daß α kleiner als 1 ist und daß es mit μ wächst. Für $\mu = 0$ (Vollwandträger) muß $\alpha = 0$ sein, und für $\mu = 1$ (bei verschwindend schmalen Fachwerkstäben) muß $\alpha = 1$ sein. Nimmt man mit Rücksicht auf die eben erwähnten beiden Grenzwerte, denen α auf alle Fälle genügen muß,

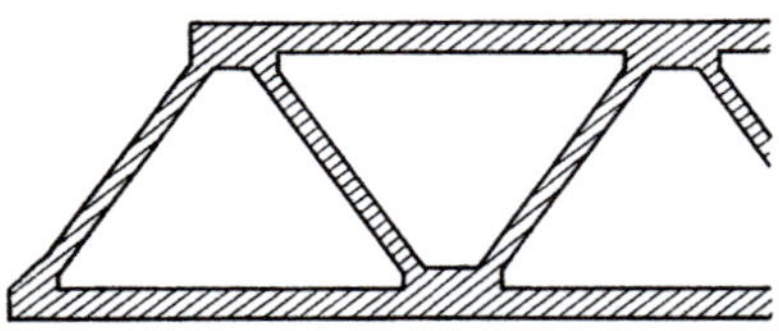
Abb. 58.

$$\alpha = \mu^{\beta}$$

an, wobei β ein durch Versuche zu bestimmender Koeffizient ist, so beträgt die vom Wind getroffene Fläche des zweiten Hauptträgers

$$\mu^{\beta}(F - F') = \left(\frac{F'}{F}\right)^{\beta}(F - F') \quad . \quad . \quad . \quad . \quad . \quad . \quad . \quad . \quad . \quad . \quad (3)$$

Liegen mehr als zwei Hauptträger hintereinander, so gilt für den dritten Hauptträger, wenn wir das gleiche Abminderungsgesetz wie vor als gültig annehmen, für die vom Wind getroffene Fläche

$$\mu^{2\beta}(F - F')$$

und allgemein für den n-ten Hauptträger

$$\mu^{(n-1)\beta}(F - F') \quad . \quad . \quad . \quad . \quad . \quad . \quad . \quad . \quad . \quad . \quad . \quad (4)$$

Leider ist über die wahre Größe von β nichts bekannt, die Praxis tappt hier vollständig im Dunkeln, da keine nennenswerten Versuchsergebnisse vorliegen, die eine Ermittlung von β gestatten würden, obwohl gerade in dieser Frage die Durchführung vergleichender Versuche mit verschiedenen durchbrochenen Flächen bei verschiedenen Windstärken nicht allzu schwierig wäre. So nehmen z. B. die badischen und schweizerischen Vorschriften $\beta = 1$ an. Versucht man z. B. die Zahlenangaben der österreichischen Verordnung in ein annähernd passendes analytisches Gesetz zu fassen, so erhält man

$$\alpha = 1{,}75\,\mu^{2,5},$$

welche Formel in Übereinstimmung mit dieser Vorschrift schon für $\mu = 0{,}8$, $\alpha = 1$ ergibt.

Außer den Hauptträgerflächen sind selbstverständlich auch alle seitlichen Ansichtsflächen der Fahrbahn, soweit sie nicht von den Hauptträgerwänden verdeckt sind, als Windangriffsflächen in Rechnung zu stellen.

Bei der Berechnung der Wirkungen infolge der Windpressung auf die Verkehrslasten der Brücke werden diese als ein geschlossenes 2 bis 3,5 m hohes Band betrachtet, das in die für den betrachteten Bauteil jeweilig ungünstigste Stellung zu bringen ist. Die Windlast wird somit als gleichförmig verteilte Streckenlast angenommen. Liegt die Fahrbahn zwischen den Hauptträgern, so überschneiden sich z. T. die Windangriffsflächen vom Tragwerk und von der Verkehrslast. Man geht dann so vor, daß man neben dem Wind auf das Tragwerk noch den Wind auf die vom Tragwerk nicht gedeckte Fläche der Verkehrslast berücksichtigt. Man rechnet somit mit einer entsprechend verringerten Windangriffsfläche der Verkehrslast.

Im Anschluß an die vorstehenden allgemeinen Erörterungen teilen wir nachstehend die wichtigsten Vorschriften hinsichtlich der Berechnung der Brücken auf Winddruck mit.

a) Deutsche Reichsbahn-Vorschriften vom 12. Mai 1922.

Der Winddruck ist wagerecht anzunehmen. Bei belasteter Brücke ist er mit 150 kg/m² und bei unbelasteter Brücke mit 250 kg/m² in Rechnung zu stellen.

Die vom Wind getroffenen Flächen der Brücken sind nach den wirklichen Abmessungen der Teile schätzungsweise zu bestimmen. Als vom Wind voll getroffene Flächen sind anzunehmen:

1. Bei unbelasteter Brücke:

α) Bei Überbauten mit vollwandigen Hauptträgern der vordere Hauptträger und das etwa darüber hinausragende Fahrbahnband.

β) Bei Überbauten mit gegliederten Hauptträgern die Flächen des vorderen und des dahinter liegenden Hauptträgers und das Fahrbahnband.

2. Bei belasteter Brücke:

α) Bei Überbauten mit vollwandigen Hauptträgern der vordere Hauptträger und das etwa darüber hinausragende Fahrbahn- und Verkehrsband.

β) Bei Deckbrücken mit gegliederten Hauptträgern die Flächen des vorderen und des dahinter liegenden Hauptträgers und das Fahrbahn- und Verkehrsband.

γ) Bei Trogbrücken mit gegliederten Hauptträgern $^3/_4$ der unter 1 β) genannten Flächen und das Verkehrsband.

Das Verkehrsband ist als eine zusammenhängende Fläche mit einer Höhe von 3,5 m über Schienenoberkante anzunehmen. Vollwandige, über der Fahrbahn liegende Bogenträger sind hinsichtlich des Winddruckes den Fachwerkträgern gleichzustellen. Bilden Fahrbahnträger oder vollwandige Hauptträger die Gurtungen von Windverbänden, so brauchen in der Regel die durch den Winddruck in ihnen erzeugten Spannungen nicht nachgewiesen werden.

Die senkrechte Zusatzbelastung der Hauptträger durch den Winddruck braucht im allgemeinen nur bei hochliegender Fahrbahn und nur in dem Falle berücksichtigt werden, daß nur ein Windverband in der Ebene der Untergurte vorgesehen ist.

Zur Bestimmung der größten Stabkräfte in den Füllungsgliedern eines Verbandes, der auch die Windkräfte auf die Fahrzeuge aufzunehmen hat, sind die Fahrzeuge selbstverständlich an die gefährlichsten Stellungen zu bringen. Bei der Errechnung der durch den Winddruck auf die Fahrzeuge verursachten Stabkräfte in den Windverbandgliedern, welche — wie z. B. in der Regel die Gurtungen des Fahrbahnwindverbandes — auch durch die senkrechte Belastung Beanspruchungen erfahren, ist darauf zu achten, daß die Stellung der Fahrzeuge in beiden Fällen dieselbe sein muß.

b) Vorschriften der bayerischen Staatseisenbahnen vom 1. Februar 1908.

Bei Eisenbahnbrücken. Der Winddruck ist für den Quadratmeter lotrechter Fläche des nicht belasteten Überbaues mit 300 kg, des belasteten Überbaues mit 150 kg anzunehmen. Als wirksame Ansichtsfläche des Bahnzuges ist ein fortschreitendes volles Rechteck von 3,5 m Höhe über Schiene in Rechnung zu stellen. Bei Fachwerkbrücken sind die Ansichtsflächen der beiden Träger, soweit diese nicht mit der Ansichtsfläche der Fahrzeuge und Fahrbahntafel zusammenfallen, der Berechnung zugrunde zu legen. Der auf eine Wagenachse treffende Winddruck ist mit dem Höchstbetrage von 2 t, als Einzellast wirkend, zu berücksichtigen.

Bei Straßenbrücken. Für die Berechnung des Winddruckes sind für die Windstärken die gleichen Annahmen wie für Eisenbahnbrücken zu machen, doch ist die Höhe des die Fahrzeuge darstellenden fortschreitenden Rechteckes mit 2,5 m zu bemessen. Für Fußgängerstege ist der Winddruck bei gleichzeitiger Wirkung der Verkehrslast nur mit 75 kg/m² anzunehmen und sind die Menschen mit 1,8 m Höhe in Rechnung zu ziehen.

c) Badische Vorschriften für Straßenbrücken vom 24. Juni 1903.

Der Winddruck ist für den Quadratmeter wirksame Ansichtsfläche des nicht belasteten Überbaues mit 250 kg und des belasteten mit 150 kg anzunehmen.

Die Größe F der wirksamen Ansichtsfläche des Überbaues ist nach folgendem Ausdruck zu berechnen:

$$F = (F_g' - F_m') + (F_g'' - F_m'')\frac{F_m'}{F_g'} + (F_g''' - F_m''')\frac{F_m'}{F_g'}\cdot\frac{F_m''}{F_g''} + \ldots,$$

hierin bedeuten:

$F_g', F_g'', F_g''', \ldots$ die ganzen Umrißflächen,

$F_m', F_m'', F_m''', \ldots$ die Maschenflächen der hintereinanderstehenden Träger.

Als wirksame Ansichtsfläche der Verkehrslast ist ein fortschreitendes Rechteck von 2 m Höhe über der Fahrbahn, bei Straßenbahnen ein solches von 2,7 m Höhe in Rechnung zu ziehen.

d) Österreichische Vorschriften vom 28. August 1904.

Die Wirkung des Windes ist unter Annahme eines wagrechten Seitendruckes von 270 kg/m² der unbelasteten und von 170 kg/m² der belasteten Brücke zu ermitteln und mit dem nachteiligeren der beiden Einflüsse in Rechnung zu ziehen.

Die Bemessung der dem Windangriff ausgesetzten Flächen hat nach folgenden Bestimmungen zu erfolgen:

a) Bei unbelasteten Brücken sind die vom Winde getroffenen Flächen einer Tragwand und der Fahrbahn, sowie ein Teil der Flächen der zweiten Tragwand in Rechnung zu stellen. Der letztere Teil ist, wenn das Verhältnis der offenen Maschenflächen der ersten Tragwand zu ihrer Gesamtumrißfläche 0,4, 0,6, 0,8 beträgt, mit 0,2, 0,4, 1,0 der Flächen der zweiten Tragwand zu bemessen. Für zwischenliegende Werte ist geradlinig einzuschalten.

b) Bei belasteten Brücken ist von der nach den Bestimmungen des vorstehenden Absatzes a) erhobenen Fläche der Tragkonstruktion nur der durch die Verkehrslast nicht gedeckte Teil zu berücksichtigen und als Fläche der Verkehrslast, die dem Angriffe des Windes ausgesetzt ist, für Eisenbahnbrücken ein 0,5 m über Schiene fortschreitendes volles Rechteck anzunehmen, welches bei Vollspurbahnen 3,0 m, bei Schmalspurbahnen 2,0 m hoch ist; für Straßenbrücken und Gehstege hingegen ist das fortschreitende, 2,0 m hohe volle Rechteck als unmittelbar über der Fahrbahn befindlich anzusehen.

e) Vorschriften des schweizerischen Bundesrates vom 7. Juni 1913.

Die Windpressung ist mit 100 kg/m² bei belasteter und mit 150 kg/m² bei unbelasteter Brücke anzunehmen. Die Größe der wirksamen Ansichtsfläche ist bei Brücken mit obenliegender Fahrbahn nach der gleichen Formel wie unter c) (Badische Vorschriften) zu ermitteln.

Bei Brücken mit zwischen den Tragwänden eingesattelter oder untenliegender Fahrbahn ist von den Umriß- bzw. Maschenflächen der durch den Eisenbahnzug gedeckte Flächenteil in Abzug zu bringen.

Als wirksame Ansichtsfläche des Eisenbahnzuges ist ein fortschreitendes Rechteck von 3,0 m Höhe mit 2,0 m Schwerpunktsabstand über der Schienenoberkante anzunehmen.

f) Schwedische Normalbestimmungen.

Im allgemeinen ist ein auf die Brücke und auf die Verkehrslast wirkender Winddruck von 125 kg/m² getroffener Fläche anzunehmen. Bei Brückenteilen, welche mehr als 35 m über dem Wasserspiegel liegen, ist mit einem Winddruck von 175 kg/m² zu rechnen.

Die Verkehrslast ist bei Eisenbahnbrücken als ein geschlossenes, 3 m über Schienenoberkante hohes fortschreitendes Rechteck anzusehen. Bei Straßenbrücken ist das Verkehrsband 2 m hoch anzunehmen.

Die windseits gelegene Tragwand ist mit ihrer vollen Ansichtsfläche als dem Wind ausgesetzt zu betrachten. Ein dahinter gelegener Träger erleidet eine im Verhältnis a/A abgeminderte Windpressung, wobei A die Gesamtumrißfläche des ersten Trägers und a die offene Maschenfläche desselben darstellt.

§ 4. Sonstige angreifende Kräfte.

7. Die Fliehkräfte.

Die Wirkungen, die von den bei der Bewegung der Verkehrsmittel auftretenden Fliehkräften ausgehen, spielen nur bei Eisenbahnbrücken in Krümmungen eine nennenswerte Rolle. Durchläuft eine Last G eine Kreislinie vom Durchmesser R in Metern mit der Geschwindigkeit v m/sek, so entsteht eine vom Mittelpunkt des Kreises weg wirkende Fliehkraft F von der Größe

$$F = \frac{G}{g}\,\frac{v^2}{R}, \qquad (1)$$

wenn mit $g = 9{,}81$ m/sek² die Schwerebeschleunigung bezeichnet wird. F ist eine im Schwerpunkt der Last G angreifende wagerechte Kraft, die mit zunehmender Gleiskrümmung und mit dem Quadrate der Zugsgeschwindigkeit wächst. Die Fliehkraft kann ganz bedeutende Beträge erreichen und ihre Wirkung darf in solchen Fällen keinesfalls vernachlässigt werden. Setzt man in obiger Formel

$$\frac{v^2}{g R} = c,$$

so erhält man F in der einfachen Form

$$F = c\,G.$$

In der nachfolgenden Tafel 3 sind für verschiedene Krümmungshalbmesser R in Metern und für verschiedene Zugsgeschwindigkeiten v in km/st die Beiwerte c, die unbenannte Zahlen darstellen, zusammengestellt.

Tafel 3. Fliehkraftkoeffizienten c.

Halbmesser R in m	Geschwindigkeiten in km in der Stunde																
	40	45	50	55	60	65	70	75	80	85	90	95	100	105	110	115	120
2000	0,0063	0,0080	0,0098	0,0119	0,0142	0,0166	0,0193	0,0221	0,0252	0,0284	0,0319	0,0365	0,0393	0,0433	0,0476	0,0520	**0,0567**
1500	0,0080	0,0106	0,0131	0,0159	0,0189	0,0222	0,0257	0,0295	0,0336	0,0379	0,0425	0,0473	0,0524	0,0577	0,0634	0,0694	**0,0756**
1200	0,0105	0,0133	0,0164	0,0200	0,0236	0,0277	0,0322	0,0369	0,0420	0,0474	0,0532	0,0592	0,0656	0,0723	0,0794	**0,0868**	
1000	0,0126	0,0160	0,0197	0,0238	0,0284	0,0333	0,0386	0,0443	0,0504	0,0570	0,0638	0,0711	0,0787	**0,0868**			
900	0,0140	0,0177	0,0219	0,0265	0,0315	0,0370	0,0429	0,0492	0,0560	0,0632	0,0709	0,0790	**0,0875**				
800	0,0158	0,0200	0,0246	0,0298	0,0354	0,0416	0,0482	0,0554	0,0630	0,0711	0,0797	**0,0888**					
700	0,0180	0,0228	0,0281	0,0340	0,0405	0,0475	0,0551	0,0633	0,0720	0,0813	**0,0911**						
600	0,0210	0,0266	0,0328	0,0397	0,0472	0,0554	0,0643	0,0738	0,0840	**0,0948**							
500	0,0252	0,0320	0,0394	0,0476	0,0567	0,0665	0,0772	0,0886	**0,1008**								
400	0,0315	0,0400	0,0492	0,0600	0,0709	0,0832	0,0965	**0,1107**									
300	0,0420	0,0532	0,0656	0,0794	0,0945	**0,1109**											
250	0,0504	0,0638	0,0787	0,0953	**0,1134**												
200	0,0630	0,0797	**0,0984**														
180	0,0700	**0,0886**															
v in m/sek	11,1	12,5	13,9	15,3	16,7	18,1	19,4	20,8	22,2	23,6	25,0	26,4	27,8	29,2	30,5	31,9	33,3

Für die statische Berechnung sind in der Regel die der höchstzulässigen Geschwindigkeit entsprechenden fettgedruckten Werte von c zu benützen.

Da die Fliehkraft F proportional G ist, so sind ihre wagerechten Wirkungen, wie Momente, Querkräfte usw. aus den betreffenden lotrechten Wirkungen der Verkehrlast einfach durch Multiplikation mit dem Faktor c zu gewinnen.

Hinsichtlich der Fliehkräfte schreiben die einzelnen Brückenvorschriften folgendes vor:

a) Deutsche Reichsbahnvorschriften.

Bei Brücken, deren Gleise in Krümmungen liegen, ist der Einfluß der Fliehkraft zu berücksichtigen, sofern dieser Einfluß nicht etwa als geringfügig außer acht gelassen werden kann. Die Fliehkraft ist im Schwerpunkt der Fahrzeuge in 2 m Höhe über der Schienenoberkante anzunehmen.

Der Berechnung des in Frage kommenden wagerechten Verbandes und des äußeren Hauptträgers sind im allgemeinen die in der Zusammenstellung (Tafel 3) fettgedruckten Werte, die den nach der „Eisenbahn-Bau- und Betriebsordnung“ vom 4. November 1904 für die verschiedenen Halbmesser zugelassenen größten Zugsgeschwindigkeiten entsprechen, zugrunde zu legen. Der innere Hauptträger ist im allgemeinen für eine zwischen der Ruhelage und der größten zulässigen Zugsgeschwindigkeit ermittelten Geschwindigkeit zu berechnen.

Die Ruhelage kann wegen des Fehlens der Stoßwirkungen unberücksichtigt bleiben.

b) Österreichische Verordnung.

Bei Brücken in Gleiskrümmungen müssen auch die Einflüsse der Überhöhung des äußeren Schienenstranges, der Lage des Gleises und der Fliehkraft berücksichtigt werden. Der Angriffspunkt der Fliehkraft ist auf Vollspurbahnen 1,5 m, auf Schmalspurbahnen 0,8 m über Schienenhöhe anzunehmen.

Der Berechnung der Fliehkraft sind folgende Geschwindigkeiten zugrunde zu legen:

a) **Für Vollspurbahnen nach Belastungsnorm I** in Bogen mit

200 m Halbmesser	und darunter . . .	15 m/sek
350 „ „	. . . .	20 „
500 „ „	. . . .	25 „
700 „ „	und darüber . . .	30 „

Für Brücken in Stationen sowie in Bahnneigungen von 20‰ und darüber sind jedoch keine höheren Geschwindigkeiten als 20 m/sec anzunehmen.

b) **Für Vollspurbahnen nach Belastungsnorm II** in Bogen mit

100 m Halbmesser	. . . .	10 m/sek
200 „ „	. . . .	15 „
300 „ „	und darüber . . .	18 „

c) **Für Bahnen mit 760 m Spurweite nach Belastungsnorm III** in Bogen mit

50 m Halbmesser	. . . .	7 m/sek
100 „ „	und darüber . . .	10 „

Für zwischenliegende Werte ist geradlinig einzuschalten.

Die Erhöhung des Gewichtes einzelner Lokomotivachsen kann dabei entfallen.

c) Schweizerische Verordnung.

Bei Eisenbahnbrücken, die in Krümmungen liegen, ist bei Berechnung aller Bauteile die Fliehkraft zu berücksichtigen und zwar unter Annahme folgender Zugsgeschwindigkeiten:

bei Hauptbahnen	25 m/sek
„ normalspurigen Nebenbahnen . .	15 „
„ Schmalspurbahnen	12,5 „

Hierbei ist die Höhe des Schwerpunktes der Fahrzeuge über Schienenoberkante bei Normalspurbahnen zu 1,80 m, bei Schmalspurbahnen zu 1,40 m anzunehmen.

Werden einzelne Teile am ungünstigsten durch ruhende Verkehrslast beansprucht, so darf für die Berechnung solcher Teile der Zuschlag von $2(15 - L)\,\%$ wegfallen.

8. Bremskräfte.

Die Zugkraft Z der Lokomotive, die die Fortbewegung des Eisenbahnzuges auf dem Gleise mit konstanter Geschwindigkeit bewirkt, ist gleich der Summe aller Fahrwiderstände des Zuges. Z kann als eine in Schienenhöhe angreifende brückenlängs gerichtete Kraft betrachtet werden, die nie größer als die zwischen den Triebrädern der

Lokomotive und den Schienen wirkende Reibung werden kann. Bezeichnet Q die Summe der Triebachsdrücke, f den Reibungskoeffizient zwischen Schiene und Rad, so ist

$$Z \leqq Q f.$$

Für f kann im Mittel $^1/_6$, als Höchstwert $^1/_5$ gesetzt werden. Bei 6 Triebachsen von je 20 t Belastung ergäbe dies einen Größtwert von $Z = 6 \cdot 20 \cdot 0{,}20 = 24$ t für jede Lokomotive.

Befindet sich der ganze Zug auf der Brücke, so ist die Mittelkraft aus Zugkraft Z und Fahrwiderstände W Null. Hierbei wirkt Z auf das Tragwerk in einem dem Fahrsinn entgegengesetzt gerichteten Sinn. Die Widerstände W haben die Fahrrichtung Abb. 59a. Es ist nun leicht einzusehen, daß das Tragwerk viel ungünstiger beansprucht erscheint, wenn sich nur die Lokomotive auf der Brücke befindet, während die angehängten Wagen noch außerhalb des Tragwerks laufen. In diesem Falle wirkt die ganze Zugkraft Z auf das Tragwerk, das gegen sein Lager B gepreßt wird. (Anfahrwiderstand) Abb. 59b.

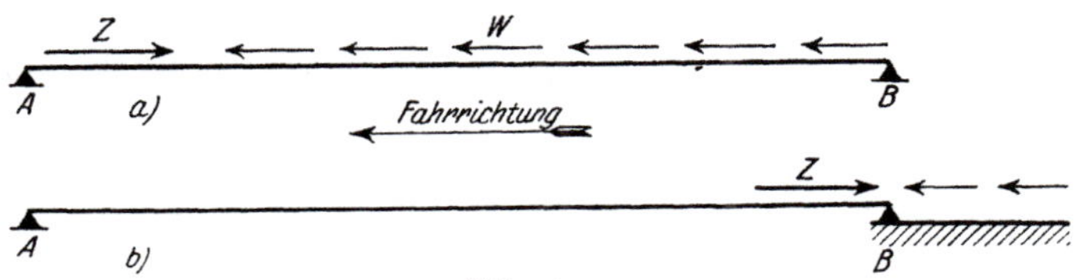

Abb. 59.

Allgemein kann somit gesagt werden, daß ein auf der Brücke rollender Zug in Schienenhöhe wagerechte, brückenlängs wirkende Kräfte überträgt, die z. T. bei den Lokomotivtriebachsen konzentriert, entgegengesetzte Richtung wie die Fahrtrichtung haben und gleich dem Fahrwiderstand des ganzen Zuges, höchstens aber gleich der Reibung $Q f$ sind, z. T. mit der Fahrtrichtung gleiche Richtung haben und deren Größe durch die Größe der Fahrwiderstände der auf der Brücke augenblicklich befindlichen Fahrbetriebsmittel gegeben ist. Die Fahrwiderstände verteilen sich gleichmäßig auf die ganze Länge des Zuges; sie setzen sich zusammen aus der rollenden Reibung zwischen Schiene und Rad, aus der Zapfenreibung der Räder, aus dem Schleifen der Spurkränze an den Schienenköpfen, insbesondere in Krümmungen, aus der in die Bahnebene fallenden Komponente des Zugsgewichtes bei Brücken in Steigungen, aus dem Luftwiderstand der bewegten Fahrzeuge und aus sonstigen Widerständen, die durch die Unregelmäßigkeiten der Bahn entstehen.

Wir haben bisher nur den auf der Brücke mit gleichförmiger Geschwindigkeit rollenden Zug in Betracht gezogen. Viel ungünstiger werden aber die Wirkungen auf das Tragwerk, wenn der in rascher Fahrt befindliche Zug auf der Brücke abgebremst wird. Die lebendige Kraft des fahrenden Zuges wird zunächst beim Anziehen der Bremsen durch die Reibungsarbeit in den Bremsklötzen vernichtet, während der noch übrigbleibende Rest, wenn die Drehung der gesperrten Räder aufgehört hat, durch die gleitende Reibung zwischen Schiene und Rad aufgezehrt wird. Diese gleitende Reibung ist es, die bedeutende Kräfte auf das Bauwerk überträgt, welche von diesem und von den Widerlagern übernommen werden müssen. Sei L das Gewicht einer Lokomotive samt Tender, G das Gewicht eines Wagens, n_1 und n_2 die Zahl der Lokomotiven bzw. der Wagen, f der Reibungskoeffizient, so ist die in der Fahrtrichtung wirkende Bremskraft

$$B = f\left(n_1 L + \frac{n_2}{3} G\right), \quad \ldots \ldots \ldots \ldots \quad (2)$$

wenn man annimmt, daß etwa ein Drittel der Wagenachsen abgebremst wird.

Für eine Brücke von 75 m Stützweite z. B. beträgt die größtmöglichste Belastung, wenn die Reichsbahnvorschriften, Lastenzug E wie oben, zugrunde gelegt werden, zwei Lokomotiven und fünf Güterwagen. Es ist also $L = 120$ t, $G = 80$ t.

Mit $f=\frac{1}{7}$ folgt somit

$$B=\tfrac{1}{7}(2\cdot 120+\tfrac{5}{8}\cdot 80)=53{,}3\ \mathrm{t}.$$

Hinsichtlich der Bremskräfte schreiben einzelne Bahnverwaltungen folgendes vor:

a) Deutsche Reichsbahnvorschriften.

Die in der Fahrrichtung in Höhe der Schienenoberkante wirkende Bremskraft ist zu $^1/_7$ des Gewichtes aller den Überbau belastenden Lokomotiv- und Tenderachsen und der Hälfte aller den Überbau belastenden Wagenachsen anzunehmen.

Der entgegengesetzt der Fahrrichtung in Höhe der Schienenoberkante wirkende Anfahrwiderstand ist mit $^1/_7$ des Gewichtes aller den Überbau belastenden Lokomotivachsen in die Rechnung einzuführen.

b) Österreichische Vorschriften.

Bei Brücken in Bahnstrecken mit mehr als 10 pro Mille Neigung, sowie bei Brücken, welche in Stationen und Haltestellen oder in den anschließenden Bremsstrecken liegen, ist die Wirkung der Bremskräfte mit 0,10 des Zugsgewichtes in Rechnung zu stellen.

c) Schwedische Vorschriften.

Eisenbahnbrücken sollen für eine in Höhe der Schienenoberkante brückenlängs wirkende Bremskraft gleich 10 v. H. des auf der Brücke befindlichen Zugsgewichtes berechnet werden.

d) Schweizerische Verordnung.

Der Bremskraft ist sowohl in der Brücke selbst als auch in den Pfeilern und Widerlagern Rechnung zu tragen. Für Reibungsbahnen ist die Bremskraft zu $^1/_7$ aller auf der Brücke sich befindenden Achslasten anzunehmen.

Bei Berechnung von Brückenpfeilern und Widerlagern ist der Einfluß der Reibung der Rollenlager mit 3 v. H. ihrer Belastung zu berücksichtigen.

In der Berechnung von Brückenpfeilern ist der Einfluß der Bremskraft und der Reibungswiderstände entweder demjenigen des Temperaturwechsels oder demjenigen des Winddruckes beizufügen, je nachdem der eine oder der andere dieser letzteren überwiegt.

9. Seitenpressungen der Lokomotiven.

Die kleinen Unregelmäßigkeiten der Bahn, die sich trotz bester Unterhaltung des Oberbaues nicht vollständig beseitigen lassen, bewirken ein Schlingern der schnell fahrenden Lokomotive, wodurch auf die Schienen Seitendrücke ausgeübt werden, die vom eisernen Überbau übernommen werden müssen. Über die tatsächliche Größe dieser Kräfte, die sich auf theoretischem Wege überhaupt nicht verfolgen lassen, fehlt leider jedwede zuverlässige Ermittlung. Man ist hier auf ganz rohe Schätzungen angewiesen.

a) Deutsche Reichsbahnvorschriften.

Bei der Berechnung der Wind- und Schlingerverbände der Fahrbahn ist zur Berücksichtigung der durch die Lokomotiven auf die Schienen ausgeübten Seitenstöße für jedes Gleis eine wagerechte und rechtwinklig zur Gleisachse wirkende Kraft von $^1/_5$ der größten Lokomotivachslast an der ungünstigsten Stelle anzunehmen. Werden die Gurtungen dieser Verbände von den Fahrbahnträgern oder von vollwandigen Hauptträgern gebildet, so kann die Wirkung der Seitenstöße auf sie in der Regel außeracht gelassen werden. Bei Brücken in Krümmungen sind die Seitenstöße und Fliehkräfte nicht gleichzeitig zu berücksichtigen, sondern es ist nur die Kraftwirkung in Rechnung zu stellen, welche die größere Beanspruchung erzeugt.

b) Österreichische Vorschriften.

Die Einflüsse der von den Seitenschwankungen oder den Seitenpressungen der Fahrbetriebsmittel auf Brücken in gerader bzw. gekrümmter Bahn erzeugten wagerechten Kräfte sind für ein Gleis mit 0,05 der lotrechten Einwirkungen der Lokomotivachsen des Zuges der betreffenden Belastungsnorm zu berücksichtigen. Die Angriffspunkte dieser wagerechten Kräfte sind in Schienenhöhe liegend anzunehmen und ist bei ihrer Berechnung eine Erhöhung des Gewichtes einzelner Lokomotivachsen nicht erforderlich.

c) Schwedische Vorschriften.

Die von der fahrenden Lokomotive ausgeübte Seitenkraft ist quer zur Brücke wirkend in Schienenkopfhöhe mit 30 v. H. des größten Lokomotivachsdruckes anzunehmen, falls die Zugsgeschwindigkeit 100 km/Std. beträgt. Bei geringeren Zugsgeschwindigkeiten ist diese Seitenkraft proportional der Zugsgeschwindigkeit zu vermindern.

10. Einfluß der Wärmeschwankungen.

Statisch bestimmte Hauptträgersysteme sind gegen jede Art von Temperaturänderungen unempfindlich, insoweit die Lagerung in der Weise durchgeführt ist, daß eine ungehinderte Verschiebung der beweglichen Lagerpunkte möglich ist. Durch zweckmäßige Ausbildung der Lager können die Reibungswiderstände auf ein Kleinstmaß gebracht werden, so daß in der Regel eine Berücksichtigung der durch Temperaturänderungen in statisch bestimmten Systemen hervorgerufenen Spannungen nicht notwendig ist.

Bei gewissen Arten statisch unbestimmter Hauptträgersysteme wie Bogenbrücken, Hängebrücken u. a. m., treten selbst bei gleichmäßiger Erwärmung aller Glieder Temperaturspannungen auf, die ganz nennenswerte Beträge erreichen können und daher auch bei derartigen Systemen Berücksichtigung erfordern. Man geht hierbei von der Voraussetzung aus, daß bei der Aufstellungstemperatur (gewöhnlich wird hierfür die mittlere Jahrestemperatur — etwa 10^0 C — genommen) das unbelastete System spannungslos sei. Bei Änderungen der Lufttemperatur gegenüber dieser Aufstellungstemperatur treten dann Temperaturspannungen $\pm\sigma_t$ auf, je nachdem eine Erwärmung oder eine Abkühlung um t^0 gegenüber der Aufstellungstemperatur stattgefunden hat.

Als Grenzen der Wärmeschwankungen sind vorgeschrieben:

Deutsche Reichsbahn . . .	-25^0 C und $+45^0$ C;
Bayern	-20^0 C „ $+40^0$ C;
Baden	$\pm 35^0$ über der mittleren Ortstemperatur;
Württemberg	-20^0 C „ $+45^0$ C;
Österreich	-25^0 C „ $+45^0$ C;
Schweiz	$\pm 30^0$ über der mittleren Ortstemperatur;
Schweden	-40^0 C und $+40^0$ C.

Mit der Festsetzung einer oberen Temperaturgrenze von 40^0 ist der stärkeren Erwärmung des Eisens infolge unmittelbarer Sonnenbestrahlung Rechnung getragen.

Sämtliche statisch unbestimmten Systeme entwickeln bei ungleichmäßiger Erwärmung ihrer Glieder innere Spannkräfte, die unter Umständen ganz bedeutende Werte erreichen können. Eine ungleichmäßige Erwärmung kann bei Brücken dadurch eintreten, daß einzelne Glieder, der eine Gurt z. B., im Schatten der Fahrbahn liegen, während alle übrigen Glieder der unmittelbaren Sonnenbestrahlung ausgesetzt sind. Die Temperaturdifferenzen können bis zu 15^0 C ansteigen. Gelegentlich des Baues zweier eiserner Bogenbrücken in Lyon in den Jahren 1886 und 1887 wurden die Temperaturunterschiede gemessen und festgestellt, daß solche bis 14^0 C auftreten können. Die meisten Brückenvorschriften enthalten keine Weisungen hinsichtlich der Berücksichtigung ungleicher Erwärmung.

Die neuen Vorschriften der deutschen Reichsbahn sehen eine ungleiche Erwärmung einzelner Teile mit einem Temperaturunterschied von 15^0 C vor.

§ 5. Dynamische Wirkungen der Verkehrslasten.

11. Einleitung.

Die Wirkungen, die die bewegten Lasten auf die Brücken ausüben, sind im Grunde genommen dynamische Wirkungen, da jede Änderung des Gleichgewichtszustandes mit endlicher Geschwindigkeit erfolgt. Nur durch eine Reihe von Abstraktionen, die die

Elastizitätsprobleme des Brückenbaues vereinfachen, ist eine Behandlung der auftauchenden Festigkeitsfragen im Sinne der Statik denkbar; doch ist man vielfach gezwungen, auf irgendeine Weise auf die dynamischen Erscheinungen Rücksicht zu nehmen, da sie meist mit einer Vermehrung der rechnungsmäßigen statischen Beanspruchung verbunden sind. Dieser Tatsache wird in der Brückenbaupraxis in der Art Rechnung getragen, daß man Vermehrungskoeffizienten, sogenannte Stoßkoeffizienten, einführt, mit der die unter der Voraussetzung ruhender Verkehrsbelastung berechneten Werte der Beanspruchungen multipliziert erscheinen, oder man ermäßigt in weiterer Verfolgung dieses Grundgedankens die zulässige Beanspruchung in zweckmäßiger Weise, setzt also den Sicherheitsgrad entsprechend hoch an. Will man daher die im Brückenbau üblichen Stoßkoeffizienten kritisch prüfen, so ist es zunächst notwendig, sich über die dynamischen Vorgänge in eisernen Tragwerken Klarheit zu verschaffen, um Anhaltspunkte über die Größe der wirklich auftretenden Formänderungen und Materialbeanspruchungen zu gewinnen. In diesem Sinne mögen die Ausführungen dieses Kapitels einen Übergang zu den Erörterungen des folgenden Abschnittes, der von dem Sicherheitsgrad und den zulässigen Beanspruchungen handelt, bilden. Aber noch aus einem anderen Grunde ist eine eingehende Erörterung des Problems der Schwingungen eiserner Brücken notwendig. Die Tatsache, daß z. B. Brücken durch den Gleichschritt marschierender Soldaten in gefährliche Schwingungen versetzt wurden, hat die Erkenntnis geweckt, daß unter Umständen durch periodisch wirkende Belastungen bedeutende Resonanzerscheinungen auftreten können, zu deren Verfolgung die Kenntnis der Eigenschwingungszahlen eiserner Brücken erforderlich ist. Sind die Perioden der Eigenschwingungen bekannt, so ist es ein leichtes, festzustellen, ob unter den für das betreffende Brückenbauwerk in Frage kommenden rhythmisch wirkenden Belastungen solche vorhanden sind, die gefährliche Resonanzwirkungen erzeugen können. Eintretendenfalls wird man durch eine Abänderung der Massenverteilung oder Änderung der Steifigkeit des Tragwerks eine Verbesserung zu erzielen trachten, oder schließlich die kritischen Geschwindigkeiten der in Frage kommenden Verkehrlasten zu vermeiden suchen.

Die dynamischen Wirkungen bewegter Lasten auf Brücken können ganz verschiedener Natur sein und aus mannigfaltigen Ursachen entspringen:

1. Die Lasten treten nicht unendlich langsam, sondern mit einer oft bedeutenden Geschwindigkeit auf die Brücke. Die hierdurch geweckten lebendigen Kräfte der Lasten und des Tragwerkes verursachen Schwingungen und dadurch örtliche Vermehrung der Durchbiegungen und Beanspruchungen.

2. Da sich die Bahnlinie unter der Wirkung der Verkehrlasten teilweise nach unten krümmt, so treten im gleichen Sinne wie die Lasten wirkende Fliehkräfte auf, die mit wachsender Zugsgeschwindigkeit sehr rasch zunehmen und bei Trägern kleiner Stützweite bedeutende Werte annehmen können.

3. Durch periodisch wirkende Kräfte oder Stöße können erzwungene Schwingungen des Tragwerks ausgelöst werden. Hierher gehören die periodischen Druckänderungen der Triebräder der Lokomotiven infolge des unvollständigen Massenausgleiches, die periodischen Stöße durch die in regelmäßigen Abständen angeordneten Schienenstöße, die vornehmlich dann starke Resonanzwirkungen hervorrufen können, wenn die Wagenachsen untereinander gleichen Abstand aufweisen. Bei Straßenbrücken sind es die rhythmischen Stöße marschierender oder im Gleichschritt reitender Soldatenkolonnen, die erhebliche Resonanzwirkungen verursachen können.

Das Problem der Querschwingungen (Transversalschwingungen) steifer Stäbe wurde schon von Euler 1773 behandelt. Die vollständige Differentialgleichung der Querschwingungen eines steifen Stabes wurde von Poisson 1829 aufgestellt[1]).

[1]) Über die ältere Literatur siehe Enzyklopädie d. math. Wiss. Bd. IV, 2, II.

Mit der Aufgabe, den Einfluß einer rollenden Last auf die Durchbiegungen von Brücken zu bestimmen, beschäftigt sich erstmals Willis (1849). Er betrachtet den Stab als masselos und nimmt an, daß die Durchbiegung unter der rollenden Last an jeder Stelle durch dieselben Beziehungen gegeben ist, wie die statische Durchbiegung. Stokes (1849) untersucht das gleiche Problem. Sowohl Willis und Stokes als auch eine Reihe anderer Forscher, wie Résal (1882), Boussinesq (1883), Souleyre (1889), Delandres (1892), Glauser (1892 und 1894), Zimmermann (1896) und Land (1899) stellen durch Elimination der Zeit vermittels der Beziehung $x = ct$ (c Zugsgeschwindigkeit) totale Differentialgleichungen auf. Sie betrachten also den belasteten Träger als System mit einem Freiheitsgrade[1]).

Phillips (1855) und Renaudot (1861) waren die ersten, die bei ihren Untersuchungen von einer partiellen Differentialgleichung ausgingen. Ihnen folgten dann Bresse (1862) und Lebert (1899). Diese beiden letzten Verfasser gründen bereits ihre Untersuchungen auf partielle Differentialgleichungen, die alle Einflüsse berücksichtigen. Doch ist ein Teil der angegebenen Lösungen, insbesondere bei Lebert, der alle Probleme der Brückenschwingungen zu erschöpfen sucht, nicht einwandfrei[2]). In neuester Zeit haben Kriloff (1905) und Timoschenko (1911) wertvolle Beiträge zur Theorie der Brückenschwingungen geliefert[3]).

Viel später setzten die Arbeiten über die Dynamik des Fachwerks ein. Reißner bestimmt 1899 die Eigenschwingung des Fachwerks mittels des Satzes von der Erhaltung der lebendigen Kraft, indem er das Fachwerk als System mit einem Freiheitsgrad auffaßt. Eine genauere Untersuchung der freien Schwingungen von Fachwerken hat der gleiche Verfasser 1903 veröffentlicht. Praktische Bedeutung kann aber der sehr verdienstvollen Arbeit Reißners nicht zugesprochen werden, da die Rechenarbeit zur

---

[1]) Willis: Report of the commission appointed to enquire into the application of iron to railways structures. London 1849.

Stokes: Discussion of a differential equation relating to the breaking of railway bridges. Transactions of the Cambridge philos. Soc. T. VIII, 1849, S. 707.

Boussinesq: Sur le mouvement d'une charge roulante, le long d'une barre élastique horizontale appuyée à ses deux bouts et dont la masse et beaucoup plus petite que la sienne. Comptes rendus des séances de l'academie des sciences à Paris 1883, S. 897.

Souleyre: Action dynamique des charges roulantes sur les poutres rigides, qui ne travaillent qu'a la flexion. Ann. Ponts Chauss. 1889, S. 341.

Glauser: Dynamische Wirkungen bewegter Lasten auf eisernen Brücken. Ann. Glaser 1891 S. 113; 1892, I, S. 61.

Glauser: Dynamische Wirkung bewegter Einzellasten auf freien Balkenbrücken über einer Öffnung. Ann. Glaser 1894, I, S. 56.

Zimmermann: Die Schwingungen eines Trägers mit bewegter Last. Zentralbl. Bauv. 1896, S. 264 ff.; in erweiterter Darstellung als Buch, Berlin 1896.

Land: Die Gleichungen der Bahn einer über einen Träger rollenden Last. Zentralbl. Bauv. 1899, S. 313.

[2]) Phillips: Calcul de la résistance des poutres droites, telles que les ponts, les rails, etc. sous l'action d'une charge en mouvement. Ann. des mines 1855, S. 467.

Renaudot: Etudes de l'influence des charges en mouvement sur la résistance des ponts métalliques à poutres droites. Ann. Ponts Chauss. 1861, S. 145.

Bresse: Cours de mécanique appliquée. I. 1862—66, S. 361.

Lebert: Etudes des mouvements vibratoires dans les ponts à poutres droites à une travée et dans les ponts suspendus à tablier continu simplement appuyées aux culées. Ann. Ponts Chauss. 1899, S. 215.

Eine kritische Darstellung der Arbeiten von Stokes bis Lebert findet man in der Abhandlung Bühler: Darstellung und Kritik der in der Literatur vorliegenden Untersuchungen über Schwingungen eines Trägers mit bewegter Last. Ann. Glaser 1909. Bd. 65. Gegen Bühlers Kritik kann in vielen Punkten Einwendung erhoben werden. Er überschätzt u. a. die Leistungen Leberts und beurteilt die Arbeit Zimmermanns falsch.

[3]) Kriloff: Über die erzwungenen Schwingungen von gleichförmigen elastischen Stäben. Math. Ann. 1905, S. 211.

Timoschenko: Erzwungene Schwingungen prismatischer Stäbe. Z. Math. u. Phys. 1911, S. 163.

Feststellung der Eigenschwingungen im Einzelfalle kaum zu bewältigen ist. Viel rascher führt hier, wie wir zeigen werden, eine zeichnerische Methode, die Pohlhausen 1921 veröffentlicht hat und die eine schrittweise Annäherung ermöglicht, zum Ziele[1]). Das Problem des Einflusses einer rollenden Last auf Fachwerkbrücken ist, von einer Arbeit Melans (1893) abgesehen, deren Ergebnisse aber nur den Wert von Abschätzungen beanspruchen dürften, noch gar nicht in Angriff genommen[2].)

Die Versuchsforschung hat sich noch ziemlich wenig mit dem Problem der Brückenschwingungen befaßt[3]), obwohl es keine Schwierigkeiten gemacht hätte, mit genügend empfindlichen Durchbiegungszeichnern die Bewegungen unter rollenden Lasten aufzuzeichnen und mit den Ergebnissen theoretischer Berechnungen zu vergleichen, denn solange diese Formeln nicht an wirklichen Brücken in genügend vielen Fällen überprüft wurden, können sie nicht jenes Vertrauen erwerben, das sie möglicherweise verdienen. Anderseits bilden gerade die zahlenmäßigen Ergebnisse dieser Berechnung eine der wichtigsten Grundlagen für die Abschätzung der der statischen Berechnung zugrunde zu legenden Beanspruchungsziffern, und es ist zu bedauern, daß nach einer bald 100jährigen Periode des Eisenbrückenbaues keine einwandfreien Grundlagen für die Ermittlung des tatsächlichen Sicherheitsgrades — soweit wenigstens die dynamischen Wirkungen der Verkehrslasten in Frage kommen — vorhanden sind.

In der letzten Zeit wurden allerdings Versuche unternommen, um der Frage der Wirkung der rollenden Lasten auf Brücken von der experimentellen Seite beizukommen. Solche Versuche wurden 1907 bis 1909 von der American Railway Engineering and Maintenance of Way Association[4]) und 1919/20 in England vom Ministry of Transport durchgeführt[5]). Alle diese Versuche liefen darauf hinaus, mittels Spannungsmessern den Spannungszuwachs zu bestimmen, den ein schnell fahrender Lastenzug bewirkt. Sie dienten in ihrer Gesamtheit dann zur Aufstellung sogenannter Stoßformeln, die als einzige Veränderliche die Spannweite oder Belastungslänge enthalten. Meiner Meinung nach können derartige Versuche bei der Schwierigkeit des in Rede stehenden Gegenstandes, nur dann Aussicht auf Erfolg haben, wenn sie von theoretischen Untersuchungen ihren Ausgang nehmen und sich zum Ziel setzen, die Richtigkeit der Voraussetzungen, auf denen die Theorie aufgebaut ist, zu untersuchen, Erfahrungskoeffizienten, die die Theorie benötigt zu liefern und schließlich Winke für die Weiterentwicklung der Theorie zu geben. Die mannigfachen Faktoren, die letzten Endes die Größe der durch die Bewegung der Last hervorgerufenen Zusatzspannungen beeinflussen, müssen in ihrer Wirkung zunächst durch theoretische Überlegungen abgeschätzt und in den Rechnungen berücksichtigt werden. Durch zweckmäßig angelegte Versuche können dann diese Voraussetzungen überprüft und berichtigt werden. Es ist natürlich klar, daß es Einflüsse gibt, die sich nur äußerst schwer oder gar nicht theoretisch erfassen lassen, wie etwa die Wirkung elastischer Zwischenmittel, z. B. des Schotterbetts bei durchgehender Bettung u. ä. Auch hier können Versuche nur dann eine halbwegs befriedigende Aufklärung geben, wenn die andern Faktoren, die die Spannungserhöhung beeinflussen, bereits erforscht sind. Wie wenig wirkliche Bedeutung für die Erkenntnis der dynamischen Wirkungen die oben erwähnten summarischen Versuche haben, lehrt ein Blick auf die Abb. 66 auf

[1]) Reißner, Dr. H.: Schwingungsaufgaben aus der Theorie des Fachwerks. Z. Bauw. 1903, S. 135. Pohlhausen: Berechnung der Eigenschwingungen statisch bestimmter Fachwerke. Z. angew. Math. u. Mech. 1921, S. 28.

[2]) Melan: Über die dynamische Wirkung bewegter Lasten auf Brücken. Z. öster. Ing.- u. Arch.-Ver. 1893, S. 293.

[3]) Paschen, E.: Ergebnisse von Durchbiegungsmessungen an belasteten Eisenbahnbrücken. Ann. Glaser 1891, Bd. 28, S. 115.
Hawranek, A.: Schwingungen von Brücken. Eisenbau 1914, S. 221.

[4]) Siehe Eisenbau 1910, S. 290.

[5]) Ministry of Transport. Tests on Railway Bridges in Respect of Impact Effect. London 1921. Einen knappen Auszug findet der Leser im Bauing. 1922, S. 33.

S. 65. Aus den Ergebnissen dieser mühevollen Versuche läßt sich bestenfalls die eine — allerdings schon längst bekannte — Tatsache herauslesen, daß die Stoßwirkung, im Durchschnitt genommen, mit zunehmender Spannweite sinkt. Mehr aber nicht. — Wozu also die Mühe?

Die folgenden Absätze werden die freien und die erzwungenen Schwingungen von stabförmigen Trägern (Vollwandträger), den Einfluß einer rollenden Last und rhythmischer Stöße derselben auf solche Träger und schließlich die freien Schwingungen von Fachwerken behandeln, um, soweit dies der derzeitige Stand der Theorie ermöglicht, einen tieferen Einblick in das dynamische Verhalten der Brückenbauwerke zu gewinnen. Das Hauptaugenmerk wird darauf gerichtet sein, auf Grund der gewonnenen Formeln zahlenmäßige Anhaltspunkte für die Größe der dynamischen Einflüsse bei Eisenbahnbrücken aufzustellen.

12. Die partiellen Differentialgleichungen für Transversalschwingungen prismatischer Stäbe.

Es sei AB ein gerader prismatischer Stab mit unveränderlichem Querschnitt F, der in der Ebene einer Querschnittshauptachse schwinge, Abb. 60. Der Stab stehe hierbei unter der Wirkung seines eigenen Gewichtes und einer nach irgendeinem Gesetze verteilten Auflast p', sowie unter der Wirkung einer irgendwie mit x und t veränderlichen Kraft $P(xt)$. Mit y bezeichnen wir die in einem Zeitpunkt t im Abstand x vom Koordinatenursprung vorhandene Ausweichung der Stabachse aus ihrer spannungslosen Anfangslage.

Um zur Differentialgleichung der Bewegung zu gelangen, betrachten wir das Gleichgewicht an einem Stabelement von der Länge dx, das durch zwei Querschnitte aus dem Stabe herausgetrennt wurde, nachdem wir gemäß dem d'Alembertschen Prinzip die

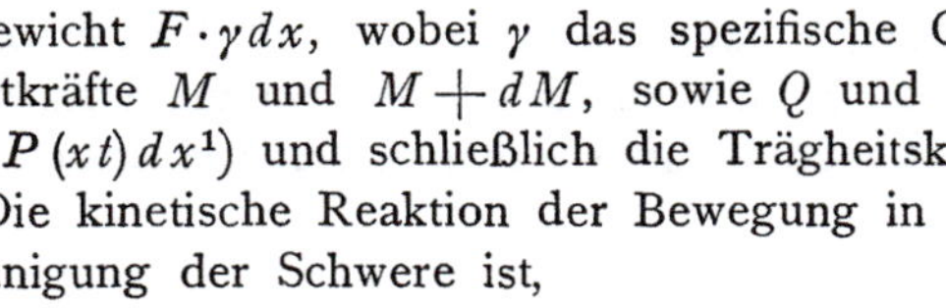

Abb. 60.

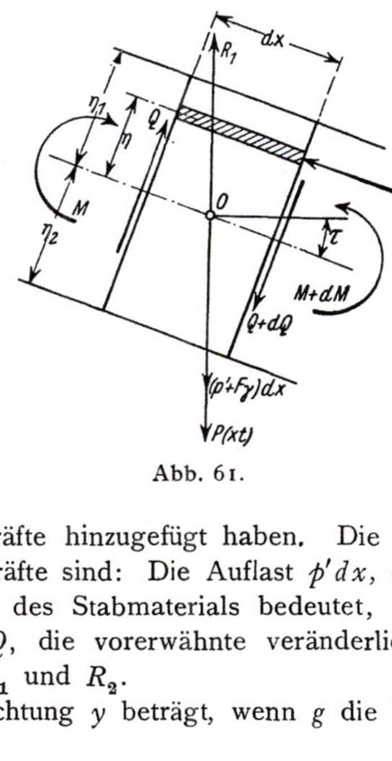

Abb. 61.

kinetischen Reaktionen (Trägheitskräfte) als äußere Kräfte hinzugefügt haben. Die auf diese unendlich dünne Scheibe, Abb. 61, wirkenden Kräfte sind: Die Auflast $p'dx$, das Stabgewicht $F \cdot \gamma dx$, wobei γ das spezifische Gewicht des Stabmaterials bedeutet, die Schnittkräfte M und $M + dM$, sowie Q und $Q + dQ$, die vorerwähnte veränderliche Kraft $P(xt)\,dx$[1]) und schließlich die Trägheitskräfte R_1 und R_2.

Die kinetische Reaktion der Bewegung in der Richtung y beträgt, wenn g die Beschleunigung der Schwere ist,

$$R_1 = \frac{p' + \gamma F}{g}\, dx \cdot \frac{\partial^2 y}{\partial t^2}$$

und die kinetische Reaktion der Verdrehung für ein im Abstande η von der Stabachse befindliches Faserelement

$$dR_2 = \frac{\gamma\, dF}{g}\, dx \cdot \frac{\partial^2 \tau}{\partial t^2}\, \eta = \frac{\gamma\, dF}{g}\, \frac{\partial^3 y}{\partial x\, \partial t^2}\, \eta\, dx,$$

[1]) Die Last $P(xt)$ wollen wir uns stetig (aber nicht gleichförmig) über den Träger verteilt denken.

wenn $\tau = \frac{\partial y}{\partial x}$ der Winkel ist, um den sich der Querschnitt an der Stelle x dreht. Die kinetische Reaktion der Bewegung der Stabteilchen in der Richtung der Stabachse wird als unerheblich vernachlässigt.

Aus der Bedingung, daß die Summe aller in die Richtung y fallenden Teilkräfte Null sein muß, folgt

$$(p' + F\gamma)\, dx + P(xt)\, dx + dQ - R_1 = 0, \quad \ldots \ldots \ldots \quad (1)$$

wenn man wegen der Kleinheit von τ, $\cos \tau = 1$ setzt und $\sin \tau$ gegen die Einheit vernachlässigt.

Die Momentengleichung bezogen auf den Punkt o liefert eine zweite Verknüpfung

$$Q\, dx - dM - \int_{\eta_1}^{\eta_2} dR_2\, \eta = 0, \quad \ldots \ldots \ldots \ldots \quad (2)$$

wobei Glieder zweiter Kleinheitsordnung unberücksichtigt blieben.

Nun gilt

$$\int_{\eta_1}^{\eta_2} dR_2\, \eta = \frac{\gamma}{g}\, dx \cdot \frac{\partial^3 y}{\partial x\, \partial t^2} \int_{\eta_1}^{\eta_2} \eta^2\, dF = \frac{\gamma}{g}\, J\, \frac{\partial^3 y}{\partial x\, \partial t^2} \cdot dx,$$

wo mit J das Trägheitsmoment, bezogen auf die zur Schwingungsebene senkrecht stehende Querschnittshauptachse, bezeichnet wurde. Aus der Differentialgleichung der elastischen Linie geht durch einmaliges Differentiieren

$$\frac{dM}{dx} = -EJ\, \frac{d^3 y}{dx^3}$$

hervor. Die Einführung von R_1, $\int_{\eta_1}^{\eta_2} dR_2\, \eta$ und dM in die Gl. (1) und (2) liefert mit $p = p' + F\gamma$ die Beziehungen

$$p + P(xt) + \frac{dQ}{dx} - \frac{p}{g}\, \frac{\partial^2 y}{\partial t^2} = 0,$$

$$Q + EJ\, \frac{\partial^3 y}{\partial x^3} - \frac{\gamma}{g}\, J\, \frac{\partial^3 y}{\partial x\, \partial t^2} = 0.$$

Ermittelt man aus der zweiten Gleichung $\frac{dQ}{dx}$ und setzt diesen Wert in die erste Gleichung ein, so gelangt man schließlich zur gesuchten Differentialgleichung der Schwingung

$$\frac{p}{g}\, \frac{\partial^2 y}{\partial t^2} - \frac{\gamma}{g}\, J\, \frac{\partial^4 y}{\partial x^2\, \partial t^2} = -EJ\, \frac{\partial^4 y}{\partial x^4} + p + P(xt) \quad \ldots \ldots \ldots \quad (3)$$

In dieser Gleichung drückt das zweite Glied der linken Seite den Einfluß der rotatorischen Trägheit aus. Bei schlanken Stäben ist der Einfluß dieses Gliedes auf die Schwingungsperioden gering, weshalb wir es bei den weiteren Untersuchungen vernachlässigen wollen. (Siehe die Fußnote auf S. 49.)

13. Freie Transversalschwingungen vollwandiger Träger.

Wir betrachten zunächst den Fall, wo der Träger durch irgendeine Störung aus seiner Gleichgewichtslage gebracht wurde und dann sich selbst überlassen weiterschwingt. Er vollführt freie Schwingungen. Wir begnügen uns hier mit der Feststellung der Perioden der Eigenschwingungen, da die Kenntnis dieser Zahlen genügt, um die Resonanzwirkungen von periodisch die Brücke treffenden Impulsen beurteilen zu können. Erfährt eine schwingende Brücke je einen neuen Schwingungsanstoß nach Ablauf einer, zweier usw. Schwingungen, so addieren sich die Wirkungen dieser Impulse, die Schwingungsweite wird immer mehr und mehr vergrößert, es tritt Resonanzwirkung ein. Bei genügend häufiger Wiederholung dieser Impulse kann die Schwingungsweite (Ausbiegung) einen gefährlichen Wert annehmen. Ist der Rhythmus der Impulse ein anderer als der der Eigenschwingungon, folgen insbesondere die Stöße rascher aufeinander, als es der Zeit eines Hin- und Herganges entspricht, so wirken die Stöße z. T. verzögernd ein, es findet zunächst eine Art Dämpfung der Schwingung statt. Bezeichnen wir die Anzahl der freien Schwingungen in der Zeiteinheit mit ν, so dürfen in der Zeiteinheit 2ν, 3ν usw. Impulse erfolgen, während ν oder $\nu/2$ usw. Anstöße gefährliche Wirkungen hervorrufen können.

Wie aus der Akustik bekannt ist, treten bei jedem schwingenden Körper neben der langsamsten Schwingung, dem Grundton, auch eine Reihe von rascheren Schwingungen, die Obertöne, auf. Bei transversal schwingenden Stäben nehmen die Amplituden der Obertöne sehr rasch ab, so ist z. B. die Schwingungsweite des ersten Obertones 16 mal kleiner als die des Grundtones. Es genügt daher in der Regel die Kenntnis der Periode des Grundtones, um das dynamische Verhalten eines Trägers zu beurteilen, da die Schwingungen von höherem Typus von geringem Einfluß auf die gesamten Formänderungen sind.

Ist keine äußere Kraft, die erzwungene Schwingungen hervorrufen kann, vorhanden, so ist $P(xt) = 0$ und unsere Differentialgleichung (3) vereinfacht sich bei Vernachlässigung der rotatorischen Trägheit zu

$$\frac{p}{g}\frac{\partial^2 y}{\partial t^2} + EJ\frac{\partial^4 y}{\partial x^4} = p, \qquad (4)$$

wobei wir für diese Untersuchung annehmen wollen, daß p konstant ist, also vom Eigengewicht des Stabes und einer gleichförmig verteilten Auflast herrührt.

Schreibt man y in der Form

$$y = y_0 + y',$$

wobei

$$y_0 = \frac{p}{24\,EJ}(x^4 - 2\,lx^3 + l^3 x)$$

die statische Durchbiegung unter der Wirkung der gleichförmig verteilten Last p, eine den Grenzbedingungen angepaßte, partikuläre Lösung der Gl. (4) ist, so bedeutet y' die Lösung der homogenen Gleichung

$$\frac{p}{g}\frac{\partial^2 y}{\partial t^2} + EJ\frac{\partial^4 y}{\partial x^4} = 0. \qquad (4')$$

Ein partikuläres Integral dieser homogenen Gleichung ist

$$y = CX \cdot e^{i\alpha t}, \qquad (5)$$

worin X eine zunächst unbestimmte Funktion von x und C einen Festwert bedeutet; $i = \sqrt{-1}$. α ist ein Parameter, dessen Größe noch zu ermitteln ist. Setzt man (5) in (4') ein, so entsteht

$$\frac{\partial^4 X}{\partial x^4} = m^4 X, \qquad (6)$$

wenn zur Vereinfachung

$$m^4 = \frac{\alpha^2 p}{gEJ} \qquad (7)$$

geschrieben wird.

Die bekannte allgemeine Lösung der totalen Differentialgleichung (6) lautet:

$$X = A\cos mx + B\sin mx + C\,\mathfrak{Cof}\,mx + D\,\mathfrak{Sin}\,mx,$$

worin die Festwerte A bis D durch die Randbedingungen (Auflagerbedingungen) bestimmt sind. Für den Balken auf zwei Stützen gilt

$$\text{für } x = 0: \quad y = 0 \quad \text{und} \quad \frac{\partial^2 y}{\partial x^2} = 0,$$

$$\text{für } x = l: \quad y = 0 \quad \text{und} \quad \frac{\partial^2 y}{\partial x^2} = 0.$$

Mittels dieser Grenzbedingungen findet man leicht

$$A = C = 0$$

und die beiden Gleichungen

$$\left.\begin{aligned} B \sin ml + D \,\mathfrak{Sin}\, ml &= 0, \\ -B \sin ml + D \,\mathfrak{Sin}\, ml &= 0. \end{aligned}\right\} \quad \ldots\ldots\ldots\ldots \quad (8)$$

Sollen endliche Werte von B und D bestehen, so muß die Nennerdeterminante des Systems (8) verschwinden, woraus für m die Bedingung

$$\sin ml \cdot \mathfrak{Sin}\, ml = 0$$

folgt. Wenn man von der aus $\mathfrak{Sin}\, ml = 0$ entspringenden Wurzel $m = 0$ absieht — sie liefert $y = 0$, also den Ruhezustand —, so ergeben sich die übrigen Wurzeln aus der Bedingung

$$\sin ml = 0,$$

und zwar

$$m_k = \frac{k\pi}{l}. \qquad (k = 1, 2, \ldots \infty), \quad \ldots\ldots\ldots\ldots \quad (9)$$

Dies ist ein System unendlich vieler Wurzeln m, dem ebensoviele partikuläre Lösungen der Gl. (6) entsprechen. Mit $\sin ml = 0$ gewinnt man aber aus dem Gleichungspaar (8) $D = 0$, während B als einzige noch willkürliche Konstante zurückbleibt. Sonach nimmt die k-te Teillösung von (6) die Form an

$$X_k = B^{(k)} \sin \frac{k\pi}{l} x. \quad \ldots\ldots\ldots\ldots \quad (10)$$

Mit m ist aber vermittels (7) auch der Parameter α bestimmt, und zwar entsprechen jedem Werte von m zwei Werte α, nämlich

$$\alpha_k = \pm m_k^2 \sqrt{\frac{gEJ}{p}} = \pm b m_k^2,$$

womit die k-te Partikularlösung der Gl. (4') die Form

$$y_k' = C_1 X_k e^{ibm_k^2 t} + C_2 X_k e^{-ibm_k^2 t}$$

oder

$$y_k' = C_1' X_k \sin b m_k^2 t + C_2' X_k \cos b m_k^2 t$$

annimmt. Führt man schließlich X_k nach Gl. (10) und m_k nach Gl. (9) ein, so erhält man die allgemeine Lösung der gegebenen partiellen Differentialgleichung (4), nämlich

$$y = y_0 + \sum_{k=1}^{\infty} \left[B_1^{(k)} \sin b \frac{k^2\pi^2}{l^2} t + B_2^{(k)} \cos b \frac{k^2\pi^2}{l^2} t \right] \sin \frac{k\pi}{l} x. \quad \ldots \quad (11)$$

Die Funktionen $\sin \frac{k\pi}{l} x$ heißen Normalfunktionen; y erscheint sonach hier in einer nach Normalfunktionen fortschreitenden Reihe entwickelt. Über die Wege, die einzuschlagen sind, um die unendlich vielen Festwerte B den Anfangsbedingungen anzupassen, soll hier nicht weiter gesprochen werden, da dieses Problem im Brückenbau ohne Bedeutung ist. Gl. (11) läßt erkennen, daß sich die Gesamtbewegung aus unendlich vielen Teilschwingungen um die Gleichgewichtslage zusammensetzt, deren Einzelperioden durch

$$\tau_k = \frac{2\pi l^2}{b k^2 \pi^2} = \frac{2 l^2}{\pi k^2} \sqrt{\frac{p}{g E J}} \qquad (k = 1, 2 \ldots \infty) \quad \ldots\ldots\ldots \quad (12)$$

gegeben ist[1]). Die Anzahl der Schwingungen in der Sekunde (die sogenannte Frequenz oder Schwingungszahl) ist sonach für den k-ten Typus der Eigenschwingungen

$$\nu_k = \frac{1}{\tau_k} = \frac{\pi k^2}{2 l^2} \sqrt{\frac{g E J}{p}} \ldots\ldots\ldots\ldots \quad (12')$$

Den kleinsten Wert nimmt ν_k für $k = 1$ an und man erhält für die Grundschwingung

$$\nu_1 = \frac{\pi}{2 l^2} \sqrt{\frac{g E J}{p}} \ldots\ldots\ldots\ldots \quad (12'')$$

Die Schwingungszahl für die Grundschwingung wächst, wenn der Biegungswiderstand EJ zunimmt, und wird kleiner mit zunehmender Masse des Tragwerks und der Auflast; sie nimmt ab mit dem Quadrate der Stützweite.

Um sich ein Urteil über die Größe der Schwingungszahlen bilden zu können, sind in der folgenden Zusammenstellung (Tafel 4) die Zahlen ν_1 für die Hauptträger von Eisenbahnbrücken von 2 bis 150 m Spannweite zusammengestellt. Die Eigengewichte der Tragwerke wurden hierbei nach den in § 1, Tafel 1 angegebenen Formeln bestimmt; als Verkehrslast wurde der zugehörende preußische Lastenzug „A" genommen. Als Trägerhöhe wurde, mit Ausnahme der kleinsten Stützweiten, $l/10$ angesetzt. Bei größeren Spannweiten ist das Hauptträgerfachwerk durch einen gleich tragfähigen Vollwandträger ersetzt gedacht. Die Größtbeanspruchung in den Randfasern wurde entsprechend den preußischen Brückenvorschriften angenommen.

Tafel 4.

Schwingungszahlen für Eisenbahnbrücken verschiedener Spannweite.

Stützweite l in m	2	4	6	10	15	20	25	50	100	150
Bleibende Last p in t/m .	0,99	1,10	1,20	1,42	1,69	1,96	2,23	3,02	4,37	5,05
$\max(M_p + M_q)$ in mt . . .	10,5	30,7	62,4	153,7	291,4	492,0	765,5	3067	12202	27710
h in m	0,3	0,45	0,6	1,0	1,5	2,0	2,5	5,0	10	15
σ_{zul} in t/m²	8000	8000	8000	8000	8500	8500	9000	9500	10000	10500
$J = \frac{\max(M_p + M_q) \cdot h}{2 \cdot \sigma_{zul}}$ in m⁴	0,000197	0,000864	0,00234	0,00960	0,0257	0,0579	0,106	0,807	6,101	19,78
Anzahl der Grundschwingungen ν_1 der unbelasteten Brücke in der Sekunde .	81	40	28	19	12,5	10	8	4,7	2,7	2,0
Anzahl der Grundschwingungen ν_1' der belasteten Brücke in der Sekunde .	33	20	15	11	8	7	6	3,8	2,4	1,9

Die vorletzte Zeile enthält die Schwingungszahlen in der Sekunde für die unbelastete Brücke, berechnet nach Gl. (12''), während die letzte Zeile die entsprechenden Schwingungszahlen für die voll belastete Brücke aufweist, wobei in Formel (12'') statt p

---

[1]) Durch die Vernachlässigung der Trägheit der Drehbewegung (zweites Glied der linken Seite der partiellen Differentialgleichung 3) wird die Schwingungsperiode τ_k um den Betrag Δ in Hundertteilen

$$\Delta = 100 \frac{k^2}{2} \pi^2 \frac{\gamma F}{p} \left(\frac{i}{l}\right)^2, \quad \text{wo} \quad i = \sqrt{\frac{J}{F}},$$

zu klein erhalten. Selbst wenn man $\frac{\gamma F}{p} = 1$ nimmt, d. h. die Auflast als verschwindend gegen das Trägergewicht annimmt, erhält man bei einem Verhältnis $h/l = 1/10$ für $(i/l)^2 \sim 1/500$ und somit mit $k = 1$ für die Grundschwingung ungünstigstenfalls

$$\Delta = 1\,\%,$$

d. i. ein praktisch kaum in Frage kommender Betrag, da z. B. der die Periode proportional seinem Wurzelwert beeinflussende Elastizitätsmodul E kaum auf 5 v. H. seines Wertes genau bekannt ist.

der Betrag $p+q$ eingeführt wurde, wenn q den nicht abgefederten Teil der gleichförmig verteilt gedachten Verkehrslast, d. s. Räder und Achsen, bedeutet. Die Massenwirkung des abgefederten Teils der rollenden Last ist, wie wir in **15** zeigen werden, bei den schnellen Schwingungen der Tragwerke, insbesonders bei kleinen Brücken, ohne merklichen Einfluß auf die Schwingungsperioden. Das nicht abgefederte Gewicht wurde hier mit dem vierten Teil des Gewichtes der Verkehrslast in Rechnung gestellt.

Die vorstehenden Zahlen zeigen, daß bei kleinen Brücken die Schwingungen ziemlich rasch erfolgen, der Unterschied zwischen den Perioden bei belasteter und unbelasteter Brücke ist erheblich. Bei größeren Brücken, wo die Schwingungen immer langsamer werden, nimmt auch der Unterschied mit wachsender Stützweite ab. Auf die Ergebnisse der Tafel 4 kommen wir in **14** nochmals zurück.

Obwohl die entwickelten Formeln zunächst nur für den prismatischen Stab, also für vollwandige Träger Geltung haben, lassen sie doch, in Ermangelung einer einfachen Formel für Fachwerke, auch die Anwendung auf Fachwerkbrücken zu. Hawranek hat bei einer Straßenbrücke von 46,4 m Stützweite mit Halbparabelträgern die Schwingungszahl ν_1 durch Stoßversuche mit 3,95 bis 4,05 bestimmt[1]). Für das Eigengewicht der Brücke gibt Hawranek $p=1{,}08$ t/m (für eine Tragwand) und für das Trägheitsmoment eines Vollwandträgers, der die gleiche statische Durchbiegung aufweist, wie der in Frage stehende Halbparabelhauptträger $J=0{,}1696\ \mathrm{m}^4$ an. Mit diesen Werten liefert Formel (12″) mit $E=2\cdot 10^7\ \mathrm{t/m}^2$

$$\nu_1=\frac{\pi}{2\,l^2}\sqrt{\frac{g\,E\,J}{p}}=4{,}04,$$

ein Wert, der mit dem Versuchsergebnis in sehr gutem Einklange steht. Eine ebensolche gute Übereinstimmung werden wir an der Hand des in **19** berechneten Beispieles einer Fachwerkbrücke finden. Wir leiten daraus für unsere Untersuchungen die Berechtigung ab, auch die Hauptträger großer Balkenbrücken als einfache schwingende Stäbe zu betrachten.

14. Erzwungene Schwingungen durch eine über den Träger mit der Geschwindigkeit *c* rollende Einzellast *P*.

Eine strenge Behandlung dieses Schwingungsproblems ist bis nun nicht bekannt geworden. Wir müssen uns daher hier mit einer Vereinfachung der Darstellung behelfen, indem wir die Masse der Last P zunächst als klein gegen die Masse des Trägers betrachten. Wir werden dann gesondert den Einfluß der Trägheitswirkungen der rollenden Massen durch eine Näherungsrechnung wenigstens abzuschätzen versuchen.

Wir greifen auf die Differentialgleichung (3) zurück, die bei Vernachlässigung des zweiten Gliedes lautet:

$$\frac{p}{g}\,\frac{\partial^2 y}{\partial t^2}+E\,J\,\frac{\partial^4 y}{\partial x^4}=p+P(x\,t); \quad \dots\dots\dots\dots \quad (13)$$

hierin stellt das Glied $P(x\,t)$ den Einfluß der über den Träger rollenden Last vor. Die Lösung dieser linearen Differentialgleichung zerfällt in zwei Teile. Der eine Teil y_1 entspricht der Differentialgleichung, in der $P(x\,t)=0$ gesetzt wird, sie ist bereits bekannt (Lösung 11), der zweite Teil y_2 hat der Gleichung

$$\frac{p}{g}\,\frac{\partial^2 y}{\partial t^2}+E\,J\,\frac{\partial^4 y}{\partial x^4}=P(x\,t) \quad \dots\dots\dots\dots \quad (14)$$

zu genügen, wobei nur die Anfangsbedingungen für $t=0$, d. i. $y=0$ und $\frac{d\,y_2}{d\,t}=0$, zu

[1]) Siehe die auf Seite 44, Fußnote [3]) angegebene Quelle.

beachten sind, da die übrigen Anfangsbedingungen schon in der Lösung y_1 berücksichtigt erscheinen. Es stellt somit y_1 die freien, y_2 die erzwungenen Schwingungen dar, die sich übereinander lagern.

Das Belastungsgesetz $P(xt)$ ist, da es sich auf eine Einzellast bezieht, unstetig. Um es nun einer mathematischen Behandlung zugänglich zu machen, entwickeln wir $P(xt)$ für einen bestimmten Augenblick t, in dem sich P im Abstande a vom linken Auflager befindet, in einer nach Normalfunktionen fortschreitenden Reihe (Fourriersche Reihe)[1]. Wir setzen also:

$$P(xt) = \sum_{k=1}^{\infty} A_k \sin \frac{k\pi x}{l},$$

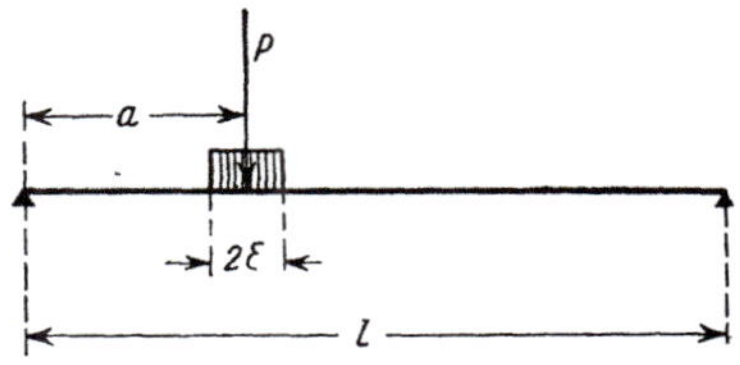

Abb. 62.

wobei die Koeffizienten A_k durch das bestimmte Integral

$$A_k = \frac{2}{l} \int_0^l P(xt) \sin \frac{k\pi x}{l}$$

gegeben sind. Denkt man sich P auf einem beliebig klein gedachten Bereich von der Breite 2ε gleichförmig verteilt, Abb. 62, so gilt

für $x = 0$ bis $x = a - \varepsilon \ldots P(xt) = 0$

„ $x = a - \varepsilon$ „ $x = a + \varepsilon \ldots P(xt) = \frac{P}{2\varepsilon}$

„ $x = a + \varepsilon$ „ $x = l \ldots P(xt) = 0$.

Somit wird

$$A_k = \frac{2}{l} \frac{P}{2\varepsilon} \int_{a-\varepsilon}^{a+\varepsilon} \sin \frac{k\pi x}{l} dx = -\frac{P}{k\pi\varepsilon} \left[\cos k\pi \frac{a+\varepsilon}{l} - \cos k\pi \frac{a-\varepsilon}{l}\right].$$

Geht man zur Grenze über und setzt $\lim \varepsilon = 0$, so vereinfacht sich der Klammerausdruck und man erhält

$$A_k = \frac{2P}{l} \sin \frac{k\pi c t}{l},$$

wenn man noch $a = ct$ einführt, wobei c die Geschwindigkeit bedeutet, mit der die Last P über die Brücke rollt. Man gewinnt schließlich für $P(xt)$ den Ausdruck

$$P(xt) = \frac{2P}{l} \sum_{k=1}^{\infty} \sin \frac{k\pi c t}{l} \cdot \sin \frac{k\pi x}{l}.$$

Damit haben wir die Einzellast auf eine unendliche Reihe sinusförmiger stetiger Belastungen zurückgeführt. Die Differentialgleichung (14) nimmt nun die Form an:

$$\frac{\partial^2 y}{\partial t^2} + \frac{EJg}{p} \frac{\partial^4 y}{\partial x^4} = \frac{2Pg}{pl} \sum_{k=1}^{\infty} \sin \frac{k\pi c t}{l} \cdot \sin \frac{k\pi x}{l} \quad \ldots \ldots \quad (15)$$

Die Lösung dieser Gleichung ist

$$y = \sum_{k=1}^{\infty} T_k \sin \frac{k\pi x}{l},$$

worin T_k eine noch zu bestimmende Funktion von t ist. Führt man die Partikularlösung $T_k \sin \frac{k\pi x}{l}$ in die Gl. (15) ein, so erhält man nach Kürzung mit $\sin \frac{k\pi x}{l}$

[1] Über die Entwicklung von Funktionen in Fourriersche Reihen siehe Weber, H.: Die partiellen Differentialgleichungen der mathem. Physik, Bd. I, 5. Aufl., Braunschweig 1910.

$$\frac{\partial^2 T_k}{\partial t^2} + \frac{EJg}{p}\frac{k^4\pi^4}{l^4} T_k = \frac{2Pg}{pl}\sin\frac{k\pi c t}{l}.$$

Die allgemeine Lösung dieser totalen Differentialgleichung ist bekannt, nämlich

$$T_k = G_k \cos m_k^2 bt + H_k \sin m_k^2 bt + \frac{2Pgl^3}{p}\frac{\sin\frac{k\pi ct}{l}}{k^4\pi^4 b^2 - k^2\pi^2 c^2 l^2}, \quad \ldots \quad (16)$$

wenn wie früher

$$m_k = \frac{k\pi}{l} \quad \text{und} \quad b = \sqrt{\frac{EJg}{p}}$$

bedeuten. Da im Augenblick $t = 0$, wo die Last den Träger betritt, y und $\frac{dy}{dt} = 0$ sind[1]), so muß auch T_k und $\frac{\partial T_k}{\partial t}$ für $t = 0$ verschwinden und man erhält für die Festwerte G_k und H_k

$$G_k = 0,$$

$$H_k = \frac{2Pgl^4 c}{pb\pi^3}\cdot\frac{1}{k^3(k^2\pi^2 b^2 - c^2 l^2)}.$$

Die vollständige Lösung von Gl. (13) wird somit unter Zuhilfenahme der Gl. (11), wenn man y_0, die statische Durchbiegung unter der bleibenden Last p, als unwesentlich für diese Untersuchung wegläßt,

$$y = \sum_{k=1}^{\infty} B_1^k \sin\frac{k\pi x}{l}\sin b\frac{k^2\pi^2 t}{l^2} + \sum_{k=1}^{\infty} B_2^k \sin\frac{k\pi x}{l}\cos b\frac{k^2\pi^2 t}{l^2}$$

$$-\frac{2Pgl^4 c}{pb\pi^3}\sum_{k=1}^{\infty}\frac{\sin\frac{k\pi x}{l}\sin b\frac{k^2\pi^2 t}{l^2}}{k^3(k^2\pi^2 b^2 - c^2 l^2)} + \frac{2Pgl^3}{p\pi^2}\sum_{k=1}^{\infty}\frac{\sin\frac{k\pi x}{l}\sin\frac{k\pi c t}{l}}{k^2(k^2\pi^2 b^2 - c^2 l^2)}. \quad \ldots \quad (17)$$

Nimmt man noch an, daß in dem Zeitpunkte, wo die Last P den Träger betritt, der Stab in seiner statischen Gleichgewichtslage in Ruhe war, so sind sämtliche Festwerte B_1 und B_2 Null und die Lösung reduziert sich auf die Form $y = y_2$, wobei y_2 durch die beiden letzten Summenausdrücke der Gl. (17) gegeben ist. Sonach wird

$$y = \frac{2Pgl^3}{p\pi^2}\sum_{k=1}^{\infty}\frac{\sin\frac{k\pi x}{l}\sin\frac{k\pi c t}{l}}{k^2(k^2\pi^2 b^2 - c^2 l^2)} - \frac{2Pgl^4 c}{pb\pi^3}\sum_{k=1}^{\infty}\frac{\sin\frac{k\pi x}{l}\sin b\frac{k^2\pi^2 t}{l^2}}{k^3(k^2\pi^2 b^2 - c^2 l^2)} \quad \ldots \quad (17')$$

Die zweite dieser beiden Summen zeigt die gleichen Perioden, wie die freien Schwingungen (man beachte das Zeitglied $\sin b\frac{k^2\pi^2 t}{l^2}$); die Perioden der ersten Summe hängen von der Geschwindigkeit c der Last P ab und dieses Glied stellt die eigentlichen erzwungenen Schwingungen vor, die also unter allen Umständen noch von freien Schwingungen begleitet sind.

Um zu einer übersichtlicheren Gleichung für die Durchbiegung y zu gelangen, gestalten wir Gl. (17') nach einem Vorgange von Timoschenko[2]) um, indem wir im Nenner $\pi^2 b^2$ herausheben und

$$\frac{cl}{\pi b} = \alpha \quad \ldots \quad (18)$$

---

[1]) Unter y ist hier der von $P(xt)$ abhängige Teil der Lösung, den wir oben mit y_2 bezeichnet haben, verstanden.

[2]) Timoschenko, St.: Erzwungene Schwingungen prismatischer Stäbe. Z. Math. u. Phys. 1911, S. 191.

setzen. Man erhält dann, falls man noch vor der Klammer für b den ausführlichen Ausdruck einführt,

$$y = \frac{2 P l^3}{E J \pi^4} \left\{ \sum_{k=1}^{\infty} \frac{\sin \frac{k \pi x}{l} \sin \frac{k \pi c t}{l}}{k^4 \left(1 - \frac{\alpha^2}{k^2}\right)} - \alpha \sum_{k=1}^{\infty} \frac{\sin \frac{k \pi x}{l} \sin \frac{k}{\alpha} \frac{k \pi c t}{l}}{k^5 \left(1 - \frac{\alpha^2}{k^2}\right)} \right\} \quad . \quad . \quad . \quad . \quad . \quad (19)$$

α ist eine das dynamische Verhalten des Trägers kennzeichnende Größe, die weit kleiner als Eins ist und mit zunehmender Stützweite stetig abnimmt. Mit $c = 30$ m/sek und mit den Werten der Tafel 4 sind die Beträge von α in der Zusammenstellung au S. 55 (Tafel 5) berechnet. Bei 2 m Stützweite beträgt α rd. $^1/_{11}$ und nimmt bis 150 m Stützweite auf rd. $^1/_{20}$ ab.

Die Periode der erzwungenen Grundschwingung, die durch das erste Summenglied dargestellt ist, beträgt $\frac{2 l}{c}$, d. i. die doppelte Zeit, die die Last braucht, um über den Träger zu rollen. Die Bewegung ist sonach langsam gegenüber den freien Schwingungen, die durch die zweite Summe dargestellt sind. Jeder Trägerpunkt senkt sich, wenn die Last den Träger betritt, diese Senkung erreicht einen Größtwert und nimmt wieder auf Null ab, wenn die Last den Träger verläßt; der Träger schwingt dann mit der erzwungenen Schwingung weiter. Die Amplituden dieser Bewegung sind nur wenig größer, als die entsprechenden Senkungen unter einer ruhenden Last. Der Unterschied beträgt weniger als $2\,^0/_0$. Zu dieser Bewegung kommt nun noch die durch die zweite Summe ausgedrückte Schwingungsbewegung mit den Perioden der freien Schwingungen, aber bedeutend kleineren Amplituden. Jeder Punkt macht daher nicht nur eine einfache Senkung bzw. Hebung mit, sondern schwingt während dieses Senkens oder Hebens um seine jeweilige Lage, ziemlich schnell mit entsprechend kleineren Amplituden. Erreicht die Last P das jenseitige Auflager, so verschwinden die erzwungenen und die freien Schwingungen um die Gleichgewichtslage erst infolge der Dämpfung. Man beachte noch: In einem bestimmten Zeitaugenblicke befinden sich alle Punkte in der gleichen Schwingungsphase; der Träger schwingt sonach als Ganzes.

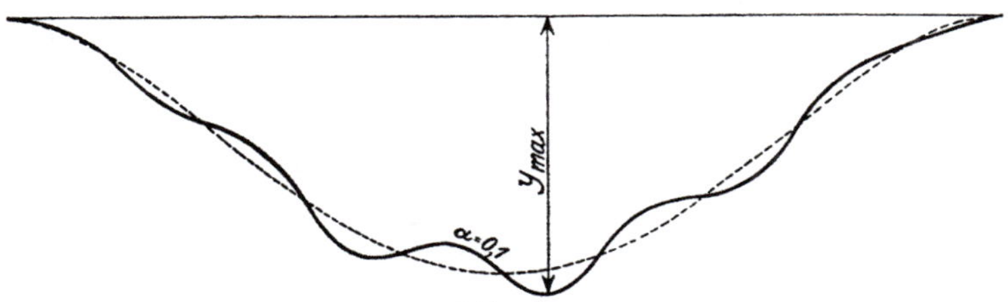

Abb. 63.

Das rasche Hin- und Herschwingen des Trägers während einer gleichzeitig zustande kommenden stetigen Senkung — bzw. Hebung — erkennt man am deutlichsten, wenn man die Bahnlinie der Last verzeichnet; sie wird wellenförmig. Setzt man nämlich in Gl. (19) $x = c t$, so gibt diese Gleichung die Durchbiegung y an der jeweiligen Laststelle zur Zeit t an, definiert also die geometrische Form jener Linie, in der sich der Lastpunkt bewegt. Man erhält hierfür

$$y = \frac{2 P l^3}{E J \pi^4} \left\{ \sum_{k=1}^{\infty} \frac{\sin^2 \frac{k \pi x}{l}}{k^4 \left(1 - \frac{\alpha^2}{k^2}\right)} - \alpha \sum_{k=1}^{\infty} \frac{\sin \frac{k \pi x}{l} \cdot \sin \frac{k}{\alpha} \frac{k \pi x}{l}}{k^5 \left(1 - \frac{\alpha^2}{k^2}\right)} \right\}.$$

In der Abb. 63 ist für $\alpha = 0{,}1$ eine solche Punktbahn dargestellt. Diese Linie ist nicht mit der elastischen Linie des Trägers, d. i. die Form der deformierten Stabachse in einem bestimmten Zeitaugenblicke zu verwechseln. Die strichlierte Linie in der Abb. 63

stellt das erste Summenglied, die erzwungene Schwingung dar. Die größte Durchbiegung tritt nicht in der Mitte, sondern etwas seitwärts hiervon auf.

Setzt man nun $c = 0$, so wird $\alpha = 0$ und es verschwindet die zweite Summe in y; mit $ct = a$ wird für ruhende Last

$$y = \frac{2 P l^3}{E J \pi^4} \sum_{k=1}^{\infty} \frac{1}{k^4} \sin\frac{k \pi x}{l} \cdot \sin\frac{k \pi a}{l}.$$

Ein Vergleich mit Gl. (19) zeigt, daß sich die erzwungene Schwingung (erstes Glied) annähernd durch den Faktor $\frac{1}{1-\alpha^2}$ von der statischen Durchbiegung unterscheidet.

Für $a = \frac{l}{2}$ und $x = \frac{l}{2}$ wird

$$y = \frac{2 P l^3}{E J \pi^4}\left(1 + \frac{1}{3^4} + \frac{1}{5^4} + \ldots\right).$$

Der Klammerausdruck ist bekanntlich $\pi^4/96$, somit wird

$$y = \frac{P l^3}{48 E J},$$

in Übereinstimmung mit der bekannten Durchbiegungsformel für eine in der Mitte des Trägers stehende Einzellast.

Betrachten wir noch den Sonderfall, wo für einen bestimmten Schwingungstypus

$$c^2 l^2 = k^2 \pi^2 b^2$$

wird. In Gl. (17′) werden die Nenner der beiden Summen Null und y nimmt die unbestimmte Form $\infty - \infty$ an. Beseitigt man in bekannter Weise die Unbestimmtheit, so gewinnt das fragliche Summenglied die Form

$$y = \frac{P g l}{k^2 p \pi^2 c^2} \sin\frac{k \pi x}{l} \sin\frac{k \pi c t}{l} - \frac{P g}{k p \pi c} t \sin\frac{k \pi x}{l} \cos\frac{k \pi c t}{l}.$$

Da das zweite Glied den Faktor t enthält, so wächst y mit t, es tritt Resonanzerscheinung auf. Begnügen wir uns mit der Betrachtung der Grundschwingung als der langsamsten Schwingung, so muß für diese

$$c^2 l^2 = \pi^2 b^2$$

sein. Führt man in diese Bedingung die Schwingungszahl für den Grundton

$$\nu_1 = \frac{\pi^2 b}{2 \pi l^2} = \frac{\pi b}{2 l^2}$$

ein, so müßte

$$c = 2 l \nu_1$$

sein, um eine Resonanzwirkung zu ermöglichen. Mit den in Tafel 4 angegebenen Schwingungszahlen findet man die kritischen Lastgeschwindigkeiten c von 324 m/sek bis 600 m/sek, die in Wirklichkeit nicht vorkommen. Die hier in Frage stehenden Resonanzerscheinungen sind daher, bei neueren Brücken wenigstens, die genügende Steifigkeit aufweisen, praktisch ausgeschlossen.

Da die Amplituden der Obertöne sehr rasch abnehmen (im Nenner der Gl. (19) steht der Faktor k^4 bzw. k^5), so genügt es, für die Ableitung einer einfachen Formel bloß die Grundschwingungen in Betracht zu ziehen, wodurch sich Gl. (19) bedeutend vereinfacht; die Summen reduzieren sich auf das erste Glied. Wir beachten hier noch, daß die Periode der Grundschwingung der zweiten der beiden y bildenden Summen $1/\alpha$ mal kleiner als die Periode der Grundschwingungen der ersten Summe ist.

Mit $c = 0$ wird $\alpha = 0$ und man gewinnt für die statische Durchbiegung (Last P im Abstande $ct = a$ vom linken Auflager) die Formel

$$y_s = \frac{2 P l^3}{E J \pi^4} \sin\frac{\pi x}{l} \sin\frac{\pi c t}{l}$$

und daraus für $ct = l/2$ die Durchbiegung an der Stelle x bei Last P in der Mitte

$$y_{sm} = \frac{2 P l^3}{E J \pi^4} \sin\frac{\pi x}{l}.$$

Führt man y_s und y_{sm} in die Gl. (19), von der wir nur je die ersten Summenglieder berücksichtigen wollen, ein, so erhält man

$$y = \frac{y_s}{1-\alpha^2} - \frac{\alpha}{1-\alpha^2} y_{sm} \cdot \sin\frac{1}{\alpha}\frac{\pi c t}{l} \qquad (20)$$

Beachtet man, daß während des Zeitraumes, in welchem die Last über dem Träger rollt, $\sin\frac{k}{\alpha}\frac{\pi c t}{l}$ mehrmals sein Zeichen wechselt — die Periode dieser Schwingung ist klein gegen die Zeitdauer $\frac{l}{c}$ —, so erhält man einen möglichen ungünstigsten Wert von y, wenn man $\sin\frac{k}{\alpha}\frac{\pi c t}{l} = -1$ setzt. Somit nimmt y die einfache Form an

$$y = \frac{1}{1-\alpha^2}(y_s + \alpha y_{sm}) \qquad (21)$$

Hierin bedeuten y_s die statische Durchbiegung in einem Punkte mit der Abszisse x, wenn die Last P in $a = ct$ steht und y_{sm} die statische Durchbiegung im gleichen Punkte, wenn die Last in $a = l/2$ steht. Die größtmögliche Durchbiegung erhält man annähernd in dem Fall, wo die Last die Trägermitte erreicht, mit

$$y_{\max} = \frac{1}{1-\alpha^2}(y_{sm} + \alpha y_{sm}) = \frac{1}{1-\alpha} y_{sm} \qquad (22)$$

Wir bezeichnen $\frac{1}{1-\alpha}$ als dynamischen Faktor der bewegten Last. Mit Gleichung (22) haben wir eine sehr einfache Formel für die dynamische Durchbiegung unter der Wirkung einer bewegten Einzellast P gewonnen. Wie die Zusammenstellung Tafel 5 zeigt, ist die dynamische Wirkung selbst bei Trägern kleiner Stützweiten nicht übermäßig groß. Tafel 5 enthält in der letzten Zeile den Überschuß der gesamten dynamischen Durchbiegung über der statischen, ausgedrückt in Hundertteilen der letzteren.

Tafel 5.

Vermehrung Δy_1 der statischen Durchbiegung infolge der Lastbewegung in Hundertteilen der statischen Durchbiegung.

l in m	2	4	6	10	15	20	25	50	100	150
$\alpha = \frac{c l}{b \pi}$	0,0932	0,0939	0,0893	0,0800	0,0801	0,0764	0,0753	0,0636	0,0557	0,0498
$100 \cdot \frac{\Delta y_1}{y_s} = 100 \frac{\alpha}{1-\alpha}$	10,3	10,3	9,8	8,7	8,7	8,3	8,1	6,8	5,9	5,2

Es ist noch die Frage zu entscheiden, ob auch zwischen den bei den Schwingungen auftretenden Spannungen s und den von P hervorgerufenen statischen Spannungen s_s die gleiche einfache Beziehung besteht, wie zwischen y und y_s gemäß Gl. (22).

Da die Randspannungen s im gebogenen Balken proportional dem Biegungsmoment und dieses wieder an jeder Stelle proportional der dort auftretendem Krümmung der Stabachse $\frac{1}{\varrho} = \frac{d^2 y}{d x^2}$ ist, so ermitteln wir zunächst durch zweimalige Differentiation der Gl. (19) den Ausdruck

$$\frac{d^2 y}{d x^2} = -\frac{2 P l}{E J \pi^2} \left\{ \sum_{k=1}^{\infty} \frac{\sin \frac{k \pi x}{l} \sin \frac{k \pi c t}{l}}{k^2 \left(1 - \frac{\alpha^2}{k^2}\right)} - \alpha \sum_{k=1}^{\infty} \frac{\sin \frac{k \pi x}{l} \cdot \sin \frac{k}{\alpha} \frac{k \pi c t}{l}}{k^3 \left(1 - \frac{\alpha^2}{k^2}\right)} \right\} \quad . \; . \; . \quad (23)$$

Mit $\alpha = 0$ erhalten wir die statische Krümmung für P im Abstand $a = c t$ in der Form

$$\left(\frac{d^2 y}{d x^2}\right)_s = -\frac{2 P l}{E J \pi^2} \sum_{k=1}^{\infty} \frac{\sin \frac{k \pi x}{l} \sin \frac{k \pi c t}{l}}{k^2} \quad . \; . \; . \; . \; . \; . \; . \; . \quad (24)$$

Ersetzt man im ersten Gliede der Gl. (23) im Nenner aller Summenglieder den Faktor $1 - \frac{\alpha^2}{k^2}$ durch $1 - \alpha^2$, so wird der Betrag dieses Summengliedes etwas zu groß erhalten, kann aber dann gemäß Gl. (24) in der Form

$$\frac{1}{1 - \alpha^2} \left(\frac{d^2 y}{d x^2}\right)_s$$

geschrieben werden. Da im zweiten Teil der Gl. (23) im Nenner k^3 steht und dieses Glied weit kleiner als das erste ist, so genügt hier die Berücksichtigung des ersten Summengliedes und auf Grund einer gleichen Überlegung wie bei der Aufstellung der Formel (20) können wir an Stelle dieses Gleichungsteiles

$$\frac{\alpha}{1 - \alpha^2} \left(\frac{d^2 y}{d x^2}\right)_s$$

setzen; sonach wird schließlich

$$\frac{d^2 y}{d x^2} = \left(\frac{\alpha}{1 - \alpha^2} + \frac{1}{1 - \alpha^2}\right) \left(\frac{d^2 y}{d x^2}\right)_s$$

oder

$$\left(\frac{d^2 y}{d x^2}\right) = \frac{1}{1 - \alpha} \left(\frac{d^2 y}{d x^2}\right)_s,$$

d. i. aber der gleiche dynamische Faktor wie oben. Zu dem gleichen Ergebnis gelangt man auch hinsichtlich der Querkräfte. Die Größtwerte der dynamischen Durchbiegungen und Beanspruchungen, die von einer rollenden Last herrühren, können daher aus den Größtwerten der statischen Durchbiegungen und Beanspruchungen durch Multiplikation mit dem Faktor $\frac{1}{1 - \alpha}$ erhalten werden. Hierbei ist

$$\alpha = \frac{c l}{\pi b} \quad \text{und} \quad b = \sqrt{\frac{E J g}{p}}.$$

Dynamische Wirkungen eines bewegten Einzellastenzuges. Rollt eine Folge von Einzellasten $P_1 P_2 P_3 \ldots$ über einen Träger, so summieren sich die Wirkungen der Einzellasten, welche Wirkungen, soweit Durchbiegungen in Frage kommen, nach Formel (20) bestimmt werden können[1]. Ist die erste Last in $a = c t$ angelangt — Abb. 64 —, so ist die Durchbiegung y an der Stelle x durch die Gleichung

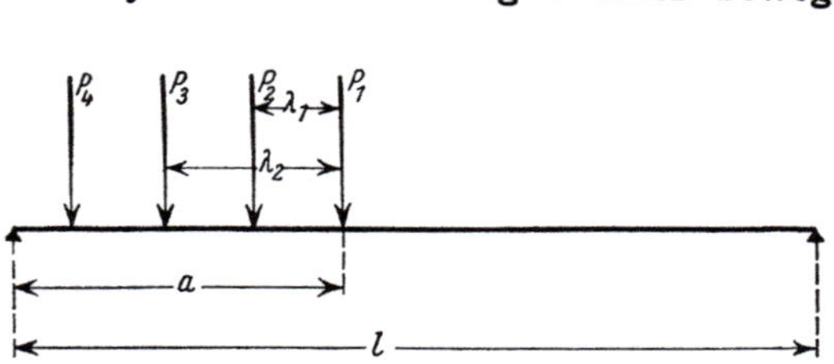

Abb. 64.

[1] Die Differentialgleichung (15) ist linear, es gilt sonach das Superpositionsgesetz.

$$y = \frac{1}{1-\alpha^2}\Big[y_s^{(1)} + y_s^{(2)} + y_s^{(3)} + \dots$$

$$- \alpha\Big(y_{sm}^{(1)} \sin\frac{1}{\alpha}\frac{\pi c}{l}t + y_{sm}^{(2)} \sin\frac{1}{\alpha}\frac{\pi c}{l}\Big(t - \frac{\lambda_1}{c}\Big) + y_{sm}^{(3)} \sin\frac{1}{\alpha}\frac{\pi c}{l}\Big(t - \frac{\lambda_2}{c}\Big) + \dots\Big)\Big]$$

gegeben.

Sind nun die Zeitintervalle $\frac{\lambda_1}{c}, \frac{\lambda_2}{c} \dots$ Vielfache der Periode $T_1 = \frac{2l}{c}\alpha$ der Grundschwingung — und damit muß ungünstigstenfalls bei Brücken unter 100 m Stützweite gerechnet werden —, so ist

$$\sin\frac{1}{\alpha}\frac{\pi c}{l}t = \sin\frac{1}{\alpha}\frac{\pi c}{l}\Big(t - \frac{\lambda_1}{c}\Big) = \sin\frac{1}{\alpha}\frac{\pi c}{l}\Big(t - \frac{\lambda_2}{c}\Big) = \dots$$

und daher

$$y = \frac{1}{1-\alpha^2}\Big[y_s^{(1)} + y_s^{(2)} + y_s^{(3)} + \dots - \alpha\Big(y_{sm}^{(1)} + y_{sm}^{(2)} + y_{sm}^{(3)} + \dots\Big)\sin\frac{1}{\alpha}\frac{\pi c}{l}t\Big].$$

Damit haben wir aber eine Gleichung von der Form der Gl. (20) erhalten; es gelten somit auch alle Folgerungen aus dieser Gleichung d. s. die Gl. (21) und (22). Im ungünstigsten Falle nimmt sonach der dynamische Faktor auch bei einem Einzellastenzug den Wert $\frac{1}{1-\alpha}$ an. Zu dem gleichen Ergebnis gelangt man auch hinsichtlich der größten Randspannungen. In der Mehrzahl der Fälle wird die dynamische Wirkung kleiner sein als sie dem Faktor $\frac{1}{1-\alpha}$ entspricht, da sich die Wirkungen der einzelnen Lasten $P_1 P_2 \dots$, soweit sie im zweiten Summenglied zum Ausdruck kommen, meistens gegenseitig stören werden. Der Faktor $\frac{1}{1-\alpha}$ stellt somit einen oberen Grenzwert vor.

15. Einfluß einer Abfederung der rollenden Last auf die Bahnform des Lastschwerpunktes.

Wir haben bisher die Trägheitswirkungen der rollenden Last außer Betracht gelassen. Bevor wir aber an eine Erörterung des Einflusses der Trägheitskräfte schreiten, ist es notwendig, sich über die Wirkung der Abfederung eines Teiles der bewegten Last klar zu werden. Durch die Einschaltung von Biegungsfedern zwischen Radsatz und eigentlichem Wagen- oder Lokomotivkörper kann unter Umständen die Massenwirkung des abgefederten Lastteiles so vermindert werden, daß diese Wirkung praktisch vernachlässigbar wird. An der Hand einer einfachen Rechnung soll nun der Einfluß der Abfederung zahlenmäßig verfolgt werden.

Die Grundfläche $a\,b$ der Feder (Abb. 65), die mit der Radachse fest verbunden ist, macht die gleichen Bewegungen mit, die der Brückenträger, auf dem das Rad rollt, ausführt. Diese Schwingungen der Federgrundfläche werden erzwungene Schwingungen in den Federenden, mit denen die eigentliche Wagenlast starr verbunden ist, auslösen. Bezeichnet ν die Schwingungszahl für den Schwingungstypus

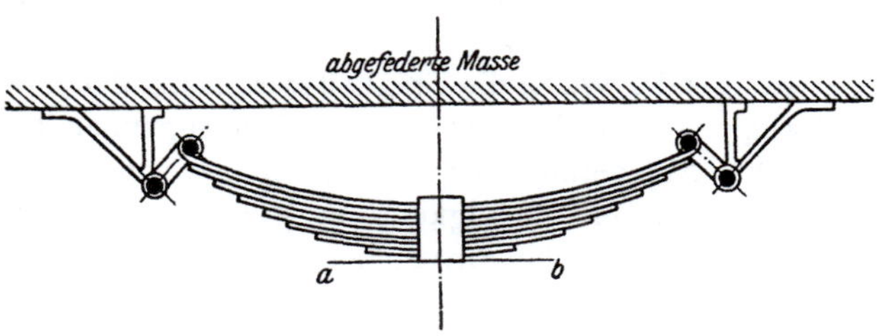

Abb. 65.

$$a \sin 2\pi\nu t\,^{1)},$$

[1]) Wie wir aus **14** wissen, besteht die Bewegungsgleichung des Trägers aus einer Summe von solchen sinusförmigen Gliedern.

dem die Federgrundfläche unterworfen ist, und ist ν' die Anzahl der freien Schwingungen der mit P belasteten Feder in der Sekunde, so schwingt die abgefederte Last P nach dem Typus

$$a \frac{\nu'^2}{\nu^2 - \nu'^2} \sin 2\pi \nu' t.$$[1]

Die Amplitude der erzwungenen Schwingungen der abgefederten Last verhält sich sonach zu der Amplitude der Trägerschwingungen wie

$$\mu = \frac{\left(\frac{\nu'}{\nu}\right)^2}{1 - \left(\frac{\nu'}{\nu}\right)^2}.$$

Ist nun ν groß, ν' aber klein, so ist die Verhältniszahl μ klein gegen Eins, d. h. die abgefederte Last schwingt mit viel kleinerer Amplitude als ihre Unterlage, der Träger. Die Wirkung der Abfederung besteht sonach in einer Abflachung der wellenförmigen Bahn der Last, die wir in Abb. 63 dargestellt haben. Im gleichen Verhältnis nimmt auch die Schwingungsbeschleunigung ab. Bei Brücken von nicht allzugroßer Stützweite ist, wie wir sehen werden, die Verringerung der Schwingungsweiten und Beschleunigung so bedeutend, daß die Bahn des Lastschwerpunktes sich kaum von der in der Abb. 63 eingetragenen gestrichelten Linie (dynamische Durchbiegung ohne die sie begleitenden Eigenschwingungen) unterscheidet.

Die Periode der freien Schwingungen einer mit P belasteten Feder ist durch die Gleichung

$$\tau' = 2\pi \sqrt{\frac{f}{g}}$$

gegeben[2]. f bedeutet hierin die statische Durchbiegung der Feder unter der Last P, g die Schwerebeschleunigung.

Wählt man für f den üblichen Mittelwert von 4 cm, so folgt

$$\tau' = 0{,}402 \text{ sek} \quad \text{und daher} \quad \nu' = \frac{1}{0{,}402} = 2{,}49.$$

Benützt man die in Tafel 4 angegebenen Werte ν für die Eigenschwingungen Grundschwingung), so ergibt sich folgende Zusammenstellung:

Tafel 6.

l in m . . .	2	4	6	10	15	20	25	50
ν	81	40	28	19	12,5	10	8	4,7
μ	0,00178	0,00539	0,0100	0,0219	0,0492	0,0832	0,124	0,414

Bei Brücken kleiner Stützweite bis etwa 25 m ist μ kleiner als $^1/_8$; von da an wächst μ sehr rasch an. Bis zu dieser Spannweite beeinflußt daher die Abfederung in hervorragender Weise die Trägheitswirkungen der Last, welche durch die, die erzwungenen Schwingungen begleitenden, freien Schwingungen hervorgerufen wird.

Die Abfederung der Wagenlast ist sonach bei Brücken kleiner Stützweite von außerordentlicher Wichtigkeit, da gerade bei solchen Brücken die Bahnkrümmungen und die hierdurch hervorgerufenen Trägheitskräfte (Fliehkräfte) der bewegten Masse von Bedeutung sind. Bei Brücken größerer Stützweite ist der Einfluß der bewegten Masse an und für sich geringer, die Abfederung also nebensächlicher.

Wir haben bisher nur den Einfluß der Abfederung auf die durch die freien Schwingungen verursachte Massenwirkung einer Erörterung unterzogen. Auf die durch

[1]) Siehe Authenrieth-Ensslin: Technische Mechanik, 3. Aufl. S. 464.

[2]) Siehe Hütte, Bd. I.

das erste Glied der Gl. (19) dargestellte Bewegung ist die Federung — ausgenommen bei kleinsten Stützweiten — nahezu ohne Einfluß, da diese erzwungenen Schwingungen sehr langsam erfolgen. Der Lastschwerpunkt senkt sich ebenso wie der Träger und die durch die Krümmung der Schwerpunktbahn geweckten Fliehkräfte kommen voll zur Auswirkung.

16. Einfluß der Trägheitskräfte der rollenden Last.

Bezeichnet $\frac{P}{g}$ die Masse der Last P und $\mu \frac{\partial^2 y}{\partial t^2}$ ihre Beschleunigung, wobei μ den oben abgeleiteten Verminderungsfaktor, der den Einfluß der Abfederung ausdrückt, darstellt, so ist der Druck P', den die rollende Last auf den Träger ausübt um die Trägheitswirkung der Last P vermindert; sonach ist

$$P' = P\left(1 - \frac{\mu}{g}\frac{\partial^2 y}{\partial t^2}\right).$$

Setzt man $x = ct$, so wird

$$\frac{\partial^2 y}{\partial t^2} = c^2 \frac{\partial^2 y}{\partial x^2} = -\frac{c^2}{R},$$

wo R die Bahnkrümmung an der Laststelle bedeutet. Somit erhält man

$$P' = P\left(1 + \frac{\mu}{g}\frac{c^2}{R}\right).$$

Das Zusatzglied stellt in dieser Form die bei positivem Moment nach abwärts gerichtete Fliehkraft infolge der Bewegung der Last in einer nach unten gekrümmten Bahn vor.

Die Differentialgleichung der Bewegung Gl. (14) lautet mit P' in der erstangesetzten Form

$$\frac{p}{g}\frac{\partial^2 y}{\partial t^2} + EJ\frac{\partial^4 y}{\partial x^4} = P(xt)\left(1 - \frac{\mu}{g}\frac{\partial^2 y}{\partial t^2}\right) \quad \text{. . . . .} \quad (25)$$

Eine strenge Lösung dieser Gleichung ist nicht möglich. Wir begnügen uns daher mit einer Annäherungsrechnung, die uns gestattet, den Einfluß der Trägheitswirkung wenigstens in den Fällen abzuschätzen, wo $\frac{\mu}{g}\frac{\partial^2 y}{\partial t^2}$ klein gegen Eins ist. Wir benützen hierbei die in **14.** gefundene Lösung für y, Gl. (19), bestimmen damit einen ersten Näherungswert für die Beschleunigung, den wir in Gl. (25) als Störungsfunktion einführen, um dann integrieren zu können. Da es sich hier nicht um eine genaue Verfolgung der Schwingungen handelt, sondern nur um eine beiläufige Bewertung des Einflusses des Korrektionsgliedes etwa auf die Durchbiegung oder Beanspruchung in der Trägermitte, so beschränken wir uns auf die zahlenmäßige Feststellung der Größe des Korrektionsgliedes und nehmen an — was auch genau genug zutrifft —, daß Durchbiegung und Inanspruchnahme in Trägermitte sich proportional der Größe des Zusatzgliedes vermehren oder vermindern, so als hätte sich die Last P um den Korrektionsbetrag vermehrt oder vermindert.

Um diese Näherungsrechnung noch weiter zu vereinfachen, berücksichtigen wir von Gl. (19) nur je das erste Summenglied — der hierbei begangene Fehler ist gering — und erhalten, wenn wir noch im Nenner α^2 gegen 1 vernachlässigen, y in der vereinfachten Form

$$y = \frac{2Pl^3}{EJ\pi^4}\left[\sin\frac{\pi ct}{l} - \alpha \sin\frac{1}{\alpha}\frac{\pi ct}{l}\right]\sin\frac{\pi x}{l}.$$

Die zweimalige Differentiation nach t liefert

$$\frac{\partial^2 y}{\partial t^2} = \frac{2Plc^2}{EJ\pi^2}\left[-\sin\frac{\pi ct}{l} + \frac{1}{\alpha}\sin\frac{1}{\alpha}\frac{\pi ct}{l}\right]\sin\frac{\pi x}{l}$$

oder mit

$$\alpha^2 = \frac{c^2 l^2 p}{\pi^2 E J g}$$

$$\frac{\partial^2 y}{\partial t^2} = \frac{2 P g}{p l}\left[-\alpha^2 \sin\frac{\pi c t}{l} + \alpha \sin\frac{1}{\alpha}\frac{\pi c t}{l}\right]\sin\frac{\pi x}{l} \quad \ldots \ldots \quad (26)$$

Die Beschleunigung setzt sich aus zwei Teilen zusammen; der erste Teil ist die Beschleunigung der erzwungenen Schwingung, der zweite Teil stellt die Beschleunigung der freien Schwingung vor. Wir wollen die Wirkung der beiden Teile, da die Abfederung sie in verschiedener Weise beeinflußt, getrennt untersuchen.

a) Die Trägheitskräfte der erzwungenen Schwingungen.

Auf die erzwungenen Schwingungen ist die Abfederung, wenn man von Trägern kleinster Stützweite, etwa bis 4 m, absieht, ohne nennenswerten Einfluß, es ist daher $\mu = 1$ zu setzen. Das Korrektionsglied wird sonach

$$\frac{\mu}{g}\frac{\partial^2 y}{\partial t^2} = -\frac{2 P}{p l}\alpha^2 \sin\frac{\pi c t}{l}\cdot\sin\frac{\pi x}{l}.$$

In der Trägermitte erreicht die Beschleunigung einen Größtwert, wenn die Last diesen Punkt erreicht hat; wir haben dann mit $x = ct = l/2$

$$\frac{\mu}{g}\frac{\partial^2 y}{\partial t^2} = -\frac{2 P}{p l}\alpha^2 \quad \ldots \ldots \ldots \ldots \quad (27)$$

Die Größe der Beschleunigung hängt nun in erster Linie vom Verhältnis der Last P zum Tragwerksgewicht pl ab. Mit einer einzigen Achslast zu rechnen — wie wir das bisher tun konnten —, geht hier nicht mehr an. Wir umgehen die hier auftauchende Schwierigkeit in der Weise, daß wir den auf der Brücke rollenden Einzellastenzug durch eine einzige Last ersetzen, die die gleichen Größtmomente erzeugt, wie der Berechnungslastenzug. Es ist sicher, daß wir hierbei zu ungünstig rechnen, da wir die reduzierte Last an der ungünstigsten Stelle wirkend annehmen. Die unter dieser Annahme erhaltenen Beschleunigungen und entsprechenden Beanspruchungen sind dann als eine obere Grenze, die in Wirklichkeit aber nie erreicht wird, zu betrachten. Führt man das der Berechnung des Trägers zugrunde gelegte Maximalmoment M der Verkehrslast ein, so nimmt das Korrektionsglied mit $P = \frac{4M}{l}$ die Form

$$-\frac{8M}{p l^2}\alpha^2$$

an. Das Minuszeichen deutet darauf hin, daß die Trägheitskraft nach unten — als Fliehkraft — wirkt, den Träger daher belastet. Die Amplituden der erzwungenen Schwingungen sind sonach mit dem Faktor $1 + \frac{8M}{p l^2}\alpha^2$ zu multiplizieren. Da diese Amplituden aber nur wenig größer als die statischen Durchbiegungen sind, so stellt $\frac{8M}{p l^2}\alpha^2$ bereits genau genug die verhältnismäßige Vermehrung, die die statische Durchbiegung durch die Wirkung der Fliehkräfte erfährt, dar. Die folgende Tafel 7 läßt in der letzten Zeile die Größe dieser Zusatzwirkung in Hundertteilen der statischen Durchbiegung, also

$$\Delta y_2 = 100\,\frac{8M}{p l^2}\alpha^2$$

für die verschiedenen Spannweiten erkennen.

Tafel 7.

Vermehrung Δy_2 der statischen Durchbiegung durch die Trägheitskräfte der erzwungenen Schwingungen in Hundertteilen der statischen Durchbiegung.

l in m	2	4	6	10	15	20	25	50	100	150
$\frac{8M}{pl^2}$	20,2	12,95	10,56	7,65	5,14	4,02	3,39	2,25	1,23	0,95
$100\frac{\Delta y_2}{y_s} = 100\frac{8M}{pl^2}\alpha^2$	17,5	12,3	8,3	4,9	3,3	2,4	1,9	0,91	0,38	0,23

Bei 2 m Stützweite beträgt die Wirkung der Fliehkräfte 17,5 % der statischen Durchbiegung; diese Wirkung nimmt mit wachsender Stützweite sehr rasch ab, um bei Stützweiten über 50 m genommen unmerklich zu werden.

b) Die Trägheitskräfte der freien Schwingungen.

Der zweite Teil des Korrektionsgliedes, der von der Beschleunigung der freien Schwingungen abhängt, wird, wenn man wie oben $x = l/2$ einführt,

$$\frac{\mu}{g}\frac{\partial^2 y}{\partial t^2} = \frac{2P}{pl}\alpha \sin\frac{1}{\alpha}\frac{\pi c t}{l}.$$

Die Zusatzbeschleunigung erreicht ihren Größtwert für $\frac{1}{\alpha}\frac{\pi c t}{l} = \frac{\pi}{2}$ mit

$$\frac{\mu}{g}\frac{\partial^2 y}{\partial t^2} = \frac{2\mu P}{pl}\alpha \quad \text{(28)}$$

Für P ist hier nur der Achsdruck einzuführen. Kommt nämlich ein Einzellastenzug in Frage, was bei größeren Brücken zweifellos der Fall ist, dann nimmt die rechte Seite der Differentialgleichung (25) die Form

$$P_1\left(1 - \frac{\mu}{g}\frac{\partial^2 y}{\partial t^2}\right) + P_2\left(1 - \frac{\mu}{g}\frac{\partial^2 y}{\partial t^2}\right) + \ldots = P_1\left(1 + \frac{2\mu P_1}{pl}\alpha\right) + P_2\left(1 + \frac{2\mu P_2}{pl}\alpha\right) + \ldots$$

an, so daß hier der Einfluß der Massenwirkung nur vom Verhältnis $\frac{2\mu P}{pl} : 1$ abhängt. In dieser ungünstigsten Form addieren sich die Einflüsse der Einzellasten aber nur dann, wenn ihre Abstände λ so beschaffen sind, daß $\frac{\lambda}{c} = \frac{2\alpha l}{c}$, der Periode der freien Schwingungen, gleich ist. Dies wird nur in den seltensten Fällen zutreffen, weshalb die durch die einzelnen Lasten geweckten Fliehkräfte sich meist gegenseitig stören werden. Bestimmt man daher das Korrektionsglied nach Gl. (28), wobei man für P den größten Achsdruck wählt, so stellt dies einen in Wirklichkeit kaum eintretenden Größtwert vor.

Da bei kleinen Stützweiten der Einfluß der Abfederung ausschlaggebend ist, so werden wir in der nachfolgenden Zusammenstellung die Abfederung eines Großteiles der Last in Rechnung ziehen. Wir nehmen hierbei an, daß 80 % der Last auf Federn ruhen, so daß bei einem angenommenen Höchstachsdruck von 20 t, 16 t als abgefedert, während 4 t als in unmittelbarer Berührung mit dem Tragwerk stehend angesehen werden. Die nachfolgende Tafel 8 enthält auf Grund der in den vorangehenden Zusammenstellungen angegebenen Werten von p, α und μ die Berechnung für die weitere Vermehrung der statischen Durchbiegung in Hundertteilen derselben, und zwar $\Delta y_3'$ infolge der abgefederten, $\Delta y_3''$ infolge der nicht abgefederten Last. Die ersten beiden Zahlenwerte der Reihe Δy_3 sind eingeklammert, da diese Ziffern nur sehr problematischen Wert haben. Die Voraussetzung, daß die Trägheitskraft klein gegen P ist, trifft hier nicht mehr zu, die Zahlen können also nur etwa der Größenordnung nach richtig sein.

Tafel 8.

Vermehrung Δy_3 der statischen Durchbiegung durch die Trägheitskräfte der freien Schwingungen in Hundertteilen der statischen Durchbiegung.

Stützweite in m	2	4	6	10	15	20	25	50	100	150
Tragwerkgewicht in t	1,98	4,40	7,20	14,2	25,4	39,2	55,8	151	437	758
Einfluß der abgefederten Last										
$100 \frac{\Delta y_3'}{y_1} = 100 \frac{2 \cdot 16}{p l} \mu \alpha$.	0,27	0,37	0,40	0,40	0,50	0,52	0,54	0,56	0,42	0,21
Einfluß der nicht abgef. Last										
$100 \frac{\Delta y_3''}{y_1} = 100 \frac{2 \cdot 4}{p l} \mu \alpha$.	(37,6)	(17,0)	9,93	4,50	2,52	1,56	1,08	0,34	0,1·	0,05
$100 \frac{\Delta y_3' + \Delta y_3''}{y_1}$	(37,9)	(17,4)	10,3	4,9	3,0	2,1	1,6	0,9	0,53	0,26
$100 \frac{\Delta y_3}{y_s}$ [1]	(41,8)	(19,2)	11,3	5,3	3,3	2,3	1,7	1,0	0,62	0,27

Die Wirkung $\Delta y_3'$ der abgefederten Last auf die schnellen Schwingungen ist, wie man aus der Tafel 8 ersieht, für alle Stützweiten belanglos, sie beträgt höchstens $^1/_2\,^0/_0$ der Verkehrslast. Die nicht abgefederte Last, d. s. Räder und Achsen, erzeugen dafür bei kleinen Stützweiten nennenswerte Mehrbeanspruchungen, welche aber mit zu nehmender Stützweite der Größe nach rasch abnehmen. Doch stellen die ermittelten Zahlen unter Annahme ungünstigster Verhältnisse eine obere Grenze vor, die kaum jemals, von den kleinen Stützweiten abgesehen, erreicht werden dürfte.

17. Dynamische Wirkungen der Gegengewichte der Lokomotivräder.

Die an den Trieb- und Kupplungsrädern der Lokomotiven angebrachten Zapfen, Kurbeln und Triebgestänge, die im wesentlichen exzentrisch zur Radachse verteilte Massen darstellen, würden bei ihrer raschen Rotation während der Fahrt sehr bedeutende Fliehkräfte bewirken, wenn nicht durch die an den Rädern angegossenen Gegengewichte ein Massenausgleich herbeigeführt wäre. Dieser Massenausgleich ist aber unvollständig, und so verbleibt eine Fliehkraftresultante, die das Tragwerk abwechselnd belastet und entlastet. Damit ist eine auf das Tragwerk periodisch einwirkende Kraft gegeben, die erzwungene Schwingungen in demselben hervorruft und unter Umständen zu ganz bedeutenden Resonanzwirkungen in jenen Fällen führen kann, wo die Periode der Eigenschwingungen des Tragwerkes mit der Periode der wechselnden Fliehkräfte übereinstimmt. Zum Glück ist aber die Dämpfung so bedeutend und die Störung dieser rhythmischen Kraft durch andere regelmäßige Impulse (Schienenstöße usw.) sowie das gleichzeitige Wirken mehrerer Radachsen, die sich stören, so von Einfluß, daß nennenswerte Schwingungen, hervorgerufen durch die in Rede stehenden periodischen Fliehkräfte bei neueren Brücken nicht beobachtet werden. Da über Dämpfungskoeffizienten bei Brücken gar keine Ziffern vorliegen, so hätte es keinen Zweck, hier die Theorie der durch eine wandernde, periodisch wechselnde Last erzwungenen, gedämpften Schwingungen darzustellen. Die ungedämpften Schwingungen, welche von den hier erwähnten Fliehkräften hervorgerufen werden, hat Timoschenko behandelt[2]) und gefunden, daß Resonanz-

---

[1]) Um $\frac{\Delta y_3' + \Delta y_3''}{y_1}$ vergrößert sich die dynamische Durchbiegung y_1 nach Gl. (22). Somit beträgt der Zuschlag zur statischen Durchbiegung

$$\frac{1}{1-\alpha} \frac{\Delta y_3' + \Delta y_3''}{y_1},$$

der in der letzten Zeile ausgewiesen ist.

[2]) Siehe die in der Fußnote [2]) auf S. 52 angegebene Quelle.

wirkung eintritt, wenn $\frac{n}{\nu}$ annähernd 1 ist, wobei n die Anzahl der Umdrehungen der Lokomotiv-Trieb- und Kuppelräder, ν die Anzahl der Grundschwingungen des Tragwerkes in der Sekunde ist. Bei einem Radumfang von beiläufig 6 m ergibt sich mit $c = 30$ m/sek die Zahl $n = 5$. Aus Tafel 4 folgt z. B. für diese Zugsgeschwindigkeit die kritische Stützweite, wenn man die Eigenschwingungszahlen der unbelasteten Brücke berücksichtigt, mit etwa $l = 50$ m.

Sieht man also von Mitschwingungswirkungen ab, so bleibt nur eine Erhöhung des Raddruckes der in Frage kommenden Lokomotivachsen durch die überschüssige Fliehkraft zurück. Nach den Technischen Vereinbarungen müssen die Massen an jedem Rade so weit ausgeglichen sein, daß die überschüssige Fliehkraft F höchstens 15% des ruhenden Raddruckes beträgt. Diese Ziffer wird auch der nachstehenden Zusammenstellung zugrunde gelegt[1]) und angenommen, daß von den 5 Achsen einer Lokomotive die 2., 3., 4. und 5. Achse Fliehkräfte äußern. Von der Verschiebung der Massen in den beiden zu einer Achse gehörenden Rädern um 90°, welche Verschiebung die Gesamtwirkung einer Achse etwas vermindert, wurde abgesehen. In der nachfolgenden Tafel 9 ist die Erhöhung der Biegungsmomente in Hundertteilen der von der ruhend gedachten Verkehrslast hervorgerufenen Momente für den früheren preußischen Lastenzug A dargestellt.

Tafel 9.

Vermehrung ΔM in Hundertteilen der von der ruhenden Verkehrslast hervorgerufenen Biegungsmomente infolge der Fliehkräfte der Trieb- und Kuppelräder der Lokomotiven.

l in m . . .	2	4	6	10	15	20	25	50	100	150
$100\frac{\Delta M}{M}$ . .	12,8	13,4	13,4	11,3	11,3	11,0	9,9	8,8	6,6	5,2

Für die Querkräfte würden sich etwas andere Vermehrungszahlen ergeben, doch sind die Unterschiede unbedeutend, weshalb wir die Verhältniszahl $\frac{\Delta M}{M}$ allgemein als dynamischen Faktor für den Einfluß der Fliehkräfte der Trieb- und Kuppelräder ansehen wollen.

18. Zusammenfassung, Stoßformeln.

Überblickt man die Untersuchungen und zahlenmäßigen Ergebnisse der Absätze **14**, **16** und **17**, so drängt sich zunächst unabweisbar die Erkenntnis auf, daß bei Eisenbahnbrücken, die als einfache Balken ausgeführt werden — und solche haben wir zunächst nur betrachtet —, der Einfluß der dynamischen Wirkung der bewegten Lasten in erster Linie von der Stützweite abhängt und daß dieser Einfluß mit wachsender Stützweite abnimmt. Das Gesetz dieser Abnahme ist aus den wenigen Ziffern, die jeweils berechnet wurden, leicht abzuleiten. Es ist klar, daß sich diese Ziffern auf eine ganz bestimmte Gruppe von Brücken beschränkt, die mit einer ganz bestimmten Art von Verkehrsmitteln befahren werden. Andere Grundannahmen, etwa wie sie für Brücken für Nebenbahnen oder gar für Straßenbrücken in Betracht kommen, werden die auf einem gleichen Wege gefundenen Wirkungsziffern mehr oder weniger verschieben. Ebenso werden für Hängebrücken ganz andere Vermehrungsziffern in Frage kommen

[1]) In der Brückenbauliteratur findet man viel größere Fliehkraftwirkungen angegeben, da irrtümlicherweise mit dem Gegengewicht, dessen Aufgabe es ja ist, die von den andern exzentrisch sitzenden Massen erzeugten Trägheitskräfte aufzuheben, allein gerechnet wird. So gibt Landsberg im Hdb. d. Ing.-Wissensch. II/III für die Fliehkraft F bei Schnellzugslokomotiven 4000 bis 5000 kg für ein Triebrad an.

als für Balkenbrücken[1]). Zweck der vorangehenden Darstellung war es einerseits, einen Weg zu zeigen, wie mit Hilfe rein theoretischer Betrachtungen ziffernmäßig die Vermehrung der unter Annahme ruhender Belastung errechneten Spannungswerte ermittelt werden kann und anderseits, um Unterlagen zu gewinnen, um die derzeit üblichen Stoßziffern, wie sie z. T. in den mit der Stützweite veränderlichen Beanspruchungszahlen, z. T. in den gebräuchlichen Stoßformeln zum Ausdruck kommen, kritisch beleuchten zu können.

Die in den vorangehenden Absätzen mit $100\frac{\Delta y}{y_s}$ bezeichneten Zuschläge stellen die prozentuelle Vergrößerung der statischen Wirkung der ruhenden Last infolge eines dynamischen Einflusses auf die Durchbiegung des Brückenhauptträgers dar. Nimmt man nun an, daß die Beanspruchungen im großen Ganzen mit den Durchbiegungen proportional wachsen — daß dies z. B. für die dynamische Wirkung der rollenden Last genügend genau zutrifft, haben wir in **14.** nachgewiesen —, so stellen die Vermehrungszahlen $100\frac{\Delta y}{y_s}$ auch die Zuwüchse der Spannungen in Hundertteilen der statischen Spannungen, und auf die Spannungszuwüchse kommt es uns hauptsächlich an, vor. Ausdrücklich sei betont, daß bei der Aufstellung dieser Zuschlagwerte nach Tunlichkeit die ungünstigsten Annahmen gemacht wurden, vor allem aber der Einfluß elastischer Zwischenmittel, die die dynamische Wirkung der Verkehrsmittel unter allen Umständen abschwächen, und jede Art von Brückenfahrbahn stellt ein solches elastisches Mittel vor, nicht berücksichtigt erscheint. Die berechneten Zahlenwerte $\frac{\Delta y}{y_s}$ sind demnach als eine obere Grenze anzusehen, unterhalb welcher die tatsächlich eintretende Vermehrung liegen wird. Die einer genauen, theoretisch begründeten Abschätzung nur schwer zugänglichen Einflüsse, wie Stöße durch die Unebenheit der Fahrbahn, durch unrunde Räder usw. wollen wir hier summarisch schätzen und bei kleinsten Brücken mit etwa 20% der übrigen dynamischen Zuschläge annehmen. Bei 150 m sei dieser Wert $\frac{\Delta y_4}{y_s}$ nur etwa halb so groß, d. i. 10%. Es ist dann abgerundet, in H. T.

$$100\frac{\Delta y_4}{y_s} = 18 - \frac{l}{16}.$$

Bildet man aus den oben berechneten Werten der Vermehrungszahlen $\frac{\Delta y_1}{y_s}$, $\frac{\Delta y_2}{y_s}$, $\frac{\Delta y_3}{y_s}$, $\frac{\Delta y_4}{y_s}$ und $\frac{\Delta M}{M}$ die Summe

$$\varphi = \left(\frac{\Delta y_1 + \Delta y_2 + \Delta y_3 + \Delta y_4}{y_s} + \frac{\Delta M}{M}\right),$$

so stellt φ den sogenannten Stoßzuschlag vor, der gewöhnlich in Hundertteilen der Verkehrslast angegeben wird. Man erhält sonach irgendeine Gesamtwirkung W der bewegten Last, wenn man die Wirkung der ruhend gedachten Last W_s mit dem Faktor $(1+\varphi)$ multipliziert, sonach in der Form

$$W = (1+\varphi)\,W_s.$$

φ ist hierbei eine Funktion der Stützweite. $(1+\varphi)$ wird auch als dynamischer Faktor oder Stoßzahl bezeichnet. In Tafel 10 sind die Stoßzahlen $(1+\varphi)$ für die verschiedenen Stützweiten und darunter die entsprechenden Stoßzuschläge in Hundertteilen der Verkehrslast durch Zusammenfassen der in den vorangehenden Absätzen errechneten Teilzuschläge, angegeben.

---

[1]) Die Dynamik der Hängebrücken hat Lebert in der auf S. 43, Fußnote [1]) angegebenen Abhandlung ausführlich erörtert.

Tafel 10.

Stoßzahlen für Eisenbahnbrücken für verschiedene Stützweiten.

l in m	2	4	6	10	15	20	25	50	100	150
Stoßzahl $(1 + \varphi)$ . .	2,00	1,73	1,61	1,48	1,44	1,41	1,37	1,32	1,26	1,20
Stoßzuschlag $100\,\varphi$.	**100**	**73**	**61**	**48**	**44**	**41**	**37**	**32**	**26**	**20**

Bei **Straßenbrücken** empfiehlt es sich, φ halb so groß wie in dieser Tafel angegeben, anzunehmen.

Der besseren Übersicht wegen wurde die Linie der φ in Abb. 66 eingetragen. Kennzeichnend ist der rasche Abfall im Anfangsbereiche. Einen ähnlichen Verlauf zeigt die ebenfalls auf Grund theoretischer Überlegungen aufgestellte Formel von Melan für Eisenbahnbrücken. Die auf zahlreichen neueren Beobachtungen an englischen Eisenbahnbrücken fußende englische Formel liefert bis etwa 60 m Stützweite durchwegs größere Werte für φ. Immerhin zeigt ihr Verlauf im Bereiche der kleineren Stützweiten eben-

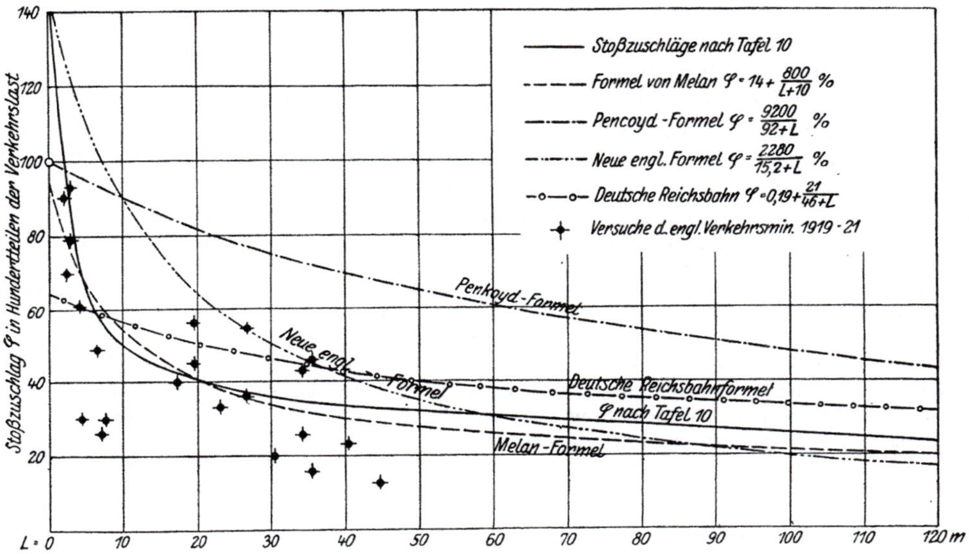

Abb. 66.

falls ein starkes Abfallen[1]). Ein Teil der Versuchsergebnisse, die dieser Formel zugrunde liegen, ist in Abb. 66 eingetragen. Es sind dies jene Versuche, die sich auf Brücken mit nicht durchgehender Bettung beziehen und wo die Vergleichsmessungen, soweit dies aus dem Versuchsbericht zu ersehen war, sich auf den Hauptträger bezogen, denn man kann z. B. Messungen an Querträgern nicht so ohne weiteres mit der Stützweite des Hauptträgers in Zusammenhang bringen, wie dies in dem Versuchsbericht geschehen ist. Unterdrückt wurden weiter vier Versuchsergebnisse, die über die Linie, die die neue englische Formel darstellt, fallen; diese Ergebnisse scheinen auch der Kommission, die die Versuche angestellt hatte, nicht einwandfrei gewesen zu sein, da sie sie in ihrer Stoßformel unberücksichtigt gelassen hat und die Linie sonst im wesentlichen als eine obere Begrenzung der gemessenen Stoßwerte angesehen werden kann. Ein endgültiges Urteil über die Stoßfrage auf die englischen Versuchsergebnisse aufzubauen, ist nicht möglich, da scheinbar unter Hintansetzung aller theoretischen Erwägungen irgendein am Tragwerk gemessenes Spannungsverhältnis bei ruhender und bewegter Last als dynamischer Faktor betrachtet wurde, ohne daß nur der leiseste Versuch gemacht wurde, die das Ergebnis verschleiernden Nebenwirkungen, wie z. B. die Nebenspannungen, auszuschalten.

[1]) Siehe die auf S. 44, Fußnote [5]) angegebene Quelle.

Die deutschen Reichsbahnvorschriften vom Jahre 1922 schreiben ebenfalls einen Stoßzuschlag vor. Auffällig ist die Geringfügigkeit des Zuschlags bei kleinen Spannweiten, wie dies Abb. 66 deutlich erkennen läßt. Auf welche Weise diese Stoßformel aufgestellt wurde, ist nicht bekannt geworden.

19. Eigenschwingungen von Fachwerken.

Denkt man sich in einem Fachwerke die träge Masse der Stäbe je zur Hälfte in den Endpunkten dieser Stäbe, also in den Fachwerkknoten konzentriert, die Stäbe selbst aber masselos, so stellt ein solches Fachwerk ein schwingendes System materieller Punkte vor, zwischen denen neben den in den Knotenpunkten angreifenden äußeren Kräften noch die Stabkräfte als innere Kräfte wirken. Daran ändert sich auch nichts, wenn wir die träge Masse der in den Knotenpunkten angreifenden Lasten mit berücksichtigen, es tritt dann in den betreffenden Knoten zur halben Masse der dort vereinigten Stäbe noch die Masse der Knotenlast hinzu. Während das wirkliche Fachwerk mit seinen elastischen Stäben ein System mit unendlich vielen Freiheitsgraden darstellt, bildet das eben erörterte materielle Punktfachwerk bei n Knotenpunkten ein System von $2n - 3 - z$ Freiheitsgraden, wenn wir uns auf ebene Fachwerke beschränken und die Anzahl der überzähligen Auflagerkräfte z ist. Ob das Fachwerk selbst überzählige Stäbe enthält oder nicht, ist hierbei gleichgültig.

Die Bewegungen, die die Massenpunkte eines in Schwingung begriffenen Fachwerks ausführen, sind im wesentlichen zweifacher Art. Die einzelnen Stabteilchen führen Längs- und Querschwingungen aus, mit der Stabachse als Bezugsachse, und außerdem verschieben sich die Stäbe als Ganzes. Die Längs- und Querschwingungen, deren Amplituden gegenüber den Knotenpunktverschiebungen verschwinden, können unbedenklich vernachlässigt werden, sie stellen gewissermaßen kleine Vibrationen vor, die sich über die eigentlichen Fachwerkschwingungen lagern. Die Stabverschiebungen selbst wieder zerfallen in eine Parallelverschiebung und in eine Drehung. Bei Fachwerken mit größerer Felderzahl ist bei der Überzahl der Stäbe der Verdrehungswinkel gering, die kinetische Energie dieser Bewegung kann vernachlässigt werden. Bedeutet μ die Masse eines Stabes, y_s die Verschiebung des Stabschwerpunktes in lotrechter Richtung, y die Verschiebung der Knotenmasse m in der gleichen Richtung, g die Beschleunigung der Schwere, L die kinetische Energie des Systems, so lautet die Energiegleichung des Fachwerks

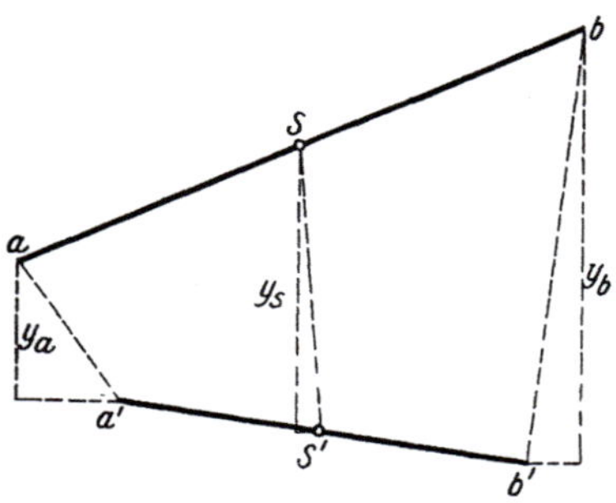

Abb. 67.

$$\Sigma \mu g y_s + \Sigma m g y + \tfrac{1}{2} \Sigma S \Delta s = L.$$

Mit $y_s = \frac{y_a + y_b}{2}$ (siehe Abb. 67) lautet die Gleichung

$$\sum \frac{\mu}{2} g \frac{y_a + y_b}{2} + \sum m g y + \frac{1}{2} \sum S \Delta s = L.$$

Da nun y_a und y_b Knotenpunktverschiebungen sind, so können die beiden ersten Summen zusammengezogen werden und wir erhalten

$$\Sigma M g y + \tfrac{1}{2} \Sigma S \Delta s = L,$$

wobei $M = m + \sum_{\varrho} \frac{\mu}{2}$, die Knotenpunktmasse, vermehrt um die halbe Masse der im Knotenpunkt zusammentreffenden Stäbe (Anzahl ϱ) ist. Die lebendige Kraft des Fackwerks ist daher in erster Annäherung in jedem Augenblicke gleich der lebendigen Kraft des oben erörterten Systems materieller Punkte. Die beiden Systeme sind daher kinetisch annähernd gleichwertig.

Die Aufgabe, die freien Fachwerkschwingungen (Eigenschwingungen) darzustellen, läuft also hinaus auf die Aufstellung der Bewegungsgleichungen für ein System materieller Punkte mit den Massen $m_1, m_2, \ldots$, auf welche die Schwerkräfte als äußere Kräfte und zwischen denen Zentralkräfte einfachster Art — die elastischen Kräfte der Stabverbindungen — wirken. Die Lösung dieses Problems ist in aller Strenge möglich.

Bezeichnet:

S_{hk}^0 die Stabkraft im Stabe $h - k$ für den statischen Gleichgewichtszustand unter der Wirkung der Knotenlasten,

S_{hk} die Stabkraft, die durch die Schwingungen hervorgerufen wird,
α_{hk} der Winkel, den die Stabrichtung mit der wagerecht angenommenen x-Achse einschließt,
m_k die Masse des Knotenpunktes k,
x_k und y_k die Verschiebungskomponenten des k-ten Knotenpunktes in der Richtung der x- bzw. y-Achse,

so gelten für jeden Knotenpunkt die beiden Bewegungsgleichungen (Abb. 68)

$$\left.\begin{aligned} m_k \frac{d^2 x_k}{dt^2} &= -\sum_h (S_{hk}^0 + S_{hk}) \cos\alpha_{hk} = 0\,, \\ m_k \frac{d^2 y_k}{dt^2} &= m_k g - \sum_h (S_{hk}^0 + S_{hk}) \sin\alpha_{hk} = 0\,. \end{aligned}\right\} \quad \ldots \ldots \quad (29)$$

Die Summen erstrecken sich auf alle im Knotenpunkt k zusammentreffenden Stäbe. Es gilt nun, die Stabkräfte S in den Summengliedern durch die Verschiebungen x und y auszudrücken.

Ist $h - k$ der Stab in seiner ursprünglichen Lage und Länge, $h' - k'$ der Stab nach irgendeiner Verschiebung und Dehnung, so kann aus Abb. 69 leicht die Beziehung

$$s' = \sqrt{(s\cos\alpha + x_k - x_h)^2 + (s\sin\alpha + y_k - y_h)^2}\,,$$

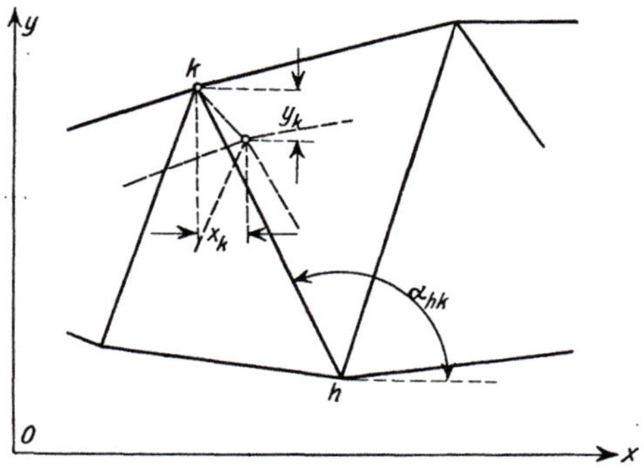

Abb. 68.

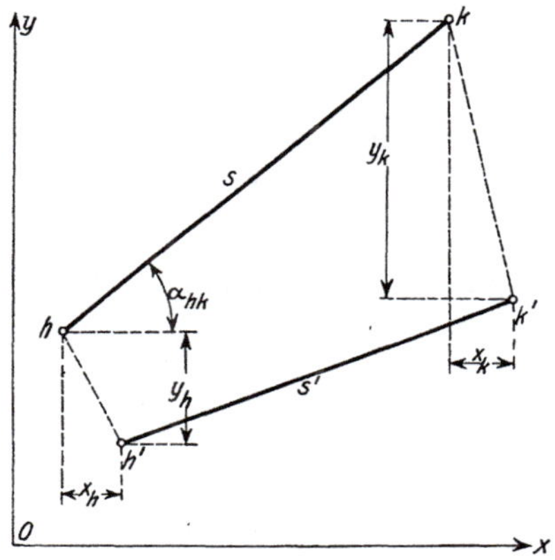

Abb. 69.

oder nach Ausrechnung der Quadrate und Vernachlässigung der kleinen Glieder $(x_k - x_h)^2$ und $(y_k - y_h)^2$

$$s' = \sqrt{s^2 + 2\,s\cos\alpha\,(x_k - x_h) + 2\,s\sin\alpha\,(y_k - y_h)}$$

entnommen werden. Entwickelt man die Wurzel nach der Binomialformel, wobei die Glieder von der zweiten Kleinheitsordnung an unterdrückt werden können, so erhält man die Stablängenänderung Δs in der Form

$$\Delta s = s - s' = (x_k - x_h)\cos\alpha + (y_k - y_h)\sin\alpha$$

und somit für die Stabkraft S_{hk}, zu der die Schwingungsverschiebungen x und y gehören, die Gleichung

$$S_{hk} = \frac{EF_{hk}}{s_{hk}} \left[(x_k - x_h)\cos\alpha_{hk} + (y_k - y_h)\sin\alpha_{hk}\right]. \quad \ldots \ldots \quad (30)$$

Die Verknüpfung der Gl. (29) und (30) führt zu den Bewegungsgleichungen für den Knotenpunkt k, nämlich

$$m_k \frac{d^2 x_k}{dt^2} = -\sum_h S_{hk}^0 \cos\alpha_{hk} - \sum_h \frac{EF_{hk}}{s_{hk}} \left[(x_k - x_h)\cos\alpha_{hk} + (y_k - y_h)\sin\alpha_{hk}\right]\cos\alpha_{hk}\,,$$

$$m_k \frac{d^2 y_k}{dt^2} = m_k g - \sum_h S_{hk}^0 \sin\alpha_{hk} - \sum_h \frac{EF_{hk}}{s_{hk}} \left[(x_k - x_h)\cos\alpha_{hk} + (y_k - y_h)\sin\alpha_{hk}\right]\sin\alpha_{hk}\,.$$

Da nun

$$\sum S^0_{hk} \cos \alpha_{hk} = 0 \quad \text{und} \quad m_k g - \sum S^0_{hk} \sin \alpha_{hk} = 0,$$

denn diese beiden Beziehungen stellen nichts anderes als die statischen Gleichgewichtsbedingungen für den Knotenpunkt k dar, so vereinfachen sich die Bewegungsgleichungen weiter und man erhält

$$\left.\begin{aligned} m_k \frac{d^2 x_k}{dt^2} &= -\sum_h \frac{E F_{hk}}{s_{hk}} [(x_k - x_h) \cos \alpha_{hk} + (y_k - y_h) \sin \alpha_{hk}] \cos \alpha_{hk}, \\ m_k \frac{d^2 y_k}{dt^2} &= -\sum_h \frac{E F_{hk}}{s_{hk}} [(x_k - x_h) \cos \alpha_{hk} + (y_k - y_h) \sin \alpha_{hk}] \sin \alpha_{hk}. \end{aligned}\right\} \quad . \quad . \quad (31)$$

Für jeden Knotenpunkt lassen sich im allgemeinen zwei solcher Gleichungen ansetzen, ausgenommen die Lagerpunkte. Für feste Lager fallen die beiden Differentialgleichungen fort, da $\frac{d^2 x}{dt^2}$ und $\frac{d^2 y}{dt^2}$ verschwinden, für bewegliche Lagerpunkte mit wagerechter Bahn entfällt eine Gleichung, da $\frac{d^2 y}{dt^2} = 0$ ist. Bei geneigter Bahn besteht zwischen den Beschleunigungen die Beziehung

$$\frac{d^2 y}{dt^2} : \frac{d^2 x}{dt^2} = \operatorname{tg} \varphi,$$

wenn φ den Neigungswinkel der Bahn gegen die x-Achse bedeutet.

Das Simultansystem (31), das aus N Gleichungen besteht, wenn N der Freiheitsgrad des Systems ist, wird durch die partikulären Integrale

$$x_k = u_k \sin(pt + q) \quad \text{und} \quad y_k = v_k \sin(pt + q)$$

befriedigt. Die Einführung in (31) liefert N Gleichungen zur Bestimmung der Amplituden u_k und v_k sowie der Frequenz p, und zwar

$$\left.\begin{aligned} P_k u_k \frac{p^2}{E g} &= \sum_h \frac{F_{hk}}{s_{hk}} [(u_k - u_h) \cos \alpha_{hk} + (v_k - v_h) \sin \alpha_{hk}] \cos \alpha_{hk} = 0, \\ P_k v_k \frac{p^2}{E g} &= \sum_h \frac{F_{hk}}{s_{hk}} [(u_k - u_h) \cos \alpha_{hk} + (v_k - v_h) \sin \alpha_{hk}] \sin \alpha_{hk} = 0. \end{aligned}\right\} \quad . \quad . \quad (32)$$

Hierbei wurde durch die Maßzahl E dividiert. Die Knotenmasse m_k wurde durch das Knotengewicht P_k ausgedrückt. Das lineare Gleichgewichtssystem (32) ist hinsichtlich der unbekannten u und v homogen, es bestehen sonach nur dann endliche Wurzeln u und v, wenn die Nennerdeterminante Δ verschwindet. Diese Bedingung $\Delta = 0$ liefer für p^2 eine Gleichung N-ten Grades, deren N Wurzeln ebenso viele Partikularlösungent bestimmen. Mit den aus der Gleichung $\Delta = 0$ folgenden Werten von p sind aber nicht die Größen u und v selbst, sondern nur ihre Verhältnisse zu einer von ihnen festgelegt. Bezeichnen wir den zu p_r gehörenden Proportionalitätsfaktor mit C_r, so nimmt die r-te Partikularlösung die Form

$$x_{kr} = C_{kr} u_{kr} \sin(p_r t + q) \quad \text{bzw.} \quad y_{kr} = C_{kr} v_{kr} \sin(p_r t + q)$$

an. Somit lautet die allgemeine Lösung

$$\left.\begin{aligned} x_k &= \sum_{r=1}^{N} C_{kr} u_{kr} \sin(p_r t + q), \\ y_k &= \sum_{r=1}^{N} C_{kr} v_{kr} \sin(p_r t + q). \end{aligned}\right\} \quad . \quad . \quad . \quad . \quad . \quad . \quad . \quad . \quad . \quad . \quad (33)$$

Die Bewegung setzt sich sonach aus N Hauptschwingungen zusammen. Die Festwerte C sind aus den Anfangsbedingungen zu bestimmen. Auf die weitere Diskussion dieser Lösung gehen wir hier nicht näher ein, da uns nur die Schwingungszahlen interessieren.

Mit der Weisung, die N Zahlen p aus der Determinante Δ zu berechnen, ist aber nur eine formale Lösung gegeben, da bei größerer Knotenzahl n die Ausrechnung der Determinante praktisch unmöglich wird. Nun liegt der Gedanke nahe, das Gleichungssystem (32) durch schrittweise Annäherung aufzulösen. Diesen Weg hat Pohlhausen[1]) mit Erfolg beschritten. Wir werden hier das von ihm angegebene Annäherungsverfahren auf die Ermittlung von p^2 aus dem Simultansystem (32) anwenden. Die rechte Seite der Gl. (32) läßt sich, wenn man die Verknüpfung (30) beachtet, in der Form von Stabkraftsummen schreiben, falls man

$$\frac{1 \cdot F_{hk}}{s_{hk}}[(u_k - u_h)\cos\alpha_{hk} + (v_k - v_h)\sin\alpha_{hk}] = \mathfrak{S}_{hk}$$

setzt. Um die Dimensionen in Einklang zu bringen, wurde die linke Seite mit dem Elastizitätsmodul 1 multipliziert. Man erhält dann mit $\lambda^2 = \frac{p^2}{Eg}$ Gleichungen von der Form

$$P_k u_k \lambda^2 = \sum_h \mathfrak{S}_{hk}\cos\alpha_{hk} \quad \text{und} \quad P_k v_k \lambda^2 = \sum_h \mathfrak{S}_{hk}\sin\alpha_{hk} \,. \quad . \quad . \quad . \quad (34)$$

Die Gesamtheit der Gl. (34) stellt die statischen Gleichgewichtsbedingungen für das gegebene Fachwerk vor, wenn dieses mit den wagerechten Knotenlasten $P u \lambda^2$ und den lotrechten Knotenlasten $P v \lambda^2$ belastet wird.

Wählt man nun ein willkürliches, aber mögliches System von Verschiebungen u und v und bestimmt hiermit unter der Annahme $\lambda^2 = 1$ die Knotenlasten $P u \lambda^2$ und $P v \lambda^2$, so lassen sich zu diesen Knotenlasten mittels eines Kräfteplanes die Spannungen $\mathfrak{S}$, die wir als erste Näherung mit $\mathfrak{S}'$ bezeichnen wollen, und mittels eines Williotschen Verschiebungsplanes die zugehörigen Verschiebungen u' und v' und aus diesen Verschiebungen nach Pohlhausen ein erster Näherungswert λ'^2 mittels der Beziehung

$$\lambda'^2 = \frac{1}{\sqrt{\sum (P u')^2 + \sum (P v')^2}}$$

bestimmen, wobei sich die Summen über alle Fachwerkknoten zu erstrecken haben. Mit diesem Werte λ'^2 werden neuerdings Knotenlasten $P u' \lambda'^2$ und $P v' \lambda'^2$ berechnet, Kräfteplan und Verschiebungsplan gezeichnet, der die Verschiebungen u'' und v'' und einen neuen Näherungswert

$$\lambda''^2 = \frac{1}{\sqrt{\sum (P u'')^2 + \sum (P v'')^2}}$$

liefert usw. Das Verfahren führt sehr rasch zum Ziele, da die Konvergenz eine ausgezeichnete ist. Der dritte, oft schon der zweite Verschiebungsplan, führt gewöhnlich auf einen Wert von λ, der sich, praktisch gesprochen, vom wahren Werte kaum mehr unterscheidet.

Das auf diesem Wege erhaltene λ ist der größte Wert unter den N möglichen Werten von λ und entspricht der Grundschwingung. In gleicher Weise lassen sich auch die übrigen Werte von λ ermitteln, doch sind sie, wie wir aus der Untersuchung des prismatischen Stabes wissen, von geringer Bedeutung. Die zeichnerische Annäherungsmethode bietet auch den Vorteil, gleichzeitig mit der Schwingungszahl die Verschiebungen und Stabkräfte, allerdings mit einem unbestimmten Faktor multipliziert, zu liefern.

Aus λ findet man die Schwingungsdauer mit

$$T = \frac{2\pi}{\lambda\sqrt{Eg}}$$

[1]) Siehe die in der Fußnote [1]) auf S. 44 angegebene Quelle.

oder die Zahl ν_1 der Schwingungen in der Sekunde

$$\nu_1 = \frac{\lambda\sqrt{Eg}}{2\pi} \quad \ldots\ldots\ldots\ldots\ldots (35)$$

Das hier angegebene Annäherungsverfahren läßt sich noch bedeutend vereinfachen, vorher aber möge dasselbe an einem Beispiel erläutert werden.

Beispiel. Für eine Eisenbahnbrücke mit Parallelfachwerkhauptträgern soll die größte Eigenschwingungszahl ν_1 bestimmt werden. Die Fahrbahn liegt oben. In Abb. 70 sind die Stablängen in cm, Stabquerschnitte in cm² und die Knotenpunktgewichte P in Tonnen für die unbelastete Brücke eingetragen. In den Untergurtknoten bestehen die Gewichte bloß aus dem halben Gewichte der dort zusammentreffenden Stäbe und einem Zuschlag für Quer- und Windverband, in den Obergurtpunkten ist außerdem in jedem Knoten noch die von der Fahrbahn herrührende Knotenlast mit berücksichtigt. Die Brückenabmessungen sind einer Ausführung für Belastung mit dem Lastenzug A der preußischen Vorschriften entnommen. Der gesamte Rechnungsgang ist auf den S. 72—74 übersichtlich dargestellt. Zunächst wurden für den Fall einer Knotenlast 1 in Brückenmitte die

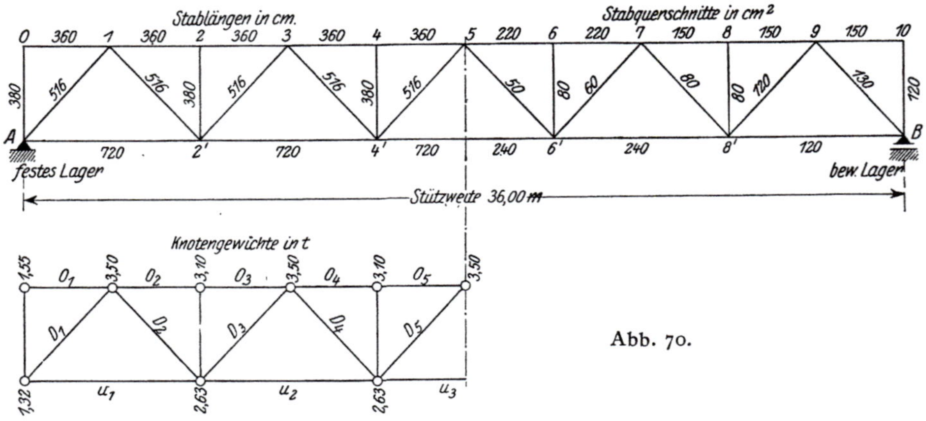

Abb. 70.

Verschiebungen u' und v' bestimmt und in Tabelle I, S. 72, eingesetzt. (Der zugehörende Kräfte- und Verschiebungsplan ist nicht dargestellt.) Verschiebungen nach aufwärts im Sinne der positiven v-Achse und nach rechts im Sinne der positiven u-Achse werden positiv gezählt. Diese Tabelle weist weiter die Entwicklung der Produkte Pu' und Pv' sowie die Quadrate dieser Produkte auf. Aus

$$\Sigma(Pu')^2 + \Sigma(Pv')^2$$

wurde der erste Näherungswert $\lambda' = 0{,}0369$ berechnet. Die beiden Schlußreihen der Tabelle I weisen schließlich die mit λ' ermittelten neuen Knotengewichte auf. Mit diesen Knotenlasten $\lambda'^2 Pu'$ und $\lambda'^2 Pv'$ wurde der Kräfteplan I, Abb. 71, gezeichnet und auf Grund der zugehörenden Stabdehnungen (siehe die darunterstehenden Stabnetze, Abb. 72) die neuen Verschiebungen u'' und v'' mittels Verschiebungsplan I, Abb. 73 bestimmt. Die Knotenverschiebungen u'' und v'' wurden neuerdings in Tabelle II, S. 73, eingetragen, die Produkte und Summen wie vorher gebildet und der zweite Näherungswert $\lambda'' = 0{,}0223$ errechnet. Die zwei Schlußreihen dieser Tabelle enthalten die dem dritten Näherungsgange zugrunde gelegten Knotenlasten, mit deren Hilfe der Kräfteplan II, Abb. 74 und der Verschiebungsplan II, Abb. 76, gezeichnet wurden. In einer dritten Tabelle III, S. 74, wurden neuerlich die Summen $\Sigma(Pu''')^2$ und $\Sigma(Pv''')^2$ berechnet, die auf den dritten Näherungswert $\lambda''' = \mathbf{0{,}0219}$ führen. λ''' weicht nur sehr wenig mehr von λ'' ab, so daß die Näherung hier abgebrochen werden kann. Mit $E = 2150$ t/cm² und $g = 981$ cm/sek² findet man aus λ''' die Schwingungszahl in der Sekunde, Gl. (35).

$$\nu_1 = \frac{0{,}0219\sqrt{2150\cdot 981}}{2\pi} = \mathbf{5{,}07}\,.$$

Es ist noch von Interesse, die im voranstehenden Beispiel erhaltene Schwingungszahl zu vergleichen mit der Schwingungszahl, zu der man gelangt, wenn man sich den Fachwerkträger durch einen Vollwandträger unveränderlichen Querschnittes von gleicher Steifigkeit ersetzt denkt, wobei wir gleiche Steifigkeit als vorhanden betrachten, wenn die Durchbiegung in Brückenmitte unter gleichförmig verteilter Vollast beim Fachwerkträger und beim Vollwandträger die gleiche ist. Für Knotenlasten 1 in allen Obergurtpunkten findet man beim Fachwerkträger mit $E = 1$, $\delta = 520$ cm, somit berechnet sich das Trägheitsmoment J des gleichwertigen Vollwandbalkens aus

$$\frac{5}{384}\,\frac{10\cdot 3600^3}{1\cdot J} = 520 \quad \text{mit} \quad J = 1168\cdot 10^4\ \text{cm}^4.$$

Verteilt man die Knotenlasten P gleichförmig über den Träger, so gewinnt man

$$p = 0{,}0138\ \text{t/cm}$$

und damit nach Formel (12″) auf S. 49

$$\nu_1 = \frac{\pi}{2\,l^2}\sqrt{\frac{E\,J\,g}{p}} = \frac{\pi}{2\cdot 3600^2}\sqrt{\frac{2150\cdot 1168\cdot 10^4\cdot 981}{0{,}0138}} = 5{,}12$$

in vorzüglicher Übereinstimmung mit dem oben erhaltenen Werte von 5,07. Das Ergebnis ist von großer Bedeutung. Es zeigt, daß es gestattet ist, bei Brücken größerer Stützweite, soweit die Hauptträger nicht allzusehr vom Parallelfachwerkbalken abweichen, die Hauptträger als prismatische Stäbe zu behandeln, wie wir dies in **13** bis **17** getan haben. Die dort erhaltenen Resultate, insbesondere jene über die erzwungenen Schwingungen durch rollende Lasten und deren Nebenwirkungen, verdienen daher volles Vertrauen.

Man hätte eine viel raschere Konvergenz erzielen können, d. h. man hätte das Verfahren schon bei der zweiten Näherung abbrechen können, wenn man die der Tabelle I zugrunde gelegten Verschiebungen der tatsächlichen Massenverteilung entsprechender angenommen hätte. Anstatt die Verschiebungen für eine Einzellast im Knoten 5 zu bestimmen, hätte man diese für Lasten 1 in sämtlichen Untergurtknoten ermitteln können. Dies hätte genügt, um $\lambda' = 0{,}0213$ und $\lambda'' = 0{,}0218$ zu erhalten. Es geschah nicht, um die Eignung des Verfahrens selbst in einem Falle zu erweisen, wo die ersten Annahmen mehr als unzweckmäßig waren.

Vergleicht man die Summen $\sum (P u)^2$ und $\sum (P v)^2$ in den Tabellen I, II und III miteinander, so erkennt man, daß bei vielfeldrigen Fachwerken der Einfluß der Horizontalverschiebungen auf die aufeinanderfolgenden Näherungswerte der λ sehr gering ist. So findet man:

Bei Berücksichtigung der wagerechten Verschiebungen . . . . $\lambda' = 0{,}0369$, $\lambda'' = 0{,}0223$, $\lambda''' = 0{,}0219$.

Bei Vernachlässigung der wagerechten Verschiebungen . . . . $\lambda' = 0{,}0372$, $\lambda'' = 0{,}0226$, $\lambda''' = 0{,}0222$.

Der Unterschied beträgt weniger als 1,5%, kommt also praktisch kaum in Betracht. Man wird sich daher mit der Ermittlung der lotrechten Verschiebungen begnügen und diese mittels Biegelinien in der bekannten Weise darstellen, wodurch die Arbeit bedeutend vereinfacht wird. Bei symmetrisch gebauten Fachwerken mit symmetrischer Massenverteilung tritt dann noch die weitere Erleichterung hinzu, daß sich der ganze Rechnungsgang bloß auf die eine Fachwerkhälfte beschränken kann. In der Regel wird es auch ausreichen, bei Ständerfachwerken alle Massen in den Knotenpunkten des Lastgurtes vereinigt zu denken. Bei Fachwerksystemen, wo der Einfluß der Längenänderung der Füllstäbe auf die Durchbiegungen gering ist, wie z. B. bei Bogenträgern, wird man diesen Einfluß bei Ermittlung der Schwingungszahl ebenfalls unberücksichtigt lassen können.

Die Möglichkeit, die Verschiebungen u bei der Ermittlung von λ vernachlässigen zu können, erleichtert in besonders hohem Maße die dynamische Untersuchung statisch unbestimmter Systeme. Sind die Einflußlinien der überzähligen Größen für lotrechte Belastungen bekannt, dann läßt sich die Berechnung von λ auf dem gleichen Wege durchführen, wie beim statisch bestimmten System. Man hat nur die betreffenden überzähligen Auflager- oder Stabkräfte für die Knotenlasten $\lambda^2\,P v$ aus den zugehörenden Einflußlinien

Tabelle I.

Ermittlung des Näherungswertes λ'.

Punkt	P	v'	u'	Pv'	Pu'	$10^{-2}(Pv')^2$	$10^{-2}(Pu')^2$	$\lambda'^2(Pv')$	$\lambda'^2(Pu')$
	t	cm							
A	1,32	0	0	0	0	0	0	0	0
2'	2,63	−46	+3	−121	+8	146	1	−0,165	+0,011
4'	2,63	−83	+7	−218	+18	475	3	−0,297	+0,025
6'	2,63	−83	+14	−218	+37	475	14	−0,297	+0,050
8'	2,63	−46	+18	−121	+47	146	22	−0,165	+0,064
B	1,32	0	+21	0	+28	0	8	0	+0,038
0	1,55	0	+22	0	+34	0	12	0	+0,046
1	3,50	−24	+22	−84	+77	71	59	−0,114	+0,105
2	3,10	−44	+20	−136	+62	185	38	−0,185	+0,084
3	3,50	−65	+17	−228	+60	520	36	−0,311	+0,082
4	3,10	−80	+14	−248	+43	615	18	−0,338	+0,059
5	3,50	−96	+11	−336	+39	1129	15	−0,458	+0,053
6	3,10	−80	+8	−248	+25	615	6	−0,338	+0,034
7	3,50	−65	+5	−228	+18	520	3	−0,311	+0,025
8	3,10	−44	+3	−136	+9	185	1	−0,185	+0,012
9	3,50	−24	0	−84	0	71	0	−0,114	0,000
10	1,55	0	−1	0	−2	9	0	0	−0,003
						5153	236		

$$\Sigma(Pu')^2 + \Sigma(Pv')^2 = 5389, \qquad \lambda'^2 = \frac{1}{\sqrt{5389}} = 0{,}136\cdot 10^{-2}, \qquad \lambda' = \mathbf{0{,}0369}.$$

Kräfteplan I: 1 t = 5/3 cm

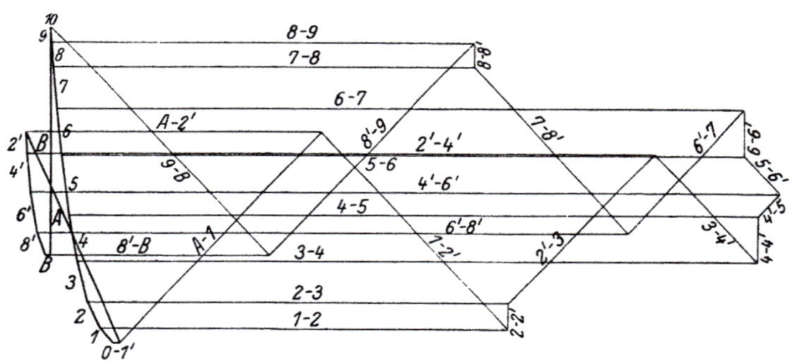

Abb. 71.

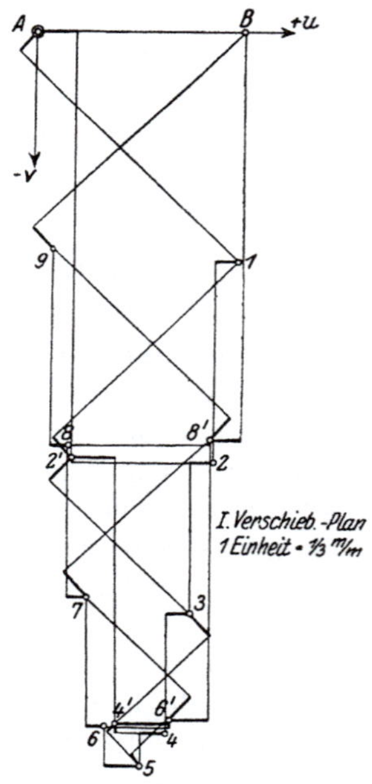

Abb. 73.

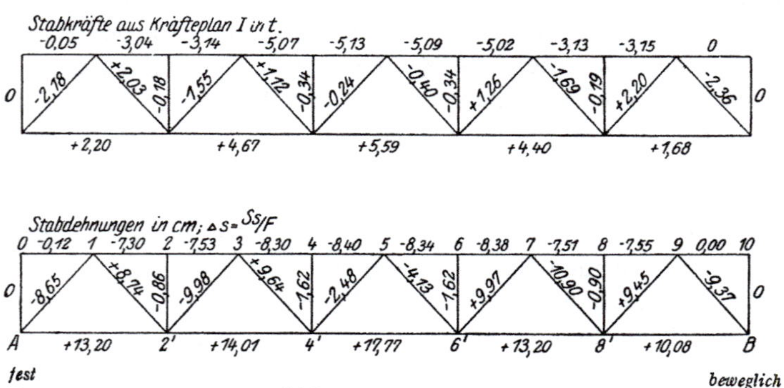

Abb. 72.

Tabelle II.

Ermittlung des zweiten Näherungswertes λ''.

Punkt	P t	v'' cm	u'' cm	$P v''$	$P u''$	$10^{-2}(P v'')^2$	$10^{-2}(P u'')^2$	$\lambda''^2 (P v'')$	$\lambda''^2 (P u'')$
A	1,32	0	0	0	0	0	0	0	0
2'	2,63	− 136	+ 13	− 358	+ 34	1282	12	− 0,178	+ 0,017
4'	2,63	− 220	+ 27	− 579	+ 71	3352	50	− 0,287	+ 0,035
6'	2,63	− 218	+ 45	− 573	+ 118	3283	139	− 0,284	+ 0,059
8'	2,63	− 132	+ 58	− 347	+ 153	1204	234	− 0,172	+ 0,076
B	1,32	0	+ 68	0	+ 90	0	81	0	+ 0,045
0	1,55	0	+ 66	0	+ 102	0	104	0	+ 0,051
1	3,50	− 75	+ 68	− 263	+ 238	692	566	− 0,130	+ 0,118
2	3,10	− 139	+ 58	− 431	+ 180	1858	324	− 0,214	+ 0,089
3	3,50	− 186	+ 50	− 651	+ 175	4238	306	− 0,323	+ 0,087
4	3,10	− 222	+ 45	− 688	+ 140	4733	196	− 0,341	+ 0,069
5	3,50	− 234	+ 37	− 819	+ 130	6708	169	− 0,406	+ 0,064
6	3,10	− 221	+ 28	− 685	+ 87	4692	76	− 0,340	+ 0,043
7	3,50	− 180	+ 23	− 630	+ 81	3969	66	− 0,312	+ 0,040
8	3,10	− 133	+ 16	− 412	+ 50	1697	25	− 0,204	+ 0,025
9	3,50	− 70	+ 9	− 245	+ 32	600	10	− 0,123	+ 0,016
10	1,55	0	+ 9	0	+ 14	0	2	0	+ 0,007
						38308	2300		

$$\Sigma (P u'')^2 + \Sigma (P v'')^2 = 40668, \qquad \lambda''^2 = \frac{1}{\sqrt{40668}} = 0{,}496 \cdot 10^{-3}, \qquad \lambda'' = \mathbf{0{,}0223}.$$

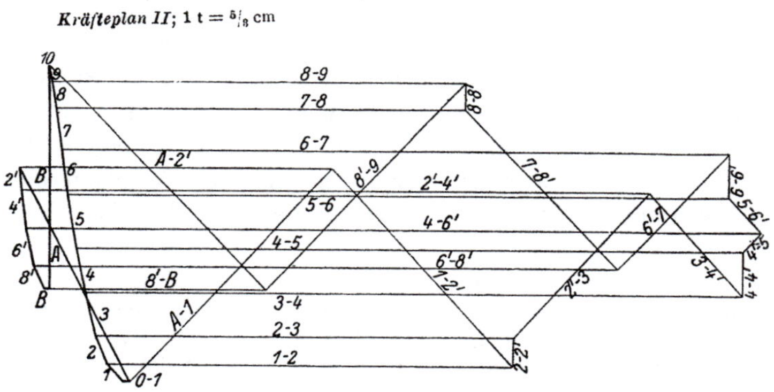

Abb. 74.

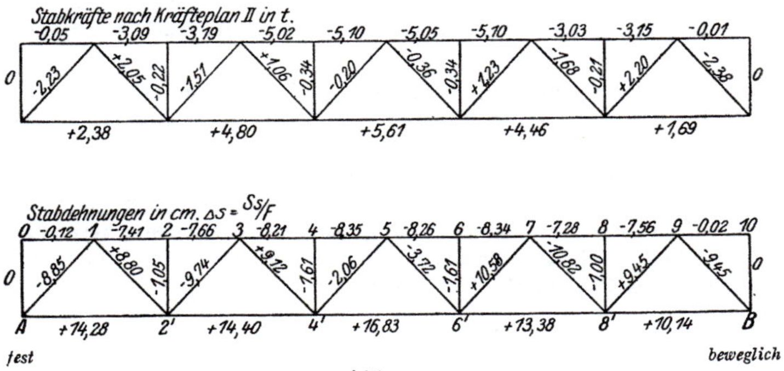

Abb. 75.

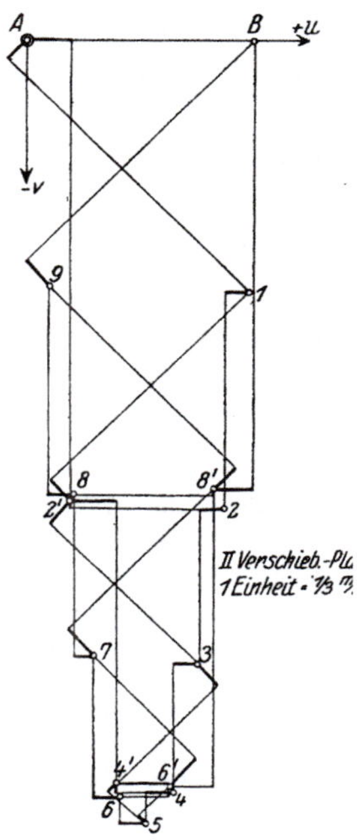

Abb. 76.

Tabelle III.

Ermittlung des dritten Näherungswertes.

Punkt	P	v'''	u'''	Pv'''	Pu'''	$10^{-2}(Pv''')^2$	$10^{-2}(Pu''')^2$
	t	cm					
A	1,32	0	0	0	0	0	0
2'	2,63	−142	+14	−373	+ 37	1391	14
4'	2,63	−228	+29	−600	+ 76	3600	58
6'	2,63	−227	+46	−597	+121	3564	146
8'	2,63	−136	+59	−358	+155	1282	240
B	1,32	0	+69	0	+ 91	0	83
0	1,55	0	+68	0	+105	0	110
1	3,50	− 78	+68	−273	+238	745	566
2	3,10	−143	+63	−443	+195	1962	380
3	3,50	−190	+55	−665	+193	4422	372
4	3,10	−230	+47	−713	+146	5084	213
5	3,50	−240	+39	−840	+137	7056	188
6	3,10	−231	+30	−716	+ 93	5127	86
7	3,50	−188	+23	−658	+ 81	4330	66
8	3,10	−138	+14	−428	+ 43	1832	19
9	3,50	− 75	+ 7	−263	+ 25	692	6
10	1,55	0	+ 7	0	+ 11	0	1
						41087	2548

$$\Sigma(Pu''')^2 + \Sigma(Pv''')^2 = 43635, \qquad \lambda'''^2 = \frac{1}{\sqrt{43635}} = 0{,}479\cdot 10^{-3}, \qquad \lambda''' = \mathbf{0{,}0219}$$

zu bestimmen und kann dann genau wie beim statisch bestimmten System den Kräfteplan für die Belastung mit $\lambda^2 Pv$ und den Williotschen Verschiebungsplan zeichnen, oder man ermittelt, falls man den Einfluß der Füllstäbe auf die gesamten Formänderungen vernachlässigen kann, einfacher mittels der Methode der elastischen Gewichte die Biegelinie der Gurtungen, aus der dann die Verschiebungen v abgelesen werden können.

Zur Erläuterung mögen die langsamsten Eigenschwingungen einer Straßenbrücke von 60,72 m Stützweite, deren Hauptträger als Bogenträger mit Zugband ausgebildet sind, unter Vernachlässigung der Horizontalverschiebungen u und der Formänderung der Füllstäbe und unter Zuhilfenahme der Methode der elastischen Gewichte, berechnet werden.

Beispiel. Die Abmessungen der Hauptträger (Balkenträger) sind den Abb. 77 a) und b) zu entnehmen. Die Einflußlinie für den Horizontalzug H im Zugbande des einfach statisch unbestimmten Systems ist in Abb. 77 c) zur Darstellung gebracht. Das Eigengewicht ist, wie eine Untersuchung zeigte, ziemlich gleichmäßig über die Stützweite verteilt, es wurden daher sämtliche Knotengewichte gleich angenommen. Um die Tabellen in ihrem Umfange zu beschränken, wurden die Annahmen noch dahin vereinfacht, daß das Gewicht des Fachwerkbogens und der halben Hängestangen in den Untergurtpunkten 2', 4', 6', ... vereinigt gedacht wurde, während das andere halbe Hängestangengewicht, das Gewicht des Zugbandes und der Fahrbahn in den Aufhängepunkten der Fahrbahn (Querträgerabstand 5,06 m) 2'', 4'', 6'' ... konzentriert wurde. In Abb. 77 b) ist die angenommene Massenverteilung durch kleine Kreise angedeutet und sind dort auch die Knotengewichte in t angegeben.

Zunächst wurden für eine willkürlich angenommene Belastung: 1 t in den Punkten 2'', 4'', 6'', ... die lotrechten Durchbiegungen v' der Punkte, die mit träger Masse belegt gedacht sind, d. s. die Punkte 2', 4', 6', ... und 2'', 4'', 6'', ... bestimmt. Dies geschah in der Weise, daß nach Bestimmung des Horizontalzuges H für die angenommene Belastung mittels der Einflußlinie (Abb. 77 c), die Knotenmomente M_k' und M_k, Abb. 78, nach der bekannten Formel $M = \mathfrak{M} - Hg$, wobei $\mathfrak{M}$ das Balkenmoment darstellt, ermittelt wurden. In der Tabelle I, S. 76 sind diese Momente zusammengestellt. Die Ermittlung der elastischen Gewichte erfolgte dann in der gleichen Tafel unter Vernachlässigung des Beitrages der Füllungsstäbe mittels der Gleichung

$$w_k = \frac{M_k' o_k}{F_k^0 r_k'^2} + \frac{M_k u_k}{F_{k+1}^u r_k^2}.$$

Die Berechnung wurde der Symmetrie wegen nur für die eine Trägerhälfte durchgeführt, wobei für Punkt 12 nur das halbe Knotengewicht, nämlich

$$w_{12} = \frac{M'_{12}\, o_{12}}{F^0_{12}\, r'_{12}},$$

in Tabelle I, S. 76, eingesetzt wurde. Mittels der Gewichte w wurden in der jedem Statiker bekannten Weise die Ordinaten der Biegelinie der Bogenuntergurtung als Momente eines in den Punkten 1, 2, 3, ... mit den Lasten w belasteten Balkens berechnet, womit die erste Reihe der Verschiebungen v' bekannt wurde. Bei der Ermittlung der Senkung v' der Zugbandpunkte 2″, 4″, ... wurde die Dehnung der Hängestangen durch die Knotenlast berücksichtigt. E ist überall 1.

Tabelle II, S. 76, zeigt die Ermittlung des ersten Näherungswertes λ', die in der gleichen Weise durchgeführt wurde, wie im vorangehenden Beispiel.

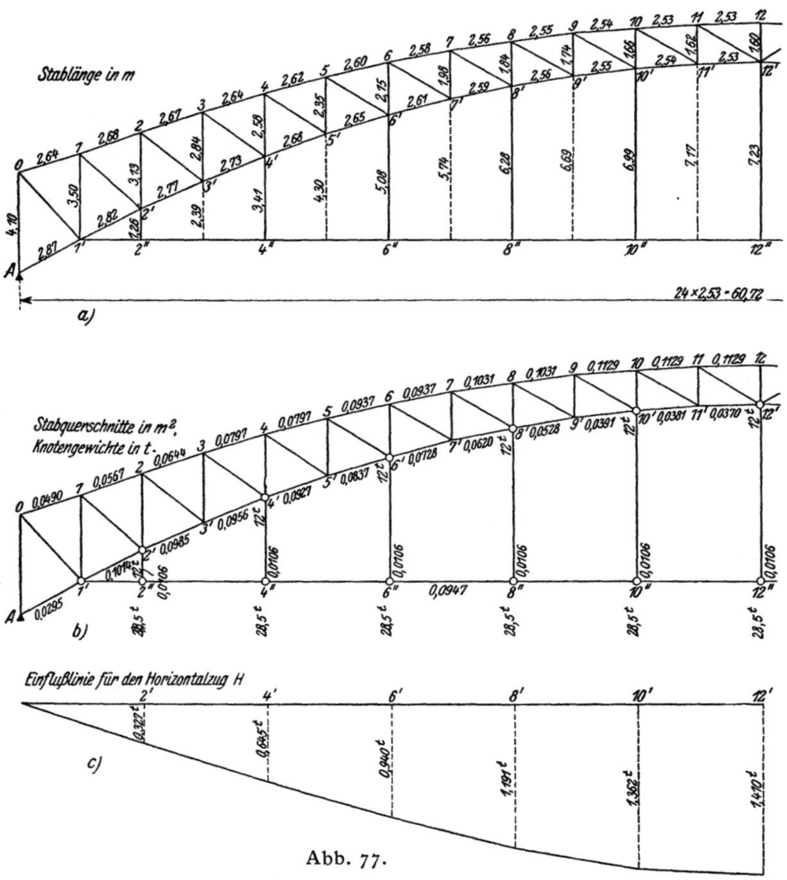

Abb. 77.

Die in Tabelle II in der letzten Reihe ausgewiesenen Beträge $\lambda'^2 (Pv')$ dienen als Grundlage des zweiten Näherungsganges. An Stelle der Lasten 1 in den Punkten 2″, 4″, 6″ ... treten jetzt die Lasten $\lambda'^2 (Pv')$ in den Knotenpunkten 2′, 4′, 6′, ... und 2″, 4″, 6″, ...; im übrigen ist der Vorgang der Bestimmung der Vertikalverschiebungen v'' genau wie vor. Tabelle III, S. 76, enthält die Ermittlung des zweiten Näherungswertes λ''. Legt man schließlich die in dieser Tabelle berechneten Werte von $\lambda''^2 (Pv'')$ einem dritten Näherungsgange zugrunde, so führt dieser (Tabelle IV) auf den Wert λ''', der sich nur mehr sehr wenig von λ'' unterscheidet. Das Verfahren kann hier abgebrochen werden.

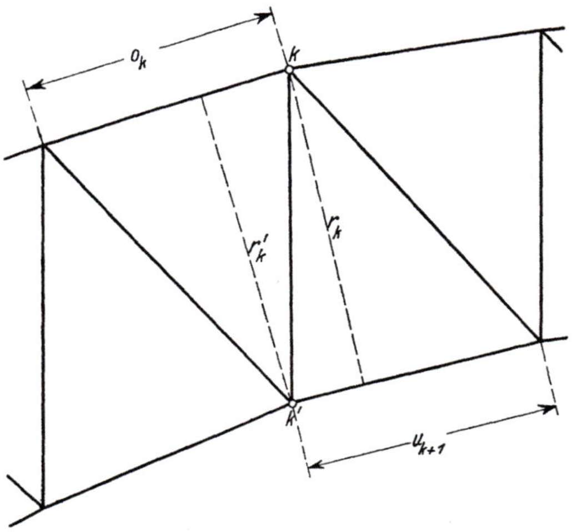

Abb. 78.

Die aufeinanderfolgenden Werte von λ sind

$$\lambda' = 0{,}925 \cdot 10^{-3},$$
$$\lambda'' = 1{,}382 \cdot 10^{-3},$$
$$\lambda''' = 1{,}370 \cdot 10^{-3};$$

aus dem letzten Werte folgt mit $E = 2150 \cdot 10^4\,\mathrm{t/m^2}$ und $g = 9{,}81\,\mathrm{m/sek^2}$ die Schwingungszahl

$$\nu_1 = \frac{0{,}00137\sqrt{9{,}81 \cdot 2150 \cdot 10^4}}{2\pi} = \mathbf{3{,}17}.$$

Tabelle I.

Berechnung der elastischen Gewichte für Lasten 1 in 2″, 4″, 6″, . . .

Knoten	M' mt	M mt	r' m	$\frac{o}{F^0 r'^2}$	r m	$\frac{u}{F^u r^2}$	$\frac{M^u o}{F^0 r'^2}$	$\frac{M^0 u}{F^u r^2}$	w
A	0	0	—	—	3,53	7,81	0	0	0
1	+ 13,92	+ 13,92	3,35	4,80	3,14	2,82	+ 66,82	+ 39,25	+ 106,07
2	+ 14,80	− 17,56	2,95	5,30	2,86	3,36	+ 78,44	− 59,00	+ 19,44
3	+ 14,50	− 14,87	2,69	5,73	2,64	4,10	+ 83,09	− 60,97	+ 22,12
4	+ 15,34	− 11,34	2,47	5,43	2,43	4,90	+ 83,30	− 55,57	+ 27,73
5	+ 15,00	− 9,30	2,27	6,38	2,25	6,25	+ 95,70	− 58,12	+ 37,58
6	+ 15,78	− 6,25	2,10	6,29	2,08	8,28	+ 99,26	− 51,75	+ 47,51
7	+ 15,29	− 5,28	1,95	7,22	1,94	11,00	+ 110,39	− 58,08	+ 52,31
8	+ 16,02	− 3,00	1,82	7,50	1,82	14,63	+ 120,15	− 43,99	+ 76,16
9	+ 15,59	− 2,41	1,73	8,26	1,73	21,79	+ 128,77	− 52,51	+ 76,26
10	+ 16,22	− 0,94	1,66	8,16	1,66	24,19	+ 132,36	− 22,74	+ 109,62
11	+ 15,62	− 1,13	1,61	8,64	1,62	26,05	+ 134,96	− 29,44	+ 105,52
12	+ 16,28	—	1,60	8,75	—	—	+ 142,45	—	+ 142,45

Tabelle II.

Ermittlung des ersten Näherungswertes λ'.

Punkt	P t	$10^{-2} \cdot v'$ m	$10^{-2} Pv'$	$10^{-6} (Pv')^2$	$\lambda'^2 (Pv')$
A	—	0	—	—	—
2′	12,0	38,9	467	2 181	0,040
2″	28,5	40,1	1143	13 064	0,098
4′	12,0	74,4	893	7 974	0,077
4″	28,5	77,6	2212	48 929	0,189
6′	12,0	105,8	1270	16 129	0,109
6″	28,5	110,6	3152	99 351	0,270
8′	12,0	133,5	1597	25 504	0,137
8″	28,5	139,0	3962	156 974	0,340
10′	12,0	153,5	1842	33 930	0,158
10″	28,5	160,1	4563	208 210	0,397
12′	6,0	163,2	979	9 584	0,084
12″	14,25	170,0	2423	58 685	0,208
				680 515	

Für die Punkte 2″, 4″, 6″, . . . wurde v' aus den betreffenden Beträgen für die Punkte 2′, 4′, 6′, . . . durch Hinzufügen der Hängestangendehnung Δl bestimmt.

$$\Sigma (P v')^2 = 2 \cdot 680\,515 \cdot 10^6 = 1{,}361 \cdot 10^{12}$$

$$\lambda'^2 = \frac{1}{\sqrt{1{,}361}} \cdot 10^{-6} = 0{,}857 \cdot 10^{-6}$$

$$\lambda' = \mathbf{0{,}925 \cdot 10^{-3}}$$

Tabelle III.

Ermittlung des zweiten Näherungswertes λ''.

Punkt	P t	$10^{-2} \cdot v''$ m	$10^{-2} Pv''$	$10^{-6} \cdot (Pv'')^2$	$\lambda''^2 (Pv'')$
A	—	0	—	—	—
2′	12,0	+ 15,10	181	328	0,0344
2″	28,5	+ 15,22	434	1 884	0,0828
4′	12,0	+ 29,78	358	1 282	0,0746
4″	28,5	+ 30,39	866	7 500	0,1653
6′	12,0	+ 45,20	542	2 938	0,1036
6″	28,5	+ 46,50	1325	17 556	0,2528
8′	12,0	+ 60,36	725	5 256	0,1384
8″	28,5	+ 62,38	1778	31 613	0,3391
10′	12,0	+ 72,68	872	7 603	0,1665
10″	28,5	+ 75,30	2146	46 053	0,4102
12′	6,0	+ 78,31	470	2 209	0,0897
12″	14,25	+ 79,73	1136	12 905	0,2168
				137 127	

$$\Sigma (P v'') = 2 \cdot 137\,127 \cdot 10^6 = 0{,}2743 \cdot 10^{12}$$

$$\lambda''^2 = \frac{1}{\sqrt{0{,}2743}} 10^{-6} = 1{,}909 \cdot 10^{-6}$$

$$\lambda'' = \mathbf{1{,}382 \cdot 10^{-3}}$$

Tabelle IV.
Ermittlung des dritten Näherungswertes λ'''.

Punkt	P t	$10^{-2}\cdot v'''$ m	$10^{-2}\cdot(Pv''')$	$10^{-6}\cdot(Pv''')^2$
A	—	0	—	—
2'	12,0	+14,23	179	320
2''	28,5	+14,25	406	1648
4'	12,0	+29,17	339	1149
4''	28,5	+29,78	849	7208
6'	12,0	+45,11	541	2927
6''	28,5	+46,41	1323	17503
8'	12,0	+61,26	736	5417
8''	28,5	+63,28	1803	32508
10'	12,0	+75,02	900	8100
10''	28,5	+77,62	2212	48929
12'	6,0	+81,04	486	2362
12''	14,25	+82,66	1178	13877
				141948

$$\Sigma(Pv''') = 2\cdot 141948\cdot 10^6 = 0{,}2839\cdot 10^{12}$$

$$\lambda'''^2 = \frac{1}{\sqrt{0{,}2839}}\,10^{-6} = 1{,}877\cdot 10^{-6}$$

$$\lambda''' = \mathbf{1{,}370\cdot 10^{-3}}$$

Die vorgeführten beiden Beispiele zeigen, wie verhältnismäßig einfach die Ermittlung der Eigenschwingungen von Fachwerken mit Hilfe des Annäherungsverfahrens von Pohlhausen, das hier dem praktischen Zwecke besonders angepaßt wurde, geworden ist. Als besonderer Vorzug mag hervorgehoben werden, daß sich die Methode bei jeder beliebigen Fachwerkform und jeder Art der Stützung, vor allem aber bei jeder Art von Massenverteilung verwenden läßt.

Zweiter Abschnitt.

Grundlagen für die Bemessung eiserner Brücken.

§ 6. Festigkeitseigenschaften.

20. Zug und Druck.

Um die Grundsätze, die für die Feststellung der Abmessungen der Glieder eiserner Brücken maßgebend sind, eingehend erörtern zu können, ist es notwendig, vorher kurz die wesentlichen Festigkeitseigenschaften des schmiedbaren Eisens oder Stahles darzulegen.

In Abb. 79 ist das bekannte Dehnungsdiagramm für Flußeisen, unter welcher Bezeichnung in diesem Paragraphen alle im Brückenbau verwendeten Qualitäten von Flußeisen und Flußstahl verstanden werden sollen, dargestellt. E ist die Elastizitätsgrenze, d. i. jene Grenze der spezifischen Spannung, bis zu der keine — oder richtiger gesagt, unterhalb der Grenze der Feststellbarkeit liegende — bleibenden Dehnungen auftreten. Der Punkt E liegt nicht fest, er hängt vielfach von der vorhergehenden Belastung des Stabes ab. Mit der Elastizitätsgrenze nahe zusammen fällt die Proportionalitätsgrenze, jene Spannung, die das Gebiet des linearen Zusammenhanges zwischen Spannung und Dehnung nach oben abgrenzt. Von da an wachsen die Dehnungen rascher als die Spannungen. F_0 bezeichnet die obere Fließgrenze, auch Streckgrenze, bei Druck Quetschgrenze genannt, die dadurch gekennzeichnet ist, daß von ihr ab zunächst die Dehnung ohne Spannungsvermehrung weiterschreitet (Fließen, Strecken), ja dieser Dehnungszuwachs hält selbst bei geringen Entlastungen noch an, bis die untere Fließgrenze F_u erreicht ist, von wo an eine weitere Dehnung nur durch entsprechende Erhöhung der Spannung möglich ist, bis die Bruchgrenze B er-

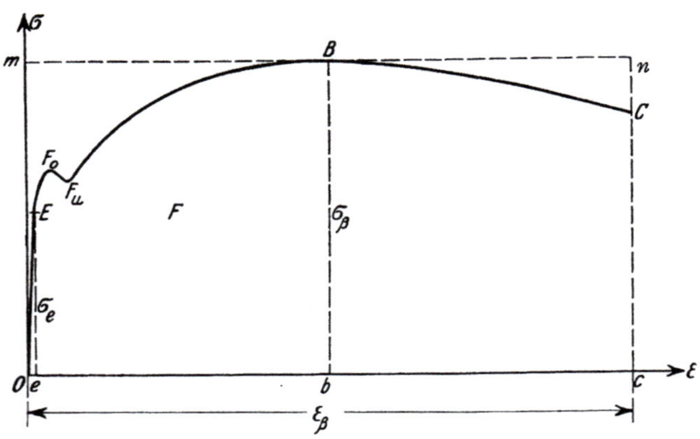

Abb. 79.

reicht ist[1]). Der Probestab beginnt sich örtlich einzuschnüren, weshalb selbst bei einem Nachlassen der Spannung die Dehnung noch weiter fortschreitet, bis schließlich die Trennung der beiden Stabteile eintritt. Man bezeichnet die gesamte Dehnung, die innerhalb der Meßlänge des Probestabes im Augenblick des Zerreißens festgestellt wurde, als Bruchdehnung ε_β, den Quotienten $\frac{\text{Bruchdehnung}}{\text{Meßlänge}}$ als spezifische Bruchdehnung. Die Fläche F des Diagrammes, die mathematisch durch das Integral

$$F = \int_0^c \sigma\, d\, \varepsilon$$

definiert ist, stellt die im Stabe bei der Dehnung aufgespeicherte Formänderungsarbeit vor. Sie zerfällt in zwei Teile, in die Fläche OeE, die mit dem elastischen Arbeitsvermögen des Stabes übereinstimmt, und in die restliche Fläche $eECc$, deren Maßzahl die Größe des plastischen Arbeitsvermögens angibt.

Die Fähigkeit des Materials, eine bedeutende Menge an bleibender Formänderungsarbeit aufzuspeichern, ist sehr wichtig, wenn plötzliche örtliche Belastungsänderungen (Stöße) auftreten. Baustoffe mit großem plastischen Arbeitsvermögen widerstehen derartigen örtlichen Überanstrengungen sehr gut, man bezeichnet sie als zäh, im Gegensatz zu spröden Stoffen, die sich durch geringes Arbeitsvermögen auszeichnen. Die Zähigkeit des Eisens spielt, wie wir später sehen werden, eine außerordentlich wichtige Rolle bei der Unschädlichmachung der Nebenspannungen. Im Brückenbau dürfen sonach, einzelne Teile ausgenommen, nur zähe Materialien Verwendung finden. Da sich die Fläche F ihrer Größe nach nur wenig von der Fläche des Rechteckes $Omnc$ unterscheidet, so wählt man zweckmäßig als Maß der Zähigkeit das Produkt $\sigma_\beta \varepsilon_\beta$, wobei σ_β die Bruchfestigkeit, ε_β die Bruchdehnung bedeutet. Gewöhnlich wird aber die spezifische Bruchdehnung eingeführt und man bezeichnet das Produkt aus Bruchfestigkeit und spezifischer Bruchdehnung als Gütezahl. Neben der Elastizitäts- und Streckgrenze sowie der Bruchfestigkeit ist sonach auch die Bruchdehnung für die Kennzeichnung des Materials als Brückenbaustoff von Wichtigkeit. Da die Elastizitäts- und Fließgrenze in der Regel mit der Bruchfestigkeit steigen, so begnügt man sich in den Gütevorschriften für Brückenmaterial meist mit einer Festlegung der Bruchfestigkeit und der spezifischen Dehnung.

Die Elastizitätsgrenze schwankt bei unbearbeitetem Bauwerkflußeisen zwischen 1,8 und 2,2 t/cm², kann aber durch Kaltbearbeiten (Richten) noch bedeutend gehoben werden. Als Mittelwert kann mit der halben Bruchfestigkeit gerechnet werden. Die Spannung an der Fließgrenze liegt beiläufig bei $^2/_3$ der Bruchfestigkeit. Der reziproke Wert des Dehnungsmaßes, der Elastizitätsmodul, wird bei Flußeisen gewöhnlich 2150 t/cm² angenommen, ist aber in der Regel etwas niedriger.

Die **deutschen** Normalbedingungen für die Lieferung von Eisenkonstruktionen für Brücken und Hochbau schreiben für Bauwerkflußeisen vor:

Für Stabmaterial von 7 bis 28 mm Dicke und von mindestens 3 cm² Querschnitt der Probe:

1. In der Längsrichtung soll betragen:

   Die Zugfestigkeit mindestens 37, höchstens 44 kg/mm², die Dehnung mindestens 20% bei 200 mm Meßlänge.

2. In der Querrichtung:

   Die Zugfestigkeit 36 bis 45 kg/mm², die Dehnung mindestens 17%.

Bei Niet- und Schraubenmaterial:

Die Zugfestigkeit 36 bis 42 kg/mm², die Dehnung mindestens 22%.

Für Niete und Schrauben soll sonach ein besonders weiches und sehr dehnbares (zähes) Material Verwendung finden.

---

[1]) Häufig fällt aber obere und untere Fließgrenze zusammen.

Für Blechmaterial:

Blechdicke 5 bis 7,9 mm			8 bis 28 mm			Über 28 mm		
a Zugfestigkeit	*b* Dehnung	Gütezahl $a+b$	*a* Zugfestigkeit	*b* Dehnung	Gütezahl $a+b$	*a* Zugfestigkeit	*b* Dehnung	Gütezahl $a+b$
36 bis 43 kg/mm²	mindest. 18%	mindestens 57	35 bis 42 kg/mm²	mindest. 20%	mindenstens 58	34 bis 41 kg/mm²	mindest. 22%	mindestens 59

Durch die Einführung der Gütezahl $(a+b)$ soll verhindert werden, daß Bleche abgenommen werden müssen, die zu gleicher Zeit die Mindestfestigkeit bei der geringsten Dehnung aufweisen.

Die **österreichischen** Brückenvorschriften verlangen:

Bei Flußeisen:

Die Zugfestigkeit des für ein Brückentragwerk zu verwendenden Flußeisens darf nicht unter 3,6 t/cm² und bei dem im Flammenofen erzeugten Flußeisen nicht mehr als 4,5 t/cm², bei Flußeisen anderer Erzeugungsart nicht mehr als 4,2 t/cm² betragen[1]).

Die Dehnung des Flußeisens muß so groß sein, daß das Ergebnis aus Festigkeit in t/cm² mal Dehnung in Prozenten bei Zerreißproben in der Walzrichtung mindestens die Zahl 100 und bei solchen senkrecht zur Walzrichtung mindestens die Zahl 90 beträgt. (Meßlänge $\sqrt{80\,F}$; $F \gtrless 6$ cm².)

Das zu verwendende Niet- und Schraubeneisen muß eine Zugfestigkeit von 3,5 bis 4,0 t/cm² und eine solche Dehnung aufweisen, daß das Ergebnis der Festigkeit in t/cm² mal Dehnung in Prozenten mindestens die Zahl 110 liefert.

Die **schwedischen** Bestimmungen sehen die Verwendung von zwei Sorten Flußeisen vor:

	Dicke	Zugfestigkeit	Dehnung
Klasse A	5 bis 8 mm	4,4 bis 5,4 t/cm²	18%
	8 „ 28 „	4,4 „ 5,2 „	20 „
Klasse B	5 bis 8 mm	3,7 bis 4,6 t/cm²	18%
	8 „ 28 „	3,7 „ 4,4 „	20 „
Niete und Schrauben	5 bis 10 mm	3,4 bis 4,2 t/cm²	20%
	10 „ 28 „	3,4 „ 4,0 „	25 „

Die **schweizerische** Brückenverordnung schreibt vor:

Für Flußeisen:

	Zugfestigkeit	Güteziffer
in der Walzrichtung	3,6 bis 4,7 t/cm²	0,90
quer zur „	3,6 „ 4,7 „	0,80
für Niete und Bolzen . . .	3,4 „ 4,0 „	1,00

Die spez. Dehnung ist für eine Meßlänge von 200 mm bei Querschnitten des Probestabes von 3 cm² oder mehr, festzustellen.

Während für die Verwendung von gewöhnlichem Flußeisen in den meisten Staaten allgemein gültige Vorschriften bestehen, haben sich bisher einheitliche Bedingnisse für die Verwendung von hochwertigem Stahl nirgends durchsetzen können. Wir müssen uns daher mit der Angabe von Übernahmsvorschriften und sonstigen Zahlenangaben, die sich auf Einzelfälle beziehen, begnügen. Die nachstehenden Zusammenstellungen geben einen beiläufigen Anhaltspunkt über die wichtigen Festigkeitseigenschaften der verwendeten oder vorgeschlagenen Stähle.

Nickelstahl der Gutehoffnungshütte, verwendet bei einer Eisenbahnbrücke von 31,5 m Stützweite der Linie Oberhausen-Dorsten, beim Versteifungsträger der Schwebefähre über die Hafeneinfahrt der Kieler Werft, 118 m lang, sowie bei der Hüttenbahnbrücke über den Rhein-Herne-Kanal nächst Oberhausen von 60,57 m Stützweite. Der Nickelzusatz betrug 2,5%[2]).

Bruchfestigkeit	56 bis 65 kg/mm²
Streckgrenze min.	35 kg/mm²
Dehnung bei 200 mm Meßlänge . . .	18%
Kontraktion min.	40 „

[1]) Diese Differenzierung in der oberen Grenze je nach der Erzeugungsart, hat seine Ursache in einem leisen Mißtrauen, das dem Thomasflußeisen — gegenüber Martinflußeisen — seinerzeit in Österreich entgegengebracht wurde. Härteres Thomasflußeisen sollte ausgeschieden werden.

[2]) Bohny F.: Über die Verwendung von Nickelstahl im Brückenbau. Eisenbau 1911, S. 79.

Siemens-Martinstahl der oberschlesischen Eisenbahn-Bedarfs-A. G. Friedenhütte (0,25 bis 0,33 % C-Gehalt)[1].

Festigkeit	Elastizitätsgrenze	Bruchdehnung
50 bis 55 kg/mm^2	28 kg/mm^2	17 bis 20 %
55 „ 60 „	32 „	16 „ 18 „
60 „ 70 „	35 bis 38 kg/mm^2	16 „ 18 „

Elektroeisen der Röchlingschen Eisen- und Stahlwerke in Völklingen a. S.[1].

Festigkeit	Streckgrenze	Bruchdehnung
50 bis 60 kg/mm^2	35 kg/mm^2	22 bis 28 %
60 „ 65 „	40 „	22 „ 25 „
65 „ 70 „	45 „	18 „ 23 „

Ergebnisse der vergleichenden Versuche des österr. Arbeitsministeriums mit hochwertigem Bauwerkeisen[2].

Nickelstahl (1,5 bis 2,5 % Ni-Gehalt).

Festigkeit	Streckgrenze	Dehnung	Elastizitätsmodul
55 bis 62 kg/mm^2	37 bis 41 kg/mm^2	20 bis 25 %	20400 kg/mm^2

Kohlenstoffstahl (0,2 bis 0,4 % C-Gehalt).

Festigkeit	Streckgrenze	Dehnung	Elastizitätsmodul
57 bis 69 kg/mm^2	36 bis 54 kg/mm^2	18 bis 25 %	20800 kg/mm^2

Vorschriften für den Bau der Manhattanbrücke in New York[3].

Nickelstahl für Stäbe (3,25 % Ni-Gehalt).

Festigkeit	Streckgrenze	Bruchdehnung
60 bis 67 kg/mm^2	39 kg/mm^2	$\frac{1125}{\text{Festigkeit}}$

Nickelstahl für Nieten (3,25 % Ni-Gehalt).

Festigkeit	Streckgrenze	Bruchdehnung
49 bis 56 kg/mm^2	32 kg/mm^2	$\frac{1125}{\text{Festigkeit}}$

Man beachte, daß bei allen angeführten Materialarten, die Streckgrenze, soweit diese angegeben, beiläufig $^2/_3$ der Mindestbruchgrenze beträgt.

21. Schubbeanspruchung.

Abb. 80 zeigt den Verlauf des Zusammenhanges zwischen Schubbeanspruchung und Verdrehung, wie dieser Verlauf aus Torsionsproben an runden Vollstäben abgeleitet wurde. Elastizitätsgrenze E und Fließgrenze F lassen sich hier ebenso feststellen wie beim Zug oder Druckversuch. Eine Trennung in eine obere und untere Fließgrenze macht sich aber nicht bemerkbar. Kennzeichnend für die Schubformänderungslinie ist das ununterbrochene Anwachsen der Last bis zum Bruch, was seine Erklärung darin findet, daß beim Probestab die Verdrehung nicht von einer Querschnittseinschnürung begleitet ist, wie dies beim gezogenen Stab der Fall ist.

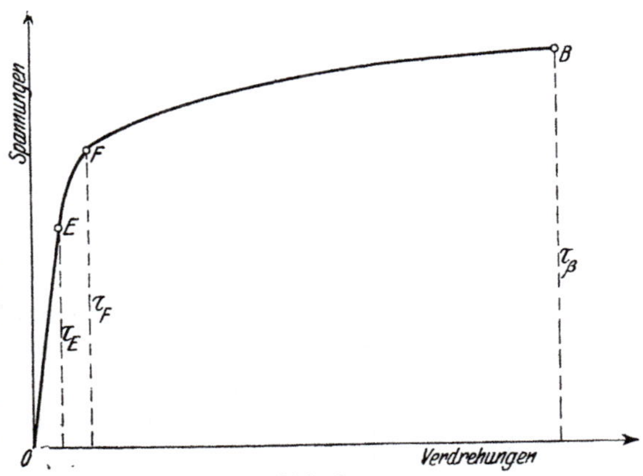

Abb. 80.

Nach der Elastizitätstheorie ist der Elastizitätsmodul für Schub (Gleitmaß) gegeben durch

$$G = \frac{m}{2(m+1)} E,$$

worin m eine Materialkonstante, die Poissonsche Zahl ist. Setzt man $m = 10/3$, so wird

$$G = 0{,}385\, E,$$

[1] Sonntag R.: Wirtschaftliche Gesichtspunkte und Vorschläge für den Bau versteifter Hängebrücken. Eisenbau 1911, S. 194 ff.

[2] Österr. Versuche mit hochwertigem Eisen für Tragwerke. Eisenbau 1915, S. 71 ff.

[3] Haufe, Dr. W.: Die Manhattanbrücke. Eisenbau 1911, S. 157.

ein Wert, der bei Eisen mit den Versuchsergebnissen gut übereinstimmt. Aus Torsionsversuchen erhielt Bauschinger mehrfach den Mittelwert $G/E = 0{,}39$.

Zwischen Zug- und Schubspannung besteht beim linearen Spannungszustand die einfache Beziehung[1])

$$\tau = \frac{m}{m+1}\,\sigma .$$

Unter der Voraussetzung, daß diese Verknüpfung auch bis zum Bruche Geltung behält, erhält man mit $m = 10/3$

$$\tau_\beta = 0{,}77\,\sigma_z .$$

Die Schubfestigkeit τ_β beträgt somit 0,77 der Zugfestigkeit. Auch dieser Zusammenhang wurde von Wöhler, Bauschinger und Tetmajer durch Torsions- und Abscherversuche überprüft und annähernd bestätigt gefunden. Gewöhnlich wird $\tau_\beta = 0{,}8\,\sigma_z$ angenommen[2]).

22. Wiederholte Beanspruchung.

Belastet man einen Stab bis über die Elastizitätsgrenze, entlastet ihn hierauf wieder schrittweise und trägt man die festgestellten bleibenden Dehnungen von den gesamten Formänderungen ab, so findet man, daß die so bestimmten rein elastischen Dehnungen auch über der Elastizitätsgrenze dem Hookeschen Gesetze mit dem nahezu gleichen Dehnungskoeffizienten folgen, wie im Bereiche der rein elastischen Formänderungen. Die Gerade $E\,1'$, die die rein elastische Entformung abbildet, Abb. 81, fällt in die Richtung der Geraden OE. Dies gilt bis zur Bruchfestigkeit. *Die elastischen Formänderungen folgen sonach bis zum Bruche dem Geradeliniengesetz mit dem Elastizitätsmodul E* [Brik][3]).

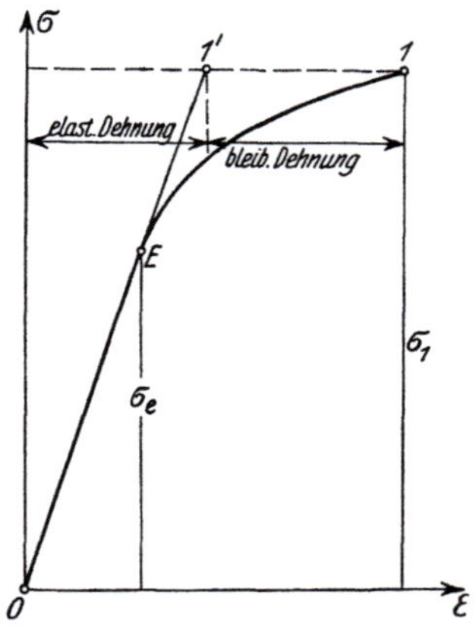

Abb. 81.

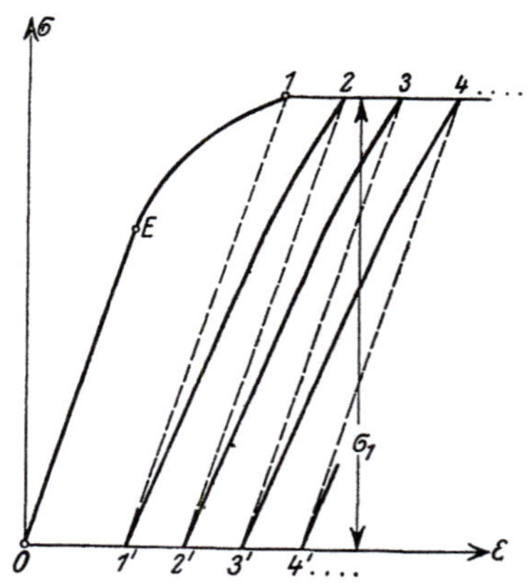

Abb. 82.

Belastet man den Stab bis zu einer hoch genug über der Elastizitätsgrenze gelegenen oberen Spannung σ_1 und entlastet wieder, um ihn neuerlich bis zu dieser Grenze zu spannen, so verläuft die neue Dehnungslinie $1' - 2$ nahezu geradlinig bis zur Spannung σ_1. (Abb. 82.) Die Proportionalitätsgrenze erscheint sonach bis zu der Spannung σ_1 gehoben. Gleichzeitig zeigt sich aber, daß sich bleibende Längenänderungen bereits bei den kleinsten Spannungen bemerkbar machen und daß diese nahezu proportional mit

---

[1]) Siehe unter **56**.

[2]) Diese Aufrundung nach oben steht im Widerspruch mit neueren Versuchen, die gezeigt haben, daß die Schubfestigkeit eher kleiner als $0{,}77\,\sigma_z$ ist. So rechnen die Amerikaner z. B. mit dem besser stimmenden Werte $\tau_\beta = {}^5/_8\,\sigma_z$.

[3]) Brik, J. E.: Fachwissenschaftliche Erörterung zu dem Berichte des Brückenmaterial-Comités über die durchgeführten Versuche mit genieteten Trägern aus Fluß- und Schweißeisen. Z. österr. Ing.- u. Arch.-Ver. 1891, S. 73.

der Spannung wachsen. Die neue Dehnungslinie ist $1' - 2$ und die zwischen ihr und $1 - 1'$ liegenden Abszissenabschnitte entsprechen den bleibenden Längenänderungen. Die Elastizitätsgrenze ist sonach auf Null heruntergeworfen worden und der Längenänderungsmodul (vom Elastizitätsmodul kann man füglich nicht recht sprechen) ist kleiner geworden, entsprechend dem etwas kleineren Winkel, den die Gerade $1' - 2$ mit der Achse der Dehnungen einschließt. Bei weiterem Entlasten und Belasten bis σ_1 wiederholt sich dieses Spiel, es treten immer neue bleibende Formänderungen hinzu, die Fläche $OE\,1\,2\,3 \ldots nn'$, die die gesamte Formänderungsarbeit darstellt, wird immer größer, bis schließlich das gesamte Arbeitsvermögen des Stabes erschöpft ist. Der Stab zerreißt. Liegt die Spannung σ_1 unterhalb der Elastizitätsgrenze, so treten, ausgenommen verschwindend kleine bleibende Dehnungen bei der erstmaligen Belastung, keine weiteren bleibenden Dehnungen hinzu, die im Stabe aufgespeicherte Formänderungsarbeit wird nach jedesmaliger Entlastung vollständig zurückgewonnen, das Arbeitsvermögen des Stabes kann nie erschöpft werden. Die vorbesprochenen Zusammenhänge bilden eine Erklärung für die gleich zu erörternden Wöhlerschen und Bauschingerschen Gesetze über wiederholte Beanspruchungen.

Wöhlers Gesetz. Wöhler hat auf Grund seiner jahrelangen Versuche (1859—1870) folgendes Erfahrungsgesetz ausgesprochen:

„Der Bruch des Materials läßt sich nicht nur durch eine, die absolute Festigkeit überschreitende, ruhende Belastung, sondern auch durch vielfach wiederholte Schwingungen, von denen keine die Bruchgrenze erreicht, herbeiführen. Die Differenzen der Spannungen, welche die Schwingungen eingrenzen, sind dabei für die Zerstörung des Zusammenhanges maßgebend. Die absolute Größe der Spannungen ist so weit von Einfluß, als mit wachsender Spannung die Differenzen, welche den Bruch herbeiführen, sich verringern. Für solche Schwingungen, bei denen dieselbe Faser aus Zugspannung in Druckspannung übergeht und umgekehrt, werden die Zugspannungen als positiv, die Druckspannungen als negativ betrachtet, so daß in diesem Falle die Differenz der äußersten Faserspannungen gleich der größten Zugspannung plus der größten Druckspannung ist.“

Die Ergebnisse der Wöhlerschen Versuche wurden von verschiedenen Forschern in mathematische Form gebracht. Am bekanntesten wurden die Formeln von Launhardt und Weyrauch.

Bezeichnet:

σ_β die Tragfestigkeit, jene Beanspruchung durch die das Material schon bei einmaliger langsam anwachsender Wirkung zerstört wird, gewöhnlich Bruchfestigkeit genannt;

σ_u die Ursprungsfestigkeit, jene Anstrengung, die das Material trotz vielfacher Wiederholung des Spannungswechsels zwischen Null und σ_u gerade noch erträgt;

σ_s die Schwingungsfestigkeit, jene Anstrengung, welche das Material trotz vielfacher Wiederholung des Spannungswechsels zwischen einer Zug- und Druckspannung gleicher Größe gerade noch erträgt;

σ_a die Arbeitsfestigkeit, d. i. jene veränderliche Festigkeit, die von der Lage der Spannungsgrenzen, zwischen denen die Beanspruchung des Materials hin und her schwingt, abhängt;

$S_{\min}$ und $S_{\max}$ die untere und obere Grenze der Materialanstrengung, dann lautet die Launhardtsche Formel für Beanspruchungen in einem Sinne

$$\sigma_a = \sigma_u \left(1 + \frac{\sigma_\beta - \sigma_u}{\sigma_u} \frac{S_{\min}}{S_{\max}}\right)$$

und die Weyrauchsche Formel für abwechselnde Beanspruchungen auf Zug und Druck

$$\sigma_a = \sigma_u \left(1 - \frac{\sigma_u - \sigma_s}{\sigma_u} \frac{S_{\min}}{S_{\max}}\right),$$

wobei S_{min} und S_{max} stets Absolutwerte sind[1]). Auf Grund der Versuchsergebnisse Bauschingers hat Weyrauch die Beiwerte in diesen Formeln festgestellt und gilt für Flußeisen und Flußstahl annähernd

$$\sigma_a = \frac{2}{3}\sigma_\beta\left(1 \pm \frac{1}{2}\frac{S_{min}}{S_{max}}\right).$$

Das $+$-Zeichen gilt für Beanspruchungen in einem Sinn, das $-$-Zeichen für abwechselnden Zug und Druck.

Wöhler fand auch, daß die Arbeitsfestigkeit für Schub $^4/_5$ der Arbeitsfestigkeit für Zug, bei gleichem Verhältnis $\frac{S_{min}}{S_{max}}$ ist.

Die Versuche Bauschingers. Die Wöhlerschen Versuche haben zur Erkenntnis geführt, daß neben Elastizitätsgrenze, Fließgrenze usw. noch andere für den Baustoff charakteristische Festwerte, die Ursprungsfestigkeit und Schwingungsfestigkeit vorhanden sind, sie haben aber keine Aufklärung darüber gebracht, in welchem Zusammenhange diese mit der Elastizitäts- und Streckgrenze stehen. So haben z. B. Versuche Wöhlers gezeigt, daß die Grenzspannungen bei Spannungswechsel nach einem Sinne über der ursprünglichen Elastizitätsgrenze liegen können, ohne daß das Material durch selbst unbegrenzte Spannungswechsel zum Bruch gebracht werden kann. Auch dem Einfluß der Zeit hat Wöhler keine Beachtung geschenkt. Die zahlreichen Versuche Bauschingers in München haben in vielen Punkten Aufklärung gebracht[2]). Bauschinger faßt das Ergebnis seiner Versuche in folgende Sätze zusammen:

1. Die Streckgrenze wird stets bis zu der Belastung hinaufgehoben, mit welcher gestreckt wurde, und zwar schon unmittelbar nach dem Strecken. In der Zeit der Ruhe aber, die nach der auf das Strecken vorgenommenen Entlastung verstreicht, hebt sich die Streckgrenze über jene Maximalbelastung, mit welcher gestreckt worden ist, hinaus, und zwar ist diese Hebung schon nach einem Tage sehr gut bemerkbar, dauert aber Wochen und Monate, vielleicht jahrelang fort.

2. Die Elastizitätsgrenze wird durch das Strecken herabgeworfen, oft bis auf Null, so daß die Probestücke, wenn sie unmittelbar nach dem Strecken und Entlasten wieder gemessen werden, gar keine oder eine bedeutend niedrigere Elastizitätsgrenze haben. In der Zeit der Ruhe aber, die nach der auf das Strecken vorgenommenen Entlastung verstreicht, hebt sich auch die Elastizitätsgrenze wieder, erreicht nach mehreren Tagen die Belastung, mit welcher gestreckt wurde, und wird nach genügend langer Zeit, sicher nach mehreren Jahren, selbst über diese Belastung hinaus gehoben.

3. Mit der Elastizitätsgrenze wird in der Regel auch der Elastitätsmodul durch vorausgegangenes Strecken erniedrigt; er erhebt sich wie jene in der Zeit der Ruhe nach dem Strecken und Entlasten wieder, wahrscheinlich aber langsamer. Nach mehreren Jahren findet er sich stets beträchtlich über seine ursprüngliche Größe hinausgehoben.

4. Durch Dehnen mit Belastungen, die über der Elastizitäts-, aber noch unter der Streckgrenze liegen, wird die Elastizitätsgrenze erhöht und zwar sofort nach dem Entlasten und um so mehr, je höher die Belastung war. Wenn letztere in die Nähe der Streckgrenze kommt, erreicht die Elastizitätsgrenze ein Maximum und wird bei Überschreiten der Streckgrenze herabgeworfen, entsprechend dem obigen Satz 2.

Man erkennt in den vorstehend zusammengefaßten Erfahrungstatsachen ohne Mühe das bereits auf Seite 82 an der Hand des Dehnungsdiagrammes erklärte Verhalten des Materials bei Beanspruchungen über der Elastizitätsgrenze.

Auch die Frage welchen Einfluß eine Überschreitung der Elastizitätsgrenze für Zug auf die Elastizitätsgrenze für Druck hat und umgekehrt hat Bauschinger zu beantworten versucht und folgende Ergebnisse festgestellt:

---

[1]) Weyrauch, Dr. J.: Die Festigkeitseigenschaften und Methoden der Dimensionsberechnung von Eisen- und Stahlkonstruktionen. 2. Auflage, Leipzig 1889.

[2]) Bauschinger, J.: Mitteilungen aus dem mechanisch-technischen Laboratorium der Königl. technischen Hochschule in München, 1886, Heft XIII, S. 47ff.

5. Durch Belasten auf Zug oder Druck über die Elastizitätsgrenze hinaus wird die Elastizitätsgrenze für Druck bzw. Zug bedeutend erniedrigt, um so mehr, je höher jene Belastungen über der betreffenden Elastizitätsgrenze liegen, und werfen schon verhältnismäßig geringe Überschreitungen der Elastizitätsgrenze für eine Belastungsart die Elastizitätsgrenze für die Belastung im entgegengesetzten Sinne bis auf Null herab. Wenn eine so erniedrigte Elastizitätsgrenze durch Belasten im gleichen Sinne wieder gehoben wurde und dann überschritten wird, so fällt sofort die Elastizitätsgrenze für die Belastung im entgegengesetzten Sinne wieder auf Null oder fast auf Null herab. Die Zeit ist bei diesen Vorgängen ohne oder doch nur von geringem Einfluß, d. h. die durch Zug oder Druck erniedrigte Elastizitätsgrenze für Druck bzw. Zug hebt sich, wenigstens im Verlaufe der nächsten 3 bis 4 Tage, nicht wieder, und im Verlaufe der nächsten Wochen, wenn überhaupt, doch nur wenig.

6. Durch allmählich anwachsende, zwischen Zug und Druck wechselnde Spannungen kann die Elastizitätsgrenze für Beanspruchung im einen Sinne erst dann erniedrigt werden, wenn die Beanspruchungen im andern Sinne die ursprüngliche Elastizitätsgrenze überschreiten.

7. Wenn die Elastizitätsgrenze für Zug oder Druck durch vorausgegangene Belastung auf Druck bzw. Zug, die über der ursprünglichen Elastizitätsgrenze lag, erniedrigt worden ist, so kann sie durch allmählich anwachsende, zwischen Zug und Druck wechselnde Belastungen wieder gehoben werden, aber nur bis zu einer Grenze, die beträchtlich unter der ursprünglichen (anfänglichen) Elastizitätsgrenze liegt.

Das Wöhlersche Gesetz fand Bauschinger durch seine Versuche vollständig bestätigt, er war nur noch bestrebt, eine Erklärung desselben aus dem Verhalten des Materials an der Elastizitäts- und Streckgrenze zu finden. Die bezüglichen Versuchsergebnisse legte er in folgenden Sätzen nieder.

8. Wenn bei wiederholten Anstrengungen auf Zug, deren untere Grenze Null ist, die obere Grenze in der Nähe der ursprünglichen Elastizitätsgrenze liegt, so wird auch durch 5 bis 16 Millionen Wiederholungen dieser Anstrengungen der Bruch nicht erreicht.

9. Durch oftmals wiederholte Anstrengungen zwischen Null und einer oberen Spannung, welche in der Nähe, oder auch mehr oder weniger über der ursprünglichen Elastizitätsgrenze gelegen ist, wird diese gehoben und bis über, manchmal weit über die obere Grenze der Anstrengungen hinaus und um so höher, je größer die Anzahl der Anstrengungen ist, ohne jedoch eine gewisse Höhe überschreiten zu können.

10. Wiederholte Anstrengungen zwischen Null und einer oberen Grenze, welche die ursprüngliche Elastizitätsgrenze noch über jene obere Grenze hinauszuheben vermögen, führen den Bruch nicht herbei; wenn aber ihre obere Grenze so hoch liegt, daß die Elastizitätsgrenze nicht mehr darüber hinaus gehoben werden kann, so muß der Bruch nach einer beschränkten Anzahl solcher Anstrengungen erfolgen.

11. Die Zugfestigkeit zeigt sich durch millionenmal wiederholte Anstrengungen nicht vermindert, eher erhöht, wenn das Probestück nach jenen Anstrengungen mit ruhender Belastung abgerissen wird.

12. Millionenmal wiederholte Anstrengungen des Eisens und Stahls bringen keine Änderung der Struktur hervor. Die eigentümlichen Zeichnungen, welche an Brüchen ersichtlich sind, die während solcher wiederholter Anstrengungen entstanden, rühren von einer Strukturänderung her, die sich lediglich auf die äußerste Oberfläche der Bruchstellen beschränkt.

Die Versuche Bauschingers haben zunächst eine Erklärung für die von Wöhler festgestellte Tatsache gegeben, daß auch unbegrenzt viele Spannungswechsel, wenn die beiden gleichsinnigen Grenzspannungen über der Elastizitätsgrenze, aber unter der Streckgrenze liegen, keinen Bruch des Materials herbeiführen. Durch die wiederholte Beanspruchung wird die ursprüngliche Elastizitätsgrenze über die obere Beanspruchungsgrenze hinauf gehoben (Satz 9), so daß beide Spannungsgrenzen unter die so gehobene Elastizitätsgrenze fallen. Der Arbeitsprozeß ist ein rein elastischer geworden; die im Stabe aufgespeicherte Formänderungsarbeit wird nach jedesmaligem Entlasten vollständig rückgewonnen. Eine Erschöpfung des Arbeitsvermögens des Stabes ist daher unmöglich.

Vollständige Klarheit über den Zusammenhang zwischen Elastizitätsgrenze und Streckgrenze einerseits, Ursprungs- und Schwingungsfestigkeit anderseits haben die Bauschingerschen Versuche nicht erbracht. Immerhin lassen sich folgende Schlüsse ziehen:

Die Ursprungsfestigkeit σ_u stimmt mit jenem oberen Wert der Elastizitätsgrenze überein, bis zu welchen diese durch wiederholten Spannungswechsel zwischen Null und einer oberen Grenze gehoben werden kann. Satz 9 und 10. Die Ursprungsfestigkeit

σ_u dürfte, da durch wiederholte Anstrengungen die Elastizitätsgrenze bis nahe an die Streckgrenze herangehoben werden kann, mit der Streckgrenze nahe übereinstimmen.

Bauschinger machte weiter darauf aufmerksam, daß jener Wert der Elastizitätsgrenze, bis zu welchem die vorher durch Überanstrengung bei Wechsel von Zug und Druck heruntergeworfene Elastizitätsgrenze wieder gehoben werden kann (Satz 7) mit der Schwingungsfestigkeit σ_s übereinstimmt. Er nennt diesen unteren Wert der Elastizitätsgrenze die natürliche Elastizitätsgrenze. Es ist σ_s nach Bauschinger nichts anderes als die Elastizitätsgrenze vor künstlichen Erhöhungen durch Walzen, Strecken usw. und künstlichen Erniedrigungen durch Wechsel von Zug und Druck oder Erwärmen. Untere und obere Elastizitätsgrenze (natürliche Elastizitätsgrenze und Streckgrenze) bilden sonach jene Grundgrößen, von denen man bei Feststellung der Arbeitsfestigkeit, falls man die Bemessung auf diese gründen will, ausgehen muß.

§ 7. Sicherheitsgrad und zulässige Beanspruchung.

23. Grundsätze für die Wahl des Sicherheitsgrades.

Die Bemessung der Bauglieder eiserner Brücken erfolgt (den Fall der Knickung ausgenommen) in der Regel in der Weise, daß nach Feststellung der äußeren Kräfte, die größten örtlichen Anstrengungen des Materials (Zug, Druck, Scherung) ermittelt werden und die Abmessungen so gewählt werden, daß diese Anstrengungen unter einer bestimmten Größe — der zulässigen Beanspruchung — bleiben.

Nach den vorangehenden Darlegungen ist es klar, daß bei Brücken, wo stets wechselnde Belastungen in Frage kommen, nicht die Bruchfestigkeit des Materials, sondern seine Arbeitsfestigkeit für die Wahl der zulässigen Beanspruchung maßgebend ist, da die Forderung erhoben werden muß, daß selbst nach unendlich vielen Wiederholungen von Belastung und Entlastung, kein Riß oder Bruch eintreten darf. Als selbstverständliche Nebenforderung ist noch die Bedingung zu stellen, daß in jenen Fällen, wo die Arbeitsfestigkeit über der Streckgrenze liegt, auch genügende Sicherheit gegen das Auftreten bleibender Formänderungen vorhanden sein muß.

Die vielfach erhobene Forderung, bei Bestimmung der zulässigen Beanspruchung von der Elastizitätsgrenze und nur von dieser auszugehen, hat eigentlich gar keinen Sinn. Die Elastizitätsgrenze hat selbst für ein und denselben Stab je nach der Differenz der Grenzspannungen, denen er abwechselnd unterworfen ist, verschiedene Werte. Sie kann daher unmöglich den Ausgangspunkt für die Festsetzung einer zulässigen Beanspruchung bilden. *Es kann sonach für die Wahl der zulässigen Beanspruchung nur die Arbeitsfestigkeit maßgebend sein, mit der Einschränkung, daß in allen Fällen auch genügend Sicherheit gegen das Erreichen der Streckgrenze vorhanden ist*[1].

---

[1]) Man hat gerade in neuerer Zeit vielfach beanstandet, daß die Wahl der Arbeitsfestigkeit als Ausgangspunkt für die Bemessung, eigentlich wieder die Einführung einer Bruchspannung als Maß für die zulässige Beanspruchung bedeutet, daß damit also keine Klarheit über die Sicherheit gegen das Auftreten bleibender Formänderungen gegeben ist. Die hier vorgeschlagene Form dürfte diese Bedenken zerstreuen, da sie die Streckgrenze noch neben der Arbeitsfestigkeit als maßgebend ansieht. Die Formänderungen bis zur Erreichungung der Streckgrenze sind verhältnismäßig klein, und was das wichtigste ist, sie treten nur bei der erstmaligen Überanstrengung auf, da sich nach den Erfahrungen Bauschingers die Elastizitätsgrenze bis zu der Belastung, die diese kleinen bleibenden Formänderungen hervorgerufen haben, hebt. Dazu kommt, das die Streckgrenze sich bei jedem Eisenmaterial deutlich bemerbar macht, ihre Lage daher praktisch genügend genau festzustellen ist. Einen ähnlichen Standpunkt nimmt auch Krohn ein. Siehe Dr. Ing. R. Krohn. Die zulässige Beanspruchung von Flußeisen in Bauwerken. Z. Bauv. 1917, S. 436. Es ist lebhaft zu begrüßen, daß auch die neuen deutschen Reichsbahnvorschriften bei Wahl der zulässigen Beanspruchung von der Arbeitsfestigkeit unter Berücksichtigung der Streckgrenze ausgehen.

Für die Arbeitsfestigkeit haben wir oben den Ausdruck angegeben:

$$\sigma_a = \frac{2}{3}\sigma_\beta\left(1 \pm \frac{1}{2}\frac{S_{min}}{S_{max}}\right) \quad \ldots\ldots\ldots\ldots (1)$$

Ist S_{min} und S_{max} gleichgerichtet, so liegt $\frac{S_{min}}{S_{max}}$ zwischen 0 und 1 und es wird $\sigma_a \geqq {}^2/_3\,\sigma_\beta$, wobei ${}^2/_3\,\sigma_\beta$ beiläufig der Streckgrenze entspricht. In allen Fällen haben wir mit dem kleinsten Wert von σ_a, d. i. die Streckgrenze, zu rechnen.

Haben S_{min} und S_{max} entgegengestztes Vorzeichen, dann wird $\sigma_a < {}^2/_3\,\sigma_\beta$ und gilt als Arbeitsfestigkeit der aus der Gl. (1) bei Benutzung des Minuszeichens folgende Wert. Sonach kommen folgende 2 Fälle in Betracht.

S_{min} und S_{max} haben gleiches Vorzeichen:

$$\sigma_a = \frac{2}{3}\sigma_\beta$$

S_{min} und S_{max} haben entgegengesetztes Vorzeichen:

$$\sigma_a = \frac{2}{3}\sigma_\beta\left(1 - \frac{1}{2}\frac{S_{min}}{S_{max}}\right).$$

Wahl des Sicherheitsgrades. Wäre man in der Lage, die tatsächlichen Belastungen und Materialanstrengungen, sowie die wirklichen Materialfestigkeiten genau festzustellen, so läge nichts im Wege, mit der zulässigen Beanspruchung bis nahe an die Arbeitsfestigkeit des Baustoffes heranzugehen, mit der Einschränkung, daß der in Betracht kommende überhaupt größte Wert der Arbeitsfestigkeit die Streckgrenze ist. In Wirklichkeit ist dies aber nicht möglich, da sich eine Reihe von nicht feststellbaren Abweichungen von den Annahmen der Rechnung geltend macht, welche Einflüsse eine entsprechend weit unterhalb der Arbeitsfestigkeit des Materials gelegene zulässige Beanspruchung notwendig macht. Das Verhältnis der Arbeitsfestigkeit zur zulässigen Beanspruchung hat dann die Bedeutung des Sicherheitsgrades.

Es ist schwer, den Begriff Sicherheitsgrad allgemein zu definieren[1]. In früheren Zeiten, als reine Gleichgewichtsprobleme im Sinne der Mechanik — also nicht Festigkeitsprobleme — die Technik beherrschten, verstand man unter Sicherheitsgrad das Verhältnis der größtmöglichen Last, die gerade noch das Gleichgewicht erhielt, zur Gebrauchslast. (Z. B. Umsturzmoment bei Fundamenten, Stützmauern u. ä.) Wird aber die Festigkeit des Baustoffes als für den Bestand des Bauwerkes maßgebend angesehen, so wird das Verhältnis jener Materialanstrengung, die gerade noch den Bestand des Bauwerkes gewährleistet (Bruchspannung, Streckgrenze), zur Nutzspannung als Sicherheitsgrad angesprochen werden müssen Solange Materialanstrengung und Belastung proportional miteinander wachsen, scheint es im ersten Angenblick gleichgültig, ob man das Verhältnis der Lasten oder das der Beanspruchungen als Sicherheitsgrad bezeichnet. Dem ist aber nicht so. Eine ψ-fache Sicherheit gegen das Erreichen einer Grenzspannung bedeutet keineswegs, daß das Bauwerk auch eine ψ-fache Gebrauchslast zu tragen imstande sei, da im Sicherheitsgrad ψ auch eine Reihe anderer Einflüsse, die die Tragfähigkeit des Bauwerks bestimmen, Rechnung zu tragen ist.

Die Definition des Sicherheitsgrades als Beanspruchungsverhältnis wird aber wieder unbrauchbar, wenn keine Proportionalität mehr zwischen Materialanstrengung und angreifender Last besteht. Ein derartiger Fall tritt z. B. unter Umständen bei der Bemessung von Mauerwerkskörpern, die keine Zugspannungen aufnehmen können, ein, oder bei schlanken exzentrisch belasteten Stäben. Die Spannungen wachsen viel rascher als die Lasten und es bleibt hier nichts anderes übrig, als, einigermaßen willkürlich, den Sicherheitsgrad wieder als Verhältnis der Traglast zur Gebrauchslast festzusetzen, wobei natürlich auch die anderen die Sicherheit bestimmenden Einflüsse berücksichtigt erscheinen.

Ähnlich ist auch die Sachlage in jenen Fällen, wo labile elastische Gleichgewichtszustände die

---

[1]) Diese Schwierigkeit besteht eigentlich nur darin, daß man alle ungünstig wirkenden Einflüsse, die rechnungsmäßig nicht erfaßt werden können, gleichzeitig in einem einzigen allgemeinen Sicherheitsgrad berücksichtigen will. Sie wäre sofort gehoben, wenn man für jeden dieser Einflüsse einen eigenen Sicherheitskoeffizienten einführen wollte oder könnte. Man würde dann von einem Sicherheitsgrad gegen Überschreiten der bleibenden Lasten und der Nutzlasten, von einer Sicherheit gegen Verminderung der tragenden Querschnittsflächen usw. sprechen können.

Sicherheit des Bauwerks beeinflussen (Knicken). Auch hier kann nur das Verhältnis von Traglast zur Gebrauchslast den Sicherheitsgrad vorstellen. Näheres darüber in **41**[1]).

Die oben erwähnten Abweichungen von den Annahmen der Rechnung sind vielfacher Art und zwar: Ungenaue Feststellung des tatsächlichen Eigengewichtes des Überbaues und der Verteilung desselben; stellenweise Erhöhung der Verkehrslasten durch eine unvorhergesehene Verteilung sowie durch nicht näher verfolgbare dynamische Einflüsse, z. B. Nicken und Wanken der Lokomotiven[2]). Abweichungen der Abmessungen der tragenden Querschnitte von den der Rechnung zugrunde gelegten Maßen, Querschnittsverringerung durch Abrosten, Unsicherheit in den Festigkeitsziffern des Materials. Unsicherheiten bei der rechnungsmäßigen Ermittlung der Materialanstrengungen in statisch unbestimmten Systemen, Einflüsse von Bewegungen der Auflagerpunkte, ungleichmäßiges Zusammenwirken zusammengesetzter Stäbe, sonstige in der Rechnung nicht berücksichtigte Zusatzspannungen, Zwangsspannungen infolge mangelhaften Einbaues.

Eine ziffernmäßige Festlegung all dieser Einflüsse ist natürlich kaum möglich. Im übrigen ist man hier auf Schätzungen auf Grund der gemachten Erfahrungen angewiesen. Betrachtet man die oben aufgezählten Abweichungen von den Rechnungsannahmen, so findet man, daß jede für sich genommen, bei guter baulicher Durchbildung des eisernen Tragwerkes verhältnismäßig gering ist und die Rechnungsspannung kaum mit mehr als 10 % ihres Wertes beeinflußt. Überblickt man dies, so scheint der Schluß erlaubt, die Wirkung der Gesamtheit dieser Einflüsse, reichlich angenommen, mit etwa 80 % der Rechnungsspannung einzuschätzen. Wählt man daher für eiserne Brücken den Sicherheitsgrad 1,8, so erhält man als zulässige Beanspruchung für Bauwerkflußeisen von 3,7 t/cm² Mindestfestigkeit, für den Fall, wo alle rechnungsmäßig verfolgbaren Einflüsse einschließlich der dynamischen Wirkungen der Verkehrlast berücksichtigt werden:

$$\sigma_{zul} = 1400 \text{ kg/cm}^2 \quad \ldots\ldots\ldots (1) \quad \text{bzw.} \quad \sigma_{zul} = 1400\left(1 - \frac{1}{2}\frac{S_{min}}{S_{max}}\right) \text{kg/cm}^2, \ldots (1')$$

je nachdem einsinnige oder wechselsinnige Anstrengungen in Frage kommen.

Macht man noch für außerordentliche Belastungen, die nur äußerst selten eintreten, wie z. B. größter Winddruck bei voller Verkehrslast, selten vorkommende schwere Belastungen bei Straßenbrücken usw. einen Zuschlag von 10 %, d. i. rd. 150 kg/cm², so erhält man als zulässige Grenze für die bei außerordentlichen Belastungen entstehenden Materialanstrengungen:

wenn S_{min} und S_{max} den gleichen Sinn haben:

$$\sigma_{zul} = 1550 \text{ kg/cm}^2, \quad \ldots\ldots\ldots (2)$$

wenn S_{min} und S_{max} entgegengesetzten Sinn haben:

$$\sigma_{zul} = 1550\left(1 - \frac{1}{2}\frac{S_{min}}{S_{max}}\right) \text{kg/cm}^2, \quad \ldots\ldots\ldots (2')$$

wobei in allen Fällen die dynamischen Wirkungen der Verkehrslasten noch durch Einführung eines Stoßzuschlages zu den aus der statischen Berechnung sich ergebenden Stabkräften, Momenten und Querkräften für die Verkehrslasten zu berücksichtigen sind.

Wir haben bei den vorstehenden Überlegungen die Nebenspannungen nicht berücksichtigt, da diese die Eigenheit haben, abzunehmen, wenn die Gesamtanstrengung des Materials die Elastizitätsgrenze überschreitet und nicht mehr weiter zu wachsen, wenn diese die Streckgrenze erreicht. Auch bei wiederholten Anstrengungen kann nicht, wenn nur die Grundspannungen nicht über die Elastizitätsgrenze anwachsen, durch noch so hohe rechnungsmäßige Nebenspannungen ein Bruch des Materials herbeigeführt

[1]) Zimmerman, Dr. H.: Über den Sicherheitsgrad der Baukonstruktionen, insbesondere der auf Knicken beanspruchten Körper. Z. Bauv. 1886, S. 217 ff.

[2]) Die eigentlichen dynamischen Wirkungen gehören nicht hierher, da sich diese, wie wir gezeigt haben, durch Einführung eines Stoßzuschlages berücksichtigen lassen. Die für die Bemessung maßgebende Materialanstrengung sei also bereits unter Berücksichtigung dieser dynamischen Einflüsse ermittelt.

werden, da die von den Nebenspannungen hervorgerufenen Dehnungen, trotz der oftmaligen Wiederholung, den bei der erstmaligen Belastung erreichten Wert nicht mehr überschreiten. Siehe darüber die Ausführungen im Sechsten Abschnitt.

Das Bemessungsverfahren würde sich sonach bei Berücksichtigung der vorangehenden Darlegungen wie folgt gestalten: Bei der Ermittlung der Spannungen wird die Verkehrslast mit der Stoßzahl $(1+\varphi)$ multipliziert in Rechnung gestellt und die Bemessung mit einer zulässigen Beanspruchung gemäß Gl. (1) oder (1a), oder wenn die außerordentliche Belastung berücksichtigt wird, nach den Gl. (2) bzw. (2a), je nachdem die für den betreffenden Bauteil geltenden Grenzbeanspruchungen gleichen oder entgegengesetzten Sinn haben, vorgenommen. In jenen Gliedern, in denen labiles Gleichgewicht eintreten kann, ist außerdem noch auf die notwendige Knicksicherheit Bedacht zu nehmen.

Dieses Verfahren findet auch sinngemäße Anwendung in jenen Fällen, wo an Stelle von Flußeisen hochwertiges Eisen tritt. Der Zahlenkoeffizient 1400 der Formeln (1) und (1′) ist dann durch $\frac{{}^2/_3\,\sigma_\beta}{1{,}8} = {}^{10}/_{27}\,\sigma_\beta$ zu ersetzen, der der Formeln (2) und (2′) durch ${}^{11}/_{27}\,\sigma_\beta$.

Der hier vorgeschlagene Weg zur Feststellung der erforderlichen Abmessungen, der im übrigen keineswegs neu ist, bietet den Vorteil, allen Eigenheiten des Baustoffes, insbesondere sein Verhalten wechselnden Beanspruchungen gegenüber, Rechnung zu tragen und Gewähr dafür zu bieten, daß in allen Bauteilen annähernd die gleiche Sicherheit herrscht, soweit örtliche Materialbeanspruchungen überhaupt für den Sicherheitsgrad der betreffenden Bauteile maßgebend sind[1]). Die Einführung der Stoßzuschläge bei Ermittlung der inneren Kräfte bietet die einzige Möglichkeit, in jedem Bauteil eines Tragwerkes dem Einfluß der dynamischen Wirkung in richtiger Weise Rechnung zu tragen, da sich ja oft für jedes Glied einer eisernen Brücke das Wirkungsverhältnis der bleibenden Last zur Verkehrslast verschiebt.

Die meisten derzeit in Europa geltenden Brückenvorschriften (ausgenommen die neuen Vorschriften der deutschen Reichsbahn vom Mai 1922) berücksichtigen die dynamische Wirkung der Verkehrslasten bloß in der Weise, daß sie die zulässigen Beanspruchungen mit wachsender Stützweite zunehmen lassen. Daß dies kein rationelles Verfahren ist, wird nach den obigen Darlegungen klar sein, da der Anteil, den die Verkehrslast an der Gesamtspannung nimmt, nicht nur von der Stützweite, sondern auch von der Trägerart abhängt. Bei Fachwerken wird dieser Anteil unter Umständen in jedem Stabe ein anderer sein. In Amerika werden schon seit langem die Beanspruchungen aus der Verkehrslast in der Weise ermittelt, daß diese von vornherein mit der Stoßzahl vermehrt in die Rechnung eingeführt wird. Ebenso wird fallweisem Wechsel zwischen Zug und Druck durch entsprechende Ermäßigung der zulässigen Beanspruchung Rechnung getragen.

Auch die neuen Reichsbahnvorschriften, siehe S. 92, schreiben die Berücksichtigung

---

[1]) Für auf Knicken beanspruchte Stäbe trifft dies z. B. nicht zu. Im Zusammenhange mit der Erwähnung der auf Knickung beanspruchten Stäbe sei hier folgendes bemerkt. Die Berücksichtigung einer Verminderung der zulässigen Spannung bei Wechsel von Zug und Druck hat allerdings heute nicht mehr die gleiche Bedeutung wie früher, seitdem man der Sicherheit gegen Ausknicken mehr Beachtung schenkt, als dies in der älteren Zeit des Eisenbrückenbaues der Fall war. Stäbe, die auf Zug und Druck abwechselnd belastet werden, erhalten, wenn die Zugkraft nicht um vieles größer ist als die Druckraft, ihre Abmessungen hauptsächlich mit Rücksicht auf die Knickgefahr, sie sind daher gewöhnlich stärker bemessen (vorausgesetzt, daß man eine richtige Knickformel anwendet), als es die Aufnahme des reinen Druckes bzw. Zuges erfordert. Ermittelt man daher bei solchen Stäben die tatsächliche Beanspruchung auf Zug und Druck, so wird man meist finden, daß sie kleiner ist als die zulässige Beanspruchung unter Berücksichtigung des Spannungswechsels. Immerhin können Fälle vorkommen, wo dies nicht zutrifft; derartige Stäbe wären dann noch entsprechend zu verstärken. Dieser vorerwähnte Umstand mag die Ursache sein, weshalb in einer ganzen Reihe von Brückenvorschriften, trotz der allgemeinen Anerkennung, der sich noch heute das Wöhlersche Gesetz erfreut, von einer Abminderung der zulässigen Beanspruchung für Bauteile, in denen Zug und Druck wechselt, abgesehen wird.

eines Stoßzuschlages vor und machen die zulässige Beanspruchung von der Streckgrenze bzw. Arbeitsfestigkeit abhängig.

Wie verschieden die zulässigen Beanspruchungen für die einzelnen Glieder eines und desselben Trägers ausfallen können, möge ein einfaches Beispiel lehren: Wir vergleichen zu diesem Zwecke die Bemessung für den mittelsten Gurtstab und für die Strebe D_8 in dem auf S. 70 dargestellten Parallelfachwerkträger einer Eisenbahnbrücke von 36 m Stützweite:

Bezeichnet S_g die Stabkraft von der bleibenden Last,

S_p „ „ „ „ ruhenden Verkehrslast,

so ist die Gesamtanstrengung des Stabes bei bewegter Last unter Berücksichtigung der Stoßzahl $(1+\varphi)$

$$S_g + (1+\varphi) S_p.$$

Bedeutet F den Stabquerschnitt, so muß bei einer zulässigen Beanspruchung von 1,4 t/cm²

$$F = \frac{S_g + (1+\varphi) S_p}{1{,}4}$$

sein. Sei σ_{zul} jene entsprechend verringerte zulässige Beanspruchung, mit der bei ruhend gedachter Verkehrslast zu rechnen wäre, so kann

$$F = \frac{S_g + S_p}{\sigma_{zul}}$$

gesetzt werden. Aus der Verbindung beider Gleichungen folgt

$$\sigma_{zul} = \frac{S_g + S_p}{S_g + (1+\varphi) S_p} \, 1{,}4 \text{ t/cm}^2.$$

Für $(1+\varphi)$ findet man aus Tafel 10, S. 65 durch lineare Einschaltung

$$1 + \varphi = 1{,}34.$$

Für den mittelsten Gurtstab ist:

$$S_g = 57{,}2 \text{ t}, \quad S_p = 153{,}2 \text{ t},$$

somit

$$\sigma_{zul} = \frac{57{,}2 + 153{,}2}{57{,}2 + 1{,}34 \cdot 153{,}2} \, 1{,}4 = 1{,}12 \text{ t/cm}^2.$$

Für die Strebe D_8 gilt:

$$S_g = 3{,}0 \text{ t}, \quad S_p = -28{,}7 \text{ t und } +20{,}1 \text{ t}.$$

Zieht man den Spannungswechsel in Rücksicht, so ist nach Gl. (1') statt 1,4 t die Zahl $1{,}4 \left(1 - \frac{1}{2} \frac{20{,}1}{28{,}7}\right) = 0{,}91$ t/cm² einzuführen und σ_{zul} wird

$$\sigma_{zul} = \frac{3{,}0 + 28{,}7}{3{,}0 + 1{,}34 \cdot 28{,}7} \, 0{,}91 = 0{,}69 \text{ t/cm}^2.$$

Die zulässige Beanspruchung für die Strebe D_8 ist sonach um $^1/_3$ kleiner als für die Gurtstäbe.

Da es sich aber um einen Druckstab handelt, so ist es möglich, daß nicht die reine zulässige Druckbeanspruchung von 0,69 t/cm², sondern die notwendige Sicherheit gegen Knicken für die Querschnittsbemessung ausschlaggebend ist.

Nachdem wir im Vorstehenden den im wesentlichen von der Arbeitsfestigkeit ausgehenden Bemessungsvorgang dargestellt haben, erscheint es noch notwendig, auch einiger weiterer Verfahren zu gedenken, die sich auf die Elastizitätsgrenze als maßgebend für die zulässige Inanspruchnahme gründen, da diese Formeln z. T. heute noch gelten und viele behördlichen Vorschriften auf diesen Bemessungsmethoden fußen.

Gerber war der erste, der Anfang des 7. Jahrzehnts des vorigen Jahrhunderts nicht von der Bruchspannung, sondern von der Elastizitätsgrenze ausging und die Einflüsse von Eigengewicht und Verkehrslast mit verschiedenen Einflußziffern versehen in Rechnung stellte.

Ist S_g die Stabkraft vom Eigengewicht, S_p die Stabkraft von der Verkehrslast, $\sigma_e = 1600$ kg/cm² die Elastizitätsgrenze für Schweißeisen, so setzte Gerber die notwendige Stabquerschnittsfläche

$$F = \frac{S_g + 3\,S_p}{1600},$$

woraus für die zulässige Beanspruchung die Formel

$$\sigma_{zul} = 1600\,\frac{S_g + S_p}{S_g + 3\,S_p}\ \text{kg/cm}^2$$

folgt[1]). In der Gerberschen Bemessungsformel kommt die notwendige Trennung zwischen dem Stoßkoeffizienten und dem Sicherheitsgrad gegen das Erreichen der Elastizitätsgrenze nicht scharf zum Ausdruck. Diesem Mangel half Häseler ab[2]). Er setzte

$$\sigma_e = \frac{n\,[S_g + (1 + \varphi)\,S_p]}{F},$$

wobei n der Sicherheitsgrad, $(1 + \varphi)$ die Stoßzahl, σ_e die Elastizitätsgrenze ist. Häseler empfahl

für vollwandige Träger $n = 1{,}6$,
„ Fachwerkträger $n = 1{,}9$,

da bei Fachwerkträgern noch den Nebenspannungen Rechnung zu tragen ist. Den Stoßkoeffizienten nahm Häseler mit

$$1 + \varphi = 1{,}2 + \frac{1}{\nu}$$

an, unter ν die Anzahl der für die Maximalbeanspruchung maßgebenden Achslasten verstanden.

Bei Wechsel von Zug und Druck setzte Häseler

$$\sigma_e = \frac{n\,S_{\min}}{F\left(1 - \frac{1}{2}\,\frac{S_{\min}}{S_{\max}}\right)},$$

wo $S_{\min}$ und $S_{\max}$ die beiden entgegengesetzt gerichteten, aber hier mit dem Absolutwert eingeführten Grenzspannungen bei Berücksichtigung der Stoßwirkung bedeuten.

Ebert[3]), der ebenfalls von der Elastizitätsgrenze ausgeht, nimmt für die Verkehrslast einen gleichbleibenden Vermehrungsbeiwert 1,5 an und bestimmt die notwendige Querschnittsfläche bei stets gleichsinniger Belastung nach der Formel

$$F = \frac{S_g + 1{,}5\,S_p}{1200}.$$

Bei Wechsel von Zug und Druck schlägt Ebert die Formel vor

$$F = 1{,}5\,\frac{S_{\min} + S_{\max}}{1200},$$

wobei die größte Druck- bzw. Zugkraft addiert und mit dem Stoßbeiwert 1,5 multipliziert werden. Zur Ermittlung von F dient in allen Fällen eine zulässige Beanspruchung von 1200 kg/cm².

---

[1]) Nach dem Bekanntwerden der Versuchsergebnisse Wöhlers veröffentlichte Gerber auch ein auf dem Wöhlerschen Gesetz fußendes neues Bemessungsverfahren. Siehe die in der Fußnote [1]) auf S. 84 angegebene Quelle, S. 166.

[2]) Siehe die in der Fußnote [1]) S. 84 angegebene Quelle, S. 204.

[3]) Deutsche Bauzg. 1896.

24. Vorschriften über die zulässige Beanspruchung[1]).

a) Vorschriften der deutschen Reichsbahn vom 12. Mai 1922.

I. Zulässige Zug-, Biegungs- und Schubspannungen der Haupt- und Fahrbahnträger.

Die von den senkrechten Teilkräften der Eisenbahnverkehrslast hervorgerufenen Momente, Querkräfte und Stabkräfte der Fahrbahn- und Hauptträger sind je nach der Stützweite und der Fahrbahnausbildung mit einer in der Tafel 11 angegebenen Stoßzahl zu multiplizieren. Für die Fahrbahnlängs- und Querträger sind als Stützweiten die Achsenentfernungen der Quer- und Hauptträger anzunehmen. Für die Hauptträger einfacher Balkenbrücken und gleichgelagerter Trägerarten ist die Stützweite ohne Einschränkung bei der Bestimmung der Stoßzahl maßgebend. Bei Bogenbrücken ohne aufgehobenen Horizontalschub ist wegen der geringeren ständigen Last die der halben Spannweite entsprechende Stoßzahl zu nehmen. Bei durchlaufenden Trägern ohne Gelenke richtet sich die Stoßzahl der Hauptträger über den einzelnen Offnungen nach den einzelnen Stützweiten. Bei Auslegerträgern ist als Stützweite für die Schwebeträger die Entfernung der Gelenkpunkte und für die Kragträger einschließlich der Kragarme die Entfernung der Auflagerpunkte der Kragträger zu wählen.

Tafel 11.

Stützweite bis	Stoßzahl φ bei Brücken nach den Vorschriften der deutschen Reichsbahn:		
	mit Schienen unmittelbar oder mit Unterlagsplatten auf den Haupt-, Quer- oder Längsträgern	mit Schwellen auf den Haupt- oder Längsträgern	mit durchgehender Bettung
m	$1{,}20+\frac{17}{l+28}$	$\varphi=1{,}19+\frac{21}{l+46}$	$\varphi=1{,}11+\frac{56}{l+144}$
0	1,80	1,65	1,50
1	1,79	1,64	1,50
2	1,77	1,63	1,49
3	1,75	1,62	1,49
4	1,73	1,61	1,49
5	1,71	1,60	1,49
6	1,70	1,59	1,48
7	1,69	1,59	1,48
8	1,67	1,58	1,48
9	1,66	1,57	1,48
10	1,65	1,57	1,47
20	1,55	1,51	1,45
30	1,49	1,47	1,43
40	1,45	1,43	1,41
50	1,42	1,41	1,40
60		1,39	
70		1,37	
80		1,36	
90		1,35	
100		1,34	
110		1,33	
120		1,32	
130		1,31	
140		1,30	
150		1,30	

Es gelten dann als Grenzen der zulässigen Zug- und Biegungsspannungen die Werte der Tafel 12.

Beispielsweise ist für Zugstäbe bei neuen flußeisernen Brücken ohne Berücksichtigung der Wind- und Zusatzkräfte:

$$\sigma=\frac{S_g+\varphi S_p}{F_n}\leq 1400 \text{ kg/cm}^2.$$

Bauglieder, die unter Berücksichtigung der Wind- und Zusatzkräfte bemessen werden, dürfen durch die Hauptkräfte allein nur die Spannung erleiden, die ohne Berücksichtigung der Wind- und Zusatzkräfte zugelassen ist.

[1]) Über Knickvorschriften siehe unter **31**; über Nietbeanspruchung unter **64**.

Die für neue flußeiserne Brücken angegebenen Werte beziehen sich auf ein Flußeisen mit einer Mindeststreckgrenze von 2400 kg/cm². Für hochwertige Baustoffe mit einer erhöhten Streckgrenze σ_Q sind die zulässigen Zug- und Biegungsspannungen gleich dem mit $\frac{\sigma_Q}{2400}$ multiplizierten Werte σ_{zul} für Flußeisen zu setzen.

Tafel 12.

Eisensorte	Streckgrenze σ_Q in kg/cm²	Zulässige Zug- und Biegungsspannungen der Haupt- und Fahrbahnträger bei Belastung durch die Hauptkräfte (Ständige Last, Verkehrslast, Fliehkraft, Wärmeschwankung) σ_{zul} in kg/cm²	Haupt-, Wind- u. Zusatzkräfte (Zu den letzteren gehören: Brems- und Anfahrkräfte, Seitenstöße, Reibungswiderstände der Lager, Ausweichen der Widerlager und Setzen der Pfeiler) σ_{zul} in kg/cm²
		a) Neue Brücken	
Flußeisen	2400	1400	1600
Flußstahl	z. B. 3800	$1400 \cdot \frac{3800}{2400} =$ rd. 2200	$1600 \cdot \frac{3800}{2400} =$ rd. 2500
		b) Bestehende Brücken	
Schweißeisen und Flußeisen, das vor 1895 eingebaut ist	2200	1400	1600
Flußeisen, das nach 1895 eingebaut ist	2400	1500	1700

Die zulässige Schubspannung τ_{zul} beträgt das 0,8 fache der zulässigen Zug- und Biegungsspannung σ_{zul}.

II. Zulässige Zug-, Biegungs- und Schubspannung der Glieder der Fußwegunterstützungen.

Flußeiserne Glieder von Fußwegunterstützungen dürfen auf Zug und Biegung mit $\sigma_{zul} = 1400$ kg/cm² beansprucht werden. Die zulässige Schubspannung τ_{zul} beträgt das 0,8 fache der zulässigen Zug- und Biegungsspannung σ_{zul}.

III. Berechnung der Wechselstäbe und Wechselträger.

Wechselstäbe und Wechselträger sind solche Bauteile, in denen unter Berücksichtigung der Stoßzahl φ abwechselnd Zug- und Druckspannungen auftreten. Ist unter Berücksichtigung der Stoßzahl $\max S$ die größte Zugstabkraft und $\min S$ die größte Druckstabkraft, so muß

$$\left.\begin{array}{l} \sigma = \dfrac{\max S + {}^1/_2 \min S}{F_n} \\ \text{oder} \quad = \dfrac{{}^1/_2 \max S + \min S}{F_n} \end{array}\right\} \leq \sigma_{zul} \text{ sein, je nachdem } \left\{\begin{array}{c} \max S \text{ größer} \\ \text{oder} \\ \text{kleiner als } \min S \text{ ist}^{1)}. \end{array}\right.$$

[1]) Diese Formeln leitet man aus den auf S. 88 angegebenen Gleichungen wie folgt ab: Da bei Wechselstäben z. B. nach Gl. (1′)

$$\frac{S_{max}}{F_n} \overline{\gtrless} 1400 \left(1 - \frac{1}{2}\frac{S_{min}}{S_{max}}\right),$$

so folgt

$$\frac{S_{max}}{F_n\left(1 - \frac{1}{2}\frac{S_{min}}{S_{max}}\right)} \overline{\gtrless} 1400,$$

und wenn man

$$\frac{1}{1 - \frac{1}{2}\frac{S_{min}}{S_{max}}} \sim 1 + \frac{1}{2}\frac{S_{min}}{S_{max}}$$

setzt, so entsteht

$$\frac{S_{max} + \frac{1}{2} S_{min}}{F_n} \overline{<} 1400,$$

welche Gleichung mit den oben angegebenen Formeln identisch ist, wenn man an Stelle des Sonderwertes 1400 allgemein σ_{zul} setzt. S_{max} ist hierbei der absolut größere der beiden Spannungswerte.

Außerdem muß

$$\frac{\omega \cdot \min S}{F} \leq \sigma_{zul}$$

sein[1]). Bei Wechselmomenten muß

$$\left.\begin{array}{l} \sigma = \dfrac{\max \mathfrak{M} + {}^1/_2 \min \mathfrak{M}}{\mathfrak{W}_n} \\ \text{oder} \quad = \dfrac{{}^1/_2 \max \mathfrak{M} + \min \mathfrak{M}}{\mathfrak{W}_n} \end{array}\right\} \leq \sigma_{zul} \text{ sein, je nachdem } \left\{\begin{array}{c} \max \mathfrak{M} \text{ größer} \\ \text{oder} \\ \text{kleiner als } \min \mathfrak{M} \text{ ist.} \end{array}\right.$$

IV. Zulässige Spannungen und Berechnung der Glieder der Wind- und Querverbände.

Die für die Glieder der Wind- und Querverbände zulässigen Zug- und Biegungsspannungen sind in der Tafel 13, angegeben. Als Stützweite der Windverbände ist im allgemeinen die Entfernung ihrer Auflagerpunkte anzunehmen. Bei Windverbänden in Auslegerträgerform gilt als Stützweite des eingehängten Trägers die Entfernung der Gelenkpunkte und als Stützweite der Kragträger einschließlich der Kragarme die Entfernung der Auflagerpunkte der Kragträger. Für nicht in der Tafel 13 angegebene Werte ist geradlinig einzuschalten. Wechselstäbe sind nicht nach den Angaben unter III, sondern nur für die größte auftretende Stabkraft zu untersuchen. Für Druckstäbe gelten singgemäß die betreffenden Angaben.

Tafel 13.

Stützweite	Zulässige Zug- und Biegungsspannungen $\sigma_{w\,zul}$ bei Wind- und Querverbänden in kg/cm²			
	a) Neue Brücken aus		b) Bestehende Brücken aus	
	Flußeisen	Flußstahl	Schweißeisen und Flußeisen, das vor 1895 eingebaut ist	Flußeisen, das nach 1895 eingebaut ist
m	($\sigma_Q = 2400$ kg/cm²)	($\sigma_Q = 3800$ kg/cm²)	($\sigma_Q = 2200$ kg/cm²)	($\sigma_Q = 2400$ kg/cm²)
10	970	1510	970	1030
20	1030	1610	1030	1100
30	1070	1680	1070	1140
40	1100	1720	1100	1170
50	1130	1760	1130	1200
60	1150	1800	1150	1220
70	1170	1820	1170	1240
80	1180	1840	1180	1250
90	1190	1850	1190	1260
100	1200	1870	1200	1270
110	1200	1880	1200	1280
120	1210	1900	1210	1290
130	1220	1910	1220	1300
140	1230	1920	1230	1310
150	1230	1920	1230	1310

b) Vorschriften der bayerischen Staatseisenbahn vom 1. Februar 1908 (Straßenbrücken).

a) *Haupt- und Fahrbahnträger.* Die größte zulässige Beanspruchung für ständig ruhend wirkende Last (Eigengewicht, tote Last) wird für Walzeisen (Flußeisen) auf $\sigma = 1200$ kg/cm² wirksamer Eisenfläche festgesetzt. Alle beweglichen Lasten müssen mit einem Stoßkoeffizienten vergrößert werden. Dieser kann zu 1,5 angenommen werden, wenn die stoßweise auftretende Last wie die ständige, ruhend wirkende eingeführt werden soll. In gegliederten Systemen sind die Querschnittsflächen der Zugstäbe wie folgt zu bestimmen:

Sind

$^0S'$ die Stabkräfte, $^0Z'$ die Scherkräfte, $^0M'$ die Momente } für die ständige Last

und

$^1S'$ die Stabkräfte, $^1Z'$ die Scherkräfte, $^1M'$ die Momente } für die veränderliche Last,

[1]) ω ist die sogenannte Knickzahl (Knickbeiwert). Siehe S. 112.

aus denen die Werte

$$ {}^{v}S = 1{,}5\ {}^{1}S', \quad {}^{v}Z = 1{,}5\ {}^{1}Z', \quad {}^{v}M = 1{,}5\ {}^{1}M' $$

hergeleitet sind, so ist die erforderliche Fläche:

α) für Zug- und Druckstäbe (kein Wechsel der Spannungen), wenn ${}^{v}S'$ die numerisch größte der mit ${}^{0}S'$ gleichgerichteten Spannungskräfte aus der Verkehrslast darstellt:

$$ F_{dm^2} = \frac{{}^{0}S' + {}^{v}S'}{120}; $$

β) für Wechselstäbe, wenn ${}^{v}S'_Z$ und ${}^{v}S'_D$ die größte Zug- bzw. Druckkraft aus der Verkehrslast und ${}^{v}S'_Z + {}^{v}S'_D$ die Summe beider ohne Rücksicht auf das Vorzeichen darstellen;

$$ F_{dm^2} = \frac{{}^{v}S'_Z + {}^{v}S'_D}{120}; $$

γ) für Vollwandträger, ohne Berücksichtigung der wechselnden Wirkung der Kräfte, ist das in Rechnung zu setzende reduzierte Moment

$$ M = \frac{{}^{0}M' + {}^{v}M'}{120}. $$

b) *Querverbindungen.* Die zulässige Beanspruchung der Querverbindungen ist für die Kraftwirkungen ${}^{w}S'$ aus Winddruck oder ${}^{c}S'$ aus Fliehkraft $\alpha' = \frac{{}^{0}M' + {}^{1}M'}{M}$, wie dieser Wert sich für die Mitte der Haupt- bzw. Zwischenträger ergibt. Die gleichzeitige Wirkung aus Wind- und Fliehkraft darf 1200 kg/cm² nicht überschreiten.

c) Für **Straßenbrücken** gelten in Württemberg folgende Vorschriften:

Bei Flußeisen kommen folgende Formeln zur Anwendung:

a) Für Hauptträger (vollwandige und Fachwerksträger) bei einer Stützweite bis zu 15 m $s = 1{,}1\,(600 + 10\,l)$ kg/cm², bei einer Stützweite von über 15 m; $s = 800\left(1 \pm \frac{1}{2}\frac{S_{\min}}{S_{\max}}\right)$ kg/cm² unter Beschränkung auf höchstens 1000 kg/cm².

b) Für Fahrbahnteile (Quer- und Längsträger, sowie Belageisen); $s = 1{,}1\ (600 + 10\,l)$ kg/cm².

c) Für den Horizontal- und Querverband; $s = 1000$ kg/cm².

d) Für Fußwegkonstruktionen; $s = 1000$ kg/cm².

e) Für Stehbleche von Blechträgern (in der Null-Achse) auf Schub; $t = 450$ kg/cm².

d) Für **Straßenbrücken** gelten in Baden die folgenden zulässigen Beanspruchungen:

Bei Flußeisen:

Beanspruchung auf Zug und Druck:

$$ K = \frac{1200}{1 + 0{,}5\,\frac{D}{A}}. $$

Hierbei ist A die größte Stabkraft oder das größte Angriffsmoment, D der Unterschied zwischen größter und kleinster Stabkraft oder größtem und kleinstem Angriffsmoment.

Beanspruchung auf Schub:

Die zulässige Beanspruchung auf Schub beträgt 0,8 der zulässigen Zug- und Druckbeanspruchung K.

Für außergewöhnliche Belastungen

soll bei Flußeisen $K \gtrless 1200$ sein.

e) Österreichische Brückenverordnung vom 28. August 1904.

1. Bei **Eisenbahnbrücken** dürfen die größten Inanspruchnahmen des Eisens und Stahles in Kilogramm auf ein Quadratzentimeter des nutzbaren, das ist des nach Abzug der Nietlöcher und der nicht wirkenden Teile verbleibenden Querschnittes, die nachstehend angegebenen Grenzwerte nicht überschreiten.

a) Unter Zugrundelegung sämtlicher für Eisenbahnbrücken festgesetzten Belastungen ausschließlich der durch Wind, Seitenschwankungen, Seitenpressungen und Bremskräfte hervorgerufenen Einwirkungen:

1. Beanspruchung auf Zug oder Druck:

						Flußeisen
Bei Stützweiten von	0 m	bis	10 m	nach der Formel		$750 + 5\,l$
„ „ „	10 „	„	20 „	„ „ „		$760 + 4\,l$
„ „ „	20 „	„	40 „	„ „ „		$800 + 2\,l$
„ „ „	40 „	„	80 „	„ „ „		$840 + l$
„ „ „	80 „	„	120 „	„ „ „		$840 + l$
„ „ „	120 „	und darüber		„ „		$840 + l$
		bis höchstens				1000

In diesen Formeln bedeutet l die Stützweite der Tragwerke in Metern. Für Pfeiler und Säulen ist l als das Mittel aus den Stützweiten der angrenzenden Brückenfelder aufzufassen. Bei Quer- und Längsträgern ist l die Stützweite dieser Träger, bei Konsolen die doppelte Länge derselben anzunehmen.

	Flußeisen
Beanspruchung auf Abscherung, ausgenommen die Niete	600

b) Unter Zugrundelegung sämtlicher für Eisenbahnbrücken festgesetzten Belastungen:

Beanspruchung auf Zug oder Druck	1200
Beanspruchung auf Abscherung, ausgenommen die Niete	700

2. Bei **Straßenbrücken**, Wegbrücken, Gehsteigen, dann bei Gehwegkonstruktionen an Eisenbahnbrücken dürfen die größten Inanspruchnahmen des Eisens und Stahles in Kilogramm auf ein Quadratzentimeter des nutzbaren, das ist des nach Abzug der Nietlöcher und der nicht wirkenden Teile verbleibenden Querschnittes die nachstehend angegebenen Grenzwerte nicht überschreiten:

a) Unter Zugrundelegung sämtlicher für Straßen- und Wegbrücken, sowie für Gehwegkonstruktionen festgesetzten Belastungen, ausschließlich der durch Wind hervorgerufenen Einwirkungen:

	Flußeisen
Beanspruchung auf Zug oder Druck	$800 + 3\,l$
bis höchstens	1050

In diesen Formeln bedeutet l die Stützweite der Tragwerke in Metern. Für Pfeiler und Säulen ist l als das Mittel aus den Stützweiten der angrenzenden Brückenfelder aufzufassen. Bei Quer- und Längsträgern ist für l die Stützweite dieser Träger, bei Konsolen die doppelte Länge derselben anzunehmen.

	Flußeisen
Beanspruchung auf Abscherung, ausgenommen die Niete	600

b) Unter Zugrundelegung sämtlicher für Straßen- und Wegbrücken festgesetzten Belastungen:

Beanspruchung auf Zug und Druck	1200
Beanspruchung auf Abscherung, ausgenommen die Niete	700

f) Schweizerische Verordnung vom 7. Juni 1913.

Zug oder Druck.

Die Inanspruchnahme auf Zug, Druck oder Biegung, herrührend von Eigengewicht und den nach den Bestimmungen ermittelten Kräften, darf die nach folgenden Formeln zu bestimmenden Werte, in t/cm², nicht überschreiten:

Für Flußeisen

bei Eisenbahnbrücken: . . . . $\sigma = 0{,}900 + 0{,}200\,\frac{A}{B}$,

bei Straßenbrücken, Gehstegen und Landungsanlagen $\sigma = 1{,}000 + 0{,}200\,\frac{A}{B}$.

Hierin bedeuten A die kleinsten und B die größten Kräfte, Momente oder Spannungen, herrührend von Eigengewicht und Verkehrslasten.

Dabei ist den Zugkräften das Zeichen $+$ und den Druckkräften das Zeichen $-$ vorzusetzen und für die Füllungsstäbe der Wind- und Bremsverbände $\frac{A}{B} = -1$ anzunehmen.

Bei Eisenbahnbrücken ist der Einfluß des Winddrucks zu berücksichtigen, für die Hauptträger jedoch nur dann, wenn er eine Spannung von mehr als 0,100 t/cm² hervorruft; in diesem Falle kann die aus obigen Formeln bestimmte zulässige Spannung um 0,100 t/cm² erhöht werden.

Bei der Berechnung von Querschnittsflächen auf Zug, Druck oder Biegung sind die Schwächungen, die durch Niet- und Bolzenlöcher entstehen, in Betracht zu ziehen.

Bei Vollwandträgern dürfen die Spannungen auch in schiefen Schnitten des Steges die vorstehend angegebenen Werte nicht übersteigen.

g) Schwedische Normalbestimmungen vom 3. Mai 1919.

Die von den Verkehrslasten hervorgerufenen Momente, Querkräfte und Stabkräfte sind bei Eisenbahnbrücken mit dem Stoßzuschlag

$$\varphi = \frac{1000}{13 + 0{,}7\,l}\ \%$$

versehen in Rechnung zu bringen. Hierbei ist l die Belastungslänge (Abstand der Nullpunkte der Einflußlinie). Der Stoßzuschlag gilt bei Zugsgeschwindigkeiten von 100 km/St. und kann bei geringerer Geschwindigkeit ermäßigt werden.

Zulässige Beanspruchung für Flußeisen:

	Materialsorte	Zug, Druck, Biegung
Klasse A[1]:	gewöhnliche Belastung	1200 kg/cm²
	außerordentliche Belastung	1500 „
Klasse B:	gewöhnliche Belastung	1000 „
	außerordentliche Belastung	1250 „

Die gewöhnliche Belastung setzt sich zusammen aus: Eigengewicht, Verkehrslast vermehrt um den Stoßzuschlag, Fliehkraft und Seitenschwankungen. Die außergewöhnliche Belastung aus: Gewöhnlicher Belastung, Wind- und Bremskräften.

h) Vorschriften der Stadt Köln für den Bau der Rheinstraßenbrücke. Ersatz-Schiffbrücke in Köln.

Zulässige Beanspruchungen für Flußeisen:

Fahrbahn und Fußwege	800 kg/cm²
Bei der Belastung der Fahrbahn durch die Dampfstraßenwalze .	1100 „
Hauptträger unter Eigengewicht und Verkehrslast	1100 „
Desgleichen einschl. Wind und Temperaturschwankungen	1350 „
Windverbände	1000 „

Die zulässigen Beanspruchungen für den zur Verwendung gelangenden Nickelstahl mit 1% Ni-Gehalt und einer Festigkeit von 55 bis 65 kg/mm² wurden für die Kette mit dem 1,6 fachen, für die Versteifungsträger und Fahrbahnquerträger mit dem 1,5 fachen der in Betracht kommenden zulässigen Beanspruchungen für Flußeisen festgesetzt. Die betreffenden Beanspruchungen betragen somit 1760 kg/cm² bzw. 1650 kg/cm² für Kette und Versteifungsträger und 1200 bzw. 1650 kg/cm² für die Fahrbahnquerträger. Bei Berücksichtigung der Windwirkungen im Versteifungsträger 2025 kg/cm².

i) Brücken über den Kaiser Wilhelm-Kanal bei Rendsburg und Hochdonn.

Für den zur Verwendung gelangenden Kohlenstoffstahl von 4,4 bis 5,1 t/cm² Festigkeit, bei 20% Bruchdehnung, einer kleinsten Streckgrenze von 3,0 t/cm², wurde die zulässige Beanspruchung um 20% höher gewählt als bei Flußeisen.

j) Vorschriften über die zulässigen Beanspruchungen der Baustoffe bei der Blackwell-Island-Brücke und Manhattan-Brücke in New York.

Blackwell-Island-Brücke[2]).

	Festigkeit t/cm²	Zulässige Beanspruchung in t/cm²	
		f. Eigengewicht und gew. Verkehrslast einschließlich Wind	f. Eigengewicht und außergew. Verkehrslast
Augenstäbe und Bolzen aus Nickelstahl	7,0	2,10	2,74
Flußstahl für die Hauptfachwerkstäbe der Hauptträger	4,2 bis 4,6	1,40	1,68
Flußstahl für die Nebenglieder der Hauptträger	4,2 „ 4,6	1,26	1,26

[1]) Siehe die Qualitätsvorschriften, S. 80.

[2]) Siehe Heckel, M.: Die Blackwellinsel-Brücke. Eisenbau 1910, S. 269.

Manhattanbrücke[1]).

	Festigkeit t/cm²	Zulässige Beanspruchungen in t/cm²	
		f. Eigengew., Temperatur u. gew. Verkehrslast oder Eigengew., Temperatur u. Wind	f. Eigengew., Temperatur u. außergew. Verkehrslast oder Eigengew., gew. Verkehrslast, Temp. und Wind
Nickelstahl d. Versteifungsträger	6 bis 6,7	—	2,81
Baustahl der Stützpfeiler . . .	4,2 bis 4,8	1,41	1,76
„ „ Versteifungsträger		1,41	1,69
„ „ Straßen- und Fußwegträger . . .		1,06	—
„ „ Gleisträger . . .		0,70	—
„ „ Verankerungen .		1,12	1,41

Angaben über die Festigkeit und die zulässige Beanspruchung von Stahldrahtkabeln für Hängebrücken.

Als Rohmaterial für die Stahldrähte kommt Tiegelgußstahl oder in neuerer Zeit auch basischer Siemens-Martin-Stahl in Frage. Die Festigkeit schwankt zwischen 12,0 und 14,0 t/cm². Die Bruchdehnung beträgt 3 bis 5%, die Elastizitätsgrenze liegt bei 6,0 bis 7,0 t/cm². Die zulässige Beanspruchung wird zu $^1/_3$ bis $^1/_4$ der Bruchfestigkeit gewählt. Der Elastizitätsmodul des Drahtmaterials kann im Mittel zu 2150 t/cm² angenommen werden. Anders liegt es aber mit dem Elastizitätsmodul der Kabel selbst. Da die Drähte in den Kabeln spiralig verlaufen, so strecken sich diese Spiralen bei der Belastung federartig, wodurch die Dehnungen größer werden. Nach Untersuchungen von Berg mit Kabeln der Firma Felten & Guilleaume, Carlswerke, A. G. kann angenommen werden[2]):

Für verschlossene Seile eine Abminderung des Material-Elastizitätsmoduls um 12%,

für runddrähtige Seile eine Abminderung von 30%.

Bei Paralleldrahtkabeln (sogenannten gesponnenen Seilen, wie sie in Amerika z. B. für die Manhattan-Brücke verwendet wurden) kann der Elastizitätsmodul gleich dem des Drahtes angesetzt werden. Mit $E = 2150$ t/cm² erhält man daher

	Elastizitätsmodul des Kabels
für Runddrahtkabel	1500 t/cm²
„ verschlossene Kabel	1900 „
„ Paralleldrahtkabel	2150 „

Nach neueren Angaben von Felten & Guilleaume gelegentlich des zweiten engeren Wettbewerbes um den Bau einer Rheinstraßen-Brücke in Köln (1913) beträgt der Elastizitätsmodul für deutsche (verschlossene) Kabel der oben genannten Firma $E = 2000$ t/cm², die Bruchdehnung 3% bei einer Festigkeit von 13,8 t/cm². Die zulässige Beanspruchung durfte laut den Wettbewerbbedingungen bis zu $^1/_3$ der Zugfestigkeit betragen.

Beim Bau der Manhattan-Brücke in New York kam für die Kabel Drahtmaterial von 15,3 t/cm² Zugfestigkeit in Anwendung. Die größten zulässigen Beanspruchungen betrugen für gewöhnliche Verkehrslast 4,22 t/cm², für außergewöhnliche Verkehrslasten 5,13 t/cm², also ungünstigstenfalls auch rd. $^1/_3$ der Festigkeit.

[1]) Siehe Haufe, Dr. W.: Die Manhattan-Brücke. Eisenbau 1911, S. 157.

[2]) Bohny, Dr. Ing. F.: Theorie und Konstruktion versteifter Hängebrücken. Leipzig 1905.

Dritter Abschnitt.

Die Knicksicherheit der gedrückten Glieder eiserner Brücken.

§ 8. Knickformeln für gerade Stäbe.

25. Einleitung.

Kein zweites Gebiet der Festigkeitslehre hat eine so wandlungsreiche Geschichte hinter sich, wie die Theorie der Knickfestigkeit gedrückter Stäbe, und selbst heute ist, trotz der zahlreichen Arbeiten der letzten Jahrzehnte, auf diesem engeren Gebiete die Forschung keineswegs abgeschlossen und nur in den grundsätzlichen Fragen eine vollständige Klarstellung erzielt worden. Viele schwierige Aufgaben harren noch der strengen theoretischen Lösung, und ein Großteil jener Fragen, die wohl die Theorie zur Zeit beantwortet hat, sind noch durch den Versuch endgültig zu klären, um sie zu unserem gesicherten technisch-wissenschaftlichen Besitzstand zählen zu können.

Die Ursachen jener Schwierigkeiten, auf die die Forschung in der Knickfestigkeitsfrage stieß, liegen in der Eigenart des Problems begründet. Während alle anderen Aufgaben der Festigkeitslehre sich mit dem stabilen Gleichgewichte der inneren und äußeren Kräfte befassen, oder sich auf Betrachtungen eines solchen Gleichgewichtszustandes zurückführen lassen, stellt das Knickproblem eine ganz neuartige Aufgabe vor, die der Untersuchung des labilen Gleichgewichtes zwischen den äußeren Kräften und den elastischen Widerständen der Körper. In der merkwürdigen Verkennung dieser Tatsache und in der Sucht, die Ergebnisse der Knickfestigkeitsberechnungen mit zulässigen Beanspruchungen vergleichen zu können, lag der hauptsächlichste Grund zu jenen Irrtümern und Fehlversuchen der Technik, die Jahrzehnte hindurch eine Klärung der Knickfestigkeitsfrage verzögerten, obwohl Euler, der sich als erster mit dem Knickproblem beschäftigte, den richtigen Weg zur mathematischen Lösung wies. So mußten alle Versuche scheitern, die die Bestimmung der Knicksicherheit auf Betrachtungen der Biegungsspannungen im stabilen Gleichgewichtszustande zurückführen wollten, oder derartige Betrachtungen mit Untersuchungen des labilen Gleichgewichtszustandes verquickten.

Bei der Beurteilung der Knicksicherheit kommt es eben nicht darauf an, eine bestimmte Anstrengung im Körper mit genügender Sicherheit zu vermeiden, sondern darauf, dem Eintritt eines eigenartigen unsicheren Gleichgewichtszustandes aus dem Wege zu gehen, denn dieser Zustand ist praktisch durch die unverhältnismäßig bedeutenden, aber ihrer Größe nach unbestimmten Zuwüchse, die die Formänderungen und mit ihnen die

Materialbeanspruchungen bei geringfügigen Lasterhöhungen erfahren, ausgezeichnet. In diesem mehr oder weniger plötzlichen Nachgeben der inneren Widerstände liegt das Kennzeichnende des Knickvorganges, gleichgültig, ob im Augenblicke des Ausknickens die Elastizitätsgrenze überschritten ist oder nicht.

Das Versagen der Eulerformel bei gedrungenen Stäben war in erster Linie der Anlaß, sie vollständig, und damit auch die Überlegungen, die ihrer Ableitung zugrunde liegen, zu verwerfen. Man hatte eben nicht klar genug erkannt, daß die beobachteten Unstimmigkeiten ihre Ursache in dem Überschreiten der Elastizitätsgrenze vor dem Eintritt des Knickzustandes hatten, worauf natürlich die Eulerformel in ihrer ursprünglichen Form nicht Rücksicht nahm. Tetmajer hat die Eulerformel, gestützt auf seine zahlreichen Versuche, wenigstens für den elastischeu Bereich der Knickung wieder zu Ehren gebracht. Viel früher aber hatte schon Engesser die unbeschränkte Gültigkeit der Eulerformel, in einer allerdings verallgemeinerten Gestalt, ausgesprochen. Er war auch der erste in Deutschland, der die Ursache der Abweichungen der Ergebnisse dieser Formel von den Versuchsresultaten bei gedrungen gebauten Stäben in der Überschreitung der Elastizitätsgrenze vor Eintritt des Knickzustandes erkannte und darauf ausdrücklich hinwies [1]). Die Arbeiten Engessers blieben aber wenig beachtet, bis in neuester Zeit Kármán durch sehr genaue Versuche die Richtigkeit der Voraussetzungen Engessers bewies. Die Bedeutung der Arbeiten dieser beiden Forscher liegt vornehmlich darin, daß sie die Grundlagen für die theoretische Behandlung schwieriger Knickfestigkeitsfragen geschaffen haben. Daß zur praktischen Verwendung der Ergebnisse derartiger theoretischer Untersuchungen noch die ziffernmäßige Feststellung gewisser Erfahrungsgrößen gehört, ist selbstverständlich. Glücklicherweise stehen uns in den empirischen Formeln Tetmajers — als Ausdruck der Ergebnisse seiner Versuche — jene Erfahrungskoeffizienten für Flußeisen, dem derzeit wichtigsten Baustoff eiserner Brücken, zur Verfügung. Von den theoretischen Betrachtungen Engesser-Kármáns ausgehend, ist es daher, unter Benützung der Tetmajerformeln als gedrängtem Ausdruck gewisser Erfahrungsgrößen, derzeit möglich, selbst schwierige Probleme mit Aussicht auf Erfolg theoretisch zu erörtern. *In diesem Sinne haben wir jedes Knickproblem, sowohl im elastischen als auch im unelastischen Bereiche der Knickung als ein Problem des labilen Gleichgewichtes zwischen inneren und äußeren Kräften zu betrachten.* Dies schließt natürlich nicht aus, daß in einzelnen Fällen, wo es notwendig erscheint, neben der Untersuchung der Knicksicherheit auch Berechnungen über die Materialanstrengung infolge der Formänderung, die bei von Haus aus krummen Stäben, oder bei Achsenabweichung des Lastangriffes noch vor dem Eintritt des Knickens entstehen, angestellt werden. Mit dem eigentlichen Knickproblem haben derartige Berechnungen nichts zu tun, sie laufen nebenher, und der Versuch, Knickfrage und Spannungsermittlung in eine Formel fassen zu wollen, ist von vornherein als ergebnislos zu betrachten.

In den nächsten Absätzen werden wir vorerst die in der Praxis gebräuchlichen Knickformeln einer kurzen Betrachtung unterziehen, um zu einer Übersicht über den Wert der am häufigsten verwendeten Formeln zu gelangen. Erst die folgenden Abschnitte werden eine zusammenhängende Theorie des labilen Gleichgewichtes jener elastischen Systeme bringen, die in diesem Buche von Bedeutung sind, um die theoretischen Grundlagen, die der Erörterung der im Eisenbrückenbau auftauchenden eigenartigen Knickprobleme dienen können, zu schaffen.

[1]) Die erste auf diesen Gegenstand bezügliche Abhandlung Engessers stammt aus dem Jahre 1889. Nicht unerwähnt darf bleiben, daß der belgische Forscher E. Lamarle bereits 1845 in einer größeren Abhandlung: „Mémoire sur la flexion du bois" die Elastizitätsgrenze als Gültigkeitsgrenze der Eulerformel festgestellt hat. Siehe Todhunter and Pearson, A History of Elasticity and Strength of Materials. Vol. I. Nr. 1253ff. Cambridge 1886.

26. Die Eulersche Knickformel.

Für den an den Enden frei drehbar gelagerten Stab unveränderlichen Querschnittes von der Länge l gilt die 1744 von Euler[1]) veröffentlichte Formel

$$P_k = \pi^2 \frac{EJ}{l^2} \quad \ldots \ldots \ldots \ldots \ldots \quad (1)$$

P_k bedeutet die Knickkraft, E den Elastizitätsmodul und J das kleinste Trägheitsmoment. Gl. (1) setzt unbeschränkte Gültigkeit des Elastizitätsgesetzes voraus[2]). Ist der Stab an den Enden nicht drehbar befestigt, so bleibt Gl. (1) dennoch in Geltung, nur ist für die Knicklänge l ein entsprechend geänderter Wert einzuführen. Bezeichnet l_0 die Stablänge, so ist die Knicklänge l

für den einerseits eingespannten, anderseits drehbar gelagerten Stab . . $l = 0{,}7\, l_0$,
„ „ beiderseits eingespannten Stab . . . . $l = 0{,}5\, l_0$,
„ „ einerseits eingespannten, anderseits freien Stab . . . . $l = 2\, l_0$.

Die Eulersche Knickformel gestattet die unmittelbare Bestimmung des erforderlichen Querschnittsträgheitsmomentes für einen bestimmten Sicherheitsgrad ψ[3]).

Es ist
$$J_{erf} = \frac{\psi}{\pi^2 E} P l^2.$$

Setzt man $\pi^2 = 9{,}87$, $E = 2150$ t/cm² für Flußeisen, so folgt bei dem früher in Preußen für Brücken vorgeschriebenen Sicherheitsgrad $\psi = 5$

$$J_{erf} = 2{,}33\, P l^2,$$

P ist in t, l in m einzuführen; J_{erf} wird in cm⁴ erhalten.

Bildet man Gl. (1) um, indem man mit der Querschnittsfläche F teilt und bezeichnet man den Quotienten $P_k/F = \sigma_k$ als Knickspannung, so entsteht mit $i = \sqrt{\frac{J}{F}}$ (Trägheitshalbmesser)

$$\sigma_k = \frac{\pi^2 E}{(l/i)^2} \quad \ldots \ldots \ldots \ldots \ldots \quad (2)$$

l/i heißt der Schlankheitsgrad des Stabes. Gl. (2) stellt die Knickspannung σ_k als Funktion des Schlankheitsgrades l/i vor. Geometrisch wird diese Abhängigkeit durch eine Hyperbel veranschaulicht. In Abb. 83 sind als Abszissen die Werte l/i, als Ordinaten die Beträge σ_k/ψ beim Sicherheitsgrad ψ aufgetragen. Bei stetig abnehmenden l/i nähert sich σ_k dem Werte ∞. Da aber der Baustoff begrenzte Festigkeit hat, so ist bei kürzeren Stäben noch zu untersuchen, ob nicht die zulässige Druckbeanspruchung σ_{zul} überschritten wird. l_g/i heißt das Grenzlängenverhältnis und kennzeichnet jenen Punkt, in welchem

$$\frac{\sigma_k}{\psi} = \sigma_{zul}.$$

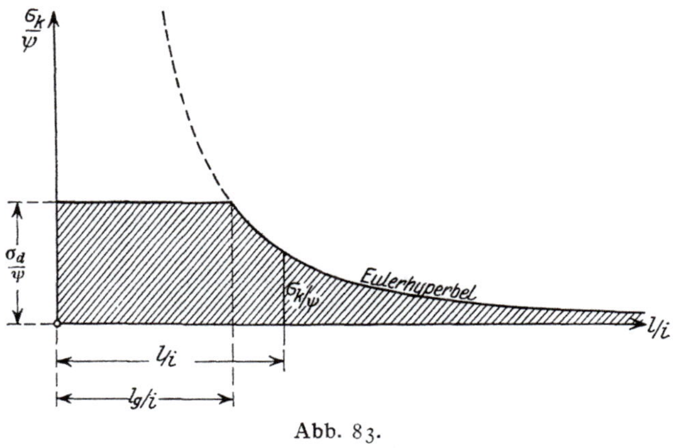

Abb. 83.

[1]) Euler, Leonhard: De curvis elasticis. Lausanne und Genf 1744; deutsch in Ostwalds Klassiker der exakten Wissenschaften, Nr. 175. Leipzig, W. Engelmann.

[2]) Die Ableitung dieser Formel folgt in **34**, S. 123.

[3]) Die Einfachheit des Rechnungsganges war wohl die Hauptursache, weshalb bis vor kurzem in Preußen, trotz der Mängel, die der Formel (1) anhaften, der Gebrauch derselben bei Aufstellung von Festigkeitsnachweisen vorgeschrieben war.

Bei kleinerem l/i ist sonach die zulässige Druckbeanspruchung für die Bemessung ausschlaggebend. Das Grenzlängenverhältnis ist, wie man leicht nachrechnet, durch die Beziehung

$$\frac{l_g}{i} = \pi \sqrt{\frac{E}{\psi \sigma_{\text{zul}}}}$$

gegeben. Für verschiedene Werte von σ_{zul} berechnet sich das Verhältnis l_g/i bei $\psi = 5$ und den gleichen Werten von E und π^2 wie oben, wie folgt:

$\sigma_{\text{zul}} =$	850	950	950	1000	1050	1100	1150	1200	1250
$l_g/i =$	71,2	69,2	67,4	65,6	64,0	62,6	61,2	59,9	58,7

Nach den früheren preußischen „Vorschriften für das Entwerfen der Brücken mit eisernem Überbau" war, wie bereits erwähnt, eine mindestens fünffache Sicherheit nach der Eulerschen Formel nachzuweisen. Als Knicklänge war stets die volle Stablänge, wenn die Endpunkte des Stabes räumlich festgehalten sind, einzuführen. Eine Abminderung der Knicklänge mit Rücksicht auf die mehr oder weniger steife Verbindung mit anderen Bauteilen ist in Hinsicht auf die Unsicherheit der Formel (1) im Bereiche etwa $l/i < 100$ nicht zu empfehlen und wurde auch nicht geübt. Der Mangel der Gl. (1) liegt nämlich darin, daß sie für kleine Schlankheitsverhältnisse (bei Flußeisen von etwa $l/i < 100$) ihre Geltung verliert. In dem im Brückenbau wichtigsten Bereich von etwa $l/i = 30$ bis 100 versagt diese Formel vollständig. Die Ursache dieser Unstimmigkeit liegt in dem Umstande, daß bei kürzeren Stäben, noch bevor die Knickgrenze erreicht ist, solange also die Stäbe noch gerade oder nahezu gerade sind, die Druckspannung also noch gleichmäßig über dem Querschnitt verteilt ist, diese Querschnittsspannung die Elastizitätsgrenze überschreitet. Die Annahmen, die der Eulerschen Knickformel zugrunde liegen, bestehen nicht mehr zu Recht, da mit dem Überschreiten der Elastizitätsgrenze das Hookesche Gesetz seine Geltung verliert. Die Elastizitätszahl E, die in der Eulerformel unabhängig von der Querschnittsspannung vorausgesetzt wird, wird nach Überschreiten der Elastizitätsgrenze eine Funktion von σ_k und nimmt mit zunehmender Knickspannung immer mehr und mehr ab, das Material wird gewissermaßen weicher. Der Stab knickt früher aus, als es die Formel (1) erwarten läßt. Man kann sonach zwei Gebiete unterscheiden: Das Gebiet der elastischen Knickung, in dem die Eulerformel zutrifft, und das Gebiet der unelastischen Knickung, wo dies nicht mehr der Fall ist.

27. Die Formeln von Tetmajer.

Um die Gesetze der Knickfestigkeit klarzustellen, hat Prof. v. Tetmajer am Polytechnikum zu Zürich umfangreiche Knickversuche — es sind die bedeutendsten, die bisher durchgeführt wurden — vorgenommen[1]).

Für Flußeisen von etwa $3{,}8\ \text{t/cm}^2$ Festigkeit fand Tetmajer die Beziehungen

$$\text{für } \frac{l}{i} = 10 \text{ bis } 105 \qquad \sigma_k = 3{,}1 - 0{,}0114 \frac{l}{i}\ \text{t/cm}^2 \quad \ldots\ldots (3)$$

$$\frac{l}{i} > 105 \qquad \sigma_k = 21\,220 \left(\frac{i}{l}\right)^2 \text{t/cm}^2 \quad \ldots\ldots\ldots (4)$$

Für das Gebiet der elastischen Knickung, d. i. für $l/i > 105$ behielt Tetmajer die Eulerformel bei. In Gl. (4) ist $\pi^2 E = 21\,220\ \text{t/cm}^2$. Für Stäbe geringerer Schlankheit schlug Tetmajer die Geradenformel (3) vor, die sich ihrer Einfachheit wegen besonders empfahl. Die Abhängigkeit der Knickspannung σ_k vom Schlankheitsgrad l/i zeigt Abb. 84, in der die zahlreichen Versuchsergebnisse Tetmajers eingetragen sind. Die voll gezeichneten Gruppenschwerpunkte folgen gut der Eulerhyperbel und der Tetmajer-

[1]) Tetmajer, L. v.: Die Gesetze der Knickungs- und zusammengesetzten Druckfestigkeit der technisch wichtigsten Baustoffe. Leipzig und Wien 1903.

geraden. Gl. (3) ist eine Erfahrungsformel, Gl. (4) eine auf theoretischer Grundlage entwickelte Beziehung, die durch die Versuche bestätigt wird. Ein Einfluß der Querschnittsverschwächung auf die Tragfähigkeit ist nach Tetmajer nicht festzustellen, wenn der Nietlochabzug weniger als 12% des Vollquerschnittes beträgt. Es ist daher üblich, bei der Ermittlung von J und F die Vollquerschnittsfläche in Rechnung zu stellen.

Außer Flußeisenstäben unterzog Tetmajer neben Schweißeisen- und Holzstützen noch Flußstahlstäbe der Erprobung. Die Ergebnisse für diesen Baustoff verdienen im Brückenbau Interesse. Für Flußstahl von **6 t/cm²** Festigkeit fand Tetmajer

$$\left.\begin{array}{ll} \text{für } \frac{l}{i} = 10 \text{ bis } 90 & \sigma_k = 3{,}35 - 0{,}0062 \frac{l}{i} \text{ t/cm}^2 \\ \text{,, } \frac{l}{i} > 90 & \sigma_k = 22\,210 \left(\frac{i}{l}\right)^2 \text{ t/cm}^2. \end{array}\right\} \quad \ldots \quad (5)$$

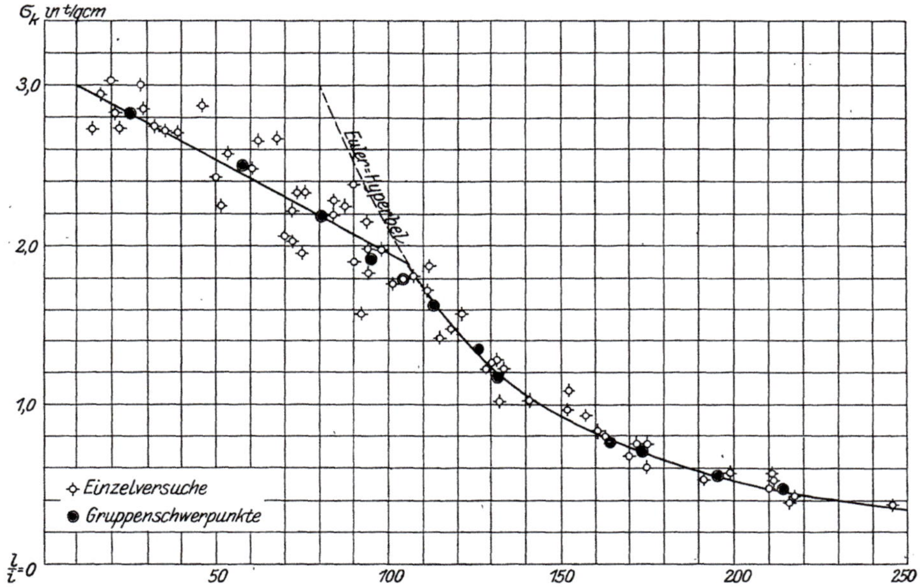

Abb. 84.

Für Siemens-Martinstahl von **6,8 t/cm²** Festigkeit berechnete Müller Breslau[1]) auf Grund der Ergebnisse der sorgfältigen Versuche Kármáns:

$$\left.\begin{array}{ll} \text{für } \frac{l}{i} = 10 \text{ bis } 91 & \sigma_k = 3{,}84 - 0{,}0136 \frac{l}{i} \text{ t/cm}^2 \\ \text{,, } \frac{l}{i} > 91 & \sigma_k = 21\,420 \left(\frac{i}{l}\right)^2 \text{ t/cm}^2. \end{array}\right\} \quad \ldots \quad (6)$$

Die Berechnung der Tragfähigkeit gedrückter Stäbe nach Tetmajer kann in zweifacher Weise erfolgen, je nachdem der Nachweis einer bestimmten Sicherheitszahl ψ, wie dies in Deutschland vielfach üblich ist, oder der Nachweis einer — allerdings fiktiven — Höchstbeanspruchung, wie es in Österreich und neuerdings auch in Deutschland gebräuchlich ist, angestrebt wird.

a) In der Tafel I im Anhange sind für Flußeisenstäbe der Schlankheitsverhältnisse $l/i = 10$ bis 210 die auf Grund der Gl. (3) und (4) berechneten Knickbeanspruchungen σ_k zusammengestellt. Ist ψ der verlangte Sicherheitsgrad, so darf die Druckspannung im Querschnitt nicht größer als σ_k/ψ sein.

[1]) Dr. Ing. Müller-Breslau: Über exzentrisch gedrückte Stäbe und über Knickfestigkeit. Eisenbau 1911, 339.

Den Sicherheitsgrad ψ wähle man am besten im Einklang mit dem Sicherheitsgrad der Zugstäbe. Es wird empfohlen[1]):

1. Bei Berücksichtigung der dynamischen Wirkungen der Verkehrslast durch einen Stoßzuschlag:

$$\text{bei gewöhnlicher Belastung } \psi = 3,$$
$$\text{bei außergwöhnlicher Belastung } \psi = 2{,}5.$$

2. Bei Nichtberücksichtigung der dynamischen Wirkungen der Verkehrslast

für $\sigma_{zul} =$ 800—900	900—1100	$>$ 1100
$\psi =$ 4	3,5	3

Beispiel: Für eine Last von 55 t ist ein flußeiserner Druckstab von 5 m Knicklänge, der aus zwei]-Eisen mit 20 mm Stegabstand bestehen soll, für vierfache Sicherheit zu berechnen. Wir wählen][*NP* 30. Mit $F = 117{,}6$ cm² und $i_{min} = 4{,}70$ cm berechnet man zunächst

$$\frac{l}{i} = \frac{500}{4{,}70} = 106{,}4$$

und findet damit aus Tafel I im Anhang $\sigma_k = 1{,}876$ t/cm². Somit ist die Knickkraft

$$P_k = 1{,}876 \cdot 117{,}6 = 220{,}5 \text{ t}$$

und der Sicherheitsgrad

$$\psi = \frac{220{,}5}{55} = 4.$$

b) Bezeichnet man mit σ_d die Druckfestigkeit des Baustoffes und mit σ_{zul} die zulässige Beanspruchung auf Zug oder reinen Druck, so ist $\sigma_d : \sigma_{zul} = \psi$ der Sicherheitsgrad gegen Bruch der auf Zug oder reinen Druck bemessenen Glieder des Bauwerkes, wobei vorausgesetzt wird, daß für den Baustoff genau genug $\sigma_d = \sigma_z$ sei. Will man nun die auf Knickung beanspruchten Glieder mit dem gleichen Sicherheitsgrad bemessen, so muß

$$\frac{P}{F} = \frac{\sigma_k}{\psi} = \frac{\sigma_k}{\sigma_d}\sigma_{zul}$$

sein. Nennt man $\sigma_d/\sigma_k = \omega$ den Knickbeiwert, so folgt

$$\omega \frac{P}{F} \leqq \sigma_{zul}.$$

Die Knickbeiwerte ω für Flußeisen sind in der Tafel II im Anhang angeführt. Bei der Berechnung von ω wurde $\sigma_d = 3{,}8$ t/cm², entsprechend der von Tetmajer festgestellten mittleren Festigkeit des Versuchsmaterials, angenommen

Beispiel.

Eine Fachwerkstrebe aus vier Winkeleisen sei mit $P = 80$ t belastet. Knicklänge $l = 4{,}00$ m, $\sigma_{zul} = 1$ t/cm². Man wähle ⌐⌐ 120·120·15 mit 1,4 cm Schenkelabstand. Es ist $F = 135{,}6$ cm², $i_{min} = 5{,}60$ cm; mithin

$$\frac{l}{i} = \frac{400}{5{,}60} = 71{,}5,$$

zu welchem Werte man aus Tafel II $\omega = 1{,}664$ entnimmt. Damit bestimmt man schließlich

$$\sigma = 1{,}663 \frac{80}{135{,}6} = \mathbf{0{,}981\ t/cm^2},$$

wobei, wie vorgeschrieben, $\sigma < 1$ t/cm² erhalten wurde. Man darf natürlich nicht übersehen, daß der errechnete Wert $\omega \frac{P}{F}$ keine wirklich auftretende Spannung ist, sondern nur die Bedeutung eines Vergleichswertes hat, sonach an die Stelle des beim ersten Verfahren berechneten Sicherheitsgrades ψ tritt. Diese Sicherheitszahl ist hier durch die Wahl von σ_{zul} festgelegt.

Knicklänge. Die verhältnismäßig gute Übereinstimmung der Ergebnisse der Tetmajerformeln mit den tatsächlich auftretenden Knickspannungen — bei gut zentrierten

---

[1]) Die hier angegebenen Sicherheitszahlen entsprechen, wenn man die größeren Gefahrenmomente bei Druckstäben, sowie die dynamischen Wirkungen berücksichtigt, etwa einer tatsächlichen 1,8—2 fachen Sicherheit, wie wir sie auch bei Zug und Biegung angestrebt haben.

Stäben geben sie sogar einen bescheidenen Überschuß an Sicherheit — erlaubt es, von Fall zu Fall die Befestigungsart des Druckgliedes (Einspannungsgrad) durch entsprechende Bemessung der Knicklänge zu berücksichtigen. Bezeichnet l_0 den Abstand der festgehaltenen Endpunkte (Systempunkte) des Druckgliedes, so kann die in Rechnung zu stellende Knicklänge l_k folgendermaßen angenommen werden[1]):

1. Fachwerkgurte.

a) Wenn die Knotenpunkte räumlich festgehalten sind:

α) für Knicken in der Fachwerkebene . . . . $l_k = l_0$

β) „ „ senkrecht zur Fachwerkebene . . . . $l_k = l_0$

b) Wenn die Knotenpunkte senkrecht zur Fachwerkebene elastisch gestützt sind:

α) für Knicken in der Fachwerkebene . . . . $l_k = l_0$

β) „ „ senkrecht zur Fachwerkebene gelten die in **50** abgeleiteten Formeln.

c) wenn in der einen Stabhälfte die Druckkraft S_1, in der zweiten die Druckkraft S_2 herrscht, wobei $S_1 > S_2$, so ist[2]) . . $l_k = \left(0{,}75 + 0{,}25 \frac{S_1}{S_2}\right) l_0$.

2. Fachwerkfüllstäbe.

a) Stäbe, die von anderen Stäben nicht gekreuzt werden:

α) für Knicken in der Fachwerkebene . . . . $l_k = 0{,}8\, l_0$

β) „ „ senkrecht zur Fachwerkebene, wenn der Stab in der Ebene eines Querverbandes liegt und wenigstens mit einem steifen Riegel desselben steif verbunden ist . . . . $l_k = 0{,}75\, l_0$

wenn der Stab an beiden Enden mit steifen Querriegeln steif verbunden ist . . . . $l_k = 0{,}6\, l_0$

wenn keine steife Verbindung mit einem steifen Querriegel vorhanden ist . . . . $l_k = l_0$

γ) bei Pfosten in K-Fachwerken, wenn S_1 die Druckkraft in der einen Stabhälfte, S_2 die Zug- oder kleinere Druckkraft in der zweiten Stabhälfte bedeutet . . . . $l_k = \left(0{,}75 \mp 0{,}25 \frac{S_2}{S_1}\right) l_0$

Das —-Zeichen gilt, wenn S_2 Zug ist, das +-Zeichen gilt für Druck.

b) Stäbe, die von anderen Stäben in der Mitte gekreuzt werden:

α) für Knicken in der Fachwerkebene . . . . $l_k = 0{,}5\, l_0$

β) „ „ senkrecht zur Fachwerkebene . . . . . $l_k = l_0 \sqrt{1 - \frac{3}{4} \frac{S_z}{S_d} \cdot \frac{l_d}{l_z}}$,

wenn S_z und l_z die Stabkraft und Länge des Zugstabes, S_d und l_d die des Druckstabes sind.

Wird der Beiwert von l_0 kleiner als 0,5, so ist er durch 0,5 zu ersetzen.

In **Österreich** ist von allen in Betracht kommenden Baubehörden bei Bemessung gedrückter Stäbe die Benützung der Tetmajerschen Formeln vorgeschrieben. Hierbei muß

$$\omega \frac{P}{F} \leq \sigma_{zul}$$

sein, wobei σ_{zul} die für den Bauteil in Betracht kommende zulässige Druckbeanspruchung bedeutet. Die bei Ermittlung der Knickkoeffizienten in Rechnung zu stellende Knicklänge ist für die häufigsten in Betracht kommenden Fälle genau angegeben. (*Vorschriften betreffend die Berechnnng gedrückte Konstruktionsteile aus Eisen oder Holz mit Rücksicht auf Knickung. Erlaß vom 16. Februar 1907*).

---

[1]) Über die theoretische Begründung der nachfolgenden Regeln und über Beispiele hierzu, siehe § 11.

[2]) Wenn die beiden Stabhälften verschiedene Trägheitsmomente aufweisen, so benütze man die Formel 15 aus **45**.

Die Badischen Staatsbahnen schreiben ebenfalls die Benützung der Tetmajerschen Formeln mit der Weisung vor, daß der Sicherheitsgrad n gegen Knicken betragen soll:

	bei Hauptbahnen	bei Nebenbahnen
für $l/i \leqq 100$	$n = 3 + 0{,}01\, l/i$	$n = 2{,}3 + 0{,}007\, l/i$
„ $l/i > 100$	$n = 4$	$n = 3$.

Die in Rechnung zu führende Knicklänge ist für die wichtigsten Fälle genau vorgeschrieben. (*Vorschriften der Badischen Staatsbahnen vom Februar 1903*).

Auch die **Schweizerischen Eisenbahnen** gründen ihre Vorschriften hinsichtlich der Bemessung gedrückter Stäbe auf die Tetmajerformeln. Die Beanspruchungen dürfen bei Druckstäben aus Flußeisen höchstens betragen:

Bei Eisenbahnbrücken:

für $\frac{l}{i}$ von 10 bis 110 $\quad s_k = 1{,}000 - 0{,}005\,\frac{l}{i}$ t/cm²

„ $\frac{l}{i} > 110$ $\quad s_k = 5500\left(\frac{i}{l}\right)^2$ t/cm²;

Bei Straßenbrücken:

für $\frac{l}{i}$ von 10 bis 110 $\quad s_k = 1{,}1\left(1{,}000 - 0{,}005\,\frac{l}{i}\right)$ t/cm²

„ $\frac{l}{i} > 110$ $\quad s_k = 6000\left(\frac{i}{l}\right)^2$.

Die **schwedischen** Normalbestimmungen empfehlen die Berechnung nach Euler-Tetmajer mit 4facher Sicherheit bei gewöhnlicher Belastung und 3,2facher Sicherheit bei außergewöhnlicher Belastung.

Der Tetmajerschen Geradenformel wurde neben anderen mehr oder weniger unbegründeten Vorwürfen auch noch der Vorhalt gemacht, daß sie für das Längenverhältnis $l/i = 0$ eine von der Würfelfestigkeit des Materials verschiedene Tragfestigkeit ergäbe. Diese Tatsache ist auf die Unvollkommenheit der Versuchseinrichtungen Tetmajers zurückzuführen, die den Einfluß kleiner anfänglicher Exzentrizitäten bei kurzen Stäben nicht vollkommen genug ausschalteten. Denn in der Umgebung der Quetschgrenze können selbst kleine anfängliche Exzentrizitäten von Hause aus die Tragfähigkeit des Stabes so vermindern, daß diese, auf die Flächeneinheit umgerechnet, nicht viel über die Quetschgrenze steigen kann. Die genaueren Versuche Kármáns, auf die wir weiter unten zu sprechen kommen (**30**), erweisen auch, daß mit immer kleiner werdenden l/i sich die Knickspannung der Würfelfestigkeit nähere. Da aber in praktischen Fällen immer mit kleinen Achsenabweichungen gerechnet werden muß, so dürfte die Tetmajergerade letzten Endes doch das tatsächliche Verhalten derartiger Stäbe zum richtigen Ausdruck bringen.

Die Anerkennung, die die Tetmajerschen Formeln gefunden haben, schließt natürlich nicht aus, daß sich das Bedürfnis nach richtigeren Zahlenwerten geltend macht, die, aus neueren Versuchen gewonnen, von jenen Fehlerquellen frei erscheinen, die die Gesetzmäßigkeiten bei den Tetmajerschen Ergebnissen verschleiern. Ob es besser ist, diese Daten aus Knickversuchen mit genauest zentrierten Stäben einfachster Querschnittsform — im wesentlichen also nach dem Vorgange Tetmajers — unmittelbar abzuleiten, oder aus dem Druckdiagramm nach der Methode Kármáns (s. w. u.) zu entwickeln, soll hier nicht erörtert werden. Auch ist es gleichgültig, ob es gelingt, die so gewonnenen Zahlenreihen der σ_k in ein analytisches Gesetz zu fassen oder nicht, da bei der praktischen Verwertung der Versuchsergebnisse schließlich doch nur die tabellarische Aufschreibung nach der Art der Tafeln I und II in Frage kommt. Solche neuere Untersuchungen hätten sich auf Flußeisen, Kohlenstoffstahl und Nickelstahl der gebräuchlichsten Gütezahlen zu erstrecken. Solange aber diese neueren Versuche nicht vorliegen, sind wir genötigt mit den Tetmajerschen Zahlenreihen, die, wie wir sehen werden, einen kleinen Überschuß an Sicherheit bieten, das Auslangen zu finden und unsere Untersuchungen auf diese Erfahrungszahlen zu gründen.

28. Kritik der Euler-Formel auf Grund der Ergebnisse der Tetmajerschen Versuche[1].

In Abb. 85 ist die Eulerhyperbel mit der anschließenden Tetmajergeraden für Flußeisen dargestellt und darunter die zulässigen Knickspannungen nach den noch vor kurzem in Geltung gewesenen preußischen Vorschriften aufgetragen. Die zulässigen Druckbeanspruchungen wurden hierbei mit 0,85, 1,00 und 1,25 t/cm² ausgewählt.

Für Stäbe mit $l/i > 105$ ist die Sicherheit eine fünffache. Bei Stäben mit $l/i < 105$ nimmt die tatsächliche Sicherheit stetig ab und erreicht je nach der zulässigen Druckbeanspruchung ihren Kleinstwert bei den Schlankheitszahlen $l/i = 71$, 66, 59. Man erhält daher mit den zugehörenden Beträgen von σ_k nach Tetmajer die folgenden eigentlichen Sicherheitszahlen:

zulässige Beanspruchung σ_{zul} . .	0,85	1,00	1,25 t/cm²
Grenzlängenverhältnis l_g/i . . .	71	66	59
Knickspannung nach Tetmajer .	2,29	2,35	2,43 t/cm²
Sicherheitsgrad	2,70	2,35	1,94

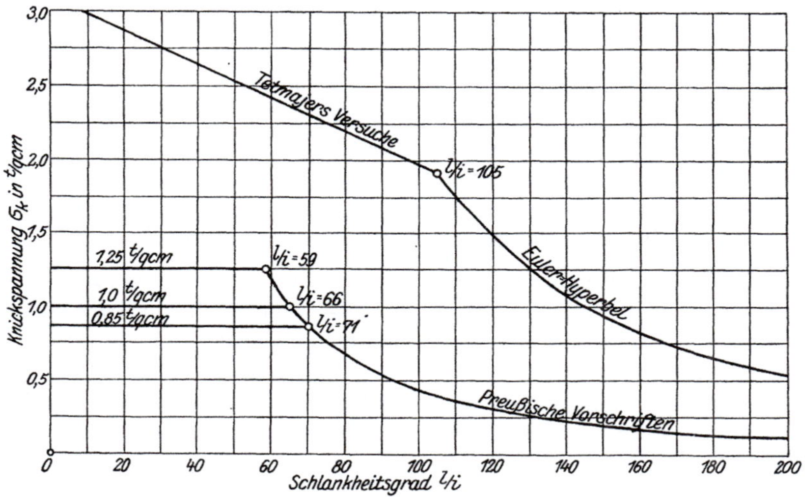

Abb. 85.

Vom Grenzlängenverhältnis l_g/i angefangen, wächst der Sicherheitsgrad wieder. Bei $l/i = 30$ und $\sigma_{zul} = 1{,}25$ t/cm² beträgt er aber doch nicht mehr als

$$\psi = \frac{2{,}76}{1{,}25} = 2{,}21 .$$

Nun sind aber die eben angeführten Sicherheitszahlen nur fiktive Sicherheiten, da weder die dynamischen Wirkungen noch die Abminderung der Tragfähigkeit gegliederter Stäbe, sowie die sonstigen gerade bei Druckstäben in Betracht kommenden Gefahrmomente berücksichtigt erscheinen. Nimmt man den dynamischen Faktor für kleinere Fachwerkbrücken mit 1,4, die Abminderung der Tragfähigkeit zusammengesetzter Stäbe und die übrigen ungünstigen Einflüsse etwa mit 20% an, so sind die oben angeführten Sicherheitszahlen noch durch 1,70 zu teilen, so daß die tatsächlichen Sicherheiten bloß

1,60, 1,40, 1,15

betragen.

[1]) Die nachstehenden kurzen Darlegungen beanspruchen eigentlich nur mehr historisches Interesse, da durch die neuen Reichsbahnvorschriften der langdauernde Meinungsstreit zu ungunsten der Eulerformel entschieden wurde. Nichtsdestoweniger glaube ich, jüngeren Lesern zu Nutzen, diese 1919 niedergeschriebenen Erörterungen nicht unterdrücken zu dürfen.

Sicherheitszahlen von 1,15 bis 1,60 in dem im Brückenbau wichtigsten Knickbereich mittelschlanker Stäbe stehen aber in Widerspruch mit der höheren Sicherheit der Zugorgane der gleichen Tragteile, die mindestens 1,8 beträgt.

Der Sicherheitsgrad der Zugstäbe ist sonach ungünstigstenfalls um etwa 60% größer als der der Druckstäbe. Dieser Umstand ist aber mit der Forderung nicht in Einklang zu bringen, daß in allen Teilen eines Bauwerkes annähernd gleiche Sicherheit herrschen solle. Diese Ungleichheit wird noch erhöht, wenn im Bauwerk neben gedrungen gebauten Druckstäben auch schlanke Stäbe vorhanden sind. Dann steht u. U. neben einem Sicherheitsgrad von 1,15 ein solcher von 5. Daß bei der Berechnung der Druckstäbe nach Tetmajer in gewissen Fällen einer Einspannung der Stabenden Rechnung getragen wird, was bei Benützung der Eulerformel nicht Gebrauch ist, mag zugegeben werden, doch gilt dies nicht immer. So werden Gurtstäbe z. B. auch bei Benützung der Tetmajerschen Tafeln mit der vollen Systemlänge (siehe unter **27**) in Rechnung gestellt.

Vielfach wurde zugunsten der Eulerformel noch ins Treffen geführt, daß bei langen Stäben, die gegen falsche Schätzungen des Einspannungsgrades empfindlicher sind als kürzere Stäbe, ein höherer Sicherheitsgrad berechtigt sei. Einer größeren Empfindlichkeit schlanker Stäbe gegen fehlerhafte Einschätzung der Endeinspannung läuft aber eine höhere Empfindlichkeit kurzer Stäbe gegenüber kleinen anfänglichen Exzentrizitäten, wie sie im Brückenbau unvermeidlich sind, parallel. Dabei kann eigentlich eine falsche Bestimmung des Einspannungsgrades nicht in Frage kommen, weil man bei allgemeiner Benützung der Eulerformel in Erkenntnis ihrer Schwächen in allen Fällen mit gelenkartiger Befestigung der Stabenden rechnet[1]).

29. Die Schwarz-Rankinesche Formel.

Obwohl die Schwarz-Rankinesche Knickformel ihre frühere überragende Bedeutung fast vollständig eingebüßt hat, müssen wir uns — wenn auch nur kurz — mit ihr beschäftigen, da noch immer einzelne Bauverwaltungen die Berechnung gedrückter Stäbe nach dieser Formel vorschreiben.

Von der Annahme ausgehend, daß die Druckkraft P an einem zunächst unbekannten Hebelarm a wirke und eine Verbiegung des Stabes hervorrufe, setzt man einigermaßen willkürlich

$$a = \beta \frac{l^2}{h},$$

wo β eine noch zu bestimmende Erfahrungsgröße, l die Knicklänge, h den Abstand der gedrückten Randfaser vom Querschnittsschwerpunkt bedeutet. Die Formel für a drückt sonach die durch die Erfahrung bestätigte Tatsache aus, daß lange und schlanke Stäbe eine größere anfängliche Abweichung a aufweisen als kürzere und gedrungen gebaute Stäbe. Bestimmt man nun mit diesem Hebelarm a die größte Randspannung σ, so erhält man

$$\sigma = \frac{P}{F} + \frac{P a}{J} h$$

und nach Einführung von a

$$\sigma = \frac{P}{F}\left[1 + \beta\left(\frac{l}{i}\right)^2\right],$$

---

[1]) Zur Frage der uneingeschränkten Anwendung der Eulerformel siehe folgende Literatur: Mecklenbeck, A.: Die Eulersche Knickformel in den neuen preuß. ministeriellen Bestimmungen vom 31. Januar 1910. Eisenbau 1910, S. 436. Förster, M.: Die Gründe des Einsturzes des großen Gasbehälters am großen Grasbrook in Hamburg. Eisenbau 1911, S. 178. Oder: Der Einsturz des großen Gasbehälters in Hamburg und die Frage der Knicksicherheit. Zentralbl. Bauv. 1911, S. 187. Zimmermann: Knickfestigkeit. Zentralbl. Bauv. 1911, S. 194ff. Krohn, Dr. Ing. R.: Knickfestigkeit. Zentralbl. Bauv. 1911, S. 222.

wobei $i = \sqrt{\frac{J}{F}}$ den Trägheitsradius bedeutet. Aus dieser Gleichung berechnet man schließlich den zulässigen Wert der Knickspannung $\sigma_k = \frac{P}{F}$ mit

$$\sigma_k = \frac{\sigma_{zul}}{1 + \beta\left(\frac{l}{i}\right)^2} \qquad (7)$$

Für β wurde bei schmiedbarem Eisen der Erfahrungswert $\beta = 0{,}0001$ genommen.

Die Mängel dieser Formel liegen auf der Hand: Selbst wenn in jedem Falle die Größe des Hebelarmes a bekannt wäre, läge in der Feststellung einer oberen Grenze (σ_{zul}) für die Randspannung keine ausreichende Sicherung gegen das Versagen des Druckstabes, da oft unbedeutende Lasterhöhungen in der Nähe der Knickgrenze die Randspannung auf ein Mehrfaches ihres Wertes hinaufschnellen lassen, der Stab also ganz nahe der Knickgrenze sein kann, ohne daß die errechnete Randspannung einen unzulässig hohen Wert hätte.

Faßt man aber die Formel, von den vorangehenden naiven Überlegungen überhaupt absehend, als eine Art Faustregel auf, die die zulässige Knickspannung und somit die Knicklast als Funktion des Schlankheitsgrades l/i liefert, so wäre gegen diese Auffassung nichts einzuwenden, nur wäre noch der Nachweis zu erbringen, daß die Größe β nur ein von der Art des Baustoffes abhängiger Festwert sei, der unabhängig von der Querschnittsform und dem Schlankheitsgrad des Stabes ist. Dies ist aber nicht der Fall. Tetmajer hat auf Grund seiner Versuchsergebnisse die Werte β bestimmt, und für Flußeisen gefunden[1]):

$l/i = 10$	$\beta = 0{,}000370$	$l/i = 110$	$\beta = 0{,}000064$
20	200	120	077
30	133	130	086
40	109	140	095
50	088	160	107
60	078	180	116
70	071	200	122
80	065	220	125
90	061	240	128
100	058	250	130

β schwankt sonach zwischen 0,000058 und 0,000370. Das Verhältnis des kleinsten zum größten Wert ist demnach 1 : 6,4. Man kann also β unmöglich als Festwert bezeichnen. *Die Schwarz-Rankinesche Formel gibt die Knickspannung im elastischen Bereich zu hoch, im unelastischen Bereich zu niedrig an.*

Die Anwendung der Schwarz-Rankineschen Formel ist mit dem Beiwert $\beta = 0{,}0001$ für Flußeisen in den Vorschriften der **Bayerischen Staatsbahnen** (besondere Vertragsbedingungen für die Ausführung eiserner Brücken- und Hochbau-Konstruktionen vom 1. Februar 1908, München) und in den Vorschriften der **Württembergischen Staatsbahnen** (Vorschriften für das Entwerfen eiserner Brücken und Hochbauten vom 14. April 1894 und Februar 1909) angeordnet.

30. Formeln von Engesser und Kármán.

Engesser war der Erste, der den Gedanken faßte, die Eulerformel durch Einführung eines veränderlichen Elastizitätsmoduls auch für den unelastischen Bereich nutzbar zu machen. In Abb. 86 ist die Dehnungslinie des Baustoffes vereinfacht dargestellt. Als Abszissen sind die Dehnungen ε, als Ordinaten die Spannungen σ aufgetragen. Nun ist der Grenzwert des Verhältnisses von Spannungszuwachs zu Dehnungszuwachs bei verschwindenden Zuwüchsen nichs anderes als der Elastizitätsmodul an der Stelle (ε, σ), so daß die Beziehung

$$\frac{d\sigma}{d\varepsilon} = \operatorname{tg}\varphi$$

[1]) Siehe die auf S. 102 in der Fußnote angegebene Quelle.

besteht, wenn φ den Winkel bezeichnet, den die Tangente im Punkte (ε, σ) mit der Abszissenachse einschließt. Der Elastizitätsmodul stellt somit eine Funktion von ε oder σ dar und diese Funktion kann aus dem Druckdiagramm des Baustoffes abgeleitet werden. Nun zeigte Engesser[1]), daß für kleine Verzerrungen die Gleichung der elastischen Linie des geraden Stabes bei beliebigem Elastizitätsgesetz in Geltung bleibt, nur muß an Stelle des unveränderlichen Elastizitätsmoduls E ein veränderlicher Modul T — Engesser nennt ihn Knickmodul — gesetzt werden. In seiner ersten Arbeit (1889) nahm Engesser den Modul $T = \operatorname{tg}\varphi$ an, was nicht ganz richtig war. In der 1895 veröffentlichten Abhandlung gab Engesser bereits die richtige Verknüpfung an. Von der Gleichung der elastischen Linie ausgehend, leitete nun Engesser die Eulerformel in der verallgemeinerten Form

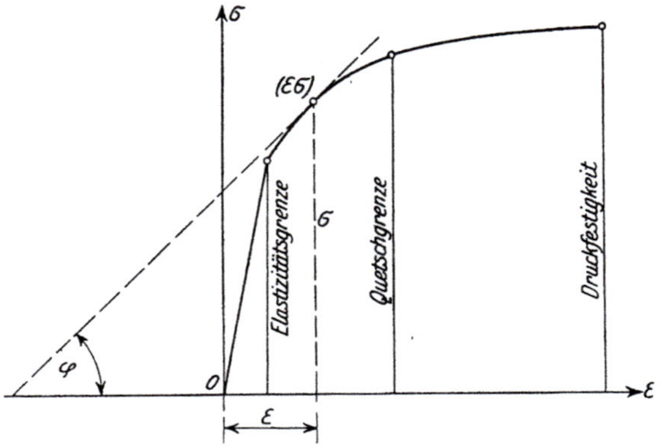

Abb. 86.

$$\sigma_k = \pi^2 \frac{T}{(l/i)^2} \quad . \quad . \quad . \quad . \qquad (8)$$

ab. Der Knickmodul T ist eine Funktion des Elastizitätsmoduls E und des veränderlichen Moduls $E' = \operatorname{tg}\varphi$, sowie der Trägheitsmomente J' und J'' der beiden durch die Biegungsachse getrennten Querschnittsteile. Sonach hängt T auch von der Querschnittsform ab, doch ist der Einfluß derselben nicht sehr bedeutend. Eine ausführliche Darstellung dieser Zusammenhänge folgt in **35**. Engesser vernachlässigte den Einfluß der Querschnittsform und benützte die Ergebnisse der Tetmajerschen Versuche, um aus ihnen das Gesetz von T zu bestimmen.

Schreibt man die Gl. (8) in der Form

$$\boldsymbol{\sigma_k = \pi^2 \frac{E}{\left(\frac{l}{i}\right)^2} \tau}, \quad . \quad . \quad . \quad . \quad . \quad . \quad . \quad . \quad . \quad . \quad . \quad . \quad . \qquad (8')$$

wo

$$\tau = \frac{T}{E},$$

so wird $\tau = 1$ im Bereiche der elastischen Knickung und $\tau < 1$ im Bereiche der unelastischen Knickung.

Aus der Tetmajerschen Geradenformel für Flußeisen

$$\sigma_k = 3{,}1 - 0{,}0114 \frac{l}{i}$$

und der Engesserformel

$$\sigma_k = \pi^2 \frac{E}{\left(\frac{l}{i}\right)^2} \tau$$

folgt nach Elimination von l/i

$$\boldsymbol{\tau = \frac{\sigma_k}{E} \left(\frac{3{,}1 - \sigma_k}{0{,}0358}\right)^2} \quad . \quad . \quad . \quad . \quad . \quad . \quad . \quad . \quad . \quad . \quad . \quad . \quad . \quad . \qquad (9)$$

für Werte von $l/i < 105$. σ_k und E sind in t/cm² einzuführen. Mit Gl. (9) ist die Größe τ — wir wollen sie die Knickzahl nennen — als Funktion der Knickspannung σ_k gegeben und der Zusammenhang zwischen der theoretischen Gl. (8) und den

[1]) Über die Knickfestigkeit gerader Stäbe. Z. Arch. Ing.-Wes. 1889, Knickfragen. Schweiz. Bauz. 1895.

Tetmajerschen Erfahrungszahlen hergestellt. Der Anhang enthält die auf Grund der Gl. (9) berechnete Tafel III der Knickzahlen τ, deren Bedeutung und Anwendung weiter unten klar werden wird.

Den Gedanken Engessers griff später Kármán nochmals auf[1]). Gestützt auf neuere Versuche Eugen Meyers[2]), in denen der Nachweis erbracht wurde, daß auch nach Überschreiten der Elastizitätsgrenze die wesentlichen Grundlagen der technischen Biegungstheorie beibehalten werden können, zeigte er zunächst, daß unter gewissen vereinfachenden Annahmen die Eulerformel auch im unelastischen Bereiche ihre Geltung behält. Der von Kármán aus theoretischen Überlegungen abgeleitete Zusammenhang zwischen dem „resultierenden Modul M", der bei ihm an Stelle des Engesserschen Knickmoduls T tritt, und dem Druckdiagramm wurde von ihm an sehr sorgfältig durchgeführten Versuchen mit kleinen rechteckigen Probestäben aus Kohlenstoffstahl ($\sigma_d = 6{,}8$ t/cm²) gut bestätigt gefunden. Darin und in der Klärung einiger grundlegender Fragen der Knickfestigkeit liegt die Bedeutung der Kármánschen Arbeit. Sie enthält, ebensowenig wie die Veröffentlichungen Engessers, eine für die Praxis unmittelbar brauchbare Zahlenformel, aber sie zeigt den Weg, wie die notwendigen Zahlenreihen für jedes Eisenmaterial aus einfachen Druckversuchen leicht bestimmt werden können. Ihr Wert liegt aber vornehmlich in dem Umstande, daß durch Versuche einwandfrei festgestellt wurde, daß die Behandlung von Knickproblemen auch im unelastischen Bereiche von der üblichen Differentialgleichung der elastischen Linie ihren Ausgang nehmen kann, nur ist an Stelle des Festwertes E der mit σ_k veränderliche Modul T[3]) einzuführen. Damit aber wurde jene sichere Grundlage für die theoretische Erörterung verwickelter Probleme der Knickfestigkeit geschaffen, die bisher gefehlt hatte.

Die Ergebnisse der Untersuchungen Kármáns, auf die wir noch ausführlich in **35** zu sprechen kommen, lassen sich in folgende Sätze zusammenfassen:

α) Bei sehr schlanken Stäben, bei denen die Knickspannung unterhalb der Elastizitätsgrenze liegt, ist die Eulersche Formel sehr genau erfüllt, wenn man die Versuchseinrichtungen so wählt, und insbesonders die Zentrierung so durchführt, daß die Voraussetzungen der Theorie gut erfüllt erscheinen. Kármán fand Höchstabweichungen von 1 bis 2% zwischen den beobachteten und berechneten Werten.

β) Bei kürzeren Stäben gilt eine ähnliche Formel

$$\sigma_k = \frac{\pi^2 T}{\left(\frac{l}{i}\right)^2},$$

in der der resultierende Modul T in einer durch die Querschnittsform bestimmten Weise als Mittelwert zwischen dem Elastizitätsmodul E und dem „Modul der gesamten Formänderungen" $E' = \frac{d\sigma}{d\varepsilon}$ zu bilden ist. Somit hängt die Knickspannung im unelastischen Bereich nicht nur von dem Schlankheitsgrad l/i, sondern auch von der Querschnittsform ab. Ihr Einfluß nimmt mit abnehmender Schlankheit zu. Der Einfluß der Querschnittsform wurde von Kármán nur theoretisch gefolgert, aber nicht durch den Versuch überprüft, da er nur Stäbe mit rechteckigem Querschnitt benützt hat.

---

[1]) v. Kármán, Theodor: Untersuchungen über Knickfestigkeit. Mitteilungen über Forschungsarb. a. d. Geb. d. Ingenieurwesens, herausgeg. v. Ver. d. Ing., H. 81, Berlin 1910.

[2]) Meyer, Eugen: Die Berechnung der Durchbiegung von Stäben, deren Material dem Hookeschen Gesetze nicht folgt. Z. V. d. I. 1908, S. 167.

[3]) Wir benützen hier und später statt der Kármánschen Bezeichnung M, die Engessersche Bezeichnung T.

γ) Die Exzentrizität des Kraftangriffes beeinflußt die Knickfestigkeit schlanker Stäbe nur wenig, dagegen wird die Tragfähigkeit kurzer Stäbe schon durch kleine Exzentrizitäten nennenswert verringert.

δ) Die Tetmajerschen Geraden für schmiedbares Eisen verlaufen unterhalb der idealen Knickfestigkeit, so daß sie stets eine etwas größere Sicherheit bieten als die Kármánsche Formel.

ε) Einspannung der Stabenden kann bei sehr schlanken Stäben eine bedeutende Erhöhung der Knickfestigkeit zur Folge haben, bei kürzeren Stäben ist dies nicht der Fall.

31. Die Knickvorschriften der deutschen Reichsbahn.

Die Erkenntnis der Mängel der uneingeschränkten Anwendung der Eulerformel hat bei Aufstellung der neuen Vorschriften dazu geführt, die Eulerformel im unelastischen Bereich zu verlassen.

Die Vorschrift lautet:

Bei den Gurtstäben ist als freie Knicklänge die Länge ihrer Netzlinien anzunehmen. Bei den Füllungsstäben (Streben und Pfosten) ist für das Ausknicken senkrecht zur Trägerebene im allgemeinen als freie Knicklänge ebenfalls die Länge der Netzlinien, für das Ausknicken in der Trägerebene im allgemeinen als freie Knicklänge der Abstand der nach der Zeichnung geschätzten Schwerpunkte der beiderseitigen Anschlußnietgruppen des Stabes einzuführen. Bei Pfosten, die mit Querträgern und Querriegeln biegungsfeste Rahmen bilden, ist für das Ausknicken senkrecht zur Trägerebene als freie Knicklänge die Entfernung der Mitten der biegungsfesten Anschlüsse anzunehmen. Bei Abstützung von Zwischenpunkten der Gurtstäbe und Füllungsglieder gegen festliegende andere Punkte verringert sich die freie Knicklänge entsprechend. Bei sich kreuzenden Stäben, von denen der eine Druck, der andere Zug erhält, ist der Kreuzungspunkt als ein in der Trägerebene und senkrecht dazu festliegender Punkt vorauszusetzen, falls die sich kreuzenden Stäbe in ihm gehörig miteinander verbunden sind. Die Enden der freien Knicklänge sind als gelenkig geführt anzusehen.

Bei mittigem Kraftangriff ist die errechnete Stabkraft eines Druckstabes je nach dem Schlankheitsgrad λ und dem Baustoff mit dem entsprechenden, in der Tafel 14 auf S. 113 angegebenen Knickbeiwert ω[1]) zu multiplizieren. Der Stab ist dann hinsichtlich der zulässigen Spannung weiter wie ein Zugstab zu behandeln, für den die in der Tafel 12 S. 93 angegebenen Werte maßgebend sind. Die Nietlöcher sind bei der Ermittlung des nutzbaren Querschnittes der Druckstäbe nicht abzuziehen. Für jeden Druckstab ist der Wert $\omega\cdot$Schwerpunktsspannung $= \omega\cdot\frac{S_g + \varphi S_p}{F}$ nachzuweisen und dem Wert σ_{zul} gegenüberzustellen.

Die Endpunkte der von einer Wagerechten aus aufgetragenen Knickspannungen σ_k, d. h. der Schwerpunktsspannungen, im Augenblicke des Ausknickens sind zwischen $\lambda = 0$ und $\lambda = 60$ auf einer im Abstande σ_Q (Spannung an der Quetschgrenze) zur Abszissenachse (Abb. 87) gezogenen Parallelen, bei $\lambda \gtreqless 100$ auf der Eulerkurve $\sigma_k = \frac{\pi^2 E}{\lambda^2}$ und zwischen $\lambda = 60$ und $\lambda = 100$ auf einer die genannte Parallele mit der Eulerkurve verbindenden Geraden anzunehmen. Für ein Flußeisen mit $\sigma_Q = 2400$ kg/cm² ergibt sich hiernach die in der Abb. 87 dargestellte Knickspannungslinie. Die diesen Knickspannungslinien entsprechenden Werte der Knickspannungen sind in der Tafel 14 für die verschiedenen Schlankheitsgrade zwischen 0 und 170 für Schweißeisen und vor 1895 eingebautes Flußeisen mit $\sigma_Q = 2200$ kg/cm², für neueres Flußeisen mit $\sigma_Q = 2400$ kg/cm² und für Flußstahl mit z. B. $\sigma_Q = 3800$ kg/cm² angegeben. Die Knickspannungen für Flußstahl mit anderem σ_Q lassen sich leicht ermitteln.

Bezeichnet ψ den Grad der Knicksicherheit, so besteht zwischen der Knickspannung σ_k und der zulässigen Spannung bei Druckstäben $\sigma_{d\,zul}$ die Beziehung:

$$\psi = \frac{\sigma_k}{\sigma_{d\,zul}}.$$

[1]) In der Vorschrift wird ω als Knickzahl bezeichnet. Um hier Verwechslungen mit der Knickzahl τ zu vermeiden, wird der bereits oben gebrauchte Ausdruck Knickbeiwert beibehalten.

Setzt man die zulässige Zug- und Biegungsspannung σ_{zul} zur zulässigen Druckspannung $\sigma_{d\,zul}$ in Beziehung, so besteht die Gleichung:

$$\sigma_{zul} = \omega \cdot \sigma_{d\,zul},$$

wo ω der sogenannte Knickbeiwert > 1 ist.

Aus den beiden Gleichungen folgt:

$$\omega = \frac{\sigma_{zul}}{\sigma_{d\,zul}} = \frac{\sigma_{zul}}{\sigma_k}\,\psi.$$

Für neue Brücken aus Flußeisen oder Stahl ist bei alleiniger Belastung durch die Hauptkräfte für λ zwischen 0 und 60 eine zweifache Sicherheit und für $\lambda \geqq 100$ eine vierfache Sicherheit an-

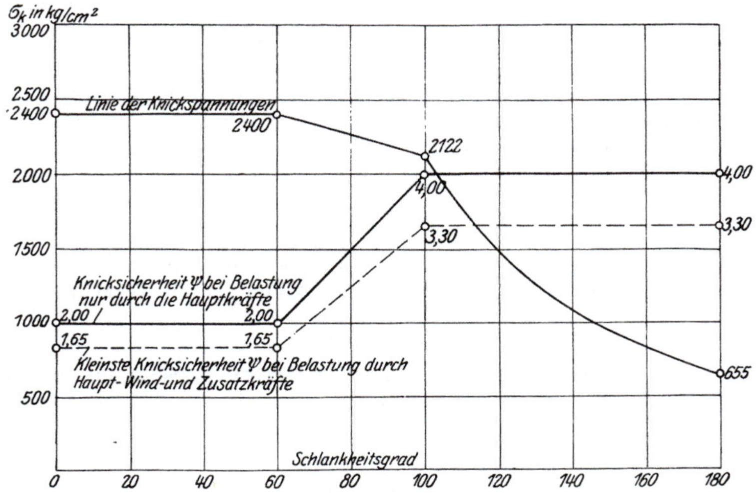

Abb. 87.

Tafel 14.

Schlankheitsgrad $\lambda = \frac{s_k}{i}$	Knickspannung bei **Schweißeisen** und bei **vor 1895 eingebautem Flußeisen** $\sigma_Q = 2200$; $\lambda \leq 60$; $\sigma_k = 2200$; λ von 60 bis 100; $\sigma_k = 2539 - 5{,}65\,\lambda$; $\lambda \geqq 100$; $\sigma_k = \frac{19740000}{\lambda^2}$ kg/cm²	Knickbeiwert ω	$\frac{\Delta\omega}{\Delta\lambda}$	Schlankheitsgrad $\lambda = \frac{s_k}{i}$	Knickspannung bei **neuem und nach 1895 eingebautem Flußeisen** $\sigma_Q = 2400$; $\lambda \leq 60$; $\sigma_k = 2400$; λ von 60 bis 100; $\sigma_k = 2817 - 6{,}95\,\lambda$; $\lambda \geqq 100$; $\sigma_k = \frac{21220000}{\lambda^2}$ kg/cm²	Knickbeiwert ω	$\frac{\Delta\omega}{\Delta\lambda}$	Schlankheitsgrad $\lambda = \frac{s_k}{i}$	Knickspannung bei **Flußstahl** z. B. $\sigma_Q = 3800$; $\lambda \leq 60$; $\sigma_Q = 3800$; λ von 60 bis 100; $\sigma_k = 6245 - 40{,}75\,\lambda$; $\lambda \geqq 100$; $\sigma_k = \frac{21700000}{\lambda^2}$ kg/cm²	Knickbeiwert ω	$\frac{\Delta\omega}{\Delta\lambda}$
0				0				0			
10				10				10			
20				20				20			
30	2200	1,27		30	2400	1,17		30	3800	1,17	
40				40				40			
50				50				50			
60				60				60			
70	2143	1,63	0,036	70	2330	1,50	0,033	70	3392	1,64	0,047
80	2087	2,03	0,038	80	2261	1,86	0,036	80	2985	2,23	0,059
90	2030	2,41	0,040	90	2191	2,24	0,038	90	2577	3,02	0,079
100	1974	2,84	0,043	100	2122	2,64	0,040	100	2170	4,09	0,107
110	1632	3,43	0,059	110	1754	3,19	0,055	110	1793	4,95	0,086
120	1371	4,08	0,065	120	1474	3,80	0,061	120	1507	5,89	0,094
130	1168	4,79	0,071	130	1256	4,46	0,066	130	1284	6,92	0,103
140	1007	5,56	0,077	140	1083	5,17	0,071	140	1107	8,02	0,110
150	877	6,39	0,083	150	943	5,94	0,077	150	964	9,21	0,119
160	771	7,26	0,087	160	829	6,76	0,082	160	848	10,47	0,126
170	683	8,20	0,094	170	734	7,63	0,087	170	751	11,82	0,135

zunehmen. Zwischen $\lambda = 60$ und $\lambda = 100$ wird geradlinig eingeschaltet. Es ist also bei neuen Brücken aus Flußeisen und Stahl

$$\psi_0 \text{ bis } \psi_{60} = 2{,}0; \quad \psi_{70} = 2{,}5; \quad \psi_{80} = 3{,}0; \quad \psi_{90} = 3{,}5 \quad \text{und} \quad \psi_{100} \text{ bis } \psi_{170} = 4{,}0.$$

Dieselben Knicksicherheitsgrade werden auch für bestehende Brücken aus Schweißeisen oder Flußeisen, das vor 1895 eingebaut ist, bei alleiniger Belastung durch die Hauptkräfte angenommen.

Bei alleiniger Belastung durch die Hauptkräfte ist für neue Brücken aus Flußeisen

$$\sigma_{zul} = 1400 \text{ kg/cm}^2,$$

für neue Brücken aus Stahl mit z. B. $\sigma_Q = 3800 \text{ kg/cm}^2$ $\sigma_{zul} = 1400 \cdot \frac{3800}{2400} = \text{rd. } 2200 \text{ kg/cm}^2$ und für bestehende Brücken aus Schweißeisen oder Flußeisen, das vor 1895 eingebaut ist, $\sigma_{zul} = 1400 \text{ kg/cm}^2$. Die sich hiernach aus der Gleichung $\omega = \frac{\sigma_{zul}}{\sigma_k} = \psi$ ergebenden Werte für ω sind in der Tafel 14 angegeben. Diese Werte für ω werden auch für die Belastung durch die Hauptkräfte und durch die Wind- und Zusatzkräfte und für beide Belastungsfälle auch für bestehende Brücken aus Flußeisen, das nach 1895 eingebaut ist, beibehalten. Den hierfür zugelassenen höheren Werten σ_{zul_1} entsprechen geringere Knicksicherheitsgrade ψ_1.

Bedeuten ψ die im Vorstehenden angegebenen Knicksicherheitsgrade (2 bis 4), so bestehen die Gleichungen

$$\psi_1 = \omega \frac{\sigma_k}{\sigma_{zul_1}} = \frac{\sigma_{zul}}{\sigma_k} \psi \cdot \frac{\sigma_k}{\sigma_{zul_1}} = \frac{\sigma_{zul}}{\sigma_{zul_1}} \psi.$$

Die kleinsten Knicksicherheitsgrade erhält man für bestehende Brücken aus Flußeisen, das nach 1895 eingebaut ist, bei Belastung durch die Hauptkräfte und die Wind- und Zusatzkräfte:

$$\psi_1 = \frac{1400}{1700} \psi.$$

Bei Druckstäben mit außermittigem Kraftangriff oder bei Druckstäben, die neben einer mittigen Druckkraft von einem Biegungsmoment beansprucht werden, darf die aus der Gleichung:

$$\sigma = \frac{\omega (S_g + \varphi S_p + \ldots)}{F} + \frac{\mathfrak{M}_g + \varphi \mathfrak{M}_p + \ldots}{\mathfrak{W}}$$

errechnete Randspannung den entsprechenden Wert σ_{zul} nicht überschreiten.

Bei mehrteiligen Druckstäben darf der Schlankheitsgrad der einzelnen Teile nicht größer als der Schlankheitsgrad des ganzen Stabes und nicht größer als 30 sein. Als freie Knicklänge der einzelnen Teile gilt die Länge zwischen den Mitten zweier Bindebleche oder der Knotenpunkte der Vergitterungen. Die Abmessungen und Anschlüsse der Vergitterungen oder Bindebleche sind für eine Querkraft, die = 2 % der größten Druckkraft des Gesamtstabes anzunehmen ist, zu berechnen.

In Abb. 88 ist die Linie der Knickspannungen nach Tetmajer und nach den neuen Vorschriften zwecks Vergleich eingetragen. Auffällig ist die starke Abweichung bei

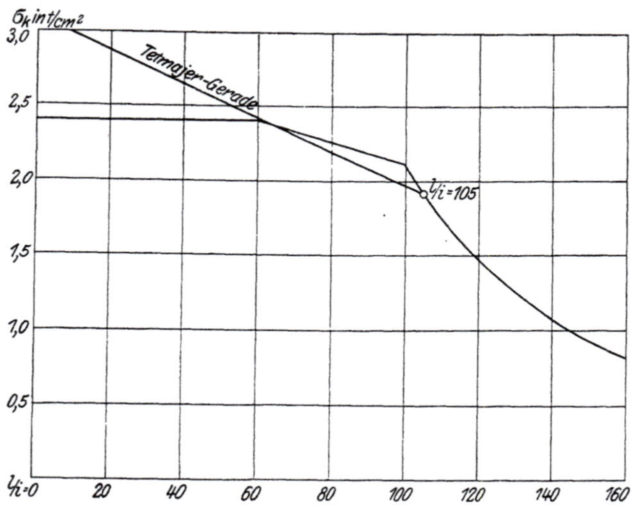

Abb. 88.

kurzen Stäben. Die Verfasser der Vorschriften sind von der Ansicht ausgegangen, daß bei Stäben mit $\frac{l}{i} < 60$ die Knickspannung nicht mehr die Streckgrenze übersteigen kann.

Diese m. M. nach aus der unrichtigen Auslegung von Versuchen mit gegliederten Druckstäben enstandene Anschauung steht im Widerspruch mit den Ergebnissen der zahlreichen Versuche Tetmajers und den noch genaueren Feststellungen Kármáns. Ebenso besteht kein Grund dafür, den Sicherheitsgrad bei kurzen Stäben anders zu wählen als bei langen Stäben. In Hinsicht auf die Berücksichtigung der dynamischen Wirkung der Verkehrslasten hätte man sich mit einem gleichmäßigen Sicherheitsgrad von etwa 3 begnügen können. Die mehrfach gebrochene Knicklinie, der wechselnde Sicherheitsgrad erschweren die Übersicht und machen es nahezu unmöglich, das Verhalten eines Druckstabes auf Grund dieser merkwürdigen Knickgesetze zu verfolgen. Daß dies aber unter Umständen notwendig ist, um Fragen, die beim Bauentwurfe auftauchen, beantworten zu können, braucht nicht erst hervorgehoben zu werden. Es ist auch zu bedauern, daß an Stelle des Nachweises des Sicherheitsgrades der Nachweis einer ideellen Spannung verlangt wird, die der zulässigen Beanspruchung gegenüber zu stellen ist. Das Wesen des Knickproblems wird hierdurch vollständig verschleiert.

32. Einseitig gedrückte Stäbe.

a) Von Haus aus krumme Stäbe.

Die Erkenntnis von der größeren Empfindlichkeit mittelschlanker Stäbe gegen anfängliche Abweichungen von der Geradlinigkeit, hat das Bedürfnis gezeitigt, neben der Ermittlung der zulässigen Druckkraft auf Grund verläßlicher Knickformeln oder Knicktafeln auch nebenher noch die Bestimmung der größten Randspannung für eine angenommene (wahrscheinliche) Abweichung durchzuführen. Es ist einleuchtend, daß in praktischen Fällen weder die Stabachse vollständig gerade ist, noch ein genaues Zusammenfallen der Kraftrichtung, mit derselben stattfinden wird. Selbst vollkommene Herstellung vorausgesetzt, werden z. B. die Nebenspannungen im Fachwerke ein Abweichen der Kraftrichtung von der Stabrichtung und eine Verbiegung der Fachwerkstäbe zur Folge haben. Dazu treten noch Ungleichheiten des Materials, weiter quer zur Stabachse gerichtete zufällige Kräfte usw.

Tetmajer hat der Frage der Größe der Exzentrizität von Stäben, die praktisch als achsenrecht belastet angesehen werden können, sein Augenmerk geschenkt und auf Grund seiner Beobachtungen festgestellt, daß selbst unter den günstigen Bedingungen des Laboratoriumsversuches nicht von einem bestimmten Zusammenhang zwischen Anfangsexzentrizität und Stababmessungen gesprochen werden kann. Es bleibt daher nichts anderes übrig, als von praktischen Erwägungen ausgehend, einen passenden Wert der Abweichung zu wählen, der aller Wahrscheinlichkeit nach bei mäßig guter Ausführung nicht überschritten wird, und mit diesem wahrscheinlichen Größtwert die Randspannung zu ermitteln.

Da längere Stäbe schwerer geradezurichten sind als kürzere, auch der Einfluß von Lastabweichungen, Querkräften usw. bei solchen Stäben größer ist als bei kürzeren, so ist es berechtigt, die Abweichung a proportional der Länge zu setzen. Aber auch der Querschnittsform wird man Einfluß auf die Größe von a einräumen müssen, da schlanke Stäbe von Hause aus schwerer zu richten sind und durch zufällige Kräfte, durch Nebenspannungen oder ähnliche Einflüsse stärker verbogen werden als gedrungene. Wir setzen sonach

$$a = \mu l \left(\frac{l}{i}\right),$$

wo l die Stablänge und i den kleinsten Trägheitshalbmesser bedeutet. μ wählen wir derart, daß für einen schlanken Stab von $l/i = 100$, $a = l/300$[1]) wird. Damit wird

[1]) Müller-Breslau setzt unabhängig von der Schlankheit $a = l/200$. Siehe Müller-Breslau, Über exzentrisch gedrückte Stäbe und über Knickfestigkeit. Eisenbau 1911, S. 339.

$$\mu = \frac{1}{30000}$$

und

$$a = \frac{l}{30000}\left(\frac{l}{i}\right). \qquad (10)$$

Es wird demnach

für $l/i =$	20	50	100	150	200
$a =$	$\frac{l}{1500}$	$\frac{l}{600}$	$\frac{l}{300}$	$\frac{l}{200}$	$\frac{l}{150}$.

Da die Ausbiegungen eines mit der Anfangsabweichung a behafteten, sonst achsenrecht belasteten Stabes nicht proportional der Last P wachsen, so hätte es keinen Sinn, die Ausbiegungen und die entsprechenden Randspannungen für die Gebrauchslast P zu berechnen und letztere mit den üblichen zulässigen Beanspruchungen zu vergleichen. Von dem bei der Festlegung der zulässigen Beanspruchung für Zug und Biegung benützten 1,8 fachen Sicherheitsgrad gegen Erreichen der Streckgrenze ausgehend, kann auch hier die Forderung gestellt werden, daß unter der Wirkung einer 1,8 fachen Gebrauchslast die größte Randspannung den Wert $\sigma_Q = 2{,}4$ t/cm² nicht überschreite. Da bei Benützung zutreffender Knickformeln, z. B. der Tetmajerformeln, der Sicherheitsgrad gegen Ausknicken in diesem Falle mit $\psi = 3$ empfohlen wurde, so setzen wir fest: Ist ψ der Sicherheitsgrad für Knicken, so sei $0{,}6\,\psi$ der Sicherheitsgrad für das Erreichen der Streckgrenze bei der Ausbiegung in den gedrückten Randfasern des Stabes.

Bezeichnet a die anfängliche Ausbiegung in Stabmitte Abb. 89, so ist die Ausbiegung f unter der Wirkung der Last $0{,}6\,\psi P$ nach Föppl[1])

$$f = \frac{P_E}{P_E - 0{,}6\,\psi P}\,a,$$

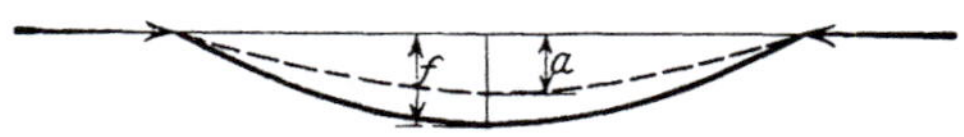

Abb. 89.

worin P_E die Tragkraft nach Euler, d. i.

$$P_E = \frac{\pi^2 E}{\left(\frac{l}{i}\right)^2}$$

bedeutet. Setzt man

$$\frac{P_E}{\psi P} = t,$$

so folgt

$$f = \frac{t}{t - 0{,}6}\,a.$$

Die maßgebende Randspannung in Stabmitte beträgt

$$\sigma = \frac{0{,}6\,\psi P}{F} + \frac{0{,}6\,\psi P f}{W},$$

wenn mit F und W Querschnittsfläche und Widerstandsmoment für die in Betracht gezogene Biegungsrichtung bezeichnet werden. Bei unsymmetrischen Querschnitten ist das kleinere der beiden Widerstandsmomente zu wählen.

[1]) Föppl, A.: Vorl. ü. Techn. Mechanik, Bd. 3, Festigkeitslehre, 3. Aufl. 1905, S. 333.

Führt man

$$\frac{W}{F} = \frac{i^2}{e}$$

ein, wobei i der Trägheitshalbmesser und e der Abstand der Randfaser von der Stabachse ist, so entsteht

$$\sigma = \frac{0{,}6\,\psi P}{F}\left(1 + \frac{fe}{i^2}\right).$$

Setzt man unter Benützung der Beziehung (10)

$$f = \frac{l}{30\,000}\left(\frac{l}{i}\right)\frac{t}{t - 0{,}6}$$

ein, so erhält man schließlich die Randspannung σ in der Form

$$\sigma = \frac{0{,}6\,\psi P}{F}\left[1 + \frac{1}{30\,000}\frac{t}{(t - 0{,}6)}\left(\frac{l}{i}\right)^3\frac{e}{l}\right]. \quad \ldots\ldots\ldots (11)$$

Für Flußeisen muß

$$\sigma \leqq 2{,}4 \text{ t/qcm}$$

sein. Hier und im folgenden soll l nicht die tatsächliche Stablänge, sondern die in Rechnung gestellte Knicklänge bedeuten, um auch dort, wo Einspannung in Frage kommt, ihre entlastende Wirkung auf die Randspannung wenigstens angenähert berücksichtigen zu können.

Um nun zu einem Urteil über das Verhalten der verschiedenen Querschnittsformen hinsichtlich ihres Widerstandes gegen einseitigen Druck zu gelangen, setzen wir für den auf Knickung voll ausgenützten Stab

$$\frac{P}{F} = \frac{\sigma_k}{\psi},$$

wo σ_k die Knickspannung bedeutet. Führt man weiters die Verknüpfung

$$e = \beta i$$

ein, wobei der Beiwert β bei geometrisch ähnlichen Querschnittsformen nur wenig veränderlich ist, so geht Gl. (11) über in

$$\sigma = 0{,}6\,\sigma_k\left[1 + \frac{\beta}{30\,000}\frac{t}{(t - 0{,}6)}\left(\frac{l}{i}\right)^2\right].$$

Da σ_k und t von l/i abhängige Größen sind, so stellt die vorstehende Gleichung eine vom Sicherheitsgrad unabhängige Beziehung zwischen β und l/i dar, aus der mit $\sigma = \sigma_Q = 2{,}4\ t/\text{cm}^2$ ein oberer Grenzwert β_g als Funktion von l/i in der Form

$$\beta_g = 30\,000\left(\frac{4}{\sigma_k} - 1\right)\frac{t - 0{,}6}{t}\left(\frac{i}{l}\right)^2 \text{ (in t und cm)} \quad \ldots\ldots\ldots (12)$$

gewonnen wird.

β stellt das Verhältnis des größeren Randfaserabstandes zum Trägheitshalbmesser vor. Bei symmetrischen Querschnittsformen, das Verhältnis der halben Höhe zum Trägheitshalbmesser. Das β des benützten Querschnittes muß, wenn die Spannung in der gedrückten Randfaser $2{,}4\ t/\text{cm}^2$ nicht überschreiten soll, gleich oder kleiner als der aus Gl. (12) mit dem vorliegenden Schlankheitsverhältnis l/i errechnete Wert von β_g sein[1]).

Man stellt daher den Stabquerschnitt zunächst mit Rücksicht auf die Knicksicherheit fest und untersucht, ob das Verhältnis $\beta = \frac{e}{i}$ gleich oder kleiner als der durch Gl. (12) gegebene Wert ist. Anderenfalls ist der Querschnitt in der betreffenden Biegungsrichtung steifer zu gestalten. Schließlich berechnet man die Randspannung nach Gl. (11).

[1]) β_g ist, wie man sich leicht überzeugt, für den voll ausgenützten Stab unabhängig vom Sicherheitsgrad ψ. Setzt man $\frac{P_E}{F} = \sigma_E$ und $\frac{P}{F} = \frac{\sigma_k}{\psi}$ so ist $t = \frac{\sigma_E}{\sigma_k}$ unabhängig von ψ.

Um rasch entscheiden zu können, ob der fragliche Querschnitt eine Nachrechnung der Randspannung erfordert, wurde für die Längenverhältnisse $l/i = 50$ bis 200 die Tafel 15 der β_g-Werte nach Gl. (12) berechnet. Hierbei wurde σ_k nach Euler-Tetmajer bestimmt.

Tafel 15.

l/i	β_g	l/i	β_g	l/i	β_g	l/i	β_g	l/i	β_g	l/i	β_g	l/i	β_g	l/i	β_g
50	5,72	70	3,07	90	1,80	110	1,27	130	1,55	150	1,73	170	1,85	190	1,93
55	4,81	75	2,68	95	1,58	115	1,35	135	1,60	155	1,76	175	1,87	195	1,95
60	4,05	80	2,34	100	1,39	120	1,43	140	1,65	160	1,80	180	1,89	200	1,96
65	3,54	85	2,05	105	1,22	125	1,49	145	1,69	165	1,83	185	1,91		

Der Verlauf der Größe β_g läßt erkennen, daß das Schlankheitsverhältnis $l/i = 105$ (Grenze zwischen Eulerhyperbel und Tetmajergerade) hinsichtlich der Sicherheit bei exzentrischen Druck den ungünstigsten Fall darstellt, da hier β_g seinen kleinsten Wert 1,22 erreicht.

Wie schon früher erwähnt, schwankt die Größe β innerhalb eines Querschnittstypus, insbesonders bei symmetrischen Querschnitten, nur wenig. So findet man:

für  Schenkelbreite 80 bis 160 mm . . . . $\beta = 2{,}22 - 2{,}33$

für  Schenkelbreite 80 bis 160 mm . . . . $\beta = 1{,}80 - 1{,}87$

für 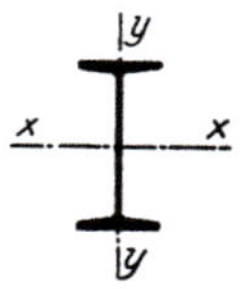

N. P. Nr. 16 bis 50 . . . . $\begin{cases} \beta_x = 1{,}25 - 1{,}27 \\ \beta_y = 2{,}39 - 2{,}48 \end{cases}$

für 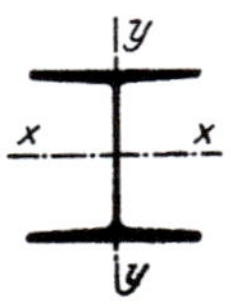

Diff. I Nr. 18 bis 30 . . . . $\begin{cases} \beta_x = 1{,}16 - 1{,}18 \\ \beta_y = 2{,}13 - 2{,}15 \end{cases}$

für 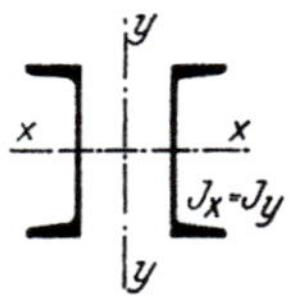

N. P. Nr. 12 bis 30 ($J_x = J_u$) . . . . $\begin{cases} \beta_x = 1{,}28 - 1{,}32 \\ \beta_y = 1{,}60 - 1{,}80 \end{cases}$

für 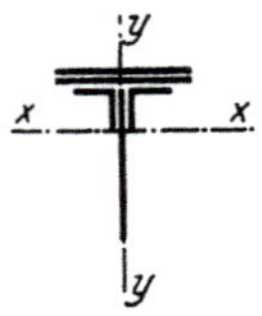

. . . . $\begin{cases} \beta_x = 2{,}70 - 3{,}30 \\ \beta_y = 2{,}20 - 3{,}00 \end{cases}$

für 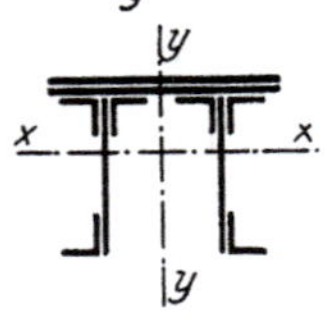

. . . . $\begin{cases} \beta_x = 2{,}00 - 2{,}50 \\ \beta_y = 1{,}60 - 2{,}00 \end{cases}$

Diese Zusammenstellung erlaubt mit Hilfe der Tafel 15 von Haus aus zu entscheiden, ob ein Querschnitt auf einseitigen Druck untersucht werden soll oder nicht. So findet man z. B. für den Kreuzquerschnitt aus vier Winkeleisen, daß β ungünstigsten Falles 2,33 werden kann, daher Stäbe mit einem Schlankheitsverhältnis $l/i < 80$ selbst bei vollständiger Ausnützung ihrer zulässigen Tragfähigkeit auf Knicken bei 1,8 facher Nutzlast eine Randspannung besitzen, die kleiner ist als 2,4 t/cm². Unsymmetrische Querschnitte sind, wie die beiden letzten Typen erweisen, besonders ungünstig, da sie im Vergleich zum Stoffaufwand ein kleines Widerstandsmoment besitzen.

Beispiel. Ein Fachwerkstab aus][Nr. 30 mit 2,0 cm Stegabstand ist bei 3,5facher Sicherheit und einer Knicklänge $l = 4{,}20$ m mit der Gebrauchslast $P = 68$ t belastet, Abb. 90.

Es ist: $F = 117{,}6$ cm², $i_x = 11{,}69$ cm, $i_y = 4{,}70$ cm, daher $l/i_y = 420 : 4{,}70 = 89{,}4$; somit die Tragkraft nach Tetmajer bei $\psi = 3{,}5$, wenn man $\sigma_k = 2{,}081$ t/cm² der Tafel I entnimmt

$$P_k = \frac{2{,}081}{3{,}5} \cdot 117{,}6 = 69{,}6 \text{ t}.$$

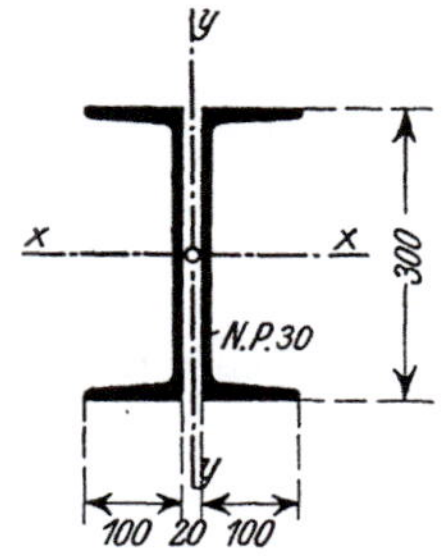

Abb. 90.

Die Werte β betragen:

hinsichtlich der Materialachse

$$\beta_x = \frac{15{,}0}{11{,}69} = 1{,}28,$$

hinsichtlich der freien Achse

$$\beta_y = \frac{11{,}0}{4{,}70} = 2{,}34.$$

Aus der Tafel 15 folgt für $l/i_y = 89{,}4$ der obere Grenzwert $\beta_g = 1{,}83$, daher ist die Randspannung nur für Biegung senkrecht zur y-Achse zu ermitteln. Da bei den oben angegebenen Abmessungen die Randspannung bei Biegung unter der $0{,}6\,\psi = 2{,}1$ fachen Nutzlast senkrecht zur freien Achse die Streckgrenze überschreitet ($\beta_y > 1{,}83$), so machen wir den Querschnitt in der fraglichen Richtung dadurch tragfähiger, daß wir den Abstand der beiden]-Eisen auf 3,2 cm erhöhen.

Jetzt ist $i_y = 5{,}18$ cm, daher

$$\frac{l}{i_y} = \frac{420}{5{,}18} = 81{,}1$$

und

$$\beta_y = \frac{11{,}6}{5{,}18} = 2{,}24,$$

während nach Tafel 15 für $\frac{l}{i_y} = 81{,}1$, $\beta_g = 2{,}28$ ist. β liegt also jetzt unter dem Grenzwert.

Wir überzeugen uns noch von der Richtigkeit der Rechnung, indem wir die Randspannung nach Formel (11) bestimmen.

Man berechnet zunächst

$$P_E = 117{,}6\,\frac{21220}{81{,}1^2} = 379{,}5 \text{ t}$$

und

$$t = \frac{379{,}5}{3{,}5 \cdot 68} = 1{,}594.$$

Damit erhält man schließlich mittels der Gl. (11)

$$\sigma = \frac{0{,}6 \cdot 3{,}5 \cdot 68}{117{,}6}\left[1 + \frac{1}{30000}\,\frac{1{,}594}{1{,}594 - 0{,}6}\,81{,}1^2\,\frac{11{,}6}{420}\right] = 2{,}39 \text{ t/cm}^2.$$

Die Randspannung σ ist kleiner als die Streckgrenze $\sigma_Q = 2{,}4$ t/cm².

b) Einseitig angeschlossene Stäbe.

Bei Wind- und Querverbänden, seltener in den Haupttragwänden, findet man häufig Stäbe, die einseitig an die Knotenbleche angeschlossen sind, so daß neben der Längsdruckkraft P noch ein Biegungsmoment $M = P\varepsilon$ wirkt, wenn ε den Abstand der Stabschwerachse von der Mittelebene des Anschlußbleches bedeutet. Natürlich wird man derartige Stabformen, die solche Zusatzmomente bedingen, nach Tunlichkeit vermeiden, doch kommen Fälle vor, wo sie nicht zu umgehen sind; man ist dann gezwungen, sich über die Sicherheit derartiger Stäbe Klarheit zu verschaffen, da das Biegungsmoment u. U. einen ganz nennenswerten Einfluß auf die Tragfähigkeit der Stäbe ausübt. Es ist klar, daß diese Tragfähigkeit erschöpft ist, wenn in den am stärksten gedrückten Randfasern die Quetschgrenze überschritten wird, da von da an bedeutende Formänderungen auftreten. Mit der Stabkraft P und dem Biegungsmoment M in Stabmitte erhält man die größte Randspannung zu

$$\sigma = \frac{P}{F} + \frac{M}{W}.$$

Nun gilt für das Größtmoment beim einseitig gedrückten Stab

$$M = P\varepsilon\left(1 + \frac{4}{\pi}\frac{P}{P_E - P}\right)^{1)},$$

wobei P_E die gleiche Bedeutung wie unter a) hat. Sonach muß

$$\frac{P}{F} + \frac{P\varepsilon}{W}\left(1 + \frac{4}{\pi}\frac{P}{P_E - P}\right) \lesseqgtr 2{,}4\ \mathrm{t/cm^2}, \quad \ldots \quad (13)$$

aus welcher Bedingung P ermittelt werden kann. Man erhält die quadratische Gleichung

$$P^2\left[1 - \varepsilon\frac{F}{W}\left(\frac{4}{\pi} - 1\right)\right] - P\left[P_E\left(1 + \varepsilon\frac{F}{W}\right) + 2{,}4\,F\right] + 2{,}4\,F P_E = 0.$$

Bezeichnet e den Abstand des Schwerpunktes vom Winkelrücken bzw. Stegrücken bei ⊐-Eisen und i den in Frage kommenden Trägheitsradius des Querschnittes, so gilt $\frac{F}{W} = \frac{e}{i^2}$, und, wenn man wie oben $\frac{e}{i} = \beta$ einführt, so folgt $\frac{F}{W} = \frac{\beta}{i}$. Setzt man weiter den Krafthebel $\varepsilon = e + \frac{\delta}{2}$ (δ = Knotenblechstärke) im Mittel gleich $\frac{5}{4}e$, so ist

$$\varepsilon\frac{F}{W} = \frac{5}{4}\beta^2.$$

Nun schwankt β bei einer bestimmten Querschnittsform nur innerhalb enger Grenzen. Es gilt nämlich:

1.  P. Nr. 6 bis 16 . . . . . $\beta = 0{,}92 - 1{,}01$

2.  N. P. Nr. 12 bis 30 . . . $\beta = 0{,}93 - 1{,}01$

3.  P. Nr. $6^1/_2/10$ bis 10/15 . $\beta = 1{,}05 - 1{,}09$

4.  P. Nr. $6^1/_2/10$ bis 10/15 . $\beta = 0{,}85 - 0{,}88$.

Wir nehmen jeweilig die die ungünstigsten Abmessungen liefernden größten Werte von β als für den betreffenden Querschnitt allgemein gültig an und gewinnen so für die Beiwerte der quadratischen Gleichung folgende Beträge:

Querschnitte 1 und 2	$1 - \varepsilon\frac{F}{W}\left(\frac{4}{\pi} - 1\right) = 0{,}65$,	$\left(1 + \varepsilon\frac{F}{W}\right) = 2{,}25$;
„ 3	„ $= 0{,}60$,	„ $= 2{,}49$;
„ 4	„ $= 0{,}74$,	„ $= 1{,}97$;

Teilt man noch die quadratische Gleichung durch F^2, indem man $\frac{P}{F} = \sigma$ und $\frac{P_E}{F} = \sigma_E$ schreibt, so gewinnen die Bedingungsgleichungen für σ die Gestalt

---

[1]) Die Ableitung dieser Formel findet der Leser in **59**, S. 272.

$$\left.\begin{array}{ll}\text{Querschnitt 1 und 2} & 0{,}65\,\sigma^2-(2{,}25\,\sigma_E+2{,}4)\,\sigma+2{,}4\,\sigma_E=0\\ \quad\text{„}\quad 3 & 0{,}60\,\sigma^2-(2{,}49\,\sigma_E+2{,}4)\,\sigma+2{,}4\,\sigma_E=0\\ \quad\text{„}\quad 4 & 0{,}74\,\sigma^2-(1{,}97\,\sigma_E+2{,}4)\,\sigma+2{,}4\,\sigma_E=0\end{array}\right\} \quad . \quad (14)$$

σ_E ist in t/cm² einzuführen. Man erhält dann σ in t/cm².

Der aus diesen Gleichungen mit $\sigma_E = \dfrac{\pi^2 E}{\left(\dfrac{l}{i}\right)^2}$ berechnete Wert von σ muß, wenn man die Sicherheit gegen das Erreichen der Streckgrenze 0,6 mal so groß wählt wie die Knicksicherheit, mit der der in Rede stehende Stab bemessen ist, der Bedingung genügen

$$\sigma \gtreqless 0{,}6\,\sigma_k \quad . \quad . \quad . \quad . \quad . \quad . \quad . \quad . \quad . \quad . \quad . \quad . \quad . \quad (15)$$

Da gemäß den Gl. (14) σ nur von σ_E, also bloß von $\frac{l}{i}$ abhängt, so läßt sich σ als Funktion von $\frac{l}{i}$ darstellen. Dies ist in der nachstehenden Tafel 15a geschehen. Sie ist nur so

Tafel 15a.

$\frac{l}{i}$	$0{,}6\,\sigma_k$ in t/cm²	σ in t/cm² für Querschn. 1 u. 2	für Querschn. 3	für Querschn. 4
30	1,66	1,04	0,93	1,18
40	1,59	1,01	0,91	1,15
50	1,52	0,98	0,88	1,12
60	1,45	0,94	0,86	1,09
70	1,38	0,90	0,83	1,05
80	1,31	0,85	0,79	0,97
90	1,24	0,80	0,75	0,91
100	1,18	0,76	0,70	0,85
110	1,05	0,72	0,66	0,80
120	0,88	0,67	0,62	0,74
130	0,75	0,62	0,58	0,69
140	0,65	0,58	0,55	0,64
150	0,57	0,54	0,51	0,60
160	0,50	0,50	0,48	0,55

Für zwischenliegende Werte ist geradlinig einzuschalten.

weit geführt als es die Bedingung (15) erfordert. Es zeigt sich, daß von einem gewissen Grenzlängenverhältnis angefangen, das je nach der Querschnittsform beiläufig zwischen $\frac{l}{i} = 140$ und 160 liegt, σ stets größer als $0{,}6\,\sigma_k$ ist. Kürzere Stäbe müssen sonach entsprechend verstärkt werden. Um einen Vergleich zwischen σ und $0{,}6\,\sigma_k$ zu ermöglichen, ist in der Tafel auch $0{,}6\,\sigma_k$ angeführt. Die einfache Anwendung dieser Tafel wird ein Beispiel am besten beleuchten.

Beispiel. Ein aus ⅃L 90. 90. 9 bestehender Druckstab ist mit den beiden rechts und links gerichteten Schenkeln einseitig angeschlossen. Seine Knicklänge (volle Stablänge) betrage $l = 260$ cm. Die Nutzlast P betrage bei 3,5facher Knicksicherheit 17,9 t.

Es ist $F = 31{,}0$ cm², $i = 2{,}74$ cm.

Mit $\frac{l}{i} = \frac{260}{2{,}74} = 95$ ergibt sich σ_k laut Tafel I im Anhang zu $\sigma_k = 2{,}017$ t/cm², somit ist $0{,}6\,\sigma_k = 1{,}210$ t/cm². Ermittelt man aus der obenstehenden Tafel für die Querschnittsform 1 den Wert von σ für $\frac{l}{i} = 95$ durch lineare Einschaltung, so erhält man $\sigma = 0{,}78$ t/cm². σ ist also viel zu klein, der Stab zu schwach.

Wir wählen daher einen stärkeren Querschnitt ⅃|⎣ 100·100·12 mit $F = 45{,}4$ cm², $J = 2\cdot 207 = 414$ cm⁴, $W = \frac{414}{2{,}90} = 142{,}8$ cm³. Dieser Stab soll eine Kraft von

$$0{,}6\,\psi\,P = 0{,}6\cdot 3{,}5\cdot 17{,}9 = 37{,}6 \text{ t}$$

aufnehmen, ohne daß in der Druckrandfaser die Streckgrenze von 2,4 t/cm² überschritten wird. Es ist jetzt

$$P_E = \frac{\pi^2 E J}{l^2} = \frac{9{,}87\cdot 2150\cdot 414}{260^2} = 129{,}8 \text{ t}.$$

Mit diesem Werte findet man, wenn man $\varepsilon = 2{,}90 + 0{,}5 = 3{,}40$ cm einführt, nach Gl. (13)

$$\sigma = \frac{37{,}6}{45{,}4} + \frac{37{,}6\cdot 3{,}40}{142{,}8}\left(1 + \frac{4}{\pi}\,\frac{37{,}6}{129{,}8 - 37{,}6}\right) = 0{,}83 + 1{,}36 = \mathbf{2{,}19\ t/cm^2}.$$

σ ist sonach kleiner als die Streckgrenze; der verstärkte Stab genügt.

§ 9. Theorie der Knickfestigkeit gerader Stäbe.

33. Einleitung.

Im vorangehenden Abschnitt haben wir die derzeit bei praktischen Rechnungen üblichen Knickformeln, ihre Bedeutung und die Art ihrer Anwendung erörtert. Wenn auch diese Formeln im Sinne der verschiedenen Bauvorschriften vielfach ausreichen, um die Knicksicherheit gedrückter Glieder eiserner Brücken zu bestimmen, so kommen doch häufig genug Fälle vor, wo mit den angeführten Gleichungen, die nur auf die einfachsten Lagerungsmöglichkeiten des geraden ungegliederten Stabes zugeschnitten sind, nicht mehr das Auslangen gefunden werden kann. Erwähnt sei nur die Frage der Knicksicherheit bei elastischer Einspannung und elastischer Querstützung der Stäbe, die Berechnung der Knicksicherheit gegliederter Stäbe, die Untersuchung der Sicherheit der dünnen Wandungen der Glieder großer Brücken gegen Ausbeulen. Auch die üblichen Anwendungsregeln für die vorangehend behandelten Formeln fordern eine kritische Überprüfung, die, soweit ausreichendes Versuchsmaterial derzeit noch nicht vorliegt, nur auf Grund vorsichtiger, möglichst voraussetzungsloser theoretischer Erörterungen vorgenommen werden kann.

Die bis jetzt bekanntgewordenen Ergebnisse der Versuchsforschung bilden eine schmale, aber glücklicherweise zunächst ausreichende Grundlage, um eine vertrauenswürdige Theorie aufzubauen. Gelingt es noch, in einzelnen Fällen genügende Übereinstimmung der Berechnungsergebnisse mit vorhandenen Versuchsresultaten festzustellen, so können die entwickelten Formeln und Regeln mit einiger Zuversicht auf ihre Richtigkeit bei der Bestimmung der Abmessungen eiserner Brücken verwendet werden. Sie verdienen dann mehr Vertrauen, als die auf Annahmen und Schätzungen beruhenden gebräuchlichen Faustregeln oder auf sehr fragwürdiger Grundlage abgeleiteten Formeln. Um nun in das Wesen der Knickfrage, d. i. die Theorie des labilen Gleichgewichtes elastischer Systeme genügend eindringen zu können, stellen wir zunächst eine eingehende Erörterung des einfachsten Falles, d. i. der Fall des labilen Gleichgewichtes des geraden Stabes, voran.

34. Elastische Knickung gerader Stäbe.

Der vollkommen elastische, ursprünglich genau gerade und schlanke Stab von unveränderlichem Querschnitt stehe unter dem Einfluß einer in der Stabachse angreifenden Längskraft S (Abb. 91) und einer zweiten irgendwie gearteten Querbelastung, die für sich genommen an der Stelle x das Moment $\mathfrak{M}_x$ erzeugt. Das Gesamtmoment im Punkte x beträgt somit

$$M_x = S y + \mathfrak{M}_x.$$

Die Biegungsebene falle in eine Querschnittssymmetrieachse und stehe senkrecht auf der Querschnittsachse des kleinsten Trägheitsmomentes. Kleine Durchbiegungen y vorausgesetzt, lautet die Differentialgleichung der elastischen Linie

$$E J \frac{d^2 y}{d x^2} + S y + \mathfrak{M}_x = 0. \qquad (1)$$

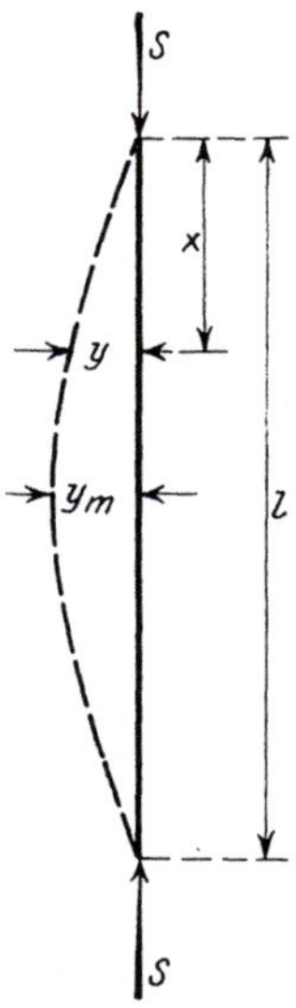

Abb. 91.

Wir nehmen nun im besonderen Falle an, daß der Stab an den Enden momentenfrei gelagert sei, und daß $\mathfrak{M}_x$ von einer in der Mitte des Stabes angreifenden Einzellast herrühre. Dann genügt die Lösung

$$y = \frac{\mathfrak{M}_x}{S}\left[\frac{\sin \alpha x}{\alpha x \cdot \cos \frac{\alpha l}{2}} - 1\right], \qquad (2)$$

worin $\alpha = \sqrt{\frac{S}{EJ}}$, der Differentialgleichung (1), solange das Moment $\mathfrak{M}_x$, das wir hier als Störungsmoment bezeichnen wollen, von Null verschieden ist. Für kleine Werte von S ist der Faktor $\cos \frac{\alpha l}{2}$ in Gl. (2) nur wenig von Eins verschieden. In dem Maße aber, als S und somit α wächst, wird der Wert des Bruches in Gl. (2) immer größer, um, wenn sich $\frac{\alpha l}{2}$ dem Betrage $\frac{\pi}{2}$ nähert, sehr rasch anzuwachsen. Damit wird auch y immer größer und größer, um — die unbeschränkte Gültigkeit der Gl. (2) zunächst vorausgesetzt[1]) — bei $\alpha l = \pi$ über alle Maßen zu wachsen; der Stab knickt vorher schon aus. Aus $\alpha l = l\sqrt{\frac{S}{EJ}}$ folgt für S_k als obere Grenze der Knickkraft die Eulersche Formel

$$S_k = \frac{\pi^2 E J}{l^2}. \qquad (3)$$

Die Eulersche Knicklast S_k ist unabhängig vom Momente $\mathfrak{M}_x$. Wir halten sonach fest:

Biegungsmomente, die neben den die Knickung verursachenden Längskräften auf den Stab einwirken, sind ohne Einfluß auf die durch Gl. (3) definierte Eulersche Knickkraft S_k.

Läßt man $\mathfrak{M}_x$ immer weiter abnehmen, so wird bei noch so kleinem aber endlichem $\mathfrak{M}_x$, y für $\alpha l = \pi$ unendlich groß werden. Erst wenn $\mathfrak{M}_x$ verschwindet, geht y in die unbestimmte Form $0 \cdot \infty$ über. Wie man sich durch Einsetzen leicht überzeugt, bestehen bei $\mathfrak{M}_x = 0$ folgende Lösungen der Differentialgleichung (1):

$$\left.\begin{array}{l} \text{für beliebige Werte von } S \text{ die Lösung } y = 0; \\ \text{für die Sonderwerte } S = n^2 \pi^2 \frac{EJ}{l^2} \text{ die Lösungen } y = C \sin n\pi \frac{x}{l}, \end{array}\right\} \qquad (4)$$

wobei n eine beliebige ganze Zahl und C ein willkürlicher Faktor ist. Von diesen Lösungen haben zunächst nur die kleinste mit $n = 1$, also $S = S_k$, und die Lösung $y = 0$ für Werte von $S < S_k$ Bedeutung, da die anderen Werten von n entsprechenden Gleichgewichtsformen des Stabes nur unter bestimmten Sonderbedingungen zustande kommen können, die wir aber nicht als gegeben ansehen. Der Stab bleibt sonach bei Fehlen eines Störungsmomentes bei beliebigen Werten von $S < S_k$ gerade und biegt sich bei $S = S_k$ nach einer Sinuslinie mit unbestimmter Amplitude C aus. Diesem Belastungsfalle entsprechen sonach unendlich viele gleichberechtigte Gleichgewichtslagen.

[1]) In dem Maße als die Durchbiegungen wachsen, hört die Geltung der Näherungsgleichung (1), aus der (2) abgeleitet wurde, auf.

Wir können daher folgendes Verhalten des Stabes feststellen:

Steht der Stab unter der Wirkung einer Achsenlast S, die kleiner als S_k ist, so bleibt er gerade. Tritt ein Störungsmoment $\mathfrak{M}_x$ hinzu, so biegt er sich aus, und die Größe dieser Ausbiegung ist durch Gl. (2) gegeben. Hört das Moment $\mathfrak{M}_x$ zu wirken auf, so richtet sich der Stab wieder gerade. Erreicht die Achsenkraft S den Betrag S_k, so kann der Stab alle möglichen Gleichgewichtslagen (Sinuslinie mit beliebiger Amplitude) einnehmen, solange $\mathfrak{M}_x = 0$ ist. Ein noch so kleines Moment $\mathfrak{M}_x$ aber stört diesen Gleichgewichtszustand, es hat ein unaufhaltsames Ausweichen des Stabes zur Folge, da Gl. (2) bei endlichem Betrage von $\mathfrak{M}_x$ den Wert $y = \infty$ liefert. Zusammenfassend können wir somit sagen: Solange $S < S_k$, biegt sich der Stab unter der Einwirkung eines Störungsmomentes aus, kehrt aber in seine ursprüngliche Lage zurück, wenn die Störung aufgehört hat. Es herrscht stabiles Gleichgewicht zwischen äußeren und inneren Kräften. Wird $S = S_k$, so sind bei Abwesenheit einer Querbelastung unendlich viele Gleichgewichtslagen möglich, es genügt aber das kleinste Störungsmoment, um ein unaufhaltsames Ausweichen des Stabes zu bewirken, er kehrt nicht mehr in seine ursprüngliche Lage zurück. Es tritt der Fall des labilen Gleichgewichtes zwischen inneren und äußeren Kräften ein. Die kritische Last S_k bezeichnet somit einen Unstetigkeitspunkt im Verhalten des gedrückten Stabes[1]).

Diese auffallenden Feststellungen sind allerdings nur das Ergebnis einer mathematischen Fiktion, da die Differentialgleichung (1), aus der die vorangehenden Schlüsse gezogen wurden, das Verhalten des gebogenen Stabes nur annäherungsweise beschreibt. Die Natur kennt keine Unstetigkeiten; der vollkommen gerade Stab würde sich in Wirklichkeit etwas anders verhalten. Geht man bei der Untersuchung von der genauen Gleichung der elastischen Linie

$$\frac{EJ}{\varrho} = -M_x$$

aus, wobei ϱ den Krümmungshalbmesser der gebogenen Stabachse darstellt, so findet man, wie bereits Grashof[2]) nachgewiesen hat, für die Durchbiegung y_m in Stabmitte bei verschwindender Querbelastung den Wert

$$y_m = \frac{2l}{\pi}\sqrt{\frac{S_k}{S}}\sqrt{\sqrt{\frac{S}{S_k}}-1}, \quad \ldots \ldots \ldots \ldots \quad (5)$$

wobei S und S_k die gleiche Bedeutung wie oben haben.

Solange $S < S_k$, ist y_m imaginär; es besteht keine Ausbiegung, der Stab bleibt gerade. Für $S = S_k$ ist $y_m = 0$, der Stab erleidet auch da noch keine Verbiegung. Erst wenn $S > S_k$ wird, tritt eine endliche und ihrer Größe nach bestimmte Durchbiegung y_m ein. Wie man aber unschwer nachrechnet, genügt schon ein ganz geringer Überschuß von S über S_k, um eine bedeutende Ausbiegung zu erzeugen, so daß schon bei kleinen Überschreitungen von S_k für den Bestand des Stabes gefährliche Verbiegungen auftreten[3]). Ebenso findet man, daß bei $S = S_k$ noch ein genügend kleines Störungsmoment aufgenommen werden kann, nur zeigt sich der Stab bei $S = S_k$ gegen derartige Störungen sehr empfindlich, er reagiert darauf mit endlichen aber sehr großen

---

[1]) Mit Rücksicht darauf, daß der Belastung mit S_k bei $\mathfrak{M}_x = 0$ unendlich viele Gleichgewichtslagen entsprechen, die aber einer Störung nicht standhalten, liegt hier eigentlich eine bemerkenswerte Vereinigung von indifferentem und labilem Gleichgewichte vor.

[2]) Grashof, Dr. F.: Theorie der Elastizität und Festigkeit, 2. Aufl., Berlin 1878, S. 168. Siehe auch Schneider, A.: Zur Theorie der Knickfestigkeit. Z. österr. Ing.- u. Arch.-Ver. 1901, S. 633.

[3]) Setzt man z. B. $S : S_k = 1{,}001 : 1$, so folgt $y_m = 0{,}0142\, l$. Für einen Stab z. B. von $l/i = 110$ und $e/i = 2$ (e Abstand der Randfaser von der Stabachse) wird die größte Randspannung $\sigma = 4{,}13\, \sigma_k$. Sonach genügt eine Steigerung der Knicklast S_k um $^1/_{1000}$ ihres Wertes, um die Randspannung auf das 4,13fache der Knickspannung $\sigma_k = S_k/F$ zu erhöhen, d. i. im vorliegenden Falle 7,24 t/cm², einer Beanspruchung, der z. B. ein Flußeisenstab nicht standhalten kann. Er bricht daher schon etwas früher zusammen.

Ausbiegungen. Praktisch genommen ist also das Ergebnis der genaueren Untersuchung das gleiche wie das oben gewonnene. Nach Erreichen der Eulerschen Knicklast S_k tritt ein unsicheres Verhalten des Stabes ein, so daß äußerst geringe Überschreitungen dieser Last oder sehr kleine Störungen den Bruch herbeiführen können. Die genauere Rechnung zeigt nur, daß zwischen S_k und der eigentlichen Bruchlast ein — wenn auch sehr enger — Übergangsbereich besteht, wodurch eine unnatürliche Unstetigkeit im Verhalten des Stabes im Bereiche der Knickgrenze vermieden erscheint. In den eingangs abgeleiteten Formeln schrumpft dieser Übergangsbereich infolge der Vernachlässigung gewisser Glieder höherer Kleinheitsordnung in der Ausgangsgleichung zu einem Unstetigkeitspunkt zusammen. Da es nur auf die Bestimmung der Grenzlast S_k, bei der mehr oder weniger plötzlich der Stab sein Verhalten ändert, oder genauer gesagt, auf die Feststellung der Bedingungen für den Eintritt des Knickzustandes ankommt, nicht aber auf den Verlauf des Knickvorganges selbst, so machen wir der einfacheren analytischen Behandlung wegen von der Fiktion eines plötzlich versagenden Stabes Gebrauch, gründen sonach unsere Untersuchungen auf die Differentialgleichung (1), die, wie der Vergleich lehrt, genügt, um die Bedingungen für die Einleitung des Knickvorganges richtig darzustellen. Die weitere Übereinstimmung der aus dieser Fiktion entwickelten Ergebnisse mit den Ergebnissen der Versuche bestätigt die Zulässigkeit der vereinfachten Rechnungsweise.

Wir sind daher berechtigt, den Knickzustand als einen labilen Gleichgewichtszustand zu betrachten, der durch eine einfach unendliche Schar gleichberechtigter Gleichgewichtslagen der Stabachse gekennzeichnet ist.

Bisher haben wir der Einfachheit der Darstellung wegen nur den an beiden Enden momentenfrei gelagerten Stab der Betrachtung unterzogen. Auch der an den Enden elastisch oder fest eingespannte Stab zeigt im wesentlichen das gleiche Verhalten, so daß es erlaubt war, den oben ausgesprochenen Sätzen von vornherein die allgemeinere Fassung zu geben. Sind M_1 und M_2 die Einspannungsmomente, die im labilen Gleichgewichtszustande infolge der Verbiegung y auftreten, so lautet die Differentialgleichung der elastischen Linie des labilen Gleichgewichtszustandes im allgemeinsten Falle

$$E J \frac{d^2 y}{d x^2} + S y + M_1 + \frac{M_2 - M_1}{l} x = 0 \qquad (6)$$

M_1 und M_2 verschwinden, wenn y verschwindet.

Der durch die Eulerformal (3) bestimmte Wert der Knicklast S_k ist natürlich in Wirklichkeit nie vollständig zu erreichen, da es keine absolut geraden Stäbe und keinen genau achsentreuen Lastangriff im Sinne der Theorie gibt. Gl. (3) ist unabhängig von der Festigkeit des Stabmaterials, ihre unbeschränkte Gültigkeit würde einen Baustoff von unbegrenzter Festigkeit voraussetzen. Die Eulersche Knicklast stellt eine obere Grenze für die kritische Belastung dar, die um so genauer erreicht wird, je kleiner die Störungsmomente $\mathfrak{M}_x$ sind und je größer die Festigkeit des Baustoffes ist.

Stellt man die durch Formel (2) zum Ausdruck gebrachte Durchbiegung,

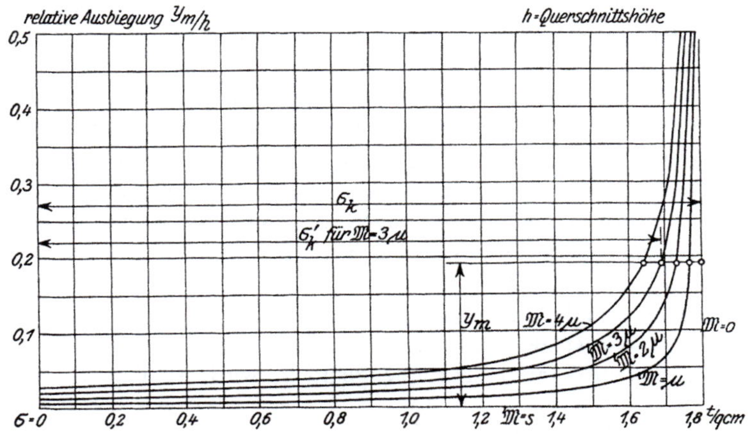

Abb. 92.

z. B. für die Stabmitte, als Funktion der Querschnittsspannung σ_m für verschiedene Werte von $\mathfrak{M}_x$ dar, so erhält man das in Abb. 92 verzeichnete System von Hyperbeln, deren aufsteigende Äste die Gerade $x = \sigma_k$ zur Asymptote haben. In der Abbildung wurden, wenn μ ein kleines verbiegendes Moment bezeichnet, die Ausbiegungslinien für $\mathfrak{M} = 0$, μ, 2μ, 3μ, 4μ dargestellt. Nimmt man nun an, daß einer bestimmten Ausbiegung y_m bei gegebenem Stabquerschnitt eine bestimmte Druckrandspannung entspricht, die nicht überschritten werden darf, — z. B. die Bruchspannung —, so läßt Abb. 92 deutlich erkennen, wie der Wert der Bruchlast mit zunehmendem Betrage von $\mathfrak{M}_x$ immer kleiner wird. Die Unterschiede zwischen der eigentlichen Bruchspannung σ_k' und der Knickspannung σ_k sind wenigstens bei schlanken Stäben bei den praktisch vorkommenden Anfangsmomenten $\mathfrak{M}_x$ verhältnismäßig gering, weshalb man die theoretische Knicklast S_k auch als Bruchlast betrachtet. Die Versuche von Bauschinger, Tetmajer, Kármán haben dargetan, daß im Bereiche der elastischen Knickung, also bei genügend schlanken Stäben, die Eulersche Formel sehr gute Übereinstimmung mit den Versuchsergebnissen zeigt. Diese Übereinstimmung ist um so besser, je genauer die Voraussetzung der Theorie, d. i. die Bedingung $\mathfrak{M}_x = 0$ erfüllt ist.

35. Unelastische Knickung gerader Stäbe.

Die Betrachtungen des vorangehenden Abschnittes fußten auf der Annahme, daß die Knickspannung, d. i. die über den Querschnitt gleichmäßig verteilte Druckspannung im Augenblicke des Eintrittes des labilen Gleichgewichtszustandes noch unterhalb der Elastizitätsgrenze bleibe. Dies ist aber nur bei schlanken Stäben der Fall. Bei kürzeren Stäben wird schon vor Eintreten des Knickzustandes die Elastizitätsgrenze überschritten. Es treten bleibende Formänderungen auf und der bisher unveränderliche Elastizitätsmodul E wird eine Funktion der Knickspannung σ_k.

Wir werden nun, in Nachbildung des Rechnungsganges bei vollkommen elastischen Stäben, versuchen, den Verlauf des Biegungsvorganges bei Eintritt des labilen Gleichgewichtes auch über die Elastizitätsgrenze hinaus zu verfolgen. Wir machen hierbei folgende Voraussetzungen:

1. Die Formänderungen seien gegenüber den Stababmessungen klein;
2. Vor der Biegung ebene Querschnitte bleiben auch nach Eintritt der Verbiegung eben;
3. Im Falle der Biegung gilt zwischen Spannung und Dehnung der gleiche gesetzmäßige Zusammenhang wie bei reiner Zug- bzw. Druckbeanspruchung;
4. Die Biegungsebene sei eine Symmetrieebene des Querschnittes.

Zu diesen Voraussetzungen ist folgendes zu bemerken: Da es sich bei unseren Betrachtungen nur um die Feststellung der Bedingungen für die Einleitung des labilen Gleichgewichtszustandes handelt, so können wir, ohne die Allgemeinheit der Untersuchung einzuschränken, die Formänderungen als klein gegen die Querschnittsabmessungen des Stabes annehmen. Weiter hat Prof. Eugen Meyer, Charlottenburg, durch Versuche nachgewiesen[1]), daß die auf Grund der Voraussetzung eben bleibender Querschnitte aus dem Zug- und Druckdiagramm berechnete Durchbiegung flußeiserner Stäbe auch außerhalb der Elastizitätsgrenze bis zum Bruch mit den beobachteten Durchbiegungen gut übereinstimmen, so daß auch die Voraussetzungen 2. und 3. genügend berechtigt erscheinen. Die Voraussetzung 4. wurde gemacht, um den Rechnungsgang zu vereinfachen. Die gewonnenen Ergebnisse können dann auf allgemeinere, im Brückenbau allerdings seltene Fälle, sinngemäß übertragen werden.

Wir stellen uns nun vor, daß ein genügend kurzer Stab durch eine zentrisch aufgebrachte Last S zusammengedrückt wird, so daß $\sigma_m = S/F$ die Elastitätsgrenze über-

---

[1]) Meyer, Eugen: Die Berechnung der Durchbiegung von Stäben, deren Material dem Hookeschen Gesetze nicht folgt. Z. V. d. I. 1908, S. 167.

schreite; dann werde die Last S weiter gesteigert, bis der Stab in den Zustand des labilen Gleichgewichtes gelangt, ähnlich dem labilen Gleichgewichtszustand des vollkommen elastischen Stabes. In diesem Zustande habe der Stab eine kleine aber der Größe nach unbestimmte Ausbiegung. In jedem Querschnitt gibt es dann eine Linie $n-n$ senkrecht zur Biegungsebene, in der die vor dem Ausbiegen bestandene Querschnittsspannung σ_m unverändert geblieben ist, Abb. 93. Wir bezeichnen diese Linie als σ_m-Linie. Auf der einen Seite der Geraden $n-n$ werden die Längsdruckspannungen durch die Biegung vermehrt, die Spannungsfläche ist durch eine gekrümmte Linie CB', die aus dem betreffenden Abschnitt des Baustoff-Druckdiagrammes abgeleitet werden kann, begrenzt. Auf der anderen Seite entsteht eine Verminderung (Entlastung) der Längsspannungen durch die hinzutretenden Biegungsspannungen, und da bei dieser Entlastung nur die elastischen Formänderungen rückgängig gemacht werden, so bleibt auf dieser Seite das Proportionalitätsgesetz mit dem unveränderlichen Modul E in Geltung. Die Begrenzung der Spannungsfläche auf der Biegungszugseite ist durch die Gerade CA' gegeben.

Für die Betrachtung des Knickvorganges genügt es, wie wir oben erörtert haben, wenn man nach Erreichen der mittleren Spannung $\sigma_m = \sigma_k$ (Knickspannung) eine sehr geringe Verbiegung annimmt. Die Randspannungen σ_1 und σ_2 auf der Druck- bzw. Zugseite sind dann von der mittleren Spannung σ_k nur sehr wenig verschieden. Abb. 94 stellt ein Stück des Druckdiagrammes vor. Da die

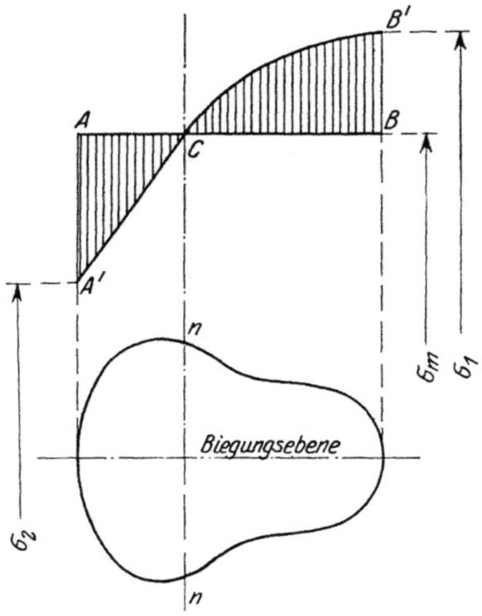

Abb. 93.

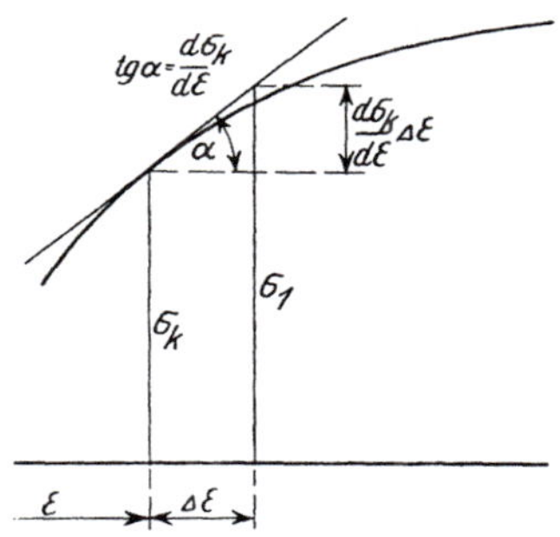

Abb. 94.

von der Biegung herrührende Faserverkürzung $\Delta\varepsilon$ auf der Druckseite nur sehr klein ist, so kann unter Hinweis auf diese Abbildung die Randspannung auf der Druckseite genau genug durch den linearen Ansatz

$$\sigma_1 = \sigma_k + \frac{d\sigma_k}{d\varepsilon}\,\Delta\varepsilon$$

dargestellt werden[1]).

$\frac{d\sigma_k}{d\varepsilon}$ ist der veränderliche Elastizitätsmodul im Bereiche der bleibenden Formänderungen. Kármán bezeichnet ihn als Modul der gesamten Formänderungen[2]). Nennt man $\frac{d\sigma_k}{d\varepsilon} = E'$, so gilt für die Spannung in einer beliebigen Faser der Druckseite das einfache Geradeliniengesetz

$$\sigma = \sigma_k + E'\Delta\varepsilon$$

[1]) Denkt man sich σ_1 nach Potenzen von $\Delta\varepsilon$ entwickelt, so können wegen der Kleinheit von $\Delta\varepsilon$ die höheren Potenzen dieser Größe vernachlässigt werden.

[2]) Kármán, Th. v.: Untersuchungen über Knickfestigkeit. Mitt. ü. Forschungsarb. a. d. Geb. d. Ingenieurw. Hsgb. v. V. d. I. Berlin 1910. Die vorliegende Darstellung schließt sich im wesentlichen an die Ausführungen Kármáns an.

und für die Spannungen auf der Zugseite nach dem bereits früher Gesagten

$$\sigma = \sigma_k + E\,\Delta\varepsilon.$$

Abb. 95 zeigt die eben festgelegte lineare Spannungsverteilung im Querschnitt. Auf Grund dieser Beziehungen ist es nun nicht schwer, die Grundgesetze der Biegung im labilen Gleichgewichtszustand zu entwickeln.

Das Gleichgewicht zwischen den elastischen Kräften und den äußeren Lasten verlangt, wenn wir die Bezeichnungen der Abb. 95 beachten, daß

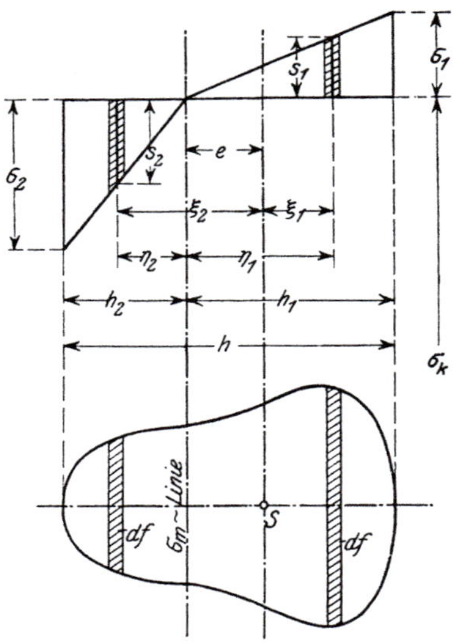

Abb. 95.

$$\int_0^{h_1} s_1\,df - \int_0^{h_2} s_2\,df = 0 \quad \ldots\ldots \quad (7)$$

und

$$\int_0^{h_1} s_1\,df\,\xi_1 + \int_0^{h_2} s_2\,df\,\xi_2 = M, \quad \ldots\ldots \quad (8)$$

wenn $M = Sy + M_1 + \frac{M_2 - M_1}{l}x$, worin M_1 und M_2 die im Knickzustande auftretenden Einspannungsmomente an den Stabenden und y die Ausbiegung an der Stelle x bedeuten. Die Durchbiegungen y sind hierbei auf die Schwerpunktsachse des Stabes bezogen. Setzt man

$$s_1 = \frac{\sigma_1}{h_1}\eta_1 \quad \text{und} \quad s_2 = \frac{\sigma_2}{h_2}\eta_2$$

und mit Rücksicht auf die Annahme, daß ebene Querschnitte während der Biegung eben bleiben,

$$\sigma_1 = \frac{E' h_1}{\varrho} \quad \text{und} \quad \sigma_2 = \frac{E h_2}{\varrho},\text{[1]}$$

woraus

$$s_1 = \frac{E'\eta_1}{\varrho} \quad \text{und} \quad s_2 = \frac{E\eta_2}{\varrho}$$

folgt, so geht die Bedingung (7) in die Verknüpfung

$$\frac{E'}{\varrho}\int_0^{h_1} \eta_1\,df - \frac{E}{\varrho}\int_0^{h_2} \eta_2\,df = 0$$

oder

$$E' \textstyle\sum_1 - E \sum_2 = 0 \quad \ldots\ldots\ldots \quad (9)$$

über, wobei $\sum_1$ und $\sum_2$ die statischen Momente der Teilquerschnittsflächen rechts und

[1] Aus der nebenstehenden Abbildung, die die Verdrehung zweier unendlich nahe benachbarter Querschnitte darstellt, geht hervor

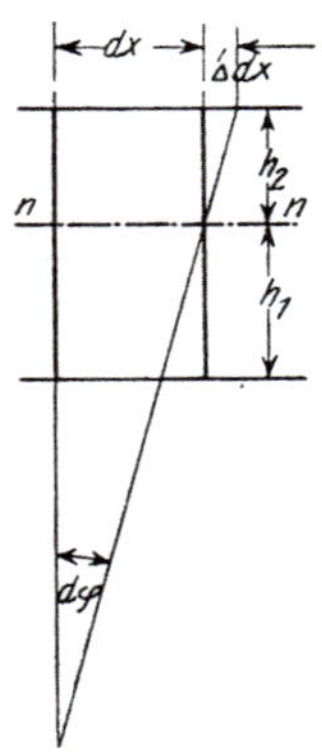

$$\Delta\,dx = h_2\,d\varphi.$$

Da nun

$$\Delta\,dx = \frac{\sigma_2\,dx}{E},$$

so ist

$$\frac{d\varphi}{dx} = \frac{\sigma_2}{E h_2}$$

und ebenso

$$\frac{d\varphi}{dx} = \frac{\sigma_1}{E' h_1}.$$

Da weiter $\frac{d\varphi}{dx} = \frac{1}{\varrho}$ (ϱ Krümmungshalbmesser der elastischen Linie), so entsteht schließlich

$$\sigma_1 = \frac{E' h_1}{\varrho} \quad \text{und} \quad \sigma_2 = \frac{E h_2}{\varrho}.$$

links der σ_m-Linie, bezogen auf diese Linie, bedeuten. Durch diese Gleichung ist die Lage der σ_m-Linie, falls man noch die Verknüpfung $h_1 + h_2 = h$ zu Hilfe nimmt, bestimmt.

Ähnlich liefert die zweite Gleichgewichtsbedingung die Beziehung

$$\frac{E'}{\varrho}\int_0^{h_1} \eta_1 \xi_1 \, df + \frac{E}{\varrho}\int_0^{h_2} \eta_2 \xi_2 \, df = M.$$

Führt man nun

$$\xi_1 = \eta_1 - e \quad \text{und} \quad \xi_2 = \eta_2 + e,$$

wobei e den Abstand der Schwerachse von der σ_m-Linie bezeichnet, ein, so entsteht

$$\frac{E'}{\varrho}\int_0^{h_1} \eta_1^2 \, df + \frac{E}{\varrho}\int_0^{h_2} \eta_2^2 \, df - \frac{e}{\varrho}\left[E'\int_0^{h_1} \eta_1 \, df - E\int_0^{h_2} \eta_2 \, df\right] = M.$$

Der Klammerausdruck ist mit Rücksicht auf die Gleichgewichtsbedingung (9) Null, und wir erhalten

$$\frac{1}{\varrho}(E' J_1 + E J_2) = M, \qquad \qquad (10)$$

worin mit J_1 und J_2 die Trägheitsmomente der durch die σ_m-Linie getrennten Teilquerschnittsflächen bezüglich dieser Linie bezeichnet werden.

Setzt man für kleine Ausbiegungen angenähert

$$\frac{1}{\varrho} = -\frac{d^2 y}{dx^2},$$

so folgt

$$(E' J_1 + E J_2)\frac{d^2 y}{dx^2} + M = 0$$

oder

$$T J \frac{d^2 y}{dx^2} + M = 0 \qquad \qquad (11)$$

mit

$$T = E'\frac{J_1}{J} + E\frac{J_2}{J} \qquad \qquad (12)$$

als Differentialgleichung der elastischen Linie im labilen Gleichgewichtszustand. T bezeichnen wir mit Engesser (siehe S. 111) als Knickmodul[1]). Es ist eine sowohl von den Querschnittsabmessungen als auch vom elastischen Verhalten des Baustoffes abhängige Größe, die auf Grund der Gl. (12) bei bekannter Querschnittsform aus dem Druckdiagramm als Funktion der Knickspannung σ_k bestimmt werden kann.

Die Differentialgleichung (11) zeigt den gleichen Bau wie die Differentialgleichung der elastischen Linie für den labilen Gleichgewichtszustand bei vollkommener Elastizität des Stabes, da T ebenso wie E ein von der Abszisse x unabhängiger Festwert ist[2]). *Wir stellen somit die wichtige Tatsache fest, daß die Differentialgleichung der elastischen Linie für den labilen Gleichgewichtszustand in der Form der Gl. (11) sowohl im elastischen als auch im unelastischen Bereiche Geltung besitzt. Im unelastischen Bereiche ist T veränderlich und von σ_k unabhängig, im elastischen Gebiete geht T in E über.* Damit haben wir für die Untersuchung des labilen Gleichgewichtszustandes und für die theoretische Erörterung der Knickbedingungen eine in allen Fällen gültige Grundlage gewonnen.

Fassen wir wieder den momentenfrei gelagerten zentrisch belasteten Stab ins Auge, so gilt für die Ausbiegung y bei Abwesenheit eines Störungsmomentes genau wie im vorangehenden Abschnitte die Lösung

$$y = C \sin n\pi \frac{x}{l},$$

[1]) Kármán nennt diese Größe „Resultierenden Modul".

[2]) T hängt nur von $\sigma_m = \sigma_k$ ab, das aber an jeder Stelle des prismatischen Stabes denselben Wert hat.

die aber nur bestehen kann, wenn

$$S = n^2 \pi^2 \frac{TJ}{l^2}$$

ist. Mit $n = 1$ erhalten wir für die Knickkraft die allgemein gültige Gleichung

$$\boldsymbol{S_k = \pi^2 \frac{TJ}{l^2}} \quad \text{. . . . . (13)}$$

Aus (13) folgt:

$$T = S_k \frac{l^2}{\pi^2 J} = \left(\frac{l}{i}\right)^2 \frac{\sigma_k}{\pi^2}.$$

Somit kann der gesetzmäßige Zusammenhang von T und σ_k für verschiedene Querschnittsformen auch aus Knickversuchen abgeleitet werden.

Aus Zweckmäßigkeitsgründen führen wir die Verhältniszahl $\tau = \frac{T}{E}$ die Knickzahl[1]) ein, womit die Grundgleichungen die Form annehmen:

$$E J \tau \frac{d^2 y}{d x^2} + M = 0 \quad \text{. . . . . (11')}$$

$$\tau = \frac{E'}{E} \frac{J_1}{J} + \frac{J_2}{J} \quad \text{. . . . . (12')}$$

$$S_k = \pi^2 \frac{E J \tau}{l^2} \quad \text{. . . . . (13')}$$

S_k bezeichnen wir als natürliche Knicklast des Stabes.

Um den Einfluß der Querschnittsform auf die Größe von τ und somit auf die Tragkraft S_k darzulegen, sind in der Abb. 96 für zwei in ihrem Verhalten stark abweichende Querschnittsformen die Knickzahlen τ als Funktion der Knickspannung σ_k dargestellt. Die Abbildung enthält zunächst die Linie E'/E für Flußeisen mit 2,05 t/cm² Elastizitätsgrenze und 2,63 t/cm² Fließgrenze, sowie die auf Grund der E'/E-Linie aufgetragenen τ-Linien für den ┼- und ├┤-Querschnitt. Die letztere Linie für Ausknicken in der Stegebene des ├┤-Querschnittes. Die Unterschiede beginnen in der Nähe der Fließgrenze erheblich zu werden. Allgemein gilt, das bei gleichem Trägheitsmoment gedrungenere Querschnittsformen größere Tragfähigkeit zeigen als gespreizte Formen. Mit zunehmendem σ_k, also mit abnehmender Schlankheit, nimmt der Einfluß der Querschnittsform zu.

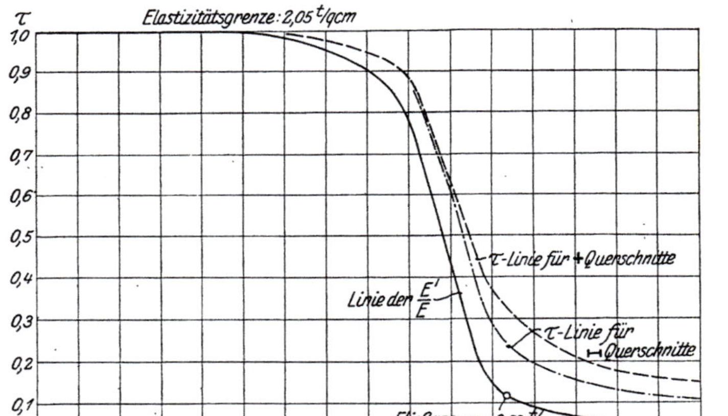

Abb. 96.

Bei Stäben, die nur eine Symmetrieachse aufweisen, welche gleichzeitig Knickungsebene ist, ist der Wert der Knickzahl τ verschieden, je nachdem man die σ_m-Linie rechts oder links vom Querschnittsschwerpunkt annimmt. Für die Knickrichtung a (Abb. 97)

[1]) Siehe die Ausführungen über die Knickzahl auf S. 110.

wird τ, wie die Rechnung zeigt, kleiner als für die Knickrichtung b. Der Stab knickt sonach bei genügend genauer zentrischer Belastung nach der Schwerpunktseite des Querschnittes aus. In diesem Belange unterscheidet sich das Verhalten eines oberhalb der Elastizitätsgrenze versagenden Stabes von einem schlanken Stab, der unterhalb der Elastizitätsgrenze knickt. Hier ist auch beim unsymmetrischen Stab keine Knickrichtung von vornherein festzustellen.

Die durch die Querschnittsform bedingten Verschiedenheiten der Knickzahl τ sind wenigstens bei mittleren Schlankheitsgraden keineswegs so groß, daß sie im praktischen Gebrauche eine Berücksichtigung der Gestalt des Querschnittes rechtfertigen würden. Die Abweichungen sind ungefähr von der gleichen Größenordnung wie die unvermeidlichen Abweichungen der Knickzahl τ gegenüber einem Mittelwert infolge der schwankenden Festigkeitseigenschaften des Materials. Man wird sich daher mit einer einzigen Reihe von τ-Werten begnügen können, und diese Werte am besten aus Knickversuchen so feststellen, daß sie eine untere Grenze der möglichen Knickzahlwerte bilden. In Abb. 98 ist mit Hilfe der in Abb. 96 dargestellten τ-Linie für den ⊢-Querschnitt die Linie

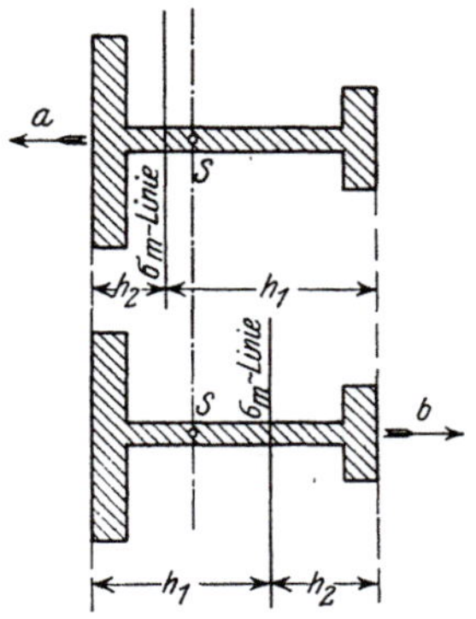

Abb. 97.

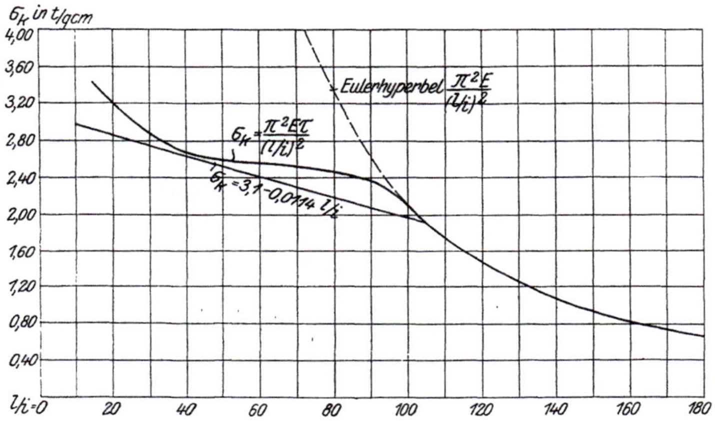

Abb. 98.

der Knickspannungen als Funktion des Schlankheitsgrades, also nach der Engesser-Kármán-Formel

$$\sigma_k = \frac{\pi^2 E}{(l/i)^2}\,\tau \quad \dots\dots\dots\dots\dots \quad (14)$$

aufgetragen und ihr die Tetmajersche Formel

$$\sigma_k = 3{,}100 - 0{,}0114\, l/i$$

gegenübergestellt. $\pi^2 E$ wurde 21220 t/cm² gesetzt. Wie man erkennt, bleibt die Tetmajer-Gerade stets unterhalb der Werte der Engesser-Kármán-Formel. Für Stäbe, die oberhalb der Fließgrenze ausknicken, steigen die Tragfähigkeiten nach Formel (14) mit abnehmender Schlankheit sehr rasch bis zur Druckfestigkeit bei $l/i = 0$ an. Für mittelschlanke Stäbe, von $l/i = 30$ angefangen können die nach dem Vorgange Engessers aus den Tetmajer-Formeln berechneten Werte von τ (siehe Anhang, Tafel **III**) einstweilen als guter Ersatz, der noch einen Überschuß an Sicherheit bietet, genommen werden.

Ist neben der Last S noch ein anfängliches Exzentrizitätsmoment vorhanden, so zeigt der Stab, wenn die Elastizitätsgrenze noch vor dem Ausknicken überschritten wird, ein Verhalten, das in wichtigen Punkten von dem Verhalten des vollkommen elastischen Stabes abweicht. In der Darstellung der Abb. 92, S. 125, nähern sich die Linien der Ausbiegungen y_m, die den verschiedenen Störungsmomenten (Anfangsexzentrizitäten) entsprechen, asymptotisch derselben Höchstlast, der Knicklast; sie streben alle einem und demselben Höchstwert zu. Solange die Störungsmomente klein bleiben, sind auch die Bruchlasten nicht allzusehr von der Knicklast verschieden. Dieses Verhalten liegt in dem kennzeichnenden Umstand begründet, daß die Ausbiegungen in der Nähe der Höchstlast bei äußerst langsamer Änderung der Last S selbst sehr rasch anwachsen. Ganz anders liegen die Verhältnisse im Falle der unelastischen Knickung, Abb. 99. Nach anfänglich äußerst langsamer Zunahme der Durchbiegungen mit steigender Last wird bald der einer noch verhältnismäßig kleinen Ausbiegung entsprechende Wert der Höchstlast erreicht, deren Betrag stark von der Größe der anfänglichen Exzentrizität beeinflußt wird. Von da ab nehmen die Ausbiegungen auch mit abnehmender Last sehr rasch zu. Wir schließen daraus, und die Versuche Kármáns bestätigen die Tatsache: Der Einfluß der Anfangsmomente ist bei kurzen Stäben, die oberhalb der Elastizitätsgrenze knicken, erheblich größer als bei schlanken Stäben.

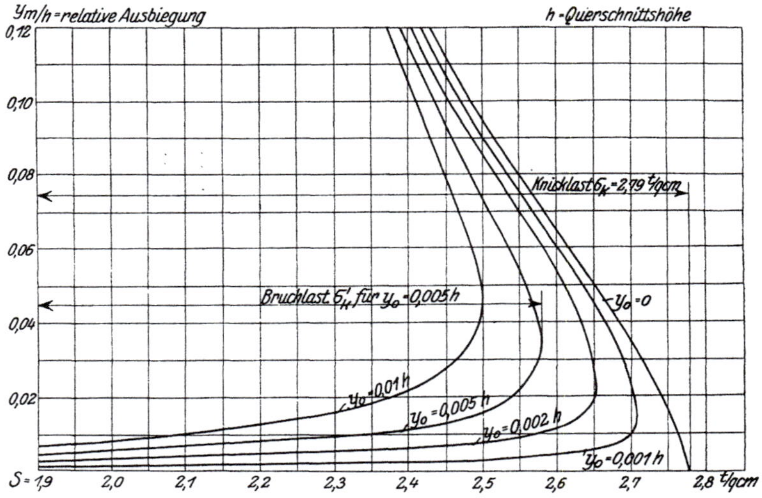

Abb. 99.

Im elastischen Bereiche ($\tau = 1$) nimmt die Tragkraft proportional mit dem Quadrate von l/i ab. Schlanke Stäbe sind sonach sehr empfindlich gegen Änderung der Knicklängen. Bei Stäben, bei denen $\tau < 1$, wird der vermindernde Einfluß des wachsenden $(l/i)^2$ auf die Tragkraft zum Teil durch den Einfluß des sehr schnell mit l/i steigenden τ aufgehoben. Das Ergebnis ist ein bedeutend langsameres Abnehmen der Tragkraft kurzer Stäbe mit zunehmender Schlankheit. Ein Blick auf Abb. 98 bestätigt diese Überlegung. Im Bereiche von etwa $l/i = 40$ bis 90 verläuft die Linie der Knickspannungen annähernd parallel mit der Abszissenachse. Dementsprechend ist eine Einspannung der Stabenden, die in der Rechnung durch entsprechend reduzierte Knicklängen berücksichtigt wird, von großem Einfluß auf das Tragvermögen im elastischen Bereiche und von geringem Einfluß im unelastischen Bereiche.

36. Einfluß der Schubkräfte.

Es erübrigt noch, den Einfluß der Schubkräfte auf die Größe der Knickkraft, welchen Einfluß wir bisher unbeachtet gelassen haben, kurz zu erörtern.

Bedeutet Q_x die Querkraft an der Stelle x und G' den Schubmodul im Bereiche der gesamten Formänderungen, weiter χ eine von der Querschnittsform abhängige Zahl, so lautet die vollständige Differentialgleichung der elastischen Linie

$$\frac{d^2 y}{d x^2} = -\frac{M_x}{T J} + \frac{\chi}{G' F} \frac{d Q_x}{d x}.$$

Hierbei wurde, um auch dem unelastischen Bereiche Rechnung zu tragen, E durch den Knickmodul T ersetzt. Für den labilen Gleichgewichtsfall ist $M_x = Sy$, und daher

$$\frac{dQ_x}{dx} = S\frac{d^2y}{dx^2}.$$

Die Differentialgleichung geht sonach über in

$$\frac{d^2y}{dx^2}\left(1 - \frac{S\chi}{G'F}\right) + \frac{S}{TJ}y = 0. \quad \ldots\ldots\ldots\ldots \quad (15)$$

Gl. (15) zeigt den gleichen Aufbau wie die Differentialgleichung der vorangehenden Erörterungen. Setzt man jetzt

$$\alpha' = \sqrt{\frac{S}{TJ\left(1 - \frac{S\chi}{G'F}\right)}},$$

so folgt, wie vor, aus der Bedingung für den Eintritt des labilen Gleichgewichtszustandes

$$\alpha' l = \pi$$

die Gleichung für die Knicklast

$$S_k' - \frac{\pi^2 TJ}{l^2}\left(1 - \frac{S_k'\chi}{G'F}\right) = 0.$$

Mit $T/G' \sim E'/G' = v$ entsteht

$$S_k'\left[1 + \pi^2\chi v\left(\frac{i}{l}\right)^2\right] = \frac{\pi^2 TJ}{l^2},$$

woraus

$$S_k' = \frac{\pi^2 TJ}{l^2\left[1 + \pi^2\chi v\left(\frac{i}{l}\right)^2\right]} = \frac{\pi^2 TJ}{(\gamma l)^2}, \quad \ldots\ldots\ldots\ldots \quad (16)$$

worin

$$\gamma = \sqrt{1 + \pi^2\chi v\left(\frac{i}{l}\right)^2}$$

folgt. Die Knickkraft wird also bei Berücksichtigung des Einflusses der Schubspannungen auf die Formänderungen etwas kleiner, da dem Einfluß der Querkräfte durch eine rechnungsmäßige Vergrößerung der Knicklänge l auf γl Rechnung zu tragen ist.

Die Poissonsche Zahl m schwankt bei festen Körpern zwischen 3 und 4, somit liegt $v = \frac{2(m+1)}{m}$ zwischen 8/3 und 5/2. Wir nehmen das für den vorliegenden Fall ungünstigere Verhältnis $v = 8/3$ an und wählen $\chi = 2$ (für den ⊢⊣-Querschnitt). Man erhält so:

für $l/i =$	20	30	40	50	100	150
$\gamma =$	1,063	1,028	1,016	1,010	1,003	1,002
$\frac{S_k'}{S_k} =$	99,5	99,7	99,8	99,8	99,8	99,8

S_k ist die Tragkraft ohne Rücksichtnahme auf die Querkräfte.

Die Verringerung der Tragfähigkeit ist sonach für alle in Frage kommenden Schlankheitsverhältnisse äußerst gering und kommt praktisch nicht in Betracht. In der Literatur findet man häufig die Angabe, daß bei kurzen Stäben der Einfluß der Querkräfte beträchtlich ist. Das ist falsch und erklärt sich daraus, daß ohne viel Überlegung Gl. (16) in der Form $S_k' = S_k \frac{1}{1 + \pi^2\chi v\left(\frac{i}{l}\right)^2}$ geschrieben wird. Dies wäre richtig, wenn der Knickmodul T einer Knickspannung $\frac{S_k}{F}$ zugeordnet wäre. Er gehört aber zur Knickspannung $\frac{S_k'}{F}$, somit kann an Stelle von $\frac{\pi^2 T J}{l^2}$ nicht S_k gesetzt werden. Bei kurzen Stäben ist der Beiwert $1+\pi^2\chi v\left(\frac{i}{l}\right)^2$ allerdings stark von 1 verschieden, sein Einfluß wird aber durch eine entsprechende Erhöhung des Knickmoduls T wieder nahezu wettgemacht.

§ 10. Knickfestigkeit von Stäben mit veränderlichem Querschnitt und von gegliederten Stäben.

37. Allgemeine Erörterungen.

In den vorangehenden Absätzen haben wir den geraden Stab mit unveränderlichem Querschnitt betrachtet, um das Wesen des labilen Gleichgewichtszustandes an diesem einfachsten Fall kennen zu lernen. Dort war es in der Einfachheit der gestellten Aufgabe begründet, daß wir die Knicklast durch unmittelbare Integration der Differentialgleichung der elastischen Linie ermitteln konnten, da diese Differentialgleichung durch bekannte Funktionen befriedigt wird, solange der Beiwert des zweiten Gliedes von x unabhängig ist. Ist dies nicht mehr der Fall, so gelingt es nur in Ausnahmsfällen, eine Lösung in geschlossener Form zu finden, man ist meist darauf angewiesen, einen Näherungsweg einzuschlagen. Glücklicherweise steht das sehr elegante Verfahren des verstorbenen Göttinger Mathematikers und Physikers Ritz zur Verfügung, das die Auffindung einer Näherungslösung mit beliebigem Grade der Annäherung ohne mathematische Schwierigkeiten gestattet. Wir versagen es uns aber, auf die Methode von Ritz, der weit über den Rahmen der hier erörterten Probleme allgemeine Bedeutung zukommt, näher einzugehen und begnügen uns mit der Erörterung der von Timoschenko angegebenen Methoden[1]), die der Lösung von Aufgaben des labilen Gleichgewichtes besonders angepaßt ist, und die in dem viel allgemeineren Verfahren von Ritz mitenthalten ist.

Wir betrachten einen geraden Stab, der unter der Wirkung einer achsrechten Last P steht. Solange P kleiner als P_k ist, bleibt der Stab gerade; die von der Last beim Anwachsen von 0 bis P bei der Stabverkürzung $\varDelta l$ geleistete und im Stabe aufgespeicherte Formänderungsarbeit beträgt $P\frac{\varDelta l}{2}$. Ist die kritische Last P_k erreicht, so tritt der in **34** geschilderte labile Gleichgewichtszustand ein, der Stab biegt aus. Die durch die Annäherung $\varDelta l$ der Stabenden ermöglichte Arbeitsleistung $P\varDelta l$ setzt sich jetzt nicht mehr in Druckarbeit, sondern in Biegungsarbeit um. Der Faktor 1/2 im Arbeitsprodukt $P\varDelta l$ ist jetzt entfallen, da P beim Übergang des Stabes von der geraden zur gekrümmten Form seinen Wert unverändert beibehalten hat.

Bezeichnet man die Arbeit der Last P (äußere Arbeit) mit

$$A_a = P\varDelta l,$$

die Formänderungsarbeit (innere Arbeit) mit A_i, so besteht, wenn von jeder Energiezufuhr bzw. Abfuhr abgesehen wird, die Energiegleichung

$$A_a - A_i = 0 \qquad (1)$$

Die Arbeiten A_a und A_i sind Funktionen der Last P_k und der Verschiebungen w, die die einzelnen Punkte des Stabes im labilen Gleichgewichtszustand erleiden. Gelingt

[1]) Timoschenko, S.: Sur la stabilité des systèmes élastiques. Annales des ponts et chaussées 1913. Über die Stabilität versteifter Platten. Eisenbau 1921, S. 147. Eine kurze leicht verständliche Darstellung der Methode von Ritz findet der Leser in der Abhandlung Dr. Ing. P. Usinger: Beiträge zur Knicktheorie. Eisenbau 1918, S. 169.

es nun, die Verschiebungen w durch eine beschränkte Zahl von zweckmäßig ausgewählten Funktionen φ, also in der Form

$$w = a_1 \varphi_1 + a_2 \varphi_2 + a_3 \varphi_3 + \cdots \qquad (2)$$

mit dem gewünschten Grade der Genauigkeit darzustellen, so läuft die Aufgabe nach Wahl der Funktionen φ_1, φ_2, ... auf die Bestimmung der Koeffizienten a_1, a_2, ..., die selbst wieder Verschiebungen darstellen, hinaus. Die Funktionen φ_1, φ_2, ... können beliebig gewählt werden, haben aber folgende zwei Bedingungen zu erfüllen:

1. Die Funktionen φ haben jede für sich den Randbedingungen des gegebenen Problems zu genügen;

2. Die Reihe (2) muß eine konvergente Reihe sein.

Allgemeine Regeln für die Auswahl der Funktionen φ gibt es nicht, man wird zweckmäßigerweise so vorgehen, daß man von der bekannten Lösung einfacher verwandter Fälle ausgeht und diese für den Ansatz (2) benützt. Von der Genauigkeit der Lösung überzeugt man sich in der Weise, daß man ein weiteres Glied zur Lösung hinzufügt und die Änderung in Betracht zieht, die das hinzugefügte Glied auf das Ergebnis hat. In den meisten Fällen genügen 2 bis 3 Glieder der Reihe (2), um eine den praktischen Bedürfnissen angemessene Lösung zu erhalten.

Zur Ermittlung der Koeffizienten a gehen wir von der Energiegleichung (1) aus. Schreiben wir A_a und A_i in der Form

$$A_a = P_k F_a(a_1 a_2 \ldots), \qquad A_i = F_i(a_1 a_2 \ldots),$$

wobei die Funktionen F_a und F_i, wie man aus den nachfolgenden Anwendungsbeispielen in **38** entnehmen kann, homogene Funktionen zweiten Grades der Koeffizienten a_1, a_2, ... sind, so folgt aus Gl. (1)

$$P_k = \frac{F_i(a_1 a_2 \ldots)}{F_a(a_1 a_2 \ldots)}, \qquad (3)$$

eine Gleichung für die Knicklast P_k.

Da F_a und F_i homogen in a sind, so können wir mit einer dieser Größen z. B. a_1 dividieren und erhalten, falls man

$$\frac{a_2}{a_1} = z_1, \qquad \frac{a_3}{a_1} = z_2, \text{ usw.}$$

setzt,

$$P_k = \frac{F_i(z_1 z_2 \ldots)}{F_a(z_1 z_2 \ldots)}.$$

Die Größen z_1, z_2, ... sind nun so zu bestimmen, daß P_k ein Kleinstwert wird. Wir erhalten daher folgende Bestimmungsgleichung für die z:

$$\frac{\partial P_k}{\partial z_1} = 0, \qquad \frac{\partial P_k}{\partial z_2} = 0 \text{ usw.}$$

Damit ist die gestellte Aufgabe allgemein gelöst.

In vielen Fällen ist es zweckmäßig, einen etwas anderen Rechnungsgang einzuschlagen. Greift man wieder auf Gl. (3) zurück, so lautet die Minimumbedingung zur Bestimmung des Koeffizienten a_ν

$$\frac{\partial P_k}{\partial a_\nu} = \frac{\partial F_i}{\partial a_\nu} F_a - \frac{\partial F_a}{\partial a_\nu} F_i = 0.$$

Setzt man nun

$$\mathsf{A} = A_a - A_i = P_k F_a - F_i$$

und untersucht die Bedingung

$$\frac{\partial \mathsf{A}}{\partial a_\nu} = 0,$$

so erhält man

$$\frac{\partial \mathsf{A}}{\partial a_\nu} = P_k \frac{\partial F_a}{\partial a_\nu} - \frac{\partial F_i}{\partial a_\nu} = F_1 \frac{\partial F_a}{\partial a_\nu} - F_a \frac{\partial F_i}{\partial a_\nu} = 0,$$

wenn man beachtet, daß $P_k = \frac{F_i}{F_a}$ ist. Das ist aber dieselbe Bedingungsgleichung für den Beiwert a_ν, die wir oben aus $\frac{\partial P_k}{\partial a_\nu} = 0$ erhalten haben. Somit können die a_ν auch aus der Bedingungsgleichung $\frac{\partial \mathsf{A}}{\partial a_\nu} = 0$ bestimmt werden. Nun bedeutet $\mathsf{A} = A_a - A_i$ nichts anderes als die Änderung der potentiellen Energie des in Rede stehenden Gesamtsystems, d. h. des elastischen Systems einschließlich der Kraft P_k und die Bedingung $\frac{\partial \mathsf{A}}{\partial a_\nu} = 0$ besagt, daß die Koeffizienten a_ν (Verschiebungen) so beschaffen sein müssen, daß die Änderung der potentiellen Energie des Gesamtsystems ein Minimum wird.

Die Bedingung $\frac{\partial \mathsf{A}}{\partial a_\nu} = 0$ führt bei n Koeffizienten a_ν auf ein System von n in a_ν homogenen linearen Gleichungen, die im Gegensatze zu den $n-1$ Gleichungen für z, die wir oben erhalten haben, noch die Unbekannte P_k mitenthalten. Endliche Werte von a_ν können aber nur dann bestehen, wenn die Determinante Δ dieses Gleichungssystems verschwindet. In der Bedingung $\Delta = 0$ gewinnt man somit eine Gleichung für P_k, aus der dieser Wert unmittelbar bestimmt werden kann. Im nachfolgenden Absatz werden wir das erstdargestellte Verfahren, in **59** das zweite in Anwendung bringen.

38. Knickfestigkeit von Stäben mit stetig veränderlichem Querschnitt.

Druckstäbe mit stetig veränderlichem Querschnitt bilden wohl nicht die Regel, kommen aber im Eisenbrückenbau häufig genug vor, so daß es angezeigt erscheint, einfache Formeln für ihre Bemessung zur Verfügung zu haben. In vielen Fällen wird in der Praxis mit dem größten Querschnitt in Stabmitte gerechnet, was zu einer ganz bedeutenden Überschätzung der Tragkraft solcher Stäbe führt, oder man wählt, wenn man gewissenhafter ist, einen geschätzten Mittelwert zwischen kleinstem und größtem Querschnitt, der unter Umständen wieder zu Materialverschwendung verleiten kann. Drei gespreizte Stabformen sollen der nachstehenden Untersuchung zugrunde gelegt werden, wie sie in der Abb. 100 dargestellt sind. 2 Stäbe mit geradliniger Führung der Gurte, Abb. 100 a) und b), sowie ein symmetrischer Stab mit parabelförmig gekrümmten Gurten, Abb. 100 c). Die Stäbe mögen hier als Vollstäbe angesehen werden, doch machen wir die Annahme, daß sich das Trägheitsmoment J in der Form

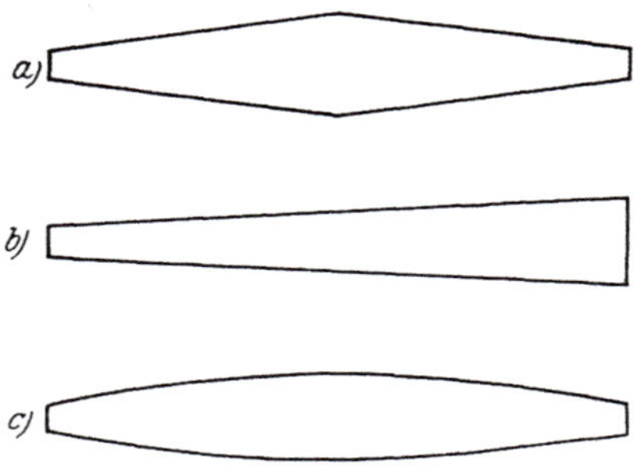

Abb. 100.

$$J = 2 F_g \frac{h^2}{4},$$

wo F_g den Gurtquerschnitt, h den Gurtabstand bedeutet, genügend genau ansetzen läßt.

a) Symmetrischer Stab mit geradlinigen Gurten.

Für das Trägheitsmoment J_x an der Stelle x des Stabes gilt mit den Bezeichnungen der Abb. 101

$$J_x = 2 F_g \frac{h^2}{4} = 2 F_g \frac{h_m^2}{4}\left(\frac{2 x_1}{l_1}\right)^2 = 2 F \frac{h_m^2}{4}\left(\frac{a+x}{a+\frac{l}{2}}\right)^2 = J_m \left(\frac{a+x}{a+\frac{l}{2}}\right)^2 \quad . \; . \; . \quad (4)$$

Die Arbeit A_a läßt sich durch die Verschiebungen y der Stabachse in der Form

$$A_a = P_k \Delta l = \frac{1}{2} P_k \int_0^l \left(\frac{dy}{dx}\right)^2 dx \quad \text{(5)}$$

darstellen[1]), während für die Formänderungsarbeit die bekannte Beziehung

$$A_i = \frac{1}{2}\int_0^l \frac{M_x^2}{T J_x} dx$$

gilt. Hier haben wir, um die Untersuchung für den elastischen und unelastischen Bereich gemeinsam durchführen zu können, unter Hinweis auf die Erörterungen in **35**, an Stelle des Elastizitätsmoduls E den Knickmodul T eingeführt.

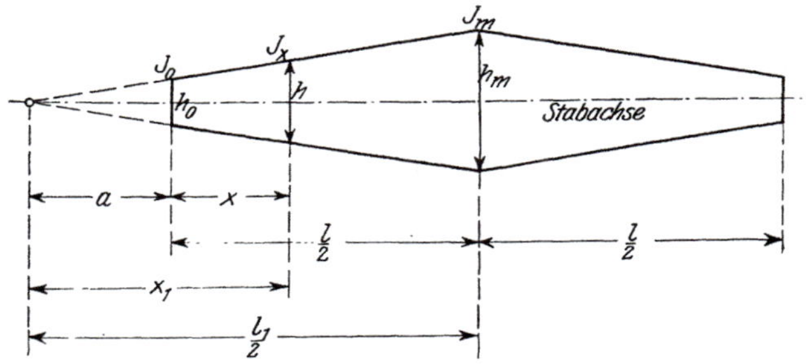

Abb. 101.

Aus der verallgemeinerten Gleichung der elastischen Linie

$$T J_x \frac{d^2 y}{dx^2} = -M_x$$

kann M_x durch die Verschiebung y ausgedrückt werden, und man erhält somit

$$A_i = \frac{T}{2}\int_0^l \left(\frac{d^2 y}{dx^2}\right)^2 J_x \, dx$$

und nach Einführung von J_x nach Gl. (4)

$$A_i = \frac{T J_m}{2} \frac{1}{\left(a + \frac{l}{2}\right)^2} \int_0^l (a+x)^2 \left(\frac{d^2 y}{dx^2}\right)^2 dx. \quad \text{(6)}$$

Die Verknüpfung von (5) und (6) durch die Gl. (3) liefert schließlich die Knicklast in der Form

$$P_k = \frac{T J_m}{\left(a + \frac{l}{2}\right)^2} \frac{\int_0^l (a+x)^2 \left(\frac{d^2 y}{dx^2}\right)^2 dx}{\int_0^l \left(\frac{dy}{dx}\right)^2 dx} \quad \text{(7)}$$

Der Stab mit unveränderlichem Querschnitt biegt sich nach einer Sinuslinie aus,

---

[1]) Die Bogenlänge s' ist allgemein durch das bestimmte Integral

$$s' = \int_0^s dx \sqrt{1 + \left(\frac{dy}{dx}\right)^2} \sim \int_0^s \left[1 + \frac{1}{2}\left(\frac{dy}{dx}\right)^2\right] dx$$

definiert. Sonach folgt für

$$\Delta l = s' - s = \frac{1}{2}\int_0^s \left(\frac{dy}{dx}\right)^2 dx.$$

wir wählen daher als Ansatz für die Verschiebungen y eine Sinusreihe, von der wir aber nur die beiden ersten Glieder berücksichtigen. Wir setzen sonach

$$y = f_1 \sin\frac{\pi x}{l} + f_3 \sin\frac{3\pi x}{l} \quad \ldots\ldots\ldots\ldots \quad (8)$$

Wie man sich leicht überzeugt, erfüllen die beiden Funktionen dieser Reihe auch die Randbedingungen: für $x = 0$ und $x = l$ wird $y = 0$. Da die Ausbiegungslinie symmetrisch zur Stabmitte ist, so kommen Glieder mit geradem Vielfachen von $\frac{\pi x}{l}$ nicht in Frage.

Aus (8) berechnet man nun

$$\frac{dy}{dx} = \frac{\pi}{l}\left[f_1 \cos\frac{\pi x}{l} + 3 f_3 \cos\frac{3\pi x}{l}\right]$$

und

$$\frac{d^2 y}{dx^2} = -\left(\frac{\pi}{l}\right)^2 \left[f_1 \sin\frac{\pi x}{l} + 9 f_3 \sin\frac{3\pi x}{l}\right].$$

Das Zählerintegral der Gl. (7) wird nun

$$\int_0^l (a+x)^2 \left(\frac{d^2 y}{dx^2}\right)^2 dx$$

$$= 2\left(\frac{\pi}{l}\right)^4 \int_0^{l/2} (x^2 + 2ax + a^2)\left[f_1 \sin^2\frac{\pi x}{l} + 18 f_1 f_3 \sin\frac{\pi x}{l} \sin\frac{3\pi x}{l} + 81 f_3^2 \sin^2\frac{3\pi x}{l}\right] dx.$$

Mit Hilfe der bestimmten Integrale

$$\int_0^{l/2} x^2 \sin^2\frac{\pi x}{l}\, dx = \frac{l^3}{8}\left(\frac{1}{6} + \frac{1}{\pi^2}\right), \qquad \int_0^{l/2} x \sin^2\frac{\pi x}{l}\, dx = \frac{l^2}{4}\left(\frac{1}{4} + \frac{1}{\pi^2}\right),$$

$$\int_0^{l/2} x^2 \sin^2\frac{3\pi x}{l}\, dx = \frac{l^3}{8}\left(\frac{1}{6} + \frac{1}{9\pi^2}\right), \qquad \int_0^{l/2} x \sin^2\frac{3\pi x}{l}\, dx = \frac{l^2}{4}\left(\frac{1}{4} + \frac{1}{9\pi^2}\right),$$

$$\int_0^{l/2} x^2 \sin\frac{\pi x}{l} \sin\frac{3\pi x}{l}\, dx = -\frac{5}{32}\frac{l^3}{\pi^2}, \qquad \int_0^{l/2} x \sin\frac{\pi x}{l} \sin\frac{3\pi x}{l}\, dx = -\frac{l^2}{4\pi^2},$$

$$\int_0^{l/2} \sin^2\frac{\pi x}{l}\, dx = \frac{l}{4}, \qquad \int_0^{l/2} \sin^2\frac{3\pi x}{l}\, dx = \frac{l}{4}, \qquad \int_0^{l/2} \sin\frac{\pi x}{l} \sin\frac{3\pi x}{l}\, dx = 0$$

findet man für den Zähler Z

$$Z = 2\left(\frac{\pi}{l}\right)^4 \frac{l^3}{48\pi^2}\left\{f_1^2\left[(\pi^2+6) + (6\pi^2+24)\left(\frac{a}{l}\right) + 12\pi^2\left(\frac{a}{l}\right)^2\right] - 18 f_1 f_3\left[\frac{15}{2} + 24\left(\frac{a}{l}\right)\right]\right.$$
$$\left. + 81 f_3^2\left[\left(\pi^2 + \frac{2}{3}\right) + \left(6\pi^2 + \frac{8}{3}\right)\left(\frac{a}{l}\right) + 12\pi^2\left(\frac{a}{l}\right)^2\right]\right\}.$$

Für das Integral im Nenner der Gleichung (7) erhält man aus dem Ansatz (8)

$$\int_0^l \left(\frac{dy}{dx}\right)^2 dx = \left(\frac{\pi}{l}\right)^2 \int_0^l \left[f_1^2 \cos^2\frac{\pi x}{l} + 6 f_1 f_3 \cos\frac{\pi x}{l} \cdot \cos\frac{3\pi x}{l} + 9 f_3^2 \cos^2\frac{3\pi x}{l}\right] dx$$

und mittels der bestimmten Integrale:

$$\int_0^l \cos^2 \frac{\pi x}{l}\, dx = \frac{l}{2}, \qquad \int_0^l \cos^2 \frac{3\pi x}{l}\, dx = \frac{l}{2}, \qquad \int_0^l \cos \frac{\pi x}{l} \cdot \cos \frac{3\pi x}{l}\, dx = 0,$$

$$N = \left(\frac{\pi}{l}\right)^2 \frac{l}{2} [f_1^2 + 9 f_3^2].$$

Schließlich gewinnt man aus (7) P_k, wenn man noch Zähler und Nenner durch f_1^2 teilt, in der Form

$$P_k = \frac{\pi^2 T J_m}{l^2} \cdot \frac{1}{3\pi^2 \left(1 + 2\frac{a}{l}\right)^2} \cdot$$

$$\frac{\left[(\pi^2+6)+(6\pi^2+24)\left(\frac{a}{l}\right)+12\pi^2\left(\frac{a}{l}\right)^2\right] - 18z\left[\frac{15}{2}+24\left(\frac{a}{l}\right)\right]+81z^2\left[\left(\pi^2+\frac{2}{3}\right)+\left(6\pi^2+\frac{8}{3}\right)\left(\frac{a}{l}\right)+12\pi^2\left(\frac{a}{l}\right)^2\right]}{1+9z^2} \quad \ldots\ldots (9)$$

wobei $\frac{f_3}{f_1} = z$ gesetzt wurde.

Schreibt man den von z abhängigen Bruch in der vereinfachten Form

$$\frac{p - 18rz + 81qz^2}{1 + 9z^2},$$

so liefert die Minimumbedingung die quadratische Gleichung

$$z^2 + 2\frac{q - \frac{p}{9}}{2r} z - \frac{1}{9} = 0$$

zur Bestimmung von z, welcher Wert in (9) eingeführt die gesuchte Knickkraft in der Form

$$P_k = \frac{\pi^2 T \mu J_m}{l^2}$$

ergibt. In der nachstehenden Tafel 16 sind für verschiedene Verhältnisse $\frac{h_0}{h_m}$ die Werte von z und die Beiwerte μ berechnet. Mit dem Trägheitsmoment μJ_m sind die Stäbe bei gegebener Knicklänge nach Euler-Tetmajer in bekannter Weise zu berechnen.

Tafel 16.

$\frac{h_0}{h_m}$	0	0,2	0,4	0,6	0,8	1
$\frac{a}{l}$	0	$^1/_8$	$^1/_3$	$^3/_4$	2	∞
z	0,0883	0,0665	0,0450	0,0265	0,0116	0
μ	0,336	0,478	0,616	0,750	0,878	1,000

Wie aus Tafel 16 ersichtlich ist, ist z klein und nimmt in dem Maße ab, als sich die Stabform dem parallelgurtigen Stab nähert. Es ist genau Null für den parallelgurtigen Stab, d. h. f_0 verschwindet und y wird in Übereinstimmung mit dem Ergebnis der unmittelbaren Integration der Differentialgleichung durch eine reine Sinuslinie definiert.

Hätte man sich beim Ansatz (8) auf das erste Glied beschränkt, so hätte man z. B. bei $\frac{h_0}{h_m} = 0{,}2$ für μ den Wert 0,608 statt 0,478 gefunden. Der Unterschied ist ganz nennenswert und zeigt, daß es nicht angeht, die elastische Linie durch eine einfache Sinuslinie oder Parabel, wie dies vielfach geschehen ist, zu ersetzen. Umgekehrt zeigt sich eine sehr rasche Konvergenz bei Berücksichtigung eines weiteren Gliedes. Der genauere Wert von μ unterscheidet sich dann nur in der dritten Dezimalstelle von dem oben gefundenen.

Für den praktischen Gebrauch läßt sich die Zahlenreihe der μ in Tafel 16 recht gut durch die einfache Näherungsformel

$$\mu = 0{,}34 + 0{,}66\left(\frac{h_0}{h_m}\right)$$

darstellen, oder wenn man $\dfrac{h_0}{h_m} = \sqrt{\dfrac{J_0}{J_m}}$ setzt,

$$\mu = 0{,}34 + 0{,}66\sqrt{\frac{J_0}{J_m}} \qquad (10)$$

b) Unsymmetrischer Stab mit geradlinigen Gurten.

Der Rechnungsgang ist genau der gleiche wie vor. Für das Trägheitsmoment gilt jetzt unter Bezugnahme auf Abb. 102

$$J_x = 2F_g\left(\frac{x_1}{l_1}\right)^2 \frac{h_{\max}^2}{4} = 2F_g\left(\frac{x+a}{l+a}\right)^2 \frac{h_{\max}^2}{4} = \left(\frac{x+a}{l+a}\right)^2 J_{\max}.$$

Mit dem Ansatz

$$y = f_1 \sin\frac{\pi x}{l} + f_2 \sin\frac{2\pi x}{l}$$

findet man

$$\left(\frac{dy}{dx}\right)^2 = \left(\frac{\pi}{l}\right)^2\left[f_1 \cos\frac{\pi x}{l} + 2 f_2 \cos\frac{2\pi x}{l}\right]^2$$

und

$$\left(\frac{d^2 y}{dx^2}\right)^2 = \left(\frac{\pi}{l}\right)^4\left[f_1 \sin\frac{\pi x}{l} + 4 f_2 \sin\frac{2\pi x}{l}\right]^2.$$

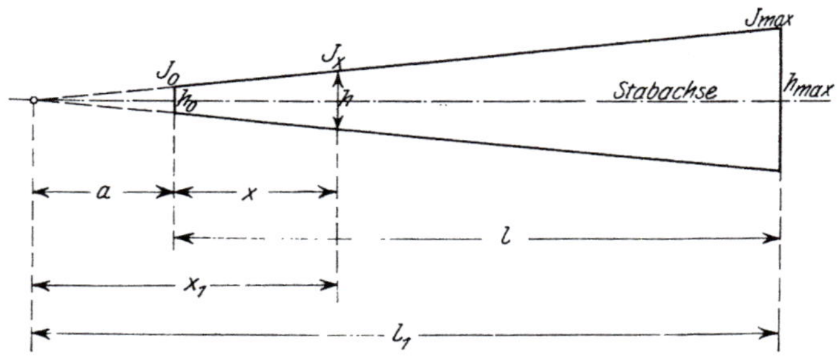

Abb. 102.

Führt man wie vor die Auswertung der Integrale der Gl. (7) durch, so findet man unter Benützung der nachfolgenden Formeln für die bestimmten Integrale:

$$\int_0^l x^2 \sin^2\frac{\pi x}{l}\,dx = \frac{l^3}{2}\left(\frac{1}{3} - \frac{1}{2\pi^2}\right), \qquad \int_0^l x^2 \sin\frac{\pi x}{l}\sin\frac{2\pi x}{l}\,dx = -\frac{8 l^3}{9\pi^2},$$

$$\int_0^l x^2 \sin^2\frac{2\pi x}{l}\,dx = \frac{l^3}{2}\left(\frac{1}{3} - \frac{1}{8\pi^2}\right), \qquad \int_0^l x \sin\frac{\pi x}{l}\sin\frac{2\pi x}{l}\,dx = -\frac{8 l^2}{9\pi^2},$$

$$\int_0^l x \sin^2\frac{\pi x}{l}\,dx = \int_0^l x \sin^2\frac{2\pi x}{l}\,dx = \frac{l^2}{4}, \qquad \int_0^l \sin\frac{\pi x}{l}\cdot\sin\frac{2\pi x}{l}\,dx = 0;$$

$$\int_0^l \sin^2\frac{\pi x}{l}\,dx = \int_0^l \sin^2\frac{2\pi x}{l}\,dx = \frac{l}{2},$$

für P_k den Ausdruck

$$P_k = \frac{\pi^2 T J_{\max}}{l^2} \cdot \frac{1}{6\pi^2\left(1+\frac{a}{l}\right)^2} \cdot$$

$$\frac{\left[2\pi^2 - 3 + 6\pi^2\frac{a}{l} + 6\pi^2\left(\frac{a}{l}\right)^2\right] - \frac{256}{3}\left[1+2\frac{a}{l}\right]z + 16\left[2\pi^2 - \frac{3}{4} + 6\pi^2\frac{a}{l} + 6\pi^2\left(\frac{a}{l}\right)^2\right]z^2}{1+4z^2},$$

worin $z = \frac{f_2}{f_1}$ bedeutet. Bezeichnet man den ersten Klammerausdruck mit p, den mittleren mit r und den dritten mit q, so nimmt die Minimumbedingung die Gestallt

$$z^2 + \frac{3(4q-p)}{128r}z - \frac{1}{4} = 0$$

an. Die Ermittlung von z wurde für verschiedene Verhältnisse von $\frac{a}{l}$ durchgeführt und die Ergebnisse der Rechnung in Tafel 17 zusammengestellt, aus der auch der Beiwert μ, mit dem $J_{\max}$ zu multiplizieren ist, ersichtlich ist.

Tafel 17.

$\frac{h_0}{h}$	0	0,2	0,4	0,6	0,8	1
$\frac{a}{l}$	0	$^1/_4$	$^2/_3$	$^3/_2$	4	∞
z	0,1613	0,1300	0,0934	0,0580	0,0265	0
μ	0,166	0,291	0,445	0,618	0,804	1

Die Zahlenreihe der μ läßt sich in die einfache Form

$$\mu = 0{,}20 + 0{,}80\sqrt[3]{\left(\frac{h_0}{h_{\max}}\right)^4},$$

oder nach Einführung der Trägheitsmomente in die Form

$$\mu = 0{,}20 + 0{,}80\sqrt[3]{\left(\frac{J_0}{J_{\max}}\right)^2} \quad \ldots\ldots\ldots\ldots \quad (11)$$

bringen.

c) Stäbe mit gekrümmten Gurten.

Die Rechnung wird besonders einfach, wenn man annimmt, daß die Stabgurte nach Sinuslinien gekrümmt sind. Das Trägheitsmoment an der Stelle x läßt sich dann in der Form

$$J_x = J_m \sin^2\left(\frac{a+x}{a+l}\right)\pi$$

darstellen (Abb. 103). Wir vermeiden es, hier nochmals den weiteren Rechnungsgang darzulegen. Mit dem gleichen Ansatz wie in a) findet man schließlich P_k in der Form

$$P_k = \frac{\pi^2 T \mu J_m}{l^2},$$

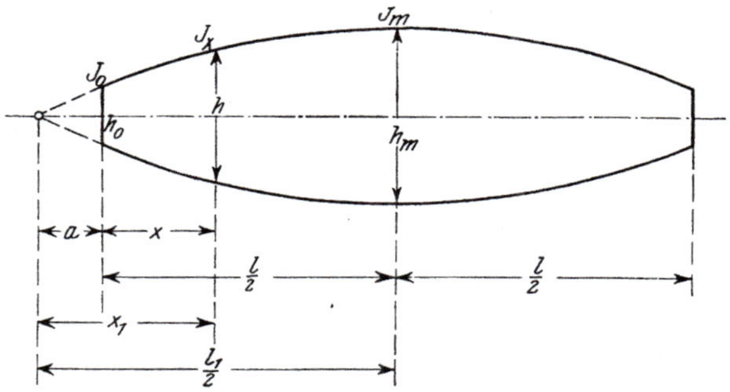

Abb. 103.

wobei der Zahlenwert μ durch die Näherungsformel

$$\mu = 0{,}61 + 0{,}39\sqrt{\frac{J_0}{J_m}} \quad \ldots\ldots\ldots\ldots \quad (12)$$

gegeben ist.

In der nachfolgenden Tafel 18 sind die Formeln (10), (11) und (12) für den praktischen Gebrauch nochmals übersichtlich dargestellt.

Tafel 18.

Abminderungsbeiwerte μ des Trägheitsmomentes für Druckstäbe mit stetig veränderlichem Querschnitt.

Die Berechnung erfolgt in gleicher Weise wie bei Stäben mit unveränderlichem Querschnitt mit dem ideellen Trägheitsmoment J_i.

Stabform	$J_i = \mu J_m$
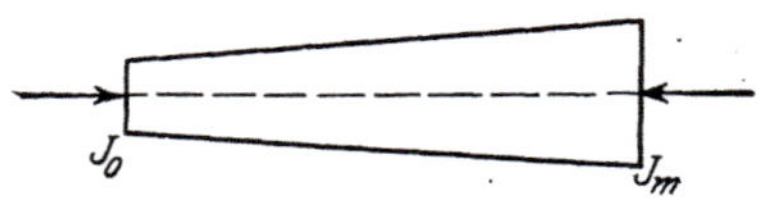	$\mu = 0{,}20 + 0{,}80 \sqrt[3]{\left(\frac{J_0}{J_m}\right)^2}$
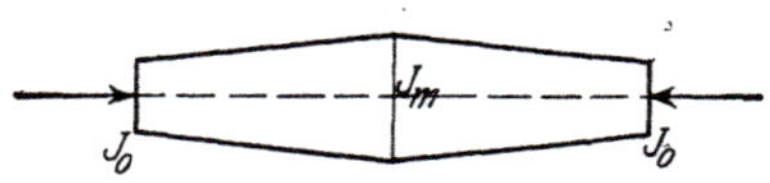	$\mu = 0{,}34 + 0{,}66 \sqrt{\frac{J_0}{J_m}}$
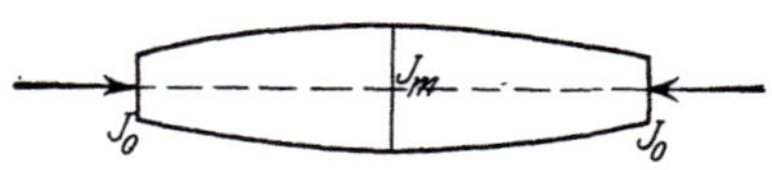	$\mu = 0{,}61 + 0{,}39 \sqrt{\frac{J_0}{J_m}}$

39. Gegliederte Druckstäbe mit Diagonalverstrebung.

Im Absatz **36** haben wir den vermindernden Einfluß der Querkräfte auf die Tragfähigkeit vollwandiger Stäbe kennen gelernt. Daß dieser Einfluß so gering ist, hat seine Ursache in dem Umstande, daß selbst in dem als ungünstigsten Fall angenommenen ⊢⊣-Querschnitt der Steg hinsichtlich der Aufnahme der Schubkräfte einen großen Materialüberschuß und daher verhältnismäßig geringe Formänderungen aufweist. Bei gegliederten zweiteiligen Stäben, wo der Steg durch eine Verstrebung oder durch sogenannte Bindebleche ersetzt ist, ist der Anteil, der die Verstrebung an den gesamten Formänderungen im labilen Gleichgewichtszustande hat, viel weitergehend. Die Folge hiervon ist eine unter Umständen ganz nennenswerte Verminderung der Tragfähigkeit gegliederter Stäbe gegenüber Vollstäben von gleichem Querschnittsträgheitsmoment bei Knicken um die freie Achse. Diese Überlegungen werden auch durch die Versuchsergebnisse bestätigt.

F. v. Emperger[1]) hat 1908 eine Reihe von Knickversuchen mit gegliederten Stäben durchgeführt, deren Ergebnisse uns das Verhältnis der tatsächlichen Tragkraft zur rechnungsmäßigen Tragkraft eines Vollwandstabes gleichen Trägheitsmomentes veranschaulichen soll.

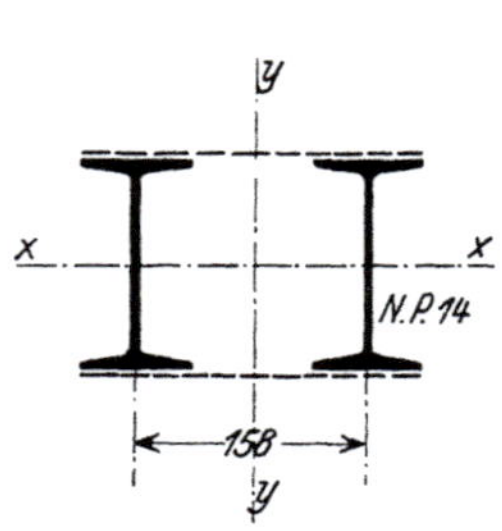

Abb. 104.

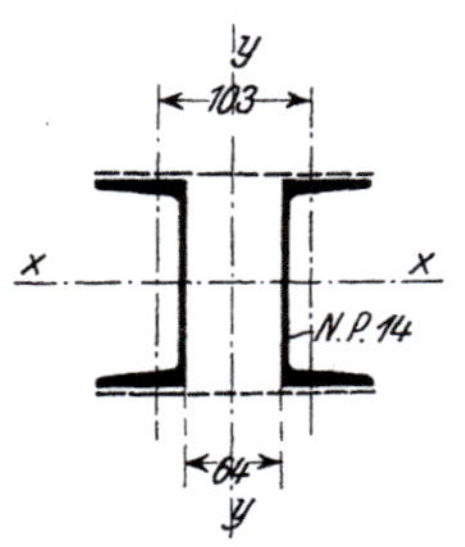

Abb. 105.

Wir ziehen hier zwei Versuchsgruppen heran; die eine Gruppe enthielt Stäbe aus zwei I-Ö. N. P 14 nach Abb. 104, die zweite aus zwei I-Ö.N.P 14 nach Abb. 105. Sämtliche Stäbe hatten Verbindungen in den Flanschebenen. Die Stabenden waren mit gehobelten Endflächen gelagert, was wir durch Einführung einer Knicklänge

[1]) Emperger, F. v.: Welchen Querverband bedarf eine Eisensäule? Beton und Eisen 1908, S. 71 ff.

von $l_k' = 0{,}6\,l$ berücksichtigen wollen. l sei die Stablänge, c die Entfernung der Bindebleche oder der Knotenpunkte bei Vergitterung. P_k die gemessene Tragkraft.

Gruppe I.

Versuch 1 mit zweinietigen Bindeblechen $l = 360$ cm, $c = 100$ cm, $P_k = 80$ t.
" 2 mit zweinietigen Bindeblechen $l = 360$ cm, $c = 50$ cm, $P_k = 97$ t.
" 3 mit Diagonalverstrebung . . $l = 360$ cm, $c = 30{,}5$ cm, $P_k = 108$ t.
" 4 mit zweinietigen Bindeblechen $l = 540$ cm, $c = 76$ cm, $P_k = 97$ t.

Gruppe II.

Versuch 5 mit zweinietigen Bindeblechen $l = 360$ cm, $c = 100$ cm, $P_k = 80$ t.
" 6 mit viernietigen Bindeblechen $l = 360$ cm, $c = 100$ cm, $P_k = 85$ t.
" 7 mit zweinietigen Bindeblechen $l = 360$ cm, $c = 50$ cm, $P_k = 100$ t.
" 8 mit Diagonalverstrebung . . $l = 360$ cm, $c = 30{,}5$ cm, $P_k = 100$ t.

Berechnet man auf Grund der Abmessungen die Tragfähigkeit nach Tetmajer, so findet man:

Gruppe I. $F = 2 \cdot 20{,}3 = 40{,}6$ cm², $i_x = 5{,}67$ cm, $i_y = 8{,}08$ cm.

Knicklänge für den 360 cm langen Versuchsstab $l_k = 216$ cm.

$$l/i_x = \frac{216}{5{,}67} = 38{,}1, \qquad \sigma_k = 2{,}666 \text{ t/cm}^2, \qquad P_k = 108{,}3 \text{ t};$$

$$l/i_y = \frac{216}{8{,}08} = 26{,}7, \qquad \sigma_k = 2{,}796 \text{ t/cm}^2, \qquad P_k = 113{,}5 \text{ t}.$$

Knicklänge für den 540 cm langen Versuchsstab $l_k = 324$ cm.

$$l/i_x = \frac{324}{5{,}67} = 57{,}2, \qquad \sigma_k = 2{,}448 \text{ t/cm}^2, \qquad P_k = 99{,}4 \text{ t};$$

$$l/i_y = \frac{324}{8{,}08} = 40{,}1, \qquad \sigma_k = 2{,}643 \text{ t/cm}^2, \qquad P_k = 107{,}3 \text{ t}.$$

Während also bei den 360 cm langen Stäben die Tetmajersche Formel eine kleinste Tragfähigkeit von 108,3 t liefert, schwankt die tatsächliche Knicklast je nach der Dichte der Querverbindungen zwischen 80 t und 108 t, die Abminderung beträgt also ungünstigenfalls 26%. Die Versuche lassen aber erkennen, daß bei ausreichender Querverbindung die Tragfähigkeit nahe an die des Vollwandstabes heranreicht.

Gruppe II. $F = 44{,}1$ cm², $i_x = 5{,}44$ cm, $i_y = 5{,}48$ cm.

Knicklänge $l = 0{,}6 \cdot 360 = 216$ cm.

$$l/i_x = \frac{216}{5{,}44} = 39{,}7, \qquad \sigma_k = 2{,}647 \text{ t/cm}^2, \qquad P_k = 116{,}7 \text{ t};$$

$$l/i_y = \frac{216}{5{,}48} = 39{,}4, \qquad \sigma_k = 2{,}651 \text{ t/cm}^2, \qquad P_k = 117{,}0 \text{ t}.$$

Die Tragfähigkeit nach Tetmajer beträgt 116,7 t, die gemessenen Knicklasten 80 bis 100 t. Der Unterschied beträgt hier bis zu 30%. Auch bei diesen Versuchen, wie bei denen der Gruppe I, läßt sich deutlich ein Anwachsen der Knickfestigkeit mit der Dichte der Querverbindungen feststellen.

Die Theorie der gegliederten Stäbe ist ausführlich von Engesser[1]), Müller-Breslau[2]), Kayser[3]), Ellwitz[4]) u. a. behandelt worden. Wir beschränken uns hier auf

[1]) Engesser, F.: Die Knickfestigkeit gerader Stäbe. Zentralbl. Bauv. 1891, S. 483. Über die Knickfestigkeit von Rahmenstäben. Zentralbl. Bauv. 1909. S. 136.

[2]) Müller-Breslau: Über exzentrisch gedrückte Stäbe und über Knickfestigkeit. Eisenbau 1911, S. 339ff. Über Knickfestigkeit und einseitig gedrückte Stäbe. Eisenbau 1913, S. 35ff.

[3]) Kayser, H.: Die Knickversteifung doppelwandiger Druckquerschnitte. Eisenbau 1911, S. 141ff.

[4]) Ellwitz, E.: Die Lehre von der Knickfestigkeit. Hannover 1920.

die Ableitung von praktisch ausreichenden Näherungsformeln für die Berechnung der Tragfähigkeit und für die Bemessung der Verbindungen.

Die nachstehenden Entwicklungen beschränken sich auf den zweiteiligen Stab, da nach meiner Meinung eine weitere Zerlegung gegliederter Druckstäbe im Brückenbau untunlich ist. Sie sind aufgebaut auf der Annahme, daß beim Knicken um die freie Querschnittachse, also bei Ausknicken in der Vergitterungsebene, die ursprüngliche gerade Stabachse sich wie beim Vollstab nach einer Sinuslinie verformt, d. h. wir beschränken uns bei der Anwendung des in **37** allgemein dargestellten Verfahrens auf das erste Glied der für die Ausbiegung y anzusetzenden Sinusreihe.

Sei mit S allgemein die Stabkraft, die durch die Verbiegung des Stabes in einen Gurt- oder in einen Füllstab des Stabfachwerkes hervorgerufen wird, bezeichnet, so gilt für die innere Arbeit die Gleichung

$$A_i = \frac{1}{2} \sum \frac{S^2 s}{E F} \qquad (13)$$

Aus der Gleichung der Sinuslinie

$$y = f \sin \frac{\pi x}{l}$$

folgt die Bogenlänge

$$l + \Delta l = \int_0^l \sqrt{1 + \left(\frac{d y}{d x}\right)^2}\, d x$$

und bei kleinem Pfeil f angenähert

$$l + \Delta l = \int_0^l \left[1 + \frac{1}{2}\left(\frac{d y}{d x}\right)^2\right] d x .$$

Führt man hier

$$\frac{d y}{d x} = f \frac{\pi}{l} \cdot \cos \frac{\pi x}{l}$$

ein, so wird

$$l + \Delta l = \int_0^l \left(1 + \frac{1}{2} f^2 \frac{\pi^2}{l^2} \cos^2 \frac{\pi x}{l}\right) d x = \left[1 + \frac{\pi^2}{4}\left(\frac{f}{l}\right)^2\right] l .$$

Somit

$$\Delta l = \frac{\pi^2}{4} \frac{f^2}{l} .$$

Es gilt daher für die Arbeit der äußeren Kräfte

$$A_a = P_k \Delta l = P_k \frac{\pi^2}{4} \frac{f^2}{l} \qquad (14)$$

Wir führen die nachstehenden Entwicklungen tunlichst allgemein durch, indem wir den Elastizitätsmodul E in gewissen Teilen des Stabfachwerkes als mit P_k veränderlich betrachten (Knickspannung über der Elastizitätsgrenze liegend) — wir schreiben dann E' statt E — und nehmen außerdem an, daß die Gurten des gegliederten Stabes ungleichen Querschnitt besitzen.

In Abb. 106 ist der Stab in ausgebogenem Zustande dargestellt. Wie wir aus **35** wissen, knickt ein Stab mit unsymmetrischem Querschnitt, falls die Knickspannung die Elastizitätsgrenze überschreitet, bei vollkommen zentrischer Belastung nach der Seite des größeren Gurtes aus, wie dies in der Abbildung veranschaulicht ist. Ebenso wie beim Vollstab wird auf der Innenseite i — i, wenn die Knickspannung σ_k oberhalb der Elastizitätsgrenze liegt, für die Formänderung des Innengurtes mit dem σ_k entsprechenden Modul E' zu rechnen sein, während für den Außengurt, wo nur Druckspannungsverminderungen stattfinden, die dem Hookeschen Gesetz folgen, der Elastizitätsmodul E in Geltung bleibt.

In den Füllstäben beginnt ebenfalls die Entwicklung der inneren Kräfte erst im Augenblicke der Entformung. Da wir nun den Pfeil f beliebig klein annehmen können — es kommt nicht auf den absoluten Wert der Biegungsarbeit, sondern nur auf ihr Verhältnis zur Arbeit $P\Delta l$ an — so kann man die Formänderung der Füllstäbe als im elastischen Bereich vor sich gehend annehmen. Die beiden Verstrebungswände doppelwandiger Kastenquerschnitte denken wir uns für die nachstehende Berechnung in einer durch den Schwerpunkt gehenden Ebene vereinigt.

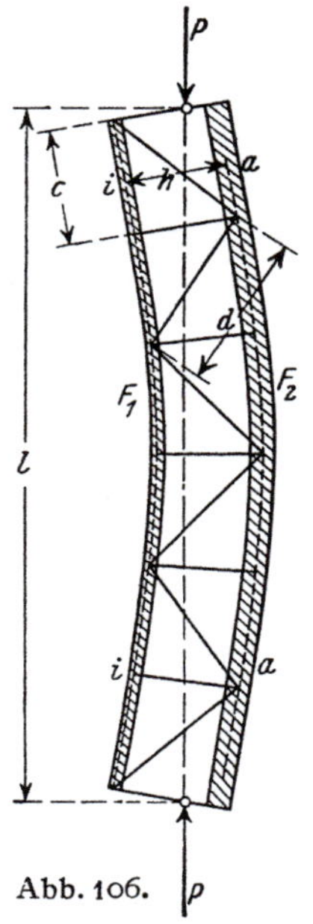

Abb. 106.

Bezeichnet:

S_1 und F_1 Stabkraft und konstanten Gurtquerschnitt auf der Innenseite,
S_2 „ F_2 „ „ „ „ „ „ Außenseite,
D und F_d Stabkraft und überall gleichen Querschnitt der Streben,
V „ F_v „ „ „ „ „ „ Riegel,
l die freie Länge des Stabes,
$c=\frac{l}{n}$ die Feldweite des Fachwerks,
h die Höhe des Stabes, d. i. der Abstand der Schwerpunkte beider Gurtungen,
d die in allen Feldern gleiche Strebenlänge,

so lautet die Arbeitsgleichung (Gl. (1) in **37**) mit den oben gefundenen Werten von A_i und A_a, Gl. (13) und (14)

$$P_k\frac{\pi^2}{4}\frac{f^2}{l}-\left[\frac{1}{2}\sum\frac{S_1^2 c}{E'F_1}+\frac{1}{2}\sum\frac{S_2^2 c}{EF_2}+\frac{1}{2}\sum\frac{D^2 d}{EF_d}+\frac{1}{2}\sum\frac{V^2 h}{EF_v}\right]=0.$$

Aus

$$M=P_k y=P_k f\sin\frac{\pi x}{l}$$

und

$$Q=\frac{dM}{dx}=P_k f\cdot\frac{\pi}{l}\cos\frac{\pi x}{l}$$

folgt:

Für die Gurte:

$$S_1=S_2=P_k\frac{f}{h}\sin\frac{\pi x}{l},$$

wobei x die Abszisse des für den betreffenden Gurtstab in Betracht kommenden Ritterschen Momentenpunktes bedeuten sollte. Um aber die Formeln hinsichtlich des Beitrages der Gurtstäbe für alle Arten von Ausfachungen einheitlich gestalten zu können, nehmen wir den Momentenpunkt für jeden Gurtabschnitt in der jeweiligen Mitte eines Fachwerkfeldes an, wie es z. B. bei der Berechnung der Gurtkräfte in einen mit Kreuzstreben versehenen Fachwerk üblich ist. Der hierdurch begangene Fehler ist bei größerer Felderzahl ($n>4$) gering.

Für die Wandstäbe gilt:

bei Ständerfachwerken nach Abb. 107

$$D=Q\frac{d}{h}=P_k\frac{\pi}{l}f\frac{d}{h}\cos\frac{\pi x}{l},$$

$$V=Q=P_k\frac{\pi}{l}f\cos\frac{\pi x}{l};$$

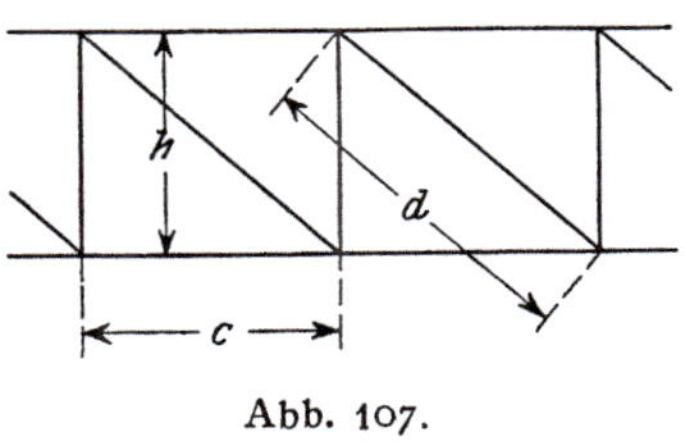

Abb. 107.

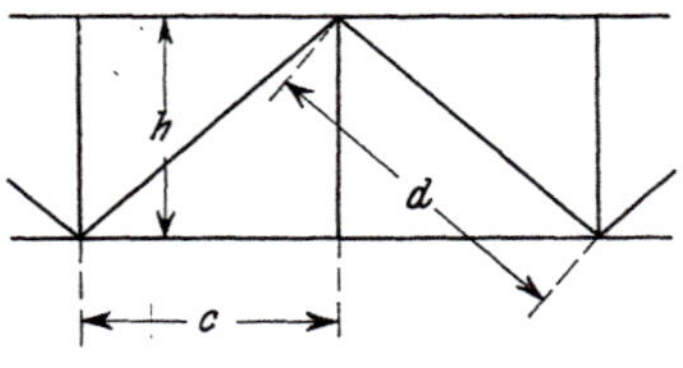

Abb. 108.

bei Strebenfachwerken nach Abb. 108

$$D=Q\frac{d}{h}$$
$$=P_k\frac{\pi}{l}f\frac{d}{h}\cos\frac{\pi x}{l};$$

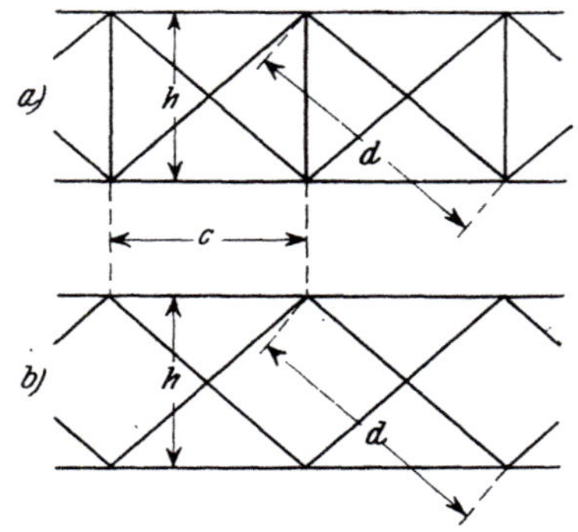

Abb. 109 a und b.

bei Fachwerken mit Kreuzstreben oder Rhombenausfachung nach Abb. 109a und b

$$D=\frac{Q}{2}\frac{d}{h}=\frac{1}{2}P_k\frac{\pi}{l}f\frac{d}{h}\cos\frac{\pi x}{l}.$$

Der Einfluß der Riegel soll als gering vernachlässigt werden.

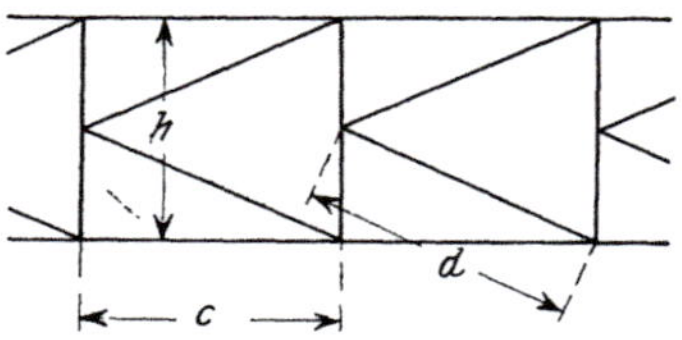

Abb. 110.

Bei K-Fachwerken nach Abb. 110

$$D=\frac{Q}{2}\frac{2d}{h}=Q\frac{d}{h}=P_k\frac{\pi}{l}f\frac{d}{h}\cos\frac{\pi x}{l}.$$

Der Einfluß der Riegel wird hier ebenfalls vernachlässigt.

In allen Fällen soll die für die Querkraft Q maßgebende Ordinate x auf Feldmitte bezogen werden.

Ständerfachwerke:

Die Arbeitsgleichung lautet jetzt:

$$P_k\frac{\pi^2}{4}\frac{f^2}{l}=\frac{P_k^2}{E'F_1}\frac{f^2}{h^2}c\cdot\frac{1}{2}\sum\sin^2\frac{\pi x}{l}+\frac{P_k^2}{EF_2}\frac{f^2}{h^2}c\cdot\frac{1}{2}\sum\sin^2\frac{\pi x}{l}+\frac{P_k^2}{EF_d}\frac{\pi^2}{l^2}f^2\frac{d^3}{h^2}\frac{1}{2}\sum\cos^2\frac{\pi x}{l}$$
$$+\frac{P_k^2}{EF_v}\frac{\pi^2}{l^2}f^2h\frac{1}{2}\sum\cos^2\frac{\pi x}{l}.$$

Nun ist

$$\sum\sin^2\frac{\pi x}{l}=\sum\cos^2\frac{\pi x}{l}=\frac{n}{2}=\frac{l}{2c}\,^{1)}$$

und daher nach Kürzung mit P_k und $\frac{f^2}{4}$

$$\frac{\pi^2}{l}=P_k\left\{\frac{l}{h^2}\left(\frac{1}{E'F_1}+\frac{1}{EF_2}\right)+\frac{\pi^2}{l}\frac{1}{E}\left[\frac{d^3}{ch^2}\frac{1}{F_d}+\frac{h}{c}\frac{1}{F_v}\right]\right\},$$

und daraus

$$P_k=\frac{\frac{\pi^2}{l^2}}{\frac{1}{h^2}\left(\frac{1}{E'F_1}+\frac{1}{EF_2}\right)+\frac{\pi^2}{Ecl^2h^2}\left(\frac{d^3}{F_d}+\frac{h^3}{F_v}\right)}.$$

Betrachten wir nun zum Vergleich einen Vollstab mit unendlich dünnem Steg, dessen Trägheitsmoment entsprechend Abb. 111 in der Form $J=F_1h_1^2+F_2h_2^2$ ge-

---

1) Der Beweis ist sehr einfach: Man bildet zunächst die Summe

$$\sum\sin^2\frac{\pi x}{l}+\sum\cos^2\frac{\pi x}{l}=\sum\left(\sin^2\frac{\pi x}{l}+\cos^2\frac{\pi x}{l}\right)=n\cdot 1,$$

wenn n die Anzahl der Summenglieder, d. i. die Felderanzahl ist. — Da nun der sin für einen Punkt der rechten Stabhälfte gleich dem cos für den symmetrisch gelegenen Punkt der linken Stabhälfte ist, so ist auch $\sum\sin^2\frac{\pi x}{l}=\sum\cos^2\frac{\pi x}{l}$, aus welchen beiden Beziehungen der oben angeführte Wert $n/2$ folgt.

schrieben werden kann. Die Abstände h_1 und h_2 von der m—m-Linie sind durch die Gleichung (9) in **35** gegeben. Bezeichnen $\sum_1$ und $\sum_2$ die statischen Momente der Querschnittsflächen F_1 und F_2 bezogen auf die m—m-Linie, so gilt $E'\sum_1 - E\sum_2 = 0$, somit

$$E' F_1 h_1 - E F_2 h_2 = 0,$$
$$h_1 + h_2 = h,$$

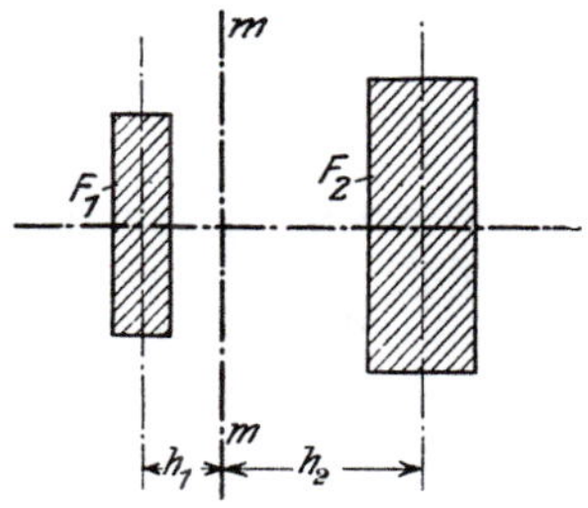

Abb. 111.

aus welchen beiden Gleichungen

$$h_1 = \frac{E F_2}{E' F_1 + E F_2} h \quad \text{und} \quad h_2 = \frac{E' F_1}{E' F_1 + E F_2} h$$

folgt.

Ermittelt man nun für einen solchen Stab den Ausdruck für TJ (T Knickmodul) nach Gl. (12) in **35**, so gewinnt man:

$$TJ = E' J_1 + E J_2 = E' F_1 h_1^2 + E F_2 h_2^2$$

und nach Einführung von h_1 und h_2

$$TJ = \frac{E' F_1 (E F_2)^2 + E F_2 (E' F_1)^2}{(E' F_1 + E F_2)^2} h^2 = \frac{E' F_1 \cdot E F_2}{E' F_1 + E F_2} h^2;$$

d. i. aber nichts anderes als der reziproke Wert des ersten Nennergliedes in unserer Gleichung für P_k, die sich somit in der Form

$$P_k = \frac{\dfrac{\pi^2 TJ}{l^2}}{1 + \dfrac{\pi^2 TJ}{l^2} \cdot \dfrac{1}{E c h^2}\left[\dfrac{d^3}{F_d} + \dfrac{h^3}{F_v}\right]}$$

darstellt.

Der Ausdruck $\frac{\pi^2 TJ}{l^2}$ würde die Knicklast $P_k^0 = (F_1 + F_2)\sigma_k^0$ des Vollwandstabes mit dem Trägheitsmoment J vorstellen, wenn der Knickmodul T der Knickspannung σ_k^0 zugeordnet wäre. Nun gehört aber T zur Knickspannung σ_k des gegliederten Stabes. Da aber der zweite Teil des Nenners, der den Faktor $\frac{\pi^2 TJ}{l^2}$ enthält, klein gegen Eins ist, so ist der Fehler, den wir begehen, wenn wir dort

$$\frac{\pi^2 TJ}{l^2} = \sigma_k^0 (F_1 + F_2)$$

setzen, geringfügig, und wir erhalten schließlich

$$P_k = \frac{\pi^2 TJ}{l^2\left\{1 + \sigma_k^0 \dfrac{F_1 + F_2}{E c h^2}\left[\dfrac{d^3}{F_d} + \dfrac{h^3}{F_v}\right]\right\}} = \frac{\pi^2 TJ}{(\gamma l)^2}, \quad \ldots\ldots \quad (15)$$

wobei der Beiwert γ gegeben ist durch

$$\gamma = \sqrt{1 + \sigma_k^0 \frac{F_1 + F_2}{E c h^2}\left[\frac{d^3}{F_d} + \frac{h^3}{F_v}\right]}. \quad \ldots\ldots\ldots \quad (15')$$

Die Knickfestigkeit eines gegliederten Stabes von der Knicklänge l ist demnach gerade so groß, wie die eines Vollstabes vom gleichen Trägheitsmoment, aber von der Länge γl. Dieser Satz gilt allgemein, gleichgültig, ob σ_k über oder unter der Elastizitätsgrenze liegt.

Die Gleichungen für γ bei anderen Stabausfachungen unterscheiden sich von Gl. (15′) nur durch die Form des Klammerausdruckes.

Bei Strebenfachwerk entfällt der Einfluß der Pfosten, man erhält somit

$$\gamma = \sqrt{1 + \sigma_k^0 \frac{F_1 + F_2}{E c h^2} \frac{d^3}{F_d}} \quad \ldots\ldots\ldots\ldots \quad (15'')$$

Bei Fachwerken mit Kreuzstreben oder bei Rhombenfachwerken gilt die Formel (15''), da die Stabkraft D den halben Wert hat, die Zahl der Streben aber doppelt so groß ist.

Bei K-Fachwerken gilt

$$\gamma = \sqrt{1 + 2\sigma_k^0 \frac{F_1 + F_2}{E c h^2} \frac{d^3}{F_d}} \quad \ldots \ldots \ldots \ldots (15''')$$

Bemessung der Teile und der Verbindungen vergitterter Gliederstäbe. Es ist klar, daß bei einem aus einzelnen Teilen zusammengesetzten Stab diese Teile für sich ausreichend stark bemessen sein müssen, da sonst der Stab wegen des Versagens der Einzelteile bereits bleibende Formänderungen aufweist, bevor noch die Knicklast des Gesamtstabes erreicht ist.

Zunächst muß jeder der beiden Gurte für sich genommen mit dem Abstand der Knotenpunkte als Knicklänge knicksicher sein. Ist i_g der Trägheitsradius einer Gurtung, bezogen auf die zur freien Achse parallele Schwerachse $g - g$, so muß

$$\frac{c}{i_g} \leqq \frac{l}{i_y}$$

sein. *D. h. das Schlankheitsverhältnis des Gurtes, bezogen auf die Knotenweite, muß gleich oder kleiner als das des Gesamtstabes sein.* Die Feldweite c des Fachwerks kann hierbei durch die Entfernung c' der Befestigungsnieten ersetzt werden. Siehe Abb. 112.

Die Verstrebung hat die Aufgabe, die durch die Verbiegung des Stabes im labilen Gleichgewichtszustande auftretenden Querkräfte aufzunehmen. Sie braucht nur so stark bemessen zu sein, daß sie im Augenblicke, in dem die Gurte ihre Tragfähigkeit verlieren, gerade an der Grenze der Tragfähigkeit angelangt ist. Druckstreben können daher die Knicktragkraft, Zugstreben ihre volle Zugfestigkeit **3,6 t/cm²**, auf den Nutzquerschnitt bezogen, erreichen. Die Querkraft Q ist nun eine Funktion des Pfeiles f, und man findet jenen Pfeil, der der Berechnung der Verstrebung zugrunde zu legen ist, aus der Überlegung, daß er nicht größer sein kann als jener Grenzwert, bei dem auf der Innenseite des ausgebogenen Stabes gerade die Tragfähigkeit des Gurtes erschöpft ist. Günstigstenfalls tritt dies, wenn wir das Schlankheitsverhältnis des Gurtes $c/i_g = 0$ annehmen, bei einer Spannung von 3,1 t/cm² (nach Tetmajer) ein. Wir setzen sonach für die Stabmitte

$$3{,}1 = \frac{P_k}{F_1 + F_2} + \frac{P_k f}{F_1 h} = \sigma_k + \frac{P_k f}{F_1 h}.$$

F_1 ist hierbei der kleinere der beiden Gurtquerschnitte.

Aus dieser Gleichung gewinnt man für f die Verknüpfung

$$f = \frac{3{,}1 - \sigma_k}{P_k} F_1 h.$$

Die Querkraft erreicht (siehe S. 145) ihren Größtwert an den Stabenden mit

$$Q_{\max} = P_k \frac{\pi}{l} f,$$

woraus nach Einführung des eben ermittelten Wertes von f

$$Q_{\max} = (3{,}1 - \sigma_k) \frac{\pi}{l} F_1 h \quad \ldots \ldots \ldots \ldots (16)$$

entsteht. Als Einheiten gelten t und cm.

Wenn σ_k über der Elastizitätsgrenze liegt, dann kann

$$\sigma_k = 3{,}1 - 0{,}0114 \frac{\gamma l}{i}$$

gesetzt werden und Gl. (16) geht in die einfache Formel über:

$$Q_{\max} = 0{,}0114 \pi \frac{\gamma h}{i} F_1.$$

Ist $F_1 = F_2$, so erhält man mit $i \sim \frac{h}{2}$

$$Q_{max} = \frac{\gamma F_1}{14} \quad \dots \dots \dots \dots \dots (16')$$

Diese Formel gilt nur, wenn $\frac{\gamma l}{i} < 105$ ist. Die Einheiten sind wie vor t und cm.

Ist Q_{max} bekannt, so lassen sich die Strebenkräfte bestimmen und die Stäbe bemessen. Für den Nietanschluß rechne man mit einer zulässigen Schubbeanspruchung von $0{,}8 \cdot 3{,}6 = \mathbf{2{,}9\ t/cm^2}$ und einem zulässigen Leibungsdruck von $2 \cdot 2{,}9 = \mathbf{5{,}8\ t/cm^2}$. Bei unsymmetrischen Stäben beachte man, daß F_1 die Querschnittsfläche des schwächeren Gurtes bedeutet.

1. Beispiel. Ein Stab aus 2] *N P* 30 mit 25 cm Lichtabstand der Gurte sei in beiden Flanschenebenen nach Abb. 112 mit Winkeleisen 40·60·6 verstrebt; die Knicklänge beträgt 5,40 m.

Mit $F_1 + F_2 = 2 \cdot 58{,}8 = 117{,}6$ cm² und $J_y = 117{,}6 \frac{30{,}4^2}{4} + 2 \cdot 495 = 28160$ cm⁴ findet man

$$i_y = \sqrt{\frac{28160}{117{,}6}} = 15{,}47 \text{ cm},$$

also

$$\frac{l}{i_y} = \frac{540}{15{,}47} = 34{,}8 \text{ und damit aus der Tafel } I:$$

$$\sigma_k{}^0 = 2{,}703 \text{ t/cm}^2.$$

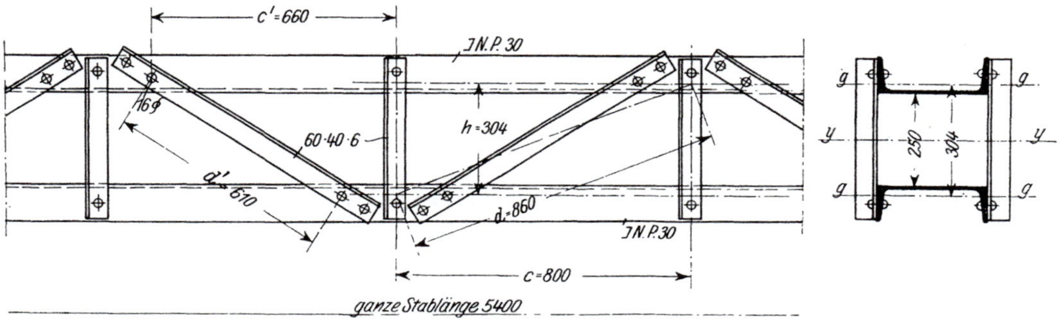

Abb. 112.

Aus der Abb. 112 entnimmt man weiter: $c = 80$ cm, $d = 86$ cm, $h = 30{,}4$ cm, $F_d = 2 \cdot 5{,}68 = 11{,}36$ cm² und berechnet damit nach Gl. (15″)

$$\gamma = \sqrt{1 + \frac{2{,}703 \cdot 117{,}6}{2150 \cdot 80 \cdot 30{,}4^2} \frac{86^3}{11{,}36}} = 1{,}055.$$

Mit $\gamma l = 1{,}055 \cdot 540 = 570$ cm findet man schließlich

$$\frac{\gamma l}{i_y} = \frac{570}{15{,}47} = 36{,}8$$

und dazu

$$\sigma_k = \mathbf{2{,}680\ t/cm^2}.$$

Die Knicklast des gegliederten Stabes beträgt somit

$$P_k = 117{,}6 \cdot 2{,}680 = \mathbf{315{,}2\ t},$$

während nach der Berechnung als Vollstab $P_k{}^0 = 2{,}703 \cdot 117{,}6 = 317{,}9$ t betragen würde. Der Unterschied ist im ganzen 0,85%, also äußerst gering.

Für den Einzelgurt gilt $c' = 66$ cm, $i_g = 2{,}90$ cm und daher $\frac{c'}{i_g} = 22{,}8$ und $\sigma_k^g = 2{,}840$ t/cm².

Da $\sigma_k^g > \sigma_k$ ist, so besteht keine Gefahr für das Ausknicken des Einzelgurtes bevor die Tragkraft des Gesamtstabes erschöpft ist.

Die größte Querkraft ist nach Gl. (16′).

$$Q_{max} = \frac{\gamma F_1}{14} = \frac{1{,}055 \cdot 58{,}8}{14} = 4{,}43 \text{ t},$$

daher für eine Vergitterungswand $\frac{Q_{max}}{2} = 2{,}22$ t. Damit erhält man die Strebenspannung

$$D_{max} = \frac{Q_{max}}{2} \cdot \frac{d}{h} = 2{,}22 \frac{86}{30{,}4} = 6{,}28 \text{ t}.$$

Knicklänge der Streben $d' = 61$ cm, $i_{min} = 0{,}86$ cm, $d'/i_{min} = 70{,}8$, $\sigma_k^d = 2{,}293$ t/cm², daher die Tragkraft

$$P_d = 2{,}293 \cdot 5{,}68 = 13{,}02 \text{ t};$$

die Verstrebung ist sonach reichlich bemessen. Der Nietanschluß hat eine Tragfähigkeit von

$$N = 2 \frac{\pi^2}{4} 1{,}6 \cdot 2{,}9 \text{ t/cm}^2 = 11{,}65 \text{ t},$$

ist sonach ebenfalls weit ausreichend.

2. Beispiel. Druckstab nach Abb. 113 mit 7,50 m Knicklänge. Aus $2F = 4 \cdot 19{,}1 = 76{,}4$ cm² und $J_y = 76{,}4 \cdot \frac{24{,}1^2}{4} + 4 \cdot 98{,}2 = 11486$ cm⁴ berechnet man zunächst

$$i_y = \sqrt{\frac{11486}{76{,}4}} = 12{,}26 \text{ cm},$$

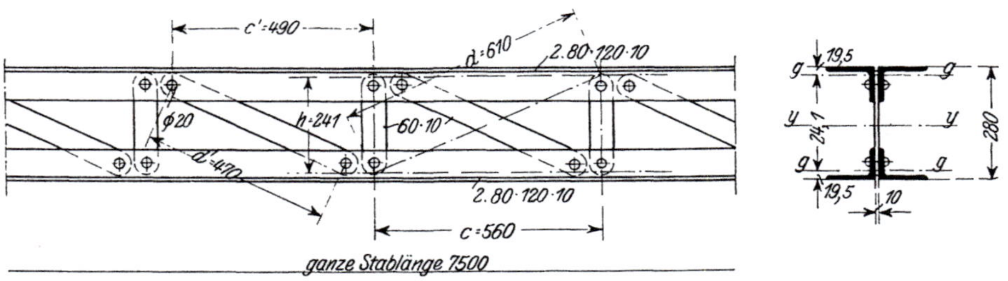

Abb. 113.

damit $\frac{l}{i_y} = \frac{750}{12{,}26} = 61{,}2$ und aus Tafel I:

$$\sigma_k^0 = 2{,}403 \text{ t/cm}^2.$$

Nach Abb. 113 ist weiter: $c = 56$ cm, $d = 61$ cm, $h = 24{,}1$ cm, $F_d = 6{,}0$ cm², $F_v = 6{,}0$ cm²; mit welchen Werten man

$$\gamma = \sqrt{1 + \frac{2{,}403 \cdot 76{,}4}{2150 \cdot 56 \cdot 24{,}1^2}\left(\frac{61^3}{6{,}0} + \frac{24{,}1^3}{6{,}0}\right)} = 1{,}051$$

ermittelt. Wir erhalten die in Rechnung zu stellende Knicklänge $\gamma l = 1{,}051 \cdot 7{,}50 = 7{,}88$ m und $\frac{\gamma l}{i_y} = \frac{788}{12{,}26} = 64{,}3$ und

$$\sigma_k = \mathbf{2{,}367} \text{ t/cm}^2.$$

Schließlich die tatsächliche Tragkraft des gegliederten Stabes

$$P_k = 2{,}367 \cdot 76{,}4 = \mathbf{180{,}8} \text{ t},$$

die um 1,5% kleiner ist als die des Vollstabes mit gleichem Querschnitt ($P_k^0 = 183{,}6$). Auch hier ist der Unterschied, praktisch genommen, gering.

Mit $i_g = 2{,}26$ cm findet man das Schlankheitsverhältnis des Gurtes $\frac{c'}{i_g} = \frac{49}{2{,}26} = 21{,}7$, also kleiner als für den Gesamtstab. Ein Ausknicken des Gurtes vor Knicken des Gesamtstabes ist daher nicht zu befürchten.

Um die Verstrebung zu überprüfen, ermitteln wir Q_{max} nach Gl. (16'):

$$Q_{max} = \frac{\gamma F_1}{14} = \frac{1{,}051 \cdot 38{,}2}{14} = 2{,}88 \text{ t}$$

und daraus

$$D_{max} = 2{,}88 \cdot \frac{61}{24{,}1} = 7{,}29 \text{ t}.$$

Die Tragfähigkeit eines Diagonalflacheisens 60·10 beträgt bei einer Knicklänge von $0{,}8 \cdot 47 = 37{,}6$ cm mit $\frac{l}{i_y} = \frac{37{,}6}{0{,}29} = 130$, $P_d = 1{,}256 \cdot 6{,}0 = 7{,}54$ t, reicht also gerade noch aus. Der 20 mm starke doppelschnittige Anschlußniet trägt

$$N = 2 \cdot 1 \cdot 5{,}8 \text{ t} = 11{,}6 \text{ t},$$

während er rechnungsmäßig bloß 7,29 t zu tragen braucht.

3. Beispiel. Eine Windverbandstrebe von 10 m Knicklänge bestehe aus 2 ⊐-Eisen *NP* 16 und sei entsprechend der Darstellung in Abb. 114 mit Flacheisen 50/8 vergittert.

Es ist: $2F = 48$ cm², $J_y = 3922$ cm⁴ und $i_y = 9{,}04$ cm.

Damit wird $\frac{l}{i_y} = \frac{1000}{9{,}04} = 110{,}6$ und

$$\sigma_k^0 = 1{,}735 \text{ t/cm}^2.$$

Mit $c = 48$ cm, $d = 51$ cm, $h = 17{,}7$ cm und $F_d = 4$ cm² folgt

$$\gamma = \sqrt{1 + \frac{1{,}735 \cdot 48}{2150 \cdot 48 \cdot 17{,}7^2} \frac{51^3}{2 \cdot 4}} = 1{,}022,$$

woraus sich $\gamma l/i_y = 1{,}022 \cdot 110{,}6 = 113$ und

$$\sigma_k = \mathbf{1{,}662} \text{ t/cm}^2$$

berechnet. Somit ist die Knicklast

$$P_k = 48 \cdot 1{,}662 = \mathbf{79{,}8} \text{ t},$$

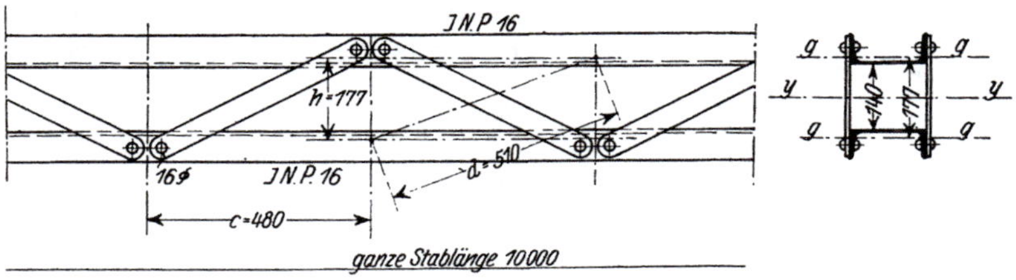

Abb. 114.

gegenüber $\sigma_k^0 \cdot 48 = 83{,}3$ t beim Vollstabe. Die Abminderung durch die Vergitterung beträgt 4%, ist also auch hier nicht sonderlich groß.

Der Nachweis für die ausreichenden Abmessungen der Streben und des Einzelgurtes wird wie vor geführt, wobei aber, da $\gamma l/i > 105$, Q_{max} aus Gl. (16) zu bestimmen ist.

Die vorstehenden Beispiele erweisen deutlich, daß bei Gitterstäben, falls die Neigung der Streben gegen die Stabachse nicht kleiner als etwa 30° genommen wird, die Verringerung der Tragfähigkeit gegenüber der Tragfähigkeit des Vollwandstabes keine allzu große ist. Der Unterschied ist bei kurzen Stäben sehr gering und wächst mit der Schlankheit. *Kurze und mittelschlanke verstrebte Gliederstäbe können so wie Vollwandstäbe berechnet werden. Ist $l/i > 100$, dann ist es zweckmäßig, die Verringerung der Tragfähigkeit durch Ermittlung von γ zu berücksichtigen. In allen Fällen ist aber für eine ausreichende Bemessung der Verstrebung vorzusorgen.*

40. Druckstäbe mit Bindeblechen (Rahmenstäbe).

Der Rechnungsgang ist im wesentlichen der gleiche wie im vorangehenden Absatz. Wir gehen auch hier von der Arbeitsgleichung

$$A_a - A_i = 0$$

aus. Für A_a gilt wie vor

$$A_a = P_k \frac{\pi^2}{4} \frac{f^2}{l}.$$

A_i ist die Formänderungsarbeit bei der Verbiegung im labilen Gleichgewichtszustand. Da die Glieder eines Rahmenstabes im Gegensatz zu jenen eines Fachwerkes mit Gelenkknoten auch noch verbogen werden, so setzt sich A_i aus zwei Teilen zusammen: aus der Arbeit der Stablängskräfte bei der Verkürzung oder Verlängerung der Stäbe und aus der Arbeit der Momente bei ihrer Verbiegung. Die Arbeit der Schubkräfte möge als unerheblich vernachlässigt werden.

Der n-feldrige Rahmenstab stellt ein $3n$-fach statisch unbestimmtes System vor, dessen genaue Berechnung bei gegebenen äußeren Lasten umständlich ist. Unter der Voraussetzung, daß beide Stabgurte einander gleich seien, läßt sich aber ein angenähertes Berechnungsverfahren angeben, das in einfacher Weise unmittelbar die

Schnittkräfte liefert. Die schärfere Untersuchung hat nämlich gezeigt, daß beim parallelgurtigen Rahmenträger die Verteilung der Biegungsmomente eine solche ist, daß beiläufig in den Stabmitten Momentennullpunkte auftreten. Nimmt man sonach in den Gurtstab- und Pfostenmitten Gelenke an, so erscheint der Rahmenträger durch ein annähernd gleichwertiges, aber statisch bestimmtes System ersetzt[1]). Schneidet man die im Knotenpunkte r zusammentreffenden Stäbe mittels eines durch die angenommenen Gelenke gehenden Rundschnittes heraus, so entsteht das in Abb. 115 dargestellte Gleichgewichtssystem. An den Schnittstellen der Gurte wirken die Längskräfte S_r bzw. S_{r+1} und die Querkräfte $\frac{Q_r}{2}$ bzw. $\frac{Q_{r+1}}{2}$, wobei Q_r und Q_{r+1} die Querkräfte für das Feld $r-1, r$ bzw. $r, r+1$ bedeuten, Im Pfostenschnitt wirkt die Pfostenkraft V_r, sowie die Pfostenquerkraft Q_v^r.

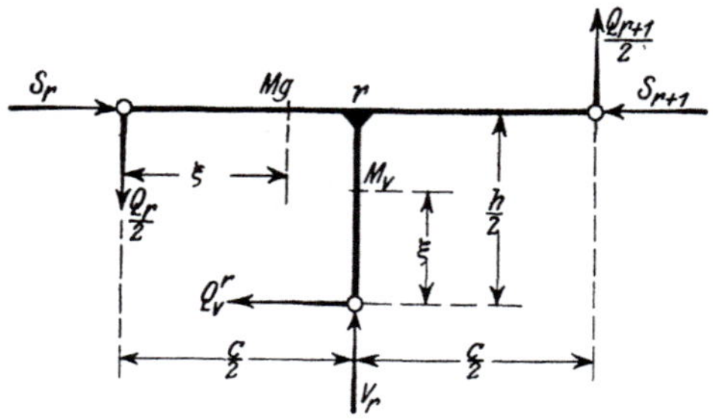

Abb. 115.

Aus der Abb. 115 ist folgende Gleichgewichtsbedingung leicht abzuleiten:

$$-Q_v^r \frac{h}{2} + \left(\frac{Q_r}{2} + \frac{Q_{r+1}}{2}\right)\frac{c}{2} = 0,$$

woraus

$$Q_v^r = \frac{Q_r + Q_{r+1}}{2} \cdot \frac{c}{h} = \bar{Q}_r \frac{c}{h}$$

folgt. Hierbei denken wir uns $\frac{Q_r + Q_{r+1}}{2}$ durch den dem Knoten r entsprechenden Wert der Querkraft, den wir mit $\bar{Q}_r$ bezeichnen, ersetzt. Die Gurtschnittkräfte sind durch die gleiche Beziehung wie beim Fachwerk

$$S_r = \frac{\mathfrak{M}_r}{h}$$

gegeben, wobei sich das Balkenmoment $\mathfrak{M}_r$ auf die Feldmitte (Gelenk) bezieht.

Bezeichnet man mit:

S_1 und S_2 die von der Biegung des Gesamtstabes herrührenden Längskräfte der inneren bzw. äußeren Gurtung,
M_g das Biegungsmoment in den Stabgurten,
M_v „ „ „ „ Pfosten,
F_g den Querschnitt eines Gurtes,
F_v „ „ eines Pfostens,
c die Pfostenentfernung, h den Abstand der Gurtschwerpunkte,
J_g das Trägheitsmoment des Gurtquerschnittes, bezogen auf seine senkrecht zur Tragwandebene stehende Schwerpunktachse,
J_v das Trägheitsmoment des Pfostenquerschnittes in bezug auf seine senkrecht zur Trägerebene stehende Schwerpunktachse,

so lautet der Ausdruck für die Formänderungsarbeit, wenn man die Längenänderungen der Pfosten vernachlässigt,

$$A_i = \frac{1}{2}\sum_1^n \frac{S_1^2 c}{E' F_g} + \frac{1}{2}\sum_1^n \frac{S_2^2 c}{E F_g} + 2 \cdot \frac{1}{2}\sum_1^n \int_0^c \frac{M_g^2}{T J_g} d\xi + \frac{1}{2}\sum_1^{n-1} \int_0^h \frac{M_v^2}{E J_v} d\xi \quad . \; . \; . \; (17)$$

Die Arbeit der Gurtkräfte haben wir in zwei Teile gespalten, um ebenso wie beim Fachwerkstab für die Innenseite der Biegung den Modul E', für die Außenseite den Elastizitätsmodul E einführen zu können. Im dritten Gliede (Biegungsarbeit in den Gurtungen)

---

[1]) Diese Annahme ist z. B. bei weitem zutreffender als die übliche Annahme gelenkiger Knoten bei genieteten Fachwerken.

wurde der Knickmodul T auf Grund der folgenden Überlegung eingeführt: Bei Beginn der Biegung im labilen Gleichgewichtszustande gilt allgemein als Gleichung der elastischen Linie (Gl. (11) aus **35**):

$$T J \cdot \frac{d^2 y}{d x^2} = -M_x .$$

Sie enthält den Knickmodul T, der zur Knickspannung σ_k des Gesamtstabes gehört. Dieser Modul T geht sonach auch in den Ausdruck für die Formänderungsarbeit der durch Momente belasteten Gurte über.

Wir berechnen nun die einzelnen Glieder der Arbeitsgleichung (17) und erhalten unter der Annahme, daß die Ausbiegung nach einer Sinuslinie erfolge:

für das Moment: $P_k y = P_k f \sin \frac{\pi x}{l}$;

für die Querkraft: $\frac{d P_k y}{d x} = P_k f \frac{\pi}{l} \cos \frac{\pi x}{l}$;

$$\frac{1}{2} \sum_1^n \frac{S_1{}^2 c}{E' F_g} = \frac{1}{2} \sum_1^n \frac{P_k{}^2 y^2 c}{E' F_g h^2} = \frac{1}{2} \frac{P_k{}^2 f^2 c}{E' F_g h^2} \sum_1^n \sin^2 \frac{2r-1}{2n} \pi = \frac{1}{4} \frac{P_k{}^2 f^2 l}{E' F_g h^2}, \quad ^{1)}$$

$$\frac{1}{2} \sum_1^n \frac{S_2{}^2 c}{E F_g} = \frac{1}{2} \sum_1^n \frac{P_k{}^2 y^2 c}{E F_g h^2} = \frac{1}{2} \frac{P_k{}^2 f^2 c}{E F_g h^2} \sum_1^n \sin^2 \frac{2r-1}{2n} \pi = \frac{1}{4} \frac{P_k{}^2 f^2 l}{E F_g h^2}.$$

Hierbei ist, wie im vorangehenden Abschnitt nachgewiesen,

$$\sum \sin^2 \frac{2r-1}{2n} \pi = \frac{n}{2} = \frac{l}{2c}.$$

Weiter gilt für einen Gurtstab bzw. für einen Pfosten unter Beachtung der Abb. 115

$$\int_0^c \frac{M_g{}^2}{T J_g} d\xi = 2 \int_0^{\frac{c}{2}} \frac{Q_r{}^2 \xi^2}{4 T J_g} d\xi = \frac{Q_r{}^2 c^3}{48 T J_g},$$

$$\int_0^h \frac{M_v{}^2}{E J_v} d\xi = 2 \int_0^{\frac{h}{2}} \frac{\bar{Q}_r{}^2 c^2}{E J_v h^2} \xi^2 d\xi = \frac{\bar{Q}_r{}^2 c^2 h}{12 E J_v};$$

somit

$$2 \cdot \frac{1}{2} \sum_1^n \int_0^c \frac{M_g{}^2}{T J_g} d\xi = \sum_1^n \frac{Q_r{}^2 c^3}{48 T J_g} = \frac{P_k{}^2 f^2 \pi^2 c^3}{48 T J_g l^2} \sum_1^n \cos^2 \frac{2r-1}{2n} \pi = \frac{\pi^2}{96} \frac{P_k{}^2 f^2 c^2}{T J_g l},$$

$$\frac{1}{2} \sum_1^{n-1} \int_0^h \frac{M_v{}^2}{E J_v} d\xi = \frac{1}{2} \sum_1^{n-1} \frac{\bar{Q}_r{}^2 c^2 h}{12 E J_v} = \frac{P_k{}^2 f^2 \pi^2 c^2 h}{24 E J_v l^2} \sum_1^{n-1} \cos^2 \frac{r}{n} \pi = \frac{\pi^2}{48} \frac{P_k{}^2 f^2 c h}{E J_v l}. \quad ^{2)}$$

Hierin ist

$$\sum_1^n \cos^2 \frac{2r-1}{n} \pi = \sum_1^{n-1} \cos^2 \frac{r}{n} \pi = \frac{n}{2} = \frac{l}{2c}.$$

---

1) Für die Feldmitte des r-ten Feldes gilt: $\frac{x}{l} = \frac{2r-1}{2n}$.

2) Für den Knotenpunkt r ist: $\frac{x}{l} = \frac{r}{n}$.

Die Einführung dieser Ausdrücke für die Summen in die Gl. (17) liefert mittels der eingangs aufgestellten Arbeitsgleichung die Beziehung:

$$\frac{1}{4}\frac{P_k^2 f^2 l}{E' F_g h^2} + \frac{1}{4}\frac{P_k^2 f^2 l}{E F_g h^2} + \frac{\pi^2}{96}\frac{P_k^2 f^2 c^2}{T J_g l} + \frac{\pi^2}{48}\frac{P_k^2 f^2 c\, h}{E J_v l} = \frac{1}{4} P_k \frac{\pi^2 f^2}{l},$$

woraus für P_k die Gleichung

$$P_k = \frac{\dfrac{\pi^2}{l^2}}{\dfrac{1}{h^2}\left(\dfrac{1}{E' F_g} + \dfrac{1}{E F_g}\right) + \dfrac{\pi^2}{l^2}\left(\dfrac{c^2}{24\, T J_g} + \dfrac{c\, h}{12\, E J_v}\right)}$$

gewonnen wird.

Nun ist weiter, wie wir bereits in **39** nachgewiesen haben:

$$\frac{1}{h^2}\left(\frac{1}{E' F_g} + \frac{1}{E F_g}\right) = \frac{1}{T J},$$

somit folgt

$$P_k = \frac{\dfrac{\pi^2 T J}{l^2}}{1 + \dfrac{\pi^2 T J}{l^2}\left(\dfrac{c^2}{24\, T J_g} + \dfrac{c\, h}{12\, E J_v}\right)},$$

oder, wenn man die Klammer im Nenner auflöst

$$P_k = \frac{\dfrac{\pi^2 T J}{l^2}}{1 + \dfrac{\pi^2}{24}\dfrac{J}{J_g}\left(\dfrac{c}{l}\right)^2 + \dfrac{\pi^2 T J}{l^2}\dfrac{c\, h}{12\, E J_v}} = \frac{\pi^2 T J}{\gamma\, l^2}, \quad \ldots\ldots (18)$$

wobei

$$\gamma = \sqrt{1 + \frac{\pi^2}{24}\frac{J}{J_g}\left(\frac{c}{l}\right)^2 + 2 F_g \sigma_k^0 \frac{c\, h}{12\, E J_v}} \quad \ldots\ldots (18')$$

Wir haben hierbei im letzten Gliede unter der Wurzel für $\dfrac{\pi^2 T J}{l^2}$ den Ausdruck $2 F_g \sigma_k^0$, die Tragkraft des gleichwertigen Vollwandstabes gesetzt, was natürlich nur annäherungsweise zutrifft, da der Modul T im Beiwert $\dfrac{\pi^2 T J}{l^2}$ dieses Gliedes nicht zu σ_k^0, sondern zu σ_k gehört. Der Einfluß dieses Gliedes ist aber an und für sich klein, so daß der durch diese Näherung begangene Fehler im Endergebnis praktisch verschwindet.

Der Rahmenstab kann daher wie ein Vollstab berechnet werden, wenn man statt der Knicklänge l die Knicklänge $\gamma\, l$ in die Euler-Tetmajerformel einführt.

Bemessung der Verbindungen bei Rahmenstäben. Neben dem Nachweis, daß das Schlankheitsverhältnis des Einzelgurtes, bezogen auf eine zur freien Achse parallele Schwerachse des Gurtquerschnitts, nicht größer als das Schlankheitsverhältnis des Gesamtstabes, bezogen auf seine freie Achse sei, ist noch eine Untersuchung der Querverbindungen (Bindebleche) notwendig, da sie die Aufgabe haben, die im labilen Gleichgewichtszustand auftretenden Querkräfte zu übertragen.

Für die größte Querkraft haben wir in **39** den allgemein gültigen Ausdruck

$$Q_{\max} = (3{,}1 - \sigma_k)\,\frac{\pi}{l}\, F_g\, h$$

gefunden. Daraus berechnet sich die die Bindebleche verbiegende größte Längsschubkraft Q_v mit

$$Q_v = Q_{\max}\frac{c}{h} = (3{,}1 - \sigma_k)\,\pi\, F_g\,\frac{c}{l} \quad \ldots\ldots (19)$$

Als Einheiten gelten t und cm.

Gl. (19) ist allgemein gültig. Ist $\gamma l/i_y < 105$, dann vereinfacht sich durch Einführung des linearen Ausdruckes

$$\sigma_k = 3{,}1 - 0{,}0114 \frac{\gamma l}{i}$$

die Gleichung zu

$$Q_v = \frac{\gamma F_g}{14} \frac{c}{h} \quad \ldots \ldots \ldots \ldots \ldots \quad (19')$$

(F_g in cm², Q_v in t). Bei kleinem h empfiehlt es sich aber, die genauere Formel (19) zu verwenden.

Über die Anwendung dieser Gleichung werden die nachstehenden Beispiele näheren Aufschluß geben.

1. Beispiel. In Abb. 116 ist ein Versuchsstab dargestellt, der jener Strebe im Bodenstützgerüst des Hamburger Gasbehälters nachgebildet war, auf deren Nachgeben der Einsturz dieses Bauwerks zurückgeführt wurde. Die im Materialprüfungsamt Berlin-Lichterfelde 1912 durchgeführten Versuche an drei gleichen Stäben ergaben für die Tragfähigkeit den Mittelwert von 84,6 t.

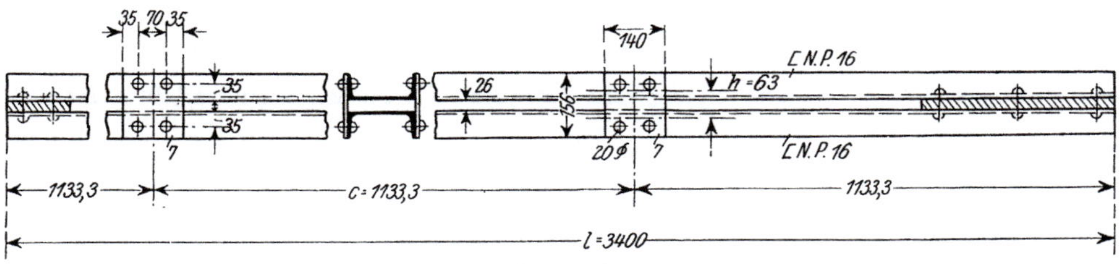

Abb. 116.

Der Nachrechnung legen wir folgende Zahlen zugrunde:

Knicklänge $l = 340$ cm, $F_g = 24$ cm², $J_y = 644$ cm⁴, $i_y = 3{,}66$ cm.

Man berechnet zunächst

$$\frac{l}{i_y} = \frac{340}{3{,}66} = 92{,}9$$

und findet hierzu aus Tafel I

$$\sigma_k{}^0 = 2{,}041 \text{ t/cm}^2.$$

Setzt man

$c = 113{,}3$ cm, $h = 6{,}3$ cm, $E = 2150$ t/cm², $J_g = 85{,}3$ cm⁴, $J_v = 2 \cdot \frac{1}{12} \cdot 0 \cdot 7 \cdot 14^3 = 320{,}1$ cm⁴,

so erhält man gemäß Gl. (18′)

$$\gamma = \sqrt{1 + \frac{\pi^2}{24} \frac{644}{85{,}3} \left(\frac{113{,}3}{340}\right)^2 + 2 \cdot 24 \cdot 2{,}041 \frac{113{,}3 \cdot 6{,}3}{12 \cdot 2150 \cdot 320{,}1}} = \sqrt{1 + 0{,}345 + 0{,}008} = 1{,}164.$$

Mit $\frac{\gamma l}{i_y} = \frac{1{,}164 \cdot 340}{3{,}66} = 108{,}2$ findet man aus Tafel I

$$\sigma_k = \mathbf{1{,}812 \text{ t/cm}^2}$$

und somit

$$P_k = 48 \cdot 1{,}812 = \mathbf{87{,}0 \text{ t}},$$

gegenüber dem Mittelwert der Versuchsergebnisse von 84,6 t. Die rechnungsmäßige Abminderung der Tragfähigkeit gegenüber der des Vollwandstabes beträgt bei $P_k{}^0 = 2{,}041 \cdot 48 = 98{,}0$ t, **11,2%**.

2. Beispiel. Der Stab sei der gleiche wie vor, doch seien die Abstände der Bindebleche nur halb so groß wie beim 1. Beispiel, Abb. 117. Man erhält jetzt mit den gleichen Zahlenwerten wie oben, aber mit $c = 56{,}7$ cm,

$$\gamma = \sqrt{1 + \frac{\pi^2}{24} \frac{644}{85{,}3} \left(\frac{56{,}7}{340}\right)^2 + 2 \cdot 24 \cdot 2{,}041 \frac{56{,}7 \cdot 6{,}3}{12 \cdot 2150 \cdot 320{,}1}} = \sqrt{1 + 0{,}086 + 0{,}004} = 1{,}044.$$

Mit $\frac{\gamma l}{i_y} = \frac{1{,}044 \cdot 340}{3{,}66} = 97$ erhält man aus Tafel I

$$\sigma_k = \mathbf{1{,}994 \text{ t/cm}^2}$$

und

$$P_k = 48 \cdot 1{,}994 = \mathbf{95{,}7\ t},$$

welcher Wert sich von P_k^0 nur mehr um 2,3% unterscheidet. Die dichtere Anordnung der Bindebleche hat somit die Tragkraft des Stabes bis nahe an die des Vollwandstabes herangehoben. Diese Tatsache wird auch durch den Versuch bestätigt.

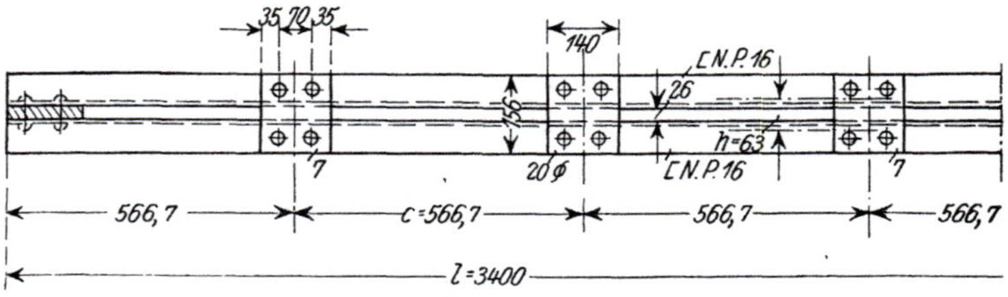

Abb. 117.

Das Schlankheitsverhältnis des Gurtes ist mit $c' = 49{,}7$ cm

$$\frac{c'}{i_g} = \frac{49{,}7}{1{,}89} = 26{,}3,$$

sonach weitaus kleiner als das des Gesamtstabes.

Die Längsschubkraft Q_v beträgt nach der genaueren Formel (19)

$$Q_v = (3{,}1 - \sigma_k)\,\pi\,F_g \frac{c}{l} = (3{,}1 - 1{,}994)\;3{,}14 \cdot 24 \cdot \frac{56{,}7}{340} = 13{,}90\ \text{t}.$$

Diese Kraft verteilt sich auf zwei Bindebleche von je 0,7 cm Stärke, somit entfällt auf ein Blech

$$\frac{Q_v}{2} = \frac{13{,}90}{2} = 6{,}95\ \text{t}.$$

Das größte Biegungsmoment im Nietriß beträgt, Abb. 118,

$$M = 6{,}95 \cdot 4{,}8 = 33{,}35\ \text{tcm}$$

und die größte Biegungsbeanspruchungen mit $W = 17{,}8$ cm³

$$\sigma = \frac{33{,}35}{17{,}8} = 1{,}87\ \text{t/cm}^2.$$

Die größte Schubbeanspruchung bei einem nutzbaren Querschnitt von $f = 7$ cm² ist

$$\tau = \frac{6{,}95}{7} = 0{,}99\ \text{t/cm}^2;$$

sonach beträgt die größte Materialanstrengung (siehe S. 243).

$$\sigma_{\max} = 0{,}35\,\sigma + 0{,}65\sqrt{4\,\tau^2 + \sigma^2} = 0{,}35 \cdot 1{,}87 + 0{,}65\sqrt{4 \cdot 0{,}99^2 + 1{,}87^2} = \mathbf{2{,}42\ t/cm^2},$$

ein Wert, der kleiner als die Bruchfestigkeit $\sigma_\beta = 3{,}6$ t/cm² ist.

Das oben berechnete Moment wird von den beiden Anschlußnieten auf den Gurt übertragen. Abb. 119. Auf jeden Niet entfällt daher eine Scherkraft

$$N_1 = \frac{M}{7{,}0} = \frac{33{,}35}{7{,}0} = 4{,}76\ \text{t}$$

und, da die Niete zu gleichen Teilen auch die Kraft $\frac{Q_v}{2}$ übertragen müssen, eine Scherkraft

$$N_2 = \frac{1}{2}\,\frac{Q_v}{2} = \frac{6{,}95}{2} = 3{,}48\ \text{t}.$$

Die Mittelkraft aus N_1 und N_2 ist dann

$$N = \sqrt{N_1^2 + N_2^2} = 5{,}90\ \text{t},$$

sonach die Schubbeanspruchung in dem 20 mm starken Niet

$$\tau = \frac{5{,}90}{3{,}14} = \mathbf{1{,}88\ t/cm^2},$$

ein Wert, der noch zulässig ist.

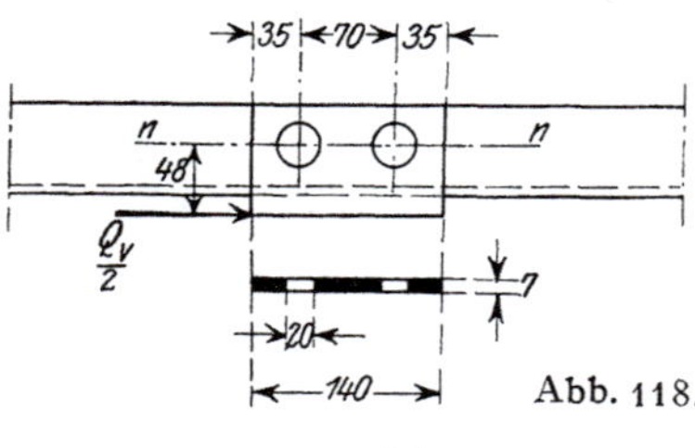

Abb. 118.

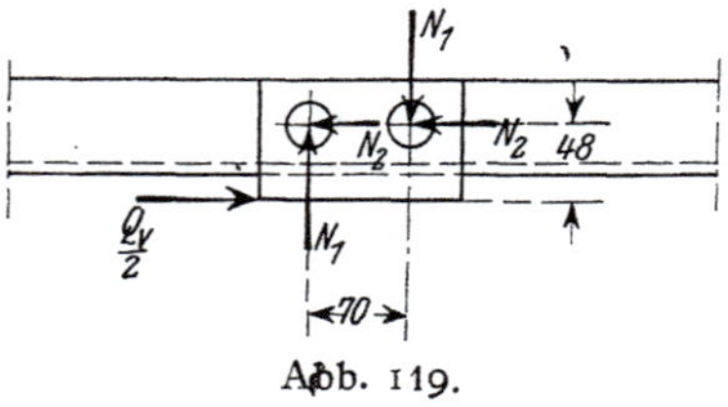

Abb. 119.

3. Beispiel. Der im 1. Beispiel, S. 149 erwähnte Stab sei gemäß Abb. 120 mit Bindeblechen an Stelle der Vergitterung versehen. Es gilt jetzt:

$$l = 540\ \text{cm},\quad 2\,F_g = 117{,}6\ \text{cm}^2,\quad J_y = 28160\ \text{cm}^4,\quad i_y = 15{,}47\ \text{cm},\quad J_g = 495\ \text{cm}^4,\quad c = 80\ \text{cm},$$

$$h = 30{,}4\ \text{cm},\quad J_v = 2 \cdot 1/12 \cdot 0{,}8 \cdot 20^3 = 1067\ \text{cm}^4.$$

Mit $\frac{l}{i_y} = 34{,}8$ findet man $\sigma_k{}^0 = 2{,}703$ t/cm² und nach Gl. (18')

$$\gamma = \sqrt{1 + \frac{\pi^2}{24} \frac{28160}{495} \left(\frac{80}{540}\right)^2 + 117{,}6 \cdot 2{,}703 \frac{80 \cdot 30{,}4}{12 \cdot 2150 \cdot 1067}} = \sqrt{1 + 0{,}514 + 0{,}028} = 1{,}242,$$

somit

$$\frac{\gamma l}{i_y} = \frac{1{,}242 \cdot 540}{15{,}47} = 43{,}3,$$

daher

$$\sigma_k = \mathbf{2{,}607\ t/cm^2}$$

und die Tragfähigkeit

$$P_k = 117{,}6 \cdot 2{,}607 = \mathbf{306{,}6\ t}.$$

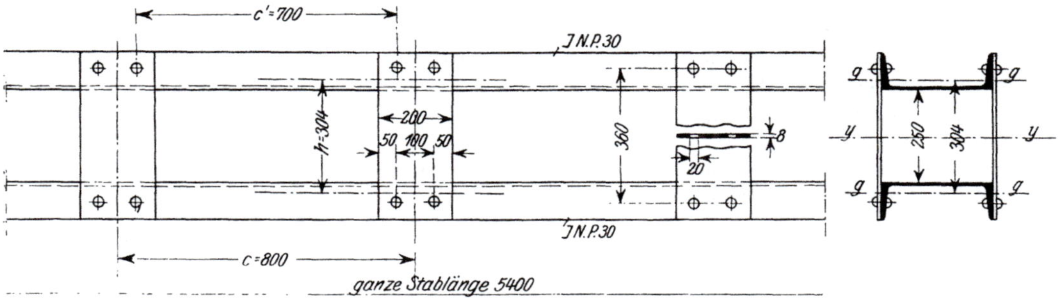

Abb. 120.

Die Abminderung der Tragfähigkeit beträgt jetzt gegenüber $P_k{}^0 = 317{,}9$ t rd. 3,5%, während wir für den Fachwerkstab bloß eine Verringerung von 0,85% gefunden hatten. Wie man leicht nachrechnet, ist der Materialaufwand für die Verbindungen in beiden Fällen meist der gleiche. Die Diagonalverstrebung ist sonach unter Umständen etwas günstiger als die Verbindung mit Bindeblechen.

Wir untersuchen noch die Bindebleche und berechnen zu diesem Zwecke zunächst die Längsschubkraft nach Formel (19')

$$Q_v = \frac{\gamma F_g}{14} \frac{c}{h} = \frac{1{,}242 \cdot 58{,}8}{14} \frac{80}{30{,}4} = 13{,}72\ \text{t},$$

wovon auf eine Bindeblechebene

$$\frac{Q_v}{2} = \frac{13{,}72}{2} = 6{,}86\ \text{t}$$

entfällt. Das Biegungsmoment in der Nietachse beträgt sohin

$$M = 6{,}86 \cdot \frac{36{,}0}{2} = 123{,}48\ \text{tcm},$$

und da das Widerstandsmoment des Anschlußquerschnittes des Bindebleches $W = 45{,}23$ cm³ beträgt, so erreicht die Materialanstrengung in der Randfaser den Wert

$$\sigma = \frac{123{,}48}{45{,}23} = 2{,}72\ \text{t/cm}^2,$$

d. i. ein Betrag, der wohl weit genug unter der Bruchfestigkeit liegt, aber anderseits so groß ist, daß ein Ausbeulen der Bleche am Druckrande zu befürchten steht. Es ist daher, wie man hier erkennt, unzweckmäßig, bei breiten Stäben die Verbindung durch Bindebleche statt durch steife Streben herzustellen.

Die Übertragung der Kraft $\frac{Q_v}{2}$ durch die Bindebleche auf den Gurt verursacht im Anschlußquerschnitt eine Scherspannung von

$$\tau = \frac{6{,}86}{12{,}8} = 0{,}54\ \text{t/cm}^2,$$

wenn der Nutzquerschnitt mit 12,8 cm² in Rechnung gestellt wird. Die größte Hauptspannung ist somit

$$\sigma_{max} = 0{,}35 \cdot 2{,}72 + 0{,}65\sqrt{4 \cdot 0{,}54^2 + 2{,}72^2} = \mathbf{2{,}86\ t/cm^2}.$$

Die Beanspruchung der Anschlußniete berechnen wir auf Grund der in Abb. 120 eingetragenen Maße in der gleichen Weise, wie im vorangehenden Beispiel. So ergibt sich für die Nietkraft N_1

$$N_1 = \frac{M}{10,0} = \frac{123,48}{10,0} = 12,35 \text{ t}$$

und für die Nietkraft N_2

$$N_2 = \frac{1}{2}\frac{Q_v}{2} = \frac{1}{2} 6,86 = 3,43 \text{ t}.$$

Die resultierende Anschlußkraft beträgt somit

$$N = \sqrt{12,35^2 + 3,43^2} = 12,82 \text{ t},$$

welche Kraft im fraglichen 20 mm starken Niet eine Scherbeanspruchung

$$\tau = \frac{12,82}{3,14} = \mathbf{4,08\ t/cm^2}$$

auslöst. Der Nietanschluß ist daher überlastet. Man wird entweder größere Nieten wählen, oder um auch die Randspannung im Bindeblech herunterdrücken zu können, die Bindebleche breiter und den Nietabstand größer machen.

4. Beispiel. Wir untersuchen eine Druckstrebe von 6,4 m Knicklänge, die aus 4 Winkeleisen 120·120·13, gemäß Abb. 121 angeordnet und verbunden, besteht. Die Bindebleche sind hier durch 20 mm starke Futterstücke ersetzt, deren Formänderungen so gering sind, daß wir sie vollständig vernachlässigen können. Folgende Zahlenwerte kommen für die Rechnung in Betracht:

$$2\,F_g = 4 \cdot 29,7 = 118,8 \text{ cm}^2, \quad J_g = 2 \cdot 393,5 = 787 \text{ cm}^4, \quad J_y = 2 \cdot 59,4 \cdot 4,44^2 + 2 \cdot 787 = 3918 \text{ cm}^4,$$
$$i_y = 5,74 \text{ cm}.$$

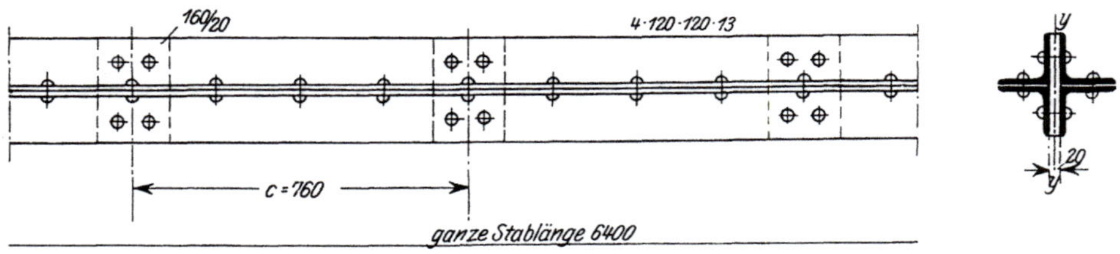

Abb. 121.

Man berechnet zunächst:

$$\frac{l}{i_y} = \frac{640}{5,74} = 111,5$$

und bestimmt hierzu aus Tafel I die Knickspannung $\sigma_k{}^0 = 1,707$ t/cm². Die Tragkraft des Stabes beträgt somit, falls man das Druckglied als einheitlichen Stab auffassen wollte,

$$P_k{}^0 = 118,8 \cdot 1,707 = 202,8 \text{ t}.$$

Man ermittelt nun γ nach Formel (18') mit $c = 76$ cm

$$\gamma = \sqrt{1 + \frac{\pi^2}{24} \cdot \frac{3918}{787}\left(\frac{76}{640}\right)^2} = 1,014$$

und damit

$$\frac{\gamma\, l}{i_y} = \frac{1,014 \cdot 640}{5,74} = 113,1,$$

wozu

$$\sigma_k = \mathbf{1,659\ t/cm^2}$$

gehört. Die tatsächliche Tragfähigkeit ist sonach

$$P_k = 1,659 \cdot 118,8 = \mathbf{197,1\ t}.$$

Die Verminderung beträgt 2,8%.

Die in diesem und im vorangehenden Absatz vorgeführten Beispiele lassen erkennen, daß gegliederte Druckstäbe bei genügend dichter Anordnung der Verbindungen nur eine verhältnismäßig kleine Verringerung ihrer tatsächlichen Tragfähigkeit gegenüber der nach Euler-Tetmajer berechneten aufweisen. Die Unterschiede bewegen sich zwischen 0,65 bis 4%, sie sind bei schlanken Stäben in der Regel größer als bei gedrungen gebauten, bei vergitterten Stäben kleiner als bei solchen mit Bindeblechen. Im allgemeinen, vornehmlich beim Vorentwurf wird es daher nicht notwendig sein, die gegliederten Stäbe, sehr schlanke ausgenommen, anders zu berechnen als die vollwandigen, nur auf die ausreichende Bemessung der Verbindungen, insbesonders bei sehr großen Stabquerschnitten, ist das Augenmerk besonders zu richten. Hier versagt manchmal das konstruktive Gefühl, das ja nichts anderes als ins Unterbewußtsein gesunkene Erfahrung ist, weshalb die Untersuchung der Einzelteile auf Grund der oben angegebenen Formeln empfohlen wird.

Eine Übersicht über die in diesem und dem vorangehenden Absatz abgeleiteten Bemessungsformeln gibt die nachfolgende Tafel 19.

Vernachlässigt man in der Gl. (18′) für den Rahmenstab das den Einfluß der Formänderung der Querverbindungen darstellende Glied, so lassen sich einfache Regeln für die obere Grenze der Entfernung c der Querverbindungen ableiten. Wir nehmen an, daß eine Abminderung der Tragfähigkeit des gegliederten Stabes um $5\,^0/_0$ gegenüber der des gleichwertigen Vollstabes praktisch vernachlässigbar ist und bestimmen jene Entfernung c, die die Querverbindungen mindestens besitzen müssen, damit diese Grenze nicht überschritten wird.

Aus Gl. (18′) folgt mit $J = 2\,F_g\,i_y^2$ und $J_g = F_g\,i_g^2$

$$\gamma = \sqrt{1 + \frac{2\,\pi^2}{24}\,\frac{i_y^2}{i_g^2}\,\frac{c^2}{l^2}} = \sqrt{1 + \frac{1}{1{,}2}\left(\frac{\lambda_c}{\lambda}\right)^2}, \quad \ldots \ldots \ldots (18'')$$

wenn mit $\lambda = \frac{l}{i_y}$ und $\lambda_c = \frac{c}{i_g}$ die Schlankheitsverhältnisse des Vollstabes bzw. des Gurtes bezeichnet werden.

Für λ und $\gamma l > 105$ gilt

$$\sigma_k^0 = \frac{21\,220}{\lambda^2} \quad \text{und} \quad \sigma_k = \frac{21\,220}{\gamma^2\,\lambda^2},$$

somit muß unserer Voraussetzung gemäß

$$\frac{\sigma_k^0 - \sigma_k}{\sigma_k^0} = 1 - \frac{1}{\gamma^2} \overline{\overline{<}}\, 0{,}05 \quad \ldots \ldots \ldots (20)$$

sein.

Aus (18″) und (20) folgt

$$1 + \frac{1}{1{,}2}\left(\frac{\lambda_c}{\lambda}\right)^2 = \frac{1}{1 - 0{,}05}$$

oder

$$\frac{\lambda_c}{\lambda} = \frac{1}{4};$$

sonach

$$c = \frac{1}{4}\left(\frac{l}{i_y}\right)\cdot i_g. \quad \ldots \ldots \ldots (21)$$

Für $\frac{l}{i_y}$ von 105 bis 200, liegt c zwischen $26\,i_g$ und $50\,i_g$.

Ist λ und $\gamma\,l < 105$, dann wird

$$\sigma_k^0 = 3{,}1 - 0{,}0114\,\lambda \quad \text{und} \quad \sigma_k = 3{,}1 - 0{,}0114\,\gamma\,\lambda;$$

somit besteht für γ die Bedingung

$$\frac{\sigma_k^0 - \sigma_k}{\sigma_k^0} = \frac{0{,}0114}{\sigma_k^0}\,\lambda(\gamma - 1) \overline{\overline{<}}\, 0{,}05,$$

woraus durch Verknüpfung mit Gl. (18″)

$$\sqrt{1 + \frac{1}{1{,}2}\left(\frac{\lambda_c}{\lambda}\right)^2} \overline{\overline{<}}\, 1 + \frac{0{,}05\,\sigma_k^0}{0{,}0114\,\lambda} \quad \ldots \ldots \ldots (22)$$

folgt.

Tafel 19.

Zusammenstellung der Gebrauchsformeln für gegliederte gedrückte Stäbe.

<table>
<tr><th>Abbildung</th><th>Bezeichnungen</th><th></th><th>Knicklast
$P_k = (F_1 + F_2)\,\sigma_k$</th><th>Knickquerkraft</th></tr>
<tr><td>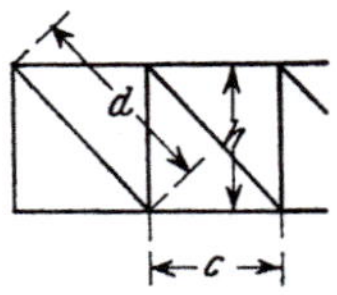</td><td rowspan="5">l, Knicklänge,
F_1, Querschnitt des schwächeren Gurtes,
F_2, Querschnitt des stärkeren Gurtes,
F_d, Querschnittsfläche der Streben, (bei doppelwandigen Stäben: Querschnitt beider Wände),
F_v, Querschnitt der Pfosten bei Ständerfachwerken,
i_y, Trägheitsradius des Gesamtquerschnittes bezüglich der freien Achse,
$\sigma_k{}^0$, Knickspannung nach Euler-Tetmajer f. Vollstäbe mit dem Schlankheitsverhältnis l/i_y.</td><td rowspan="6">für $l/i_y < 105 \ldots \sigma_k = 3{,}1 - 0{,}0114\,\frac{\gamma l}{i_y}$; für $l/i_y > 105 \ldots \sigma_k = 21220\left(\frac{i}{\gamma l}\right)^2$</td><td>$\gamma = \sqrt{1 + \sigma_k{}^0\,\frac{F_1 + F_2}{E c h^2}\left[\frac{d^3}{F_d} + \frac{h^3}{F_v}\right]}$</td><td rowspan="5">Allgemein gültige Formel:
$Q_{\max} = (3{,}1 - \sigma_k)\,\frac{\pi}{l}\,F_1\,h$

Näherungsformel für $\gamma\,l/i_y < 105$
$Q_{\max} = \frac{\gamma F_1}{14}$
Einheiten sind t und cm.</td></tr>
<tr><td>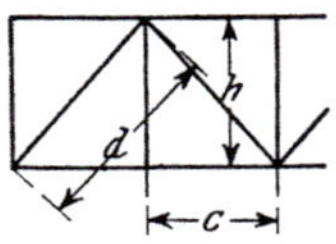</td><td rowspan="3">$\gamma = \sqrt{1 + \sigma_k{}^0\,\frac{F_1 + F_2}{E c h^2}\,\frac{d^3}{F_d}}$</td></tr>
<tr><td>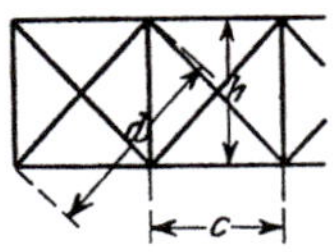</td></tr>
<tr><td>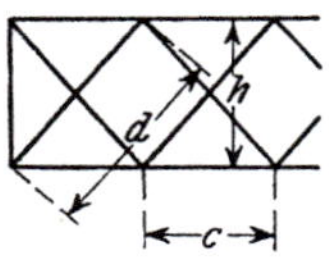</td></tr>
<tr><td>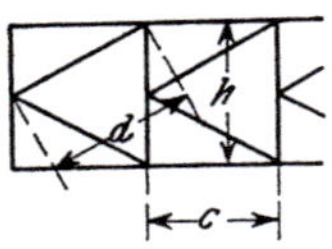</td><td>$\gamma = \sqrt{1 + 2\,\sigma_k{}^0\,\frac{F_1 + F_2}{E c h^2}\,\frac{d^3}{F_d}}$</td></tr>
<tr><td>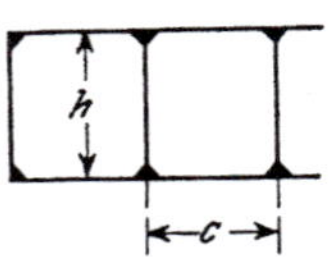</td><td>l, Knicklänge,
$F_g = F_1 = F_2$, Gurtquerschnitt,
J_y, Trägheitsmoment des Gesamtquerschnittes bzgl. der freien Achse,
J_g, Trägheitsmoment des Gurtes bezogen auf die zur freien Achse ‖ Schwerpunktachse,
J_v, Trägheitsmoment des Bindeblechquerschnitts, (bei doppelwandigen Stäben, Querschnitt beider Bleche),
Sonstige Bezeichnung wie oben.</td><td>$\gamma = \sqrt{1 + \frac{\pi^2}{24}\,\frac{J_y}{J_g}\left(\frac{c}{l}\right)^2 + 2\,F_g\,\sigma_k{}^0\,\frac{c\,h}{12\,E\,J_v}}$</td><td>Längsschubkraft:
allgemein gültige Formel
$Q_v = (3{,}1 - \sigma_k)\,\pi\,F_g\,\frac{c}{l}$

Näherungsformel für $\frac{\gamma l}{i_y} < 105$ und große h
$Q_{\max} = \frac{\gamma F_g}{14}\,\frac{c}{h}$

Einheiten sind t und cm.</td></tr>
</table>

In der Tafel 20 sind für den praktischen Gebrauch die Entfernungen c für verschiedene Schlankheitsverhältnisse als Vielfache des Trägheitsradius i_g des Gurtes auf Grund der Formel (21) angegeben, wobei für das Übergangsgebiet $\lambda = 90$ bis 110 vermittelnde Werte eingeführt wurden.

Tafel 20.

Mindest-Entfernung $c = \mu i_g$ der Bindungen von gegliederten Stäben, wenn die Abminderung der Tragfähigkeit gegenüber Vollstäben 5% nicht überschreiten soll.

Schlankheitsverhältnis des Gesamtstabes l/i_y	30	40	50	60	70	80	90	95	100	105	110	> 110
$\mu = \frac{c}{i_g}$	32	36	38	41	43	44	45	40	35	30	28	$\frac{1}{4}\frac{l}{i_y}$

Die vielfach gebräuchliche Regel, die Bindungen in Entfernung $c \lesseqgtr 30 i_g$ anzuordnen, kann als zweckmäßig angesehen werden, da sie beiläufig den Kleinstwert berücksichtigt. (Auch die neuen Reichsbahnvorschriften erwähnen diesen Wert.) Für mittelschlanke Stäbe ($\lambda = 50 - 90$) und sehr schlanke $\lambda > 120$ kann man, wie Tafel 19 ausweist, die Bindungen wesentlich weiter setzen.

§ 11. Knickfestigkeit ebener Stabnetze.

41. Der labile Gleichgewichtszustand ebener Stabnetze.

Im Brückenbau spielen fachwerkartige und rahmenartige Tragelemente, im wesentlichen also Stabnetze, eine hervorragende Rolle. Die in der Regel vorhandene biegungsfeste Verbindung der Stäbe untereinander bringt es mit sich, daß sich die Stäbe im labilen Gleichgewichtszustande — wir setzen die Möglichkeit des Bestehens eines derartigen Zustandes zunächst voraus — gegenseitig beeinflussen. Die einzelnen Fachwerk- oder Rahmenelemente sind an ihren Nachbarstäben elastisch eingespannt und der Grad der Einspannung hängt eben von den Elastizitätsverhältnissen und der Belastung der übrigen Stäbe der Stabverbindnng ab. Es kann somit nicht der einzelne Stab für sich, sondern nur im Zusammenhange mit den anderen Stäben hinsichtlich seines Verhaltens im Knickzustande beurteilt werden. Wir gelangen so zur Aufgabe der Untersuchung des labilen Gleichgewichtes elastischer Stabnetze. Wir begnügen uns hier mit der Erörterung des Verhaltens ebener Systeme, da in der Regel damit im Brückenbau das Auslangen gefunden werden kann.

Die Frage nach der Möglichkeit des Bestehens eines labilen Gleichgewichtszustandes im Sinne der Ausführungen des vorangehenden Paragraphen wird mitbeantwortet sein, wenn es uns gelingt, die Bedingungen für das Eintreten eines solchen Zustandes aufzustellen. Wie wir finden werden, ist auch bei Stabverbindungen der labile Gleichgewichtszustand dadurch gekennzeichnet, daß bei Eintritt dieses Zustandes die Verschiebungen ihrer Art und ihrem gegenseitigen Zusammenhange nach bestimmt, ihrer Größe nach aber unbestimmt werden, derart, daß allen Formänderungsgrößen derselbe willkürliche Faktor gemeinsam ist. Die vor Eintritt des Knickzustandes im Gleichgewichte stehenden inneren und äußeren Kräfte bilden bei der Verformung im Knickzustande keine Gleichgewichtsgruppe mehr, da sich durch die Entformung die gegenseitige Lage der äußeren Kräfte geändert hat und diese Lagenänderung nicht vernachlässigt werden darf. Es treten daher im allgemeinen Zusatzkräfte und Zusatzmomente auf, die wir als Knickkräfte und Knickmomente bezeichnen wollen und die von der gleichen Größenordnung sind, wie die Verschiebungen im Knickzustande und ebenso wie diese mit demselben willkürlichen Faktor behaftet sind und mit ihnen verschwinden. Die Beziehungen zwischen Formänderungsgrößen und Knickkräften, wie sie aus den statischen, elastischen und geometrischen Bedingungen des Systems hervorgehen, werden uns die Grundlagen für die Aufstellung jener Bedingungen bieten, die einen labilen Gleichgewichtszustand ermöglichen. Unsere Aufgabe läuft daher auf die Aufstellung von Verknüpfungen hinaus, aus denen Formänderungsgrößen und Knickkräfte bestimmt werden können, und um aus diesen Gleichungen schließlich jene besonderen Bedingungen abzuleiten, die für das Eintreten von endlichen, der Größe nach willkürlichen Verschiebungen, die den labilen Gleichgewichtszustand kennzeichnen, notwendig sind. Die oben genannten Verknüpfungen bezeichnen wir als Knickgleichungen.

Da uns hier nur eine ziemlich eng begrenzte Gruppe von Knickproblemen beschäftigen wird, so soll auch keine vollständige Theorie der ebenen Stabnetze gegeben werden; es werden daher die Knickgleichungen der Form und dem Umfange nach nur so weit entwickelt, daß sie zur Lösung der hier ins Auge gefaßten Aufgaben ausreichen[1]).

Wir betrachten den einer im Knickzustande befindlichen Stabverbindung entnommenen Stab $A\,B$, Abb. 122. Außer der Druckkraft S greifen in den beiden Anschlußpunkten die Knickmomente $\mathfrak{M}^r$ und $\mathfrak{M}^l$ und die Knickkräfte $\mathfrak{Q}$ und $\mathfrak{H}$ an. Die durch die äußere Belastung vor Eintritt des Knickzustandes hervorgerufenen Momente und Querkräfte lassen wir außer Betracht, da sie ebenso wie beim einfachen Stab (siehe Seite 123) keinen Einfluß auf die Knickbedingung, in ihrer allgemeinsten Form wenigstens, haben. Die Verschiebungen und die in gleicher Größenordnung stehenden Knickkräfte und Knickmomente seien so klein vorausgesetzt, daß ihre Produkte und Potenzen vernachlässigt werden können.

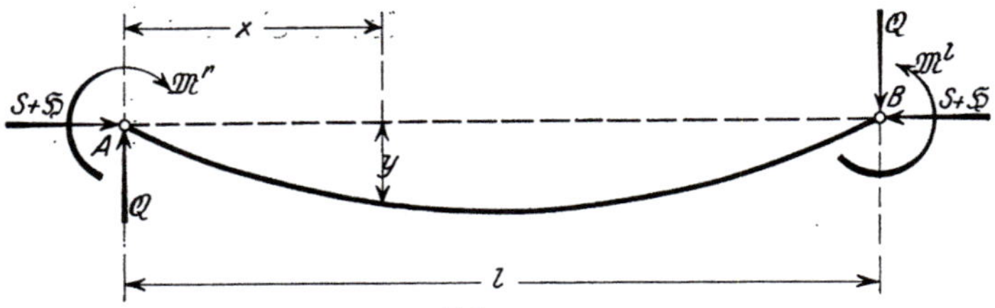

Abb. 122.

Für das Moment im Punkte x gilt:

$$\mathfrak{M}_x = \mathfrak{M}^r + \mathfrak{Q}x + (S + \mathfrak{H})\,y;$$

für $x = l$ folgt daraus

$$\mathfrak{M}^l = \mathfrak{M}^r + \mathfrak{Q}\,l$$

und damit

$$\mathfrak{Q} = \frac{\mathfrak{M}^l - \mathfrak{M}^r}{l}.$$

Mit diesem Betrage von $\mathfrak{Q}$ wird

$$\mathfrak{M}_x = \mathfrak{M}^r\left(1 - \frac{x}{l}\right) + \mathfrak{M}^l\frac{x}{l} + S\,y,$$

wenn das Produkt $\mathfrak{H}y$ als klein von der zweiten Größenordnung vernachlässigt wird. Somit lautet die Differentialgleichung der elastischen Linie für den Stab AB (siehe Gl. (11') auf S. 130)

$$E J \tau \frac{d^2 y}{d x^2} + S\,y + \mathfrak{M}^r\left(1 - \frac{x}{l}\right) + \mathfrak{M}^l\frac{x}{l} = 0. \quad . \quad . \quad . \quad . \quad . \quad . \quad . \quad (1)$$

Die allgemeine Lösung dieser Differentialgleichung zweiter Ordnung ist

$$y = A \sin\alpha x + B \cos\alpha x - \frac{\mathfrak{M}^r}{S}\left(1 - \frac{x}{l}\right) - \frac{\mathfrak{M}^l}{S}\frac{x}{l},$$

[1]) Eine ausführlichere Darstellung des Problems findet der Leser in meiner Abhandlung: „Die Knickfestigkeit elastischer Stabverbindungen“, Eisenbau 1919, S. 27 ff.

worin A und B zwei durch die Grenzbedingungen zu bestimmende Festwerte sind und

$$\alpha = \sqrt{\frac{S}{EJ\tau}} \quad \ldots\ldots\ldots\ldots (2)$$

bedeutet.

Zur Bestimmung von A und B ordnen wir den Abzissen $x = 0$ und $x = l$ zunächst die Verschiebungen $y = 0$ zu und erhalten so zwei Gleichungen zur Ermittlung der Festwerte. Die Einführung der so berechneten Beträge von A und B liefert schließlich für y die Gleichung

$$y = \frac{\mathfrak{M}^r}{S}\left(\frac{\sin\alpha(l-x)}{\sin\alpha l} - 1 + \frac{x}{l}\right) + \frac{\mathfrak{M}^l}{S}\left(\frac{\sin\alpha x}{\sin\alpha l} - \frac{x}{l}\right) \quad \ldots\ldots (3)$$

In dieser Gleichung spielen die Knickmomente $\mathfrak{M}^r$ und $\mathfrak{M}^l$ die Rolle von Unbekannten, die aus den obenerwähnten Knickgleichungen zu bestimmen sind. Zur Aufstellung dieser Knickgleichungen benützen wir jene Beziehungen, die aus dem elastischen und statischen Zusammenhang der Stäbe in der Stabverbindung folgen. Dies sind die Stetigkeitsbedingungen und Gleichgewichtsbedingungen.

Die Stetigkeitsbedingungen. Da die Stäbe im Stabnetze sich nur dann gegenseitig beeinflussen, wenn sie miteinander steif verbunden sind, so benützen wir die Kennzeichen dieses steifen Zusammenhanges zur Ableitung einer Beziehung zwischen den Knickmomenten $\mathfrak{M}$. Zwei in einem Punkte k steif verbundene Stäbe l_k und l_{k+1} müssen in jedem Zustande der Verformung den gleichen Winkel miteinander einschließen. Es muß sonach, unter Hinweis auf Abb. 123, in der das Stabpaar vor und während der Verformung im Knickzustande dargestellt ist, der Winkel φ_k gleich dem Winkel φ_k' sein; es müssen daher auch die Verdrehungen der Tangenten beider Stäbe im Punkte k einander gleich sein, also

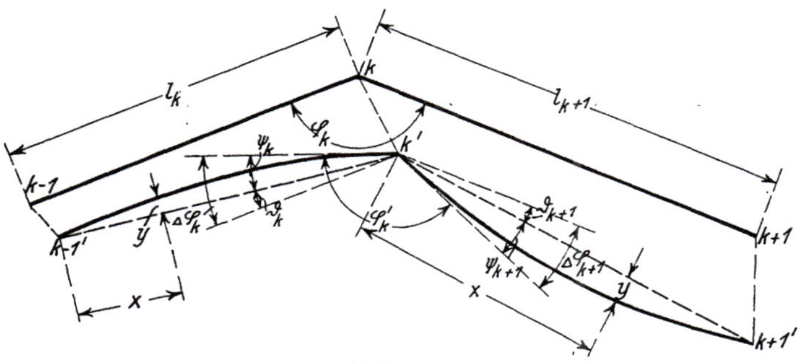

Abb. 123.

$$\Delta\varphi_k = \Delta\varphi_{k+1}.$$

Da jeder dieser beiden Winkel sich aus dem Stabdrehwinkel ϑ, den die Stabsehne bei der Verdrehung beschreibt, und dem eigentlichen Tangentendrehwinkel ψ zusammensetzt, so kann die Stetigkeitsbedingung in der Form

$$\vartheta_k + \psi_k = \vartheta_{k+1} + \psi_{k+1} \quad \ldots\ldots\ldots\ldots (4)$$

geschrieben werden. Zählt man in allen Stäben die Abszissen von links nach rechts, so gilt

$$\psi_k = \left(\frac{dy}{dx}\right)^k_{x=l} \quad \text{und} \quad \psi_{k+1} = \left(\frac{dy}{dx}\right)^{k+1}_{x=0}.$$

Aus Gleichung (3) folgt

$$\frac{dy}{dx} = \frac{\mathfrak{M}^r}{S}\left(-\frac{\alpha\cos\alpha(l-x)}{\sin\alpha l} + \frac{1}{l}\right) + \frac{\mathfrak{M}^l}{S}\left(\frac{\alpha\cos\alpha x}{\sin\alpha l} - \frac{1}{l}\right)$$

und damit

$$\left(\frac{dy}{dx}\right)_{x=l} = \frac{\mathfrak{M}^r}{Sl}\left(-\frac{\alpha l}{\sin\alpha l} + 1\right) + \frac{\mathfrak{M}^l}{Sl}(\alpha l \operatorname{cotg}\alpha l - 1),$$

$$\left(\frac{dy}{dx}\right)_{x=0} = \frac{\mathfrak{M}^r}{Sl}(-\alpha l \operatorname{cotg}\alpha l + 1) + \frac{\mathfrak{M}^l}{Sl}\left(\frac{\alpha l}{\sin\alpha l} - 1\right).$$

Die Einführung dieser beiden Differentialquotienten in die Verknüpfung (4) an Stelle der Winkel ψ_k und ψ_{k+1} liefert die Beziehung

$$\frac{\mathfrak{M}_{k-1}^r}{S_k l_k}\left(-\frac{\alpha l}{\sin \alpha l}+1\right)_k+\frac{\mathfrak{M}_k^l}{S_k l_k}(\alpha l \operatorname{cotg} \alpha l-1)_k+\vartheta_k=$$

$$=\frac{\mathfrak{M}_k^r}{S_{k+1} l_{k+1}}(-\alpha l \operatorname{cotg} \alpha l+1)_{k+1}+\frac{\mathfrak{M}_{k+1}^l}{S_{k+1} l_{k+1}}\left(\frac{\alpha l}{\sin \alpha l}-1\right)_{k+1}+\vartheta_{k+1}.$$

Hierbei wurde die Zugehörigkeit der einzelnen Glieder zu den Stäben l_k bzw. l_{k+1} durch Beifügen der Zeiger k und $k+1$ gekennzeichnet, $\mathfrak{M}_{k-1}^r$ und $\mathfrak{M}_k^l$ sind die Anschlußmomente des Stabes l_k, $\mathfrak{M}_k^r$ und $\mathfrak{M}_{k+1}^l$ die des Stabes l_{k+1}. $\mathfrak{M}_k^r$ und $\mathfrak{M}_k^l$ werden im allgemeinen verschieden voneinander sein, da in k noch andere Stäbe steif angeschlossen sein können, wodurch sich das Moment in k beim Übergang von Stab l_k auf Stab l_{k+1} sprungweise ändert.

Setzt man $\alpha l=\varphi$, so daß die Größe φ, die wir als Labilitätsmaß bezeichnen, durch die Formel

$$\varphi=l\sqrt{\frac{S}{E J \tau}} \quad \ldots \ldots \ldots \ldots \ldots (5)$$

bestimmt ist, so kennzeichnet $\varphi=\pi$ die natürliche Knicklast des Stabes (siehe **35**, S. 130). Aus Gl. (5) folgt weiter

$$S l=\varphi^2 \frac{E J \tau}{l}.$$

Benützt man diesen Ausdruck für Sl für die oben gewonnene Momentenbeziehung, multipliziert man diese noch mit dem beliebig gewählten Produkte EJ_c[1]), setzt man weiter

$$l \frac{J_c}{J \tau}=l',$$

so entsteht

$$\mathfrak{M}_{k-1}^r l_k' \frac{1}{\varphi_k^2}\left(\frac{\varphi_k}{\sin \varphi_k}-1\right)+\mathfrak{M}_k^l l_k' \frac{1}{\varphi_k^2}(1-\varphi_k \operatorname{cotg} \varphi_k)+\mathfrak{M}_k^r l_{k+1}' \frac{1}{\varphi_{k+1}^2}(1-\varphi_{k+1} \operatorname{cotg} \varphi_{k+1})$$

$$+\mathfrak{M}_{k+1}^l l_{k+1}' \frac{1}{\varphi_{k+1}^2}\left(\frac{\varphi_{k+1}}{\sin \varphi_{k+1}}-1\right)-E J_c(\vartheta_k-\vartheta_{k+1})=0.$$

Schreibt man zur Abkürzung

$$\left.\begin{array}{ll} s(\varphi)=\dfrac{1}{\varphi^2}\left(\dfrac{\varphi}{\sin \varphi}-1\right), & c(\varphi)=\dfrac{1}{\varphi^2}(1-\varphi \operatorname{cotg} \varphi), \\ & \varrho=E J_c, \end{array}\right\} \quad \ldots (6)$$

ferner

$$s'=l' s(\varphi) \quad \text{und} \quad c'=l' c(\varphi),$$

so nimmt die Momentenbeziehung endlich die Form an

$$\mathfrak{M}_{k-1}^r s_k'+\mathfrak{M}_k^l c_k'+\mathfrak{M}_k^r c_{k+1}'+\mathfrak{M}_{k+1}^l s_{k+1}'-\varrho(\vartheta_k-\vartheta_{k+1})=0. \quad \ldots \ldots (7)$$

Gleichung (7) bezeichnen wir als Viermomentengleichung des labilen Gleichgewichtes. In der Tafel IV im Anhange sind die Beträge der Funktionen $s(\varphi)$ und $c(\varphi)$ für Werte von φ zwischen 0 und 2π zusammengestellt, um die Benutzung der Viermomentengleichung zu erleichtern. Die Anwendung dieser Gleichung erfolgt in ähnlicher Weise wie die der bekannten Clapeyronschen Gleichungen bei der Berechnung

[1]) J_c wird man so wählen, daß möglichst viele Quotienten $\frac{J_c}{J}=1$ werden.

durchgehender Balken. Es ist notwendig, sich diese Gleichung (7) und die genaue Bedeutung der abkürzenden Bezeichnungen $s(\varphi)$, $c(\varphi)$, l' usw. gut zu merken, um sich das Verständnis der Berechnungen in den folgenden Absätzen zu erleichtern.

Hängen im Punkte k bloß zwei Stäbe biegungssteif zusammen, so ist

$$\mathfrak{M}_k^l = \mathfrak{M}_k^r = \mathfrak{M}_k$$

und die Viermomentengleichung (7) geht in die Dreimomentengleichung

$$\mathfrak{M}_{k-1} s_k' + \mathfrak{M}_k (c_k' + c_{k+1}') + \mathfrak{M}_{k+1} s_{k+1}' - \varrho(\vartheta_k - \vartheta_{k+1}) = 0 \quad \ldots \quad (7')$$

Wir haben bisher vorausgesetzt, daß die in k verbundenen Stäbe gedrückt sind. Ist ein Stab gezogen, so sind die auf diesen Stab bezüglichen Glieder in Gl. (7) wie folgt zu ersetzen[1]).

Wenn der links von k gelegene Stab gezogen ist:

$$\mathfrak{M}^r l' \frac{1}{\varphi^2}\left(1 - \frac{\varphi}{\mathfrak{Sin}\,\varphi}\right) + \mathfrak{M}^l l' \frac{1}{\varphi^2}(\varphi\,\mathfrak{Cotg}\,\varphi - 1),$$

wenn der rechts von k gelegene Stab gezogen ist:

$$\mathfrak{M}^r l' \frac{1}{\varphi^2}(\varphi\,\mathfrak{Cotg}\,\varphi - 1) + \mathfrak{M}^l l' \frac{1}{\varphi^2}\left(1 - \frac{\varphi}{\mathfrak{Sin}\,\varphi}\right),$$

wobei $\mathfrak{Sin}\,\varphi$ und $\mathfrak{Cotg}\,\varphi$ die betreffenden Hyperbelfunktionen bezeichnen.

Ist $S = 0$, d. h. ist der fragliche Stab spannungslos, so nehmen die beiden Teile der Viermomentengleichung die Grenzwerte an:

$$\mathfrak{M}^r \frac{l'}{6} + \mathfrak{M}^l \frac{l'}{3} \qquad \text{bzw.} \qquad \mathfrak{M}^r \frac{l'}{3} + \mathfrak{M}^l \frac{l'}{6}.$$

Wird für irgend einen Stab $J = \infty$, sind also die an diesem Stab steif angeschlossenen Stäbe dort fest eingespannt, so ist l' für den Stab mit $J = \infty$ Null, und die zugehörigen Glieder der Viermomentengleichungen verschwinden.

Die Gl. (7) bilden die erste Gruppe der Knickgleichungen. In der allgemeinsten Form (7) gelten sie für jede Art von ebenen Stabnetzen.

Die Gleichgewichtsbedingungen. Wir beschränken uns hier auf die Betrachtung eines einfachen Stabzuges. Unter der Wirkung einer im Gleichgewichte befindlichen Lastgruppe entstehen die Stabkräfte $S_1, S_2 \ldots S_n$. $\mathfrak{Q}$ und $\mathfrak{H}$ sind die Komponenten der Auflagerkräfte, die bei der Entformung im labilen Gleichgewichtszustande auftreten.

Wir fassen nun einen Stab $k-1$, k gesondert ins Auge. Mit dem Eintritt des labilen Gleichgewichtszustandes wird sich der Stab aus seiner ursprünglichen Lage nach $k-1'$, k' verschoben haben. Abb. 124. In den Endpunkten des verschobenen Stabes greifen an: Die Knickmomente $\mathfrak{M}_{k-1}$ und $\mathfrak{M}_k$, die Knickkräfte $\mathfrak{Q}$ und $\mathfrak{H}$, sowie die Stabkraft S_k. Bezeichnet α_k den Winkel, den der Stab $k-1$, k mit der als x-Achse gewählten Verbindungslinie der Endpunkte o und n des Stabzuges einschließt, ϑ_k den Stabdrehwinkel, so besteht, wenn man k' als Momentendrehpunkt wählt, die Beziehung

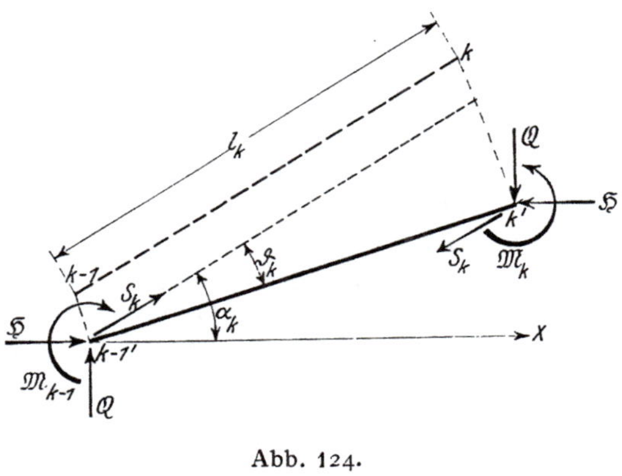

Abb. 124.

$$\mathfrak{M}_k = \mathfrak{M}_{k-1} + S_k l_k \vartheta_k + \mathfrak{Q} l_k \cos(\alpha_k - \vartheta_k) - \mathfrak{H} l_k \sin(\alpha_k - \vartheta_k).$$

[1]) Bei gezogenen Stäben muß das Glied Sy in der Differentialgleichung (1) durch $-Sy$ ersetzt werden. Führt man sonach in die betreffenden Glieder der Viermomentengleichung $i\varphi$ an Stelle von φ ein, so erhält man die oben angeführten Beziehungen.

Da ϑ_k klein ist, so vernachlässigen wir seinen Einfluß auf die Winkelfunktionen sin und cos, und gewinnen nach Division mit l_k die Gleichgewichtsbedingung in der Form

$$\frac{\mathfrak{M}_k - \mathfrak{M}_{k-1}}{l_k} - S_k \vartheta_k - \mathfrak{Q} \cos \alpha_k + \mathfrak{H} \sin \alpha_k = 0. \quad \ldots \ldots (8)$$

Das Vorzeichen der Winkelfunktionen wird durch den Winkel α_k bestimmt, der von der Richtung der x-Achse aus am jeweiligen linken Stabende entgegengesetzt dem Urzeigerbewegungssinn zu zählen ist.

Die Knickgleichungen (7) und (8) reichen nicht in allen Fällen aus, um sämtliche darin vorkommenden Unbekannten, d. h. die Größen $\mathfrak{M}$, $\mathfrak{Q}$, $\mathfrak{H}$ und ϑ zu bestimmen. Der Kürze wegen sehen wir aber von der Aufstellung weiterer Knickgleichungen in allgemeiner Form ab. Wo dies notwendig ist, werden wir von Fall zu Fall die noch fehlenden Beziehungen durch dem Einzelfall angepaßte Zusammenhänge darstellen, um so die überzähligen Unbekannten aus den Knickgleichungen (7) und (8) zu eliminieren. Diese Gleichungen stellen dann nach Durchführung der Elimination die Gesamtheit der Knickgleichungen vor.

Die Knickbedingungen. Die Knickgleichungen sind dadurch ausgezeichnet, daß sie kein von Unbekannten freies Glied enthalten, sie bilden somit ein System homogener linearer Gleichungen, das nur dann von Null verschiedene Wurzeln aufweist, wenn die Determinante Δ des Gleichungssystems verschwindet. Für die Knickmomente, Knickkräfte und Drehwinkel bestehen also nur dann endliche, von Null verschiedene Werte — es tritt also nur dann ein labiler Gleichgewichtszustand ein —, wenn

$$\Delta = 0. \quad \ldots \ldots \ldots \ldots (9)$$

Gl. (9) ist somit die Knickbedingung. In diesem Falle sind, wie bekannt, die Wurzeln der Knickgleichungen nicht mehr unabhängig voneinander, sie können alle durch eine von ihnen, die willkürlich angenommen werden kann, ausgedrückt werden. Alle Bestimmungsgrößen des labilen Gleichgewichtszustandes enthalten somit einen gemeinsamen willkürlichen Faktor. Sonach bestehen im Knickzustande genau wie beim einfachen Stab unendlich viele gleichberechtigte Gleichgewichtslagen, die sich nur durch die Größe der Verschiebungen und der mit ihnen korrespondierenden Knickkräfte unterscheiden. Wir vermeiden es, hier näher auf eine allgemeine Erörterung der Eigenschaften der Knickbedingung (9) einzugehen und bemerken nur folgendes:

Die Gleichung $\Delta = 0$ gibt im allgemeinen keine eindeutige Lösung für das Knickproblem, da sie in der Regel eine endliche Anzahl von Wurzeln aufweist. Es muß sonach von Fall zu Fall eine weitere Bedingung hinzutreten, um aus der Wurzelreihe die maßgebende Wurzel bestimmen zu können. Wenn sonst keine einschränkenden Bedingungen für das Eintreten der den einzelnen Wurzeln entsprechenden Gleichgewichtszuständen vorhanden sind, so ist jene Wurzel in Betracht zu ziehen, zu der die kleinste Knickkraft gehört, da nur diesem Gleichgewichtszustand praktische Bedeutung zukommt. Ein einfaches Beispiel soll diese Ausführungen erläutern:

Die Knickbedingung für den dreifeldrigen Stab liefert drei Wurzelwerte für die Knickkraft S_k. Diesen drei Wurzelwerten entsprechen die in der Abb. 125 dargestellten Verformungszustände. Dem kleinsten Wert von S_k entspricht die Verformung *a*), dem größten Wert entspricht *c*). Praktisch kommt, wenn keine weiteren Bedingungen hinzutreten, nur der Gleichgewichtszustand *a*) in Betracht, da er der erste Knickzustand ist, der bei einer von Null an wachsenden Last S eintritt. Die anderen Zustände können sich gar nicht ausbilden, da sich der Stab nach Eintreten des Knickzustandes *a*) dauernd verformt, d. h. ausknickt. Anders liegt aber die Sache, wenn Bedingungen vorhanden sind, die die Verformung nach *a*) unmöglich machen. Dies wäre bei dem dreifeldrigen Stab beispielsweise der Fall, wenn der Stab einerseits an einer festen Wand anliegen würde, Abb. 125 d), dann können die Verformungswellen sich nur nach einer Seite ausbilden. Zustand *a*) und *b*) ist dann unmöglich, es kann nur die Verformung nach *c*) erfolgen. Die Tragfähigkeit des so gestützten Stabes wäre sonach eine weit höhere, als bei Fehlen der seitlichen Wand. Ein ähnlicher Zwang könnte auch durch eine entsprechende Querbelastung des Stabzuges erzeugt werden, so daß querbelastete Stäbe u. U. eine größere Knicklast aufweisen als solche ohne Querbelastung [1]).

An dieser Stelle möge nur noch kurz die Frage des Sicherheitsgrades der Stäbe einer Stabverbindung gestreift werden. Wie wir schon erwähnt haben, kann ein Stab einer Stabverbindung hinsichtlich seiner Tragfähigkeit auf Knicken nicht für sich, sondern nur im Zusammenhange mit den anderen Gliedern des Stabwerkes betrachtet werden. Man kann also strenge genommen nicht mehr von der Knicksicherheit eines Einzelstabes, sondern nur von der Knicksicherheit der ganzen Stabverbindung sprechen. Wenn wir den Sicherheitsgrad gegen Knicken beim Einzelstab in der Weise definieren, daß wir sagen: Der Stab habe ψ-fache Sicherheit, wenn er in der Lage ist, die ψ-fache Nutzlast zu tragen [2]), so müssen wir sinngemäß auch festsetzen: Das Stabwerk habe ψ-fache Sicherheit, wenn es in der Lage ist, die ψ-fache Nutzbelastung des ganzen Stabwerkes aufzunehmen. Hier tritt nur die Schwierigkeit ein, daß es nicht nur eine einzige ungünstigste Lastgruppierung gibt, die für die Knicksicherheit des Systems ausschlaggebend ist, sondern eine ganze Reihe von solchen Lastgruppierungen, nämlich genau genug alle jene, welche in den einzelnen Druckstäben der Verbindung die größten Stabkräfte erzeugen. Praktisch genommen liegt demnach die Sache folgendermaßen: Man betrachtet der Reihe nach die Druckstäbe einer Stabverbindung, bestimmt für jeden Stab jene ungünstigste Laststellung, die die größte Druckkraft in dem fraglichen Stab erzeugt und damit die Stabkräfte in diesem Stab und in allen mit ihm zusammenhängenden Stäben, soweit sie bei der Berechnung der Knicksicherheit berücksichtigt werden sollen und berechnet auf diese Weise die Tragfähigkeit des fraglichen Druckstabes auf Knicken. Hat man so eine ψ-fache Sicherheit des Druckstabes festgestellt, so heißt das nicht, daß der Druckstab für sich genommen in der Lage ist, die Kraft ψS_d (wenn S_d seine Nutzstabkraft ist) zu ertragen, sondern daß der Stab in Zusammenhang mit den anderen Stäben, die bei seiner Berechnung in Betracht gezogene Lastgruppierung mit ψ-facher Sicherheit tragen kann.

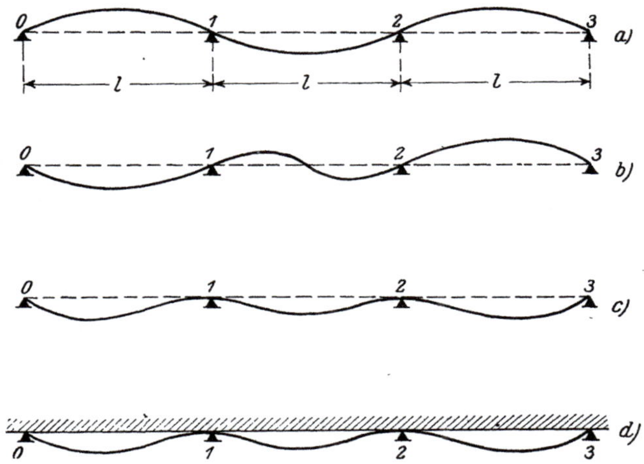

Abb. 125.

Ein einfaches Beispiel mag diese Erörterungen deutlicher machen: Die beiden Stäbe S_1 und S_2, die in einer Ecke steif verbunden sind, bilden eine Konsole, die mit P belastet ist, Abb. 126. Die Stabkraft ψS_2, unter der der Druckstab in der Konsolebene ausknickt, ist wegen der steifen Verbindung mit dem Zugstab größer, als in dem Falle, wo beide Stäbe durch ein Gelenk miteinander verbunden sind. ψS_2 wird um so größer, je größer die Kraft in der Zugstrebe ist. Nun wachsen die Kräfte S_1 und S_2 proportional mit P. Einer Knicklast ψP der ganzen Stabverbindung entsprechen daher die Stabkräfte ψS_1 und ψS_2. Man wird sonach bei Bestimmung der Knicklast mit einer Zugkraft ψS_1 rechnen, und nicht, wie dies schon vorgeschlagen wurde, die

[1]) Bleich, Dr. Friedrich: Einige Aufgaben über die Knickfestigkeit elastischer Stabverbindungen. Eisenbau 1922, S. 34.

[2]) Über die wahre Bedeutung dieser Festsetzung siehe die Ausführungen in Nr. 23.

einfache Zugstabkraft S_1 der ψ-fachen Druckstabkraft S_2 in der Knickbedingung gegenüberstellen, denn nur dann können wir richtig behaupten, daß die Tragkraft der Konsole im Knickzustande ψP beträgt, die Stabverbindung also nach unserer Definition mit dem Sicherheitsgrad ψ bemessen ist. Wir haben hierbei stillschweigend die Voraussetzung gemacht, daß der Zugstab, für sich betrachtet, so stark ist, daß er die Kraft ψS_1 aufnehmen kann.

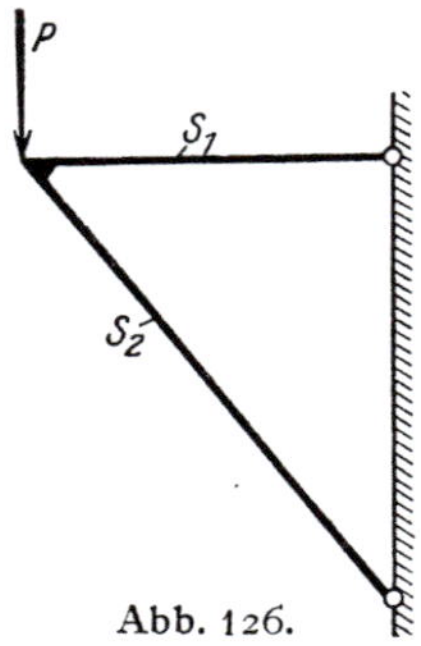

Abb. 126.

In allen jenen Fällen also, wo die Zugstäbe einer Stabverbindung mit dem gleichen oder einem höheren Sicherheitsgrad bemessen sind, als jener ist, den man für die Druckstäbe hinsichtlich Knicken anstrebt, kann man, falls sämtliche Stabkräfte der Stabverbindung proportional mit der für den Druckstab maßgebenden Belastung wachsen, alle in die Knickbedingung eingehenden Stabkräfte — gleichgültig ob dies Zug- oder Druckkräfte sind — mit dem angestrebten Sicherheitsfaktor multiplizieren.

Die Hinzufügung der zweiten Bedingung ist notwendig, da sie nicht immer erfüllt sein muß. Ist sie ausnahmsweise nicht erfüllt, so sind die Zugstabkräfte mit dem kleinstmöglichsten Wert, der gleichzeitig mit der ψ-fachen größten Druckstabkraft auftreten kann, in die Knickbedingung einzuführen.

Wir gehen nun in Anwendung der in diesem Absatz gemachten allgemeinen Darlegungen zur Erörterung der Knickfestigkeit von Fachwerkstäben, elastisch gestützter Gurte und ähnlicher Probleme des Brückenbaues über.

42. Ausknicken der Gurte in der Fachwerkebene.

Bei der Beurteilung des Verhaltens der gedrückten Fachwerkgurte soll von dem Einfluß der Fachwerkfüllstäbe auf die Knicksicherheit der Gurte abgesehen werden, da ihr Querschnitt meist klein gegenüber dem Gurtquerschnitt ist, weshalb sie, wenigstens in der Mehrzahl der Fälle, die Knicksicherheit der Gurtungen nur in geringem Maße erhöhen. Wir betrachten daher den Fachwerkgurt als einen in der Fachwerkebene in den Knoten drehbar, aber sonst unverschieblich gelagerten biegungssteifen Stabzug. Eine Einspannung an den Gurtenden, selbst in den Fällen, wo der Druckgurt unmittelbar mit einem steifen Zuggurt zusammentrifft, soll ebenfalls außer acht gelassen werden, da die Wirkung einer derartigen Einspannung an den Enden bei einem vielfeldrigen Stabzug geringfügig ist[1]).

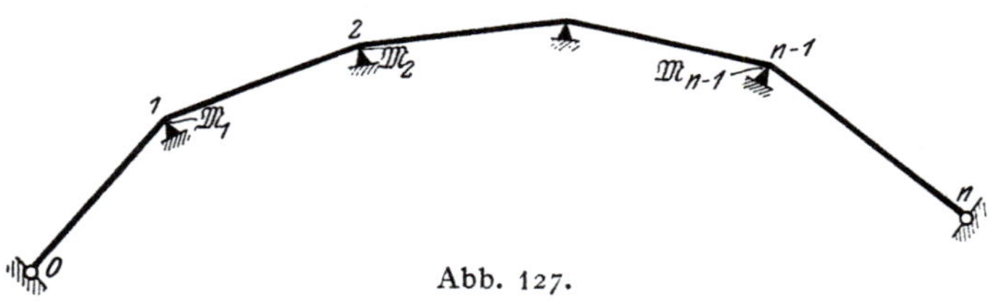

Abb. 127.

Wir setzen nun voraus, daß sämtliche Gurtstäbe, die sonst beliebige Abmessungen und beliebige Druckkräfte aufweisen können, so durchgebildet sind, daß sie alle gleich knicksicher sind, was bei sorgfältig durchgeführten Tragwerken meist genau genug zutreffen wird und hinsichtlich der Knicksicherheit der Gurtung auch den ungünstigsten Fall vorstellt. Denn ist dies nicht der Fall, dann unterstützt ein nicht voll ausgenützter Stab die übrigen Stäbe und erhöht so die Knicksicherheit der ganzen Verbindung. Das Labilitätsmaß φ ist dann für alle Stäbe gleich. Um die Knickbedingung aufzustellen, gehen wir von den Dreimomentengleichungen (7') aus, die unter Hinblick darauf, daß $\mathfrak{M}_0 = \mathfrak{M}_n = 0$ (Abb. 127) folgendermaßen lauten:

[1]) Der Einfluß der Einspannung bei einem mehrfeldrigen Stabzug ist in der in der Fußnote [1]) auf S. 162 erwähnten Abhandlung zahlenmäßig dargelegt.

$$\mathfrak{M}_1(c_1' + c_2') + \mathfrak{M}_2 s_2' = 0$$
$$\mathfrak{M}_1 s_2' + \mathfrak{M}_2(c_2' + c_3') + \mathfrak{M}_3 s_3' = 0$$
$$\cdots\cdots\cdots\cdots$$
$$\mathfrak{M}_{k-1} s_k' + \mathfrak{M}_k(c_k' + c_{k+1}') + \mathfrak{M}_{k+1} s_{k+1}' = 0$$
$$\cdots\cdots\cdots\cdots$$
$$\mathfrak{M}_{n-3} s_{n-2}' + \mathfrak{M}_{n-2}(c_{n-2}' + c_{n-1}') + \mathfrak{M}_{n-1} s_{n-1}' = 0$$
$$\mathfrak{M}_{n-2} s_{n-1}' + \mathfrak{M}_{n-1}(c_{n-1}' + c_n') = 0 .$$

Wie man sich leicht überzeugt, reicht die Zahl dieser Dreimomentengleichungen aus, um die Unbekannten $\mathfrak{M}$ zu bestimmen, sie stellen somit die Gesamtheit der Knickgleichungen vor. Die Knickbedingung hat daher die Form:

$$\begin{vmatrix} (c_1' + c_2') & s_2' & & & \\ s_2' & (c_2' + c_3') & s_3' & & \\ & & \ddots & & \\ & & s_{n-2}' & (c_{n-2}' + c_{n-1}') & s_{n-1}' \\ & & & s_{n-1}' & c_{n-1}' + c_n' \end{vmatrix} = 0 .$$

Diese Gleichung wird zunächst erfüllt, wenn man

$$c_1' + c_2' = 0, \qquad c_2' + c_3' = 0 \ldots c_{n-1}' + c_n' = 0$$

setzt. Mit

$$c_k' = c_k l_k', \qquad \text{wo} \qquad l_k' = l_k \frac{J_c}{J_k \tau_k},$$

erhält man die n Gleichungen

$$c_1 l_1' = -c_2 l_2'$$
$$c_2 l_2' = -c_3 l_3'$$
$$\vdots \qquad \vdots$$
$$c_{n-1} l_{n-1}' = -c_n l_n' .$$

Diese Gleichungen werden, unabhängig davon, welchen Betrag die Größen l' haben, mit $\varphi_1 = \varphi_2 = \ldots = \varphi_n = \pi$ befriedigt, denn dann wird (siehe Tafel IV) $c_1 = c_2 = \ldots = c_n = \pm\infty$. Da wir vorausgesetzt haben, daß alle Stäbe gleiches Labilitätsmaß φ aufweisen, so kann auch der Fall $\varphi_1 = \varphi_2 = \ldots = \pi$ eintreten. Mit $\varphi = \pi$ folgt aber aus Gl. (5), wenn man sie nach S auflöst,

$$S = \pi^2 \frac{EJ\tau}{l^2} .$$

Dem Labilitätsmaß $\varphi = \pi$ entspricht daher jene Belastung, die den Stab von der Länge l bei frei drehbaren Enden zum Ausknicken bringt. Wir haben diese Last als die natürliche Knicklast bezeichnet. Der Stabzug verhält sich demnach so, wie wenn in allen Knotenpunkten Gelenke angeordnet wären. Die steife Verbindung der Gurtstäbe untereinander hat daher keine Erhöhung der Knicksicherheit zur Folge. Es gilt sonach der Satz:

Ein Fachwerkgurt, in dem sämtliche Stäbe gleichzeitig die natürliche Knickgrenze erreichen, die also alle gleich knicksicher ausgebildet sind, ist für das Ausknicken in der Fachwerkebene so zu berechnen, wie wenn die Gurtstäbe in den Knotenpunkten gelenkig angeschlossen wären. Für jeden Gurtstab ist die volle Stablänge (Systemlänge) als Knicklänge in Rechnung zu stellen.

Die österreichische Verordnung vom 16. Februar 1907 gestattet bei Gurtstäben eine Abminderung der Knicklänge auf 0,8 der Systemlänge. Eine derartige Verringerung der Knicklänge ist bei Fachwerkgurten, unter Hinweis auf die vorhergehenden Darlegungen, nicht zu empfehlen.

Beispiele. 1. Balkenbrücke mit obenliegender Fahrbahn, Abb. 128. Die Hauptknotenpunkte der Obergurte sind in lotrechter und wagerechter Richtung festgehalten. Die Zwischenknoten sind nur in der Ebene der Hauptträger festgelegt. Sonach ist für das Ausknicken des Obergurtes in der Ebene der Haupttragwände die halbe Feldweite $l/2$, für Ausknicken in wagerechter Richtung die Feldweite l in Rechnung zu stellen.

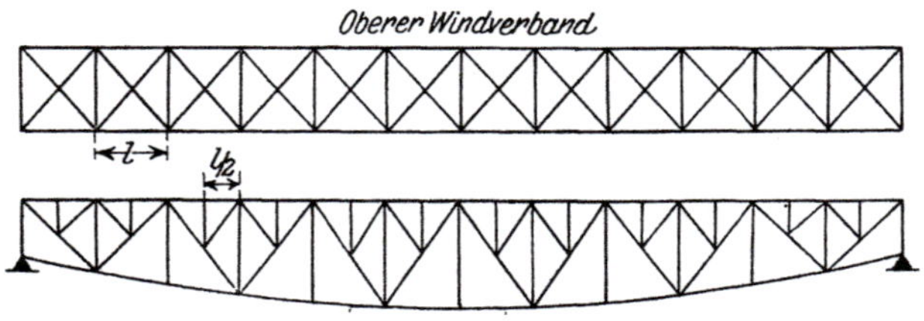

Abb. 128.

2. Bogenbrücke mit Zugband, Abb. 129. Sämtliche Knotenpunkte des Bogengurtes $a - c$ sind in lotrechter Richtung durch die Bogenausfachung, in wagerechter Richtung durch die Stäbe des oberen Windverbandes räumlich festgehalten. Die Knicklänge ist sonach für beide in Betracht kommenden Knickrichtungen gleich der Feldlänge l. Gleiches gilt für den Bogengurt $b - d$, dessen Knoten in wagerechter Richtung durch die Querverbände gegen seitliches Ausweichen gesichert sind.

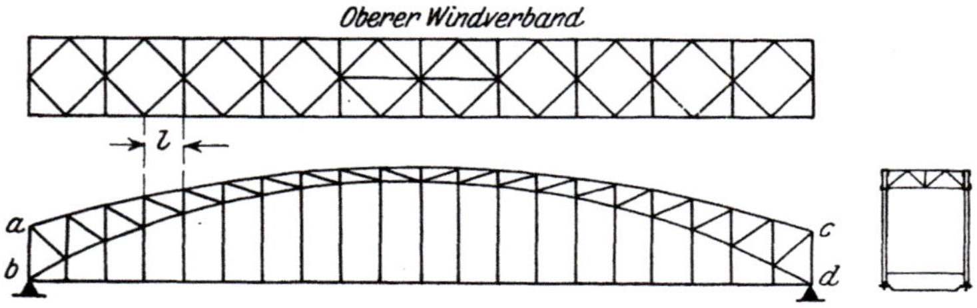

Abb. 129.

43. Ausknicken der Füllstäbe in der Fachwerkebene.

a) Die Füllstäbe sind nicht in Zwischenpunkten gestützt.

Um zu einer selbst die ungünstigsten Fälle umfassenden Regel für die Bemessung der Knicklänge von Fachwerkfüllstäben zu gelangen, soll die nachstehende Untersuchung durch Vernachlässigung aller unwichtigeren Einflüsse, die im günstigen Sinne wirken, tunlichst vereinfacht werden. In Abb. 130 sind jene Stäbe stark gezeichnet, deren gegenseitige Einspannungswirkung in Betracht gezogen wird. Dies sind außer dem fraglichen Druckstab nur die beiden anschließenden Stäbe des Zuggurtes, die wir uns, um den unbedeutenden Einfluß der weiter abliegenden Zuggurtstäbe auszuschalten, gelenkig an die Nachbarstäbe angeschlossen denken wollen. Ebenso möge der Druckstab an den Druckgurt mittels Gelenk angeschlossen werden. Diese Anordnung entspricht beiläufig dem ungünstigsten Falle, daß Druckgurt und Druckstab gleichzeitig die Knickgrenze erreichen, in welchem Falle der Druckgurt keine nennenswerte Einspannungswirkung mehr auf den gedrückten Füllstab ausüben kann. Mit Rücksicht auf die häufig geringe Steifigkeit der Füllstäbe möge auch der Einfluß derselben, soweit solche in den Endpunkten des in Betracht gezogenen Druckstabes angeschlossen sind, vernachlässigt werden. Dies ist insoweit berechtigt, als Zugstäbe vielfach nur mäßige Biegungssteifigkeit be-

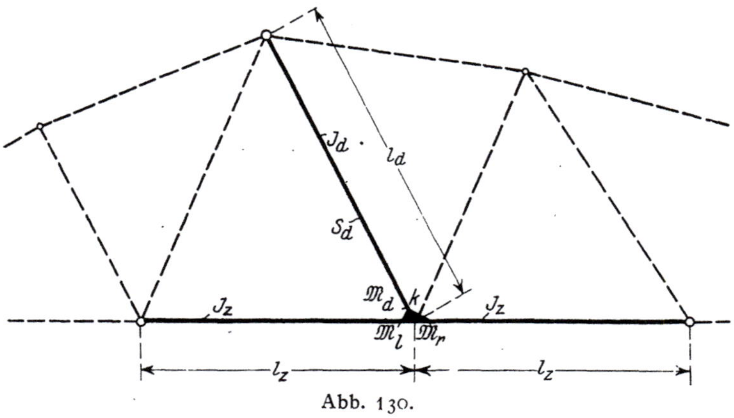

Abb. 130.

sitzen, Druckstreben aber sich meist gleichzeitig mit dem betrachteten Stab an oder nahe der Knickgrenze befinden, sonach keine überflüssige Steifigkeit für die Einspannung der fraglichen Strebe abzugeben haben. Wir haben sonach nur den Zusammenhang des Druckstabes mit dem Zuggurt zu verfolgen. Um auch da die Rechnung noch weiter zu vereinfachen, nehmen wir den Zuggurt spannungslos an, da der günstig wirkende Einfluß der Zugspannung an und für sich gering ist. Stablängen und Querschnitte der beiden Zuggurtfelder werden gleich angenommen. Da die Knotenpunkte im Fachwerksystem als geometrisch unverschieblich betrachtet werden können, so sind die Stabdrehwinkel ϑ in den Momentengleichungen sämtlich Null zu setzen.

Die Anschlußmomente der drei im Knoten k festeingebundenen Stäbe bezeichnen wir mit $\mathfrak{M}_d$, $\mathfrak{M}_l$ und $\mathfrak{M}_r$ (siehe Abb. 130). Wir fassen nun je einen Zuggurtstab mit der Länge l_z und dem Trägheitsmoment J_z und den Druckstab mit den Abmessungen l_d und J_d in je einer Viermomentengleichung zusammen und erhalten, wenn wir beachten, daß die Momente an einem Ende des Füllstabes und an je einem Ende der Zuggurtstäbe Null sind, nach Gl. (7) folgende Beziehungen

$$\mathfrak{M}_l c_z' + \mathfrak{M}_d c_d' = 0,$$
$$\mathfrak{M}_r c_z' - \mathfrak{M}_d c_d' = 0.[1]$$

Zwischen den Momentengrößen besteht nun, wenn man Abb. 131 beachtet, folgender Zusammenhang

$$\mathfrak{M}_d - \mathfrak{M}_l + \mathfrak{M}_r = 0,$$

womit die aufgestellten Momentengleichungen die Form

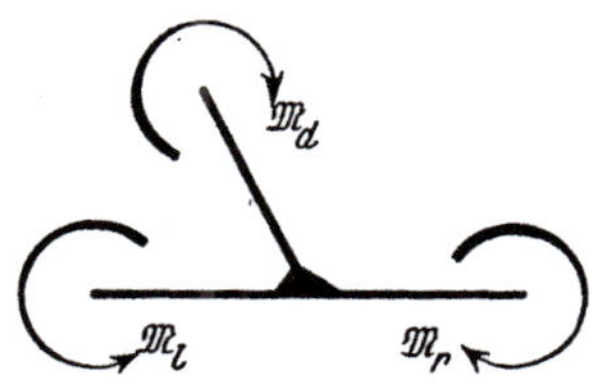

Abb. 131.

$$\mathfrak{M}_l (c_z' + c_d') - \mathfrak{M}_r c_d' = 0$$
$$+ \mathfrak{M}_r (c_d' + c_z') - \mathfrak{M}_l c_d' = 0$$

annehmen. Sonach lautet die Knickbedingung

$$(c_z' + c_d')^2 - c_d'^2 = 0$$

oder

$$c_z'(c_z' + 2 c_d') = 0.$$

Da c_z' nicht Null sein kann, so muß im Knickzustande die Bedingung

$$c_z' + 2 c_d' = 0$$

erfüllt sein. Führt man

$$c_z' = \frac{l_z}{3},$$

da die beiden Stäbe l_z spannungslos sind (siehe S. 165) und J_z als J_c gewählt wird, ein, setzt man weiter

$$c_d' = c(\varphi_d) \cdot l_d' = c(\varphi_d) l_d \frac{J_z}{J_d \tau_d},$$

so gewinnen wir die Knickbedingung in der endgültigen Form

$$c(\varphi_d) = -\frac{1}{6} \frac{l_z}{l_d} \frac{J_d}{J_z} \tau_d. \qquad (10)$$

Berechnet man den Wert $\frac{1}{6} \frac{l_z}{l_d} \cdot \frac{J_d}{J_z} \tau_d$, so kann mit diesem Betrage aus dem Verlauf der Funktion $c(\varphi_d)$ (Tafel IV) unmittelbar der zugehörende Wert des Argumentes φ_d abgelesen werden. Aus Gl. (5) folgt dann

$$S_d = \varphi_d^2 \frac{E J_d \tau_d}{l_d^2}$$

---

[1]) Die Momente wurden positiv gezählt, wenn sie den Stab für einen Beschauer, der sich im Winkelraum zwischen Zuggurt und Strebe befindet, nach innen zu wölben trachten. An der Hand der Abb. 131 erkennt man, daß für die erste Momentengleichung — Beschauer links von der Strebe — $\mathfrak{M}_l$ und $\mathfrak{M}_d$ nach dieser Regel positiv zu zählen sind. Für die zweite Momentengleichung — Beschauer rechts von der Strebe — ist $\mathfrak{M}_d$ negativ, $\mathfrak{M}_r$ positiv.

oder

$$S_d = \frac{\pi^2 E J_d \tau_d}{\left(\frac{\pi}{\varphi_d} l_d\right)^2}.$$

Der Stab verhält sich demnach so, wie ein gelenkig befestigter Druckstab von der Länge $\frac{\pi}{\varphi_d} l_d$. In der folgenden Tafel 21 sind für eine Reihe der Wertverhältnisse $\frac{1}{6} \frac{l_z}{l_d} \frac{J_d}{J_z} \tau_d$ die Labilitätsmaße φ_d nach Formel (10) berechnet und darunter die zugehörenden Knicklängen-Abminderungsbeiwerte.

$$\gamma = \frac{\pi}{\varphi_d}$$

ausgewiesen.

Tafel 21.

Abminderungsbeiwerte γ für Fachwerkfüllstäbe (Einspannung am Druckgurt vernachlässigt).

$\frac{1}{6} \frac{l_z}{l_d} \frac{J_d}{J_z} \cdot \tau_d$	0	0,02	0,04	0,06	0,08	0,10	0,12	0,14	0,16	0,18	0,20
φ_d/π	1,430	1,402	1,377	1,355	1,335	1,316	1,299	1,283	1,269	1,255	1,242
γ	**0,700**	**0,714**	**0,727**	**0,738**	**0,749**	**0,760**	**0,770**	**0,779**	**0,788**	**0,797**	**0,805**

$\frac{l_z}{l_d} \cdot \frac{J_d}{J_z} \tau_d$ ist in praktischen Fällen kaum größer als Eins, weshalb γ immer unter dem Werte 0,8 bleibt.

Füllstäbe, die mit Knotenblechen an die Gurte angeschlossen sind, können daher für Knicken in der Fachwerkebene mit einer Knicklänge gleich 0,8 der Systemlänge berechnet werden.

Die Vorschriften der württembergischen Staatsbahn gestatten die Knicklänge für Knicken in der Trägerebene mit 0,8 der Stablänge zu wählen. Gleiches gilt von den österreichischen Brückenverordnungen und von den Vorschriften der bayerischen Staatseisenbahn. Die Vorschriften der badischen Staatsbahnen geben sogar die Knicklänge mit 0,6 der Systemlänge an. Die Knicklängen von der Größe der Anschlußbleche abhängig zu machen, wie dies die neuen Reichsbahnvorschriften tun, ist nicht berechtigt, da der Einspannungsgrad durch die Größe der Anschlußbleche nur wenig beeinflußt wird.

Bei Neuentwürfen wird man sich mit dem alle Fälle deckenden Abminderungsfaktor $\gamma = 0{,}8$ in der Regel begnügen. In außerordentlichen Fällen aber, z. B. bei der Nachrechnung bestehender Brücken wird man, um etwaige Verstärkungen zu vermeiden, auf Grund der tatsächlichen Abmessungen den Beiwert γ aus der vorangehenden Tafel bestimmen. Unter Umständen kann es sogar noch notwendig werden, unter Berücksichtigung jener von uns vernachlässigten Einflüsse, die auf eine Erhöhung des Einspannungsgrades hinwirken, einen genaueren Wert von γ zu ermitteln. Für solche Zwecke sei die nachfolgende Tafel 22 mitgeteilt, die unter Berücksichtigung des steifen Anschlusses an den Druckgurt berechnet wurde[1]).

Die Größen α, β und i kennzeichnen die elastischen Verhältnisse der Stabverbindung. Für S_0 ist die größte, gleichzeitig mit der größten Strebenkraft S_d auftretende Druckgurtkraft einzuführen. S_0 und S_d sind die Gebrauchslasten. τ_d/τ_0 setze man zunächst 1 und ermittle nachträglich auf Grund der Knickspannungen σ_k nochmals den Betrag τ_d/τ_0. Ist er nennenswert von 1 verschieden, so bestimme man ein richtigeres i und damit ein genaueres γ aus der Tabelle.

Wird das Argument $i > 0{,}7$, so ist dies ein Zeichen, daß der Druckgurt früher die Knickgrenze erreicht, als die fragliche Strebe, er wirkt sonach nicht mehr entlastend

[1]) Die Berechnung findet der Leser in der auf S. 162, Fußnote [1]) zitierten Abhandlung des Verfassers.

Tafel 22.

Abminderungsbeiwerte γ für Fachwerkfüllstäbe. (Einspannung am Druckgurt berücksichtigt.)

Knicklänge $l_k = \gamma l$, wenn l die Systemlänge des Stabes bedeutet.

$$\alpha = \frac{l_o J_d}{l_d J_o \tau_o}, \qquad \beta = \frac{1}{3}\frac{l_u J_d}{l_d J_u}, \qquad i = \frac{l_o}{l_d}\sqrt{\frac{S_o}{S_d}\,\frac{J_d}{J_o}\,\frac{\tau_d}{\tau_o}}.$$

$S_o\, l_o\, J_o\, \tau_o$ Stabkraft, Länge, Trägheitsmoment und Knickzahl für den Druckgurt
$l_u\, J_u$ „ „ „ „ Zuggurt
$S_d\, l_d\, J_d\, \tau_d$ „ „ „ „ „ „ die Druckstrebe.

	α	β = 0	0,05	0,10	0,15	0,20	0,25	0,30
$i = 0,3$	0	0,51	0,52	0,53	0,54	0,55	0,56	0,57
	0,2	0,52	0,53	0,55	0,56	0,57	0,57	0,59
	0,4	0,54	0,55	0,57	0,58	0,59	0,60	0,61
	0,6	0,56	0,57	0,58	0,59	0,60	0,61	0,62
	0,8	0,57	0,58	0,59	0,60	0,61	0,62	0,63
	1,0	0,58	0,59	0,60	0,61	0,62	0,63	0,64

	α	β = 0	0,05	0,10	0,15	0,20	0,25	0,30
$i = 0,4$	0	0,51	0,52	0,53	0,54	0,55	0,56	0,57
	0,2	0,53	0,54	0,55	0,56	0,57	0,58	0,59
	0,4	0,55	0,56	0,57	0,58	0,59	0,60	0,61
	0,6	0,57	0,58	0,59	0,60	0,61	0,62	0,63
	0,8	0,58	0,59	0,60	0,61	0,62	0,63	0,64
	1,0	0,59	0,60	0,62	0,63	0,64	0,64	0,65

	α	β = 0	0,05	0,10	0,15	0,20	0,25	0,30
$i = 0,5$	0	0,51	0,52	0,53	0,54	0,55	0,56	0,57
	0,2	0,56	0,57	0,57	0,58	0,59	0,60	0,60
	0,4	0,58	0,59	0,59	0,60	0,61	0,62	0,62
	0,6	0,59	0,60	0,61	0,62	0,63	0,64	0,64
	0,8	0,60	0,61	0,62	0,63	0,64	0,65	0,66
	1,0	0,61	0,62	0,63	0,64	0,65	0,66	0,67

	α	β = 0	0,05	0,10	0,15	0,20	0,25	0,30
$i = 0,6$	0	0,51	0,52	0,53	0,54	0,55	0,56	0,57
	0,2	0,61	0,62	0,62	0,63	0,63	0,64	0,64
	0,4	0,63	0,63	0,64	0,65	0,65	0,66	0,66
	0,6	0,64	0,64	0,65	0,66	0,66	0,67	0,67
	0,8	0,64	0,65	0,66	0,67	0,67	0,68	0,69
	1,0	0,65	0,66	0,66	0,67	0,68	0,69	0,69

	α	β = 0	0,05	0,10	0,15	0,20	0,25	0,30
$i = 0,7$	0	0,50	0,52	0,53	0,54	0,55	0,56	0,57
	0,2	0,71	0,70	0,70	0,70	0,71	0,71	0,71
	0,4	0,70	0,70	0,71	0,71	0,71	0,72	0,72
	0,6	0,70	0,70	0,71	0,71	0,72	0,72	0,73
	0,8	0,70	0,70	0,71	0,72	0,72	0,73	0,73
	1,0	0,70	0,71	0,71	0,72	0,73	0,73	0,74

Für S_o ist die größte gleichzeitig mit dem Größtwert von S_d auftretende Druckgurtkraft einzuführen.

auf die Strebe ein, im Gegenteil, er wird von dieser noch unterstützt. Die Strebe ist dann gelenkig an den Druckgurt angeschlossen zu denken und γ nach Tafel 21 zu bestimmen. Aus diesem Grunde ist die Tabelle nur bis zum Wert $i = 0{,}7$ geführt worden. Der genaue Wert von i, der die kritische Grenze bezeichnet, bei der die Einspannung am Druckgurt nicht mehr in Frage kommt, ist natürlich abhängig von der Einspannung der Strebe am Zuggurt, also vom Werte β. Wächst β von 0 bis 0,30, so bewegt sich dieser Grenzwert von i von 0,70 bis 0,74. Praktisch sind aber, wie bereits betont, Streben mit $i > 0{,}70$ nach Tafel 21 zu berechnen. Man vernachlässigt hierbei unter Umständen die allerdings in diesem Falle nur mehr ganz geringfügige Einspannungswirkung am Druckgurt.

Beispiel. Die Strebe eines Brückenhauptträgers (Bogenträger mit Zugband) hat bei einer Systemlänge von 680 cm eine größte Stabkraft von 135 t mit 4facher Sicherheit aufzunehmen, Abb. 132. Die Berechnung der Strebe mit dem üblichen Abminderungsbeiwert $\gamma = 0{,}8$ erweist eine Unterschreitung des geforderten Sicherheitsgrades $\psi = 4$, weshalb der genaue Wert von γ mit Rücksicht auf die Einspannung im Obergurt ermittelt wird. Der Berechnung werden folgende Abmessungen zugrunde gelegt:

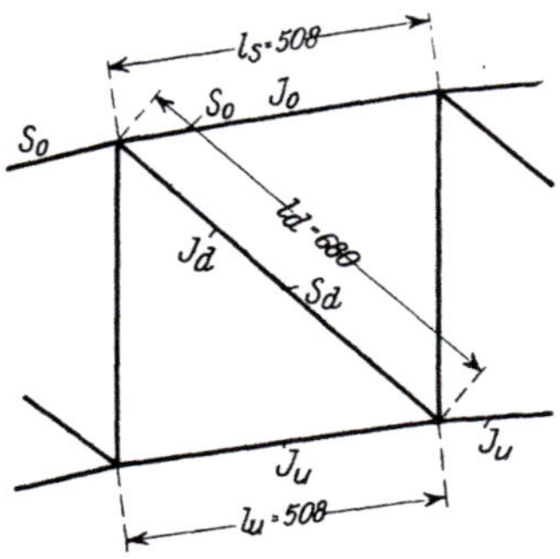

Abb. 132.

Obergurt (gedrückt): Mittelwerte für die an die fragliche Strebe anschließenden Stäbe:

$F_o = 1030\ \text{cm}^2$, $J_o = 376\,000\ \text{cm}^4$,

$r_0 = \sqrt{\frac{J_o}{F_o}} = 19{,}10\ \text{cm}$, $l_o = 508\ \text{cm}$;

Untergurt (gezogen): Mittelwert für die beiden anschließenden Stäbe:

$J_u = 102\,000\ \text{cm}^4$, $l_u = 508\ \text{cm}$;

Strebe:

$F_d = 220\ \text{cm}^2$, $J_d = 11\,200\ \text{cm}^4$,

$r_d = \sqrt{\frac{J_d}{F_d}} = 7{,}14\ \text{cm}$, $l_d = 680\ \text{cm}$.

Die gleichzeitig mit der größten Strebenkraft auftretende Druckgurtspannung aus Eigengewicht, Verkehrslast und Wind beträgt im Mittel aus beiden Stäben $S_0 = 590$ t. (Die absolut größte Druckkraft in diesen Stäben ist im Mittel 710 t.)

Mit $\gamma = 0{,}8$ ist die Knicklänge für die Strebe, $l = 0{,}8 \cdot 680 = 544$ cm und $l/r = 76{,}2$; das zugehörende σ_k aus Tabelle I beträgt 2,232 t/cm² und daher der Sicherheitsgrad

$$\psi = \frac{220 \cdot 2{,}232}{135} = 3{,}64.$$

Da $\psi < 4$, so bestimmen wir die Tragfähigkeit der Strebe unter Berücksichtigung der entlastenden Wirkung des Druckgurtes. Es ist

$$\alpha = \frac{508}{680} \cdot \frac{11\,200}{376\,000} = 0{,}022, \quad \beta = \frac{1}{3}\,\frac{508}{680} \cdot \frac{11\,200}{102\,000} = 0{,}027, \quad i = \frac{508}{680}\sqrt{\frac{590}{135} \cdot \frac{11\,200}{376\,000}} = 0{,}27,$$

wobei τ_d/τ_o zunächst 1 gesetzt wurde. Mit den nächsthöheren Werten der Tabellenargumente $\alpha = 0{,}2$, $\beta = 0{,}05$ und $i = 0{,}3$ findet man $\gamma = 0{,}53$. Somit wird jetzt:

$$\frac{l}{r} = \frac{0{,}53 \cdot 680}{7{,}14} = 50{,}5$$

und nach Tafel I: $\sigma_k^d = 2{,}525$ t/cm² und der Sicherheitsgrad

$$\psi = \frac{220 \cdot 2{,}525}{135} = 4{,}12,$$

der Stabquerschnitt genügt somit.

Wir bestimmen noch nachträglich die Knickzahlen τ_d und τ_o. Der Druckgurt ist, wenn die Strebe in den labilen Gleichgewichtszustand gerät, mit

$$\sigma_k^o = \frac{4{,}12 \cdot 590}{1030} = 2{,}360\ \text{t/cm}^2$$

beansprucht. Den Werten von σ_k^d und σ_k^o entsprechen die Knickzahlen $\tau_d = 0{,}303$ und $\tau_o = 0{,}460$ (siehe Tafel III), womit

$$\alpha = \frac{0{,}022}{0{,}460} = 0{,}047 \quad \text{und} \quad i = 0{,}27\sqrt{\frac{\tau_d}{\tau_o}} = 0{,}22.$$

Der richtige Wert von i ist sonach noch etwas kleiner als 0,27, da wir aber γ mit $i = 0{,}3$ und $\alpha = 0{,}2$ bestimmt haben, so besteht der gefundene Wert $\gamma = 0{,}53$ zu Recht.

b) Die Fachwerkfüllstäbe sind in einem Zwischenpunkte gestützt.

Wir erörtern hier nur jenen Fall, wo ein einziger Zwischenpunkt in Frage kommt, wie dies z. B. bei den einfach gekreuzten Streben eines Windverbandes der Fall ist, da drei und mehrfache Systeme im neueren Brückenbau, wenn man von gewissen Kriegsbrückensystemen absieht, kaum noch vorkommen. Einfach gekreuzte Streben spielen bei Wind und Querverbänden eine bedeutende Rolle; in den Haupttragwänden wird man nur in den seltensten Fällen zu einem derartigen statisch vielfach unbestimmten Füllungssystem greifen, und da höchstens bei Parallelträgern. Wir dürfen uns daher mit der Untersuchung der genau in der Mitte gestützten Strebe von Fachwerken nach Art der Abb. 133 begnügen.

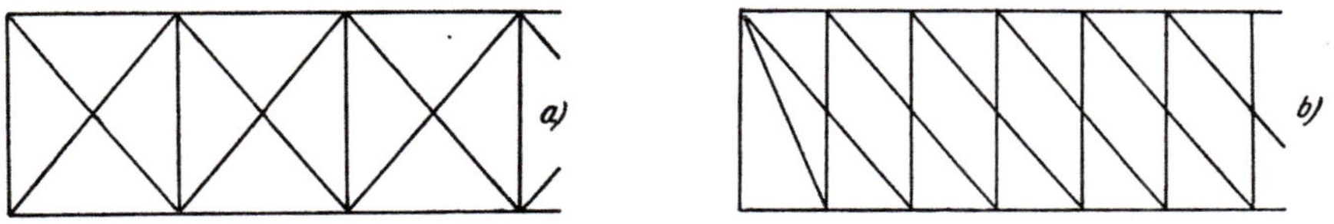

Abb. 133.

Wir vereinfachen die Untersuchung durch die gleichen Annahmen wie in den voranstehenden Erörterungen, denken uns also die Druckstrebe am Druckgurt gelenkig angeschlossen, nur mit den beiden anschließenden Zuggurtstäben steif verbunden und in der Mitte durch die zweite Strebe gestützt. Die Druckstrebe stellt sonach einen Stab auf drei Stützen vor, dessen ein Ende elastisch eingespannt ist. Wir können drei Momentengleichungen aufstellen, von denen die ersten zwei den elastischen Zusammenhang der Strebe mit den beiden Gurtstäben, die dritte den elastischen Zusammenhang der beiden Druckstabhälften im Punkte m beschreiben, Abb. 134. Zu den oben unter a) gebrauchten Bezeichnungen fügen wir noch die Benennung $\mathfrak{M}_m$ für das Knickmoment im Punkte m hinzu und gewinnen, wenn wir noch die in der Fußnote S. 171 erörterte Regel hinsichtlich der Vorzeichen der Momente beachten, nach der Vorschrift der Viermomentengleichung (7) folgende Gleichungsgruppe:

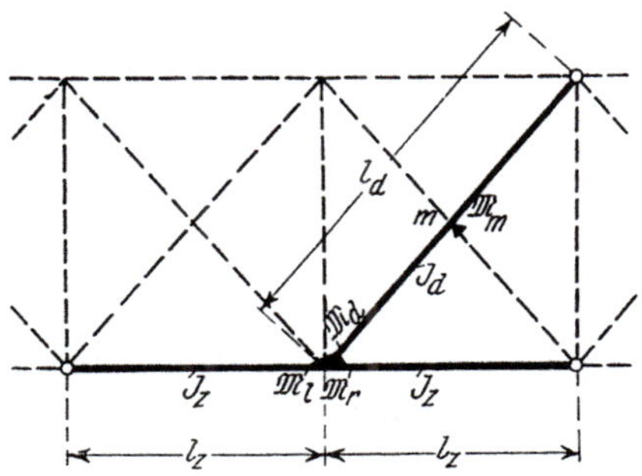

Abb. 134.

$$\mathfrak{M}_l c_z' + \mathfrak{M}_d c_d' + \mathfrak{M}_m s_d' = 0,$$
$$\mathfrak{M}_r c_z' - \mathfrak{M}_d c_d' - \mathfrak{M}_m s_d' = 0,$$
$$\mathfrak{M}_d s_d' + 2\,\mathfrak{M}_m c_d' = 0,$$

wozu wir noch die statische Beziehung

$$\mathfrak{M}_d - \mathfrak{M}_l + \mathfrak{M}_r = 0$$

hinzufügen. Eliminiert man aus den vorstehenden vier Gleichungen die Momente $\mathfrak{M}_l$ und $\mathfrak{M}_r$, so erhält man die nachstehenden beiden Gleichungen

$$\mathfrak{M}_d s_d' + 2\,\mathfrak{M}_m c_d' = 0,$$
$$\mathfrak{M}_d\left(\frac{c_z'}{2} + c_d'\right) + \mathfrak{M}_m s_d' = 0,$$

woraus die Knickbedingung in der Form

$$s_d'^2 - c_d'(c_z' + 2\,c_d') = 0$$

folgt. Setzt man

$$c_d' = \frac{l_d}{2}\frac{J_z}{J_d \tau_d}\cdot c(\varphi_d), \quad s_d' = \frac{l_d}{2}\cdot\frac{J_z}{J_d \tau_d}\, s(\varphi_d), \quad c_z' = \frac{l_z}{3},$$

so nimmt die Knickbedingung nach Division mit $\left(\frac{l_d}{2}\frac{J_z}{J_d \tau_d}\right)^2$ die Gestalt an

$$[s(\varphi_d)]^2 - c(\varphi_d)\left[2\,c(\varphi_d) + \frac{2}{3}\frac{l_z}{l_d}\cdot\frac{J_d}{J_z}\tau_d\right] = 0$$

und nach Division mit $[s(\varphi_d)]^2$ schließlich die Form

$$1 - 2\left[\frac{c(\varphi_d)}{s(\varphi_d)}\right]^2 - \frac{a}{s(\varphi_d)}\left[\frac{c(\varphi_d)}{s(\varphi_d)}\right] = 0, \quad \ldots\ldots\ldots \quad (11)$$

worin

$$a = \frac{2}{3}\frac{l_z}{l_d}\frac{J_d}{J_z}\tau_d$$

bedeutet.

$c(\varphi_d)$ und $s(\varphi_d)$ sind Funktionen des Labilitätsmaßes φ_d der Druckstrebe. Ist a bekannt, so läßt sich aus (11) φ_d leicht mit Hilfe der Tafel IV im Anhang berechnen. Aus

$$\varphi_d = \frac{l_d}{2}\sqrt{\frac{S_d}{E J_d \tau_d}}$$

folgt der Abminderungsbeiwert γ für die in Rechnung zu stellende Knicklänge

$$\gamma = \frac{\pi}{2\,\varphi_d},$$

mit welchem Beiwert die ganze Stablänge von Gurtknoten zu Gurtknoten zu multiplizieren ist.

Die für einige im Brückenbau vorkommenden Werte von a berechneten Beträge von φ_d und γ sind in der nachstehenden Tafel 23 zusammengestellt.

Tafel 23.

$a = \frac{2}{3}\frac{l_z}{l_d}\frac{J_d}{J_z}\tau_d$	0	0,2	0,4	0,6	0,8	1,0	1,2	1,4	1,6
φ_d/π	1,144	1,113	1,094	1,081	1,071	1,062	1,055	1,050	1,046
γ	**0,437**	**0,449**	**0,457**	**0,463**	**0,467**	**0,471**	**0,474**	**0,476**	**0,478**

Der Einfluß der steifen Verbindung mit dem Zuggurt ist verhältnismäßig gering. Bei schwachen Gurtungen beträgt der Abminderungsbeiwert γ nicht viel weniger als 0,5. Es empfiehlt sich daher folgende Regel:

Gekreuzte Streben sind für Knicken in der Fachwerkebene mit einer Knicklänge gleich 0,5 der Stablänge (Systemlänge von Gurtknoten zu Gurtknoten gemessen) zu berechnen.

In besonderen Fällen kann auf Grund der tatsächlichen Abmessungen ein genauerer Wert des Abminderungsbeiwertes γ aus der Tafel 23 unmittelbar entnommen werden. Man wählt hierbei die Knickzahl τ_d zunächst 1, berechnet die Knicklänge γl und damit die Knickspannung σ_k und wiederholt, wenn notwendig, mit einem auf Grund des berechneten σ_k aus Tafel III entnommenen Wertes von τ_d den Rechnungsgang.

Die Vorschriften der badischen Staatsbahnen empfehlen die Knicklänge gekreuzter Streben für Ausweichen in der Trägerebene mit 0,4 der Stablänge. Die österreichischen Knickvorschriften gestatten ebenfalls bei gekreuzten Streben mit 0,4 Stablänge zu rechnen.

44. Ausknicken der Füllstäbe aus der Fachwerkebene.

a) Die Stäbe sind nicht in Zwischenpunkten gestützt.

Füllstäbe, die in Querrahmenebenen liegen und mit biegungssteifen Elementen der Querverbindungen fest vereinigt sind.

Die steifen Querträger oder Querriegel der üblichen Querverbände eiserner Brücken beeinflussen im hohen Maße die Knicklänge der in ihrer Ebene liegenden Hauptträgerfüllstäbe, meistens die Fachwerkspfosten, weshalb es aus wirtschaftlichen Gründen angezeigt erscheint, der durch die steifen Querriegel bewirkten Einspannung Rechnung zu tragen.

In Abb. 135 sind einige Fachwerke mit gedrückten Pfosten, in Abb. 136 die zugehörigen Brückenquerschnitte schematisch dargestellt. In allen Fällen ist angenommen, daß durch entsprechende Horizontalverbände eine räumliche Sicherung der Endpunkte der Pfosten statthat. Im wesentlichen sind sonach zwei verschiedene Fälle in Betracht zu ziehen: 1. Der Pfosten ist einerseits mit dem Querträger biegungsfest verbunden, am anderen Ende aber gelenkig am Gurt angeschlossen. 2. Der Pfosten ist einerseits mit dem Querträger, andrerseits mit einem sehr steifen Querriegel biegungsfest vereinigt.

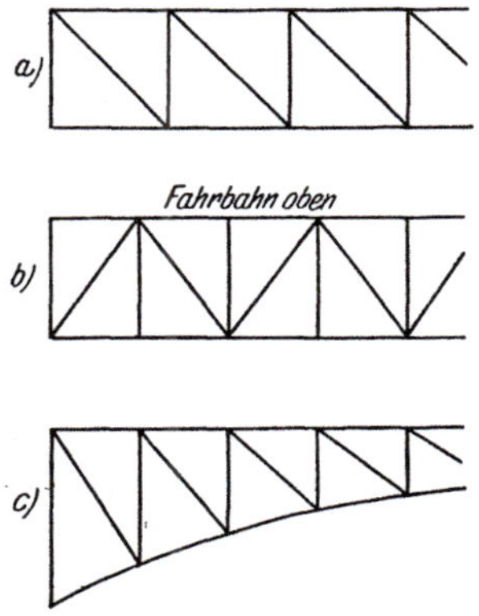

Abb. 135.

Fall 1. Abb. 137. Die Eckpunkte ab und cd denken wir uns gegen Verschiebungen gesichert[1]). $\mathfrak{M}_1$ und $\mathfrak{M}_2$ sind die Momente in den Anschlußpunkten der Pfosten an die Querträger. Die Höhe h zählen wir von Mitte Querträger bis zur Systemlinie des Gurtes, wie dies in der Abb. 136a angedeutet ist. J_v und J_q sind die Trägheitsmomente der

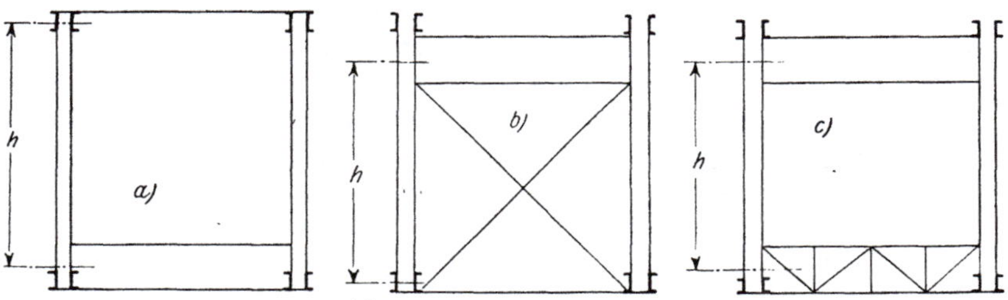

Abb. 136.

Pfosten und Querträger. Da die Rahmenecken im Raume festliegen, so genügen die Momentengleichungen zur Aufstellung der Knickbedingung. Sie lauten:

$$\mathfrak{M}_1 (c_v' + c_q') + \mathfrak{M}_2 s_q' = 0,$$
$$\mathfrak{M}_1 s_q' + \mathfrak{M}_2 (c_v' + c_q') = 0.$$

In der ersten Gleichung sind hierbei die Stäbe ac und cd, in der zweiten die Stäbe cd und db zusammengefaßt. c_v' bezieht sich auf die Pfosten, s_q' und c_q' auf den Querträger. Die Nullsetzung der Nennerdeterminante dieses Gleichungspaares liefert die Knickbedingung

$$(c_v' + c_q')^2 - s_q'^2 = 0,$$

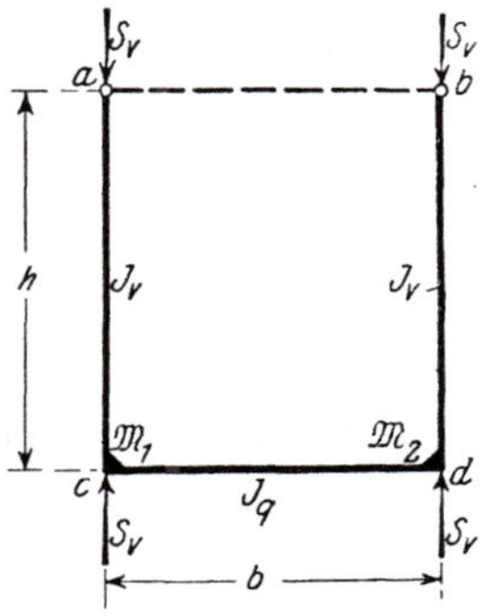

Abb. 137.

[1]) Diese Sicherung kann z. B. durch einen oberen und unteren Windverband oder bei offenen Brücken durch einen unteren Verband und durch genügend steife Pfosten im Verein mit dem entsprechend bemessenen Obergurt erfolgen.

die in die beiden Gleichungen

$$\text{I.}\quad c_v' + c_q' + s_q' = 0 \qquad \text{und} \qquad \text{II.}\quad c_v' + c_q' - s_q' = 0$$

zerfällt. Aus der Knickbedingung I folgt $c_v' + c_q' = -s_q'$ und damit aus einer der beiden Momentengleichungen $\mathfrak{M}_1 = \mathfrak{M}_2$ welcher Beziehung der Verformungszustand Abb. 138a entspricht. Aus II geht nach Einsetzen von $c_v' + c_q' = s_q'$ in eine der Momentengleichungen $\mathfrak{M}_1 = -\mathfrak{M}_2$ hervor. Hierzu gehört der Verformungszustand Abb. 138b Die zweite Art der Verformung wird nur dann eintreten, wenn die Querträgermitte m festgehalten ist, was wir aber nicht voraussetzen dürfen; sonach ist I die maßgebende Knickbedingung. Setzt man unter Berücksichtigung des Umstandes, daß der Querträger weder gezogen noch gedrückt ist,

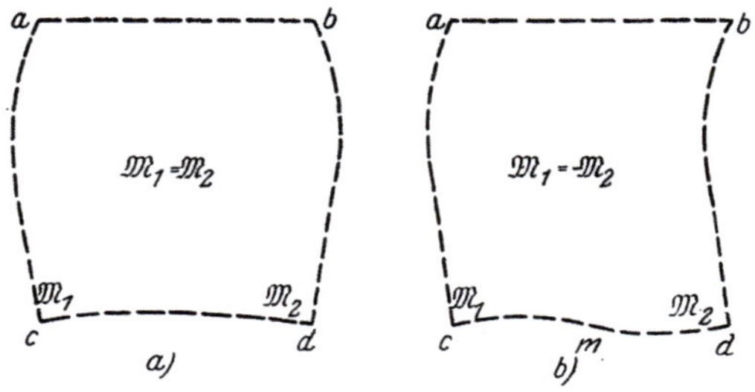

Abb. 138.

$$c_v' = \frac{J_q}{J_v \tau} h c(\varphi_v), \qquad c_q' = \frac{b}{3}, \qquad s_q' = \frac{b}{6},$$

so nimmt die Knickbedingung die Form an:

$$c(\varphi_v) = -\frac{1}{2}\frac{b}{h}\frac{J_v}{J_q}\tau. \quad . \quad . \quad . \quad (12)$$

Das ist im wesentlichen die bereits oben erhaltene Beziehung (10), nur daß rechts statt des Faktors 1/6 der Bruch 1/2 getreten ist. Berechnet man die rechte Gleichungshälfte (12), so kann man den zugehörenden Wert von φ_v bzw. γ aus Tafel 21 entnehmen. Mit Rücksicht auf die große Steifigkeit der Querträger dürfte in jenen praktischen Fällen, wo überhaupt eine Knickgefahr in Richtung senkrecht zur Fachwerkebene in Frage kommt, die rechte Gleichungsseite kaum den Betrag 0,08 überschreiten, weshalb man sich in allen Fällen mit einem einzigen ungünstigsten Abminderungsbeiwert $\gamma = \mathbf{0{,}75}$ begnügen wird.

Fall 2. Abb. 139. Wir haben im vorangehenden die symmetrische Entformung als den für die Knicksicherheit der Pfosten ungünstigeren Fall erkannt. Gleiches gilt auch hier. Wir setzen daher, um die Rechnung von Hause aus zu erleichtern, die oberen und unteren Anschlußmomente $\mathfrak{M}_o$ und $\mathfrak{M}_u$ beider Pfosten je einander gleich, so daß an Stelle von vier Momentengleichungen bloß deren zwei treten. Wir setzen noch weiter voraus, daß $J_q = J_r$ ist, und nehmen an, daß im Einzelfalle, wenn $J_q \lesseqgtr J_r$, mit dem kleineren der beiden Werte als Trägheitsmoment für Riegel und Querträger gerechnet werde. Die Höhe h werde von Mitte Querträger bis Mitte Riegel gezählt. Steife Eckbleche sind, da sie nichts weiter als eine örtliche Erhöhung der Trägheitsmomente von Querträger, Riegel bzw. Pfosten darstellen, außer acht zu lassen. Aus den Momentengleichungen:

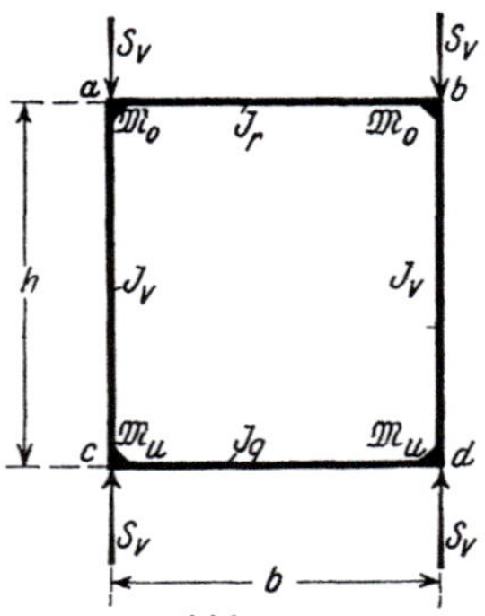

Abb. 139.

Stäbe ab und bd $\qquad \mathfrak{M}_0 s_q' + \mathfrak{M}_0 (c_q' + c_v') + \mathfrak{M}_u s_v' = 0,$

„ bd und cd $\qquad \mathfrak{M}_0 s_v' + \mathfrak{M}_u (c_v' + c_q') + \mathfrak{M}_u s_q' = 0,$

folgt die Knickbedingung

$$\begin{vmatrix} (s_q' + c_q' + c_v') & s_v' \\ s_v' & (s_q' + c_q' + c_v') \end{vmatrix} = 0$$

oder

$$(s_q' + c_q' + c_v')^2 - s_v'^2 = 0.$$

Mit

$$s_q' = \frac{b}{6}, \qquad c_q' = \frac{b}{3}$$

zerfällt diese Gleichung in die beiden Teilbedingungen

$$\text{I.}\quad c_v' + s_v' = -\frac{b}{2}, \qquad \text{II.}\quad c_v' - s_v' = -\frac{b}{2}.$$

Gleichung I führt auf die kleinste Wurzel für φ_v, weshalb wir nur diese Bedingung weiter verfolgen. Mit

$$s_v' = \frac{J_q}{J_v \tau} h s(\varphi_v) \quad \text{und} \quad c_v' = \frac{J_a}{J_v \tau} h c(\varphi_v)$$

erhält man

$$c(\varphi_v) + s(\varphi_v) = -\frac{1}{2}\frac{b}{h}\frac{J_v}{J_q}\tau, \qquad (13$$

als endgültige Knickbedingung.

Die Berechnung der Wurzeln φ dieser Gleichung kann, wenn alle Größen der rechten Gleichungsseite bekannt sind, unschwer mit Hilfe der Tafel der Funktionen $s(\varphi)$ und $c(\varphi)$ vorgenommen werden. Tafel 24 zeigt das Ergebnis dieser Ermittlung für einige angenommene Werte der rechten Gleichungsseite. Die letzte Zeile enthält die den Wurzeln φ entsprechenden Abminderungsbeiwerte γ.

Tafel 24.

$\frac{1}{2}\frac{b}{h}\frac{J_v}{J_q}\tau$	0	0,1	0,2	0,3	0,5
φ/π	2	1,690	1,517	1,412	1,293
$\gamma = \pi/\varphi$	**0,500**	**0,592**	**0,660**	**0,708**	**0,773**

Da der Betrag von $\frac{1}{2}\frac{b}{h}\frac{J_v}{J_q}\tau$ bei der üblichen Steifigkeit der Querträger und Querriegel in Fällen, wo überhaupt ein Ausknicken der Pfosten aus der Tragwandebene in Frage kommt, kaum größer als 0,1 sein wird, so wird man wohl in allen Fällen mit einem Abminderungsbeiwert von $\gamma = 0{,}6$ rechnen können. Wir können daher folgende Regel aufstellen:

Liegen Füllstäbe einer Tragwand (Pfosten) in Ebenen von Querverbänden, so ist bei Berechnung der Knicksicherheit für Ausweichen aus der Tragwandebene die Knicklänge mit 0,75 bzw. 0,6 der Stablänge (siehe die Abb. 136) zu wählen, je nachdem der Füllstab bloß einerseits an einem Querträger, Fall a) und b), oder beiderseits an Querträgern im Querrahmen, Fall c), steif angeschlossen ist.

Nach den Vorschriften der württembergischen Staatsbahn gilt für die Knicklänge der Pfosten für Knicken quer zur Trägerebene 0,8 oder 0,5 der Pfostenlänge, je nachdem ein oder zwei steife Querverbindungen vorhanden sind.

Die Vorschriften der badischen Staatsbahnen schreiben die Knicklänge mit $0{,}8\,l$ bzw. l (l Ständerlänge) vor, je nachdem steife oder weniger steife Querpfosten vorhanden sind.

Füllstäbe, die nicht an biegungssteifen Elementen von Querverbindungen eingespannt sind:

In dieser Lage befindet sich die Mehrzahl der Füllstäbe der im Brückenbau zur Verwendung kommenden Fachwerke. Durch die meist biegungssteife Verbindung mit der Fachwerkgurtung findet auch bei diesen Stäben eine Einspannung an den Gurten statt, die ihre Wirkung bei einem Ausweichen des Stabes senkrecht zur Fachwerkebene äußern wird.

Sei S_d ein Füllstab, der an die Zuggurtung durch ein Knotenblech in der üblichen Weise steif angeschlossen ist. Abb. 140. Das im Anschlußpunkte a bei der Verformung im Knickzustande auftretende Knickmoment $\mathfrak{M}$ denken wir uns in zwei Teilmomente zerlegt, in ein Moment $\mathfrak{M}_t$, das in die durch a gehende und $\perp$ auf die Gurtachse stehende Ebene fällt, und in ein Moment $\mathfrak{M}_b$, das in der durch die Gurtachse gehenden und zur Fachwerkebene stehenden Ebene liegt. Das Teilmoment $\mathfrak{M}_t$ sucht den Gurt zu verdrehen. Wenn auch der Verdrehungswiderstand der Gurtungen im allgemeinen nicht als gering angesprochen werden kann, insbesondere dann, wenn die benachbarten Knotenpunkte durch steife Querriegel an der Verdrehung gehindert werden, was aber nicht allgemein vorausgesetzt werden darf, so müssen wir, wenn wir eine alle Fälle umfassende Regel ableiten wollen, vor allem jene Fälle als die ungünstigsten ins Auge fassen, wo der Druckstab nicht unmittelbar, sondern nur durch ein Knotenblech mit dem Gurt verbunden ist. Es ist klar, daß das Anschlußblech für Momente $\mathfrak{M}_t$ wie ein Blattgelenk wirkt und von der Übertragung von nennenswerten Torsionsmomenten im Anschlußpunkte gar nicht die Rede sein kann. Abb. 141. Bei Stäben, die senkrecht zum Gurt anlaufen, wird, da $\mathfrak{M}_b = 0$ ist, nur die Entlastung durch den Torsionswiderstand der Gurtung in Frage kommen, da aber die einwandfreie Übertragung durch die Knotenbleche nicht sichergestellt ist, so ist es zu empfehlen, derartige Stäbe mit der ganzen Stablänge als Knicklänge zu berechnen, wenn es sich um Ausknicken aus der Fachwerkebene handelt.

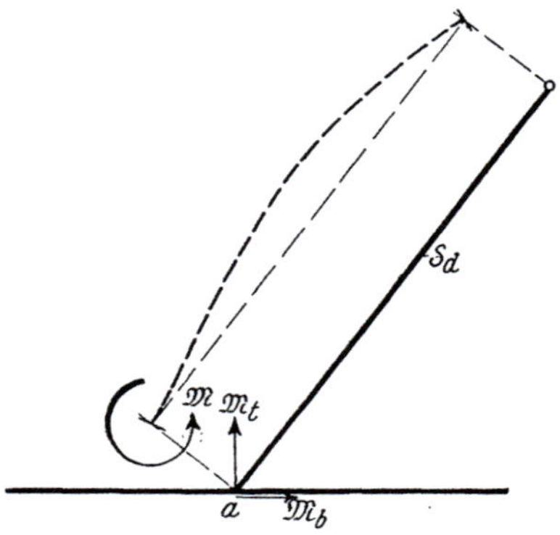

Abb. 140.

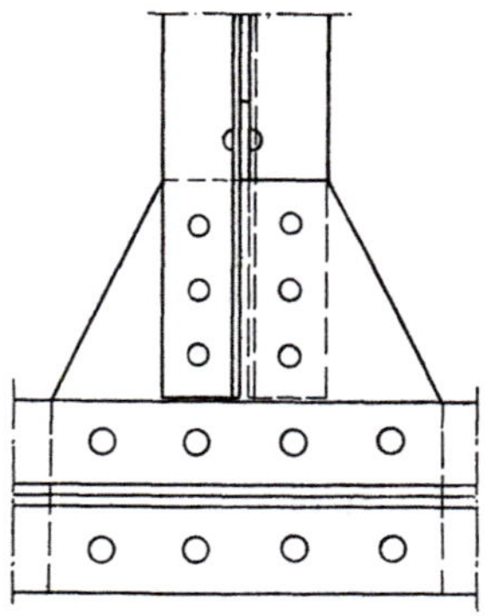
Abb. 141.

In etwas günstigerer Lage befindet sich ein schräg gegen die Zuggurtung führender Füllstab, da bei steifer Verbindung das Biegungsmoment $\mathfrak{M}_b$ durch den Biegungswiderstand der manchmal sehr steifen Gurtung übernommen werden kann. Aber auch hier muß beachtet werden, daß vielfach die Übertragung des Momentes vom Füllstab auf den Gurt nur durch ein schwaches Knotenblech erfolgt, das dann wie ein Pendelgelenk wirkt. Es liegt daher nahe, auch hier von einer Einspannungswirkung abzusehen und die volle Systemlänge als Knicklänge in Rechnung zu stellen.

Fachwerkfüllstäbe, die nicht in fester Verbindung mit steifen Elementen von Querverbindungen stehen, sind für Knicken aus der Fachwerkebene mit voller Systemlänge zu berechnen.

Sämtliche deutschen und österreichischen Brückenvorschriften geben, soweit sie überhaupt Angaben über die zu wählenden Knicklängen enthalten, die Knicklänge einfacher Fachwerkstreben für Ausknicken quer zur Trägerebene gleich der Systemlänge an.

b) Die Stäbe sind in Zwischenpunkten gestützt.

Von den gleichen Überlegungen wie in 43 β ausgehend, soll auch hier nur der Fall in Betracht gezogen werden, wo der fragliche Druckstab in der Mitte gestützt ist, wie dies bei Fachwerken nach Art der in Abb. 133 dargestellten Systeme der Fall ist. Der den Druckstab unterstützende Stab sei gezogen. Unter der Annahme gelenkiger Befestigung der Enden stellt der Druckstab einen Träger auf drei Stützen vor, der mit der Kraft S_d gedrückt wird und dessen Mitte auf dem Zugstab elastisch gelagert ist. Wir werden uns in **48** mit derartigen elastisch gelagerten und auf Knickung beanspruchten

Systemen noch eingehender beschäftigen. Das vorliegende Beispiel zeigt den einfachsten Fall eines solchen Stabzuges, und dementsprechend ist auch der Rechnungsgang ziemlich kurz.

Bezeichnen wir die ganze Stablänge des Druckstabes mit l_d, die des Zugstabes mit l_z, das Knickmoment in Stabmitte mit $\mathfrak{M}$ (Abb. 142), so können wir folgende Momentengleichung aufstellen:

$$2\,\mathfrak{M}\,c_d' - EJ_d(\vartheta_1 - \vartheta_2) = 0 \quad \ldots\ldots\ldots\ldots \quad (a)$$

Ferner besteht für jedes der beiden Stabfelder im labilen Gleichgewichtszustande die Gleichgewichtsbedingung Gl. (8)

$$\frac{2\,\mathfrak{M}}{l_d} - S_d\,\vartheta_1 - \mathfrak{Q}_1 = 0,$$

$$-\frac{2\,\mathfrak{M}}{l_d} - S_d\,\vartheta_2 - \mathfrak{Q}_2 = 0.$$

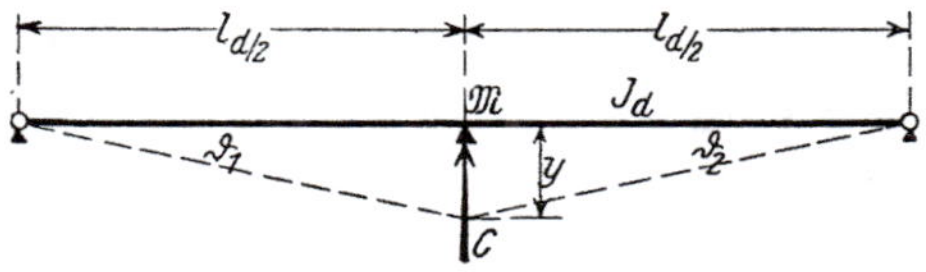

Abb. 142.

Die Subtraktion beider Gleichungen liefert

$$\frac{4\,\mathfrak{M}}{l_d} - S_d(\vartheta_1 - \vartheta_2) - (\mathfrak{Q}_1 - \mathfrak{Q}_2) = 0$$

und da die Differenz der Knickquerkräfte beider Felder gleich dem Stützendruck C ist, so erhalten wir die Beziehung

$$\frac{4\,\mathfrak{M}}{l_d} - S_d(\vartheta_1 - \vartheta_2) + C = 0. \quad \ldots\ldots\ldots\ldots \quad (b)$$

Nun ist bei der Ausbiegung y des Kreuzungspunktes, $C = Ay$, wobei A jene Reaktion bedeutet, die der Zugstab auf den Druckstab ausübt, wenn er gezwungen wird im Kreuzungspunkt um die Längeneinheit auszuweichen. Beachtet man noch, daß gemäß Abb. 142

$$\vartheta_1 = \frac{2y}{l_d}, \qquad \vartheta_2 = -\frac{2y}{l_d},$$

und daß $c_d' = \frac{l_d}{2}\cdot c(\varphi_d)$ bedeutet, so nehmen die Gleichungen (a) und (b) folgende Form an:

$$\mathfrak{M}\,l_d^2\,c(\varphi_d) - 4\,EJ_d\,y = 0,$$

$$4\,\mathfrak{M} - (4\,S_d - A\,l_d)\,y = 0.$$

Die Nullsetzung der Nennerdeterminante (Unbekannte sind $\mathfrak{M}$ und y) liefert die Knickbedingung

$$(4\,S_d - A\,l_d)\,l_d^2\,c(\varphi_d) - 16\,EJ_d = 0,$$

woraus

$$A = \frac{4\,S_d}{l_d}\left(1 - \frac{4\,EJ_d}{l_d^2\,c(\varphi_d)\,S_d}\right);$$

mit

$$\varphi_d = \frac{l_d}{2}\sqrt{\frac{S_d}{EJ_d}}$$

folgt

$$A = \frac{4\,S_d}{l_d}\left[1 - \frac{1}{\varphi_d^2\,c(\varphi_d)}\right].$$

Führt man noch

$$c(\varphi_d) = \frac{1}{\varphi_d^2}(1 - \varphi_d \operatorname{cotg} \varphi_d)$$

ein, so entsteht

$$A = \frac{4\,S_d}{l_d}\,\frac{\varphi_d}{\varphi_d - \operatorname{tg}\varphi_d} \quad \ldots\ldots\ldots\ldots \quad (c)$$

Es handelt sich nun noch darum, die Größe A aus den Zugstababmessungen zu ermitteln. Wirkt im Zugstabe von der Länge l_z die Zugkraft S_z, so gilt für die Durchbiegung y_m infolge der Einzellast in Stabmitte, bei Annahme gelenkiger Befestigung der Stabenden die Formel

$$y_m = \frac{A l_z}{4 S_z}\left(1 - \frac{\mathfrak{Tg}\,\varphi_z}{\varphi_z}\right)^{1)},$$

worin

$$\varphi_z = \frac{l_z}{2}\sqrt{\frac{S_z}{E J_z}}$$

bedeutet. Da nun mit Rücksicht auf die Bedeutung, die wir der Größe A beigelegt haben, $y_m = 1$ ist, so ergibt die vorstehende Gleichung für A die Beziehung

$$A = \frac{4 S_z}{l_z} \frac{\varphi_z}{\varphi_z - \mathfrak{Tg}\,\varphi_z} \quad \ldots \ldots \ldots \ldots \quad \text{(d)}$$

Die Verknüpfung der Gleichungen (c) und (d) liefert

$$\frac{\varphi_d}{\varphi_d - \operatorname{tg}\varphi_d} = \frac{S_z}{S_d} \frac{l_d}{l_z} \frac{\varphi_z}{\varphi_z - \mathfrak{Tg}\,\varphi_z}.$$

Für die transzendenten Funktionen lassen sich nun einfache Näherungsausdrücke einführen:

Man setze

$$\frac{\varphi_d}{\varphi_d - \operatorname{tg}\varphi_d} = \frac{4}{3} - \frac{\pi^2}{3\varphi_d^2}, \qquad \text{gültig für } \frac{\pi}{2} < \varphi_d < \pi;$$

$$\frac{\varphi_z}{\varphi_z - \mathfrak{Tg}\,\varphi_z} = 1 + \frac{\pi^2}{3\varphi_z^2}, \qquad \text{gültig für alle Werte von } \varphi_z.$$

Damit wird

$$\frac{\pi^2}{3\varphi_d^2} = \frac{4}{3} - \frac{S_z}{S_d}\frac{l_d}{l_z}\left(1 + \frac{\pi^2}{3\varphi_z^2}\right)$$

erhalten. Da der Abminderungsbeiwert γ mit Rücksicht auf die in φ_d enthaltene Feldlänge

$$\gamma = \frac{\pi}{2\varphi_d}$$

beträgt, so gewinnt man, wenn man die vorstehende Gleichung mit $3/4$ multipliziert und beiderseits die Wurzel nimmt,

$$\gamma = \sqrt{1 - \frac{1}{4}\frac{S_z}{S_d}\frac{l_d}{l_z}\left(3 + \frac{\pi^2}{\varphi_z^2}\right)}. \quad \ldots \ldots \ldots \quad (14)$$

Der kleinste Wert, den γ annehmen kann, beträgt 0,5, da sonst der Stab innerhalb eines Feldes ausknicken würde. Ergibt sonach Gl. (14) einen kleineren Wert als 0,5, so ist er durch 0,5 zu ersetzen.

Es ist noch die Frage zu erledigen, mit welchem Werte die Kräfte S_d und S_z in die Formel (14) einzuführen sind. Unsere Biegungsgleichungen, aus der die Knickbedingung abgeleitet wurde, beziehen sich auf den labilen Gleichgewichtszustand der Stabverbindung. Man hat sonach logischerweise für S_d die Knickkraft ψS_d (ψ = Sicherheitsgrad) und wenn S_z und S_d gemeinsam miteinander unter der für S_d ungünstigsten Lastgruppierung wachsen, was bei gekreuzten Stäben, die demselben ebenen System angehören, stets der Fall ist, auch für die Zugkraft ψS_z einzuführen. (Siehe die Ausführungen am Schlusse von **41.**) S_z und S_d sind hierbei die Nutzstabkräfte. Für das in Gl. (14) vorkommende Verhältnis S_z/S_d ist sonach einfach das Verhältnis der Nutzstabkräfte einzusetzen und nur φ_z mit ψS_z zu ermitteln.

---

[1]) Siehe Hütte, I. Bd.

Der Einfluß der Steifigkeit des Zugstabes, der im zweiten Klammergliede zum Ausdruck kommt, macht sich, wenn man die Gesamtheit der praktisch in Betracht kommenden Fälle überblickt, nur in selteneren Einzelfällen bemerkbar. Es ist daher, der bedeutend vereinfachten Rechnung wegen, zweckmäßig, von der Biegungssteifigkeit des Zugstabes ganz abzusehen, diesen in allen Fällen als schlaff zu betrachten, also φ_z für $J_z = 0$ unendlich zu setzen. Damit vereinfacht sich Formel (14) zu

$$\gamma = \sqrt{1 - \frac{3}{4} \frac{S_z}{S_d} \frac{l_d}{l_z}} \quad \ldots \ldots \ldots \ldots \quad (14')$$

Sie enthält nur mehr das Verhältnis der Nutzstabkräfte und das Verhältnis der Stablängen, ist daher sehr einfach zu handhaben. Für den praktischen Gebrauch beim Entwurfe eiserner Brücken ist die Anwendung der Formel (14') entschieden zu empfehlen, um so mehr als in vielen Fällen infolge der mangelhaften Querverbindungen, mit denen z. B. gegliederte Zugstäbe ausgerüstet werden, die Biegungssteifigkeit des Zugstabes keineswegs einwandfrei feststeht.

Die Vorschriften für die badischen Staatsbahnen verordnen: Bei Kreuzstreben, sofern die Zugstrebe eine gleiche oder größere Kraft aufzunehmen hat, als die Druckstrebe, ist bei Ausknicken normal zur Trägerebene die Knicklänge gleich der halben Stablänge zu nehmen. Dies steht in gutem Einklang mit unserer Formel (14').

Die österreichischen Vorschriften für die Berechnung gedrückter Konstruktionsteile usw. schreiben für Ausweichen aus der Tragwandebene die Knicklänge mit 0,625 der Stablänge vor.

Beispiel. Wie groß ist die Knicklänge für Knicken aus der Trägerebene bei den gekreuzten Streben eines Windverbandes? Da $l_d = l_z$, $S_d = S_z$ ist, so folgt aus Formel (14')

$$\gamma = \sqrt{1 - \frac{3}{4}} = 0{,}5.$$

Die gekreuzten Streben der Windverbände eiserner Brücken sind mit der halben Stablänge als Knicklänge für Ausweichen aus der Windverbandsebene zu berechnen.

Bei Berücksichtigung der Steifigkeit der einen Strebe, und diese Berücksichtigung wäre wohl berechtigt, da beide Streben wegen der wechselnden Richtung des Windes drucksteif ausgeführt werden müssen, hätte man $\gamma < 0{,}5$ erhalten, was aber hier bedeutungslos wird, da γ nicht kleiner als 0,5 genommen werden darf.

45. Stäbe mit sprungweise veränderlicher Druckkraft.

Fachwerkstäbe, in denen die Druckkraft nicht über die ganze Stablänge ihren Wert beibehält, sondern wo in einem Teil des Stabes eine andere Druckkraft herrscht als im anderen, kommen im Brückenbau häufig genug vor. Manchmal tritt auch der Fall ein, daß der eine Stabteil gezogen, der andere gedrückt ist.

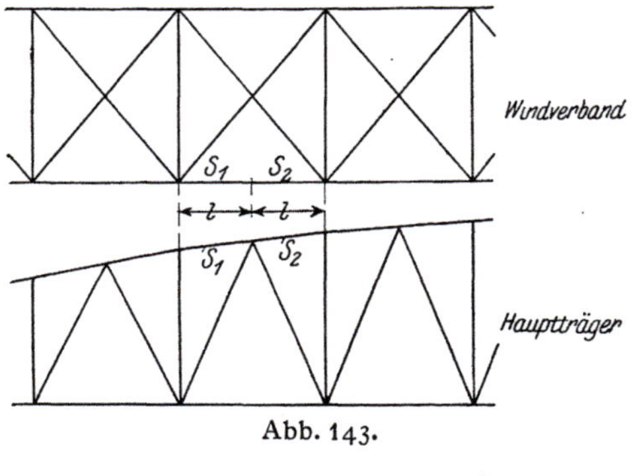

Abb. 143.

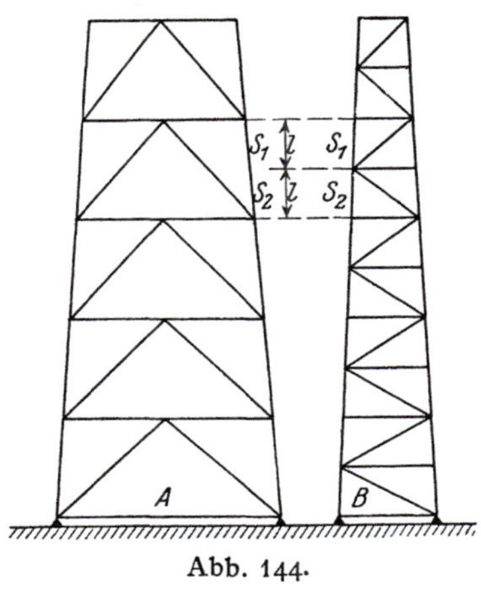

Abb. 144.

Das erstere ist z. B. der Fall bei den Gurtstäben der Hauptträger, wenn die Feldteilung in der Hauptträgerebene eine andere ist, als im Windverband oder bei eisernen Turmpfeilern, die in zwei in einer Kante zusammenstoßenden Wandebenen verschiedene

Fachwerkfüllung aufweisen (Abb. 143, 144). Der letztere Fall liegt bei den Vertikalen der K-Fachwerke vor. Hier betragen die Stabkräfte im Pfosten (siehe Abb. 145):

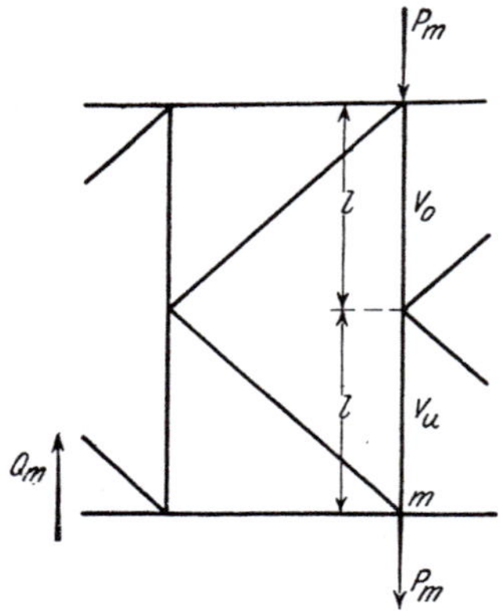

Abb. 145.

Last am Obergurt $V_o = +\frac{1}{2} Q_m - P_m,$
$V_u = -\frac{1}{2} Q_m.$

Last am Untergurt $V_o = +\frac{1}{2} Q_m,$
$V_u = -\frac{1}{2} Q_m + P_m.$

Die wechselnde Stabkraft macht sich bei Berechnung der Knicksicherheit für Ausweichen aus der Hauptträgerebene bei den Systemen Abb. 143, bei Gerüstpfeilern nach Art der in Abb. 144 dargestellten bei der Untersuchung der Knicksicherheit für Ausknicken in der Richtung der Wandebene A bemerkbar. Unsere Aufgabe läuft sonach auf die Stabilitätsuntersuchung des zweifeldrigen, an beiden Enden gestützten Stabes heraus. Wir untersuchen zuerst den Fall, wo beide Stabhälften gedrückt sind. Es mögen hierbei gleichlange Stabhälften vorausgesetzt werden, im übrigen seien die Kräfte S_1 und S_2, die Trägheitsmomente J_1 und J_2 und die Knickzahlen τ_1 und τ_2 für beide Stabhälften verschieden. Mit S_1 bezeichnen wir die größere der beiden Druckkräfte. Getrennt hiervon werden wir die Knickbedingung für die Pfosten der K-Fachwerke aufstellen.

a) Beide Stabhälften sind gedrückt (Fachwerkgurte).

Die Knickgleichungen lauten unter Bezugnahme auf Abb. 146:

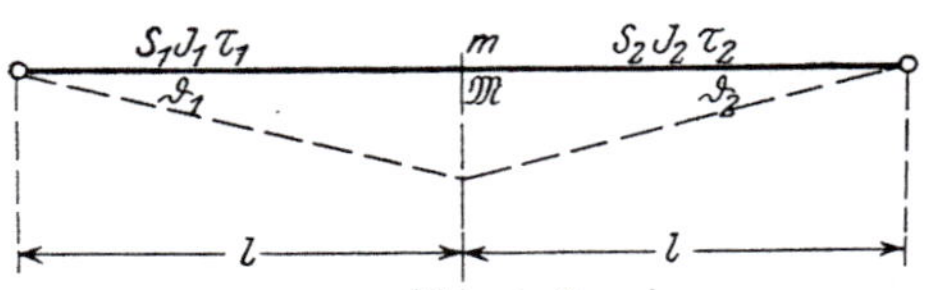

Abb. 146.

Momentengleichung für Punkt m:

$$\mathfrak{M}(c_1' + c_2') - EJ_1(\vartheta_1 - \vartheta_2) = 0.$$

Die Gleichgewichtsbedingungen:

$$\frac{\mathfrak{M}}{l} - S_1 \vartheta_1 - \mathfrak{Q} = 0,$$

$$-\frac{\mathfrak{M}}{l} - S_2 \vartheta_2 - \mathfrak{Q} = 0.$$

Außerdem gilt

$$\vartheta_1 + \vartheta_2 = 0.$$

Eliminiert man aus diesen vier Knickgleichungen die Größen $\mathfrak{Q}$, ϑ_1 und ϑ_2, so erhält man die Beziehung

$$\mathfrak{M}\left[(c_1' + c_2') - \frac{4EJ_1}{l(S_1 + S_2)}\right] = 0.$$

Da $\mathfrak{M}$ nicht Null sein kann, so muß

$$c_1' + c_2' = \frac{4EJ_1}{l(S_1 + S_2)}, \qquad \text{(a)}$$

womit wir die Knickbedingung für das in Rede stehende Stabsystem gefunden haben[1]).

Mit

$$c_1' = \frac{c(\varphi_1)}{\tau_1} l \quad \text{und} \quad c_2' = \frac{c(\varphi_2) J_1}{J_2 \tau_2} l$$

gewinnt man zunächst

$$\frac{c(\varphi_1)}{\tau_1} + \frac{c(\varphi_2) J_1}{J_2 \tau_2} = \frac{4EJ_1}{l^2(S_1 + S_2)}.$$

---

[1]) G. (a) stellt die Null gesetzte Nennerdeterminante unseres hier nur aus einer Gleichung bestehenden Systems von Knickgleichungen vor.

Wir setzen nun

$$\frac{S_2}{S_1} = k_1^2, \qquad \frac{J_1 \tau_1}{J_2 \tau_2} = k_2^2$$

und erhalten

$$c(\varphi_1) + k_2^2 c(\varphi_2) = \frac{4 E J_1 \tau_1}{l^2 S_1 (1 + k_1^2)};$$

führt man mit

$$\varphi_1 = l \sqrt{\frac{S_1}{E J_1 \tau_1}} \quad \text{und} \quad \varphi_2 = l \sqrt{\frac{S_2}{E J_2 \tau_2}} = k_1 k_2 \varphi_1$$

die ausführlichen Beträge der Funktionen $c(\varphi_1)$ und $c(\varphi_2)$ ein, so nimmt die Knickbedingung nach Multiplikation mit φ_1^2 folgende Form an:

$$(1 - \varphi_1 \operatorname{cotg} \varphi_1) + \frac{1}{k_1^2}(1 - k_1 k_2 \varphi_1 \operatorname{cotg} k_1 k_2 \varphi_1) = \frac{4}{1 + k_1^2}$$

oder

$$\varphi_1 \left(\operatorname{cotg} \varphi_1 + \frac{k_2}{k_1} \operatorname{cotg} k_1 k_2 \varphi_1 \right) = \frac{(k_1^2 - 1)^2}{k_1^2 (1 + k_1^2)} \quad \text{(b)}$$

Aus dieser Gleichung kann das Labilitätsmaß φ_1, wenn die Verhältnisse k_1 und k_2 gegeben sind, ermittelt werden. Aus φ_1 folgt der Abminderungsbeiwert für die Ermittlung der Knicklänge, mit dem die ganze Stablänge $2l$ multipliziert werden muß, mit

$$\gamma = \frac{\pi}{2 \varphi_1}.$$

Mit der Knicklänge $\gamma \cdot 2l$ ist der Stab für die größere Druckkraft S_1 zu berechnen.

Die folgende Tafel enthält die Ergebnisse der Berechnung von γ für eine Reihe von Werten k_1^2 und k_2^2.

Tafel 25.

k_1^2	$k_2^2 = 1$		$k_2^2 = 1{,}5$		$k_2^2 = 2$	
	φ_1/π	γ	φ_1/π	γ	φ_1/π	γ
0	0,686	0,729	0,640	0,781	0,601	0,832
0,2	0,638	0,784	0,585	0,855	0,542	0,922
0,4	0,595	0,840	0,540	0,926	0,496	1,008
0,6	0,558	0,896	0,503	0,994	0,459	1,088
0,8	0,526	0,951	0,470	1,064	0,428	1,168
1,0	0,500	1,000	0,443	1,129	0,403	1,240

Die Ergebnisse für γ lassen sich genau genug (Fehler $< 2\,\%$) durch folgende Formel ausdrücken:

$$\gamma = (0{,}63 + 0{,}13\, k_1^2) + (0{,}11 + 0{,}13\, k_1^2)\, k_2^2. \quad (15)$$

Beträgt die Stablänge über beide Felder $2l$, so ist die in Rechnung zu stellende Knicklänge $2\gamma l$, wobei γ nach Formel (15) zu ermitteln ist. Für den praktischen Gebrauch kann das in k_2^2 vorkommende Verhältnis $\tau_1/\tau_2 = 1$ gesetzt werden. Man rechnet dann etwas zu sicher.

Für den besonderen Fall, wo $J_1 = J_2$ ist, wird $k_2^2 = 1$ und Gleichung (15) vereinfacht sich, wenn man die Zahlenwerte etwas abrundet, zu

$$\gamma = 0{,}75 + 0{,}25\, k_1^2. \quad (15')$$

Beispiel: $S_1 = 70$ t, $S_2 = 42$ t, $2l = 8{,}00$ m, $J_1 = J_2$.
($\tau_1/\tau_2 = 1$ angenommen.)

Es ist

$$k_1^2 = \frac{S_2}{S_1} = 0{,}6,$$

$$k_2^2 = \frac{J_1 \tau_1}{J_2 \tau_2} = 1,$$

und somit

$$\gamma = 0{,}75 + 0{,}25 \cdot 0{,}6 = \mathbf{0{,}90}.$$

Die in Rechnung zu stellende Knicklänge beträgt somit $0{,}9 \times 800 = 720$ cm, mit der der Stab für 70 t Drucklast zu bemessen ist.

b) Pfosten im K-Fachwerk.

Die Pfosten sind in der Regel zur Hälfte gezogen, zur Hälfte gedrückt. Die Aufgabe vereinfacht sich hier, da die beiden Stabhälften stets gleiches Trägheitsmoment aufweisen. Mit S_1 sei die Stabkraft in der gedrückten Stabhälfte, mit $-S_2$ die Stabkraft im gezogenen Teile bezeichnet. Wir gehen von der oben abgeleiteten, auch hier geltenden Knickbedingung (a) aus, die wir nochmals hierher setzen:

$$(c_1' + c_2') = \frac{4\,EJ}{l\,(S_1 - S_2)} \qquad \text{(a)}$$

Mit

$$c_1' = c\,(\varphi_1)\,l \quad \text{und} \quad c_2' = c\,(\varphi_2)\,l,$$

wobei $\tau_1 = 1$, da die eine Stabhälfte gezogen ist, und zur Vereinfachung der Rechnung auch $\tau_2 = 1$ gesetzt wurde — man rechnet dann etwas zu ungünstig —, folgt

$$\frac{c\,(\varphi_1)}{\tau_1} + c\,(\varphi_2) = \frac{4\,EJ}{l^2\,(S_1 - S_2)}.$$

Mit

$$\frac{S_2}{S_1} = k^2$$

gewinnt man

$$c\,(\varphi_1) + c\,(\varphi_2) = \frac{4\,EJ}{l^2\,S_1\,(1 - k^2)},$$

woraus man in Hinsicht auf die Bedeutung von $c\,(\varphi_1)$ und $c(\varphi_2)$ und unter Beachtung des Umstandes, daß sich $c\,(\varphi_2)$ auf den gezogenen Teil bezieht, die Gleichung erhält

$$(1 - \varphi_1 \operatorname{cotg} \varphi_1) + \frac{1}{k^2}\,(k\,\varphi_1 \operatorname{\mathfrak{Cotg}} k\,\varphi_1 - 1) = \frac{4}{1 - k^2},$$

falls man berücksichtigt, daß

$$\varphi_2 = k\,\varphi_1.$$

Die Umformung liefert schließlich die Knickbedingung in der endgültigen Form

$$\varphi_1 \left(\operatorname{cotg} \varphi_1 - \frac{1}{k} \operatorname{\mathfrak{Cotg}} k\,\varphi_1\right) = -\frac{(k^2+1)^2}{k^2\,(1 - k^2)}\ ^{1)}.$$

Das Ergebnis der Auflösung dieser Gleichung für einige Werte von k veranschaulicht die folgende Tafel, in der auch die Abminderungsbeiwerte γ, bezogen auf die ganze Pfostenlänge, eingetragen sind.

Tafel 26.

$k^2 =$	0	0,2	0,4	0,6	0,8	1,0
φ_1/π	0,686	0,745	0,812	0,879	0,945	1,000
γ	**0,729**	**0,671**	**0,616**	**0,569**	**0,529**	**0,500**

Wie man erkennt, vergrößert die Zugbeanspruchung der einen Stabhälfte ganz bedeutend die Tragfähigkeit auf Knicken quer zur Trägerebene. Ist die gezogene Hälfte gerade spannungslos, so ist die Knicklänge $0{,}73 \cdot 2\,l$, also beiläufig so groß, als wenn der Stab einerseits fest eingespannt wäre. Wird schließlich $S_1 = -S_2$, so verhält sich der Ständer wie ein beiderseits eingespannter Stab.

---

[1]) Man hätte diese Gleichung auch unmittelbar aus der oben unter a) erhaltenen Knickbedingung ableiten können, wenn man $k_2 = 1$ und wegen $k_1^2 = \frac{S_2}{S_1} < 0$ für $k_1 = i\,k$ (i = imaginäre Einheit) gesetzt hätte.

Die in der Tafel 26 angeführten Werte folgen praktisch genommen genügend genau dem Geradeliniengesetz, man kann demnach für die Berechnung von γ den einfachen Ausdruck

$$\gamma = 0{,}75 - 0{,}25\,k^2 \qquad (16)$$

benützen. Er liefert eine etwas zu große Knicklänge.

Unter Umständen, wenn die Knotenlast P groß gegen die Querkraft Q ist, kann es vorkommen, daß der Ständer, wie dies die einleitend angegebenen Formeln aufweisen, in beiden Hälften gedrückt ist. In diesem Falle berechnet man γ nach Gl. (15a). Die Formeln (15a) und (16) kann man übrigens in eine Formel zusammenziehen

$$\gamma = 0{,}75 \pm 0{,}25\,\frac{S_2}{S_1};$$

das $+$-Zeichen gilt, wenn beide Stäbe gedrückt sind, das $-$-Zeichen, wenn S_2 Zug bedeutet. Diese Formel gilt nur, solange $S_2 < S_1$ ist.

Beispiel: Die Querkraft Q betrage 40 t, die Knotenlast am Obergurt 5 t. Die ganze Pfostenlänge 6,00 m. Dann ist

$$S_1 = -\tfrac{1}{2}\,40 = -20 \text{ t (Druck)},$$
$$S_2 = +\tfrac{1}{2}\,40 - 5 = 15 \text{ t (Zug)}$$

und somit $k^2 = \frac{15}{20} = 0{,}75$; damit erhält man für γ nach Formel (16)

$$\gamma = 0{,}75 - 0{,}25 \cdot 0{,}75 = \mathbf{0{,}562}.$$

Der fragliche Pfosten ist sonach für Ausknicken aus der Trägerebene mit einer Knicklänge von $0{,}562 \cdot 600 = 337$ cm zu berechnen.

Die in **42** bis **45** abgeleiteten Regeln für die Knicklänge von Fachwerkstäben umfassen natürlich nicht alle im Eisenbrückenbau möglichen Fälle. Die wichtigsten wurden ausgesucht und nach Feststellung der Regel, ihr Anwendungsbereich ziffernmäßig abzugrenzen gesucht. Die Regeln und Formeln dürfen keineswegs urteilslos benützt werden. In jedem neuen Falle, der dem Entwerfenden nicht durch die Erfahrung geläufig geworden ist, prüfe man, ob die auf den ersten Blick scheinbar passende Regel auch wirklich angewendet werden darf. Überhaupt wende man der Frage der Knicksicherheit beim Neuentwurf eiserner Brücken sein besonderes Augenmerk zu und scheue nicht vor etwas mehr Rechenarbeit zurück; man wird sich einerseits vor Schaden bewahren, anderseits in der Lage sein, unter Ausnützung der gebotenen Möglichkeiten wirtschaftlicher zu konstruieren.

§ 12. Knicksicherheit der Druckgurte offener Brücken.

46. Allgemeines.

Eines der schwierigsten Probleme des Eisenbrückenbaues bildet die Sicherung der Druckgurtungen offener Brücken gegen seitliches Ausknicken. Der Gurt stellt in diesem Falle einen Stabzug vor, der in den Knotenpunkten durch die Pfosten der Querrahmen seitlich elastisch gestützt ist, da die starke Nachgiebigkeit der Querrahmen es nicht gestattet, diese Stützpunkte als unverschieblich anzusehen. Im Zustande des labilen Gleichgewichtes (Knickzustand) eines solchen Stabzuges treten u. U. ganz bedeutende Querkräfte auf, die von den Stützen aufgenommen werden müssen. Sind die Stützen sehr unnachgiebig, dann wird der an den Enden festgehaltene Stabzug einen Wellenzug, wie in Abb. 147a verzeichnet, bilden, wo jedes Stabfeld eine Halbwelle darstellt. Die Wendepunkte liegen in den Stützpunkten. Sind umgekehrt die Stützen äußerst nachgiebig, dann kann es eintreten, daß der ganze Stabzug in einer einzigen Halbwelle ausbeult (Abb. 147b). Für einen zwischenliegenden Wert der Stützensteifigkeit wird, wie leicht einzusehen ist, ein seitliches Ausweichen des Stabes in einer Anzahl Halbwellen erfolgen, die größer ist als 1, aber kleiner als die Zahl der Stabfelder. Die Zahl der

Halbwellen wird um so größer sein, je unnachgiebiger die Stützen sind. Die Längen der einzelnen Wellen werden im allgemeinen selbst bei gleichlangen Stabfeldern nicht einander gleich sein. Es sei gleich hier aufklärend bemerkt, daß das Eintreten der beiden ersterwähnten Grenzfälle (Abb. 147a u. b) keineswegs die Annahme vollständig unnachgiebiger Stützen, bzw. das Fehlen jeder Zwischenstütze, bedeutet. Unsere Erörterungen sind im Gegenteil so zu verstehen, daß von einer bestimmten Festigkeit der Stütze angefangen, die aber — mathematisch gesprochen — noch endlich ist, sich der Stabzug so verhält, wie ein auf vollständig unverschieblichen Stützen ruhender, und daß umgekehrt, von einem gewissen Nachgiebigkeitsgrad angefangen, sich die Zwischenstützung überhaupt nicht mehr bemerkbar macht. Zwischen diesen beiden endlichen Grenzen eingeschlossen liegen die Zwischenfälle. Der erstgenannte Grenzfall ist noch dadurch gekennzeichnet, daß durch ihn jene Grenze gegeben ist, wo die Stützpunkte im Knickzustande auszuweichen beginnen, wie dies auch Abb. 147a erkennen läßt, während bei noch steiferen Stützen diese in Ruhe bleiben und nur der Stab zwischen den Stützpunkten ausknickt (Abb. 147c).

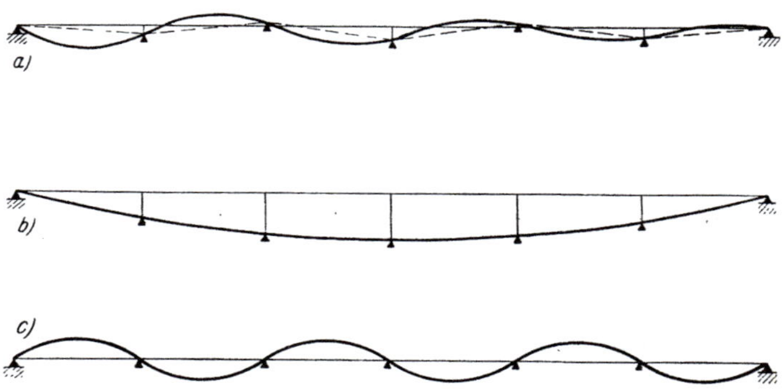

Abb. 147.

Das Problem des elastisch gestützten Stabzuges dürfte wohl von Engesser zum erstenmal behandelt worden sein[1]). Die von diesem Forscher entwickelten Lösungen sind Näherungsformeln, die sich ihrer Einfachheit wegen, da sich daraus Gurt- und Rahmenabmessungen rasch ermitteln lassen, großer Beliebtheit erfreuen. Allerdings versagen diese Formeln gerade in jenem Bereiche, der der praktisch wichtigste ist. Später haben Zimmermann und Müller-Breslau genaue und ausführliche Verfahren für die Berechnung der Knicksicherheit gedrückter elastisch gestützter Gurte, die im wesentlichen mit dem in der allgemeinen Theorie der elastischen Stabverbindungen in **41** vorgeführten Methode übereinstimmen und auf die Aufstellung eines Systemes linearer Gleichungen — unsere Knickgleichungen — und der Bestimmung der Wurzeln der Gleichung $\varDelta = 0$, wenn $\varDelta$ die Nennerdeterminante des genannten Gleichungssystemes ist, hinauslaufen[2]). Diese Methoden konnten sich aber keinen Eingang in der Praxis verschaffen, da bei größerer Stabzahl sowohl die Ausrechnung der Determinante als auch die Lösung der Gleichung $\varDelta = 0$ äußerst mühevoll und zeitraubend ist, und diese Arbeit, um wirtschaftliche Abmessungen zu erhalten, mehrere Male mit verschiedenen Abmessungsannahmen durchgeführt werden muß. Eine genaue Lösung des Problems in Gestalt einer einfachen leicht handlichen Formel hat der Verfasser in einer Abhandlung im Eisenbau[3]) für den einfachsten Fall gleicher Feldweiten, unveränderlichen Querschnittes und konstanter Druckkraft gegeben. Bevor wir aber auf die Darstellung dieser Formeln übergehen, mögen noch die Gleichungen von Engesser, da sich einzelne Brückenvorschriften darauf stützen, entwickelt werden.

---

[1]) Engesser, Fr.: Die Sicherung offener Brücken gegen Ausknicken. Zentralbl. Bauv. 1884 und 1885. Die Zusatzkräfte und Nebenspannungen eiserner Fachwerkbrücken, II. Berlin 1893.

[2]) Zimmermann, H.: Knickfestigkeit der Druckgurte offener Brücken. Sitzungsber. d. Berl. Akad. d. Wissensch. 1907 und Z. Bauw. 1910.

Müller-Breslau: Graphische Statik der Baukonstruktionen, Bd. II/2, Leipzig 1908.

[3]) Bleich, Dr. F.: Die Knickfestigkeit elastischer Stabverbindungen. Eisenbau 1919, S. 27ff.

47. Berechnung der Knicksicherheit offener Brücken nach Engesser.

Engesser geht von der Annahme konstanter Druckkraft und unveränderlichen Trägheitsmomentes aus. An Stelle der in den einzelnen Stützpunkten angreifenden Rahmenwiderstände $C = A\,y$, wobei A jene Kraft vorstellt, die die Verschiebung Eins der Stütze in der in Rede stehenden Ausweichrichtung des Gurtes bewirkt, wird der Widerstand auf die Feldlänge l (Abstand der stützenden Querrahmen) gleichmäßig aufgeteilt gesetzt. Bezeichnet man diese stetig verteilte Querbelastung mit dR, so ist

$$dR = \frac{A}{l}\,y\,dx,$$

wobei für die weitere Untersuchung angenommen wird, daß A in allen Stützpunkten den gleichen Wert hat.

Unter der Voraussetzung, daß die Gurtachse im labilen Gleichgewichtszustande die Form einer Cosinuslinie, also einer Wellenlinie mit lauter gleich langen Wellen, deren Wendepunkte in der Stabzugachse liegen, annimmt, lautet die Gleichung der Gurtachse im Knickzustande

$$y = y_0 \cos\frac{\pi x}{w},$$

wenn die Abszissen x von der Halbwellenmitte gezählt und die Länge einer Halbwelle mit w bezeichnet wird (Abb. 148). Auf ein solches Gurtstück wirken außer dem stetig verteilten elastischen Widerstand dR noch die Schnittkräfte

$$R = \int_0^{\frac{w}{2}} dR$$

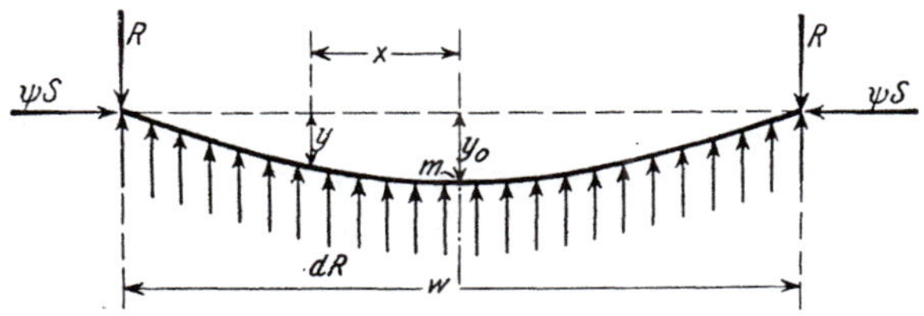

Abb. 148.

und die Gurtkraft ψS. Hierbei erscheint die Druckkraft S mit dem Sicherheitsfaktor ψ multipliziert, da sich die Untersuchung auf den Knickzustand bezieht. Aus der Gleichung der elastischen Linie

$$E\,J\,\frac{d^2y}{dx^2} = -M$$

erhält man, wenn man sie auf den Mittelpunkt m der Halbwelle bezieht, die Gleichung

$$\psi S\,y_0 - R\,\frac{w}{2} + \int_0^{\frac{w}{2}} x\,dR = \frac{\pi^2 E J}{w^2}\,y_0,$$

und da

$$R\,\frac{w}{2} = \frac{A\,w^2}{2\,\pi\,l}\,y_0$$

und

$$\int_0^{\frac{w}{2}} x\,dR = \frac{A\,w^2}{2\,\pi\,l}\,y_0 - \frac{A\,w^2}{\pi^2\,l}\,y_0,$$

so folgt

$$\psi S = \frac{\pi^2 E J}{w^2} + \frac{A\,w^2}{\pi^2\,l} \quad \text{(a)}$$

ψS wird ein Kleinstwert, wenn $\frac{d\psi S}{dw} = 0$, wenn also

$$-\frac{2\pi^2 EJ}{w^3} + \frac{2Aw}{\pi^2 l} = 0,$$

woraus die Länge der Halbwelle mit

$$w = \pi \sqrt[4]{\frac{EJl}{A}}$$

hervorgeht. Mit diesem Werte gewinnt man schließlich aus (a) die Knickkraft

$$\psi S = 2\sqrt{\frac{EJA}{l}} \quad \ldots \ldots \ldots \ldots \ldots (17)$$

oder die beim Sicherheitsgrad ψ erforderliche Rahmensteifigkeit

$$A_{\text{erf}} = \frac{\psi^2 S^2 l}{4EJ} \quad \ldots \ldots \ldots \ldots \ldots (17')$$

Wir haben bisher allgemeine Geltung des Elastizitätsgesetzes vorausgesetzt. Geht man von der allgemeinen Form der elastischen Linie aus, setzt also statt E das Produkt $E\tau$, so nehmen die Formeln (17) und (17′) die Gestalt

$$\psi S = 2\sqrt{\frac{EJ\tau A}{l}} \quad \ldots \ldots \ldots \ldots \ldots (18)$$

und

$$A_{\text{erf}} = \frac{\psi^2 S^2 l}{4EJ\tau} \quad \ldots \ldots \ldots \ldots \ldots (18')$$

an.

In der Regel wird weder A in allen Stützpunkten den gleichen Wert haben, noch J und S unveränderlich sein. Nimmt man an, daß J und S wenigstens innerhalb einer Wellenlänge überall gleich groß sind, dann kann man wenigstens näherungsweise, wie dies üblich ist, mit den Mittelwerten von S und J aus den den betrachteten Rahmen angrenzenden Feldern den erforderlichen Wert von A bestimmen. Diesen Vorgang wiederholt man von Rahmen zu Rahmen. Bei nicht allzugroßen Verschiedenheiten in den Rahmenhöhen, wie dies z. B. bei offenen Brücken mit Halbparabelträgern der Fall ist, sowie bei Parallelträgern, genügt die Berechnung mit den ungünstigsten Werten für die Brückenmitte. Bei anderen Hauptträgersystemen stellt aber die rahmenweise Berechnung nur eine sehr grobe Annäherungsrechnung dar, selbst wenn die oben abgeleiteten Formeln (17) und (17′) an und für sich richtig wären.

In allen Fällen sind aber die Gleichungen (17) und (17′) mit einem Sicherheitsgrad von mindestens 5 bis 6 zu benützen, da die Voraussetzungen, auf denen ihre Ableitung beruht, oft nicht einmal annäherungsweise erfüllt sind[1]).

---

[1]) Die Genauigkeit der Engesserschen Formeln wird in **50** an der Hand der dort abgeleiteten strengeren Beziehungen geprüft werden. Es wird sich zeigen, daß der auf Grund der Formel (17) ermittelte Sicherheitsgrad in Ausführungsfällen oft um ein Vielfaches größer ist als der tatsächliche. Anderseits ergibt die Berechnung nach Engesser bei $\psi = 5$ einen tatsächlichen Sicherheitsgrad, der wohl immer über 2 liegt, so daß eine Gefahr für den Bestand der nach Engesser berechneten Brücken nicht besteht, wenn auch ein Sicherheitsgrad von 2 bis 2,5 in den Druckgurten gegenüber den sonst üblichen Sicherheitszahlen von 3 bis 4 in den Zugstäben und den übrigen Druckstäben nicht zu empfehlen ist.

Engesser selbst ist sich, wie das aus seinen hierhergehörigen Veröffentlichungen hervorgeht, der Mängel seiner Formeln und der Begrenztheit ihres Anwendungsbereiches genau bewußt. Auch er empfiehlt die Wahl eines entsprechend höheren Sicherheitsgrades, um den Unstimmigkeiten der Formeln Rechnung zu tragen.

Sind die Gurte gekrümmt, dann tritt außer der Verbiegung noch eine Verwindung derselben im Knickzustande auf. Von dem Einfluß dieser Verdrehung kann aber in der Regel abgesehen werden. Es genügt in den obigen Formeln die Feldlänge l (wagerechte Entfernung der Stützpunkte) durch die Gurtlänge zu ersetzen.

Der Fall zweier elastisch gestützter Gurte bei oben offenen Bogenfachwerkträgern hat Briske[1]) unter ähnlichen Annahmen wie Engesser behandelt. Wir begnügen uns hier mit der Erwähnung dieser Arbeit, da die Resultate mit den Ergebnissen genauerer Rechnungen verglichen, große Unstimmigkeiten zeigen.

48. Ermittlung des Widerstandes A aus den Rahmenabmessungen.

Es erübrigt noch, den Zusammenhang zwischen den Rahmenabmessungen und der Widerstandsgröße A in den oben abgeleiteten Formeln für einige typische Fälle von Rahmenformen darzustellen.

a) Offener Halbrahmen, Abb. 149.

Zur Bestimmung der Durchbiegung δ der beiden Rahmenenden unter der Wirkung von Lasten 1 in diesen Punkten (Abb. 149b) benützen wir die in **41** abgeleitete Dreimomentengleichung (7'), da wir auch den Einfluß einer gleichzeitig mit der größten Gurtkraft S in den Pfosten des Rahmens auftretenden Druck- bzw. Zugkraft auf die Größe der Durchbiegung δ berücksichtigen wollen. Bezeichnet $\mathfrak{M}$ das in den Rahmenecken auftretende Moment unter der Wirkung der Lasten 1, so lautet die Momentengleichung

$$\mathfrak{M}(c_v' + c_q') + \mathfrak{M} s_q' - E J_v \vartheta = 0 .$$

Mit $\vartheta = \frac{\delta}{h}$ und $\mathfrak{M} = 1 \cdot h$ geht daraus

$$\delta = \frac{h^2 (c_v' + c_q' + s_q')}{E J_v}$$

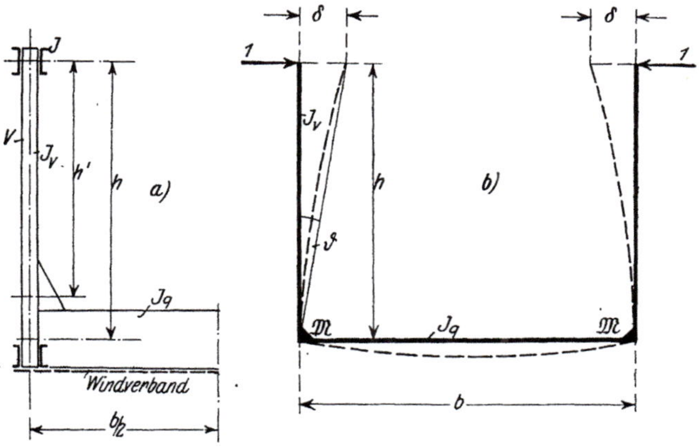

Abb. 149.

hervor. Nun ist für den Querträger, der keine nennenswerte Längskraft aufweist,

$$c_q' = \frac{1}{3} \frac{J_v}{J_q} \cdot b \quad \text{und} \quad s_q' = \frac{1}{6} \frac{J_v}{J_q} b ,$$

während wir für die Vertikalen

$$\left.\begin{aligned} c_v' &= h c(\varphi_v) = \frac{h}{\varphi^2}(1 - \varphi \operatorname{cotg} \varphi) \quad \text{für Druck} \\ c_v' &= h c(\varphi_v) = \frac{h}{\varphi^2}(\varphi \,\mathfrak{Cotg}\, \varphi - 1) \quad \text{für Zug} \end{aligned}\right\} \quad \text{mit } \varphi = h \sqrt{\frac{\psi V}{E J_v}}$$

schreiben. Mit diesen Werten erhält man δ in der Form

$$\delta = \frac{h^3}{3 E J_v'} + \frac{h^2 b}{2 E J_q}, \quad \text{worin} \quad J_v' = \frac{J_v}{3 c(\varphi_v)} \quad \ldots \ldots \ldots (19)$$

[1]) Briske: Die Knicksicherheit der Druckgurte offener Bogenbrücken. Z. Ing. u. Arch.-Ver. zu Hannover 1911, S. 237.

Für $V = 0$ wird $c(\varphi_v) = \frac{1}{3}$ und man gewinnt die bekannte Durchbiegungsformel

$$\delta = \frac{h^3}{3 E J_v} + \frac{h^2 b}{2 E J_q} \quad \ldots \ldots \ldots \ldots \quad (19')$$

Ist V eine nennenswerte Zug- oder Druckkraft, dann kann man näherungsweise setzen

$$3\,c(\varphi_v) = \frac{\pi^2}{\pi^2 \pm \varphi^2}, \quad \begin{pmatrix} + \text{Zug} \\ - \text{Druck} \end{pmatrix}$$

womit

$$J_v' = J_v \left(1 \pm \frac{\varphi^2}{\pi^2}\right),$$

oder unter Beachtung der Bedeutung von φ

$$J_v' = J_v \pm \frac{\psi V h^2}{\pi^2 E} \quad \ldots \ldots \ldots \ldots \quad (19'')$$

In der Überzahl der Fälle sind die Pfosten in der Richtung der Durchbiegung δ so steif ausgebildet, daß das zweite Glied in Gl. (19″) gegen J_v verschwindet. In solchen Fällen kann $J_v' = J_v$ gesetzt werden.

Aus Gl. (19) folgt

$$A = \frac{1}{\delta} = \frac{1}{\dfrac{h'^3}{3 E J_v'} + \dfrac{h^2 b}{2 E J_q}}, \quad \ldots \ldots \ldots \ldots \quad (20)$$

worin noch nachträglich näherungsweise der Einfluß der Querträgerhöhe auf die Verringerung der im ersten Nennergliede zum Ausdruck kommenden Durchbiegung berücksichtigt wurde, indem statt h der etwas kleinere Wert h', die freie Ständerhöhe (siehe Abb. 149a), eingeführt wurde.

Aus Gl. (17) und (20) folgt z. B. mit $h = h'$ die vielfach gebrauchte Formel für den Sicherheitsgrad ψ

$$\psi = \frac{E}{S h} \sqrt{\frac{12\, J J_v'}{l h \left(1 + 1{,}5 \dfrac{b}{h} \dfrac{J_v'}{J_q}\right)}} \text{ [1]}. \quad \ldots \ldots \ldots \ldots \quad (20')$$

Bei sehr steifen Querträgern wird das zweite Glied in der Klammer klein gegen Eins und kann unterdrückt werden, man erhält dann die vereinfachte Formel der preußischen Vorschriften:

$$\psi = \frac{E}{S h} \sqrt{\frac{12\, J J_v'}{l h}} \quad \ldots \ldots \ldots \ldots \quad (20'')$$

Die badischen Vorschriften verordnen:

Für Zwischenständer:

$$J_v \geqq \frac{\psi V h^2}{6 E} + \frac{\psi^2 S^2 h^2 l}{10 E^2 J}. \qquad \psi \geqq 4$$

Mit

$$\delta = \frac{h^3}{3 E J_v'} + \frac{h^2 b}{2 E J_q} \sim \frac{h^3}{2{,}5\, E J_v'},$$

als den bei den üblichen Ausführungen vorkommenden Größtwert von δ findet man mittels Gl. (17′)

$$\frac{2{,}5\, E J_v'}{h^3} = \frac{\psi^2 S^2 l}{4 E J}$$

und nach Einführung des Wertes (19b) für J_v' (für Druck)

$$J_v = \frac{\psi V h^2}{10 E} + \frac{\psi^2 S^2 h^3 l}{10 E^2 J}.$$

Diese Gleichung unterscheidet sich nur durch den Zahlenfaktor im Nenner des ersten Gliedes von der oben zitierten Formel der badischen Verordnung.

---

[1]) Bei der Bestimmung von J_v' nach Formel (19″) setze man für ψ den geforderten Sicherheitsgrad.

b) Offener Halbrahmen mit gelenkig angeschlossenem Querriegel, Abb. 150.

Der druckfeste Querriegel zwingt die beiden Obergurte nach derselben Seite auszuweichen; infolgedessen gestaltet sich das Verformungsbild im Knickzustande nach Abb. 150b. Während früher die Eckmomente $\mathfrak{M}$ gleich und gleich bezeichnet waren, nehmen jetzt die Momente die Werte $\mathfrak{M}$ und $-\mathfrak{M}$ an. Die Momentengleichung lautet sonach

$$\mathfrak{M}(c_v' + c_q') - \mathfrak{M} s_q' - E J_v \vartheta = 0.$$

Auf dem gleichen Wege wie früher erhält man jetzt

$$\delta = \frac{h'^3}{3 E J_v'} + \frac{h^2 b}{6 E J_q},$$

worin $J_v' = J_v \pm \frac{\psi V h^2}{\pi^2 E}$

und

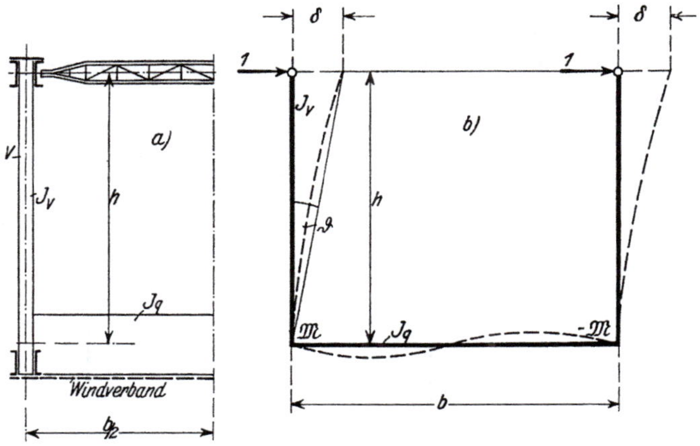

Abb. 150.

$$A = \frac{1}{\delta} = \frac{1}{\frac{h'^3}{3 E J_v'} + \frac{h^2 b}{6 E J_q}} \quad \ldots\ldots\ldots\ldots \quad (21)$$

c) Brücken mit oberem und unterem Windverband. Die elastisch gestützte Gurtung liegt zwischen den Verbänden.

1. *Die Pfosten sind an beiden Enden gelenkig angeschlossen* (Abb. 151).

Der in Abb. 151 dargestellte Fall tritt bei Bogenbrücken mit Zugband und frei aufgehängter Fahrbahntafel, wo also die Querträger nicht in steifer Verbindung mit den Hängestangen stehen, ein. Durch den oberen Windverband ist der obere Bogengurt seitlich fest gestützt, während der untere Bogengurt mit dem Trägheitsmoment J_u durch die Hängestangen elastisch gestützt erscheint. Die Rahmenecken a und b sind als unverschieblich zu betrachten, die Pfosten stellen frei aufliegende Balken auf 2 Stützen vor. Die Durchbiegung δ beträgt im Lastpunkte

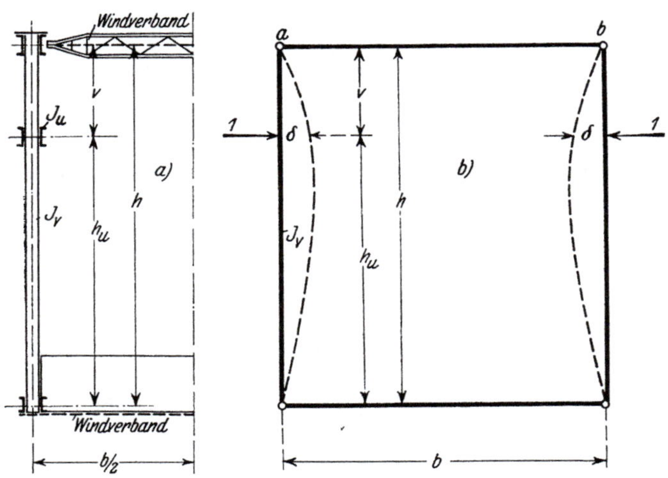

Abb. 151.

$$\delta = \frac{v^2 h_u^2}{3 E J_v h}\,[1]$$

und somit

$$A = \frac{3 E J_v h}{v^2 h_u^2} \quad \ldots\ldots\ldots\ldots \quad (22)$$

[1] Siehe Hütte Bd. I.

2. *Die Pfosten sind an den Querträgern biegungssteif befestigt* (Abb. 152).

Um die Durchbiegung δ bestimmen zu können, muß vorher die Riegelkraft X in diesem einfach statisch unbestimmten System ermittelt werden. Wir können hierzu ganz gut die Dreimomentengleichung (7') benützen, die bei Vernachlässigung der Wirkung der Längskräfte in den Rahmenstäben die Form der bekannten Clapeyronschen Gleichung annimmt. Wendet man diese Gleichung auf die beiden Stäbe ac und cd (Abb. 152) an, so erhält man zunächst die Beziehung[1])

$$2\,\mathfrak{M}(h' + b') + \mathfrak{M}\,b' = -v\,\frac{h^2 - v^2}{h}.$$

Mit

$$h' = h, \qquad b' = b\,\frac{J_v}{J_q},$$

$$\mathfrak{M} = X\,h - 1 \cdot h_u$$

gewinnt man aus dieser Gleichung

$$X = \frac{h_u}{h} - \frac{v\,(h^2 - v^2)}{h^2\left(2\,h + 3\,b\,\frac{J_v}{J_q}\right)} \qquad (23)$$

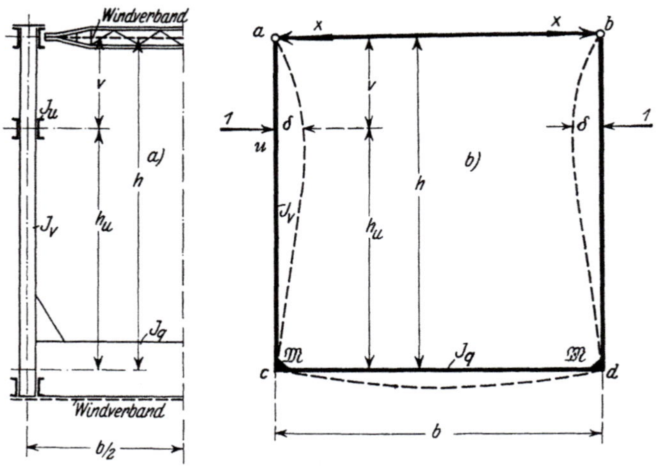

Abb. 152.

Bezeichnet δ_1 die Durchbiegung infolge der Last 1 im Punkte u des Pfostens bei $X = 0$, δ_2 die Durchbiegung im gleichen Punkte infolge X bei Abwesenheit der Last 1, so ist die gesuchte Durchbiegung

$$\delta = \delta_1 - \delta_2.$$

Nun ist

$$\left.\begin{aligned} \delta_1 &= \frac{h_u^3}{3\,E\,J_v} + \frac{h_u^2\,b}{2\,E\,J_q}, \\ \delta_2 &= X\left[\frac{h_u^2\,(2\,h_u + 3\,v)}{6\,E\,J_v} + \frac{h\,h_u\,b}{2\,E\,J_q}\right]. \end{aligned}\right\} \quad \ldots\ldots\ldots \quad (24)$$

Man berechne zunächst X mittels Gl. (23), dann δ_1 und δ_2 nach den Formeln (24) und ermittle damit schließlich den spez. Rahmenwiderstand

$$A = \frac{1}{\delta_1 - \delta_2}.$$

---

[1]) Haben die einzelnen Stäbe verschiedene Trägheitsmomente, so lautet die Clapeyronsche Gleichung

$$M_{r-1}\,l_r' + 2\,M_r\,(l_r' + l'_{r+1}) + M_{r+1}\,l'_{r+1} - 6\,E\,J_c\,(\vartheta_1 - \vartheta_2) = -\,\Sigma P_r\,a_r\,l_r'\left(1 - \frac{a_r^2}{l_r^2}\right)$$
$$-\,\Sigma P_{r+1}\,a'_{r+1}\,l'_{n+1}\left(1 - \frac{a'_{r+1}}{l_{r+1}}\right),$$

wobei $l' = l\,\frac{J_c}{J}$ und J_c ein beliebig gewähltes Trägheitsmoment ist. a_r und a'_{r+1} sind die Lastabstände von der linken Stütze des linken Feldes bzw. von der rechten Stütze des rechten Feldes.

Siehe Bleich: Die Berechnung statisch unbestimmter Systeme nach der Methode des Viermomentensatzes. Berlin 1918.

3. *Die Pfosten sind an den Querträgern und an den steifen oberen Querriegeln biegungssteif befestigt* (Abb. 153).

Wir berechnen zunächst die Eckmomente $\mathfrak{M}_0$ und $\mathfrak{M}_u$ mittels der beiden Momentengleichungen

$$\mathfrak{M}_0 b_0' + 2\,\mathfrak{M}_0 (b_0' + h') + \mathfrak{M}_u h' = -h_u h'\left(1 - \frac{h_u^2}{h^2}\right),$$

$$\mathfrak{M}_0 h' + 2\,\mathfrak{M}_u (h' + b_u') + \mathfrak{M}_u b_u' = -v h'\left(1 - \frac{v^2}{h^2}\right),$$

worin

$$b_0' = \frac{J_v}{J_r} b = k_1 b,$$

$$b_u' = \frac{J_v}{J_q} b = k_2 b, \qquad h' = h$$

bedeutet. Führt man diese Werte ein, so erhält man

$$\mathfrak{M}_0 (2h + 3k_1 b) + \mathfrak{M}_u h = -h_u \frac{h^2 - h_u^2}{h},$$

$$\mathfrak{M}_0 h + \mathfrak{M}_u (2h + 3k_2 b) = -v \frac{h^2 - v^2}{h}$$

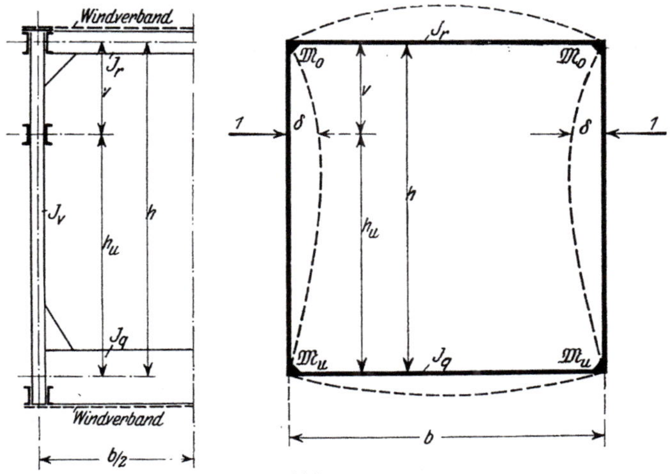

Abb. 153.

und nach der Auflösung

$$\left.\begin{aligned}\mathfrak{M}_0 &= \frac{1}{3}\,\frac{v(h^2 - v^2) - \frac{h_u}{h}(h^2 - h_u^2)(2h + 3k_2 b)}{h^2 + 2(k_1 + k_2) h b + 3 k_1 k_2 b^2},\\ \mathfrak{M}_u &= \frac{1}{3}\,\frac{h_u(h^2 - h_u^2) - \frac{v}{h}(h^2 - v^2)(2h + 3k_1 b)}{h^2 + 2(k_1 + k_2) h b + 3 k_1 k_2 b^2}.\end{aligned}\right\} \quad \ldots\ldots (25)$$

Für den in Abb. 154 dargestellten Belastungsfall findet man die Durchbiegung leicht in der Form

$$\delta = \delta_1 + \delta_2;$$

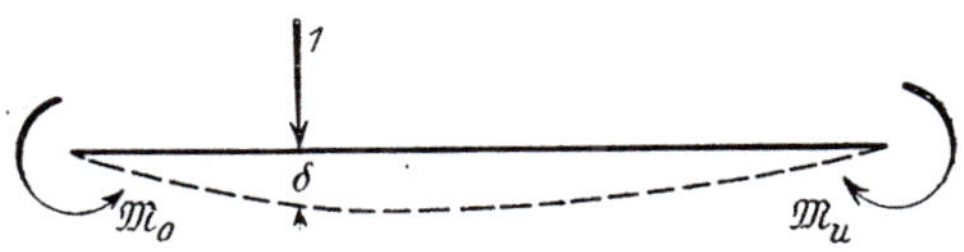
Abb. 154.

hierin ist

$$\left.\begin{aligned}\delta_1 &= \frac{v^2 h_u^2}{3 E J_v h},\\ \delta_2 &= \frac{v h}{6 E J_v}\left[\mathfrak{M}_0\left(2 - 3\frac{v}{h} + \left\{\frac{v}{h}\right\}^2\right) + \mathfrak{M}_u\left(1 - \left\{\frac{v}{h}\right\}^2\right)\right].\end{aligned}\right\} \quad \ldots\ldots (26)$$

Man berechnet daher zunächst die Momente $\mathfrak{M}_0$ und $\mathfrak{M}_u$ nach den Formeln (25), hierauf δ_1 und δ_2 gemäß der Gl. (26) und ermittelt schließlich

$$A = \frac{1}{\delta_1 + \delta_2}.$$

Da $\mathfrak{M}_0$ und $\mathfrak{M}_u$ nach den Formeln (25) negativ werden, so wird auch δ_2 negativ und δ wird als Differenz der beiden Durchbiegungswerte δ_1 und δ_2 gewonnen.

49. Genaue Theorie des elastisch gestützten Stabes.

Wie wir in folgendem an der Hand von Zahlenbeispielen zeigen werden, versagen die Engesserschen Gleichungen gerade in jenem Bereiche, der die Ausführungsregel darstellt. Es ist leicht einzusehen, daß sich ein Brückengurt, der gegenüber den ihn stützenden Querrahmen so kräftig gebaut ist, daß er in Halbwellen ausknickt, die ein Mehrfaches der Rahmenabstände betragen (Abb. 155a), ähnlich verhalten wird wie ein stetig gestützter Gurt, wenn der punktweise auftretende Stützungswiderstand auf die Feldlänge verteilt wird. Von dieser Annahme ging Engesser, wie wir gesehen haben, aus. Diese Annahme ist aber bei abnehmender Gurtsteifigkeit nicht mehr zutreffend, wo das Ausknicken in Halbwellen erfolgt, deren Länge etwa gleich dem ein- bis zweifachen Rahmenabstand ist (Abb. 155b). Hier darf die Einzellast nicht mehr durch eine

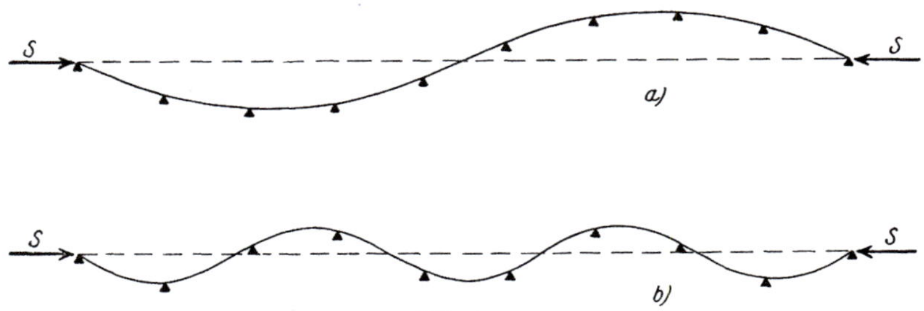

Abb. 155.

stetige Last von gleichem Gesamtbetrage ersetzt werden. Der letztere Fall stellt aber die Ausführungsregel dar, denn man wird meist, ohne allzu großen Materialaufwand, die stützenden Querrahmen so kräftig ausgestalten können, daß ein Ausknicken der Gurten in Wellen von einfacher bis zweifacher Rahmenentfernung gewährleistet ist. Größere Knicklängen der Gurtstäbe werden sich in der Überzahl der Fälle, trotz Ersparnissen im Rahmenquerschnitt, als unwirtschaftlich erweisen.

Wir leiten zunächst die Knickgleichungen für den allgemeinsten Fall des geraden elastisch gestützten Stabes ab, und werden dann auf die Behandlung eines einfachen Sonderfalles übergehen, um geschlossene Formeln für die Anwendung beim Entwerfen und rechnerischen Nachprüfen eiserner Brücken, ähnlich den Formeln Engessers, zu entwickeln.

Wir betrachten den in Abb. 156 dargestellten geraden Stabzug, der in den Punkten $0, 1, 2, \ldots, n$ elastisch gestützt ist. Die Feldweiten l, Trägheitsmomente J, Stabkräfte S der einzelnen Felder werden zunächst als verschieden vorausgesetzt. Die Anwendung

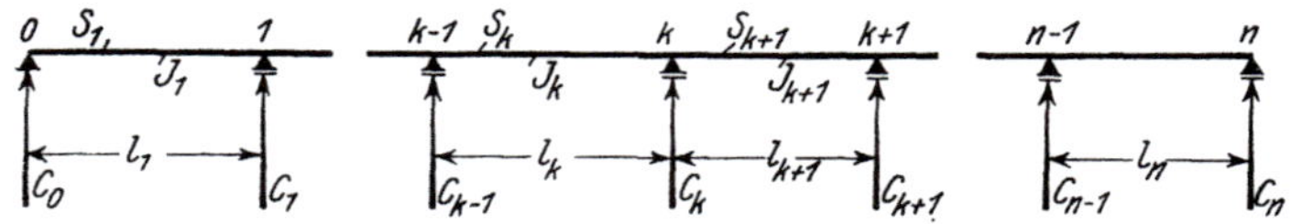

Abb. 156.

der in **41** entwickelten Knickgleichungen auf das vorliegende Stabsystem ermöglicht die Aufstellung einer Momentengleichung (7') für jeden der Stützpunkte $1, 2, \ldots, n-1$[1]) und einer Gleichgewichtsbedingung (8) für jedes Stabfeld. Außerdem werden wir noch einfache Zusammenhänge zwischen den Stabdrehwinkeln ϑ und den Stützenausweichungen y zu Hilfe nehmen, um die Zahl der Gleichungen mit der Zahl der Unbekannten in Einklang zu bringen.

[1]) Die Stabenden seien frei drehbar gestützt, sonach ist $\mathfrak{M}_0$ und $\mathfrak{M}_n$ Null.

Für einen Zwischenpunkt k gilt die Momentengleichung

$$\mathfrak{M}_{k-1} s_k' + \mathfrak{M}_k (c_k' + c_{k+1}') + \mathfrak{M}_{k+1} s_{k+1}' - E J_c (\vartheta_k - \vartheta_{k+1}) = 0 \qquad (k=1, 2, \ldots, n-1) \quad \text{(a)}$$

und für das k-te Feld die Gleichgewichtsbedingung, mit dem Stabneigungswinkel $\alpha = 0$,

$$\frac{\mathfrak{M}_k - \mathfrak{M}_{k-1}}{l_k} - S_k \vartheta_k - \mathfrak{Q}_k = 0 . \qquad (k=0, 1, 2, \ldots, n)$$

Um die Knickquerkräfte $\mathfrak{Q}$ aus den Gleichungen zu entfernen, werden je zwei aufeinanderfolgende Gleichgewichtsbedingungen voneinander abgezogen, wodurch die Beziehung

$$\frac{\mathfrak{M}_k - \mathfrak{M}_{k-1}}{l_k} - \frac{\mathfrak{M}_{k+1} - \mathfrak{M}_k}{l_{k+1}} - S_k \vartheta_k + S_{k+1} \vartheta_{k+1} - \mathfrak{Q}_k + \mathfrak{Q}_{k+1} = 0$$

gewonnen wird. Nun ist

$$\mathfrak{Q}_{k+1} - \mathfrak{Q}_k = C_k ,$$

wenn C_k den Stützendruck im Punkte k bezeichnet. Somit folgt die Gleichgewichtsbedingung

$$\frac{\mathfrak{M}_k - \mathfrak{M}_{k-1}}{l_k} - \frac{\mathfrak{M}_{k+1} - \mathfrak{M}_k}{l_{k+1}} - S_k \vartheta_k + S_{k+1} \vartheta_{k+1} + C_k = 0 . \quad \ldots\ldots \quad \text{(b)}$$

C_k kann in der Form

$$C_k = A_k y_k$$

geschrieben werden. A_k bedeutet jenen Druck, der an der Stütze k die Verschiebung 1 in der Richtung von C_k bewirkt. A_k nennen wir den spezifischen Widerstand der Stütze k. Weiter gilt

$$\vartheta_k = \frac{y_k - y_{k-1}}{l_k} .$$

Führt man diese Ausdrücke für C_k und ϑ_k in die Gleichungen (a) und (b) ein, so erhält man das nachstehende System der Knickgleichungen.

Momentengleichungen:

$$\mathfrak{M}_{k-1} s_k' + \mathfrak{M}_k (c_k' + c_{k+1}') + \mathfrak{M}_{k+1} s_{k+1}' - E J_c \left[\frac{y_k - y_{k-1}}{l_k} - \frac{y_{k+1} - y_k}{l_{k+1}} \right] = 0 \quad . \quad . \quad (27)$$

$$(k=1, 2, \ldots, n-1)$$

Gleichgewichtsbedingungen:

Für die Zwischenpunkte:

$$\frac{\mathfrak{M}_k - \mathfrak{M}_{k-1}}{l_k} - \frac{\mathfrak{M}_{k+1} - \mathfrak{M}_k}{l_{k+1}} - S_k \frac{y_k - y_{k-1}}{l_k} + S_{k+1} \frac{y_{k+1} - y_k}{l_{k+1}} + A_k y_k = 0, \qquad (k=1, 2, \ldots, n-1)$$

für die Endpunkte: $\qquad . \quad . \quad (27')$

$$\frac{\mathfrak{M}_1}{l_1} - S_1 \vartheta_1 - A_0 y_0 = 0 \quad \text{und} \quad -\frac{\mathfrak{M}_{n-1}}{l_n} - S_n \vartheta_n - A_n y_n = 0 .$$

Insgesamt stehen bei einem n-feldrigen Stabzug $n - 1$ Momentengleichungen und $n + 1$ Gleichgewichtsbedingungen als Knickgleichungen zur Verfügung, aus denen die $n - 1$ Momente $\mathfrak{M}$ und die $n + 1$ Verschiebungen y berechnet werden können; die vorstehend ermittelten Beziehungen (27) und (27') stellen somit das vollständige System der Knickgleichungen vor.

Ist der Stabzug nicht gerade, sondern in der Fachwerkebene gekrümmt, wie dies bei den Gurten von Parabelträgern, Bogenträgern usw. der Fall ist, dann können die vorstehenden Formeln ebenfalls Verwendung finden, nur ist für die Längen l, die beim geraden Stabzug mit den Stützenabstand zusammenfallen, die Länge l der Druckgurtstäbe einzuführen. Die Formeln (27) und (27') sind also bei gekrümmten Gurten auf den abgewickelten und geradegestreckten Gurt anzuwenden (Abb. 157). Die Stützenabstände dieses fiktiven Stabsystems werden dadurch größer als die tatsächlichen

Rahmenabstände. Die Berechtigung zu diesem Vorgange erkennt man, wenn man die Ableitung der Viermomentengleichungen und der Gleichgewichtsbedingungen in **41** verfolgt. Im Viermomentensatz kommt nur der Zusammenhang zweier aufeinanderfolgender Stäbe zum Ausdruck; ersetzt man daher die beiden in Abb. 157 leicht geknickten Stäbe durch ein in eine Gerade fallendes Stabpaar von mittlerer Lage, so gilt für dieses Stabpaar die Gl. (7'), in **41**, die für Verbiegungen in der Stabzugebene aufgeführt wurde, auch hier, da wir jetzt durch die beiden Ersatzstäbe eine Ebene legen können, die, senkrecht zur Fachwerksebene stehend, die Biegungsebene darstellt. Als Feldlängen sind dann die Längen der Ersatzstäbe, d. i. genau genug die Gurtstablängen, in (7') einzuführen. Noch einfacher liegen die Verhältnisse bei der Ableitung der Gleichgewichtsbedingung; hier kann, wenn man von den kleinen auftretenden Verdrehungsmomenten absieht, Gl. (8) ohne weiteres angewendet werden, wenn man als Länge l die Gurtstablänge ansieht. Die bei diesen Überlegungen geübten Vernachlässigungen sind in der Regel belanglos[1]).

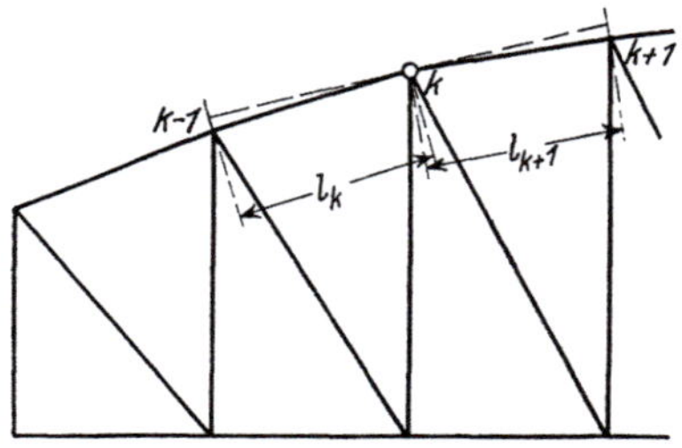

Abb. 157.

Die Knickgleichungen (27) und (27') gestatten in jedem einzelnen Falle auf Grund der angegebenen Abmessungen die Knickbedingung $\Delta = 0$ aufzustellen.

Aus der Gesamtheit der Knickgleichungen eliminiert man am besten die Verschiebungen y und berechnet schließlich aus dem übrigbleibenden Gleichungssystem, das nur mehr die unbekannten $\mathfrak{M}$ enthält, die Determinante Δ. Man geht weiter am zweckmäßigsten so vor, daß man den Wert der Determinante mit den angenommenen Sicherheitsgraden $\psi = 3, 4, 5, \ldots$ ausrechnet und durch Interpolation jenen Wert von ψ bestimmt, für den $\Delta = 0$ wird. Der so gefundene Wert von ψ ist der tatsächliche Sicherheitsgrad. Daß diese Arbeit in jedem Einzelfalle eine äußerst mühevolle ist, braucht nicht besonders betont zu werden; wir gehen deshalb daran, unter gewissen, die Rechnung vereinfachenden Voraussetzungen, geschlossene Formeln für den erforderlichen Rahmenwiderstand abzuleiten.

50. Knicksicherheit von Druckgurten mit konstanter Druckkraft, unveränderlichem Trägheitsmoment, bei gleichen Feldlängen und überall gleichen Rahmenwiderständen nach der genaueren Theorie[2]).

Wir setzen noch voraus, daß die Endpunkte des Gurtes durch sehr steife Portale unverschieblich aber drehbar festgehalten sind.

Da sämtliche Größen c' und s' der Gl. (27) untereinander gleich sind, so dividieren wir die Momentengleichungen mit $s' = s(\varphi)\,l$ und gewinnen

$$\mathfrak{M}_{k-1} + 2\frac{c(\varphi)}{s(\varphi)}\mathfrak{M}_k + \mathfrak{M}_{k+1} + \frac{EJ}{s(\varphi)\,l^2}(y_{k-1} - 2y_k + y_{k+1}) = 0.$$

Addiert und subtrahiert man $2\mathfrak{M}_k$, so gelangt man mit den abkürzenden Bezeichnungen

$$\frac{c(\varphi)}{s(\varphi)} = r, \qquad \frac{EJ}{s(\varphi)\,l^2} = \varrho$$

zu der Beziehung

$$(\mathfrak{M}_{k-1} - 2\mathfrak{M}_k + \mathfrak{M}_{k+1}) + 2(r+1)\mathfrak{M}_k + \varrho(y_{k-1} - 2y_k + y_{k+1}) = 0.$$

---

[1]) Eine etwas genauere Verfolgung der hier in Betracht kommenden Verhältnisse findet man bei Müller-Breslau, Graph. Statik, Bd. II/2.

[2]) Bleich, Dr. Fr.: Die Knickfestigkeit elastischer Stabverbindungen. Eisenbau 1919, S. 27.

Faßt man $\mathfrak{M}_k$ und y_k als Funktionen des Zeigers k auf, so stellen die dreigliederigen Klammerausdrücke die zweiten Differenzen dieser Funktionen vor. Die Momentengleichungen können somit in der Form einer Differenzengleichung zweiter Ordnung

$$\Delta^2 \mathfrak{M}_k + 2(r+1)\mathfrak{M}_k + \varrho \Delta^2 y_k = 0 \quad \ldots\ldots\ldots\ldots \quad \text{(a)}$$

geschrieben werden.

In ähnlicher Weise lassen sich auch die Gleichgewichtsbedingungen umgestalten. Die Multiplikation mit $-l$ liefert, wenn wir für die Knicklast S in Gl. (27') ψS setzen,

$$\mathfrak{M}_{k-1} - 2\mathfrak{M}_k + \mathfrak{M}_{k+1} - \psi S(y_{k-1} - 2y_k + y_{k+1}) - A l y_k = 0$$

oder

$$\Delta^2 \mathfrak{M}_k - \psi S \Delta^2 y_k - A l y_k = 0 \quad \ldots\ldots\ldots\ldots \quad \text{(b)}$$

Die Gleichungen (a) und (b) bilden ein System simultaner Differenzengleichungen, deren Lösung mit folgendem Ansatz gelingt:

Wir setzen

$$\mathfrak{M}_k = C\xi^k, \qquad y_k = C\alpha\xi^k,$$

wobei C einen beliebigen Festwert bedeutet, während ξ und α noch passend zu bestimmen sind.

Die zweiten Differenzen von $\mathfrak{M}_k$ und y_k lauten

$$\Delta^2 \mathfrak{M}_k = C\xi^k \frac{(\xi-1)^2}{\xi} \quad \text{und} \quad \Delta^2 y_k = C\alpha\xi^k \frac{(\xi-1)^2}{\xi}.$$

Die Einführung in die beiden Differenzengleichungen (a) und (b) liefert

$$C\xi^k\left[\frac{(\xi-1)^2}{\xi} + 2(r+1) + \varrho\alpha\frac{(\xi-1)^2}{\xi}\right] = 0,$$

$$C\xi^k\left[\frac{(\xi-1)^2}{\xi} - \psi S\alpha\frac{(\xi-1)^2}{\xi} - A l\alpha\right] = 0.$$

Die Differenzengleichungen werden durch die angenommenen Lösungen erfüllt, wenn die Klammerausdrücke verschwinden, wodurch zwei Bestimmungsgleichungen zur Ermittlung von ξ und α gewonnen werden. Setzt man

$$\frac{(\xi-1)^2}{\xi} = x, \quad \ldots\ldots\ldots\ldots\ldots\ldots \quad \text{(c)}$$

so entstehen die Bedingungen

$$x + 2(r+1) + \varrho\alpha x = 0,$$
$$x - \psi S\alpha x - A l\alpha = 0.$$

Aus der ersten Gleichung geht

$$\alpha = -\frac{x + 2(r+1)}{\varrho x} \quad \ldots\ldots\ldots\ldots \quad \text{(d)}$$

hervor. Mit diesem Ausdruck für α erhalten wir aus der zweiten Gleichung

$$x^2 + x\frac{2(r+1)\psi S + A l}{\varrho + \psi S} + 2 A l\frac{r+1}{\varrho + \psi S} = 0, \quad \ldots\ldots \quad \text{(e)}$$

eine quadratische Gleichung für x, die zwei Wurzeln x_1 und x_2, denen also auch zwei Werte α_1 und α_2 entsprechen, liefert. Die Definitionsgleichung für x ergibt ferner eine in ξ quadratische Gleichung, nämlich

$$\xi^2 - \xi(x+2) + 1 = 0, \quad \ldots\ldots\ldots\ldots \quad \text{(f)}$$

woraus mit x_1 und x_2 vier Wurzeln ξ_1, ξ_2 bzw. ξ_3, ξ_4 entspringen. Sohin werden die Bestimmungsgleichungen für ξ und α durch vier Werte ξ_1 bis ξ_2 und durch zwei Werte α_1 und α_2 befriedigt, wobei α_1 und ξ_1, ξ_2, dann α_2 und ξ_3, ξ_4 zusammengehörende Wertgruppen bilden. Die allgemeinen Lösungen der Differenzengleichungen (a) und (b) lauten daher

$$\mathfrak{M}_k = C_1 \xi_1{}^k + C_2 \xi_2{}^k + C_3 \xi_3{}^k + C_4 \xi_4{}^k,$$
$$y_k = C_1 \alpha_1 \xi_1{}^k + C_2 \alpha_1 \xi_2{}^k + C_3 \alpha_2 \xi_3{}^k + C_4 \alpha_2 \xi_4{}^k.$$

Zur Bestimmung der Festwerte C stehen die Endbedingungen

$$\mathfrak{M}_0 = 0, \qquad \mathfrak{M}_n = 0,$$
$$y_0 = 0, \qquad y_n = 0$$

zur Verfügung. Setzt man in den allgemeinen Lösungen $k = 0$ bzw. n, so erhält man

$$C_1 + C_2 + C_3 + C_4 = 0,$$
$$C_1 \alpha_1 + C_2 \alpha_1 + C_3 \alpha_2 + C_4 \alpha_2 = 0,$$
$$C_1 \xi_1{}^n + C_2 \xi_2{}^n + C_3 \xi_3{}^n + C_4 \xi_4{}^n = 0,$$
$$C_1 \alpha_1 \xi_1{}^n + C_2 \alpha_1 \xi_2{}^n + C_3 \alpha_2 \xi_3{}^n + C_4 \alpha_2 \xi_4{}^n = 0,$$

vier Gleichungen, die die Festwerte bestimmen. Da die rechten Seiten dieser Gleichungen Null sind, so bestehen die Wurzeln C dieser Gleichungen und somit endliche Werte von $\mathfrak{M}_k$ und y_k nur dann, wenn die Determinante dieses Gleichungssystems verschwindet. Daher lautet die Bedingung für den Eintritt des labilen Gleichgewichtszustandes

$$\begin{vmatrix} 1 & 1 & 1 & 1 \\ \alpha_1 & \alpha_1 & \alpha_2 & \alpha_2 \\ \xi_1{}^n & \xi_2{}^n & \xi_3{}^n & \xi_4{}^n \\ \alpha_1 \xi_1{}^n & \alpha_1 \xi_2{}^n & \alpha_2 \xi_3{}^n & \alpha_2 \xi_4{}^n \end{vmatrix} = 0.$$

Die Auswertung ergibt

$$(\alpha_1 - \alpha_2)^2 (\xi_1{}^n - \xi_2{}^n)(\xi_3{}^m - \xi_4{}^n) = 0,$$

welche Gleichung in die drei Knickbedingungen

$$\underline{\alpha_1 - \alpha_2 = 0,} \qquad \underline{\xi_1{}^n - \xi_2{}^n = 0,} \qquad \underline{\xi_3{}^n - \xi_4{}^n = 0}$$

zerfällt.

Zunächst werde die Bedingung

$$\alpha_1 - \alpha_2 = 0$$

unter der Annahme untersucht, daß nicht auch gleichzeitig die anderen zwei Bedingungen erfüllt sind. Wegen $\alpha_1 = \alpha_2$, muß auch $x_1 = x_2$ und somit $\xi_1 = \xi_3$ und $\xi_2 = \xi_4$ sein.

Führt man diese Zusammenhänge in die Bedingungsgleichungen für die Festwerte C ein, so werden je zwei von den vier Gleichungen einander gleich und es entstehen die zwei Beziehungen

$$C_1 + C_2 + C_3 + C_4 = 0,$$
$$(C_1 + C_3) \xi_1{}^n + (C_2 + C_4) \xi_2{}^n = 0.$$

Faßt man je zwei Festwerte zu einer neuen Unbekannten zusammen, so kann einfacher

$$c_1 + c_2 = 0,$$
$$c_1 \xi_1{}^n + c_2 \xi_2{}^n = 0$$

geschrieben werden, woraus

$$c_1 = - c_2$$

und damit

$$c_1 (\xi_1{}^n - \xi_2{}^n) = 0$$

folgt. Da $\xi_1{}^n - \xi_2{}^n$ voraussetzungsgemäß von Null verschieden ist, so muß

$$c_1 = C_1 + C_3 = -(C_2 + C_4) = 0$$

sein. Mit diesem Werte von c_1, folgt unter Beachtung, daß $\xi_1 = \xi_3$ und $\xi_2 = \xi_4$,

$$\mathfrak{M}_k = 0 \text{ und } y_k = 0.$$

Der Stab bleibt gerade. Dieser Gleichgewichtsfall kommt somit nicht weiter in Betracht.

Wir gehen daher zur zweiten Bedingung

$$\xi_1^n - \xi_2^n = 0$$

über. Da $\xi_1 \cdot \xi_2 = 1$ ist, so kann auch

$$\xi_1^{2n} - 1 = 0$$

geschrieben werden. Diese Gleichung wird durch die $2n$ Einheitswurzeln

$$\varepsilon_\nu = \left(\cos \nu \frac{2\pi}{2n} + i \sin \nu \frac{2\pi}{2n}\right)_{\nu = 0, 1, 2 \ldots 2n-1} \quad \text{(g)}$$

befriedigt.

Aus Gleichung (*f*) berechnet man zunächst

$$x + 2 = \varepsilon_\nu + \frac{1}{\varepsilon_\nu}$$

und mit Benutzung der Gleichung (g) für ε_ν

$$x = 2\left(\cos \nu \frac{\pi}{n} - 1\right)_{\nu = 0, 1, 2 \ldots n-1} \quad \text{(h)}$$

Setzt man diesen aus der Knickbedingung gewonnenen Wert von x in die quadratische Bestimmungsgleichung (e) für x ein, so erhält man eine Verknüpfung zwischen den Abmessungs- und Belastungsgrößen, aus der eine von ihnen bestimmt werden kann. Am einfachsten ist es, A aus diesem Zusammenhange zu berechnen. Man erhält zunächst aus Gleichung (e)

$$A\,l = -\frac{x(\varrho + \psi S) + 2(r+1)\psi S}{1 + 2\dfrac{r+1}{x}}$$

und nach Einführung des Wertes (h)

$$A\,l = -2\,\frac{\left(\cos \nu \dfrac{\pi}{n} - 1\right)(\varrho + \psi S) + (r+1)\psi S}{1 + \dfrac{r+1}{\cos \nu \dfrac{\pi}{n} - 1}} \quad (\nu = 1, 2 \ldots n-1) \quad \text{(j)}$$

Zu dem gleichen Ergebnis gelangt man, wenn man die Bedingung $\xi_3^n - \xi_4^n$ verfolgt. Gleichung (j) beschreibt daher die Gesamtheit aller möglichen labilen Gleichgewichtszustände, wenn man in $\cos \nu \frac{\pi}{n}$ der Reihe nach $\nu = 1, 2 \ldots n-1$ einführt. Wir haben hierbei $\nu = 0$ unterdrückt, da diesem Falle die bedeutungslose Lösung $A\,l = 0$ entspricht.

Bevor wir an die weitere Auswertung der Formel schreiten, möge noch die Art der Verformung im Knickzustande festgestellt werden. Da $\xi_1^n - \xi_2^n = 0$ und $\xi_3^n - \xi_4^n = 0$ die gleichen Wurzeln liefern, so ist $\xi_1 = \xi_3$ und daher $\alpha_1 = \alpha_2$. Man gelangt daher auch hier zu den bereits oben abgeleiteten Beziehungen

$$C_1 + C_3 = -(C_2 + C_4)$$

und

$$(C_1 + C_3)(\xi_1^n - \xi_2^n) = 0\,.$$

Da aber $\xi_1^n - \xi_2^n = 0$, so folgt zum Unterschiede gegen früher $(C_1 + C_3) \gtrless 0$. Mit $\xi_1 = \xi_3$ und $\xi_2 = \xi_4$ folgt damit

$$\mathfrak{M}_k = (C_1 + C_3)(\xi_1^k - \xi_2^k) = 2\,i\,(C_1 + C_3)\sin k\nu \frac{\pi}{n}\,,$$

wenn man den Wurzelwert (g) für ξ_1 einführt, oder

$$\mathfrak{M}_k = C \sin k\nu \frac{\pi}{n}_{(\nu = 1, 2, \ldots, n-1)} \quad \text{(l)}$$

und damit auch

$$y_k = C\,\alpha \sin k\nu\frac{\pi}{n} \quad (\nu = 1, 2, \ldots, n-1) \qquad \text{(m)}$$

Durch Gl. (m) sind die Verschiebungen der Stützpunkte bis auf den willkürlichen Faktor C bestimmt. Es sind somit bei einem n-feldigen Stab $n-1$ Gleichgewichtsformen möglich und es ist sonach jener Wert von ν und somit von $\cos\nu\frac{\pi}{n}$ zu wählen, der A nach Gl. (j) zu einem Maximum macht. Bevor wir diesen kritischen Wert von ν bestimmen, möge die Gl. (j) noch umgeformt werden. Es ist

$$\varrho + \psi S = \psi S\left(1 + \frac{\varrho}{\psi S}\right) = \psi S\left(1 + \frac{EJ}{\psi S l^2 s(\varphi)}\right) = \psi S\left(1 + \frac{1}{\varphi^2 s(\varphi)}\right)$$

und, da

$$s(\varphi) = \frac{1}{\varphi^2}\left(\frac{\varphi}{\sin\varphi} - 1\right),$$

so gilt auch

$$\varrho + \psi S = \psi S\,\frac{\varphi}{\varphi - \sin\varphi}.$$

Weiter ist

$$1 + r = 1 + \frac{c(\varphi)}{s(\varphi)}.$$

Die goniometrische Funktion $\frac{c(\varphi)}{s(\varphi)}$ kann in dem für unsere Untersuchung in Betracht kommenden Bereiche mit großer Genauigkeit durch die Parabelgleichung

$$\frac{c(\varphi)}{s(\varphi)} = 2 - \left(\frac{\varphi}{\pi}\right)^2$$

ersetzt werden, so daß

$$1 + r = 3 - \left(\frac{\varphi}{\pi}\right)^2$$

wird. Damit nimmt die Gleichung (j) für A die endgültige Form an

$$A = \frac{2\psi S}{l}\,\frac{\left(1 - \cos\nu\frac{\pi}{n}\right)a - b}{1 - \dfrac{b}{1 - \cos\nu\frac{\pi}{n}}} \quad \nu = 1, 2, \ldots, n-1, \qquad \text{(28)}$$

worin

$$a = \frac{\varphi}{\varphi - \sin\varphi}, \qquad b = 3 - \left(\frac{\varphi}{\pi}\right)^2$$

bedeuten.

Um den für die Bemessung maßgebenden Wert von A aus der Reihe der $n-1$ Lösungen zu finden, bestimmen wir einen Wert

$$\eta = 1 - \cos\nu\frac{\pi}{n},$$

der der Gleichung

$$\frac{dA}{d\eta} = 0$$

genügt und finden

$$\eta = b\left(1 \pm \sqrt{1 - \frac{1}{a}}\right) = \left[3 - \left(\frac{\varphi}{\pi}\right)^2\right]\left(1 \pm \sqrt{\frac{\sin\varphi}{\varphi}}\right). \qquad \text{(28 a)}$$

wobei das Minuszeichen dem A_{max} entspricht. Man wählt sonach aus der Reihe der Beträge von $\left(1 - \cos \nu \frac{\pi}{n}\right)$ jene zwei Werte aus, die dem nach Formel (28 a) berechneten Wert von η am nächsten kommen, und ermittelt damit den spezifischen Widerstand A nach Formel (28). Der größere der beiden so berechneten Beträge wird der Bemessung zugrunde gelegt.

Mit den Formeln (28) und (28 a) ist die gestellte Aufgabe im Prinzipe gelöst. Die Gleichungen gelten im elastischen und unelastischen Bereich, wenn unter φ der allgemeinere Ausdruck

$$\varphi = l \sqrt{\frac{\psi S}{E J \tau}}$$

verstanden wird, wobei die Knickzahl τ mit dem Werte $\sigma_k = \frac{\psi S}{F}$ als Argument der Tafel *III* entnommen wird. Wir bemerken noch, daß in Gl. (28) auch der Einfluß der Felderzahl n, wie dies von einer streng richtigen Formel zu erwarten ist, zum Ausdruck kommt.

Gl. (28) stellt den spezifischen Widerstand A als Funktion des Labilitätsmaßes φ dar. Nimmt φ ab, d. h. wird der Stab bei gleichbleibender Belastung steifer, so nimmt auch A ab, die Stützung kann nachgiebiger sein. Mit zunehmendem φ wächst auch A bis zu einem Größtwert, der dem Betrage $\varphi = \pi$ entspricht. Über diesen Wert hinaus kann φ nicht wachsen, da sonst der Stab zwischen zwei Stützen, selbst wenn diese unbeweglich wären, ausknicken würde. Für $\varphi = \pi$ wird

$$a = 1 \quad \text{und} \quad b = 2$$

und damit

$$A = \frac{2 \psi S}{l} \left(1 - \cos \nu \frac{\pi}{n}\right)_{\nu = 1, 2, \ldots, n-1}.$$

A wird in diesem besonderen Falle zu einem Größtwerte, wenn $\nu = n - 1$ wird, und da

$$\cos (n - 1) \frac{\pi}{n} = - \cos \frac{\pi}{n}$$

ist, so gilt

$$A = \frac{2 \psi S}{l} \left(1 + \cos \frac{\pi}{n}\right) \quad \ldots \ldots \ldots \ldots \ldots (29)$$

Je größer die Felderzahl n wird, um so mehr nähert sich $\cos \frac{\pi}{n}$ dem Werte 1, so daß

$$\lim_{n = \infty} A = \frac{4 \psi S}{l}$$

wird. Diesen Grenzwert hat bereits Engesser abgeleitet[1]).

In Abb. 158 ist der Verlauf der Linie $A : \frac{2 \psi S}{l}$ nach Gl. (28) für $n = 2$, 4 und 10 dargestellt. Die Formel (28) liefert für $\varphi = \frac{\pi}{n}$, $A = 0$, was verständlich wird, wenn man bedenkt, daß diesem Labilitätsmaß die Knicklänge $n\,l$ entspricht. Der Stabzug ist dann für seine ganze Länge von 0 bis n gerade knicksicher. Die Querstützung kann entfallen. Die einzelnen Linien in Abb. 158 beginnen demnach in einem Punkte der φ-Achse bei $\varphi = \frac{\pi}{n}$ und erreichen bei $\varphi = \pi$ den durch Gl. (29) gegebenen Höchstwert. Die Abb. 158 läßt auch deutlich erkennen, daß der gesetzmäßige Verlauf von A nicht durch eine einzige Formel, die unabhängig von der Felderzahl n ist — solange wenigstens n eine kleine Zahl ist —,

[1]) Zentralbl. Bauverw. 1892.

dargestellt werden kann. Das teilweise Zusammenfallen der einzelnen Linien rührt davon her, daß in den betreffenden Bereichen der maßgebende Wert von $1 - \cos \nu \frac{\pi}{n}$ für die verschiedenen Linien den gleichen Betrag hat. Da nur $\cos \nu \frac{\pi}{n}$ von n abhängig ist, so folgt bei gleichem Betrage dieser Funktion auch der übereinstimmende Wert von A.

Der Wert des Widerstandes A nähert sich bei sonst gleichbleibenden Verhältnissen mit wachsender Felderzahl n sehr rasch einem Grenzwert, der größer ist als alle Werte von A, die einem kleinerem n entsprechen, weshalb man diesen Grenzwert ganz gut der Bemessung zugrunde legen kann, um so eher, als in der Regel die Felderzahl kaum kleiner als $n = 6$ sein dürfte, in welchem Falle die mit $n = 6$ und $n = \infty$ berechneten

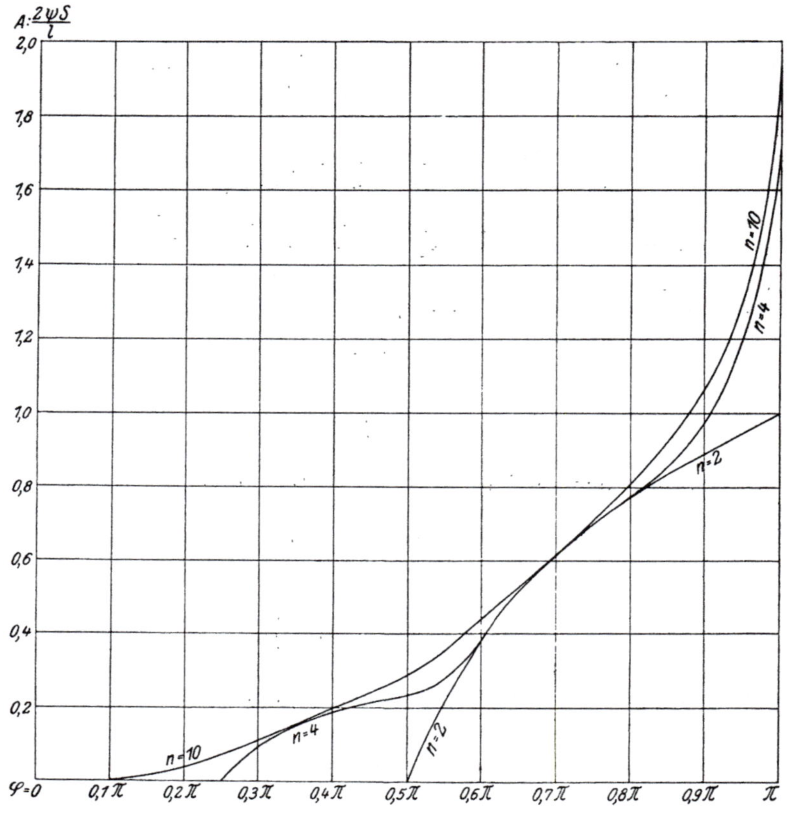

Abb. 158.

Werte von A sich um weniger als 1% voneinander unterscheiden. Wählt man also $n = \infty$, so entsprechen dieser Felderzahl unendlich viele Lösungen gemäß Formel (28). Der Ausdruck

$$\left(1 - \cos \nu \frac{\pi}{n}\right)$$

kann alle Werte zwischen 0 und 2 annehmen.

Unter diesen Werten befindet sich sonach auch der maßgebende Wert (28a), der A zu einem Maximum machte. Führt man diesen in Gleichung (28) ein, so entsteht nach einiger Umformung

$$A_{\text{erf}} = \frac{2\,\psi\, S}{l}\left[3 - \left(\frac{\varphi}{\pi}\right)^2\right] \frac{\sqrt{\varphi} - \sqrt{\sin \varphi}}{\sqrt{\varphi} + \sqrt{\sin \varphi}} \quad \ldots \ldots \ldots (30)$$

Bezeichnet man den von φ abhängigen Teil in (30) mit Φ, so nimmt A die einfache Form

$$A_{\text{erf}} = \frac{2\,\psi\,S}{l}\,\Phi \quad \text{. . . . . (30 a)}$$

an, wobei wir durch den Zusatz erf. bei A hervorheben wollen, daß durch Gl. (30) bzw. (30 a) jener erforderliche Wert des Rahmenwiderstandes A gegeben ist, der einem angenommenen Sicherheitsgrad ψ entspricht. Zur leichteren Berechnung von A ist Φ für verschiedene Werte von φ in Tafel 27 zusammengestellt.

Tafel 27.

Funktion Φ.

$\frac{\varphi}{\pi}$	Φ	$\Delta_{0,01}$	$\frac{\varphi}{\pi}$	Φ	$\Delta_{0,01}$	$\frac{\varphi}{\pi}$	Φ	$\Delta_{0,01}$	$\frac{\varphi}{\pi}$	Φ	$\Delta_{0,01}$
0,30	0,111	7,5	0,50	0,309	13,0	0,70	0,614	19,0	0,90	1,102	36
0,32	0,126	8,0	0,52	0,335	13,0	0,72	0,652	20,0	0,91	1,138	39
0,34	0,142	9,0	0,54	0,361	13,5	0,74	0,692	21,0	0,92	1,177	42
0,36	0,160	9,5	0,56	0,388	14,5	0,76	0,734	21,5	0,93	1,219	45
0,38	0,179	9,5	0,58	0,417	15,0	0,78	0,777	22,5	0,94	1,264	52
0,40	0,198	10,0	0,60	0,447	15,5	0,80	0,822	24,0	0,95	1,316	59
0,42	0,218	10,5	0,62	0,478	16,0	0,82	0,870	25,5	0,96	1,375	69
0,44	0,239	11,0	0,64	0,510	17,0	0,84	0,921	27,5	0,97	1,444	86
0,46	0,261	12,0	0,66	0,544	17,0	0,86	0,976	30,0	0,98	1,530	122
0,48	0,285	12,5	0,68	0,578	18,0	0,88	1,036	33,0	0,99	1,652	348
									1,00	2,000	

Es ist zweckmäßig, für den praktischen Gebrauch die Gleichung für das Labilitätsmaß φ umzuformen.

Mit Benützung der Beziehung

$$S_E = \pi^2 \frac{E\,J\,\tau_E}{l^2},$$

wenn S_E die natürliche Knicklast für die Feldweite l darstellt, läßt sich, wie man leicht nachrechnet, φ auf die Form

$$\varphi = \pi \sqrt{\frac{\psi\,S}{S_E} \cdot \frac{\tau_E}{\tau}}$$

bringen. Die Knickzahl τ gehört zur tatsächlichen Knickspannung $\sigma_k = \frac{\psi\,S}{F}$, die Knickzahl τ_E zur Knickspannung $\sigma_E = \frac{S_E}{F}$, d. i. die dem Schlankheitsverhältnis $\frac{l}{i}$ des Gurtfeldes entsprechende Knickspannung. F ist die Querschnittsfläche des Gurtes. Nun sind τ und τ_E, wenn im Augenblicke des Knickens die Elastizitätsgrenze überschritten ist, Funktionen der zugehörigen Knickspannungen σ_k und σ_E, und zwar gemäß Gl. (9) in **30**.

$$\tau = \frac{\sigma_k}{E}\left(\frac{3{,}1 - \sigma_k}{0{,}0358}\right)^2 \text{ und } \tau_E = \frac{\sigma_E}{E}\left(\frac{3{,}1 - \sigma_E}{0{,}0358}\right)^2.$$

Nach Einführung dieser Ausdrücke in die Gleichung für φ erhält man, falls man noch $\psi\,S$ und S_E durch $\sigma_k F$ und σ_E F ersetzt, die einfache Gleichung für φ

$$\varphi = \left(\frac{3{,}1 - \sigma_E}{3{,}1 - \sigma_k}\right)\pi, \quad \text{. . . . . (31 a)}$$

gültig für $\sigma_k > 1{,}906$ t/cm² und $\sigma_E > 1{,}906$ t/cm².

σ_k muß naturgemäß stets kleiner wie σ_E sein, kann also auch, wenn $\sigma_E > 1{,}906$ ist, unterhalb der Elastizitätsgrenze liegen, was oft der Fall sein wird, wenn der Gurt einen Überschuß an Knicksicherheit bezogen auf die Feldlänge aufweist. In diesem Falle ist $\tau = 1$ und φ nimmt die Form an

$$\varphi = \pi \frac{3,1 - \sigma_E}{1,66} \sqrt{\sigma_k}, \qquad (31\,b)$$

gültig für $\sigma_E > 1,906$ t/cm² und $\sigma_k \gtreqless 1,906$ t/cm².

Liegen schließlich σ_E und σ_k unterhalb der Elastizitätsgrenze, dann ist τ und $\tau_E = 1$ und es gilt

$$\varphi = \pi \sqrt{\frac{\psi S}{S_E}} = \pi \sqrt{\frac{\sigma_k}{\sigma_E}}, \qquad (31\,c)$$

gültig für $\left.\begin{matrix}\sigma_k\\ \sigma_E\end{matrix}\right\} \leqq 1,906$ t/cm²,

wobei σ_E einfach die der Eulerschen Knicklast entsprechende Druckspannung für die Feldlänge l darstellt.

Dort wo der Sicherheitsgrad in Form einer zulässigen Beanspruchung vorgeschrieben ist, wie dies z. B. in Österreich der Fall ist, kann man setzen

$$\psi = \frac{3,800}{\sigma_{zul}},\text{[1]}$$

womit die Gleichung für den erforderlichen Rahmenwiderstand A_{erf} die Form annimmt

$$A = \frac{7,6\,S}{l\,\sigma_{zul}}\,\Phi. \quad \text{(in t und cm)}$$

S ist hierin die Nutzlast.

In Gl. (28) haben wir eine auf einwandfreier Grundlage aufgebaute Formel für die Berechnung der Knicksicherheit gedrückter Stabzüge, die nur in einzelnen Punkten gestützt sind, gewonnen. Die Gleichung (28) berücksichtigt auch die Felderzahl n, doch wird man von ihr nur dann Gebrauch machen, wenn $n < 6$ ist. Andernfalls genügt die durch einen Grenzübergang aus (28) gewonnene Gleichung (30), deren Anwendung unter Zuhilfenahme der Tafel 27 höchst einfach ist.

Zwecks Vergleich der Engesserschen Formel (17′) mit Gl. (30), bringen wir (17′) mit Benützung des Labilitätsmaßes φ auf die Form

$$A = \frac{2\,\psi\,S}{l}\,\frac{\varphi^2}{8}.$$

In Abb. 159 sind beide Linien Gl. (17′) und Gl. (30) veranschaulicht. Die Engesserlinie schmiegt sich im Bereiche von $\varphi = 0$ bis etwa $\varphi = 0,7\,\pi$ sehr gut der Linie nach Formel (30) an. Von da an verläßt sie aber diese Kurve und die Abweichungen werden in dem Maße, als sich φ dem Werte π nähert, immer größer. Nun ist der Bereich von $0,7\,\pi$ bis π praktisch sehr wichtig, da er, wie bereits erwähnt, insbesondere bei gedrungen gebauten Fachwerkgurten, bei denen bei Eintritt des labilen Gleichgewichtszustandes die Elastizitätsgrenze überschritten wird, die Ausführungsregel darstellt.

1918 veröffentlichte Engesser die Ergebnisse einiger sehr bemerkenswerter Versuche mit elastisch gestützten Stäben[2]. Die Übereinstimmung seiner Formel mit den Versuchsergebnissen für steife Stäbe, also für $\varphi < 0,7\,\pi$ hat Prof. Engesser bereits festgestellt. Wir haben daher in Abb. 159 nur die in den Bereich $\varphi > 0,7\,\pi$ fallenden Versuchswerte nach den Angaben Engessers eingetragen. Es sind dies 8 Werte, von denen 7 eine sehr gute Übereinstimmung mit Formel (30) zeigen; nur Versuch 14 weicht ziemlich erheblich von dem durch die neue Formel gegebenen Wert ab.

Eine etwas bessere Übereinstimmung wird allerdings erzielt, wenn man der Berechnung von A, mit Rücksicht auf die kleine Felderzahl $n = 5$ bei diesem Versuche,

---

[1] Siehe die Ausführungen in 27 S. 104.

[2] Engesser, Fr., Versuche und Untersuchungen über den Knickwiderstand des seitlich gestützten Stabes. Der Eisenbau 1918, S. 28.

Formel (28) zugrunde legt, doch ist selbst dann die Übereinstimmung keine so gute wie in den anderen Fällen. Hier dürfte ein Mangel des Versuchs vorliegen.

Als Nachteil der Formel (30) bzw. (30 a) kann der Umstand betrachtet werden, daß der Sicherheitsgrad ψ nicht exiplizite bestimmt werden kann, da ψ in φ und somit auch in Φ transzendent gebunden ist. Die Gleichung (30) kann nach ψ nur durch Versuchen gelöst werden, wobei man sich mit großem Vorteile der Tafel der Funktionen Φ bedienen kann. Beim Entwerfen eiserner Brücken wird man wohl in der Regel so vorgehen, daß man die Gurtabmessungen zunächst festlegt und die Rahmenabmessungen auf Grund des mittels Gl. (30) bestimmten A_{erf} für den vorgeschriebenen Sicherheitsgrad ψ ermittelt. Man stellt dann den erforderlichen Wert von A dem gewählten Ausführungswert gegenüber.

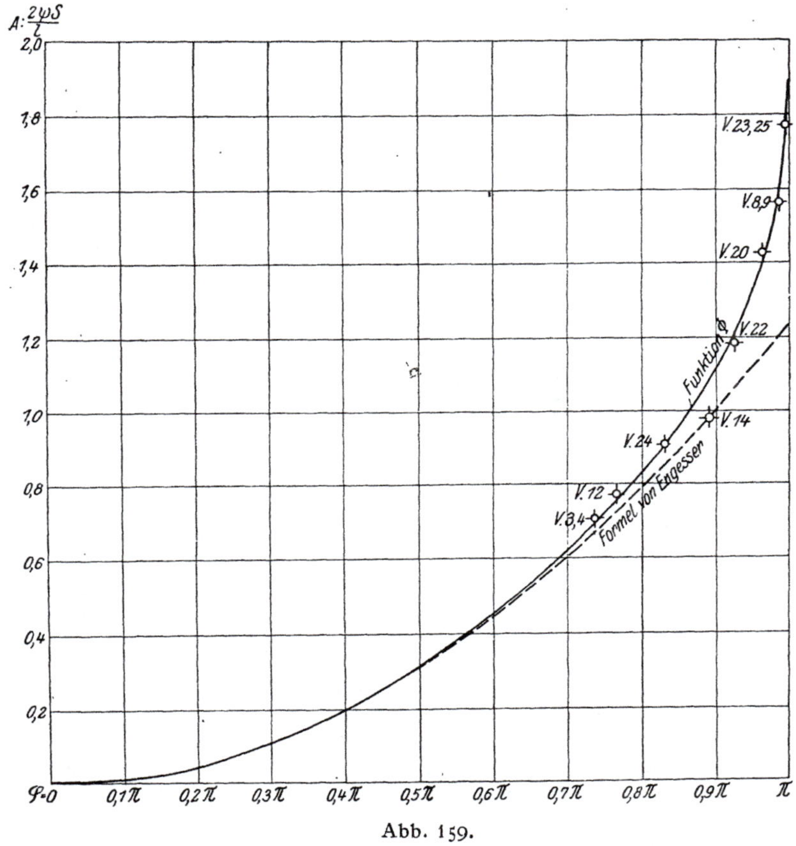

Abb. 159.

1. Beispiel. Ein über der Bahn liegender Versteifungsträger einer Hängebrücke sei an der ungünstigsten Stelle im Obergurt mit $S = 1665$ t beansprucht[1]). Welchen Querschnitt haben die Pfosten zu erhalten, damit eine mindestens 3 fache Sicherheit gegen Ausknicken des Obergurtes gewährleistet ist? Die Querschnittsfläche des Gurtes (siehe Abb. 160) beträgt 1816,6 cm², das Trägheitsmoment $J_y = 1914600$ cm⁴, der Trägheitshalbmesser $i_y = 32{,}48$ cm, die Feldlänge $l = 805$ cm. Sämtliche angegebene Werte sind Mittelwerte für die beiden den fraglichen Rahmen begrenzenden Gurtstäbe.

Wir untersuchen zunächst, ob der Gurt auf die Feldlänge l die notwendige 3 fache Knicksicherheit aufweist. Mit

$$\frac{l}{i_y} = \frac{805}{32{,}48} = 24{,}8$$

[1]) Im tatsächlichen Ausführungsfalle wird man für jeden Rahmen das erforderliche A, wie nachstehend an einem Felde gezeigt, bestimmen und die Rahmenabmessungen mit dem größten Wert von A ermitteln.

erhält man aus Tafel I die Knickspannung $\sigma_E = 2{,}817$, und somit den Sicherheitsgrad

$$\frac{\sigma_E F}{S} = \frac{2{,}817 \cdot 1816{,}6}{1665} = 3{,}07\,.$$

Der Gurt weist somit nur einen ganz geringen Überschuß über die notwendige 3fache Sicherheit auf.

Mit

$$\sigma_k = \frac{3 \cdot 1665}{1816{,}6} = 2{,}748 \text{ t/cm}^2$$

und dem bereits oben berechneten σ_E findet man φ nach Gl. (31a)

$$\varphi = \frac{3{,}100 - 2{,}817}{3{,}100 - 2{,}748}\,\pi = 0{,}804\,\pi\,.$$

Damit aus der Tafel 27, $\Phi = 0{,}832$.

Somit ist der erforderliche Rahmenwiderstand nach Gl. (30a)

$$A_{erf} = \frac{2 \cdot 3 \cdot 1665}{805} \cdot 0{,}832 = \mathbf{10{,}30} \text{ t/cm}.$$

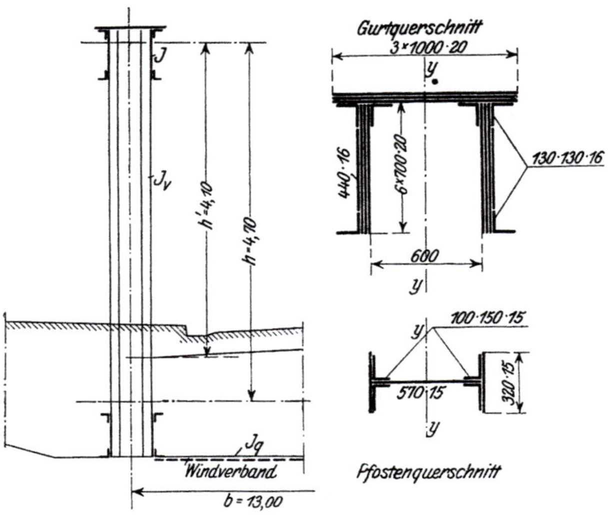

Abb. 160.

Der gewählte Pfostenquerschnitt ist in Abb. 160 dargestellt. Es ist

$$J_v = 196130 \text{ cm}^4, \qquad J_q = 1{,}828000 \text{ cm}^4$$
(Mittelwert).

Mit diesen Werten und den in der Abbildung 160 eingetragenen Abmessungen erhält man den wirklichen Rahmenwiderstand nach Gl. (20), S. 192, wenn man unter Vernachlässigung der Pfostenlängskraft $J_v' = J_v$ setzt.

$$A = \frac{2150}{\dfrac{410^3}{3 \cdot 196130} + \dfrac{470^2 \cdot 1300}{2 \cdot 1828000}} = 10{,}99 \text{ t/cm}\,.$$

Der gewählte Pfostenquerschnitt ist sonach für eine 3fache Sicherheit des Druckgurtes ausreichend.

Der Wert von φ, mit dem sich A sehr rasch ändert, ist bei dem hier in Betracht kommenden Schlankheitsverhältnis des Gurtes sehr empfindlich für eine kleine Änderung der Knickspannung σ_k. Wird diese nur um wenige Hundertteile kleiner, so nimmt φ sehr rasch und damit noch rascher A ab. Diese Empfindlichkeit von φ für Änderungen der Größe σ_k nimmt mit zunehmender Schlankheit des Gurtes ab.

Hätte man daher für einen Rahmen ein erforderliches A gefunden, das bedeutend größer ist als die übrigen ermittelten Rahmenwiderstände, so genügt eine oft geringe Verstärkung der beiden Gurtstäbe, die diesen mit dem ungünstigsten Wert von A behafteten Rahmen begrenzen um seinen Rahmenwiderstand in besseren Einklang mit dem der übrigen Rahmen zu bringen Sämtliche Rahmen können dann auf Kosten einer geringen Verstärkung in zwei Gurtfeldern entsprechend schwächer gehalten werden.

Nach Engesser hätte man mit dem der Ausführung entsprechenden Rahmenwiderstand $A = 10{,}99$ t/cm mittels Formel (17) den Sicherheitsgrad

$$\nu = \frac{2}{1665}\sqrt{\frac{2150 \cdot 1914600 \cdot 10{,}99}{805}} = 9{,}0$$

gefunden, also einen 3 mal so großen Wert als den tatsächlichen.

2. Beispiel. Eine Straßenbrücke mit über der Bahn liegenden Fachwerk-Bogenträgern weise im Bogenuntergurt in dem hinsichtlich der Knicksicherheit auf Feldlänge am stärksten ausgenützten Gurtstab eine Druckkraft von 560 t auf[1]). Der obere Windverband liege im Bogenobergurt, die Untergurtstäbe seien durch die Hängestangen elastisch gestützt. Welchen Querschnitt haben die Hängestangen zu erhalten, damit der Bogenuntergurt mindestens 3,5 fache Sicherheit gegen seitliches Ausweichen aufweise? (Abb. 161.)

[1]) Es empfiehlt sich, falls man nicht alle Rahmen untersucht, die Untersuchung wenigstens für den stärkst ausgenützten Stab, für den also φ den größten Wert hat, und für die Scheitelstäbe, wo die Rahmen die größte Nachgiebigkeit zeigen, durchzuführen.

Der Berechnung liegen folgende Querschnittswerte zugrunde:

$F = 706{,}4\ \text{cm}^2$, $\quad J_y = 331\,600\ \text{cm}^4$, $\quad i_y = 21{,}67\ \text{cm}$, $\quad$ Gurtstablänge $l = 520$ cm.

Die Knicksicherheit gegen seitliches Ausknicken auf Feldlänge beträgt:

Mit $\frac{l}{i_y} = \frac{520}{21{,}67} = 24$ und dem dazugehörenden $\sigma_E = 2{,}826\ \text{t/cm}^2$ aus Tafel I

$$\psi = \frac{706{,}4 \cdot 2{,}826}{560} = 3{,}57\,.$$

Es ist nun

$$\sigma_k = \frac{3{,}5 \cdot 560}{706{,}4} = 2{,}773\,,$$

und somit

$$\varphi = \frac{3{,}1 - 2{,}826}{3{,}1 - 2{,}773}\,\pi = 0{,}838\,\pi$$

und aus Tafel 27. $\Phi = 0{,}916$.

Mithin erhält man

$$A_{\text{erf}} = \frac{2 \cdot 3{,}5 \cdot 560}{520}\, 0{,}916 = \mathbf{6{,}91}\ \text{t/cm}\,.$$

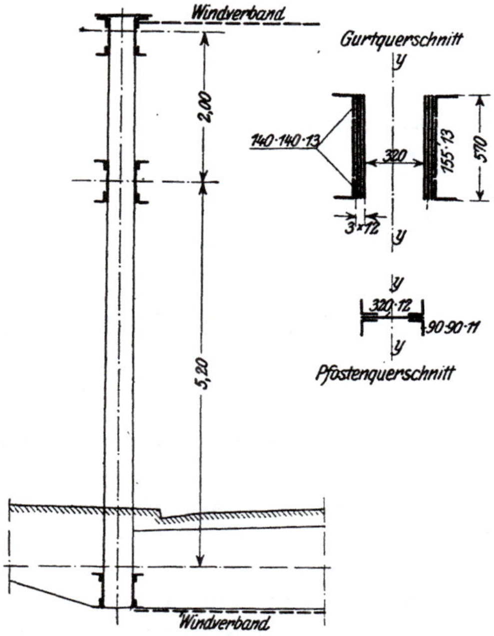

Abb. 161.

Für die Hängestangen wurde der in Abb. 161 dargestellte Querschnitt mit $J_v = 17\,210\ \text{cm}^4$ gewählt. Für den vorliegenden Rahmen erhält man den Rahmenwiderstand A wie folgt: Nach Formel (23) wird bei Beachtung der in Abb. 161 eingeschriebenen Maße und mit $J_q = 960000\ \text{cm}^4$ und $b = 8$ m

$$X = \frac{5{,}20}{7{,}20} - \frac{2{,}0\,(7{,}2^2 - 2{,}0^2)}{7{,}2^2\left(2 \cdot 7{,}2 + 3 \cdot 8\,\frac{17\,210}{960\,000}\right)}$$

$$= 0{,}722 - 0{,}125 = 0{,}597\ \text{t},$$

womit gemäß (24)

$$\delta_1 = \frac{520^2}{2150}\left(\frac{520}{3 \cdot 17\,210} + \frac{800}{2 \cdot 960\,000}\right) = 1{,}320\,,$$

$$\delta_2 = \frac{0{,}597 \cdot 520}{2150}\left[\frac{(2 \cdot 520 + 3 \cdot 200)\,520}{6 \cdot 17\,210} + \frac{720 \cdot 800}{2 \cdot 960\,000}\right] = 1{,}236$$

und schließlich

$$A = \frac{1}{\delta_1 - \delta_2} = 11{,}90\ \text{t/cm}\,,$$

welchem Wert ein $A_{\text{erf}} = 6{,}91$ t/cm gegenübersteht.

Nach Engesser hätte man im vorliegenden Falle einen erforderlichen Wert von A bei 5 facher Sicherheit nach Gl. (17′)

$$A_{\text{erf}} = \frac{5^2 \cdot 560^2 \cdot 520}{4 \cdot 2150 \cdot 331\,600} = 1{,}43\ \text{t/cm}$$

erhalten. Trotz des angenommenen höheren 5 fachen Sicherheitsgrades wurde für A ein Wert gewonnen, der nur den 5. Teil des oben erhaltenen ausmacht.

Berechnet man aber umgekehrt mit dem eben erhaltenen $A_{\text{erf}} = 1{,}43$ t/cm den tatsächlichen Sicherheitsgrad aus unserer Formel (30a) (durch Probieren), so findet man $\psi = 1{,}95$. Statt des angenommenen Sicherheitsgrades $\psi = 5$ beträgt er nur rd. 2.

3. Beispiel. Die parallelgurtigen Hauptträger einer leichten Brücke weisen im Obergurt bei konstantem Gurtquerschnitt eine größte Druckkraft von 62 t auf. Der Querschnitt besteht bei $l = 4{,}0$ m Rahmenabstand aus][NP 30 mit 2,0 cm Stegabstand. Es ist $F = 117{,}6\ \text{cm}^2$, $J_y = 2600\ \text{cm}^4$, $i_y = 4{,}70$ cm. Wie groß ist A_{erf} bei 4 facher Sicherheit?

Mit

$$\frac{l}{i_y} = \frac{400}{4{,}70} = 85$$

findet man $\sigma_E = 2{,}131\ \text{t/cm}^2$ und sonach den Sicherheitsgrad für Knicken senkrecht zur Tragwand ebene

$$\psi = \frac{117{,}6 \cdot 2{,}131}{62{,}0} = 4{,}04\,.$$

Aus

$$\sigma_k = \frac{4 \cdot 62{,}0}{117{,}6} = 2{,}109 \text{ t/cm}^2$$

und dem oben berechneten σ_E erhält man

$$\varphi = \frac{3{,}1 - 2{,}131}{3{,}1 - 2{,}109}\,\pi = 0{,}978\,\pi$$

und damit aus Tafel 27

$$\Phi = 1{,}513.$$

Somit

$$A_{ert} = \frac{2 \cdot 4 \cdot 62}{400}\,1{,}513 = \mathbf{1{,}876} \text{ t/cm}^2.$$

Nach Engesser erhält man bei 5facher Sicherheit

$$A_{ert} = \frac{5^2 \cdot 62^2 \cdot 400}{4 \cdot 2150 \cdot 2600} = 1{,}718 \text{ t/cm},$$

der mit dem eben gewonnenen Wert von A_{ert} recht gut übereinstimmt. Hätte man aber, wie oben, nur mit 4facher Sicherheit gerechnet, so wäre $A_{ert} = 1{,}10$ t/cm.

§ 12. Knicksicherheit von Bogenträgern.

51. Die Knicklast des kreisförmig gebogenen Stabes.

Die Differentialgleichung der elastischen Linie.

Das Problem des labilen Gleichgewichtes geschlossener Kreisringe und der nach Kreisbogenform gebogenen Stäbe wurde zuerst von den französischen Forschern M. Lévy, M. Halphen und J. Boussinesq eingehend behandelt[1]). Die nachfolgende Ableitung der Differentialgleichung der elastischen Linie für den Bogenstab schließt sich im wesentlichen der von Boussinesq gegebenen Darstellung an.

Bezeichnet r den Krümmungshalbmesser des unbelasteten Stabes, ϱ den Krümmungshalbmesser des entformten Stabes, so gilt für die Krümmungsänderung die bekannte Beziehung

$$\frac{1}{r} - \frac{1}{\varrho} = -\frac{M}{EJ\tau}, \quad \ldots \ldots \ldots \quad (1)$$

wobei wir Gl. (1) noch durch Einführung der Knickzahl τ ebenso wie beim geraden Stab verallgemeinert haben. Wir setzen im Zusammenhange mit dem Minuszeichen auf der rechten Gleichungsseite noch fest, daß die Momente dann positiv zu zählen sind, wenn sie den Stab stärker zu krümmen trachten (Abb. 162).

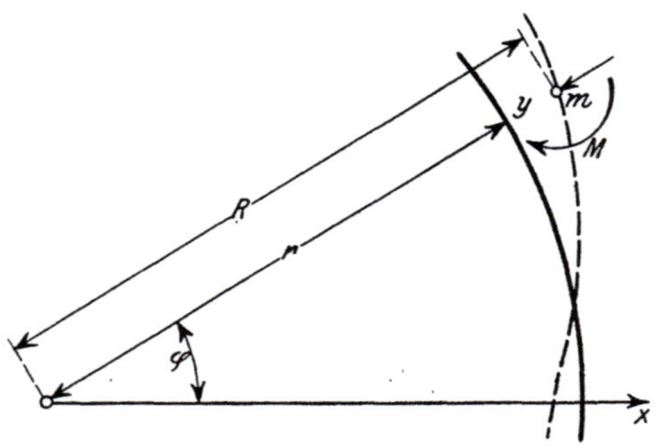

Abb. 162.

Die Lage irgendeines Punktes m der deformierten Stabachse sei durch die Polarkoordinaten $R = r + y$ und φ festgelegt.

Die Krümmung einer Linie ist in Polarkoordinaten durch die Formel

$$\frac{1}{\varrho} = \frac{R^2 + 2\left(\frac{dR}{d\varphi}\right)^2 - R\,\frac{d^2R}{d\varphi^2}}{\left[R^2 + \left(\frac{dR}{d\varphi}\right)^2\right]^{\frac{3}{2}}}$$

gegeben.

[1]) Lévy, M.: Mémoire sur un nouveau cas intégrable du problème de l'élastique et l'une de ses applications. J. de Math. (Liouville), 3. Serie, T. 10, 1884, S. 5. — Halphen, M.: Sur une courbe élastique. Comptes Rendus 1884, S. 422. — Boussinesq, Résistence d'un anneau à la flexion etc. Comptes Rendus 1883, S. 843. Siehe auch Mayer, R.: Über Elastizität und Stabilität des geschlossenen und offenen Kreisbogens. Z. f. Math. u. Phys. 1913, Bd. 61, S. 246.

Ebenso wie bei der Untersuchung des elastischen Gleichgewichtes des geraden Stabes können wir auch hier voraussetzen, daß y und seine ersten beiden Ableitungen klein sind, so daß Produkte und Quadrate dieser Größen vernachlässigt werden können. Mit

$$\frac{dR}{d\varphi}=\frac{dy}{d\varphi} \quad \text{und} \quad \frac{d^2R}{d\varphi^2}=\frac{d^2y}{d\varphi^2}$$

vereinfacht sich die Gleichung für die Krümmung und wir erhalten

$$\frac{1}{\varrho}=\frac{r+y-\dfrac{d^2y}{d\varphi^2}}{(r+y)^2}.$$

Setzt man, unter Vernachlässigung der Glieder höherer Ordnung,

$$(r+y)^{-2}=\frac{1}{r^2}\left(1-2\frac{y}{r}\right),$$

so erhält man für die Krümmungsänderung den Ausdruck

$$\frac{1}{r}-\frac{1}{\varrho}=\frac{1}{r^2}\left(y+\frac{d^2y}{d\varphi^2}\right). \quad \ldots \quad (2)$$

Die Verbindung von (1) und (2) liefert schließlich die Gleichung der elastischen Linie in der Form

$$\frac{d^2y}{d\varphi^2}+y=-\frac{Mr^2}{EJ\tau}. \quad \ldots \quad (3)$$

Die Knicklast des an den Enden gelenkig befestigten Kreisbogens.

Wir denken uns den gebogenen Stab derart belastet, daß nur eine genau axial verlaufende konstante Längskraft N entsteht, wie dies z. B. in Abb. 163 dargestellt ist. Ist y die radial gemessene Verschiebung eines beliebigen Punktes im labilen Gleichgewichtszustande, so ist das verbiegende Moment $M=Ny$ und die Differentialgleichung der elastischen Linie lautet

$$\frac{d^2y}{d\varphi^2}+y=-\frac{Nr^2}{EJ\tau}y.$$

Setzt man

$$\alpha=\sqrt{1+\frac{Nr^2}{EJ\tau}},$$

so geht die Differentialgleichung in

$$\frac{d^2y}{d\varphi^2}+\alpha^2y=0 \quad \ldots \quad (4)$$

über, deren allgemeine Lösung bekanntlich durch

$$y=C_1\sin\alpha\varphi+C_2\cos\alpha\varphi$$

gegeben ist.

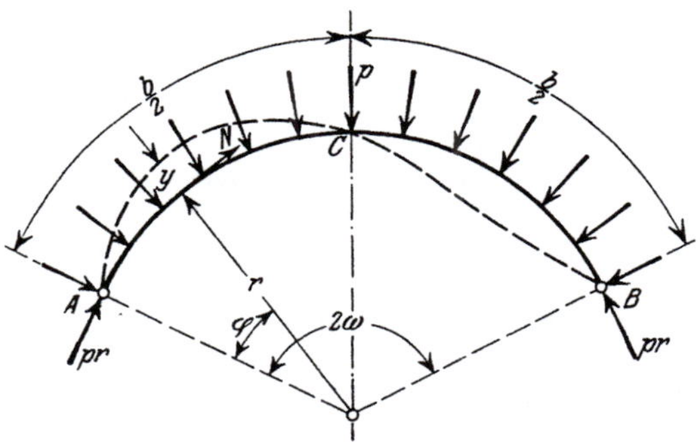

Abb. 163.

Aus den Randbedingungen $\varphi=0$, $y=0$ und $\varphi=2\omega$, $y=0$ folgt aber $C_1=C_2=0$, somit auch $y=0$. Nun besteht aber neben dieser allgemeinen Lösung noch eine besondere mit einem unbestimmten Faktor C behaftete Lösung[1]), die ebenfalls den Randbedingungen genügt, nämlich

$$y=C\sin n\frac{\pi\varphi}{2\omega} \quad \ldots \quad (5)$$

für den Sonderfall, wo

$$\alpha=n\frac{\pi}{2\omega} \qquad (n=2,3,\ldots) \quad \ldots \quad (5')$$

ist, und diese Lösung kennzeichnet den labilen Gleichgewichtszustand.

[1]) Man vergleiche hiermit auch die Ausführungen in **34**, S. 123.

Ist $n=1$, so hat y von $\varphi=0$ bis $\varphi=2\omega$ stets das gleicher Vorzeichen, die deformierte Stabachse liegt ober- oder unterhalb der ursprünglichen Stabachse. Da dies aber nur dann möglich ist, wenn sich die Bogenlänge ändert, wozu aber im Augenblick des Ausknickens kein Anlaß besteht, so ist der $n=1$ entsprechende Deformationszustand unmöglich. n muß daher >1 sein[1]). Führt man in Gl. (5') für α den ausführlichen Wert ein, so erhält man

$$2\omega\sqrt{1+\frac{Nr^2}{EJ\tau}}=n\pi$$

als Knickbedingung. Aus dieser Gleichung geht der kleinste Wert für N bei $n=2$ hervor, nämlich

$$N_k=\frac{EJ\tau}{r^2}\left[\left(\frac{\pi}{\omega}\right)^2-1\right].$$

Aus Gl. (5) folgt für $\varphi=\omega$, $y=0$, d. h. der Scheitel ist ein Inflexionspunkt, der Bogen knickt in zwei Halbwellen aus, wie dies in Abb. 163 dargestellt ist[2]).

Setzt man $r\omega=\frac{b}{2}$, so nimmt die Gleichung für die Knicklast die Form

$$N_k=\frac{\left[\pi^2-\left(\frac{b}{2r}\right)^2\right]EJ\tau}{\left(\frac{b}{2}\right)^2} \quad \ldots\ldots\ldots\ldots \quad (6)$$

an. Für sehr flache Bogen kann $\left(\frac{b}{2r}\right)^2$ gegen π^2 vernachlässigt werden und die Formel für die Knicklast erhält die einfache Gestalt

$$N_k=\frac{\pi^2 EJ\tau}{\left(\frac{b}{2}\right)^2} \quad \ldots\ldots\ldots\ldots \quad (6')$$

Die Gleichungen (6) bzw. (6') haben die Form der Engesser-Karman-Formel, wenn man $\frac{b}{2}:\sqrt{1-\left(\frac{b}{2r\pi}\right)^2}$ bzw. $\frac{b}{2}$ als Knicklänge auffaßt. Es gilt sonach: *Ein beiderseits unverschieblich, aber gelenkig gelagerter Bogenstab mit unveränderlichem Querschnitt und konstanter Längskraft N ist für Ausknicken in der Bogenebene mit der Länge $\frac{b}{2}:\sqrt{1-\left(\frac{b}{2r\pi}\right)^2}$ als Knicklänge zu berechnen.*

52. Anwendung auf Zweigelenkbogenträger und eingespannte Bogen.

Die im Eisenbau zur Anwendung gelangenden Bogenträger haben meist kleinen Pfeil, auch weicht ihre Form nur wenig von der Kreisbogenform ab; so daß unter der weiteren Voraussetzung, daß die Längskraft N unveränderlich sei, die Knicksicherheit mit praktisch genügender Annäherung nach der oben festgestellten Regel ermittelt werden kann. Aus dem Horizontalschub $H_{\max}$ und der Auflagerkraft A erhält man die größte Längskraft am Kämpfer annähernd mit

$$N=\sqrt{A^2+H_{\max}^2},$$

mit welcher Belastung die Knicksicherheit nachgewiesen werden kann. Ist der Bogenquerschnitt veränderlich, was in der Regel der Fall sein wird, so rechne man mit einem auf

[1]) Dies gilt bei festgehaltenen Bogenenden. Sind diese in der Richtung der Sehne verschieblich, so ist auch der Fall $n=1$ möglich, die Knicklast ist dann bedeutend kleiner.

[2]) Zu dem gleichen Ergebnis gelangt man, wenn man den Bogen als ein Stabpolygon ansieht. Siehe Bleich: Die Knickfestigkeit elastischer Stabverbindnngen. Eisenbau 1919, S. 169.

Grund der Formeln in Tafel 18 S. 142 ermittelten Ersatzträgheitsmoment, das aus dem Scheitel und Kämpferquerschnitt berechnet wird.

Die Tatsache, daß der Scheitel des Bogens Inflexionspunkt beim Ausknicken ist, wurde durch einen Versuch erwiesen, den die Maschinenfabrik Augsburg-Nürnberg, Werk Gustavsberg, im Jahre 1913 durchgeführt hat. Die Abweichung zwischen der rechnungsmäßig nach der obigen Regel festgestellten Knickkraft und der durch den Versuch ermittelten betrug 1,3%[1].

Eingespannter Bogen. Jede Bogenhälfte verhält sich wie ein einerseits fest eingespannter, anderseits am Scheitel gelenkig gelagerter Stab. Die in Rechnung zu stellende Knicklänge ist sonach gegenüber der des Zweigelenkbogens durch 0,7 zu teilen. Somit gilt:

$$N_k = \frac{\pi^2 E J \tau}{\left(\frac{b}{2 \cdot 0{,}7}\right)^2} = \frac{\pi^2 E J \tau}{\left(\frac{b}{1{,}4}\right)^2} \quad \ldots \ldots \ldots \ldots \quad (7)$$

53. Die Stabilität des Dreigelenkbogens.

Auf den ersten Blick könnte man meinen, daß an Stelle des Momenten-Nullpunktes, der sich im Scheitel des beiderseits drehbar gelagerten Bogenstabes im labilen Gleichgewichtszustande ausbildet, ein Gelenk gesetzt werden kann und daß sich daher die Knicklast des symmetrischen Dreigelenkbogens mit der des Zweiggelenkbogens bei sonst gleichen Verhältnissen decke. Die Abb. 164 läßt aber erkennen, daß beim Dreigelenkbogen, gerade durch die Anwesenheit des Gelenkes begünstigt, eine zweite Entformungsmöglichkeit besteht, die durch einen scharfen Knick im Scheitel gekennzeichnet ist, und erwarten läßt, daß die dieser Verformungsfigur entsprechende Knicklast kleiner ausfällt als beim Bogenstab. Das Stabilitätsproblem des mit einem Zwischengelenk versehenen Bogenstabes ist bisher noch nicht strenge gelöst. Eine Annäherungsrechnung für die Knicklast hat Engesser geliefert[2]. Der Grundgedanke dieser Rechnung ist zunächst folgender: Da im Knickzustande für jeden Punkt der Stabachse Gleichgewicht zwischen den äußeren und inneren Kräften herrschen muß, so gilt allgemein die Gleichung

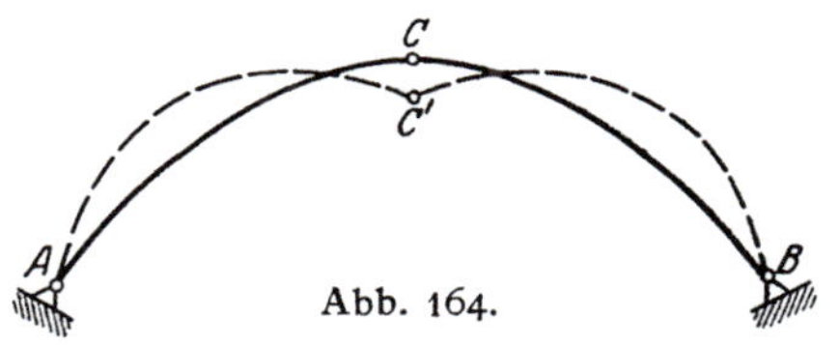

Abb. 164.

$$M_a = M_i,$$

wo M_a das Moment der äußeren, M_i das der inneren Kräfte für irgendeinen Punkt der Stabachse bedeutet. Ist nun die Verformungslinie für den Knickzustand dem allgemeinen Verlaufe nach bekannt, so kann, ähnlich wie wir dies in **37** durchgeführt haben, das genauere Gesetz der Verformungslinie unter Berücksichtigung der Randbedingungen, ohne großen Fehler im Endergebnis, innerhalb gewisser Grenzen willkürlich angenommen werden. Aus der so gewählten Verformungslinie kann M_a und M_i berechnet werden, und es liefert schließlich die Gleichsetzung von M_a und M_i die Knickbedingung.

Angenommen ein kreisförmiger Bogenstab knicke in zwei Halbwellen aus, Abb. 165, dann gilt für das Moment M_a im Punkte m

$$M_a = N y$$

[1]) Siehe Mayer, R.: Die Knickfestigkeit, S. 145.

[2]) Siehe Mayer-Mita, Dr.-Ing. R.: Die Knicksicherheit in sich versteifter Hängebrücken, sowie des Zwei- und Dreigelenkbogens innerhalb der Tragwandebene. Eisenbau 1913, S. 425.

und für M_i die Gleichung der elastischen Linie (Gl. 3) in **51**

$$M_i = -\frac{E J \tau}{r^2}\left(y + \frac{d^2 y}{d\varphi^2}\right).$$

Wählt man

$$y = f \sin \frac{\pi \varphi}{\omega},$$

welche Annahme den Randbedingungen genügt, daß am Kämpfer und Scheitel y verschwinden soll, so erhält man nach Einführung von y in M_a und M_i die Knickbedingung

$$N f \sin \frac{\pi \varphi}{\omega} = -\frac{E J \tau}{r^2} f \sin \frac{\pi \varphi}{\omega}\left(1 - \frac{\pi^2}{\omega^2}\right)$$

oder

$$N_k = \frac{E J \tau}{r^2}\left(\frac{\pi^2}{\omega^2} - 1\right);$$

d. i. die in **51** auf strengerem Wege abgeleitete Knickformel.

Nicht so ganz einfach gestaltet sich die Rechnung für den Dreigelenkbogen.

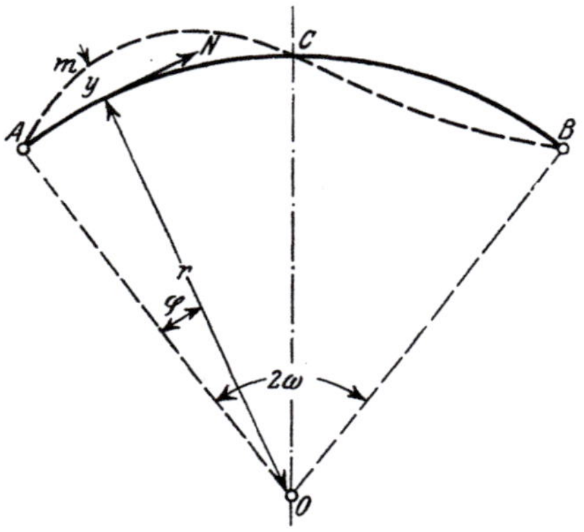

Abb. 165.

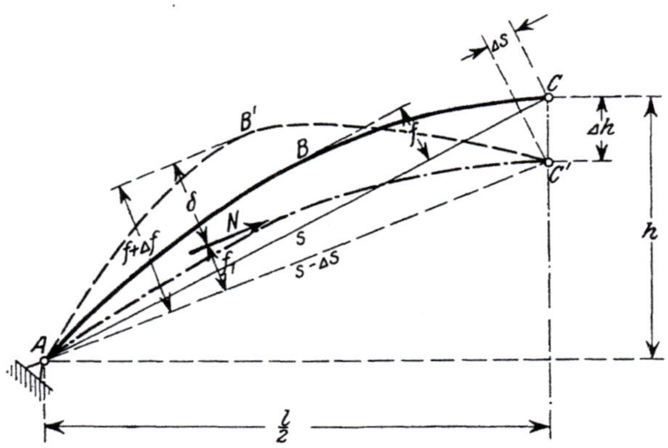

Abb. 166.

In Abb. 166 bedeutet ABC die linke Bogenhälfte knapp vor dem Ausknicken, sie habe den Pfeil f; $AB'C'$ ist die ausgeknickte Bogenachse mit der um Δs verkürzten Sehnenlänge und dem Pfeil $f + \Delta f$. Da sich beim Übergang zum labilen Gleichgewichtszustande die Bogenlänge nicht ändert, so muß

$$\text{Bogen } ABC = \text{Bogen } AB'C'.$$

Für flache Parabelbogen gilt dann

$$s + \frac{8}{3}\frac{f^2}{s} = s - \Delta s + \frac{8}{3}\frac{(f + \Delta f)^2}{s - \Delta s},$$

woraus sich bei Vernachlässigung der kleinen Glieder zweiter Ordnung

$$\Delta f = \Delta s \frac{3 s^2 - 8 f^2}{16 f s} \qquad \text{(8)}$$

berechnet.

Die in Abb. 166 strichpunktiert eingezeichnete Mittelkraftlinie (Stützlinie) verläuft für Vollbelastung nach einer Parabel, die durch den verschobenen Gelenkpunkt C' geht. Der Pfeil f_1 dieser Parabelhälfte ist

$$f_1 = \frac{1}{4}(h - \Delta h) = \frac{1}{4}\left(h - \Delta s \frac{s}{h}\right) = f - \frac{s}{16 f}\Delta s.$$

Damit ist der Abstand δ des Viertelpunktes B' von der Mittelkraftlinie, in welchem Punkte wir das Moment der äußeren und inneren Kräfte bestimmen wollen, gegeben durch

$$\delta = f + \Delta f - f_1 = f + \Delta f - \left(f - \frac{s}{16f}\Delta s\right) = \frac{\Delta s}{4fs}(s^2 - 2f^2),$$

womit

$$M_a = N\delta = \frac{N\Delta s}{4fs}(s^2 - 2f^2). \quad \ldots \ldots \ldots \ldots (9)$$

Aus der Beziehung

$$M_i = EJ\tau\left(\frac{1}{\varrho} - \frac{1}{r}\right)$$

ermitteln wir, durch überschlägige Berechnung der Krümmungen $\frac{1}{\varrho}$ und $\frac{1}{r}$ das innere Moment M_i im Punkte B'. Aus Abb. 167 folgt:

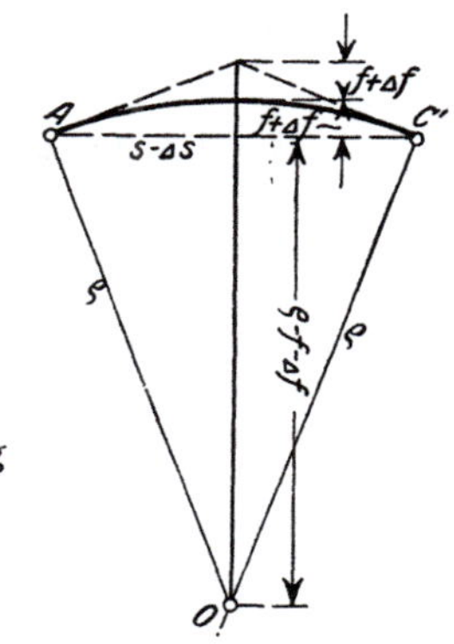

Abb. 17.

$$\left(\frac{s-\Delta s}{2}\right)^2 = 2(f+\Delta f)(\varrho - f - \Delta f)\,[1]$$

und somit

$$\frac{1}{\varrho} = \frac{8(f+\Delta f)}{(s^2 - 2s\Delta s) + 8f^2 + 16f\Delta f}$$

$$= \frac{8(f+\Delta f)}{s^2+8f^2}\left(1 + \frac{2s\Delta s - 16f\Delta f}{s^2+8f^2}\right),$$

wenn man auch hier wieder Größen zweiter Kleinheitsordnung verschwinden läßt.

Da nun

$$\frac{1}{r} = \frac{8f}{s^2+8f^2},$$

so folgt

$$\frac{1}{\varrho} - \frac{1}{r} = \frac{8\Delta f}{s^2+8f^2} + \frac{8f(2s\Delta s - 16f\Delta f)}{(s^2+8f^2)^2} = \frac{8}{s^2+8f^2}\left[\Delta f + \frac{2f(s\Delta s - 8f\Delta f)}{s^2}\right],$$

wobei im zweiten sehr kleinen Klammergliede im Nenner $8f^2$ gegen s^2 vernachlässigt wurde.

Mit Δf aus Gl. (8) ergibt sich

$$M_i = EJ\tau\Delta s\frac{8}{s^2+8f^2}\left[\frac{3s^2-8f^2}{16fs} - \frac{f}{s}\right]. \quad \ldots \ldots (10)$$

Die Verknüpfung der Gl. (9) und (10) liefert schließlich

$$N_k = EJ\tau\frac{4fs}{(s^2-2f^2)}\frac{8}{(s^2+8f^2)}\left[\frac{3s^2-8f^2}{16fs} - \frac{f}{s}\right] = EJ\tau\frac{6s^2-48f^2}{(s^2-2f^2)(s^2+8f^2)}.$$

Für den praktischen Gebrauch kann die Formel durch Unterdrückung höherer Potenzen von f vereinfacht werden; man erhält schließlich die Gleichung

$$N_k = \frac{6EJ\tau}{s^2}\left(1 - 14\left(\frac{f}{s}\right)^2\right)\,[2]. \quad \ldots \ldots \ldots \ldots (11)$$

Dreigelenkbogen sind sonach für Ausknicken in der Tragwandebene mit einer Knicklänge

$$\frac{\pi}{\sqrt{6}}\frac{s}{\sqrt{1-14\left(\frac{f}{s}\right)^2}} = 1{,}28\left[1+7\left(\frac{f}{s}\right)^2\right]s$$

[1] Bei Engesser fehlen die Glieder: $-f-\Delta f$.

[2] Der von Engesser gefundene Wert von N_k ist etwas größer.

zu berechnen. Unter s ist die Sehnenlänge eines Halbbogens, unter f seine Pfeilhöhe verstanden.

Beispiel. Ein im Werke Gustavsburg der M. A. N. durchgeführter Versuch bezog sich auf einen Stab von rechteckigem Querschnitt von den in Abb. 168 angegebenen Abmessungen. Die Belastung bestand aus Einzellasten in den Achtelpunkten.

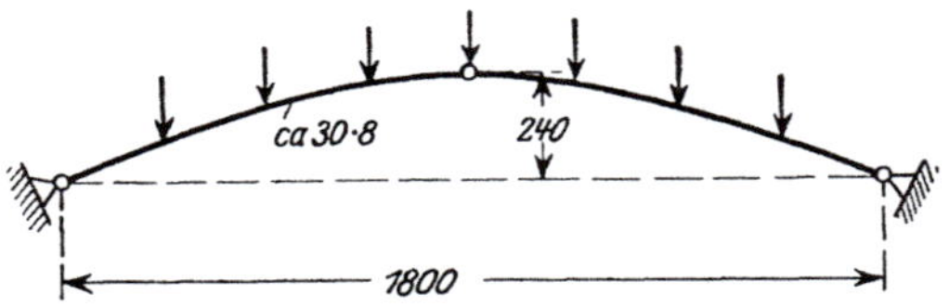

Abb. 168.

Mit

$$s = \sqrt{90^2 + 24^2} = 93{,}2 \text{ cm}, \quad f = 6 \text{ cm},$$

$$J = 0{,}1343 \text{ cm}^4 \text{ (Mittelwert)}$$

findet man, da $\frac{l}{i} < 105$, also $\tau = 1$ zu setzen ist,

$$N_k = \frac{6 \cdot 2150 \cdot 0{,}1343}{93{,}2^2} \left[1 - 14 \left(\frac{6}{93{,}2}\right)^2\right] = \mathbf{0{,}188} \text{ t}.$$

Der Versuch ergab $N_k = 0{,}202$ t, eine in Anbetracht des ziemlich rohen Annäherungsverfahrens befriedigende Übereinstimmung. Für den Zweigelenksbogen gleicher Abmessungen ergab der Versuch in sehr guter Übereinstimmung mit der Theorie, $N_k = 0{,}294$ t, also einen etwa um die Hälfte höheren Wert als beim Dreigelenkbogen.

§ 13. Ausbeulen der Wände gedrückter Stäbe.

54. Das Stabilitätsproblem plattenförmiger Körper.

In den bisherigen Untersuchungen labiler Gleichgewichtszustände haben wir die Stäbe meist als einheitliches Ganzes betrachtet. Nun bestehen die stabförmigen Teile der eisernen Brücken in der Regel aus plattenförmigen Elementen, und es ist daher denkbar, daß noch vor Eintritt der bis nun ins Auge gefaßten labilen Gleichgewichtszustände, die das Versagen des Stabes als Ganzes bedeuten, die dünnen Platten, die die Stäbe bilden, für sich genommen unter der Einwirkung der Druckkräfte in einen unsicheren Gleichgewichtszustand geraten — ausbeulen —, so daß eine frühzeitige Zerstörung des ganzen Stabes eintritt. Es wird natürlich nicht notwendig sein, in jedem Einzelfalle die immerhin langwierige Untersuchung der Bedingungen für das Eintreten des Ausbeulens vorzunehmen. Wir werden die Aufgabe dieses Paragraphen dahin begrenzen, aus den allgemeinen Ergebnissen der nachstehenden Erörterungen, Regeln für das Verhältnis der Plattenstärke zu den übrigen Stababmessungen für den praktischen Gebrauch aufzustellen. In engem theoretischen Zusammenhang mit der hier erwähnten Frage steht auch das Problem der Knicksteifigkeit der Stegbleche von auf Biegung beanspruchten I-förmigen Trägern, welche Frage aber erst in **60** besprochen werden soll.

Mit dem Problem des Ausbeulens rechteckiger Platten hat sich als Erster Bryan[1]) beschäftigt. Er gab die Lösung für die ringsum frei drehbar gelagerte Platte, die an zwei gegenüberliegenden Rändern durch gleichförmig verteilte Druckkräfte, deren Richtung in die Plattenebene fällt, beansprucht wird. Weitere Fälle wurden von Timoschenko[2]) und Reißner[3]) behandelt. Eine sehr ausführliche Darstellung der auf diesem Gebiet in Betracht kommenden Probleme gab H. Rode[4]). Die genannten Veröffentlichungen über die Frage des Ausbeulens von Platten haben aber nur beschränkte praktische Bedeutung, da sie die unbegrenzte Gültigkeit des Elastizitätsgesetzes zur Voraussetzung haben, also Beanspruchungen über der Elastizitätsgrenze, wie sie bei kurzen Stäben vor Eintritt des Knickens vorkommen, nicht in den Kreis der Betrachtungen ziehen. (In der Arbeit Timoschenkos finden sich allerdings auch einige Ansätze über die Stabilität bei Überschreiten der Elastizitätsgrenze.) Da aber gerade im Brücken-

[1]) London Mathematical Society Proceedings 1891, S. 54.

[2]) Timoschenko, St.: Einige Stabilitätsprobleme der Elastizitätstheorie. Z. Math. u. Phys. 1910, S. 337 und Sur la stabilité des systèmes élastiques. Annales Ponts Chauss. 1913.

[3]) Reißner, H.: Über die Knicksicherheit ebener Bleche. Zentralbl. Bauverw. 1909, S. 93.

[4]) Rode, H.: Beitrag zur Theorie der Knickerscheinungen. Eisenbau 1916, S. 121ff.

bau kurze und mittelschlanke Stäbe die Hauptrolle spielen, so sind die zahlenmäßigen Ergebnisse der oben angeführten Untersuchungen ohne endgültige Bedeutung für die Brückenbaupraxis. Es ist aber nicht schwer, bei den hier in Rede stehenden Aufgaben der Veränderlichkeit des Elastizitätsmoduls Rechnung zu tragen und so zu Ergebnissen zu gelangen, die im Bereiche der elastischen und unelastischen Knickung gelten. Die nachstehenden Untersuchungen werden diesem Standpunkt Rechnung tragen.

a) Die zwei Grundfälle des Ausbeulens rechteckiger Platten.

Wir betrachten eine ebene Platte, die an den beiden zur y-Achse parallelen Rändern (Ränder b) durch den gleichförmig verteilten Druck $\sigma\delta$, wenn δ die Plattendicke bedeutet, belastet ist (Abb. 169). Diese Ränder seien drehbar gelagert, so daß die Platte um diese Ränder wippen kann[1]). Die zur x-Achse parallelen Ränder (Ränder a) seien in verschiedener Weise gelagert und zwar:

Fall I: Die Platte ist an den beiden Rändern a elastisch eingespannt. Dieser Fall umschließt die Fälle des freien Wippens um die Ränder a und der festen Einspannung an diesen Rändern als Grenzfälle.

Fall II: Der eine Rand a ist elastisch eingespannt, der andere frei. Dieser Fall schließt ebenfalls die beiden Grenzfälle, wo der gelagerte Rand wippen kann, bzw. fest eingespannt ist, in sich ein.

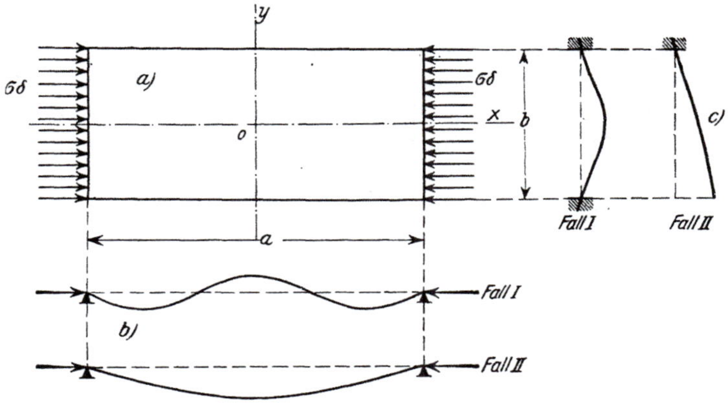

Abb. 169.

Die Abb. 169b zeigt die ausgebeulte Platte im Längsschnitt, die Abb. 169c den Querschnitt der ausgebogenen Platte für beide Lagerungsfälle. Bei beiderseits gelagerten Platten (Fall I) findet das Ausbeulen je nach der Länge a der Platte in einer oder mehreren Wellen statt, bei einem freien Rande (Fall II) beult die Platte, wenn sie am gelagerten Rande z. B. wippen kann, meist in einer Welle aus (Abb. 169b).

b) Die Differentialgleichung für die Ausbiegung dünner Platten.

Bei der Untersuchung des Knickzustandes von Stäben haben wir uns auf die Differentialgleichung der elastischen Linie gestützt. In gleicher Weise gehen wir auch hier von einer Differentialgleichung der Elastizitätstheorie aus, die die Ausbiegung dünner Platten senkrecht zur Plattenebene beschreibt. Diese Gleichung lautet[2]):

$$\frac{EJ}{1-\overline{m}^2}\left[\frac{\partial^4 w}{\partial x^4}+2\frac{\partial^4 w}{\partial x^2\partial y^2}+\frac{\partial^4 w}{\partial y^4}\right]+\delta\left[\sigma_x\frac{\partial^2 w}{\partial x^2}+\sigma_y\frac{\partial^2 w}{\partial y^2}+2\,\tau_{xy}\frac{\partial^2 w}{\partial x\partial y}\right]=0.$$

Hierin bedeuten:

w, die Ausbiegung senkrecht zur xy-Ebene (Plattenebene);

σ_x und σ_y, die Normalspannungen in der Richtung der x- bzw. y-Achse. Diese Spannungen sind der Plattenhöhe nach unveränderlich und als Wirkung der in

[1]) Eine Einspannung des belasteten Randes ist ohne nennenswerte Wirkung auf die kritische Belastung langgestreckter Platten, wie sie bei Druckstäben vorkommen, da der Einfluß der Lagerungsart der der Druckrichtung parallelen Ränder ausschlaggebend ist.

[2]) Enzyklopädie d. math. Wissenschaften. Bd. IV. Mechanik, 4. Teilband, S. 377.

die Plattenebene fallenden Randbelastung zu betrachten. Die Änderungen, die die Spannungen σ bei der Ausbiegung der Platte erfahren, können, wenn wir nur kleine Ausweichungen w annehmen, vernachlässigt werden;

τ_{xy}, die Schubspannungen in Schnitten senkrecht zur Plattenebene, die parallel zur x- bzw. y-Achse geführt werden;

$J = 1/12\,\delta^3$, das Trägheitsmoment eines Plattenstreifens von der Breite 1 und der Plattenhöhe δ;

$\overline{m} = 0{,}3$, die Poissonsche Konstante.

Da wir nur gleichförmig verteilte Belastung $\sigma\delta$ an den Rändern b ins Auge fassen wollen, so ist $\sigma_y = 0$ und $\tau_{xy} = 0$ und die Differentialgleichung für w nimmt die einfachere Form an:

$$\frac{EJ}{1-\overline{m}^2}\left[\frac{\partial^4 w}{\partial x^4} + 2\,\frac{\partial^4 w}{\partial x^2\,\partial y^2} + \frac{\partial^4 w}{\partial y^4}\right] + \sigma_x\,\delta\,\frac{\partial^2 w}{\partial x^2} = 0. \quad \ldots\ldots \quad (1)$$

Wir haben diese Gleichung, die in der vorliegenden Form nur im Bereiche des Hookeschen Gesetzes gilt, noch dem allgemeineren Fall anzupassen, daß der Elastizitätsmodul E für die Richtungen x und y verschieden ist, wenn σ_x die Elastizitätsgrenze überschreitet. Um nun die Bedeutung der einzelnen Glieder der Gl. (1), zwecks richtiger Einführung der Knickzahl τ, zu erkennen, machen wir folgende Überlegungen:

Setzt man das zweite und dritte Glied in der Klammer der Gl. (1) Null, so erübrigt die Gleichung

$$\frac{EJ}{1-\overline{m}^2}\,\frac{\partial^4 w}{\partial x^4} + \sigma_x\,\delta\,\frac{\partial^2 w}{\partial x^2} = 0.$$

Eine ähnliche Beziehung erhält man durch zweimalige Differentiation der Gleichung der elastischen Linie

$$EJ\,\frac{\partial^2 w}{\partial x^2} + Pw = 0,$$

nämlich

$$EJ\,\frac{\partial^4 w}{\partial x^4} + P\,\frac{\partial^2 w}{\partial x^2} = 0.$$

Das erste Glied kennzeichnet sonach die Biegung der Plattenstreifen von der Breite 1 parallel zur x-Achse. Da aber diese Plattenstreifen durch die Längskraft σ_x beansprucht sind, so ist, wenn σ_x die Elastizitätsgrenze überschreitet, der Faktor EJ durch $EJ\tau$[1]) zu ersetzen, so daß das erste Glied

$$EJ\tau\,\frac{\partial^4 w}{\partial x^4}$$

lautet.

In gleicher Weise kann das dritte Klammerglied als Biegungsglied, herrührend von der Biegung der Plattenstreifen, die parallel zur y-Achse verlaufen, gedeutet werden. Da diese Streifen, von kleinen von der Biegung herrührenden Normalspannungen abgesehen, frei von Spannungen sind ($\sigma_y = 0$), so behält E seinen Wert bei; das dritte Glied lautet daher

$$EJ\,\frac{\partial^4 w}{\partial y^4}.$$

Das mittlere Klammerglied endlich beschreibt die Verdrehung eines quadratischen Plattenelementes. Da beide Plattenrichtungen von Einfluß auf diese Größe sind, so berücksichtigen wir diesen Umstand, indem wir einen Beiwert, der die Abhängigkeit von den Längsspannungen darstellt, mit einem allerdings nur geschätzten Mittelwert

[1]) Über die Knickzahl τ siehe unter **30**.

zwischen 1 und τ einführen. Wir wählen zweckmäßig $\sqrt{\tau}$ als Beiwert und erhalten somit für das zweite Klammerglied

$$E J \sqrt{\tau} \frac{\partial^4 w}{\partial x^2 \partial y^2}.$$

Die Gl. (1) erhält somit die allgemeine Gestalt:

$$\frac{E J}{1 - \overline{m}^2} \left[\frac{\partial^4 w}{\partial x^4} \tau + 2 \frac{\partial^4 w}{\partial x^2 \partial y^2} \sqrt{\tau} + \frac{\partial^4 w}{\partial y^4}\right] + \sigma_x \delta \frac{\partial^2 w}{\partial x^2} = 0 \quad \ldots \ldots \quad (2)$$

Die Unsicherheit, mit der diese Gleichung behaftet ist, liegt in der willkürlichen Wahl des Beiwertes $\sqrt{\tau}$ des mittleren Klammergliedes, sowie in der Annahme eines von σ_x unabhängigen Wertes der Poissonschen Zahl $\overline{m}$. Der Einfluß von $\overline{m}$ ist, da diese Größe an und für sich nur wenig schwanken kann, sehr gering. Auch der Einfluß eines Fehlers im Mittelgliede ist, wie zahlenmäßige Durchrechnung gezeigt hat, selbst bei stärkerer Abweichung des hypothetischen Beiwertes von einem richtigen Beiwert, verhältnismäßig klein.

c) Die allgemeine Lösung der Differentialgleichung (2).

Die Lösung der partiellen Differentialgleichung (2) muß an den Rändern b zunächst folgende Randbedingungen erfüllen: Die Verschiebungen w und die Momente M_x verschwinden; sonach gilt für $x = \pm \frac{a}{2}$

$$w = 0 \quad \ldots \ldots \ldots \ldots \quad (3)$$

und

$$M_x = \left(\frac{\partial^2 w}{\partial x^2} + \overline{m} \frac{\partial^2 w}{\partial y^2}\right) \frac{E J}{1 - \overline{m}^2} = 0.$$

Da entlang den Rändern $x = \pm \frac{a}{2}$, $\frac{\partial^2 w}{\partial y^2} = 0$ ist (die Ränder bleiben voraussetzungsgemäß gerade), so geht die zweite Randbedingung über in

$$\frac{\partial^2 w}{\partial x^2} = 0 \quad \ldots \ldots \ldots \ldots \quad (4)$$

Die Gl. (2) und die Randbedingungen (3) und (4) werden durch den Ansatz

$$w = Y \cos \frac{n \pi x}{a} \quad {\scriptstyle (n = 1, 2, \ldots)} \quad \ldots \ldots \ldots \quad (5)$$

erfüllt, worin Y eine noch zu bestimmende Funktion von y ist. Gl. (5) stellt bei festgehaltenem y eine cos-Linie mit n Halbwellen auf die Länge a vor. Führt man den Lösungsansatz (5) in die partielle Differentialgleichung (2) ein, so gewinnt man nach Kürzung mit $\cos \frac{n \pi x}{a}$ die gewöhnliche Differentialgleichung vierter Ordnung

$$\frac{d^4 Y}{d y^4} - 2 \sqrt{\tau} \left(\frac{n \pi}{a}\right)^2 \frac{d^2 Y}{d y^2} + \left[\tau \left(\frac{n \pi}{a}\right)^4 - \frac{\sigma_k \delta}{D} \left(\frac{n \pi}{a}\right)^2\right] Y = 0, \quad \ldots \quad (6)$$

wobei

$$\frac{E J}{1 - \overline{m}^2} = D \quad \text{und} \quad \sigma_x = \sigma_k$$

gesetzt wurde. σ_k ist die gesuchte kritische Längsspannung, bei der die Platte ausbeult. Die Integration der Gl. (6) macht keine Schwierigkeiten. Mit der partikulären Lösung

$$Y = e^{k y}$$

erhält man nach Einführung in Gl. (6)

$$k^4 - 2 \sqrt{\tau} \left(\frac{n \pi}{a}\right)^2 k^2 + \left[\tau \left(\frac{n \pi}{a}\right)^4 - \frac{\sigma_k \delta}{D} \left(\frac{n \pi}{a}\right)^2\right] = 0,$$

eine Bestimmungsgleichung für den Beiwert k, aus der vier Wurzeln $\pm k_1$ und $\pm k_2$ entspringen, nämlich:

$$\left.\begin{aligned}\pm k_1 &= \pm\sqrt{\sqrt{\left(\frac{n\pi}{a}\right)^2\frac{\sigma_k\delta}{D}}+\sqrt{\tau}\left(\frac{n\pi}{a}\right)^2}\\ \pm k_2 &= \pm i\sqrt{\sqrt{\left(\frac{n\pi}{a}\right)^2\frac{\sigma_k\delta}{D}}-\sqrt{\tau}\left(\frac{n\pi}{a}\right)^2}.\end{aligned}\right\}\quad\ldots\ldots\ldots\quad(7)$$

Wie nun leicht zu beweisen ist, ist der Wurzelausdruck in k_2 stets reell und daher k_2 stets imaginär. Denn infolge des größeren Zwanges, dem eine an den Rändern a irgendwie gelagerte Platte gegenüber einer an den Rändern a freien Platte erfährt, wird die Knickspannung σ_k in dem Falle der ringsum gelagerten Platte größer sein, als die Knickspannung der an den Rändern freien Platte. Bezeichnet σ_k' die Knickspannung der an den Seiten vollständig freien Platte (Eulerscher Fall), so gilt für σ_k', falls man die Behinderung der Querdehnung bei der breiten Platte durch den Faktor $\frac{1}{1-\overline{m}^2}$ berücksichtigt,

$$\sigma_k' = \frac{(n\pi)^2 E J \tau}{(1-\overline{m}^2)\,a^2}.$$

Es besteht sonach die Ungleichung

$$\delta\sigma_k > \frac{(n\pi)^2 E J \tau}{(1-\overline{m}^2)\,a^2}.$$

Sonach ist

$$\frac{\delta\sigma_k}{D} > \left(\frac{n\pi}{a}\right)^2\tau$$

und wenn man beiderseits mit $\left(\frac{n\pi}{a}\right)^2$ multipliziert und Wurzel zieht, so folgt

$$\sqrt{\left(\frac{n\pi}{a}\right)^2\frac{\delta\sigma_k}{D}} > \left(\frac{n\pi}{a}\right)^2\sqrt{\tau},$$

was wir beweisen wollten.

Die allgemeine Lösung der Differentialgleichung (6) lautet demnach:

$$Y = C_1 e^{k_1 y} + C_2 e^{-k_1 y} + C_3 e^{i k_2 y} + C_4 e^{-i k_2 y},$$

wobei jetzt mit k_1 und k_2 die Absolutwerte bezeichnet werden.

Ersetzt man die Exponentialfunktionen durch trigonometrische und hyperbolische Funktionen, so nimmt die gesuchte allgemeine Lösung der Differentialgleichung (2) die Gestalt an:

$$w = \cos\frac{n\pi x}{a}\left[A \operatorname{Cof} k_1 y + B \operatorname{Sin} k_1 y + C\cos k_2 y + D\sin k_2 y\right]\quad\ldots\ldots\quad(8)$$

Die Festwerte A, B, C und D sind in jedem Falle so zu bestimmen, daß den den Fall kennzeichnenden Randbedingungen an den Seiten a Genüge geleistet wird.

d) Fall I. Die Platte kann um die Ränder *b* wippen und ist an den Rändern *a* elastisch eingespannt.

Der Nullpunkt des in die Plattenebene fallenden Achsenkreuzes xy nehmen wir in Plattenmitte an, wie dies in Abb. 169 angedeutet ist. Die Ausbiegung w ist dann wegen der gleichen Bedingungen an den beiden Rändern a offenbar eine in y symmetrische

Funktion, weshalb die Glieder $B\,\mathfrak{Sin}\,k_1 y$ und $D \sin k_2 y$ in Gl. (8) verschwinden, die dann die kürzere Form

$$w = \cos\frac{n\pi x}{a}\,[A\,\mathfrak{Cof}\,k_1 y + C\cos k_2 y] \quad \ldots \ldots \ldots \quad (9)$$

annimmt.

Die Bedingungsgleichungen, die die Festwerte A und B bestimmen, folgen aus den Randbedingungen an den Rändern a, und zwar muß für $y = \pm\frac{b}{2}$:

$$w = 0 \quad \text{und} \quad M_y = \nu\frac{\partial w}{\partial y}.$$

Die erste Randbedingung bringt die Tatsache, daß die Ausbiegung an den festgehaltenen Seiten a verschwinden soll, zum Ausdruck, die zweite Bedingung besagt, daß das Einspannungsmoment entlang den Rändern a an jeder Stelle proportional der Verdrehung der zur y-Achse parallelen Tangente am Plattenrande ist.

Wenn wir uns Rechenschaft darüber geben, in welchen Fällen im Brückenbau der Befestigungsfall I verwirklicht ist, so finden wir, daß er z. B. bei doppelt symmetrischen Stabquerschnitten, etwa nach Abb. 170, vorliegt. Die schwächeren Stege werden durch die starken Gurtplatten an der freien Formänderung beim Ausbeulen gehindert, sie sind elastisch eingespannt. Der Steg befindet sich, wenn man einen parallel zur y-Achse herausgeschnittenen Streifen betrachtet, in dem in Abb. 170b angedeuteten Belastungs- und Verformungszustand. Durch die steife Verbindung zwischen Steg und Deckplatten werden aber, wenn die Stege ausbeulen, auch die Gurtplatten verbogen, deren Verformung in Abb. 170c zur Darstellung gebracht ist.

Zwischen dem Randmoment M_y und der Drehung φ' der Endtangente der Gurtplatte besteht der aus der Gleichung der elastischen Linie leicht ableitbare Zusammenhang

$$\operatorname{tg}\varphi' = \frac{1-\overline{m}^2}{EI}\,\frac{c}{2}\,M_y,$$

wenn I das Trägheitsmoment eines Gurtstreifens von der Breite 1 ist. Da nun

$$\operatorname{tg}\varphi = -\operatorname{tg}\varphi'$$

sein muß, so gilt

$$\left(\frac{\partial w}{\partial y}\right)_{y=\frac{b}{2}} = -\frac{1-\overline{m}^2}{EI}\,\frac{c}{2}\,M_y,$$

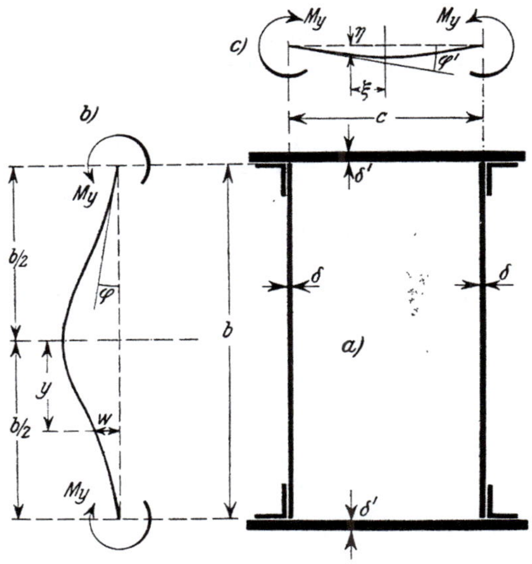

Abb. 170.

woraus

$$M_y = -\frac{EI}{1-\overline{m}^2}\,\frac{2}{c}\left(\frac{\partial w}{\partial y}\right)_{y=\frac{b}{2}}$$

hervorgeht. Damit ist die zweite Randbedingung bewiesen. Für das Randmoment M_y der Platte gilt aber auch der bereits oben benützte Ausdruck

$$M_y = \frac{EJ}{1-\overline{m}^2}\left(\frac{\partial^2 w}{\partial y^2} + \overline{m}\frac{\partial^2 w}{\partial x^2}\right),$$

welcher Ausdruck hier, da w und $\frac{\partial^2 w}{\partial x^2}$ am Rande überall Null ist, sich zu

$$M_y = \frac{EJ}{1-\overline{m}^2}\left(\frac{\partial^2 w}{\partial y^2}\right)_{y=\frac{b}{2}}$$

vereinfacht. Die Verknüpfung der beiden gefundenen Gleichungen für M_y liefert schließlich die fragliche Randbedingung in der Form

$$\frac{\partial w}{\partial y} + \zeta \frac{b}{2} \frac{\partial^2 w}{\partial y^2} = 0, \qquad \left(\text{für } y = \pm \frac{b}{2}\right) \quad . \; . \; (10)$$

worin die Einspannungsziffer ζ durch

$$\zeta = \frac{J c}{I b} = \left(\frac{\delta}{\delta'}\right)^3 \frac{c}{b} \quad . \; . \; . \; . \; . \; . \; . \; . \; . \; . \; . \; . \; . \; (11)$$

erklärt ist.

Wir bemerken gleich hier, daß ζ, theoretisch wenigstens, alle Werte von 0 bis ∞ annehmen kann. Dem Falle $\zeta = 0$ $(I = \infty)$ entspricht die feste Einspannung, dem Falle $\zeta = \infty$ $(I = 0)$ die drehbare Lagerung der Platte an den Rändern a.

Die Einführung der Lösung (9) in die beiden Randbedingungen

$$w = 0 \quad \text{und} \quad \frac{\partial w}{\partial y} + \zeta \frac{b}{2} \frac{\partial^2 w}{\partial y^2} = 0 \qquad \left(\text{für } y = \pm \frac{b}{2}\right)$$

führt zu den beiden Bestimmungsgleichungen

$$A \operatorname{Cof} k_1 \frac{b}{2} + C \cos k_2 \frac{b}{2} = 0,$$

$$\left(A k_1 \operatorname{Sin} k_1 \frac{b}{2} - C k_2 \sin k_2 \frac{b}{2}\right) + \zeta \frac{b}{2} \left(A k_1^2 \operatorname{Cof} k_1 \frac{b}{2} - C k_2^2 \cos k_2 \frac{b}{2}\right) = 0,$$

aus welchen Gleichungen für A und B nur dann von Null verschiedene Wurzeln hervorgehen, wenn die Determimante Δ dieses Gleichungssystems verschwindet. $\Delta = 0$ ist sonach die Knickbedingung. Die Ausrechnung von Δ führt zu der Gleichung

$$\left(\operatorname{tg} k_2 \frac{b}{2} + \zeta k_2 \frac{b}{2}\right) k_2 + \left(\operatorname{Tg} k_1 \frac{b}{2} + \zeta k_1 \frac{b}{2}\right) k_1 = 0.$$

Für die hier in Betracht kommenden Werte von $k_1 \frac{b}{2}$ ist $\operatorname{Tg} \frac{k_1 b}{2}$ nur sehr wenig von 1 verschieden[1]). Setzt man daher $\operatorname{Tg} \frac{k_1 b}{2} = 1$, so vereinfacht sich die Knickbedingung bedeutend. Man gewinnt schließlich die Beziehung

$$\operatorname{tg} k_2 \frac{b}{2} = -\zeta k_2 \frac{b}{2} - \frac{k_1}{k_2}\left(1 + \zeta k_1 \frac{b}{2}\right) \quad . \; . \; . \; . \; . \; . \; . \; . \; . \; (12)$$

---

[1]) Es ist nämlich nach Gl. (7)

$$\frac{k_1 b}{2} = \frac{b}{2} \sqrt{\sqrt{\left(\frac{n \pi}{a}\right)^2 \frac{\sigma_k \delta}{D}} + \left(\frac{n \pi}{a}\right)^2 \sqrt{\tau}}.$$

Wir haben bereits unter c) nachgewiesen, daß der erste Summand unter dem Wurzelzeichen größer ist als der zweite. Ersetzt man ihn durch den zweiten, so gilt die Ungleichung

$$\frac{k_1 b}{2} > \frac{b}{2} \frac{n \pi}{a} \sqrt{2 \sqrt{\tau}}.$$

Wie aus der weiteren Entwicklung ersichtlich werden wird, ist $\frac{a}{n b} \leqq \sqrt[4]{\tau}$. Die Ungleichung wird sonach nicht aufgehoben, wenn man $\frac{a}{n b}$ durch $\sqrt[4]{\tau}$ ersetzt, womit sich schließlich

$$\frac{k_1 b}{2} > \frac{\pi}{\sqrt{2}}$$

oder

$$\frac{k_1 b}{2} > 2{,}22$$

ergibt. $\operatorname{Tg} k_1 \frac{b}{2}$ liegt also zwischen 0,977 und 1.

Aus der ersten Gl. (7) folgt mit $\frac{a}{b} = \alpha$

$$\frac{k_1 b}{2} = \frac{1}{2}\sqrt{\sqrt{\left(\frac{n\pi}{\alpha}\right)^2 \frac{\sigma_k \delta b^2}{D} + \left(\frac{n\pi}{\alpha}\right)^2 \sqrt{\tau}}} = \frac{n\pi}{2\alpha}\sqrt{\sqrt{\frac{\sigma_k \delta}{D} b^2 \left(\frac{\alpha}{n\pi}\right)^2 + \sqrt{\tau}}}.$$

Setzt man

$$\sigma_k = \frac{(n\pi)^2 E J \tau}{a^2 \delta (1-\overline{m}^2)} \mu^2 = \left(\frac{n\pi}{a}\right)^2 \frac{\tau}{D\delta} \mu^2, \quad \dots \dots \dots (13)$$

d. h. vergleicht man die Knickspannung bei elastischer Einspannung der Ränder a mit der Knickspannung im Eulerschen Fall (freie Ränder a), wobei $\frac{1}{\mu}$ der zugehörende Abminderungsfaktor der Plattenlänge a ist, so geht die Gleichung für $k_1 \frac{b}{2}$ über in

$$\frac{k_1 b}{2} = \frac{n\pi}{2\alpha} \sqrt[4]{\tau} \sqrt{\mu + 1}$$

und ebenso findet man

$$\frac{k_2 b}{2} = \frac{n\pi}{2\alpha} \sqrt[4]{\tau} \sqrt{\mu - 1}.$$

Mit diesen Beziehungen gewinnt die Knickbedingung (12) die Gestalt

$$\operatorname{tg}\left[\frac{\pi}{2}\sqrt{\mu-1}\,\frac{n\sqrt[4]{\tau}}{\alpha}\right] = -\frac{\pi\mu\zeta}{\sqrt{\mu-1}}\,\frac{n\sqrt[4]{\tau}}{\alpha} - \frac{\sqrt{\mu+1}}{\sqrt{\mu-1}}. \quad \dots \dots (14)$$

Diese transzendente Gleichung stellt eine Verknüpfung des Abminderungsbeiwertes $\frac{1}{\mu}$ mit den Größen $\frac{n\sqrt[4]{\tau}}{\alpha}$ dar. Berechnet man bei gegebenem $\frac{n\sqrt[4]{\tau}}{\alpha}$ den Beiwert μ aus dieser Gleichung, so ist die Ermittlung der Knickspannung σ_k gemäß Gl. (13) auf den einfachen Eulerschen Fall zurückgeführt. Bevor wir aber an die Besprechung der durch Gl. (14) gegebenen allgemeinen Lösung herantreten, wollen wir — um leichter mit dem Wesen der hier zu erörternden Aufgaben vertraut zu werden — den einfachsten Fall, d. i. der Fall der momentenfreien Lagerung der Ränder a, einer näheren Betrachtung unterziehen. Die Behandlung der allgemeinen Gl. (14) macht dann nur mehr wenig Mühe.

Setzt man in Gl. (14) $\zeta = \infty$ ein, so gelangt man zu der einfachen Beziehung

$$\operatorname{tg}\left[\frac{\pi}{2}\sqrt{\mu-1}\,\frac{n\sqrt[4]{\tau}}{\alpha}\right] = -\infty.$$

Die kleinste für uns in Betracht kommende Wurzel dieser Gleichung ist

$$\frac{\pi}{2}\sqrt{\mu-1}\,\frac{n\sqrt[4]{\tau}}{\alpha} = -\frac{\pi}{2}.$$

Die Auflösung nach μ ergibt

$$\mu = \left(\frac{\alpha}{n\sqrt[4]{\tau}}\right)^2 + 1,$$

und somit wird, wenn wir auf Gl. (13) zurückgreifen,

$$\sigma_k = \frac{(n\pi)^2 E J \tau}{a^2 \delta (1-\overline{m}^2)} \left[\left(\frac{\alpha}{n\sqrt[4]{\tau}}\right)^2 + 1\right]^2.$$

Wenn man für $J = 1/12\,\delta^3$ einführt und Zähler und Nenner mit b^2 multipliziert, so erhält man schließlich

$$\sigma_k = \frac{\pi^2 E \sqrt{\tau}}{12(1-\overline{m}^2)} \left(\frac{\delta}{b}\right)^2 \left(\frac{\alpha}{n\sqrt[4]{\tau}} + \frac{n\sqrt[4]{\tau}}{\alpha}\right)^2. \quad \dots \dots \dots (15)$$

Als einzige fragliche Größe erscheint in Gl. (15) noch die Zahl n, die die Anzahl der Halbwellen angibt, in der die Platte im Längenschnitt ausknickt. Um die einem bestimmten Seitenverhältnis $\alpha = \frac{a}{b}$ zugehörende Halbwellenzahl n zu bestimmen, machen wir folgende Überlegung: Bei genügend kurzen Platten, also bei kleinerem α, wird das Ausknicken in einer Halbwelle erfolgen. Von einem gewissen Verhältnis α' angefangen, werden sich beim Ausbeulen zwei Halbwellen ausbilden. Für dieses Grenzverhältnis, bei der der eine Gleichgewichtszustand plötzlich in den andern übergeht, beide Zustände also bei derselben Knickspannung σ_k gleich möglich sind, muß sonach Gl. (15) für σ_k denselben Wert liefern, wenn man einmal $n = 1$, das andere Mal $n = 2$ einführt. Ebenso wird sich für die Ausbeulung in zwei bzw. drei Halbwellen jener Wert von α bestimmen lassen, für den σ_k für $n = 2$ und $n = 3$ den gleichen Wert ergibt. Man findet somit allgemein das Grenzverhältnis α', wo gerade n bzw. $n + 1$ Halbwellen bestehen können, aus der Gleichung

$$\left(\frac{\alpha'}{n\sqrt[4]{\tau}} + \frac{n\sqrt[4]{\tau}}{\alpha'}\right)^2 = \left(\frac{\alpha'}{(n+1)\sqrt[4]{\tau}} + \frac{(n+1)\sqrt[4]{\tau}}{\alpha'}\right)^2,$$

woraus

$$\frac{\alpha'}{\sqrt[4]{\tau}} = \sqrt{n(n+1)}, \quad \ldots \ldots \ldots \ldots \quad (16)$$

folgt.

Setzt man

$$n = \quad 1 \qquad 2 \qquad 3 \qquad 4 \text{ usw.},$$

so wird

$$\frac{\alpha'}{\sqrt[4]{\tau}} = \sqrt{2} \qquad \sqrt{6} \qquad \sqrt{12} \qquad \sqrt{20} \text{ usw.}$$

Für $\tau = 1$, also bei Gültigkeit des Elastizitätsgesetzes, findet bis $a = 1{,}414\,b$ das Ausbeulen in einer Welle, von $a = 1{,}414\,b$ bis $a = 2{,}456\,b$ in zwei Wellen usw. statt. Wird die Elastizitätsgrenze überschritten, so rücken die Grenzverhältnisse, da $\tau < 1$, näher aneinander, die Wellen werden um so kürzer, je höher die Knickspannung σ_k liegt.

Um sich ein Bild vom Verlauf der Knickspannungen für verschiedene Seitenverhältnisse α machen zu können, ist in der Abb. 171 der Ausdruck

$$z = \left(\frac{\alpha}{n} + \frac{n}{\alpha}\right)^2,$$

also für $\tau = 1$, mit dem Argumente α zeichnerisch dargestellt. Da σ_k proportional z ist, so gibt die z-Linie auch ein Bild vom Verlauf der Knickspannung σ_k in ihrer Abhängigkeit von α. Die z-Linie zerfällt, wie dies Abb. 171 lehrt, in einzelne unstetig aneinander geschlossene Zweige, die je nach den Seitenverhältnissen α dem Ausbeulen in $n = 1, 2, 3 \ldots$ Halbwellen entsprechen. Innerhalb jedes Zweiges besteht ein Seitenverhältnis α_0, bei dem σ_k einen Kleinstwert annimmt, und zwar zeigt die Abbildung, und wir werden dies auch weiter unten beweisen, daß dieses $\min \sigma_k$, das als ein für die Bemessung maßgebender Wert besonders wichtig ist, dann eintritt, wenn a ein ganzes Vielfaches der Breite b ist. Die tiefsten Punkte der z-Linie liegen bei $\alpha = 1, 2, 3 \ldots$. Weiter ist als bemerkenswerte Tatsache festzustellen, daß die den einzelnen Kurvenästen entsprechenden Kleinstwerte durchwegs einander gleich sind, und daß mit zunehmender Plattenlänge a die Abweichung zwischen dem der wirklichen Plattenlänge entsprechenden Wert von z (bzw. σ_k) und dem Kleinstwert $\min \sigma_k$ immer geringer wird. So beträgt z. B. bei $\alpha = 3{,}464$: $\max z = 4{,}08$, während $\min z = 4$. Der Unterschied ist hier also $2\,{}^0\!/_0$ und nimmt sehr rasch mit zunehmendem α ab. Da bei Druckstäben nur lange und schmale Platten in Betracht kommen, so kann man stets den Kleinstwert $\min \sigma_k$, der für alle Längen- und Breitenverhältnisse α derselbe ist, der Berechnung zugrunde legen, wodurch der weitere Berechnungsgang außerordentlich vereinfacht wird. Ähnlich liegen auch die Verhältnisse, wenn $\tau < 1$ ist, d. h. wenn die Elastizitätsgrenze überschritten ist.

Aus der Gl. (15) für σ_k findet man auf Grund der Bedingung

$$\frac{\partial \sigma_k}{\partial \alpha} = 0$$

jenen Wert α_0, der σ_k zu einem Minimum macht, und zwar

$$\alpha_0 = n\sqrt[4]{\tau}\,^{1}) \qquad (17)$$

Für $\tau = 1$ wird $\alpha_0 = n$, was wir bereits oben erwähnt haben. Führt man α_0 in Gl. (15) ein, so erhält man

$$\min \sigma_k = \frac{\pi^2 E}{3(1-\overline{m}^2)}\left(\frac{\delta}{b}\right)^2 \sqrt{\tau}, \qquad (18)$$

oder mit $E = 2150$ t/cm² und $\overline{m} = 0{,}3$

$$\min \sigma_k = 7772\left(\frac{\delta}{b}\right)^2 \sqrt{\tau}. \quad \text{(in t und cm)} \qquad (18')$$

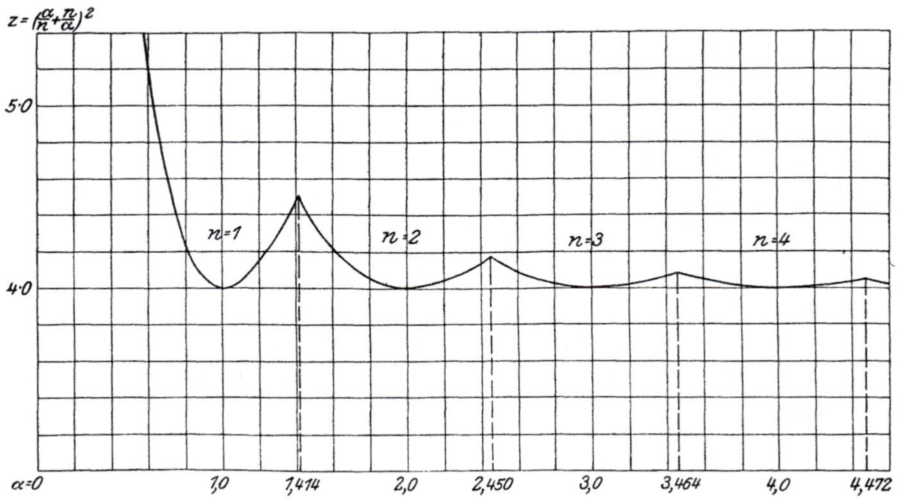

Abb. 171.

Dieser Ausdruck ist unabhängig von der Halbwellenzahl n, also vom Seitenverhältnis α. Wir haben dann praktisch auch nach dem Überschreiten der Elastizitätsgrenze bloß mit einem ungünstigsten Wert von σ_k bei allen Verhältnissen α zu rechnen. Bemerkenswert ist, daß hier σ_k — zum Unterschied von Stäben — proportional $\sqrt{\tau}$ ist.

τ ist 1 oder kleiner als 1 und dann von σ_k abhängig. Führt man in letzterem Fall τ nach **30**, Gl. (9) S. 110 in Gl. (18') ein, so gewinnt man eine quadratische Gleichung für σ_k, nämlich:

$$\sigma_k = \frac{r}{2} - \sqrt{\frac{r^2}{4} - 9{,}61} \quad \text{mit} \quad r = \frac{(b/\delta)^4}{2190 \cdot 10^4} + 6{,}2 \quad \text{(in t und cm)} \qquad (18'')$$

Wir kehren nun zur Erörterung der allgemeinen Knickbedingung Gl. (14) zurück. Die transzendente Form, in der die Größen an $\dfrac{\alpha}{n\sqrt[4]{\tau}}$ gebunden sind, macht die An-

[1]) Bei der Bestimmung von α_0 haben wir τ als unabhängig von σ_k angesehen, was genau genommen nicht richtig ist. Der Einfluß der Abhängigkeit der Zahl τ von σ_k ist aber bei der Ermittlung von α_0, wenn $n > 1$ ist, außerordentlich gering.

wendung der Gl. (14) sehr schwierig. Nun haben wir in dem eben ausführlich betrachteten Fall $\zeta = \infty$ für μ^2 den streng richtigen Ausdruck

$$\mu^2 = 1 + 2\left(\frac{\alpha}{n\sqrt[4]{\tau}}\right)^2 + \left(\frac{\alpha}{n\sqrt[4]{\tau}}\right)^4 \quad \ldots \ldots \ldots \ldots \quad (19)$$

gefunden. Es liegt der Gedanke nahe, zu untersuchen, ob sich nicht der durch Gl. (14) gegebene Zusammenhang zwischen μ und $\frac{\alpha}{n\sqrt[4]{\tau}}$ wenigstens näherungsweise durch einen ähnlichen Ausdruck darstellen läßt. Dies ist auch tatsächlich der Fall. Gl. (14) läßt sich mit praktisch ausreichender Näherung (Fehler $< 1{,}5\,\%$) durch Funktionen von der Form ersetzen:

$$\mu^2 = 1 + p\left(\frac{\alpha}{n\sqrt[4]{\tau}}\right)^2 + q\left(\frac{\alpha}{n\sqrt[4]{\tau}}\right)^4, \quad \ldots \ldots \ldots \ldots \quad (20)$$

wo p und q von der Einspannungsziffer ζ abhängige Zahlen sind. Für p und q habe ich gefunden:

$\zeta = 0$	0,1	0,2	0,5	1
$p = 2{,}50$	2,30	2,18	2,10	2,00
$q = 5{,}00$	3,55	2,81	2,16	1,00

Die letzte Reihe, die zu $\zeta = 1$ gehört, erfordert noch eine Erörterung. Wir haben am Eingange dieses Absatzes Proportionalität zwischen den Randmomenten M_y und dem Drehwinkel φ angenommen. Diese Voraussetzung besteht nur zu Recht, so lange der einspannende Teil selbst von Druckkräften, die seine Formänderungen beeinflussen, frei ist. Dies ist aber bei Druckstäben kastenförmigen Querschnittes, wie wir sie hier betrachten, keineswegs der Fall. Die Verbiegung der Gurtungen in unserem Beispiel, Abb. 170, die die einspannenden Teile darstellen, wird nicht nur durch die Formänderungen der Stege im labilen Gleichgewichtszustande, sondern auch von in den Gurtblechen selbst wirkenden Längsdruckkräften mitbestimmt. Je kräftiger aber der Gurt, je kleiner also ζ ist, um so weniger macht sich der Einfluß der Druckkräfte bemerkbar. Der Einfluß wird praktisch erheblich, wenn sich ζ dem Wert 1 nähert, derart, daß bei $\zeta = 1$ die Koeffizienten p und q jene Werte erlangen, die ihnen bei Vernachlässigung der Druckkräfte im einspannenden Teil erst bei $\zeta = \infty$ zukommen sollten.

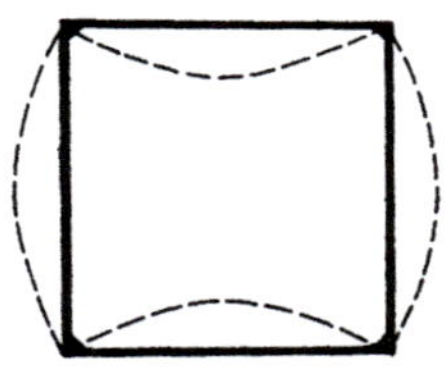

Abb. 172.

Dem Wert $\zeta = 1$ entspricht nämlich gleiche Steifigkeit in allen vier Wänden, wie dies bei dem in Abb. 172 dargestellten Querschnitt verwirklicht ist. Wäre bloß das eine Plattenpaar durch Längsdruckkräfte belastet, so könnte das zweite Plattenpaar das erstere einigermaßen entlasten. Der Wert der zugehörenden Knickspannung σ_k wäre durch die unter dieser Voraussetzung abgeleiteten Knickbedingung (14) gegeben, bzw. μ durch eine dieser Bedingung entsprechend angepaßten Gleichung von der Form der Gl. (20). Sind aber alle vier Seiten gleichmäßig gedrückt, und dies ist bei Druckstäben ja der Fall, so treten beide Plattenpaare gleichzeitig in den labilen Gleichgewichtszustand ein, das eine Paar kann das andere nicht mehr entlasten. Die Platten verhalten sich so, als wenn sie an den Rändern momentenfrei gelagert wären. Es liegt der oben getrennt behandelte Fall $\zeta = \infty$ vor[1]). Wir haben deshalb die obige Zusammenstellung in dem Sinne verbessert, daß wir an Stelle der etwas größeren Werte für p und q, die dem Falle $\zeta = 1$ entsprechen sollten, die Werte $p = 2$, $q = 1$, die dem Fall $\zeta = \infty$ (Gl. 19) zugeordnet sind, eingesetzt haben. (Die richtigen Werte wären $p = 2{,}01$ und $q = 1{,}68$.)

[1]) Man erinnere sich des analogen Falles bei Stabverbindungen, wenn in allen Stäben eines Stabzuges gleichzeitig die Knickgrenze erreicht ist.

Für Zwischenwerte von ζ ist geradlinig zwischen den Werten der obigen Tafel einzuschalten.

Unter Benutzung der Näherungsformel (20) für μ erhält man aus Gl. (13) für σ_k den folgenden Ausdruck, wenn man $J = 1/12\,\delta^3$ setzt und Zähler und Nenner mit b^2 multipliziert.

$$\sigma_k = \frac{\pi^2 E \sqrt{\tau}}{12(1-\overline{m}^2)} \left(\frac{\delta}{b}\right)^2 \left[\left(\frac{n\sqrt[4]{\tau}}{\alpha}\right)^2 + p + q\left(\frac{\alpha}{n\sqrt[4]{\tau}}\right)^2\right] \quad \ldots \ldots (21)$$

Wir finden auf Grund der gleichen Überlegungen wie oben das Grenzverhältnis α', bei dem sowohl n als $n+1$ Halbwellen bestehen können,

$$\alpha' = \sqrt[4]{\frac{\tau}{q}}\sqrt{n(n+1)}. \quad \ldots \ldots \ldots \ldots (22)$$

Hierbei liegt q zwischen 1 und 5. Für $q = 1$ (freie Lagerung an den Rändern a) finden wir den bereits oben abgeleiteten Wert von α', nämlich

$$\alpha' = \sqrt[4]{\tau}\sqrt{n(n+1)}$$

und für $q = 5$ (feste Einspannung an den Rändern)

$$\alpha' = 0{,}668\sqrt[4]{\tau}\sqrt{n(n+1)}.$$

Die Halbwellen werden sonach durch die Einspannung bedeutend kürzer.

Wir ermitteln weiter denjenigen Wert α_0, für den σ_k ein Kleinstwert wird, da wir diese Zahl der weiteren Berechnung zugrunde legen. Die Bedingungsgleichung

$$\frac{\partial \sigma_k}{\partial \alpha} = 0$$

liefert

$$\alpha_0 = n\sqrt[4]{\frac{\tau}{q}}. \quad \ldots \ldots \ldots \ldots \ldots (23)$$

Nach Einbringen dieses Wertes in Gl. (21) erhält man schließlich

$$\min \sigma_k = \frac{\pi^2 E \sqrt{\tau}}{12(1-\overline{m}^2)} \left(\frac{\delta}{b}\right)^2 (p + 2\sqrt{q}) \quad \ldots \ldots \ldots (24)$$

oder mit $E = 2150$ t/cm² und $\overline{m} = 0{,}3$

$$\sigma_k = 7772\left(\frac{\delta}{b}\right)^2 (p + 2\sqrt{q})\sqrt{\tau}, \quad \text{(in t und cm)} \quad \ldots (24')$$

einen von n unabhängigen Ausdruck, der somit für alle Stablängen gilt.

Unser Hauptaugenmerk muß darauf gerichtet sein, in allen Teilen eines Bauwerkes stets gleiche Sicherheit gegen das Versagen der betreffenden Teile anzustreben. Es ist daher die Bemessung der Druckglieder so durchzuführen, daß die einzelnen plattenförmigen Teile gleiche Sicherheit gegen das Ausbeulen bieten, wie der ganze Stab gegen das Ausknicken. Es muß deshalb die kritische Spannung σ_k, die das Ausbeulen bewirkt, gleich der kritischen Spannung sein, bei der der Stab mit dem Schlankheitsverhältnis $\frac{l}{i}$ als Ganzes zum Knicken kommt. Es gilt somit die Verknüpfung

$$\frac{\pi^2 E \tau}{\left(\frac{i}{l}\right)^2} = \frac{\pi^2 E \sqrt{\tau}}{12(1-\overline{m}^2)} \left(\frac{\delta}{b}\right)^2 (p + 2\sqrt{q}),$$

woraus das maßgebende Verhältnis

$$\frac{b}{\delta} = \frac{\sqrt{p+2\sqrt{q}}}{2\sqrt{3(1-\overline{m}^2)\sqrt{\tau}}}\left(\frac{l}{i}\right) = \frac{0{,}303}{\sqrt[4]{\tau}}\sqrt{p+2\sqrt{q}}\left(\frac{l}{i}\right) \quad \ldots \ldots (25)$$

folgt.

Gleichung (25) läßt die wichtige Tatsache erkennen, daß das zulässige Verhältnis zwischen Plattenbreite und Plattenstärke mit dem Schlankheitsverhältnis des Gesamtstabes wächst. Bei schlanken Stäben können sonach dünnere Wände verwendet werden, als bei gedrungen gebauten.

Der Verlauf der Linie $\frac{0{,}303}{\sqrt[4]{\tau}}\left(\frac{l}{i}\right)$ wurde mit dem Argumente $\left(\frac{l}{i}\right)$ unter Zuhilfenahme der Tafeln I und III berechnet und in Abb. 173 eingetragen. Der flachgekrümmte erste Ast läßt sich mit genügender Annäherung durch eine Parabel ersetzen. Der von

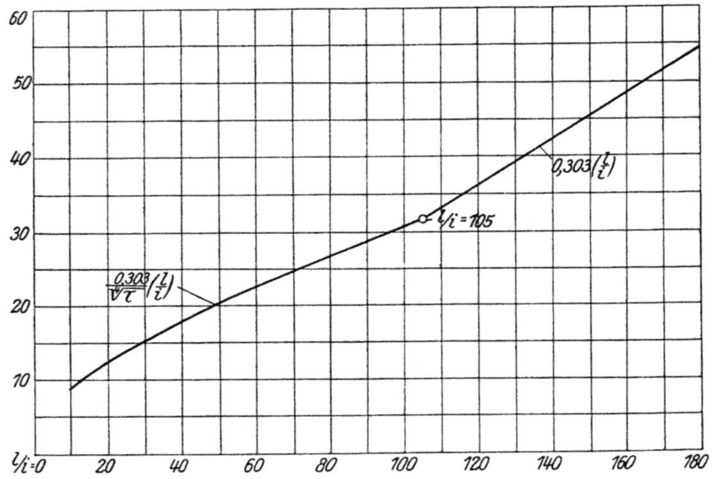

Abb. 173.

ζ abhängige Wurzelausdruck läßt sich genähert durch den Ausdruck $2{,}64 - 0{,}64\sqrt{\zeta}$ darstellen und man gelangt so zu folgenden einfachen Formeln:

$$\left.\begin{aligned} &\text{für } \frac{l}{i} \text{ von 10 bis 105} \\ &\qquad \frac{b}{\delta} \lesseqgtr \left(3{,}42\sqrt{\frac{l}{i}} - 3{,}30\right)(2{,}64 - 0{,}64\sqrt{\zeta}), \\ &\text{für } \frac{l}{i} > 105 \\ &\qquad \frac{b}{\delta} \lesseqgtr 0{,}303\,\frac{l}{i}(2{,}64 - 0{,}64\sqrt{\zeta}). \end{aligned}\right\} \quad \ldots\ldots \quad (26)$$

Hierin ist $\zeta = \frac{\delta^3 b'}{\delta'^3 b}$ zu setzen, wenn δ und b Stärke und Breite der eingespannten, δ' und b' Stärke und Breite der einspannenden Platte bedeuten.

Die Anwendung dieser einfachen Formeln auf die im Brückenbau üblichen Stabformen wird in **55** gezeigt werden.

e) Die Platte ist an den Rändern a einerseits elastisch eingespannt, anderseits vollständig frei.

Auch hier wollen wir die allgemeine Untersuchung an die Betrachtung eines Sonderfalles, der die allgemeinsten Lagerbedingungen verwirklicht, anknüpfen. Abb. 174a zeigt einen symmetrischen Stabquerschnitt, dessen Stegbleche Platten vorstellen, die einerseits vollkommen frei, anderseits an den Gurtplatten elastisch eingespannt sind. Die beiläufige Verformung von Steg und Gurt geht aus der Abb. 174b und c hervor.

Die y-Achse denken wir uns durch die Plattenmitte gelegt, die x-Achse mit dem eingespannten Rand zusammenfallend. Wir müssen hier auf die allgemeine Lösung der dem Problem zugrunde liegenden Differentialgleichung, d. i. Gl. (8), zurückgreifen. Diese Gleichung lautet

$$w = \cos\frac{n\pi x}{a}\left[A\,\mathfrak{Cof}\,k_1 y + B\,\mathfrak{Sin}\,k_1 y + C\cos k_2 y + D\sin k_2 y\right];$$

k_1 und k_2 sind durch die Absolutwerte der Ausdrücke (7) gegeben.

Als Randbedingungen, aus denen die 4 Festwerte A bis D zu bestimmen sind, kommen in Betracht:

für $y = 0$ $\quad w = 0$ $\quad$ und $\quad M_y = \nu\frac{\partial w}{\partial y}$

„ $y = b$ $\quad M_y = 0$ $\quad$ „ $\quad Q_y = 0$.

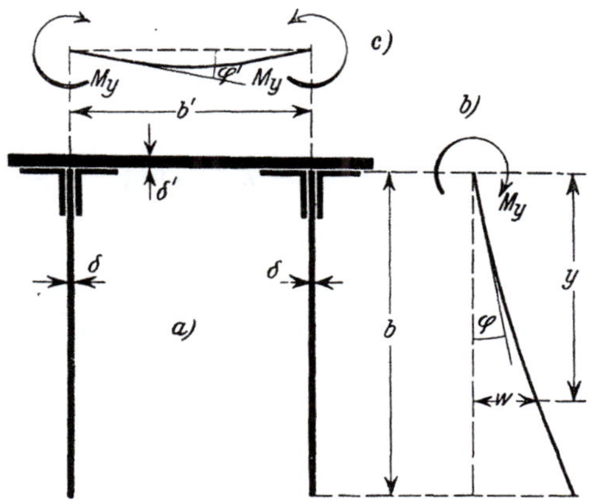

Abb. 174.

Am elastisch eingespannten Rande muß wie bei Fall I — falls man sich den einspannenden Teil von Druckkräften frei vorstellt — das Randmoment proportional der Verdrehung der zur y-Achse parallelen Endtangente sein. Die weitere Verfolgung dieser Randbedingung führt zu der bereits früher abgeleiteten Beziehung (10). Für M_y und Q_y liefert die Elastizitätstheorie die Ausdrücke

$$M_y = \frac{EJ}{1-\overline{m}^2}\left(\frac{\partial^2 w}{\partial y^2} + \overline{m}\frac{\partial^2 w}{\partial x^2}\sqrt{\tau}\right), \qquad Q_y = \frac{EJ}{1-\overline{m}^2}\frac{\partial}{\partial y}\left(\frac{\partial^2 w}{\partial y^2} + (2-\overline{m})\frac{\partial^2 w}{\partial x^2}\sqrt{\tau}\right).$$

Die Knickzahl τ wurde hier auf Grund ähnlicher Überlegungen, wie sie bei Aufstellung der Gl. (2) angestellt wurden, an entsprechender Stelle eingeführt. Die Einsetzung der Lösung in die ersten beiden Randbedingungen liefert die Beziehungen

$$A + C = 0,$$
$$Bk_1 + Dk_2 - \zeta\frac{b}{2}(Ak_1^2 - Ck_2^2) = 0,\text{[1]}$$

woraus zunächst

$$A = -C,$$
$$B = -D\frac{k_2}{k_1} - C\zeta\frac{b}{2}\frac{k_1^2 + k_2^2}{k_1},$$

ensteht, so daß die allgemeine Lösung (2) die besondere Form erhält:

$$w = \cos\frac{n\pi x}{a}\left[C\left(\cos k_2 y - \mathfrak{Cof}\,k_1 y - \zeta\frac{b}{2}\frac{k_1^2+k_2^2}{k_1}\,\mathfrak{Sin}\,k_1 y\right) + D\left(\sin k_2 y - \frac{k_2}{k_1}\,\mathfrak{Sin}\,k_1 y\right)\right].$$

Mit diesen Werten von w folgen aus den beiden anderen Randbedingungen die Gleichungen:

$$C\left\{\left[k_2^2 + \overline{m}\sqrt{\tau}\left(\frac{n\pi}{a}\right)^2\right]\cos k_2 b + \left[k_1^2 - \overline{m}\sqrt{\tau}\left(\frac{n\pi}{a}\right)^2\right]\mathfrak{Cof}\,k_1 b \right.$$
$$\left. + \zeta\frac{b}{2}\frac{k_1^2+k_2^2}{k_1}\left[k_1^2 - \overline{m}\sqrt{\tau}\left(\frac{n\pi}{a}\right)^2\right]\mathfrak{Sin}\,k_1 b\right\}$$
$$+ D\left\{\left[k_2^2 + \overline{m}\sqrt{\tau}\left(\frac{n\pi}{a}\right)^2\right]\sin k_2 b + \left[k_1^2 - \overline{m}\sqrt{\tau}\left(\frac{n\pi}{a}\right)^2\right]\frac{k_2}{k_1}\,\mathfrak{Sin}\,k_1 b\right\} = 0,$$

[1]) Gleichung (10) nimmt, da wir hier die Ordinaten y nicht von der Mitte, wie bei Fall I, sondern vom Rande, also entgegengesetzt zählen, die Form

$$\left(\frac{\partial w}{\partial y}\right) - \zeta\frac{b}{2}\frac{\partial^2 w}{\partial y^2} = 0$$

an.

$$C\left\{\left[k_2^2+(2-\overline{m})\sqrt{\tau}\left(\frac{n\pi}{a}\right)^2\right]k_2\sin k_2 b-\left[k_1^2-(2-\overline{m})\sqrt{\tau}\left(\frac{n\pi}{a}\right)^2\right]k_1\,\mathfrak{Sin}\,k_1 b\right.$$

$$\left.-\zeta\frac{b}{2}\frac{k_1^2+k_2^2}{k_1}\left[k_1^2-(2-\overline{m})\sqrt{\tau}\left(\frac{n\pi}{a}\right)^2\right]k_1\,\mathfrak{Cof}\,k_1 b\right\}$$

$$-D\left\{\left[k_2^2+(2-\overline{m})\sqrt{\tau}\left(\frac{n\pi}{a}\right)^2\right]k_2\cos k_2 b+\left[k_1^2-(2-\overline{m})\sqrt{\tau}\left(\frac{n\pi}{a}\right)^2\right]k_2\,\mathfrak{Cof}\,k_1 b\right\}=0.$$

Nun ist, wie an der Hand der Gl. (7) leicht nachgeprüft werden kann,

$$r=k_2^2+\overline{m}\sqrt{\tau}\left(\frac{n\pi}{a}\right)^2=k_1^2-(2-\overline{m})\sqrt{\tau}\left(\frac{n\pi}{a}\right)^2,$$

$$t=k_1^2-\overline{m}\sqrt{\tau}\left(\frac{n\pi}{a}\right)^2=k_2^2+(2-\overline{m})\sqrt{\tau}\left(\frac{n\pi}{a}\right)^2.$$

Setzt man noch

$$\zeta\frac{b}{2}\cdot\frac{k_1^2+k_2^2}{k_1}=h,$$

so nehmen die vorstehenden Gleichungen die Form an:

$$C\left[r\cos k_2 b+t\,\mathfrak{Cof}\,k_1 b+ht\,\mathfrak{Sin}\,k_1 b\right]+D\left[r\sin k_2 b+t\frac{k_2}{k_1}\mathfrak{Sin}\,k_1 b\right]=0,$$

$$C\left[t\frac{k_2}{k_1}\sin k_2 b-r\,\mathfrak{Sin}\,k_1 b-hr\,\mathfrak{Cof}\,k_1 b\right]-D\left[t\frac{k_2}{k_1}\cos k_2 b+r\frac{k_2}{k_1}\mathfrak{Cof}\,k_1 b\right]=0.$$

Die Bedingung $\Delta=0$ liefert wie bei Fall I die Knickbedingung, und zwar:

$$\frac{2rt}{\mathfrak{Cof}\,k_1 b\cdot\cos k_2 b}+(r^2+t^2)-\frac{r^2k_1^2-t^2k_2^2}{k_1 k_2}\mathfrak{Tg}\,k_1 b\cdot\operatorname{tg}k_2 b+h\left[t^2\,\mathfrak{Tg}\,k_1 b-r^2\frac{k_1}{k_2}\operatorname{tg}k_2 b\right]=0 \qquad (27)$$

Die durch die Knickbedingung (27) festgestellte Beziehung zwischen μ und $\frac{\alpha}{n\sqrt[4]{\tau}}$ läßt sich ebenso wie bei Fall I genau genug durch einen rationalen Ausdruck von der Form (20) darstellen[1]. σ_k ist somit auch hier durch die Gleichung (21)

$$\sigma_k=\frac{\pi^2 E\sqrt{\tau}}{12(1-\overline{m}^2)}\left(\frac{\delta}{b}\right)^2\left[\left(\frac{n\sqrt[4]{\tau}}{\alpha}\right)^2+p+q\left(\frac{\alpha}{n\sqrt[4]{\tau}}\right)^2\right]$$

gegeben.

Die Koeffizienten p und q dieser Gleichung sind nur von der Einspannungsziffer ζ abhängig und wurden mit Hilfe der genauen Gleichung (27) wie folgt berechnet:

$\zeta=$	0	0,1	0,2	1
$p=$	0,570	0,475	0,452	0,425
$q=$	0,125	0,115	0,098	0

Für Zwischenwerte vor ζ kann geradlinig eingeschaltet werden. Von gleichen

[1]) Führt man wie in Abschnitt d) den Beiwert μ ein, so gelten:

$$k_1 b=\frac{n\pi}{\alpha}\sqrt[4]{\tau}\sqrt{\mu+1},\qquad k_2 b=\frac{n\pi}{\alpha}\sqrt[4]{\tau}\sqrt{\mu-1},$$

$$r=\frac{1}{b^2}\left[\left(\frac{n\pi}{\alpha}\right)^2\sqrt{\tau}\,(\mu-1+m)\right],$$

$$t=\frac{1}{b^2}\left[\left(\frac{n\pi}{\alpha}\right)^2\sqrt{\tau}\,(\mu+1-m)\right].$$

Überlegungen wie bei Fall I ausgehend, wurden bei $\zeta = 1$ für p und q jene Werte gesetzt, die der momentenfreien Lagerung entlang einer Kante (d. i. $\zeta = \infty$) entsprechen. Sie sind im übrigen nur sehr wenig von den rechnungsmäßigen Werten verschieden. (Die richtigen Werte für $\zeta = 1$ wären $p = 0{,}427$ und $q = 0{,}010$.)

Aus der Gültigkeit der Gleichung (21) folgt auch die Gültigkeit der übrigen bei Fall I festgestellten einfachen Zusammenhänge, Gl. 22—24, nämlich:

Das Grenzverhältnis α',

$$\alpha' = \sqrt[4]{\frac{\tau}{q}}\,\sqrt{n\,(n+1)} \quad \ldots \ldots \ldots \ldots \quad (22)$$

das dem Kleinstwert von σ_k entsprechende Seitenverhältnis α_0,

$$\alpha_0 = \sqrt[4]{\frac{\tau}{q}} \quad \ldots \ldots \ldots \ldots \quad (23)$$

und damit

$$\min \sigma_k = \frac{\pi^2 E \sqrt{\tau}}{12\,(1-\overline{m}^2)} \left(\frac{\delta}{b}\right)^2 (p + 2\sqrt{q}) \,. \quad \ldots \ldots \ldots \quad (24)$$

Aus Gl. (23) folgt, daß mit abnehmendem Einspannungsgrad, da jetzt auch q sehr rasch abnimmt, α_0 immer größer wird, um bei momentenfreier Lagerung entlang des einen Randes a, wegen $q = 0$ unendlich zu werden. Mit zunehmendem α nimmt anderseits $\min \sigma_k$ stetig ab und nähert sich asymptotisch dem Grenzwert

$$\min_{n=\infty} \sigma_k = \frac{\pi^2 E \sqrt{\tau}}{12\,(1-\overline{m}^2)} \left(\frac{\delta}{b}\right)^2 p \,. \quad \ldots \ldots \ldots \quad (28)$$

Kann der eine Rand frei wippen, so beult die Platte, gleichgültig, welche Länge a sie auch besitzen mag, in einer Halbwelle aus, doch steigt der Wert der Knickspannung, wie groß auch die Plattenlänge a gewählt wird, nicht über den oberen Grenzwert (28) hinaus. Ist die Platte einerseits elastisch eingespannt, so bilden sich bei genügender Länge a mehrere Halbwellen aus.

Soll die Sicherheit gegen Ausbeulen die gleiche sein wie gegen das Ausknicken des ganzen Stabes, so muß analog Fall I (S. 227)

$$\frac{b}{\delta} = \frac{\sqrt{p + 2\sqrt{q}}}{2\sqrt{3\,(1-\overline{m})^2 \sqrt{\tau}}} \left(\frac{l}{i}\right) = \frac{0{,}303}{\sqrt[4]{\tau}} \sqrt{p + 2\sqrt{q}} \left(\frac{l}{i}\right) . \quad \ldots \quad (29)$$

Berücksichtigt man wie oben den Zusammenhang zwischen Knickzahl τ und Schlankheit $\frac{l}{i}$, ersetzt man weiter den Wurzelausdruck $\sqrt{p + 2\sqrt{q}}$ durch $1{,}13 - 0{,}48\,\zeta$, welcher einfache Ausdruck den oben angeführten Wertreihen der p und q annähernd Genüge leistet, so erhält man folgende für den praktischen Gebrauch geeignete Formeln:

Für $\frac{l}{i}$ von 10 bis 105

$$\frac{b}{\delta} \gtreqless \left(3{,}42\sqrt{\frac{l}{i}} - 3{,}30\right)(1{,}13 - 0{,}48\,\zeta),$$

für $\frac{l}{i} > 105$

$$\frac{b}{\delta} \gtreqless 0{,}303\,\frac{l}{i}\,(1{,}13 - 0{,}48\,\zeta) \,. \quad \ldots \ldots \quad (30)$$

55. Anwendung auf die im Brückenbau gebräuchlichen Druckquerschnitte.

a) Geschlossene Kastenquerschnitte.

Im Brückenbau dürften Druckstäbe von der in Abb. 175 dargestellten Querschnittsform in der Regel mit Schlankheitsverhältnissen $\frac{l}{i} < 105$ vorkommen. Ihre Wandbemessung hat im Einzelfalle nach Gl. (26), also nach der Formel

$$\left(\frac{b}{\delta}\right)_{\text{erf}} = \left(3{,}42\sqrt{\frac{l}{i}} - 3{,}30\right)\left(2{,}64 - 0{,}64\sqrt{\zeta}\right)$$

zu erfolgen.

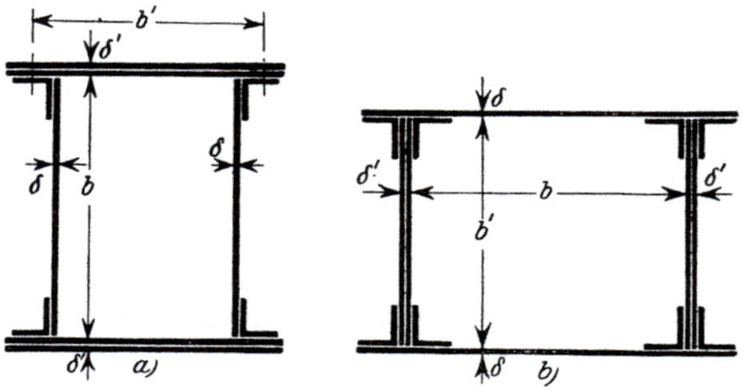

Abb. 175.

ζ ist definiert durch die Beziehung

$$\zeta = \frac{\delta^3 b'}{\delta'^3 b}.$$

Bei schwachen Stegblechen und starken Gurtblechen (Querschnitt *a*) sind unter δ und b die Abmessungen des Stegbleches zu verstehen. Sind die Stegbleche steifer als die Deckbleche, so sind die Abmessungen der letzteren als δ und b in die Rechnung einzuführen (Querschnitt *b*). Die Einspannungsziffer ζ muß also immer kleiner, höchstens gleich 1 sein. Das Verhältnis $\frac{b}{\delta}$ schwankt je nach dem Schlankheitsgrad und nach der Einspannungsziffer ζ zwischen 28 und 61.

Die Anbringung von Querschotten zwecks Herabminderung der Ausbeulungsgefahr hat bei derartigen Querschnitten keinen Zweck. Liegen die Schotten in größeren Abständen (z. B. ein Mehrfaches der Blechbreite b), wie dies meist üblich ist, so bilden sich beim Ausbeulen mehrere Halbwellen zwischen je zwei Schotten aus, deren Länge nur wenig verschieden sein wird von jener ungünstigsten Länge, die dem Wert min σ_k, den wir unseren Bemessungsformeln zugrunde gelegt haben, entspricht. Eine geringe Steigerung der Tragkraft bestenfalls um etwa 6% wäre zu erreichen, wenn man die Schotten in so dichten Abständen von $a = 1{,}414\, b\sqrt[4]{\tau}$ anordnet, daß sich eine Halbwelle von größtmöglicher Länge ausbilden kann. Man findet hierfür z. B. bei Stäben von $\frac{l}{i} = 25$, $a = 0{,}76\, b$ und bei $\frac{l}{i} = 60$, $a = 1{,}13\, b$. Einer so geringen Vermehrung der Tragfähigkeit wegen die Querbleche so dicht anzuordnen, wäre aber höchst unwirtschaftlich. *Wir halten demnach fest, daß bei geschlossenen Kastenquerschnitten Querbleche in Abständen, die ein Zwei- oder Mehrfaches der Blechbreite b betragen, ohne nennenswerte Wirkung auf die Tragfähigkeit des Stabes sind. Querschotten sind daher zu vermeiden.*

b) Offene Kastenquerschnitte und I-Querschnitte.

Die Stege der in Abb. 176 dargestellten Stabquerschnitte verhalten sich wie an den Längsrändern momentenfrei gelagerte Platten, da in einiger Entfernung von den Stabenden der Verdrehung der Stege nur geringer Widerstand entgegengesetzt wird. Die Bemessung des zulässigen Verhältnisses $\frac{b}{\delta}$ erfolgt dann mit $\zeta = 1$ nach den Formeln (26), sonach:

für $\frac{l}{i}$ von 10 bis 105

$$\left(\frac{b}{\delta}\right)_{\text{erf}} \gtreqless 6{,}84 \sqrt{\frac{l}{i}} - 6{,}60\,, \qquad \ldots \ldots \ldots (31)$$

für $\frac{l}{i} > 105$

$$\left(\frac{b}{\delta}\right)_{\text{erf}} \gtreqless 0{,}606 \left(\frac{l}{i}\right).$$

Bei Querschnittsformen nach Abb. 176a, deren $\frac{l}{i}$ zwischen 25 und 60 liegen kann, fällt $\frac{b}{\delta}$ zwischen 28 und 46.

Bei gewalzten I- und [-Profilen liegt das Verhältnis $\frac{b}{\delta}$

bei [-Träger NP 8—60	zwischen	30 u. 28
„]-Eisen NP 8—30	„	13 „ 30
„ Differdingerträg. I 18 B—I 60 B	„	21 „ 29.

Ein Ausbeulen ist daher hier bei Stäben mit einem Schlankheitsgrad $\frac{l}{i} > 25$ von vornherein ausgeschlossen.

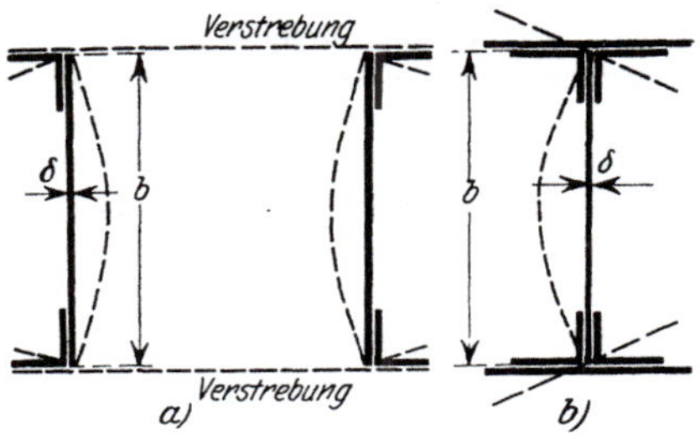

Abb. 176.

Hinsichtlich der Anordnung von Querschotten bei Stäben mit kastenförmigem Querschnitt nach Abb. 176a gilt das gleiche wie unter a).

1. Beispiel. Gelegentlich der Versuche an Flußeisenstäben für den Neubau der Quebeckbrücke, die in Phoenixville Pa. im Jahre 1912 durchgeführt wurden, wurden u. a. 6 Stäbe von der in Abb. 177 dargestellten Querschnittsform und Länge zerdrückt.[1] Sie bestanden aus härterem Flußeisen von

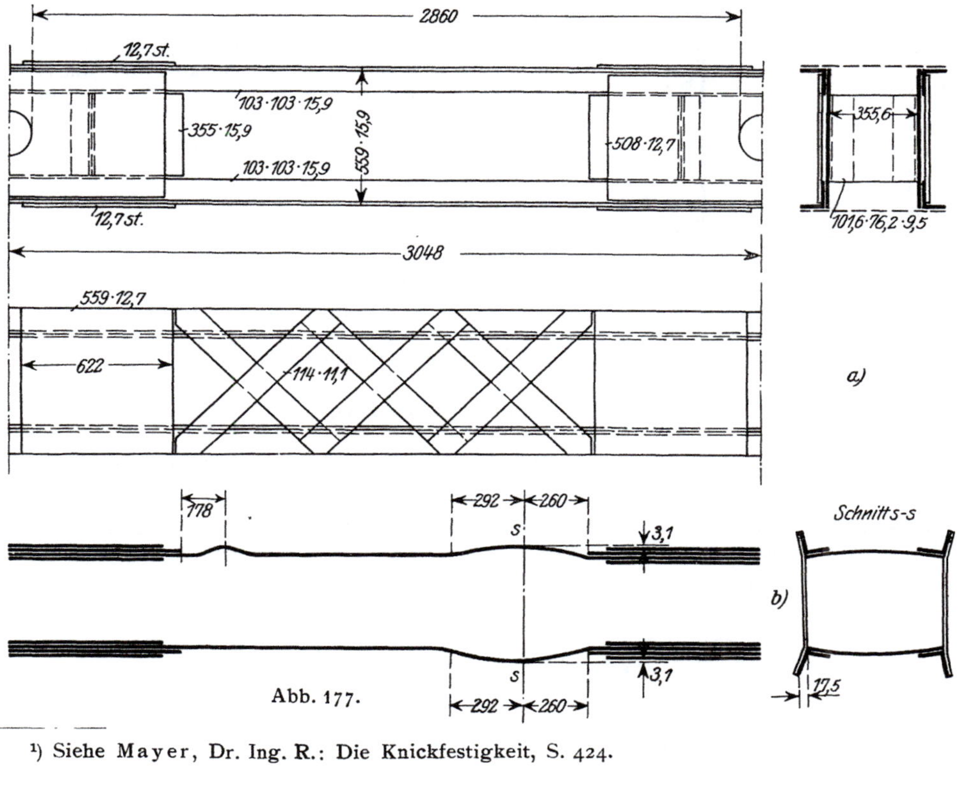

Abb. 177.

[1]) Siehe Mayer, Dr. Ing. R.: Die Knickfestigkeit, S. 424.

3,0 t/cm² Streckgrenze und 4,55 t/cm² Festigkeit. Sie waren an den Enden in zylindrischen Bolzen gelagert, so daß bei den gegebenen Stababmessungen nur ein Ausknicken in der Richtung der freien Achse in Frage kam.

Mit $F = 296{,}3\ \text{cm}^2$, $i_x = 20{,}55$ cm, $l = 286$ cm findet man $\frac{l}{i_x} = 13{,}92$ und nach der ersten der beiden Formeln (31)

$$\left(\frac{b}{\delta}\right)_{\text{erf}} = 6{,}84\sqrt{\frac{l}{i}} - 6{,}60 = \mathbf{18{,}9},$$

das tatsächliche Verhältnis war aber

$$\frac{55{,}9}{1{,}59} = 35{,}2.$$

Es ist daher begreiflich, daß alle 6 Stäbe dieser Bauart, die sich nur durch verschiedene Verstärkungsbleche an den Stabenden unterschieden, frühzeitig durch Ausbeulen der Stegbleche zerstört wurden. Trotz der hochgelegenen Streckgrenze, die eine etwas größere Tragfähigkeit als nach der Tetmajerformel ($\sigma_k = 2{,}94\ \text{t/cm}^2$) erwarten ließ, knickte der in Abb. 177 dargestellte Stab bei 2,66 t/cm² bereits aus.

Nach Formel (18″) findet man jenen unteren Grenzwert min σ_k der Stabspannung, bei der die Ausbeulung der Bleche eintritt, mit

$$r = \frac{\left(\frac{b}{\delta}\right)^4}{2190 \cdot 10^4} + 6{,}2 = 6{,}2702$$

zu

$$\min \sigma_k = \frac{r}{2} - \sqrt{\frac{r^2}{4} - 9{,}61} = 2{,}67\ \text{t/cm}^2,$$

in sehr guter Übereinstimmung mit der beobachteten Knickspannung von 2,66 t/cm².

In Abb. 177b ist der Versuchsstab Nr. 44 nach dem Versuch in axialem Längenschnitt und im Querschnitt dargestellt.

2. Beispiel. Ein weiteres Versuchsstabpaar aus ähnlichem Material wie das im obigen Beispiel erwähnte, ist im Querschnitt in Abb. 178 dargestellt. Der Versuch wurde ebenfalls für Zwecke des Baues der neuen Quebeckbrücke 1913 durchgeführt. Die Stäbe waren derart in Bolzen gelagert, daß nur ein Ausknicken in der Richtung der y-Achse in Betracht kam.

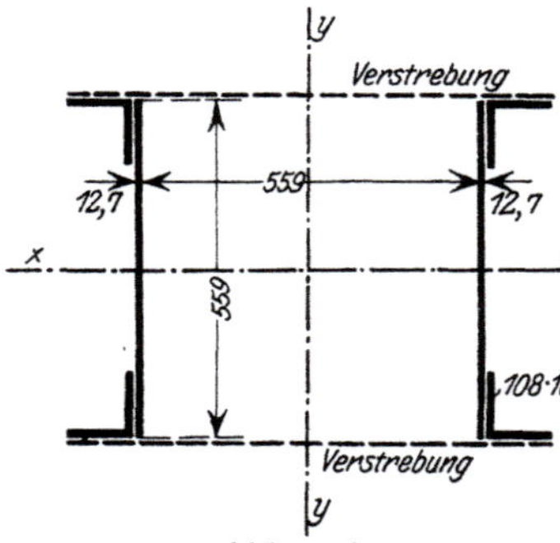

Abb. 178.

Die Baulänge des Stabes betrug 1036 cm und die Entfernung zwischen den Berührungspunkten der Bolzen, die wir als Knicklänge ansehen, 1018 cm. Die Vergitterung bestand aus gekreuzten Flacheisen 108 × 15,9. Die Stabenden waren durch Querbleche und aufgelegte Bleche auf den Stegen verstärkt.

Es beträgt

$$F = 227{,}0\ \text{cm}^2, \quad i_x = 20{,}08\ \text{cm}, \quad \text{somit}\ \frac{l}{i_x} = 50{,}7$$

und die Knickspannung

$$\sigma_k = 2{,}520\ \text{t/cm}^2\ \text{(nach Tetmajer)}.$$

Wie vor berechnen wir das erforderliche Verhältnis $\frac{b}{\delta}$ nach Gl. (31) und erhalten

$$\left(\frac{b}{\delta}\right)_{\text{erf}} = 6{,}84\sqrt{50{,}7} - 6{,}60 = \mathbf{42{,}1}.$$

Das tatsächliche Stärken-Breitenverhältnis war $\frac{55{,}9}{1{,}27} = 44$, also etwas zu groß, was vermuten läßt, daß die Tragfähigkeit des Stabes etwas unterhalb der nach Tetmajer ermittelten bleibt. Dies bestätigt auch der Versuch. Der Mittelwert aus beiden Versuchen beträgt $\sigma_k = 2{,}44\ \text{t/cm}^2$.

Wir ermitteln jetzt aus Gl. (18″) die Randspannung min σ_k, bei der die Bleche bei einer Schlankheit $\frac{b}{\delta} = 44$ ausbeulen, und finden

$$r = \frac{\left(\frac{b}{\delta}\right)^4}{2190 \cdot 10^4} + 6{,}2 = 6{,}370$$

und

$$\min \sigma_k = \frac{r}{2} - \sqrt{\frac{r^2}{4} - 9{,}61} = 2{,}458\ \text{t/cm}^2$$

in guter Übereinstimmung mit dem Ergebnis der Versuche, bei welchen die Zerstörung des Stabes scheinbar von den Stegblechen ausgegangen ist, da sie sich stellenweise von den Gurtwinkeln gelöst hatten.

c) H-förmige Stabquerschnitte.

Der Steg des H-Querschnittes kann in der Regel als vollkommen eingespannt angesehen werden, da die kräftigen Seitenwände, die durch die Gurtwinkel und die Verstrebung am Ausweichen verhindert sind, nur geringe Verbiegungen erleiden können (Abb. 179). Sind die Stäbe sehr lang, dann ist es, um die Seitensteifigkeit der Gurtwinkel zu unterstützen, unbedingt zweckmäßig, in Abständen von 10- bis 15facher Winkelschenkelbreite Querverbindungen (Verstrebungen) anzuordnen, die die Gurtwinkel miteinander verbinden. Mit $\zeta = 0$ (feste Einspannung) liefert Formel (26) folgende Bemessungsregel

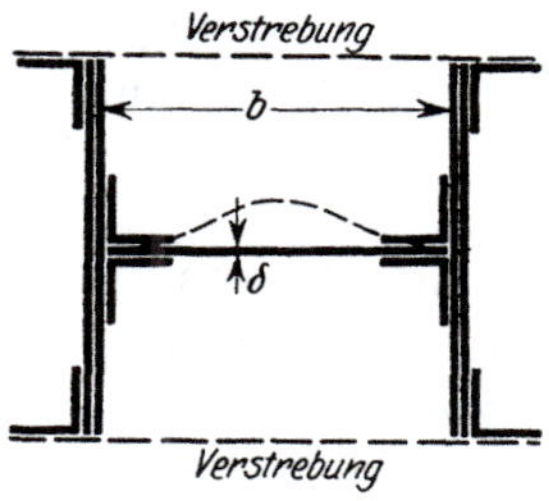

Abb. 179.

für $\frac{l}{i}$ von 10 bis 105

$$\left(\frac{b}{\delta}\right)_{\text{erf}} = 9\sqrt{\frac{l}{i}} - 8{,}7 \quad \text{. . . . . (32)}$$

Bei den üblichen Schlankheitsverhältnissen $\frac{l}{i} = 25$—60 liegt also $\frac{b}{\delta}$ zwischen 36 und 61.

d) Π-Querschnitt mit Saumwinkeln.

Eine weitere wichtige Querschnittsform, die hier Erläuterung finden soll, ist in Abb. 180 zur Darstellung gebracht. Die Stege erscheinen oben an den Gurtplatten elastisch eingespannt, unten an den Saumwinkeln frei drehbar gestützt, da sich diese Winkel einer Verdrehung nicht widersetzen können. Natürlich muß Vorsorge getroffen werden, daß die Saumwinkel genügend Seitensteifigkeit besitzen, um ein seitliches Ausweichen der Stege zu verhindern, was durch in entsprechenden Abständen angeordnete Querverbindungen bzw. Verstrebungen erreicht wird. Der Abstand dieser Querverbindungen ist nach den Regeln von § 10, **40** so zu bemessen, daß die Winkel, für sich genommen, unter den auf ihren Querschnitt von der Gesamtdruckkraft entfallenden Anteil gegen seitliches Ausknicken in gleichem Grade knicksicher sind, wie der Gesamtquerschnitt. Die Saumwinkel sind dann bei Bemessung der Tragkraft des Gesamtstabes als tragende Querschnittsteile mitzuzählen. Um der bloß einseitigen Einspannung des Steges Rechnung zu tragen, ermitteln wir für das in Frage kommende Verhältnis $\frac{b}{\delta}$ einen Mittelwert, derart, daß wir das arithmetische Mittel für $\frac{b}{\delta}$ bilden aus dem Werte von $\frac{b}{\delta}$ bei $\zeta = 1$ (momentenfreie Lagerung) und aus dem Werte von $\frac{b}{\delta}$ für ein der Steifigkeit der Gurtplatte und der Stege entsprechendes ζ. Man erhält sonach

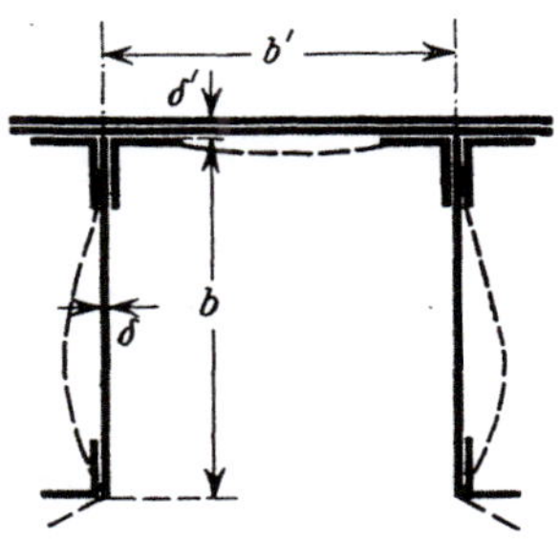

Abb. 180.

$$\frac{b}{\delta} = \frac{1}{2}\left[\left(3{,}42\sqrt{\frac{l}{i}} - 3{,}30\right)(2{,}64 - 0{,}64\sqrt{\zeta} + 2)\right],$$

oder

für $\frac{l}{i}$ von 10 bis 105

$$\left(\frac{b}{\delta}\right)_{\text{erf}} = \left(3{,}42\sqrt{\frac{l}{i}} - 3{,}30\right)(2{,}32 - 0{,}32\sqrt{\zeta}) \quad \text{. . . . . (33)}$$

Für die meist vorkommenden Schlankheitsverhältnisse $\frac{l}{i}$ zwischen 25 und 60, schwankt $\frac{b}{\delta}$ je nach der Stärke und Breite der Gurtplatten zwischen 28 und 54.

Die Anordnung von Querschotten zwischen den Stabenden zur Erhöhung der Knickfestigkeit der Stege ist aus den unter a) angegebenen Gründen zwecklos. Derartige Querschotten dienen bestenfalls zur Festlegung der Knicklängen der Saumwinkel. Zu empfehlen ist hingegen die Anordnung von Querblechen an den Stabenden nahe den Knotenpunkten, um die Stabröhre zu einem räumlich unverschieblichen Ganzen zu machen.

e) Winkel und Kreuzquerschnitt.

In Abb. 181 sind die beiden Querschnittsformen dargestellt. Da der eine Schenkel eines gleichschenkligen Winkels die Verformung des andern nicht hindern kann, beide befinden sich gleichzeitig im labilen Gleichgewichtszustand, so wird sich der Querschnitt in der Mitte des Stabes, wie in Abb. 181a angedeutet, verdrehen. Ähnliches gilt für den Kreuzquerschnitt (Abb. 181b). Mit $\zeta = 1$ (momentenfreie Lagerung des einen Randes) findet man aus den Gl. (30)

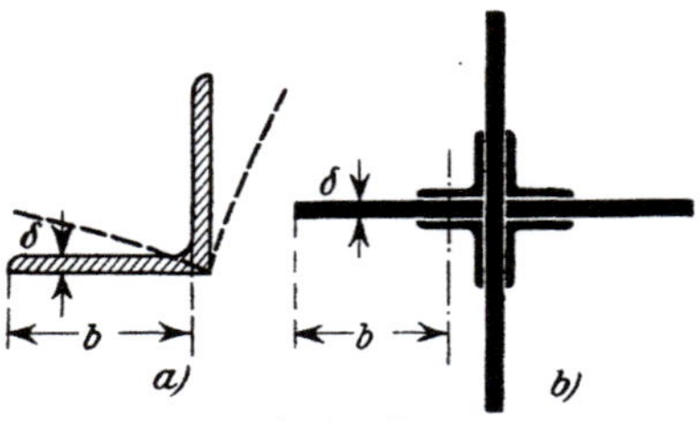

Abb. 181.

$$\left.\begin{array}{l} \text{für } \frac{l}{i} \text{ von } 10 \text{ bis } 105 \\ \qquad \left(\frac{b}{\delta}\right)_{\text{erf}} = 2{,}22\sqrt{\frac{l}{i}} - 2{,}15, \\ \text{für } \frac{l}{i} > 105 \\ \qquad \left(\frac{b}{\delta}\right)_{\text{erf}} = 0{,}197\left(\frac{l}{i}\right). \end{array}\right\} \quad \ldots \quad (34)$$

Da bei einfachen Winkeln das Schlankheitsverhältnis $\frac{l}{i}$ kaum unter 30 liegen wird, meist ist es viel größer, so ist der ungünstigste Wert von $\frac{b}{\delta}$ nach Formel (34)

$$\frac{b}{\delta} = 10,$$

wobei unter b die lichte Schenkelbreite zu verstehen ist. Die im Eisenbrückenbau üblichen Winkelprofile entsprechen, ausgenommen einige ungleichschenklige Winkel, dieser Forderung.

Bei Kreuzquerschnitten nach Art der in Abb. 181b dargestellten ist es zulässig, um die Verstärkung durch die Winkel zu berücksichtigen, die Breite b von der Mitte des Winkels bis zum Plattenrande zu messen (Abb. 181b).

f) T-Querschnitte.

Hierher gehören die in den Abb. 182a und b dargestellten Querschnittsformen. Da der Verdrehungswiderstand der beiden zusammengenieteten Schenkel (Abb. 182a) äußerst gering ist, so kann sich der Querschnitt in der Mitte des Stabes in der in der Abbildung 181a angedeuteten Weise verdrehen. Ähnliches gilt auch für T-förmige Gurte nach Abb. 182b. Auch hier verdrehen sich die Gurtplatten, wenn der Steg in einen unsicheren Gleichgewichtszustand gerät. Es gelten demnach, da $\zeta = 1$ gesetzt werden muß, die Formeln (34), wobei bei Querschnitten nach Form Abb. 182b, um der Verstärkung durch die Gurtwinkel Rechnung zu tragen, b von der Halsnietmitte bis zum unteren Blechrand zu zählen

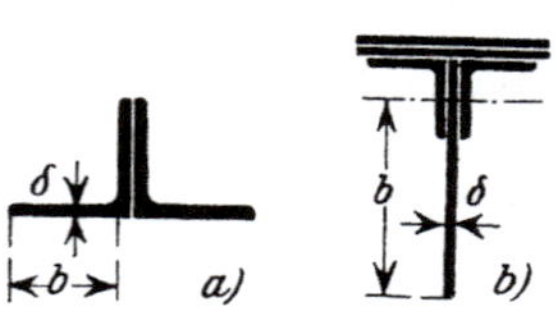

Abb. 182.

ist. Bei gedrungen gebauten Stäben liefert Gl. (34) verhältnismäßig kleine Werte für $\frac{b}{\delta}$. Z. B. für $\frac{l}{i}=25$, $\frac{b}{\delta}=9$; doch wächst dieses Verhältnis rasch mit zunehmender Schlankheit des Gurtes. Bei $\frac{l}{i}=50$ z. B. ist es bereits 13,5. Die üblichen Ausführungen im Brückenbau zeigen vielfach größere Verhältnisse $\frac{b}{\delta}$, die aber zu vermeiden sind. Säumt man das Stegblech mit Winkeln, so ist es gestattet, das Verhältnis $\frac{b}{\delta}$ etwa 2 mal so groß zu wählen, als es die Formeln (34) liefern, wie ich aus einer diesbezüglichen Untersuchung, deren Bekanntgabe aber hier zu weit führen würde, ersehen habe.

g) Π-förmige Querschnitte.

Weitaus günstiger als die unter f) betrachteten T-förmigen Gurtquerschnitte verhalten sich zweistegige Querschnitte, nach Abb. 183, da die Einspannung an den Deckblechen die Stege in ausschlaggebender Weise unterstützt. Mit der Einspannungsziffer

$$\zeta=\frac{\delta^3 b'}{\delta'^3 b}$$

gilt hier Gl. (30) als Bemessungsformel:

$$\left(\frac{b}{\delta}\right)_{\text{erf}}=\left(3{,}42\sqrt{\frac{l}{i}}-3{,}30\right)(1{,}13-0{,}48\,\zeta).$$

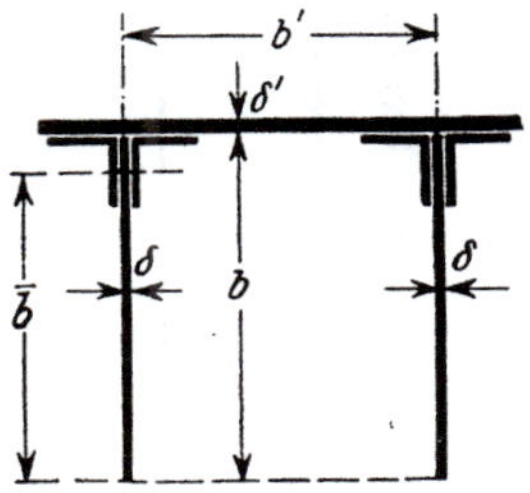

Abb. 183.

Wird ζ größer als 1, was bei starken Stegen und dünnem Deckblech vorkommen kann, so ist mit $\zeta=1$ zu rechnen, gleichzeitig aber nach Gl. (31) zu untersuchen, ob das Deckblech genügend stark ist. ζ ist mit der vollen Stegblechhöhe b zu ermitteln, das Verhältnis $\frac{\bar{b}}{\delta}$ kann aber wegen der Einspannungswirkung der Winkel auf den freien Stegblechteil von Mitte Winkelschenkel bis unteren Blechrand bezogen werden.

Da bei einseitig gelagerten Platten die Wellenlängen der Ausbeulung bedeutend größer sind, als bei beiderseits festgehaltenen Platten — sie wird bei $\zeta=1$ gleich der Stablänge — so ist es möglich, durch Beschränkung der Wellenlänge mittels Einbaues von Querblechen, in jenen Fällen wo ζ nahe an 1 liegt, d. i. dann der Fall, wenn die Deckplatten breit und schwach sind, eine nicht unbedeutende Erhöhung der Tragfähigkeit zu erzielen. Wir gehen zu diesem Zwecke von der Gleichung der Knickspannung (21) auf S. 227 aus, die noch das Verhältnis $\alpha=\frac{a}{b}$ der Plattenlänge zur Plattenbreite enthält. Versteht man jetzt unter a den Abstand der Schottenbleche, dann läßt uns diese Gleichung den Einfluß der Entfernung derselben erkennen. Für $\zeta=1$ wird $q=0$ und $p=0{,}425$ und Gl. (21) vereinfacht sich mit $n=1$, da zwischen zwei Schotten sich nur eine Welle ausbilden soll, zu

$$\sigma_k=\frac{\pi^2 E\sqrt{\tau}}{12(1-\overline{m}^2)}\left[\frac{\sqrt[4]{\tau}}{\alpha}+0{,}425\right]\left(\frac{\delta}{b}\right)^2.$$

Soll Knickspannung und Ausbeulspannung einander gleich werden, so besteht die Beziehung

$$\frac{\pi^2 E\tau}{\left(\frac{l}{i}\right)^2}=\frac{\pi^2 E\sqrt{\tau}}{12(1-\overline{m}^2)}\left[\frac{\sqrt[4]{\tau}}{\alpha}+0{,}425\right]\left(\frac{\delta}{b}\right)^2,$$

Tafel 28.

Verhältnisse $\left(\frac{b}{\delta}\right)_{erf}$ für die Wände von Druckstäben.

Stabquerschnitt	$\left(\frac{b}{\delta}\right)_{\text{erforderlich}}$	Anmerkung
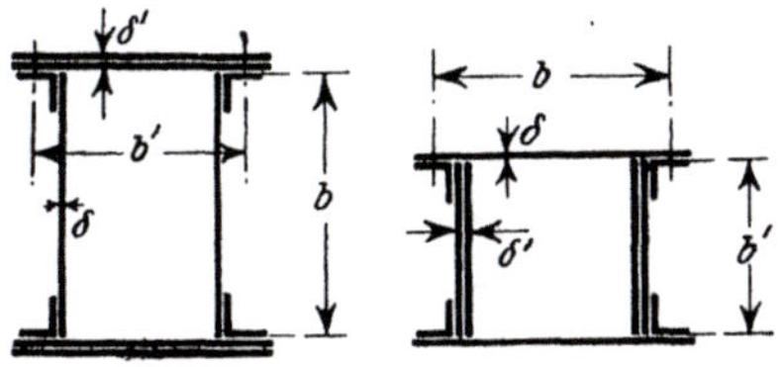 α) β)	für $\frac{l}{i} = 10$ bis 105 $\left(\frac{b}{\delta}\right)_{erf} = \left(3{,}42\sqrt{\frac{l}{i}} - 3{,}30\right)\left(2{,}64 - 0{,}64\sqrt{\zeta}\right)$ $\zeta = \frac{\delta^3 b'}{\delta'^3 b}$	Ist der Steg mit je zwei Winkeln an die Gurtplatte angeschlossen, dann ist b' im Falle α) und b im Falle β) durch die Stegentfernuug zu ersetzen. Querschotten nur an den Stabenden; weitere Querbleche erhöhen nicht die Tragfähigkeit.
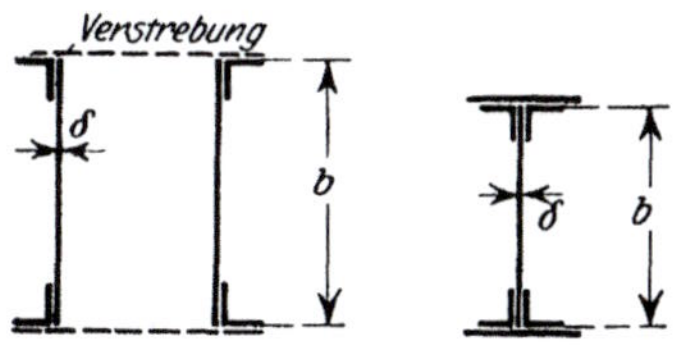	für $\frac{l}{i} = 10$ bis 105 $\left(\frac{b}{\delta}\right)_{erf} = 6{,}84\sqrt{\frac{l}{i}} - 6{,}60$ für $\frac{l}{i} > 105$ $\left(\frac{b}{\delta}\right)_{erf} = 0{,}606\,\frac{l}{i}$	Querschotten nur an den Stabenden. Weitere Querbleche erhöhen nicht die Tragfähigkeit. Bei gewalzten I- und]-Eisen (Normalprofile), sowie bei Diff. I 18 B bis I 60 B ist für $l/i > 25$ ein Ausbeulen des Steges ausgeschlossen.
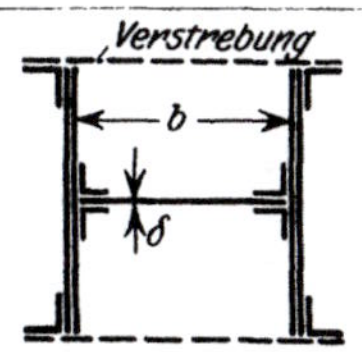	für $\frac{l}{i} = 10$ bis 105 $\left(\frac{b}{\delta}\right)_{erf} = 9\sqrt{\frac{l}{i}} - 8{,}7$	
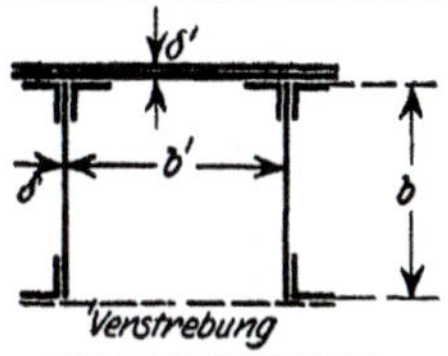	für $\frac{l}{i} = 10$ bis 105 $\left(\frac{b}{\delta}\right)_{erf} = \left(3{,}42\sqrt{\frac{l}{i}} - 3{,}30\right)\left(2{,}32 - 0{,}32\,\zeta\right)$ $\zeta = \frac{\delta^3 b'}{\delta'^3 b}$	Querschotten nur an den Stabenden. Weitere Querbleche erhöhen nicht die Tragfähigkeit.

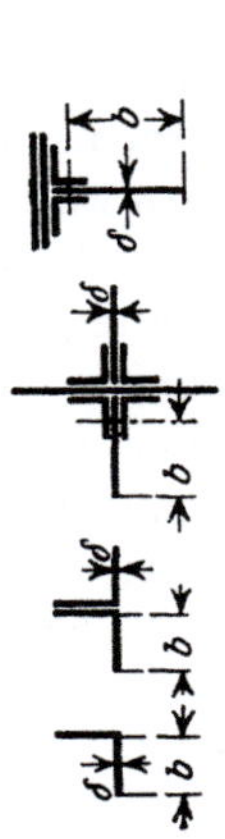	für $\frac{l}{i} = 10$ bis 105 $\left(\frac{b}{\delta}\right)_{\text{erf}} = 2{,}22\sqrt{\frac{l}{i}} - 2{,}15$ für $\frac{l}{i} > 105$ $\left(\frac{b}{\delta}\right)_{\text{erf}} = 0{,}197\,\frac{l}{i}$	Säumt man den T-Querschnitt mit Winkeln, so können die nach nebenstehenden Gleichungen errechneten Verhältnisse $\frac{b}{\delta}$ 2 mal so groß genommen werden.
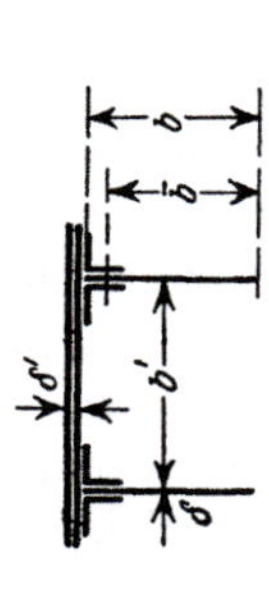	für $\frac{l}{i} = 10$ bis 105 $\left(\frac{b}{\delta}\right)_{\text{erf}} = \left(3{,}42\sqrt{\frac{l}{i}} - 3{,}30\right)(1{,}13 - 0{,}48\,\zeta)$ $\zeta = \frac{\delta^3 b'}{\delta'^3 b}$	Bei schwachem Deckblech, $\zeta \sim 1$, ist es zweckmäßig, Schottenbleche anzuordnen. Ist ihr Abstand a, so beträgt $\left(\frac{b}{\delta}\right)_{\text{erf}} = \left(3{,}42\sqrt{\frac{l}{i}} - 3{,}30\right)\sqrt{\frac{b}{2a} + 0{,}425}$.

woraus mit $\alpha = \frac{a}{b}$

$$\left(\frac{b}{\delta}\right) = \frac{\sqrt{\frac{b\sqrt[4]{\tau}}{a} + 0{,}425}}{2\sqrt{3(1-m^2)}\sqrt{\tau}}\,\frac{l}{i} = \frac{0{,}303}{\sqrt[4]{\tau}}\left(\frac{l}{i}\right)\sqrt{\frac{b}{2a} + 0{,}425}$$

folgt. $\sqrt[4]{\tau}$ wächst für $\frac{l}{i}$ zwischen 20 und 60 von 0,483 bis 0,800. Wir wählen den kleinsten Wert, den wir auf $\frac{1}{2}$ abrunden und führen ihn unter dem Wurzelzeichen ein. Vor dem Wurzelzeichen setzen wir mit genügender Annäherung wie auf S. 228

$$\frac{0{,}303}{\sqrt[4]{\tau}}\,\frac{l}{i} = 3{,}42 - 3{,}30\,\frac{l}{i}$$

und erhalten schließlich

$$\frac{b}{\delta} = \left(3{,}42\sqrt{\frac{l}{i}} - 3{,}30\right)\sqrt{\frac{b}{2a} + 0{,}425} \quad (35)$$

Die unter a) bis g) aufgestellten Formeln sind in der Tafel 28 übersichtlich zusammengestellt.

Vierter Abschnitt.

Die örtlichen Anstrengungen in den Bauteilen eiserner Brücken.

§ 14. Zug, Druck, Biegung und Verdrehung.

56. Der Spannungszustand, Reduzierte Spannungen.

Der Spannungszustand. Die Festigkeitsberechnung verfolgt in erster Linie den Zweck, die Materialanstrengung in den einzelnen Baugliedern festzustellen, um zu einem Urteil über die Sicherheit gegen das Eintreten bleibender Formänderungen oder des Bruches zu gelangen. Es sei hier vorausgesetzt, daß die angreifenden Kräfte eines jeden Baugliedes bereits bekannt sind, daß also im Fachwerke z. B. die Stabkräfte, bei biegungssteifen Trägern Momente und Querkräfte usw. bereits ermittelt wurden und daß es sich nur mehr darum handelt, die örtliche Materialanstrengung zu berechnen. Man denke sich zu diesem Zwecke den in Betracht zu ziehenden Bauteil aus dem Zusammenhang mit dem übrigen Bauwerk gelöst und die an den Schnittstellen übertragenen inneren Kräfte durch ein gleichwertiges System von äußeren Kräften (Spannungsresultanten) ersetzt. So gelangt man zu der Aufgabe, bei einem irgendwie geformten Körper, der unter dem Einfluß von auf seiner Oberfläche wirkenden Kräften steht (von Massenkräften kann in der Regel abgesehen werden), Formänderungen und Spannungen zu bestimmen. In dieser allgemeinsten Form ist aber derzeit das Problem weder mit Hilfe der mathematischen Elastizitätstheorie, noch mittels der Näherungsmethoden der technischen Festigkeitslehre lösbar. Es ist nur gelungen, für eine Reihe einfacher Körperformen und bestimmter Anordnung der Oberflächenkräfte die oben gestellte Aufgabe zu beantworten. Es bleibt daher nichts anderes übrig, als in jedem Einzelfalle das Problem durch Absehen von minder wichtigen Einflüssen und durch entsprechende Vereinfachung der Körperform bekannten Lösungen anzupassen. Daß natürlich die Elastizitätstheorie und die mit der technischen Festigkeitslehre eng verbundene Versuchsforschung vom Eisenbrückenbau her einen nennenswerten Teil ihrer Aufgaben erhalten und gelegentlich mit Erfolg beantworten, ist selbstverständlich. Wir sind hier erst am Anfange einer Entwicklung, die zunächst noch tastend dahin zielt, eine Theorie der baulichen Einzelheiten zu schaffen, um in das oft vielfach verschlungene Kräftespiel in örtlich begrenzten, aber lebenswichtigen Bauteilen hinein zu leuchten. Hat die zweite Hälfte des 19. Jahrhunderts die Baustatik im wesentlichen zur Vollendung gebracht, so ist es Aufgabe der nächsten Jahrzehnte, mittels Theorie und Versuch die Frage des örtlichen Spannungsverlaufes zu klären, um Überlastung auf der einen Seite, Verschwendung von Material auf der anderen Seite hintanzuhalten.

Jedes Brückentragwerk stellt in erster Annäherung ein im Raume unverschiebliches System von Stäben, Scheiben und Tragkörpern vor. Unter Stäben versteht man solche prismatische Körper, die nur in der Richtung ihrer Achse gezogen oder gedrückt werden (Einachsiger Spannungszustand). Scheiben sind solche Tragwerkteile, die ein ebenes Kräftesystem, das in die Scheibenebene fällt, im Gleichgewicht zu erhalten vermögen (Zweiachsiger Spannungszustand). Hierher gehören, allerdings nur in grober Annäherung, die biegungssteifen ebenen Träger, deren Belastungsebene durch eine Querschnittssymmetrieachse geht, dann die eigentlichen Scheiben, wie z. B. die Knotenbleche der Fachwerkträger. Hierher zählen letzten Endes aber auch alle Tagwerkteile, die sich durch parallele Ebenen in gleichgeformte und gleichbelastete Scheiben zerlegen lassen, wie z. B. die Walzen der Brückenlager. Alle übrigen Teile bezeichnen wir als Tragkörper (Dreiachsiger Spannungszustand). Dazu zählen auf Biegung und Verdrehung beanspruchte Träger, quer zu ihrer Ebene belastete, ringsum gelagerte Platten usw.

Denkt man sich in einem Körperpunkte m eine unendlich kleine ebene Fläche von der Größe 1 von irgendwelcher Richtung beliebig abgegrenzt, so gibt die Gesamtheit der Kräfte, die durch diese Fläche von dem einen Körperteil auf den auf der anderen Seite der Fläche liegenden Körperteil übertragen wird, die Spannung im Punkte m für die Richtung dieses Flächenelementes an. Die in diesem Bezirke übertragenen Kräfte kann man sich durch eine Mittelkraft ersetzt vorstellen, die durch einen vom Punkte m ausgehenden Vektor versinnbildlicht sei. Diesen Kraftvektor kann man nun in einen Teilvektor, der senkrecht zur Ebene der Übertragungsfläche und einen Vektor, der in diese Ebene fällt, zerlegen. Der erstere stellt die Normalspannung, der letztere die Schubspannung im Punkte m in dem in Rede stehenden Ebenenelement vor. Jedem der unendlich vielen möglichen Lagen des Flächenbezirks in m entspricht ein solcher Spannungsvektor von bestimmter Größe und Richtung. Der geometrische Ort der Endpunkte aller dieser von m ausgehenden Spannungsvektoren ist ein Ellipsoid, dessen drei im allgemeinen verschiedene Achsen die sogenannten Hauptspannungen darstellen. Sie stellen Größt-, bzw. Kleinstwerte der Spannungen in m vor und sind noch dadurch ausgezeichnet, daß sie senkrecht zu den zu ihnen gehörenden Ebenenelementen (Hauptebenen) stehen, weshalb die Schubspannungen für diese Hauptebenen verschwinden. Die Richtungen der 3 Hauptspannungen stehen senkrecht aufeinander. Durch die 3 Hauptebenen wird das ganze Spannungsfeld um den Punkt m in 8 Oktanten zerlegt, die, vom Vorzeichen abgesehen, gleiche Spannungsverteilung haben. Man bezeichnet den durch ein solches Ellipsoid versinnbildlichten Spannungszustand als dreiachsigen Spannungszustand. Der Spannungszustand eines jeden Punktes ist somit durch die 3 Hauptspannungen und durch die Richtungskosinuse der 3 Hauptebenen, insgesamt durch 6 Größen, festgelegt. An Stelle dieser 6 Größen können auch die Normalspannungen σ_x, σ_y, σ_z parallel zu den Achsen eines beliebig gerichteten xyz-Systems und die zugehörenden Schubspannungen τ_{xy}, τ_{xz}, τ_{yz} den Spannungszustand beschreiben.

Ist eine der 3 Hauptspannungen Null, dann artet das Ellipsoid in eine Ellipse aus. Dieser zweiachsige Spannungszustand ist so durch 3 Größen, die beiden Hauptspannungen (große und kleine Achse der Ellipse), sowie durch einen Richtungskosinus in der Spannungsebene oder durch 2 Normalspannungen σ_x, σ_y parallel zu dem recht winkeligen Achsenkreuz xy und durch die Schubspannung τ gegeben.

Verschwindet eine weitere Hauptspannung, so liegt ein linearer Spannungszustand vor, reiner Zug oder Druck.

Hypothesen über den Zusammenhang des gefährlichen Grenzzustandes mit den Hauptspannungen. In § 7 haben wir die Fließ- oder Streckgrenze, somit jene Spannungsgrenze, nach deren Überschreitung bleibende Gefügeänderungen im Material auftreten, als maßgebend für die zulässige Beanspruchung des Baustoffes erkannt. Allerdings hatten wir dort stets den einfachen Fall der reinen Zug- oder Druckinanspruchnahme, also den linearen Spannungszustand, ins Auge gefaßt. Der lineare Zusammenhang zwischen Spannung und Dehnung ließ es z. B. gleichgültig erscheinen, ob die Längsspannung oder die zugehörende Dehnung einen bestimmten Grenzwert nicht überschreiten dürfe, wenn bleibende Formänderungen oder der Bruch, also allgemein gesprochen, der gefährliche Grenzzustand vermieden werden sollen. Es taucht aber die Frage auf: Welcher Art ist die Materialanstrengung bei Erreichung des Grenzzustandes bei nicht linearem Spannungszustand? Mit anderen Worten: In welchem Zusammenhange steht der Eintritt des gefährlichen Grenzzustandes mit dem Spannungs- und Formänderungszustand des Materials? Eine einwandfreie Beantwortung dieser Frage ist bis heute nicht erfolgt.

a) *Die älteste Hypothese* (*Lamé, Clapeyron*) schreibt der größten Hauptspannung den maßgebenden Einfluß auf die Erreichung des Grenzzustandes zu. Die Größe der beiden anderen Hauptspannungen ist hierbei gleichgültig. Zwei Zahlen, die Fließgrenzen für Zug und Druck kennzeichnen jeden Baustoff. Diese Annahme steht im Widerspruch mit vielen Erfahrungstatsachen.

b) *B. de Saint-Vénant* hält die größte Hauptdehnung für jene Größe, nach der sich der Eintritt des Grenzzustandes richtet. Sind σ_1, σ_2, σ_3 die 3 Hauptspannungen und m die Poissonsche Zahl, so ist die Dehnung ε_1 in der Richtung der Achse 1 z. B.

$$\varepsilon_1 = \frac{1}{E}\left(\sigma_1 - \frac{\sigma_2 + \sigma_3}{m}\right).$$

Der größte der drei Ausdrücke $\sigma_1 - \frac{1}{m}(\sigma_2 + \sigma_3)$ ist sonach für den Eintritt des Grenzzustandes maßgebend und heißt reduzierte Spannung. Diese wird mit der Streck- oder Bruchgrenze bzw. bei Berücksichtigung eines Sicherheitsgrades ψ mit der zulässigen Beanspruchung verglichen. Diese Hypothese, die in einigen Fällen mit der Erfahrung übereinstimmende Ergebnisse zeitigt, in andern Fällen mit ihr im Widerspruch steht, wird derzeit in der technischen Praxis der Abschätzung der Materialanstrengung zugrunde gelegt, allerdings mit dem Zusatz, daß auch die größte negative Dehnung (Druck) einen bestimmten Grenzwert nicht überschreiten dürfe.

Es muß also

$$\sigma_1 - \frac{\sigma_2 + \sigma_3}{m} \leqq \begin{cases} +\varkappa_1 \\ -\varkappa_2 \end{cases}$$

sein, wobei $\varkappa_1$ die Zugfestigkeit oder Streckgrenze, $\varkappa_2$ die Druckfestigkeit oder Quetschgrenze bedeutet.

c) *Coulomb* betrachtet die Schubspannung als Maß für das Eintreten des Grenzzustandes. Er setzt

$$\tau = C_1 + C_2\sigma,$$

wo C_1 und C_2 zwei Materialkonstanten, σ die senkrecht zur Ebene von τ (Gleitebene) wirkende Normalspannung bedeuten. C_2 ist also eine Art Reibungskoeffizient. Eine Verallgemeinerung der Hypothese Coulombs rührt von Mohr[1]) her. Nach Mohr wird der Grenzzustand bei einem bestimmten Grenzwert der größten Schubspannung erreicht, wobei dieser Grenzwert nur durch die senkrecht zur Gleitebene wirkende Normalspannung beeinflußt wird. Der funktionelle Zusammenhang zwischen Grenzschubspannung und Normalspannung muß für jedes Material durch den Versuch besonders festgestellt werden. Da die halbe Differenz der größten und kleinsten Hauptspannung gleich der größten Schubspannung ist, während ihr Mittelwert der Normalspannung auf die Gleitebene (Ebene der größten Schubspannung) gleichkommt, so erkennt man daraus, daß

[1]) Mohr, O.: Welche Umstände bedingen die Elastizitätsgrenze und den Bruch eines Materiales? Z. V. d. I. 1900, S. 1524. Siehe auch: Abhandlungen aus dem Gebiete der techn. Mechanik, Berlin 1906, S. 187.

der Grenzzustand nach **Mohr** nur eine Funktion der größten und kleinsten Hauptspannung ist. Die **Mohr**sche Hypothese ist sehr allgemein gehalten und anpassungsfähig und hat sich in einigen Fällen, in denen sie geprüft wurde, gut bewährt. Leider fehlen noch die Versuche, um die funktionelle Abhängigkeit des Grenzzustandes von den beiden in Frage kommenden Hauptspannungen auch ziffernmäßig für die hier in Betracht kommenden Baustoffe, Eisen und Stahl, festzulegen. An eine Nutzbarmachung der Hypothese **Mohrs** für die technische Praxis ist daher derzeit noch nicht zu denken.

Alle hier erörterten Hypothesen enthalten noch stillschweigend die bisher unbewiesene Annahme, daß sowohl für das Fließen, als auch für den schließlichen Bruch, der gleiche funktionelle Zusammenhang zwischen Spannungs- und Deformationszustand einerseits, Fließgrenze bzw. Bruchgrenze anderseits besteht.

Die reduzierte Spannung. Da die unter b) angeführte Annahme, daß die größte Hauptdehnung für das Eintreten des Grenzzustandes verantwortlich zu machen ist, in der technischen Literatur und in der technischen Praxis im Vordergrunde steht, so werden auch wir, trotz der Mängel, die dieser Hypothese anhaften, sie den weiteren Untersuchungen zugrunde legen, allerdings aber stets im Auge behalten, daß die Ergebnisse dieser Hypothese sich keineswegs in einwandfreier Weise mit den Erfahrungstatsachen in Übereinstimmung bringen lassen, sie überhaupt nur als einen Notbehelf ansehen. Glücklicherweise liegen die Verhältnisse im Eisenbrückenbau derart, daß in der Überzahl der Fälle und gerade in den wichtigsten Baugliedern wenigstens angenähert einachsige Spannungszustände maßgebend sind, für die wir ja die zulässigen Grenzwerte unmittelbar aus dem Versuche entnehmen können. Bei zusammengesetzten Spannungszuständen wird man der Unsicherheit in den Voraussetzungen der Berechnung der Materialanstrengung in der Weise Rechnung tragen können, daß man die zulässige Beanspruchung etwas abmindert.

Da unsere Hypothese von der größten Hauptdehnung ausgeht, so wäre es eigentlich notwendig, im Falle eines zwei- oder dreiachsigen Spannungszustandes die größte Dehnung zu ermitteln und diese mit einer versuchsmäßig gefundenen zulässigen zu vergleichen. Dieser Umständlichkeit geht man dadurch aus dem Wege, daß man den gegebenen Spannungszustand mit einem linearen Spannungszustand vergleicht, dessen Dehnuug gleich der größten Hauptdehnung des ersteren ist. In beiden Fällen muß der Voraussetzung gemäß der Baustoff gleich angestrengt sein. Die zur größten Hauptdehnung gehörende Spannung nennt man reduzierte Spannung und sie wird mit der zulässigen Spannung des linearen Spannungszustandes (Zug oder Druck) verglichen.

Da uns in diesem Buche kaum andere als lineare und ebene Spannungszustände beschäftigen werden, so beschränken wir uns mit der Angabe der Formeln für die reduzierten Spannungen auf den Fall, wo die dritte Hauptspannung verschwindet. Aus der unter b) angegebenen Gleichung für die größte Hauptdehnung folgt die einfache Beziehung für die reduzierte Spannung

$$\sigma_{\text{red}} = \sigma_1 - \frac{\sigma_2}{m}, \quad \ldots \ldots \ldots (1)$$

wobei die beiden Hauptspannungen so mit σ_1 und σ_2 zu bezeichnen sind, daß σ_{red} den absolut größten Wert erhält. Es muß nun

$$\sigma_{\text{red}} \leqq \sigma_{\text{zul}}$$

sein, wenn wir noch annehmen, daß σ_{zul} für Zug und Druck den gleichen Wert hat, was für Eisen auch beiläufig zutrifft.

Da nicht immer die Hauptspannungen bekannt sind, sondern bloß die Normalspannungen σ_x und σ_y bezüglich zweier aufeinander senkrecht stehender Richtungen, sowie die Schubspannung τ, so ist es zweckmäßig, eine Formel zur Verfügung zu haben, die σ_{red} als Funktion der Spannungen σ_x, σ_y und τ darstellt. Beim ebenen Spannungszustand sind die Hauptspannungen σ_1, σ_2 durch die Gleichung

$$\left.\begin{matrix}\sigma_1\\ \sigma_2\end{matrix}\right\} = \frac{\sigma_x + \sigma_y}{2} \pm \frac{1}{2}\sqrt{4\tau^2 + (\sigma_x - \sigma_y)^2} \quad \ldots\ldots\ldots (2$$

gegeben. Setzt man (2) in (1) ein, so gewinnt man die Formel:

$$\sigma_{\text{red}} = \frac{m-1}{2m}(\sigma_x + \sigma_y) \pm \frac{m+1}{2m}\sqrt{4\tau^2 + (\sigma_x - \sigma_y)^2}. \quad \ldots\ldots (3)$$

Man wählt jenes Wurzelvorzeichen, das den absolut größten Wert von σ_{red} liefert. Hierbei ind σ_x und σ_y positiv für Zug, negativ für Druck in Rechnung zu stellen.

Setzt man noch $m = \frac{10}{3}$, so geht die Gl. (3) über in

$$\sigma_{\text{red}} = 0{,}35\,(\sigma_x + \sigma_y) \pm 0{,}65\sqrt{4\tau^2 + (\sigma_x - \sigma_y)^2}. \quad \ldots\ldots (3')$$

Ist für eine bestimmte Richtung σ_x und $\sigma_y = 0$, $\tau \lesseqgtr 0$ (Reiner Schub), so gilt

$$\sigma_{\text{red}} = \frac{m+1}{m}\tau.$$

Von dieser Gleichung haben wir in **21** gelegentlich der Feststellung der Schubfestigkeit Gebrauch gemacht.

Beispiel. Im Lagerpunkte eines durchlaufenden Balkens Abb. 184 seien die Randelemente in der Richtung x mit $\sigma_x = 1{,}00$ t/cm² und durch die Pressung der Auflagerplatte in der Richtung y mit $\sigma_y = 0{,}150$ t/cm² auf Druck beansprucht, wie groß ist die reduzierte Spannung?

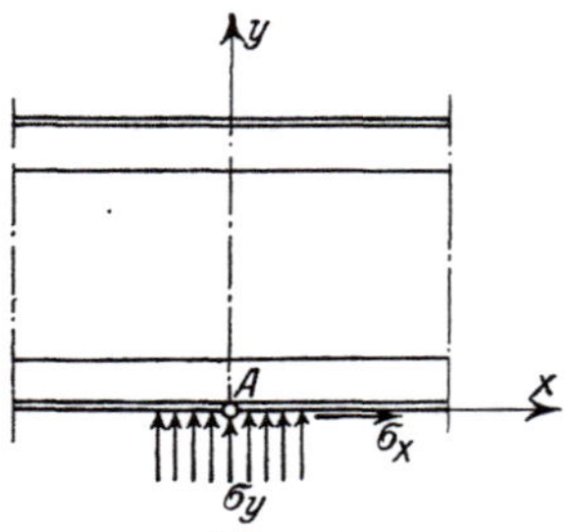

Abb. 184.

Da τ im Punkte A Null ist, so ist, falls man σ_x und σ_y negativ in Rechnung stellt,

$$\sigma_{\text{red}} = -0{,}35\,(\sigma_x + \sigma_y) \mp 0{,}65\,(\sigma_x - \sigma_y);$$

also

$$\sigma'_{\text{red}} = -\sigma_x + 0{,}30\,\sigma_y = -0{,}955 \text{ t/cm}^2 \text{ (Druck)}$$

oder

$$\sigma''_{\text{red}} = 0{,}30\,\sigma_x - \sigma_y = +0{,}150 \text{ t/cm}^2 \text{ (Zug)}.$$

Die größte Spannung ist 0,955 t/cm² und diese ist mit der zulässigen Beanspruchung zu vergleichen. Sie ist hier etwas kleiner als die Spannung σ_x allein, was erklärlich ist, denn durch den gleichzeitig wirkenden Druck in der Richtung y wird die Hauptdruckdehnung in der Richtung x etwas verringert. Umgekehrt erzeugt die Pressung von 1,00 t/cm² in der Gurtrichtung eine so große Querdehnung in der y-Richtung, daß hierdurch die Wirkung der Pressung durch den Auflagerdruck nicht nur aufgehoben wird, sondern noch eine Zugdehnung zurückbleibt.

57. Gezogene oder gedrückte Stäbe (Fachwerkstäbe).

Einfluß der Endbefestigung auf die Spannungsverteilung. Reiner Zug und Druck kommt nur dann in Frage, wenn ein prismatischer Körper (Stab) durch über dem Querschnitt gleichförmig verteilte Längskräfte, deren Resultante dann mit der Schwerachse des Stabes zusammenfällt, belastet ist. In dieser einfachen Art der Belastung liegt natürlich kein weiteres elastizitätstheoretisches Problem vor. Selbstverständlich erscheint dieser Idealfall nie genau verwirklicht. Es ist einleuchtend, daß einerseits die Spannungsverteilung über dem Querschnitt, von der Art, wie die Kräfte in den Stab eingeleitet werden, also von der Endbefestigung beeinflußt wird, anderseits aber, daß in einiger Entfernung von der Befestigungsstelle, die Kräfte, praktisch wenigstens, als gleichförmig verteilt angesehen werden können.

Zwei Fälle erfordern hier eine etwas nähere Beleuchtung. 1. Die Verteilung der durch die Anschlußniete oder den Anschlußbolzen in den Stab geleiteten Kräfte und die Mitwirkung von nicht unmittelbar angeschlossenen Querschnittsteilen, wie z. B. die des Steges bei ⊢⊣-Querschnitten, oder die der abstehenden Schenkel bei +-Querschnitten, Abb. 185.

Versuche, die Spannungsverteilung im Bereiche des Nietanschlusses zu klären, rühren erst aus jüngster Zeit her. Rudeloff[1]) fand, daß der Einflußbereich eines Nietes sich auf etwa den 5 fachen Lochdurchmesser in der Richtung der übertragenen Kraft erstreckt, d. h. daß in einem Abstand, der etwa dem 5 fachen Lochdurchmesser entspricht, die durch den Niet örtlich übertragene Kraft über die ganze Stabbreite, die bei Rudeloff 10 cm betrug, gleichmäßig verteilt ist. Rühl[2]) fand bei einer durch zwei Nietbolzen gespannten Platte von 80 mm Breite (Nietdurchmesser $d = 20$ mm), daß bereits in einem Abstande von $3\,d$, gemessen von der Mitte des Nietloches, die Spannungsverteilung über dem Querschnitt praktisch gleichförmig war. Bei Rühl kam allerdings bei der kurzen Platte noch der Einfluß der Symmetrie auf die Spannungsverteilung zum Ausdruck. Sowohl Rühl als auch Rudeloff geben merkwürdigerweise den fraglichen Bereich in Lochdurchmessern an, obwohl die Breite der Platte oder die Breite des auf einen Niet entfallenden Plattenstreifens das maßgebende ist, während der Nietdurchmesser für die Größe des Einflußbereiches nur eine untergeordnete Rolle spielen kann. Abb. 186 zeigt den Verlauf der Hauptspannungslinien in der Umgebung des Nietes nach Rühl. Im Abstand $3\,d$ vom Lochmittelpunkt haben die Linien $\sigma_{\max}$ gleiche Abstände, die Spannung ist dort bereits gleichförmig über dem Querschnitt verteilt.

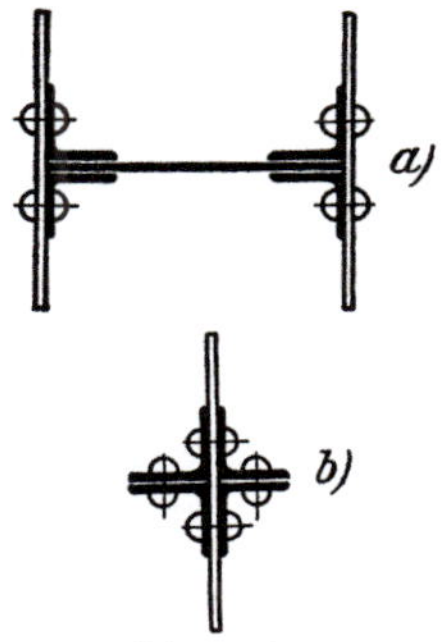

Abb. 185.

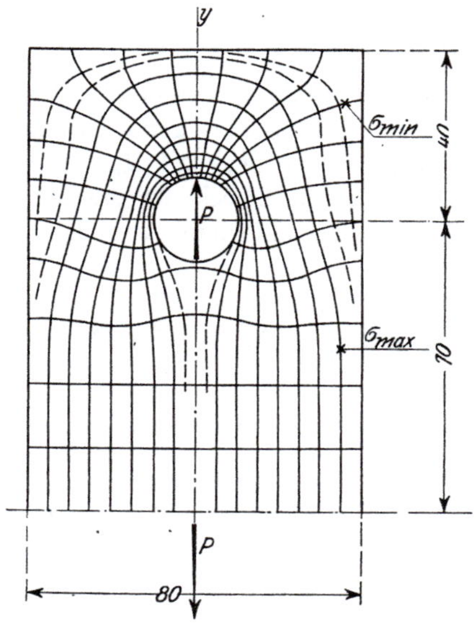

Abb. 186.

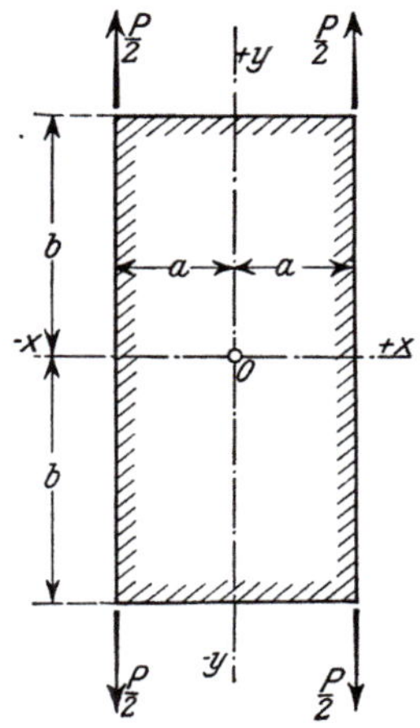

Abb. 187.

Der Steg eines ⊢⊣-förmigen Stabes, in dem die Achsenkraft durch die Flanschen geleitet wird, befindet sich hinsichtlich der Spannungsverteilung in der Lage einer sehr langen Platte, die an den 4 Ecken durch Kräfte, die parallel der y-Achse gerichtet sind, belastet ist (Abb. 187). Da die Frage der Spannungsverteilung in diesem Fall nicht durch Versuche geklärt ist, so werden wir trachten, durch eine elastizitätstheoretische Betrachtung ein Bild über die Kraftausbreitung zu gewinnen.

[1]) Rudeloff: Berichte des Ausschusses für Versuche im Eisenbau, Ausg. A, Heft 1, Berlin 1915.

[2]) Rühl, Dr.-Ing. D.: Exper. Ermittlung ebener Verschiebungs- und Spannungszustände auf neuem Wege und Anwendung auf eine durch zwei Nietbolzen gespannte Platte. Forsch. Arb. H. 221.

L. N. G. Filon hat das ebene Problem der rechteckigen Platte, die am Rande mit Kräften belastet ist, die in die Plattenebene fallen, allgemein behandelt[1]). Eine andere Ableitung der Spannungsgleichungen mit Hilfe der Airyschen Spannungsfunktion habe ich in der Zeitschrift Der Bauingenieur 1923 veröffentlicht. Für den Fall einer zur y-Achse symmetrischen Belastung der beiden Ränder $y = \pm b$ gilt für σ_y, die Längsspannung in der Richtung y, die Beziehung[2])

$$\left.\begin{aligned}\sigma_y = \frac{A_0}{2} &+ \sum_{\nu=1}^{\infty}(A_\nu + B_\nu)\frac{\mathfrak{Sin}\,\alpha b + \alpha b\,\mathfrak{Cof}\,\alpha b}{\mathfrak{Sin}\,2\alpha b + 2\alpha b}\mathfrak{Cof}\,\alpha y \cos\alpha x\\ &- \sum_{\nu=1}^{\infty}(A_\nu + B_\nu)\frac{\mathfrak{Sin}\,\alpha b}{\mathfrak{Sin}\,2\alpha b + 2\alpha b}\alpha y\,\mathfrak{Sin}\,\alpha y \cos\alpha x\\ &+ \sum_{\nu=1}^{\infty}(A_\nu - B_\nu)\frac{\mathfrak{Cof}\,\alpha b + \alpha b\,\mathfrak{Sin}\,\alpha b}{\mathfrak{Sin}\,2\alpha b - 2\alpha b}\mathfrak{Sin}\,\alpha y \cos\alpha x\\ &- \sum_{\nu=1}^{\infty}(A_\nu - B_\nu)\frac{\mathfrak{Cof}\,\alpha b}{\mathfrak{Sin}\,2\alpha b - 2\alpha b}\alpha y\,\mathfrak{Cof}\,\alpha y \cos\alpha x\end{aligned}\right\} \quad \ldots\ldots (4)$$

Hierin bedeuten:

ν eine ganze Zahl,

$\alpha = \nu\frac{\pi}{a}$ (wenn a die halbe Plattenbreite ist, Abb. 187),

b die halbe Plattenlänge,

A_0, B_0, A_ν, B_ν die Koeffizienten der beiden Fourierschen Reihen, durch die sich die Belastungsgesetze der Ränder $y = \pm b$ darstellen lassen.

Unsere erste Aufgabe ist die Entwicklung dieser trigonometrischen Reihen. Da die beiden Ränder gleich belastet sind, so ist $A_0 = B_0$, $A_\nu = B_\nu$; es genügt daher die Aufstellung der Koeffizienten A_0 und A_ν. Die Kräfte P denken wir uns zu diesem Zweck auf die beliebig klein gedachte Breite ε gleichförmig verteilt, Abb. 188. Für A_ν gilt

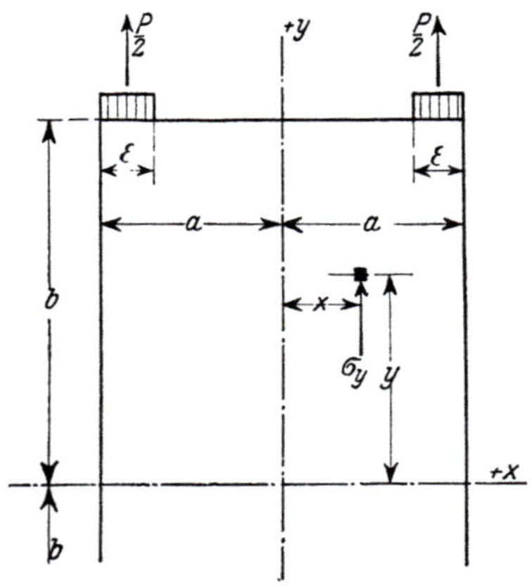

Abb. 188.

$$A_\nu = \frac{1}{a}\int_{-a}^{+a}\varphi(x)\cos\nu\frac{\pi x}{a}\,dx\,^{3}),$$

worin $\varphi(x)$ das Belastungsgesetz des Randes $y = +b$ ist. Es ist nun:

von $-a$ bis $-(a-\varepsilon)$ . . . . . $\varphi(x) = \frac{P}{2\varepsilon}$

„ $-(a-\varepsilon)$ „ $+(a-\varepsilon)$ . . . . . $\varphi(x) = 0$

„ $+(a-\varepsilon)$ „ $+a$ . . . . . . $\varphi(x) = \frac{P}{2\varepsilon}$.

Sonach

$$A_\nu = \frac{1}{a}\frac{P}{2\varepsilon}\left[\int_{-a}^{-(a-\varepsilon)}\cos\nu\frac{\pi x}{a}\,dx + \int_{a-\varepsilon}^{a}\cos\nu\frac{\pi x}{a}\,dx\right] = -\frac{P}{\pi\varepsilon}\frac{1}{\nu}\sin\nu\pi\frac{a-\varepsilon}{a}.$$

[1]) Filon, L. N. G.: On an approximate solution for the bending of a beam of rectangular cross-section under any system of load, with special reference to points of concentrated or discontinuous loading. Phil. Transact. of the R. S. of London 1903, **201** A, S. 63.

[2]) Bleich, Dr.-Ing. F.: Der gerade Stab mit Rechteckquerschnitt als ebenes Problem. Bauingenieur 1923, S. 255 ff.

[3]) Siehe die Literaturangabe S. 51.

Geht man zur Grenze über, indem man ε verschwinden läßt, so erhält man für konzentrierte Einzellasten $\frac{P}{2}$

$$A_\nu = \frac{P}{a} \cos \nu \pi$$

und für $\nu = 0$ (ohne besonderen Grenzübergang)

$$A_0 = \frac{P}{a}.$$

Somit ist, da

$$A_\nu = B_\nu,$$

$$A_\nu + B_\nu = \frac{2P}{a} \cos \nu \pi, \qquad A_\nu - B_\nu = 0.$$

Wir führen diese Beiwerte in Gl. (4) ein, vereinfachen diese aber noch, indem wir, da b gegenüber a als groß angenommen wird, $\mathfrak{Sin}\, \alpha b$ und $\mathfrak{Cof}\, \alpha b$ durch $\frac{e^{\alpha b}}{2}$ ersetzen und im Nenner $2\alpha b$ gegenüber $\frac{e^{2\alpha b}}{2}$ vernachlässigen. Man erhält so:

$$\sigma_y = \frac{P}{2a} + \frac{2P}{a} \sum_{\nu=1}^{\infty} \cos \nu \pi \frac{1 + \alpha b}{e^{\alpha b}} \mathfrak{Cof}\, \alpha y \cos \alpha x - \frac{2P}{a} \sum_{\nu=1}^{\infty} \cos \nu \pi \frac{\alpha y}{e^{\alpha b}} \mathfrak{Sin}\, \alpha y \cos \alpha x \quad . \quad (5)$$

Man überzeugt sich durch einfache Rechnung, daß für $y = 0$ bei $b = \infty$, $\sigma_y = \frac{P}{2a}$ ist, daß also die Spannung über dem Mittelquerschnitt beim unendlich langen Stab gleichförmig verteilt ist.

Da für uns aber nur der Verlauf von σ_y in der Nähe des oberen Randes Interesse hat, so kann, da für solche Punkte αy große Werte annimmt auch $\mathfrak{Cof}\, \alpha y$ und $\mathfrak{Sin}\, \alpha y$ durch $\frac{e^{\alpha y}}{2}$ ersetzt werden und Gl. (5) vereinfacht sich für positive y weiter zu

$$\sigma_y = \frac{P}{2a} + \frac{P}{a} \sum_{\nu=1}^{\infty} \cos \nu \pi \frac{1 + \nu \frac{\pi}{a}(b-y)}{e^{\nu \frac{\pi}{a}(b-y)}} \cos \nu \pi \frac{x}{a}, \quad \ldots\ldots (6)$$

wobei $\alpha = \nu \frac{\pi}{a}$ gesetzt wurde.

Wir haben so für σ_y, bei nicht zu kleinen Werten von $(b-y)$, eine sehr rasch konvergierende Reihe erhalten, die sich leicht auswerten läßt. Setzt man z. B. $(b-y) = a$, d. h. ermittelt man die Spannungen σ_y im Abstande der halben Plattenbreite vom oberen Rande, so gewinnt man die Reihe

$$\sigma_y = \frac{P}{2a} + \frac{P}{a}\left[-\frac{1+\pi}{e^{\pi}} \cos \pi \frac{x}{a} + \frac{1+2\pi}{e^{2\pi}} \cos 2\pi \frac{x}{a} - \frac{1+3\pi}{e^{3\pi}} \cos 3\pi \frac{x}{a} + \ldots\right].$$

Da $e^{\pi} = 23{,}141$ ist, so genügen 3 Glieder zur Berechnung von σ_y auf 3 Dezimalstellen.

Man findet z. B. für

$$x = 0, \quad \sigma_y = 0{,}668 \frac{P}{2a}.$$

In Abb. 189 ist die Spannung σ_y in den Stabquerschnitten $b - y = \frac{a}{2}$, a und $2a$ dargestellt. Bei einer Entfernung $2a$, d. i. die Stabbreite des Querschnittes, ist die Verteilung der Spannungen über dem Querschnitt praktisch gleichförmig, die Abweichung gegenüber dem Mittelwert beträgt etwa $\pm 3\%$. Zu dem gleichen Ergebnis gelangt man auch, wenn man sich eine Einzellast P in Stabmitte wirkend denkt, Abb. 190. Man findet in ähnlicher Weise wie vor

$$\sigma_y = \frac{P}{2a} + \frac{P}{a} \sum_{\nu=1}^{\infty} \frac{1 + \nu \frac{\pi}{a}(b-y)}{e^{\nu \frac{\pi}{a}(b-y)}} \cos \nu \pi \frac{x}{a}.$$

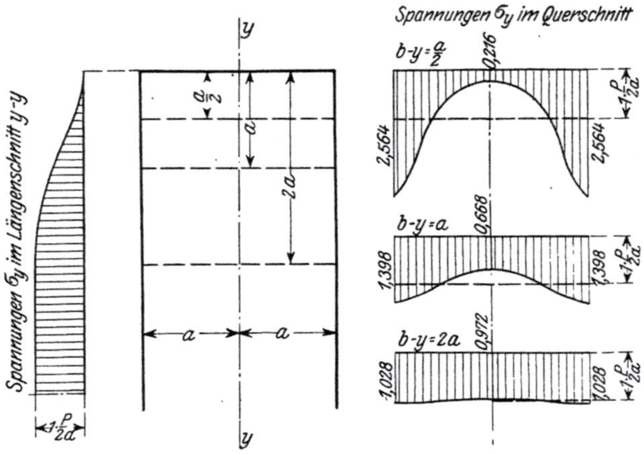

Abb. 189.

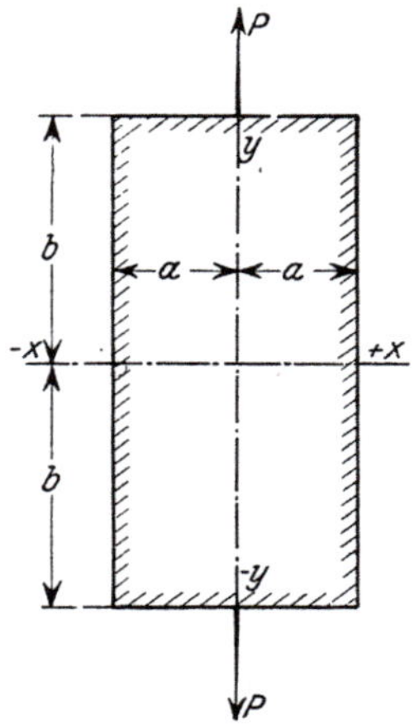

Abb. 190.

In dieser Belastungslage befinden sich die beiden abstehenden Schenkel eines Stabes mit Kreuzquerschnitt. Auch hier kann in einer Entfernung gleich der zweifachen Schenkelbreite a die Verteilung der eingeleiteten Last P als gleichförmig angenommen werden.

In jenen Fällen, wo der Anschluß durch eine Reihe hintereinanderstehender Nieten erfolgt, ist der Spannungsverlauf in Wirklichkeit günstiger, als in dem Falle, wo die ganze Kraft, z. B. durch einen Bolzen, in den Stab geleitet wird. Die Kraft P greift dann nicht in einem einzigen Punkte an, sondern bei n Nieten, die hintereinander stehen, in n Stufen, die sich auf eine längere Strecke verteilen. Dadurch wird die örtliche Überanstrengung des Materials durch die ungleiche Spannungsverteilung bedeutend verringert. Die Spannungserhöhung beträgt, wie ich in der, in der Fußnote auf S. 246 angegebenen Quelle dargelegt habe, 30 bis 70% der auf dem Nutzquerschnitt bezogenen mittleren Spannung. Nichtsdestoweniger wäre es zu empfehlen, die an den Anschlußblechen anliegenden Flanschen durch eine Blechbeilage zu verstärken, wie dies in Abb. 191 angedeutet ist.

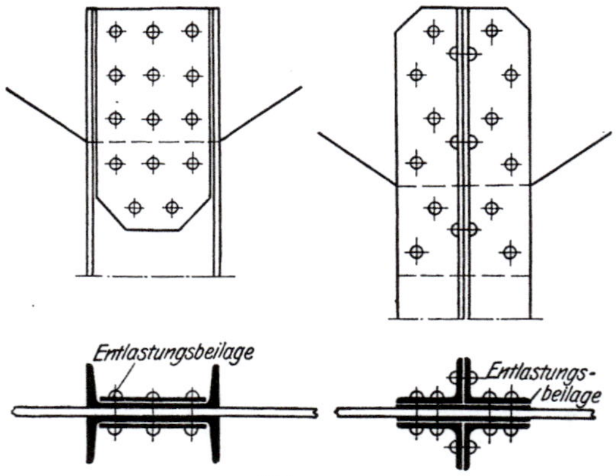

Abb. 191.

Vielfach ist es Gebrauch, die abstehenden Schenkel bei +-Querschnitten L- und ⊏-Eisen mittels kurzer Hilfswinkel für sich an das Knotenblech anzuschließen, in der Meinung, hierdurch auch diesen Stabteil zum besseren Mittragen zu bringen. Siehe z. B. Abb. 192. Daß durch solche Hilfswinkel in der Spannungsverteilung in den abstehenden Schenkeln nichts Nennenswertes geändert wird, wird nach den vorangehenden theoretischen Überlegungen klar sein. Ihre Wirkung besteht höchstens in einer Verstärkung der am Blech anliegenden Stabteile, die dadurch entlastet werden, doch kann dieses Ziel, wie bereits oben erwähnt, einfacher und auch zweckmäßiger durch Beigabe eines Verstärkungsbleches, das vor dem Knotenblech bereits an den Steg angeschlossen ist, erzielt werden. Ist die Länge des Nietanschlusses ein Vielfaches der Schenkelbreite, dann kann jegliche Verstärkung entfallen, denn die Spannungsverteilung im Bereiche der letzten Niete gegen Stabmitte ist dann nicht allzusehr von der gleichförmigen verschieden, da ja dort nur mehr Bruchteile der Gesamtlast übertragen werden.

In dem Berichte des Ausschusses für Versuche im Eisenbau H. 3, Berlin 1921, berichtet Prof. Rudeloff über Versuche mit Anschlüssen steifer Stäbe. Wir beziehen uns hier nur auf jene Proben, die zentrisch belastete Stäbe betreffen. In den Abbildungen 192 u. 193 sind die Stabanschlüsse der ersten Versuchsreihe dargestellt. Die auf die Nettoquerschnittsfläche bezogene Zerreißfestigkeit betrug 3,75 bis 3,84 t/cm², im Mittel 3,80 t/cm², d. i. 89% der Materialfestigkeit. Die Bruchgrenze lag im Mittel um 35% höher als die beobachtete Streckgrenze des Stabes. Wie die Abb. 192 erkennen läßt, waren sämtliche Stäbe mit kurzen Anschlußwinkeln versehen. Bei einer weiteren Versuchsreihe waren die Stäbe ohne Beiwinkel angeschlossen; Rudeloff stellt ausdrücklich in seinem Versuchsberichte fest, daß die längeren Anschlüsse ohne Beiwinkel größere Bruchspannungen als kürzere mit Beiwinkeln aufwiesen.

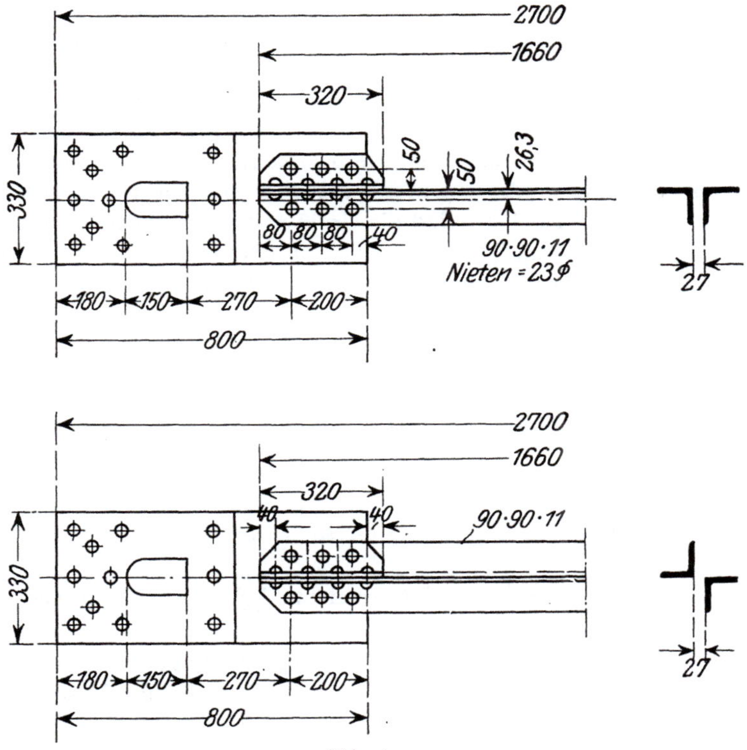

Abb. 192.

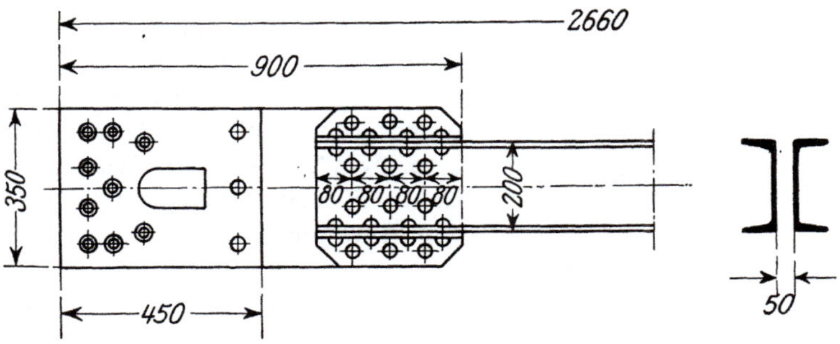

Abb. 193.

Einfluß der Lochung auf die Spannungen. Die in der Brückenbaupraxis übliche Annahme der gleichmäßigen Spannungsverteilung über den durch Nietlöcher geschwächten Querschnitt stimmt nicht mit dem Ergebnis theoretischer Überlegungen und auch nicht mit den Versuchsergebnissen überein. Die Spannungen wachsen im Gegenteil an den Lochrändern bis zu einem Mehrfachen der mittleren Spannung an und erst mit dem Überschreiten der Elastizitätsgrenze findet ein schrittweises Entlasten der überanstrengten

Stellen statt, derart, daß mit fortschreitender Belastung die Spannungsverteilung sich bis vor dem Bruch mehr und mehr einer gleichmäßigen nähert.

Das Problem des gelochten Stabes hat zum erstenmal Gustav Kirsch[1]) behandelt. Ihm gelang es, den mathematischen Ansatz für die Spannungsverteilung und Formänderung in der unendlich breiten Platte, die in der Mitte eine kreisförmige Ausnehmung besitzt und in einer Richtung durch eine in die Plattenebene fallende gleichmäßig verteilte Kraft p belastet ist, aufzufinden. Die Spannung am Lochrande, an jenen beiden Stellen, wo die in die Richtung von p fallenden Tangenten berühren, ergab sich, unabhängig von der Größe des Lochdurchmessers, dreimal so groß als die Durchschnittsspannung p.

A. Leon[2]) fand auf Grund rein theoretischer Überlegungen, die er nachträglich an Probestäben aus Glas überprüfte, daß bei endlicher Stabbreite, die Spannungen am Lochrande mit zunehmendem Kerbverhältnis (Stabbreite:Lochdurchmesser) zunächst abnehmen, dann wieder wachsen und sich einer festen Verhältniszahl nähern. In der nachstehenden Tafel 29 sind die Größtwerte der Spannungen am Lochrande bei m und die Kleinstwerte am Stabrande bei n, für verschiedene Kerbverhältnisse, bezogen auf die mittlere Spannung p' im Lochquerschnitt, nach Leon angegeben. Abb. 194.

Tafel 29.

$\frac{b}{d}=$	1	2	3	4	5	6	7	8	9	10	∞
$\frac{\sigma_{max}}{p'}$	∞	3,333	2,813	2,720	2,708	2,718	2,734	2,751	2,768	2,782	3,000
$\frac{\sigma_{min}}{p'}$	$-\infty$	$-0{,}333$	0,354	0,580	0,692	0,758	0,801	0,832	0,855	0,872	1,000

Bei $\frac{b}{d} = 4{,}836$ erreicht $\frac{\sigma_{max}}{p'}$ einen Kleinstwert (2,708).

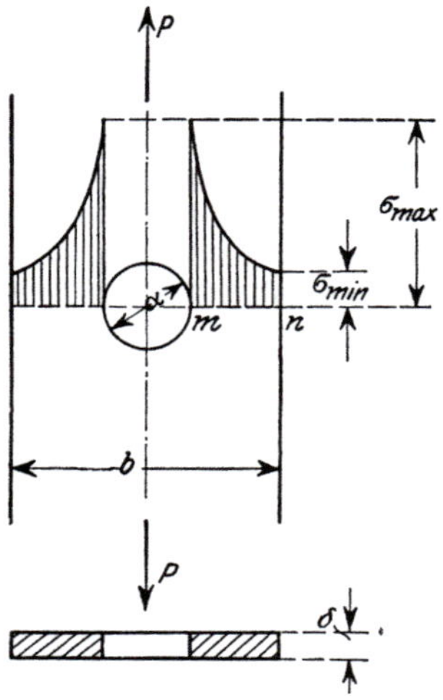

Abb. 194.

Dr.-Ing. E. Preuß[3]) untersuchte mittels eines von ihm hergestellten Feinmeßinstrumentes die örtlichen Dehnungen an 4 Flacheisenstäben von 120.13 mm Querschnitt, die mit Löchern von 15, 30, 50 und 70 mm Durchmesser versehen waren. Bei allen 4 Stäben wurde die Belastung so gewählt, daß in dem durch das Loch am stärksten geschwächten Querschnitt, die mittlere Spannung 1 t/cm² betrug. Das Material hatte nach den Angaben von Preuß eine Proportionalitätsgrenze von 2,70 t/cm², eine Streckgrenze von 3,28 t/cm² und eine Zerreißfestigkeit von 4,39 t/cm², bei einer Bruchdehnung von 22,2 %. Der Elastizitätsmodul betrug 2050 t/cm². Die von Preuß aus der gemessenen Formänderung rechnungsmäßig ermittelte Spannungsverteilung für den schwächsten Querschnitt (Lochquerschnitt) geht aus der nachfolgenden Zusammenstellung, S. 251, hervor.

[1]) Kirsch, G.: Die Theorie der Elastizität und die Bedürfnisse der Festigkeitslehre. Z. V. d. I. 1898, S. 797.

[2]) Wilheim, F. und Leon, A.: Über das elastische Gleichgewicht von zylindrischen Ringen und die Spannungsverteilung in einem gelochten Zugstabe. Z. Math. u. Phys. 1916, S. 233. Ausführliche Literaturangaben über das hier behandelte Problem findet man in A. Leon, Versuche an gelochten Zugstäben aus Gummi, Eisenbau 1921, S. 221.

[3]) Preuß, E.: Versuche über die Spannungsverteilung in gelochten Zugstäben. Z. V. d. I. 1912, S. 1780 und H. 126 der Mitt. ü. Forschungsarb., heraüsg. v. V. d. I.

Preuß faßt die Ergebnisse seiner Versuche folgendermaßen zusammen:

1. Die Höchstspannung am Lochrande wird durch die Größe des Lochdurchmessers nicht wesentlich beeinflußt.

2. Die Höchstspannung am Lochrande ist etwa 2,1 bis 2,3 mal größer als derjenige Wert, den man bei Annahme gleichmäßiger Verteilung der Spannung über den am meisten geschwächten Querschnitt erhält.

3. Die Mindestspannung an den Außenrändern der Stäbe nimmt mit wachsendem Lochdurchmesser ab.

Ein Vergleich dieser Resultate mit den theoretisch gefundenen Ergebnissen von Leon zeigt folgendes:

Für das Verhältnis $\frac{b}{d}$	$=$ **1,714**	**2,4**	**4**	**8**
findet Preuß $\frac{\sigma_{max}}{p'}$	$= 2{,}244$	2,128	2,345	2,352
berechnet Leon $\frac{\sigma_{max}}{p'}$	$= 3{,}849$	3,008	2,720	2,751
Findet Preuß $\frac{\sigma_{min}}{p'}$	$= 0{,}520$	0,640	0,840	0,872
berechnet Leon $\frac{\sigma_{min}}{p'}$	$= -0{,}893$	0,061	0,580	0,832

Die Versuche von Preuß bestätigen wohl das starke Anschwellen der Spannungen am Lochrande, doch findet ziffernmäßig keine gute Übereinstimmung zwischen Theorie und Versuch statt. Die Unstimmigkeit wird um so größer, je kleiner das Kerbverhältnis $\frac{b}{d}$ ist. Diese Unstimmigkeit ist begreiflich: Denn Leon bestimmt die Randspannungen mit 3,85, 3,01, 2,72, 2,75 t/cm^2. In allen Fällen ist die Elastizitätsgrenze, besonders stark in den beiden ersten Fällen, überschritten; bei kleinstem Kerbverhältnis wächst die Randspannung sogar weit über die Streckgrenze hinaus. Es ist aber klar, daß nach dem Überschreiten der Elastizitätsgrenze diejenigen Fasern, die den stärkst gespannten benachbart sind, diese stark entlasten. Dies kommt deutlich in den Ergebnissen der Preußschen Versuche zum Ausdruck. Bei den Kerbverhältnissen 1:4 und 1:8, wo die Elastizitätsgrenze nicht so stark überschritten ist, stellt sich auch eine bessere Übereinstimmung heraus[1]). Doch lassen die Versuchsergebnisse und ihr Vergleich mit den Rechnungsergebnissen Leons vermuten, daß die mit 2,7 t/cm^2 ermittelte Elastizitätsgrenze zu hoch bestimmt wurde. Nimmt man sie schätzungsweise entsprechend der Materialfestigkeit von 4,39 t/cm^2 mit beiläufig 2,2 bis 2,3 t/cm^2 an, so folgt, daß in allen 4 untersuchten Fällen, wo den Aussagen der Theorie nach eigentlich Überschreitungen der Elastizitätsgrenze hätten stattfinden müssen, in Wirklichkeit die Spannungen am Lochrande nicht oder nur wenig über diese Elastizitätsgrenze gestiegen sind. Sie liegen durchwegs zwischen den engen Grenzen von 2,13 und 2,35 t/cm^2. Diese Deutung der Versuchsergebnisse ist für uns besonders wichtig, da sie darauf hinweist, daß trotz der Gefahr des Eintretens hoher Spannungen am Lochrande, bei zähem Material ein Ausgleich der Spannungen derart statthat, daß nennenswerte Überschreitungen der Elastizitätsgrenze, insbesonders deren oberer Grenze, der Streckgrenze

[1]) Die Meßlänge, die Preuß benützt hat, war noch zu groß, so daß er nicht die tatsächliche ungünstigste Dehnung, sondern einen Mittelwert in der Umgebung der ungünstigsten Stelle bestimmt hat, der naturgemäß etwas kleiner ausfallen muß. Aber auch diese Tatsache erklärt nicht alle Abweichungen bei den beiden Versuchen mit $\frac{b}{d} = 4$ und 8, wo nach Preuß nirgends die Elastizitätsgrenze überschritten wurde.

nicht eintreten können. Bei wiederholten Anstrengungen findet auch keine weitere Zunahme der örtlichen bleibenden Dehnungen statt, so daß die hohen Spannungen am Lochrande, dank der Zähigkeit des Eisens, eigentlich nie eine Gefahr für den Bestand des Bauwerkes bilden können. Die Zusatzspannungen, die durch die Lochung entstehen, zeigen sonach die gleichen Eigenschaften, wie die Zwängungsspannungen in Fachwerken mit fest vernieteten Knoten. Auch diese haben, wie wir zeigen werden, die Eigenart, nach Überschreiten der Elastizitätsgrenze immer kleiner zu werden und die schließliche Bruchfestigkeit nicht oder nahezu nicht zu beeinflussen.

Einfluß der Querschnittsverschwächung durch mehrere benachbarte Nietlöcher auf die Tragfähigkeit der Stäbe.

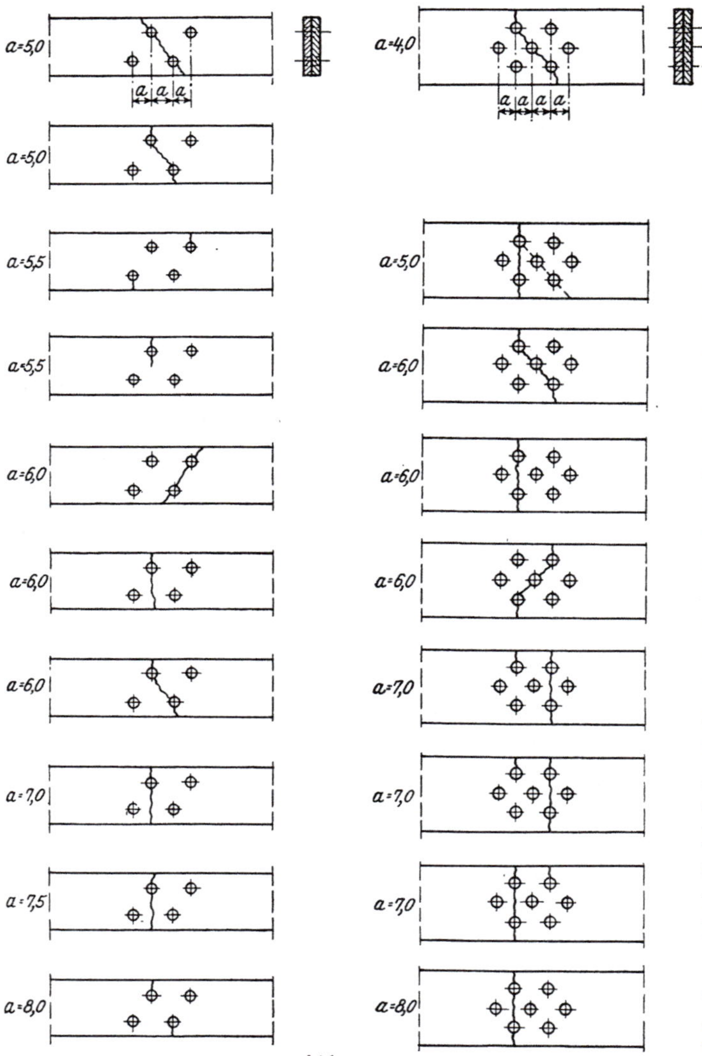

Abb. 195.

Die genaue Spannungsverteilung in der Umgebung einer kreisrunden Ausnehmung ist nur in dem Falle bekannt, wo ein einziges kreisrundes Loch in Frage kommt. Liegen mehrere Nietlöcher nahe beieinander, so dürfte die Spannungsverteilung eine sehr verwickelte sein, und sie ist bisher weder durch den Versuch noch durch elastizitätstheoretische Untersuchungen geklärt. Insbesondere taucht hier die Frage auf, wie dicht dürfen die einzelnen Ausnehmungen in der Richtung der Kraft aneinanderrücken, ohne daß die Tragkraft des Stabes geringer wird, als in dem Falle, wo er nur eine einzige Ausnehmung besitzt. Leider liegen bloß Versuche vor, die nur über die mittlere Streckgrenze und Bruchfestigkeit des Stabes bei verschiedenen Nietlochanordnungen Aufschluß geben. Wir müssen uns daher hier mit diesen Ergebnissen begnügen.

Auf Veranlassung des deutschen Eisenbauverbandes hat Prof. Rudeloff im Materialprüfungsamt zu Groß-Lichterfelde eine Reihe von Flacheisenstäben, in denen verschiedene Nietlochgruppierungen vorgesehen waren, Zugproben bis zum Bruch unterworfen und die Streckgrenze im Bereich der Querschnittsverschwächungen und die schließliche Bruchfestigkeit der Stäbe festgestellt[1]). Es waren

[1]) Rudeloff: Versuche mit Nietverbindungen und Brückenteilen. Berlin 1912.

immer zwei Flacheisen durch eine in Stabmitte angeordnete Nietgruppe miteinander verbunden, so daß auch der Einfluß des das Loch ausfüllenden Nietbolzens auf die örtliche Spannungsbildung — welcher Einfluß allerdings sehr gering ist — mitberücksichtigt erscheint.

In der Abb. 195 sind die Proben und die Art des Rißverlaufes bei Erreichen der Bruchgrenze dargestellt.

Der Abstand der Nieten ($d = 2{,}3$ cm) betrug, in der Längsrichtung gemessen, bei den Proben mit 4 Nieten 5, 5,5, 6,0, 7,0, 7,5 und 8,0 cm und bei den Proben mit 7 Nieten 4,0, 5,0, 6,0, 7,0 und 8,0 cm.

Eine zweite Versuchsreihe wurde mit Winkeleisen 90·90·9, die in jedem Schenkel ein offenes Loch von 2,1 cm Durchmesser erhielten, durchgeführt. Der Abstand der beiden Löcher betrug in der Längsrichtung gemessen 4,0, 5,0, 5,5, 6,0 und 6,5 cm. Zum Vergleiche wurde noch eine weitere Versuchsreihe abgeführt, bei der in den Löchern Niete unter Verwendung einer Unterlagsplatte 80·80 eingezogen waren. Der Bruchverlauf ist aus Abb. 196 zu entnehmen.

Das Ergebnis der Versuche war hinsichtlich der Flacheisen folgendes: Die Streckgrenze im Bereiche der Nietlöcher wird geringer (min. 90%) als die Streckgrenze des Materials, sofern der Längsabstand der Nietmitten 6,0 cm und weniger beträgt. Wird dieser Abstand größer gewählt, so steigt die Streckgrenze der Stäbe über die des Materials und zwar um so mehr, je größer dieser Abstand ist (max. 113%).

Die Bruchfestigkeit der durch die Nietlöcher geschwächten Stäbe war bei kleinem Nietabstand a bis 5,0 cm gleich der Materialfestigkeit und steigt dann mit wachsendem Abstand über diese hinaus (118%).

Bei den mit Winkeleisen ohne Niet durchgeführten Proben wurde die Streckgrenze im Nietbereich durch den Längsabstand der beiden Nietlöcher nicht gesetzmäßig beeinflußt, sie lag zwischen 95 und 110% der Material-Streckgrenze. Bei eingezogenen Nieten ergab sich bei $a \leq 5{,}5$ cm die Streckgrenze kleiner (min 96%), bei $a > 5{,}5$ cm die Streckgrenze größer als die des Materials (max. 117%). Die Bruchfestigkeit ist bei einem Nietabstand a bis 5,5 cm kleiner (min. 94%), bei $a > 5{,}5$ cm größer als die Materialfestigkeit (max. 105%), doch unabhängig davon, ob die Nietlöcher offen waren oder eingezogene Bolzen enthielten.

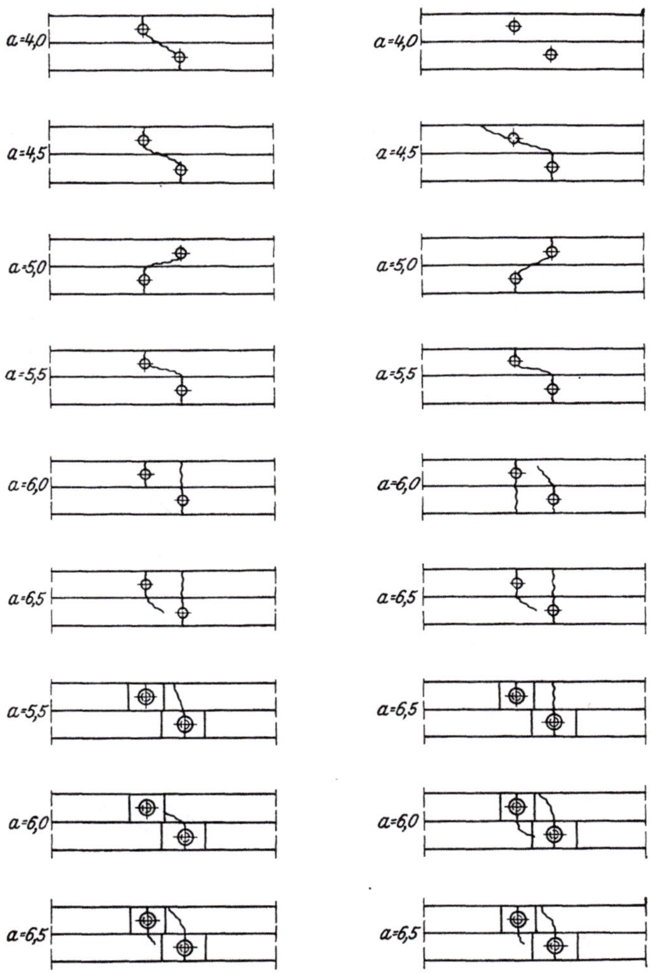

Abb. 196.

Bei der Ermittelung der Nettoquerschnitte wurde bei den Flacheisenproben mit 4 Nieten und bei den Winkeleisen ein Nietloch, bei den Proben mit 7 Nieten zwei Nietlöcher, abgezogen.

Bei enger Nietteilung muß sonach mit einer Abnahme des Mittelwertes der Streckgrenze im Bereiche des durch Nietlöcher geschwächten Stabteiles um etwa $10\,^0/_0$ *gegenüber der Materialstreckgrenze gerechnet werden.* Es empfiehlt sich daher in solchen Fällen mit schrägem Riß, der durch zwei Nietlöcher geht, zu rechnen und unter dieser Annahme die Nettoquerschnittsfläche zu bestimmen, d. h. statt eines Nietloches sind deren zwei von der vollen Querschnittsfläche abzuziehen. Man untersuche daher von Fall zu Fall, ob nicht der Nettoquerschnitt $a - b$ kleiner ist als der Querschnitt $a' - b'$. Abb. 197.

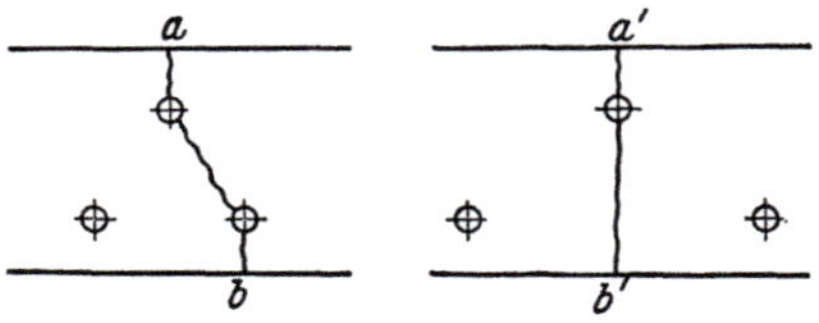

Abb. 197.

Im Zusammenhange mit dem eben Erörterten werde noch die Frage der Nietabzüge in Zugstäben, die aus mehreren Teilen zusammengesetzt sind, behandelt. In Abb. 198 ist z. B. die Hälfte eines Zugstabquerschnittes dargestellt, die aus einem Stegblech, zwei Winkeln und einem aufgenieteten Flacheisen besteht. Da der Bruch derart erfolgen kann, daß Stegblech und Winkel im Schnitt $s - s$ versagen können, das Flacheisen für sich aber zu gleicher Zeit in dessen Mindestquerschnitt $s' - s'$ reißen kann, so sind bei Ermittelung des Nettoquerschnittes nicht nur die durch Winkel und Stegblech gehenden Nietlöcher des Schnittes $s - s$, sondern auch die 2 Nietlöcher des Flacheisens im Schnitt $s' - s'$ in Abzug zu bringen. Diese Regel findet auch bei anderen Querschnittsformen sinngemäße Anwendung. Ist der Nietabstand in der Längsrichtung klein, so kann unter Umständen auch der Querschnitt $s'' - s''$ für die Bestimmung der Nettofläche maßgebend sein. In diesem Falle sind im Stegblech 4 Löcher abzuziehen. Anwendungen zeigen die Abbildungen 198b bis e. Ist die Nietteilung kleiner als etwa $5\,d$, so wird es meist notwendig, auch in den Winkeln ein zweites Nietloch zu berücksichtigen.

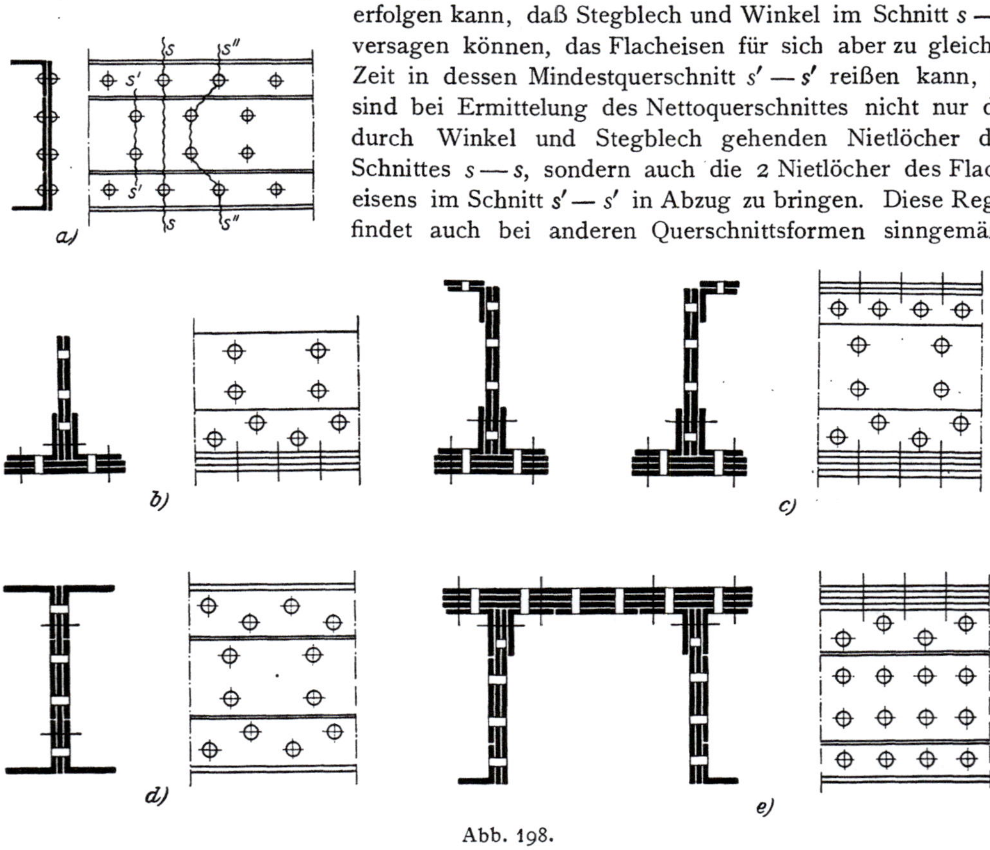

Abb. 198.

Häufig werden Stäbe mittels einer etwa nach Abb. 199 geordneten Nietgruppe angeschlossen, um jenem Querschnitt, in dem die größte Kraft übertragen wird, tunlichst wenig durch eingezogene Nieten zu verschwächen. Geht man von der Überlegung aus, daß im Querschnitt 1 — 1 die volle Stabkraft, im Querschnitt 2 — 2 die um die vom ersten Niet übertragene Last verminderte Stabkraft, in 3 — 3 die um die von den ersten 3 Nieten aufgenommenen Kräfte verminderte Stabkraft übertragen wird, so ist leicht einzusehen, daß bei nicht allzu großer Nietzahl die mittlere Querschnittsbeanspruchung in den aufeinanderfolgenden Nietrissen 1 — 1, 2 — 2, 3 — 3 u. U. immer kleiner wird. Man ist dann berechtigt, als Nettofläche den durch ein Nietloch geschwächten Querschnitt in Rechnung zu stellen. Doch ist es notwendig, die Vergleichsrechnung in jedem Einzelfalle durchzuführen.

Die Spannung im Querschnitt 1 — 1 ist

$$\sigma_1 = \frac{P}{(b-d)\,\delta}$$

und im Querschnitt 2 — 2

$$\sigma_2 = \frac{\frac{n-1}{n} P}{(b-2d)\,\delta}.$$

Nun muß $\sigma_1 \gtreqless \sigma_2$ sein, sonach

$$\frac{1}{b-d} \gtreqless \frac{\frac{n-1}{n}}{b-2d}$$

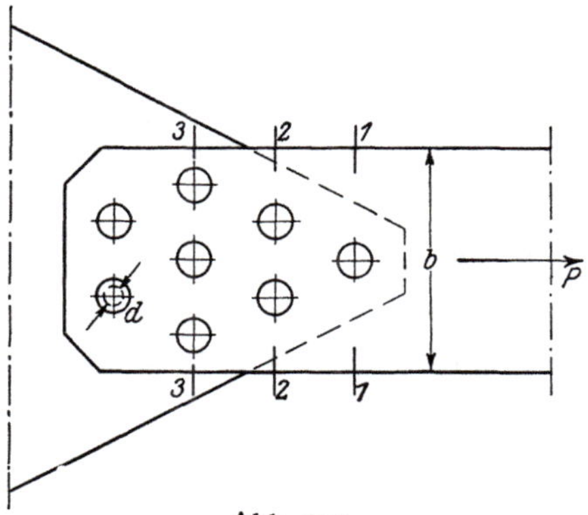

Abb. 199.

oder

$$b \gtreqless (n+1)\,d \quad \ldots\ldots \quad \text{(a)}$$

Ist diese Bedingung erfüllt, dann genügt bei Ermittelung des Nettoquerschnittes der Abzug eines Nietloches. Ist sie nicht erfüllt, dann muß noch untersucht werden, ob die Spannung σ_2 größer ist als die Spannung σ_3 im Querschnitt 3 — 3. In diesem Falle gilt die Bedingung

$$\frac{\frac{n-1}{n}}{b-2d} \gtreqless \frac{\frac{n-3}{n}}{b-3d}$$

oder

$$b \gtreqless \frac{n+3}{2}\,d \quad \ldots\ldots \quad \text{(b)}$$

Ist wenigstens Bedingung b) erfüllt, dann kann man sich mit dem Abzug von 2 Nietlöchern begnügen, andernfalls sind 3 Nietlöcher im Nettoquerschnitt zu berücksichtigen.

Berechnung der Augenstäbe.

Eine besondere Betrachtung erfordern Stäbe, in denen die Kräfte nicht durch eine größere Zahl Niete, sondern durch einen einzigen Bolzen übertragen werden, sogenannte Augenstäbe. Da die Stabkraft nicht wie bei Nietanschlüssen auf einen größeren Bereich der Anschlußstelle verteilt ist, sondern in einem verhältnismäßig kleinen Bezirk an der Berührungsfläche zwischen Bolzen und Auge übertragen wird, so treten bei derartigen Anschlüssen sehr bedeutende örtliche Materialanstrengungen auf, die eine vorsichtige Abwägung des Spannungsverlaufes erfordern, um Überbeanspruchungen und große Formänderungen, die die Beweglichkeit des Anschlusses beeinträchtigen würden, zu verhüten. Dazu kommt noch, daß das verhältnismäßig große Bolzenloch einen überragenden Einfluß auf die Verteilung der Spannungen im Stabende ausübt, der unbedingt berücksichtigt werden muß.

Für die Bemessung der Augen derartiger Stäbe werden in der Praxis häufig einfache Erfahrungsformeln benutzt, die aber vielfach voneinander abweichen. Einiges Vertrauen dürften noch die in Amerika gebräuchlichen Formeln verdienen, da die amerikanischen Ingenieure bei der von ihnen geübten Bevorzugung der Bolzenanschlüsse gegenüber Nietanschlüssen über reiche Erfahrung in der baulichen Ausbildung von Augenstäben besitzen. Beachtung verdienen auch die auf Grund umfangreicher Versuche aufgestellten Formeln für den Bau der Elisabethbrücke in Budapest.

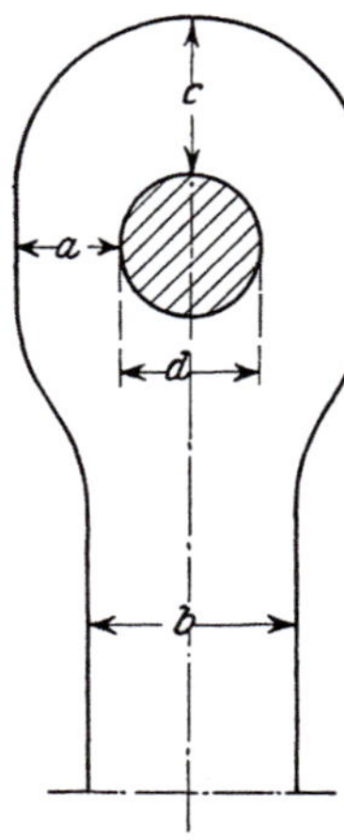

Abb. 200.

Bezeichnet b die Stabbreite, a die halbe Augenbreite, c den Abstand von Augenloch bis Stabende, Abb. 200, so gelten:

Pencoyd Works	$a = 0{,}665\,b$	$c = 0{,}665\,b$
Baltimore Bridge	$a = 0{,}75\,b$	$c = 0{,}75\,b$.

Auf Grund von Versuchen mit 41 Augenstäben gelegentlich des Baues der Budapester Elisabethbrücke wurden folgende Regeln für die Bemessung der Kettenglieder aufgestellt:

$$\text{Bolzendurchmesser } d = \frac{2}{3} b$$

$$a = 0{,}58\,b, \qquad c = 0{,}75\,b.$$

Zum Vergleich seien noch die von Gerber vorgeschlagenen Zahlen erwähnt.

$$\text{Gerber: } a = 0{,}55\,b, \qquad c = 0{,}75\,b.$$

Die Zerreißversuche, die bisher angestellt wurden, können natürlich kein Bild über die Spannungsverteilung unter der Nutzlast liefern, und gerade darüber Aufschluß zu erhalten, wäre sehr erwünscht. Eine rechnungsmäßige Ermittlung der Spannungen nach den Lehren der mathematischen Elastizitätstheorie ist sicherlich nicht unmöglich, es handelt sich hier um ein ebenes Problem, doch müßte vorher auf dem Versuchswege Klarheit über die Verteilung der Drucke zwischen Bolzen und Lochwand geschaffen werden. Am ehesten verspricht die von Preuß, Rühl, Findeisen u. a. befolgte Methode der Feinmessung der örtlichen Formänderungen zum Ziele zu führen. Derzeit fehlen aber noch derartige Arbeiten über den Augenstab. In letzter Zeit hat J. Beke auf Grund der von Müller-Breslau (Die neueren Methoden der Festigkeitslehre usw., 4. Aufl., S. 236) aufgestellten Gleichungen für den gekrümmten Stab den Versuch gemacht, auf Grund einiger vereinfachender Annahmen Aufschluß über die größten Spannungen im kreisrunden Auge zu erhalten[1]). Beke geht bei seiner Untersuchung von folgenden Annahmen aus:

a) Die Elastizitätsgrenze wird nirgends überschritten;

b) Die radialen Querschnitte bleiben auch nach der Formänderung eben;

c) Die zwischen Bolzen und Augenloch wirkenden Stauchdrücke sind radial gerichtet und ihre Größe folgt der Gleichung (Abb. 201)

$$p = -p_0 \cos\psi;$$

d) Die Zugkraft P des Stabes soll im Bereiche der Stabbreite als gleichförmig verteilte Belastung auf den einen geschlossenen Kreisring darstellenden Kopfteil des Augenstabes übertragen werden (Abb. 201).

Das Bolzenauge wird sonach als Kreisring aufgefaßt, der auf der Innenseite in der einen Hälfte durch die Pressung p, auf der Außenseite im Bereiche $2r\sin\alpha$ durch die gleichmäßig verteilte Zugkraft P belastet ist, wobei P der auf die Stabstärke 1 entfallende Anteil der Gesamtstabkraft ist.

[1]) Beke, Josef: Beitrag zur Berechnung der Spannungen in Augenstäben. Eisenbau 1921, S. 233.

Zwischen P und p besteht noch die Beziehung

$$P = -\int_{\frac{\pi}{2}}^{\frac{3\pi}{2}} p \cos\psi \, ds = \frac{p_0 d}{2} \int_{\frac{\pi}{2}}^{\frac{3\pi}{2}} \cos^2\psi \, d\psi = \frac{\pi p_0 d}{4};$$

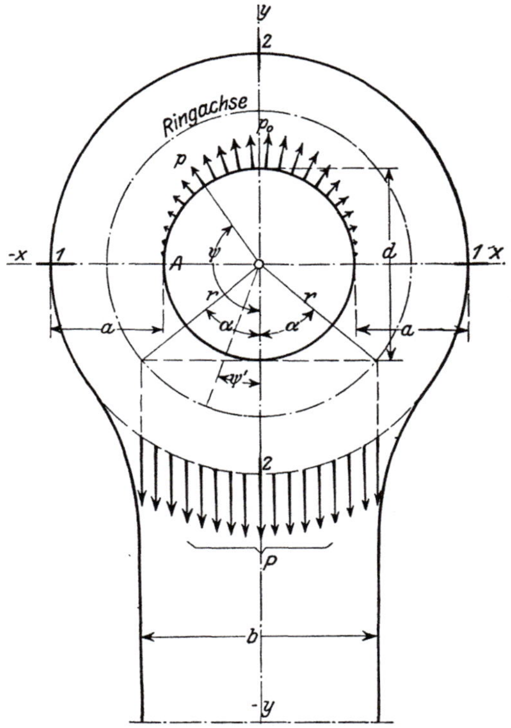

Abb. 201.

somit

$$p_0 = \frac{4P}{\pi d} \quad \text{und} \quad p = -\frac{4P\cos\psi}{\pi d},$$

oder auf die Längeneinheit der Ringachse reduziert

$$p = -\frac{2P\cos\psi}{r\pi}.$$

Als Überzählige in dem 3fach statisch unbestimmten Kreisring wählen wir die Schnittkräfte M_0, X_0 und Y_0 für den Schnitt s, Abb. 202. Aus Symmetriegründen

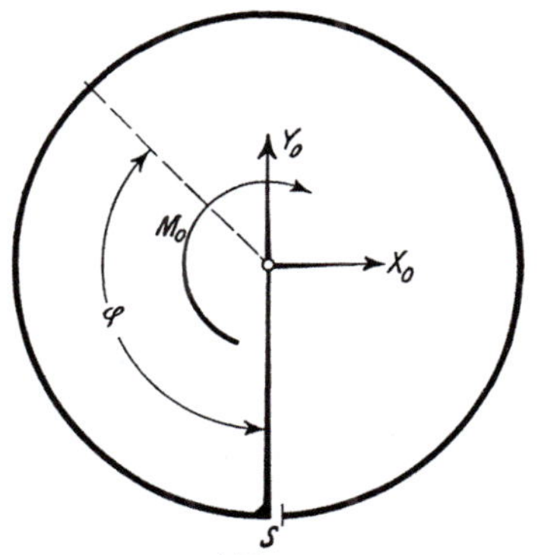

Abb. 202.

muß Y_0, die für den Schnitt s die Rolle einer Querkraft spielt, Null sein. Zur Ermittlung der übrigbleibenden Überzähligen M_0 und X_0 benützen wir die Elastizitätsbedingungen für den gebogenen Stab in der Form[1])

$$\left.\begin{aligned} \frac{r}{EF}\int \mathfrak{N}\frac{\partial\mathfrak{N}}{\partial M_0}d\varphi + \frac{r}{EZ}\int M\frac{\partial M}{\partial M_0}d\varphi = 0, \\ \frac{r}{EF}\int \mathfrak{N}\frac{\partial\mathfrak{N}}{\partial X_0}d\varphi + \frac{r}{EZ}\int M\frac{\partial M}{\partial X_0}d\varphi = 0, \end{aligned}\right\} \quad \ldots\ldots\ldots (7)$$

worin

$$\mathfrak{N} = N - \frac{M}{r} \quad \text{und} \quad Z = r\int \frac{v^2}{r-v}dF.$$

M und N sind Moment und Normalkraft für einen beliebigen Querschnitt. Z ist eine dem Trägheitsmoment analoge Querschnittsfunktion. v ist der radial gemessene Abstand des Flächenelementes dF von der Ringachse. Die Integration in den Gleichungen (7) hat sich über den halben Ring (wegen der Symmetrie), im Ausdruck für Z über die ganze Querschnittsfläche zu erstrecken.

[1]) Müller-Breslau: Die neueren Methoden der Festigkeitslehre und der Statik der Baukonstruktionen. 4. Auflage, S. 245.

Nun gilt mit Bezug auf Abb. 203 z. B. für die linke Ringhälfte

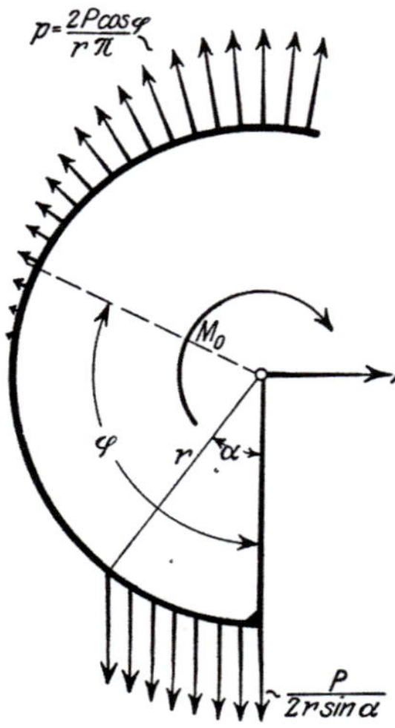

Abb. 203.

für $\varphi \leqq \alpha$

$$N = \frac{P \sin^2 \varphi}{2 \sin \alpha} + X_0 \cos \varphi,$$

$$M = \frac{P r \sin^2 \varphi}{4 \sin \alpha} + M_0 + X_0 r \cos \varphi,$$

für $\alpha \leqq \varphi \leqq \frac{\pi}{2}$

$$N = \frac{P \sin \varphi}{2} + X_0 \cos \varphi,$$

$$M = \frac{P r}{2}\left(\sin \varphi - \frac{\sin \alpha}{2}\right) + M_0 + X_0 r \cos \varphi,$$

für $\frac{\pi}{2} \leqq \varphi \leqq \pi$

$$N = \frac{P \sin \varphi}{2} - \frac{2P}{\pi} \int\limits_{\frac{\pi}{2}}^{\varphi} \cos \psi \sin(\varphi - \psi)\, d\psi + X_0 \cos \varphi$$

$$= P\left(\sin\varphi - \frac{\varphi \sin\varphi}{\pi} - \frac{\cos\varphi}{\pi}\right) + X_0 \cos \varphi,$$

$$M = \frac{P r}{2}\left(\sin \varphi - \frac{\sin \alpha}{2}\right) - \frac{2 P r}{\pi} \int\limits_{\frac{\pi}{2}}^{\varphi} \cos \psi \sin(\varphi - \psi)\, d\psi + M_0 + X_0 r \cos \varphi$$

$$= P r\left(\sin \varphi - \frac{\varphi \sin \varphi}{\pi} - \frac{\cos \varphi}{\pi} - \frac{\sin \alpha}{4}\right) + M_0 + X_0 r \cos \varphi.$$

Aus diesen Gleichungen findet man nun

für $\varphi \leqq \alpha$

$$\mathfrak{N} = \frac{P \sin^2 \varphi}{4 \sin \alpha} - \frac{M_0}{r},$$

und für $\alpha \leqq \varphi \leqq \pi$

$$\mathfrak{N} = \frac{P \sin \alpha}{4} - \frac{M_0}{r}.$$

Wir bemerken gleich, daß $\mathfrak{N}$ im Bereiche $\varphi = \alpha$ bis π einen unveränderlichen Wert hat. Weiter ergibt sich, gültig für sämtliche Werte von φ:

$$\frac{\partial \mathfrak{N}}{\partial M_0} = -\frac{1}{r}, \qquad \frac{\partial \mathfrak{N}}{\partial X_0} = 0,$$

$$\frac{\partial M}{\partial M_0} = 1, \qquad \frac{\partial M}{\partial X_0} = r \cos \varphi.$$

Nach Einführung dieser Differentialquotienten in die Gl. (7) und Durchführung der Integration erhält man zwei Beziehungen für M_0 und X_0, aus denen diese Unbekannten ermittelt werden können. Man gewinnt schließlich die Gleichungen

$$M_0 = \frac{\frac{1}{F}\left(\frac{\alpha}{\sin \alpha} - \cos\alpha + (\pi - \alpha)\sin\alpha\right) - \frac{r^2}{Z}\left(\frac{\alpha}{\sin\alpha} + 3\cos\alpha - 2(\pi-\alpha)\sin\alpha + \frac{16}{\pi}\right)}{8\pi\left(\frac{1}{F} + \frac{r^2}{Z}\right)} \cdot P r = \beta \cdot P r \quad (8)$$

$$X_0 = \frac{1}{2\pi}\left(\frac{1}{2} - \frac{\sin^2\alpha}{3}\right) P = \gamma \cdot P, \quad \ldots \ldots \ldots \quad (9)$$

wobei die bloß von den Stababmessungen abhängigen Ausdrücke kurz mit β und γ bezeichnet wurden.

Für den Rechteckquerschnitt von der Höhe a und der Breite 1 ist nun nach Grashof

$$Z = \int_{-\frac{a}{2}}^{+\frac{a}{2}} \frac{r v^2}{r - v} dv = r^2 \left(r \log \operatorname{nat} \frac{r + \frac{a}{2}}{r - \frac{a}{2}} - a \right) \quad \ldots \ldots . (10)$$

Da wir von Haus annehmen können, daß im Bereiche $\varphi = 0$ bis α keine gefährlichen Spannungen auftreten, so beschäftigen wir uns im weiteren nur mit den Spannungen für Winkel $\varphi > \alpha$.

Für $\alpha \leqq \varphi \leqq \frac{\pi}{2}$ gilt unter Benutzung der Gl. (8) und (9)

$$M_I = P r \left(\frac{\sin \varphi}{2} + \gamma \cos \varphi + \beta - \frac{\sin \alpha}{4} \right),$$

für $\frac{\pi}{2} \leqq \varphi \leqq \pi$

$$M_{II} = P r \left[\left(1 - \frac{\varphi}{\pi} \right) \sin \varphi + \left(\gamma - \frac{1}{\pi} \right) \cos \varphi + \beta - \frac{\sin \alpha}{4} \right]$$

und für sämtliche Querschnitte zwischen $\varphi = \alpha$ bis π

$$\mathfrak{N} = P \left(\frac{\sin \alpha}{4} - \beta \right).$$

Die Spannung im gekrümmten Stabe ist nun

$$\sigma = \frac{\mathfrak{N}}{F} \pm \frac{M v}{Z} \frac{r}{r + v}.$$

v ist für Punkte außerhalb der Ringachse positiv, für solche innerhalb derselben negativ einzuführen. Das $+$-Zeichen gilt, wenn M positiv, das $-$-Zeichen, wenn M negativ ist. Da $\mathfrak{N}$ von φ unabhängig ist, so erreichen die Randspannungen ihre Größtwerte zugleich mit M und zwar für die Stabränder $\left(v = \pm \frac{a}{2} \right)$. M_I wird, wie man leicht nachrechnet, für $\operatorname{tg} \varphi = \frac{1}{2\gamma}$ ein Maximum.

Nun ist γ eine sehr kleine Zahl, daher $\varphi \sim \frac{\pi}{2}$, woraus folgt, daß im Querschnitt $1-1$ (siehe Abb. 201) die Randspannung ihren größten Wert erreicht. Man erhält mit $\varphi = \frac{\pi}{2}$

$$M_1 = P r \left(\frac{1}{2} + \beta - \frac{\sin \alpha}{4} \right). \quad \ldots \ldots \ldots . (11)$$

M_{II} wird ein Größtwert für $\varphi = \pi$ und es wird dann für Querschnitt $2-2$

$$M_2 = - P r \left(\frac{\sin \alpha}{4} + \gamma - \beta - \frac{1}{\pi} \right). \quad \ldots \ldots . (12)$$

Demgemäß erreichen die Randspannungen im Querschnitt $1-1$ für $v = -\frac{a}{2}$, also innen, im Querschnitt $2-2$ für $v = +\frac{a}{2}$, also außen, ihre Größtwerte. Ein Zahlenbeispiel mag uns ein Bild über die Größe der auftretenden Spannungen verschaffen.

Beispiel. Wir nehmen $d = \frac{2}{3} b$ und $a = \frac{3}{4} b$ an. Es ist dann

$$r = \frac{d+a}{2} = 0{,}708\, b;\ \sin\alpha = \frac{b}{2r} = 0{,}7062,\ \alpha = 0{,}2496\,\pi = 44^0 55' 40''.$$

Mit diesen Werten findet man gemäß Gl. (8) und (9)

$$\beta = -\ 0{,}1698 \quad \text{und} \quad \gamma = 0{,}0531 .$$

Nimmt man die Stabdicke gleich 1, so ist die Ringfläche $F = 0{,}75\, b$ und $Z = 0{,}0425\, b^3$ (Gl. 10). Damit erhält man mittels der Gl. (11) und (12)

$$M_1 = 0{,}154\, Pr = 0{,}109\, Pb,$$

$$M_2 = -\ 0{,}081\, Pr = -\ 0{,}057\, Pb$$

und

$$\mathfrak{N} = 0{,}346\, P.$$

Bezeichnet man mit $\sigma = \frac{P}{b}$ die Spannung im geraden Stabteil, so wird die Zugspannung σ_1 am inneren Rande im Schnitt 1 — 1

$$\sigma_1 = \left(\frac{0{,}346}{0{,}75} + \frac{0{,}109 \cdot 0{,}375}{0{,}0425} \cdot \frac{0{,}708}{0{,}708 - 0{,}375}\right) \frac{P}{b} = \mathbf{2{,}51}\, \sigma$$

und am äußeren Rande im Schnitt 2 — 2

$$\sigma_2 = \left(\frac{0{,}346}{0{,}75} + \frac{0{,}057 \cdot 0{,}375}{0{,}0425} \cdot \frac{0{,}708}{0{,}708 + 0{,}375}\right) \frac{P}{b} = \mathbf{0{,}79}\, \sigma .$$

Die Spannung wächst sonach, trotzdem der Nutzquerschnitt durch das Auge 1,5 mal größer als der des geraden Stabteiles ist, örtlich auf das rund 2,5 fache der Durchschnittsspannung an. Dies stimmt beiläufig mit dem überein, was wir auch bei der gelochten Platte am Lochrande festgestellt haben. Die im Schnitt 1 — 1 am inneren Rande (Punkt A) auftretenden hohen Spannungen klingen aber sehr schnell ab, so daß bleibende Formänderungen, die die Folgen dieser Überschreitungen sind, nur in einem engen Bezirk auftreten, also auf die Gesamtdehnung des Stabes ohne Einfluß sind. Nichtsdestoweniger empfiehlt es sich, das Auge mit Hilfe der oben abgeleiteten Formeln so zu bemessen, daß die errechnete Randspannung im Punkte A die Elastizitätsgrenze des Stabmaterials nicht überschreite, was beiläufig einen Sicherheitsfaktor von 1,3 gegen Erreichen der Streckgrenze bedeuten würde.

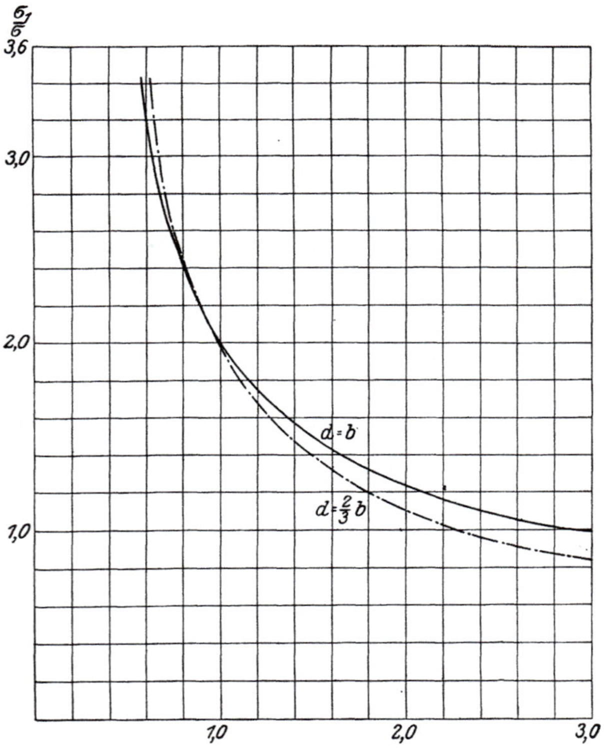

Abb. 204.

Um einen Überblick über den Einfluß des Verhältnisses $\frac{a}{b}$ auf das Spannungsverhältnis $\frac{\sigma_1}{\sigma}$ zu gewinnen, ist in Abb. 204 $\frac{\sigma_1}{\sigma}$ als Funktion von $\frac{a}{b}$ (nach Beke) für die beiden Bolzendurchmesser $d = b$ und $d = \frac{2}{3} b$ dargestellt. Für $\frac{a}{b}$ zwischen 0,6 und beiläufig 1 ist der Einfluß der Verbreiterung des Auges ein sehr bedeutender. Bei $a = b$ ist z. B. die Spannungserhöhung bloß eine zweifache. Will man die Augen nicht zu breit halten, dann muß man sie entsprechend stärker machen. Die Größe des Bolzendurchmessers hat keinen nennenswerten Einfluß auf das Spannungsverhältnis.

Die oben entwickelten Beziehungen behalten auch ihre Gültigkeit bei, wenn $\alpha = \frac{\pi}{2}$ ist, der Zugstab also die Form nach Abb. 205 erhält, eine Gestalt, die häufig bei aus Blechen zusammengenieteten, mit Bolzen angeschlossenen Zugstäben vorkommt.

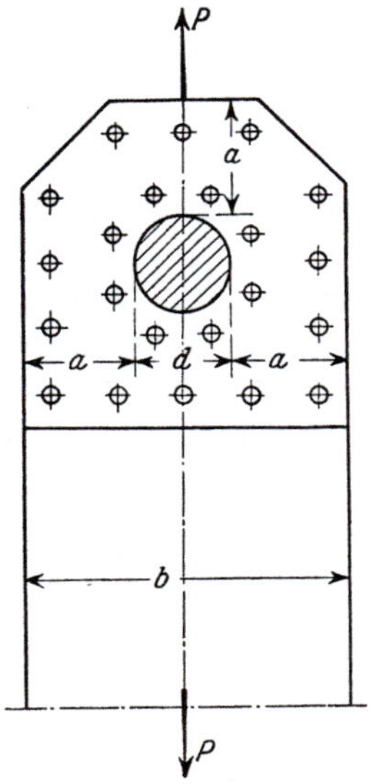

Abb. 205.

Man erhält dann mit $\alpha = \frac{\pi}{2}$ für den Beiwert β im Moment M_0, wenn man im Zähler $\frac{1}{4F}$ vernachlässigt,

$$\beta = -\frac{\frac{r^2}{Z}\left(\frac{4}{\pi^2} - \frac{1}{8}\right)}{2\left(\frac{1}{F} + \frac{r^2}{Z}\right)} \quad \ldots \ldots \ldots (13)$$

und für den Beiwert γ

$$\gamma = \frac{1}{12\,\pi}. \quad \ldots \ldots \ldots \ldots (14)$$

Damit gewinnt man

$$M_1 = P\,r\left(\frac{1}{4} + \beta\right) \quad \text{und} \quad M_2 = -P\,r\left(\frac{1}{4} + \gamma - \beta - \frac{1}{\pi}\right) \quad (15)$$

$$\mathfrak{N} = P\left(\frac{1}{4} - \beta\right). \quad \ldots \ldots \ldots (16)$$

F ist die halbe Querschnittsfläche im Bolzenquerschnitt für die Stärke 1, Z ist nach Formel 10 zu bestimmen.

Beispiel. Der von Rühl untersuchte Stab[1]) hatte die in Abb. 206 angegebenen Abmessungen. Wir fragen nach den größten Spannungen in den Querschnitten 1 — 1 und 2 — 2.

Es ist im vorliegenden Falle

$$d = \frac{b}{4}, \quad r = 0{,}3125\,b, \quad a = 0{,}375\,b, \quad F = 0{,}375\,b$$

und damit

$$Z = r^2\left(r \log \text{nat} \frac{r + \frac{a}{2}}{r - \frac{a}{2}} - a\right) = 0{,}00568\,b^3.$$

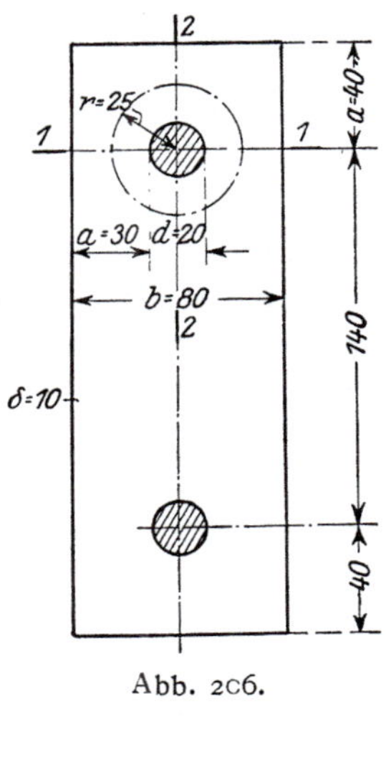

Abb. 206.

Wir berechnen nun β und γ nach den Formeln (13) und (14) und finden

$$\beta = -\frac{17{,}19\,(0{,}409 - 0{,}125)}{2\,(2{,}67 + 17{,}19)} = -0{,}123, \quad \gamma = \frac{1}{12\,\pi} = 0{,}0265;$$

somit

$$M_1 = P \cdot 0{,}3125\,b\,(0{,}25 - 0{,}123) = 0{,}0397\,Pb,$$

$$M_2 = -P \cdot 0{,}3125\,b\,(0{,}25 + 0{,}0265 + 0{,}123 - 0{,}318) = -0{,}0258\,Pb,$$

$$\mathfrak{N} = P\,(0{,}25 + 0{,}123) = 0{,}373\,P.$$

Wir erhalten schließlich am Innenrande:

$$\sigma_1 = \left(\frac{0{,}373}{0{,}375} + \frac{0{,}0397\,\frac{0{,}375}{2}}{0{,}00568} \cdot \frac{0{,}3125}{0{,}3125 - \frac{0{,}375}{2}}\right)\frac{P}{b} = \mathbf{4{,}27}\,\sigma,$$

[1]) Siehe die Fußnote [2]) auf S. 245.

am Außenrande:

$$\sigma_1' = \left(\frac{0{,}373}{0{,}375} - \frac{0{,}0397 \frac{0{,}375}{2}}{0{,}00568} \cdot \frac{0{,}3125}{0{,}3125 + \frac{0{,}375}{2}} \right) \frac{P}{b} = \mathbf{0{,}17}\,\sigma\,;$$

und weiter am Innenrande:

$$\sigma_2 = \left(\frac{0{,}373}{0{,}375} - \frac{0{,}0258 \frac{0{,}375}{2}}{0{,}00568} \cdot \frac{0{,}3125}{0{,}3125 - \frac{0{,}375}{2}} \right) \frac{P}{b} = -\mathbf{1{,}13}\,\sigma\,,$$

am Außenrande:

$$\sigma_2' = \left(\frac{0{,}373}{0{,}375} + \frac{0{,}0258 \frac{0{,}375}{2}}{0{,}00568} \cdot \frac{0{,}3125}{0{,}3125 + \frac{0{,}375}{2}} \right) \frac{P}{b} = \mathbf{1{,}53}\,\sigma\,.$$

Für praktische Zwecke genügt es, den Wert σ_1 zu berechnen, da dieser immer ausschlaggebend ist.

Da σ_1 sehr groß wird, so erscheint es notwendig, durch Auflegen von Beilagen am Stabende die stärkst beanspruchten Teile zu entlasten. Ist δ die Dicke des gezogenen Stabes und verstärkt man den Kopf durch aufgenietete Beilagen, wie dies in Abb. 205 angedeutet ist, auf die Gesamtstärke $\alpha\delta$, so sinkt die ungünstigste Spannung am Lochrande auf $\sigma_1 = \frac{4{,}27}{\alpha\delta}\,\sigma$. σ_1^{zul} wähle man etwa gleich der Elastizitätsgrenze des Stabmaterials.

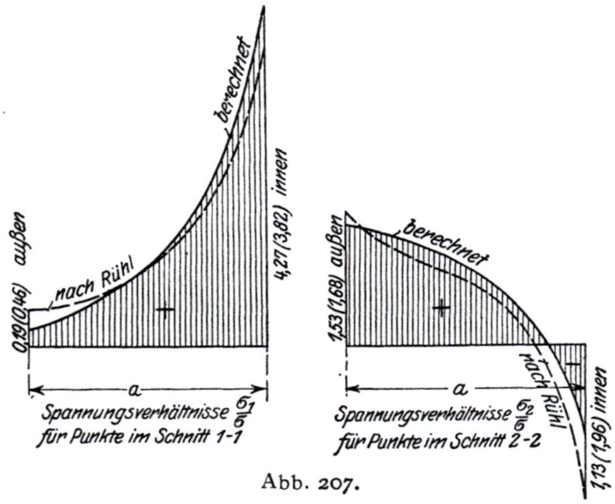

Abb. 207.

Wir benützen die Ergebnisse in vorliegendem Beispiel, um sie mit den von Rühl auf Grund seiner Versuche ermittelten Spannungen zu vergleichen. Zu diesem Zwecke wurden noch für eine Reihe Zwischenpunkte der beiden in Frage kommenden Schnittflächen 1 — 1 und 2 — 2 die Spannungen nach unseren Formeln ermittelt und die Spannungslinien neben den Rühlschen Linien in Abb. 207 eingetragen. Der Gesamtverlauf der Linien zeigt ganz gute Übereinstimmung, nur der eine Randwert σ_2' weist einen größeren Unterschied auf. Viel mehr war aber von unserer Rechnung, die ja die Verhältnisse nur annähernd erfassen konnte — und daß sie dies getan hat, zeigt der übereinstimmende Verlauf der Spannungslinien —, nicht zu erwarten. Die angegebenen Formeln können daher auf Grund dieses Vergleiches, bei einiger Vorsicht in der Bemessung, als ein guter Behelf zur Ermittlung der Materialanstrengungen in der Umgebung des Bolzenloches benützt werden. Es sei hier nur bemerkt, daß in der Brückenbaupraxis die Stabenden, die den Bolzen enthalten, meist zu schwach ausgeführt werden.

58. Biegung gerader Stäbe.

Die in der technischen Festigkeitslehre übliche Näherungstheorie (Navier) geht von den folgenden Annahmen aus:

1. Die Normalquerschnitte bleiben auch nach der Formänderung eben und stehen senkrecht zu der gebogenen Stabachse.

2. Die parallel zur Stabachse verlaufenden Fasern üben keinen Querdruck (oder Zug) aufeinander aus und übertragen keine quer zur Stabachse gerichteten Schubspannungen aufeinander.

Die annähernde Richtigkeit dieser Voraussetzungen, die zunächst nur als Hypothesen zu werten sind, ist durch den Versuch und durch die Untersuchungen der mathematischen Elastizitätstheorie bestätigt. Für Stoffe, die dem Hookeschen Gesetze folgen, gilt Voraussetzung 1), wie Versuche gezeigt haben, sehr genau. Sie hat aber auch in jenen Fällen hinreichend genaue Geltung, wo das Material einem anderen Elastizitätsgesetze gehorcht, wie dies Föppl für Stein, E. Meyer für Gußeisen erwiesen haben. Die Voraussetzung 1) besteht auch genügend genau bei gebogenen Flußeisenstäben zu Recht, wenn stellenweise die Proportionalitätsgrenze überschritten wurde (E. Mayer). Von dieser Tatsache haben wir ja bei Betrachtung des labilen Gleichgewichtszustandes im unelastischen Bereich in **35** Gebrauch gemacht. Eine nähere Überlegung zeigt aber, daß die Voraussetzung 1) nur dann strenge erfüllt sein kann, wenn in dem in Frage kommenden Querschnitt keine Querkräfte übertragen werden; denn die von diesen hervorgerufenen Schubspannungen, deren Folge wieder Winkeländerungen sind, die an verschiedenen Stellen verschiedene Größe haben, verursachen eine Krümmung der ursprünglich ebenen Querschnittsfläche. Die Annahme eben bleibender Querschnitte führt also, wenn Querkräfte vorhanden sind, zu einem Widerspruch. Die Querschnittsverwölbung ist allerdings sehr klein, so daß die Längsspannung in den Stabfasern nur unwesentlich geändert wird. Solange keine Querkräfte mitwirken, oder insolange man bewußt von ihrer Mitwirkung absieht, treten auch keine Winkeländerungen auf, es kann sich sonach auch der Winkel zwischen Normalquerschnitt und Stabachse nicht ändern. Der zweite Teil der Hypothese 1 ist sonach eine unmittelbare Folge der Annahme eben bleibender Querschnitte.

Die zweite Voraussetzung ist, wenn man sich den Stabmantel frei von Lasten denkt, von Haus aus evident. Wohl werden sich die einzelnen Fasern infolge der Längsdehnung, die sie bei der Biegung erleiden, der Quere nach zusammenziehen, aber solange sie nicht an dieser Formänderung gehindert werden, und das kann nur durch am Stabmantel selbst angreifende Kräfte geschehen, werden weder Pressungen noch Schubspannungen in Richtung quer zur Stabachse auftreten. Umgekehrt werden aber in den fallweise vorhandenen Lastangriffspunkten am Stabmantel sehr hohe Pressungen entstehen, die aber nach den Regeln der Kraftausbreitung nur örtliche Bedeutung haben und in einiger Entfernung vom Lastangriffspunkte bedeutungslos werden. Die örtlichen Spannungen überlagern sich einfach den Biegungsspannungen. Daß keine Spannungen zwischen den Fasern quer zur Stabachse übertragen werden, hat de St. Vénant auf elastizitätstheoretischem Wege nachgewiesen, indem er die Abwesenheit der eben erwähnten Spannungen quer zur Stabachse annehmend, zeigte, daß bei Stäben, die an einem Ende unverschieblich festgehalten werden, ein widerspruchsfreier Spannungs- und Formänderungszustand möglich ist, der durch am andern Stabende angreifende Kräfte und Momente im Gleichgewichte erhalten werden kann. Dieser allgemeine Belastungsfall enthält auch den Fall der Biegung in sich. St. Vénant kam auch zu dem bemerkenswerten Ergebnis, daß bei der Biegung die Querschnitte nicht eben bleiben, aber die Spannungsverteilung über dem Querschnitt linear ist, womit eigentlich ein Grundpfeiler der technischen Biegungslehre, soweit die Spannungsverteilung in Frage kommt, in Einklang mit der strengen Theorie gebracht erscheint.

Bezeichnen x, y, z die Koordinaten eines Stabpunktes, bezogen auf ein rechtwinkeliges Achsenkreuz, wobei die z-Achse mit der Stabachse zusammenfallen soll, x, y in die Richtung der Querschnitthauptachsen fallen, so wird auf Grund der ersten Annahme die Dehnung ε_z im Punkte xy des Querschnittes eine lineare Funktion der Koordinaten x und y sein, also

$$\varepsilon_z = \varepsilon_0 + \beta x + \gamma y.$$

ε_0, β und γ sind Funktionen der Querschnittslage z; ε_0 ist die Dehnung der Stabachse.

Aus der zweiten Annahme folgt

$$\sigma_z = E\varepsilon_z.$$

Für jeden Querschnitt bestehen dann die statischen Bedingungen

$$\int \sigma_z dF = N,$$
$$\int \sigma_z x dF = M_x,$$
$$\int \sigma_z y dF = M_y,$$

wenn N die Längskraft im Querschnitt mit der Abszisse z, M_x und M_y die in die xz- bzw. yz-Ebene fallende Komponente des Angriffsmomentes der äußeren Kräfte für den Querschnitt in z bedeuten. Abb. 208. Aus diesen 3 Bedingungen lassen sich die 3 Beiwerte der Gl. (1) berechnen. Man erhält dann für die Längsspannung die bekannten Ausdrücke

$$\sigma_z = \frac{N}{F} + \frac{M_x}{J_y} x + \frac{M_y}{J_x} y, \quad . \; . \; . \; (17)$$

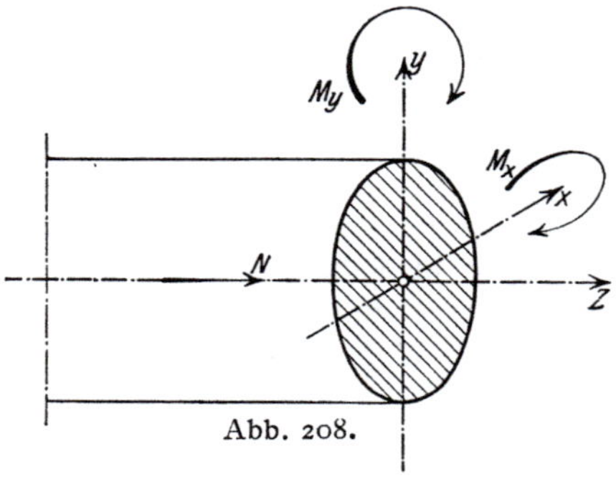

Abb. 208.

wobei J_x und J_y die Querschnittsträgheitsmomente, bezogen auf die beiden Querschnittshauptachsen x bzw. y, sind.

Für die gebogene Stabachse (elastische Linie) gelten dann die Differentialgleichungen

$$\left.\begin{aligned} E J_y \frac{d^2 \xi}{d z^2} &= - M_x, \\ E J_x \frac{d^2 \eta}{d z^2} &= - M_y. \end{aligned}\right\} \quad . \; . \; . \; . \; (18)$$

Aus der Gleichgewichtsbedingung in einem Stabpunkte[1])

$$\frac{\partial \sigma_z}{\partial z} + \frac{\partial \tau_{zx}}{\partial x} + \frac{\partial \tau_{zy}}{\partial y} = 0$$

folgt mit Rücksicht auf Gl. (17) und mittels der bekannten Beziehungen zwischen Querkraft und Moment, nämlich:

$$Q_x = \frac{dM_x}{dz} \qquad \text{und} \qquad Q_y = \frac{dM_y}{dz},$$

$$\frac{\partial \tau_{zx}}{\partial x} + \frac{\partial \tau_{zy}}{\partial y} = - \frac{\partial \sigma_z}{\partial z} = - \left(\frac{Q_x x}{J_y} + \frac{Q_y y}{J_x} \right).$$

Diese eine Gleichgewichtsbedingung reicht natürlich nicht aus, um die Schubspannungen und ihre Verteilung über dem Querschnitt zu ermitteln. Man ist bei der weiteren Verfolgung der Aufgabe auf zweckdienliche Annahmen angewiesen. Wir setzen zunächst voraus, daß die Kraftebene durch die Symmetriachse des Querschnittes hindurchgehe, dann ist $Q_x = 0$. Weiter nehmen wir die Schubspannung, in einem schmalen Flächenstreifen parallel zur x-Achse als konstant, also von x unabhängig an, oder denken uns sie wenigstens durch einen unabhängigen Mittelwert ersetzt; dann ist die gesamte Schubspannung in einem solchen Flächenstreifen $b \tau_{zy} dy$. Abb. 209. Integriert man die obige Gleichgewichtsgleichung über die gesamte schraffierte Fläche F, so erhält man

$$\int_F \frac{\partial \tau_{zx}}{\partial x} dF + \int_F \frac{\partial \tau_{zy}}{\partial y} dF = - \frac{Q_y}{J_x} \int_F y \, dF.$$

Da nun

$$\int_F \frac{\partial \tau_{zx}}{dx} dF,$$

[1]) Siehe A. Föppl: Vorl. ü. Techn. Mechanik, Bd. III, Festigkeitslehre.

wie leicht einzusehen, aus Gründen der Symmetrie verschwindet, so verbleibt, wenn man $dF = b\,dy$ einführt

$$b\int_{y}^{y_0} \frac{\partial \tau_{zy}}{\partial y}\,dy = -\frac{Q_y}{J_x}\int_{y}^{y_0} b\,y\,dy,$$

und, da τ_{zy} am oberen Rande zu Null wird, nach Ausführung der Integration

$$\tau_{zy} = -\frac{Q_y S_x}{J_y b}, \quad \ldots \ldots \ldots \ldots \ldots \quad (19)$$

wobei S_x das statische Moment des schraffierten Querschnittsteiles, bezogen auf die durch den Schwerpunkt gehende Achse x — x bedeutet. Das Vorzeichen ist belanglos. Da τ_{zy} mit S_x wächst, so wird τ_{zy} ein Maximum in der neutralen Faserebene.

Die Anwendung der oben abgeleiteten Regeln auf I-förmige und ähnliche Stäbe führt auf einige Schwierigkeiten, die hier kurz erörtert werden müssen, Abb. 210. Es ist einleuchtend, daß beim Übergang vom Steg zum Flansch, τ_{zy} nicht unmittelbar von seinem durch die Breite b nach Gl. (19) bestimmten Wert auf den viel kleineren durch b_1 gegebenen Wert sinken kann, daß vielmehr ein stetiger Übergang in der Weise stattfinden wird, daß im Mittelteil des Flansches, im Bereiche der Stegfortsetzung also, eine Schubspannung herrschen wird, die

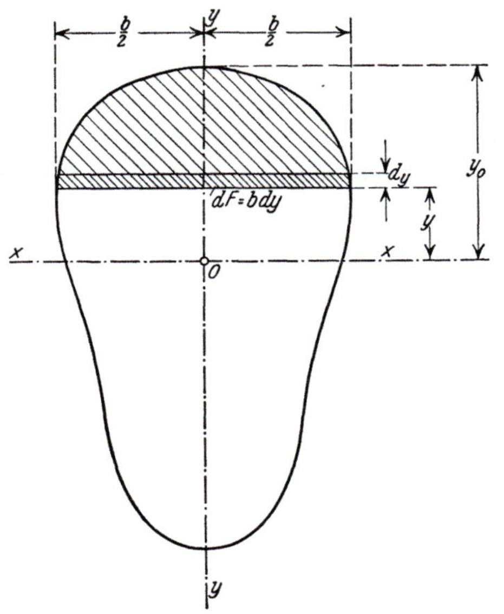

Abb. 209.

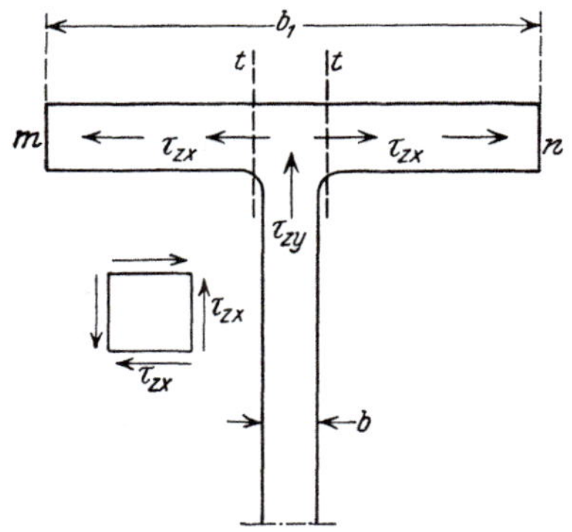

Abb. 210.

beiläufig der im Steg an der Anschlußstelle herrschenden Spannung entspricht, während rechts und links davon abnehmende Werte der Schubbeanspruchung auftreten werden. Die Verteilung der im Querschnitt vertikal gerichteten Schubspannungen τ_{zy} ist daher im Flansch nichts weniger als gleichmäßig. An den Flanschrändern m und n werden diese Schubspannungen höchstwahrscheinlich sehr klein sein, ebenso wie sie auch an der Unterseite des Flansches, wegen des Fehlens von Oberflächenkräften, Null sein müssen. An und für sich werden daher die lotrecht gerichteten Schubkräfte τ_{zy} im Flansch keine bedeutende Rolle mehr spielen. Dafür aber dürften die parallel zu den Flanschflächen gerichteten Schubspannungen τ_{zx} größere Werte erreichen. Wegen des paarweisen Auftretens der Schubspannungen sind sie auch von Schubbeanspruchungen in der Richtung z begleitet, die in lotrechten, parallel zur Stabachse gerichteten Flächen wirken. Diese Schubspannungen suchen die beiden Flanschteile vom Steg abzutrennen. Der Steg, der zunächst die Durchbiegung des Trägers unter lotrechten Lasten bestimmt, zwingt die Flanschen, diese Durchbiegung mitzumachen und ihn zu entlasten; in den Trennungsfugen t zwischen Flansch und Steg, Abb. 210, treten somit bedeutende Schubkräfte auf. Ihre Berechnung könnte aus einem Vergleich der Formänderungen der Einzelteile des Trägers mit den Formänderungen des ganzen Trägers wenigstens annäherungsweise erfolgen.

Nichtsdestoweniger genügt die Rechnung mit einem Mittelwert von τ_{zy}, wie wir sie oben durchgeführt haben, für unsere Zwecke vollständig, denn bei praktischen Rechnungen handelt es sich entweder um die größten Schubspannungen in den dünnen Stegen gebogener Träger, und da ist leicht einzusehen, daß sich die Schubspannung von einem Rande zum anderen kaum nennenswert ändern kann, oder es handelt sich um die Aufnahme der Schubkräfte durch Nieten, und da ist es erst recht gleichgültig, wie die Schubkräfte der Quere nach, rechts und links von der y-Achse verteilt sind, da die Nieten die Gesamtkraft aufzunehmen haben und die örtliche Verteilung der Spannungen in solchen Trennungsebenen überhaupt nicht festgestellt werden kann.

Es sei auch nochmals darauf aufmerksam gemacht, daß die oben abgeleitete Formel (19) nur Geltung für Querschnittsformen mit einer Symmetrieachse besitzt, und wenn die Ebene der äußeren Kräfte durch diese Symmetrieachse geht. Ist dies nicht der Fall, so findet eine ganz andere Verteilung der Schubspannungen statt.

$$\int\limits_F \frac{\partial \tau_{zx}}{\partial x}\, dF$$

ist nicht mehr Null. Im Gegenteil, in den senkrecht zur Kraftebene gerichteten Querschnittsteilen, wie z. B. in den Flanschen eines stegrecht belasteten]-Eisens, spielen die Spannungen τ_{zx} die Hauptrolle. Bei solchen]-förmigen Querschnitten verursachen die Schubspannungen eine Verdrehung des Trägers, auch wenn die Kraftebene stegrecht durch die Schwerachse geht. Auf diesen Umstand haben *Bach* und *Sonntag* zuerst hingewiesen. Die Tragfähigkeit derartiger Träger ist stark herabgesetzt. Wir gehen auf die Spannungsverteilung in solchen Trägern nicht näher ein, da sie im Brückenbau als gebogene Elemente keine sonderliche Rolle spielen und in den seltenen Fällen, wo sie zur Benützung gelangen, das seitliche Ausbiegen der Gurte durch entsprechende Aussteifungen hintangehalten werden kann. Im übrigen sei auf die unten angegebene Literatur verwiesen[1]).

Wir wollen noch den Verlauf der Hauptspannungen im Längenschnitt durch die Kräfteebene, die eine Querschnittssymmetrieebene sei, betrachten, um Anhaltspunkte für die Materialanstrengung zu finden. Jeder Punkt der Symmetrieebene erfährt eine Längsspannung σ_z und eine Schubspannung τ, während die zweite Schubspannung der Symmetrieverhältnisse wegen Null ist. Wir haben hier einen ebenen Spannungszustand vor uns. Nach den Gl. (2), S. 244, sind die beiden Hauptspannungen in einem beliebigen Punkte m, Abb. 211, gegeben durch

$$\sigma_1 = \frac{\sigma_z}{2} + \frac{1}{2}\sqrt{\sigma_z^2 + 4\tau^2} \qquad \text{und} \qquad \sigma_2 = \frac{\sigma_z}{2} - \frac{1}{2}\sqrt{\sigma_z^2 + 4\tau^2}\,.$$

Die eine Hauptspannung ist stets Zug, die andere Druck. Die Richtungen dieser beiden Hauptspannungen stehen senkrecht aufeinander und schließen mit der zur Stabachse senkrechten Querschnittsebene den durch die Gleichung

$$\operatorname{tg} 2\varphi = -\frac{2\tau_{zy}}{\sigma_z} \quad {}^{2})$$

festgelegten Winkel φ ein. In den oberen und unteren Randfasern ist wegen der Randbedingungen $\tau = 0$, daher $\operatorname{tg} 2\varphi = 0$, welcher Bedingung die Werte $\varphi_1 = 0$ und $\varphi_2 = \frac{\pi}{2}$

[1]) Bach, C.: Elastizität und Festigkeit, 6. Aufl., Berlin 1911. — Sonntag, R.: Biegung, Schub und Scheerung. Berlin 1909. — Wansleben, F.: Über die Biegungsfestigkeit von]-Eisen. Eisenbau 1920, S. 143. — Eggenschwyler, A.: Über die Drehungsbeanspruchung von dünnwandigen symmetrischen U-förmigen Profilen. Eisenbau 1921, S. 207.

[2]) Siehe die in Fußnote [1]) auf S. 264 angegebene Quelle.

entsprechen. Die eine Hauptspannung verschwindet, die zweite hat genau die Richtung der Randfasern, in diesen herrscht linearer Spannungszustand. In der neutralen Achse ist $\sigma_z = 0$, $\operatorname{tg} 2\varphi = \infty$, sonach ist $\varphi_1 = +\frac{\pi}{4}$, $\varphi_2 = -\frac{\pi}{4}$. Die Hauptspannungslinien schneiden die Stabachse unter 45^0. In Abb. 211 ist der Verlauf der Hauptspannungslinien für einen Balken mit Kragarm (bei positiv und negativ drehenden Momenten) dargestellt. Die Linien des größten Zuges sind gestrichelt, die des größten Druckes voll dargestellt. Die größten Schubspannungen treten, wie wir schon oben bemerkt haben,

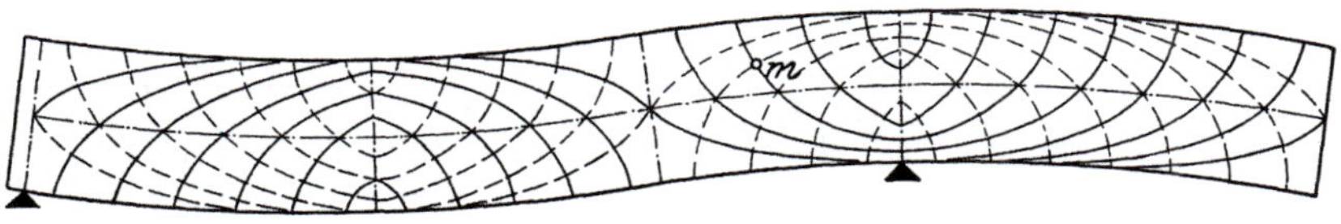

Abb. 211.

in der Schwerpunktsachse (neutrale Faser) auf. Für Stäbe, für die die oben dargestellte Biegungstheorie praktisch ausreichende Annäherungswerte der Spannungen liefert, d. i. für Stäbe, deren Schlankheitsverhältnis etwa $\frac{h}{l} \gtreqless \frac{1}{3}$ ist, erreichen in der Regel die Hauptspannungen σ_1 und σ_2 in den Randfasern ihre absolut größten Werte.

Für die Materialanstrengung sind die reduzierten Spannungen maßgebend. In den Randfasern, wo $\tau = 0$, sind sie gleich den Normalspannungen σ_1 bzw. σ_2. Es muß also dort sein:

$$\begin{matrix}\sigma_1 \\ \sigma_2\end{matrix} \leqq \sigma_{\text{zul}}\,.$$

In der neutralen Faser, wo $\sigma_z = 0$, die Schubspannung τ aber einen Größtwert erreicht, ist die reduzierte Spannung nach Gl. (3) S. 244

$$\sigma_{\text{red}} = 0{,}65 \cdot 2\,\tau_{\max} = 1{,}30\,\tau_{\max}\,.$$

Somit muß

$$1{,}30\,\tau_{\max} \leqq \sigma_{\text{zul}}$$

sein oder wenn man von Haus aus, wie dies üblich ist, eine zulässige Schubbeanspruchung

$$\tau_{\text{zul}} = \frac{\sigma_{\text{zul}}}{1{,}30} \sim 0{,}8\,\sigma_{\text{zul}}$$

festgesetzt hat, muß

$$\tau_{\max} \leqq \tau_{\text{zul}}$$

sein. Es genügt also bei gebogenen Stäben, wenn das Verhältnis von Höhe zur Stützweite gleich oder größer als etwa $^1/_3$ ist, die Materialanstrengung in den Randelementen hinsichtlich der Normalspannung und in der neutralen Achse hinsichtlich der Schubspannungen nachzuweisen.

Kernpunkte. Wie aus den vorangehenden Darlegungen hervorgeht, nehmen die Längsspannungen σ_z am Rande größte Werte an. Setzt man, um die weitere Darstellung zu vereinfachen, $M_x = 0$, so wird mit den Randfaserabständen y_1 und y_2

$$\sigma_1 = \frac{N}{F} + \frac{M_y\, y_1}{J_x}, \qquad \sigma_2 = \frac{N}{F} - \frac{M_y\, y_2}{J_x}.$$

$$\frac{J_x}{y_1} = W_1 \qquad \text{und} \qquad \frac{J_x}{y_2} = W_2$$

heißen die Widerstandsmomenie für die Achse x. Sei R die Resultierende der äußeren Kräfte im Querschnitt z, und N ihre parallel zu z gerichtete Komponente, so gilt, Abb. 212

$$M_x = N\,a$$

und daher

$$\sigma_1 = \frac{N}{W_1}\left(\frac{W_1}{F} + a\right), \qquad \sigma_2 = \frac{N}{W_2}\left(\frac{W_2}{F} - a\right).$$

$$k_2 = \frac{W_1}{F} \quad \text{und} \quad k_1 = \frac{W_2}{F}$$

heißen die Kernweiten, 1 und 2 die Kernpunkte; Abb. 213. Somit wird

$$\sigma_1 = \frac{N(a+k_2)}{W_1} = \frac{M_2}{W_1}$$

und

$$\sigma_2 = -\frac{N(a-k_1)}{W_2} = -\frac{M_1}{W_2}. \quad . \quad . \quad (20)$$

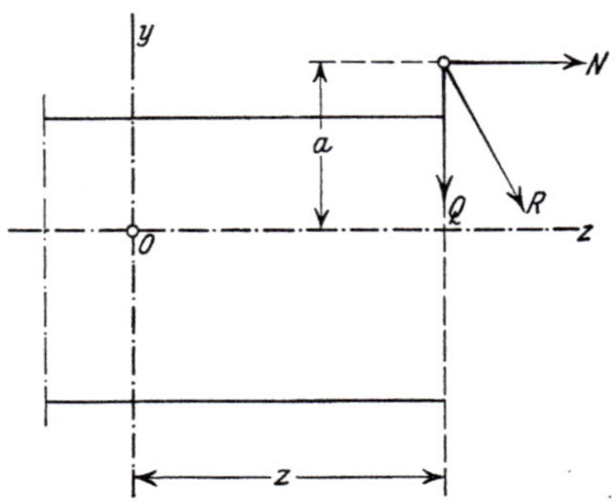

Abb. 212.

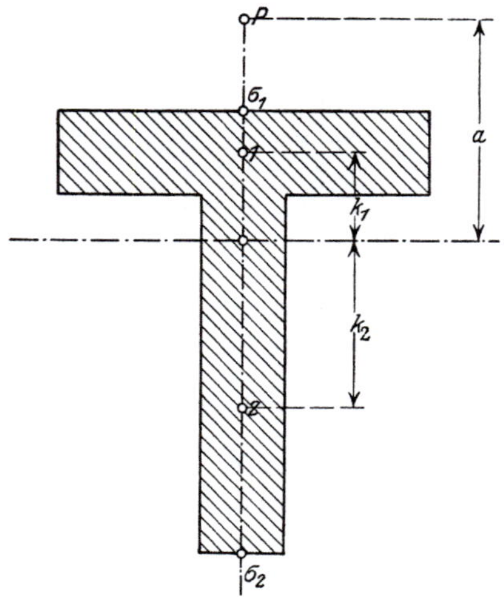

Abb. 213.

Man findet die Randspannungen σ_1 und σ_2, indem man die auf die Kernpunkte 2 und 1 bezogenen Momente der äußeren Kräfte durch die Widerstandsmomente W_1 und W_2 dividiert. Man beachte hierbei, daß zwecks Berechnung der oberen Randspannung das Moment M_1 auf den unteren Kernpunkt zu beziehen ist und umgekehrt. Liegt der Angriffspunkt P innerhalb des Kerns, so wird auch σ_2 positiv. Die Beanspruchung ist dann in allen Punkten des Querschnittes gleichsinnig. Liegt er außerhalb des Kerns, dann ist eine Randspannung Zug, die andere Druck.

Die Kernpunkte der aufeinanderfolgenden Querschnitte bilden im Längenschnitt des Stabes zwei Linien, die sogenannten Kernlinien 1 — 1 und 2 — 2. Bringt man in diesem Längenschnitt auch die Stützlinie zur Darstellung, so erhält man ein anschauliches Bild vom Verlauf der beiden Kernmomente und damit auch von der Größe der Randspannungen. Abb. 214.

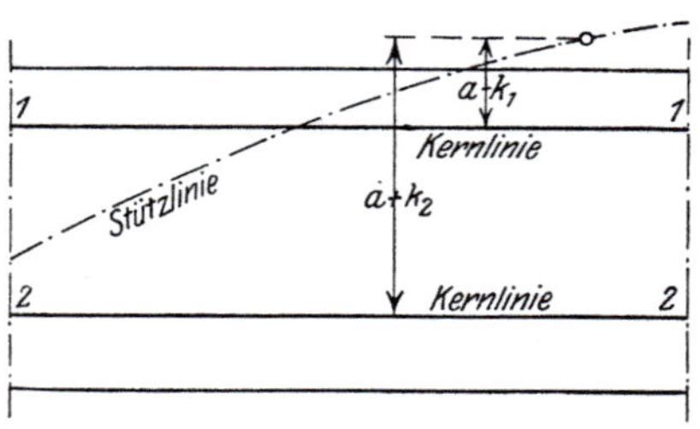

Abb. 214.

Die hier in knappen Zügen dargelegte Theorie der Biegung gerader Stäbe gilt genau genommen nur für Stäbe unveränderlichen Querschnittes, also für prismatische Stäbe, doch genügt sie innerhalb der von der Praxis verlangten Grenzen der Genauigkeit auch für Stäbe mit nicht zu stark veränderlichem Querschnitt, auch wenn diese Veränderung, wie das im Brückenbau häufig der Fall ist, stufenweise erfolgt. Sie kann auch mit genügender Annäherung auf gekrümmte Stäbe Anwendung finden, wenn der Krümmungshalbmesser solcher Stäbe groß ist gegen die Querschnittsabmessungen in der Kraftebene, wie z. B. bei Bogenträgern. Keine Anwendung darf sie aber finden, wenn die Querschnittsabmessungen gegenüber der Stablänge so klein sind, daß die Verschiebungen auf die Größe der Angriffsmomente der äußeren Kräfte Einfluß gewinnen. Siehe **59**.

59. Biegung schlanker Stäbe.

Die Baustatik geht in der Regel von der Annahme aus, daß die Formänderungen gegenüber den Abmessungen des Tragsystems so gering sind, daß sie bei der Aufstellung der Gleichgewichtsbedingungen vernachlässigt werden dürfen. Nun gibt es aber eine Reihe von Tragsystemen, wo dies nicht gestattet ist; solche Träger habe ich als nachgiebige Systeme bezeichnet[1]). Wir werden hier den einfachsten Fall, den unter der Wirkung einer Normalkraft stehenden und irgendwie querbelasteten schlanken Stab betrachten. Weitere nachgiebige Systeme werden uns in **70** und **86** begegnen.

Der Stab AB, Abb. 215, sei z. B. durch quer zur Stabachse wirkende Lasten P_1, P_2, ..., durch die Einspannungsmomente M_A und M_B und durch die Längskraft S belastet. Bezeichnet $\mathfrak{M}_x$ das Balkenmoment im Punkte x, das von den Lasten P und den Momenten M_A und M_B hervorgerufen wird, y die Durchbiegung in diesem Punkte, so ist das Angriffsmoment in x

$$M_x = \mathfrak{M}_x + Sy \quad . \quad . \; (21)$$

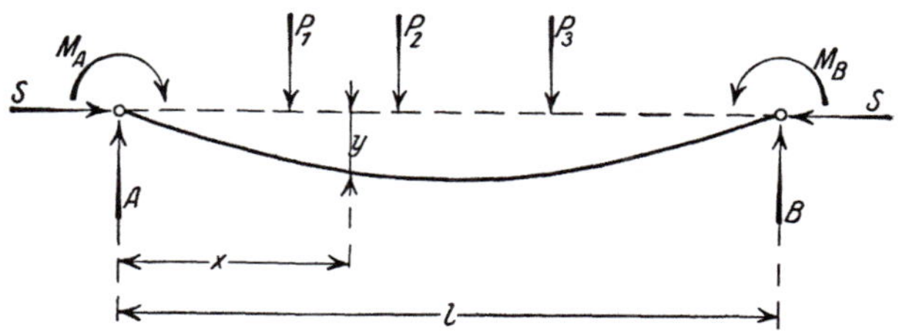

Abb. 215.

Sind S und y klein, so ist das Produkt Sy klein gegen $\mathfrak{M}_x$ und darf, wie dies allgemein üblich ist, vernachlässigt werden. Bei schlanken Stäben kann aber y Werte annehmen, die gegenüber den Querschnittsabmessungen nicht mehr unberücksichtigt bleiben dürfen. Ist außerdem die Längskraft S groß genug, so kann das Produkt Sy Werte erreichen, die in gleicher Größenordnung mit $\mathfrak{M}_x$ stehen. Ein wichtiges Kennzeichen derartiger Stäbe ist, daß die Proportionalität zwischen Belastung und Formänderung nicht mehr besteht.

Die Theorie derartiger Stäbe kann ihren Ausgang von der Gleichung der elastischen Linie, Gl. (18), nehmen, mit deren Hilfe die Ausbiegungen y bestimmt werden können. Wir setzen voraus, daß die Kraftebene durch eine Querschnittshauptachse gehe; ist dies nicht der Fall, so zerlege man die äußeren quergerichteten Kräfte in je zwei Komponenten, die in Ebenen liegen, welche durch die beiden Querschnittshauptachsen gehen, und führe so diesen Fall auf den hier behandelten zurück. Mit Gl. (21) lautet die Differentialgleichung der elastischen Linie

$$EJ\frac{d^2y}{dx^2} \mp Sy + \mathfrak{M}_x = 0,$$

wobei für Zugkräfte S das $-$-Zeichen, für Druckkräfte S das $+$-Zeichen gilt. Führt man $\mathfrak{M}_x$ als Funktion von x ein, so macht die Integration dieser Differentialgleichung im Einzelfalle keine Schwierigkeiten. Da wir es im Brückenbau nur mit einer sehr beschränkten Anzahl von Belastungsmöglichkeiten derartiger schlanker Stäbe zu tun haben[2]), so wollen wir, um zu tunlichst einfachen Rechnungsregeln zu gelangen, zunächst einen scheinbaren Umweg einschlagen, indem wir die einfachen rationalen Ausdrücke von $\mathfrak{M}_x$ durch trigonometrische Funktionen von x ersetzen und erst dann an die Lösung der Differentialgleichung schreiten. Wie wir sehen werden, gelangen wir gerade auf diesem längeren Wege zu sehr einfachen Gesetzmäßigkeiten.

---

[1]) Bleich, F.: Theorie der nachgiebigen Tragsysteme. Eisenbau 1916, S. 147.

[2]) Schlanke Stäbe kommen in der Regel nur in den Wind- und Querverbänden großer Brücken vor. Die nachstehend behandelten Belastungsfälle sind in Hinblick auf diese Bauteile ausgesucht.

α. **Der Stab sei durch die Längskräfte S und durch eine in Stabmitte gelegene quergerichtete Last P belastet. Abb. 216.**

Es ist

$$\text{von } x=0 \text{ bis } \frac{l}{2} \;.\;.\;.\;.\;.\; \mathfrak{M}_x = \frac{P}{2}\,x;$$

$$\text{von } x=\frac{l}{2} \text{ bis } l \;.\;.\;.\;.\;.\; \mathfrak{M}_x = \frac{P}{2}(l-x).$$

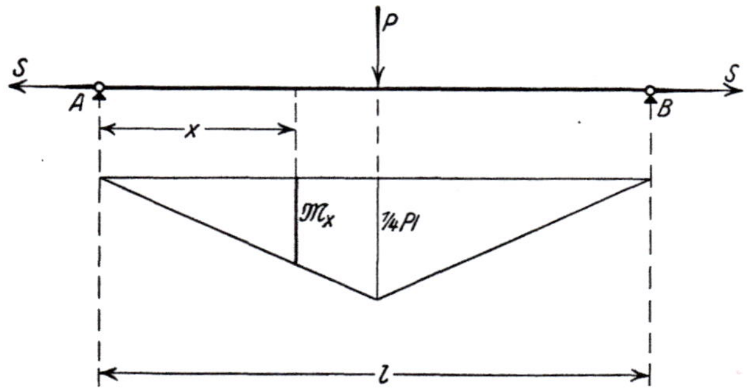

Abb. 216.

Wir setzen nun

$$\mathfrak{M}_x = \sum_{k=1}^{\infty} A_k \sin\frac{k\pi x}{l},$$

wobei der Beiwert A_k durch das bestimmte Integral

$$A_k = \frac{2}{l}\int_0^l \mathfrak{M}_x \sin\frac{k\pi x}{l}\,dx$$

gegeben ist. Man erhält demnach, wenn man $\mathfrak{M}_x$ einführt,

$$A_k = \frac{P}{l}\left[\int_0^{\frac{l}{2}} x\sin\frac{k\pi x}{l}\,dx + \int_{\frac{l}{2}}^{l}(l-x)\sin\frac{k\pi x}{l}\,dx\right] = \frac{2Pl}{k^2\pi^2}\sin\frac{k\pi}{2}. \quad (k=1,2\,.\,.\,.)$$

Somit

$$\mathfrak{M}_x = \frac{2Pl}{\pi^2}\sum_{k=1}^{\infty}\frac{1}{k^2}\sin\frac{k\pi}{2}\cdot\sin\frac{k\pi x}{l}.$$

Die Differentialgleichung für y lautet daher

$$EJ\frac{d^2y}{dx^2} \mp Sy + \frac{2Pl}{\pi^2}\sum_{k=1}^{\infty}\frac{1}{k^2}\sin\frac{k\pi}{2}\cdot\sin\frac{k\pi x}{l} = 0.$$

Wir setzen als k-te Teillösung

$$y_k = C_k \sin\frac{k\pi x}{l}$$

und gewinnen nach Einführung in die Differentialgleichung, indem wir von der Summe bloß das *k-te* Glied berücksichtigen, die andern Glieder aber zunächst Null setzen, nach Kürzung mit $\sin\frac{k\pi x}{l}$ eine Beziehung für C_k, nämlich

$$C_k = \frac{2Pl}{k^2\pi^2}\sin\frac{k\pi}{2}\,\frac{1}{\frac{k^2\pi^2 EJ}{l^2}\pm S}.$$

$\frac{\pi^2 EJ}{l^2}$ ist aber nichts anderes als die Knicklast nach Euler für den Stab von der Länge l und dem Biegungswiderstand EJ; wir bezeichnen diese Last mit S_E und finden so[1])

$$C_k = \frac{2Pl}{k^2\pi^2}\sin\frac{k\pi}{2}\cdot\frac{1}{k^2 S_E \pm S}.$$

[1]) Es ist hierbei gleichgültig, ob S Zug oder Druck bedeutet. S_E ist hier nur eine Rechnungsgröße, sie darf nicht mit der natürlichen Knicklast verwechselt werden.

Die vollständige Lösung der Gl. (22) lautet daher

$$y = \sum_{k=1}^{\infty} C_k \sin\frac{k\pi x}{l} = \frac{2Pl}{\pi^2} \sum_{k=1}^{\infty} \frac{\sin\frac{k\pi}{2}}{k^2} \frac{1}{k^2 S_E \pm S} \sin\frac{k\pi x}{l},$$

sonach

$$M_x = \mathfrak{M}_x \mp S y = \mathfrak{M}_x \mp \frac{2Pl}{\pi^2}\left[\frac{S}{S_E \pm S}\sin\frac{\pi x}{l} - \frac{1}{9}\frac{S}{9S_E \pm S}\sin\frac{3\pi x}{l} + \ldots\right] \quad (22)$$

Da die Reihe sehr rasch konvergiert, so genügt die Berücksichtigung des ersten Gliedes in der Klammer und man erhält die einfache Formel

$$M_x = \mathfrak{M}_x \mp \frac{2Pl}{\pi^2}\frac{S}{S_E \pm S}\sin\frac{\pi x}{l}; \quad (22a)$$

das obere Zeichen gilt, wenn S Zug, das untere, wenn S Druck ist. Bei Zugstäben findet eine Verringerung, bei Druckstäben eine Vergrößerung des Momentes $\mathfrak{M}_x$ durch die Mitwirkung der Längskraft statt. Bei Druckstäben wird für $S = S_E$, $M_x = \infty$, der Stab knickt vorher schon aus.

β. Der Stab sei durch die Längskräfte S und durch eine gleichförmig verteilte Last p belastet. Abb. 217.

Mit

$$\mathfrak{M}_x = \frac{p}{2} x (l - x)$$

findet man jetzt die Koeffizienten der Sinusreihe zu

$$A_k = \frac{p}{l}\int_0^l x(l-x)\sin\frac{k\pi x}{l}\,dx = \frac{2pl^2}{k^3\pi^3}(1 - \cos k\pi)$$

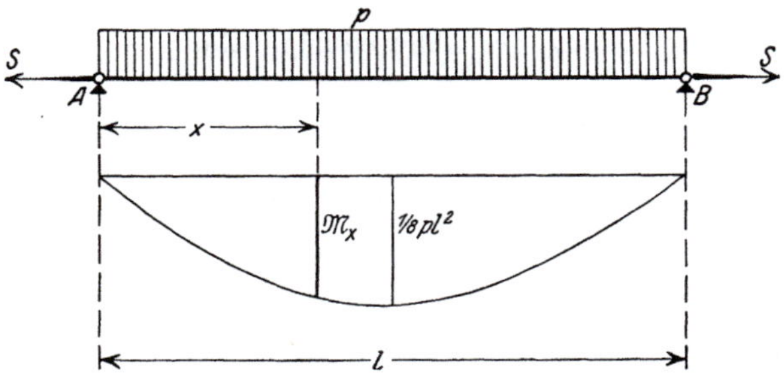

Abb. 217.

und daher

$$\mathfrak{M}_x = \frac{2pl^2}{\pi^3}\sum_{k=1}^{\infty}\frac{1}{k^3}\cdot(1 - \cos k\pi)\sin\frac{k\pi x}{l}.$$

Diese Gleichung für $\mathfrak{M}_x$ unterscheidet sich von der unter α. erhaltenen nur durch die anderen Beiwerte der einzelnen Glieder $\sin\frac{k\pi x}{l}$, die Integration der Differentialgleichung kann daher auch hier mittels der Teillösung $y_k = C_k \sin\frac{k\pi x}{l}$ erfolgen und liefert

$$y_k = \frac{2pl^2}{\pi^3}\sum_{k=1}^{\infty}\frac{1}{k^3}(1 - \cos k\pi)\frac{1}{k^2 S_E \pm S}\sin\frac{k\pi x}{l}.$$

Somit wird

$$M_x = \mathfrak{M}_x \mp \frac{4pl^2}{\pi^3}\left[\frac{S}{S_E \pm S}\sin\frac{\pi x}{l} + \frac{1}{27}\frac{S}{9S_E \pm S}\sin\frac{3\pi x}{l} + \ldots\right] \quad (23)$$

Auch diese Reihe konvergiert sehr rasch, so daß für die üblichen Zwecke die Berücksichtigung des ersten Gliedes ausreicht; man gewinnt mithin für den praktischen Gebrauch die Formel

$$M_x = \mathfrak{M}_x \mp \frac{4pl^2}{\pi^3}\frac{S}{S_E \pm S}\sin\frac{\pi x}{l}. \quad (23a)$$

Das obere Zeichen gilt für Zugstäbe, das untere für Druckstäbe.

γ. Der Stab sei außer durch die Längskraft S noch durch die beiderseits gleichen Endmomente M_0 belastet. Abb. 218.

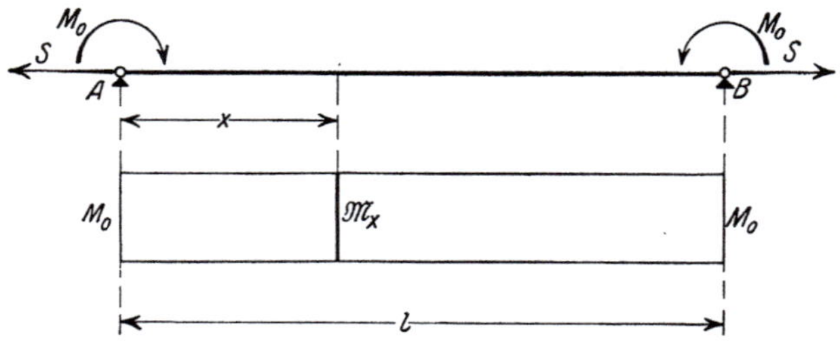

Abb. 218.

Für $\mathfrak{M}_x$ gilt jetzt

$$\mathfrak{M}_x = M_0$$

und mit dem Ansatz

$$\mathfrak{M}_x = \sum_{k=1}^{\infty} A_k \sin \frac{k \pi x}{l},$$

wobei

$$A_k = \frac{2}{l} \int_0^l M_0 \sin \frac{k \pi x}{l} \, dx,$$

findet man zunächst

$$A_k = \frac{2}{l} \cdot M_0 \int_0^l \sin \frac{k \pi x}{l} \, dx = \frac{2 M_0}{k \pi} (1 - \cos k \pi).$$

Schließlich erhält man

$$\mathfrak{M}_x = \frac{2 M_0}{\pi} \sum_{k=1}^{\infty} \frac{1}{k} (1 - \cos k \pi) \sin \frac{k \pi x}{l}.$$

Die Lösung der Differentialgleichung kann in der gleichen Weise wie vor mit dem Ansatz

$$y_k = C_k \sin \frac{k \pi x}{l}$$

erfolgen und liefert für y die Gleichung

$$y = \frac{2 M_0}{\pi} \sum_{k=1}^{\infty} \frac{1}{k} (1 - \cos k \pi) \frac{1}{k^2 S_E \pm S} \sin \frac{k \pi x}{l},$$

woraus unmittelbar

$$M_x = M_0 \mp \frac{4 M_0}{\pi} \left[\frac{S}{S_E \pm S} \sin \frac{\pi x}{l} + \frac{1}{3} \frac{S}{9 S_E \pm S} \sin \frac{3 \pi x}{l} + \cdots \right] \quad . \; . \; . \quad (24)$$

und unter Vernachlässigung der Glieder mit $k > 1$

$$M_x = M_0 \left(1 \mp \frac{4}{\pi} \frac{S}{S_E \pm S} \sin \frac{\pi x}{l} \right) \quad . \; . \; . \; . \; . \; . \; . \; . \; . \quad (24\text{a})$$

entsteht. Das obere Zeichen gilt für Zugstäbe, das untere für Druckstäbe.

Im allgemeinen tritt bei Zugstäben eine Verringerung, bei Druckstäben eine Vermehrung der Momente $\mathfrak{M}_x$ durch die Wirkung der Längskräfte S ein. Bei gleichzeitiger Wirkung der unter β) und γ) betrachteten Belastungen können die Wirkungen der einzelnen Belastungen einfach addiert werden, das Superpositionsgesetz ist bei unveränderlichem S noch gültig.

Die unter Benutzung des ersten Klammergliedes abgeleiteten Näherungslösungen (22a), (23a) und (24a) besagen, daß die elastische Linie in den drei betrachteten Fällen genügend genau als einfache Sinuslinien angesehen werden können. Die Abweichungen zwischen den richtigen und den genäherten Werten für die Momente in Stabmitte betragen bei Druckstäben, wo S_E ein Mehrfaches von S beträgt, durchwegs weniger als $1\,^0/_0$; bei Zugstäben kann, wenn die Stäbe sehr geringe Biegungssteifigkeit besitzen, S_E kleiner als S werden, in welchem Falle die Abweichung zwischen genauem und genähertem Wert einige Hundertteile betragen kann. Das Moment M_x wird dann etwas zu groß errechnet. Bei Berücksichtigung des zweiten Summengliedes der genauen Formeln geht aber auch in diesen Fällen der Fehler unter $1\,^0/_0$ herunter.

Die Vorschriften der deutschen Reichsbahn verlangen bei einseitig angeschlossenen Stäben die Berücksichtigung des einseitigen Lastangriffes bei der Ermittelung der Materialanstrengung. Die Ergebnisse der vorangehenden Untersuchungen sind in Tafel 30 zusammengestellt.

Tafel 30.
Biegungsformeln für schlanke Stäbe.

Belastungsweise	Durchbiegung y	Biegungsmoment M_x im Querschnitt x
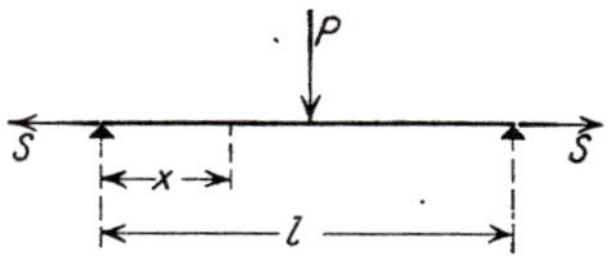	$y = \frac{2\,Pl}{\pi^2}\,\frac{\sin\frac{\pi x}{l}}{S_E \pm S}$	$M_x = \mathfrak{M}_x \mp \frac{2\,Pl}{\pi^2}\,\frac{S}{S_E \pm S}\sin\frac{\pi x}{l}$
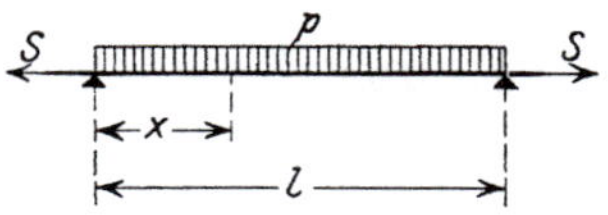	$y = \frac{4\,pl^2}{\pi^3}\,\frac{\sin\frac{\pi x}{l}}{S_E \pm S}$	$M_x = \mathfrak{M}_x \mp \frac{4\,pl^2}{\pi^3}\,\frac{S}{S_E \pm S}\sin\frac{\pi x}{l}$
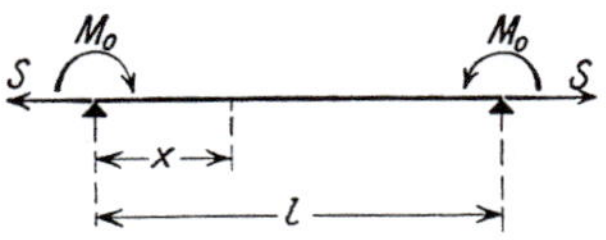	$y = \frac{4\,M_0}{\pi}\,\frac{\sin\frac{\pi x}{l}}{S_E \pm S}$	$M_x = M_0\left(1 \mp \frac{4}{\pi}\,\frac{S}{S_E \pm S}\sin\frac{\pi x}{l}\right)$

$$S_E = \frac{\pi^2 E J}{l^2};$$

$\mathfrak{M}_x$ ist das der betreffenden Belastungsweise entsprechende Balkenmoment im Querschnitt x; das obere Vorzeichen gilt, wenn S Zug ist, das untere, wenn S Druck ist.

1. Beispiel. Ein Windverbandstab von 8 m Länge aus 2]-Eisen N P 14 mit 1 cm Stegabstand bestehend (Abb. 219) ist bei rd. dreifacher Knicksicherheit mit 3,65 t belastet, das Gewicht des Stabes beträgt für den lfd. m 35 kg; wie groß sind die durch Druck und Eigengewicht hervorgerufenen Randspannungen in Stabmitte? Die Rechnung werde ohne Berücksichtigung der Nietabzüge durchgeführt.

Es ist $F = 2 \cdot 20{,}4 = 40{,}8$ cm², $J_x = 332$ cm⁴, $W_x = 51{,}1$ cm³.

Somit

$$S_E = \frac{\pi^2 \cdot 2150 \cdot 332}{640\,000} = 11{,}01 \text{ t}$$

Abb. 219.

und das Größtmoment in Stabmitte nach Gl. (23a)

$$M_{l/2} = \frac{1}{8}gl^2 + \frac{4\,gl^2}{\pi^3}\,\frac{S}{S_E - S} = {}^1/_8 \cdot 0{,}000\,35 \cdot 800^2 + \frac{4 \cdot 0{,}000\,35 \cdot 800^2}{\pi^3} \cdot \frac{3{,}65}{11{,}01 - 3{,}65} =$$
$$= 28{,}00 + 14{,}33 = 42{,}33 \text{ cmt},$$

sonach die Randspannung

$$\sigma_{max} = -\frac{3{,}65}{40{,}8} - \frac{42{,}33}{51{,}1} = -0{,}089 - 0{,}829 = \mathbf{-0{,}918\ t/cm^2}.$$

Die Randspannungen bleiben sonach noch unter den üblichen zulässigen Beanspruchungen. Um zu einem Urteil zu gelangen, wie weit die Knicksicherheit des Stabes durch die biegende Wirkung des Eigengewichtes beeinflußt wird, benützen wir Formel (23a), um daraus jenes S zu berechnen, bei dem die Randspannung die Streckgrenze von 2,4 t/cm² erreicht, von der ungünstigsten Annahme ausgehend, daß mit dem Erreichen der Streckgrenze in der Randfaser auch die Tragfähigkeit des Stabes erschöpft sei. Es besteht somit die Beziehung

$$\frac{S}{F} + \frac{\frac{1}{8}gl^2 + \frac{4\,gl^2}{\pi^3}\,\frac{S}{S_E - S}}{W} = 2{,}4 \text{ t/cm}^2,$$

aus der die in S quadratische Gleichung

$$S^2 - \left(S_E + 2{,}4\,F - \frac{1}{8} g l^2 \frac{F}{W} + \frac{4\,g l^2}{\pi^3} \frac{F}{W}\right) S + \left(2{,}4\,F - \frac{1}{8} g l^2 \frac{F}{W}\right) S_E = 0$$

hervorgeht. Nach Einsetzen der Zahlenwerte erhält man

$$S^2 - 108{,}9\,S + 832{,}6 = 0$$

und $\boldsymbol{S = 8{,}25\,t}$; d. h. in Wirklichkeit wird der Stab bereits bei einer Drucklast von 8,25 t starke Ausbiegungen erleiden, die tatsächliche Knicksicherheit ist demnach bloß $\frac{8{,}25}{3{,}65} = 2{,}3$fach, was zunächst als ausreichend betrachtet werden kann. Wir haben dieses Beispiel nur angeführt, um zu zeigen, daß die Randspannungen selbst bei schlanken Stäben, wenn sie bloß vom Eigengewicht herrühren, keine gefährliche Größe erreichen. In der Praxis empfiehlt es sich, derartige Stäbe nach den Regeln von **32a** zu untersuchen. Wir ermitteln noch die Durchbiegung in Stabmitte. Aus dem Moment $S y = 14{,}33$ cmt folgt $y = \frac{14{,}33}{3{,}65} = 3{,}93$ cm, d. i. rd. $l/200$. Die Berechnung nach **32a** bietet größere Sicherheit, da dort der Stabpfeil für die hier in Frage stehende Schlankheit mit $l/87$ angenommen wurde.

2. Beispiel. Der Stab sei der gleiche wie vor, aber mit einer Zugkraft von 40 t belastet. Berücksichtigt man in der Querschnittsfläche den Nietlochabzug für eine Nietreihe (Nietdurchmesser = 2,3 cm), so folgt mit

$$F_{\text{netto}} = 37{,}58\ \text{cm}^2,\quad J \text{ und } W \text{ wie oben ohne Nietabzug,}$$

zunächst

$$M_{l/2} = \frac{1}{8} g l^2 - \frac{4\,g l^2}{\pi^3} \frac{S}{S_E + S} = 5{,}40\ \text{cmt}$$

und die größte Zugbeanspruchung am Rande

$$\sigma_{\max} = \frac{40{,}00}{37{,}58} + \frac{5{,}40}{51{,}1} = 1{,}064 + 0{,}106 = \mathbf{1{,}170\ t/cm^2}.$$

Der Einfluß des Stabgewichtes auf die Materialanstrengung beträgt bei diesem Zugstab etwa 10% der Zugspannung. Hätte man in der üblichen Weise das Biegungsmoment mit $^1/_8\, g l^2 = 28$ cmt berechnet, so hätte man die Zusatzspannung mit $\frac{28}{51{,}1} = 0{,}548$ t/cm², also rd. 5mal so groß gefunden.

3. Beispiel. Ein wagerecht liegender Druckstab, aus zwei Winkeleisen 80·80·10 (Abb. 220) bestehend, ist bei rd. 3facher Knicksicherheit mit 4,90 t belastet. $l = 500$ cm. Wie groß sind die größten Randspannungen in Stabmitte infolge der Wirkung des nicht achsrechten Lastangriffes und infolge des Eigengewichtes? Der Rechnung legen wir folgende Zahlenwerte zugrunde:

Abb. 220.

$$F = 30{,}2\ \text{cm}^2,\qquad J_x = 175\ \text{cm}^4,$$

Widerstandsmomente:

$$W_0 = 74{,}80\ \text{cm}^3,\qquad W_u = 30{,}96\ \text{cm}^3,\qquad \text{Hebelarm der Stabkraft } e = 2{,}84\ \text{cm}.$$

Mit

$$S_E = \frac{\pi^2 \cdot 175 \cdot 2150}{250\,000} = 14{,}86\ \text{t}$$

findet man nach Formel (24a) das Biegungsmoment in Stabmitte, hervorgerufen durch die einseitig angreifende Kraft S

$$M_{l/2} = 4{,}9 \cdot 2{,}84 \left(1 + \frac{4}{\pi} \cdot \frac{4{,}90}{14{,}86 - 4{,}90}\right) = 22{,}63\ \text{cmt}$$

und die Randspannungen

$$\sigma_1{}^0 = -\frac{4{,}90}{30{,}2} - \frac{22{,}63}{74{,}80} = -0{,}162 - 0{,}302 = -0{,}464\ \text{t/cm}^2,$$

$$\sigma_1{}^u = -\frac{4{,}90}{30{,}2} + \frac{22{,}63}{30{,}96} = -0{,}162 + 0{,}731 = +0{,}569\ \text{t/cm}^2.$$

Das Moment in Stabmitte, das das Stabgewicht $g = 25$ kg/m hervorruft, beträgt gemäß Gl. (23a)

$$M_{l/2} = \frac{1}{8}\, 0{,}00025 \cdot 500^2 + \frac{4 \cdot 0{,}00025 \cdot 500^2}{\pi^3} \cdot \frac{4{,}90}{14{,}86 - 4{,}90} = 7{,}81 + 3{,}97 = 11{,}78\ \text{cmt};$$

sonach die Beanspruchung

$$\sigma_2{}^0 = -\frac{11{,}78}{74{,}80} = -0{,}158\ \text{t/cm}^2,$$

$$\sigma_2{}^u = +\frac{11{,}78}{30{,}96} = +0{,}381\ \text{t/cm}^2.$$

Gesamtbeanspruchung daher

$$\sigma^0 = -0{,}464 - 0{,}158 = -0{,}622 \text{ t/cm}^2,$$
$$\sigma^u = +0{,}569 + 0{,}381 = +0{,}950 \text{ t/cm}^2.$$

Im übrigen ist der Stab noch nach den Regeln von Absatz **32** b zu untersuchen.

Kehrt man den Stab um, derart, daß die abstehenden Schenkel nach oben gerichtet sind, so wirkt das Eigengewicht dem Exzentrizitätsmoment entgegen, die Spannungen ermäßigen sich dann bedeutend.

4. **Beispiel.** Wir untersuchen den gleichen Stab wie vor, nur sei der Stab mit $S = 32$ t gezogen. (Der Einfluß des Eigengewichtes werde vernachlässigt.)

Das Biegungsmoment in Stabmitte beträgt jetzt

$$M_{l/2} = 32 \cdot 2{,}84 \left(1 - \frac{4}{\pi} \frac{32}{14{,}86 + 32}\right) = 11{,}9 \text{ cmt}$$

und am Stabende

$$M_0 = 32 \cdot 2{,}84 = 90{,}9 \text{ cmt}.$$

Letzteres ist sonach maßgebend.

Mit dem Nettoquerschnitt (Nietdurchmesser 2,3 cm) $F = 25{,}6$ cm² und den oben benützten Werten für W_0 und W_u erhält man die Randspannungen am Stabende,

$$\sigma_0 = \frac{32}{25{,}6} + \frac{90{,}9}{74{,}80} = 1{,}25 + 1{,}22 = +2{,}47 \text{ t/cm}^2,$$

$$\sigma_u = \frac{32}{25{,}6} - \frac{90{,}9}{30{,}96} = 1{,}25 - 2{,}94 = -1{,}69 \text{ t/cm}^2.$$

Die Anstrengung reicht also stellenweise bis an die Quetschgrenze heran. Der Stab muß verstärkt werden. Mit einer Einspannung an den Stabenden, die M_0 nennenswert vermindern würde, kann nicht gerechnet werden, da die dünnen Anschlußbleche keineswegs die Verdrehung der Stabenden verhindern können.

60. Berechnung biegungssteifer genieteter Träger.

Ein Großteil der im Brückenbau zur Verwendung gelangenden biegungssteifen Tragelemente ist aus einzelnen Teilen zusammengesetzt, man bezeichnet sie als genietete Träger. Sie werden bei der Berechnung der größten Materialanstrengungen als aus einem Stücke bestehend angesehen, so daß die in **58** abgeleiteten Formeln unmittelbare Anwendung finden können. Ihre Berechnung unterscheidet sich nur insofern von der eines aus einem Stücke bestehenden Trägers (Walzträger), daß sowohl die Verschwächung durch die zur Verbindung der einzelnen Teile notwendigen Niete berücksichtigt, als auch Größe und Abstand dieser Verbindungsmittel festgelegt werden müssen. Schließlich muß noch bei Trägern mit veränderlichem Querschnitt die Anpassung der Querschnitte an den Verlauf der Biegungsmomente vorgenommen werden.

Ein aus Stegblech, Winkeln und Deckblechen zusammengesetzter Träger widersteht den auf ihn einwirkenden Biegungsmomenten, Quer- und Längskräften nur dadurch, daß die Vernietung eine Verschiebung der einzelnen Teile des Trägers gegeneinander verhindert. Während beim Walzträger die einer solchen angestrebten Verschiebung entgegenwirkende Kohäsionskraft (Schubwiderstand) über die in Frage kommende Verschiebungsfläche stetig verteilt ist, sind diese Widerstände beim genieteten Träger an einzelnen Stellen (Niete) mehr oder weniger örtlich vereinigt. Dies hat natürlich ein etwas anderes Verhalten des Trägers den angreifenden Kräften gegenüber zur Folge. Genauere Untersuchungen[1]) haben aber gelehrt, daß die unter gewissen Voraussetzungen errechneten Unterschiede keineswegs so groß sind, daß sie zu einem Aufgeben der bisher üblichen Berechnungsmethode, die den Träger als ein homogenes Ganzes betrachtet, Anlaß geben würden.

Die Nietabzüge. Dort, wo die Nietteilung ziemlich weit ist, $t > 5\,d$, genügt es meist, den Bohrverlust bloß in den wagerechten Gurtschenkeln zu berücksichtigen. Fast in allen Fällen erscheint es aber als notwendig, die Verschwächung des

[1]) Dr.-Ing. Johs. Thieme: Die Berechnung zusammengesetzter Trägerquerschnitte unter Berücksichtigung der Formänderungen. Eisenbau 1916, S. 97.

Stegbleches durch Nietlöcher in Rechnung zu ziehen, da Stoßdeckungen, Absteif- und Anschlußwinkel meist eine lotrechte durchgehende Nietreihe erfordern. Hierbei ist auch das zwischen den lotrechten Winkelschenkeln befindliche Nietloch unter allen Umständen mit in Abzug zu bringen, da der Riß im Stegblech in einem andern Querschnitt erscheinen kann, als bei den übrigen Trägerteilen. Im übrigen gelten die gleichen Regeln wie bei den Zugstäben. Siehe S. 254[1]). Die Nietabzüge gestalten sich sonach i. d. R. folgendermaßen: Bei I-förmigen Querschnitten ohne Deckplatten nach Abb. 221a, mit schmalen Deckplatten nach Abb. 221b; hier sind z. B. die Nietlöcher in den wagerechten Schenkeln und im Stegblech abgezogen. Bei breiten Deckplatten, Abb. 221c, mit 4 Nietreihen, kommen ebenfalls nur zwei Nietreihen zum Abzug, da die inneren Nietreihen gegen die äußeren versetzt werden und die Nietentfernungen meist so groß sind, daß schiefe Risse nicht zu erwarten sind. Abb. 221d stellt einen bei Bogenbrücken vorkommenden Querschnitt vor. Vielfach ist es aber üblich, gleichgültig ob engere oder weitere Nietteilung vorliegt, den Bohrverlust in beiden Winkelschenkeln in Rechnung zu stellen.

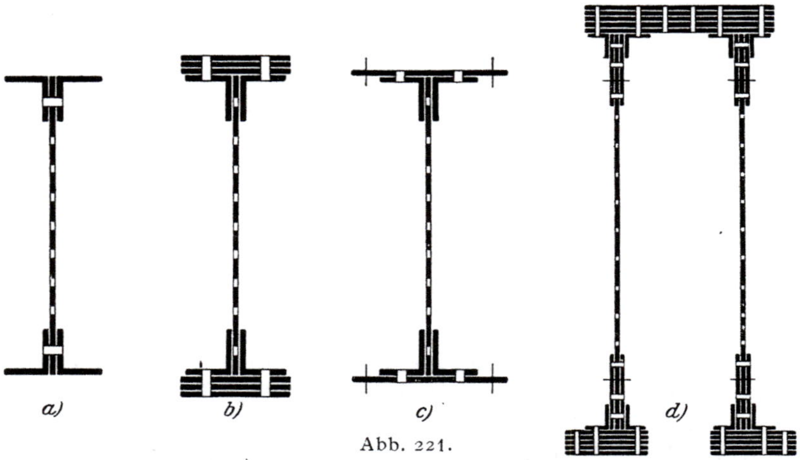

Abb. 221.

Bei der Berechnung der Verminderung des Trägheitsmomentes durch die Nietabzüge kann die Arbeit zweckdienlich dadurch vereinfacht werden, daß das Trägheitsmoment des Nietloches bezogen auf seine eigene Schwerpunktachse vernachlässigt wird. Dies führt insbesonders bei der Berechnung des Einflusses der Bohrungen im Stegblech auf eine erhebliche Vereinfachung. Sei δ die Stegblechstärke, h die Stegblechöhe, d der Nietdurchmesser und stünden insgesamt n Nieten in einer Vertikalreihe, und denken wir uns nach Schwätzer[2]) das geschwächte Blech durch ein gleich hohes volles von der gleichen Nettofläche, also von der geringeren Stärke δ_1 ersetzt, so muß

$$\delta_1 h = \delta (h - n d)$$

und daraus

$$\delta_1 = \left(1 - \frac{n d}{h}\right) \delta .$$

Die Stegblechverschwächung ist demnach

$$\triangle \delta = \delta - \delta_1 = \frac{n d}{h} \delta ,$$

die Verringerung des Trägheitsmomentes durch den Nietabzug daher

$$\triangle J = \frac{1}{12} \triangle \delta h^3 = \frac{1}{12} n d \delta h^2 . \qquad (25)$$

[1]) Es war früher vielfach Gebrauch, den Bohrverlust auf der Druckseite wie bei Druckstäben unberücksichtigt zu lassen. Dieser Vorgang ist nicht zu empfehlen. Auch im Druckgurt soll bei Ermittlung der Biegungsspannungen die Nietlochverschwächung in Rechnung gestellt werden.

[2]) Schwätzer, Dr. S.: Nietberechnung an vollwandigen Blechträgern. Eisenbau 1912, S. 340.

Hier ist nichts anderes geschehen, als daß an Stelle der tatsächlichen Abzugsrechtecke von der Breite δ und Höhe h, solche von der Breite δ_1 und der Höhe der Nietteilung gesetzt wurden. Es erscheint sonach in dieser Näherungsformel nur das Trägheitsmoment des Bohrungsabzuges, bezogen auf seine eigene Schwerachse ungenau bestimmt.

Die Nietentfernung t dürfte selten unter $5\,d$ liegen, sonach ist die Stegblechhöhe bei n Nieten beiläufig $5\,n\,d$ und daher

$$\triangle\delta = \frac{n\,d}{5\,n\,d}\,\delta = 0{,}20\,\delta\,.$$

Die deutsche Reichsbahnverordnung gestattet, diesen Abzug auf 15% der Stegstärke anzusetzen.

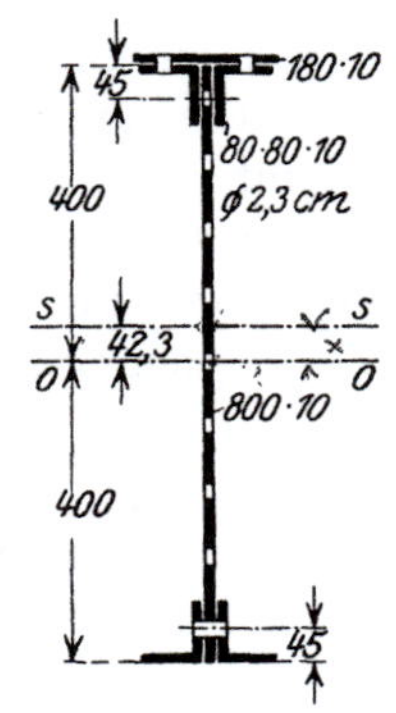

Abb. 222.

Beispiel. Ermittlung des Widerstandsmomentes des in Abb. 222 dargestelllten Trägerquerschnittes.

Querschnittsflächen:

Steg:	$800\cdot10$	$80{,}0\ \text{cm}^2$
Winkel:	4 mal $80\cdot80\cdot10$	$60{,}4$ „
Gurtplatte:	1 mal $180\cdot10$	$18{,}0$ „
		$F_{\text{br}} = 158{,}4\ \text{cm}^2$

Nietabzüge:

Steg:	$9\cdot2{,}3\cdot1$	$20{,}7\ \text{cm}^2$
Oben:	$4\cdot2{,}3\cdot1$	$9{,}2$ „
Unten:	$2\cdot2{,}3\cdot1$	$4{,}6$ „
		$34{,}5$ „
		$F_{\text{n}} = 123{,}9\ \text{cm}^2$

Schwerpunktlage:

$$x = \frac{18{,}0\cdot40{,}5 + 4{,}6\cdot35{,}5 - 9{,}2\cdot40{,}0}{123{,}9} = 4{,}23\ \text{cm}\,.$$

Trägheitsmoment J_0:

Steg:	(aus Tabellen)	$42\,667\ \text{cm}^4$
Winkel:	„ „	$86\,014$ „
Gurtplatte:	„ „	$29\,526$ „
		$158\,207\ \text{cm}^4$

Nietabzug $\triangle J_0$:

Stegblech (nach Formel 25): $\frac{1}{12}\,9\cdot2{,}3\cdot1\cdot80^2$	$11\,040\ \text{cm}^4$
Gurtungen: $2\cdot2\cdot2{,}3\cdot40^2 + 2\cdot2{,}3\cdot35{,}5^2$	$20\,517$ „
	$31\,557\ \text{cm}^4$

Somit

$$J_0^{\text{netto}} = 158\,207 - 31\,557 = 126\,650\ \text{cm}^4,$$

daher

$$J_s = J_0^{\text{netto}} - F_n\,x^2 = 126\,650 - 123{,}9\cdot4{,}23^2 = \mathbf{124\,430\ cm^4}\,,$$

somit

$$W_0 = \frac{124\,430}{36{,}77} = \mathbf{3384\ cm^3} \qquad \text{und} \qquad W_u = \frac{124\,430}{44{,}23} = \mathbf{2813\ cm^3}.$$

Die Materialverteilung. Da die Randspannungen, die für die Materialanstrengung maßgebend sind, durch die Gleichung $\sigma = \frac{M_x}{W}$ bestimmt sind, so wird man bei veränderlichem M_x, und das ist die Regel, das Widerstandsmoment W dem Verlaufe von M_x derart anpassen, daß die Randspannung σ tunlichst an allen Stellen den zulässigen Wert erreicht oder ihm wenigstens nahekommt. Dies kann entweder durch Änderung der Stegblechhöhe oder durch Verschwächen der dem Größtmoment angepaßten Gurtungen, indem man schrittweise eine Gurtplatte nach der andern wegläßt, oder schließlich durch beide Maßnahmen gleichzeitig geschehen. Die Anpassung der Querschnitte an dem Verlauf von M_x geschieht am zweckmäßigsten zeichnerisch. Man trägt zu diesem Behufe die Maximal-Momentenlinie von einer wagerechten Achse ab und ebenso die bei der gegebenen zulässigen Höchstbeanspruchung vom Grundquerschnitt, d. i. Stegblech und Gurtwinkel, dann von dem Querschnitt mit einer Gurtplatte, mit zwei Gurtplatten usw. übernommenen Tragmomente, das sind die Produkte $W\sigma_{\text{zul}}$ [1]). Ist die Stegblechhöhe

[1]) Vielfach ist es üblich, die Produkte $W\sigma_{\max}$, wo $\sigma_{\max}$ die rechnungsmäßige Größtinanspruchnahme am Orte von $M_{\max}$ bedeutet, abzutragen. Man erhält dann etwas größere theoretische Längen der Deckbleche. Bei gut ausgenützten Trägern ist der Unterschied gering.

unveränderlich, dann liegen diese den einzelnen abgestuften Querschnitten entsprechenden Tragmomente auf Parallelen zur wagerechten Achse; ist die Trägerhöhe veränderlich, dann ermittelt man diese Tragmomentenlinie genügend genau in der Weise, daß man die Widerstandsmomente für die kleinste und größte Höhe berechnet und die Linien der Tragmomente als Gerade betrachtet. Bei starker Veränderlichkeit der Steghöhe ist es anzuraten, noch die Tragmomente $W \cdot \sigma_{zul}$ für einen Zwischenpunkt zu berechnen. Durch den Schnittpunkt der Tragmomentenlinie $W \cdot \sigma_{zul}$ mit der Maximalmomentenlinie ist das jeweilige theoretische Ende der betreffenden Gurtplatte festgelegt. Die Gurtplatten selbst sind um die Länge $\triangle l$, die notwendig ist, um ihren Nettoquerschnitt mit der erforderlichen Nietanzahl an den übrigen Querschnitt anzuschließen, länger auszuführen. Nach dieser Regel erhält man reichliche Lamellenlängen. Bestimmt man die Tragmomente mit $W\sigma_{max}$, dann begnügt man sich mit einer Überlänge von 1—2 Nietabständen.

Beispiel. In Abb. 223a ist der Momentenverlauf für die linke Hälfte des Querträgers einer schweren Straßenbrücke (siehe das Beispiel in 77) dargestellt. Wegen der unsymmetrischen Belastung liegt der Scheitel der Momentenlinie links von der Mitte.

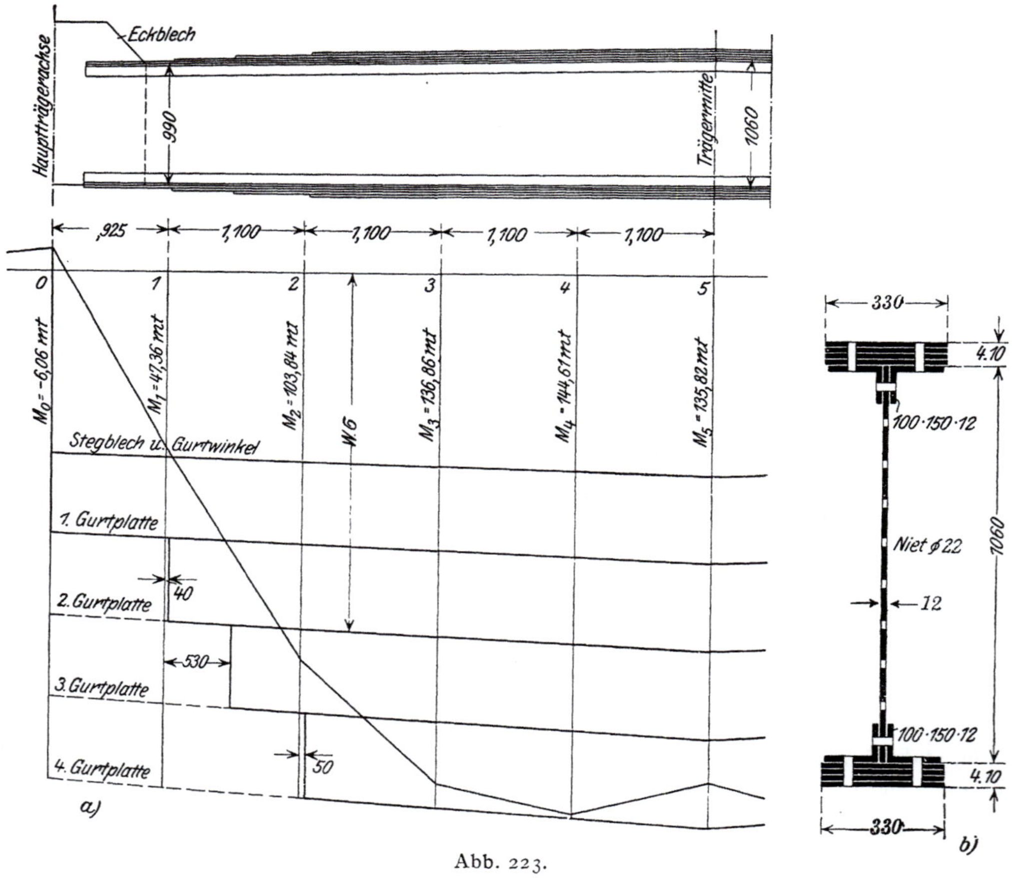

Abb. 223.

Die Momente in den Anschlußpunkten der Fahrbahnlängsträger sind in der Abb. 223a eingetragen. Der Querschnitt in Trägermitte ist in Abb. 223b veranschaulicht. Die Nietabzüge sind hier wegen der engen Nietteilung auch in den lotrechten Winkelschenkeln berücksichtigt. Die Widerstandsmomente wurden wie folgt berechnet:

Am Trägerende, $h = 99$ cm:

Grundquerschnitt		. . . .	6172 cm³
„	und 1 Gurtplatte	. . . .	8869 „
„	„ 2 Gurtplatten	. . .	11586 „
„	„ 3 „	. . .	14312 „
„	„ 4 „	. . .	17048 „

und in Trägermitte, $h = 106$ cm:

Grundquerschnitt		. . . .	6769 cm³
„	und 1 Gurtplatte	. . . .	9676 „
„	„ 2 Gurtplatten	. . .	12589 „
„	„ 3 „	. . .	15511 „
„	„ 4 „	. . .	18442 „

Mit $\sigma_{zul} = 0{,}800$ t/cm² ergeben sich die in der Abb. 223a eingetragenen Tragmomentenlinien. In den Schnittpunkten dieser Linien mit der Linie der Maximalmomente findet man die theoretischen Enden der Gurtplatten; fügt man die zum Anschluß einer Gurtplatte noch notwendige Länge nach Feststellung der genauen Nietteilung in der Entwurfszeichnung hinzu, so gewinnt man die in der Abb. 223a eingetragenen Maße für die Plattenenden.

Berechnung der Stegblechstärke. Abb. 224 zeigt die Verteilung der Schubspannungen τ_{zy} im Stegblech. Nach (Gl. 19) wächst τ mit dem statischen Moment S. Beiläufig in der Höhe des Gurt-Nietrisses macht die Linie der Schubspannungen einen mehr oder weniger plötzlichen Sprung, weil dort S einen bedeutenden Zuwachs durch den mittels der Halsnietreihe angeschlossenen Gurt erfährt. Der Größtwert tritt sonach mit max S, d. i. bei der durch den Schwerpunkt gehenden neutralen Faser ein, die bei den üblichen Blechträgerformen immer zwischen den Gurtungen liegt. Es genügt daher der Nachweis der Schubspannungen im Stegblech in der Höhe der neutralen Faser Nach Formel (19) muß sonach

$$\tau = \frac{QS}{J\delta} \leqq \tau_{zul} \quad . \; . \; . \; . \; (26)$$

sein, wobei S das statische Moment der einen Querschnittshälfte, bezogen auf die Schwerpunktachse, J das Trägheitsmoment der Querschnittsfläche, δ die Stegblechstärke bedeutet. Abb. 225. Für Q ist der in Betracht kommende Größtwert, meist die Auflagerkraft A, einzuführen. Nietabzüge werden nicht berücksichtigt.

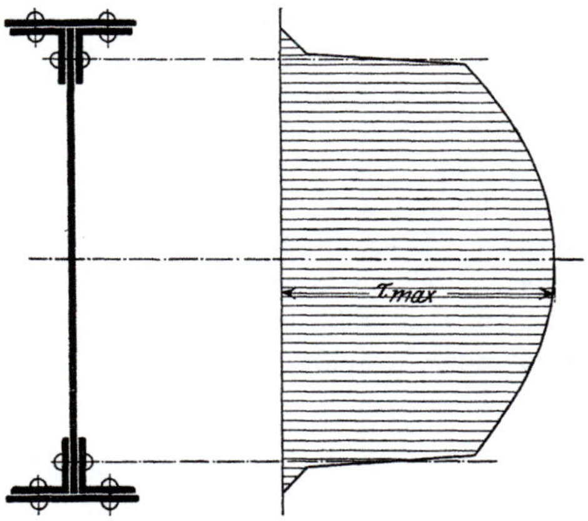

Abb. 224.

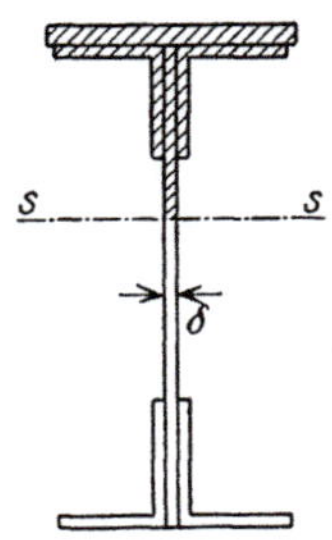

Abb. 225.

Berechnung der Nietteilung in den Gurtungen. Aufgabe der Halsniete, das sind die Niete, die die lotrechten Winkelschenkel und damit den ganzen Gurt mit dem Stegblech verbinden, ist es, die in der Berührungsfläche zwischen Gurtwinkel und Stegblech auftretenden Schubkräfte von dem einen Trägerteil auf den andern zu übertragen. Wir ermitteln nun die Größe des Widerstandes, der auf einen Niet entfällt, wie folgt:

Wenn σ die Spannung in einer Gurtfaser im Abstand y von der Schwerachse des Trägers ist, so gilt mit dem Angriffsmoment M

$$\sigma = \frac{M}{J} y .$$

Die Änderung von σ von einem Niet zum nächsten ist daher

$$\triangle\sigma = \frac{\triangle M}{J} y.$$

Ist die Querkraft Q innerhalb der Nietentfernung t konstant, was mit Rücksicht auf die Kleinheit dieser Strecke immer angenommen werden kann, so ist die Änderung $\triangle M$ des Momentes

$$\triangle M = Q t$$

und daher

$$\triangle\sigma = \frac{Q t}{J} y.$$

Die vom Gurt auf das Stegblech übertragene Gesamtkraft, die also von einem Niet aufgenommen werden muß, ist somit

$$N = \int_F \triangle\sigma\, df = \frac{Q t}{J} \int_F y\, df = \frac{Q S}{J} t, \quad \ldots \ldots \ldots \ldots (27)$$

wobei der Integralbereich die in der Abb. 226 schraffierte Gurtfläche ist. S ist das statische Moment der Gurtfläche, bezogen auf die Schwerpunktachse. Meistens ist die Tragkraft N der Niete durch die Wahl des Nietdurchmessers gegeben und man berechnet aus Gl. (27) die notwendige Entfernung t der Gurtnieten. t steht in verkehrtem Verhältnis zur Querkraft Q. Mit wachsender Querkraft (bei Balkenträgern z. B. gegen Trägerende) nimmt die notwendige Nietentfernung ab. Nach der gleichen Formel berechnet man auch, wenn nötig, die Entfernung der Niete in den wagerechten Winkelschenkeln, mit denen die Gurtplatten angeschlossen sind. Für S ist dann das statische Moment der Gurtplattenfläche, bezogen auf die Schwerpunktachse, zu setzen. Da aber aus baulichen Gründen die Nieten in beiden Winkelschenkeln fast immer gleiche Abstände haben, so erübrigt sich die Berechnung dieser Nietentfernung, da sie wegen des kleineren S immer größer ausfällt als die notwendige Entfernung der Halsniete. Bei kleinen Trägern wählt man die Nietteilung konstant und berechnet demgemäß t mit dem Größtwert von Q (bei Balken z. B. mit der Auflagerkraft A). Bei größeren Trägern vergrößert man die Nietteilung in dem Maße, in dem Q abnimmt. Als praktische Regel wird empfohlen: Bei Balken am Trägerende mit $Q = A$, in Trägermitte mit $Q = \frac{A}{2}$ zu rechnen, d. h. in Trägermitte, wenn baulich noch zulässig, bis auf die doppelte Nietentfernung des Trägerendes zu gehen. Für die Zwischenfelder läßt man die Teilung annähernd linear zwischen diesen beiden Endwerten abnehmen.

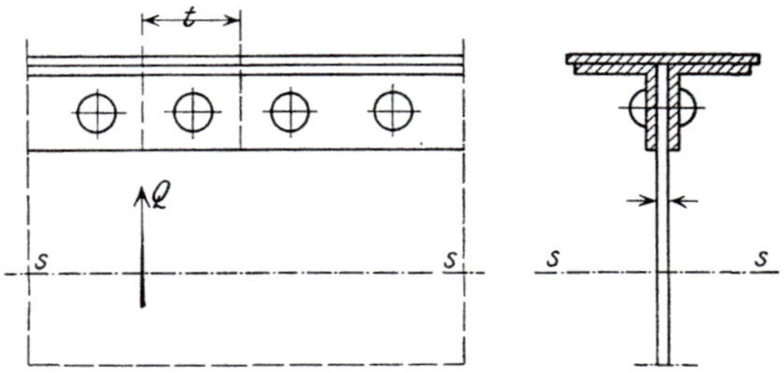

Abb. 226.

Beispiel. Der auf S. 278 behandelte Querträger hat im Querschnitt 1 eine größte Querkraft von max $Q = 57{,}63\ t$ aufzunehmen[1]). Welche Beanspruchung herrscht im Stegblech und wie groß ist die zulässige Nietteilung der Halsniete? Für den Querschnitt in 1 (mit einer Gurtplatte) gilt das Trägheitsmoment des vollen Querschnittes $J = 515\,890\ \text{cm}^4$.[2]) Statisches Moment des Gurtes

$$S_1 = 57{,}12 \cdot 47{,}05 + 33 \cdot 50{,}00 = 4337\ \text{cm}^3.$$

Statisches Moment der halben Querschnittsfläche

$$S_2 = 4337 + 59{,}4 \cdot \frac{49{,}5}{2} = 5807\ \text{cm}^3,$$

[1]) Im Querschnitt o ist der Träger an das Eckblech angeschlossen, es ist daher nicht notwendig, mit der Untersuchung der Schubkräfte bis in den theoretischen Auflagerquerschnitt o (Hauptträgerebene) zu gehen.

[2]) Nach österr. Profilbuch.

somit:

Größte Schubspannung im Stegblech nach Gl. (26)

$$\tau = \frac{57{,}63 \cdot 5807}{515\,890 \cdot 1{,}2} = 0{,}540 \text{ t/cm}^2; \quad (\text{zul. } 0{,}600 \text{ t/cm}^2).$$

Größte zulässige Nietentfernung t nach Gl. (27), falls man die Nietkraft

$$N = 1{,}60\, d\, \delta$$

setzt, wobei 1,60 t/cm² den zulässigen Lochleibungsdruck bedeutet; $d = 2{,}2$ cm.

$$t = \frac{1{,}6 \cdot 2{,}2 \cdot 1{,}2 \cdot 515\,890}{57{,}63 \cdot 4337} = \mathbf{8{,}73} \text{ cm} \quad (\text{ausgeführt } 8{,}3 \text{ cm}).$$

Über das Ausbeulen der Stegbleche. Die Erfahrung lehrt, daß auch die dünnen Stege gebogener Träger, ähnlich wie die Wandungen gedrückter Stäbe, unter Umständen ausbeulen können, daß also auch bei biegungssteifen Trägern labile Gleichgewichtszustände möglich sind, die mit ausreichender Sicherheit vermieden werden müssen.

Das Ausknicken des dünnen unversteiften Steges eines I-förmigen gebogenen Balkens findet in einer Reihe von Verbeulungen statt, die durch Knotenlinien, die etwa unter 45^0 gegen die Gurtrichtung geneigt sind, getrennt sind, Abb. 227. Die Längsschnitte der Verformungsfläche sind Wellenlinien, die beiläufig in der Stegmitte, mehr gegen die Druckgurtseite zu, die größten Amplituden haben. Gegen die Gurte zu nehmen diese Amplituden, wegen des Zwanges, den die Gurte ausüben, bis auf Null ab. Es ist ohne weiteres einzusehen, daß durch Anordnung von lotrechten Steifen in genügend dichten Abständen die großen Erhebungen in der Stegmitte verhindert werden können und daß durch den Zwang, den diese Steifen auf die Ausbildung der freien Verformung im labilen Gleichgewichtszustand ausüben, der Eintritt der Ausbeulung hinausgeschoben wird.

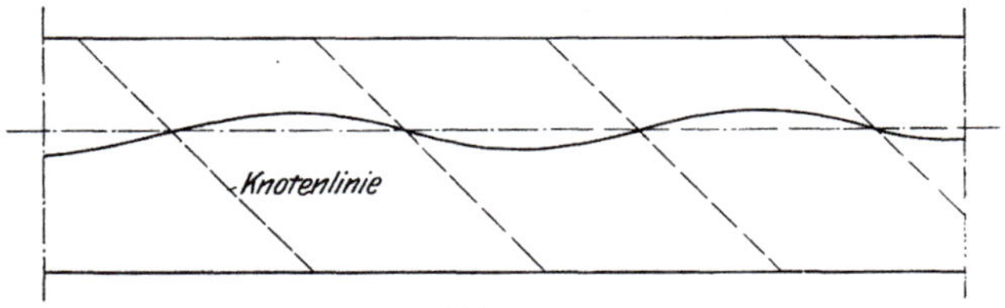

Abb. 227.

Ein zwischen zwei Vertikalsteifen liegendes Stegfeld von der Breite a und der Höhe b ist durch die Schubspannungen τ und die Normalspannungen σ beansprucht (Abb. 228). Der Einfluß der Spannungen σ, die ihren Größtwert gerade dort erreichen, wo die Platte festgehalten ist, ist selbst auf der Druckseite verhältnismäßig klein, auf der Zugseite wirken sie sogar auf die Erhaltung des stabilen Gleichgewichtszustandes hin. Hierzu kommt noch der Umstand, daß meistens dort, wo die Schubkräfte τ bedeutende Werte erreichen, σ klein ist, wie z. B. an den Enden der Balkenträger. Es überwiegt sonach der Einfluß der Schubkräfte τ, die gegen die Plattenränder schief gerichtete Zug- bzw. Druckkräfte erzeugen und hierdurch ein Ausbeulen der Platte bewirken.

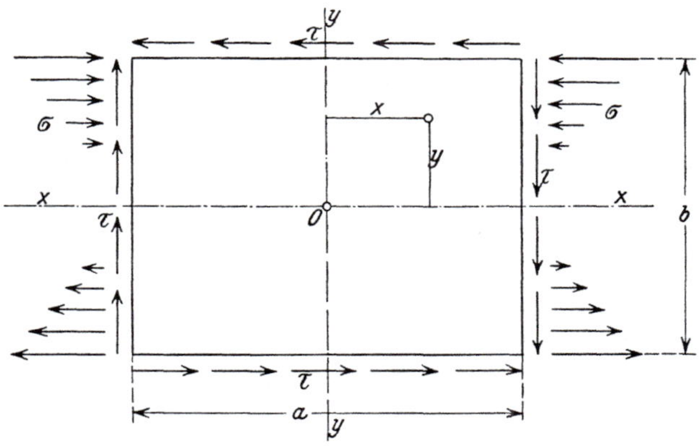

Abb. 228.

Das Problem des labilen Gleichgewichtes der dünnen Stege gebogener Träger wurde erst in jüngster Zeit in Angriff genommen. Die ausführlichsten Arbeiten über diesen Gegenstand rühren von St. Timoschenko her[1]). Eine zweite kürzere Arbeit hat

[1]) Die erste Veröffentlichung erfolgte 1907 russisch. Spätere Arbeiten: Sur la stabilité des systèmes élastiques. Ann. Ponts Chauss. 1913, und Über die Stabilität versteifter Platten, Eisenbau 1921, S. 147.

H. Rode geliefert[1]). Timoschenko benutzt die Methode von Ritz, die wir in **37** kurz erörtert haben. Die nachfolgende kurze Darstellung stützt sich auf die Abhandlung von Timoschenko im Eisenbau 1921; wegen der weiteren Verfolgung dieses Gegenstandes sei auf die in der Fußnote angeführten Abhandlungen hingewiesen.

Bezeichnen:

x, y die Koordinaten eines Punktes der Plattenmittenebene bezogen auf ein durch den Plattenmittelpunkt gehendes rechtwinkliges Achsenkreuz, Abb. 228,
a die Breite der Platte in der Richtung x,
b die Höhe in der Richtung y,
w die Ausbiegung im labilen Gleichgewichtszustande senkrecht zur Plattenebene,
δ die Dicke der Platte,
$\bar{m}$ die Querdehnungszahl,

so gilt nach den Lehren der Elastizitätstheorie für die potentielle Energie der Biegung A_i einer dünnen Platte

$$A_i = \frac{E\delta^3}{24(1-\bar{m}^2)} \int_0^a \int_0^b \left\{ \left(\frac{\partial^2 w}{\partial x^2} + \frac{\partial^2 w}{\partial y^2} \right)^2 - 2(1-\bar{m}) \left[\frac{\partial^2 w}{\partial x^2} \cdot \frac{\partial^2 w}{\partial y^2} - \left(\frac{\partial^2 w}{\partial x \partial y} \right)^2 \right] \right\} dx\, dy.$$

Für die Arbeit der äußeren Kräfte, das sind die am Umfange gleichmäßig verteilt angenommenen Schubkräfte τ[2]) haben wir die Gleichung

$$A_a = -\tau\delta \int_0^a \int_0^b \frac{\partial w}{\partial x} \frac{\partial w}{\partial y}\, dx\, dy.$$

Wir wählen nun gemäß dem in **37** allgemein erläuterten Rechnungsverfahren einen Ansatz für die Verschiebungen w, der den Randbedingungen (freie Auflagerung ringsum) genügt und ermitteln die zunächst unbekannten Koeffizienten f dieses Ansatzes aus Bedingungsgleichungen von der Form

$$\frac{\partial(A_a - A_i)}{\partial f} = 0.$$

Die so entstehenden in f linearen Bestimmungsgleichungen liefern, wie wir sehen werden, die Labilitätsbedingung.

Wir setzen, wenn i und k ganze Zahlen bedeuten,

$$w = \sum_{i=1}^{\infty} \sum_{k=1}^{\infty} f_{ik} \sin\frac{i\pi x}{a} \sin\frac{k\pi y}{b},$$

und führen diesen Wert in die Gleichungen für A_a und A_i ein. Wir berechnen zu diesem Zwecke zunächst:

$$\frac{\partial^2 w}{\partial x^2} = -\frac{\pi^2}{a^2} \sum_{i=1}^{\infty} \sum_{k=1}^{\infty} f_{ik}\, i^2 \sin\frac{i\pi x}{a} \sin\frac{k\pi y}{b},$$

$$\frac{\partial^2 w}{\partial y^2} = -\frac{\pi^2}{b^2} \sum_{i=1}^{\infty} \sum_{k=1}^{\infty} f_{ik}\, k^2 \sin\frac{i\pi x}{a} \sin\frac{k\pi y}{b},$$

$$\frac{\partial^2 w}{\partial x \partial y} = \frac{\pi^2}{ab} \sum_{i=1}^{\infty} \sum_{k=1}^{\infty} f_{ik}\, ik \cos\frac{i\pi x}{a} \cos\frac{k\pi y}{b}.$$

---

[1]) Beiträge zur Theorie der Knickerscheinungen, Eisenbau 1916, S. 121 ff.

[2]) Man kann hier, ohne großen Fehler zu begehen, die Schubkräfte der Höhe nach als gleichförmig verteilt mit der Größe $\frac{Q}{\delta b}$ annehmen, wobei Q die Querkraft bedeutet.

Damit erhält man, wenn man die bei der Quadratbildung entstehenden Glieder in zwei Gruppen teilt, in die der Quadrate und in die der doppelten Produkte,

$$\left(\frac{\partial^2 w}{\partial x^2}+\frac{\partial^2 w}{\partial y^2}\right)^2=\pi^4 \sum_{\substack{i=1\\ i'=1}}^{\infty} \sum_{\substack{k=1\\ k'=1}}^{\infty}\left\{f_{ik}^2\left(\frac{i^2}{a^2}+\frac{k^2}{b^2}\right)^2 \sin^2\frac{i\pi x}{a}\sin^2\frac{k\pi y}{b}\right.$$

$$\left.+2 f_{ik} f_{i'k'}\frac{i k i' k'}{a^2 b^2}\sin\frac{i\pi x}{a}\sin\frac{k\pi y}{b}\cdot\sin\frac{i'\pi x}{a}\sin\frac{k'\pi y}{b}\right\},$$

wo i' und k' von i und k verschiedene ganze Zahlen sind.

Nunmehr ergibt die Auswertung der Integrale

$$\int_0^a\int_0^b \sin^2\frac{i\pi x}{a}\sin^2\frac{k\pi y}{b}\,dx\,dy=\int_0^a \sin^2\frac{i\pi x}{a}\,dx\int_0^b \sin^2\frac{k\pi y}{b}\,dy=\frac{a}{2}\cdot\frac{b}{2}=\frac{ab}{4}$$

und

$$\int_0^a\int_0^b \sin\frac{i\pi x}{a}\sin\frac{i'\pi x}{a}\cdot\sin\frac{k\pi y}{b}\sin\frac{k'\pi y}{b}\,dx\,dy=\int_0^a \sin\frac{i\pi x}{a}\sin\frac{i'\pi x}{a}\,dx\int_0^b \sin\frac{k\pi y}{b}\sin\frac{k'\pi y}{b}\,dy=0,$$

da allgemein

$$\int_0^l \sin\frac{m\pi\xi}{l}\sin\frac{n\pi\xi}{l}\,d\xi=0,$$

wenn m und n verschiedene ganze Zahlen sind.

Es verbleibt sonach

$$\int_0^a\int_0^b\left(\frac{\partial^2 w}{\partial x^2}+\frac{\partial^2 w}{\partial y^2}\right)^2 dx\,dy=\pi^4\frac{ab}{4}\sum_{i=1}^{\infty}\sum_{k=1}^{\infty} f_{ik}^2\left[\frac{i^2}{a^2}+\frac{k^2}{b^2}\right]^2. \quad \text{(a)}$$

Das Produkt $\frac{\partial^2 w}{\partial x^2}\cdot\frac{\partial^2 w}{\partial y^2}$ zerlegen wir wieder in zwei Teile, in die Summe jener Glieder, die zu Quadraten zusammentreten, und in die Summe der Produkte, in denen die Beiwerte i und k verschieden sind, und erhalten

$$\frac{\partial^2 w}{\partial x^2}\cdot\frac{\partial^2 w}{\partial y^2}=\frac{\pi^4}{a^2 b^2}\sum_{\substack{i=1\\ i'=1}}^{\infty}\sum_{\substack{k=1\\ k'=1}}^{\infty}\left\{f_{ik}^2 i^2 k^2 \sin^2\frac{i\pi x}{a}\sin^2\frac{k\pi y}{b}\right.$$

$$\left.+f_{ik}\cdot f_{i'k'}\, i k i' k' \sin\frac{i\pi x}{a}\sin\frac{k\pi y}{b}\cdot\sin\frac{i'\pi x}{a}\sin\frac{k'\pi y}{b}\right\}.$$

Die Ausführung der Integration liefert

$$\int_0^a\int_0^b\frac{\partial^2 w}{\partial x^2}\cdot\frac{\partial^2 w}{\partial y^2}\,dx\,dy=\frac{\pi^4}{a^2 b^2}\frac{ab}{4}\sum_{i=1}^{\infty}\sum_{k=1}^{\infty} f_{ik}^2 i^2 k^2. \quad \text{(b)}$$

Schließlich findet man noch

$$\left(\frac{\partial^2 w}{\partial x\,\partial y}\right)^2=\frac{\pi^4}{a^2 b^2}\sum_{i=1}^{\infty}\sum_{k=1}^{\infty} f_{ik}^2 i^2 k^2 \cos^2\frac{i\pi x}{a}\cdot\cos^2\frac{k\pi y}{b}$$

und mittels

$$\int_0^a\int_0^b \cos^2\frac{i\pi x}{a}\cos^2\frac{k\pi y}{b}\,dx\,dy=\frac{ab}{4},$$

$$\int_0^a\int_0^b\left(\frac{\partial^2 w}{\partial x\,\partial y}\right)^2 dx\,dy=\frac{\pi^4}{a^2 b^2}\frac{ab}{4}\sum_{i=1}^{\infty}\sum_{k=1}^{\infty} f_{ik}^2 i^2 k^2. \quad \text{(c)}$$

Da die beiden Doppelintegrale (b) und (c) gleichen Wert haben, so ist ihre in A_i auftretende Differenz Null und man gelangt schließlich zu der einfachen Reihe für A_i

$$A_i = \frac{\pi^4 E \delta^3 a b}{96(1-\overline{m}^2)} \sum_{i=1}^{\infty} \sum_{k=1}^{\infty} f_{ik}^2 \left(\frac{i^2}{a^2} + \frac{k^2}{b^2}\right)^2 \quad \ldots \ldots \ldots \quad (28)$$

Zur Ermittlung von A_a bestimmen wir zunächst

$$\frac{\partial w}{\partial x} = \frac{\pi}{a} \sum_{i=1}^{\infty} \sum_{k=1}^{\infty} f_{ik}\, i \cos\frac{i\pi x}{a} \sin\frac{k\pi y}{b},$$

$$\frac{\partial w}{\partial y} = \frac{\pi}{b} \sum_{i=1}^{\infty} \sum_{k=1}^{\infty} f_{ik}\, k \sin\frac{i\pi x}{a} \cos\frac{k\pi y}{b}.$$

Sonach ist

$$\frac{\partial w}{\partial x} \cdot \frac{\partial w}{\partial y} = \frac{\pi^2}{ab} \sum_{\substack{i=1\\ i'=1}}^{\infty} \sum_{\substack{k=1\\ k'=1}}^{\infty} f_{ik} f_{i'k'}\, i k' \cos\frac{i\pi x}{a} \sin\frac{i'\pi x}{a} \sin\frac{k\pi y}{b} \cos\frac{k'\pi y}{b},$$

wobei i und i' bzw. k und k' sowohl gleiche als auch verschiedene ganze Zahlen sein können.

Zieht man in Rücksicht, daß allgemein

$$\int_0^l \sin\frac{m\pi\xi}{l} \cos\frac{n\pi\xi}{l}\, d\xi = 0 \qquad \text{für } m+n \text{ gerade,}$$

$$\int_0^l \sin\frac{m\pi\xi}{l} \cos\frac{n\pi\xi}{l}\, d\xi = \frac{2l}{\pi} \frac{m}{m^2-n^2} \qquad \text{für } m+n \text{ ungerade,}$$

so folgt

$$A_a = -\tau\delta \int_0^a \int_0^b \frac{\partial w}{\partial x} \cdot \frac{\partial w}{\partial y}\, dx\, dy = -4\tau\delta \sum_{\substack{i=1\\ i'=1}}^{\infty} \sum_{\substack{k=1\\ k'=1}}^{\infty} f_{ik} f_{i'k'} \frac{i k i' k'}{(i^2-i'^2)(k'^2-k^2)}, \quad \ldots (29)$$

wobei die Zahlen i, k so zu kombinieren sind, daß $i+i'$ bzw. $k+k'$ immer ungerade sind.

Wir wählen zunächst für i und k die Zahlen 1, 2, beschränken die Summen also auf sehr wenige Glieder. Es kommen daher folgende Kombinationen in Betracht:

i	k	i'	k'
1	1	2	2
1	2	2	1
2	1	1	2
2	2	1	1

Sämtliche Kombinationen erfüllen die Bedingungen $i+i'$, $k+k'$ ungerade.

Die Gleichung für die Änderung A der potentiellen Energie lautet jetzt mit $\alpha = \frac{a}{b}$

$$\mathsf{A} = A_a - A_i = -8\tau\delta\left[\frac{4}{9} f_{11} f_{22} - \frac{4}{9} f_{12} f_{21}\right]$$
$$- \frac{\pi^4 E \delta^3}{96(1-\overline{m}^2) b^2 \alpha^3}\left[f_{11}^2(1+\alpha^2)^2 + f_{12}^2(1+4\alpha^2)^2 + f_{21}^2(4+\alpha^2)^2 + f_{22}^2(4+4\alpha^2)^2\right].$$

Wir setzen noch

$$\frac{\pi^4 E \delta^2}{384\,\delta(1-\overline{m}^2) b^2 \alpha^3} = B$$

und erhalten durch Differentiation nach f_{11}, $f_{12}\ldots$ und Kürzung mit dem Faktor 2 die 4 Bedingungsgleichungen

$$\begin{array}{ccccccccc} B(1+\alpha^2)^2 f_{11} & + & 0 & + & 0 & + & \frac{4}{9}\tau f_{22} & = & 0 \\ 0 & + & B(1+4\alpha^2)^2 f_{12} & - & \frac{4}{9}\tau f_{21} & + & 0 & = & 0 \\ 0 & - & \frac{4}{9}\tau f_{12} & + & B(4+\alpha^2)^2 f_{21} & + & 0 & = & 0 \\ \frac{4}{9}\tau f_{11} & + & 0 & + & 0 & + & B(4+4\alpha^2)^2 f_{22} & = & 0 \end{array}$$

Die Ausrechnung der Determinante liefert eine Gleichung vierten Grades für τ, aus der die 4 Werte

$$\tau_{1,2} = \pm \frac{9}{4} B(1+\alpha^2)(4+4\alpha^2),$$

$$\tau_{3,4} = \pm \frac{9}{4} B(1+4\alpha^2)(4+\alpha^2),$$

hervorgehen.

Da es nicht auf die Richtung von τ, sondern nur auf den kleinsten absoluten Wert ankommt, der durch die erste Lösung gegeben ist, so finden wir für die kritische Schubspannung τ_k, bei der ein Ausbeulen eintritt, nach Einführen von B

$$\tau_k = \frac{3}{128} \frac{\pi^4 E}{(1-m^2)} \left(\frac{\delta}{b}\right)^2 \frac{(1+\alpha^2)^2}{\alpha^3} \quad \ldots\ldots\ldots\ldots (30)$$

Timoschenko hat, um die Konvergenz des Ansatzes zu beurteilen, auch eine größere Reihe von Gliedern berücksichtigt, da das Ergebnis (30) noch mit einem erheblichen Fehler (15 % bei $\alpha = 1$), der überdies mit zunehmendem α wächst, behaftet ist. Der Rechnungsgang war hierbei der gleiche, wie wir ihn eben dargelegt haben.

Das Ergebnis hat Timoschenko in einer Zahlentafel niedergelegt, die wir nachfolgend (Tafel 31) mitteilen.

Tafel 31.

Kritische Schubspannung in t/cm²: $\tau_k = \mu \left(\frac{\delta}{b}\right)^2$ in den Stegblechen gebogener Träger.

$\alpha = \frac{a}{b} =$	1	1,2	1,4	1,5	1,6	1,8	2,0	2,5	3,0
$\mu =$	18700	15900	14500	14100	13900	13500	13100	12500	12100

a bedeutet die längere, *b* die kürzere Feldseite.

Die Werte dieser Zahlenreihe kann man durch nachfolgende Näherungsformel mit einem größten Fehler von etwa 2 % ersetzen. Es ist dann

$$\tau_k = \left(11000 + \frac{7500}{\alpha^2}\right)\left(\frac{\delta}{b}\right)^2 \text{ in t/cm}^2 \quad \ldots\ldots\ldots (31)$$

Unsere Untersuchung hat keine Rücksicht auf eine mögliche Überschreitung der Elastizitätsgrenze vor Erreichen des labilen Gleichgewichtszustandes genommen. Dieser Fall dürfte auch bei praktischen Ausführungen kaum eintreten, weshalb wir uns mit Formel (31) begnügen können.

Solange das Stegblech eben bleibt, haben die Steifen keine Kräfte zu übertragen. Beult der Steg aus, dann wirkt er, da er dann nur Zugkräfte übertragen kann, wie eine Zugstrebe, die Steifen erhalten dann die Funktion der Pfosten im Strebenfachwerk, haben also die Querkraft Q zu übernehmen; dieser Umstand regelt die Berechnung der Steifen. Siehe das nachfolgende Beispiel.

Bei der Bemessung der Steifen kann man selbstverständlich einen Stegblechstreifen von etwa 30 δ Breite als mitwirkend berücksichtigen.

Da selbst bei einem Ausbeulen des Steges, falls genügend kräftige Steifen vorhanden sind, die Tragfähigkeit des Trägers nicht erschöpft ist — es findet nur eine Umlagerung der Spannungen statt; das Stegblech erhält hauptsächlich Zugbeanspruchungen, der Gurt weitere Zusatzspannungen —, so wird man sich bei Berechnung der Abmessungen des Stegbleches, soweit das Ausbeulen in Frage kommt, mit einem etwas knapperen Sicherheitsgrad begnügen können. Es empfiehlt sich, den Sicherheitsgrad ψ wie folgt zu wählen:

Bei Nichtberücksichtigung der dynamischen Wirkungen der Verkehrslast: $\psi = 3$;

Bei Berücksichtigung derselben durch Einführung einer Stoßziffer: $\psi = 2$.

Die Berechnung der Steifen ist im ersten Falle mit 3,5facher, im zweiten Falle 2,5facher Knicksicherheit nach Euler-Tetmajer vorzunehmen.

Beispiel. Der Hauptträger einer Eisenbahnbrücke mit oben liegender Fahrbahn von 18 m Stützweite habe ein 200 cm hohes Stegblech von 1,4 cm Stärke. Die Belastung erfolge mit dem Lastenzug N der Reichsbahnvorschriften. Welchen Abstand müssen die Steifen haben, damit wenigstens zweifache Knicksicherheit im Stegblech herrsche?

Mit $g = 2{,}7$ t/m (Eigengewicht) findet man

$$A_g = {}^1/_2 \cdot 2{,}7 \cdot 18 = 24{,}3 \text{ t},$$

und mittels der Stoßzahl $\varphi = 1{,}52$ (Tafel 7 der Vorschriften)

$$A_p = 1{,}52 \cdot \frac{144}{2} = 109{,}4 \text{ t (nach Tafel 3 der Vorschriften)}$$

$$A_{g+p} = 133{,}7 \text{ t}.$$

Die durchschnittliche Schubspannung τ beträgt somit

$$\tau = \frac{133{,}7}{1{,}4 \cdot 200} = 0{,}478 \text{ t/cm}^2.$$

Wir wählen den Steifenabstand zunächst zu $\frac{l}{8} = 2{,}25$ m, setzen sonach $a = 225$ cm, $b = 200$ cm und $\alpha = \frac{a}{b} = 1{,}125$.

Damit findet man die Ausbeulspannung nach Gl. (31)

$$\tau_k = \left(11\,000 + \frac{7500}{1{,}125^2}\right)\left(\frac{1{,}4}{200}\right)^2 = 0{,}831 \text{ t/cm}^2.$$

Sonach ist der Sicherheitsgrad

$$\psi = \frac{0{,}831}{0{,}478} = 1{,}74.$$

Da die Sicherheit zu gering ist, ermäßigen wir den Steifenabstand auf $\frac{l}{10} = 1{,}80$ m und erhalten, da jetzt $a = 200$ cm, $b = 180$ cm, $\alpha = \frac{a}{b} = 1{,}111$

$$\tau_k = \left(11\,000 + \frac{7500}{1{,}111^2}\right)\left(\frac{1{,}4}{180}\right)^2 = 1{,}034 \text{ t/cm}^2$$

und

$$\psi = \frac{1{,}034}{0{,}478} = \mathbf{2{,}16},$$

was ausreichend ist.

Wollte man mit geringerer Stegblechstärke auskommen, so müßte der Steifenabstand weiter verringert werden. Wählt man z. B. $\delta = 1{,}2$ cm und dem Abstand der Steifen mit $\frac{l}{12} = 150$ cm, so folgt mit $a = 200$, $b = 150$, $\alpha = \frac{a}{b} = 1{,}333$

$$\tau_k = \left(11\,000 + \frac{7500}{1{,}333^2}\right)\left(\frac{1{,}2}{150}\right)^2 = 0{,}974 \text{ t/cm}^2$$

und der Sicherheitsgrad gegen Ausbeulen

$$\psi = \frac{0{,}974}{0{,}478} = 2{,}04;$$

sonach ausreichend. Die letztere Anordnung dürfte trotz des Mehrverbrauchs an Steifen die wirtschaftlichere sein.

Die Absteifungen haben die Querkraft Q am Ort der Steife knicksicher auf die Stegblechhöhe zu übertragen. Als Absteifwinkel wählen wir zwei Winkel 80·120·10, die gemäß Abb. 229 angeordnet werden. Der tragende Querschnitt hat eine Fläche von

$$F = 36 \cdot 1{,}2 + 2 \cdot 9 \cdot 1{,}4 + 38{,}2 = 106{,}6 \text{ cm}^2$$

und ein Trägheitsmoment (für das Knicken senkrecht zur Stegebene)

$$J = {}^1/_{12} \cdot [36 \cdot 1{,}2^3 + 9\,(4^3 - 1{,}2^3)] + 1891 = 1943 \text{ cm}^4.$$

Somit

$$i = \sqrt{\frac{J}{F}} = 4{,}27, \qquad l = 0{,}7 \cdot 200 = 140 \text{ cm}, \qquad \frac{l}{i} = 32{,}8$$

und damit

$$\sigma_k = 2{,}728 \text{ t/cm}^2$$

nach Tafel I im Anhang. Die Tragkraft beträgt somit

$$S_k = 2{,}728 \cdot 106{,}6 = 291 \text{ t},$$

und da die größte Querkraft im Steifenort (1,50 m vom Auflager)

$$Q = 20{,}2 + 1{,}52 \cdot 61{,}25 = 113{,}3 \text{ t},$$

so beträgt die Knicksicherheit der Absteifung

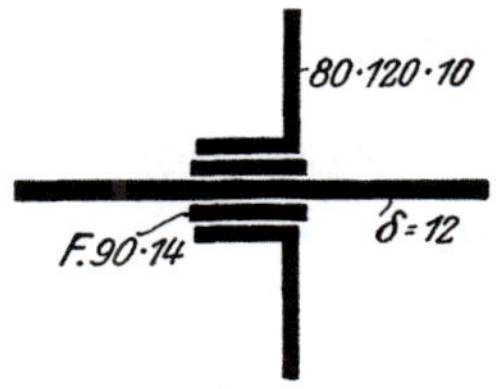

Abb. 229.

$$\psi = \frac{291}{113{,}3} = 2{,}57$$

was als ausreichend angesehen werden kann, da die Knicksicherheit größer als 2,5 ist.

Bei durchlaufenden Balken und Gerberträgern treffen die größten Querkräfte mit Größtwerten der Momente im Bereiche der Auflagerpunkte zusammen. Es ist daher zu empfehlen, zur weiteren Sicherung des Stegbleches auf der Druckseite eine mit der Gurtung parallel laufende Steife in etwa einem Drittel der Steghöhe anzuordnen, Abb. 230. Eine derartige Versteifung ist nur in den unmittelbar am Auflager angrenzenden Feldern notwendig, da die starken Längsdruckspannungen sehr rasch beiderseits des Auflagerpunktes abklingen.

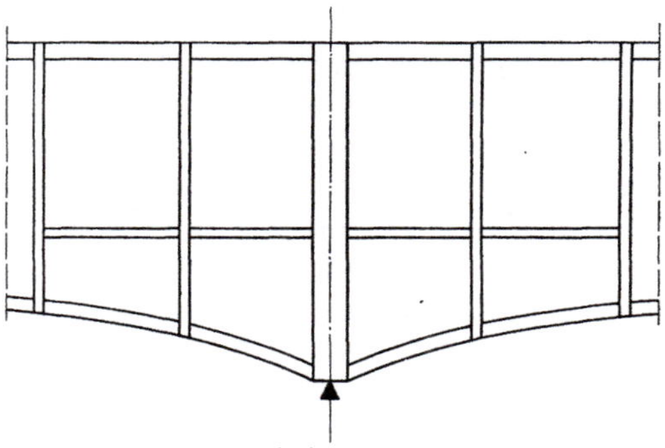
Abb. 230.

Bei Bogenbrücken tritt der Einfluß der Querkräfte gegen den der Längskräfte zurück, die Normalspannungen sind für die Knickgefahr der Stege ausschlaggebend. Die Verteilung der Spannungen über dem Querschnitt kann hier die verschiedenartigste sein; die Knickgefahr dürfte in jenen Trägerteilen am größten sein, wo die Normalspannungen am gleichmäßigsten über dem Querschnitt verteilt sind. Man kann daher die Wandungen der Bogenträger, so wie die von Druckstäben für die Druckkraft N_{max} nach den Regeln des Abschnittes **55** bemessen.

61. Die Verdrehung gerader Stäbe (Torsion).

Bei der baulichen Gestaltung eiserner Brücken war man seit jeher bestrebt, Torsionswirkungen zu vermeiden, im Bewußtsein der großen Materialanstrengungen, die selbst bei kleinen Verdrehungsmomenten bei den im Eisenbau gebräuchlichen Stabformen entstehen. Dazu kam noch eine Art ererbte Scheu der Bauingenieure, sich mit dem Torsionsproblem überhaupt zu befassen, das man gerne den Maschinenbauern überließ, obwohl die Verdrehungsaufgaben des Eisenbaues ganz anderer Natur sind als die des Maschinenbaues. Da aber Torsionswirkungen u. U. unvermeidlich sind, so half schließlich kein Augenzudrücken, und in den letzten Jahren wurden auch wirklich einzelne hier in Betracht kommende Probleme gelöst oder wenigstens einer endgültigen Lösung nähergebracht[1]).

[1]) Eine Übersicht der Arbeiten über Torsion und ausführliche Literaturangaben findet man in dem Bericht: Pöschl, Th.: Bisherige Lösungen des Torsionsproblemes. Z. ang. Math. Mech. 1921, S. 312.

Würde es sich im Eisenbrückenbau lediglich um reine Verdrehungsbeanspruchung handeln, so wäre es nach dem heutigen Stande der Theorie und der Versuchsforschung verhältnismäßig leicht, für die Mehrzahl der Fälle mit praktisch ausreichender Genauigkeit Materialanstrengung und Formänderung festzustellen. Der Fall reiner Verdrehung ist aber nie verwirklicht. Durch die Art des Lastangriffes werden in den Stäben neben den reinen Verdrehungsspannungen (Schubspannungen) auch Biegungsspannungen, selbst bei Abwesenheit von Biegungsmomenten, hervorgerufen, und es ist von vornherein unmöglich, anzugeben, welcher Teil des angreifenden Drehmomentes die Schubspannungen und welcher Teil die Längsspannungen verursacht.

Wird nämlich ein Stab nur durch zwei an den Enden angreifende gleich große, aber entgegengesetzt gerichtete Momente belastet (Abb. 231), so treten keine Längsspannungen auf, da sich sämtliche Querschnitte in der gleichen Weise verformen, so daß die zwischen zwei Querschnitten liegenden Fasern keine Dehnungen erfahren. Man bezeichnet diesen Beanspruchungsfall als reine Verdrehung. Hierbei ist natürlich vorausgesetzt, daß die Verdrehungen klein sind, so daß die Länge der gewundenen Fasern sich nur um kleine Größen zweiter Ordnung von der ursprünglichen Länge unterscheiden[1]).

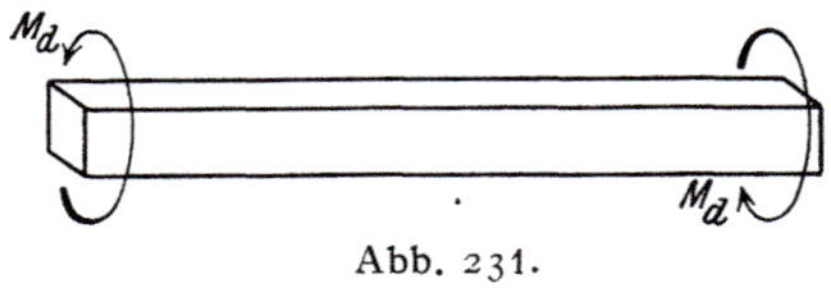

Abb. 231.

Ganz anders wird die Sachlage in dem in Abb. 232 zur Darstellung gebrachten Belastungsfall. In der Stabmitte greife das Verdrehungsmoment $M_d = Ph$ an, dem die Endmomente $\frac{Ph}{2}$ das Gleichgewicht halten. Aus Symmetriegründen müssen die Formänderungen so beschaffen sein, daß der Mittelquerschnitt eben bleibt, während sich alle übrigen Querschnitte von der Mitte aus gegen die Enden zu in steigendem Maße verwölben werden[2]). Hier ist also die Grundbedingung für die Ausbildung der reinen Torsion nicht erfüllt, die verschiedene Verformung der aufeinanderfolgenden Querschnitte hat eine Dehnung der Längsfasern und somit Längsspannungen zur Folge. Die ungleiche Verteilung dieser Längsspannungen über dem Querschnitt verursacht eine Ausbiegung der Flanschen, der Oberflansch biegt sich nach vorne, der Unterflansch nach hinten aus. Die durch die Ausbiegung geweckten Querkräfte in den Flanschen ergeben ein Zusatzmoment, das mit dem Moment der Torsionsschubspannungen zusammen dem Angriffsmoment M_d das Gleichgewicht hält.

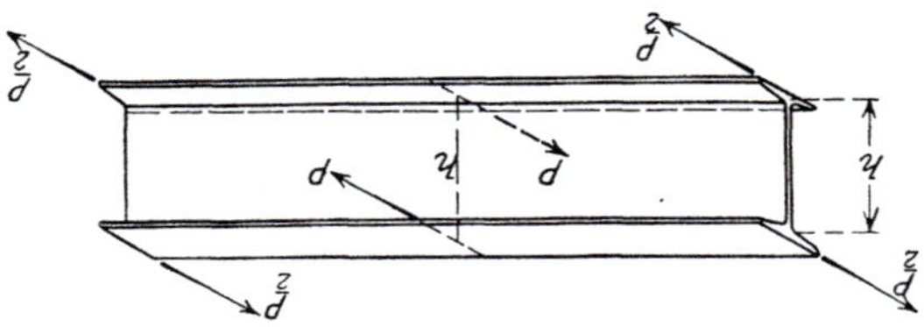
Abb. 232.

Man hat nun vielfach bloß auf diese Biegungswirkung des Verdrehungsmomentes geachtet und hat die auftretenden Schubspannungen vollständig vernachlässigt, von der grundfalschen Voraussetzung ausgehend, daß jede der beiden das Kräftepaar Ph bildenden Lasten bloß einen der Flanschen auf Biegung in seiner Ebene beanspruche. Man hatte eben ohne viel Überlegung die Verhältnisse eines Grenzfalles verallgemeinert. Denkt man sich nämlich die drei den Träger bildenden steifen Scheiben durch entsprechend geformte Fachwerke ersetzt, so entsteht ein sogenannter Rieppelträger, der allerdings in der eben angedeuteten Weise einwandfrei berechnet werden kann, da eine Fachwerkscheibe keine Verdrehungsmomente aufnehmen kann. Der Anteil, der von M_d auf die Torsionsspannungen entfällt, ist in diesem Grenzfalle Null. Wie groß aber die Ab-

[1]) Es gibt Fälle, wo diese Vernachlässigung nicht mehr statthaft ist: wenn nämlich die eine Querschnittsdimension sehr groß gegen die zweite ist. Siehe darüber: Weber, C.: Die Lehre von der Drehungsfestigkeit. Forschungsarb. herausg. v. V. d. I. Nr. 249, S. 60.

[2]) Eine Ausnahme machen nur Stäbe mit Kreis- oder Kreisringquerschnitt, deren Querschnitte bei Verdrehungsbeanspruchung eben blieben.

weichungen in den örtlichen Anstrengungen sein können, wenn man beim Vollstab einerseits nur die Verbiegung berücksichtigt, anderseits auch die gleichzeitig auftretenden Torsionsschubspannungen beachtet, wird weiter unten klar werden.

a) Reine Verdrehung.

Stäbe mit Rechteckquerschnitt.

Im Brückenbau kommen, von seltenen Ausnahmen abgesehen, nur Stabquerschnitte in Frage, die aus schmalen und hohen Rechtecken zusammengesetzt sind. Da sich die Berechnung dieser Stäbe auf die Ermittlung der Verdrehungsspannung im Stab mit rechteckigem Querschnitt zurückführen läßt, so sei zunächst eine kurze Darstellung des Torsionsproblems beim Rechteckquerschnitt gegeben.

Die erste Lösung dieses Problems stammt von de St. Vénant, der die Spannungen und Verschiebungen in Form einer unendlichen Reihe darstellte[1]). Für die Schubspannungskomponenten gelten die Reihen (Abb. 233):

$$\left.\begin{aligned} \tau_{zx} &= G\vartheta a \frac{16}{\pi^2}\left[\cos\frac{\pi x}{2a}\,\frac{\mathfrak{Sin}\frac{\pi y}{2a}}{\mathfrak{Cos}\frac{\pi b}{2a}} - \frac{1}{3^2}\cos\frac{3\pi x}{2a}\,\frac{\mathfrak{Sin}\frac{3\pi y}{2a}}{\mathfrak{Cos}\frac{3\pi b}{2a}} + \cdots\right], \\ \tau_{zy} &= G\vartheta a\left\{-\frac{2x}{a} + \frac{16}{\pi^2}\left[\sin\frac{\pi x}{2a}\,\frac{\mathfrak{Cos}\frac{\pi y}{2a}}{\mathfrak{Cos}\frac{\pi b}{2a}} - \frac{1}{3^2}\sin\frac{3\pi x}{2a}\,\frac{\mathfrak{Cos}\frac{3\pi y}{2a}}{\mathfrak{Cos}\frac{3\pi b}{2a}} + \cdots\right]\right\}. \end{aligned}\right\} \quad . . (32)$$

Hierin ist ϑ die spezifische Verdrehung, d. i. der Winkel, um den sich zwei im Abstande Eins befindliche Querschnitte gegeneinander verdrehen. ϑ ist proportional dem Verdrehungsmoment M_d und kann mittels einer ähnlichen Reihe wie τ zur Darstellung gebracht werden. G ist der Schubelastizitätsmodul. Für schlanke schmale Rechtecke von der Breite $2a = \delta$ und der Höhe $2b = h$ kann aus dieser Reihe die sehr gut stimmende Näherungsformel

$$\vartheta = \frac{3M_d}{G\delta^3(h - 0{,}63\,\delta)} \quad . . . . (33)$$

abgeleitet werden (Föppl). In den meisten Fällen wird man auch $0{,}63\,\delta$ gegen h vernachlässigen können.

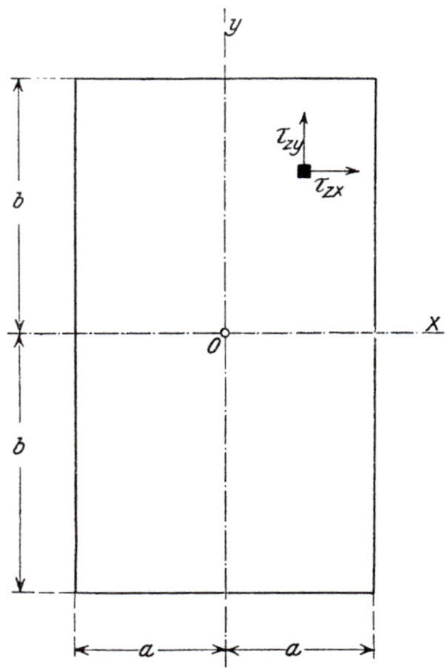

Abb. 233.

Den von den Querschnittsabmessungen abhängenden Teil in Gleichung (33) bezeichnet Föppl als Drillungswiderstand J_d, so daß im vorliegenden Falle mit

$$J_d = \tfrac{1}{3}\delta^3(h - 0{,}63\,\delta),$$

$$\vartheta = \frac{M_d}{GJ_d} \quad . . . . (33')$$

wird. J_d hat die gleiche Dimension wie das Querschnittsträgheitsmoment.

Der Verlauf der Schubspannungen im Querschnitt ist in Abb. 234a veranschaulicht. Die eingezeichneten Linien heißen Schubspannungslinien, sie schließen sich im wesentlichen dem Rechteckumfang an. Eine Tangente an diese Linien gibt die Richtung der

[1]) Eine schöne und leicht verständliche Darstellung des Problems findet man in Föppl, A.: Vorl. ü. techn. Mech., Bd. V.

resultierenden Schubspannung $\sqrt{\tau_{zx}^2+\tau_{zy}^2}$ im betreffenden Punkte. In den Schnittpunkten mit der x- bzw. y-Achse durchsetzen die Spannungslinien diese Achsen unter rechtem Winkel, hier verschwindet je eine der beiden Schubspannungskomponenten. Abb. 234b zeigt die Verteilung der Schubspannungen τ_{zy} und τ_{zx} entlang der x- bzw. y-Achse, sowie an den Umfangseiten. Der Größtwert $\tau_{\max}$ tritt in der Mitte des längeren Rechteckrandes auf und hat, wenn man in der zweiten der Gl. (32) für $x=a$, $y=0$ einführt, die Größe

$$\max \tau_{zx} = G\vartheta a\left\{-2+\frac{16}{\pi^2}\left[\frac{1}{\mathfrak{Cof}\,\frac{\pi b}{2a}}+\frac{1}{3^2}\,\frac{1}{\mathfrak{Cof}\,\frac{3\pi b}{2a}}+\dots\right]\right\}.$$

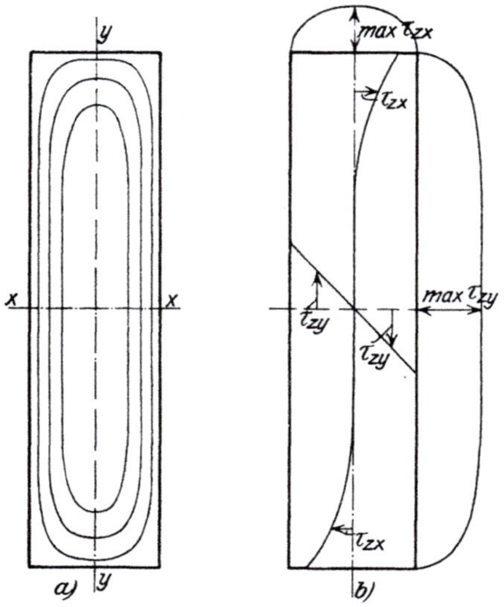

Abb. 234.

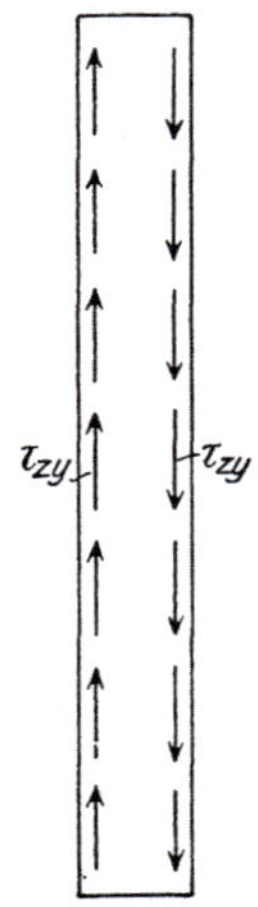

Abb. 235.

Bei schlanken Querschnitten ist $\mathfrak{Cof}\,\frac{\pi b}{2a}$ eine große Zahl und der in der eckigen Klammer stehende Ausdruck kann vernachlässigt werden. Man erhält schließlich

$$\left.\begin{aligned}\tau_{\max} &= -2\vartheta G a = -\vartheta G \delta\\ &= -\frac{M_d}{J_d}\,\delta.\end{aligned}\right\}\quad (34)$$

Bei schmalen Rechtecken kommen für den Verdrehungswiderstand vornehmlich die entlang den langen Seiten fließenden Spannungen τ_{zy}, die z. B. links nach aufwärts, rechts nach abwärts gerichtet sind, in Betracht, Abb. 235. Der geringe Abstand der beiden Kraftströme läßt es verständlich erscheinen, daß die Spannungen τ_{zy} selbst sehr groß werden müssen, damit das Produkt Kräftestrom mal Abstand der beiden Ströme, gleich dem Angriffsmoment M_d werden kann. In diesem Umstand liegt der geringe Verdrehungswiderstand derartiger schmaler Rechteckquerschnitte begründet.

Die Verformung des Querschnittes erfolgt in der Weise, daß sich zwei diagonal gegenüberliegende Rechteckquadranten nach der einen Seite, die beiden andern Quadranten nach der andern Seite wölben.

I- und]-förmige Stäbe.

Zuerst hat Föppl[1]), später Weber[2]) auf theoretischem Wege nachgewiesen, daß bei nicht zusammenhängenden Querschnitten (offene Querschnitte), die aus Rechtecken zusammengesetzt sind, wie z. B. ⅃, T, I, [, ˥_, +-Profile, der Drillungswiderstand des ganzen Querschnittes gleich der Summe der Drillingswiderstände der einzelnen Rechtecke, in die sich der Querschnitt zerlegen läßt, ist, so daß

$$J_d = \tfrac{1}{3}\sum h\,\delta^3 \quad \dots\dots\dots\dots\dots \quad (35)$$

Das beiläufige Zutreffen dieses Satzes sieht man ohne weiteres ein, wenn man den Verlauf der Schubspannungslinien z. B. in dem in Abb. 236 dargestellten T-Querschnitt und in dem daneben befindlichen, aus zwei Teilen bestehenden Querschnitt betrachtet. Wenn man von dem schmalen Bereich, in dem sich Steg und Flansch berühren, absieht, ist der Verlauf von τ in beiden Fällen derselbe.

[1]) Föppl, A., Über den elastischen Verdrehungswinkel eines Stabes. Sitzungsber. d. Kgl. bayer. Akad. d. Wiss. 1917.

[2]) Siehe die in der Fußnote [1]) Seite 288 angegebene Quelle.

Mit Gl. (35) erhält man für die Größtspannungen in den Mitten der Langseiten der einzelnen Rechtecke, siehe z. B. Abb. 237, sowie für die spez. Verdrehung die Formeln

$$\tau_{\max} = \frac{M_d}{\frac{1}{3}\sum h\,\delta^3}\,\delta' \quad \text{und} \quad \vartheta = \frac{M_d}{\frac{1}{3}G\sum h\,\delta^3},$$

wo δ' die Stärke jenes Rechteckes ist, für welches $\tau_{\max}$ bestimmt wurde. Der absolut größte Wert von $\tau_{\max}$ tritt in der Mitte des stärksten Rechteckes (in Abb. 237 z. B. in den Flanschmitten) auf, so daß

$$\max \tau_{\max} = \frac{M_d}{\frac{1}{3}\sum h\,\delta^3}\,\delta_{\max} \quad . \quad . \quad . \quad . \quad . \quad (36)$$

wird.

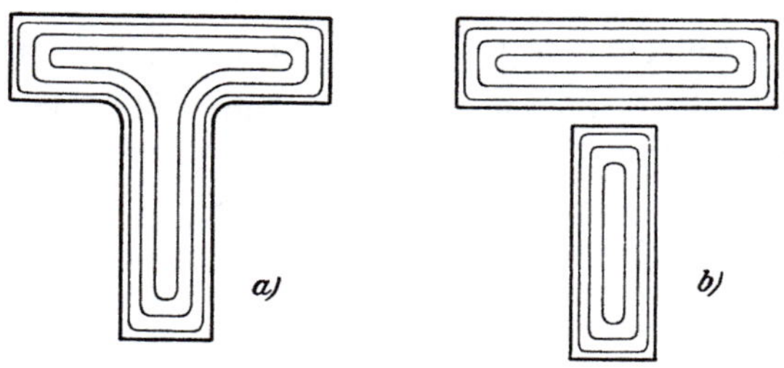

Abb. 236.

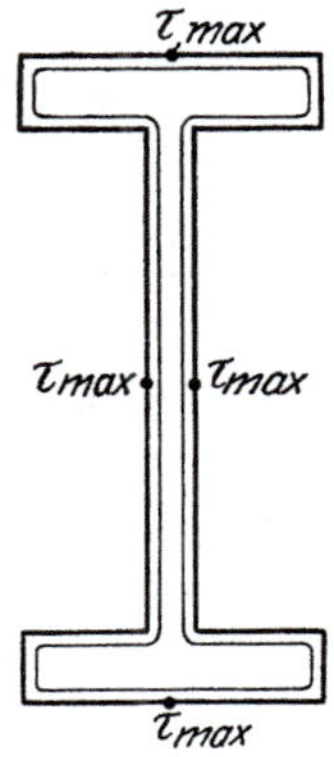

Abb. 237.

Bei der Berechnung von J_d sind die Querschnitte gemäß Abb. 238 zu zerlegen. Die Art der Zerlegung werde an zwei Beispielen gezeigt.

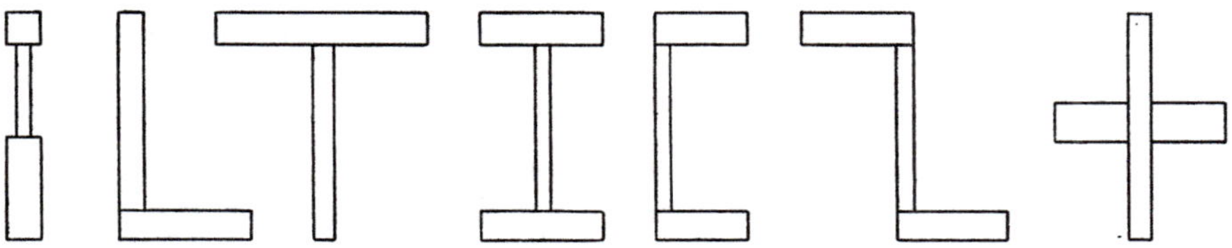
Abb. 238.

1. Beispiel. I-Träger aus Stegblech, 4 Gurtwinkeln und Deckblechen bestehend (Abbildung 239a).

$$J_d = \tfrac{1}{3}\,[h_1\delta_1^3 + 2\,h_2\delta_2^3 + 2\,h_3\delta_3^3 + 4\,h_4\delta_4^3].$$

2. Beispiel. Gurt aus zwei ⊐-Eisen und Deckblechen bestehend (Abb. 239b).

$$J_d = \tfrac{1}{3}\,[2\,h_1\delta_1^3 + 2\,h_2\,(\delta_2^3 + \delta_2'^3) + 2\,h_3\delta_3^3 + h_4\,\delta_3^3].$$

Es sei ausdrücklich betont, daß die Formeln (35) und (36) nicht für vollkommen geschlossene (Kasten-)Querschnitte gelten. Diese verhalten sich verdrehenden Momenten gegenüber wesentlich günstiger.

A. Föppl hat in jüngster Zeit Versuche durchgeführt, um die oben mitgeteilten

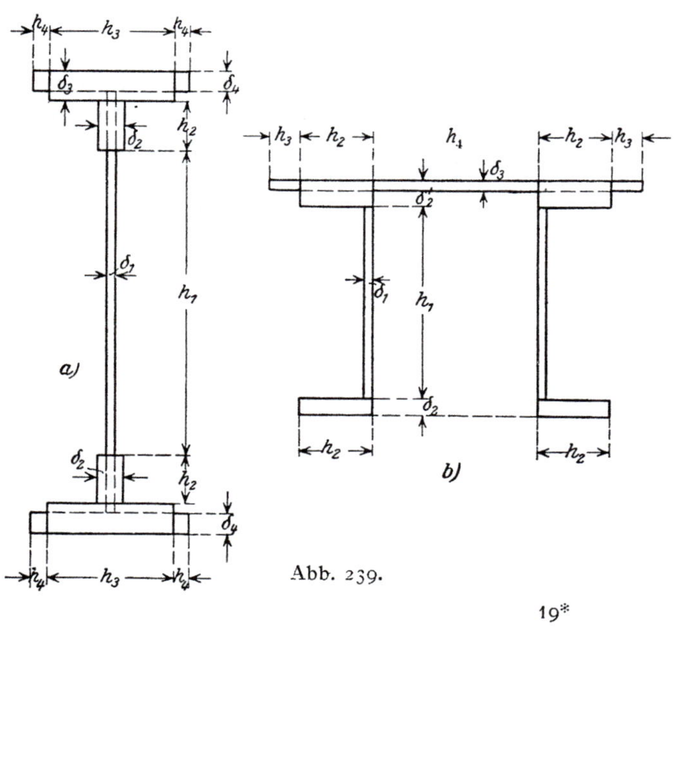

Abb. 239.

theoretischen Ergebnisse zu überprüfen[1]). Er fand im wesentlichen die Richtigkeit der Formeln bestätigt, nur wäre für J_d statt des Ausdruckes (35)

$$J_d = \mu \tfrac{1}{3} \sum h \delta^3 \quad . \quad . \quad . \quad (37)$$

zu setzen. μ ist ein von 1 wenig abweichender Wert. Föppl fand folgende Mittelwerte:

	μ
Gleichschenklige Winkeleisen Nr. 5—12	1,03
Ungleichschenklige Winkeleisen Nr. 4/8—8/12	0,99
]-Eisen NP 8—30	1,12
T-Eisen	1,12
I-Träger NP 10—30	1,31
I-Träger Diff. Nr. 16—24	1,29

Praktisch kommen wohl nur]- und I-förmige Stäbe in Betracht. Man wird daher μ bei]-Profilen mit 1,12 bei I-Querschnitten mit 1,30 in die Rechnung einführen.

Wie gering aber letzten Endes die Verdrehungsfestigkeit eines]- oder I-Querschnittes ist, ersieht man erst recht, wenn man die Biegungssteifigkeit mit der Verdrehungssteifigkeit vergleicht. Zu diesem Zwecke vergleichen wir den spezifischen Verdrehungswinkel ϑ mit dem Biegungswinkel φ, also

$$\vartheta = \frac{M_d}{G J_d} \quad \text{mit} \quad \varphi = \frac{M}{E J}.$$

Für die üblichen Walzträgerformen wird, worauf schon Föppl hingewiesen hat, ϑ etwa 400 mal so groß als φ. Es ist daher nicht angängig, selbst ein kleines Drehungsdrehungsmoment neben einem vielfach größeren Biegungsmoment zu vernachlässigen.

Anstrengung der Vernietung durch ein Drehmoment.

Der geringe Verdrehungswiderstand der im Eisenbau benutzten Stabformen läßt vermuten, daß in jenen Fällen, wo die Stäbe aus einzelnen Teilen, wie Blechen und Winkeln aufgebaut sind, die Verbindungsnieten bei der Verdrehung großen Anstrengungen ausgesetzt sind. Das ist tatsächlich der Fall. Auch hier genügt nach den vorangehenden Darlegungen die Betrachtung der Nietverbindungen in einem Rechteckstabe, den wir uns als Steg oder Flanschteil eines irgendwie im Querschnitt gestalteten steifen Stabes denken wollen. Wir untersuchen zunächst einen aus zwei gleich starken Platten zusammengenieteten Stab, Abb. 240. In den Trennungsfugen treten stablängs gerichtete Schubkräfte τ_{zx} auf, die von den Nieten übernommen werden müssen, wenn der Stab als einheitliches Ganzes wirken soll. Die Resultierende aller Schubspannungen einer Stabhälfte im Bereiche eines Nietes, also auf die Länge t, bezeichnen wir mit T. Integriert man Gl. (32) für τ_{zx}, zwischen den Grenzen 0 und b, bestimmt also

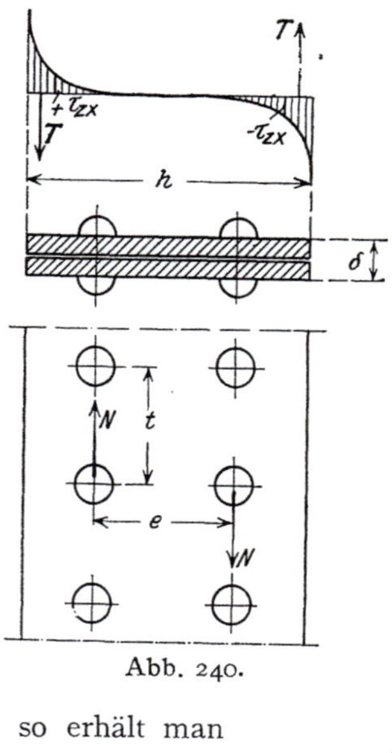

Abb. 240.

$$T = t \int_0^b \tau_{zx}\, dy,$$

so erhält man

$$T = G t \vartheta a \frac{16}{\pi^2} \cdot \frac{2a}{\pi} \left\{ \left(1 - \frac{1}{3^3} + \frac{1}{5^3} - \dots \right) - \left(\frac{1}{\mathfrak{Cof}\,\frac{\pi b}{2a}} - \frac{1}{3^3} \frac{1}{\mathfrak{Cof}\,\frac{3\pi b}{2a}} + \dots \right) \right\}.$$

[1]) Föppl, A.: Versuche über die Verdrehungsfestigkeit der Walzeisenträger. Sitzungsber. d. bayer. Akad. d. Wiss. S. 295, 1921.

Ist nun $\frac{b}{a}$ groß, so verschwindet der Einfluß des zweiten Klammergliedes, während die in der ersten Klammer stehende unendliche Reihe den Wert $\frac{\pi^3}{32}$ hat. Man erhält schließlich für T, wenn man ϑ nach Gl. (33') durch M_d ausdrückt,

$$T = \frac{M_d}{J_d} a^2 t = \frac{M_d}{J_d} \frac{\delta^2}{4} t. \qquad (38)$$

Der Schwerpunkt der Spannungsfläche liegt im Abstande

$$\frac{h'}{2} = \frac{1}{2}(h - 0{,}64\,\delta)$$

von Plattenmitte (Föppl). Die Resultierenden T in beiden Querschnitthälften bilden ein Kräftepaar $T \cdot h'$, welches mit dem Kräftepaare $N \cdot e$, wenn N den Nietwiderstand und e den Abstand der beiden Nietreihen bedeutet, im Gleichgewicht stehen muß. Es muß sonach sein:

$$\frac{M_d}{J_d} \cdot \frac{\delta^2}{4} t \cdot (h - 0{,}64\,\delta) = N \cdot e$$

oder

$$N = \frac{M_d}{4\,J_d} \delta^2 \frac{t}{e} (h - 0{,}64\,\delta). \qquad (39)$$

Setzt man noch für den Rechteckquerschnitt $J_d = \frac{1}{3}\delta^3(h - 0{,}63\,\delta)$, so gewinnt man für N die Verknüpfung

$$N = \frac{3}{4} \frac{t}{\delta e} M_d. \qquad (40)$$

Führt man in die oben stehende Momentengleichung

$$\tau_{max} = \frac{M_d}{J_d} \delta$$

ein, so erhält man N in der Form

$$N = \frac{\delta t}{4} \frac{h'}{e} \tau_{max}.$$

Wählt man z. B. $\frac{h'}{e} = 2$, $t = 5\,d$ (d = Nietdurchmesser), so wird

$$N = 2{,}5\,d\,\delta\,\tau_{max}$$

und mit $N = \frac{\pi d^2}{4} \tau_{zul}$, wenn τ_{zul} die erlaubte Nietschubbeanspruchung bedeutet, schließlich

$$\frac{d}{\delta} = \frac{10}{\pi} \frac{\tau_{max}}{\tau_{zul}}.$$

Wollte man etwa $\tau_{max} = \tau_{zul}$ wählen, so müßten, damit die beiden verbundenen Platten als einheitliches Ganzes wirken, die zur Verbindung verwendeten Niete mindestens dreimal so stark sein als beide Bleche zusammen, d. h. bei zwei 1 cm starken Platten müßte man mindestens 6 cm starke Niete verwenden. Man ersieht daraus, daß genietete Stäbe nur ganz geringe Verdrehungsmomente, die Größtschubspannungen von etwa 0,1—0,2 t/cm² erzeugen, übernehmen können. Häufig liegt der Fall aber so, daß zwei Platten bloß durch eine einzige in ihrer Mitte verlaufende Nietreihe vereinigt sind. Das Moment Th' kann dann nur so lange aufgenommen werden, als die Reibung zwischen den Platten, die durch die warm eingezogenen Niete hervorgerufen wird, wirksam ist. Da aber das Gleiten schon bei sehr geringen Beanspruchungen beginnt, so ist der Widerstand praktisch Null.

Zu ganz ähnlichen Ergebnissen gelangt man, wenn man drei zusammengenietete Platten von gleicher oder annähernd gleicher Stärke untersucht. Die in diesem Falle von den Nieten zu übernehmenden Schubkräfte sind etwas kleiner, doch empfiehlt es sich der Einfachheit wegen, auch in diesem Falle die oben abgeleiteten Formeln (39) und (40) zu verwenden.

Die Gleichungen (38) und (39) gestatten auch die unmittelbare Anwendung auf I-,]-oder verwandte Profile. Man hat dann für J_d

$$\frac{\mu}{3} \sum \delta^3 (h - 0{,}63\,\delta) \sim \frac{\mu}{3} \sum \delta^3 h$$

zu setzen. Sonst ist jeder Rechteckteil des Querschnittes für sich zu behandeln.

Eine ausgezeichnete Bestätigung finden die hier wiedergegebenen Überlegungen in den Ergebnissen von Versuchen, die A. Föppl an zwei zusammengenieteten Platten und an einem genieteten Träger, der aus Stegblech, 4 Gurtwinkeln und oberer und unterer Deckplatte bestand, durchgeführt hat[1]). In allen Fällen erwies sich die tatsächliche Drehungssteifigkeit wegen der Nachgiebigkeit der Nieten etwa 0,35—0,5 mal kleiner als die rechnungsmäßig festgestellte. Der Versuchsträger ist in Abb. 241 zur Darstellung gebracht.

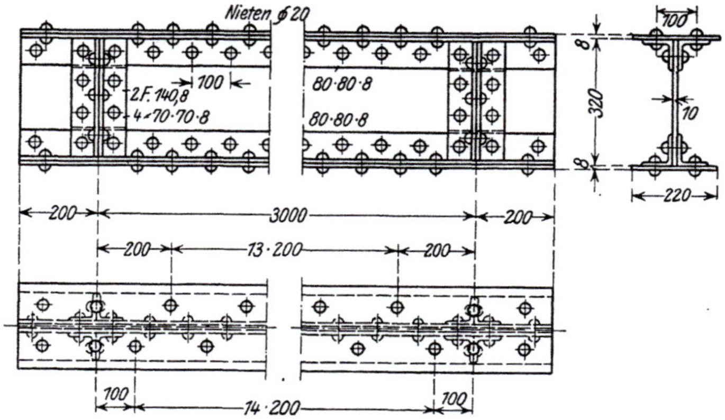

Abb. 241.

Der Drillungswiderstand beträgt mit $\mu = 1{,}30$, nach Föppl 176,5 cm^4 [2]). Damit findet man die größte Schubspannung τ_{max} in der Mitte der lotrechten Winkelschenkel (Außenrand), bei einem Drehmoment von 33000 cmkg, das der Höchstbelastung beim Versuch entsprach, mit

$$\tau_{max} = \frac{M_d}{J_d}\,\delta_{max} = \frac{33\,000}{176{,}5} \cdot 2{,}6 = 486 \text{ kg/cm}^2,$$

also einen sehr mäßigen Wert.

Nach Gleichung (38) berechnet man für die resultierende Schubkraft in diesem Trägerteil

$$T = \frac{M_d}{J_d}\,\frac{\delta^2}{4}\,t = \frac{33\,000}{176{,}5} \cdot \frac{2{,}6^2}{4} \cdot 10 = 3160 \text{ kg}.$$

Das Moment Th' beträgt daher

$$Th' = 3160\,(7{,}2 - 0{,}64 \cdot 2{,}6) = 17\,506 \text{ cmkg}.$$

Es ist ganz ausgeschlossen, daß ein einzelner Niet durch die von ihm geweckte Reibung zwischen den Platten imstande ist, auch nur einen Bruchteil dieses Momentes aufzunehmen. Tatsächlich erwies der Versuch, daß schon bei den kleinsten Verdrehungsmomenten von 4400 cmkg der Verdrehungswinkel wegen des Nachgebens der Niete etwa zweimal so groß war, als rechnungsmäßig zu erwarten stand.

In günstigerer Lage befinden sich die Niete, mit denen die Deckplatten an den wagerechten Schenkeln angeschlossen sind. Man erhält jetzt mit $\delta = 1{,}6$ cm, $t = 20$ cm

$$T = \frac{33\,000}{176{,}5} \cdot \frac{1{,}6^2}{4} \cdot 20 = 2390 \text{ kg},$$

[1]) Föppl, A.: Die Widerstandsfähigkeit von genieteten Trägern gegen Verdrehen. Bauing. 1922, S. 427.

[2]) Die Rechnung mit den in der Abb. 241 eingetragenen Massen liefert bei Zerlegung gemäß Abb. 239a

$$J_d = \frac{1{,}30}{3}\,[16 \cdot 1^3 + 2 \cdot 7{,}2 \cdot 2{,}6^3 + 2 \cdot 17 \cdot 1{,}6^3 + 4 \cdot 2{,}5 \cdot 0{,}8^3] = 179{,}2 \text{ cm}^4.$$

und mit $h = 17$ cm bzw. $h' = (17 - 0{,}64 \cdot 1{,}6) = 16$ cm, das Moment

$$T h' = 2390 \cdot 16 = 38240 \text{ cmkg}.$$

Die beiden Nietreihen haben 10 cm Abstand voneinander, somit entfällt auf einen Niet eine Last von

$$\frac{38240}{10} = 3824 \text{ kg}.$$

Die Schubbeanspruchung des 2 cm starken Nietes beträgt somit **1220 kg/cm²**. Die geringe Drehungssteifigkeit des Versuchsträgers findet sonach hauptsächlich ihre Erklärung im Versagen der Halsniete. Die beiden Winkelschenkel und der zwischen ihnen befindliche Stegblechteil, widerstehen nicht zusammen, sondern einzeln dem Angriffsmoment. Macht man diese Annahme und berechnet auf Grund derselben J_d', so findet man hierfür

$$J_d' = 78{,}9 \text{ cm}^4.$$

Der beim Versuch festgestellte Drillungswiderstand betrug bei kleinen Belastungen, wo die Halsniete noch etwas übernehmen konnten, $0{,}5 \cdot 176{,}5 = 83{,}2$ cm⁴, bei der Höchstbelastung aber nur $0{,}38 \cdot 176{,}5 = 67{,}0$ cm⁴.

Man hat daher auf das sorgfältigste auf das Auftreten selbst kleinster Drehmomente zu achten, da sie förmlich unheilvolle Wirkungen auf die Nietverbindungen ausüben. Es gibt, um es drastisch auszusprechen, wohl kein besseres Mittel, um die Nietverbindungen eines biegungssteifen Trägers zu zerstören, als ihn Verdrehungsmomenten zu unterwerfen. Besonders ungünstig verhalten sich jene Stabteile, die bloß durch eine einzige Nietreihe verbunden sind.

b) Von Längsspannungen begleitete Verdrehung.

Wir haben bereits in der Einleitung dieses Absatzes bemerkt, daß reine Verdrehung — wenn man vom Kreis- und Kreisringquerschnitt, die aber hier keine Rolle spielen, absieht — in Wirklichkeit nie anzutreffen ist. Das Problem der von Längsspannungen begleiteten Verdrehung, das wir dort kurz gestreift hatten, wurde bisher noch keiner strengen Lösung zugeführt. Ein erster Versuch, auf einem Näherungswege der Aufgabe beizukommen, rührt von Timoschenko her, der im Zusammenhange mit der Behandlung der Frage der Kipperscheinungen bei I-Trägern auch die Biegungserscheinungen, die die Verdrehung begleiten, in Rechnung zu ziehen sucht.

Wird ein Stab an beiden Enden festgehalten und greifen zwischen den Endpunkten Drehmomente an, so entstehen Längsspannungen in den Gurten desselben, die wegen ihrer ungleichen Verteilung über dem Querschnitt mit Verbiegungen der Gurtungen Hand in Hand gehen. In der Abb. 242 ist ein Stück des verformten Stabes dargestellt, den wir uns hier als I-Träger vorstellen wollen. Die Horizontalverschiebung der oberen Gurtachse an der Stelle x sei η, φ der Winkel, um den sich die lotrechte Querschnittachse dreht. Die Stabachse selbst bleibt gerade und werde als Biegungsachse gewählt.

Zwischen φ und η besteht die aus der Abbildung leicht ablesbare Beziehung

$$\eta = \frac{h}{2} \varphi;$$

d. h. Ausbiegung η und Querschnittsverdrehung φ sind, solange η und φ kleine Größen sind, einander proportional.

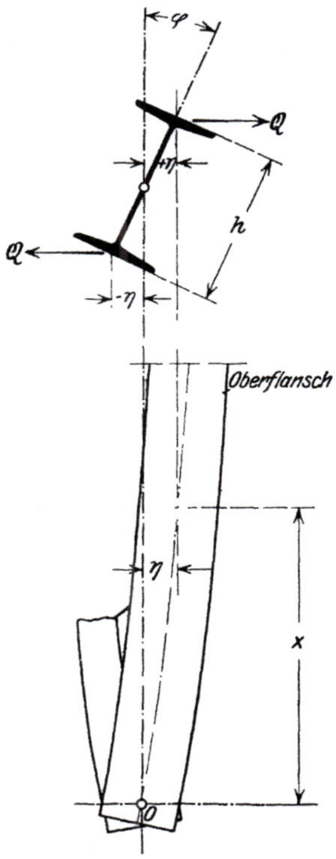

Abb. 242.

Bezeichnet M_d das Verdrehungsmoment der äußeren Kräfte, $\pm\mathfrak{M}_b$ das Biegungsmoment im Ober- bzw. Unterflansch des Stabes, $\mathfrak{Q}_b$ die Querkraft im Ober- bzw. Unterflansch, $\mathfrak{M}_d$ das resultierende Moment der Verdrehungsspannungen in irgendeinem Querschnitt, h den Abstand der Schwerpunkte der beiden Gurte, so gilt für jeden Querschnitt die Gleichgewichtsbedingung

$$\mathfrak{M}_d + \mathfrak{Q}_b h + M_d = 0.$$

Nun ist $\mathfrak{M}_d$ nach Gleichung (33')

$$\mathfrak{M}_d = G J_d \vartheta = G J_d \frac{d\varphi}{dx},$$

wenn man beachtet, daß die spezifische Verdrehung ϑ nichts anderes bedeutet, als die Änderung von φ auf der Strecke dx.

Für $\mathfrak{Q}_b$ besteht die Beziehung

$$\mathfrak{Q}_b = \frac{d\mathfrak{M}_b}{dx} = -EJ\frac{d^3\eta}{dx^3} = -EJ\frac{h}{2}\frac{d^3\varphi}{dx^3},$$

wo J das für die Flanschbiegung in Betracht kommende Trägheitsmoment eines Flansches ist.

Die Einführung von $\mathfrak{M}_d$ und $\mathfrak{Q}_b$ in die oben aufgestellte Gleichgewichtsbedingung gegen Verdrehen liefert schließlich die Differentialgleichung für φ, nämlich

$$G J_d \frac{d\varphi}{dx} - EJ\frac{h^2}{2}\frac{d^3\varphi}{dx^3} + M_d = 0, \quad \ldots \ldots \ldots \ldots (41)$$

wodurch auch η und alle übrigen Größen gegeben sind.

Setzt man

$$\frac{2}{h^2}\frac{G}{E}\frac{J_d}{J} = \alpha^2 \qquad \text{und} \qquad \frac{2}{EJh^2} = \beta,$$

so nimmt Gleichung (41) die Form an:

$$\frac{d^3\varphi}{dx^3} - \alpha^2\frac{d\varphi}{dx} = \beta M_d. \quad \ldots \ldots \ldots \ldots (41')$$

Die allgemeine Lösung dieser von Timoschenko[1]) aufgestellten Differentialgleichung lautet

$$\varphi = C_1 \operatorname{Sin} \alpha x + C_2 \operatorname{Cof} \alpha x + C_3 - \frac{\beta M_d}{\alpha^2} x. \quad \ldots \ldots \ldots (42)$$

Die Festwerte C hängen von den Randbedingungen des Einzelfalles ab. Mit φ sind alle übrigen Rechnungsgrößen bekannt und zwar

$$\eta = \varphi\frac{h}{2}, \quad \mathfrak{M}_b = -\frac{h}{2}EJ\frac{d^2\varphi}{dx^2}, \quad \mathfrak{M}_d = GJ_d\frac{d\varphi}{dx}, \quad \mathfrak{Q}_b = -\frac{h}{2}EJ\frac{d^3\varphi}{dx^3}. \ldots (43)$$

Wir untersuchen nun eine einfache, häufig vorkommende Belastungsweise:

Zwei gleichgroße und gleichgerichtete Drehmomente greifen in Punkten, die symmetrisch zur Stabmitte liegen, an.

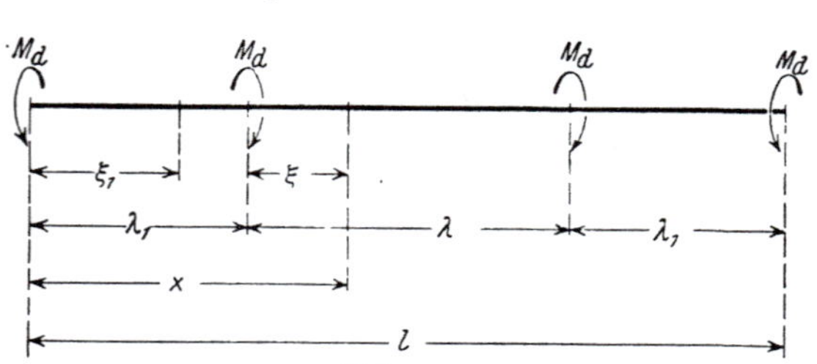

Abb. 243.

In den Außenfeldern des Stabes ist das Angriffsmoment, siehe Abb. 243, gleich M_d, im Mittelfelde ist es Null. Als Gleichungen für die Verdrehungswinkel φ in jedem der Stababschnitte erhalten wir gemäß Gleichung (42), wenn alle Größen, die sich auf die Außenfelder beziehen, mit dem Zeiger 1 bezeichnet, die sich auf das Mittelfeld beziehen, aber ohne Zeiger belassen werden:

Für die Außenfelder:

$$\varphi_1 = C_1^1 \operatorname{Sin} \alpha\xi_1 + C_2^1 \operatorname{Cof} \alpha\xi_1 + C_3^1 - \frac{\beta M_d}{\alpha^2}\xi_1,$$

[1]) Timoschenko: Einige Stabilitätsprobleme d. Elastizitätstheorie. Z. f. M. u. Ph. 1910, S. 337.

für das Mittelfeld:

$$\varphi = C_1 \operatorname{Sin} \alpha\xi + C_2 \operatorname{Cof} \alpha\xi + C_3 .$$

Denken wir uns den Querschnitt in Stabmitte festgehalten, so ist für diesen Punkt φ und $\frac{d\varphi}{d\xi} = 0$. Die Grenzbedingungen lauten sonach:

Für $\xi_1 = 0, \quad \mathfrak{M}_b^1 = 0, \quad$ d. h. $\frac{d^2\eta_1}{d\xi_1^2} = \frac{d^2\varphi_1}{d\xi_1^2} = 0;$

für $\left.\begin{array}{l}\xi_1 = \lambda_1\\ \xi = 0\end{array}\right\}, \quad \varphi_1 = \varphi, \quad \frac{d\varphi_1}{d\xi_1} = \frac{d\varphi}{d\xi}, \quad \frac{d^2\varphi_1}{d\xi_1^2} = \frac{d^2\varphi}{d\xi^2};$

für $\xi = \frac{\lambda}{2}, \quad \varphi = 0, \quad \frac{d\varphi}{d\xi} = 0.$

Sie liefern die 6 Bestimmungsgleichungen

$$C_2^1 = 0,$$

$$C_1^1 \operatorname{Sin} \alpha\lambda_1 + C_2^1 \operatorname{Cof} \alpha\lambda_1 + C_3^1 - \frac{\beta M_d}{\alpha^2}\lambda_1 = C_2 + C_3,$$

$$C_1^1 \operatorname{Cof} \alpha\lambda_1 + C_2^1 \operatorname{Sin} \alpha\lambda_1 - \frac{\beta M_d}{\alpha^3} = C_1,$$

$$C_1^1 \operatorname{Sin} \alpha\lambda_1 + C_2^1 \operatorname{Cof} \alpha\lambda_1 = C_2,$$

$$C_1 \operatorname{Sin} \frac{\alpha\lambda}{2} + C_2 \operatorname{Cof} \frac{\alpha\lambda}{2} + C_3 = 0,$$

$$C_1 \operatorname{Cof} \frac{\alpha\lambda}{2} + C_2 \operatorname{Sin} \frac{\alpha\lambda}{2} = 0.$$

Ihre Auflösung ergibt mit $\frac{l}{2} = \lambda_1 + \frac{\lambda}{2}$

$$C_1^1 = \frac{\beta M_d}{\alpha^3} \frac{\operatorname{Cof} \frac{\alpha\lambda}{2}}{\operatorname{Cof} \frac{\alpha l}{2}}, \qquad C_1 = \frac{\beta M_d}{\alpha^3}\left[\frac{\operatorname{Cof} \frac{\alpha\lambda}{2} \operatorname{Cof} \alpha \frac{l-\lambda}{2}}{\operatorname{Cof} \frac{\alpha l}{2}} - 1\right],$$

$$C_2^1 = 0, \qquad C_2 = \frac{\beta M_d}{\alpha^3} \frac{\operatorname{Cof} \frac{\alpha\lambda}{2} \operatorname{Sin} \alpha \frac{l-\lambda}{2}}{\operatorname{Cof} \frac{\alpha l}{2}},$$

$$C_3^1 = \frac{\beta M_d}{\alpha^3}\left[\alpha \frac{l-\lambda}{2} - \frac{\operatorname{Sin} \alpha \frac{l-\lambda}{2}}{\operatorname{Cof} \frac{\alpha l}{2}}\right]; \qquad C_3 = -\frac{\beta M_d}{\alpha^3} \frac{\operatorname{Sin} \alpha \frac{l-\lambda}{2}}{\operatorname{Cof} \frac{\alpha l}{2}}.$$

Schließlich findet man für die Verdrehungswinkel φ_1 und φ

$$\varphi_1 = \frac{\beta M_d}{\alpha^3}\left\{\frac{\operatorname{Cof} \frac{\alpha\lambda}{2}}{\operatorname{Cof} \frac{\alpha l}{2}} \operatorname{Sin} \alpha\xi_1 - \frac{\operatorname{Sin} \alpha \frac{l-\lambda}{2}}{\operatorname{Cof} \frac{\alpha l}{2}} + \alpha\left(\frac{l-\lambda}{2} - \xi_1\right)\right\},$$

$$\varphi = \frac{\beta M_d}{\alpha^3}\left\{\frac{\operatorname{Cof} \frac{\alpha\lambda}{2}}{\operatorname{Cof} \frac{\alpha l}{2}} \operatorname{Sin} \alpha\left(\frac{l-\lambda}{2} + \xi\right) - \frac{\operatorname{Sin} \alpha \frac{l-\lambda}{2}}{\operatorname{Cof} \frac{\alpha l}{2}} - \operatorname{Sin} \alpha\xi\right\}.$$

Wir formen diese Gleichungen noch um, indem wir

$$\frac{\beta M_d}{\alpha^3} = \frac{M_d}{\alpha G J_d}, \qquad \xi_1 = x, \qquad \xi = x - \lambda_1 = x - \frac{l-\lambda}{2}$$

einführen und erhalten:

$$\left.\begin{aligned}
\varphi_1 &= \frac{M_d}{\alpha G J_d}\left\{\frac{\mathfrak{Cof}\,\frac{\alpha\lambda}{2}}{\mathfrak{Cof}\,\frac{\alpha l}{2}}\,\mathfrak{Sin}\,\alpha x - \frac{\mathfrak{Sin}\,\alpha\,\frac{l-\lambda}{2}}{\mathfrak{Cof}\,\frac{\alpha l}{2}} + \alpha\left(\frac{l-\lambda}{2} - x\right)\right\},\\
\varphi &= \frac{M_d}{\alpha G J_d}\left\{\frac{\mathfrak{Cof}\,\frac{\alpha\lambda}{2}}{\mathfrak{Cof}\,\frac{\alpha l}{2}}\,\mathfrak{Sin}\,\alpha x - \frac{\mathfrak{Sin}\,\alpha\,\frac{l-\lambda}{2}}{\mathfrak{Cof}\,\frac{\alpha l}{2}} - \mathfrak{Sin}\,\alpha\left(x - \frac{l-\lambda}{2}\right)\right\},
\end{aligned}\right\} \quad \ldots (44)$$

wobei

$$\alpha = \frac{1}{h}\sqrt{2\,\frac{G}{E}\,\frac{J_d}{J}}; \qquad \text{gültig für } 0 < x < \frac{l}{2}.$$

φ stellt die Relativverdrehung eines Querschnittes mit der Abszisse x gegen den festgehaltenen Mittelquerschnitt vor.

Aus den Gleichungen (44) folgt, wenn man die Verknüpfungen (43) beachtet:

Für die Außenfelder:

$$\left.\begin{aligned}
\mathfrak{M}_b &= -\frac{M_d}{\alpha h}\,\frac{\mathfrak{Cof}\,\frac{\alpha\lambda}{2}}{\mathfrak{Cof}\,\frac{\alpha l}{2}}\,\mathfrak{Sin}\,\alpha x,\\
\mathfrak{M}_d &= M_d\left[\frac{\mathfrak{Cof}\,\frac{\alpha\lambda}{2}}{\mathfrak{Cof}\,\frac{\alpha l}{2}}\,\mathfrak{Cof}\,\alpha x - 1\right],\\
\mathfrak{Q}_b &= -\frac{M_d}{h}\,\frac{\mathfrak{Cof}\,\frac{\alpha\lambda}{2}}{\mathfrak{Cof}\,\frac{\alpha l}{2}}\,\mathfrak{Cof}\,\alpha x;\\
&\text{für das Mittelfeld:}\\
\mathfrak{M}_b &= -\frac{M_d}{\alpha h}\left[\frac{\mathfrak{Cof}\,\frac{\alpha\lambda}{2}}{\mathfrak{Cof}\,\frac{\alpha l}{2}}\,\mathfrak{Sin}\,\alpha x - \mathfrak{Sin}\,\alpha\left(x - \frac{l-\lambda}{2}\right)\right],\\
\mathfrak{M}_d &= M_d\left[\frac{\mathfrak{Cof}\,\frac{\alpha\lambda}{2}}{\mathfrak{Cof}\,\frac{\alpha l}{2}}\,\mathfrak{Cof}\,\alpha x - \mathfrak{Cof}\,\alpha\left(x - \frac{l-\lambda}{2}\right)\right],\\
\mathfrak{Q}_b &= -\frac{M_d}{h}\left[\frac{\mathfrak{Cof}\,\frac{\alpha\lambda}{2}}{\mathfrak{Cof}\,\frac{\alpha l}{2}}\,\mathfrak{Cof}\,\alpha x - \mathfrak{Cof}\,\alpha\left(x - \frac{l-\lambda}{2}\right)\right]\\
&\text{gültig für } 0 < x < \frac{l}{2}.
\end{aligned}\right\} \quad \ldots (45)$$

Ist der Stab bloß in der Mitte durch das Drehmoment M_d belastet, so ist $\lambda = 0$ und die Gleichungen (45) gehen, wenn man beachtet, daß statt M_d noch $\frac{M_d}{2}$ zu setzen ist, in folgende Beziehungen über:

$$\mathfrak{M}_b = -\frac{M_d}{2\alpha h}\frac{\mathfrak{Sin}\,\alpha x}{\mathfrak{Cos}\,\frac{\alpha l}{2}}, \qquad \mathfrak{M}_d = \frac{M_d}{2}\left[\frac{\mathfrak{Cos}\,\alpha x}{\mathfrak{Cos}\,\frac{\alpha l}{2}} - 1\right], \qquad \mathfrak{Q}_b = -\frac{M_d}{2h}\frac{\mathfrak{Cos}\,\alpha x}{\mathfrak{Cos}\,\frac{\alpha l}{2}}. \tag{46}$$

Um das Zusammenwirken von Biegungs- nnd Torsionsmoment zu veranschaulichen, führen wir die Berechnung in einem Einzelfalle durch.

Ein genieteter I-Träger von 50 cm Stegblechhöhe und 1 cm Stegblechstärke mit 4 Gurtwinkeln 80·80·10 und je einer Gurtplatte 180·10 sei in der Mitte mit einem Verdrehungsmoment M_d belastet. Wir untersuchen zwei Fälle: 1) $l = 200$ cm, 2) $l = 800$ cm. Das Trägheitsmoment eines Gurtes (Deckplatte und wagerechte Winkelschenkel), bezogen auf die lotrechte Gurtachse beträgt $J = 895{,}4$ cm^4, der Drillungswiderstand des ganzen Trägers ist $J_d = 297{,}3$ cm^4. Mit $E = 2150$ t/cm^2 und $G = 830$ t/cm^2 berechnet man zunächst

$$\alpha = \frac{1}{50}\sqrt{\frac{2\cdot 830\cdot 297{,}3}{2150\cdot 895{,}4}} = 0{,}01013$$

und damit nach der Formel (46) für $\frac{l}{2} = 100$

$$\mathfrak{M}_b = -\frac{M_d}{2\cdot 0{,}01013\cdot 50}\,\frac{\mathfrak{Sin}\,\alpha x}{\mathfrak{Cos}\,1{,}013} = -\frac{M_d}{1{,}580}\,\mathfrak{Sin}\,\alpha x,$$

$$\mathfrak{M}_d = \frac{M_d}{2}\left(\frac{\mathfrak{Cos}\,\alpha x}{\mathfrak{Cos}\,1{,}013} - 1\right) = \frac{M_d}{2}\left(\frac{\mathfrak{Cos}\,\alpha x}{1{,}559} - 1\right);$$

und für $\frac{l}{2} = 400$

$$\mathfrak{M}_b = -\frac{M_d}{2\cdot 0{,}01013\cdot 50}\,\frac{\mathfrak{Sin}\,\alpha x}{\mathfrak{Cos}\,4{,}052} = -\frac{M_d}{29{,}13}\,\mathfrak{Sin}\,\alpha x,$$

$$\mathfrak{M}_d = \frac{M_d}{2}\left(\frac{\mathfrak{Cos}\,\alpha x}{\mathfrak{Cos}\,4{,}052} - 1\right) = \frac{M_d}{2}\left(\frac{\mathfrak{Cos}\,\alpha x}{28{,}76} - 1\right).$$

Der Verlauf von $\mathfrak{M}_b$ und $\mathfrak{M}_d$ ist für $M_d = 1$ in der Abb. 244a und b eingetragen. Ein Blick auf die beiden Abbildungen läßt sofort den großen Unterschied in dem Anteil, den das Torsionsmoment $\mathfrak{M}_d$ an der Aufnahme des Angriffsmomentes M_d hat, erkennen. Im ersten Falle (2 m Stützweite) ist $\mathfrak{M}_d$ bedeutend kleiner als $\mathfrak{M}_b$, das Biegungsmoment überwiegt im Mittelbereich des Stabes. Der Größtwert von $\mathfrak{M}_d$ beträgt $0{,}179\ M_d$. Das Biegungsmoment selbst zeigt einen Verlauf, der ganz ähnlich demjenigen eines freigelagerten Balkens ist. Der Wert in Trägermitte ist nur statt $1\cdot M_d$ etwas geringer, d. i. $0{,}759\ M_d$. Ganz anders verhält sich der 8 m lange Stab. Das Biegungsmoment erreicht in Stabmitte kaum ein Viertel jenes Wertes, den man erhält, wenn man den Flansch als freigelagerten Balken berechnet; es macht sich auch nur im Mittelteil des Balkens bemerkbar und klingt zu beiden Seiten der Mitte sehr rasch ab. Umgekehrt ist $\mathfrak{M}_d$ stark angewachsen, an den Trägerenden nahezu auf den Wert von $\frac{M_d}{2}$, welchen Wert es dort bei reiner Verdrehung haben müßte. In Abb. 244 sind noch gestrichelt die $(\mathfrak{M}_b)$- und $(\mathfrak{M}_d)$-Linien eingetragen. Beide Linien sind bestimmt unter der Annahme, daß M_d entweder nur durch die Biegung der Flanschen oder nur durch die Torsionsschubspannungen aufgenommen werde. Wir erkennen daher, daß es weder angeht, die Verdrehung allein zu berücksichtigen, noch daß es erlaubt ist, bloß die Biegungsmomente in den Trägergurten für sich ohne Rücksichtnahme auf die gleichzeitig stattfindende Verdrehung in Rechnung zu stellen. Hält man sich vor Augen, wie gering der Verdrehungswiderstand der üblichen Stabformen ist, so wird man die Notwendigkeit einer genauen Berechnung des aufzunehmenden Drehmomentes einsehen. Die Ermittelung der maßgebenden Momente ist aber mit Hilfe der Formeln (45) und (46) verhältnismäßig einfach.

Eine Anwendung der in diesem Absatz entwickelten Formeln findet der Leser in **73**.

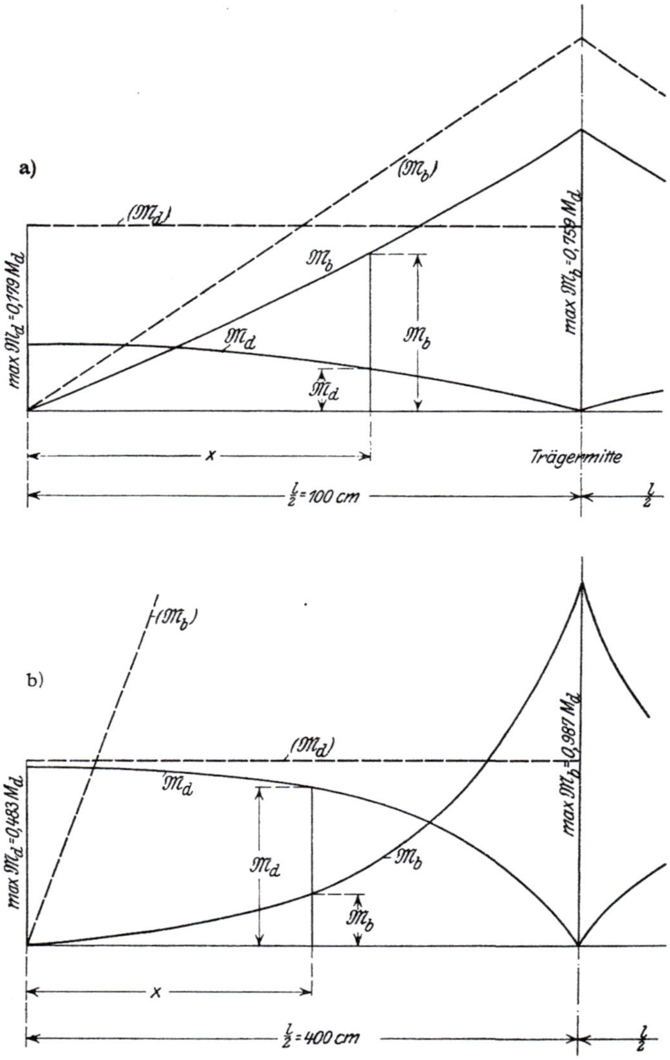

Abb. 244.

Die für den I-Querschnitt abgeleiteten Gleichungen gelten, da die Lage des die Gurten verbindenden Steges ohne Einfluß auf den oben durchgeführten Rechnungsgang ist, auch in erster Annäherung für ⊐- und ⅂-Querschnitte, insbesonders also auch für die im Brückenbau häufigen, einerseits offenen doppelwandigen Gurtquerschnitte. Die Stege dieser ⊓-förmigen Stäbe stellen die Flanschen vor[1]).

Bei Ermittelung der größten Materialanstrengungen ist noch folgendes zu beachten: Die von $\mathfrak{M}_b$ hervorgerufenen größten Biegungsspannungen treten an den Flanschrändern auf, während die größten Verdrehungsschubspannungen, die von $\mathfrak{M}_d$ herrühren, in der Mitte des stärksten Querschnittsteiles zur Auswirkung kommen. Die Größtwerte der Biegungsspannungen treten in Trägermitte, die größte Schubbeanspruchung an den Trägerenden auf. Schubspannung und Längsspannung können daher getrennt ermittelt und mit den zugehörenden zulässigen Beanspruchungen verglichen werden.

§ 15. Die Niet- und Schraubenverbindungen.

62. Ergebnisse der Versuchsforschung.

Die Frage der Festigkeit der Nietverbindungen und der Kräfteverteilung in denselben gehört, trotz der zahlreichen Versuche, die gerade zur Erforschung der Gesetzmäßigkeiten der Nietverbindungen angestellt wurden, zu den noch wenig geklärten Problemen im Eisenbau. Die Ursache liegt einerseits in der Schwierigkeit der Aufgabe

[1]) Genau genommen wirkt bei unsymmetrischer Lage des Steges dieser bei der Aufnahme des Biegungsmomentes mit.

selbst, anderseits in der Tatsache, daß bis in die jüngste Zeit bei keinem Versuch das eigentliche Kräftespiel in einer Nietverbindung verfolgt wurde, die meisten Erprobungen sich vielmehr darauf beschränkten, die Verbindung als Ganzes zu betrachten und in der Regel bloß Festigkeit oder Gleitbeginn festgestellt wurde. Unser Streben geht aber dahin, die Kräfteverteilung und die Formänderungen in der Nietverbindung noch vor dem Bruch unter der Wirkung der Nutzlasten zu erkennen, um die Überlastung einzelner Teile der Verbindung zu vermeiden und so die Sicherheit des Ganzen zu erhöhen. Den ersten Versuch, tiefer in die Kräfteverteilung derartiger Verbindungen einzudringen, machte Dr.-Ing. Cl. Findeisen. Seine Arbeit, auf die wir noch zurückkommen werden, gewährt, im Zusammenhang mit den weiter unten folgenden theoretischen Überlegungen, wertvolle Aufschlüsse.

Unsere Aufgabe ist es zunächst auf Grund theoretischer Betrachtungen und unter Heranziehung des vorhandenen Versuchsmaterials ein einfaches und tunlichst klares Bild von der Art der Kraftübertragung in den Nietverbindungen zu gewinnen, um die üblichen Bau- und Berechnungsregeln kritisch prüfen zu können.

Die ersten Versuche mit Nietverbindungen wurden in England von Fairbairn 1850 angestellt[1]). Viel später folgte in Deutschland Harkort, dann Gerber und Zimmermann. Von französischen Untersuchungen mögen hier nur die Versuche Considères hervorgehoben werden. Von Versuchen aus jüngster Zeit über Nietverbindungen seien hier die Arbeiten der Maintenance of Way Association über Flußstahlniete, von Talbot und Moore über Nickelstahlniete in Amerika, von Preuß über Nickelstahlniete in Flußeisenblechen und die umfangreichen Untersuchungen, die Rudeloff im Auftrage des deutschen Eisenbauverbandes angestellt hat, erwähnt. Auf diese neueren Versuche kommen wir noch ausführlich zurück.

Schon die ältesten Versuche haben erkennen lassen, daß die Festigkeit einer Nietverbindung nicht nur von dem Widerstand der Niete, sondern auch im hohen Maße von der Festigkeit des gelochten Stabes abhängt. So findet Unwin als Mittelwert der zahlreichen vor 1880 gemachten Versuche das Verhältnis

$$\frac{\text{Tatsächliche Zugfestigkeit der Verbindung}}{\text{Zugfestigkeit des schwächsten Querschnittes}} = \underset{\text{gestanzte Nietlöcher}}{0{,}768} \qquad \underset{\text{gebohrte Nietlöcher}}{0{,}885}.$$

Auf die Verminderung der Tragfähigkeit der durch die Nietlöcher verschwächten Bauelemente wirken ein:

1. Die Beschädigung der Lochränder bei der Herstellung der Löcher, insbesonders beim Stanzen, sowie Verringerung der Bruchdehnung durch örtliche Härtung des Materials beim Stanzen der Löcher.

2. Die Erhöhung der Spannungen an den Lochrändern gegenüber der auf dem Mindestquerschnitt bezogenen durchschnittlichen Spannung (siehe unter **57**), sowie die Verringerung der Gesamtbruchdehnung gelochter Stäbe gegenüber ungelochten.

Zu 1. Durch Versuche wurde festgestellt, daß die Verringerung der Tragfähigkeit einer Nietverbindung durch Stanzen der Löcher statt durch Bohren bei Flußeisen 10 bis 20 %, bei Flußstahl bis 30 % beträgt und im allgemeinen um so größer ist, je geringer die Dehnbarkeit des Materials ist und je größer bei gleichem Lochdurchmesser d die Plattenstärke δ war[2]).

Das im Brückenbau verwendete Flußeisen ist nach den Untersuchungen, die der Österr. Ing.- u. Arch.-Verein in den Jahren 1889 und 1897 angestellt hat, äußerst empfindlich gegen äußere Verletzungen. Derartige Verletzungen treten aber beim gewaltsamen

[1]) Einen ausführlichen geschichtlichen Überblick über die älteren Versuche bis zum Jahre 1880 bringt Unwin, Über Nietverbindungen. Deutsche Übersetzung von Löwe, Wien 1880.

[2]) Weyrauch, Festigkeitseigenschaften und Dimensionsberechnung, Leipzig 1889.

Durchdrücken des Lochstempels durch das Material beim Stanzen der Löcher ein. Auf der Austrittseite des Stempels erscheinen die Lochränder gehärtet. Der Österr. Ing.- und Arch.-Verein hatte 1887 zwei Blechträgerpaare von 10 m Stützweite und 1,2 m Höhe aus Martinflußeisen gleicher Charge, also von nahezu gleicher Festigkeit, einer vergleichenden Belastungsprobe bis zum Bruch unterworfen. Das eine Trägerpaar samt Querverband hatte gebohrte Nietlöcher, das andere gestanzte. Der Bruch des ersten Trägerpaares trat bei einer rechnungsmäßigen Größtspannung von 3,3 t/cm², die des zweiten bei 2,8 t/cm² ein. Die Verringerung der Tragfähigkeit durch das Stanzen der Löcher betrug somit 18 %. Die gesamte Widerstandsarbeit betrug im ersten Falle 277,3 cmt, im zweiten Falle 140,8 cmt, also fast die Hälfte. Nun bildet aber das plastische Arbeitsvermögen einer Baukonstruktion einen Maßstab für die Widerstandsvermögen gegen plötzliche Krafteinwirkungen (Stöße). Durch das Stanzen der Nietlöcher wird dieses erheblich verringert[1]).

Die Herstellung der Nietlöcher durch Stanzen ist daher in Deutschland und Österreich, in der Schweiz und in vielen andern europäischen Ländern bei der Herstellung eiserner Brücken ausnahmslos verboten.

Zu 2. Der Einfluß der Erhöhung der Spannungen am Lochrande auf die Bruchfestigkeit gelochter Stäbe ist klein, da nach Überschreiten der Elastizitätsgrenze ein Ausgleich der Spannungen stattfindet. Die dem Bruch vorangehende bleibende Dehnung ist beim gelochten Stabe geringer als beim ungelochten. Dies erklärt sich daraus, daß die vor und hinter den Nietlöchern liegenden Stabstreifen von Lochbreite vor Eintritt des Bruches kaum nennenswert gestreckt werden. Die plastische Formänderungsarbeit, die im Stabe bis zum Bruch aufgespeichert werden kann, ist daher geringer als beim vollen Stab, dementsprechend ist auch die Zugkraft, die dem verkleinerten Arbeitsvermögen des Stabes entspricht, geringer als beim unverletzten Stab.

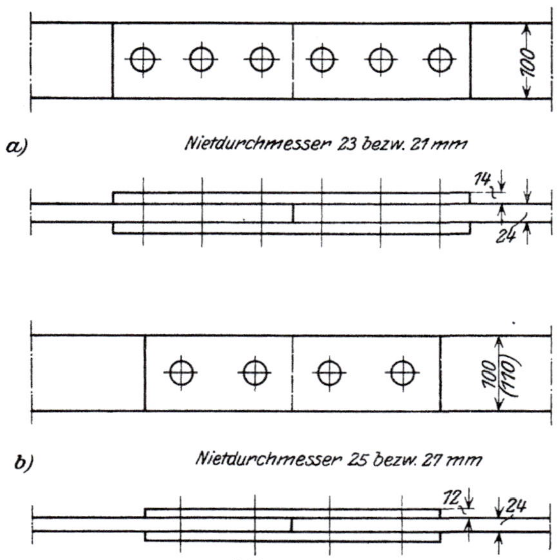

Abb. 245.

Auf Veranlassung des Deutschen Eisenbau-Verbandes führte Rudeloff zahlreiche Versuche mit Nietverbindungen durch[2]). Zu sämtlichen Proben wurde Thomasflußeisen, das den deutschen Normalbedingungen entsprach, verwendet. Auch das Nietmaterial bestand aus Thomasflußeisen.

Die erste Versuchsreihe umfaßte 36 Verbindungen, die alle gleich gemäß Abb. 245a ausgebildet waren. Zur Erprobung gelangte Handnietung, Lufthammer- und Kniehebelnietung. Mit jedem Nietverfahren werden 12 Stück Probestücke hergestellt, wovon die eine Hälfte mit Nieten mit kegelförmigem Ansatz, die andere Hälfte mit Nieten ohne kegelförmigen Ansatz versehen waren.

Aus den Versuchen ging zunächst hervor, daß der kegelförmige Ansatz (kleines Versenk) keinen Einfluß auf die Haltbarkeit der Nietverbin-

[1]) Bericht des Brückenmaterial-Comités über die Verwendung des Flußeisens zu Brückenkonstruktionen. J. E. Brik: Fachwissenschaftliche Erörterungen zu dem obigen Bericht. Z. öst. Ing.-V. 1891.

[2]) Zweiter Bericht über Festigkeitsversuche mit Eisenkonstruktionen, erstellt von der Versuchskommission des Vereines deutscher Brücken- und Eisenbaufabriken. Z.V.d.I. 1909, S. 1019. Rudeloff: Versuche mit Nietverbindungen und Brückenteilen, Berlin 1912.

dungen ausübt. Er kann daher wegbleiben. Die Kniehebelnietung lieferte in allen Fällen die höchste Festigkeit, doch war diese nur unerheblich größer als bei Hand- oder Lufthammernietung. Somit ist auch das Nietverfahren ohne nennenswerten Einfluß auf die Tragfähigkeit der Verbindung.

Bei einer zweiten Gruppe von Versuchen, die den Zweck hatten, festzustellen, ob Zugkräfte mit dem gleichen Nutzen durch Niete mit kleinerem oder größerem Durchmesser übertragen werden können, wurden vier Versuchsreihen erprobt. Zwei Gruppen erhielten beiderseits des Stoßes 3 Niete von 2,3 bzw. 2,1 cm Durchmesser, die andern beiden Gruppen je zwei Niete von 2,7 bzw. 2,5 cm Durchmesser (Abb. 245a, b). Auch hier wurden die drei Nietverfahren in Parallelversuchen verglichen und auch geschraubte Verbindungen der Erprobung unterworfen. Die Materialausnutzung, wie sie in den erzielten Bruchspannungen zutage trat, ist weder durch die Zahl und den Durchmesser der Niete noch durch die Art des Nietverfahrens beeinflußt. Die Festigkeit von Schraubenverbindungen ist nur um ein Weniges geringer als die der Nietverbindungen.

Eine weitere Versuchsgruppe befaßte sich mit dem Widerstand der Verbindungen bei verschiedenartiger Anordnung der Anschluß-Nietgruppe. Die Abb. 246 zeigt die drei zur Erprobung gebrachten Nietbilder. Auch hier erwies sich, daß die Form und die Art des Anschlußes keinen wesentlichen Einfluß auf die Festigkeit der Verbindung ausübt.

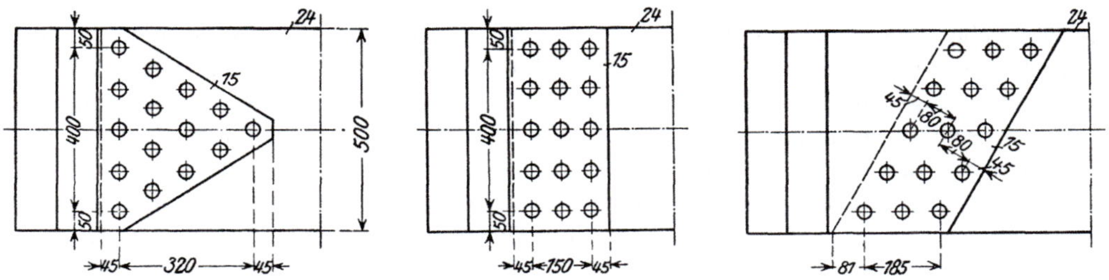

Abb. 246.

Die bei allen Versuchen festgestellten, auf die Nutzquerschnitte bezogenen Materialanstrengungen, erreichten annähernd die Materialfestigkeit. Im Mittel wurde gefunden:

Zugfestigkeit des Flacheisens, bei der die Proben zugrunde gingen: 3,84 t/cm².

Scherfestigkeit, bei der die Niete abgeschert wurden: 2,96 t/cm². Die Größe des Leibungsdruckes war innerhalb des durch die verschiedenen Proben gedeckten Gebietes ohne Einfluß auf die Höhe der Bruchlast.

Mit den bisher erwähnten Versuchen, die in erster Linie den Zweck verfolgten, den Einfluß einzelner Faktoren auf die Tragkraft der Nietverbindung als Ganzes festzustellen, gingen Versuche und Beobachtungen Hand in Hand, die die Formänderungen betrafen und die einen Einblick in die Art der Kräfteübertragung bei einer Nietverbindung gewähren sollten. Die Frage des Gleitbeginnes war es hauptsächlich, die die Forscher beschäftigte.

Der rotglühend eingezogene Niet zieht sich beim Erkalten zusammen und preßt die miteinander verbundenen Teile so kräftig aneinander, daß die entstehende Reibung in den Berührungsflächen erst von beträchtlichen äußeren Kräften überwunden werden kann. Man war daher zunächst von der Ansicht ausgegangen, daß die Festigkeit einer Nietverbindung von der Größe der Reibung — hier Gleitwiderstand genannt — abhänge. Diese Meinung ist heute noch in Frankreich vorherrschend und wird in Deutschland noch durch Bach vertreten[1]). Der warm geschlagene Niet zieht sich nach Bach

[1]) Bach: Maschinenelemente. 11. Auflage, Berlin 1913.

beim Erkalten derart zusammen, daß gar keine Berührung zwischen Nietschaft und Lochrand möglich ist, Kräfte also nicht durch den Nietschaft, sondern zunächst nur durch den Gleitwiderstand der aneinandergepreßten Teile übertragen werden. Für die Tragfähigkeit der Verbindung wäre demnach nicht die Scherfestigkeit der Niete, sondern der Gleitwiderstand maßgebend. Nun haben aber zahlreiche sorgfältig durchgeführte Versuche in jüngster Zeit erwiesen, daß merkbares Gleiten der verbundenen Teile bereits bei Belastungen eintritt, die unterhalb der üblichen Nutzbelastung liegen.

Von älteren Versuchen seien hier nur die Ergebnisse von Clark in England und Harkort in Deutschland angeführt. Der erstere fand den Reibungswiderstand im Mittel mit 900 kg/cm², der letztere mit 732 kg/cm² Nietquerschnitt.

Talbot und Moore, die Versuche mit Nickelstahlblechen, die mittels Nickelstahlniete verbunden waren, durchführten, fanden, daß das Gleiten bei einer Belastung des Nietquerschnittes von 724 kg/cm² eintritt. Bei ihren Versuchen wurden die Probestücke wiederholt belastet und entlastet. Bei der Entlastung gingen die Verschiebungen nicht mehr vollständig zurück[1]).

Dr.-Ing. Preuß führte 1908 sehr sorgfältig vorbereitete Feinmeßversuche mit 93 Nietverbindungen, die aus Flußeisenblechen mit Nickelstahlnieten von 3 bis 4 % Ni-Gehalt bestanden, aus. Die zur Beobachtung des Gleitens benützte Feinmeßvorrichtung gestattete die Feststellung von Verschiebungen bis zu 1/5000 mm. Da nun das Gleiten nicht plötzlich, sondern allmählich eintritt, so wurde erst jene spezifische Belastung, bei der die Verschiebung den Betrag von 1/100 mm erreichte, als Gleitwiderstand angesehen. Die Versuche zeigten einwandfrei, daß bei der üblichen Nutzlast der Niete deutlich wahrnehmbare Verschiebungen eintraten, so daß der Gleitwiderstand bei Belastungen als überwunden angesehen werden kann, die unterhalb der Nutzlast liegen. Erwähnt sei noch, daß sich die Festigkeit bei Laschenverbindungen mit Nickelstahlnieten etwa 1,5 mal so groß erwies als die gleichartiger Verbindungen mit Flußeisennieten[2]).

Zu den gleichen Ergebnissen gelangte auch Rudeloff in seinen bereits oben erwähnten Versuchen, bei denen nicht nur die Festigkeit der Verbindungen, sondern auch der Gleitbeginn festgestellt wurde. Nach Rudeloff trat das Gleiten sehr früh ein, etwa bei einer Belastung, die einer Zugbeanspruchung von 540 bis 1080 kg/cm² des schwächsten Querschnittes und einer Scherbeanspruchung der Niete von 400 bis 800 kg/cm² entsprach. Bei Hand- und Lufthammernietung trat das Gleiten im allgemeinen früher ein, als bei Kniehebelnietung. Die Verschiebungen wuchsen zunächst gleichmäßig mit der Lasterhöhung.

Die durch die Versuche festgestellte Tatsache der äußerst raschen Überwindung des keineswegs unbeträchtlichen Gleitwiderstandes läßt sich durch eine verhältnismäßig einfache theoretische Überlegung dem Verständnis näherbringen. Man betrachte nämlich eine beliebige Nietverbindung, z. B. den in Abb. 247a dargestellten Nietanschluß, als einen isotropen Körper. Zu dieser Auffassung ist man auch berechtigt, denn solange kein Gleiten eintritt, können in den Berührungsflächen $m-n$ und $p-q$ Schubkräfte durch die dort auftretende Reibung übertragen werden. Ebenso können wegen der durch die Niete hervorgerufenen Druckkräfte, die die Teile aneinanderpressen, auch sehr bedeutende Zugkräfte von Platte zu Platte geleitet werden. Bestimmt man nun für einen isotropen parallelepipedischen Körper $a\,b\,c\,d$ Abb. 247b, der unter der Wirkung der in dieser Abbildung angedeuteten Kräfte steht, sich also im wesentlichen so verhalten muß wie der Körper der Abb. 247a, die zur Zugrichtung parallelen Schubspannungen in den Flächen $m-n$ und $p-q$, so erhält man das in Abb. 247c dargestellte Verteilungsgesetz[3]). In unmittelbarer Nähe der Ränder $a\,b$ bzw. $c\,d$ sind die Schubspannungen, die vom Gleitwiderstand aufgenommen werden müssen, sehr groß, um rasch auf einen

[1]) Eisenbau 1910.

[2]) Dr.-Ing. E. Preuß: Die Festigkeit von Nickelstahlnieten in Flußeisenblechen. Darmstadt.

[3]) Über die Verteilung der Schubspannungen in parallelepipedischen Körpern siehe unter 65.

nahezu verschwindenden Wert abzuklingen. Die gesamte übertragene Kraft P muß daher in einem sehr schmalen Bereich von Platte zu Platte übertragen werden, da sich der größte Teil der Berührungsflächen an dieser Übertragung nahezu nicht beteiligt. Die Schubspannung steigt daher örtlich sehr hoch an und überwindet so mit Leichtigkeit den Reibungswiderstand. Man kann sich demnach Einleitung und Verlauf der Gleitbewegung etwa so vorstellen: Bei einer bestimmten Laststufe wird zunächst die Reibung in unmittelbarer Nähe des Lastangriffes, also an den Rändern ab und cd, wo die Schubspannungen ihren größten Wert erreichen, überwunden, in diesem Bereiche können keine Schubkräfte mehr übertragen werden, der Belastung widersteht jetzt ein homogener Körper von etwas geringerer Höhe, da ein Teil der Berührungsfläche ausgeschaltet ist. Die Spannungsverteilung ist jetzt eine ähnliche wie vorher, nur sind die steil aufsteigenden Teile der Schubspannungsfläche beiderseits etwas gegen die Mitte vorgerückt. Dadurch wird auch in einer zweiten Zone, falls die Reibung überall den gleichen Wert hat, dieser Widerstand überwunden. Auf diese Weise schreitet die Gleitbewegung

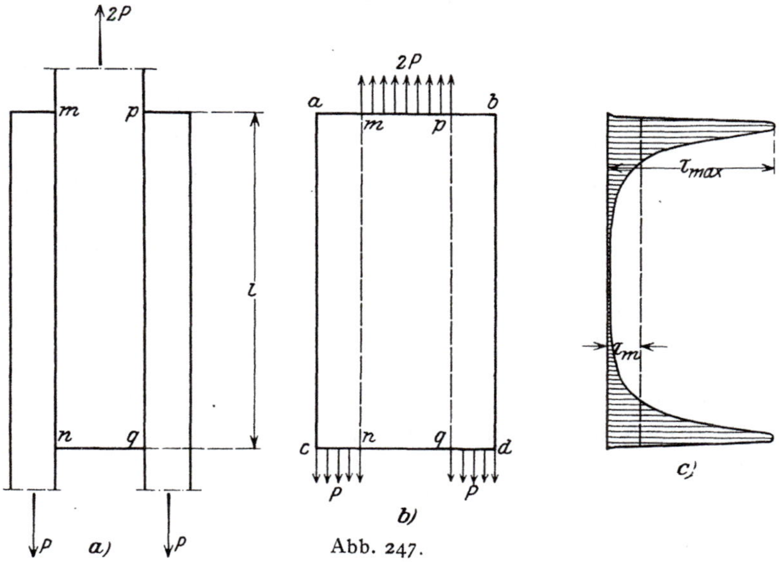

Abb. 247.

unaufhaltsam von den Rändern gegen die Mitte zu fort. In Wirklichkeit werden sich natürlich durch die mehr oder weniger ungleiche Verteilung des Gleitwiderstandes Unregelmäßigkeiten ergeben, die ein mehr ruckweises Nachgeben der Verbindung zur Folge haben. Da nun die Größtordinate der Schubspannungslinie ein Mehrfaches des Mittelwertes $\tau_m = \frac{P}{b\,l}$ ist, wobei l die Länge des Anschlusses, b die Breite der Platten bedeutet, so ist einzusehen, daß auf diese Art selbst bei kleinem τ_m bedeutende Gleitwiderstände schrittweise überwunden werden können.

Aus dieser Überlegung heraus und in Übereinstimmung mit den Ergebnissen der Versuche kommen wir zum Schlusse, daß für Nietverbindungen nicht die Größe des Reibungswiderstandes maßgebend sein kann, sondern nur die Festigkeit der Niete, da diese Bolzen es sind, die nach Überwindung der Reibung die Aufgabe übernehmen, die Kräfte aus dem einen Teil der Verbindung in den andern zu übertragen.

Nicht unerwähnt darf bleiben, daß erfahrungsgemäß der Kraftschluß durch Reibung Stoßwirkungen gegenüber sehr empfindlich ist. Dort, wo solche dynamische Wirkungen in Frage kommen, und dies ist bei den Brücken der Fall, wird die Reibung durch die Stöße bald überwunden sein und dann werden auf alle Fälle die Nietbolzen die Kraftleitung übernehmen müssen.

63. Theorie der Nietverbindungen.

In der technischen Praxis werden die Nietverbindungen in der Weise berechnet, daß man sich die Gesamtbelastung (Zug oder Druck) auf sämtliche Anschlußniete gleichmäßig aufgeteilt denkt. Eine einfache Überlegung lehrt aber, daß ein derartiger Gleichgewichtszustand mit Rücksicht auf die mit dieser Belastungsverteilung zusammenhängenden Formänderungen, solange wenigstens in allen Teilen das Proportionalitätsgesetz zwischen Spannung und Dehnung herrscht, unmöglich ist. Man betrachte z. B. die in Abb. 248 zur Darstellung gebrachte dreinietige Verbindung.

Wegen des steten Spannungsabfalles in der Richtung 1 bis 3 im Stabe A ist die Dehnung zwischen 1 und 2 größer als zwischen 2 und 3; daher auch $a_1 > a_2$. Entgegengesetztes gilt für den Stab B. Da aber wegen der Symmetrie $\varepsilon_1 = \varepsilon_3$ sein muß, so muß $\varepsilon_2 < \varepsilon_1$ sein, und wegen der vorausgesetzten Proportionalität zwischen Belastung und Dehnung muß auch die Nietkraft $N_2 < N_1$ sein, was aber der Annahme $N_1 = N_2 = N_3$ widerspricht. Wir kommen so zu dem Schlusse, daß die Nieten notwendigerweise ungleich belastet sein müssen. Es entsteht sonach hier die Frage: Wie groß sind die Unterschiede zwischen den tatsächlichen Nietbelastungen und der nach dem üblichen Verfahren bestimmten durchschnittlichen Belastung? Wir befinden uns hier in einer ähnlichen Lage wie bei der Frage der Nebenspannungen im Fachwerk. Dort rechnet man mit reibungslosen Gelenken und überzeugt sich nach Durchrechnung einiger typischer Fälle von der beiläufigen Größe der Nebenspannung, ohne im Einzelfalle die vereinfachte Berechnung aufzugeben. Auch hier liegt die Sache derart, daß wir an der üblichen Berechnung ihrer Einfachheit halber festhalten wollen, uns aber durch eine allgemeine Untersuchung zu überzeugen trachten, wie groß eigentlich der Fehler ist, den man bei der üblichen Annäherungsrechnung begeht und welche Faktoren auf eine Vermehrung oder Verminderung dieses Fehlers von Einfluß sind. Es sei noch bemerkt, daß man die Zusatzspannungen in den Nieten infolge der ungleichen Verteilung der Nietkräfte im Anschluß ganz gut mit den Fachwerknebenspannungen, die durch die steife Vernietung der Knotenpunkte entstehen, in Parallele stellen kann, da sie mit ihnen die wichtige Eigenschaft gemein haben, nach Überschreiten der Elastizitätsgrenze rasch abzunehmen, so daß in dem Maße, als sich die Beanspruchung der Verbindung der Bruchgrenze nähert, auch die Belastung der Niete immer gleichförmiger wird.

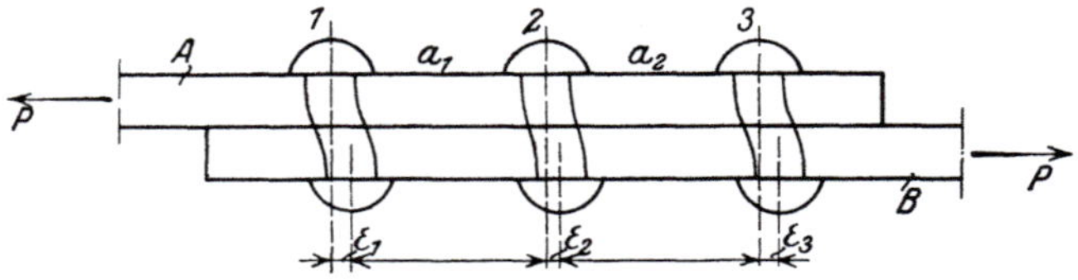

Abb. 248.

Es ist nicht schwer, auf Grund verhältnismäßig einfacher theoretischer Überlegungen die Gesetze der Kräfteverteilung in einer Nietverbindung abzuleiten. Zur praktischen Anwendung der Formeln im Einzelfalle fehlt aber die Kenntnis von Erfahrungskoeffizienten, die die Elastizitätsverhältnisse der Nietverbindungen kennzeichnen.

Arnovlevič hat als Erster den Versuch gemacht, den Zusammenhang zwischen Belastung und Formänderung bei Nietverbindungen auf theoretischem Wege abzuleiten[1]. Er ging von der Annahme aus, daß die gegenseitige Verschiebung der durch Niete verbundenen Platten nur durch die Verbiegung der Nietbolzen ermöglicht wird. Fillunger[2], der sich mit dem gleichen Problem beschäftigte, betrachtet die Nieten als starr und berücksichtigt ziemlich willkürlich nur die gegenseitige Verschiebung der verbundenen

[1] Arnovlevič, J.: Zur Lastverteilung in genieteten Stäben. Ö. W. öff. B. 1909. Inanspruchnahme der Anschlußnieten elastischer Stäbe. Z. Arch. Ing.-Wes. 1909.

[2] Fillunger, Dr. Paul: Über die Festigkeit von Löt-, Leim- und Nietverbindungen. Ö. W. öff. B. S. 78, 1919.

Platten infolge der Formänderungen durch die mehr oder weniger punktweise Lastübertragung durch die Niete. Die zahlreichen, rechnerisch nur schwer zu erfassenden Einflüsse auf die Formänderungen der Nietverbindungen lassen es aber nicht rätlich erscheinen, sich hier auf theoretische Überlegungen einzulassen. Viel richtiger wäre es, aus wenigen, zweckmäßig angelegten Versuchen mittels der nachstehend abgeleiteten Formeln die notwendigen Erfahrungsziffern festzulegen. Die von den beiden obgenannten Forschern berechneten Koeffizienten stehen auch im Widerspruch mit den Versuchsergebnissen.

2 Stäbe veränderlichen Querschnittes, die unter der Wirkung der beiden entgegengesetzt gerichteten Zugkräfte $P = P$ stehen, seien durch Niete, die untereinander gleichen Abstand a haben, miteinander verbunden (Abb. 249). Wenn wir uns jede Reibung zwischen den Stäben ausgeschaltet denken, so werden sich dieselben unter der Wirkung der Lasten P verschieben, so daß die Achsen der Nietlöcher in beiden Stäben nicht mehr übereinstimmen. Die Längsspannung im Stabe I wird in dem Maße, in dem die Kraft P durch die Niete in den Stab II übertragen wird, kleiner und kleiner werden, um hinter dem letzten Niet N_r Null zu sein. Ähnliches gilt für den Stab II. Die Längsspannung wird vom Werte P in der Richtung N_r gegen N_1 bis auf Null abnehmen.

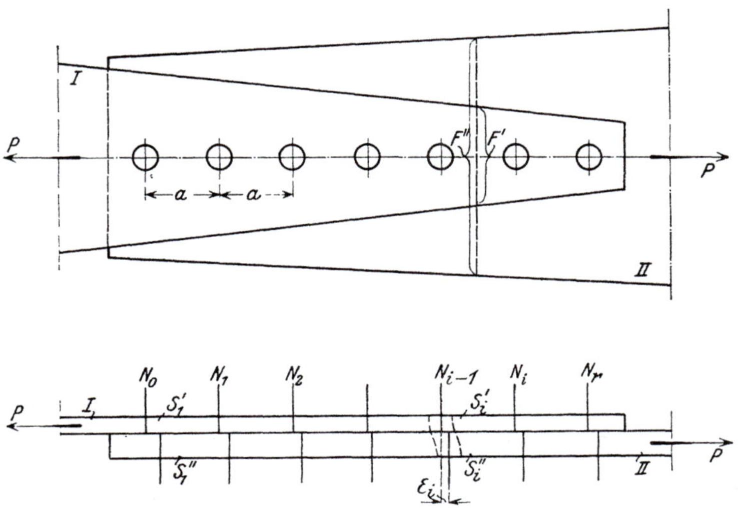

Abb. 249.

Bezeichnet man mit:

S_i' die Stabkraft zwischen den Nieten N_{i-1} und N_i im Stabe I,

S_i'' die Stabkraft im gleichen Abschnitt des Stabes II,

F_i' die im Intervall von N_{i-1} bis N_i als konstant angenommene mittlere Querschnittsfläche des Stabes I,

F_i'' die konstant angenommene mittlere Querschnittsfläche des Stabes II im gleichen Intervalle,

ε_i die Verschiebung der beiden Platten in der Kraftrichtung an der Stelle des Nietes N_i,

so gilt für jeden Querschnitt zwischen zwei Nieten allgemein die Gleichgewichtsbedingung

$$S_i' + S_i'' = P. \quad (i = 1, 2, 3 \ldots r) \quad \ldots \ldots \ldots \ldots (1)$$

Eine zweite Gleichgewichtsgleichung erhält man aus der Feststellung, daß die Änderung der Stabkraft von einem Abschnitt zum nächsten gleich der Kraft N ist, die der Niet, der diese beiden Abschnitte trennt, überträgt. Sonach gilt für ein beliebiges Intervall des Stabes I z. B.:

$$S_i' - S_{i+1}' = N_i, \quad (i = 0, 1, 2 \ldots r) \quad \ldots \ldots \ldots \ldots (2)$$

wobei $S_0' = P$ und $S_{r+1}' = 0$ ist.

Insgesamt stehen $2r + 1$ Gleichungen zur Verfügung, denen $2r$ Unbekannte S_i' und S_i'' und $r + 1$ Unbekannte N_i gegenüberstehen. Um die fehlenden Verknüpfungen zu erhalten, müssen wir auf den Zusammenhang zwischen Formänderungen und Kräften in dem vorliegenden elastischen System zurückgreifen.

Es ist wohl von Haus aus einzusehen, daß die gegenseitige Verschiebung der beiden Stäbe an jeder Nietstelle von der Größe der dort von einem Stab auf den andern übertragenen Kräfte abhängt, da ja diese Verschiebung das Ergebnis der durch diese Kräfte verursachten Formänderungen des Nietbolzens (Verbiegung), Verformung der Löcher infolge der Pressung der Lochwände usw. ist. Diese Verschiebungen werden im allgemeinen mit der Größe der örtlich übertragenen Kraft N_i zunehmen. In erster Annäherung nehmen wir, da uns das genaue Gesetz nicht bekannt ist, an, daß die Verschiebungen proportional den Nietkräften N seien. Wir setzen daher

$$N_i = \varkappa \varepsilon_i \quad \ldots \ldots \ldots \ldots \ldots \quad (3)$$

und setzen voraus, daß der Gleitmodul $\varkappa$ für alle Intervalle den gleichen Wert habe.

Zwischen den Kräften S und den Verschiebungen ε bestehen nun die folgenden aus Abb. 250 leicht ablesbaren Zusammenhänge, wobei wir mit a_i' und a_i'' die durch die Dehnungen veränderten Strecken a im i-ten Intervall bezeichnen,

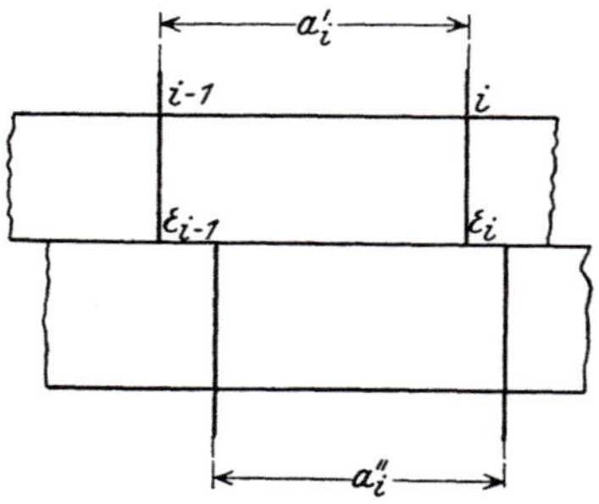

Abb. 250.

$$a_i' + \varepsilon_i = a_i'' + \varepsilon_{i-1}$$

oder

$$\varepsilon_i + a\left(1 + \frac{S_i'}{EF_i'}\right) = \varepsilon_{i-1} + a\left(1 + \frac{S_i''}{EF_i''}\right),$$

woraus

$$E(\varepsilon_{i-1} - \varepsilon_i) = a\left(\frac{S_i'}{F_i'} - \frac{S_i''}{F_i''}\right) \quad (i = 1, 2, 3, \ldots r) \quad . \; . \; (4)$$

folgt.

Ersetzt man in (2) die Nietkräfte N_i durch die Verschiebungen ε_i mittels Gl. (3), so verfügen wir in den Gleichungen (1), (2) und (4) insgesamt über $3r + 1$ Beziehungen zur Bestimmung der $3r + 1$ Unbekannten.

Aus Gl. (2) folgt mit $N_i = \varkappa \varepsilon_i$

$$\varepsilon_{i-1} = \frac{1}{\varkappa}(S_{i-1}' - S_i') \quad \text{und} \quad \varepsilon_i = \frac{1}{\varkappa}(S_i' - S_{i+1}'),$$

somit

$$\varepsilon_{i-1} - \varepsilon_i = \frac{1}{\varkappa}(S_{i-1}' - 2\,S_i' + S_{i+1}').$$

Diese Differenz in Gl. (4) eingeführt, ergibt

$$S_i'' = S_i' \frac{F_i''}{F_i'} - \frac{EF_i''}{a\varkappa}(S_{i-1}' - 2\,S_i' + S_{i+1}'),$$

womit die Kraft S_i'' durch die Kräfte S' ausgedrückt erscheint.

Aus der Gl. (1) folgt damit das folgende System dreigliedriger Gleichungen:

$$S_{i-1}' - (2 + \alpha) S_i' + S_{i+1}' = \beta \quad \ldots \ldots \ldots \quad (5)$$

worin

$$\alpha = \frac{F_i' + F_i''}{F_i' F_i''} a \frac{\varkappa}{E} \quad \text{und} \quad \beta = -\frac{P a \varkappa}{F_i'' E}$$

bedeuten.

Da $\varkappa$ die Dimension t/cm hat, so ist α eine unbenannte Zahl, β eine Kraft.

a) Die beiden Stäbe haben unveränderlichen Querschnitt.

α und β sind jetzt vom Zeiger i unabhängige Festwerte, so daß Gl. (5) als Differenzengleichung mit konstanten Koeffizienten aufgefaßt werden kann. Ihre allgemeine Lösung lautet:

$$S_i' = C_1 \operatorname{Cof} i\xi + C_2 \operatorname{Sin} i\xi - \frac{\beta}{\alpha}, \quad \ldots \ldots \ldots (6)$$

wobei ξ durch die Bedingung

$$\operatorname{Cof} \xi = 1 + \frac{\alpha}{2} \quad \ldots \ldots \ldots (6')$$

gegeben ist.

Die Festwerte C werden aus den Randbedingungen

$$S_0' = P \quad \text{und} \quad S_{r+1}' = 0,$$

die die beiden Gleichungen

$$C_1 - \frac{\beta}{\alpha} = P,$$

$$C_1 \operatorname{Cof}(r+1)\xi + C_2 \operatorname{Sin}(r+1)\xi - \frac{\beta}{\alpha} = 0$$

liefern, berechnet. Man findet

$$C_1 = P + \frac{\beta}{\alpha} = \frac{F''}{F' + F''} P,$$

$$C_2 = \frac{\frac{\beta}{\alpha} - \left(P + \frac{\beta}{\alpha}\right) \operatorname{Cof}(r+1)\xi}{\operatorname{Sin}(r+1)\xi} = -\frac{P}{F' + F''} \cdot \frac{F' + F'' \operatorname{Cof}(r+1)\xi}{\operatorname{Sin}(r+1)\xi}.$$

Mittelst der Beziehung

$$N_i = S_i' - S_{i+1}'$$

erhält man schließlich

$$N_i = C_1 (\operatorname{Cof} i\xi - \operatorname{Cof}(i+1)\xi) + C_2 (\operatorname{Sin} i\xi - \operatorname{Sin}(i+1)\xi)$$
$$= \frac{P}{F' + F''} \, \frac{1}{\operatorname{Sin}(r+1)\xi} [F' (\operatorname{Sin}(i+1)\xi - \operatorname{Sin} i\xi)$$
$$+ F'' (\operatorname{Sin}(r-i+1)\xi - \operatorname{Sin}(r-i)\xi)] \quad \ldots \ldots \ldots (7)$$

Hierbei ist ξ aus der Gleichung

$$\operatorname{Cof} \xi = 1 + \frac{\alpha}{2} = 1 + \frac{1}{2} \, \frac{F' + F''}{F' F''} \, a \, \frac{\varkappa}{E} \quad \ldots \ldots \ldots (7')$$

zu berechnen.

Aus Gl. (7) geht folgendes hervor:

1. Die Nietkräfte N_i nehmen von beiden Enden der Nietreihe gegen die Mitte der Nietverbindung ab (Abb. 251).

2. Ist $F' \gtrless F''$, so sind die Nietkräfte zweier gleichweit von der Mitte sitzenden Niete voneinander verschieden und zwar sind die Nietkräfte größer auf jener Seite, wo der Stab mit dem größeren Querschnitt endet (Abb. 251).

3. Ist $F' = F''$, so sind die Nietkräfte zweier gleichweit von der Mitte abstehenden Niete gleich groß.

4. Die Unterschiede zwischen den aufeinander folgenden Nietkräften, insbesonders bei den an den Enden stehenden Nieten, nimmt mit zunehmendem α zu (siehe Tafel 32). Je größer also $\varkappa$, d. h. je unnachgiebiger die Verbindung ist, um so mehr weicht die Verteilung der Nietkräfte von der gleichmäßigen ab. Den gleichen Einfluß zeigt die Nietentfernung a. Mit wachsender Nietentfernung wird die Verteilung ungleichmäßiger.

5. Mit zunehmender Nietzahl werden die am Rande stehenden Niete, wie dies Tafel 32 für den Fall $F' = F''$ zeigt, immer stärker überlastet. Der Unterschied zwischen dem prozentuellen Anteil der Endniete an der Last P bei 5 und 6 Nieten ist schon sehr klein, so daß eine weitere Vergrößerung der Nietzahl, da die hinzukommenden Niete die Randniete kaum mehr entlasten, zwecklos ist.

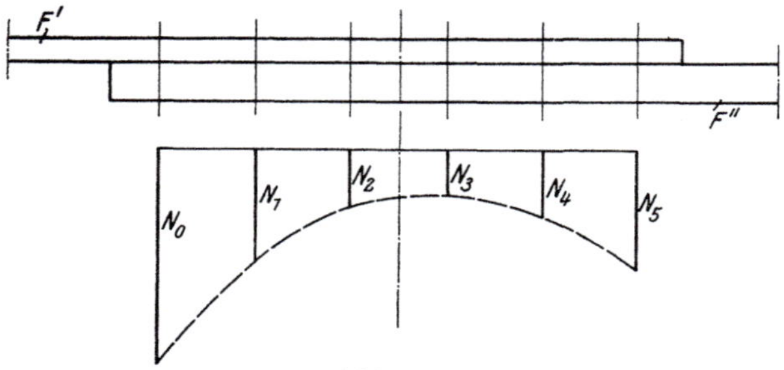

Abb. 251.

6. Die Unterschiede in den Nietbelastungen werden geringer, wenn einer, und noch mehr, wenn beide miteinander verbundenen Stäbe gegen das Stabende abnehmenden Querschnitt aufweisen.

Tafel 32.

Nietkräfte N_i für $P = 1$. $F' = F''$.

	3 Niete		4 Niete		5 Niete			6 Niete		
α	$N_0 = N_2$	N_1	$N_0 = N_3$	$N_1 = N_2$	$N_0 = N_4$	$N_1 = N_3$	N_2	$N_0 = N_5$	$N_1 = N_4$	$N_2 = N_3$
0	0,333	0,333	0,250	0,250	0,200	0,200	0,200	0,167	0,167	0,167
0,2	0,344	0,372	0,273	0,227	0,235	0,182	0,166	0,214	0,156	0,130
0,5	0,357	0,286	0,301	0,199	0,275	0,161	0,128	0,263	0,143	0,094
1,0	0,375	0,250	0,333	0,167	0,318	0,136	0,091	0,313	0,125	0,062
2,0	0,400	0,200	0,375	0,125	0,368	0,105	0,053	0,367	0,100	0,033
3,0	0,416	0,168	0,400	0,100	0,397	0,086	0,034	0,396	0,083	0,021
4,0	0,428	0,144	0,417	0,083	0,415	0,073	0,024	0,414	0,072	0,014
5,0	0,438	0,124	0,428	0,072	0,427	0,064	0,018	0,427	0,062	0,010

Maßgebenden Einfluß auf die Größe des Parameters α, der die Nietbelastung bestimmt, hat vor allem der Gleitmodul $\varkappa$. Leider liegt nur ein einziger Versuch vor, der eine Überprüfung der oben abgeleiteten Formel und der aus ihr gezogenen Folgerungen ermöglicht. Dr.-Ing. Cl. Findeisen hat die Dehnungen in den Laschen eines gestoßenen Flacheisens festgestellt und die Verteilung der Last P auf die einzelnen Verbindungsbolzen berechnet[1]). Das Versuchsstück ist in Abb. 252a dargestellt. Beiderseits des Flacheisenstoßes sind 4 Bolzen, einerseits mit 90 mm, anderseits mit 140 mm Abstand angeordnet. Nennenswerte Reibungen fanden, da keine Nieten, sondern zylindrische, mit großer Sorgfalt eingepaßte Bolzen verwendet wurden, nicht statt. Wählt man den Gleitmodul mit $\varkappa = 1000$ t/cm, so findet man den in Abb. 252b eingetragenen Verlauf der Nietbelastungen.

Die Berechnung gestaltet sich folgendermaßen:

Mit $F' = 11{,}6 \cdot 1{,}0 = 11{,}6$ cm², $F'' = 2 \cdot 11{,}6 \cdot 0{,}7 = 16{,}24$ cm² und $E = 2100$ t/cm² (Findeisen fand E zwischen 2068 t/cm² und 2124 t/cm² liegend) bestimmt man nach Formel (7')

a) für die linke Seite der Verbindung mit $a = 9$ cm

$$\mathfrak{Cof}\,\xi = 1 + \frac{1}{2} \cdot \frac{11{,}6 + 16{,}24}{11{,}6 \cdot 16{,}24}\, 9 \cdot \frac{1000}{2100} = 1{,}316,$$

daher

$$\xi = 0{,}78$$

[1]) Findeisen, Dr.-Ing. Cl.: Versuche über die Beanspruchungen in den Laschen eines gestoßenen Flacheisens bei Verwendung zylindrischer Bolzen. Forsch.-Arb. V. d. Ing. H. 229, Berlin 1920.

und nach Formel (7)

$$N_0 = \frac{P}{1+1{,}4}\,\frac{1}{\operatorname{Sin} 4\xi}\left[(\operatorname{Sin}\xi - \operatorname{Sin} 0) + 1{,}4\,(\operatorname{Sin} 4\xi - \operatorname{Sin} 3\xi)\right] = 0{,}349\,P,$$

$$N_1 = \frac{P}{1+1{,}4}\,\frac{1}{\operatorname{Sin} 4\xi}\left[(\operatorname{Sin} 2\xi - \operatorname{Sin}\xi) + 1{,}4\,(\operatorname{Sin} 3\xi - \operatorname{Sin} 2\xi)\right] = 0{,}200\,P,$$

$$N_2 = \frac{P}{1+1{,}4}\,\frac{1}{\operatorname{Sin} 4\xi}\left[(\operatorname{Sin} 3\xi - \operatorname{Sin} 2\xi) + 1{,}4\,(\operatorname{Sin} 2\xi - \operatorname{Sin}\xi)\right] = 0{,}178\,P,$$

$$N_3 = \frac{P}{1+1{,}4}\,\frac{1}{\operatorname{Sin} 4\xi}\left[(\operatorname{Sin} 4\xi - \operatorname{Sin} 3\xi) + 1{,}4\,(\operatorname{Sin}\xi - \operatorname{Sin} 0)\right] = 0{,}273\,P;$$

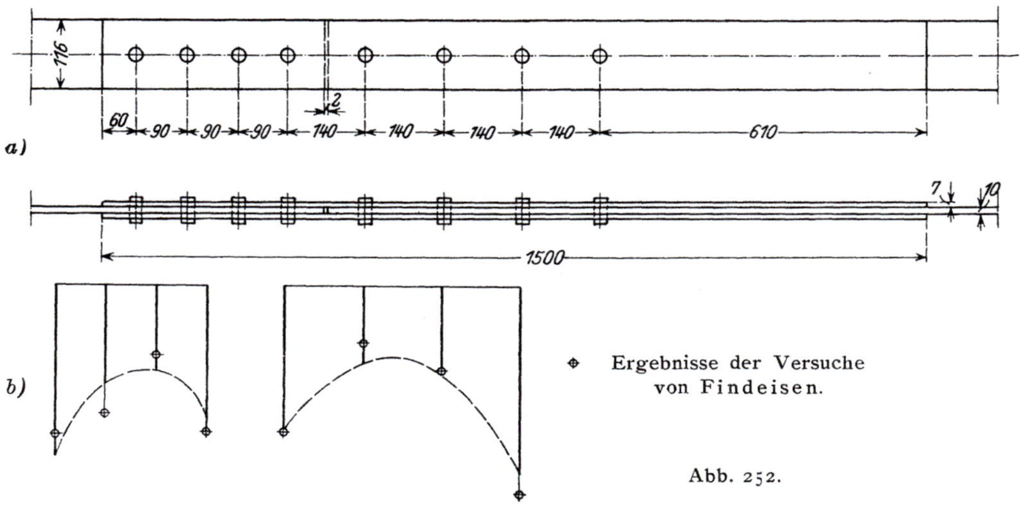

Abb. 252.

b) für die rechte Seite der Verbindung mit $a = 14$ cm wird

$$\operatorname{Cof}\xi = 1 + \frac{1}{2}\,\frac{11{,}6 + 16{,}24}{11{,}6 \cdot 16{,}24}\,14\,\frac{1000}{2100} = 1{,}492$$

und $$\xi = 0{,}96\,.$$

Man findet auf dem gleichen Wege wie vor:

$$N_0 = 0{,}381\,P, \qquad N_2 = 0{,}155\,P,$$
$$N_1 = 0{,}178\,P, \qquad N_3 = 0{,}286\,P.$$

Der Versuch bestätigt zunächst die Folgerungen, die wir oben gezogen haben. Auf der Seite der längeren Nietteilung ist die Anteilnahme der einzelnen Niete ungleichmäßiger als bei der kürzeren Nietteilung. Weiter haben die Niete, die am Ende des stärkeren Stabes liegen, d. s. hier die beiden Laschen, den größten Anteil von P zu übernehmen; auch diese Tatsache findet sich bestätigt. Ziffernmäßig ist die Übereinstimmung auf Seite der langen Teilung bei $\varkappa = 1000$ t/cm eine recht gute. (Hätte man $\varkappa$ etwas größer in die Rechnung eingeführt, so wäre die Übereinstimmung noch besser gewesen. Weniger gut stimmen die Werte auf der Seite der kurzen Teilung überein. In dem Belastungsanteil der Endniete hätte man z. B. besseres Zusammenstimmen erzielt, wenn man $\varkappa = 500$ t/cm gewählt hätte. Es scheint daher, daß der Nietabstand die Größe der Dehnungen, und somit auch $\varkappa$ maßgebend beeinflußt.

Der einzelne Versuch von Findeisen ist, da er außerdem nicht mit werkstattgemäß geschlagenen Nieten, sondern mit sehr sorgfältig im Laboratorium eingepaßten Bolzen durchgeführt wurde, kaum geeignet, um zu einem richtigen Urteil über die Größe von $\varkappa$ zu gelangen. Ich habe daher versucht, aus den Ergebnissen der Messungen Rudeloffs Anhaltspunkte für die Größe von $\varkappa$ gewinnen. Hierzu können die Versuche mit der in Abb. 245b dargestellten zweinietigen Verbindung dienen, da in diesem Falle die Kraft, die auf einen Niet entfällt, wenn man von den kleinen Unterschieden im Querschnitt des Flacheisens und der Laschen absieht, bekannt ist. Auf jeden Niet entfällt annähernd $\frac{P}{2}$. Am klarsten kommen die Gleitbewegungen bei Handnietung zum Ausdruck, weshalb wir nur diese in Rücksicht ziehen wollen. Die Mittelwerte der Versuchsergebnisse sind in Abb. 253 eingezeichnet. Als Abszissen wurden die beobachteten Dehnungen, als Ordinaten die Nietbelastungen aufgetragen. Die Verschiebungen sind bei kleinsten Belastungen wegen des überwiegenden Einflusses der Reibung sehr gering. Nach Überwindung des Gleitwiderstandes aber wachsen sie annähernd proportional.

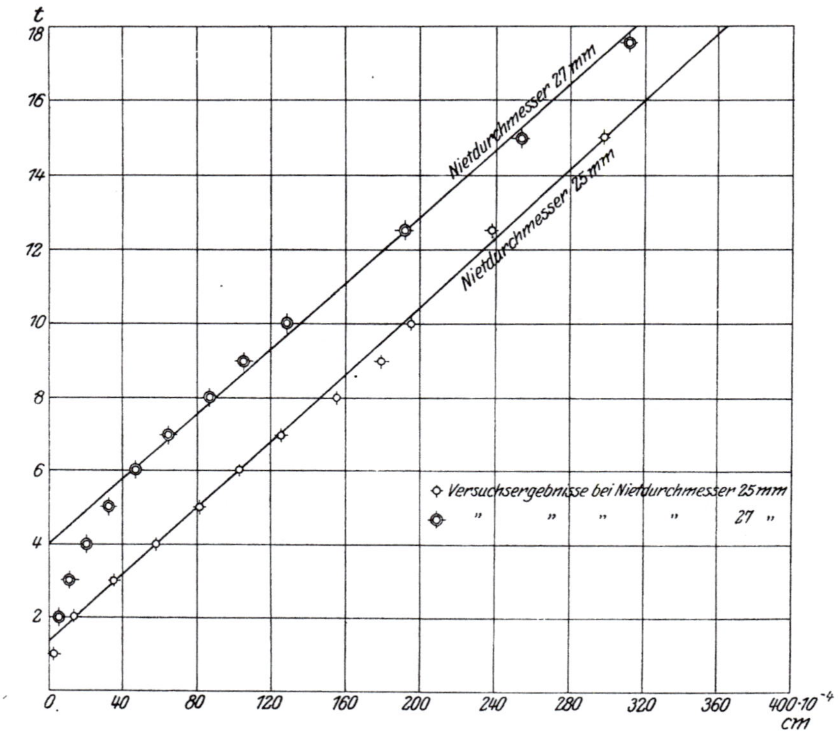

Abb. 253.

Siehe die in der Abb. 253 eingezeichneten vermittelnden Geraden. Die Neigung der Geraden ist in beiden dargestellten Fällen, Nietdurchmesser 25 und 27 mm, annähernd die gleiche, sie gibt den Gleitmodul an, der sich aus der einen Geraden zu

$$\varkappa = \frac{N}{\varepsilon} = \frac{18 - 1{,}4}{0{,}0365} = 455 \text{ t/cm},$$

im anderen Falle zu

$$\varkappa = \frac{N}{\varepsilon} = \frac{18 - 4{,}0}{0{,}0316} = 443 \text{ t/cm}$$

ergibt. Der Unterschied ist belanglos; als Mittelwert wählen wir 0,450 t/cm [1]).

Leider gestatten die Versuchsreihen Rudeloffs keine endgültige einwandfreie Festlegung des Moduls $\varkappa$, da zu diesem Zwecke noch weitere Versuche mit verschiedenen

[1]) Arnovlevič und später Fillunger bestimmten $\varkappa$ auf theoretischem Wege und fanden Werte dafür, die ein Mehrfaches des hier ermittelten ausmachen.

Stab- und Nietabmessungen hätten durchgeführt werden müssen. Da es sich hier hauptsächlich um eine beiläufige Abschätzung von $\varkappa$ handelt, so begnügen wir uns mit dem festgestellten Wert $\varkappa = 450$ t/cm.

Mit diesem Werte von $\varkappa$ bestimmt sich der Parameter α mit $E = 2150$ t/cm² und $F' = F''$ zu

$$\alpha = 0{,}42 \frac{a}{F}.$$

Er hängt somit jetzt nur von dem Verhältnis der Nietentfernung a zur Stabquerschnittsfläche F ab.

Bei gut ausgenützten Nietanschlüssen wird F um so größer sein, je größer die Nietzahl n ist. Setzt man bei einschnittigen Verbindungen die volle Querschnittsfläche F gleich der Gesamtscherfläche der Niete, so wird bei einem n-nietigen Anschluß

$$F = n\pi \frac{d^2}{4},$$

so daß, ungünstig gerechnet, mit $a = 4d$

$$\frac{a}{F} = \frac{16}{\pi} \frac{1}{nd} = \frac{5{,}1}{nd}$$

wird. α wird sonach kleiner, je größer der Nietdurchmesser ist und je größer die Nietzahl n ist.

Nimmt man an, daß der kleinste im Brückenbau für lebenswichtige Teile der Brücke verwendete Niet 20 mm Durchmesser hat (16 oder 17 mm starke Niete werden nur selten vorkommen), so erhält man ungünstigstenfalles für α folgende Werte:

$n =$	3	4	5	6 Niete,
$\alpha =$	0,36	0,27	0,22	0,18

Mit diesen Werten wurde die nachstehende Tafel 33 berechnet, die die Belastung der einzelnen Niete in Hundertteilen der Anschlußkraft P angibt.

Tafel 33.

n	N_0	N_1	N_2	N_3	N_4	N_5
3	35,1	29,8	35,1			
4	27,9	22,1	22,1	27,9		
5	23,8	18,1	16,2	18,1	23,8	
6	21,0	15,7	13,3	13,3	15,7	21,0

Die Tafel 33 läßt erkennen, daß die Abweichung von der gleichförmigen Verteilung der Last P auf die Niete keine allzugroße ist. Die Überlastung des ersten Nietes gegenüber den Annahmen der üblichen Rechnung beträgt in Hundertteilen

bei	3	4	5	6 Nieten,
	5	12	19	26%.

Die Mehrbelastung des ersten Nietes beträgt somit 5% bei 3 Nieten und steigt auf 26% bei 6 hintereinanderliegenden Nieten, wobei noch zu beachten ist, daß die oben berechneten Zahlen die ungünstigsten Fälle betreffen. Bei größerem Nietdurchmesser, engerer Teilung, oder bei zweischnittigen Nieten wird die Mehrbelastung geringer.

Die tatsächliche Nietbeanspruchung wird daher ungünstigstenfalles um ein Viertel größer als die nach der üblichen Methode berechnete. Da die gebräuchlichen zulässigen Beanspruchungen mit einem Sicherheitsgrad von mindestens 1,8—2 gegen Erreichen der Streckgrenze festgesetzt werden, so bleibt die tatsächliche Beanspruchung der Endniete noch weit genug unterhalb der Streckgrenze.

Es können daher die hier in Betracht gezogenen Nietverbindungen so berechnet werden, als wenn die Last P gleichförmig auf die Niete aufgeteilt wäre. Nach Tunlichkeit sind große Nietdurchmesser, enge Teilung und geringe Zahl der Niete in einer

Reihe in der Kraftrichtung zu wählen. Mehr als 6 Niete hintereinander sind, wenn die Anschlußquerschnitte nicht abgesetzt werden, zu vermeiden.

Bei der Berechnung von $\varkappa$ haben wir die aus den Versuchen Rudeloffs sich ergebenden Gesamtverschiebungen berücksichtigt, obwohl ein nennenswerter Teil derselben bleibende Formänderungen darstellen. Bei der erstmaligen Belastung der Nietverbindung wird der oben aus der Gesamtverschiebung berechnete Modul $\varkappa$ — die Richtigkeit der Beziehung $N = \varkappa \varepsilon$ vorausgesetzt — sicher in Betracht kommen. Ob nach Entlasten und Wiederbelasten der Verbindung nicht die aus den rein elastischen Verschiebungen folgende Zahl $\varkappa'$, die wegen der Kleinheit dieser Verschiebungen wesentlich größer ist, in Frage kommt, soll durch die nachstehende Überlegung entschieden werden. Wir sind ja gewohnt, überall dort, wo auch bleibende Formänderungen eine Rolle spielen, nur auf die umkehrbaren elastischen Formänderungen zu achten.

Seien $N_1, N_2, N_3, \ldots$ die Nietkräfte, die bei der erstmaligen Belastung durch die Last P, entsprechend einem Modul $\varkappa$, auftreten, und denken wir uns die Verbindung hierauf vollkommen entlastet, so kann dieser zweite Zustand auch dadurch hervorgerufen werden, daß man dem ersten Lastzustand $+P$ einen zweiten Lastzustand $-P$ überlagert. Unter der Wirkung der Last $-P$ werden nur die elastischen Verschiebungen rückgängig gemacht; man kann die dieser Belastung entsprechenden Nietkräfte in der gleichen Weise berechnen, wie wir dies oben getan haben, nur tritt an Stelle der Zahl $\varkappa$, die den elastischen Verschiebungen entsprechende größere Zahl $\varkappa'$. Die mit $\varkappa'$ erhaltenen Nietbelastungen bezeichnen wir mit $N_1', N_2', N_3', \ldots$. Der entlasteten Verbindung entsprechen somit die Nietkräfte

$$N_1 - N_1', \qquad N_2 - N_2', \qquad N_3 - N_3' \ldots.$$

Es bleiben somit in der Verbindung nach der erstmaligen Belastung bleibende Spannungen zurück. Belastet man neuerdings mit $+P$, so treten zu diesen durch die erste Belastung hervorgerufenen Eigenspannungen die elastischen Nietkräfte $N_1', N_2', N_3', \ldots$ hinzu und man erhält

$$N_1 - N_1' + N_1' = N_1, \qquad N_2 - N_2' + N_2' = N_2 \ldots;$$

d. h. es stellt sich selbst nach wiederholter Belastung und Entlastung immer die erstmalige Nietkraftverteilung $N_1, N_2, N_3, \ldots$ ein. Für die Berechnung der Nietverbindungen ist sonach der aus den Gesamtverschiebungen ermittelte Modul $\varkappa$ maßgebend, den wir oben mit 450 t/cm festgestellt haben.

b) Knotenblechanschlüsse.

Etwas ungünstiger zeigt sich die Verteilung der Nietkräfte in jenen Fällen, wo ein Stab unveränderlichen Querschnittes an ein Knotenblech angeschlossen ist. In Abb. 254 ist ein einfacher Fall eines solchen Anschlusses dargestellt.

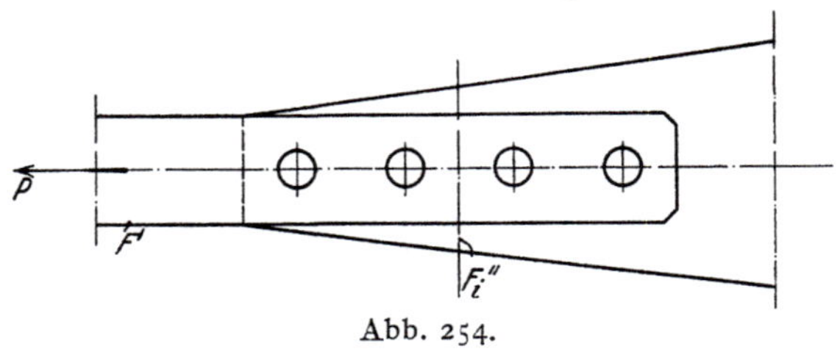

Abb. 254.

Die Berechnung der Kräfte S_i mittels der Gleichungen (5) auf S. 308 unter analogen Annahmen, wie wir sie im vorangehenden Absatz bei unveränderlichem Querschnitt beider Stäbe zugrunde gelegt haben, d. i. $\frac{a}{F'} = \frac{5{,}1}{n d}$ mit $d = 2{,}0$ cm und $n = 3, 4, 5, 6$, liefert die in der nachfolgenden Tafel 34 zusammengestellten Nietkräfte.

Tafel 34.

n	N_1	N_2	N_3	N_4	N_5	N_6
3	37,5	31,0	31,5			
4	30,8	24,3	21,9	23,0		
5	26,7	20,8	17,8	16,8	17,9	
6	24,1	18,7	15,4	13,9	13,5	14,4

Bei 3 Nieten beträgt die Überlastung des ersten Nietes 13%, bei 6 Nieten 44%, ist also in allen Fällen größer, als wenn beide Stäbe unveränderlichen Querschnitt hätten. Die Sicherheit ist aber auch hier bei Berücksichtigung eines rechnungsmäßigen Sicherheitsgrades von 1,8—2 ausreichend.

c) Nietanschlüsse mit abgestuften Stabquerschnitten.

Eine sehr wichtige Gruppe von Stabverbindungen zeichnet sich dadurch aus, daß der Querschnitt der beiden aneinander geschlossenen Teile im Bereiche der Verbindung veränderlich ist, derart, daß die Stabdicke stufenweise abgesetzt ist (Abb. 255). Die hierbei in Verwendung stehende Zahl n der Niete des Anschlusses ist meist sehr groß, so daß zunächst die Vermutung besteht, daß die an den Enden liegenden Niete stark überlastet sind. Wie uns die Rechnung erkennen lassen wird, findet aber gerade durch die Querschnittsvermehrung in dem einen Stab und durch die gleichzeitige Querschnittsverminderung im zweiten Stab ein Ausgleich der Nietbelastungen statt.

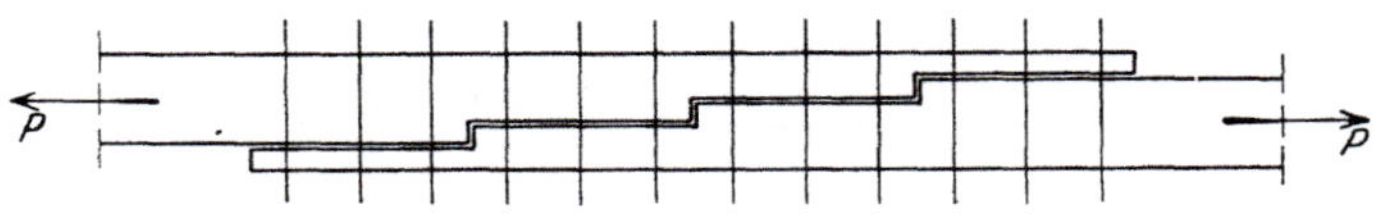

Abb. 255.

Um dies deutlich vor Augen zu führen, denken wir uns zwei Stäbe in der Art der Abb. 256 miteinander verbunden. Bezeichnet man mit F den vollen, also nicht abgesetzten Querschnitt, so ist bei n hintereinander stehenden Nieten

$$F_i' = \frac{n-i}{n} F \quad \text{und} \quad F_i'' = \frac{i}{n} F,$$

somit

$$\alpha = \frac{n^2}{i(n-i)} \frac{a\,\varkappa}{F\,E}$$

und

$$\beta = -\frac{n}{i} \frac{a\,\varkappa}{F\,E} P.$$

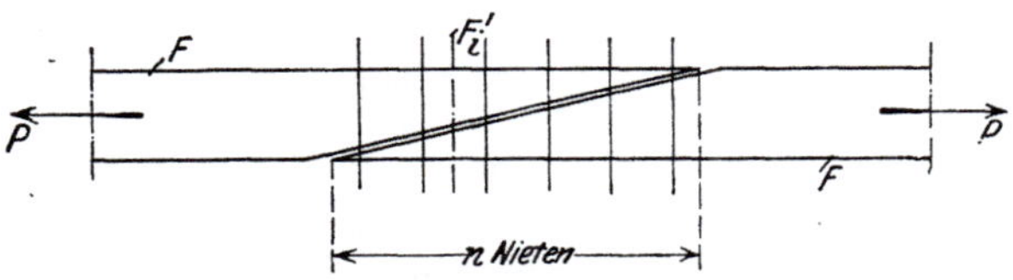

Abb. 256.

Die Gleichungen (5) nehmen die Form

$$S_{i-1}' - \left(2 + \frac{n^2}{i(n-i)} \frac{a\,\varkappa}{F\,E}\right) S_i' + S_{i+1}' = -\frac{n}{i} \frac{a\,\varkappa}{F\,E} P$$

an. Setzt man

$$S_i' = \frac{n-i}{n} P,$$

welche Lösung auch den Endbedingungen $S_0' = P$, $S_n' = 0$ genügt, so überzeugt man sich leicht durch Einsetzen in die vorstehenden Gleichungen für S_i', daß diese Lösung die Gleichungen befriedigt.

Aus dem Ansatz für S_i' folgt aber

$$N_i = S_i - S_{i+1} = \frac{P}{n} \quad \text{. . . . . (8)}$$

Die Nietkraft N_i ist von i unabhängig. Sämtliche Niete sind gleich belastet. Haben beide Stäbe gleichen Querschnitt und verringert sich dieser Querschnitt gleichmäßig und stetig in beiden Stäben im Bereiche der Nietverbindung bis auf Null, so verteilt sich die Anschlußkraft gleichförmig auf sämtliche Anschlußniete.

Dies Ergebnis ist äußerst wichtig, denn es läßt erwarten, daß auch in jenen Fällen, wo die Querschnittsverringerung nicht gerade stetig, aber in gleichmäßigen Stufen erfolgt, die Verteilung der Nietkräfte nicht allzusehr von der gleichförmigen abweichen wird, so daß es berechtigt erscheint, derartige stufenförmige Anschlüsse beliebig lang zu machen. Die genaue Berechnung der Nietkräfte N kann auch in diesem Falle mittels der Formel (5) erfolgen. Die Abb. 257 zeigt die mittels dieser Gleichung berechneten Nietkräfte für einen einmal abgesetzten und einen zweimal abgesetzten Anschluß mit je 3 Nieten, $d = 2$ cm, in einer Stufe. Die Anwendung dieser Ergebnisse auf die gebräuchlichen Stoßverbindungen liegt auf der Hand. Auch hier sind die Endniete am stärksten überanstrengt. Im Falle a) hat der erste Niet 15 % mehr als $P/6$, im Falle b) 22,5 % mehr als $P/9$ zu tragen, wobei $P/6$ und $P/9$ die nach der üblichen Berechnungsweise ermittelten Nietkräfte sind. Wie groß der Unterschied bei der Stufenverbindung gegenüber der nicht abgestuften Verbindung ist, mag man daraus erkennen, daß im zweiten Falle, bei 9 Nieten, die Überlastung des ersten Nietes nach Formel 7 sich mit 46 % ergibt. Bei größerer Stufenzahl und größerer Nietzahl innerhalb einer Stufe steigt wohl die prozentuelle Überlastung des ersten Nietes aber in den für die Ausführung in Betracht kommenden Fällen kaum über 40 %, so daß auch hier die notwendige Sicherheit gewahrt erscheint.

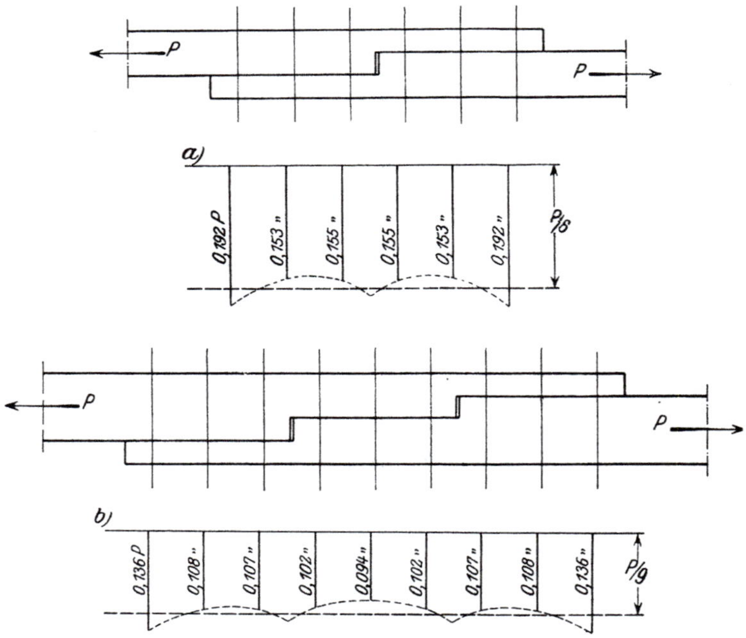

Abb. 257.

64. Die Berechnung der Nietverbindungen.

Die vorangehenden Untersuchungen haben zu der Erkenntnis geführt, daß die in der Eisenbaupraxis allein übliche Annahme der gleichmäßigen Verteilung der Anschlußkraft auf die Verbindungsniete mit den Tatsachen wohl nicht im Einklange steht, daß aber anderseits die Abweichungen von dieser Annahme weit genug innerhalb der Grenzen der üblichen Sicherheitsgrade fallen, so daß bei Einhaltung der oben angegebenen Bauregeln hinsichtlich Abstand und Zahl der Niete in einer Reihe (S. 313 u. 314) es keinem Anstand unterliegt, die Anschlußkraft P gleichmäßig auf die Anschlußniete aufzuteilen. Nur ist es gut, sich den wirklichen Sachverhalt stets vor Augen zu halten, um in außerordentlichen Fällen die notwendigen Vorsichtsmaßregeln, die sich aus den oben gewonnenen Erkenntnissen ergeben, ergreifen zu können.

Die Frage, die wir zunächst zu beantworten haben, bezieht sich auf die örtlichen Anstrengungen in den Nietbolzen selbst und auf die Pressungen in den Lochwandungen.

Die Nietbolzen sind auf Biegung und Abscheren beansprucht. Die übliche Berechnungsweise nimmt aber von den Biegungsspannungen, die oft weit größer als die Scherspannungen sind, keine Notiz und setzt, ebenfalls im Widerspruch mit den Tatsachen voraus, daß die Abscherspannungen sich gleichförmig über dem Bolzenquerschnitt verteilen. Die gleiche Annahme wird auch hinsichtlich des Lochleibungsdruckes gemacht, den man sich gleichförmig verteilt über die Projektionsfläche der Lochleibung und ebenso gleichmäßig über die Blechstärke verteilt denkt. Wie sehr diese Annahmen im Widerspruch mit der Wirklichkeit stehen, werden wir weiter unten sehen.

Die Bemessung der Niete erfolgt in der Eisenbaupraxis je nach der Plattendicke der aneinandergeschlossenen Teile, entweder mit Rücksichtnahme auf die zulässige Schubbeanspruchung oder mit Rücksicht auf den zulässigen Lochleibungsdruck.

Bezeichnet: τ_{zul} die zulässige Scherbeanspruchung der Niete,
$\sigma_{l\,zul}$ den zulässigen Lochleibungsdruck,
d den Nietdurchmesser,
δ die kleinste der angeschlossenen Plattenstärken,
n die zum Anschluß der Kraft P notwendige Nietzahl,

so gilt: für einschnittige Niete:

$$P = n\frac{\pi d^2}{4}\tau_{zul} \qquad \text{oder} \qquad P = n\,d\,\delta\,\sigma_{l\,zul},$$

für zweischnittige Niete:

$$P = 2\,n\frac{\pi d^2}{4}\tau_{zul} \qquad \text{oder} \qquad P = n\,d\,\delta\,\sigma_{l\,zul}. \qquad \ldots\ldots (8)$$

n wird jeweils aus jener der beiden Bedingungen für P berechnet, die für n den größeren Wert liefert. Bei einschnittigen Nieten ist in der Regel die Scherspannung, bei zweischnittigen Nieten der Lochleibungsdruck für die Zahl n maßgebend. Hierbei ist d, soweit dies aus Ausführungsrücksichten möglich ist, tunlichst groß, n tunlichst klein zu halten. In der Praxis verwendet man meistens Tragfähigkeitstabellen, aus denen die Tragfähigkeit einer Nietgruppe von n Nieten hinsichtlich des Abscherens und hinsichtlich des Lochleibungsdruckes unmittelbar entnommen werden kann. τ_{zul} wird gewöhnlich mit 0,8 der zulässigen Zugbeanspruchung, $\sigma_{l\,zul}$ etwa zweimal so groß als die zulässige Zugbeanspruchung angenommen[1]).

Die einzelnen Bauverwaltungen schreiben bezüglich der Bemessung der Nietanschlüsse folgendes vor:

a) Vorschriften der deutschen Reichsbahn vom 12. Mai 1922.

Die Scherspannung der Niete und eingepaßten Schrauben darf 8/10, ihr Lochleibungsdruck das Zweifache der zulässigen Zug- und Biegungsspannung der anschließenden Teile erreichen.

Aus Gründen der Einfachheit und Einheitlichkeit in der Festsetzung der zulässigen Spannungen sind die Scherflächen mit dem 0,8fachen und die Leibungsflächen mit dem zweifachen Betrage in die Rechnung einzuführen und für die zulässigen Spannungen dieser reduzierten Flächen die zulässigen Zug- und Biegungsspannungen der anschließenden Teile anzunehmen.

Bei neuen Brücken sind gezogene Stäbe und Wechselstäbe nach ihrem nutzbaren Querschnitt und gedrückte Stäbe nach ihrem durch den Knickbeiwert ω geteilten vollen Querschnitt anzuschließen. Bei gezogenen Stäben und Wechselstäben ist die nutzbare Querschnittsfläche F_n und bei gedrückten Stäben die durch ω geteilte volle Querschnittsfläche $\frac{F}{\omega}$ den reduzierten Scher- und Leibungsflächen F_s und F_l gegenüberzustellen. Bei den Anschlüssen der Fahrbahnträger sind die Spannungen der reduzierten Nietflächen nachzuweisen.

Bei bestehenden Brücken sind in jedem Falle die Spannungen der reduzierten Nietflächen zu ermitteln.

Bei Schrauben, die auf Zug beansprucht werden, ist der Kerndurchmesser maßgebend.

---

[1]) Der hohe Wert für $\sigma_{l\,zul}$ hat seinen Grund in der Tatsache, daß die Formänderungen, trotz der hohen Pressungen, verhältnismäßig klein sind, da die gedrückten Stellen allseitig von Material umgeben sind.

b) Vorschriften der bayerischen Staatseisenbahn vom 1. Febr. 1908 (Straßenbrücken).

Die Scherfläche der Niete ist mit 0,8, jene der konisch abgedrehten Bolzen mit 0,9 der zugehörigen Bohrungsfläche in Rechnung zu bringen. Der Leibungsdruck darf das 2,5 fache der Scherbeanspruchung betragen. Im übrigen gelten die auf S. 94 angegebenen zulässigen Beanspruchungen.

c) Österreichische Brückenverordnung vom 28. August 1904.

a) ohne Wind und Zusatzkräfte:

Beanspruchung der flußeisernen Niete auf Abscheren:

in nur einer Richtung . . . . 700 kg/cm²

in mehreren Richtungen (gilt auch für die Anschlußniete der Fahrbahnträger) 600 „ „

Druck auf die Nietlochleibung (Nietdurchmesser × Blechstärke) . . . . 1600 „ „

b) mit Wind und Zusatzkräften:

Beanspruchung der flußeisernen Niete auf Abscheren:

in nur einer Richtung . . . . 800 kg/cm²

in mehreren Richtungen . . . . 700 „ „

Druck auf die Nietlochleibung . . . . 1800 „ „

d) Schweizerische Verordnung vom 7. Juni 1913.

Die zulässige Beanspruchung des Niet- und Bolzeneisens auf Abscherung beträgt 0,9 derjenigen auf Zug oder Druck (siehe S. 96). Zugkräfte in den Anschlußnieten sind möglichst zu vermeiden. Wenn bei Trägeranschlüssen Zugkräfte in den Nietschäften auftreten, so ist der daraus entstehenden zusätzlichen Spannung dadurch Rechnung zu tragen, daß die zulässige Inanspruchnahme der Niete auf Abscherung zu nur 0,7 derjenigen auf Zug oder Druck angenommen wird.

Der Stauchdruck, d. h. der mittlere Druck des Nietschaftes auf die Projektion der Lochleibung, soll die 2,5 fache zulässige Inanspruchnahme des Nietmateriales auf Zug oder Druck nicht überschreiten und auf alle Fälle nicht mehr als 2,5 t/cm² betragen.

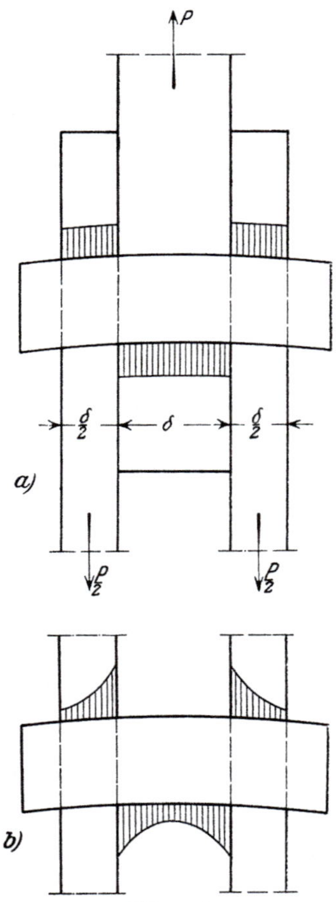

Abb. 258.

e) Schwedische Normalbestimmungen vom 3. Mai 1919.

	Klasse A	Klasse B
Zulässige Scherbeanspruchung:		
für gewöhnliche Belastungen . . .	950 kg/cm²	800 kg/cm²
für außerordentliche Belastungen .	1200 „	1000 „
Zulässiger Lochleibungsdruck:		
für gewöhnliche Belastungen . . .	2000 kg/cm²	1700 kg/cm²
für außerordentliche Belastungen .	2100 „	1900 „

Kritik der üblichen Art der Nietberechnung.

Wir wollen nun den Versuch machen, uns über die tatsächliche Anstrengung von Bolzen und Lochleibung durch Erörterung des in Abb. 258 dargestellten zweischnittigen Nietanschlusses klar zu werden. Nimmt man die Pressung über die Blechstärken δ bzw. $\delta/2$ gleichmäßig verteilt an, so entsteht in Bolzenmitte ein Biegungsmoment

$$M = \frac{P}{4}\,\delta$$

und sonach eine größte Randspannung

$$\sigma_b = \frac{\frac{P}{4}\,\delta}{\frac{\pi}{32}\,d^3} = \frac{8\,P\,\delta}{\pi\,d^3}.$$

Macht man weiter die allerdings ungünstigste Annahme, daß P gleich der vollen Tragkraft beider Scherflächen ist, also

$$P = 2\,\frac{\pi\,d^2}{4}\,\tau_{zul}, \quad \text{so folgt} \quad \sigma_b = \frac{4\,\pi\,d^2\,\delta}{\pi\,d^2}\,\tau_{zul} = 4\,\frac{\delta}{d}\,\tau_{zul}.$$

Da δ wegen des Leibungsdruckes $> 0{,}8\,d$ sein muß, so folgt wenn man den kleinstmöglichen Wert $\delta = 0{,}8\,d$ einführt,

$$\sigma_b = 3{,}2\,\tau_{zul}\,.$$

Die Biegungsspannung würde, wenn die gleichförmige Verteilung der Belastung über die Blechstärke zurecht bestünde, 3,2 mal so groß werden als die zulässige Schubbeanspruchung, d. h. weit über der Streckgrenze liegen.

Die Verbiegung des Nietbolzens hat aber eine ungleichmäßige Verteilung des Lochwanddruckes zur Folge (Abb. 258b), wodurch das verbiegende Moment stark abgemindert wird. Wie groß diese Abminderung wird, ist auf dem Wege der Rechnung schwer zu bestimmen. Sie dürfte aber kaum die Hälfte erreichen und geht auf Kosten des Leibungsdruckes, der gegen die Abscherkanten zu sehr stark anwächst. Höchstwahrscheinlich ist es aber, daß bereits nach der erstmaligen Belastung sich der Bolzen dauernd verbiegt und sich die Lochwände dauernd verdrücken.

Auch die Annahme gleichmäßiger Verteilung der Schubspannungen über dem Querschnitt entspricht nicht den Tatsachen. Die Schubspannung ist am Bolzenrande Null und wächst gegen die Bolzenachse, wo sie ihren Größtwert erreicht, der nach der üblichen Theorie etwa 40 % größer ist als der durchschnittliche Wert, mit dem in der Praxis gerechnet wird. In Wirklichkeit können bei starken Nieten und dünnen Blechen noch viel größere Unterschiede zustande kommen.

Ähnliches gilt für die Pressungen zwischen Bolzen und Lochwandung. Die Druckverteilung ist nichts weniger als gleichmäßig, sondern wird im wesentlichen der in 57 angenommenen Verteilung der Drucke in der Lochwandung eines Augenstabes ähneln. Dies ergibt aber eine größte Pressung, die um etwa 30 % größer ist als die durchschnittliche.

Faßt man diese Tatsachen zusammen und berücksichtigt man noch den Umstand, daß einzelne Niete in einer Nietgruppe um 20 bis 50 % stärker belastet sind, als die übliche Rechnungsweise annimmt, so folgt, daß bei der vielfach gebräuchlichen zulässigen Scherbeanspruchung von etwa 0,8 der zulässigen Zugbeanspruchung die Niete und ihre Umgebung weit über die Elastizitätsgrenze, wahrscheinlich sogar über die Streckgrenze hinaus belastet sind. Dieser Umstand macht sich auch durch Lockerwerden der Niete, die dann ausgewechselt werden müssen, bemerkbar.

Wenn auch, trotz des Eintrittes bleibender Formänderungen in den Nietverbindungen, in den tatsächlichen hohen Materialanstregungen keine Gefahr für den Bestand des Bauwerkes unmittelbar erblickt werden darf, da mit Überschreitung der Elastizitätsgrenze eine günstigere Verteilung der örtlichen Spannungen eintritt, so muß man sich doch darüber klar werden, daß bei der gebräuchlichen Art, Nietverbindungen zu bemessen, das so häufig betonte Prinzip, den Sicherheitsgrad mit Rücksicht auf die Elastizitäts- oder Streckgrenze festzulegen, durchbrochen wurde, da die Anstrengungen selbst über diese Grenzen hinausgehen. Bei den Nietverbindungen kann sonach bestenfalls nur von einer Sicherheit gegen Bruch gesprochen werden.

Wollte man unter jeder Bedingung weit genug unterhalb der Streckgrenze bleiben, so müßten die zulässige Schubbeanspruchung und vielleicht auch der zulässige Lochleibungsdruck entsprechend ermäßigt werden. τ_{zul} dürfte den Wert von etwa 600 kg/cm² bis 700 kg/cm² nicht überschreiten. Im Gegensatze hierzu stehen z. B. die hohen zulässigen Scherbeanspruchungen der neuen Reichsbahnvorschriften von 1120 und 1280 kg/cm². Es ist zu befürchten, daß bei neuen Brücken die Erhaltungskosten wegen des Zwanges, fortwährend Niete auswechseln zu müssen, unverhältnismäßig hohe werden können.

Die Stoßverbindungen.

Die im Eisenbrückenbau üblichen Stoßverbindungen werden nach den gleichen Grundsätzen berechnet, wie die Stabanschlüsse, im wesentlichen also unter der Annahme der gleichmäßigen Kraftverteilung auf sämtliche Niete der Verbindung, demnach nach den oben angegebenen Regeln hinsichtlich der zulässigen Größe von Schubbeanspruchung und Leibungsdruck. Bei ihrer Bemessung ist es üblich, einerseits die Laschen in ihrer Gesamtstärke so auszubilden, daß sie den gestoßenen Querschnitt voll ersetzen, anderseits die zur Überleitung der Kräfte an der Stoßstelle notwendige Nietzahl nicht mit Rücksicht auf die dort tatsächlich übertragene Nutzlast, sondern im Hinblick auf den voll ausgenützten Querschnitt, also für die Last $F_n \sigma_{zul}$ zu bestimmen. Zwischen gezogenen und gedrückten Stäben wird hierbei kein Unterschied gemacht, in beiden Fällen wird mit dem Nettoquerschnitt gerechnet.

Die gestoßenen Stabteile haben nur Zug oder Druck zu übertragen.

Die Stoßdeckung soll, wenn der gestoßene Stabteil nicht seitlich gestützt ist, symmetrisch zur Achse des gestoßenen Stabes sein, um unnötige Biegungsspannungen zu vermeiden, Abb. 259. Die einseitige Deckung ist aber dann unbedenklich zulässig, wenn die auftretenden Biegungsmomente durch die Seitenreaktionen stützender Nachbarteile aufgehoben werden. Der Stab ist dann gezwungen gerade zu bleiben, es treten keine Biegungsspannungen auf. Es liegt dann der in Abb. 260 schematisch dargestellte Belastungsfall vor. Die hinter a in die Lasche eintretende Kraft P wird sich alsbald gleichmäßig über den Laschenquerschnitt verteilen. Auch bei zweiwandigen Stäben, z. B. bei ⫪-förmigen Gurtungen, kann, wenn dies ausnahmsweise notwendig erscheint, einseitige Stoßdeckung in den Stegen durchgeführt werden, wenn durch Einbau einer Querverbindung an der Stoßstelle dafür Sorge getragen wird, daß die Stege gerade bleiben. Abb. 261.

Abb. 259.

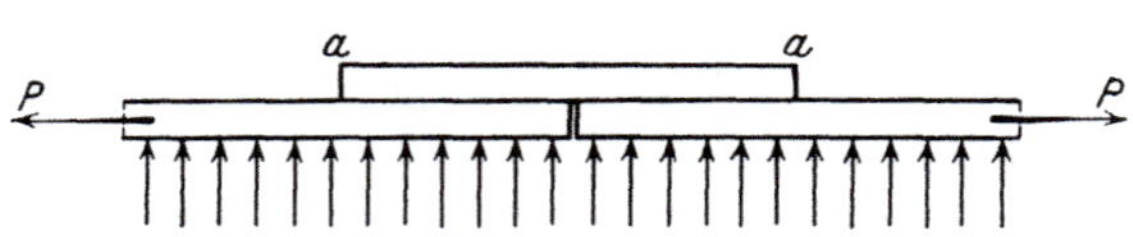

Abb. 260.

Eine unvollständige Stoßdeckung liegt dann vor, wenn die Lasche, oder ein Teil der Laschen, falls mehrere den Stoß decken, nicht über die ganze Stabbreite reichen, z. B. Abb. 262. Derartige Stoßdeckungen sind, wenn tunlich, zu vermeiden, da sie stets zu einer Überlastung der nicht gedeckten Teile führen. Sind zwei Laschen von den Flächen F_1 und F_2 vorhanden, so ist die eine stärkere Lasche durch eine größere Nietzahl anzuschließen als die schwächere. Die Berechnung dieser Nietzahlen geschieht wie folgt:

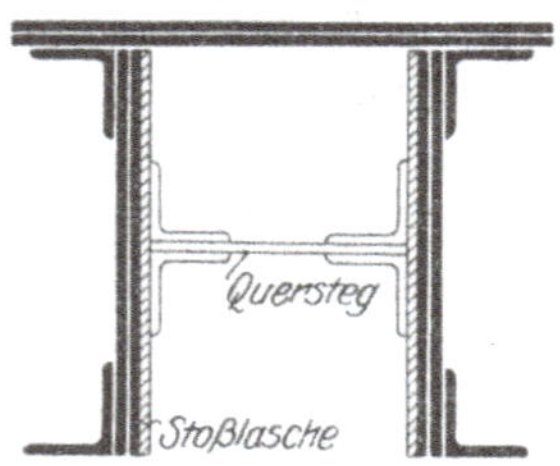

Abb. 261.

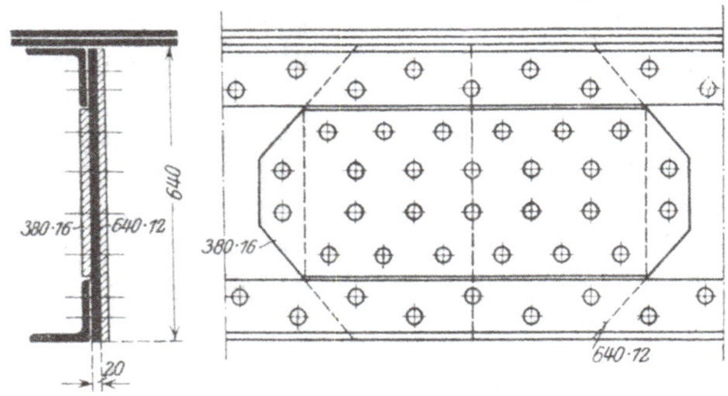

Abb. 262.

Bezeichnet n die Zahl der durch beide Laschen hindurchgehenden zweischnittigen Niete und $T^{(2)}$ die Tragkraft eines zweischnittigen Nietes, n_1 die Zahl der einschnittigen Niete in F_1, n_2 ihre Zahl in F_2, $T^{(1)}$ die Tragkraft eines einschnittigen Nietes, so gelten bei einer zu übertragenden Kraft P die Beziehungen:

$$\frac{1}{2} T^{(2)} n + T^{(1)} n_1 = \frac{F_1}{F_1 + F_2} P,$$

$$\frac{1}{2} T^{(2)} n + T^{(1)} n_2 = \frac{F_2}{F_1 + F_2} P.$$

Man wählt zunächst n, die Zahl der zweischnittigen Niete, und bestimmt aus den beiden Gleichungen n_1 bzw. n_2, die Zahlen der noch notwendigen einschnittigen Niete. F_1 und F_2 sind die Vollflächen.

Beispiel. Es ist gemäß Abb. 262, die die eine Hälfte eines Gurtstabes darstellt, $F_1 = 640 \cdot 12 = 76{,}8\ \text{cm}^2$, $F_2 = 380 \cdot 16 = 60{,}8\ \text{cm}^2$. Von der Stabkraft $P = 105$ t entfällt auf die Innenlasche

$$P_1 = \frac{76{,}8}{76{,}8 + 60{,}8} \cdot 105 = 58{,}5 \text{ t}$$

und auf die Außenlasche

$$P_2 = \frac{60{,}8}{76{,}8 + 60{,}8} \cdot 105 = 46{,}5 \text{ t}.$$

Bei $\tau_{zul} = 0{,}8\ \text{t/cm}^2$ und $\sigma_{l\,zul} = 1{,}6\ \text{t/cm}^2$ ist für einen Niet $\varnothing\,26$ $T^{(1)} = 4{,}25$ t und $T^{(2)} = 8{,}32$ t. Da 10 Niete durch beide Laschen jederseits des Stoßes hindurchgehen, so wird von diesen 10 Nieten eine Kraft von

$$\tfrac{1}{2}\,T^{(2)} n = \tfrac{1}{2} \cdot 8{,}32 \cdot 10 = 41{,}6 \text{ t}$$

in jede Lasche übertragen. Der Überschuß in der Innenlasche $640 \cdot 12$ beträgt demnach

$$58{,}5 - 41{,}6 = 16{,}9 \text{ t},$$

zu dessen Anschluß $n_1 = 4$ einschnittige Niete gehören. Diese Niete sind in den Gurten angeordnet. Der Überschuß in der Außenlasche beträgt

$$46{,}5 - 41{,}6 = 4{,}9\ t,$$

welche Kraft noch durch $n_2 = 2$ einschnittige Niete angeschlossen werden muß. Die Außenlasche ist daher zwecks Unterbringung dieser beiden Niete etwas länger als die Innenlasche gemacht worden.

Eine besonders wichtige Rolle im Brückenbau spielt der sogenannte Stufenstoß. Liegen mehrere Blechstärken aufeinander, so versetzt man die Stöße der Einzellagen gegeneinander und erhält so den unsymmetrischen Stoß nach Abb. 263a oder die symmetrische Stoßanordnung nach Abb. 263b. Die erste Anordnung ist nur durchführbar, wenn die gestoßenen Teile einseitig gestützt sind, wie dies z. B. bei Gurtplatten der Fall ist.

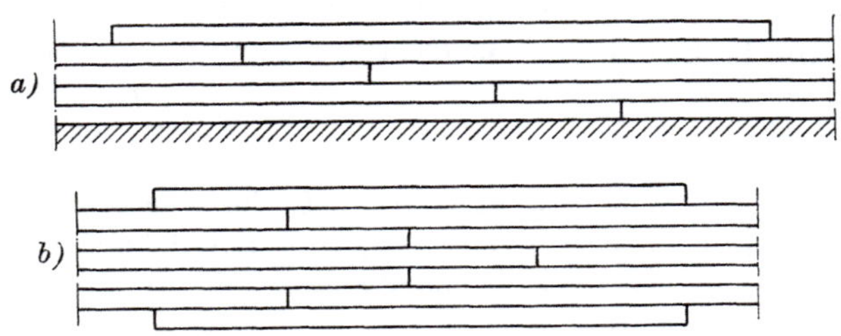

Abb. 263.

Ursprünglich aus dem Gedanken entstanden, die Stöße der einzelnen Blechlagen gegeneinander zu versetzen, um keine zu weitgehende Schwächung in einem einzigen Querschnitt zu erhalten, erweist sich die Anordnung eines Stufenstoßes bei mehreren Blechlagen eigentlich als die einzig mögliche Lösung, wenn man halbwegs gleichmäßige Verteilung der Anschlußkräfte auf die Anschlußniete anstrebt, welche gleichmäßige Verteilung ja bei der Berechnung derartiger Stoßanordnungen vorausgesetzt wird. Es sei hier auf die bezüglichen Erörterungen in **63 c** hingewiesen.

Liegen bei einseitiger Stoßdeckung α Platten übereinander, Abb. 264, die alle die gleiche Stärke δ haben, so genügt zur Stoßdeckung eine Lasche von der Stärke δ.

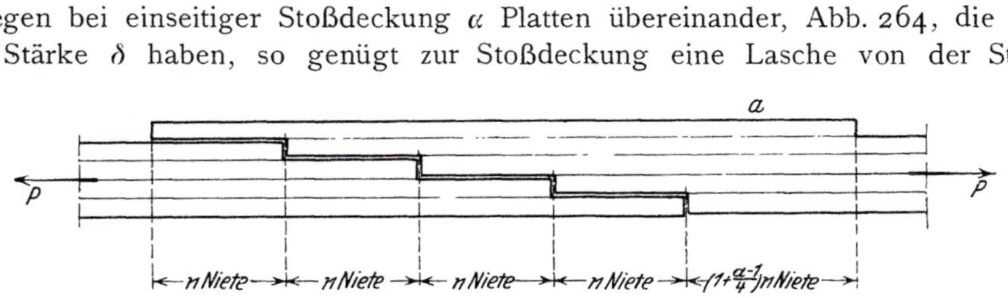

Abb. 264.

Die einzelnen Stöße sind um so viel zu versetzen, daß in jeder Stufe die Nietzahl n, die zur Übertragung der in einer Blechlage wirkenden Kraft notwendig ist, untergebracht werden kann. Die Wirkungsweise der Verbindung ist aus der Abb. 264 ersichtlich; die Verbindung stellt nichts anderes als eine Art Überlappung vor. Bei α Blechlagen stehen αn Niete, die gleichmäßig auf die einzelnen Stufen aufgeteilt sind, zur Übertragung der Last P zur Verfügung. Die einzige Schwierigkeit besteht nur in der Beantwortung der Frage, mit wieviel Nieten die Lasche bei a an der rechtsliegenden Hälfte angeschlossen sein müsse. Die Aufgabe der Lasche besteht an dieser Stelle in der Übernahme der Kraft $\frac{P}{\alpha}$ aus der untersten Blechlage, zu deren Überleitung n Nieten genügen müßten. Je mehr Lagen aber übereinander liegen, um so elastischer wird diese Nietverbindung sein, und um so weniger wird mit einer sicheren Überleitung der Kraft in die Lasche gerechnet werden können. Es erscheint daher ganz zweckmäßig, daß man bei a eine größere Nietzahl n' zum Anschluß benutzt und es gilt als Erfahrungsregel, daß man neben den n Nieten für jede zwischen der Lasche und der untersten Platte durchlaufende Blechlage noch etwa $\frac{n}{4}$ Niete hinzufügt, so daß die Lasche bei a mit $n\left(1+\frac{\alpha-1}{4}\right)$ Nieten angeschlossen erscheint. Die gleiche Regel gilt auch für den symmetrischen Stufenstoß, Abb. 263 b).

Liegen z. B. 4 Platten übereinander und beträgt die Anzahl $n = 10$ Niete, die in 2 Reihen zu 5 Nieten hintereinander angeordnet werden, so sind bei a, $n' = 10\left(1+\frac{3}{4}\right) \sim 18$ Niete notwendig, so daß dort 9 Niete hintereinander stehen.

Die Stöße in den Gurtungen von auf Biegung beanspruchten Stäben werden unter Vernachlässigung der geringen Spannungsänderung im Querschnitt ebenfalls nach den voranstehend aufgestellten Regeln berechnet.

Berechnung der Stöße in den Stegblechen gebogener Träger.

Bezeichnet M das im Träger an der Stoßstelle wirkende Moment, M_s den hiervon auf das Stegblech entfallenden Teil, J und J_s die Trägheitsmomente des symmetrischen Gesamtquerschnittes bzw. des Stegbleches an der Stoßstelle, so gilt

$$M_s = \frac{J_s}{J} M.$$

Wir nehmen weiters an, daß die Querkraft Q an der Stoßstelle vollständig vom Stegblech aufgenommen wird, was nur näherungsweise richtig ist, und daß sich die Querkraft gleichmäßig auf alle Niete des Stoßes verteilt, was ebenfalls nur in grober Annäherung zutrifft.

Ist noch eine Längskraft N vorhanden, wie z. B. bei Bogenträgern, so wird diese Kraft gleichmäßig von allen Stoßnieten aufgenommen.

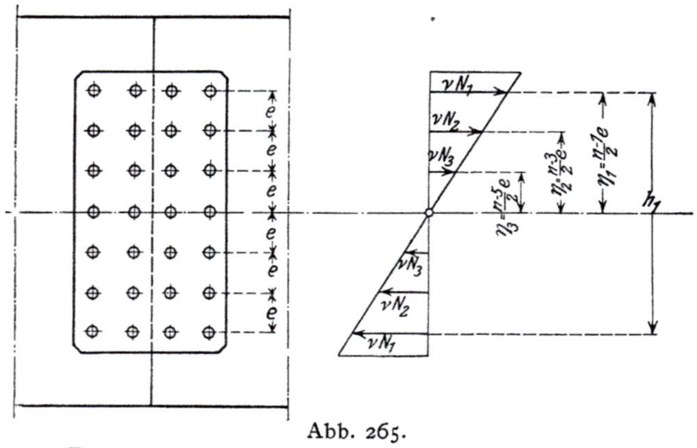

Abb. 265.

Unter der Annahme, daß sich die Niete proportional ihrer Entfernung von der Nullinie an der Aufnahme des Biegungsmomentes beteiligen, ergibt sich bei ν hintereinanderstehenden Nieten und n Nietreihen, Abb. 265

$$M_s = 2\nu N_1 \eta_1 + 2\nu N_2 \eta_2 + 2\nu N_3 \eta_3 + \ldots,$$

wobei $N_1, N_2, N_3, \ldots$ die von einem Niet der 1., 2., 3., ... Horizontalreihe aufzunehmende Kraft bedeutet.

Da nun

$$N_1 = \frac{N_1}{\eta_1}\frac{n-1}{2}e, \qquad N_2 = N_1\frac{\eta_2}{\eta_1} = \frac{N_1}{\eta_1}\frac{n-3}{2}e, \qquad N_3 = N_1\frac{\eta_3}{\eta_1} = \frac{N_1}{\eta_1}\cdot\frac{n-5}{2}e, \ldots,$$

so geht die Momentengleichung über in

$$M_s = \frac{2\nu N_1 e^2}{\eta_1}\left[\left(\frac{n-1}{2}\right)^2 + \left(\frac{n-3}{2}\right)^2 + \ldots 1\right] = \frac{\nu N_1}{12\,\eta_1} e^2 \cdot n \cdot (n^2 - 1).$$

Aus dieser Gleichung folgt die von einem Niet der äußersten Reihe aufzunehmende Kraft N_1

$$N_1 = \frac{6 M_s}{n(n+1)\nu e} = \frac{6 M_s}{h_1 \nu}\frac{n-1}{n(n+1)} \qquad (9)$$

Wir haben bei der Ableitung vorausgesetzt, daß n eine ungerade Zahl ist. Man gelangt aber, wie man sich leicht überzeugt, zu dem gleichen Ergebnis, wenn n gerade ist. Die Gl. (9) gilt natürlich auch dann, wenn die Niete einer Vertikalreihe etwas gegeneinander versetzt sind (Kettennietung), Abb. 266b. n ist dann die Gesamtzahl der Niete in beiden versetzten Reihen. Für den in Abb. 266c dargestellten häufig vorkommenden Fall gilt die auf ähnlichem Wege abgeleitete Formel

$$N_1 = \frac{2 M_s}{h_1} \cdot \frac{n-1}{n^2} \qquad (10)$$

Bei größerer Nietzahl in einer Vertikalreihe kann man nach Ausscheidung des Faktors $1/n$ den übrigbleibenden von n abhängigen Beiwert in (9), der etwas kleiner als die Einheit ist, gleich 1 setzen, und Formel (9) nimmt die einfache Form

$$N_1 = \frac{6 M_s}{h_1 \nu n} \qquad (11)$$

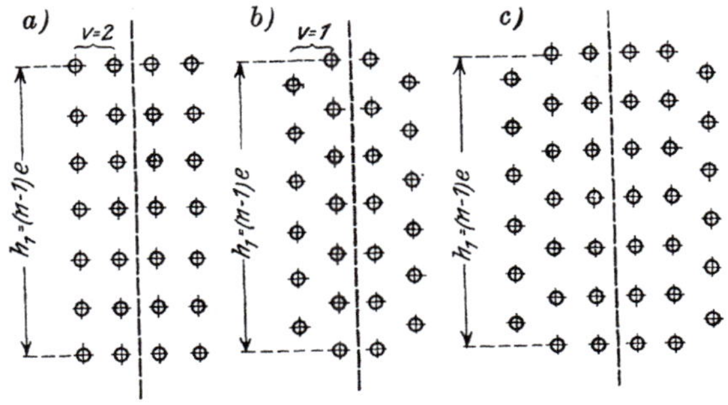

Abb. 266.

an, die dann für alle Nietanordnungen gilt. νn ist die Gesamtzahl der Niete zu einer Seite des Stoßes.

Ist noch eine Normalkraft N vorhanden, so entfällt hiervon auf einen Niet die Belastung

$$N_n = \frac{N}{n\nu}$$

und von der lotrechten Querkraft Q

$$N_q = \frac{Q}{n\nu},$$

so daß die resultierende Gesamtkraft

$$N_{\text{tot}} = \sqrt{(N_1 + N_n)^2 + N_q^2} \qquad (12)$$

wird. Da die Laschen stets beiderseits angeordnet werden, so kommt für die Bemessung der Niete der Leibungsdruck in Frage. Es muß sonach $N_{\text{tot}} \lesseqqgtr d\,\delta\,\sigma_{l\,\text{zul}}$ sein.

Ist der Querschnitt unsymmetrisch, was bei Bogenträgern wegen des Auftretens der Normalkräfte die Regel ist, um die Größtbeanspruchungen in beiden Gurten annähernd an σ_{zul} heranzubringen, so können die Formeln (9), (10) oder (11) benutzt werden, doch haben M_s und h_1 eine etwas andere Bedeutung wie vor.

Man berechnet in solchen Fällen aus den vom Biegungsmoment M hervorgerufenen Randspannungen σ_0 und σ_u am oberen bzw. unteren Rande des Stegbleches die ideellen Biegungsmomente M_0 und M_u, die vom Stegblech aufgenommen werden (Abb. 267)

$$M_0 = {}^1/_6\,\delta h_0^2 \sigma_0 \quad \text{und} \quad M_u = {}^1/_6\,\delta h_u^2 \sigma_u$$

und ermittelt mit diesen Biegungsmomenten nach den Formeln (9), (10) oder (11) die größte Nietkraft $N_1{}^0$ bzw. $N_1{}^u$; hierbei ist h_1 durch h_0 bzw. h_u zu ersetzen. Man erhält dann wie vor

$$N^0_{\text{tot}} = \sqrt{(N_1{}^0 + N_n)^2 + N_q{}^2},$$

$$N^u_{\text{tot}} = \sqrt{(N_1{}^u - N_n)^2 + N_q{}^2},$$

wenn wir annehmen, daß die Normalkraft σ_0 vergrößert und σ_u verkleinert.

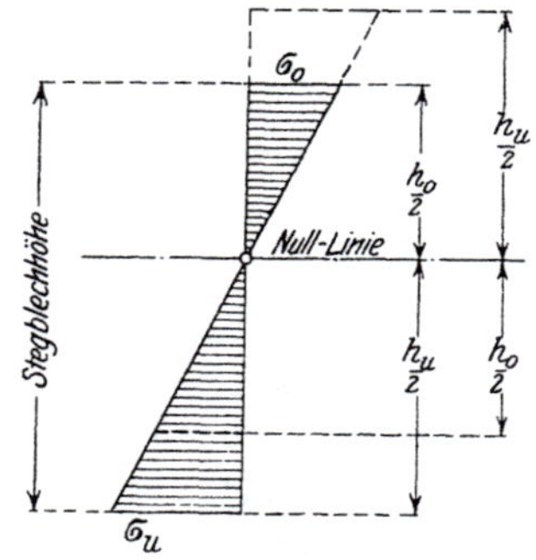

Abb. 267.

Es ist unbedingt anzuraten, die bauliche Anordnung des Stegblechstoßes so zu treffen, daß die beiderseits liegenden Laschen über die ganze Blechhöhe durchgeführt werden. h_1 ist dann gleich dem Abstande der Gurtnieten.

Bei sehr hohen Stegblechen wird es oft notwendig, neben den Vertikalstößen auch trägerlängslaufende Stegstöße anzuordnen, da die Bleche bei genügender Länge nicht in der erforderlichen Breite hergestellt werden können. Die Stoßniete haben in diesem Falle die in der Stoßfuge Abb. 268 wirkenden Scherkräfte zu übernehmen.

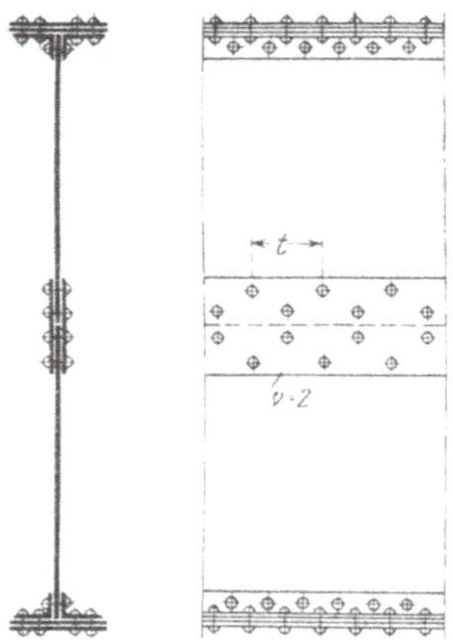

Abb. 268.

Nach Formel (26), S. 279, ist die Schubspannung

$$\tau = \frac{QS}{J\delta}.$$

Sind die Niete in Abständen t angeordnet, und ν die Anzahl der Reihen zu einer Seite des Stoßes, so ist die auf die Teilungslänge t entfallende Schubkraft T

$$T = \frac{QS}{J} t = \nu\, d\delta\, \sigma_{l\,\text{zul}},$$

aus welcher Gleichung die Nietentfernung

$$t \lesseqgtr \frac{J d\delta}{QS} \nu\, \sigma_{l\,\text{zul}} \quad \ldots\ldots\ldots \quad (13)$$

folgt.

t wird kleiner, wenn Q wächst. Die Gleichung ist im wesentlichen identisch mit der Gleichung für die Nietteilung in den Gurten gebogener Träger (siehe unter **60**). S ist das statische Moment der auf einer Seite des Stoßes gelegenen Querschnittsfläche, bezogen auf die Schwerachse des Trägers.

65. Die Berechnung der Bolzen in Bolzenanschlüssen.

Die Bolzen sind je nach der Gliederung der aneinander geschlossenen Teile in der verschiedenartigsten Weise beansprucht. Abb. 269 zeigt einige häufig vorkommende Formen des Bolzenanschlusses. Bei ihrer Berechnung werden in der Regel, im Gegensatze zu der üblichen Art der Berechnung der Nietverbindungen, auch die Biegungsspannungen berücksichtigt, allerdings geschieht dies bisher in einer Weise, die ihre Berechnung illusorisch macht.

Während man sich bei den Nietverbindungen mit einem einfachen summarischen Verfahren der Bemessung eher befreunden kann, da örtliche Überschreitungen der Elastizitäts- oder gar der Streckgrenze keine Gefahr für das Bauwerk bedeuten, erscheint es notwendig, bei Bolzenverbindungen große Formänderungen des Bolzens als Ganzes oder auch örtliche Verformungen peinlichst zu vermeiden. Man darf nicht vergessen, daß die Beweglichkeit der durch einen Bolzen verbundenen Teile gegeneinander — und die Ermöglichung dieser Bewegung ist meist der Zweck einer Bolzenverbindung — nur durch die tunlichst genaue zylindrische Form des Bolzens und des Auges gewährleistet wird. Es ist daher begreiflich, daß starke Verformungen, oder gar örtliche bleibende Verdrückungen die Bewegungsmöglichkeit aufheben können. In der zu knappen Bemessung der Bolzenverbindungen in Deutschland mag hauptsächlich die Ursache liegen, daß sie ihren Zweck nicht erfüllt haben und daß sie in Mißkredit gekommen sind. Die Amerikaner, die über viele Erfahrungen auf dem Gebiete der Bolzenverbindungen verfügen, bemessen die Bolzen, wenigstens in neuerer Zeit, nach Erfahrungsregeln viel reichlicher als dies z. B. bei uns üblich ist.

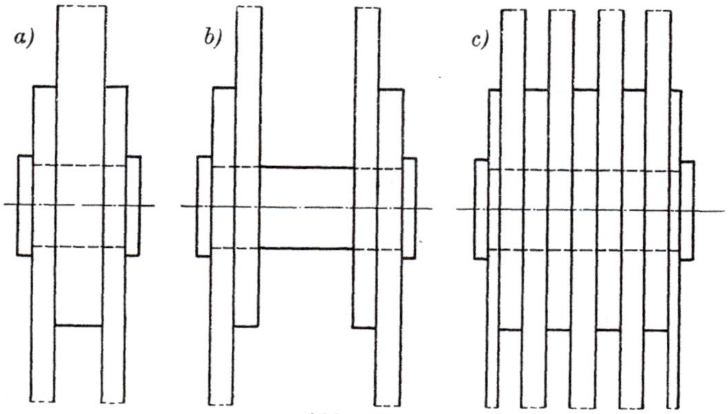

Abb. 269.

Die Biegungsspannungen im Bolzen wurden bisher immer auf Grundlage der Navierschen Biegungstheorie ermittelt. Diese hat aber nur für verhältnismäßig schlanke Stäbe Geltung, ein Bolzen aber kann nicht als schlanker Stab aufgefaßt werden. Diese Theorie versagt außerdem vollständig, wenn es darauf ankommt, den Spannungszustand in der Nähe des eigentlichen Lastangriffs zu ermitteln, und gerade diese Aufgabe ist hier zu lösen. Diese Umstände zwingen dazu, den Spannungsverlauf mit Umgehung der Navierschen Biegungslehre aus den Grundgleichungen der Elastizitätstheorie zu entwickeln. Ist es nun derzeit nicht möglich, mit Hilfe der Elastizitätstheorie den Spannungszustand in einem runden Bolzen zu errechnen, so wird man sich doch ein einigermaßen verläßliches Bild über die Verteilung und über die Größe der Spannungen im zylindrischen Bolzen machen können, wenn es gelingt, Aufschluß über den Spannungszustand in einem quadratischen Bolzen gleicher Tragfähigkeit zu erlangen, denn es erscheint höchstwahrscheinlich, daß die Spannungsverteilung über den Querschnitt in beiden

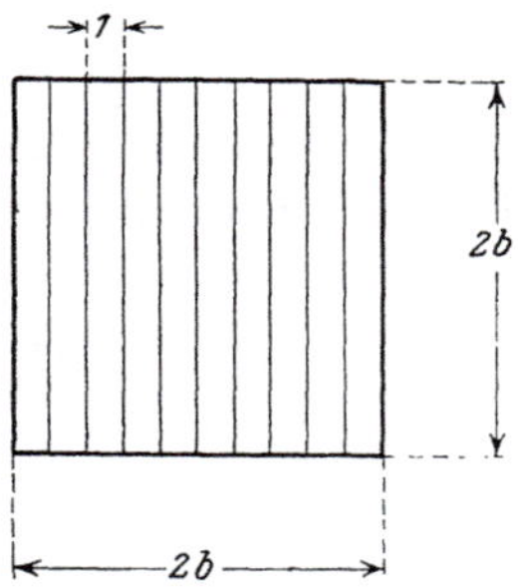

Abb. 270.

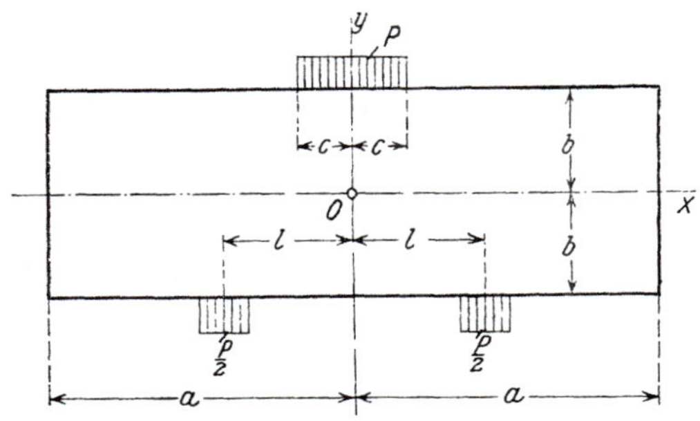

Abb. 271.

Fällen nicht allzusehr voneinander abweichen werden. Die Berechnung der Spannungen im quadratischen Bolzen aber stellt mit praktisch ausreichender Genauigkeit ein sogenanntes ebenes Problem vor, läßt sich also auf die Berechnung einer rechteckigen dünnen Scheibe zurückführen, wenn wir uns den quadratischen Bolzen durch Schnitte in schmale Scheiben zerlegt denken, Abb. 270. Da bei gleicher Belastung dieser Scheiben alle die gleiche Formänderung durchführen müssen, so genügt die Untersuchung des Spannungszustandes in einer dieser Scheiben.

Wir betrachten zunächst die in Abb. 271 dargestellte rechteckige Scheibe von der Länge $2a$, Höhe $2b$ und von der Dicke 1, die am oberen Rand durch die Streckenlast P

auf die Länge $2c$, am unteren Rand durch die beiden verteilten Belastungen $\frac{P}{2}$ je auf die Länge c belastet ist. Diese Lasten sind die Pressungen, die die Lochwände gegen den quadratischen Bolzen ausüben (Leibungsdruck). Wenn $2l$ klein gegen die Höhe $2b$ der Scheibe ist, so ist die Naviersche Biegungstheorie nicht mehr anwendbar. Wir fragen nun in erster Linie nach den Spannungen σ_x in der Längsrichtung x des Bolzens und nach den Schubspannungen τ. Von den Spannungen σ_y, die senkrecht zu σ_x wirken, wissen wir von Haus aus, daß sie ihren größten Wert an den Lastangriffsstellen, also am oberen und unteren Rand erreichen, wo sie gleich der spezifischen Last (Leibungsdruck) sind. Gegen das Innere der Scheibe zu nehmen diese Spannungen sehr rasch ab.

Die Spannungen σ_x.

Die Gleichung für σ_x lautet[1]):

$$\left.\begin{aligned}\sigma_x = &-\frac{3}{2}\frac{y}{b^3}\sum_{\nu=1}^{\infty}(A_\nu - B_\nu)\frac{\cos\nu\pi}{\alpha^2}\\ &+\sum_{\nu=1}^{\infty}(A_\nu + B_\nu)\frac{(\mathrm{Sin}\,\alpha b - \alpha b\,\mathrm{Cof}\,\alpha b)\,\mathrm{Cof}\,\alpha y + \alpha y\,\mathrm{Sin}\,\alpha b\,\mathrm{Sin}\,\alpha y}{\mathrm{Sin}\,2\alpha b + 2\alpha b}\cos\alpha x\,,\\ &+\sum_{\nu=1}^{\infty}(A_\nu - B_\nu)\frac{(\mathrm{Cof}\,\alpha b - \alpha b\,\mathrm{Sin}\,\alpha b)\,\mathrm{Sin}\,\alpha y + \alpha y\,\mathrm{Cof}\,\alpha b\,\mathrm{Cof}\,\alpha y}{\mathrm{Sin}\,2\alpha b - 2\alpha b}\cos\alpha x\,;\end{aligned}\right\} \quad (14)$$

Hierin sind A_ν und B_ν die Koeffizienten der Fourierschen Reihen, in die sich die Belastungsgesetze des oberen bzw. unteren Randes entwickeln lassen. $\alpha = \nu\frac{\pi}{a}$, wobei $\nu = 1, 2, 3, \ldots$.

x und y sind die Koordinaten jenes Punktes, für den die Spannungen ermittelt werden.

Es ist nun im vorliegenden Falle

$$A_\nu = -\frac{P}{\pi c}\frac{1}{\nu}\sin\nu\frac{\pi c}{a},$$

$$B_\nu = -\frac{P}{\pi c}\frac{1}{\nu}\left[\sin\nu\frac{\pi}{a}\left(l + \frac{c}{2}\right) - \sin\nu\frac{\pi}{a}\left(l - \frac{c}{2}\right)\right].$$

Wir begnügen uns mit der Ermittlung der Spannungen in den beiden Endpunkten des durch den Ursprung gehenden Querschnittes, wo σ_x Größtwerte annimmt. Setzt man in Gl. (14) $x = 0$, $y = \pm b$, so erhält man die beiden Spannungswerte

$$\sigma_x^{\pm b} = \mp\frac{3a^2}{2b^2}\sum_{\nu=1}^{\infty}(A_\nu - B_\nu)\frac{\cos\nu\pi}{\nu^2\pi^2} + \sum_{\nu=1}^{\infty}(A_\nu + B_\nu)\frac{\mathrm{Sin}\,\alpha b\,\mathrm{Cof}\,\alpha b - \alpha b\,\mathrm{Cof}^2\alpha b + \alpha b\,\mathrm{Sin}^2\alpha b}{\mathrm{Sin}\,2\alpha b + 2\alpha b}$$
$$\pm\sum_{\nu=1}^{\infty}(A_\nu - B_\nu)\frac{\mathrm{Sin}\,\alpha b\,\mathrm{Cof}\,\alpha b - \alpha b\,\mathrm{Sin}^2\alpha b + \alpha b\,\mathrm{Cof}^2\alpha b}{\mathrm{Sin}\,2\alpha b - 2\alpha b}.$$

Das obere Zeichen vor dem ersten und letzten Gliede gilt für σ_x^{+b}, das untere für σ_x^{-b}. Die Gleichungen lassen sich leicht vereinfachen, man erhält dann:

$$\sigma_x^{\pm b} = \mp\frac{3a^2}{2b^2}\sum_{\nu=1}^{\infty}(A_\nu - B_\nu)\frac{\cos\nu\pi}{\nu^2\pi^2} + \frac{1}{2}\sum_{\nu=1}^{\infty}(A_\nu + B_\nu)\frac{\mathrm{Sin}\,2\alpha b - 2\alpha b}{\mathrm{Sin}\,2\alpha b + 2\alpha b}$$
$$\pm\frac{1}{2}\sum_{\nu=1}^{\infty}(A_\nu - B_\nu)\frac{\mathrm{Sin}\,2\alpha b + 2\alpha b}{\mathrm{Sin}\,2\alpha b - 2\alpha b}.$$

[1]) Die Ableitung dieser Gleichung findet der Leser in meiner Abhandlung: Der gerade Stab mit Rechteckquerschnitt als ebenes Problem. Bauing. 1923, S. 255ff.

Das erste Summenglied kann in geschlossener Form dargestellt werden. Es ist

$$\frac{3\,a^2}{2\,\pi^2\,b^2}\sum_{\nu=1}^{\infty}(A_\nu - B_\nu)\frac{\cos\nu\pi}{\nu^3}$$

$$= -\frac{3\,P\,a^2}{2\,\pi^3\,b^2\,c}\left[\sum_{\nu=1}^{\infty}\frac{1}{\nu^3}\sin\nu\pi\frac{c}{a}\cos\nu\pi - \sum_{\nu=1}^{\infty}\frac{1}{\nu^3}\sin\nu\frac{\pi}{a}\left(l+\frac{c}{2}\right)\cos\nu\pi + \sum_{\nu=1}^{\infty}\frac{1}{\nu^3}\sin\nu\frac{\pi}{a}\left(l-\frac{c}{2}\right)\cos\nu\pi\right]$$

$$= \frac{3}{8}\,\frac{P}{a\,b^2}\left(l^2 - \frac{c^2}{4}\right),$$

wenn man die Summationsformel

$$\sum_{\nu=1}^{\infty}\frac{1}{\nu^3}\sin\nu\xi\cdot\cos\cdot\nu\pi = \frac{\xi}{12}(\xi^2 - \pi^2)$$

beachtet. Die übrigen Summen lassen sich leider nicht in allgemeiner Form auswerten, doch erhält man, wenn man die Klammern löst, schließlich die folgenden einfachen Ausdrücke für die größten Randspannungen:

$$\sigma_x^{+b} = -\frac{3}{8}\,\frac{P}{a b^2}\left(l^2 - \frac{c^2}{4}\right) + \sum_{\nu=1}^{\infty}\frac{A_\nu(\mathfrak{Sin}^2\,2\,\alpha b + 4\,\alpha^2 b^2) - 4\,B_\nu\,\alpha b\,\mathfrak{Sin}\,2\,\alpha b}{\mathfrak{Sin}^2\,2\,\alpha b - 4\,\alpha^2 b^2};$$

$$\sigma_x^{-b} = +\frac{3}{8}\,\frac{P}{a b^2}\left(l^2 - \frac{c^2}{4}\right) + \sum_{\nu=1}^{\infty}\frac{-4\,A_\nu\,\alpha b\,\mathfrak{Sin}\,2\,\alpha b + B_\nu(\mathfrak{Sin}^2\,2\,\alpha b + 4\,\alpha^2 b^2)}{\mathfrak{Sin}^2\,2\,\alpha b - 4\,\alpha^2 b^2}.$$

Die in diesen Formeln auftretenden Summen sind rasch konvergierende Reihen, die eine verhältnismäßig einfache Ermittlung von σ_x ermöglichen. Unter der Voraussetzung, daß a groß gegen l ist, der Bolzen also lang im Vergleich zum Lastbereich ist, habe ich die Randspannungen σ_x für die Wertverhältnisse $\frac{l}{c} = 1{,}5,\ 2{,}5,\ 5$ berechnet, wobei in jeder Gruppe wieder verschiedene Verhältnisse $\frac{b}{l}$ zu berücksichtigen waren. Betrachten wir zunächst die Ergebnisse für den kleinstmöglichsten Wert von $\frac{l}{c} = 1{,}5$. In Abb. 272 sind die Randspannungen σ_x^{+b} und σ_x^{-b} als Funktion von $\frac{b}{c}$ dargestellt, wobei als Einheit der Leibungsdruck $p = \frac{P}{2\,c}$ für die Darstellung benutzt wurde. Zum Vergleiche ist auch die Randspannung nach Navier, auf die gleiche Einheit bezogen, veranschaulicht.

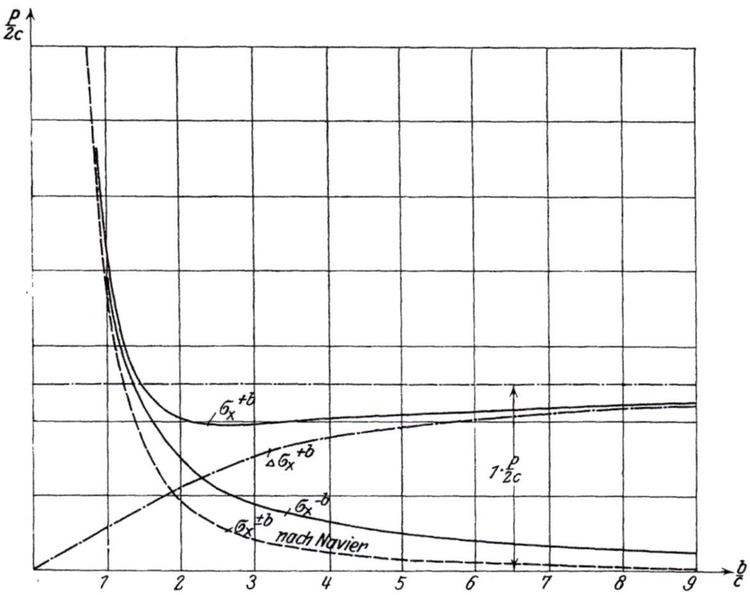

Abb. 272.

Die Unterschiede sind sehr bedeutend. Während nach der üblichen Biegungstheorie am oberen und unteren Rand numerisch gleiche Höchstspannungen herrschen, weichen diese beiden Spannungen von etwa $\frac{b}{c} = 1$ angefangen schon sehr merklich voneinander ab und übertreffen insbesonders am oberen Rand, wo die Größtspannungsstelle auch unmittelbar belastet ist, die Naviersche Biegungsspannung um ein Vielfaches. Während mit abnehmendem c, wenn also die Lasten bei gleichbleibender Höhe $2b$ des Bolzens immer dichter zusammenrücken, die Spannungen nach der üblichen Berechnungsweise immer weiter abnehmen und bald für die Bemessung bedeutungslos werden, erreicht in Wirklichkeit die Spannung am oberen Rande etwa bei $\frac{b}{c} = 2{,}5$ einen Kleinstwert, der aber beiläufig zweimal so groß ist, als der nach Navier bestimmte, um sich von da an, langsam steigend, asymptotisch dem Grenzwert $p = \frac{P}{2c}$, dem Leibungsdruck an dieser Stelle, zu nähern. Die Zugspannungen am unteren Rande im Querschnitt $x = 0$ folgen anfangs etwas besser der Navierschen Spannungslinie, doch auch sie sind bei größeren Verhältnissen $\frac{b}{c}$ ein Mehrfaches der Navierschen Spannungswerte.

Die auffällige Tatsache, daß die Randspannungen so hohe Werte erreichen, findet sofort eine Erklärung, wenn man die Verteilung der Spannungen σ_x über den Querschnitt verfolgt. In Abb. 273 ist der Verlauf der Spannungen für ein großes $\frac{b}{c}$ dargestellt. Er ist grundverschieden von der gewöhnlich angenommenen linearen Spannungsverteilung. Man erkennt, daß an der Aufnahme des Biegungsmomentes hauptsächlich die am Rande liegenden Fasern beteiligt sind, während die inneren Teile des Bolzens nahezu spannungslos bleiben[1]).

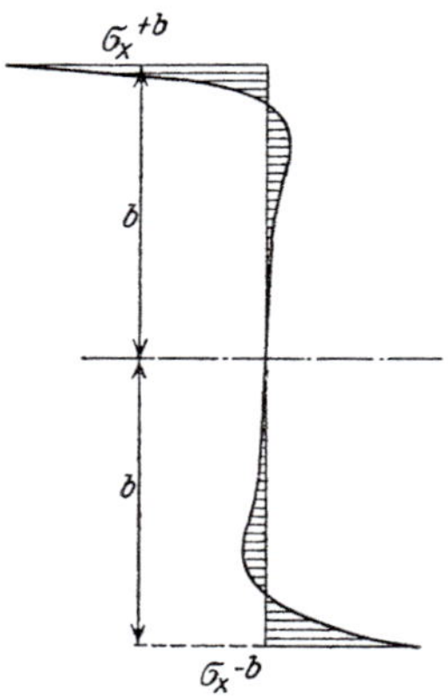

Abb. 273.

Da die Druckrandspannungen σ_x^{+b} im Bereiche der Last weitaus größer sind, als die Zugspannungen am gegenüberliegenden Rande, so wird bei der Bemessung der Bolzen nur auf diese Spannungen geachtet werden müssen. Bildet man die Differenz zwischen der Spannung σ_x^{+b} und der nach Navier berechneten Biegungsspannung, so erhält man die in Abb. 272 eingezeichnete Linie $\Delta\sigma_x^{+b}$, die sich genau genug durch den Ausdruck

$$\Delta\sigma_x^{+b} = \frac{P}{3c} \operatorname{arctg} 0{,}42 \frac{b}{c}$$

als Funktion von $\frac{b}{c}$ darstellen läßt. Man erhält demnach für die Gesamtspannung die Formel

$$\max \sigma_r = \frac{\max M}{W} + \frac{2}{3} p \operatorname{arctg} 0{,}42 \frac{b}{c} \quad \ldots \ldots \ldots \quad (15)$$

Hierin ist $\frac{\max M}{W}$ die wie üblich berechnete Biegungsspannung (Quotient aus Größtmoment und Widerstandsmoment) und $p = \frac{P}{2c}$ der Leibungsdruck.

Die Spannungen nehmen außerhalb des Lastbereiches sehr rasch gegen Null ab, es beeinflussen sich daher mehrere nebeneinander befindliche Lastgruppen, wovon jede für sich im Gleichgewichte ist, nur unwesentlich. Die Formel (15) gilt sonach auch dann, wenn der Bolzen etwa nach Abb. 269c belastet ist. Die Formel (15) behält ihre Geltung, wie ich nachgewiesen habe, aber auch dann mit genügender Annäherung, wenn der Bolzen selbst sehr kurz, oder eine der Belastungsgruppen sehr nahe an das Bolzenende rückt.

---

[1]) Diese Spannungsverteilung legt den Gedanken nahe, das nicht beanspruchte Material zu entfernen, die Bolzen also hohl auszugestalten.

Geht man von dem eben betrachteten Verhältnis $\frac{l}{c} = 1{,}5$ zu anderen Verhältnissen über, so findet man, daß die Linien der Zusatzspannungen $\Delta\sigma_x^{+b}$ sich durchwegs in Form einer arctg-Linie darstellen lassen. Die betreffenden Linien für $\frac{l}{c} = 1{,}5$, $2{,}5$ und 5, die ich berechnet habe, sind in Abb. 274 zur Darstellung gebracht. Alle diese Linien folgen dem Gesetze

$$\Delta\sigma_x = \frac{P}{3c}\operatorname{arctg} 0{,}42 \cdot \frac{b}{l}\cdot\frac{l}{c} = \frac{2}{3}\,p \operatorname{arctg} 0{,}42\,\frac{b}{c}\,.$$

$\Delta\sigma_x$ ist also letzten Endes von l vollständig unabhängig. Gl. (15) hat somit allgemeinste Geltung. Die Zusatzspannung zur Navierschen Biegungsspannung ist daher in erster Linie bloß von der Größe des Leibungsdruckes und vom Verhältnis der Bolzenhöhe $2b$ zur Belastungsbreite c abhängig. Diese Abhängigkeit ist durch Gl. (15) gegeben.

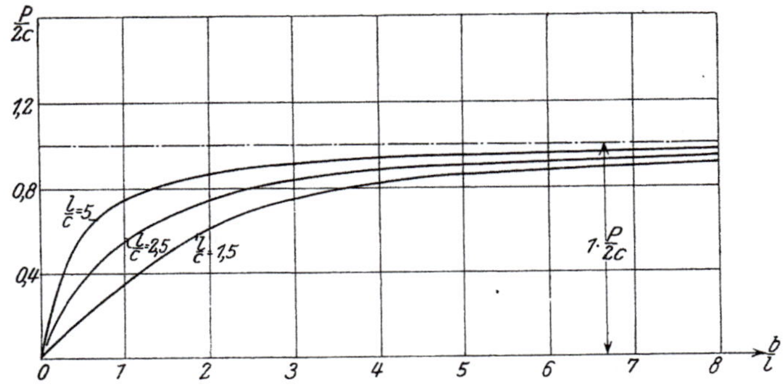

Abb. 274.

Die Schubspannungen τ.

Bei Bolzenanschlüssen spielen die Schubspannungen τ — im Gegensatze zu den Nietverbindungen — in der Regel keine nennenswerte Rolle bei der Feststellung der Bolzenabmessungen. Im Gegensatz zu den Normalspannungen σ_x ist für die Verteilung der Schubspannungen über dem Querschnitt nicht der Leibungsdruck oder die Belastungsbreite c, sondern in erster Linie der Abstand $2l$ der Lasten und sein Verhältnis zur Bolzenhöhe maßgebend. Es genügt daher, wenn man Größe und Verteilung der Schubspannungen für den vereinfachten Belastungsfall, wie er in Abb. 275 dargestellt ist, untersucht.

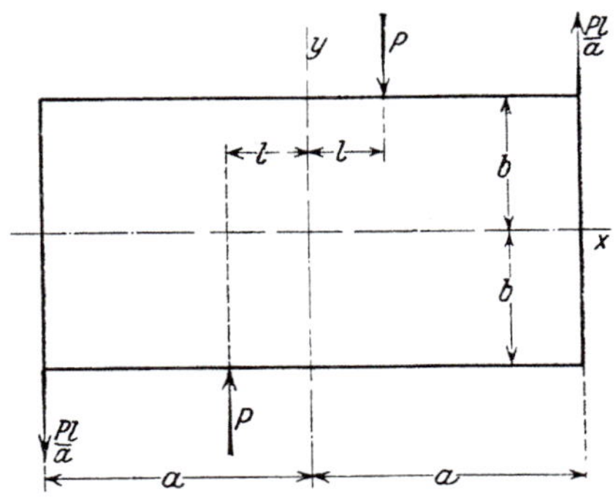

Abb. 275.

Für diesen Belastungsfall gilt für $x = 0$, da dort τ seine Größtwerte annimmt,

$$\tau = -\frac{2P}{a}\left[\sum_{\nu=1}^{\infty}\frac{\alpha y \operatorname{Sin}\alpha b \operatorname{Cof}\alpha y - \alpha b \operatorname{Cof}\alpha b \operatorname{Sin}\alpha y}{\operatorname{Sin} 2\alpha b + 2\alpha b}\cos\alpha l \right.$$
$$\left. + \sum_{\nu=1}^{\infty}\frac{\alpha y \operatorname{Cof}\alpha b \operatorname{Sin}\alpha y - \alpha b \operatorname{Sin}\alpha b \operatorname{Cof}\alpha y}{\operatorname{Sin} 2\alpha b - 2\alpha b}\sin\alpha l\right].$$

Das Ergebnis der Berechnung, die Verteilung von τ über dem Querschnitt bei verschiedenen Wertverhältnissen $\frac{l}{b}$ ist in der Abb. 276 veranschaulicht. Die Schubspannungen τ sind hier als Vielfaches der mittleren Querschnittsspannung $\tau_m = \frac{P}{2b}$ dargestellt. Für $\frac{l}{b} = \infty$, wenn also die Lasten sehr weit auseinander liegen, stimmt die Linie der τ mit der bekannten Schubspannungsparabel beim Rechteckbalken überein. Mit abnehmendem Verhältnis $\frac{l}{b}$ aber, werden die Spannungen in der Querschnittsmitte immer kleiner, während der Maximalwert von der Mitte gegen den Rand hinrückt. Bei kleinem $\frac{l}{b}$ ist sonach die Verteilung der Schubspannungen eine ganz andere als nach dem Parabelgesetz. Der Größtwert beträgt ein Vielfaches von τ_m, der mittleren Querschnittsspannung.

Für die Bemessung genügt es, wenn man über eine Formel verfügt, die $\max \tau$ als Funktion von $\frac{l}{b}$ definiert. Eine solche Funktion liegt in der nachstehenden Gl. (16) vor:

$$\max \tau = \left[1{,}10 + 0{,}02 \left(\frac{b}{l}\right)^2 + \frac{1}{4} \operatorname{arctg} \frac{l}{b}\right] \frac{P}{2b} \quad \ldots \ldots \quad (16)$$

Der Ort von $\max \tau$ kann bei kleineren $\frac{l}{b}$ beiläufig im Abstande l vom Rande angenommen werden.

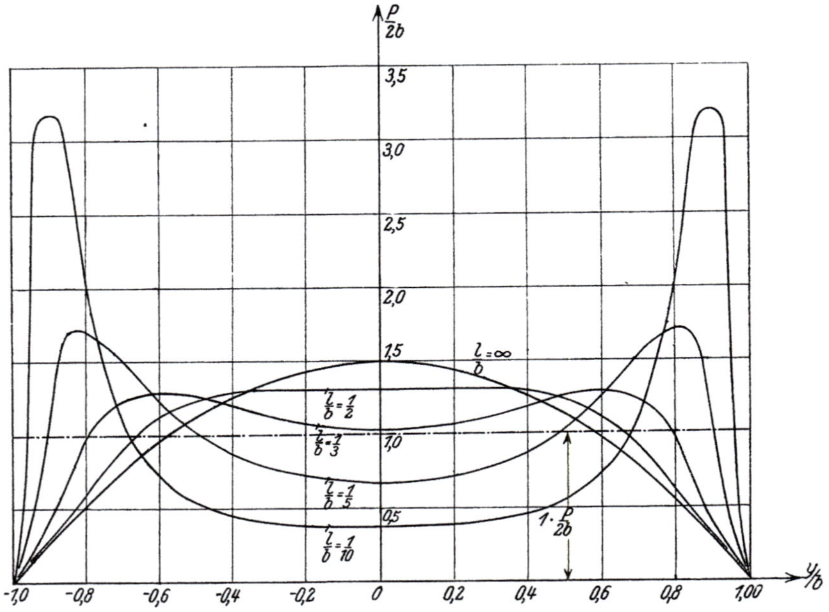

Abb. 276.

Anwendung auf zylindrische Bolzen.

Die im Lastbereiche auftretenden größten Längsdruckspannungen $\max \sigma_x$ eines quadratischen Bolzens lassen sich, wie wir gesehen haben, in der Form

$$\max \sigma_x = \sigma_1 + \sigma_2$$

darstellen, wobei σ_1 die wie üblich ermittelte Biegungsspannung bedeutet, während σ_2 eine Zusatzspannung darstellt, die in erster Linie von der Größe des Leibungsdruckes abhängt. Unter der Voraussetzung, daß beim zylindrischen Bolzen die Spannungsverteilung über dem Querschnitt nicht nennenswert von der des quadratischen Bolzens abweicht, und diese Voraussetzung ist bei der nahen Verwandtschaft der beiden Querschnittsformen begründet, wollen wir Gl. (15) auch auf den zylindrischen Bolzen anwenden, um so zu einer beiläufigen Abschätzung der inneren Kräfte beim zylindrischen Bolzen zu gelangen. Von dem gleichen Standpunkte ausgehend, soll auch Gl. (16) zur Ermittlung der Schubspannungen im runden Bolzen verwendet werden.

Beim quadratischen Bolzen ist der Leibungsdruck über die ganze Breite $2b$ des Bolzens der gleiche. Beim zylindrischen Bolzen nimmt er von der Mitte aus nach beiden

Seiten gegen Null ab. Der Größtwert in der Mitte beträgt unter der Annahme cosinusförmiger Verteilung des radial gerichteten Druckes, $1{,}27 \frac{P}{2\,c\,d}$, wenn d der Bolzendurchmesser ist und $2\,c$ die Belastungsbreite bedeutet, auf der sich die Last P überträgt. Bei der Spannungsermittlung werden wir diesen Größtwert zugrunde legen.

Bezeichnet man den auf die Projektion der Lochleibung bezogenen Leibungsdruck mit p_m, so ist in jenem Randpunkte, in welchem die größten Spannungen eintreten,

$$\sigma_x = \max \sigma_x, \qquad \sigma_y = 1{,}27\,p_m, \qquad \tau = 0$$

und daher die der Bemessung zugrunde zu legende reduzierte Spannung:

$$\sigma_{\text{red}} = 0{,}35\,(\max \sigma_x + 1{,}27\,p_m) \pm 0{,}65\,(\max \sigma_x - 1{,}27\,p_m) = \left\{ \begin{matrix} \max \sigma_x - 0{,}38\,p_m \\ -\,0{,}30 \max \sigma_x + 1{,}27\,p_m \end{matrix} \right\} \quad (17)$$

Der absolut größere der beiden Werte ist für die Bemessung maßgebend. In (17) ist nach Gl. (15)

$$\max \sigma_x = \frac{\max M}{W} + \frac{2}{3} \cdot 1{,}27\,p_m \operatorname{arctg} 0{,}42\,\frac{b}{c}$$

einzuführen. Um allen Möglichkeiten gerecht zu werden, muß noch beachtet werden, daß u. U. auch $\frac{\max M}{W}$ größer werden kann als σ_{red}, weshalb auch $\frac{\max M}{W}$ für sich allein betrachtet werden muß.

Gl. (16) nimmt mit $\frac{P}{2\,b} = \frac{P}{F} = \tau_m$ (mittlere Scherspannung) die Form an

$$\max \tau = \left[1{,}10 + 0{,}02 \left(\frac{b}{l}\right)^2 + \frac{1}{4} \operatorname{arctg}\left(\frac{l}{b}\right)\right] \tau_m .$$

Die Bolzenabmessungen müssen daher so beschaffen sein, daß die Bedingungen

1. $\sigma_{\text{red}} \leqq \sigma_{\text{zul}}$
2. $\frac{\max M}{W} \leqq \sigma_{\text{zul}}$
3. $\max \tau \leqq \tau_{\text{zul}}$

erfüllt sind.

Wie man erkennt, ist bei dieser Bemessungsmethode der Leibungsdruck nur mehr mittelbar maßgebend. Damit ist aber auch eine Inkonsequenz der üblichen Berechnung von Bolzen und Nieten beseitigt, die in der künstlichen Einführung einer Materialanstrengung — Leibungsdruck genannt — besteht. In unserer Rechnung erscheint der Leibungsdruck als das, was er ist, als Belastung und nicht als Materialanstrengung.

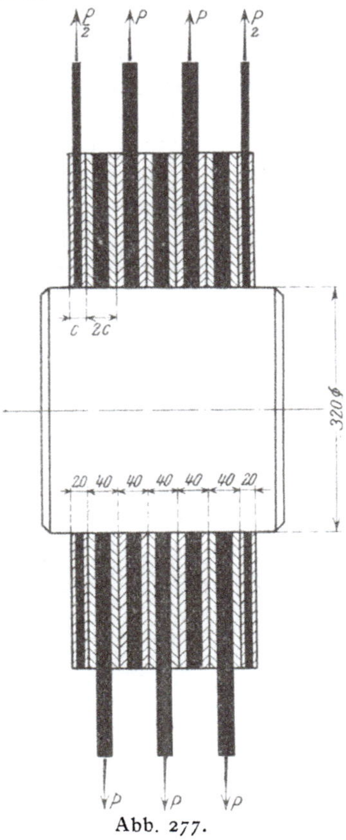

Abb. 277.

Beispiel. Es sind die Größtbeanspruchungen des in Abb. 277 dargestellten Gelenkbolzens festzustellen, wenn in jedem einzelnen Flacheisen eine Kraft von $P = 190$ t wirkt. Wir ermitteln zunächst den mittleren Leibungsdruck p_m und die mittlere Scherspannung τ_m, sowie die Biegungsspannung $\frac{\max M}{W}$ und erhalten

$$p_m = \frac{190}{4 \cdot 32} = 1{,}484 \text{ t/cm}^2,$$

$$\tau_m = \frac{\frac{1}{2} \cdot 190}{\pi \cdot 16^2} = 0{,}118 \text{ t/cm}^2,$$

$$\frac{\max M}{W} = \frac{\frac{1}{2} \cdot 190 \cdot 2}{\pi/32 \cdot 32^3} = 0{,}059 \text{ t/cm}^2.$$

Damit berechnet man zunächst die Längsspannung max σ_x

$$\max \sigma_x = 0{,}059 + \frac{2}{3} \cdot 1{,}27 \cdot 1{,}484 \operatorname{arctg} \left(0{,}42 \cdot \frac{16}{2}\right) = 1{,}615 \text{ t/cm}^2$$

und daher

$$\sigma'_{\mathrm{red}} = 1{,}615 - 0{,}38 \cdot 1{,}484 = 1{,}051 \text{ t/cm}^2,$$

$$\sigma''_{\mathrm{red}} = -0{,}3 \cdot 1{,}615 + 1{,}27 \cdot 1{,}484 = \mathbf{1{,}400} \text{ t/cm}^2.$$

Wählt man $\sigma_{\mathrm{zul}} = 1{,}4$ t/cm², gemäß den neuen Reichsbahnvorschriften, so ist der Durchmesser von 32 cm gerade ausreichend.

Die Schubspannungen sind verhältnismäßig klein, sie betragen

$$\max \tau = \left(1{,}10 + 0{,}02 \left(\frac{16}{2}\right)^2 + \frac{1}{4} \operatorname{arctg} \frac{2}{16}\right) \cdot 0{,}118 = 0{,}285 \text{ t/cm}^2,$$

was weit unter $\tau_{\mathrm{zul}} = 1{,}12$ t/cm² liegt.

Würde man in der üblichen Weise bemessen, so käme im vorliegenden Falle bloß der Leibungsdruck mit $p_{\mathrm{zul}} = 2{,}80$ t/cm² in Betracht. Man erhält somit den notwendigen Durchmesser aus

$$1{,}27 \frac{190}{4 \cdot d} = 2{,}80$$

mit 21,5 cm.

Berechnet man mit der Abmessung $d = 21{,}5$ cm mittels Formel (15) bzw. (17) die Randspannung, so findet man sie bereits über der Streckgrenze liegend. Wenn auch so hohe Beanspruchungen im Bolzen, wegen der Zähigkeit des Materials, kaum eine Gefahr für das Brückenbauwerk bedeuten, da ja diese Überanstrengungen nur auf kleine Bezirke beschränkt sind und nach Überschreiten der Elastizitätsgrenze die entlastende Mitwirkung benachbarter Teile in Erscheinung tritt, so wird man doch mit Rücksicht auf die Beweglichkeit derartige hohe Anstrengungen, die immer mit starken örtlichen Verformungen verbunden sind, zu vermeiden trachten. Es ist daher die Bemessung der Bolzen nach den hier angegebenen Formeln zu empfehlen.

Die Bolzenabmessungen werden in der Regel ausreichend sein, wenn man den mittleren Leibungsdruck nicht größer macht, als die zulässige Beanspruchung auf Zug oder Druck. Diese einfache Regel benutze man bei Vorberechnungen.

Fünfter Abschnitt.

Die Berechnung der Fahrbahntafel eiserner Brücken.

§ 16. Die Fahrbahn.

66. Einleitung.

Die Fahrbahntafel besteht aus der Fahrbahndecke und der tragenden Rostabdeckung, die zusammen das bilden, was man gewöhnlich als Brückenfahrbahn bezeichnet, und aus dem Fahrbahnrost, der bereits zum eigentlichen Eisentragwerk gehört.

Die Fahrbahndecke wird bei Straßenbrücken aus dem Pflaster samt dessen Unterlage, bei Eisenbahnbrücken entweder aus Schwellen, Schienen und dem Bohlenbelag, oder bei durchgehendem Kiesbett, aus dem Schotterbett samt Schwellen und Schienen gebildet. Die Fahrbahndecke wird uns hier nur hinsichtlich ihrer lastverteilenden Wirkung beschäftigen.

Der tragenden Rostabdeckung fällt die Aufgabe zu, die die Decke treffenden Lasten zu übernehmen und sie auf den eigentlichen Fahrbahnrost zu übertragen, sie bildet somit die unmittelbare Unterstützung der Fahrbahndecke. Bei Straßenbrücken wird sie aus Holzbohlen, Belageisen, Flachblechen, Tonnenblechen, Buckelplatten oder Eisenbetonplatten gebildet. Bei Eisenbahnbrücken stellen gewöhnlich die Schwellen die tragende Rostabdeckung vor, falls nicht das Kiesbett durchgeht, in welchem Falle die gleichen, eben erwähnten Bauelemente, wie bei Straßenbrücken, die tragende Rostabdeckung bilden können.

Der Fahrbahnrost endlich besteht aus der Gesamtheit der Längs- und Querträger erster und zweiter Ordnung. Mit der Rostabdeckung zusammen bilden sie eine steife Tafel, die Fahrbahntafel, welche die die Brückenbahn treffenden Lasten in die Haupttragwände leitet.

Bevor wir an die Berechnung der einzelnen Arten von Rostabdeckungen schreiten, möge eine kritische Erörterung der lastverteilenden Wirkung der Fahrbahndecke vorausgeschickt werden, deren Ergebnisse wir benutzen werden, um bei Berechnung der Rostabdeckung den Einfluß der Lastverteilung wenigstens näherungsweise in Rechnung ziehen zu können.

67. Theorie der Lastverteilung.

Die auf die Brückenbahn tretenden Lasten wirken nur in den seltensten Fällen unmittelbar auf die Rostabdeckung ein, in der Überzahl der Fälle wird die Last durch ein mehr oder weniger elastisches Zwischenmittel, d. i. die Fahrbahndecke und deren Unterlage auf die Rostabdeckung übertragen. Es entsteht nun die Frage: Nach welchem Gesetze werden die in einem örtlich eng begrenzten Flächenbezirk auftretenden Lasten

(Einzellasten) durch die druckverteilende Wirkung der Fahrbahndecke auf einem größeren Flächenbezirk verteilt? Die Beantwortung dieser Frage ist äußerst wichtig, da eine halbwegs richtige Bemessung der Rostabdeckung damit innig zusammenhängt.

Eine über dicht gelegte Belageisen geführte Schiene z. B. wird den sie treffenden Raddruck auf die in der Nähe des Rades befindlichen Belageisens verteilen. Welchen Anteil des Gesamtdruckes das unmittelbar unter dem Rade liegende Abdeckungselement erhält, ist nicht ohne weiteres zu sagen. Die sichere Kenntnis dieses Anteils ist aber wichtig, um das richtige Belageisen auswählen zu können. Ebenso wird die durch die Schotterdecke auf einer Eisenbetonplatte hervorgerufene Verteilung eines sie belastenden Einzeldruckes die Stärkenabmessungen der Platte beeinflussen, je nachdem diese Verteilung auf einen größeren oder kleineren Flächenbezirk erfolgt.

Das letzterwähnte Beispiel beinhaltet aber noch ein zweites Problem, das wir hier erörtern müssen. Die im Brückenbau verwendeten Platten, wie z. B. Eisenbetonplatten oder Flachbleche, werden, wenn die eine Seite sehr lang gegenüber der andern ist, so daß die Randbedingungen an den Schmalseiten von geringem Einfluß auf den Spannungszustand in den von diesen Rändern weit genug gelegenen Teilen der Platte ist, nicht als eigentliche Platten, sondern streifenweise als Stäbe berechnet. Man führt damit das dreidimensionale Plattenproblem auf das Problem des gebogenen Stabes zurück. Diese Zurückführung ist genügend genau und ohne Schwierigkeit durchführbar, solange die Platte z. B. durch eine gleichförmig verteilte Last voll belastet wird. Kommen aber örtlich konzentrierte Einzellasten in Frage, dann kann diese Zurückführung auf das Balkenproblem nur mehr als eine sehr grobe Annäherung angesehen werden, und es taucht hier die Frage auf, wie breit der unter der Last befindliche Plattenstreifen zu wählen sei, damit er losgetrennt von den übrigen Plattenteilen und als Balken betrachtet, beiläufig die gleichen Anstrengungen erfährt, wie der unter der Last befindliche Teil der wirklichen Platte. Daß eine solche Art der Behandlung des Plattenproblems nur eine sehr rohe ist, liegt auf der Hand. Da es sich hierbei aber um untergeordnete Teile des Brückentragwerkes handelt, so begnügt man sich mit einer solchen beiläufigen Ersatzrechnung, die allerdings den Vorteil großer Einfachheit besitzt.

a) Die Kraftausbreitung in einer Kies- oder Sandschüttung.

In einem von einer Horizontalebene einseitig begrenzten, sonst aber unendlich ausgedehnten elastischen Körper, der durch eine lotrechte Einzellast P belastet ist, beträgt der Druck in einem zur wagrechten Oberfläche parallelen Flächenelement nach Boussinesq[1])

$$\sigma_z = \frac{3}{2} \frac{P}{\pi} \frac{z^3}{r^5} \quad . \quad . \quad . \quad (1)$$

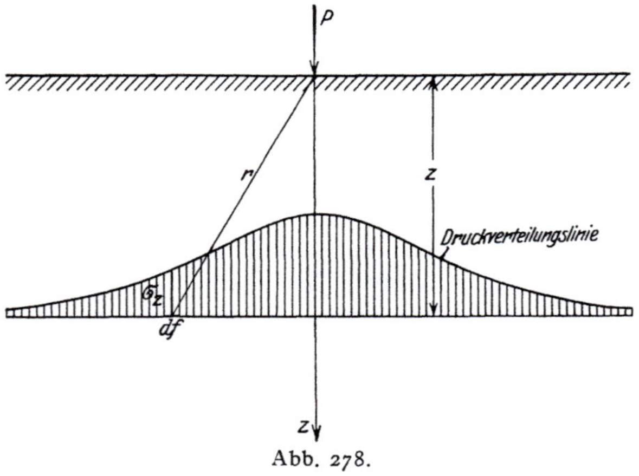

Abb. 278.

Die Bedeutung von z und r geht aus der Abb. 278 hervor. Damit man sich ein Bild von dem Verteilungsgesetze machen kann, ist in Abb. 278 die Linie σ_z für ein beliebig angenommenes z eingetragen.

Da diese Gleichung keine elastischen Konstanten enthält, so kann sie auch auf nicht elastische Körper, soweit sie wenigstens makroskopisch als homogen anzusehen sind, Anwendung finden, also auch auf die im Brückenbau in Verwendung stehenden lastverteilenden Zwischenmittel, wie Schotter- oder Sandschichten, Betonplatten usw.

[1]) Föppl, A.: Vorlesungen über Technische Mechanik, Bd. III.

Die Übereinstimmung der Ergebnisse der Formel (1) mit der tatsächlichen Druckverteilung ist durch Versuche von Steinschneider mit Sandschüttungen festgestellt worden[1]. Dieser Forscher hat zunächst gefunden, daß ganz lose Schüttungen wenigstens in ihren oberen Schichten ein vom elastischen Körper etwas abweichendes Verhalten zeigen, dessen Ursache in einer Ungleichheit des Materials infolge der fortschreitenden Zusammenpressung mit zunehmender Tiefe besteht. Fest zusammengedrücktes Material, und solches kommt für uns hier in Betracht, zeigt die gleiche Druckverteilung wie der elastische Körper. Abb. 279 enthält die Drucklinien, die Steinschneider bei seinen Versuchen festgestellt hat. Es wäre nicht schwer, die Frage der Druckverteilung auch weiter theoretisch zu verfolgen, insbesondere in dem Fall, wo die Schüttung nur geringe Höhe hat und auf einer starren Unterlage aufruht. Abgesehen von dem Umstand, daß sich auch in den Versuchsergeb nissen Steinschneiders der Einfluß der starren Unterlage bemerkbar macht, die endliche Schüttungshöhe sonach berücksichtigt erscheint, liegen die im Brückenbau verwendeten Zwischenmittel fast immer auf einer nachgiebigen elastischen Unterlage, werden sich also eher wie die oberen Schichten einer unbegrenzten Schüttung als wie eine Schüttung von endlicher Höhe auf unnachgiebiger Unterlage verhalten. Eine zu weit getriebene

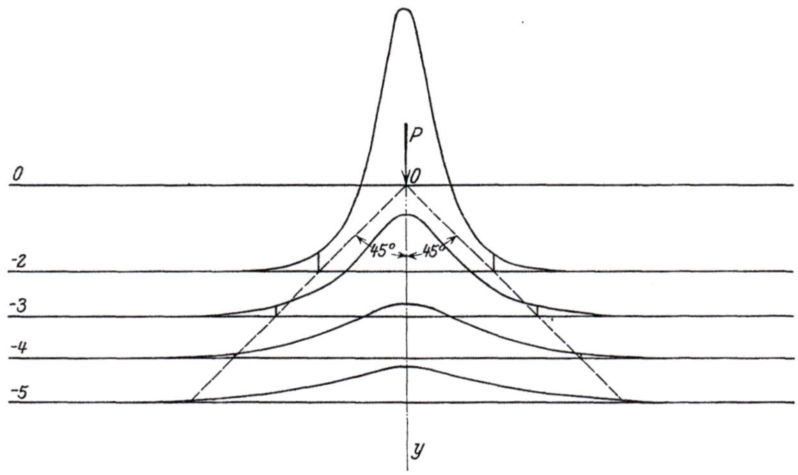

Abb. 279.

Genauigkeit hat hier keinen Sinn, da es sich ja nur darum handelt, annähernd festzustellen, wie weit in der Umgebung der Einzellast P ihre praktisch in Betracht kommende Wirkung reicht, und nach welchem Gesetze beiläufig die Drucke rings um P abnehmen. Wir beschränken uns daher auf die Berücksichtigung der in Abb. 279 dargestellten Druckverteilungslinien, wie sie die Steinschneiderschen Versuche ergeben haben. Zieht man, wie dies in Abb. 279 geschehen, zwei Linien vom Lastpunkte P unter 45^0, so erkennt man, daß der größte Teil des Druckes innerhalb dieser beiden Linien, oder richtiger gesprochen innerhalb eines Kegels dessen Erzeugende unter 45^0 zur Druckrichtung geneigt sind, übertragen wird. Die alte Annahme, daß eine Last P durch eine feste Schichte von der Höhe h auf eine Breite $2h$ verteilt wird, ist auch durch die Versuche Steinschneiders als beiläufig zutreffend erwiesen. Ganz falsch ist aber die allgemein übliche Annahme, daß sich der Druck innerhalb des so bestimmten Druckbereiches, in unserem Falle ein Kreis vom Durchmesser $2h$, gleichmäßig verteile. Viel eher wäre man berechtigt, die Druckverteilungsfläche als Kegelstumpffläche anzusprechen. Damit wäre aber wenig anzufangen, da sich die Belastungsanteile einzelner Abschnitte des Druckbereiches von Fall zu Fall nur mit einiger Mühe bestimmen ließen.

[1] Steinschneider, Dr. techn. Otto: Elastische Druckverteilungen und Drucküberschreitungen in Schüttungen. Sitzungsber. d. Ak. d. W. in Wien, **121**, 1912.

Man betrachte eine Reihe nebeneinanderliegender Träger, auf die unter Zwischenschaltung einer druckverteilenden Schichte eine Einzellast P einwirkt, Abb. 280. Es ist leicht einzusehen, daß die Art der Druckverteilung von sehr großem Einfluß sein wird auf den Anteil, den der unmittelbar unter der Last befindliche Träger erhält, von geringerem Einfluß aber auf das Biegungsmoment oder die Querkraft des betreffenden Elementes, wenn die Stützweite im Vergleich zum Durchmesser des Druckbereiches nicht allzu klein ist. Um nun zu einer einfachen Regel zu gelangen, empfiehlt sich daher folgender Vorgang: Man nehme die Druckverteilung auf mehrere nebeneinanderliegende biegungssteife Elemente in der Weise vor, daß man die Last P in eine Trapezlast mit der Basisbreite $2h$ und der Scheitelbreite $\frac{h}{2}$ verwandelt und bestimme durch Teilung, wie in Abb. 280a angedeutet, den Anteil des stärkest belasteten Elementes. Jeder Anteil wirkt auf das betreffende Element als gleichförmige Streckenlast von der Länge $2h$, Abb. 280b. Man rechnet auf diese Weise etwas zu günstig, doch wird man diesen Nachteil, der Einfachheit wegen, gerne in Kauf nehmen. Vollständig fehlerhaft ist aber die vielfach geübte Methode, die Last gleichmäßig auf die einzelnen der innerhalb der Druckbreite $2h$ liegenden Träger zu verteilen. Man überzeugt sich an einem einfachen Beispiele leicht davon, daß der unter der Last liegende Träger bei dieser Art der Rechnung nur einen Bruchteil von der ihm wirklich zukommenden Last erhält.

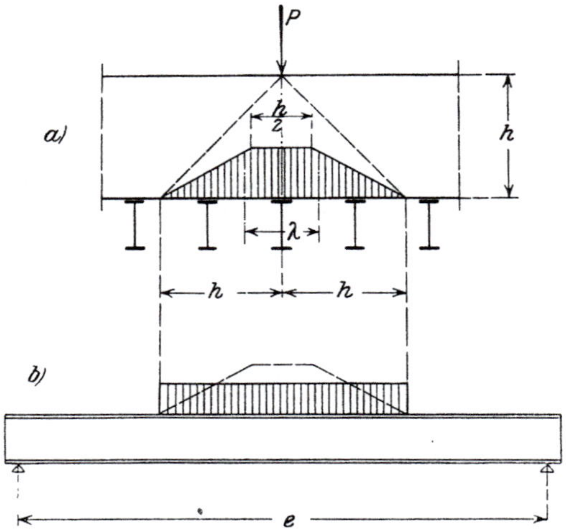

Abb. 280.

In der Regel wird die Last schon auf der Fahrbahndecke auf einer Breite t verteilt sein (Felgenbreite), Abb. 281a, oder es ist zwischen Last und lastverteilender Schichte ein Pflasterstein, Abb. 281b, von der Breite t eingeschaltet. In beiden Fällen vergrößert sich dann die Breite der Druckfläche in beiden Richtungen um den Betrag t.

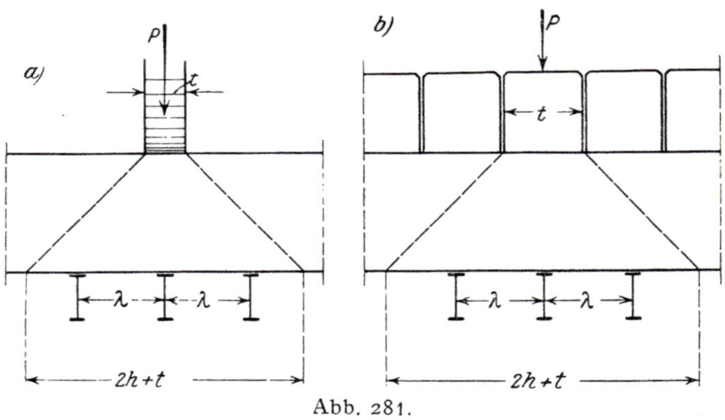

Abb. 281.

Die Berechnung des Anteiles des unmittelbar unter der Last liegenden Tragelementes an der Last P ist sehr einfach. Ist e die Entfernung der Tragelemente, A und B die Länge der Scheitel- bzw. Basisseite, H die Höhe des Drucktrapezes, so muß die Maßzahl der Trapezfläche gleich der Last P sein, sonach (Abb. 282)

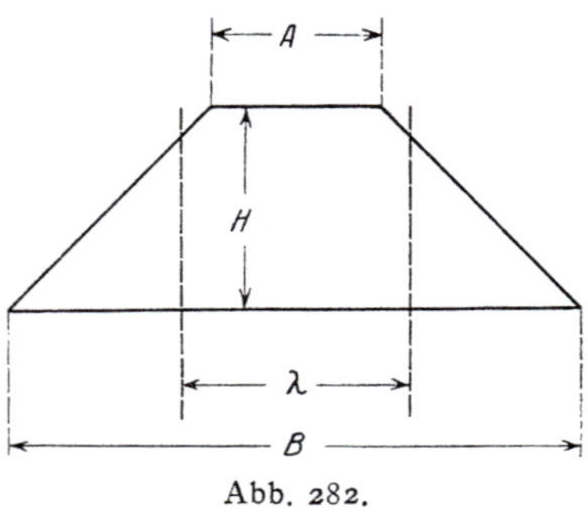

Abb. 282.

$$P = \frac{A + B}{2} H$$

und daher

$$H = \frac{2P}{A+B}.$$

Auf den Bereich λ des mittelsten Tragelementes entfällt sonach die Belastung:

α) wenn $\lambda \leqq A$

$$\boldsymbol{P'} = H\lambda = \frac{\boldsymbol{2P\lambda}}{\boldsymbol{A+B}}, \quad \ldots \ldots \ldots \ldots \ldots (2)$$

β) wenn $\lambda > A$

$$P' = \frac{A+B}{2}H - \frac{(B-\lambda)^2}{2(B-A)}H$$

und nach Einführung von H

$$\boldsymbol{P'} = \boldsymbol{P}\left(1 - \frac{(\boldsymbol{B}-\lambda)^2}{\boldsymbol{B}^2 - \boldsymbol{A}^2}\right). \quad \ldots \ldots \ldots \ldots \ldots (2')$$

Hierin ist

$$A = \frac{h}{2} + t, \qquad B = 2h + t$$

zu setzen, wenn h die Höhe der Deckschichte, t die Lastbreite ist.

b) Druckverteilung durch Stampfbetonschichten.

Da eine Stampfbetonschichte eine gewisse Biegungssteifigkeit besitzt, die einer Kies- oder Sandschichte unter allen Umständen abgeht, so wird sich ein auf ihr lastender örtlich konzentrierter Druck, falls die Schichte auf einer elastischen Unterlage, wie z. B. Belageisen, aufruht, wahrscheinlich auf eine viel größere Zone verteilen, als bei einer gleich hohen Kies- oder Sandschüttung. Ein auf nachgiebiger Unterlage ruhender elastischer Stab zeigt nämlich, wie wir in nachfolgendem Absatz c) nachweisen werden, eine um ein Vielfaches größere Verteilungsweite für eine Einzellast P, als wir sie in a) für lose Schüttungen gefunden haben. Nun ist von Haus aus schwer zu sagen, ob eine Magerbetonschichte als ein elastischer Körper, der Druck und Zugspannungen aufzunehmen imstande ist, angesehen werden kann oder nicht. Leider liegen keine Versuche vor, aus denen Rückschlüsse auf die Art der Druckverteilung in solchen Abdeckungsschichten auf elastischer Unterlage gezogen werden könnten. Man ist hier vollständig auf Vermutungen angewiesen. Das oben für Kiesschüttungen abgeleitete Verteilungsgesetz, Gl. (2) und (2'), auch hier zu benutzen, hieße möglicherweise Materialverschwendung treiben. Es wird daher empfohlen, die allgemein für alle Arten von Deckschichten gebrauchte Regel, die, auf Stampfbetonschichten angewendet, wahrscheinlich noch einen Überschuß an Sicherheit enthält, zu benützen, nämlich die Last P auf eine Strecke

$$B = 2h + t$$

gleichmäßig zu verteilen, wenn h die Höhe der Betonschichte und t die Aufstandbreite der Last ist. Im Interesse der Eisenersparnis wäre eine baldige Klärung dieser keineswegs unwichtigen Frage durch Versuche erwünscht.

c) Druckverteilung durch elastische Stäbe.

Wird ein Stab über dicht nebeneinanderliegende elastisch nachgiebige Balken geführt, so bezeichnet man ihn als Stab auf nachgiebiger Unterlage: In dieser Lage befindet sich z. B. eine über den Bohlenbelag einer Brücke geführte Eisenbahnschiene, oder die über die Belageisen einer Straßenbrücke hinweglaufende Straßenbahnschiene. Das aus Schiene und Unterstützung bestehende elastische System ist dadurch gekennzeichnet, daß an jeder Unterstützungsstelle der von der Stütze geäußerte Widerstand proportional der Senkung der Stütze an dieser Stelle ist. Wir vereinfachen die Lösung der Aufgabe dadurch, daß wir die einzelnen Gegendrücke der Stützung stetig aufteilen und den gestützten Stab als unendlich lang annehmen[1]).

Wir gehen bei unserer Untersuchung zunächst von einem geraden Stab von endlicher Länge $2l$ aus, der in der Mitte durch eine Einzellast P belastet ist; AB sei seine Lage im unbelasteten, $A'B'$ im belasteten Zustande (Abb. 283). Die zur Abszisse x gehörende Senkung y sei proportional dem an dieser Stelle auftretenden Gegendruck p_x der Unterlage, somit

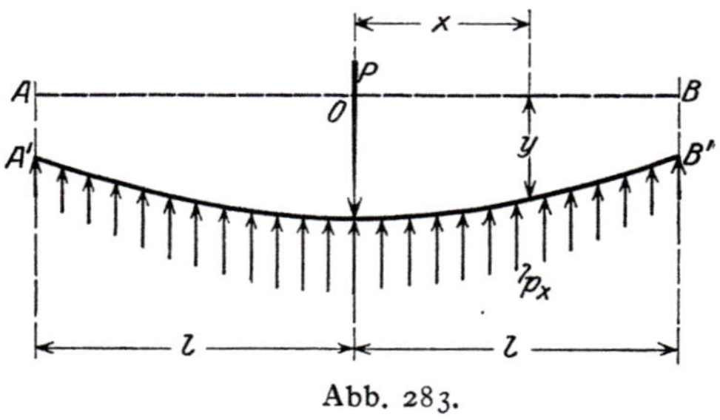

Abb. 283.

$$y = \varkappa p_x,$$

wobei $\varkappa$ ein später noch näher zu bestimmender Proportionalitätsfaktor, der das elastische Verhalten der Unterstützung kennzeichnet, ist. $\varkappa$ ist die Senkung der Unterlage unter dem spezifischen Druck p_x und hat die Dimension cm^3/kg.

Zwischen dem Moment M_x an der Stelle x und dem Drucke p_x besteht die bekannte Beziehung

$$p_x = \frac{d^2 M_x}{dx^2}.$$

Aus der Differentialgleichung der elastischen Linie des geraden Stabes mit der Steifigkeitsziffer EJ

$$EJ\frac{d^2 y}{dx^2} = -M_x$$

erhält man nach zweimaligem Differentiieren und nach Einführung der oben angeführten Verknüpfung zwischen M_x und p_x die Differentialgleichung 4ter Ordnung

$$EJ\frac{d^4 y}{dx^4} = -p_x$$

oder

$$EJ\frac{d^4 y}{dx^4} + \frac{y}{\varkappa} = 0.$$

Die allgemeine Lösung dieser Gleichung hat die Form

$$y = (A_1 e^{\alpha x} + A_2 e^{-\alpha x}) \cos \alpha x + (B_1 e^{\alpha x} + B_2 e^{-\alpha x}) \sin \alpha x,$$

wenn

$$\alpha = \sqrt[4]{\frac{1}{4EJ\varkappa}}$$

gesetzt wird.

Da beim unendlich langen Stab, auf den wir jetzt übergehen wollen, y im Unendlichen verschwinden muß, so muß in der vorstehenden Lösung A_1 und B_1 Null sein. Die Gleichung für die Senkung y nimmt somit die einfachere Form

$$y = (A \cos \alpha x + B \sin \alpha x) e^{-\alpha x}$$

an.

Die Festwerte A und B folgen aus den Bedingungen, daß im Punkte $x = 0$, die Tangente an die elastische Linie horizontal sei und daß die Querkraft für einen Schnitt unendlich nahe bei $x = 0$ gleich $\frac{P}{2}$ sein müsse. Es gelten sonach die Bestimmungsgleichungen

$$\left(\frac{dy}{dx}\right)_{x=0} = 0 \qquad \text{und} \qquad Q_{x=0} = -EJ\left(\frac{d^3 y}{dx^3}\right)_{x=0} = -\frac{P}{2}.$$

[1]) Das Problem des geraden Stabes mit stetiger elastischer Stützung wurde zuerst von Winkler und Schwedler, später von Zimmermann ausführlich behandelt.

Aus

$$\frac{dy}{dx} = \alpha(-A + B)\,e^{-\alpha x}\cos\alpha x - \alpha\,(A + B)\,e^{-\alpha x}\sin\alpha x$$

und

$$\frac{d^3y}{dx^3} = 2\,\alpha^3\,(A + B)\,e^{-\alpha x}\cos\alpha x + 2\,\alpha^3\,(-A + B)\,e^{-\alpha x}\sin\alpha x$$

folgen mit $x = 0$ die beiden Gleichungen

$$-A + B = 0,$$

$$2\,E\,J\,\alpha^3\,(A + B) = \frac{P}{2}$$

und daraus

$$A = \frac{P\,\varkappa\,\alpha}{2} \quad \text{und} \quad B = \frac{P\,\varkappa\,\alpha}{2}.$$

Somit nimmt die Gleichung für die Senkung y die Form an

$$y = \frac{P\,\varkappa\,\alpha}{2}\,e^{-\alpha x}(\cos\alpha x + \sin\alpha x), \quad \ldots\ldots\ldots\ldots (3)$$

woraus für den Druck p_x an der Stelle x die Formel

$$p_x = \frac{P\,\alpha}{2}\,e^{-\alpha x}(\cos\alpha x + \sin\alpha x) \quad \ldots\ldots\ldots\ldots (4)$$

entsteht.

In Abb. 284 ist der Verlauf von p_x, Gl. (4), veranschaulicht. Im Lastpunkt $x = 0$ hat die Funktion ihren größten Wert und wird bei $\alpha x = \pm\frac{3}{4}\pi$ zum erstenmal Null. Die weiteren Nullpunkte liegen bei $\pm\frac{7}{4}\pi$, $\pm\frac{11}{4}\pi$ usw. Die Wellen werden rasch flacher. Aus der Abbildung geht auch hervor, daß p_x stellenweise negativ wird, d. h. daß an den betreffenden Stellen der Stab das Bestreben hat, sich abzuheben. Wir müssen daher, damit die Berechnung ihre Gültigkeit behält, noch nachträglich die Voraussetzung machen, daß der Stab so mit seiner elastischen Unterlage verbunden ist, daß auch negative Auflagerdrucke übertragen werden können. In einzelnen Fällen wird das Eigengewicht des Stabes genügen, um die negativen Drücke zu übernehmen.

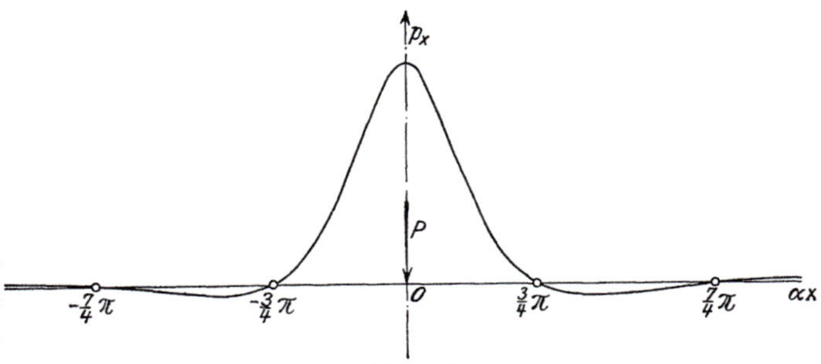

Abb. 284.

Für unsere Zwecke genügt die Berücksichtigung des rechts und links von der Last gelegenen Hauptzweiges, von $-\frac{3}{4}\pi$ bis $+\frac{3}{4}\pi$. Die Summe der Drücke, die in diesem Bereiche übertragen werden, beträgt $1{,}067\;P$, woraus zu erkennen ist, daß nur ein kleiner Teil der Last P außerhalb dieses Bereiches von der Unterlage aufgenommen wird.

Für $x = 0$ erhält man den Größtwert von p_x, nämlich

$$p_0 = \frac{P\,\alpha}{2} \quad \ldots\ldots\ldots\ldots\ldots (5)$$

Ist λ der Abstand der nebeneinanderliegenden Unterstützungselemente (Schwellen, Belageisen usw.), so beträgt der Druck, der auf das unter der Last liegende Element entfällt, wenn man ungünstig gerechnet p_x auf die ganze Breite λ konstant annimmt

$$\boldsymbol{P' = p_0\,\lambda = \frac{P\,\alpha\,\lambda}{2}}. \quad \ldots\ldots\ldots\ldots (6)$$

Es erübrigt noch die Bestimmung der die Elastizität der Unterlage charakterisierenden Größe $\varkappa$ für einen Balken auf zwei Stützen, der die Unterlage vorstellen soll und der zwecks Bestimmung von $\varkappa$ im Auflagerpunkt des lastverteilenden Stabes mit $1\cdot\lambda$ zu belasten ist. Die Durchbiegung beträgt dann (Abb. 285):

$$\varkappa = \lambda \frac{\xi^2 (e-\xi)^2}{3 E' J' e} \mu .$$

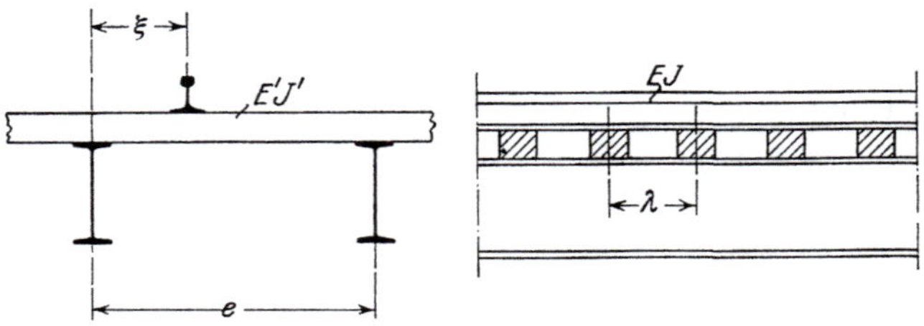

Abb. 285.

$E' J'$ ist die Steifigkeitsziffer des unterstützenden Balkens, μ ein Beiwert, der die Verringerung der Durchbiegung durch die teilweise Einspannung, die das durchlaufende Belageisen erfährt, zum Ausdrucke bringen soll. Für μ wählen wir einen Mittelwert, etwa $\mu = \frac{1}{2}$. Damit nimmt die Wurzelgröße α die Form an

$$\alpha = \sqrt[4]{\frac{3}{2} \frac{E' J'}{E J} \frac{e}{\lambda \xi^2 (e-\xi)^2}} \quad . \; . \; . \; . \; . \; . \; . \; . \; . \; . \; . \; . \quad (7)$$

Die Einfachheit der Handhabung der Formeln (6) und (7) soll an einem Beispiel gezeigt werden.

Beispiel. Eine Straßenbahnschiene mit $J = 1656$ cm^4 sei über eine Straßenbrücke, deren Fahrbahn mit Belageisen Nr. 9, die in Abständen von $\lambda = 28$ cm liegen, abgedeckt ist, geführt. Die Entfernung der Fahrbahnträger sei $e = 1{,}10$ m. Die Schiene selbst liege in der Mitte des Belageisenfeldes auf, so daß $\xi = \frac{e}{2}$ wird.

Mit $J' = 207$ cm^4 und $E = E'$ findet man nach Gl. (10)

$$\alpha = \sqrt[4]{\frac{3}{2} \frac{207}{1656} \frac{16 \cdot 110}{28 \cdot 110^4}} = 0{,}0169 ;$$

somit entfällt auf das unmittelbar unter der Radlast R befindliche Belageisen eine Last R' gemäß Formel (6)

$$R' = \frac{R \alpha \lambda}{2} = \frac{0{,}0169 \cdot 28}{2} R = \mathbf{0{,}237}\, \boldsymbol{R} ,$$

also weniger als $^1/_4$ des Raddruckes. Durch die Schiene findet eine ausgiebige Verteilung des Einzelraddruckes statt. Der Druck verschwindet erst vollständig in einer Entfernung x_0 vom Lastpunkte, die durch die Gleichung

$$\alpha x_0 = \tfrac{3}{4} \pi$$

gegeben ist. Man findet daraus

$$x_0 = \frac{3 \pi}{4 \alpha} = \frac{3 \cdot 3{,}14}{4 \cdot 0{,}0169} = 139 \text{ cm} .$$

Diese druckverteilende Wirkung der Schienen wird meist wenig beachtet. Vielfach wird eine Verteilung des Raddruckes auf zwei Belageisen angenommen, was bei Straßenbrücken eine ausgiebige Verstärkung der sonst für Lastfuhrwerk oder Dampfstraßenwalze bemessenen Belageisen notwendig macht. Die genauere Rechnung zeigt, daß der Achsdruck der Straßenbahnwagen für die Wahl des Belageisens meist gar nicht maßgebend ist. Siehe das Beispiel auf Seite 350. Die Schiene ist, um die federnde Wirkung der Unterstützung für die Verteilung des Raddruckes auszunützen, tunlichst in der Mitte eines Belageisenfeldes anzuordnen.

d) Die Wirkungsbreite plattenförmiger Abdeckungen.

Wir haben schon im vorangehenden bemerkt, daß bei Berechnung plattenförmiger Abdeckungen meist die Vereinfachung Platz greift, daß man sich die rechteckige Platte in Streifen zerlegt denkt und jeden Streifen dann als einfachen oder durchlaufenden Balken ansieht. Dies gilt natürlich nur in jenen Fällen, die allerdings die Regel bilden, daß die Ausdehnung der Platte in der einen Richtung, die man als Spannweite des Balkens betrachtet, nur ein Bruchteil von der Ausdehnung nach der darauf senkrecht stehenden Richtung ausmacht. Lange und schmale Plattenfelder werden daher in einzelne Streifen unterteilt gedacht, wo dann jeder Streifen mit dem ihm zukommenden Lastteil als Balken von der Stützweite a betrachtet wird[1]). Wirkt an irgendeiner Stelle der Platte eine Einzellast P, so ist unschwer einzusehen, daß einerseits alle Teile der Platte in Spannung versetzt werden, andererseits aber, daß jene Teile der Platte, die in der Richtung der Langseiten weit genug von der Last P entfernt liegen, nur mehr ganz geringe Spannungen erleiden werden; diese Teile der Platte werden nur mäßigen Anteil an dem Tragen der Last nehmen. Ein unmittelbar unter der Last liegender nicht zu breiter Plattenstreifen wird sich, wenn man von der entlastenden Wirkung der Längsspannungen in der Richtung der Langseiten b absieht, wie ein Balken von der Stützweite a verhalten. Das Problem, das hier zur Erörterung steht, lautet demnach: Wie breit ist der die Last tragende, gedachte Plattenstreifen zu wählen, damit in dem Ersatzbalken beiläufig die gleichen Größtspannungen auftreten wie in der Platte?

Die frei gelagerte Platte.

Wir sind auf Grund neuerer Untersuchungen in der glücklichen Lage, für einige Belastungsfälle die Formänderungen und Spannungen rechteckiger Platten genau feststellen zu können, so daß eine einfache Vergleichsrechnung genügt, um einen ausreichend sicheren Wert für die in Rechnung zu stellende Wirkungsbreite der Platte zu ermitteln. Wir berechnen zu diesem Zwecke für die unendlich lange Platte von der Breite a, die an den beiden Langseiten frei drehbar gelagert ist, die Verschiebungen w der Platte in die Richtung z für den Schnitt $y = 0$. Die Lage des Achsenkreuzes $x\,y$ geht aus der Abb. 286 hervor, in der die beiden hier zu betrachtenden Belastungsfälle dargestellt sind und zwar:

1. Einzellast P in der Mitte der Platte, Abb. 286a.

2. Gleichförmig verteilte Last p, die von einem Rand zum anderen reicht, die aber nur einen in der Richtung y sehr schmalen Streifen der Platte bedeckt. Abb. 286b.

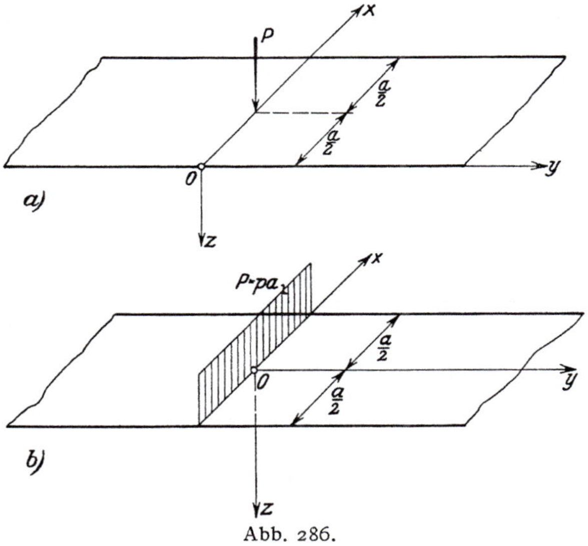

Abb. 286.

Wir beschäftigen uns zunächst mit den Durchbiegungen w. Für den ersten Belastungsfall hat Nádai folgende streng gültige Formel abgeleitet[2])

$$w = \frac{P\,a^2}{2\pi^3 D} \sum_{\nu=1}^{\infty} \frac{e^{-\nu\pi\frac{y}{a}}}{\nu^3}\left(1 + \nu\pi\frac{y}{a}\right) \sin\nu\pi\frac{c}{a} \sin\nu\pi\frac{x}{a} \qquad (\nu = 1, 2, 3, \ldots)$$

$$y \gtreqless 0\,.$$

[1]) Von den sogenannten vierseitig gelagerten Platten, die im Brückenbau keine besondere Rolle spielen und bei denen das Seitenverhältnis nicht allzusehr von 1 verschieden ist, sei hier abgesehen.

[2]) Nádei, Dr.-Ing. A.: Über die Spannungsverteilung in einer durch eine Einzelkraft belasteten rechteckigen Platte. Bauing. 1921, S. 11.

Hierin ist c der Abstand der Last vom Ursprung 0, gemessen in der Richtung x, $D=\frac{E h^3}{12(1-\overline{m}^2)}$, wobei h die Plattenhöhe, $\overline{m}$ das Verhältnis der Querzusammenziehung zur Längsdehnung, E den Elastizitätsmodul des Plattenmateriales bedeutet.

Mit $y=0$ und $c=\frac{a}{2}$ erhält man für die Durchbiegung w

$$w=\frac{P a^2}{2\pi^3 D}\sum_{\nu=1}^{\infty}\frac{\sin\nu\frac{\pi}{2}}{\nu^3}\sin\nu\pi\frac{x}{a}$$

und insbesonders für $x=\frac{a}{2}$ die Durchbiegung in Plattenmitte

$$w_0=\frac{P a^2}{2\pi^3 D}\sum_{\nu=1}^{\infty}\frac{\sin^2\nu\frac{\pi}{2}}{\nu^3}=\frac{P a^2}{2\pi^3 D}\left(1+\frac{1}{3^3}+\frac{1}{5^3}+\ldots\right)=0{,}0169\frac{P a^2}{D}.$$

Ein Rechteckbalken von der Höhe h und der Breite B, der in der Mitte durch eine Einzellast P belastet ist, weist unter der Last P bei der Stützweite a eine Durchbiegung

$$w_0'=\frac{1}{48}\frac{P a^3}{D B}$$

auf, wobei im Nenner EJ wegen der auch hier zu berücksichtigenden Wirkung der Querzusammenziehung durch DB ersetzt wurde. Die Gleichsetzung der Ausdrücke w_0 für Platte und Balken liefert für B die Gleichung

$$0{,}0169\frac{P a^2}{D}=\frac{1}{48}\frac{P a^3}{D B},$$

woraus

$$B=1{,}23\,a.$$

Berechnet man mit dieser so ermittelten Breite B die Durchbiegungen auch in den anderen Punkten des Balkens und vergleicht sie mit den entsprechenden Durchbiegungen der Platte, so findet man, wie man sich an Hand der Abb. 287, wo beide Biegungslinien veranschaulicht sind, überzeugt, im großen und ganzen gute Übereinstimmung.

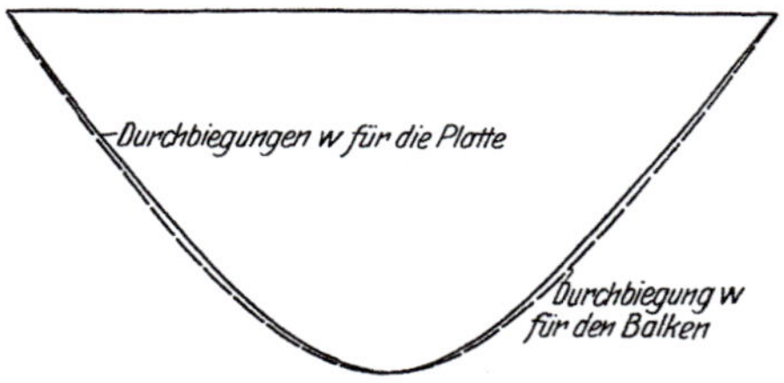

Abb. 287.

Ähnlich liegen die Verhältnisse für den zweiten Belastungsfall. Für diesen hat Nádai die Gleichung der Durchbiegung

$$w=\frac{P a^2}{\pi^4 D}\sum_{\nu=1}^{\infty}(-1)^{\frac{\nu-1}{2}}\frac{e^{-\nu\pi\frac{y}{a}}}{\nu^4}\left(1+\nu\pi\frac{y}{a}\right)\cos\nu\pi\frac{x}{a}\quad(\nu=1,3,5,\ldots)$$

$$y>0$$

festgestellt[1]). Für $y=0$ und $x=0$ geht daraus die Durchbiegung in Plattenmitte

$$w_0=\frac{P a^2}{\pi^4 D}\left(\frac{1}{1}-\frac{1}{3^4}+\frac{1}{5^4}\ldots\right)=0{,}01014\frac{P a^2}{D}$$

---

[1]) Nádai, Dr.-Ing. A.: Die Formänderungen und die Spannungen von rechteckigen elastischen Platten. Z. V. D. I. 1914, S. 540.

hervor. Vergleicht man w_0 wie oben mit der Durchbiegung w_0' der Mitte eines gleichförmig mit $P = p\,a$ belasteten Balkens, so folgt

$$0{,}01014\,\frac{P\,a^2}{D} = \frac{5}{384}\,\frac{P\,a^3}{D\,B}$$

und daraus

$$B = 1{,}28\,a\,.$$

Auch in den anderen Punkten der beiden Biegungslinien findet mit $B = 1{,}28$ gutes Übereinstimmen statt.

Der oben für B gefundene und der letztermittelte Wert liegen nahe beieinander. Für eine gleichförmig verteilte Streckenlast wird B zwischen $1{,}23\,a$ und $1{,}28\,a$ fallen.

Es erscheint aber noch notwendig, zu prüfen, ob auch eine ähnliche Übereinstimmung in den Größtinanspruchnahmen besteht. Nun ist aber ein solcher Vergleich im Falle einer Einzellast nicht unmittelbar möglich, da die Spannungen σ_x und σ_y im Lastpunkt selbst den Wert ∞ annehmen. Erst wenn man sich die Last auf einem beschränkten, aber endlichen Bereich ausgebreitet denkt, was ja auch den tatsächlichen Verhältnissen entspricht, gehen die Spannungswerte auf endliche Beträge zurück. Wir werden daher die Vergleichsrechnung hinsichtlich der Spannungen mit einer auf einer Kreisfläche vom Durchmesser β verteilten Last P, die in der Mitte der Platte steht, durchführen. Wir wählen für $\frac{\beta}{a}$ das im Ausführungsfalle kaum zu unterschreitende Maß von $\frac{\beta}{a} = 0{,}1$.

Nach der früher erwähnten Quelle sind dann die Größtspannungen σ_x und σ_y in der Mitte der Druckfläche

$$\sigma_x = \sigma_y = \pm\,\frac{3\,P}{2\,\pi\,h^2}\left[1 + (1 + \overline{m})\log\operatorname{nat}\frac{4\,a}{\pi\,\beta}\right] = 2{,}06\,\frac{P}{h^2},$$

wobei $\overline{m} = 0{,}3$ gesetzt wurde.

Die größte Materialanstrengung (reduzierte Spannung) beträgt sonach

$$\sigma_{\max} = 0{,}35\,(\sigma_x + \sigma_y) = 1{,}44\,\frac{P}{h^2}.$$

Für den Balken, der in der Mitte auf die Länge β mit der Streckenlast P belastet ist, gilt

$$\max M = \frac{P}{4}\left(a - \frac{\beta}{2}\right) = \frac{19}{80}\,P\,a$$

und daher bei der Wirkungsbreite B

$$\sigma'_{\max} = \frac{19}{80}\,P\,a\cdot\frac{6}{B\,h^2} = 1{,}42\,\frac{P\,a}{B\,h^2}.$$

Wenn $\sigma_{\max} = \sigma'_{\max}$ sein soll, muß

$$B = 0{,}99\,a$$

werden.

Für den Fall einer über die ganze Stützweite a verteilten Last gibt Nádai für die Größtspannung in Plattenmitte die Formel an:

$$\sigma_x = \sigma_y = 0{,}741\,\frac{P}{h^2},$$

daher beträgt die reduzierte Spannung

$$\sigma_{\max} = 0{,}35\,(\sigma_x + \sigma_y) = 0{,}52\,\frac{P}{h^2}$$

Beim Balken von der Breite B wird

$$\sigma'_{\max} = \frac{3}{4} \frac{P a}{B h^2},$$

so daß aus der Bedingung $\sigma_{\max} = \sigma'_{\max}$ der Wert

$$B = 1{,}44\, a,$$

der weit günstiger als der vorangehende ist, folgt.

Der kleinste Wert, den wir bei der zweiseitig frei gelagerten Platte für B erhalten haben, beträgt demnach $B = 0{,}99\, a$.

Die eingespannte Platte.

Hier liegen, wie wir sehen werden, die Verhältnisse weit ungünstiger als bei der beiderseits frei gelagerten Platte, da die durch die Einspannung hervorgerufene größere Steifigkeit den Einflußbereich der Last erheblich vermindert. Im Falle eine Einzellast P in der Mitte des unendlich langen Plattenstreifens wirkt, gilt für die Durchbiegung unter der Last, wenn a die Entfernung der eingespannten Ränder bedeutet

$$w_0 = 0{,}00725 \frac{P a^2}{D}, \text{[1]}.$$

während der entsprechende Wert für den eingespannten Rechteckbalken von der Breite B

$$w_0' = \frac{1}{192} \frac{P a^3}{D B}$$

beträgt. Die Gleichsetzung liefert

$$B = 0{,}72\, a$$

einen bedeutend kleineren Wert als oben.

Für die Größtspannungen im Bereiche der Last gelten unter der Voraussetzung, daß sich die Last P auf einer Kreisfläche vom Durchmesser $\beta = 0{,}1\, a$ verteilt, die Formeln

$$\sigma_x = 1{,}61 \frac{P}{h^2} \quad \text{und} \quad \sigma_y = 1{,}43 \frac{P}{h^2},$$

so daß sich die reduzierte Spannung mit

$$\sigma_{\max} = 0{,}35 (\sigma_x + \sigma_y) + 0{,}65 (\sigma_x - \sigma_y) = 1{,}18 \frac{P}{h^2}$$

berechnet.

Für den beiderseits fest eingespannten Stab erhält man in Stabmitte

$$\max M = 0{,}123\, P a$$

und die Beanspruchung

$$\sigma'_{\max} = 0{,}123\, P a \cdot \frac{6}{B h^2} = 0{,}738 \frac{P a}{B h^2}.$$

Aus $\sigma_{\max} = \sigma'_{\max}$ folgt schließlich

$$B = 0{,}63\, a.$$

Führt man die gleiche Rechnung für die Einspannungsstelle durch, so erhält man einen bedeutend größeren Wert für B, so daß wir das eben gewonnene Verhältnis $\frac{B}{a}$ als maßgebend ansehen wollen.

Da weder frei gelagerte noch vollkommen undrehbar eingespannte Platten im Brückenbau vorkommen, so wird der Wert von $\frac{B}{a}$ zwischen 0,63 und 0,99 liegen, doch ist man gezwungen, da sich der Einfluß des Einspannungsgrades nicht bestimmen läßt,

[1] Nádai, A.: Über die Biegung der rechteckigen Platte durch Einzellasten. Bauing. 1921, S. 299.

der Sicherheit halber mit einem dem kleinsten Wert 0,63 nahekommenden Betrag zu rechnen und wird empfohlen

$$B = \tfrac{2}{3}\,a \quad \ldots\ldots\ldots\ldots \quad (8)$$

zu setzen.

Die im Brückenbau vorkommenden Abdeckungen, die die Form langgestreckter Platten haben, können auch bei örtlicher Belastung als einfache oder durchlaufende Balken berechnet und die wirksame Balkenbreite hierbei mit $^2/_3$ der Stützweite der Platte angenommen werden. Der Einfluß einer Aufstandbreite t der Last berücksichtige man durch Vergrößerung der Wirkungsbreite um t.

Wir haben bisher vorausgesetzt, daß sich die Lasten P weit genug von den Plattenenden, die als nicht gelagert angesehen wurden, befinden. Rückt die Last P aber gegen einen dieser Ränder, so werden im allgemeinen die Spannungen im Lastbereiche größer werden, als die hier vorgeführten Formelm von Nádai angeben. Es empfiehlt sich daher zwecks Entlastung der beiden kurzen Plattenränder diese wenigstens in jenen Fällen aufzulagern, wo die Möglichkeit besteht, daß die schwersten Lasten, die sonst für die Bemessung der Platte ausschlaggebend sind, bis an den Rand rücken können.

In gutem Einklang mit der eben aufgestellten Rechnungsregel stehen die **Bestimmungen für die Ausführung von Bauwerken aus Eisenbeton in Deutschland.** § 16 Absatz 13 und 14 lautet:

13. Platten mit oder ohne verteilende Deckschicht von der Stützweite l, die Einzellasten (Raddrücke) aufzunehmen haben, sind auf Biegung zu berechnen wie plattenförmige Balken von der Breite $^2/_3\,l$. In der Richtung der Zugeisen[1]) kann bei Berechnung von Brückenplatten und Decken eine Lastverteilung auf die Länge $t + 2s$ (s = Höhe der Deckschichte) angenommen werden.

14. Für die Berechnung der Schubspannungen kann in der Plattenmitte ebenfalls eine Plattenbreite von $^2/_3\,l$ angenommen werden. Am Auflager ist dagegen nur $t + 2(s + h)$ in Rechnung zu stellen (h = Plattenhöhe).

Die schweizerischen Eisenbetonbestimmungen schreiben vor:

Bei Platten darf, wenn auf 1 laufenden Meter mindestens 30 v. H. des Gewichtes der Hauptbewehrungseisen als Verteilungseisen vorhanden sind, eine Einzellast als gleichförmig verteilt angesehen werden: quer zur Hauptbewehrung über einen Streifen von der Breite $b_1 = {}^1/_3\,l + 2d + b$, und in der Richtung der Hauptbewehrung über einen Streifen von der Breite $b_2 = 2d + b$, wobei l die Stützweite der Platte, d die Dicke der Deckschichte unter der Last, bei Gleisen die unter der Schwelle vorhandene Schottertiefe, b die Breite der Lastangriffsfläche, bei Gleisen die Schwellenbreite.

Bei mehreren Einzellasten sind, wenn die Verteilungsbreiten sich größer ergeben als die Einzelabstände der Lasten, als Gesamtverteilungsbreiten aller Lasten die Werte b_1 und b_2 um die Summe der betreffenden Lastabstände zu vermehren.

68. Die Berechnung der Schwellen der Eisenbahnbrücken.

Die Schwellen der Eisenbahnbrücken ohne durchgehendes Kiesbett stellen einfache Balken auf zwei Stützen vor, deren Spannweite gleich der Entfernung e der Fahrbahnlängsträger ist. Abb. 288. Als Belastung kommt nur der von der Schiene unmittelbar übertragene Raddruck R in Betracht. Das Eigengewicht der Schwelle selbst und der darauf liegenden Holz- oder Riffelblechabdeckung kann, da sein Einfluß geringfügig ist, vernachlässigt werden. Nicht berücksichtigt wird auch eine durch die Steifigkeit der Schiene bewirkte Verteilung des Raddruckes auf mehrere benachbarte Schwellen.

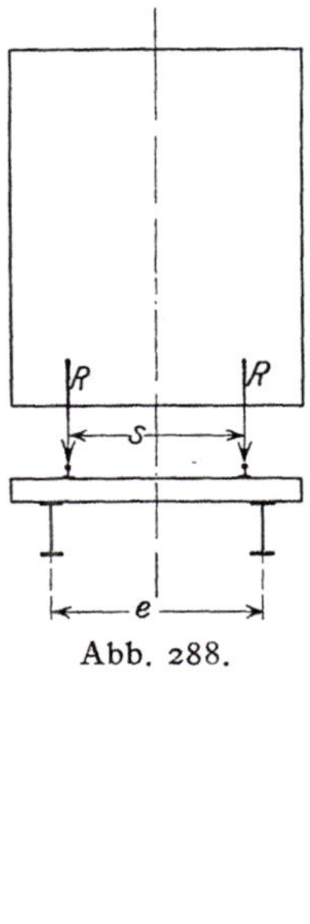

Abb. 288.

Bei Brücken in der Geraden beträgt das Größtmoment im Lastpunkte

$$\max M = R\,\frac{e - s}{2}$$

[1]) Das ist also in der Richtung, in der die Stützweite l gemessen wird.

und die größte Querkraft

$$\max Q = R.$$

Sohin sind die Größtbeanspruchungen bei einer Holzschwelle von der Höhe h und der Breite b

$$\sigma = R \frac{e-s}{2} \frac{6}{b h^2},$$

$$\tau = \frac{3}{2} \frac{R}{b h}.$$

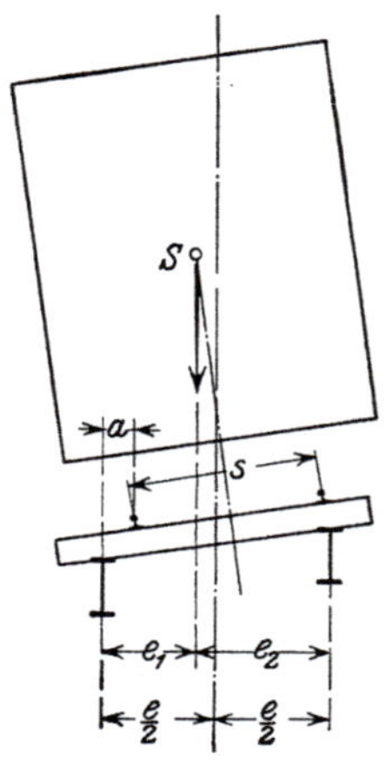

Abb. 289.

σ_{zul} wählt man zu 75—80 kg/cm², τ_{zul} zu 20 kg/cm². Ob Längsspannung oder Schubspannung für die Bemessung maßgebend ist, hängt von der Höhe der Schwelle ab.

Bei Brücken im Bogen tritt die größte Normalspannung bei ruhender Last unter dem innen liegenden Rade ein, und zwar an jener Gleisstelle, wo die Gleisachse dem äußeren Fahrbahnträger am nächsten liegt. Mit den Bezeichnungen der Abb. 289 erhält man für das Größtmoment, das hier ausschlaggebend ist,

$$M_{max} = 2 R \frac{e_2}{e} a,$$

woraus dann

$$\max \sigma = \frac{6 M_{max}}{b h^2}$$

folgt. Über die Lage des Gleises bei Brücken in Bogen siehe unter **74** u. **79**.

69. Berechnung der Belageisen.

Die Belageisen bilden bei neueren Brückenausführungen, vornehmlich im Straßenbrückenbau, das wohl am häufigsten verwendete Rostabdeckungsmittel. In der Regel werden sie von den Fahrbahnlängsträgern gestützt und laufen dann quer zur Brückenlängsachse durch. Seltener liegen sie unmittelbar auf den Querträgern auf, die dann, wenn notwendig unter Zuhilfenahme von Zwischenquerträgern, sehr dicht gestellt sein müssen; sie gehen dann brückenlängs durch. Die Belageisen liegen in der Fahrbahn meist mit wenigen Zentimeter Zwischenraum nebeneinander, auf den Fußwegen werden sie oft, der Eisenersparnis wegen, in größerer Entfernung voneinander verlegt, während der Zwischenraum mit Betonplatten, Ziegel u. ä. überbrückt wird.

Die auf dem Belageisen aufgebrachte Deckschichte ist entweder ein Schotterbett, wie bei Landstraßenbrücken und bei Eisenbahnbrücken mit durchgehender Bettung, oder eine Betonplatte, die als Unterlage für ein Holz- oder Steinpflaster dient. Im ersten Falle gilt für die Verteilung der Einzellasten bei Straßenbrücken die in **67** Absatz a) gegebene Regel, im letzten Falle die in Absatz b) empfohlene Annahme über die Verteilungsbreite.

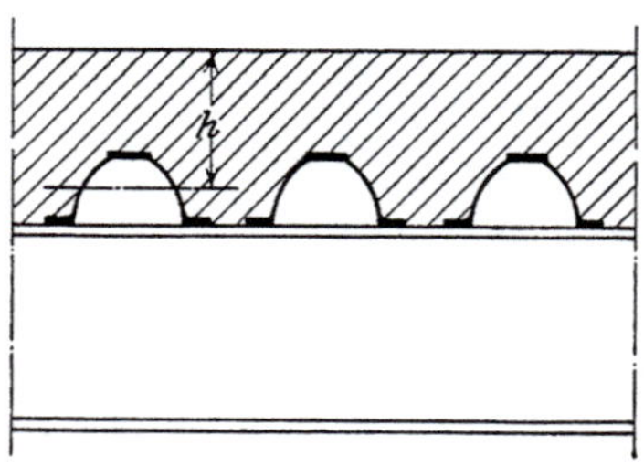

Abb. 290.

Bei Eisenbahnbrücken wird eine Verteilung des Achsdruckes auf die ganze Schwellenlänge angenommen werden können. Außerdem genügt die Annahme, daß sich der Achsdruck in der Längsrichtung der Brücke auf Schwellenentfernung gleichmäßig verteilt.

Als Schüttungshöhe h ist der Abstand der Oberfläche der Deckschichte von der halben Höhe der Belageisen zu betrachten. Abb. 290.

Die Belageisen stellen in statischer Beziehung elastisch gestützte durchlaufende Balken vor. Je weiter ein Belageisen gegen die Mitte der es stützenden Trägerschar rückt, um so nachgiebiger wird diese Stützung, um so größer werden daher die maßgebenden Feldmomente und um so mehr weichen diese von den Feldmomenten eines festgestützten durchlaufenden Balkens ab. Die Untersuchung wird sich daher in erster Linie auf jene Belageisen erstrecken müssen, die über die Mitte der Längs- bzw. Querträger, welche sie unterstützen, hinweggehen.

Die Berechnung des Belageisens erfolgt vielfach als durchlaufender Balken auf festen Stützen. Ob dies berechtigt ist, oder nicht, kann nur eine genaue Vergleichsberechnung als Träger auf nachgiebigen Stützen klarstellen. Wir setzen bei der nachstehenden Untersuchung gleiche Felderteilung und gleiche Elastizität aller Stützen voraus.

Aus der Clapeyronschen Gleichung (Abb. 291)

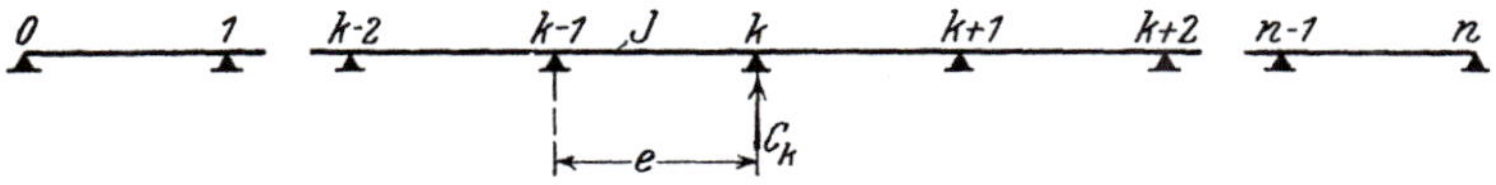

Abb. 291.

$$M_{k-1} + 4 M_k + M_{k+1} + \frac{6EJ}{e^2}(y_{k-1} - 2y_k + y_{k+1}) = \mathfrak{M}_k,$$

wobei $\mathfrak{M}_k$ das von der Belastung abhängige Glied bedeutet, aus der Gleichung für den Stützendruck

$$C_k = \frac{1}{e}(M_{k-1} - 2M_k + M_{k+1}) + \mathfrak{C}_k,$$

worin $\mathfrak{C}_k$ den von der Belastung abhängigen Teil bezeichnet und aus der Elastizitätsbeziehung

$$y_k = \omega\, C_k,$$

die aussagt, daß die Senkung y_k der Stütze k proportional dem Stützendruck C_k ist, folgt nach Elimination der Verschiebungen y die fünfgliedrige Gleichung

$$\alpha M_{k-2} + (1 - 4\alpha) M_{k-1} + (4 + 6\alpha) M_k + (1 - 4\alpha) M_{k+1} + \alpha M_{k+2} = Z_k \quad . \; . \quad (9)$$

in der mit Z_k das Belastungsglied bezeichnet wurde. In dieser Gleichung bedeutet weiter

$$\alpha = \frac{6EJ\omega}{e^3} \; . \; . \; . \; . \; . \; . \; . \; . \; . \; . \; . \; . \; . \; . \; . \; . \; (9')$$

e ist die Stützweite, J das Trägheitsmoment des Belageisens, ω die Durchbiegung, die der unterstützende Träger (Stützweite l, Steifigkeit EJ') in der Mitte durch eine Last 1 erfährt, also

$$\omega = \frac{1}{48} \frac{l^3}{EJ'}.$$

Bei n Stützen stehen, wenn die Enden frei drehbar gelagert sind, $n - 1$ derartige Momentengleichungen zur Ermittlung der $n - 1$ unbekannten Stützenmomente zur Verfügung. Die Auflösung dieses Gleichungssystems kann nach einem der üblichen Verfahren erfolgen, oder man faßt die Gleichung (9) als Differenzengleichung auf und findet dann für y einen geschlossenen Ausdruck[1]).

Da die Nachgiebigkeit der Stützen in vorliegendem Falle keine allzugroße ist, α liegt in Ausführungsfällen zwischen 0,02 und 0,3, so ist der Einfluß der vom fraglichen Felde weiter abliegenden Felder, ähnlich wie beim kontinuierlichen Träger auf festen Stützen, verhältnismäßig gering. Es ist daher bei der Ermittlung der Größe der Stützen- und Feldmomente in einem Mittelfelde für das Ergebnis ziemlich gleichgültig, ob man der Rechnung die tatsächliche Felderzahl oder eine etwas größere oder geringere Felderzahl zugrunde legt. Gleiches gilt für die Momente in den Endfeldern. Wir be-

[1]) Siehe Grünning: Anwendung von Differenzengleichungen in der Statik hochgradig statisch unbestimmter Systeme. Eisenbau 1918, S. 122.

nutzen daher für die folgenden Aufstellungen die von Müller-Breslau berechneten Tabellen für einen achtfeldrigen Träger[1]).

Der größte bei Ausführungen noch vorkommende Wert von α dürfte, wie bereits erwähnt, $0{,}3 \sim {}^1/_3$ betragen. Diesen für die Feldmomente ungünstigsten Fall legen wir der nachfolgenden Darstellung zugrunde. Je kleiner nämlich α wird, um so mehr nähert sich das Belageisen in seinem Verhalten einem Träger auf festen Stützen und um so geringer werden die positiven Feldmomente.

In Abb. 292 wurden die mit Hilfe der vorerwähnten Tafelwerte berechneten Einflußlinien für die Biegungsmomente in der Mitte m eines mittleren Feldes und für die Mitte m' des Endfeldes aufgetragen.

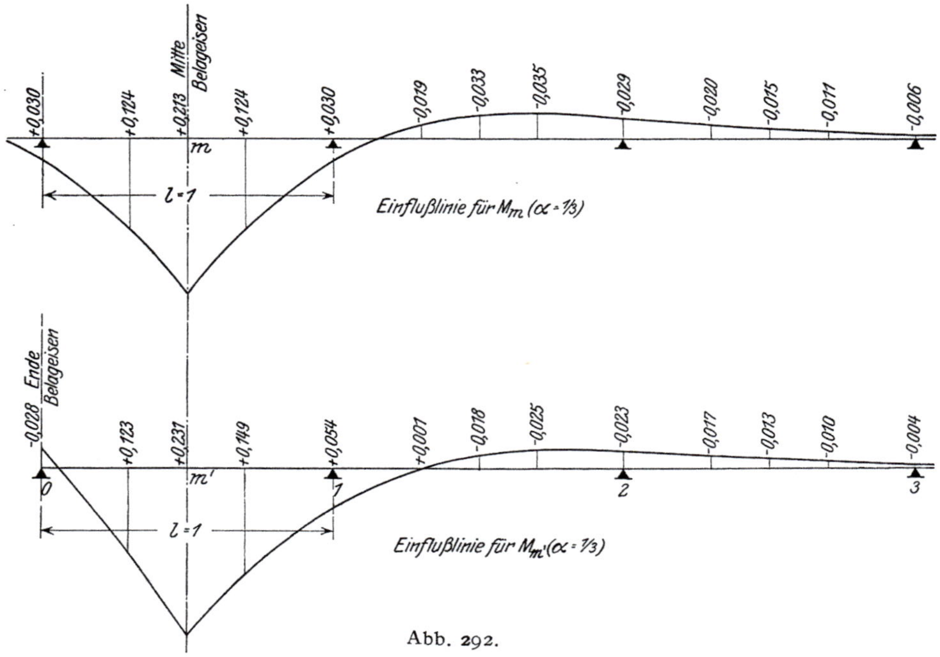

Abb. 292.

Für eine über alle Felder reichende gleichförmig verteilte Last p (Eigengewicht) erhält man:

im Mittelfelde: $M_m = 0{,}037\, p\, e^2$, im Endfelde: $M_{m'} = 0{,}096\, p\, e^2$;

Für eine nur die positive Beitragsstrecke umfassende gleichförmige Streckenlast p (z. B. Walze) findet man:

im Mittelfelde: $M_m = 0{,}114\, p\, e^2$, im Endfelde: $M_{m'} = 0{,}123\, p\, e^2$;

Für eine in Feldmitte stehende Einzellast P (Raddruck) wird:

im Mittelfelde: $M_m = 0{,}213\, P e$, im Endfelde: $M_{m'} = 0{,}231\, P e$.

Die Werte $M_{m'} = 0{,}123\, p\, e^2$ und $M_{m'} = 0{,}231\, P e$ im Endfelde sind nur um weniges geringer als die Größtmomente $\frac{1}{8} p\, e^2$ bzw. $\frac{1}{4} P e$ beim Balkenträger. Nur der Wert $M_{m'} = 0{,}096\, p\, e^2$ für Eigengewicht weicht etwas stärker von dem entsprechenden Wert $\frac{1}{8} p\, e^2$ beim Balkenträger ab. Der Einfiuß der bleibenden Last auf die Bemessung ist aber bei Belageisen äußerst gering.

Belageisen sind sonach nicht wie durchlaufende Balken auf festen Stützen, sondern wie frei aufliegende Träger von der Stützweite e, wenn e die Entfernung der die Belageisen unterstützenden Fahrbahnträger bedeutet, zu berechnen.

---

[1]) Müller-Breslau: Graph. Statik 2, 2. Abt.

1. Beispiel. Die Belageisen einer mit Schotterdecke versehenen Landstraßenbrücke sind für eine Verkehrslast bestehend aus 8 t schweren Lastwagen und einer Dampfstraßenwalze von 14 t Gewicht nach Abb. 42b S. 28 zu berechnen. Die Stärke der Schotterdecke betrage am Rande 18 cm, in der Mitte 26 cm. Die Entfernung der Fahrbahnlängsträger sei 1,20 m. Als zulässige Beanspruchung kommen 900 kg/cm² für Menschenlast und Wagenverkehr und 1050 kg/cm² für die außerordentliche Belastung durch die Straßenwalze in Frage.

Wir wählen als Rostabdeckung Belageisen Nr. 9, die in Abständen von $\lambda = 25$ cm verlegt werden. Abb. 293.

1. Ständige Last: Auf ein Belageisen entfällt

Schotterdecke (Mittelwert) $\left(0{,}25\,\frac{0{,}18+0{,}26}{2}+0{,}09\,\frac{0{,}20+0{,}12}{2}\right)\cdot 1{,}9 = 0{,}132$ t/m

Belageisen . . . . 0,014 „

Gesamtlast $g = 0{,}146$ t/m,

daher Biegungsmoment

$$M_g = {}^1/_8\, 0{,}146\cdot 1{,}20^2 = 0{,}0263 \text{ mt}.$$

2. Verkehrslasten:

Nach Formel (2′) S. 337 beträgt der auf ein Belageisen entfallende Teil einer Einzellast P

$$P' = P\left(1-\frac{(B-\lambda)^2}{B^2-A^2}\right) = \mu P.$$

Mit $h = 26{,}5$ cm, als mittlere Höhe der Deckschichte (siehe Abb. 293), erhält man mit einer Aufstandsbreite $t = 10$ cm

$$A = 10 + \frac{26{,}5}{2} = 23 \text{ cm}, \qquad B = 10 + 2.26{,}5 = 63 \text{ cm},$$

somit

$$\mu = 1 - \frac{(63-25)^2}{63^2-23^2} = 0{,}58.$$

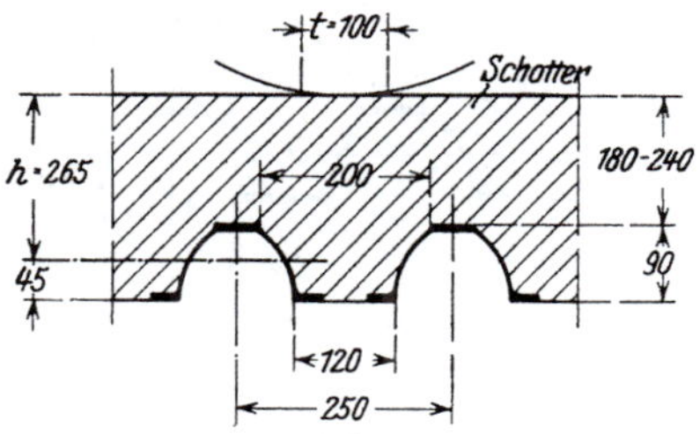

Abb. 293.

a) 2 t-Rad des Lastwagens.

Auf ein Belageisen entfällt

$$R' = 0{,}58\cdot 2 = 1{,}16 \text{ t},$$

welche Last sich auf eine Länge $\beta = 2h + t = 2\cdot 26{,}5 + 10 = 63$ cm verteilt (Abb. 294a). Daher

$$M_R = \frac{1{,}16}{2}\left(\frac{1{,}20}{2}-\frac{0{,}63}{4}\right) = 0{,}2567 \text{ mt}.$$

b) 4 t-Hinterrad der Straßenwalze.

Auf ein Belageisen entfällt

$$W_1' = 0{,}58\cdot 4 = 2{,}32 \text{ t}.$$

Diese Last verteilt sich bei einer Radbreite von 0,40 m gleichmäßig auf eine Länge $\beta = 40 + 2\cdot 26{,}5 = 93$ cm (Abb. 294b)

$$M_{W_1} = \frac{2{,}32}{2}\left(\frac{1{,}20}{2}-\frac{0{,}93}{4}\right) = 0{,}4263 \text{ mt}.$$

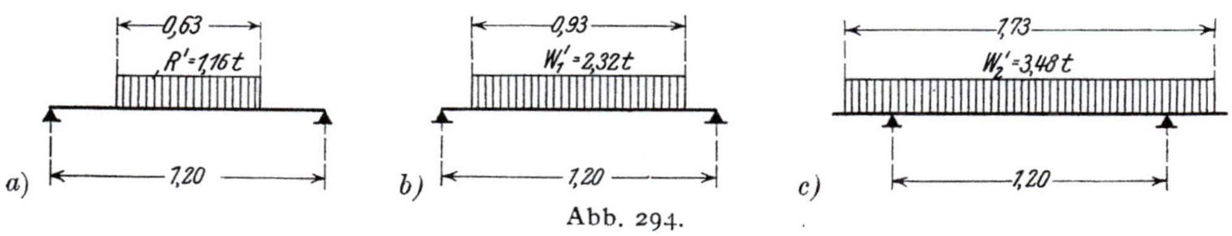

Abb. 294.

c) 6 t-Vorderrad der Straßenwalze.

Ein Belageisen übernimmt hiervon

$$W_2' = 0{,}58\cdot 6 = 3{,}48 \text{ t},$$

welche Einzellast sich auf eine Länge von $120 + 2\cdot 26{,}5 = 173$ cm verteilt. Auf ein Belageisenfeld entfällt daher (Abb. 294c)

$$W_2'' = \frac{120}{173}\cdot 3{,}48 = 2{,}414 \text{ t}.$$

Das Größtmoment beträgt somit

$$M_{W_2} = \frac{1}{8}\,2{,}414 \cdot 1{,}20^2 = 0{,}4345 \text{ mt.}^{1)}$$

Den maßgebenden Wert für M haben wir unter c) ermittelt. Man erhält daher die ungünstigste Gesamtwirkung aus Eigengewicht und Verkehrslast zu

$$M_{g+p} = 0{,}0263 + 0{,}4345 = 0{,}4608 \text{ mt}.$$

Mit $W = 46{,}1$ cm³ erhält man schließlich

$$\sigma = \frac{46{,}08}{46{,}1} = \mathbf{1{,}000\ t/cm^2}.$$

2. Beispiel. Die auf den Fahrbahnlängsträgern gelagerten Belageisen einer schweren städtischen Straßenbrücke haben eine Stützweite von 1,05 m. Die Fahrbahndecke besteht aus einer an der schwächsten Stelle 8 cm hohen Kiesbetonschichte, einer darauf liegenden Isolierschichte aus Asphalt von 2,0 cm Stärke und aus 13 cm hohem Hartholzpflaster (Abb. 295). Als Verkehrslasten kommen in Betracht: Ein 20 t-Lastwagen oder ein zweiachsiger 24 t-Straßenbahnwagen und eine 23 t schwere Dampfstraßenwalze (Abb. 36b, S. 26). Die Entfernung der Belageisen Nr. 11 werde mit 27,0 cm angenommen. Die zulässige Beanspruchung sei 1000 kg/cm².

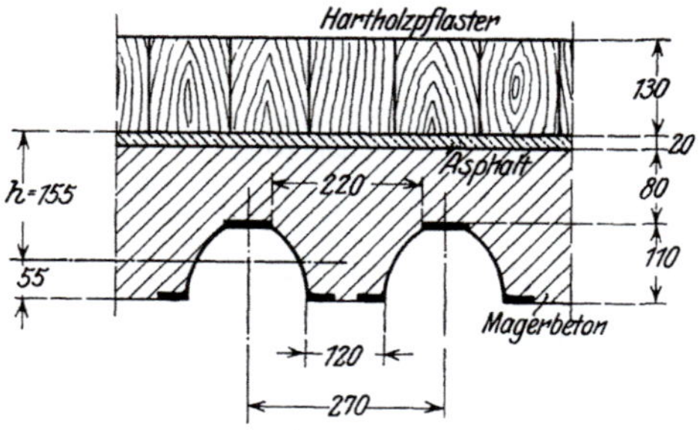

Abb. 295.

1. Ständige Last. Auf ein Belageisen entfällt

Hartholzpflaster	$0{,}27 \cdot 0{,}13 \cdot 1{,}1 = 0{,}039$	t/m
Asphalt	$0{,}27 \cdot 0{,}02 \cdot 1{,}8 = 0{,}010$	„
Beton	$\left(0{,}27 \cdot 0{,}08 + 0{,}11 \dfrac{0{,}22 + 0{,}12}{2}\right) 2{,}2 = 0{,}089$	„
Straßenbahnschiene	$0{,}27 \cdot 0{,}040 = 0{,}011$	„
Belageisen Nr. 11	$= 0{,}019$	„
Gesamtlast	$g = 0{,}168$	t/m

und daher

$$M_g = \frac{1}{8}\,0{,}168 \cdot 1{,}05^2 = 0{,}0232 \text{ mt}.$$

2. Verkehrslasten.

Nach **67**, Absatz b), verteilt eine Betonschichte von 15,5 cm Höhe eine Einzellast gleichmäßig auf eine Breite $B = 2 \cdot 15{,}5 + 10 = 41$ cm. Auf ein Belageisen entfällt somit von einer Einzellast P ein Anteil

$$P' = \frac{27}{41} P = 0{,}66\,P.$$

a) 5 t-Rad des Lastwagens.

Ein Belageisen übernimmt

$$R' = 0{,}66 \cdot 5 = 3{,}3 \text{ t},$$

welche Last sich auf eine Länge von $\beta = 2h + t = 41$ cm verteilt (Abb. 296a). Daher

$$M_R = \frac{3{,}30}{2}\left(\frac{1{,}05}{2} - \frac{0{,}41}{4}\right) = 0{,}6971 \text{ mt}.$$

b) 6,5 t-Hinterrad der Dampfstraßenwalze.

Auf ein Belageisen entfällt

$$W_1' = 0{,}66 \cdot 6{,}5 = 4{,}29 \text{ t}.$$

Bei einer Felgenbreite von 50 cm verteilt sich die Last auf eine Breite $\beta = 50 + 2 \cdot 15{,}5 = 81$ cm (Abb. 296b),

$$M_{W_1} = \frac{4{,}29}{2}\left(\frac{1{,}05}{2} - \frac{0{,}81}{4}\right) = 0{,}6918 \text{ mt}.$$

c) 10 t-Vorderrad der Dampfstraßenwalze.

Ein Belageisen übernimmt hiervon

$$W_2' = 0{,}66 \cdot 10 = 6{,}6 \text{ t}$$

---

[1]) Es ist eigentlich eine zwecklose Pedanterie, die Spannungen im Belageisen infolge Belastung durch das Walzenvorderrad nachzuweisen, da das Walzenrad wegen seiner Steifigkeit, die die des Belageisens um ein Vielfaches übertrifft, seine Last unmittelbar auf die Längsträger überträgt. Die Belageisen werden hierbei nur insoweit in Spannung gesetzt, als sie als durchlaufende Balken die Senkung der Fahrbahnlängsträger unter der Belastung mitmachen müssen. Diese Anstrengungen sind natürlich gering: Ich habe oben den Nachweis für den Einfluß des Vorderrades durchgeführt, weil dieser Nachweis fast durchwegs gebräuchlich ist, möchte aber nicht verfehlen, auf die Zwecklosigkeit dieser Berechnung, die unter Umständen zu einer unnützen Verstärkung der Belageisen führt, hinzuweisen. Die Berechnung kann zumindest in allen jenen Fällen unterdrückt werden, wo die Breite des Vorderrades gleich oder größer als die Stützweite der Belageisen ist.

und da diese Last sich auf eine Länge $\beta = 100 + 2 \cdot 15{,}5 = 131$ cm verteilt, so hat ein Belageisenfeld eine Last

$$W_2'' = \frac{105}{131} 6{,}60 = 5{,}29 \text{ t}$$

zu übernehmen (Abb. 296c). Daher

$$M_{W_2} = \tfrac{1}{8} 5{,}29 \cdot 1{,}05^2 = 0{,}7290 \text{ mt}.$$

d) 6 t-Rad des Straßenbahnwagens.

Durch die Schiene wird, wie in **67**, Absatz c), nachgewiesen, der Raddruck auf eine größere Zahl von Belageisen verteilt. Nach Formel (6) S. 339 ist der Anteil des Raddruckes, welcher auf das unter der Last befindliche Belageisen entfällt,

$$R_s' = R_s \frac{\alpha \lambda}{2},$$

wo $\lambda = 27$ cm und α durch die Formel

$$\alpha = \sqrt[4]{\frac{3}{2} \frac{E' J'}{E J} \frac{e}{\lambda \xi^2 (e - \xi)^2}}$$

bestimmt ist. Für die Schiene gelte $J = 1260$ cm^4, für das Belageisen $J' = 420$ cm$^4 \cdot e = 105$ cm, $\xi = 40$ cm (Abb. 296d), $E = E'$. Man erhält somit

$$\alpha = \sqrt[4]{\frac{3}{2} \cdot \frac{420}{1260} \cdot \frac{105}{27 \cdot 40^2 \cdot 65^2}} = 0{,}0231;$$

somit

$$R_s' = \frac{0{,}0231 \cdot 27}{2} \cdot 6 = 1{,}87 \text{ t}.$$

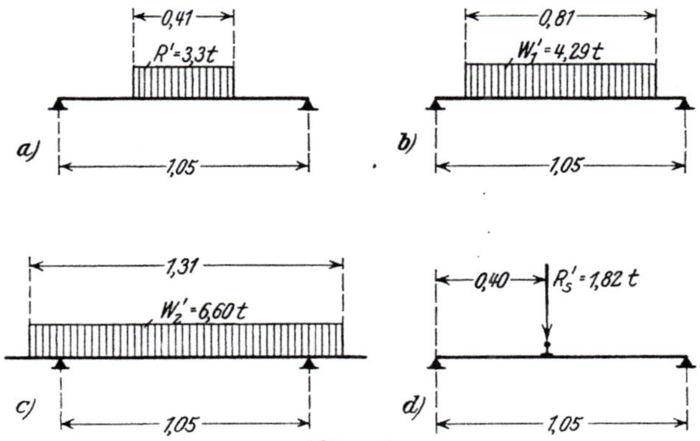

Abb 296.

Der Raddruck R_s' ist viel kleiner als die voranstehend in Rechnung gestellten Einzeldrücke und braucht daher nicht weiter berücksichtigt zu werden.

Das Größtmoment aus ständiger Last und Verkehrslast beträgt

$$\max M = 0{,}0232 + 0{,}7290 = 0{,}7522 \text{ mt},$$

sonach die Beanspruchung

$$\sigma = \frac{75{,}22}{75{,}9} = \mathbf{0{,}991 \ t/cm^2}.$$

70. Berechnung der Hängebleche.

Die im Straßenbrückenbau jetzt sehr seltenen, bei Eisenbahnbrücken mit durchgehendem Kiesbett aber noch sehr beliebten Hänge- oder Tonnenbleche werden entweder unmittelbar auf den Querträgern gelagert, wenn diese nahe genug sitzen, oder sie hängen an den Fahrbahnlängsträgern. Sie gestatten selbst bei größeren Raddrücken Trägerentfernungen bis über 2 m und sind in diesem Punkte den Belageisen überlegen.

Die Wirkungsbreite langgestreckter Tonnenbleche bei Belastung durch örtlich konzentrierte Lasten wird wahrscheinlich wie bei ebenen Platten mit der Stützweite wachsen. Für ebene Platten haben wir als untere Grenze $^2/_3 e$ gefunden. Da hier eine ähnliche Vergleichsrechnung wie wir sie für ebene Platten durchgeführt haben, nicht möglich ist, so setzen wir vorsichtigerweise die Wirkungsbreite mit etwa der halben Spannweite der Tonne an. Man denke sich demnach von der Tonne einen Streifen von der Länge $^1/_2 e$ herausgeschnitten, der von der Last P in allen Teilen gleichmäßig in Spannung gesetzt wird, Abb. 297. In der anderen Richtung verteilt sich die Last auf eine Breite β, die wegen der mit der Stützweite wachsenden Pfeilhöhe ebenfalls mit der Stützweite e zunimmt. Es ist aber nicht notwendig, im einzelnen die Breite β festzusetzen, da die nachfolgende einfache Berechnung sich unabhängig von β gestalten läßt.

Wir wollen nämlich die Hängebleche als hängende Membranen auffassen, die nur Längskräfte, aber keine Biegungsmomente aufnehmen und die in den beiden Unterstützungslinien Zugkräfte auf ihre unverschieblich gedachten Stützen äußern, Abb. 298. Unter einer gleichförmig verteilten Belastung nimmt das Hängeblech im Querschnitt die

Form einer Parabel, bei einer Einzellast, die sich auf eine Strecke β verteilt, die in Abb. 298b dargestellte Form, aus zwei geraden Ästen und einer Parabel in der Mitte bestehend, an. Die Formänderungen unter wechselnder Belastung scheinen daher sehr bedeutend zu sein, die Hängebleche ähneln in diesem Punkte den in der Mitte des vorigen Jahrhunderts so häufig ausgeführten unversteiften Hängebrücken. In Wirklichkeit sind aber diese Verformungen keineswegs zu groß, da die Biegungssteifigkeit der Bleche eine ausreichende Versteifung darstellt. Wir berücksichtigen aber diese Biegungsspannungen nicht, da sie hier als Nebenspannungen zu werten sind, die keineswegs zur Aufrechterhaltung des Gleichgewichtes notwendig sind. Solange diese Biegungsspannungen im Verein mit den Normalspannungen unterhalb der Elastizitätsgrenze bleiben, gefährden sie den Bestand des Hängebleches überhaupt nicht. Überschreiten die Randspannungen im Blech an irgendeiner Stelle, wegen der hohen Biegungsspannungen, diese Grenze, so nehmen diese mit zunehmender Belastung sehr rasch ab. Die Zähigkeit des Eisens ist es wieder, die es erlaubt, bei der Berechnung von den hier unerwünschten Biegungsspannungen abzusehen. Wollte man sie berücksichtigen, so erhielte man für die Bleche unwirtschaftliche Abmessungen, genau so wie ein Fachwerkträger erhebliche Verstärkungen notwendig hätte, wenn man die Gesamtspannungen, d. s. Grund- und Nebenspannungen, im Rahmen der üblichen Beanspruchungsziffern halten wollte[1]).

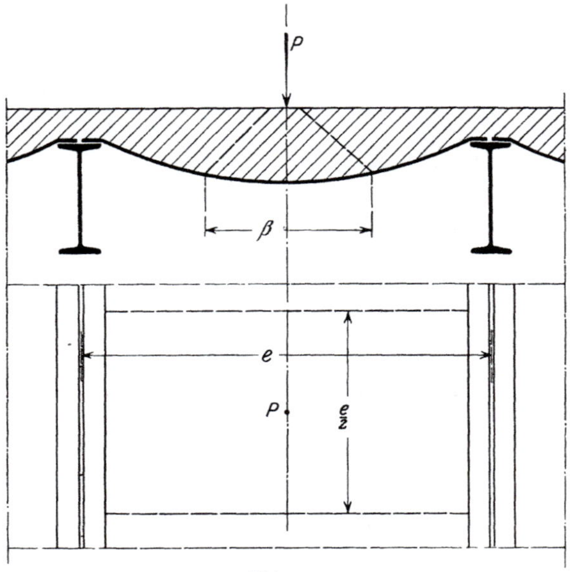

Abb. 297.

Die Gleichgewichtsform eines schlaffen Blechstreifens (Seillinie) ist durch die Differentialgleichung

$$H\frac{d^2 y}{d x^2} = -P(x), \quad . \; . \; . \quad (10)$$

wenn $P(x)$ das Belastungsgesetz darstellt, definiert. Wir behandeln hier nur den Fall einer symmetrisch zur Tonnenachse angeordneten Streckenlast P von der

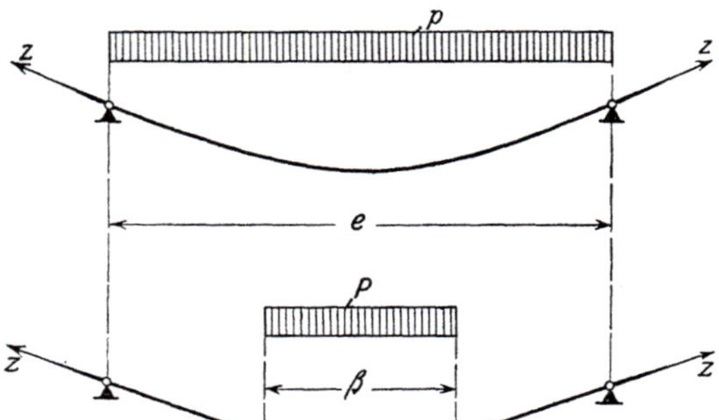

Abb. 298.

[1]) Es ist vielfach Gebrauch, die Hängebleche als steife Hängebogen mit Kämpfergelenken zu betrachten, wobei zur Vereinfachung der Rechnung angenommen wird, daß das in Wirklichkeit kreisförmig gebogene Blech nach einer Parabel geformt ist. Nun treten aber gerade an den Stellen, wo der Rand abbiegt und wo man die Gelenke willkürlich annimmt, die größten Biegungsmomente, die bei Streckenlast etwa den Wert $\frac{1}{25} P l$ erreichen können, auf. Diese Art der Berechnung ist daher in dieser Hinsicht ganz wertlos. Dazu kommt noch, daß der Einfluß der Bogenform auf Verlauf und Größe der Momente bei dem geringen Trägheitsmoment des Bogenquerschnittes sehr bedeutend ist. Die Ergebnisse der Rechnung für den Parabelbogen passen nicht einmal annäherungsweise auf den Kreisbogen. Kleine Abweichungen von der beabsichtigten Form bei der Herstellung, die Verformungen bei der Belastung selbst, beeinflussen in hohem Maße die Größe der Momente, so daß, ehrlich gesprochen, die Feststellung der tatsächlichen Biegungsmomente nahezu unmöglich wird. Ihre Kenntnis ist auch nach den obigen Darlegungen nicht notwendig.

Breite β, Abb. 299. Da es hier nur auf eine angenäherte Berechnung ankommt, so schlagen wir den in diesem Buche schon mehrfach benutzten Weg ein, das Belastungsgesetz $P(x)$ durch eine Fouriersche Reihe zu ersetzen, um das Ergebnis in Form einer Reihe, aus der dann eine Näherungsformel leicht abgeleitet werden kann, zu erhalten.

Für eine Streckenlast $P(x)$ haben wir in **14**, S. 51 die Reihe

$$P(x) = \sum_{k=1}^{\infty} A_k \sin\frac{k\pi x}{e}$$

angesetzt, wobei für A_k für eine in der Mitte der Spannweite stehende, auf die Breite β verteilte Last P aus dem dort abgeleiteten Ausdruck der Wert

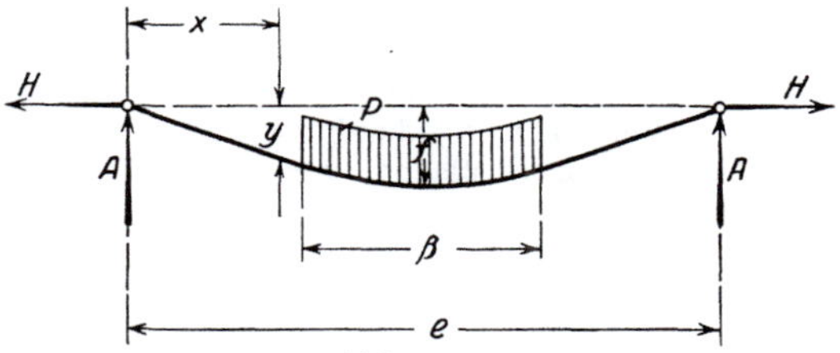

Abb. 299.

$$A_k = -\frac{2P}{k\pi\beta}\left[\cos k\pi\left(\frac{1}{2}+\frac{\beta}{2e}\right) - \cos k\pi\left(\frac{1}{2}-\frac{\beta}{2e}\right)\right]$$

hervorgeht. Entwickelt man die Winkelfunktionen nach den Einzelargumenten und setzt den so erhaltenen Ausdruck in die Gleichung für $P(x)$ ein, so erhält man

$$P(x) = \frac{4P}{\pi\beta}\sum_{k=1}^{\infty}\frac{1}{k}\sin\frac{k\pi}{2}\sin\frac{k\pi\beta}{2e}\sin\frac{k\pi x}{e}.$$

Die Einführung in die Differentialgleichung (10) liefert

$$\frac{d^2y}{dx^2} = -\frac{4P}{H\pi\beta}\sum_{k=1}^{\infty}\frac{1}{k}\sin\frac{k\pi}{2}\sin\frac{k\pi\beta}{2e}\sin\frac{k\pi x}{e},$$

deren allgemeine Lösung

$$y = \frac{4Pe^2}{H\pi^3\beta}\sum_{k=1}^{\infty}\frac{1}{k^3}\sin\frac{k\pi}{2}\sin\frac{k\pi\beta}{2e}\sin\frac{k\pi x}{e} \quad . \; . \; . \; . \; . \; . \; . \; . \; . \quad (11)$$

lautet.

Für $x = \frac{l}{2}$ wird $y = f$ (Pfeilhöhe) und man erhält aus Gl. (11) den Horizontalzug bei angenommener Pfeilhöhe f

$$H = \frac{4Pe^2}{\pi^3 f\beta}\sum_{k=1}^{\infty}\frac{1}{k^3}\sin^2\frac{k\pi}{2}\sin\frac{k\pi\beta}{2e} \quad . \; . \; . \; . \; . \; . \; . \; . \; . \; . \quad (12)$$

Im besonderen Falle, wo $\beta = e$ wird, also bei gleichförmig verteilter Belastung über die ganze Stützweite e, entsteht mit $P = pe$

$$H_p = \frac{4pe^2}{\pi^3 f}\left[\frac{1}{1^3} - \frac{1}{3^3} + \frac{1}{5^3} - \frac{1}{7^3} + \ldots\right] = \frac{pe^2}{8f} \quad . \; . \; . \; . \; . \; . \; . \quad (13)$$

da die Reihe den Grenzwert $\frac{\pi^3}{32}$ besitzt.

Setzt man für $\beta = \frac{c}{3}$, um welchen Wert herum die Belastungsbreite β liegen wird, so erhält man

$$H_P = \frac{12Pe}{\pi^3 f}\left[\frac{0,5}{1} + \frac{1}{3^3} + \frac{0,5}{5^3} - \frac{0,5}{7^3} - \frac{1}{9^3} - \ldots\right] = 0,21\frac{Pe}{f} \sim \frac{Pe}{5f} \quad . \; . \; . \quad (14)$$

1. Beispiel. Die Tonnenbleche einer Straßenbrücke haben $e = 220$ cm Stützweite und 20 cm Pfeilhöhe. Die bleibende Belastung betrage 0,50 t/m², die ungünstigste Verkehrslast sei eine Einzellast von 10 t. Für einen Blechstreifen von 1 m Breite gilt dann nach Formel (13)

$$H_g = \frac{0,5 \cdot 2,2^2}{8 \cdot 0,2} = 1,51 \text{ t}$$

und auf einer Wirkungsbreite von $\frac{e}{2} = 1{,}1$ m nach Gl. (14)

$$H_p = \frac{10 \cdot 2{,}2}{5 \cdot 0{,}2} = 22{,}00 \text{ t}.$$

Somit für einen 1 m breiten Streifen

$$\max H = H_g + \frac{H_p}{1{,}1} = 1{,}51 + 20{,}00 = 21{,}51 \text{ t}.$$

Diese Kraft muß von einem 1 m breiten Streifen des Tonnenrandes (im Nietriß) aufgenommen werden. Bei einem Nietdurchmesser von $d = 2$ cm und einer Nietteilung $t = 10$ cm beträgt die tragende Querschnittsfläche, wenn wir die mit Rücksicht auf die Abrostung zulässige geringste Stärke von 0,7 cm wählen:

$$F = (100 - 10 \cdot 2) \cdot 0{,}7 = 56{,}0 \text{ cm}^2.$$

Die Beanspruchung sonach

$$\sigma = \frac{21{,}51}{56{,}0} = \mathbf{0{,}384} \text{ t/cm}^2.$$

2. Beispiel. Bei einer eingleisigen Eisenbahnbrücke mögen die Tonnenbleche auf den in Abständen von 2 m angeordneten Querträgern aufliegen. Der größte Achsdruck betrage 25 t, der sich auf Schwellenlänge, d. i. 2,70 m, verteilt. Ebensolang nehmen wir den zur Mitwirkung herangezogenen Teil der Tonne an. Das Eigengewicht (Schotter, Schwellen und Schiene) betrage 1,05 t/m². Abb. 300.

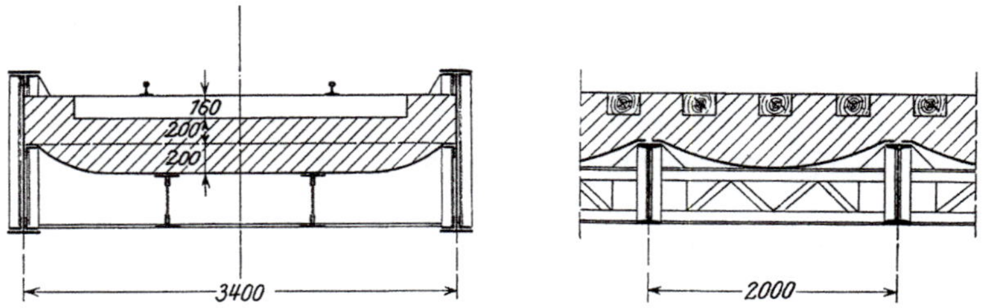

Abb. 300.

Man erhält dann mit $f = 20$ cm

$$H_g = \frac{1{,}05 \cdot 2^2}{8 \cdot 0{,}2} = 2{,}62 \text{ t}$$

und

$$H_p = \frac{25 \cdot 2}{5 \cdot 0{,}2} = 50{,}00 \text{ t}.$$

Auf einen Streifen von 1 m Breite entfällt sonach

$$\max H = 2{,}62 + \frac{50{,}00}{2{,}70} = 21{,}13 \text{ t}$$

und wenn wir wieder wie vor 7 mm starkes Blech wählen, das auf den laufenden Meter mit je 10 Nieten zu 2 cm Durchmesser befestigt ist, so wird die größte Beanspruchung in der Nietnaht

$$\sigma = \frac{21{,}13}{56{,}0} = \mathbf{0{,}377} \text{ t/cm}^2.$$

Ein nicht zu unterschätzender Nachteil der Tonnenbleche ist die Notwendigkeit, für die Aufnahme des bedeutenden Horizontalzugs, der von der Verkehrslast herrührt, Sorge zu tragen. Dies geschieht meist in der Weise, daß die stützenden Träger unterhalb der Tonnenbleche durch Querverbindungen, die mit dem auf sie entfallenden Druck H gegen Ausknicken zu berechnen sind, gegeneinander abgesteift werden. Der Materialaufwand für diese Quersteifen verringert die Wirtschaftlichkeit der Tonnenbleche. Diese Quersteifen müssen aber so gebaut sein, daß sie mit genügender Sicherheit die Trägerobergurte seitlich stützen, also etwa so, wie es in Abb. 300 angedeutet ist. Die Wirtschaftlichkeit der Tonnenbleche würde bedeutend steigen, wenn man bis auf 5 mm Stärke, die statisch selbst für schwerste Lasten genügend ist, herabgehen wollte. Da auch bei Belageisen die schwächsten Teile 5 mm und weniger stark sind, so ist eigentlich nicht recht einzusehen, warum nicht auch bei Tonnenblechen, bei einigen Vorsichtsmaßnahmen gegen das Abrosten, bis auf dieses Maß heruntergegangen werden soll.

71. Berechnung der Flachbleche.

Die Abdeckung der Fahrbahnroste mit Flachblechen wurde bisher nur in verhältnismäßig wenigen Fällen durchgeführt, obwohl gerade diese Abdeckungsweise große Vorteile bietet. Allerdings wurden hierbei die Flachbleche als vierseitig gelagerte Platten angesehen, also ähnlich wie die bekannten Buckelplatten verwendet, wodurch ein bedeutender Materialaufwand für die hierbei notwendigen Zwischenträger entstanden ist. Solche Zwischenunterstützungen sind aber nicht notwendig, wenn man die Flachbleche als bloß zweiseitig gelagerte dünne Platten (Membranen) auffaßt. Die Vorteile der Abdeckung mit Flachblechen liegen hauptsächlich in der Ermäßigung des Gewichtes der Fahrbahn, da bei Flachblechen kein toter Raum, wie bei Hängeblechen, Belageisen oder Buckelplatten mit Beton oder Schotter angefüllt werden muß. Diese Gewichtsverringerung der Fahrbahndecke macht sich allerdings erst bei großen Brückenstützweiten stärker bemerkbar.

Obwohl der rechnungsmäßig ermittelte Horizontalzug in den Platten viel größer ist als bei Tonnenblechen, bieten sie gegenüber diesen noch den Vorteil, daß die Abdeckung selbst die großen Horizontalzüge übernimmt, weshalb zwischen den einzelnen stützenden Trägern keine weiteren Versteifungen notwendig sind. Dies gilt natürlich nur unter der Annahme, daß die ganze Brückendecke eine zusammenhängende, überall gleich widerstandsfähige Blechtafel darstellt. Eine Ausnahme machen nur die Endträger der stützenden Trägerschar, die die auftretenden wagrechten Züge zu übernehmen und weiter zu leiten haben. Am zweckmäßigsten ist es, bei schmalen Brücken, z. B. eingleisigen Eisenbahnbrücken, die Flachbleche unmittelbar auf den Querträgern zu lagern, weil dann nur die beiden Endquerträger hinsichtlich der Aufnahme des Horizontalzuges zu sichern sind.

Die Berechnung derartiger Flachbleche gestaltet sich ziemlich einfach, wenn man, von ähnlichen Überlegungen wie bei der Bemessung der Tonnenbleche ausgehend, die Biegungsspannungen als Nebenspannungen betrachtet und unberücksichtigt läßt. Das Gleichgewicht denken wir uns nur durch die Längsspannungen aufrecht erhalten, fassen also die dünne Platte als schlaffe Membran auf.

Wir betrachten einen einzelnen Feldstreifen von beliebiger Breite, Abb. 301, der durch eine Streckenlast P in der Mitte belastet ist. Die Enden seien unverschieblich festgehalten. An der Stelle x sei y die mit der Dehnung des Bleches verbundene Senkung. Zwischen H und y besteht die Differentialbeziehung

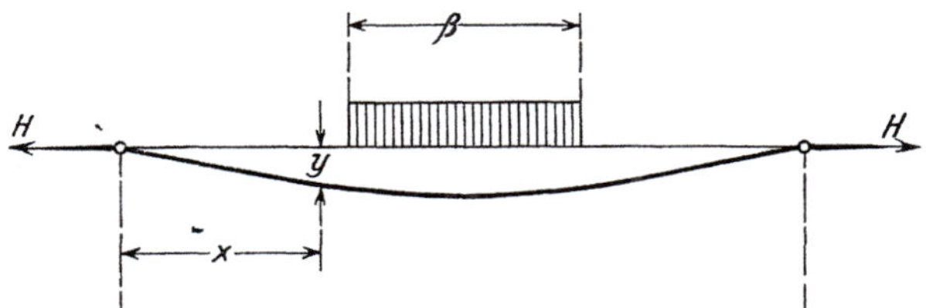

Abb. 301.

$$H \frac{d^2 y}{d x^2} = -P(x),$$

die genau wie im vorangehenden Absatz zur Lösung

$$y = \frac{4 P e^2}{H \pi^3 \beta} \sum_{k=1}^{\infty} \frac{1}{k^3} \sin \frac{k\pi}{2} \sin \frac{k \pi \beta}{2e} \sin \frac{k \pi x}{e} \qquad (15)$$

führt.

Während wir aber bei Hängeblechen aus den unveränderlich angenommenen und seiner Größe nach gegebenem Pfeil f mittels der Gleichung für y auf die beiläufige Größe von H unmittelbar schließen konnten, ist dies hier nicht mehr möglich. Eine zweite Verknüpfung finden wir daher in der Dehnungsgleichung

$$\Delta e = \frac{H e (1 - \overline{m}^2)}{E F}, \qquad (16)$$

wenn wir annehmen, daß wegen der geringen Durchbiegung die Normalkraft überall gleich H gesetzt werden kann. F ist der Querschnitt des in Wirkung gesetzten Blechstreifens, $\overline{m} = 0{,}3$ die Querdehnungszahl[1]).

Beschränkt man sich in (15) auf das erste Summenglied, das ausreichend ist, wenn β nicht zu klein ist, so erhält man aus

$$y = \frac{4 P e^2}{H \pi^3 \beta} \sin \frac{\pi \beta}{2 e} \sin \frac{\pi x}{e} \qquad (15')$$

zunächst

$$\frac{d y}{d x} = \frac{4 P e}{H \pi^2 \beta} \sin \frac{\pi \beta}{2 e} \cos \frac{\pi x}{e},$$

womit Δe als Unterschied zwischen der Bogenlänge des ausgebogenen Blechstreifens und der Sehne e gefunden wird und zwar

$$\Delta e = \int_0^e \sqrt{1 + \left(\frac{d y}{d x}\right)^2} d x - e = \int_0^e \left[1 + \frac{1}{2}\left(\frac{d y}{d x}\right)^2\right] d x - e = \frac{1}{2} \int_0^e \left(\frac{d y}{d x}\right)^2 d x.$$

Nach Einführen des Differentialquotienten erhält man

$$\Delta e = \frac{8 P^2 e^2}{H^2 \pi^4 \beta^2} \sin^2 \frac{\pi \beta}{2 e} \int_0^e \cos^2 \frac{\pi x}{e} d x = \frac{4 P^2 e^3}{H^2 \pi^4 \beta^2} \sin^2 \frac{\pi \beta}{2 e} \qquad (17)$$

und durch die Verknüpfung mit Gl. (16)

$$H e \frac{1 - \overline{m}^2}{E F} = \frac{4 P^2 e^3}{H^2 \pi^4 \beta^2} \sin^2 \frac{\pi \beta}{2 e},$$

eine Gleichung dritten Grades für H aus der

$$H = \frac{1}{\pi} \sqrt[3]{\frac{4}{\pi} \frac{P^2 e^2}{\beta^2} \frac{E F}{1 - \overline{m}^2}} \sin^2 \frac{\pi \beta}{2 e} \qquad (18)$$

hervorgeht.

Formel (18) gilt mit ausreichender Genauigkeit nur dann, wenn β nicht zu klein ist, bis etwa $\beta = \frac{e}{4}$. Kleinere Werte von β dürften auch kaum vorkommen.

Von Interesse ist auch der Biegungspfeil der Platte. Aus (15′) folgt mit $x = \frac{e}{2}$

$$f = \frac{4 P e^2}{H \pi^3 \beta} \sin \frac{\pi \beta}{2 e}$$

und wenn man hier H nach Gl. (18) einführt

$$f = \frac{e}{\pi} \sqrt[3]{\frac{16 P e}{\pi^2 \beta} \frac{1 - \overline{m}^2}{E F} \sin \frac{\pi \beta}{2 e}}. \qquad (19)$$

Wir haben bisher angenommen, daß das belastete Feld an beiden Rändern unverschieblich festgehalten ist. Dies ist in Wirklichkeit nicht der Fall, da die einzelnen Felder eine zusammenhängende Platte bilden und bei Belastung eines Feldes allein, die rechts und links befindlichen Tafeln den Horizontalzug H übernehmen und sich hierbei dehnen, Abb. 302. Wir nehmen hierbei an, daß die stützenden Träger selbst keinen wagrechten Widerstand leisten können. Die Dehnung Δe, die wir oben in Rechnung gestellt haben, war sonach zu klein angenommen. In Wirklichkeit wird daher H viel kleiner, f aber größer sein. Gehen wir von der für die Bemessung sehr ungünstigen

[1]) Durch den Faktor $(1 - \overline{m}^2)$ erscheint die Verhinderung der Querdehnung bei der Platte berücksichtigt.

Annahme aus, daß die Dehnung sich nur auf die rechts und links vom belasteten Felde befindlichen Blechtafeln erstrecke, so wird die in Rechnung zu bringende Verlängerung

$$\Delta e' = 3\,\Delta e,$$

also dreimal so groß, als es in Gl. (16) angegeben wurde, sein. Man erhält dann auf die gleiche Weise wie vor die Bedingungsgleichung für H

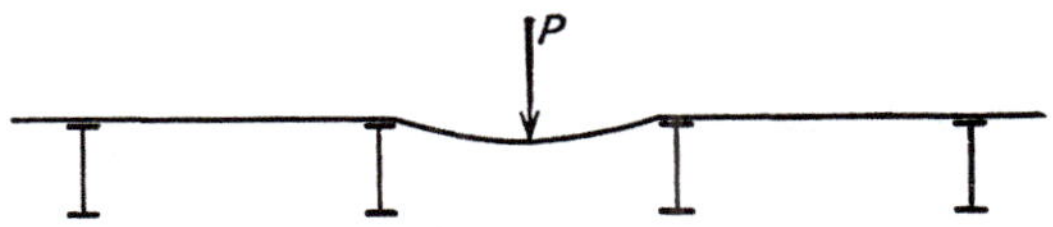

Abb. 302.

$$3\,H e\,\frac{1-\overline{m}^2}{E F} = \frac{4\,P^2 e^3}{H^2 \pi^4 \beta^2} \sin^2\frac{\pi\beta}{2e},$$

aus der

$$H = \frac{1}{\pi}\sqrt[3]{\frac{4}{3\pi}\,\frac{P^2 e^2}{\beta^2}\,\frac{E F}{1-\overline{m}^2}\,\sin^2\frac{\pi\beta}{2e}} \quad \ldots\ldots\ldots\ldots \quad (20)$$

und der Biegungspfeil

$$f = \frac{2e}{\pi}\sqrt[3]{\frac{6}{\pi^2}\,\frac{Pe}{\beta}\,\frac{1-\overline{m}^2}{E F}\,\sin\frac{\pi\beta}{2e}} \quad \ldots\ldots\ldots\ldots \quad (21)$$

folgt.

Besteht die Möglichkeit, daß durch die Verkehrslast mehrere benachbarte Felder gleichzeitig belastet werden, so wird man Gl. (18) bzw. (19) benützen. Andernfalls rechne man mit den Gl. (20) und (21).

Da das Superpositionsgesetz nicht gilt (H und f hängen von P nicht mehr linear ab), so geht es nicht an, die Berechnung für bleibende Last und Verkehrslast getrennt durchzuführen und die Ergebnisse einfach zu addieren. Man vereinfacht die Aufgabe in der Weise, daß man sich die meist gleichförmig verteilte ständige Last auf denselben Bezirk reduziert denkt wie die Verkehrslast, also auf die Breite β, und daß man den auf das Eigengewicht entfallenden Teil der Belastung zur Verkehrslast hinzuschlägt. Der Einfluß des Eigengewichtes ist an und für sich sehr gering.

1. Beispiel. Der Fahrbahnrost und der Querschnitt durch die Fahrbahn einer Straßenbrücke größerer Spannweite ist in Abb. 303 dargestellt. Die Sützweite der Blechabdeckung beträgt 1,50 m. Als Belastung kommt ein 12 t schwerer Lastwagen oder eine 14 t-Straßenwalze nach Abb. 42b S. 28 in Frage. Die zulässigen Beanspruchungen betragen 900 kg/cm² für die Belastung durch Wagen und 1200 kg/cm² für die Belastung durch die Walze.

1. Ständige Last

(Gewicht für 1 m²).

Hartholzpflaster 0,11 · 1,1 = 0,121 t/m²
Sand . . 0,03 · 1,6 = 0,048 „
Asphalt . 0,02 · 1,8 = 0,036 „
Beton . . 0,12 · 2,2 = 0,264 „
Blechabdeckung 0,007 · 7,85 = 0,055 „
Gesamtbelastung 0,524 t/m²

2. Verkehrslasten.

Die Belastungsbreite β beträgt $2h + 10$ cm daher, Abb. 303 b,

$$\beta = 2\cdot 17 + 10 = 44 \text{ cm}.$$

a) 3 t-Rad des Lastwagens: Die Wirkungsbreite B sei

$$B = {}^2/_3\,e + t = {}^2/_3\,150 + 10 = 110 \text{ cm},$$

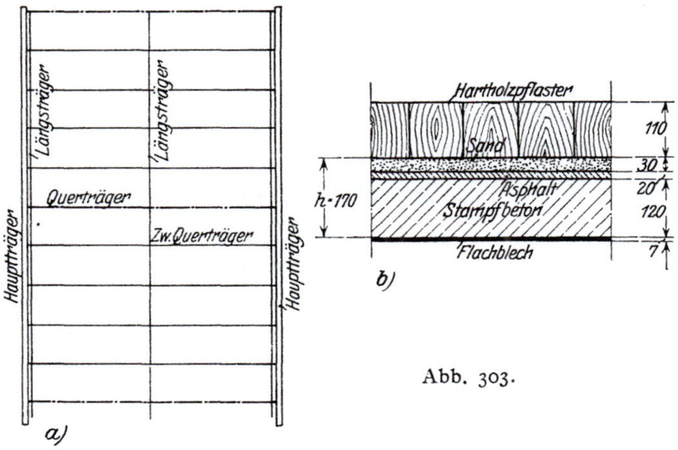

Abb. 303.

sonach die Querschnittsfläche F des in Spannung versetzten Blechstreifens

$$F = 110\cdot 0{,}7 = 77 \text{ cm}^2.$$

Die Last P unter Hinzufügung der auf die Wirkungsbreite entfallenden ständigen Last ist

$$P = 3 + 1{,}50\cdot 1{,}10\cdot 0{,}524 = 3{,}86 \text{ t}$$

und der Horizontalzug H, unter Berücksichtigung des Umstandes, daß der Radstand ein Mehrfaches der Spannweite der Abdeckung beträgt, also benachbarte Felder nicht gleichzeitig durch die Verkehrslast belastet werden können, nach Formel (20)

$$H = \frac{1}{\pi} \sqrt[3]{\frac{4}{3\pi} \frac{3{,}86^2 \cdot 150^2}{44^2} \frac{2150 \cdot 77}{0{,}91} \sin^2 \frac{44}{300} \pi} = 44{,}1 \text{ t}.$$

Der Nettoquerschnitt F_n an den Stoßstellen der Blechhaut beträgt, wenn auf den laufenden Meter 10 Nieten zu 2 cm Durchmesser entfallen

$$F_n = 1{,}10\,(70 - 10 \cdot 0{,}7 \cdot 2) = 61{,}6 \text{ cm}^2,$$

die Beanspruchung daher

$$\sigma = \frac{44{,}1}{61{,}6} = \mathbf{0{,}716 \text{ t/cm}^2}.$$

b) 4 t-Hinterrad der Walze.

Die Wirkungsbreite beträgt bei 40 cm Felgenbreite

$$B = {}^2/_3 \cdot 150 + 40 = 140 \text{ cm}$$

und die in Spannung gesetzte Querschnittsfläche F

$$F = 140 \cdot 0{,}7 = 98 \text{ cm}^2.$$

Unter Hinzufügung der auf die Wirkungsbreite entfallenden ständigen Last beträgt P

$$P = 4 + 1{,}40 \cdot 1{,}50 \cdot 0{,}524 = 5{,}10 \text{ t},$$

somit H nach Formel (20)

$$H = \frac{1}{\pi} \sqrt[3]{\frac{4}{3\pi} \frac{5{,}10^2 \cdot 150^2}{44^2} \frac{2150 \cdot 98}{0{,}91} \sin^2 \frac{44}{300} \pi} = 57{,}5 \text{ t}.$$

Mit dem Nettoquerschnitt

$$F_n = 1{,}40\,(70 - 10 \cdot 0{,}7 \cdot 2) \cdot 78{,}4 \text{ cm}^2$$

findet man die Materialanstrengung

$$\sigma = \frac{57{,}5}{78{,}4} = \mathbf{0{,}734 \text{ t/cm}^2}.$$

Das 6 t-Vorderrad der Walze liefert kleinere Materialbeanspruchungen, da sich die Last auf einen viel breiteren Streifen verteilt.

Die Stöße der brückenlängslaufenden Blechtafeln sind durch beiderseitige Laschen gedeckt, Abb. 304. Die Beanspruchungen betragen, da auf einen Streifen von 10 cm Breite eine größte Kraft

$$N = \frac{57{,}5}{14} = 4{,}11 \text{ t}$$

entfällt, die von 2 Nieten aufgenommen wird:

Leibungsdruck:

$$\sigma_2 = \frac{4{,}11}{2 \cdot 0{,}7 \cdot 2} = \mathbf{1{,}468 \text{ t/cm}^2}.$$

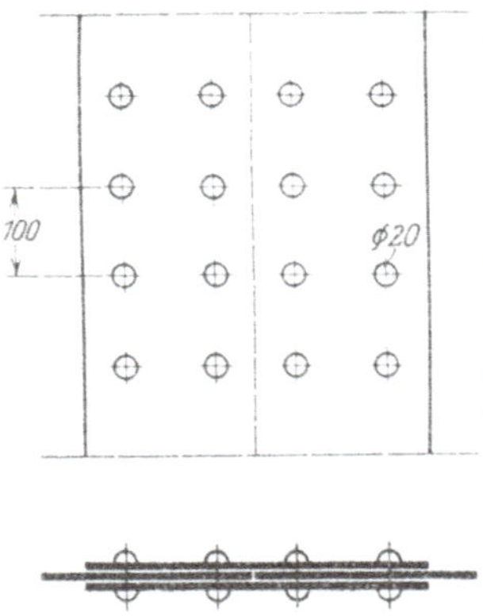

Abb. 304.

Zur Aufnahme des Horizontalzuges an den Brückenenden verstärkt man zweckmäßig die Blechtafeln in den beiden Brückenendfeldern, so daß dort ein aus den Querträgerobergurten und der Blechhaut bestehender Blechträger von 1,5 m Höhe entsteht, der den Horizontalzug auf die Längsträger überleitet.

72. Berechnung der Eisenbetonfahrbahnplatten.

Die in Österreich schon seit vielen Jahren, in Deutschland erst in neuerer Zeit ausgeführten Rostabdeckungen eiserner Brücken mittels Eisenbetonplatten, bieten so mannigfache Vorteile, daß es wundernimmt, daß es so langer Zeit bedurft hat, bis sich diese Art der Abdeckung vornehmlich in Deutschland durchsetzen konnte. Sie eignet sich vor allem dort, wo als Pflasterunterlage sonst Magerbeton vorgesehen wird, an dessen Stelle eine bewehrte Betonplatte tritt. In solchen Fällen ist das Gewicht der Fahrbahndecke bei sachgemäßer baulicher Gestaltung kaum größer als bei Belageisenabdeckung. Der Hauptvorzug der Eisenbetonfahrbahn liegt in der Beseitigung der Rostgefahr, da bei Straßenbrücken und bei Eisenbahnbrücken mit durchgehendem Kiesbett die Abdeckung des Fahrbahnrostes in erster Linie der Abrostung ausgesetzt ist. Sehr gerne werden Eisenbetonplatten auf den Gehwegen verwendet, da die geringe Nutzlast Platten von kleiner Stärke ermöglicht, auf denen der Fußwegbelag, bloß unter Zwischenschaltung eines schwachen Mörtelbettes, aufgebracht werden kann.

Die Eisenbetonplatten der Brückenfahrbahnen werden in der Regel als durchlaufende Balken berechnet und ausgeführt. Die Senkungen der stützenden Tragelemente (Längs- oder Querträger) können nach der Untersuchung in **69** dadurch berücksichtigt werden, daß die ungünstigsten Feldmomente so groß wie beim frei aufliegenden Balken in Rechnung gestellt werden, während die Stützmomente, um sicher zu rechnen, mit jenen Werten der Bemessung zugrunde zu legen sind, die ihnen beim durchlaufenden Balken mit festen Stützen zukommen[1]). Beim Belageisen genügte die Feststellung des größten Feldmomentes, da dasselbe einen Träger mit unveränderlichem Querschnitt vorstellt. Bei der Betoneisenplatte geht dies nicht mehr an, da sich Lage und Stärke der Bewehrung dem Momentenverlauf anpassen muß, daher mindestens die Kenntnis des größten positiven und größten negativen Momentes notwendig ist.

Über die Wirkungsbreite plattenförmiger Abdeckungen haben wir in **67 d** ausführlich gesprochen. Die Breite des Plattenstreifens, der von einer sehr langen Platte mit der Spannweite e durch eine Einzellast P in Wirkung gesetzt wird, wurde mit $B = {}^2/_3\, e + t$, wenn t die Aufstandsbreite der Last ist, bestimmt. Mit diesem Werte wollen wir auch hier rechnen. Dies setzt voraus, daß die Platte auch in der Querrichtung Bewehrungseisen erhält. Es ist üblich, die sogenannten Verteilungseisen, die quer zur Hauptbewehrung laufen, so zu bemessen, daß sie etwa ${}^1/_3$ der stärksten Hauptbewehrung ausmachen. Bezeichnet also F_e den Eisenquerschnitt in Plattenmitte, bezogen auf einen 1 m breiten Querschnitt, so haben die Verteilungseisen in einem Plattenstreifen von 1 m Breite einen Gesamtquerschnitt von 0,3 F_e bis 0,35 F_e zu erhalten.

Da das Moment M_1 über der zweiten Stütze oft nennenswert größer ist als über den mittleren Stützen (Moment M_m), so ist es zweckmäßig, beide Momente M_1 und M_m zu kennen, um die Querschnittsgestaltung sparsamst durchführen zu können. In dem folgenden Berechnungsgange werden wir daher neben dem Feldmomente, das wir in allen Feldern gleich groß und gleich dem Balkenmoment annehmen wollen, auch noch die Stützmomente M_1 und M_2, letzteres als Vertreter der Momente M_m, darstellen.

Berechnung der ungünstigsten Angriffsmomente.

Da die Stützenzahl bei drei oder mehr Feldern ohne nennenswerten Einfluß auf die Größe der Stützenmomente ist, so betrachten wir den Balken als Träger auf unendlich vielen Stützen, wodurch der nachstehende Rechnungsgang stark vereinfacht wird. Die Feldspannweite e sei durchwegs gleich.

a) *Gleichförmig verteilte ständige Last g.*

Größtes Feldmoment:

$$M_g = {}^1/_8\, g e^2,$$

Stützenmoment M_1:

$$M_1^g = -{}^1/_{10}\, g e^2,$$

Stützenmoment M_2:

$$M_2^g = -{}^1/_{13}\, g e^2.$$

b) *Verkehrslasten.*

Die Verkehrslasten sind Einzellasten, die jede über eine Strecke β gleichförmig verteilt angenommen werden. In der Regel benützt man Einflußlinien, um die ungünstigste Laststellung und die Größtwerte der Momente aufzufinden. Daß dieses Verfahren umständlich und zeitraubend ist, braucht nicht erst betont zu werden. Da es sich bei der Fahrbahnplatte um durchwegs sehr einfache Lastgruppierungen handelt, so werden hier auf analytischem Wege Formeln für die Größtmomente abgeleitet, die dann im Einzelfalle gebrauchsfertig zur Verfügung stehen.

---

[1]) Man darf nicht übersehen, daß jener Teil der Platte, der in der Nähe der Auflager der stützenden Träger liegt, sich wie ein Träger auf festen Stützen verhält.

In Abb. 305a sind die ersten 4 Felder der Einflußlinie für M_1 dargestellt. Diese Linie zeigt deutlich, daß nur die Belastung der ersten zwei Felder für die Größe von M_1 ausschlaggebend ist. Eine gleichzeitige Belastung des dritten, fünften usw. Feldes vermindert den Größtwert von M_1, kommt also nicht in Frage, während eine Belastung des vierten, sechsten usw. Feldes von so geringem Einfluß auf die Größe von M_1 ist, daß dieser unbedenklich vernachlässigt werden kann, um so eher, als der hier rechnungsgemäß bestimmte Wert von M_1 (für feste Stützen) in Wirklichkeit kaum erreicht werden wird.

Unter der Annahme, daß die ungünstigsten Lastgruppierungen derartig sind, daß in jedem Felde nur eine einzige Streckenlast zu stehen kommt — mit dieser Annahme kommt man in der Überzahl der Fälle durch —, ergeben sich die folgenden, in Abb. 305b dargestellten, möglichen Lastanordnungen.

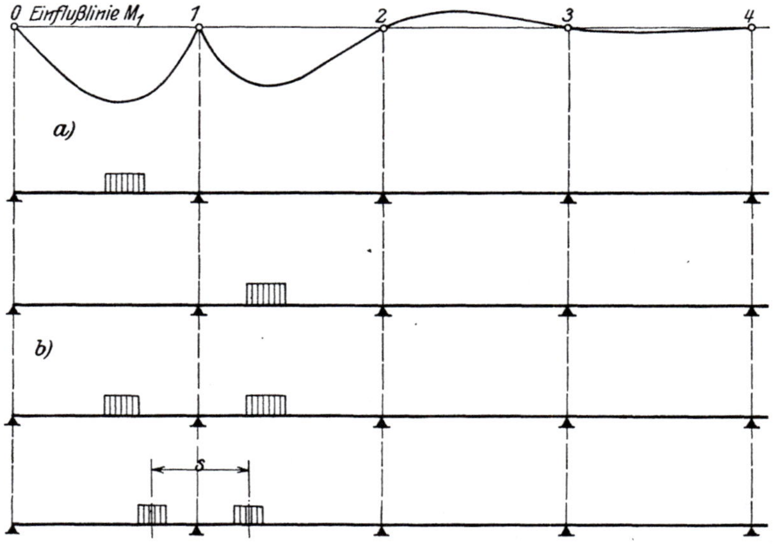

Abb. 305.

1. Eine Einzellast im Felde 0 — 1 allein.
2. Eine Einzellast im Felde 1 — 2 allein.
3. Je eine Einzellast in den Feldern 0 — 1, 1 — 2 je an der ungünstigsten Stelle stehend.
4. Zwei gleiche Einzellasten im Festabstande s, die eine rechts, die andere links von der Stütze 1.

Die gleichen Überlegungen gelten auch für die Berechnung der Momente M_2, nur daß hier als belastete Felder die Felder 1 — 2 und 2 — 3 in Frage kommen.

Zur Ableitung einfacher Berechnungsformeln für die Stützenmomente benützen wir einen mittels der Methode der Differenzengleichungen entwickelten, allgemein gültigen Ausdruck für ein beliebiges Stützenmoment M_k eines Trägers mit n gleichen Feldern, der im Felde $\lambda, \lambda+1$ mit der Einzellast P belastet ist, Abb. 306, nämlich[1]):

$$M_k = C(\lambda)\,(\xi^{k-\lambda} - \xi^{2n-k-\lambda})\,Pe. \qquad (22)$$

Hierin ist λ der Zeiger der linken Stütze des belasteten Feldes, k der Zeiger jener Stütze, für welche das Moment ermittelt werden soll.

[1]) Die einfache Ableitung dieser Formel findet der Leser in meiner Abhandlung, Einflußlinien und Größtmomente statisch unbestimmter durchlaufender Balken. Eisenbau 1910, S. 108.

Weiter ist

$$\xi = -0{,}268$$

und

$$C(\lambda) = \frac{\xi}{\xi^2 - 1}\left[F_1(\xi^{2\lambda} - 1) + F_2(\xi^{2\lambda+1} - \xi^{-1})\right].$$

Man erhält somit:

$$\left.\begin{array}{lll} \text{für } \lambda = 0 & C(0) = F_2 \\ \text{„} \;\; \lambda = 1 & C(1) = 1{,}072\,F_2 - 0{,}268\,F_1 \\ \text{„} \;\; \lambda = > 1 & C(\infty) = 1{,}077\,F_2 - 0{,}288\,F_1 \end{array}\right\} \quad \ldots\ldots\ldots (23)$$

Durch die Funktionen F_1 und F_2 wird $C(\lambda)$ von der Stellung der Last P im Felde abhängig. Es ist nämlich:

$$F_1 = \frac{e-a}{e}\left[1 - \frac{(e-a)^2}{e^2}\right] \quad \text{und} \quad F_2 = \frac{a}{e}\left[1 - \left(\frac{a}{e}\right)^2\right]. \quad \ldots\ldots (24)$$

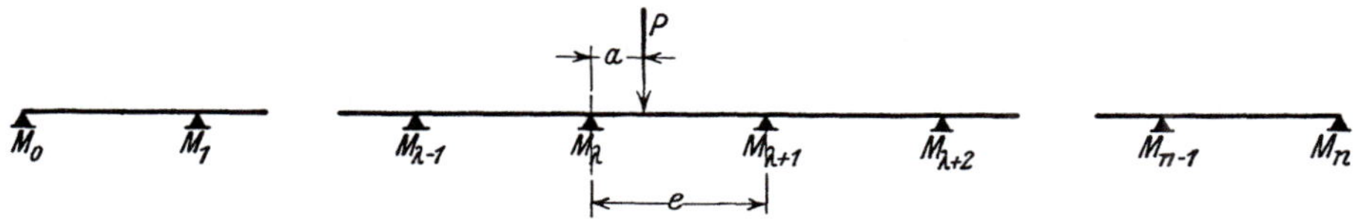

Abb. 306.

Die Gl. (22) gilt nur für jene Stützen, die rechts vom belasteten Felde liegen, doch genügt diese Gleichung wegen der Trägersymmetrie auch zur Berechnung der übrigen Stützenmomente.

Berechnung der Momente M_1.

α) *Streckenlast P von der Länge β im ersten Felde* (Abb. 307).

Mit $n = \infty$, $k = 1$, $\lambda = 0$, $P = 1$ folgt aus Formel (22)

$$m_1 = F_2\,\xi\,e$$

als Gleichung der Einflußlinie für M_1. Man erhält sonach für das Stützenmoment M_1 einer Streckenlast P die Beziehung

$$M_1 = \frac{P\,e}{\beta}\,\xi \int\limits_{a_0-\frac{\beta}{2}}^{a_0+\frac{\beta}{2}} \frac{a}{e}\left[1 - \left(\frac{a}{e}\right)^2\right] d\,a = -0{,}268\,\frac{a_0}{e}\left[1 - \left(\frac{a_0}{e}\right)^2 - \frac{1}{4}\left(\frac{\beta}{e}\right)^2\right] P\,e. \quad \ldots\ldots (25)$$

M_1 wird ein Größtwert, wenn

$$\frac{d\,M_1}{d\,a_0} = 0.$$

Diese Bedingungsgleichung liefert

$$\frac{a_0}{e} = \frac{1}{2\sqrt{3}}\sqrt{4 - \left(\frac{\beta}{e}\right)^2}.$$

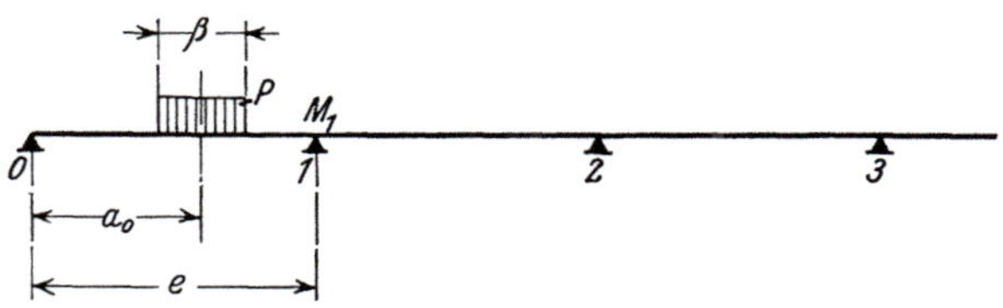

Abb. 307.

Für $\frac{\beta}{e} = 0$ 0,2 0,4 0,6 0,8 1

findet man $\frac{a_0}{e} = 0{,}577$ 0,574 0,565 0,550 0,528 0,500.

Da $\frac{a_0}{e}$ verhältnismäßig wenig schwankt, so wählen wir hierfür einen Mittelwert

$$a_0 = 0{,}55\,e\;^{1)}$$

[1]) Dieser Mittelwert wurde so bestimmt, daß die größte Abweichung in M_1 zu einem Minimum wird.

und finden damit

$$M_1 = -\left[0{,}103 - 0{,}038\left(\frac{\beta}{e}\right)^2\right] P e. \quad \ldots \ldots \ldots \quad (26)$$

Diese Gleichung gilt für $\frac{\beta}{e}$ von 0 bis 1 und beträgt der größte Fehler gegenüber dem genau richtigen Wert weniger als $1\,^0/_0$.

β) Streckenlast P von der Länge β im zweiten Felde (Abb. 308).

Da Formel (22) für eine rechts von k stehende Last nicht mehr gilt, so bestimmen wir das symmetrisch zur Mitte des Trägerzuges gelegene Stützenmoment M_{n-1}, bei Belastung mit P im Felde $n-2$, $n-1$, wobei die Mitte der Last den Abstand a_0 von der Stütze $n-1$ hat. M_{n-1} ist dann gleich dem gesuchten M_1.

Mit $k = n-1$, $\lambda = n-2$, $P = 1$ erhält man aus (22) zunächst die Einflußliniengleichung

$$m_1 = C(\infty)(\xi - \xi^3)\,e = (1{,}077\,F_2 - 0{,}288\,F_1)(\xi - \xi^3)\,e.$$

Da aber für die symmetrisch gelegene Belastung a_0 mit $e - a_0$ vertauscht werden muß, so ist jetzt

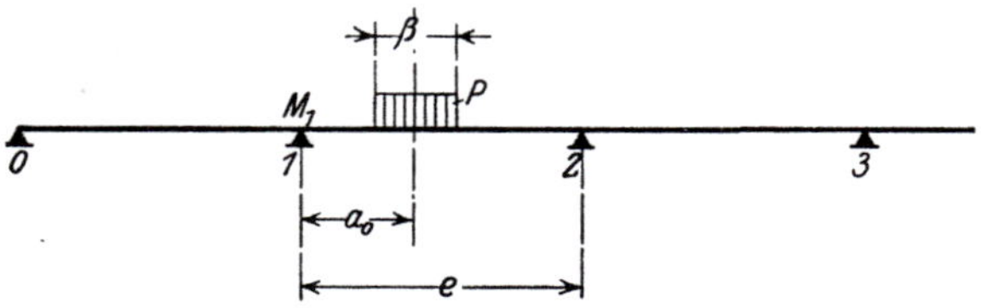

Abb. 308.

$$F_1 = \frac{a}{e}\left[1 - \left(\frac{a}{e}\right)^2\right]$$

und

$$F_2 = \frac{e-a}{e}\left[1 - \frac{(e-a)^2}{e^2}\right].$$

Aus m_1 folgt ähnlich wie vor

$$M_1 = \frac{P e}{\beta}(\xi - \xi^3)\int\limits_{a_0 - \frac{\beta}{2}}^{a_0 + \frac{\beta}{2}} (1{,}077\,F_2 - 0{,}288\,F_1)\,d a$$

und nach Ausrechnung des Integrals

$$M_1 = -\left[0{,}464\left(\frac{a_0}{e}\right) - 0{,}804\left(\frac{a_0}{e}\right)^2 + 0{,}340\left(\frac{a_0}{e}\right)^3 + 0{,}085\left(\frac{\beta}{e}\right)^2\left(\frac{a_0}{e}\right) - 0{,}067\left(\frac{\beta}{e}\right)^2\right] P e. \quad \ldots \ldots \quad (27)$$

M_1 wird ein Maximum für

$$\frac{a_0}{e} = 0{,}788 - \sqrt{0{,}166 - 0{,}083\left(\frac{\beta}{e}\right)^2}.$$

Als günstigsten Mittelwert wählen wir $a_0 = 0{,}44\,e$ und gewinnen damit die Formel

$$M_1 = -\left[0{,}078 - 0{,}029\left(\frac{\beta}{e}\right)^2\right] P e. \quad \ldots \ldots \ldots \quad (28)$$

Auch hier beträgt der größte Fehler gegenüber dem genau richtigen Wert etwa $1\,^0/_0$.

γ) Die beiden ersten Felder sind durch gleiche Streckenlasten P, die unveränderlichen Abstand s haben, belastet (Abb. 309).

Unter Benützung der Gl. (25) und (27) findet man jetzt, wenn man die Bezeichnungen der Abb. 309 beachtet,

$$M_1 = -\left\{0{,}268\left[\frac{a_0}{e} - \left(\frac{a_0}{e}\right)^3 - \frac{1}{4}\left(\frac{\beta}{e}\right)^2\left(\frac{a_0}{e}\right)\right] + \right.$$

$$\left. + \left[0{,}464\,\frac{a_0'}{e} - 0{,}804\left(\frac{a_0'}{e}\right)^2 + 0{,}340\left(\frac{a_0'}{e}\right)^3 + 0{,}085\left(\frac{\beta}{e}\right)^2\left(\frac{a_0'}{e}\right) - 0{,}067\left(\frac{\beta}{e}\right)^2\right]\right\} P e.$$

Setzt man

$$\frac{a_0'}{e} = \frac{a_0}{e} - \lambda,$$

wobei

$$\lambda = 1 - \frac{s}{e},$$

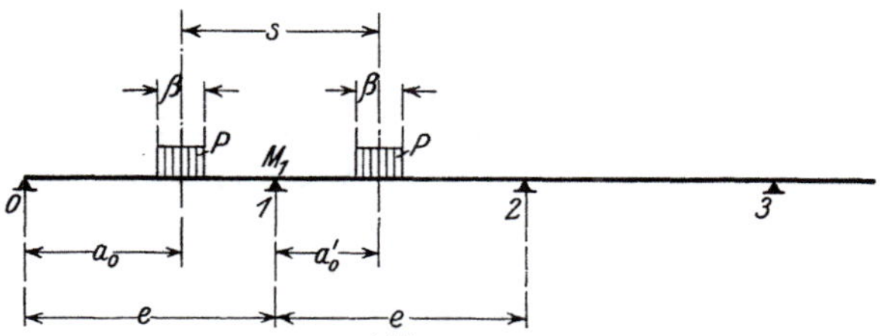

Abb. 309.

so erhält man nach der Ausrechnung

$$M_1 = -\left\{\left[0{,}732 + 1{,}608\,\lambda + 1{,}020\,\lambda^2 + 0{,}018\left(\frac{\beta}{e}\right)^2\right]\frac{a_0}{e} - [0{,}804 + 1{,}020\,\lambda]\left(\frac{a_0}{e}\right)^2 + 0{,}072\left(\frac{a_0}{e}\right)^3 - \left[0{,}067\left(\frac{\beta}{e}\right)^2 + 0{,}085\left(\frac{\beta}{e}\right)^2\lambda + 0{,}464\,\lambda + 0{,}804\,\lambda^2 + 0{,}340\,\lambda^3\right]\right\} Pe \;.\;. \quad (29)$$

Wählt man nun

$$\frac{s}{e} = 0{,}5, \quad 0{,}6, \quad 0{,}7, \ldots, \quad 1{,}4, \quad 1{,}5\ ^{1)},$$

so wird

$$\lambda = 0{,}5, \quad 0{,}4, \quad 0{,}3, \ldots, \quad -0{,}4, \quad -0{,}5.$$

Führt man diese Werte von λ der Reihe nach in die vorstehende Gl. (29) für M_1 ein, so erhält man ein System von Formeln, die ähnlich den Gl. (25) und (27) gebaut sind und nach Bestimmung von $\frac{a_0}{e}$, in der gleichen Weise wie vor, für jedes der angenommenen λ eine Gleichung für das Maximalmoment M_1 liefern.

Wir zeigen hier den Rechnungsgang für den Fall $\lambda = 0{,}5$. Man erhält zunächst

$$M_1 = -\left\{\left[1{,}791 + 0{,}018\left(\frac{\beta}{e}\right)^2\right]\frac{a_0}{e} - 1{,}314\left(\frac{a_0}{e}\right)^2 + 0{,}072\left(\frac{a_0}{e}\right)^3 - \left[0{,}475 + 0{,}110\left(\frac{\beta}{e}\right)^2\right]\right\} Pe$$

und aus

$$\frac{d M_1}{d a_0} = 0$$

$$\frac{a_0}{e} = 6{,}085 - \sqrt{28{,}71 - 0{,}083\left(\frac{\beta}{e}\right)^2}\,.$$

Man erkennt deutlich, daß $\frac{\beta}{e}$ nahezu ganz ohne Einfluß auf $\frac{a_0}{e}$ ist, wir setzen sonach für $\frac{\beta}{e}$ den mittleren Wert $\frac{1}{2}$ und finden

$$a_0 = 0{,}73\,e.$$

Damit erhält man

$$M_1 = -\left[0{,}160 - 0{,}097\left(\frac{\beta}{e}\right)^2\right] Pe \;.\;.\;.\;.\;.\;.\;.\;.\;.\;. \quad (30)$$

In gleicher Weise wurden auch für die anderen Wertverhältnisse λ die Momente M_1 bestimmt; sie sind in der Tafel 35 eingetragen. Die Formeln 26, 28, 30 reichen aus, um das Stützenmoment M_1, soweit die Verkehrslast in Frage kommt, ohne Zuhilfenahme von Einflußlinien zu bestimmen. Beispiele hierzu findet der Leser auf S. 366ff.

Auf demselben Wege wurden auch die Stützenmomente M_2 für die drei in Betracht kommenden Belastungsweisen ermittelt. Die Ergebnisse sind für den Gebrauch in der folgenden Tafel 35 übersichtlich zusammengestellt.

---

1) Kleinere Werte als $\frac{s}{e} = 0{,}5$ können kaum mehr vorkommen, da dann der kleinsten Spurweite $s = 1{,}40$ m eine Plattenstützweite von 2,80 m entsprechen würde, die kaum mehr zweckmäßig wäre. Wird $\frac{s}{e} > 1{,}5$ so wird das von einer einzigen Last an passender Stelle hervorgerufene Moment größer als das von den beiden Lasten herrührende.

Tafel 35.

Größte Stützen- u. Feldmomente für die Bemessung durchlaufender Eisenbetonplatten.

A. Gleichförmig verteilte Last.

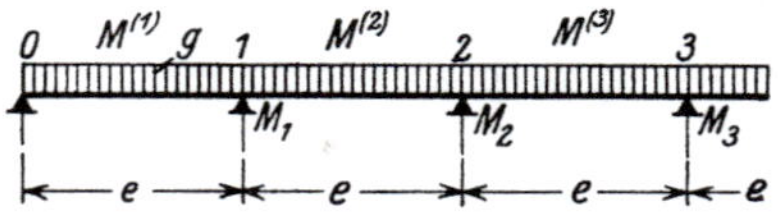

Stützenmoment $M_1 = -\frac{1}{10} g e^2$

" $M_2 = -\frac{1}{13} g e^2$

Feldmomente $M^{(1)} = M^{(2)} = \ldots = {}^1/_8\, g e^2$

B. Verkehrslasten.

	Belastungsfall	Momente: $\left(\mu = \frac{\beta}{e}\right)$
Stützenmoment M_1	1. 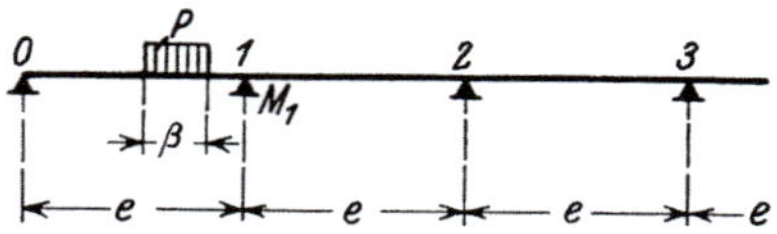	$M_1 = -(0{,}103 - 0{,}038\,\mu^2)\,Pe$
	2. 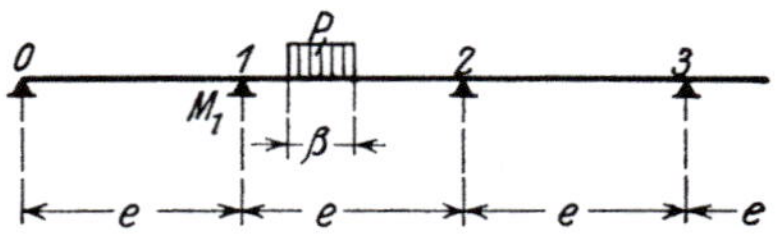	$M_1 = -(0{,}078 - 0{,}029\,\mu^2)\,Pe$
	3. 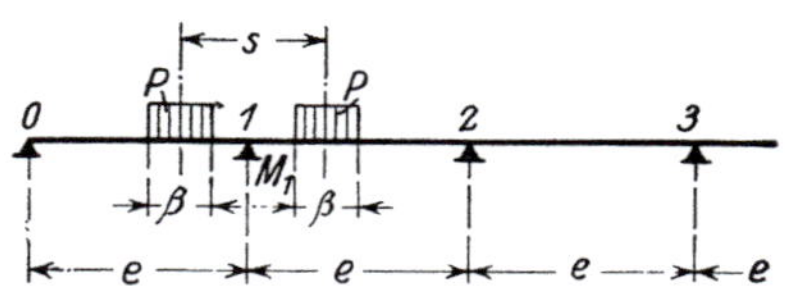	$\frac{s}{e} = 0{,}5 \ldots M_1 = -(0{,}160 - 0{,}097\,\mu^2)\,Pe$ $= 0{,}6 \ldots = -(0{,}173 - 0{,}089\,\mu^2)\,Pe$ $= 0{,}7 \ldots = -(0{,}178 - 0{,}082\,\mu^2)\,Pe$ $= 0{,}8 \ldots = -(0{,}181 - 0{,}074\,\mu^2)\,Pe$ $= 0{,}9 \ldots = -(0{,}179 - 0{,}066\,\mu^2)\,Pe$ $= 1{,}0 \ldots = -(0{,}174 - 0{,}058\,\mu^2)\,Pe$ $= 1{,}1 \ldots = -(0{,}164 - 0{,}050\,\mu^2)\,Pe$ $= 1{,}2 \ldots = -(0.153 - 0{,}042\,\mu^2)\,Pe$ $= 1{,}3 \ldots = -(0{,}138 - 0{,}034\,\mu^2)\,Pe$ $= 1{,}4 \ldots = -(0{,}120 - 0{,}026\,\mu^2)\,Pe$ $= 1{,}5 \ldots = -(0{,}104 - 0{,}018\,\mu^2)\,Pe$
Stützenmoment M_2	1. 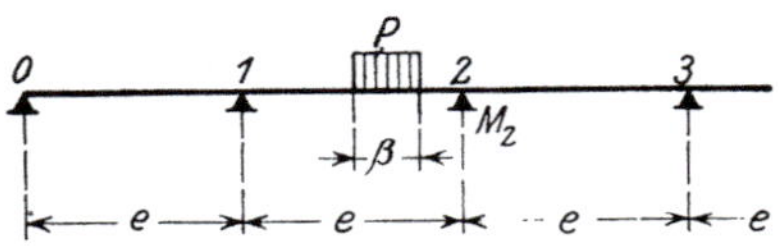	$M_2 = -(0{,}086 - 0{,}035\,\mu^2)\,Pe$
	2. 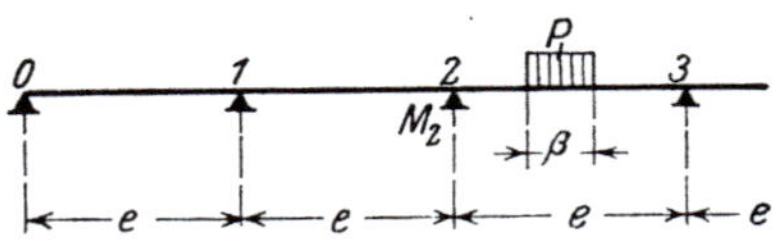	$M_2 = -(0{,}084 - 0{,}034\,\mu^2)\,Pe$
	3. 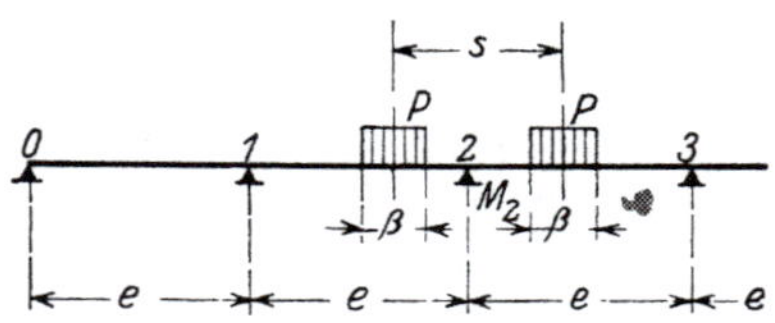	$\frac{s}{e} = 0{,}5 \ldots M_2 = -(0{,}151 - 0\ 100\,\mu^2)\,Pe$ $= 0{,}6 \ldots = -(0{,}163 - 0{,}090\,\mu^2)\,Pe$ $= 0{,}7 \ldots = -(0{,}168 - 0{,}081\,\mu^2)\,Pe$ $= 0{,}8 \ldots = -(0{,}170 - 0{,}072\,\mu^2)\,Pe$ $= 0{,}9 \ldots = -(0{,}166 - 0{,}063\,\mu^2)\,Pe$ $= 1{,}0 \ldots = -(0{,}158 - 0{,}054\,\mu^2)\,Pe$ $= 1{,}1 \ldots = -(0{,}148 - 0{,}045\,\mu^2)\,Pe$ $= 1{,}2 \ldots = -(0{,}135 - 0{,}036\,\mu^2)\,Pe$ $= 1{,}3 \ldots = -(0{,}119 - 0{,}027\,\mu^2)\,Pe$ $= 1{,}4 \ldots = -(0{,}102 - 0{,}018\,\mu^2)\,Pe$ $= 1{,}5 \ldots = -(0{,}085 - 0{,}009\,\mu^2)\,Pe$
Feldmomente	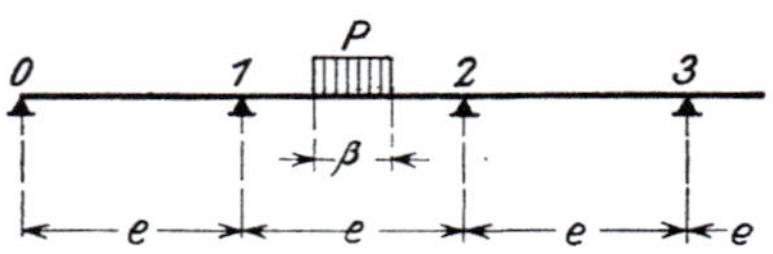	Feldmomente in allen Feldern gleich $M = \frac{P}{4}\left(e - \frac{\beta}{2}\right)$

Querschnittsbemessung.

Man führt die im Brückenbau verwendeten Platten i. d. R. als einfach bewehrte Balken aus und berechnet sie auch als solche, selbst wenn Ober- und Unterseite, wie z. B. in Feldmitte, mit Eisen versehen sind, vernachlässigt also in solchen Fällen jeweilig die auf der Druckseite liegende Bewehrung. Zur Feststellung der notwendigen Abmessungen, d. i. Plattenhöhe und Zugbewehrung, bei gegebenen Grenzinanspruchnahmen für Beton und Eisen benützt man am besten die in den Handbüchern veröffentlichten Zahlentafeln[1]).

Bezeichnet:

M das auf eine Breite von 100 cm entfallende Biegungsmoment in cmt,

$h' = h - a$ die nutzbare Querschnittsfläche (Abb. 310) in cm,

F_e den auf die Breite von 1 m entfallenden Eisenquerschnitt der Zugbewehrung in cm²,

σ_e die zulässige Beanspruchung des Eisens in t/cm²,

σ_b die zulässige Druckbeanspruchung des Betons in t/cm²,

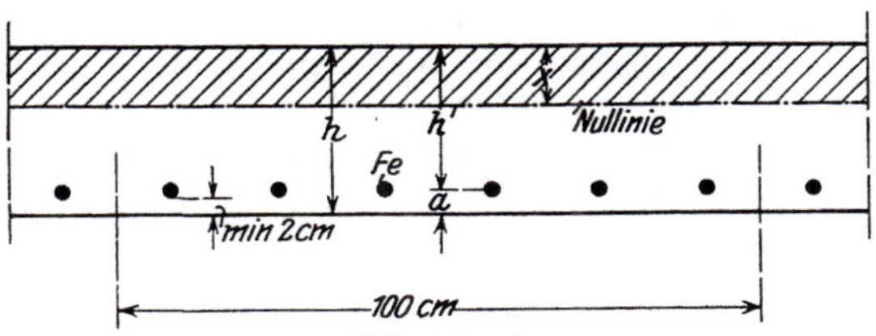

Abb. 310.

so läßt sich h' und F_e in der Form

$$h' = k_1 \sqrt{M} \quad \text{und} \quad F_e = k_2 \sqrt{M}$$

darstellen, wobei k_1 und k_2 Zahlenkoeffizienten sind, die nur vom Verhältnis der zulässigen Beanspruchungen σ_e und σ_b und vom Verhältnis $E_e : E_b$ abhängen. Für $\sigma_e = 0{,}75$, 0,90, 1,00 und 1,20 t/cm² und für eine Reihe von Werten von σ_b zwischen 0,020 und 0,045 t/cm² sind in der nachstehenden Tafel 36 die Beiwerte k_1 und k_2 zusammengestellt. $E_e : E_b$ wurde hierbei 15 gesetzt.

Der Abstand a ist so groß zu wählen, daß außerhalb der Eiseneinlage noch mindestens eine 2 cm starke Betonschicht verbleibt. Die Größe der zulässigen Beanspruchungen ist in den einzelnen Ländern durch Vorschriften geregelt. Ein Nachweis der größten Schubbeanspruchung ist bei Platten nicht notwendig.

Tafel 36.

Hilfswerte zur Bemessung von Eisenbetonfahrbahnplatten.

$h' = k_1 \sqrt{M}$, $\quad F_e = k_2 \sqrt{M}$;

σ_b t/cm²	$\sigma_c = 0{,}75$ t/cm²		$\sigma_c = 0{,}90$ t/cm²		$\sigma_e = 1{,}00$ t/cm²		$\sigma_e = 1{,}20$ t/cm²	
	k_1	k_2	k_1	k_2	k_1	k_2	k_1	k_2
0,020	1,967	0,749	2,090	0,580	2,170	0,500	2,320	0,386
0,022	1,820	0,817	1,929	0,633	1,999	0,546	2,130	0,422
0,024	1,697	0,881	1,796	0,684	1,858	0,590	1,978	0,457
0,025	1,643	0,913	1,737	0,709	1,796	0,612	1,911	0,469
0,026	1,593	0,945	1,682	0,735	1,739	0,634	1,848	0,491
0,028	1,503	1,007	1,585	0,784	1,637	0,678	1,737	0,526
0,030	1,425	1,068	1,500	0,833	1,548	0,720	1,640	0,559
0,032	1,357	1,129	1,426	0,881	1,470	0,763	1,555	0,592
0,034	1,296	1,190	1,360	0,929	1,401	0,803	1,480	0,625
0,035	1,268	1,219	1,330	0,954	1,369	0,825	1,446	0,646
0,036	1,242	1,248	1,301	0,976	1,340	0,845	1,413	0,658
0,038	1,193	1,305	1,249	1,022	1,284	0,888	1,353	0,690
0,040	1,149	1,362	1,201	1,067	1,234	0,925	1,299	0,722
0,042	1,109	1,428	1,158	1,113	1,189	0,968	1,250	0,754
0,044	1,073	1,472	1,118	1,156	1,148	1,002	1,205	0,784
0,045	1,056	1,502	1,100	1,180	1,128	1,025	1,184	0,801

M ist in cmt für eine Plattenbreite von 100 cm einzuführen. Man erhält dann h' in cm, F_e in cm².

[1]) Siehe z. B. Taschenbuch f. Bauing., herausg. v. Foerster.

a) Deutsche Bestimmungen für Ausführung von Bauwerken aus Eisenbeton vom 13. Januar 1896.

Zulässige Beanspruchungen in kg/cm².

Art des Bauwerkes	Eisen	Beton			
		auf Druck bei		auf Schub	auf Haften
		zentr. Druck	Biegung		
Bauteile in Straßenbrücken	1000 (1200)	30 (40)	40 (40)	4,0	4,5
Bauteile in Straßenbrücken, die der unmittelbaren Erschütterung durch Lastwagen und Dampfwagen ausgesetzt sind.	900 (1200)	30 (40)	35 (40)	4,0	4,5
Brücken unter Eisenbahngleisen bei einem Schotterbett von mindestens 30 cm Stärke.	750	30	30	4,0	4,5

Die Werte in Klammer gelten nur, wenn die Nutzlast mit dem 1,5 fachen ihres Wertes in Rechnung gestellt wird.

Die zulässige Beanspruchungen für Beton setzen eine Würfelfestigkeit von 180 kg/cm² voraus.

b) Österreichische Eisenbetonbestimmungen vom 15. Juni 1911 mit Nachtrag vom 15. September 1918.

Zulässige Beanspruchungen bei Straßenbrücken:

Flußeisen:

	σ_{zul}
Bis 10 m Stützweite	900 kg/cm²
über 10 „ „	$860 + 4\,l$ „

l bedeutet die Spannweite in m.

Beton (Biegedruckspannungen):

	σ_{zul}
Für Beton mit $\sigma_w \gtreqless 250$ kg/cm² [1]) . . .	$40 + 0{,}24\,l$ kg/cm²
170 „ . . .	$33 + 0{,}2\,l$ „
150 „ . . .	$29 + 0{,}2\,l$ „
130 „ . . .	$25 + 0{,}2\,l$ „

c) Schweizerische Eisenbetonbestimmungen vom 26. November 1915.

Zulässige Beanspruchungen:

Flußeisen:

	σ_{zul}
Für Eisenbahnbrücken	800 kg/cm²
„ Straßenbrücken	1000 „

Beton (Biegedruckspannung):

Für Eisenbahnbrücken . . . . . 30 kg/cm²
„ Straßenbrücken . . . . . . 35 „

1. Beispiel. In Abb. 311 ist der Querschnitt durch die Fahrbahn einer Landstraßenbrücke dargestellt. Als Belastung kommen außer Menschengedränge von 460 kg/m², 12 t schwere Lastwagen und eine 18 t-Dampfstraßenwalze nach Abb. 41, S. 28 in Betracht. Es sind die Eisenbetonplatten des Fuß- und Fahrweges zu bemessen. Zulässige Beanspruchung $\sigma_e = 900$ kg/cm², $\sigma_b = 36$ kg/cm² für den Fahrdamm und $\sigma_e = 1000$ kg/cm² bzw. $\sigma_b = 40$ kg/cm² für den Fußweg.

A. Fußweg. Plattenstützweite $e = 1{,}18$ cm.

Die Gesamtbelastung für 1 m² beträgt:

Gußasphalt $0{,}02 \cdot 1{,}8$	0,036 t/m²
Eisenbetonplatte $0{,}07 \cdot 2{,}4$	0,168 „
Menschengedränge	0,460 „
Gesamtbelastung	0,664 t/m²,

daher

$$M = {}^1/_8\, 0{,}664 \cdot 1{,}18^2 = 0{,}1156 \text{ mt} = 11{,}56 \text{ cmt}.$$

[1]) σ_w = Würfelfestigkeit.

Mit $\sigma_e = 1{,}00$ und $\sigma_b = 0{,}040$ findet man nach Tafel 36

$$h' = 1{,}234\sqrt{11{,}56} = 4{,}2 \text{ cm},$$
$$F_e = 0{,}925\sqrt{11{,}56} = 3{,}14 \text{ cm}^2.$$

Wir wählen als Bewehrung 9 Rundeisen ∅ 7 mm mit $F = 3{,}47$ cm² auf 1 m Plattenbreite. Die ausgeführte Plattenhöhe beträgt

$$h = 4{,}2 + \frac{0{,}7}{2} + 2 = 6{,}55 \sim 7 \text{ cm}.$$

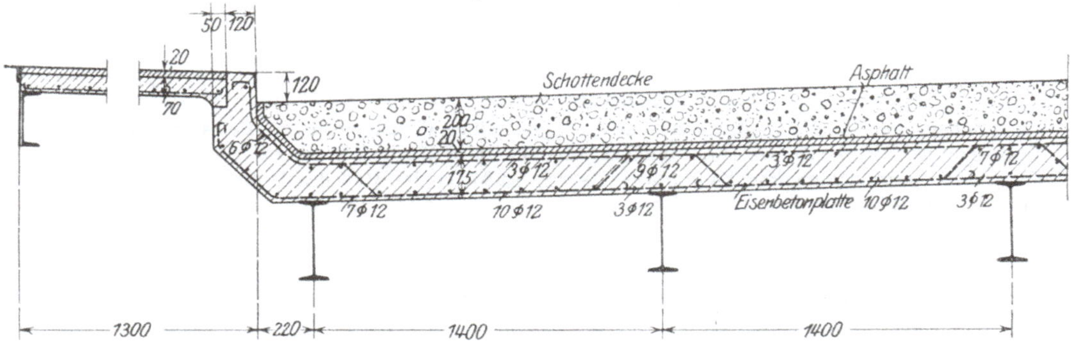

Abb. 311.

B. Fahrstraße. Plattenstützweite 1,40 m.

1. Ständige Last: Auf 1 m² entfällt:

Schotterdecke 0,20·2,0	. . . . . .	0,400 t/m²
Asphaltisolierung 0,02·1,8	. . . .	0,036 „
Betonplatte 0,175·2,4	. . . .	0,420 „
	Gesamtbelastung	0,856 t/m²,

somit

Feldmoment $M_g = {}^1/_8\, 0{,}856 \cdot 1{,}40^2 = 0{,}2097$ mt $= 20{,}97$ cmt,

Stützenmoment $M_1 = -{}^1/_{10}\, 0{,}856 \cdot 1{,}40^2 = -0{,}1678$ „ $= -16{,}78$ „

„ $M_2 = -{}^1/_{18}\, 0{,}856 \cdot 1{,}40^2 = -0{,}1290$ „ $= -12{,}90$ „

2. Verkehrslasten.

Die Wirkungsbreite, d. i. die von einer Einzellast in Spannung gesetzte Plattenbreite, werde nach **67 d)** mit

$$B = {}^2/_3\, e + t = {}^2/_3\, 140 + 10 = 103 \text{ cm}$$

angenommen.

α) *Feldmoment M*, Abb. 312a.

a) 3 t-Rad des Lastwagens:

Die Belastungsbreite beträgt, wenn man die in Abb. 311 angegebenen Abmessungen beachtet,

$$\beta = 2 \cdot 22 + 10 = 54 \text{ cm},$$

somit

$$M_R = \frac{3}{4}\left(140 - \frac{54}{2}\right) = 84{,}75 \text{ cmt}.$$

b) 5 t-Hinterrad der Dampfstraßenwalze:

Die Belastungsbreite beträgt

$$\beta = 2 \cdot 22 + 50 = 94 \text{ cm}$$

und

$$M_W = \frac{5}{4}\left(140 - \frac{94}{2}\right) = 116{,}25 \text{ cmt}.$$

β) *Stützenmoment* M_1.

In Frage kommen nur zwei Laststellungen: 1) 2 Radlasten zu 3 t in 1,50 m Festabstand (Spurweite) oder 2) 2 Walzenraddrücke zu 5 t in 1,80 m Festabstand Abb. 312b und c. (Der Einfluß von Menschengedränge auf den freibleibenden Streifen wird als unerheblich vernachlässigt.)

a) Belastungsfall Abb. 312b.

Mit

$$s = 150 \text{ cm}, \qquad \beta = 54 \text{ cm}, \qquad e = 140 \text{ cm}$$

findet man zunächst

$$\frac{s}{e} = \frac{150}{140} = 1{,}07 \quad \text{und} \quad \frac{\beta}{e} = \frac{54}{140} = 0{,}39$$

und weiter aus Tafel 35, Belastungsfall 3 für Stützenmoment M_1 mittels geradliniger Einschaltung

$$M_1^R = -(0{,}167 - 0{,}052 \cdot 0{,}39^2)\, 3 \cdot 140 = -66{,}8 \text{ cmt}.$$

b) Belastungsfall Abb. 312c.

Es ist

$$s = 180, \quad \beta = 94 \text{ cm}, \quad e = 140 \text{ cm},$$

somit

$$\frac{s}{e} = \frac{180}{140} = 1{,}28 \quad \text{und} \quad \frac{\beta}{e} = \frac{94}{140} = 0{,}67,$$

daher aus Tafel 35, Belastungsfall wie vor

$$M_1^W = -(0{,}141 - 0{,}036 \cdot 0{,}67^2)\, 5 \cdot 140 = -87{,}5 \text{ cmt}.$$

γ) Stützenmoment M_2.

Neben den in der Abb. 312d und e dargestellten Belastungsfällen, Belastung durch eine Wagenachse bzw. durch die Hinterradachse der Dampfstraßenwalze untersuchen wir nach den in Abb. 312f) veranschaulichten Fall, wo rechts der Stütze ein 5 t-Rad der Walze, links ein Wagenrad von 3 t, jede Last für sich in der ungünstigsten Stellung, aufgebracht sind.

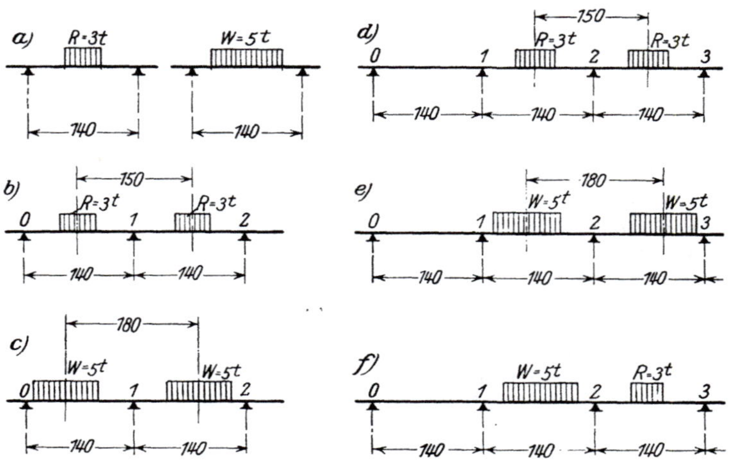

Abb. 312.

a) Belastungsfall Abbildung 312d.

Es gilt jetzt wie oben (Fall a)

$$\frac{s}{e} = 1{,}07 \quad \text{und} \quad \frac{\beta}{e} = 0{,}39,$$

mit welchen Werten man aus Tafel 35, Belastungsfall 3 für Stützenmoment M_2 findet:

$$M_2^R = -(0{,}151 - 0{,}048 \cdot 0{,}39^2)\, 3 \cdot 140 = -60{,}4 \text{ cmt}.$$

b) Belastungsfall Abbildung 312e.

Mit

$$\frac{s}{e} = 1{,}28 \quad \text{und} \quad \frac{\beta}{e} = 0{,}67$$

wird nach Tafel 35

$$M_2^W \parallel -(0{,}121 - 0{,}029 \cdot 0{,}67^2)\, 5 \cdot 140 = 75{,}6 \text{ cmt}.$$

c) Belastungsfall Abb. 312f.

Für das Walzenhinterrad ist

$$\frac{\beta}{e} = 0{,}67,$$

für das Lastwagenrad

$$\frac{\beta}{e} = 0{,}39,$$

somit liefern die Formeln der Tafel 35 für M_2, Belastungsfall 1 und 2

$$M_2 = -[(0{,}086 - 0{,}035 \cdot 0{,}67^2)\, 5 + (0{,}084 - 0{,}034 \cdot 0{,}39^2)\, 3]\, 140 = 75{,}1 \text{ cmt}.$$

Verbindet man die ungünstigsten Momente aus den Verkehrslasten mit den Momenten für die ständige Last, wobei noch die für die Wirkungsbreite von $B = {}^2/_3\, 140 + 10 = 103$ cm berechneten Verkehrslastmomente auf 1 m Plattenbreite zu reduzieren sind, so erhält man die folgenden der Bemessung zugrunde zu legenden Momentenwerte:

$$\text{Feldmoment} \quad M = 20{,}97 + \frac{100}{103}\, 116{,}25 = 133{,}8 \text{ cmt},$$

$$\text{Stützenmoment} \quad M_1 = -16{,}78 - \frac{100}{103}\, 87{,}5 = -101{,}7 \quad ,,$$

$$,, \quad M_2 = -12{,}90 - \frac{100}{103}\, 75{,}6 = -86{,}3 \quad ,,$$

Mit dem absolut größten Wert von 133,8 cmt bestimmt man nun mit Hilfe der Tafel 36 für $\sigma_e = 0{,}90$ t/cm² und $\sigma_b = 0{,}036$ t/cm² die Nutzhöhe h' und die Eisenbewehrung F_e. Man findet

$$h' = 1{,}301 \sqrt{133{,}8} = 15{,}04 \text{ cm}$$

und

$$F_e = 0{,}976 \sqrt{133{,}8} = 11{,}28 \text{ cm}^2.$$

Für die Armierung wählen wir 10 Rundeisen zu ⌀ 12 mm mit $F = 11{,}30$ cm². Die Plattenhöhe h wird sodann

$$h = 15{,}0 + 0{,}6 + 2 = 17{,}6 \text{ cm}.$$

Mit $h = 17{,}5$ cm wurde sie ausgeführt.

Diese Plattenhöhe wurde auch über den Stützen eingehalten. Die Bewehrung an diesen Stellen ergibt sich dann genügend genau aus der Annahme, daß der Hebelsarm der inneren Kräfte etwa $0{,}85\,h'$ betrage. Man erhält somit die Zugkraft an der Oberseite

bei Stütze 1

$$Z_1 = \frac{101{,}7}{0{,}85 \cdot 15} = 7{,}96 \text{ t},$$

bei den Mittelstützen

$$Z_2 = \frac{86{,}3}{0{,}85 \cdot 15} = 6{,}77 \text{ t},$$

daher die notwendigen Querschnitte mit $\sigma_e = 0{,}90$ t/cm²

bei Stütze 1

$$F_e = 8{,}85 \text{ cm}^2 \text{ ausgeführt } 9 \varnothing 12 \text{ mm}, \quad F = 10{,}17 \text{ cm}^2,$$

bei Stütze 2

$$F_e = 9{,}72 \text{ cm}^2 \text{ ausgeführt } 7 \varnothing 12 \text{ mm}, \quad F = 7{,}91 \text{ cm}^2.$$

Um die negativen Feldmomente aufzunehmen, die erfahrungsgemäß etwa $^1/_4$ bis $^1/_5$ der größten positiven Feldmomente betragen, werden auf der Oberseite 3 Rundeisen ⌀ 12 mm durchgeführt.

Der vorangehende Rechnungsgang zeigt den Weg, der bei der Feststellung der Abmessungen eingeschlagen werden muß. Bei einem Festigkeitsnachweis müssen umgekehrt auf Grund der bereits festgestellten Abmessungen die Beanspruchungen ausgewiesen werden.

Zu diesem Zwecke berechnet man die Lage der Nullinie (siehe Abb. 310) nach der Formel

$$x = 0{,}15\, F_e \left(-1 + \sqrt{1 + \frac{200}{15}\frac{h'}{F_e}}\right),$$

womit

$$\sigma_e = \frac{M}{F_e\left(h' - \frac{x}{3}\right)} \quad \text{und} \quad \sigma_b = \frac{2\,M}{100\,x\left(h' - \frac{x}{3}\right)}.$$

In Feldmitte findet man so

$$x = 0{,}15 \cdot 11{,}3 \left(-1 + \sqrt{1 + \frac{200}{15}\frac{15}{11{,}3}}\right) = 5{,}62 \text{ cm}$$

und

$$\sigma_e = \frac{133{,}8}{11{,}3\left(15 - \frac{5{,}62}{3}\right)} = 0{,}900 \text{ t/cm}^2,$$

$$\sigma_b = \frac{2 \cdot 133{,}8}{100 \cdot 5{,}62\left(15 - \frac{5{,}62}{3}\right)} = 0{,}036 \text{ t/cm}^2.$$

Im Querschnitt 1 gilt:

$$x = 0{,}15 \cdot 10{,}17 \left(-1 + \sqrt{1 + \frac{200}{15}\frac{15}{10{,}17}}\right) = 5{,}41 \text{ cm},$$

daher

$$\sigma_e = \frac{2 \cdot 101{,}7}{10{,}17\left(15 - \frac{5{,}41}{3}\right)} = 0{,}758 \text{ t/cm}^2,$$

$$\sigma_b = \frac{2 \cdot 101{,}7}{100 \cdot 5{,}41\left(15 - \frac{5{,}41}{3}\right)} = 0{,}029 \text{ t/cm}^2,$$

und im Querschnitt 2

$$x = 0{,}15 \cdot 7{,}91 \left(-1 + \sqrt{1 + \frac{200}{15}\frac{15}{7{,}91}}\right) = 4{,}90 \text{ cm},$$

somit

$$\sigma_e = \frac{86{,}3}{7{,}91\left(15 - \frac{4{,}90}{3}\right)} = 0{,}816 \text{ t/cm}^2,$$

$$\sigma_b = \frac{2 \cdot 86{,}3}{100 \cdot 4{,}90\left(15 - \frac{4{,}90}{3}\right)} = 0{,}026 \text{ t/cm}^2.$$

2. Beispiel. Eine Straßenbrücke mit einer größeren Zahl unter der Bahn gelegenen bogenförmigen Hauptträgern weise Querträger in 1,25 m Abstand auf, so daß die das Hartholzpflaster tragende Eisenbetonplatte von den Querträgern unmittelbar gestützt ist. Abb. 313 zeigt den Längenschnitt durch die Fahrbahn. Die Belastung besteht aus 20 t-Lastwagen mit 4 m Achsstand und einer Dampfstraßenwalze von 23 t Gewicht (Abb. 36b, S. 26). Die zulässigen Beanspruchungen seien $\sigma_e = 1{,}00$ t/cm² und $\sigma_b = 0{,}040$ t/cm².

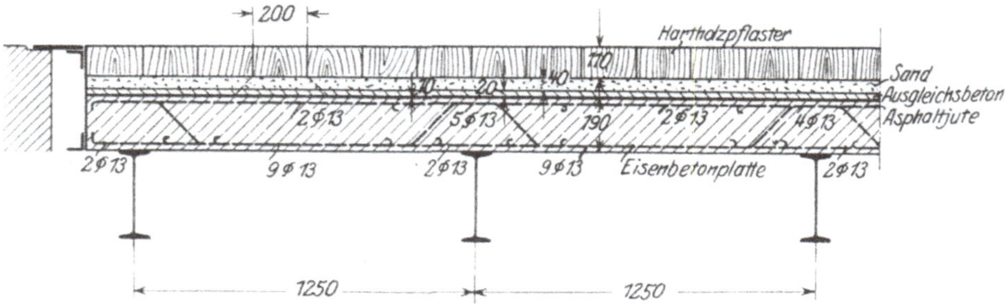

Abb. 313.

1. Ständige Last: Belastung für 1 m².

Hartholzpflaster	0,11 · 1,1	0,121 t/m²
Sand	0,04 · 1,6	0,064 „
Asphalt	0,01 · 1,8	0,018 „
Ausgleichsbeton	0,02 · 2,2	0,044 „
Eisenbetonplatte	0,19 · 2,4	0,456 „
	Gesamtbelastung	$g = 0{,}703$ t/m²,

daher

Feldmoment $M_g = \frac{1}{8} \cdot 0{,}703 \cdot 1{,}25^2 = 0{,}1372$ mt $= 13{,}72$ cmt,

Stützenmoment $M_1 = -\frac{1}{10} \cdot 0{,}703 \cdot 1{,}25^2 = -0{,}1098$ „ $= -10{,}98$ cmt,

„ $M_2 = -\frac{1}{13} \cdot 0{,}703 \cdot 1{,}25^2 = -0{,}0845$ „ $= -8{,}45$ „

2. Verkehrslasten.

Sämtliche Einzellasten verteilen sich auf die gleiche Breite

$$\beta = 2 \cdot 7 + 20 = 34 \text{ cm (siehe Abb. 313)},$$

während die Wirkungsbreiten je nach der Felgenbreite folgende Werte annehmen:

Für das 5 t-Lastwagenrad . . . . $B = \frac{2}{3}\,125 + 15 = 98$ cm,

„ „ 6,5 t-Hinterrad der Walze . . . $B = \frac{2}{3}\,125 + 50 = 133$ „

„ „ 10 t-Vorderrad der Walze . . . $B = \frac{2}{3}\,125 + 100 = 183$ „

sonach entfallen auf 1 m wirkende Plattenbreite

von 5 t-Lastenwagenrad . . . . $R' = 5\,\frac{100}{98} = 5{,}10$ t,

„ 6,5 t-Hinterrad der Walze . . . $W_1' = 6{,}5\,\frac{100}{133} = 4{,}89$ „

„ 10 t-Vorderrad der Walze . . . $W_2' = 10\,\frac{100}{183} = 5{,}46$ „

Die ungünstigste Belastung stellt sonach das 10 t-Vorderrad der Walze vor.

Da die Radstände groß gegen die Stützweite von 1,25 m sind, so können zwei benachbarte Felder nie gleichzeitig belastet werden, so daß sich hier die Berechnung der ungünstigsten Momente sehr einfach gestaltet, wenn man den Einfluß etwaiger Menschenansammlung vor der Walze als unerheblich vernachlässigt. Man erhält so mit der Größtlast von $W_2' = 5{,}46$ t

Feldmoment $M = \frac{5{,}46}{4}\left(125 - \frac{34}{2}\right) = 147{,}4$ cmt,

Stützenmoment $M_1 = -\left[0{,}103 - 0{,}038\left(\frac{34}{125}\right)^2\right] 5{,}46 \cdot 125 = -68{,}2$ cmt,

„ $M_2 = -\left[0{,}086 - 0{,}035\left(\frac{34}{125}\right)^2\right] 5{,}46 \cdot 125 = -56{,}6$ „

Man gewinnt schließlich durch Zusammenfassen der Wirkungen von Eigengewicht und Verkehrslast die für die Feststellung der Plattenhöhe und der Bewehrung maßgebenden Momentenwerte

Feldmoment $M = 13{,}7 + 147{,}4 = 161{,}1$ cmt,

Stützenmoment $M_1 = -11{,}0 - 68{,}2 = -79{,}2$ „

„ $M_2 = -8{,}5 - 56{,}6 = -65{,}1$ „

Mit $M = 161{,}1$ cmt berechnet man endlich mittels Tafel 36

$$h' = 1{,}234\sqrt{161{,}1} = 15{,}66 \text{ cm} \quad \text{und} \quad F_e = 0{,}925\sqrt{161{,}1} = 11{,}73 \text{ cm}^2,$$

welchen Werten eine ausgeführte Plattenhöhe $h = 19$ cm und eine Bewehrung in Feldmitte mit 9 Rundeisen ∅ 13 mm ($F = 11{,}97$ cm²) gegenübersteht.

Die theoretisch notwendige Eiseneinlage auf der Oberseite der Platte bei den vorletzten Stützen beträgt (den Hebelsarm der inneren Kräfte 0,85 h' angenommen):

$$F_e = \frac{79{,}2}{0{,}85 \cdot 15{,}7} = 5{,}94 \text{ cm}^2 \qquad \text{(ausgeführt 5 ∅ 13)}$$

und bei der Mittelstütze

$$F_e = \frac{65{,}1}{0{,}85 \cdot 15{,}7} = 4{,}88 \text{ cm}^2 \qquad \text{(ausgeführt 4 ∅ 13)}.$$

Außerdem wurden in den Feldmitten auf der Oberseite und über den Stützen auf der Unterseite je zwei Rundeisen zwecks Aufnahme kleiner negativer bzw. positiver Momente vorgesehen.

§ 17. Der Fahrbahnrost.

73. Allgemeine Erörterungen.

Der Fahrbahnrost besteht in der Regel aus einem System sich im Grundriß rechtwinkelig kreuzender Trägerscharen, Querträgern, Längsträgern, Zwischenquerträgern usw. Nur bei schiefen Brücken kommen Abweichungen des Kreuzungswinkels vom rechten Winkel vor.

Liegen die Hauptträger nahe beieinander, wie dies z. B. bei eingleisigen Eisenbahnbrücken kleinerer Spannweite mit oben liegender Bahn, bei schmalen Straßenbrücken, oder bei größerer Zahl der unter der Bahn liegenden Haupttragwände der Fall ist, so haben die Querträger verhältnismäßig geringe Stützweite, man ordnet sie daher in solchen Fällen gerne so dicht nebeneinander an, daß mit Umgehung eigener Fahrbahnlängsträger die Rostabdeckung unmittelbar auf den Querträgern zu liegen kommt. Diese Anordnung ist besonders dann vorteilhaft, wenn die Art der angewendeten Rostabdeckung Querträgerentfernungen von mindestens 1,50 m gestattet.

Den Regelfall bilden aber jene Brücken, die mit Quer- und Längsträgern ausgestattet sind, eine Anordnung, die man bei Brücken aller Spannweiten antrifft. Die Querträger weisen hierbei Entfernungen von 2 bis 6 m, selten darüber auf. Nur bei sehr großen Spannweiten geht man über dieses Maß hinaus.

Bei Verwendung von Buckelplatten oder sonstiger auf vier Seiten gelagerter plattenförmiger Abdeckungen werden zwischen den Längsträgern meist noch kurze Zwischenquerträger notwendig, die aber meiner Meinung nach die Anordnung derartiger Rostabdeckungen unwirtschaftlich machen. In vielen Fällen ist die bereits in Abb. 303, S. 357, dargestellte Art der Rostausbildung in Erwägung zu ziehen, wo zwischen Hauptquerträgern, die in großen Abständen liegen, bei großer Fahrbahnbreite Längsträger eingesetzt werden, zwischen denen dann dichter gelegte Querträger zweiter Ordnung zwecks Tragen der Abdeckung eingeschaltet sind.

Die Fahrbahnlängsträger, falls solche vorhanden sind, liegen entweder auf den Querträgern auf, oder greifen durch diese hindurch, sie stellen dann durchgehende Balken auf elastischen Stützen vor, oder sie sind zwischen den Querträgern eingebaut und an diese mittels Winkellaschen, seltener mittels Bolzengelenken, angeschlossen. Selbst bei fester Verbindung mit den Querträgern ist ein solcher Längsträger wegen der Nachgiebigkeit der Anschlüsse als frei aufliegender Balken, bestenfalls als mangelhaft eingespannter Träger anzusehen.

Die Querträger, die unmittelbar mit den Hauptträgern verbunden sind, verhalten sich, wenn nur zwei Haupttragwände da sind, wie einfache Balken, da die feste Verbindung mit den Hauptträgern nur geringe, vernachlässigbare Einspannungsmomente erzeugt.

Sind mehr als zwei Haupttragwände vorhanden, so gilt für die durchgehenden Querträgerstränge das gleiche wie für die Fahrbahnlängsträger.

Durch ein passendes System von Horizontalverbänden ist für die Aufnahme und Weiterleitung der wagrechten Kräfte, wie Wind auf die Verkehrslast, Fliehkräfte, Seitenstöße der Fahrzeuge, Bremskräfte usw. zu sorgen. Diese Verbände haben auch die Aufgabe, die gedrückten Gurte der Fahrbahnträger vor dem Ausknicken zu sichern.

Bei Straßenbrücken, wo die Rostabdeckung meist eine in wagrechter Ebene steife Tafel vorstellt, ebenso bei Eisenbahnbrücken mit durchgehendem Kiesbett — Belageisenabdeckung ausgenommen — kann von solchen Verbänden meist Abstand genommen werden. Besondere Aufmerksamkeit aber ist diesen Verbänden bei Eisenbahnbrücken mit offener Fahrbahn zu schenken. Zwischen den Fahrbahnlängsträgern der Eisenbahnbrücken ist in der Regel bei Längsträgerstützweiten über 2,5 m ein durchgehender Längsverband zu schaffen, da die Obergurte dieser Träger meistens zu schwach sind, um die bedeutenden Seitenkräfte der bewegten Fahrzeuge sowie den Winddruck auf dieselben aufzunehmen, Abb. 314. Bei eingleisigen Brücken über 30 m, bei zweigleisigen über 20 m Spannweite empfiehlt es sich, Bremsverbände entweder an beiden Enden oder in der Mitte vorzusehen, um die brückenlängswirkenden Kräfte aus den Fahrbahnträgern in die Hauptträger zu überleiten, Abb. 314.

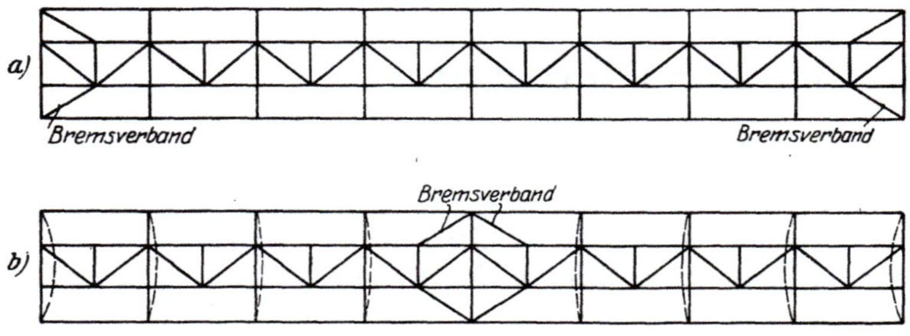

Abb. 314.

Die Anordnung des Bremsverbandes an beiden Enden der Brückenöffnung hat den Nachteil, daß bei Lage der Fahrbahn in beiläufiger Höhe einer Hauptträgergurtung die Längsträger gezwungen werden, die Dehnungen oder Verkürzungen dieser Gurtung mitzumachen. Hierdurch werden diese wohl entlastet, die Fahrbahnlängsträgerstränge erleiden aber bedeutende Mehrbeanspruchungen, die vor allem dann sehr nachteilige Wirkungen hervorrufen, wenn der fragliche Hauptträgergurt gezogen ist und die Längsträger zwischen den Querträgern eingebaut sind, in welchem Falle die Anschlußniete leicht locker werden.

Dieser Mißstand wird bei Anordnung des Bremsverbandes in Brückenmitte vermieden; allerdings verbiegen sich dann die Querträger nach ein- oder auswärts, wie es in Abb. 314b angedeutet ist, um den Unterschied in der Längenänderung der Hauptträgergurte und der Fahrbahnträger bei Belastung der Brücke auszugleichen. Die Längsspannungen in den Fahrbahnträgern sind dann klein, während die Querträger bedeutende Biegungsspannungen erleiden. Diese Spannungen werden um so größer, je länger die Brücke ist. Um nun diese unerwünschten Zusatzspannungen in den Querträgergurten unterhalb einer gewissen Grenze zu halten, ist es bei größeren Stützweiten notwendig, die Fahrbahn an mehreren Stellen durch längsbewegliche Längsträgeranschlüsse zu unterbrechen, Abb. 315. Jeder so entstehende Teil der Fahrbahn ist aber durch einen Bremsverband mit den Hauptträgern unverschieblich zu verbinden.

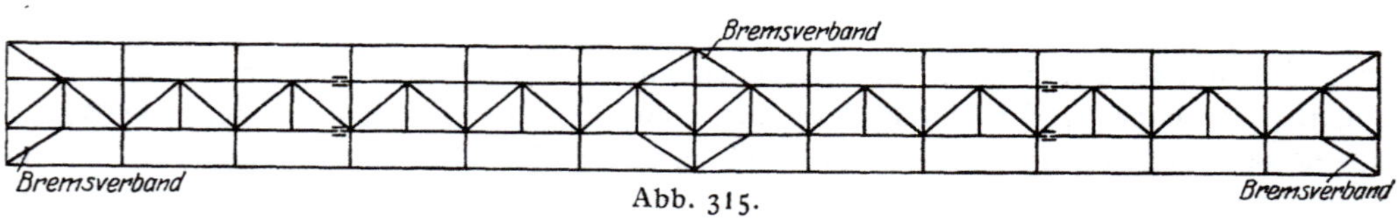

Abb. 315.

Die Berechnung dieser Zusatzspannungen in eingleisigen Eisenbahnbrücken ist verhältnismäßig einfach. Mit zunehmender Zahl der Fahrbahnlängsträger, wie bei zweigleisigen Brücken oder Straßenbrücken, wird die genauere Berechnung immer schwieriger. Allerdings nehmen die Zusatzspannungen bei wachsender Querträgerstützweite immer mehr und mehr ab. Wir werden im nachstehenden die Berechnung für den Fall einer eingleisigen Eisenbahnbrücke (Brücke mit zwei Fahrbahnlängsträgern) und dann die überschlägige Berechnung für eine Brücke mit einer größeren Zahl von Fahrbahnlängsträgern durchführen.

α) Brücken mit zwei Fahrbahnlängsträgern.

Bezeichnet:

J das Trägheitsmoment eines Querträgers, bezogen auf die lotrechte Achse,

$W=\frac{2J}{\beta}$ das Widerstandsmoment eines Querträgers für das Ausbiegen in wagrechter Richtung ($\beta =$ Gurtbreite),

σ die konstant angenommene Gurtspannung im Hauptträger,

n die Zahl der einerseits an einem Bremsverband hängenden Längsträgerfelder,

so ist die Längenänderung des Gurtes auf der Strecke nl (siehe Abb. 316) genau genug gleich der Ausbiegung δ des vom Bremsverband entferntest gelegenen Querträgers.

Daher

$$\delta=\frac{\sigma n l}{E}.$$

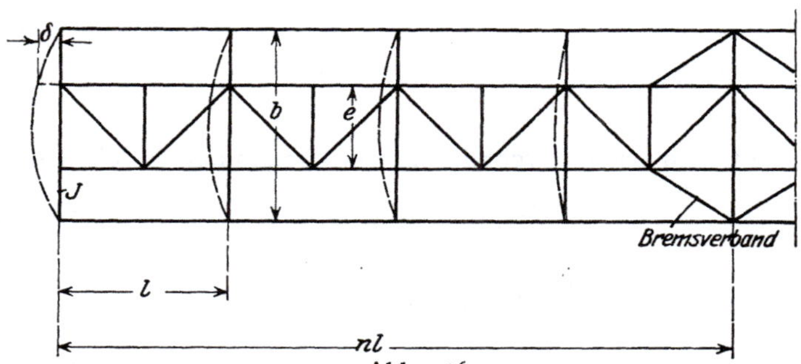

Abb. 316.

Hierbei wurde die Verkürzung der Schwellenträger und die Entlastung der Hauptträger durch die Mitarbeit der Querträger als geringfügig vernachlässigt.

Ist P die von jedem der beiden Längsträger auf den letzten Querträger übertragene Kraft, so ist unter der ziemlich zutreffenden Annahme, daß der Querträger einen Balken auf zwei Stützen vorstelle, der Zusammenhang zwischen P und δ durch die Gleichung

$$\delta=P\frac{(b-e)^2(b+2e)}{24EJ}$$

gegeben. Die Verknüpfung der beiden für δ angesetzten Gleichungen liefert

$$P=\frac{24Jnl}{(b-e)^2(b+2e)}\sigma$$

und damit die größte Randspannung im Querträger (Gurtbreite β)

$$\sigma_Q=\frac{6nl\beta}{(b-e)(b+2e)}\sigma \quad \ldots \ldots \ldots \ldots \quad (1)$$

β) Brücken mit mehr als zwei Fahrbahnlängsträgern.

Man denke sich die auf den stärkst ausgebogenen Querträger wirkenden Längsträgerdrücke stetig über den Querträger verteilt. Diese Drücke sind dann proportional den Ausbiegungen des Querträgers, da dieser nichts anderes als einen elastisch gestützten Träger vorstellt, dessen Enden zwangsweise Verschiebungen erleiden. Um nun rasch zu einer Abschätzung der im Querträger auftretenden Zusatzspannungen zu gelangen, nehmen wir an, daß sich der Querträger im Grundriß nach einer Parabel verforme, weshalb der Querträger durch die Gegendrücke der Längsträger nach Art der Abb. 317a belastet erscheint, wobei die Belastungsfläche durch eine Parabel begrenzt ist. Da p_0, wie man unschwer einsieht, sehr groß gegen p_m ist, so nehmen wir, um den Rechnungsgang tunlichst zu vereinfachen, $p_m = 0$ an und gelangen so zu der in Abb. 317b dargestellten Lastverteilung.

Es ist nun der Druck an der Stelle x

$$p_x = p_0 - \frac{4 p_0}{b^2} x (b - x),$$

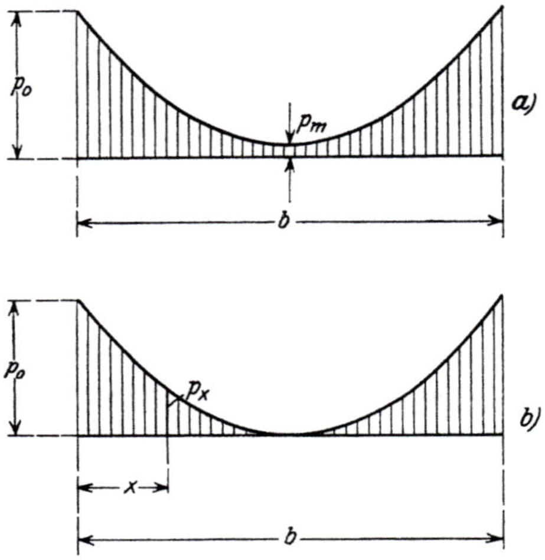

Abb. 317.

sowie das durch diese Belastung erzeugte Moment an der gleichen Stelle

$$M_x = \frac{p_0}{2} x (b - x)$$

$$- \left[\frac{p_0}{3} b x - \frac{4 p_0}{b^2} \int_0^x a (b - a)(x - a)\, d a\right].$$

Nach der Ausrechnung erhält man

$$M_x = \frac{p_0 b^2}{6}\left[\frac{x}{b} - 3\left(\frac{x}{b}\right)^2 + 4\left(\frac{x}{b}\right)^3 - 2\left(\frac{x}{b}\right)^4\right] \quad (2)$$

Mit Hilfe der Gleichung der elastischen Linie

$$E J \frac{d^2 y}{d x^2} = - M_x$$

findet man nach Durchführung der Integration für die Durchbiegung y die Beziehung

$$y = \frac{p_0 b^4}{6 E J}\left[\frac{1}{20}\frac{x}{b} - \frac{1}{6}\left(\frac{x}{b}\right)^3 + \frac{1}{4}\left(\frac{x}{b}\right)^4 - \frac{1}{5}\left(\frac{x}{b}\right)^5 + \frac{1}{15}\left(\frac{x}{b}\right)^6\right],$$

woraus für $x = \frac{b}{2}$ die größte Durchbiegung

$$\delta = \frac{7}{2880}\frac{p_0 b^4}{E J} \sim \frac{1}{400}\frac{p_0 b^4}{E J}$$

folgt[1]). Setzt man wie unter α) diese Durchbiegung gleich der Längenänderung des Gurtes, also

$$\frac{\sigma n l}{E} = \frac{1}{400}\frac{p_0 b^4}{E J},$$

so folgt

$$p_0 = \frac{400 J n l}{b^4} \sigma. \quad \ldots \ldots \quad (3)$$

Aus (2) folgt mit $x = \frac{b}{2}$ das Größtmoment

$$\max M = \frac{1}{48} p_0 b^2$$

und unter Zuhilfenahme der Gl. (3)

$$\max M = \frac{25}{3}\frac{J n l}{b^2} \sigma.$$

Damit findet man schließlich die Größtspannung im Querträger

$$\sigma_Q = \frac{25}{6}\frac{n l \beta}{b^2} \sigma. \quad \ldots \ldots \quad (4)$$

[1]) Die Linie sechsten Grades für y unterscheidet sich für $0 < y < b$ nur sehr wenig von einer quadratischen Parabel, so daß die eingangs gemachte Voraussetzung mit ausreichender Genauigkeit erfüllt erscheint.

Die Zusatzspannungen sind bei schmalen Brücken ganz bedeutend. Wählt man z. B. bei einer eingleisigen Eisenbahnbrücke

$$b = 4{,}60 \text{ m}, \quad e = 1{,}80 \text{ m}, \quad \beta = 0{,}25 \text{ m},$$

so folgt aus Gl. (1)

$$\sigma_Q = \frac{1}{16} n l \sigma .$$

Bei $nl = 16$ m wird $\sigma_Q = \sigma$, gleich der Spannung im Hauptträger. σ_Q zeigt die Eigenschaften einer Nebenspannung, da es durch die Formänderungen des Hauptträgers begrenzt ist[1]). Nimmt man an, daß eine Gesamtspannung von etwa 2σ in der Randfaser des Querträgers noch ohne Schaden ertragen werden kann, so müssen die Fahrbahnen langer eingleisiger Brücken durch längsbewegliche Anschlüsse der Fahrbahnträger im Abschnitte von 2×16 m, d. i. rd. 30 m unterteilt werden. Vernietet man bei großen Brücken die Fahrbahnträger erst nach dem Ausrüsten mit den Querträgern, so ermäßigen sich die Zusatzspannungen ganz bedeutend, da dann σ nur die Spannung von der Verkehrslast bedeutet. Bei breiten Brücken bestimme man jeweilig die Entfernung der Fahrbahnunterbrechungen nach Gl. (4).

Beispiel. Bei einer zweigleisigen Eisenbahnbrücke von 96 m Stützweite sollen die Nebenspannungen im Querträger durch die Dehnung der Lastgurtung nicht mehr als 50% der Hauptträgergurtspannung betragen. In welchen Entfernungen sind die Fahrbahnunterbrechungen anzubringen? Wir setzen $b = 9$ m, $\beta = 0{,}35$ m, $l = 8$ m, Abb. 318. Wählt man $n = 3$, so wird nach Gl. (4)

$$\sigma_Q = \frac{25}{6} \cdot \frac{3 \cdot 8 \cdot 0{,}35}{81} \sigma = 0{,}43 \sigma ,$$

womit die Forderung erfüllt ist. Es genügt daher bei 12 Längsträgerfeldern eine Fahrbahnunterbrechung in der Brückenmitte, wobei die Bremsverbände wie in Abb. 318 angegeben, anzuordnen sind.

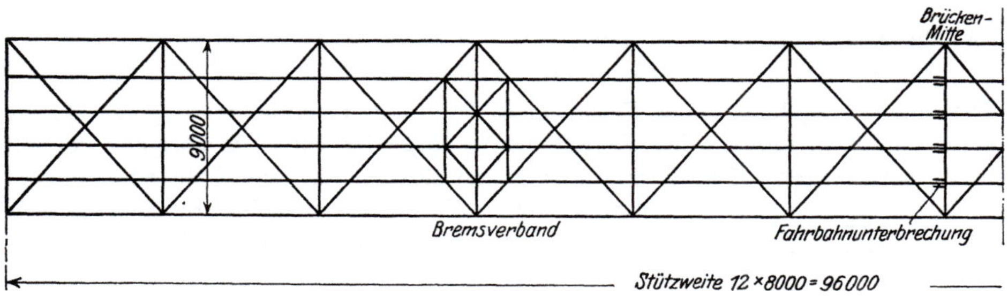

Abb. 318.

Die Kräfte, die durch die eben besprochene Mitwirkung der Fahrbahn an den Formänderungen des Hauptträgers von den Längsträgern auf die Querträger übertragen werden, sind ziemlich bedeutend, besonders für jene Stränge, die in der Nähe der Haupttragwände liegen. Diese Kräfte wirken insbesonders dann nachteilig, wenn die Lastgurtung gezogen, die Fahrbahnträger demnach auch auf Zug beansprucht werden. Es ist in solchen Fällen zweckdienlich, die Fahrbahnträger über den Querträger hinweg oder durch denselben hindurch miteinander zu verbinden, um die Anschlußniete, die eigentlich nur lotrechte Kräfte übertragen sollen, zu entlasten. Diese Verbindung der Längsträgerabschnitte untereinander ist auch, wie wir später sehen werden, aus anderen Gründen sehr erwünscht.

Die steife Verbindung zwischen Fahrbahnlängsträger und Querträger zwingt die Querträger die Verdrehungen der Längsträger mitzumachen, welcher Zwang **Torsionsspannungen in den Querträgern,** vornehmlich in den an den Brückenenden oder an Fahrbahnunterbrechungsstellen gelegenen auslöst. Unter Benützung der in **61** entwickelten Formeln werden wir nun versuchen, einen beiläufigen Anhaltspunkt über die Größe dieser

[1]) Siehe die Ausführungen über Nebenspannungen im Abschnitt VII, **88**.

Verdrehungsspannungen zu erhalten. Wir betrachten, um die Rechnung nicht zu schwierig zu gestalten, einen aus drei Feldern bestehenden Längsträgerstrang einer eingleisigen Brücke, der im ersten und letzten Felde gleichmäßig verteilt belastet ist, Abb. 319a). Der günstig wirkende Verdrehungswiderstand der Querträger 2 und 3 werde vernachlässigt, so daß das zu untersuchende System einen Träger auf 4 Stützen vorstellt, der an den beiden Enden an den Endquerträgern elastisch eingespannt ist. Wir denken uns nun die Querträger hinsichtlich ihrer einspannenden Wirkung durch je ein weiteres Längsträgerfeld von der Stützweite l, aber mit entsprechend angepaßter Steifigkeit (Trägheitsmoment J_0) ersetzt, derart, daß die Verdrehungswinkel bei 1 und 4 unter der Wirkung der einspannenden Endfelder die gleichen sind, wie bei der Einspannung an den Querträgern, Abbildung 319b).

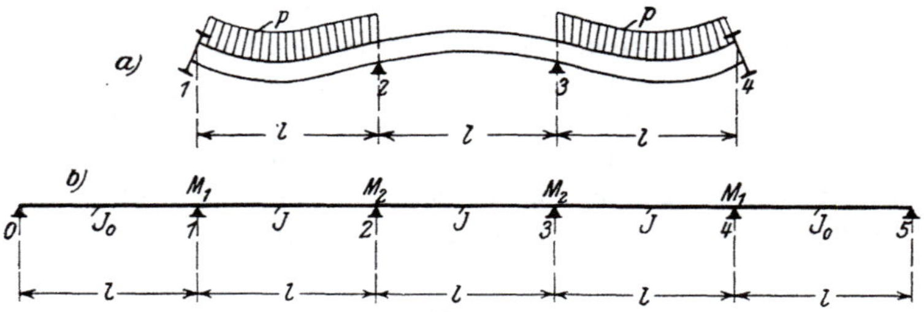

Abb. 319.

Es bezeichnet:

J das Trägheitsmoment des Längsträgers,
J_d den Drillungswiderstand des Querträgers,
J_g das Trägheitsmoment eines Querträgergurtes, bezogen auf die lotrechte Schwerpunktachse,
h die Querträgerhöhe (Abstand der Gurtschwerpunkte),
l die Stützweite der Längsträger,
b die Stützweite der Querträger,
e die Entfernung der Längsträger.

Die erste Aufgabe ist die Feststellung des Trägheitsmomentes J_0 der fingierten Endfelder. In Abb. 320 ist das Feld 0 bis 1, losgelöst von den übrigen, gezeichnet. Es stellt einen Träger auf zwei Stützen vor, an dessen rechtem Ende ein Moment M_d angreift und an dieser Stelle die Verdrehung φ hervorruft. φ ist bekanntlich gegeben durch die Beziehung

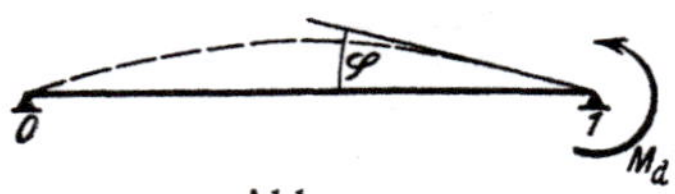

Abb. 320.

$$\varphi = \frac{l}{3} \frac{M_d}{E J_0} \quad \ldots \ldots \ldots \quad (5)$$

Dieser Winkel φ muß nun gleich sein der Verdrehung, die der Querträger 1 erleidet, wenn in den beiden Schwellenträgeranschlußpunkten ein Verdrehungsmoment M_d wirkt. Für diesen Winkel haben wir in **61** den Ausdruck

$$\varphi = \frac{M_d}{G J_d} \frac{\operatorname{Sin} \alpha \frac{b-e}{2}}{\alpha \operatorname{Cof} \frac{\alpha b}{2}} \left(\operatorname{Cof} \frac{\alpha e}{2} - 1 \right)$$

gefunden[1]). Die Hilfsgröße α ist durch die Formel

$$\alpha = \frac{1}{h} \sqrt{2 \frac{G}{E} \frac{J_d}{J_g}}$$

bestimmt. Bezeichnet man den von α abhängigen Teil kurz mit $f(\alpha)$, so hat φ die Form

$$\varphi = \frac{M_d}{G J_d} f(\alpha) \ldots \ldots \ldots \ldots \quad (6)$$

[1]) Man erhält diese Gleichung, wenn man in Gl. (44) S. 298 $l = b$, $\lambda = e$, $x = \frac{l-e}{2}$ setzt.

Die Gleichsetzung von (5) und (6) liefert für das gesuchte J_0 die Beziehung

$$J_0 = \frac{G J_d l}{3 E f(\alpha)} \quad \ldots \ldots \ldots \ldots \quad (7)$$

Wir berechnen nun die Stützenmomente für den in Abb. 319b) dargestellten durchlaufenden Balken. Das aus der Rechnung hervorgehende Moment M_1 ist das gesuchte Einspannungsmoment M_d, das den Endquerträger auf Verdrehen beansprucht. Wegen der symmetrischen Belastung genügt die Aufstellung von zwei Dreimomentengleichungen und zwar:

$$2 M_1 (l_0' + l) + M_2 l = -\frac{1}{4} p l^3,$$

$$M_1 l + 4 M_2 l + M_2 l = -\frac{1}{4} p l^3,$$

wobei

$$l_0' = \frac{J}{J_0} l$$

bedeutet. Für $M_1 = M_d$ findet man nach Auflösen der Gleichungen

$$M_d = -\frac{p l^2}{10 \frac{J}{J_0} + 9}.$$

Um von der genaueren Art der Belastung unabhängig zu werden, führen wir das größte Moment, mit dem die Fahrbahnlängsträger berechnet wurden, ein, indem wir

$$p l^2 = 8 M_{\max}$$

setzen, und erhalten schließlich

$$M_d = -\frac{8 M_{\max}}{10 \frac{J}{J_0} + 9} \quad \ldots \ldots \ldots \ldots \quad (8)$$

Hierin wäre J_0 noch gemäß Gl. (7) einzuführen.

Ist M_d bekannt, so kann das Torsionsmoment $\mathfrak{M}_d$ und das Biegungsmoment $\mathfrak{M}_b$ nach den Formeln (45) S. 298 berechnet und die Zusatzspannungen ermittelt werden. Um ein zahlenmäßiges Bild von der Größe dieser Spannungen zu erhalten, wollen wir ein Beispiel durchrechnen.

Beispiel. Der Rechnung mögen folgende Zahlenangaben zugrunde gelegt werden[1]):

$= 200$ cm, $b = 460$ cm, $e = 180$ cm, $J = 18540$ cm^4, $J_g = 2400$ cm^4, $J_d = 500$ cm^4, [2])
$h = 52,8$ cm, $M_{\max} = 5,14$ mt, $E = 2150$ t/cm^2, $G = 830$ t/cm^2.

Wir berechnen zunächst die Größe α und finden mit obigen Zahlen

$$\alpha = \frac{1}{52,8} \sqrt{2 \frac{830 \cdot 500}{2150 \cdot 2400}} = 0,0076$$

und damit

$$f(\alpha) = \frac{\mathfrak{Sin}\, \alpha \frac{b-e}{2}}{\alpha\, \mathfrak{Cof} \frac{\alpha b}{2}} \left(\mathfrak{Cof} \frac{\alpha e}{2} - 1\right) = \frac{\mathfrak{Sin}\, 1,064}{0,0076 \cdot \mathfrak{Cof}\, 1,748} (\mathfrak{Cof}\, 0,684 - 1) = 13,82,$$

somit nach Formel (7)

$$J_0 = \frac{830 \cdot 500 \cdot 200}{3 \cdot 2150 \cdot 13,82} = 932 \text{ cm}^4.$$

J_0 ist verhältnismäßig klein gegenüber J, die Einspannung durch die Torsionssteifigkeit des Endquerträgers ist also sehr gering.

---

[1]) Normalentwurf für 12 m Stützweite der österr. Bundesbahnen.

[2]) Für den I-förmigen Querträger nach der Formel $J_d = 1,30 \cdot \frac{1}{3} \Sigma h \delta^3$ ermittelt. Siehe Formel 35, S. 290.

Mit $\frac{J}{J_0} = 19{,}90$ berechnen wir schließlich das an der Anschlußstelle übertragene Verdrehungsmoment M_d

$$M_d = \frac{8\,M_{\max}}{10\,\frac{J}{J_0} + 9} = \frac{8 \cdot 5{,}14}{10 \cdot 19{,}90 + 9} = 0{,}198 \text{ mt.}$$

Dieses Angriffsmoment erzeugt am Querträgerende ein größtes Verdrehungsmoment $\mathfrak{M}_d$ nach Gl. (45) S. 298 (mit $x = 0$)

$$\mathfrak{M}_d = M_d \left[\frac{\mathfrak{Cof}\,\frac{\alpha e}{2}}{\mathfrak{Cof}\,\frac{\alpha b}{2}} - 1\right] = 0{,}198\left(\frac{1{,}243}{2{,}959} - 1\right) = -\,0{,}115 \text{ mt}$$

und ein Biegungsmoment in Querträgermitte:

$$\mathfrak{M}_b = -\frac{M_d}{\alpha h}\left[\mathfrak{Cof}\,\frac{\alpha e}{2}\,\mathfrak{Tg}\,\frac{\alpha b}{2} - \mathfrak{Sin}\,\frac{\alpha e}{2}\right] = \frac{0{,}198}{52{,}8 \cdot 0{,}0076}\,[1{,}243 \cdot 0{,}941 - 0{,}739] = 0{,}213 \text{ mt}$$

Die Beanspruchungen betragen:

die Schubbeanspruchung $\tau_{\max}$ in der Mitte der stehenden Gurtschenkel (Gl. (36) S. 291)

$$\tau_{\max} = \frac{\mathfrak{M}_d}{J_d}\,\delta_{\max} = \frac{11{,}500}{500} \cdot 3{,}8 = \mathbf{0{,}087} \text{ t/cm}^2;$$

die Biegungsbeanspruchung am Gurtrande mit $W_y = 172$ cm³

$$\sigma_{\max} = \frac{\mathfrak{M}_b}{W_y} = \frac{21{,}300}{172} = \mathbf{0{,}124} \text{ t/cm}^2.$$

Die Zusatzbeanspruchungen halten sich sonach in sehr mäßigen Grenzen. In Wirklichkeit sind sie noch etwas geringer, da wegen Vernachlässigung der Verdrehungssteifigkeit der Zwischenquerträger M_d etwas zu groß bestimmt wurde.

Bei der baulichen Durchbildung des Fahrbahnrostes ist darauf zu achten, daß Quer- und Längsträger so steif als möglich gehalten werden, um einerseits Torsionswirkungen herabzusetzen und um anderseits die lastverteilende Wirkung des Rostes, die die Beanspruchung der Hauptträger günstig beeinflußt, nach Möglichkeit zu erhöhen, wenn sie auch bei neuen Brücken gewöhnlich nicht in Rechnung gestellt wird. Diese lastverteilende Wirkung bildet eine stille Reserve des Tragwerkes. Die Längsträger sind womöglich fest mit den Querträgern zu verbinden, eine Ausnahme bilden nur die oben erwähnten Unterbrechungsstellen.

74. Die Fahrbahnlängsträger der Eisenbahnbrücken.

In der Überzahl der Fälle werden die Längsträger (Schwellenträger) mit den Querträgern durch Winkellaschen verbunden, wie dies in Abb. 321 a schematisch angedeutet ist. Eine solche Verbindung ist aber nicht in der Lage, nennenswerte Momente zu übertragen, da sich die Trägerenden infolge des Nachgebens der auf Zug beanspruchten Befestigungsniete verdrehen. Der Längsträger ist in solchen Fällen als frei aufliegender Balken zu berechnen.

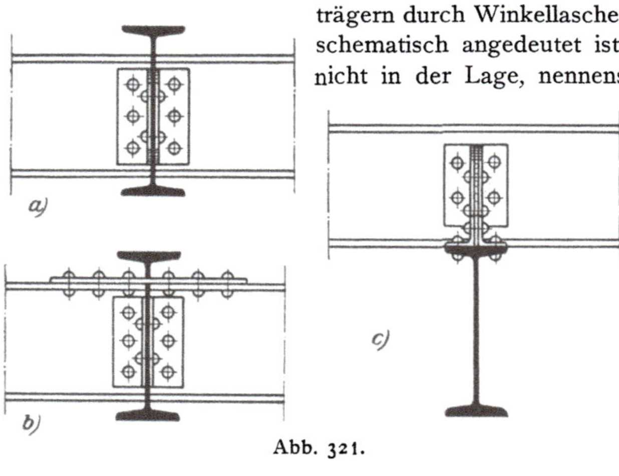

Abb. 321.

Verbindet man die Oberflanschen der beiden am Querträger zusammenstoßenden Längsträgerfelder durch eine Zuglasche, die den Querträger durchdringt, Abbildung 321 b) oder liegt der Längsträger auf dem Querträger, Abbildung 321 c), so erscheint durch derartige oder ähnliche bauliche Maßnahmen ein durchgehender Träger geschaffen und es fragt sich nun, ob man in solchen Fällen berechtigt ist, den Längsträgerstrang in der üblichen Weise als durchlaufenden Balken zu berechnen. Man darf nämlich nicht übersehen, daß die Längsträger nicht auf festen, sondern auf elastisch nachgiebigen Stützen, den Querträgern, ruhen, diese wieder aber die Senkungen der Hauptträger mitmachen müssen. Die Wirkungsweise des so entstehenden elastischen Systems können wir uns wenigstens im Falle einer gleichmäßigen Belastung aller Längsträgerstränge am besten an Hand der schematischen Abb. 322 klar machen. Der Obergurt stellt die in einem Strang vereinigt gedachten, auf eine Haupttragwand entfallenden Längsträger (Anzahl ν) mit dem Trägheitsmoment νJ vor, der Untergurt den Hauptträger mit dem Trägheitsmoment J_h, während die elastischen Pfosten die nachgiebigen Querträger versinnbildlichen sollen.

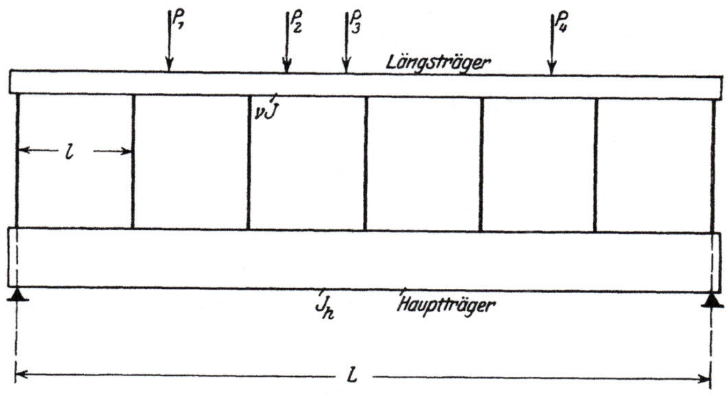

Abb. 322.

Sieht man zunächst von der Elastizität der Pfosten ab, so werden Obergurt und Untergurt unseres Systems im Verhältnis ihrer Trägheitsmomente Anteil am Tragen der Lasten P nehmen. Auf einen Längsträger entfällt daher von jeder Last P ein Anteil

$$P' = \frac{J}{J_h + \nu J} P.$$

Mit diesem Anteil ist der Längsträger für die Stützweite L des Hauptträgers zu berechnen. Die Spannungen σ_1, die aus diesem Belastungsteil entstehen, verhalten sich zur Gurtspannung im Hauptträger, wenn dieser z. B. ein Balken auf zwei Stützen wäre, beiläufig wie die Höhe des Längsträgers zur Höhe des Hauptträgers[1]). Man erkennt, daß die Zusatzspannungen σ_1 nur bei sehr kleinen Spannweiten in Frage kommen, bei größeren Brücken spielen sie keine Rolle.

Zu den Spannungen σ_1 treten nun noch die eigentlichen Biegungsspannungen des elastisch gestützten Längsträgers. Die Theorie dieses Trägers haben wir bereits in **69** kurz angedeutet. Wir haben dort als kennzeichnende Größe für die Elastizität des Systems den Ausdruck

$$\alpha = \frac{6 E J \omega}{l^3}$$

gefunden, wobei hier J und l Trägheitsmoment und Feldweite der Fahrbahnlängsträger bedeuten. ω ist jetzt die Senkung des Querträgers an der Anheftstelle des betrachteten Längsträgers, wenn in allen Längsträgeranschlußpunkten dieses Querträgers je eine Last 1 wirkt.

α schwankt, wie begreiflich, innerhalb sehr weiter Grenzen. Ich habe bei ausgeführten Brückenentwürfen $\alpha = 0{,}02$, aber auch $0{,}25$ gefunden. Ein Träger mit $\alpha = 0{,}02$ verhält sich aber wie ein Träger auf festen Stützen, während bei $\alpha = 0{,}25$ sich die Nachgiebigkeit der Querträger sehr bemerkbar macht. Wir haben in **69** gefunden, daß bei $\alpha = 0{,}3$ die größten Feldmomente nur um weniges kleiner sind als das Größtmoment beim frei aufliegenden Balken. Hierzu kommen bei kleinen Brücken noch die die Spannungen σ_1 erzeugenden Momente, so daß, wie Nachrechnungen gezeigt haben, die größten Feldmomente, allerdings in ungünstigsten Fällen, gerade so groß werden als das Größtmoment

[1]) Da beide Gurten in unserem System, Abb. 322, die gleiche Formänderung mitmachen, so verhalten sich die Randspannungen wie ihre Höhen.

beim einfachen Balken[1]). Es empfiehlt sich daher in der Regel, wenn nicht besondere Steifigkeitsverhältnisse vorliegen, die Fahrbahnlängsträger als freiaufliegende Balken zu berechnen. Werden zwecks Schonung der Anschlußnietung beim Querträger Zuglaschen angeordnet, so bemesse man diese mit etwa $^2/_3$ des größten Balkenmomentes.

Bei großen Brückenspannweiten, wo die Zusatzspannungen σ_1 gering werden, und bei großen Querträgerentfernungen, etwa gleich der Hauptträgerentfernung, ergibt sich für α ein Wert, der gewöhnlich unter 0,05 liegt. In solchen Fällen kann man, falls die Obergurte durchgehend verbunden sind, ohne groben Fehler zu begehen, die Schwellenträger als durchlaufende Balken auf festen Stützen berechnen. Es ist nicht schwer, nach einer überschlägigen Bestimmung des Quer- und Längsträgerquerschnittes den Wert α nach der oben angegebenen Formel zu ermitteln und falls er kleiner als 0,05 ist, die Berechnung der Fahrbahnlängsträger als Träger auf mehreren Stützen durchzuführen. Man bedient sich hierbei zweckmäßigerweise der Einflußlinien. Da man bei gleichen Querträgerentfernungen alle Felder gleich durchbilden wird, so genügt die Aufstellung des größten Stützenmomentes M_1 bei der vorletzten Stütze und des größten Feldmomentes $M^{(1)}$ im ersten Felde. Zur Erleichterung der Rechnung sind die Ordinaten der Einflußlinien für das Stützenmoment M_1 und für das Feldmoment $\max M^{(1)}$ im Punkte $x = 0{,}45\,l$ bei einem 4-feldrigen Träger in Tafel 37 zusammengestellt.

Die Tabelle ist unter der Annahme gleicher Stützweiten und durchwegs gleichen Querschnittes berechnet. Sie kann aber auch für andere Felderzahlen $n > 4$, ohne daß ein praktisch in Frage kommender Fehler begangen wird, benützt werden. Die angegebenen Zahlen sind noch mit der Feldweite l zu multiplizieren.

Tafel 37.

Ordinaten der Einflußlinien des Stützenmomentes M_1 und des Feldmomentes $M^{(1)}$.

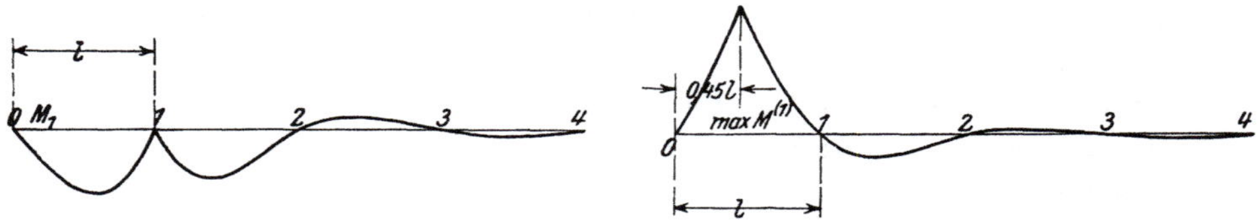

$\frac{x}{l}$	Stützenmoment: $\frac{M_1}{l}$ 1. Feld	2. Feld	3. Feld	4. Feld	$\frac{x}{l}$	Feldmoment: $\frac{\max M^{(1)}}{l}$ 1. Feld	2. Feld	3. Feld	4. Feld
0	0	0	0	0	0	0	0	0	0
0,1	−0,0266	−0,0388	+0,0105	−0,0031	0,1	+0,0430	−0,0175	+0,0047	−0,0014
0,2	−0,0514	−0,0635	+0,0172	−0,0052	0,2	+0,0869	−0,0286	+0,0077	−0,0023
0,3	−0,0732	−0,0762	+0,0208	−0,0064	0,3	+0,1321	−0,0343	+0,0094	−0.0029
0,4	−0,0901	−0,0790	+0,0216	−0,0069	0,4	+0,1795	−0,0355	+0,0097	−0,0031
0,5	−0,1005	−0,0737	+0,0202	−0,0067	0,45	+0,2042	—	—	—
0,6	−0,1029	−0,0625	+0,0172	−0,0061	0,5	+0,1798	−0,0332	+0,0091	−0,0030
0,7	−0,0957	−0,0476	+0,0132	−0,0049	0,6	+0,1337	−0,0281	+0,0077	−0,0027
0,8	−0,0772	−0,0309	+0,0086	−0,0035	0,7	+0,0920	−0,0214	+0,0059	−0,0022
0,9	−0,0458	−0,0142	+0,0040	−0,0018	0,8	+0,0553	−0,0139	+0,0039	−0,0016
1,0	0	0	0	0	0,9	+0,0244	−0,0064	+0,0018	−0,0008
					1,0	0	0	0	0

Für die gleichförmig verteilte ständige Last setze man:

$$M_1 = 0{,}10\,g\,l^2, \qquad \max M^{(1)} = 0{,}08\,g\,l^2.$$

[1]) Siehe z. B.: Müller-Breslau, Graph. Statik, Bd. II, Abt. 2.

Bei der Berechnung der Längsträger wird die Lastverteilung durch die Schwellen nicht berücksichtigt. Jeder Träger wird so berechnet, als wenn die ihm zukommenden Anteile der Achsdrücke unmittelbar auf ihn einwirken würden. Wird der Anschluß an den Querträger nur durch die üblichen Winkellaschen bewerkstelligt, so vergrößere man die Zahl der zur Aufnahme des Auflagerdruckes an der Anschlußstelle notwendigen Nieten um etwa 20 bis 30%.

Die deutschen Reichsbahnvorschriften gestatten in jenen Fällen, wo durch bauliche Maßnahmen die Kontinuität der Längsträger gewahrt wird, die Berechnung als durchlaufenden Balken. Hierbei ist das größte Feldmoment mit $^4/_5$, das größte Stützenmoment mit $^3/_4$ des größten Balkenmomentes anzunehmen.

Brücken in Gleiskrümmungen.

Bei kleinen Stützweiten und nicht zu starker Gleiskrümmung unterscheidet sich die Anordnung des Fahrbahnrostes nicht wesentlich von der bei Brücken in der Geraden, nur wird, wenn notwendig, die normale Schwellenträgerentfernung um den Bogenpfeil f größer gemacht und die Gleisachse meist so eingelegt, daß die Brückenachse die Pfeilhöhe im Drittelpunkt schneidet (Abb. 323a)[1].

Bei größeren Brückenstützweiten oder bei schärferer Gleiskrümmung versetzt man die Schwellenträger etwa nach Abb. 323b entsprechend der Gleisführung.

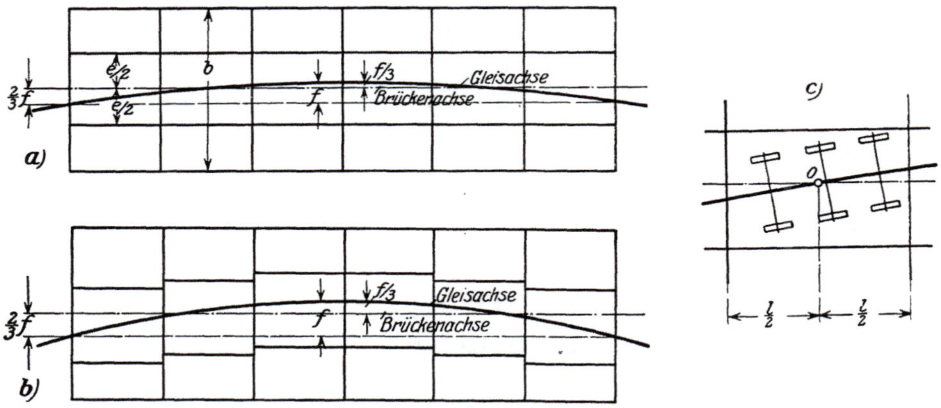

Abb. 323.

Am ungünstigsten ist im Falle Abb. 323a der äußere Fahrbahnlängsträger im Mittelfelde bei Schnellfahrt, wobei die Fliehkraft zu berücksichtigen ist, und der innere Träger im Endfelde bei ruhender Last beansprucht. Kommt noch ein Stoßzuschlag, wie z. B. nach den deutschen Reichsbahnvorschriften, in Frage, dann bemesse man den äußeren Längsträger im Mittelfelde unter Berücksichtigung des Stoßzuschlages und der Fliehkraft, den inneren Längsträger im Endfelde für Fahrt mit mittlerer Geschwindigkeit hinsichtlich der Fliehkraft und mit vollem Stoßzuschlag. Bei der Anordnung nach Abb. 323b berechne man jenen äußeren bzw. inneren Längsträger, der jeweils der Gleisachse am nächsten liegt, unter Einhaltung der gleichen Regeln wie vor. Hierbei denkt man sich die Lastgruppe, die in einem Längsträgerfelde zur Wirkung gelangt, aus der Gleisrichtung in eine durch die Gleismitte O gehende Parallele zur Brückenachse verschwenkt. Abb. 323c.

Die Berechnung der Fahrbahnlängsträger gestaltet sich demnach wie folgt:

[1]) Über die Lage der Brückenachse zur Gleisachse siehe unter **79**.

α) Äußerer Längsträger (Abb. 324a).

Ist v_a die Verschiebung der Gleisachse gegen die Schwellenträgerachse im betrachteten Felde und $ü$ die Schienenüberhöhung, so verschiebt sich der Schwerpunkt S des Fahrzeuges um den Betrag

$$v_a' = ü\frac{h}{s} - v_a{}^{1)} \quad \ldots\ldots\ldots\ldots \quad (9)$$

Die in S angreifende Mittelkraft aus dem Gewichte P und der Fliehkraft cP, wenn $c = \operatorname{tg}\alpha$ der in **7** erörterte Fliehkraftskoeffizient ist, schneidet die Ebene des die wagerechten Kräfte übertragenden Verbandes[2]) im Punkte E, dessen Abstand a von der Achse der beiden Fahrbahnlängsträger (Brückenachse)

$$a = h_1 \operatorname{tg}\alpha - v_a' = h_1 c - v_a' \quad \ldots\ldots\ldots \quad (10)$$

beträgt.

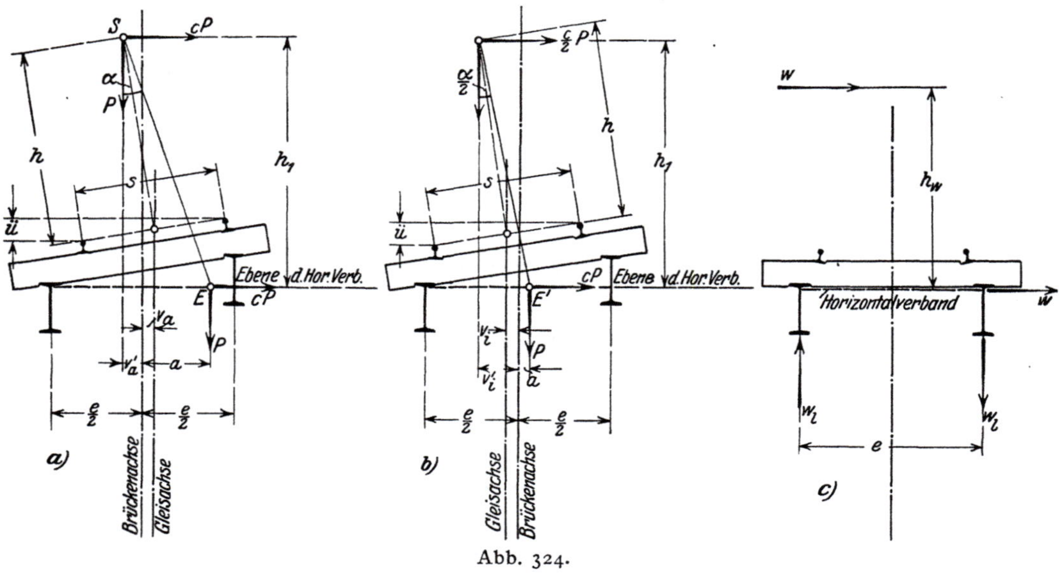

Abb. 324.

Es entfällt somit auf den äußeren Längsträger von der Gesamtbelastung beider Träger der Anteil

$$P_a = P\left(\frac{1}{2} + \frac{a}{e}\right)$$

und demgemäß vom Moment bzw. Querkraft für ein Gleis je die Anteile

$$M_a = M\left(\frac{1}{2} + \frac{a}{e}\right) \quad \text{und} \quad Q_a = Q\left(\frac{1}{2} + \frac{a}{e}\right) \quad \ldots\ldots \quad (11)$$

β) Innerer Längsträger (Abb. 324b).

Bei ruhender Last: Es ist jetzt v_i' die Verschiebung des Lastschwerpunktes gegenüber der Achse beider Schwellenträger

$$v_i' = ü\frac{h}{s} + v_i, \quad \ldots\ldots\ldots\ldots \quad (12)$$

---

[1]) Die Schienenüberhöhung bestimme man, wenn nichts anderes vorgeschrieben ist, nach der einfachen Formel

$$ü = \frac{V}{2R},$$

wenn V die für den betreffenden Gleisradius R in m höchstzulässige Geschwindigkeit in km/st beträgt. Man erhält $ü$ in m. Die zulässigen Höchstgeschwindigkeiten entnehme man der Tafel 7.

[2]) Ist ein solcher Verband nicht vorhanden, dann ist diese Ebene durch die Schwerpunktsebene der Obergurte der Fahrbahnlängsträger zu ersetzen.

daher entfällt auf den inneren Schwellenträger

$$P_i = P\left(\frac{1}{2} + \frac{v_i'}{e}\right)$$

und sonach ist

$$M_i = M\left(\frac{1}{2} + \frac{v_i'}{e}\right) \quad \text{und} \quad Q_i = Q\left(\frac{1}{2} + \frac{v_i'}{e}\right). \quad \ldots \ldots \quad (13)$$

Bei mittlerer Geschwindigkeit: Sind Stoßzuschläge in Rechnung zu stellen, so erhält man für den inneren Schwellenträger meist ungünstigere Beanspruchungen, wenn man die Entlastung durch etwa die halbe Fliehkraft berücksichtigt, aber dafür den vollen Stoßzuschlag (der bei ruhender Last ganz entfällt) einsetzt.

Man berechnet wie vorher zunächst v_i' und ermittelt den Abstand a genau wie unter α), aber mit $\frac{c}{2}$, somit wird

$$a = h_1 \frac{c}{2} - v_i' \ldots \ldots \ldots \ldots \quad (14)$$

Die Moment- und Querkraftanteile ergeben sich dann nach den Formeln

$$M_i = M\left(\frac{1}{2} - \frac{a}{e}\right) \quad \text{und} \quad Q_i = Q\left(\frac{1}{2} - \frac{a}{e}\right). \quad \ldots \ldots \quad (15)$$

Die Fliehkraft cP selbst wird durch den Schlingerverband, falls ein solcher vorhanden ist, aufgenommen. Andernfalls sind die Längsträger ausreichend seitensteif zu machen. Da die Lasten durch die Schwellen unmittelbar auf die Obergurte der Längsträger einwirken, so werden diese seitlich ausgebogen. Die dadurch bewirkten Biegungsspannungen sind oft ziemlich bedeutend und dürfen nicht, wie das noch vielfach üblich ist, vernachlässigt werden, während die Längsspannungen, die in den Fahrbahnträgern als Gurte des Schlingerverbandes auftreten, ganz unbedeutend sind.

Die Wirkungen des Winddruckes und der Bremskräfte auf die Fahrbahnlängsträger.

Der Angriffspunkt der Mittelkraft des Winddruckes liege im Abstande h_w von der Schienenoberkante. Bezeichnet w die Windbelastung der Fahrbetriebsmittel für den laufenden Meter Brücke, so ist die auf dem leeseits gelegenen Fahrbahnträger einwirkende lotrechte Belastung w_l gegeben durch

$$w_l = w \frac{h_w}{e} \ldots \ldots \ldots \ldots \quad (16)$$

(Siehe Abb. 324c.)

Sind die Fahrbahnlängsträger mit einem Horizontalverband versehen, dann bilden sie die Gurtungen dieses Verbandes und erhalten demgemäß Längsspannungen, die aber fast immer so geringfügig sind, daß sich ihr Nachweis erübrigt. Viel bedeutender werden die Biegungsspannungen, die die Längsträger durch die wagrechte Wirkung des Windes erfahren, da die Windkräfte durch die Schwellen auch zwischen den Knoten des Schlingerverbandes übertragen werden. Man kann annehmen, daß von jedem der beiden Fahrbahnlängsträger die Hälfte des Winddruckes aufgenommen wird.

Die Bremskräfte und der Anfahrwiderstand beanspruchen die Fahrbahnträger in ihrer Achsenrichtung. Ist $nl =$ die Länge der einerseits an dem Bremsverband hängenden Fahrbahnträger (vom Bremsverband bis zur Fahrbahnunterbrechung), so berechne man das Gesamtgewicht der auf dieser Strecke zur Aufstellung kommenden Lokomotiv- und Wagenlasten und nehme hiervon den der betreffenden Brückenvorschrift entsprechenden Teil als Bremskraft, die dann auf beide Träger aufzuteilen ist. Die Beanspruchung ist dann

$$\sigma_B = \frac{\frac{1}{2} B}{F_n},$$

wenn B die Bremskraft für ein Gleis und F_n die Querschnittsfläche des Längsträgers abzüglich der Nietlochverschwächung bedeutet. Ist kein Bremsverband vorhanden, wie bei kleinen Brücken, dann übernehmen die Querträger die brückenlängs wirkenden Kräfte. Die Fahrbahnlängsträger sind dann durch die Bremskräfte nur sehr mäßig beansprucht; die betreffenden Zusatzspannungen können vernachlässigt werden.

Der Horizontalverband.

Aufgabe desselben ist es, die wagrechten Seitenkräfte, das sind Fliehkraft, Winddruck und die Seitenstöße der Lokomotiven in die Querträger zu leiten. Da die Gurtungen des Verbandes durch die sehr kräftigen Längsträger gebildet werden, so ist ein Nachweis der kleinen Gurtspannungen, wie schon oben erwähnt, wohl kaum nötig. Die wenigen Füllstäbe eines Feldes werden in der Regel gleich bemessen, und zwar mit der aus der größtmöglichsten Auflagerkraft berechneten Strebenspannung. Weil die Obergurte der Fahrbahnlängsträger, wenigstens bei offener Fahrbahn, durch die Schwellen unmittelbar belastet sind, so werden die Gurte des Verbandes, das sind die Schwellenträgerobergurte, durch seitliche Belastungen, die zwischen den Knoten des Verbandes wirken, auf Biegung beansprucht (örtliche Biegung). Ist überhaupt, wie bei kleinen Querträgerentfernungen, kein Verband vorhanden, dann müssen sämtliche Seitenkräfte durch die seitliche Biegungssteifigkeit der Schwellenträger in die Querträger geleitet werden. Man nimmt hierbei an, daß von jedem Längsträger die Hälfte dieser wagrechten Lasten übernommen wird. Die Schwellenträger sind deshalb untereinander durch kräftige, biegungssteife Querrahmen zu verbinden. Durch derartige Rahmen werden beide Gurtungen eines Schwellenträgers zur Übernahme der Seitenkräfte herangezogen.

Der Rechnungsgang soll an nachstehenden Beispielen ausführlich dargelegt werden.

1. Beispiel. Die Schwellenträger der 186 m weiten Hauptöffnung der zweigleisigen Eisenbahnbrücke über den Rhein unterhalb Duisburg-Ruhrort[1]) sollen nach den Vorschriften der deutschen Reichsbahn untersucht werden, ob der Übergang von Lastenzügen N (175 t schwere Lokomotive) möglich ist.

Die für diese Rechnuug in Betracht kommenden Abmessungen sind folgende:

Stützweite der Längsträger 9,30 m, Entfernung zweier zu einem Gleis gehörenden Träger 1,70 m, Widerstandsmoment $W_x = 11046\ \text{cm}^3$, Widerstandsmoment der einen Trägerhälfte $W_y = 313\ \text{cm}^3$ (siehe Abb. 325a). Die Anordnung des Schlingerverbandes und die Strebenquerschnitte sind aus Abb. 325b zu ersehen. Da die Längsträgerobergurte an den Anschlußstellen untereinander verbunden sind, so werden diese Träger den Vorschriften gemäß als durchlaufende Balken berechnet[2]).

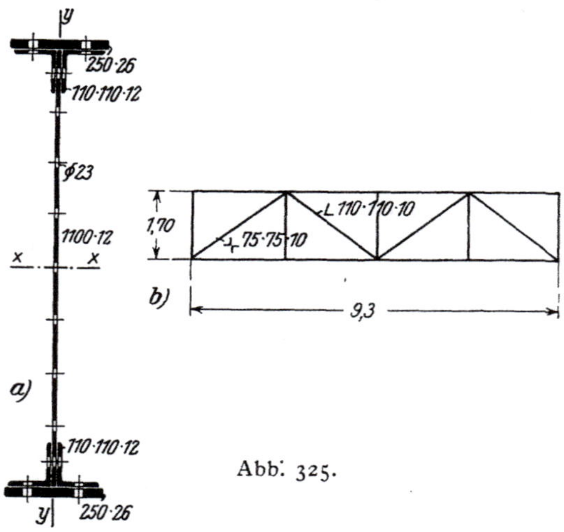

Abb. 325.

A. Belastung durch die Hauptkräfte.

1. Ständige Last (für einen Träger):

Schiene samt Kleinzeug	0,060 t/m
Sicherheitsschwelle 0,20, 0,16, 1,0	0,032 „
Schwellen (Verlagsweite 0,56 m) $\frac{0{,}28\cdot 0{,}22}{0{,}56}\cdot\frac{3{,}60}{2}\cdot 1{,}0$	0,198 „
Belag $0{,}05\,\frac{3{,}60}{2}\cdot 1{,}0$	0,090 „
Längsträger	0,300 „
Windverband	0,020 „
Gesamtgewicht	0,700 t/m

Moment $M_g = \frac{4}{5}\cdot\frac{1}{8}\,0{,}700\cdot 9{,}30^2 = 6{,}06\ \text{mt}$,

Auflagerdruck $A_g = 1/2\cdot 0{,}700\cdot 9{,}30 = 3{,}25\ \text{t}$.

[1]) Siehe Schaper, Zweigleisige Eisenbahnbrücke über den Rhein unterhalb Duisburg-Ruhrort. Berlin 1912.

[2]) Dies ist hier nach unseren Untersuchungen gestattet, da α beiläufig 0,05 ist.

2. Verkehrslast.

Stoßzahl φ für 9,3 m Stützweite nach Tafel 7 der Vorschriften (siehe Tafel 11, S. 92 dieses Buches)

$$\varphi = 1,57,$$

sonach Größtmoment von der Verkehrslast (Lastenzug N) für einen Träger nach Tafel 1 der Vorschriften

$$M_p = \frac{4}{5}\frac{1}{2} 1,57 \cdot 172,31 = 108,21 \text{ mt}.$$

Gesamtmoment

$$M_g + M_p = 114,27 \text{ mt},$$

daher größte Randspannung

$$\sigma = \frac{11427}{11046} = \mathbf{1,035} \text{ t/cm}^2.$$

Zulässige Beanspruchung für bestehende, nach 1895 erbaute Brücken 1,500 t/cm².

B. Belastung durch Wind- und Zusatzkräfte.

1. Lotrechte Wirkung des Winddruckes.

Bei 1,70 m Schwellenträgerabstand beträgt die lotrechte Wirkung des Winddruckes mit $w = 3,50 \cdot 0,150 = 0,525$ t/m und $h_w = 1,75 + 0,55 = 2,30$ m (siehe Formel (16), S. 383)

$$w_l = 0,525 \cdot \frac{2,30}{1,70} = 0,710 \text{ t/m},$$

daher

$$M_{w_l} = \frac{4}{5}\frac{1}{8} 0,710 \cdot 9,30^2 = 6,14 \text{ mt}.$$

Beanspruchung daraus

$$\sigma_{w_l} = \frac{614}{11046} = 0,056 \text{ t/cm}^2.$$

2. Wagrechte Wirkung des Winddruckes. (Örtliche Biegung.)

Mit Rücksicht auf die stetig durchlaufenden Gurtungen berechnet sich das größte Biegungsmoment in einem Gurtfelde von 2,325 m Weite (siehe Abb. 325b) mit

$$M_w = \frac{1}{2} \cdot \frac{1}{10} 0,525 \cdot 2,325^2 = 0,142 \text{ mt}$$

und daher die Beanspruchung mit

$$\sigma_w = \frac{14,2}{313} = 0,045 \text{ t/cm}^2.\ [1]$$

3. Brems- und Anfahrkräfte.

Die Bremskräfte sind mit $^1/_7$ der Lokomotiv- und Tenderachsen sowie der Hälfte der Wagenachsen anzunehmen. Die für die Fahrbahnträger in Betracht kommende Belastungslänge beträgt im vorliegenden Fall 3 Feldweiten zu 9,3 m, da die Fahrbahnunterbrechungen in jedem 6ten Felde angeordnet sind und dazwischen je ein Bremsverband eingebaut ist.

Somit ist

$$G = 2 \cdot 175 + \frac{1}{2} 40 = 370 \text{ t}.$$

Daher Bremskraft für einen Träger

$$B = \frac{1}{7}\frac{370}{2} = 26,43 \text{ t}.$$

Die Beanspruchung beträgt mit $F_n = 302,6$ cm²

$$\sigma_B = \frac{26,43}{302,6} = 0,087 \text{ t/cm}^2.$$

Die Gesamtbeanspruchung sonach

$$\sigma = 1,035 + 0,056 + 0,045 + 0,087 = \mathbf{1,223} \text{ tcm}^2,$$

zulässige Beanspruchung

$$\sigma = 1,700 \text{ t/cm}^2.$$

Die Fahrbahnlängsträger sind daher ausreichend bemessen.

[1] Es ist in Deutschland nicht üblich, diese Zusatzbeanspruchung zu berücksichtigen.

C. Nietanschluß an den Querträger.

Größter Auflagerdruck von der ständigen Last

$$A_p = \frac{1}{2} \cdot 0{,}700 \cdot 9{,}3 = 3{,}25 \text{ t.}$$

Größte Auflagerkraft von der Verkehrslast nach Tafel 3 der Vorschriften bei Berücksichtigung der Stoßzahl $\varphi = 1{,}57$ für einen Träger

$$A_p = 1{,}57 \, \frac{1}{2} \, \frac{600 + 150 \cdot 1{,}3}{9{,}3} = 67{,}1 \text{ t},$$

daher

$$A_g + A_p = 3{,}25 + 67{,}1 = 70{,}35 \text{ t}.$$

Die Anschlußwinkel sind an den Querträgern mittels 16 einschnittiger Nieten ⌀ 26 angeheftet, sonach beträgt die Scherbeanspruchung in diesen Nieten

$$\tau = \frac{70{,}35}{16 \cdot 5{,}309} = \mathbf{0{,}828} \text{ t/cm}^2 \qquad \text{(zulässig } 1{,}120 \text{ t/cm}^2\text{).}$$

D. Horizontalverband der Längsträger.

1. Wirkung des Windes.

Der Winddruck w auf die Verkehrslast beträgt

$$w = 3{,}50 \cdot 0{,}150 = 0{,}525 \text{ t/m},$$

somit ist die größte Querkraft im ersten Felde (Abb. 325)

$$Q_w^1 = \frac{1}{2} \, 0{,}525 \left(9{,}3 - \frac{9{,}3}{4}\right) = 1{,}83 \text{ t}$$

und im zweiten Felde

$$Q_w^2 = \frac{1}{2} \, 0{,}525 \, \frac{\left(9{,}3 - \frac{9{,}3}{2}\right)^2}{9{,}3 - \frac{9{,}3}{4}} = 0{,}82 \text{ t}.$$

2. Wirkung der Seitenstöße.

Die wagerechte Einzellast von 5 t erzeugt folgende größte Querkräfte: im ersten Felde

$$Q_s^1 = \frac{3}{4} \, 5 = 3{,}75 \text{ t},$$

im zweiten Felde

$$Q_s^2 = \frac{1}{2} \, 5 = 2{,}50 \text{ t},$$

sonach ergeben sich die größten Strebenkräfte mit $\sec \alpha = 1{,}69$

$$D_1 = (1{,}83 + 3{,}75) \cdot 1{,}69 = 9{,}43 \text{ t} \quad \text{und} \quad D_2 = (0{,}82 + 2{,}50) \, 1{,}69 = 5{,}62 \text{ t}.$$

Die vorhandenen Stäbe sind nicht in der Lage, diese Kräfte mit der vorgeschriebenen Knicksicherheit zu übernehmen.

2. Beispiel. Eine Brücke von 24 m Spannweite liege im Gleisbogen vom Halbmesser $R = 600$ m. Die Stützweite der Längsträger beträgt $l = 300$ cm, ihre Entfernung $e = 180$ cm. Die Überhöhung des äußeren Schienenstranges sei $ü = 70$ mm. Belastung mit Lastenzug E der deutschen Reichsbahn-Vorschriften.

Der Bogenpfeil beträgt bei 24 m Stützweite

$$f = \frac{24^2}{8 \cdot 600} = 0{,}12 \text{ m},$$

daher ist die Verschiebung v der Gleisachse in Brückenmitte

$$v_a = \frac{f}{3} = 4 \text{ cm},$$

am Brückenende

$$v_i = \frac{2f}{3} = 8 \text{ cm}.$$

A. Belastung durch die Hauptkräfte.

α) Äußerer Längsträger in Brückenmitte.

1. Ständige Last (für einen Träger $g = 0{,}500$ t/m).

$$\text{Moment } M_g = {}^1/_8 \cdot 0{,}500 \cdot 3^2 = 0{,}563 \text{ mt}.$$

2. Verkehrslasten.

Verschiebung des Lastschwerpunktes gegen die Brückenachse durch die Überhöhung (Gl. 9, S. 382; siehe auch die Abb. 324a)

$$v_a' = 7\,\frac{200}{150} - 4 = 5{,}3 \text{ cm}.$$

Der Fliehkraftkoeffizient c ist nach Tafel 3, S. 37 für $R = 600$ m

$$c = 0{,}0948.$$

Der Angriffspunkt der Fliehkraft liegt

$$h_1 = 2 + 0{,}46 = 2{,}46 \text{ m}$$

über dem Schwerpunkt des Obergurtes des Schwellenträgers. (Ein Windverband ist nicht vorgesehen.) Der Schnittpunkt E der Mittelkraft aus Verkehrslast und Fliehkraft liegt gegen die Brückenachse verschoben um

$$a = 2{,}46 \cdot 0{,}0948 - 5{,}3 = 18{,}0 \text{ cm}.$$

Von dem für ein Gleis geltenden Größtmoment (nach Tafel 1 der Reichsbahnvorschriften) $M_p = 16{,}9$ mt entfällt auf den äußeren Fahrbahnlängsträger, wenn man noch die Stoßzahl

$$\varphi = 1{,}62$$

berücksichtigt,

$$M_p^a = 1{,}62 \cdot 16{,}9 \left(\frac{1}{2} + \frac{18{,}0}{180}\right) = 16{,}43 \text{ t};$$

daher

$$M_g + M_p = 16{,}99 \text{ mt}.$$

Gewählter Trägerquerschnitt:

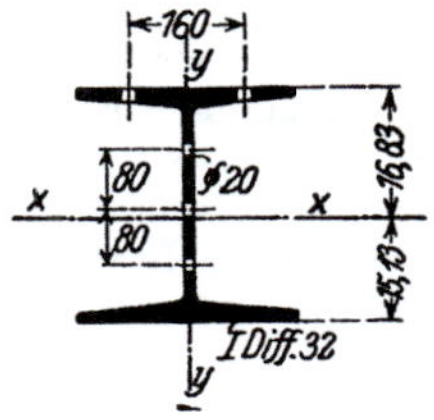

$$W_x^{\min} = 1668 \text{ cm}^3$$
$$W_y = 490 \text{ cm}^3$$
$$F = 144{,}9 \text{ cm}^2,$$

daher Beanspruchung von den lotrechten Lasten

$$\sigma = \frac{1699}{1668} = 1{,}018 \text{ t/cm}^2.$$

Moment von der wagerechten Wirkung der Fliehkraft für einen Träger

$$M_F = \frac{1}{2}\,\varphi\, c\, M_p = \frac{1}{2}\, 1{,}62 \cdot 0{,}0948 \cdot 16{,}9 = 1{,}298 \text{ mt}$$

und Beanspruchung daraus:

$$\sigma_F = \frac{129{,}8}{490} = 0{,}265 \text{ t/cm}^2.$$

Gesamtbeanspruchung

$$\sigma + \sigma_F = \mathbf{1{,}283} \text{ t/cm}^2 \text{ (zulässig } 1{,}4 \text{ t/cm}^2\text{)}.$$

β) Innerer Längsträger am Brückenende.

Verschiebung des Lastschwerpunktes

$$v_i' = 7 \cdot \frac{200}{150} + 8 = 17{,}3 \text{ cm}.$$

Bei mittlerer Geschwindigkeit liegt der Angriffspunkt E der Mittelkraft im Abstande

$$a = \frac{0{,}0948}{2} \cdot 2{,}46 - 17{,}3 = -5{,}6 \text{ cm}$$

von der Brückenachse. Auf den inneren Träger entfällt ein Moment (Formel 15)

$$M_p^i = 1{,}62 \cdot 16{,}9 \left(\frac{1}{2} + \frac{5{,}6}{180}\right) = 14{,}54 \text{ mt};$$

somit

$$M_g + M_p^i = 15{,}10 \text{ mt}.$$

Querschnitt in Feldmitte:

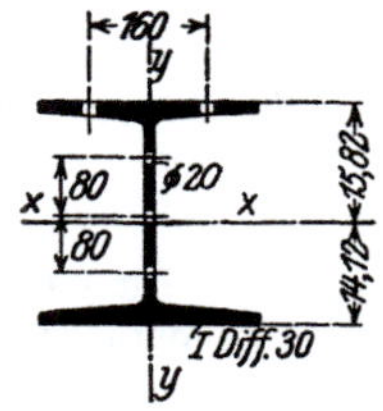

$$W_x^{\min} = 1479 \text{ cm}^3$$
$$W_y = 465 \text{ cm}^3$$
$$F = 136{,}6 \text{ cm}^2$$

und Beanspruchung:

$$\sigma = \frac{1510}{1479} = 1{,}021 \text{ t/cm}^2.$$

Wagerechte Wirkung der halben Fliehkraft:

$$M_F = \frac{1}{2}\,\varphi\,\frac{c}{2}\,M_p = \frac{1}{2}\, 1{,}62 \cdot \frac{0{,}0948}{2} \cdot 16{,}9 = 0{,}649 \text{ mt}.$$

Beanspruchung daher

$$\sigma_F = \frac{64{,}9}{465} = 0{,}140 \text{ t/cm}^2.$$

Gesamtbeanspruchung

$$\sigma + \sigma_F = \mathbf{1{,}161} \text{ t/cm}^2 \qquad \text{(zulässig } 1{,}4 \text{ t/cm}^2\text{)}.$$

B. Belastung durch Wind und Zusatzkräfte.

1. Lotrechte Wirkung des Winddruckes.

Mit dem Winddruck auf die Verkehrslast

$$w = 3{,}5 \cdot 0{,}150 = 0{,}525 \text{ t/m}$$

und dem Abstand des Windmittelpunktes

$$h_w = 1{,}75 + 0{,}46 = 2{,}21 \text{ m}$$

ergibt sich bei 1,80 m Schwellenträgerabstand

$$w_2 = 0{,}525 \frac{2{,}21}{1{,}80} = 0{,}645 \text{ t/m}.$$

Sonach ein Moment in Feldmitte von

$$M_{w_2} = \frac{1}{8} 0{,}645 \cdot 3^2 = 0{,}725 \text{ mt}.$$

Die Inanspruchnahmen betragen somit:

im äußeren Schwellenträger:

$$\sigma^a_{w_2} = \frac{72{,}5}{1668} = 0{,}044 \text{ t/cm}^2,$$

im inneren Schwellenträger:

$$\sigma^i_{w_2} = \frac{72{,}5}{1479} = 0{,}049 \text{ t/cm}^2.$$

2. Wagerechte Wirkung des Winddruckes.

Größtes Biegungsmoment durch die Belastung mit der Windlast $w = 0{,}525$ t/m

$$M_w = \frac{1}{8} 0{,}525 \cdot 3^2 = 0{,}591 \text{ tm}.$$

Die Beanspruchungen sind:

im äußeren Träger:

$$\sigma^a_w = \frac{59{,}1}{490} = 0{,}121 \text{ t/cm}^2,$$

im inneren Träger:

$$\sigma^i_w = \frac{59{,}1}{465} = 0{,}127 \text{ t/cm}^2.$$

3. Brems- und Anfahrkräfte.

Bei in der Mitte angeordnetem Bremsverband beträgt die in Rechnung zu stellende Belastungslänge 12 m. Es hat gerade eine Lokomotive von $6 \cdot 20 = 120$ t Gewicht Platz. Die von einem Träger aufzunehmende Bremskraft beträgt daher

$$B = \frac{1}{2} \cdot \frac{1}{7} \cdot 120 = 8{,}57 \text{ t}.$$

Die Beanspruchungen betragen somit:

im äußeren Träger:

$$\sigma^a_B = \frac{8{,}57}{144{,}9} = 0{,}059 \text{ t/cm}^2,$$

und im inneren Träger:

$$\sigma^i_B = \frac{8{,}57}{136{,}6} = 0{,}063 \text{ t/cm}^2.$$

Der Einfluß der Seitenstöße ist, da die Wirkung der Fliehkräfte in Rechnung gestellt wurde, nicht zu berücksichtigen:

Die Größtbeanspruchungen sind demnach:

im äußeren Schwellenträger:

$$\sigma^a = 1{,}285 + 0{,}044 + 0{,}121 + 0{,}059 = \mathbf{1{,}509} \text{ t/cm}^2,$$

im inneren Schwellenträger:

$$\sigma^i = 1{,}162 + 0{,}049 + 0{,}127 + 0{,}063 = \mathbf{1{,}401} \text{ t/cm}^2, \qquad \text{(zulässig } 1{,}6 \text{ t/cm}^2\text{)}.$$

C. Nietanschluß an den Querträger.

Der Auflagerdruck der ständigen Last beträgt für jeden Träger

$$A_g = \frac{1}{2}\,0{,}500 \cdot 3 = 0{,}75 \text{ t},$$

der der Verkehrslast nach Tafel 3 der Vorschriften für ein Gleis

$$A_p = 1{,}62\,\frac{30 + (3 - 1{,}5)40}{3} = 48{,}6 \text{ t}.$$

Hiervon entfällt auf den stärker belasteten äußeren Träger in Brückenmitte unter Berücksichtigung der Fliehkraftwirkung

$$A_p^a = 48{,}6\left(\frac{1}{2} + \frac{18{,}0}{180}\right) = 29{,}16 \text{ t}.$$

Gesamtauflagerkraft daher

$$A_g + A_p = 29{,}91 \text{ t}.$$

Der Anschluß wird mit 5 zweischnittigen Nieten ∅ 23 bewerkstelligt. Der Leibungsdruck beträgt sonach bei 1,3 cm Stegstärke des Längsträgers

$$\sigma_l = \frac{29{,}91}{5 \cdot 2{,}3 \cdot 1{,}3} = \mathbf{2{,}0} \text{ t/cm}^2 \qquad \text{(zulässig } 2{,}8 \text{ t/cm}^2\text{)}.$$

75. Die Fahrbahnlängsträger der Straßenbrücken.

Die Berechnung der Fahrbahnlängsträger der Straßenbrücken erfolgt im wesentlichen nach denselben Gesichtspunkten wie die der Eisenbahnbrücken, also in der Regel als einfache Balken mit einer Stützweite gleich der Querträgerentfernung. Die durch die Fahrbahndecke hervorgerufene Verteilung der Lasten wird der einfacheren Berechnung wegen, da sie meist ohne großen Einfluß auf die maßgebenden Momente und Querkräfte ist, nicht berücksichtigt. Die Raddrücke werden daher als Einzellasten aufgefaßt, die den Längsträger unmittelbar belasten, falls sie gerade über demselben zu stehen kommen. Einzeldrücke, die zwischen zwei Längsträgern wirken, werden nach dem Hebelgesetz auf die beiden unmittelbar benachbarten Fahrbahnlängsträger aufgeteilt.

Die Seitenstöße der Fuhrwerke, sowie der Winddruck auf Menschen und Fuhrwerke stellen eine im Vergleich zur lotrechten Belastung nur geringe Seitenbelastung dar, weshalb man den Einfluß dieser Seitenkräfte auf den Fahrbahnrost nicht weiter berücksichtigt. Diese Vernachlässigung ist um so eher berechtigt, als die Rostabdeckung meist eine in wagerechter Ebene steife Tafel vorstellt, die einen ausgezeichneten Windverband der Fahrbahn bildet.

Sind die Querträger, im Vergleich zu den Längsträgern sehr steif, dann können die letzteren als durchgehende Balken berechnet und ausgeführt werden, was unter Umständen eine nennenswerte Ersparnis an Baustoff bedeutet. Zu diesem Zwecke berechne man nach vorläufiger Bestimmung der Quer- und Längsträgerquerschnitte die Größe α nach der auf S. 379 angegebenen Formel. Liegt α unter 0,05, dann kann der Längsträger als ein Balken auf starren Stützen aufgefaßt werden. Die Berechnung hat sodann, wie unter **74** angegeben, mittels Zuhilfenahme von Einflußlinien (Tafel 37) zu erfolgen.

Im nachstehenden Beispiele soll die Berechnung der Fahrbahnlängsträger einer größeren Straßenbrücke ausführlich dargelegt werden.

Beispiel. In Abb. 326 ist der Querschnitt durch eine österreichische Straßenbrücke (Belastungsklasse I) schematisch dargestellt. Die Querträgerentfernung beträgt 5,15 m. Außer der für diese Klasse in Betracht kommenden Belastung (siehe die Vorschriften auf S. 27) ist noch die Belastung durch eine Kleinbahn mit den in Abb. 327 dargestellten Tenderlokomotiven zu berücksichtigen. Die Fahrbahnplatte besteht aus Belageisen österr. Prof. Nr. 26, in 31 cm Abstand verlegt, mit einer an der schwächsten Stelle 11 cm starken Betonauflage und 13 cm hohem Hartholzpflaster. Die für die Rechnung in Betracht kommende verglichene Betonstärke sei mit 15,5 cm angenommen. Die zulässigen Beanspruchungen betragen entsprechend den Vorschriften der ein-

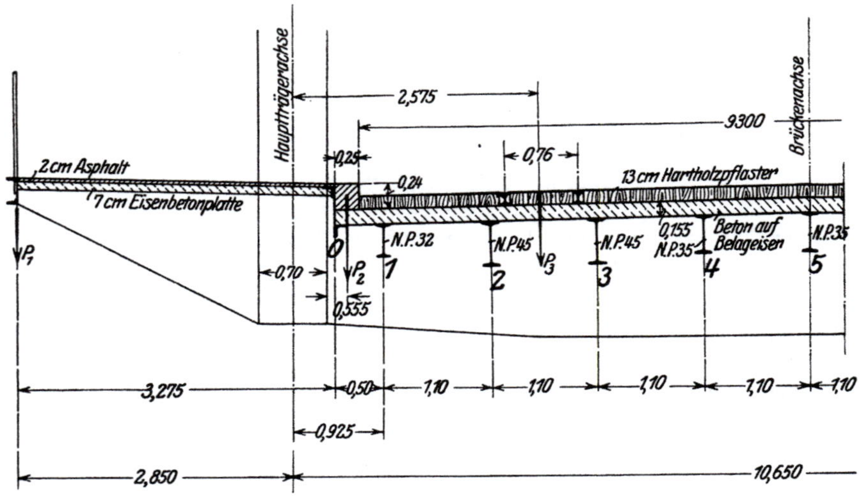

Abb. 326.

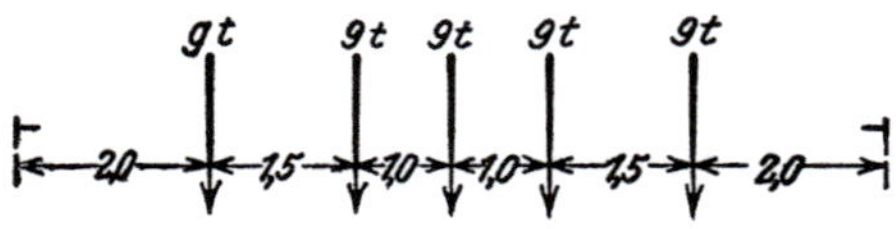

Abb. 327.

schlägigen Verordnungen für die Längsträger, die im Bereiche der Schienen liegen

$$\sigma_{zul} = 750 + 5\,l = 776 \text{ kg/cm}^2$$

und für die übrigen Längsträger

$$\sigma_{zul} = 800 + 3\,l = 815 \text{ kg/cm}^2.$$

Längsträger 0.

Ständige Last (Abb. 326):

Fußweg $\frac{1}{2}\,0{,}212 \cdot 3{,}275$ [1]	0,347 t/m
Randstein $\frac{0{,}24 \cdot 0{,}25\,(0{,}50 - 0{,}12)}{0{,}50}\,2{,}8$	0,128 „
Holzpflaster $\frac{0{,}26^2}{2 \cdot 0{,}50}\,0{,}13 \cdot 1{,}1$	0,010 „
Beton $\frac{1}{2} \cdot 0{,}50 \cdot 0{,}155 \cdot 2{,}2$	0,085 „
Belageisen $\frac{1}{2} \cdot 0{,}50\,\frac{100}{31}\,0{,}026$	0,020 „
Längsträger	0,070 „
Gesamtgewicht	0,660 t/m

$$\text{Moment } M_g = \frac{1}{8}\,0{,}660 \cdot 5{,}15^2 = 2{,}188 \text{ mt.}$$

Verkehrslast:

Auf den Längsträger 0 entfällt vom Menschengedränge (Abb. 328a)

$$m = 0{,}460 \cdot \frac{3{,}125^2}{2 \cdot 3{,}275} = 0{,}686 \text{ t/m},$$

vom Raddruck $R = 3$ t

$$R' = 3 \cdot \frac{0{,}20}{0{,}50} = 1{,}20 \text{ t};$$

daher Moment von der Verkehrslast, da bei 3,80 m Radstand nur ein einziges Rad in Trägermitte in Frage kommt,

$$M_p = \frac{1}{8}\,0{,}686 \cdot 5{,}15^2 + \frac{1}{4}\,1{,}20 \cdot 5{,}15 = 3{,}820 \text{ mt.}$$

Das Gesamtmoment beträgt sonach

$$M = 2{,}188 + 3{,}820 = 6{,}008 \text{ mt.}$$

[1] In dem Gewichte von 212 kg/m² ist auch das Eisengewicht eines leichten Zwischenquerträgers im Fußwege enthalten.

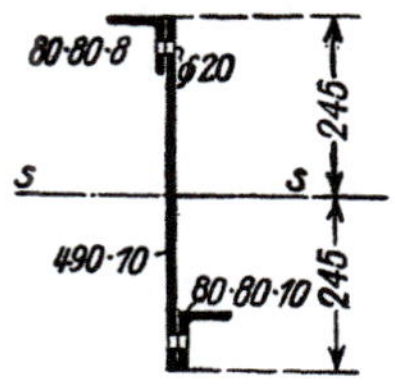

Nutzquerschnitt in Trägermitte:

$$J = 21\,302 \text{ cm}^4, \quad J_{\text{netto}} = 18\,096 \text{ cm}^4$$

$$W = \frac{18\,096}{24{,}5} = 739 \text{ cm}^3,$$

somit Beanspruchnng:

$$\sigma = \mathbf{0{,}813} \text{ t/cm}^2 \qquad \text{(zulässig } 0{,}815 \text{ t/cm}^2\text{)}.$$

Größter Auflagerdruck:

von der ständigen Last:

$$A_g = \frac{1}{2}\, 0{,}660 \cdot 5{,}15 = 1{,}700 \text{ t},$$

von der Verkehrslast (Abb. 328b):

$$A_p = \frac{1}{2}\, 0{,}686 \cdot 5{,}15 + \left(1 + \frac{1{,}35}{5{,}15}\right) 1{,}20 = 3{,}280 \text{ t};$$

daher

$$A_g + A_p = 4{,}980 \text{ t}.$$

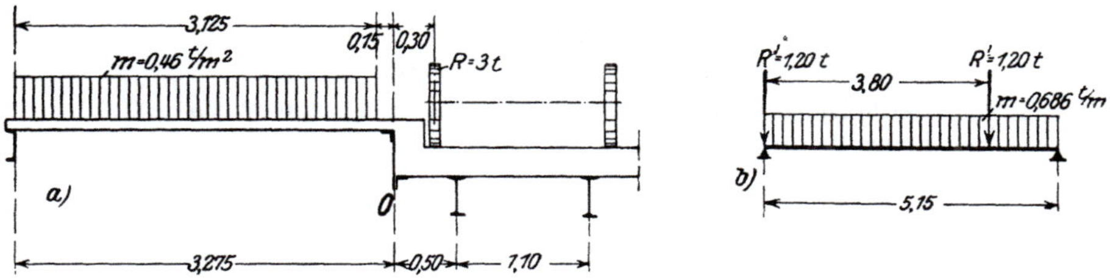

Abb. 328.

Volles Trägheitsmoment des Querschnittes am Trägerende (wie in der Mitte)

$$J = 21\,302 \text{ cm}^4;$$

Statisches Moment des Obergurtwinkels bezogen auf die Schwerachse:

$$S = 270 \text{ cm}^3.$$

Mit diesen Werten ergibt sich die von den Gurtnieten aufzunehmende Scherkraft für 1 cm Trägerlänge zu

$$t = \frac{A\,S}{J} = \frac{4{,}980 \cdot 270}{21\,302} = 0{,}0632 \text{ t/cm}.$$

Bei einer Nietdistanz von 12,4 cm am Trägerende erhält man sonach die Scherbeanspruchung mit

$$\tau = \frac{0{,}0632 \cdot 12{,}4}{3{,}14} = \mathbf{0{,}248} \text{ t/cm}^2 \qquad \text{(zulässig } 0{,}700 \text{ t/cm}^2\text{)}.$$

Der Anschluß an den Querträger erfolgt durch 4 einschnittige Niete $\varnothing$ 20, sonach beträgt die Scherbeanspruchung in den Anschlußnieten:

$$\tau = \frac{4{,}980}{4 \cdot 3{,}14} = \mathbf{0{,}396} \text{ t/cm}^2 \qquad \text{(zulässig } 0{,}600 \text{ t/cm}^2\text{)}.$$

Längsträger 1.

Ständige Last (Abb. 326):

Hartholzpflaster $\frac{1{,}1 + 0{,}5}{2} \cdot 0{,}13 \cdot 1{,}1$	0,114 t/m
Beton $\frac{1{,}1 + 0{,}5}{2} \cdot 0{,}155 \cdot 2{,}2$	0,273 „
Belageisen $\frac{1{,}1 + 0{,}5}{2} \frac{100}{31}\, 0{,}026$	0,067 „
Längsträger	0,069 „
Gesamtgewicht	0,523 t/m,

daher Moment

$$M_g = \frac{1}{8} \cdot 0{,}523 \cdot 5{,}15^2 = 1{,}734 \text{ mt}.$$

Verkehrslast: Maßgebend ist das 5 t-Hinterrad der Straßenwalze in der in Abb. 329 verzeichneten Stellung und in Trägermitte stehend. Auf den Träger 1 entfällt hiervon:

$$W_h' = \frac{5{,}0}{0{,}81}\left[0{,}56\,\frac{1{,}10-0{,}28}{1{,}10}+0{,}25\,\frac{0{,}50-0{,}125}{0{,}50}\right]=3{,}735\ \text{t};$$

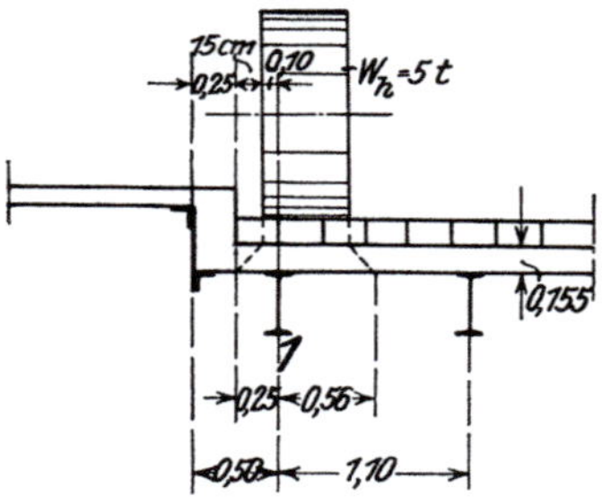

Abb. 329.

daher Größtmoment

$$M_p = {}^1/_4\, 3{,}735\cdot 5{,}15 = 4{,}809\ \text{mt}$$

und Gesamtmoment

$$M = M_g + M_p = 6{,}543\ \text{mt}.$$

Als Trägerquerschnitt wurde ein I ö. N. P. 32 gewählt mit $W_x = 863\ \text{cm}^3$, somit beträgt die Beanspruchung

$$\sigma = \frac{654{,}3}{863} = \mathbf{0{,}758}\ \text{t/cm}^2 \quad (\text{zulässig } 0{,}815\ \text{t/cm}^2).$$

Der Nietanschluß erfolgt in gleicher Weise wie bei den stärker belasteten Trägern 4 und 5 und wird deshalb nicht gesondert ausgewiesen.

Längsträger 2 und 3.

Bleibende Last (Abb. 326):

Hartholzpflaster $1{,}10\cdot 0{,}13\cdot 1{,}1$	0,157 t/m
Beton $1{,}10\cdot 0{,}155\cdot 2{,}2$	0,376 „
Belageisen $1{,}10\cdot\frac{100}{31}\cdot 0{,}026$	0,092 „
Längsträger	0,127 „
Schienen	0,038 „
	Gesamtgewicht 0,790 t/m,

sonach

$$M_g = \frac{1}{8}\,0{,}790\cdot 5{,}15^2 = 2{,}619\ \text{mt}.$$

Verkehrslast (Abb. 330a):

Maßgebend für die Bemessung ist die Belastung durch die Lokomotive, die in Abb. 330b in der ungünstigsten Stellung eingezeichnet ist. Der rechts und links der Lokomotive frei bleibende Streifen ist mit Menschen besetzt gedacht. Auf jeden der Träger 2 und 3 entfällt der halbe Achsdruck sowie eine Menschenlast von

$$m = 0{,}460\,\frac{0{,}55^2}{2\cdot 1{,}10} = 0{,}063\ \text{t/m}.$$

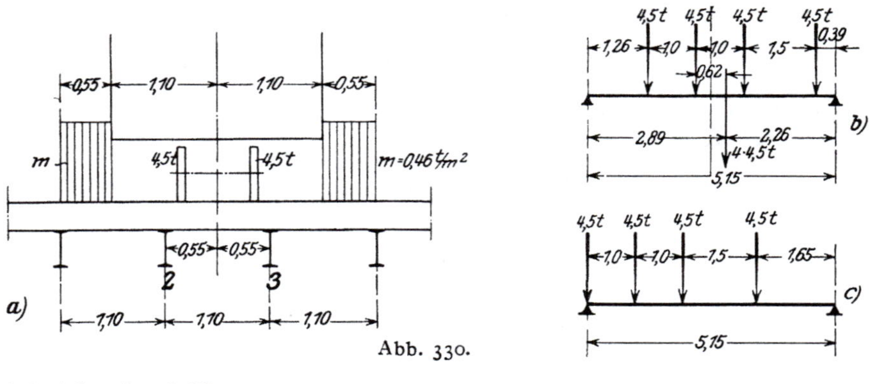

Abb. 330.

Man erhält daher das Größtmoment

$$M_p = 4\cdot 4{,}5\,\frac{2{,}26^2}{5{,}15} - 4{,}5\cdot 1{,}0 + \frac{1}{8}\,0{,}063\cdot 5{,}15^2 = 13{,}564\ \text{mt},$$

somit ein Gesamtmoment

$$M_g + M_p = 16{,}18\ \text{mt}.$$

Gewählt wurde I ö. N. P. 45 mit $W_x = 2252\ \text{cm}^3$, daher die Beanspruchung

$$\sigma = \frac{1618}{2252} = \mathbf{0{,}718}\ \text{t/cm}^2 \qquad (\text{zulässig } 0{,}776\ \text{t/cm}^2).$$

Größter Auflagerduck:

Von der ständigen Last:

$$A_g = \frac{1}{2}\,0{,}790 \cdot 5{,}15 = 2{,}03\ \text{t},$$

von der Verkehrslast (Abb. 330c):

$$A_p = 4{,}5\left(1 + \frac{4{,}15 + 3{,}15 + 1{,}65}{5{,}15}\right) + \frac{1}{2}\,0{,}063 \cdot 5{,}15 = 12{,}48\ \text{t};$$

also

$$A_g + A_p = 14{,}51\ \text{t}.$$

Der Anschluß an den Querträger erfolgt mit 4 zweischnittigen Nieten $\varnothing$ 22, bei folgenden Beanspruchungen:

Abscherung:

$$\tau = \frac{14{,}51}{8 \cdot 3{,}80} = \mathbf{0{,}478}\ \text{t/cm}^2 \qquad \text{(zulässig 0,600 t/cm}^2\text{)}.$$

Lochleibungsdruck:

$$\sigma = \frac{14{,}51}{4 \cdot 2{,}2 \cdot 1{,}8} = \mathbf{0{,}916}\ \text{t/cm}^2 \qquad \text{(zulässig 1,600 t/cm}^2\text{)}.$$

Längsträger 4 und 5.

Ständige Last:

Hartholzpflaster, Beton, Belageisen wie vor . . .	0,625 t/m
Längsträger	0,102 „
Gesamtgewicht	0,727 t/m

$$\text{Moment } M_g = \frac{1}{8}\,0{,}727 \cdot 5{,}15^2 = 2{,}410\ \text{mt}.$$

Verkehrslast: Die ungünstigste Beanspruchung erzeugt das 8 t-Vorderrad der Dampfstraßenwalze (Abb. 331a). Auf den Träger 4 entfällt

$$W_v' = \frac{8}{1{,}10}(1{,}10 - 0{,}428) = 4{,}887\ \text{t},$$

womit

$$M_p = \frac{1}{4}\,4{,}887 \cdot 5{,}15 = 6{,}292\ \text{mt}$$

folgt. Das Größtmoment ist daher

$$M_g + M_p = 8{,}702\ \text{mt}.$$

Als Längsträger wurde I ö. N. P. 35 angenommen mit $W_x = 1112\ \text{cm}^3$, dessen Beanspruchung

$$\sigma = \frac{870{,}2}{1112} = \mathbf{0{,}783}\ \text{t/cm}^2$$

(zulässig 0,815 t/cm²) beträgt.

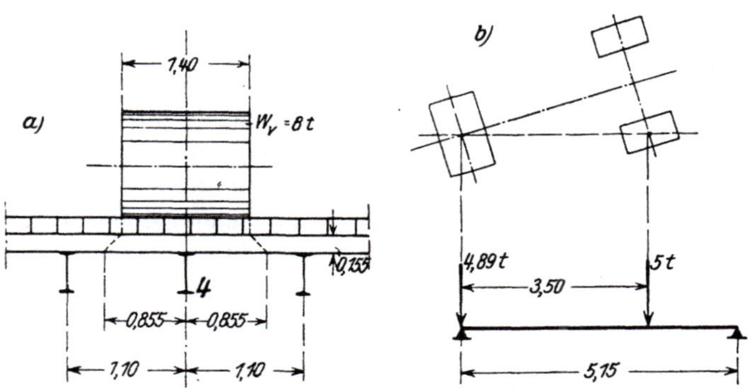

Abb. 331.

Größter Auflagerdruck:

von der ständigen Last:

$$A_g = \frac{1}{2}\,0{,}727 \cdot 5{,}15 = 1{,}87\ \text{t},$$

von der Verkehrslast (Abb. 331b):

$$A_p = 4{,}89 + 5\,\frac{5{,}15 - 3{,}50}{5{,}15} = 6{,}49\ \text{t};$$

somit

$$A_g + A_p = 8{,}36\ \text{t}.$$

Der Nietanschluß an den Querträger erfolgte mit 3 zweischnittigen Nieten $\varnothing$ 2,2 cm; sonach ergibt sich:

die Abscherbeanspruchung

$$\tau = \frac{8{,}36}{6 \cdot 3{,}80} = \mathbf{0{,}367}\ \text{t/cm}^2 \qquad \text{(zulässig 0,600 t/cm}^2\text{)}$$

und der Lochleibungsdruck

$$\sigma_l = \frac{8{,}36}{3 \cdot 2{,}2 \cdot 1{,}4} = \mathbf{0{,}905}\ \text{t/cm}^2 \qquad \text{(zulässig 1,600 t/cm}^2\text{)}.$$

76. Die Querträger der Eisenbahnbrücken.

In der Einleitung zu diesen Paragraphen wurde bereits hervorgehoben, daß sich die Querträger bei Vorhandensein von bloß zwei Hauptträgern im wesentlichen wie frei aufliegende Balken verhalten und wie solche zu bemessen sind. Die Entlastung, die durch die feste Vernietung mit dem Hauptträger erzielt wird, ist meist geringfügig. Manchmal werden die Querträger gelenkig auf den Hauptträgern gelagert, doch haben sich derartige Ausführungen wegen der Schwierigkeit der Unterhaltung der Auflagerstellen nicht bewährt. Es ist überhaupt viel zweckmäßiger, Gelenkstellen nach Tunlichkeit zu vermeiden und lieber alle Elemente eines Tragwerkes steif miteinander zu verbinden. Die Nebenwirkungen, die aus solchen steifen Verbindungen entstehen, müssen nur richtig erkannt, wenn notwendig, berechnet, und bei der baulichen Durchbildung berücksichtigt werden. Gerade bei den Querträgern liegt kein besonderer Anlaß vor, sie vollständig momentenfrei mit dem Hauptträger zu verbinden, es sei denn, daß es durch einfachste Mittel ausgeführt werden kann, wie z. B. bei Deckbrücken, wo die Querträger unter Vermittlung einer einfachen Unterlagsplatte aufgesetzt werden können.

Bei offenen Brücken wird sich bei gleichmäßiger Belastung aller Querträger die Durchbiegung derselben als momentenfrei gelagerte Balken ohne Zwang vollziehen können (Abb. 332). Sind die Querträger ungleich belastet, dann wird die Gurtung seitlich etwas verbogen, doch ist einzusehen, daß der geringe Biegungswiderstand selbst kräftiger Gurte bei genügend steifen Querträgern nur geringe Einspannungsmomente im Querträger hervorruft. Je steifer der Querträger, um so geringer sind die Zwängungsspannungen, die eine Verformung in der freien Hauptträgergurtung hervorruft. Die Querträger sind daher gerade bei offenen Brücken möglichst steif zu halten, was auch mit Rücksicht auf die Knicksicherheit der Obergurte erwünscht ist. Die Verbindung zwischen Querträger und Pfosten hat so zu erfolgen, daß an der Verbindungsstelle mindestens jene Biegungssteifigkeit des Pfostens vorhanden ist, die nach Festlegung des Querträgers und der Gurtquerschnitte nach den Regeln des Absatzes **50** ermittelt wird.

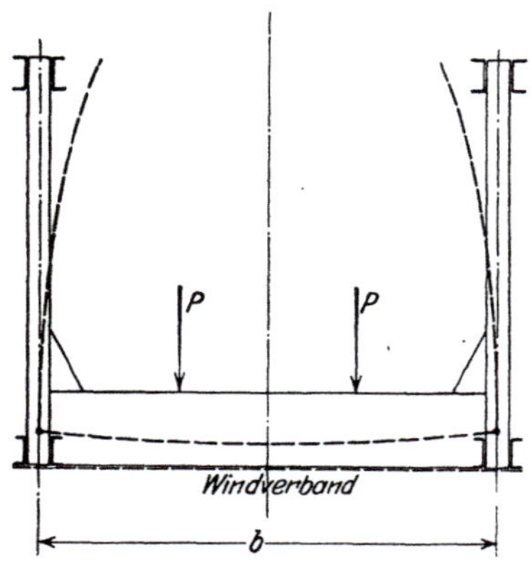

Abb. 332.

Bei geschlossenen Brücken werden die Einspannungsmomente des Querträgers größer, doch bleiben sie auch hier, wenn die Pfosten nicht allzu breit gehalten sind, in bescheidenen Grenzen. Immerhin sind die Momente manchmal so bedeutend, daß bei der Berechnung und baulichen Gestaltung des gegen biegende Momente meist sehr empfindlichen Querträgeranschlusses darauf Rücksicht zu nehmen ist. Die Querträger selbst werden aber auch in diesem Falle als Balken auf zwei Stützen berechnet.

Die Berechnung der Einspannungsmomente des Querträgers bei geschlossener Brücke gestaltet sich ziemlich einfach. Zwei Fälle sind hierbei zu unterscheiden: 1. Der obere Querriegel ist nur drucksteif ausgebildet (Abb. 333a). 2. Der obere Querriegel ist auch biegungssteif (Abb. 333b).

1. Fall (Abb. 333a).

Die Berechnung des gesuchten Eckmomentes M erfolgt am raschesten, wenn wir uns ebenso wie in **48** der Dreimomentengleichungen bedienen[1]). Wir nehmen weiter zur Vereinfachung der Rechnung an, daß die größtmöglichste Querträgerbelastung, die das Balkenmoment M_{max} in der Querträgermitte erzeugt, gleichmäßig über den Querträger

[1]) Siehe auch die Fußnote auf S. 194.

verteilt sei. Unter dieser Annahme ist das Anschlußmoment M an beiden Querträgerenden das gleiche.

Ist p die Querträgerbelastung für die Längeneinheit desselben, so lautet die Dreimomentengleichung:

$$2\,M(h' + b') + Mb' = -\frac{1}{4}p\,b^2\,b',$$

worin

$$h' = \frac{J_q}{J_v}h, \qquad b' = b.$$

Man findet somit für M, wenn man noch auf der rechten Seite für $^1/_8\,p\,b^2$ das rechnungsmäßige Größtmoment M_{max}, mit dem der Querträger bemessen wurde, einführt,

$$M = -\frac{M_{max}}{\frac{h}{b}\frac{J_q}{J_v} + \frac{3}{2}} \quad \ldots \ldots \ldots \ldots \quad (17)$$

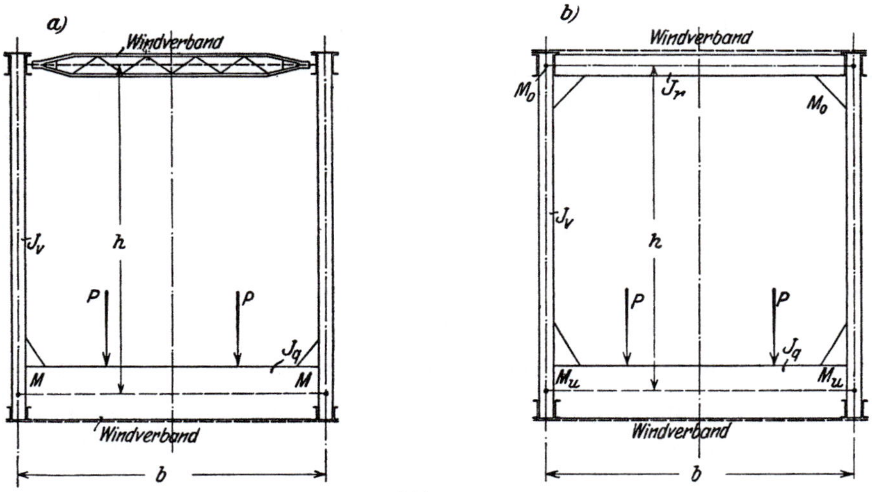

Abb. 333.

2. Fall (Abb. 333b).

Wir fassen jetzt einmal den Riegel und den Pfosten und ein zweites Mal den Pfosten und den Querträger in je einer Dreimomentengleichung zusammen und erhalten so die folgenden beiden Gleichungen:

$$M_o\,b_o' + 2\,M_o(b_o' + h') + M_u\,h' = 0,$$
$$M_o\,h' + 2\,M_u(h' + b_u') + M_u\,b_u' = -2\,M_{max}\,b_u';$$

hierin ist

$$h' = \frac{J_q}{J_v}h, \qquad b_o' = \frac{J_q}{J_r}b, \qquad b_u' = b.$$

Nach Auflösung dieser Gleichungen gewinnt man das Einspannungsmoment

$$M_u = -\frac{2}{3}\,\frac{b_u'(3\,b_o' + 2\,h')}{3\,b_o'\,b_u' + 2\,h'(b_o' + b_u') + h'^2}\,M_{max}$$

oder

$$M_u = -\frac{2}{3}\,\frac{3\,b\frac{J_v}{J_r} + 2\,h}{3\,b\frac{J_v}{J_r} + 2\,h\left(1 + \frac{J_q}{J_r}\right) + \frac{h^2}{b}\frac{J_q}{J_v}}\,M_{max} \quad \ldots \ldots \quad (18)$$

Die Formeln (17) und (18) können natürlich auch angewendet werden, wenn die Querträger oben, die drucksteifen oder biegungssteifen Querriegel unten liegen. Hierbei kann der geringfügige Einfluß eines fallweise unterhalb des Querträgers vorhandenen Strebenkreuzes vernachlässigt werden.

Als Regel gelte, daß die Querträger möglichst steif gebaut werden sollen, die Pfosten aber gerade nur so weit biegungssteif zu machen sind, daß ihre Knicksicherheit gewährleistet ist.

Beispiel. Es ist das Einspannungsmoment des Querträgers der Mittelöffnung der Eisenbahnbrücke über den Rhein bei Ruhrort zu ermitteln. Der Rechnung legen wir folgende Zahlen zugrunde: $J_q = 333$ dm⁴, $J_v = J_r = 19$ dm⁴ (wobei J_r in Wirklichkeit noch geringer ist), $h = 12$ m, $b = 9$ m. Nach Formel (18) wird das Einspannungsmoment

$$M_u = -\frac{2}{3}\,\frac{3\cdot 9\cdot 1 + 2\cdot 12}{3\cdot 9\cdot 1 + 2\cdot 12\left(1 + \frac{333}{19}\right) + \frac{12^2}{9}\cdot\frac{333}{19}}\,M_{max} = -0{,}046\,M_{max}.$$

Wie man sieht, beträgt das Einspannungsmoment weniger als 5% des Größtmomentes. Selbst in den ungünstigsten Fällen erreicht M_u kaum 10% von M_{max}.

Bei oben liegender Bahn (Deckbrücken) werden manchmal bei mehrgleisigen Eisenbahnbrücken mehr als zwei Hauptträger angeordnet. Die Querträger stellen dann meist durchlaufende Balken über mehreren Stützen vor. Hier gilt dasselbe, was wir über das statische Verhalten derartiger Trägerstränge bei den Längsträgern gesagt haben. Solche Querträger sind in der Regel ebenfalls als frei aufliegende Balken zu berechnen.

Bei kleineren Brücken, die keinen Bremsverband aufweisen, erhalten die Querträger aus den Brems- und Anfahrkräften erhebliche Zusatzbeanspruchungen, die von Fall zu Fall nachzuweisen sind. Ist n die Zahl der Querträger der Brücke, so verteilt sich die Bremskraft und Anfahrkraft gleichmäßig auf die n Querträger, so daß jeder derselben mit $\frac{B}{n}$ belastet erscheint. Diese Kraft biegt den Querträger in wagerechter Richtung aus. Bei eingleisigen Brücken ist nur mit der größten Bremskraft zu rechnen, die Anfahrkräfte kommen nicht in Frage. Bei zweigleisigen Brücken, bei denen jedes Gleis nur in einer Richtung befahren werden kann, tritt der ungünstigste Fall dann ein, wenn das eine Gleis voll besetzt ist und der Zug abgebremst wird, die Kräfte wirken dann in der Fahrtrichtung des Zuges, während das zweite Gleis nur mit Lokomotiven besetzt zu denken ist, deren Anfahrwiderstand entgegengesetzt der Fahrtrichtung des zweiten Zuges, also in der Richtung der vom ersten Zug geäußerten Bremskräfte wirkt; Bremskräfte und Anfahrwiderstände addieren sich in diesem Falle (siehe **8**, S. 38). Können beide Gleise in der gleichen Richtung befahren werden, so sind für beide Gleise die größten Bremskräfte maßgebend.

Die vorstehende Überlegung findet sinngemäße Anwendung bei der Bemessung der Bremsverbände, falls solche vorhanden sind. Der Einflußbereich eines Bremsverbandes erstreckt sich dann von Fahrbahnunterbrechung bis Fahrbahnunterbrechung bzw. bis zum Brückenende.

Für die Gurtungen der Bremsverbände ist die Belastung durch die Bremskraft B in einem Gleis, die Anfahrkraft A im zweiten Gleis maßgebend (Abb. 334a). Für die Streben kann aber unter Umständen das gleichzeitige Abbremsen beider Züge ungünstigere Beanspruchungen erzeugen (Abb. 334b), weshalb beide Belastungsfälle zu untersuchen sind. Sind bloß zwei Verbände vorhanden, die an den Brückenenden liegen, ohne daß die Fahrbahn in der Mitte unterbrochen ist, eine Anordnung, die aber nicht als zweckmäßig zu bezeichnen ist (siehe die Ausführungen darüber in **73**), so verteilt sich die Bremskraft auf beide Verbände annähernd gleichmäßig, jeder dieser Verbände ist dann mit der halben Bremskraft zu berechnen.

Liegt die Brücke im Bogen, so ist von Haus aus schwer zu sagen, welcher Querträger am ungünstigsten beansprucht ist. In der Regel ist es der in Brückenmitte. Im übrigen bietet die Berechnung des Querträgers keine Besonderheiten und sei daher nur auf das nachfolgende Berechnungsbeispiel verwiesen.

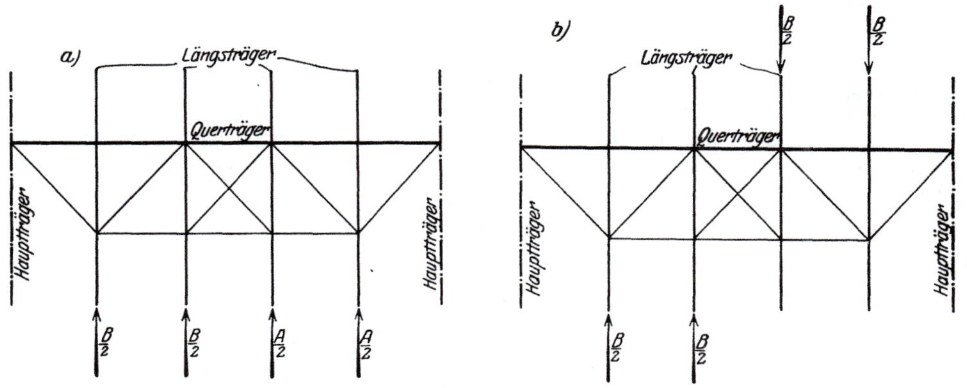

Abb. 334.

Beispiel. Bemessung der Querträger für die im 2. Beispiele, Absatz **74**, S. 386, erwähnte eingleisige Brücke von 24 m Spannweite. Die Hauptträgerentfernung betrage 4,90 m, die Entfernung der Querträger 3,00 m. Der Querschnitt in Brückenmitte ist in Abb. 335 dargestellt. Lage der Gleisachse und Verschiebung des Lastschwerpunktes sind für die Brückenmitte durch die vorangehende Rechnung gegeben. Die betreffenden Maße sind in der Abb. 335 eingetragen.

A. Belastung durch die Hauptkräfte.

1. Ständige Last.

Die ständige Last des Fahrbahnlängsträgers haben wir oben mit $g = 0{,}50$ t/m angesetzt. Im Aufhängepunkte der Fahrbahnlängsträger wirkt sonach eine Last

$$P_g = 0{,}50 \cdot 3 = 1{,}5 \text{ t}.$$

Das Eigengewicht des Querträgers beträgt rd. 0,23 t/m, sonach ist

$$M_g = 1{,}5 \cdot 1{,}55 + \frac{1}{8}\, 0{,}23 \cdot 4{,}90^2 = 3{,}02 \text{ mt}.$$

2. Verkehrslasten.

Die Mittelkraft aus lotrechter Last und Fliehkraft schneidet die Querträgerachse im Punkte E, dessen Abstand von der Brückenachse bei kleineren Brücken und bei eingebauten Schwellenträgern gleich dem Abstand des Schnittpunktes der Mittelkraft mit der Ebene des Schlingerverbandes angenommen werden kann. Diesen Abstand haben wir oben mit 0,18 m bestimmt.

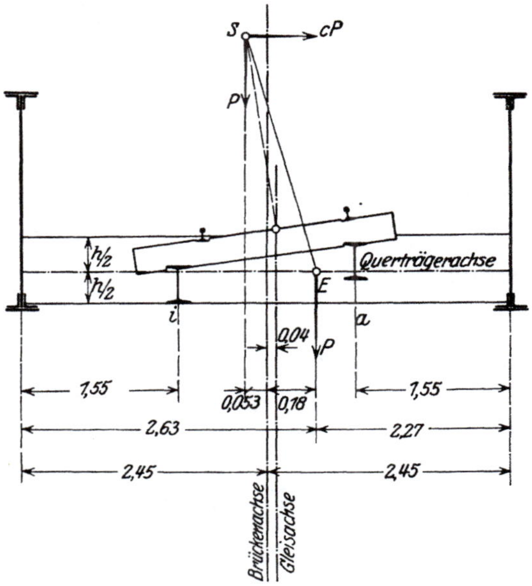

Abb. 335.

Die Querträgerbelastung durch den Lastenzug ***E*** beträgt für ein Gleis lt. Tafel 4 der Vorschriften und mit der Stoßzahl $\varphi = 1{,}60$ (für 5 m Stützweite)

$$P_p = 1{,}60 \cdot 40 = 64 \text{ t}.$$

Diese Kraft ist im Punkte E angreifend zu denken. Sie erzeugt im Aufhängepunkte a des äußeren Schwellenträgers ein Biegungsmoment

$$M_p = 64\, \frac{2{,}63}{4{,}90} \cdot 1{,}55 = 53{,}24 \text{ mt}.$$

Daher Gesamtmoment

$$M_g + M_p = 56{,}26 \text{ mt}.$$

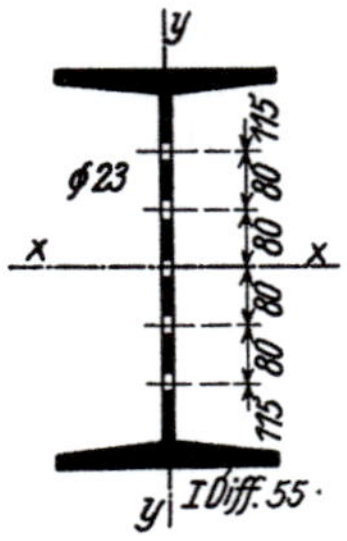

Als Querträger wurde ein Differdinger-Träger von 55 cm Höhe gewählt

$$W_x = 5197 \text{ cm}^3,$$
$$W_y = 839 \text{ cm}^3.$$

Die Größtbeanspruchung beträgt somit

$$\sigma = \frac{5626}{5197} = \mathbf{1{,}082} \text{ t/cm}^2 \qquad (\text{zulässig } 1{,}4 \text{ t/cm}^2).$$

B. Belastung durch die Zusatzkräfte.

Von den Zusatzkräften haben nur die Bremskräfte Bedeutung für den Querträger, und wie wir oben ausgeführt haben, auch nur dann, wenn kein Bremsverband vorhanden ist. Unter dieser Annahme [1]) ergibt sich bei einer Brückenlänge von 24 m eine größte Bremskraft von

$$B = \frac{1}{7} \cdot 240 = 34{,}3 \text{ t},$$

so daß auf einen Querträger

$$\frac{1}{9} B = 3{,}81 \text{ t}$$

entfallen, welche Last in zwei Teilen in den Anschlußpunkten der Längsträger angreift. Das hierdurch bewirkte Moment ist

$$M_B = \frac{3{,}81}{2} 1{,}55 = 2{,}953 \text{ mt}$$

und die Beanspruchung

$$\sigma_B = \frac{295{,}3}{839} = 0{,}352 \text{ t/cm}^2;$$

Gesamtbeanspruchung

$$\sigma + \sigma_B = \mathbf{1{,}434} \text{ t/cm}^2 \qquad (\text{zulässig } 1{,}6 \text{ t/cm}^2).$$

C. Nietanschluß an den Hauptträger.

Auflagerkraft von der bleibenden Last

$$A_g = \frac{1}{2} 0{,}230 \cdot 4{,}9 + 1{,}5 = 2{,}06 \text{ t};$$

Größte Auflagerkraft von der Verkehrslast (einschl. Fliehkraft)

$$A_p = 64 \frac{2{,}63}{4{,}90} = 34{,}35 \text{ t}.$$

Sonach

$$A_g + A_p = 36{,}41 \text{ t}.$$

Der Anschluß erfolgt an den Hauptträger mittels 5 zweischnittiger Nieten ∅ 23. Der Lochleibungsdruck beträgt bei $\delta = 2{,}06$ cm

$$\sigma_l = \frac{36{,}41}{5 \cdot 2{,}3 \cdot 2{,}06} = \mathbf{1{,}537} \text{ t/cm}^2 \qquad (\text{zulässig } 2{,}8 \text{ t/cm}^2).$$

77. Die Querträger der Straßenbrücken.

Die im vorangehenden Absatz erörterten Gesichtspunkte für die Berechnung der Eisenbahnbrücken-Querträger gelten auch im wesentlichen für die Querträger der Straßenbrücken. Die meist geringen wagerechten Kräfte, insbesonders Bremskräfte, spielen bei Straßenbrücken, ausgenommen solchen, über die Straßenbahnen führen, keine Rolle. Aber auch die brückenlängs gerichteten Kräfte der Straßenbahnwagen werden in den seltensten Fällen die Querträger belasten, da die steife Fahrbahnplatte einen ausgezeichneten Bremsverband darstellt. Aus diesen Gründen werden die Querträger der Straßenbahnbrücken nur für lotrechte Lasten, ständige Last und Verkehrslast, berechnet. Das nachstehende Beispiel soll den üblichen Rechnungsgang bei einer breiteren Straßenbrücke darlegen.

---

[1]) Bei der Berechnung der Fahrbahnlängsträger dieser Brücke in **74** wurde angenommen, daß ein Bremsverband vorhanden sei.

Beispiel. Der Querträger der schon in Absatz **75** behandelten Brücke, die in Abb. 326 S. 390 im Querschnitt dargestellt ist, soll berechnet werden. Die Querträgerstützweite beträgt 10,65, die Querträgerabstände 5,15 m. Die Verteilung der ständigen Last ist aus Abb. 326 zu entnehmen. Saumträger und Geländer P_1, Randstein P_2, Gleis P_3 werden als Einzellasten eingeführt, die übrigen Teile der Fahrbahndecke, sowie die Gewichte der Längsträger und das Eisengewicht der Querträger können als gleichförmig verteilte Lasten angesehen werden.

1. Ständige Last.

Einzellasten	Äußerer Gehwegträger	$0{,}050 \cdot 5{,}15$	0,2575 t	$P_1 = 0{,}515$ t
	Geländer	$0{,}050 \cdot 5{,}15$	0,2575 „	
	Randstein	$2{,}8 \cdot 0{,}24 \cdot 0{,}25 \cdot 5{,}15$	0,865 „	$P_2 = 0{,}865$ t
	Gleis	$0{,}075 \cdot 5{,}15$	0,386 „	$P_3 = 0{,}386$ t
Fahrbahn	Hartholzpflaster	$1{,}1 \cdot 0{,}130 \cdot 9{,}8 \cdot 5{,}15$	7,217 „	$p_1 = 34{,}32$ t
	Beton	$2{,}2 \cdot 0{,}155 \cdot 9{,}8 \cdot 5{,}15$	17,210 „	
	Belageisen	$0{,}024 \cdot \frac{100}{31} \cdot 9{,}8 \cdot 5{,}15$	3,907 „	
	Befestigungsmittel hierzu 2%		0,078 „	
	Längsträger	$1{,}05 \cdot 5{,}15$	5,408 „	
	Windverband		0,500 „	
Gehweg	Asphalt	$1{,}2 \cdot 0{,}02 \cdot 3{,}275 \cdot 5{,}15$	0,405 „	$p_2 = 3{,}7$ t
	Monierplatte	$2{,}4 \cdot 0{,}07 \cdot 3{,}275 \cdot 5{,}15$	2,833 „	
	Zwischenquerträger	$0{,}080 \cdot 3{,}275$	0,262 „	
	Konsole		0,200 „	
Eisengewicht des Querträgers			5,200 „	$p_3 = 5{,}2$ t

Die so berechneten Lasten sind in Abb. 336 zur leichteren Berechnung der Momente und Querkräfte übersichtlich dargestellt.

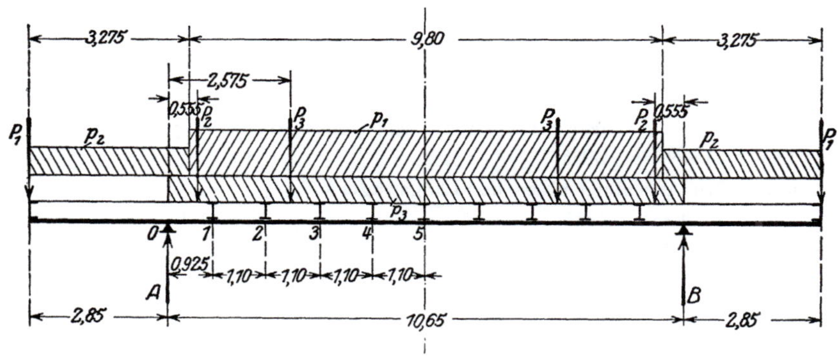

Abb. 336.

Man berechnet zunächst die Auflagerkraft A:

$$A = 0{,}515 + 0{,}865 + 0{,}386 \cdot \frac{8{,}075}{10{,}65} + \frac{1}{2}\,34{,}32 + 3{,}70 + \frac{1}{2}\,5{,}20 = 25{,}132 \text{ t}$$

und damit die Momente in den Längsträgeranschlußpunkten:

$$M_0 = -\,0{,}515 \cdot 2{,}850 - \frac{3{,}70}{3{,}275} \cdot \frac{2{,}850^2}{2} = -\,6{,}056 \text{ mt},$$

$$M_1 = 25{,}132 \cdot 0{,}925 - 0{,}515 \cdot 3{,}775 - 3{,}70 \cdot 2{,}1375 - \frac{5{,}20}{10{,}65} \cdot \frac{0{,}925^2}{2} - \frac{34{,}32}{9{,}8} \cdot \frac{0{,}500^2}{2} - 0{,}865 \cdot 0{,}370 = 12{,}427 \text{ mt},$$

$$M_2 = 25{,}132 \cdot 2{,}025 - 0{,}515 \cdot 4{,}875 - 3{,}70 \cdot 3{,}2375 - \frac{5{,}20}{10{,}65} \cdot \frac{2{,}025^2}{2} - \frac{34{,}32}{9{,}8} \cdot \frac{1{,}600^2}{2} - 0{,}865 \cdot 1{,}470 = 29{,}646 \text{ mt},$$

$$M_3 = 25{,}132 \cdot 3{,}125 - 0{,}515 \cdot 5{,}975 - 3{,}70 \cdot 4{,}3375 - \frac{5{,}20}{10{,}65} \cdot \frac{3{,}125^2}{2} - \frac{34{,}32}{9{,}8} \cdot \frac{2{,}70^2}{2} - 0{,}865 \cdot 2{,}570 - 0{,}386 \cdot 0{,}550 = 41{,}828 \text{ mt},$$

$$M_4 = 25{,}132\cdot 4{,}225 - 0{,}515\cdot 7{,}075 - 3{,}70\cdot 5{,}4375 - \frac{5{,}20}{10{,}65}\cdot\frac{4{,}225^2}{2}$$
$$- \frac{34{,}32}{9{,}8}\cdot\frac{3{,}80^2}{2} - 0{,}865\cdot 3{,}670 - 0{,}386\cdot 1{,}650 \qquad = 48{,}965 \text{ mt},$$
$$M_5 = 25{,}132\cdot 5{,}325 - 0{,}515\cdot 8{,}175 - 3{,}70\cdot 6{,}5375 - \frac{5{,}20}{10{,}65}\cdot\frac{5{,}325^2}{2}$$
$$- \frac{34{,}32}{9{,}8}\cdot\frac{4{,}90^2}{2} - 0{,}865\cdot 4{,}770 - 0{,}386\cdot 2{,}750 \qquad = 51{,}277 \text{ mt}.$$

2. Verkehrslasten.

In Abb. 337 ist die für die Momente im Querträger ungünstigste Gruppierung der Lasten dargestellt. Auf den betrachteten Querträger entfallen folgende Anteile von den einzelnen Verkehrslasten: von der Lokomotive (Lasten L):

$$L' = \frac{2\cdot 4{,}5}{5{,}15}\left(2{,}65 + 4{,}15 + \frac{5{,}15}{2}\right) = 16{,}383 \text{ t};$$

von der Walze (Lasten W_h und W_v):

$$W_h' = 5{,}0 \text{ t}, \qquad W_v' = 8\,\frac{1{,}65}{5{,}15} = 2{,}563 \text{ t};$$

von 12 t-Wagen (Lasten R):

$$R' = 3\,\frac{1{,}35}{5{,}15} = 0{,}786 \text{ t}, \qquad R'' = 3 + 3\,\frac{1{,}35}{5{,}15} = 3{,}786 \text{ t};$$

vom Menschengedränge (Lasten m):

$$m_1' = 0{,}460\cdot 1{,}475\cdot 5{,}15 = 3{,}494 \text{ t}, \qquad m_2' = 2\cdot 0{,}460\cdot 2{,}20\cdot\frac{0{,}65^2}{2\cdot 5{,}15} = 0{,}083 \text{ t},$$
$$m_3' = 0{,}460\cdot\frac{0{,}85^2}{2\cdot 5{,}15}\cdot 2{,}50 = 0{,}081 \text{ t}, \qquad m_4' = 0{,}460\cdot 2{,}50\cdot\frac{3{,}15^2}{2\cdot 5{,}15} = 1{,}108 \text{ t},$$
$$m_5' = 0{,}460\cdot 1{,}975\cdot 5{,}15 = 4{,}679 \text{ t}.$$

Diese Belastung ergibt die Auflagerkräfte A und B:

$$A = \frac{1}{10{,}65}[3{,}494\cdot 9{,}912 + (2\cdot 16{,}383 + 0{,}083)\cdot 8{,}075 + (2\cdot 5{,}00 + 2\cdot 0{,}786 + 2{,}563 + 0{,}081)\cdot 5{,}725$$
$$+ (2\cdot 3{,}786 + 1{,}108)\cdot 3{,}225 + 4{,}679\cdot 0{,}9875] = 38{,}863 \text{ t},$$
$$B = 63{,}918 - 38{,}863 = 25{,}055 \text{ t}$$

und die Momente in den Anschlußpunkten der Längsträger:

$$M_1 = 38{,}863\cdot 0{,}925 - \frac{3{,}494}{1{,}475}\cdot\frac{0{,}925^2}{2} \qquad = 34{,}935 \text{ mt},$$
$$M_2 = 38{,}863\cdot 2{,}025 - 3{,}494\cdot 1{,}2875 - \frac{0{,}083}{2{,}20}\cdot\frac{0{,}55^2}{2} \qquad = 74{,}194 \text{ mt},$$
$$M_3 = 38{,}863\cdot 3{,}125 - 3{,}494\cdot 2{,}3875 - \frac{0{,}083}{2{,}20}\cdot\frac{1{,}65^2}{2} - 2\cdot 16{,}383\cdot 0{,}55 \qquad = 95{,}027 \text{ mt},$$
$$M_4 = 38{,}863\cdot 4{,}225 - 3{,}494\cdot 3{,}4875 - 0{,}083\cdot 1{,}65 - 2\cdot 16{,}383\cdot 1{,}65 - 2\cdot 5{,}00\cdot 0{,}20$$
$$- 2\cdot 0{,}786\cdot 0{,}10 - \frac{0{,}081}{2{,}50}\cdot\frac{0{,}55^2}{2} \qquad = 95{,}648 \text{ mt},$$
$$M_5 = 38{,}863\cdot 5{,}325 - 3{,}494\cdot 4{,}5875 - 0{,}083\cdot 2{,}75 - 2\cdot 16{,}383\cdot 2{,}75 - 2\cdot 5{,}00\cdot 1{,}30$$
$$- 2\cdot 0{,}786\cdot 1{,}20 - \frac{2{,}563}{1{,}40}\cdot\frac{1{,}10^2}{2} - \frac{0{,}081}{2{,}50}\cdot\frac{1{,}65^2}{2} \qquad = 84{,}544 \text{ mt}.$$

Die Gesamtmomente aus bleibender Last und Verkehrslast bestimmen sich somit wie folgt:

$$M_0 = \qquad - 6{,}056 \text{ mt}$$
$$M_1 = + 12{,}427 + 34{,}935 = 47{,}362 \text{ mt}$$
$$M_2 = + 29{,}646 + 74{,}194 = 103{,}840 \text{ mt}$$
$$M_3 = + 41{,}828 + 95{,}027 = 136{,}855 \text{ mt}$$
$$M_4 = + 48{,}965 + 95{,}648 = 144{,}613 \text{ mt}$$
$$M_5 = + 51{,}277 + 84{,}544 = 135{,}821 \text{ mt}.$$

Der weitere Rechnungsgang hat die Querschnittsbestimmung und die Ermittlung der Gurtplattenlängen (Materialverteilung) zur Aufgabe. Wir können diese Rechnung hier überspringen, nachdem der in Rede stehende Querträger bereits in **60** behandelt wurde, und sei deswegen auf das Beispiel auf S. 278 verwiesen.

Die Größtinanspruchnahme ergibt sich im Punkte 4, wo das Moment seinen Größtwert erreicht, mit $W_x = 18040 \text{ cm}^3$ zu

$$\sigma = \frac{14461{,}3}{18040} = \mathbf{0{,}798} \text{ t/cm}^2. \qquad (\text{Zulässig } 0{,}803 \text{ t/cm}^2.)$$

Die größte Auflagerkraft A von der Verkehrslast tritt bei der gleichen Lastgruppierung innerhalb der Fahrbahn auf, wie sie der Berechnung der Momente zugrunde gelegt wurde; hierzu tritt nur die Belastung des auf Seite der Stütze A gelegenen Gehweges durch Menschengedränge.

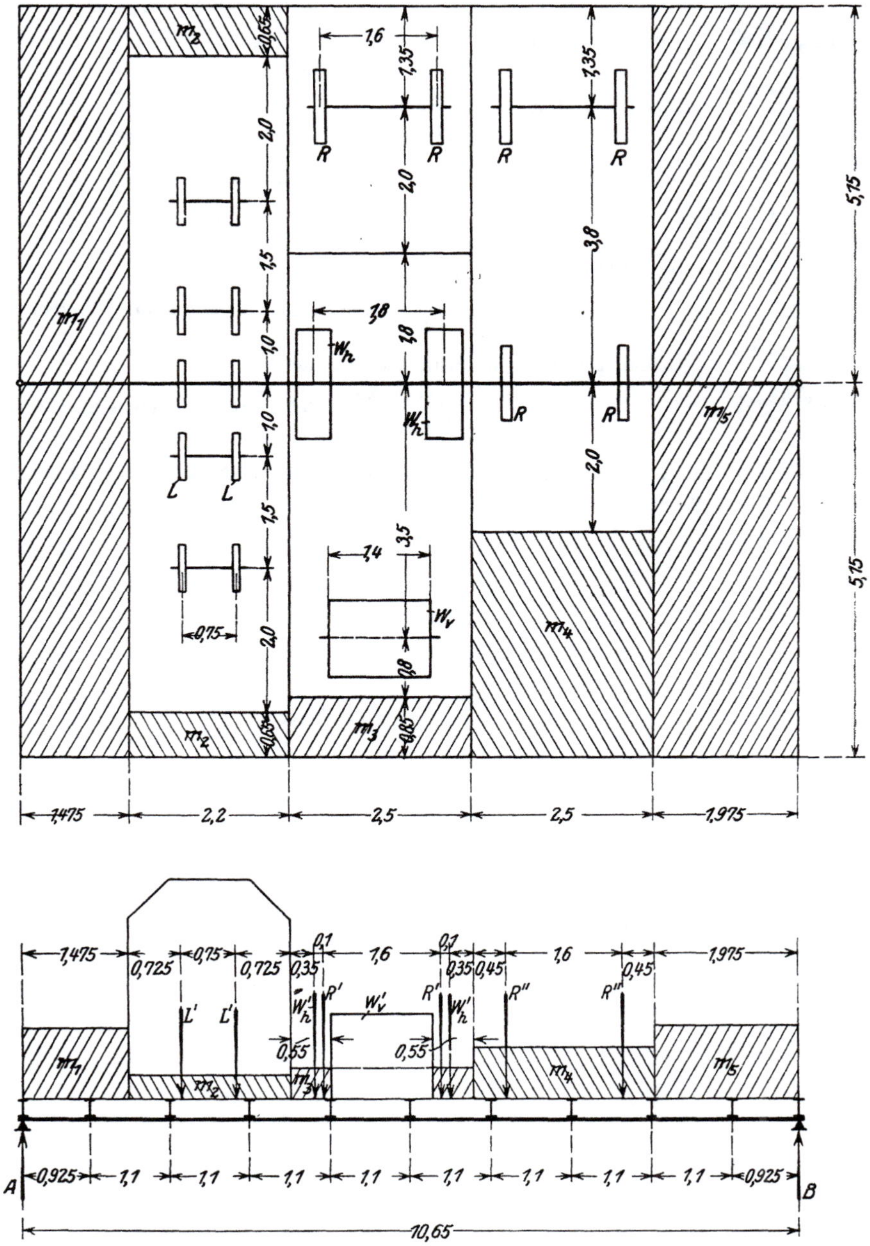

Abb. 337.

Man erhält demnach folgende Auflagerkräfte

von der ständigen Last . . . . $A_g = 25{,}132$ t

„ „ Verkehrslast der Fahrbahn . . . . $A_p = 38{,}863$ t

„ „ „ des Gehweges $A_p'' = 0{,}46 \cdot 2{,}85 \cdot 5{,}15 \, \frac{12{,}075}{10{,}65} = 7{,}655$ t

zusammen $A = 71{,}650$ t

Die Querkraft im Punkte 1 ist demnach[1]):

von der ständigen Last: $Q_g = 25{,}132 - (0{,}515 + 0{,}865 + 3{,}70) = 20{,}052$ t

„ „ Verkehrslast: $Q_p = 38{,}863 + 7{,}655 - 3{,}775 \cdot 5{,}15 \cdot 0{,}460 = 37{,}575$ t

zusammen $Q = 57{,}627$ t.

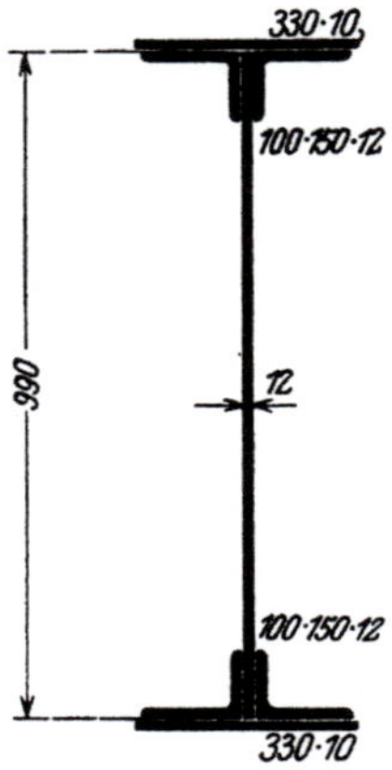

Voller Querschnitt im Punkte 1:

$$J_1 = 515\,890 \text{ cm}^4;$$

Statisches Moment des Gurtes:

$$S_1 = 57{,}12 \cdot 47{,}05 + 33 \cdot 50{,}00 = 4337 \text{ cm}^3;$$

Statisches Moment des halben Querschnittes:

$$S_2 = 4337 + 59{,}4 \cdot \frac{49{,}5}{2} = 5807 \text{ cm}^3.$$

Scherspannung im Stegblech:

$$\tau = \frac{57{,}63 \cdot 5807}{515\,890 \cdot 1{,}2} = 0{,}540 \text{ t/cm}^2 \qquad \text{(zulässig: 600 t/cm}^2\text{);}$$

Größte zulässige Nietdistanz $\varnothing$ 2,2 cm:

$$t = \frac{1{,}2 \cdot 2{,}2 \cdot 1{,}6 \cdot 515\,890}{57{,}63 \cdot 4337} = \mathbf{8{,}73} \text{ cm} \qquad \text{(ausgeführt 8,3 cm).}$$

[1]) Zwischen 0 und 1 ist ein hohes Eckblech eingeschaltet, so daß die größten Schubbeanspruchungen nicht in 0, sondern in 1 eintreten.

Sechster Abschnitt.

Die Hauptträger der eisernen Brücken.

§ 18. Allgemeine Erörterungen.

78. Das Tragwerk als räumliches System betrachtet.

Die althergebrachte Einteilung in Balken-, Bogen- und Hängebrücken hatte in dem Augenblick ihre Bedeutung verloren, als man sich Hauptträgersystemen zuwandte, die man weder in die eine noch in die andere Gruppe einreihen konnte. Wir sehen daher hier von einer Einteilung der Brücken in bestimmte Gruppen nach der statischen Wirkungsweise der Hauptträger ab, um so mehr als dies nur eines von vielen Einteilungsprinzipien wäre, von denen das eine ebenso berechtigt ist wie das andere.

Viel wichtiger erscheint es, in einer allgemeinen Erörterung über die Hauptträger der eigentlichen Wirkungsweise des Brückentragwerks beliebig gerichteten Kräften gegenüber auf den Grund zu gehen. Die Hauptträger stellen mit den sie verbindenden Quer- und Horizontalverbänden ein räumliches System dar, dessen Berechnung in der Regel in der Weise durchgeführt wird, daß die dieses Raumfachwerk bildenden Scheiben mit den in ihre Ebene fallenden Komponenten der Angriffskräfte als ebene Scheiben berechnet werden. Die nachfolgende kurze Untersuchung soll darüber Aufklärung verschaffen, inwieweit dieses vereinfachte Verfahren berechtigt ist. Wir beschränken uns bei dieser Untersuchung auf den einfachen Fachwerkbalken, da die hier gewonnenen Ergebnisse sich unschwer auch auf andere Hauptträgerformen übertragen lassen.

Zwei Anordnungen des räumlichen Systems können grundsätzlich unterschieden werden: 1. Das Tragwerk besteht aus zwei lotrechten Haupttragwänden, einem oberen und unteren Horizontalverband und zwei Endquerverbänden, an deren Stelle auch zwei geschlossene Steifrahmen treten können (Abb. 338a). 2. Das Tragwerk besteht aus zwei Haupttragwänden, einem unteren oder oberen Horizontalverband, und so viel Querverbänden, als zur seitlichen Festhaltung der Knotenpunkte der nicht mit einem Horizontalverband versehenen Gurtung notwendig sind (Abb. 338b). Auch hier können an Stelle der fachwerkartigen Querverbände steife Halbrahmen treten.

Wir betrachten zunächst Fall 1. Ist n die Zahl der Knotenpunkte dieses Raumfachwerkes, so ist, wie die Auszählung zeigt, $3n-6$ die Zahl der Stäbe; sie entspricht also den Forderungen der geometrischen Unverschieblichkeit des Systems. Geht man von einer Ecke aus und untersucht die Art des Aufbaues der Knoten, so überzeugt man sich leicht, daß die Stäbe auch in der richtigen Weise — jeder Knoten ist durch 3 Stäbe an das vorangehende steife Raumstabwerk angeschlossen —, im Systeme angeordnet sind. Das vorliegende Raumsystem ist sonach statisch bestimmt und unverschieblich. Zur statisch bestimmten Lagerung desselben ist die Erfüllung von 6 Auflagerbedingungen notwendig, von denen 3, um Verschiebung und Drehung in der wagerechten Ebene unmöglich zu machen, in diese Ebene fallen müssen. Bei statisch bestimmter Lagerung können also nur mehr drei lotrechte Stützstäbe in drei Eckpunkten angebracht werden.

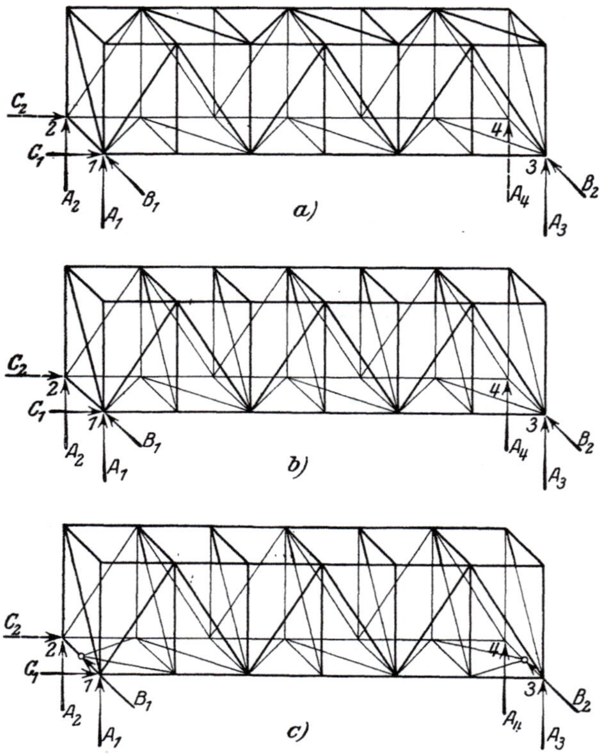

Abb. 338.

Diese Stützung ist in Abb. 338a dargestellt. (Voll gezeichnete Stützkräfte.) Daß diese Stützungsweise von sehr ungünstigem Einfluß auf die Beanspruchungen des Tragwerks wäre, leuchtet ohne weiteres ein. Es ist daher noch eine weitere lotrechte Stützung in Punkt 4 notwendig, zu der meist, der baulichen Durchbildung wegen, noch eine weitere horizontale Stützbedingung in 2 tritt, so daß das so gestützte System in Wirklichkeit zweifach statisch unbestimmt wird.

Faßt man zunächst nur lotrechte Belastungen ins Auge, so erkennt man, daß bei Belastung der einen lotrechten Tragwand, Abb. 339a, die Stützkräfte des belasteten Trägers von der räumlichen Verbindung mit dem zweiten Träger unabhängig sind, wenn man von der sehr geringen Mitverformung des zweiten Trägers absieht. Da sich aber jede lotrechte Belastung des Tragwerks aus einer Übereinanderlagerung von solchen einfachen Belastungszuständen bilden läßt, so leuchtet ein, daß sich unter lotrechten Lasten die Auflagerkräfte im zweifach statisch unbestimmten räumlichen System so bestimmen, wie wenn jede der beiden lotrechten Tragwände für sich bestände[1]). Gleiches gilt für Kräfte, die brückenlängs in der Ebene einer lotrechten Tragwand wirken. Ganz ähnlich ist die Sachlage, wenn wagerechte Kräfte in der Ebene des unteren Horizontalverbandes, der in

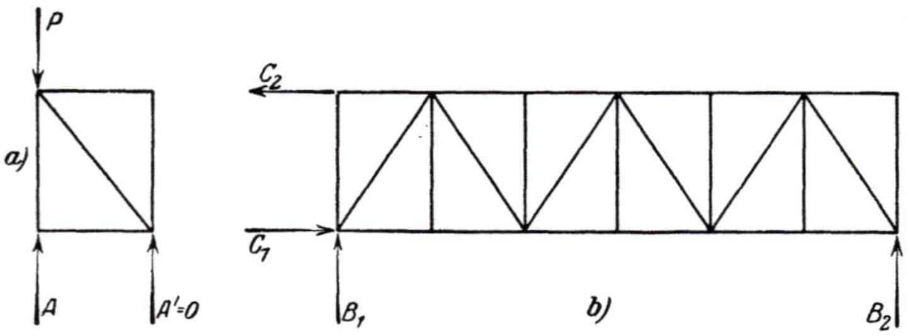

Abb. 339.

der Ebene der vier Auflager liegt, angreifen. Der obere Verband und die Endquerrahmen sind dann vollständig spannungslos, der untere Verband verhält sich wie eine ebene, einerseits eingespannte, anderseits freigelagerte Scheibe, Abb. 339b. Die übliche Zerlegung in ebene Scheiben gilt auch hier, doch vernachlässigt man in der Regel die einseitige Einspannung bei der Ermittlung der Kräfte im unteren Verband.

Eine wagerechte Belastung, die in der Ebene des oberen Verbandes angreift, wird

[1]) Die genaue Berechnung siehe bei Engesser, Zusatzkräfte und Nebenspannungen I.

nur die obere Scheibe und die Stäbe der Endquerverbände beanspruchen. Die lotrechten und wagerechten Widerstände bestimmen sich auch hier genau genug nach statischen Zusammenhängen. In jedem Belastungsfalle kann sonach, wenn das räumliche System durchwegs von ebenen Scheiben begrenzt ist, bei der Berechnung die Zerlegung in ebene Scheiben erfolgen.

Die Überbestimmtheit in der Lagerung des Raumsystemes durch das Hinzutreten der vierten lotrechten Stützkraft äußert sich demnach, praktisch genommen, einzig und allein bei einer Senkung eines der lotrechten Lagerpunkte, in welchem Falle die Endrahmen sehr bedeutende Spannkräfte erhalten. Vollständig geschlossene Brücken sind daher sehr vorsichtig zu lagern.

Ist der Obergurt der Hauptträger gekrümmt, dann gilt für die Berechnung der Hauptträger und des unteren Verbandes das gleiche wie vor, während wagerechte Kräfte, die senkrecht zur Hauptträgerebene die Knoten des oberen Verbandes belasten, sämtliche Stäbe des räumlichen Systems in Spannung setzen. Solche seitliche Lastangriffe verursachen sonach auch in den lotrechten Tragwänden Spannungen.

Wir gehen nun zur Erörterung des in Abb. 338b dargestellten Falles offener Brücken über. Die Abzählung zeigt, daß bei n Knoten $3n - 7$ Stäbe vorhanden sind, so daß zur Erzielung voller Unverschieblichkeit 7 Stützstäbe, 3 in wagerechter Ebene gelegen und 4 lotrechte Stützstäbe notwendig sind. Dieses System ist daher, wenn alle 4 Eckpunkte gestützt sind, statisch bestimmt. Gewöhnlich tritt noch eine weitere wagerechte Stützkraft bei 2 hinzu. Die tatsächlichen Ausführungen sind also einfach statisch unbestimmt. Derartige Systeme sind aber gegen kleine Setzungen eines Stützpunktes unempfindlich, und von diesem Standpunkt aus betrachtet zweckmäßiger als die geschlossenen Brücken. Bei bloß lotrechter Belastung kommt das Raumsystem nicht zur Wirkung.

An den statischen Verhältnissen derartiger räumlicher Tragwerke wird nichts Wesentliches geändert, wenn die wagerechten Stützkräfte B in eigenen Lagerpunkten zwischen den Hauptträgern angreifen. Siehe Abb. 338c.

Wir gelangen so zu folgendem Schlusse: *Die Berechnung der Hauptträger erfolgt, trotzdem sie einen Teil eines räumlichen Systemes darstellen, bei Wirkung lotrechter Lasten; so als ob die Verbindung mit dem räumlichen System nicht vorhanden wäre, also als ebene Träger. Bei wagerechten Lasten treten unter Umständen auch in den lotrechten Hauptträgerwänden Zusatzkräfte auf, die von Fall zu Fall zu berücksichtigen sind.*

Eine ausführliche Erörterung der Ermittlung dieser Zusatzkräfte wird im Zusammenhang mit der Berechnung der Quer- und Längsverbände in Abschnitt VII erfolgen.

Liegen mehr als zwei Hauptträger nebeneinander, so kann die Berechnung derselben als voneinander unabhängige ebene Scheiben dann erfolgen, wenn bloß je zwei der Hauptträger durch Wind und Querverbände zu Raumsystemen vereinigt sind (Abb. 340a).

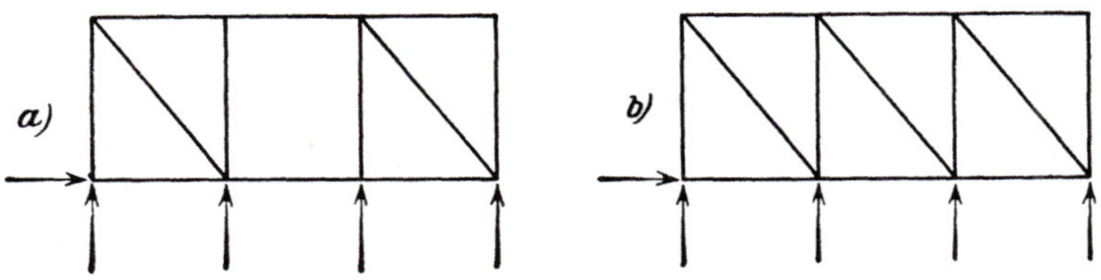

Abb. 340.

In den Auflagerebenen eingebaute Querverbindungen zwischen den einzelnen Raumsystemen sind hierbei belanglos. Sind die Querverbindungen in jeder Querträgerebene (Knotenpunkt) angeordnet, wie dies bei Fehlen eines zweiten Horizontalverbandes notwendig ist, und gehen diese Querverbindungen vom ersten bis zum letzten Hauptträger durch, Abb. 340b, so stellt das so entstehende Raumfachwerk ein vielfach statisch unbestimmtes räumliches System dar, dessen genaue Berechnung außerordentliche Schwierigkeiten bietet.

Die Verbindung der Hauptträger durch die Querrahmen zwingt, falls z. B. nur ein Hauptträger belastet ist, auch die anderen Hauptträger, die Formänderungen des belasteten Trägers mitzumachen, wodurch dieser entlastet wird. Wären die Querverbände vollkommen starr, dann müßten sämtliche Träger die gleichen Formänderungen erleiden. Jede die Fahrbahn treffende Last würde von allen Trägern gemeinsam getragen werden. Durch die elastische Nachgiebigkeit der Verbände wird aber der Anteil der nicht unmittelbar belasteten Träger herabgesetzt, während der unmittelbar belastete Träger den Hauptanteil der Last übernimmt.

Die Verteilung einer die Brückenbahn treffenden Last auf die einzelnen Hauptträger hängt sonach von dem Verhältnis der Steifigkeit der Hauptträger zur Steifigkeit der Querverbände ab; diese selbst verhalten sich wie durchlaufende Balken auf elastischen Stützen. In der Mitte der freien Stützweite, wo die Durchbiegung der Hauptträger groß ist, wird die Anteilnahme der Nachbarträger eine größere sein als gegen die Auflager zu, wo die Durchbiegungen geringer sind.

Die Schwierigkeit der Berechnung dieses vielfach statisch unbestimmten Raumsystemes mag die Ursache sein, daß man bei der Berechnung der Hauptträger von der durch die steifen Querverbände verursachten Lastverteilung absieht, obwohl ihre Berücksichtigung unter Umständen ganz nennenswerte Ersparnisse mit sich bringen dürfte. Eine genaue, aber handliche Theorie derartiger Trägerroste besteht derzeit noch nicht[1]).

79. Eisenbahnbrücken in Gleiskrümmungen.

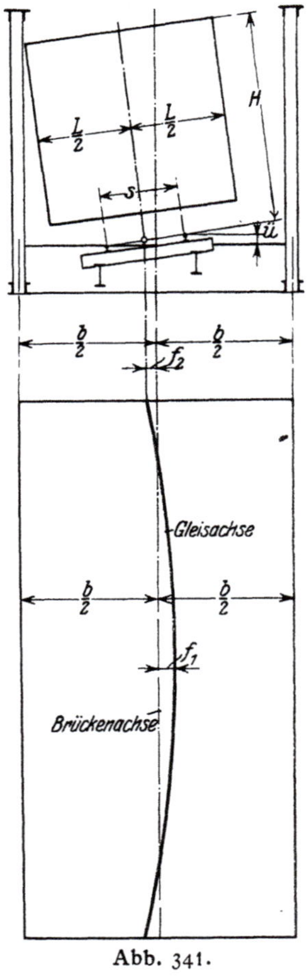

Abb. 341.

Eine besondere Betrachtung verlangen jene Brücken, die im Gleisbogen liegen, da die Lage des Gleises zur Brückenachse und die hierdurch bestimmte Lastverteilung besondere Maßnahmen bei der Berechnung derartiger Brücken erfordert.

Bei Brücken mit zwischen den Hauptträgern liegender Bahn muß der Abstand der Hauptträger der veränderlichen Gleisführung angepaßt werden. Ihr Abstand muß so bemessen sein, daß an jeder Stelle das vorgeschriebene Lichtraumprofil gewahrt bleibt, wobei die Rücksichtnahme auf die Neigung der Fahrzeuge infolge der Schienenüberhöhung nicht übersehen werden darf. Abb. 341.

Bezeichnet L die vorschriftsmäßige lichte Breite in der geraden Strecke, so ist der Abstand der Brückenachse vom inneren Hauptträger gegeben durch

$$\frac{b}{2} = \frac{L}{2} + f_2 + H\frac{ü}{s} \quad \ldots \ldots \ldots (1)$$

Bei Brücken geringer Stützweite wird die Brückenachse vielfach so gelegt, daß sie die Pfeilhöhe des Gleisbogens halbiert, bei größeren Brücken meist so, daß sie durch den Schwerpunkt des Gleisbogens hindurchgeht, also in Brückenmitte den Abstand $\frac{f}{3}$ vom Scheitel des Bogens besitzt. Bei ruhender gleichförmig verteilter Vollbelastung des Gleises ist dann die Gesamtbelastung, die je auf einen der beiden Hauptträger entfällt, gleich. Damit ist natürlich noch lange nicht erreicht, daß auch Momente, Querkräfte, Stabkräfte usw. in

[1]) Es sei hier auf die Arbeit von Zschetsche, Theorie lastverteilender Querverbände, Z. ö. Ing. u. Arch.-Ver. 1893, S. 553 hingewiesen.

beiden Hauptträgern, wenn man auch noch die lotrechte Wirkung der Fliehkraft berücksichtigt, gleich werden. Man hat daher, vornehmlich für die am häufigsten in Frage kommenden Balkenbrücken, Regeln für die Lage des Gleises zur Brückenachse abgeleitet, die der Forderung tunlichst gleichmäßiger Ausnützung beider Hauptträger entsprechen. Die nachfolgende Untersuchung wird Gelegenheit geben, solche Formeln für die Gleislage bei Balkenbrücken zu entwickeln.

a) Die Hauptträger sind einfache Balken[1]).

Den für die Berechnung in Betracht kommenden Einzellastenzug denken wir uns durch eine gleichwertige gleichförmig verteilte Last p ersetzt. E sei der Durchstoßpunkt der Mittelkraft aus p und der Fliehkraft cp mit der der Bahn zunächst gelegenen Windverbandebene (Abb. 342), D der Durchstoßpunkt der Last p mit der gleichen Ebene. (Über die Beiwerte $c = \operatorname{tg} \alpha$ siehe die Tafel 3 auf S. 37.)

Die Abstände i und k der Punkte D und E von der Gleisachse sind durch

$$i = ü \frac{h}{s} \quad \text{und} \quad k = c h_1 - ü \frac{h}{s} \quad . . (2)$$

gegeben. Der geometrische Ort der Durchstoßpunkte E, das ist die Linie der Angriffspunkte der Mittelkraft für Schnellfahrt, bildet demnach einen mit dem Gleisbogen konzentrischen Kreis von Radius $R + k$. Ebenso ist der geometrische Ort der Durchstoßpunkte D, Linie der Angriffspunkte der ruhenden Lasten p, durch einen Kreis mit dem Radius $R - i$ dargestellt.

Der äußere Hauptträger erhält seine größten Beanspruchungen bei Schnellfahrt (Belastungslinie E), der innere Träger entweder bei ruhender Last (Belastungslinie D), falls keine Stoßzahl zu berücksichtigen ist, oder bei Fahrt mit mittlerer Geschwindigkeit $\left(\text{der Fliehkraftkoeffizient wird zu } \frac{c}{2} \text{ angenommen}\right)$ und vollem Stoßzuschlag. Für den letzteren Belastungszustand ist die dritte Belastungslinie D' in Abb. 342 gezeichnet, die genau in die Mitte zwischen die Belastungslinien D und E fällt.

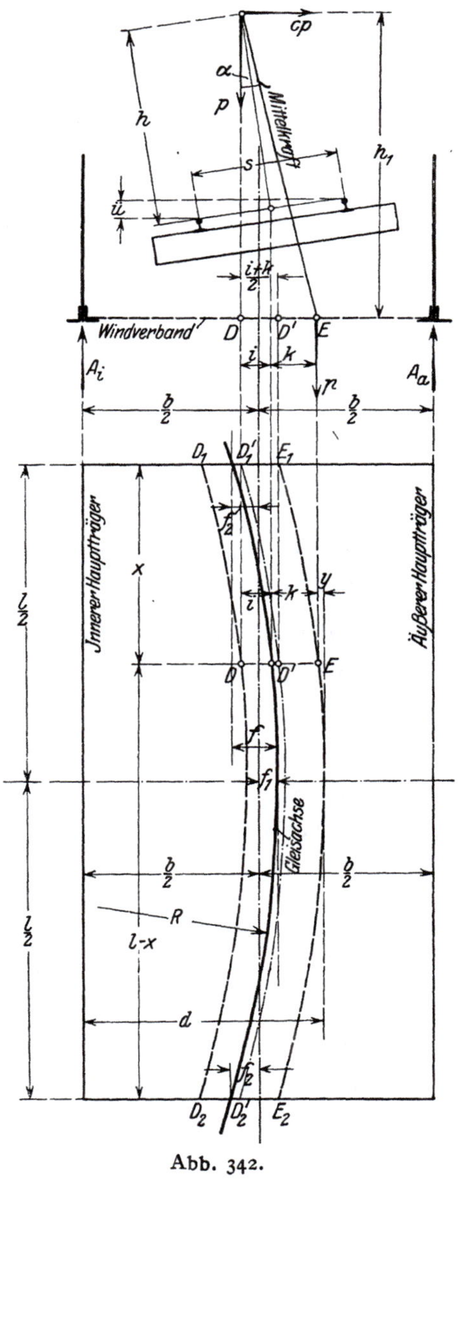

Abb. 342.

1. *Biegungsmomente im äußeren Träger infolge Verkehrslast und Fliehkraft.*

Von der Last p entfällt auf den äußeren Träger

$$p_a = \frac{p}{b}(d - y).$$

Wenn man den Bogen $E_1 E E_2$ als Parabel ansieht, so gilt für die Ordinate y die Gleichung

$$y = \frac{4f}{l^2}\left(\frac{l}{2} - x\right)^2,$$

[1]) Nach Kommerell, Einfluß der Fliehkräfte bei Eisenbahnbrücken. Zentralbl. Bauverw. 1923, S. 84.

wobei

$$f = R - \sqrt{R^2 - \frac{l^2}{4}}.$$

Man erhält somit den Auflagerdruck des äußeren Trägers für Vollbelastung mit p_a

$$A_a = \int\limits_0^{\frac{l}{2}} p_a\, dx = \frac{p}{b} \int\limits_0^{\frac{l}{2}} \left[d - \frac{4f}{l^2}\left(\frac{l}{2} - x\right)^2\right] dx = \frac{p}{2b}\, l \left(d - \frac{f}{3}\right)$$

und damit das Moment M_x^a

$$M_x^a = A_a x - \int\limits_0^x p_a (x - \xi)\, d\xi.$$

Die Auswertung dieser Gleichung liefert

$$M_x^a = \frac{p}{2b}\, x(l - x)\left[d - \frac{f}{3} + \frac{2}{3}\frac{f}{l^2}\, x(l - x)\right].$$

Führt man

$$M_x = \frac{p}{2}\, x(l - x)$$

in die Gleichung ein, so gewinnt man

$$M_x^a = \frac{M_x}{b}\left[d - \frac{f}{3} + \frac{2f}{3l^2}\, x(l - x)\right],$$

oder mit

$$d = \frac{b}{2} + f_1 + k$$

$$M_x^a = M_x\left[\frac{1}{2} + \frac{1}{b}\left(f_1 + k - \frac{f}{3} + \frac{2f}{3l^2}\, x(l - x)\right)\right]. \quad \ldots\ldots (3)$$

Für den Sonderfall $f_1 = \frac{f}{3}$ wird

$$M_x^a = M_x\left[\frac{1}{2} + \frac{1}{b}\left(k + \frac{2f}{3l^2}\, x(l - x)\right)\right]. \quad \ldots\ldots\ldots (3')$$

Für M_x ist der dem Berechnungslastenzug entsprechende Wert des Momentes für ein Gleis einzuführen.

2. *Biegungsmoment im inneren Träger infolge Verkehrslast und Fliehkraft.*

Für den auf den Innenträger entfallenden Belastungsanteil gilt bei ruhender Last

$$p_i = \frac{p}{b}\,[b - (d - y) + k + i] = \frac{p}{b}(b + k + i) - p_a,$$

daher ist das Moment M_x^i im Innenträger, wenn man bedenkt, daß das erste Glied in p_i eine von x unabhängige, also gleichförmige Last vorstellt,

$$M_x^i = p\,\frac{b + k + i}{2b}\, x(l - x) - M_x^a,$$

und wenn man wieder

$$M_x = \frac{p}{2}\, x(l - x)$$

einführt,

$$M_x^i = \frac{b + k + i}{b}\, M_x - M_x^a,$$

oder nach Einsetzen von (3)

$$M_x^i = M_x\left[\frac{1}{2} - \frac{1}{b}\left(f_1 - i - \frac{f}{3} + \frac{2f}{3l^2}\, x(l - x)\right)\right]. \quad \ldots\ldots (4)$$

Für den Sonderfall $f_1 = \frac{f}{3}$ wird

$$M_x^i = M_x\left[\frac{1}{2} - \frac{1}{b}\left(-i + \frac{2f}{3l^2}x(l-x)\right)\right]. \quad \ldots \ldots \ldots (4')$$

Wir ermitteln noch das Moment im Innenträger für den Fall einer **mittleren Zugsgeschwindigkeit**[1].

Man erhält jetzt ähnlich wie vor

$$'M_x^i = \frac{b + \frac{i+k}{2}}{b} M_x - M_x^a,$$

und nach Einführen von M_x^a

$$'M_x^i = M_x\left[\frac{1}{2} - \frac{1}{b}\left(f_1 + \frac{k-i}{2} - \frac{f}{3} + \frac{2f}{3l^2}x(l-x)\right)\right] \quad \ldots \ldots (5)$$

Im Sonderfalle $f_1 = \frac{f}{3}$ wird

$$'M_x^i = M_x\left[\frac{1}{2} - \frac{1}{b}\left(\frac{k-i}{2} + \frac{2f}{3l^2}x(l-x)\right)\right] \quad \ldots \ldots \ldots (5')$$

3. *Querkräfte im Außenträger infolge Verkehrslast und Fliehkraft.*

Für Belastung von x bis l mit p_a erhält man

$$Q_x^a = \frac{1}{l}\int_x^l p_a(l-\xi)\,d\xi = \frac{p}{bl}\int_x^l \left[d - \frac{4f}{l^2}\left(\frac{l}{2} - \xi\right)^2\right](l-\xi)\,d\xi,$$

schließlich nach Durchführung der Integration

$$Q_x^a = \frac{p}{2bl}(l-x)^2\left[d - \frac{f}{3} + \frac{2f}{3l^2}x(2l-3x)\right].$$

Jene gleichmäßig verteilte Belastung p, die die gleiche Querkraft Q_x erzeugt wie der Berechnungslastenzug, geht aus der Beziehung

$$Q_x = \frac{p(l-x)^2}{2l}$$

hervor, so daß nach Einführen dieses Wertes Q_x^a folgende Form annimmt, falls man noch die Beziehung $d = \frac{b}{2} + f_1 + k$ beachtet,

$$Q_x^a = Q_x\left[\frac{1}{2} + \frac{1}{b}\left(f_1 + k - \frac{f}{3} + \frac{2f}{3l^2}x(2l-3x)\right)\right], \quad \ldots \ldots (6)$$

und mit $f_1 = \frac{f}{3}$

$$Q_x^a = Q_x\left[\frac{1}{2} + \frac{1}{b}\left(k + \frac{2f}{3l^2}x(2l-3x)\right)\right] \quad \ldots \ldots \ldots (6')$$

4. *Querkräfte für den Innenträger infolge Verkehrslast und Fliehkraft.*

Für **ruhende Last** gilt wie bei der Berechnung der Momente

$$p_i = \frac{p}{b}(b+k+i) - p_a,$$

[1] M_x^i wird in diesem Falle wohl kleiner, dafür ist es aber mit der Stoßzahl multipliziert der Bemessung zugrunde zu legen.

daraus folgt für die Querkraft Q_x^i im inneren Träger

$$Q_x^i = \frac{b+k+i}{b} Q_x - Q_x^a$$

und schließlich

$$Q_x^i = Q_x \left[\frac{1}{2} - \frac{1}{b}\left(f_1 - i - \frac{f}{3} + \frac{2f}{3l^2} x(2l - 3x)\right)\right] \quad \ldots \ldots \quad (7)$$

Im Sonderfalle $f_1 = \frac{f}{3}$ entsteht

$$Q_x^i = Q_x \left[\frac{1}{2} - \frac{1}{b}\left(-i + \frac{2f}{3l^2} x(2l - 3x)\right)\right] \quad \ldots \ldots \quad (7')$$

Bei mittlerer Zugsgeschwindigkeit wird

$$'Q_x^i = \frac{b + \frac{i+k}{2}}{b} Q_x - Q_x^a,$$

woraus

$$'Q_x^i = Q_x \left[\frac{1}{2} - \frac{1}{b}\left(f_1 + \frac{k-i}{2} - \frac{f}{3} + \frac{2f}{3l^2} x(2l - 3x)\right)\right] \quad \ldots \ldots \quad (8)$$

und für $f_1 = \frac{f}{3}$

$$'Q_x^i = Q_x \left[\frac{1}{2} - \frac{1}{b}\left(\frac{k-i}{2} + \frac{2f}{3l^2} x(2l - 3x)\right)\right] \quad \ldots \ldots \quad (8')$$

folgt.

Die abgeleiteten Formeln können dazu dienen, jene Lage der Gleisachse ausfindig zu machen, bei der tunlichst gleichgroße Momente in den beiden Hauptträgern erzeugt werden. Aus der Bedingung $M_x^a = M_x^i$ (Innenträger für ruhende Last) folgt

$$M_x\left[\frac{1}{2} + \frac{1}{b}\left(f_1 + k - \frac{f}{3} + \frac{2f}{3l^2} x(l-x)\right)\right] = M_x\left[\frac{1}{2} - \frac{1}{b}\left(f_1 - i - \frac{f}{3} + \frac{2f}{3l^2} x(l-x)\right)\right],$$

und daraus

$$f_1 = \frac{f}{3}\left[1 - \frac{2x(l-x)}{l^2}\right] - \frac{k-i}{2} \quad \ldots \ldots \quad (9)$$

Der Wert f_1 hängt von x ab, die Bedingung kann also nur in einem einzigen Punkt genau erfüllt werden.

Um eine möglichst wirtschaftliche Anordnung zu erzielen, bestimmt man aus den für die einzelnen Punkte nach Formel (9) berechneten f_1 einen mittleren Wert. Man findet so z. B. für

$$\frac{x}{l} = 0{,}1 \ \ldots \ f_1 = \frac{f}{3}(1 - 2 \cdot 0{,}1 \cdot 0{,}9) - \frac{k-i}{2},$$

$$\frac{x}{l} = 0{,}2 \ \ldots \ f_1 = \frac{f}{3}(1 - 2 \cdot 0{,}2 \cdot 0{,}8) - \frac{k-i}{2},$$

$$\frac{x}{l} = 0{,}3 \ \ldots \ f_1 = \frac{f}{3}(1 - 2 \cdot 0{,}3 \cdot 0{,}7) - \frac{k-i}{2}$$

$$\vdots \qquad\qquad \vdots$$

und den Mittelwert daraus

$$f_1 = \frac{f}{3}\left[1 - \frac{4}{9}(0{,}09 + 0{,}16 + 0{,}21 + 0{,}24) - \frac{2}{9}\,0{,}25\right] - \frac{k-i}{2},$$

oder

$$f_1 = 0{,}211\, f - \frac{k-i}{2} \quad \ldots \ldots \quad (10)$$

In gleicher Weise ermittelt man für den Fall, daß der Innenträger für mittlere Geschwindigkeit (mit einem Stoßzuschlag) berechnet wird, für das günstigste f_1

$$f_1 = 0{,}211\, f - \frac{3k - i}{4} \quad \ldots \ldots \ldots \ldots (10')$$

Führt man schließlich Gl. (10) bzw. (10′) in die Gl. (3) bis (8) ein, so gewinnt man die in Tafel 38, S. 412, in der vierten und letzten Zeile angegebenen Gleichungen für die Momente und Querkräfte.

Die Fliehkräfte selbst werden von dem der Bahn zunächst gelegenen Windverband aufgenommen. Die hierdurch in den Gurtungen hervorgerufenen Zusatzspannungen sind in jedem Falle zu berücksichtigen.

Ist c der Fliehkraftkoeffizient, so sind die Momente zur Berechnung dieser Gurtkräfte durch cM_x gegeben, wobei M_x das für die gerade Strecke und ein Gleis gültige Balkenmoment bedeutet.

b) Die Hauptträger werden mittels Einflußlinien berechnet.

Der von einer an der Stelle x wirkenden Einzellast P auf den äußeren bzw. inneren Hauptträger entfallende Lastanteil p_a bezw. p_i ist durch die Lage der Belastungslinien E bezw. D oder D' gegeben. Die Lage der Belastungslinien ist durch den Abstand f_1 und durch die Verschiebungsgrößen k und i festgelegt. Siehe die Gl. (2) und die Abb. 342. In Abb. 343 ist der Tragwerkgrundriß mit der Brückenachse und der z. B. für den äußeren Träger maßgebenden Belastungslinie E dargestellt. Darunter ist die Einflußlinie für irgendeine Wirkung in irgendeinem Punkte verzeichnet. Wir bezeichnen mit y_E die Ordinaten jener Belastungslinie, die zum äußeren Hauptträger gehört, bezogen auf den inneren Hauptträger als Abszissenachse, mit η die Ordinaten der Einflußlinie, mit b den Abstand der Hauptträger. Eine im Querschnitt x stehende Last P belastet den äußeren Hauptträger mit

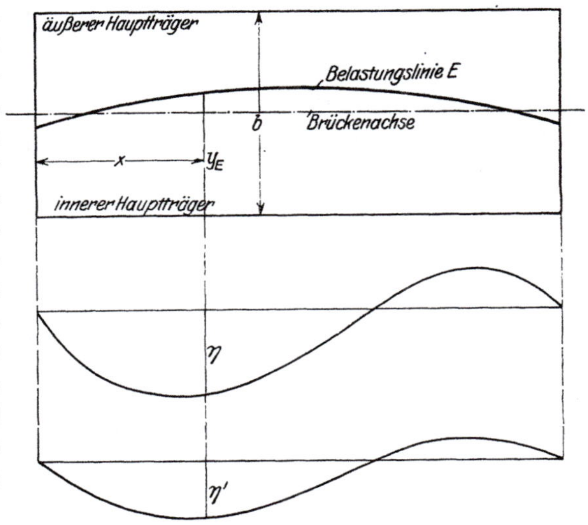

Abb. 343.

$$P_a = P \frac{y_E}{b},$$

wenn P die Achslast ist. Die Wirkung W dieser Kraft beträgt daher

$$W = P \frac{y_E}{b} \eta = P\eta',$$

wenn man mit $\eta' = \frac{y_E}{b} \eta$ die Ordinaten einer neuen Einflußlinie (reduzierte Einflußlinie) bezeichnet. Damit ist der Berechnungsvorgang festgelegt. *Man ermittelt aus den gewöhnlichen Einflußlinien reduzierte Einflußlinien, indem man die der Abszisse x entsprechende Ordinate η mit dem der gleichen Abszisse zugehörenden Wert $\frac{y_E}{b}$ multipliziert. Die so gewonnenen neuen Einflußlinien sind die Einflußlinien für den äußeren Träger.*

Tafel 38.

Momente und Querkräfte in den Hauptträgern von Balkenbrücken in Gleiskrümmungen (nach Kommerell).

Abstand f_1 der Gleisachse von der Brückenachse in Brückenmitte	Moment im Querschnitt x, herrührend von der Verkehrslast und der Fliehkraft beim Außenträger	Innenträger bei ruhender Last	Innenträger bei mittlerer Geschwindigkeit
bei beliebigem f_1	$M_x^a = M_x\left[\frac{1}{2}+\frac{1}{b}\left(f_1+k-\frac{f}{3}+\frac{2f}{3l^2}x(l-x)\right)\right]$	$M_x^i = M_x\left[\frac{1}{2}-\frac{1}{b}\left(f_1-i-\frac{f}{3}+\frac{2f}{3l^2}x(l-x)\right)\right]$	$M_x^i = M_x\left[\frac{1}{2}-\frac{1}{b}\left(f_1+\frac{k-i}{2}-\frac{f}{3}+\frac{2f}{3l^2}x(l-x)\right)\right]$
für $f_1=\frac{f}{3}$	$M_x^a = M_x\left[\frac{1}{2}+\frac{1}{b}\left(k+\frac{2f}{3l^2}x(l-x)\right)\right]$	$M_x^i = M_x\left[\frac{1}{2}-\frac{1}{b}\left(-i+\frac{2f}{3l^2}x(l-x)\right)\right]$	$M_x^i = M_x\left[\frac{1}{2}-\frac{1}{b}\left(\frac{k-i}{2}+\frac{2f}{3l^2}x(l-x)\right)\right]$
für $f_1=0{,}211\,f-\frac{k-i}{2}$	$M_x^a = M_x\left[\frac{1}{2}+\frac{1}{b}\left(\frac{i+k}{2}-0{,}122\,f+\frac{2f}{3l^2}x(l-x)\right)\right]$	$M_x^i = M_x\left[\frac{1}{2}+\frac{1}{b}\left(\frac{i+k}{2}+0{,}122\,f-\frac{2f}{3l^2}x(l-x)\right)\right]$	—
für $f_1=0{,}211\,f-\frac{3k-i}{4}$	$M_x^a = M_x\left[\frac{1}{2}+\frac{1}{b}\left(\frac{i+k}{4}-0{,}122\,f+\frac{2f}{3l^2}x(l-x)\right)\right]$	—	$M_x^i = M_x\left[\frac{1}{2}+\frac{1}{b}\left(\frac{i+k}{4}+0{,}122\,f-\frac{2f}{3l^2}x(l-x)\right)\right]$

Abstand f_1 der Gleisachse von der Brückenachse in Brückenmitte	Querkraft im Querschnitt x, herrührend von der Verkehrslast und der Fliehkraft beim Außenträger	Innenträger bei ruhender Last	Innenträger bei mittlerer Geschwindigkeit
bei beliebigem f_1	$Q_x^a = Q_x\left[\frac{1}{2}+\frac{1}{b}\left(f_1+k-\frac{f}{3}+\frac{2f}{3l^2}x(2l-3x)\right)\right]$	$Q_x^i = Q_x\left[\frac{1}{2}-\frac{1}{b}\left(f_1-i-\frac{f}{3}+\frac{2f}{3l^2}x(2l-3x)\right)\right]$	$Q_x^a = Q_x\left[\frac{1}{2}-\frac{1}{b}\left(f_1+\frac{k-i}{2}-\frac{f}{3}+\frac{2f}{3l^2}x(2l-3x)\right)\right]$
für $f_1=\frac{f}{3}$	$Q_x^a = Q_x\left[\frac{1}{2}+\frac{1}{b}\left(k+\frac{2f}{3l^2}x(2l-3x)\right)\right]$	$Q_x^i = Q_x\left[\frac{1}{2}-\frac{1}{b}\left(-i+\frac{2f}{3l^2}x(2l-3x)\right)\right]$	$Q_x^a = Q_x\left[\frac{1}{2}-\frac{1}{b}\left(\frac{k-i}{2}+\frac{2f}{3l^2}x(2l-3x)\right)\right]$
für $f_1=0{,}211\,f-\frac{k-i}{2}$	$Q_x^a = Q_x\left[\frac{1}{2}+\frac{1}{b}\left(\frac{i+k}{2}-0{,}122\,f+\frac{2f}{3l^2}x(2l-3x)\right)\right]$	$Q_x^a = Q_x\left[\frac{1}{2}+\frac{1}{b}\left(\frac{i+k}{2}+0{,}122\,f-\frac{2f}{3l^2}x(2l-3x)\right)\right]$	—
für $f_1=0{,}211\,f-\frac{3k-i}{4}$	$Q_x^a = Q_x\left[\frac{1}{2}+\frac{1}{b}\left(\frac{i+k}{4}-0{,}122\,f+\frac{2f}{3l^2}x(2l-3x)\right)\right]$	—	$Q_x^a = Q_x\left[\frac{1}{2}+\frac{1}{b}\left(\frac{k+i}{4}+0{,}122\,f-\frac{2f}{3l^2}x(2l-3x)\right)\right]$

M_x und Q_x sind Moment und Querkraft im Querschnitt x für ein Gleis in der geraden Strecke. i und k sind nach Formel (2) Seite 407 zu berechnen.

Sinngemäß geht man bei der Berechnung des inneren Trägers vor. An Stelle der Belastungslinie E tritt die Linie D oder D'. Bezieht man die Ordinaten y_D jetzt auf den äußeren Träger, so erhalten die reduzierten Einflußlinien die Ordinaten

$$\eta' = \frac{y_D}{b}\,\eta .$$

§ 19. Vollwandige Träger.

80. Der Balken auf zwei Stützen.

Vollwandige Balken-Hauptträger werden im Eisenbrückenbau nur für kleinere Stützweiten bis etwa 30 m, seltener darüber, verwendet, da sich oberhalb dieser Stützweite der Fachwerkbalken als wirtschaftlicher erweist. Im übrigen hängt jene Grenzstützweite, bis zu der der vollwandige Balken noch wirtschaftliche Vorteile bietet, in erster Linie von der Größe der Nutzlasten ab. Je größer diese sind, desto höher rückt die Grenzstützweite. War vor wenigen Jahren diese Grenze bei europäischen Eisenbahnbrücken etwa bei 25 m gelegen, so ist sie neuerdings durch die Erhöhung der Verkehrslasten auf 30 m und darüber gestiegen. Im Straßenbrückenbau liegt diese Grenze, den geringeren Gewichten der Verkehrsmittel entsprechend, wesentlich tiefer.

Die Berechnung der Vollwandbalken bietet nichts Besonderes, weshalb wir hier nur ganz kurz darauf eingehen. Zwecks Anpassung der Querschnitte an den Momentenverlauf ist es in jedem Falle notwendig, die Linie der Größtmomente festzulegen. Dies kann im wesentlichen auf zweifache Weise geschehen.

1. Man bestimmt rechnerisch oder besser zeichnerisch in bekannter Weise für etwa 6—10 Punkte des Hauptträgers (Querträgeranschlußpunkte, falls solche vorhanden) die Beträge der Größtmomente und erhält so ein Polygon, das die Linie der Größtmomente darstellt. Dieses Verfahren wird man gerne dann anwenden, wenn mittelbare Belastung durch Querträger in Frage kommt.

2. Man berechnet das überhaupt größte Balkenmoment und bestimmt mit demselben eine Umhüllende der Größmomente, bestehend aus einer Geraden von etwa $^1/_{10}\, l$ Länge und rechts und links anschließenden Halbparabeln. Bei der Berechnung von max $M_{\max}$ erinnere man sich des Satzes:

Zur Erzielung des überhaupt größten $M_{\max}$ muß der Lastenzug so aufgestellt werden, daß die Trägermitte den Abstand der Mittelkraft vom gefährlichen Querschnitt halbiert. Der gefährliche Querschnitt liegt hierbei in der Regel unter der der Mittelkraft am nächsten stehenden Last. Abb. 344 [1]).

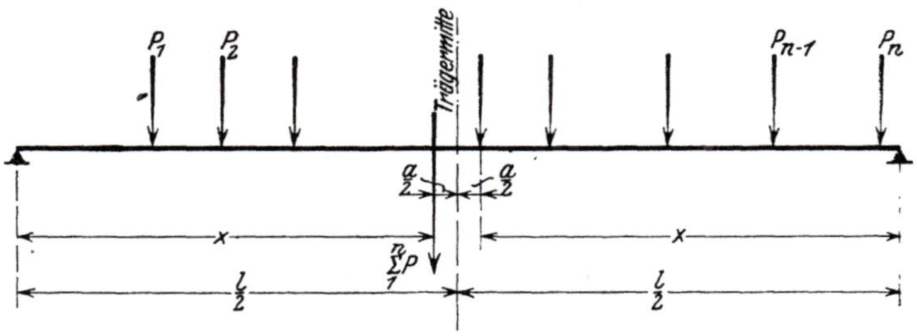

Abb. 344.

Bei Eisenbahnbrücken ist in den meisten Fällen max $M_{\max}$ durch die den Vorschriften beigegebenen Tabellen bestimmt.

[1]) In Ausnahmsfällen kann auch eine andere als die der Mittelkraft zunächstliegende Last maßgebende Last sein. Allgemein ist die maßgebende Last, die auf den gefährlichen Querschnitt zu stellen ist, durch die Ungleichungen

$$\sum_1^n P < \frac{l}{x}\sum_1^i P \text{ und } \sum_1^n P > \frac{l}{x}\sum_1^{i-1} P$$

festgelegt. Hierbei ist i der Zeiger der maßgebenden Last und x ihr Abstand von der linken Stütze

In der Regel genügt die Bestimmung der größten Auflagerkraft zur Ermittlung der Stegblechdicke und der Nietteilung in den Gurten. Den Abstand der Absteifungen und die Stärke derselben bemesse man nach den in **60** gegebenen Regeln.

Die für das Trägergewicht günstigste Stegblechhöhe h wähle man nach der von Melan angegebenen Formel[1])

$$h = \sqrt{\frac{2\,M_{\max}}{(\delta + 0{,}4)\,\sigma_{zul}}}, \qquad (1)$$

worin δ die Stegdicke, σ_{zul} die zulässige Beanspruchung bedeuten.

Durchbiegung.

Obwohl es nicht schwer ist, durch Zeichnung einer Biegelinie die Durchbiegung in der Mitte des Balkens zu bestimmen, so ist es doch von Vorteil, über eine einfache Formel für die Durchbiegung $y_{\max}$ zu verfügen, die die Querschnittsveränderlichkeit wenigstens annähernd berücksichtigt. Nimmt man an, daß der reziproke Wert des Trägheitsmomentes bei einem symmetrisch gebauten Träger sich nach einer Parabel zweiter Ordnung ändere, was bei Trägern mit gleichbleibender Steghöhe beiläufig zutrifft, so läßt sich folgende Formel ableiten:

Bezeichnet: J_m das Trägheitsmoment in Trägermitte,
J_0 „ „ am Trägerende,

so ist der reziproke Wert von J an der Stelle x, wobei x von einem Ende aus gezählt wird, unseren Annahmen gemäß gegeben durch

$$\frac{1}{J} = \frac{1}{J_m}\left[1 + \alpha\left(1 - 2\frac{x}{l}\right)^2\right], \quad \text{wobei } \alpha = \frac{J_m - J_0}{J_0}. \qquad (2)$$

Führt man $\frac{1}{J}$ in die Gleichung der elastischen Linie ein, die wir für den Fall gleichförmig verteilter Belastung p integrieren wollen, so erhält man

$$\frac{d^2 y}{dx^2} = -\frac{1}{2}\frac{p x (l - x)}{E J_m}\left[1 + \alpha\left(1 - 2\frac{x}{l}\right)^2\right].$$

Die Integration dieser Gleichung liefert:

$$y = \frac{p l^4}{24 E J_m}\left\{\frac{x}{l} - 2\left(\frac{x}{l}\right)^3 + \left(\frac{x}{l}\right)^4 + \alpha\left[\frac{1}{5}\frac{x}{l} - 2\left(\frac{x}{l}\right)^3 + 5\left(\frac{x}{l}\right)^4 - \frac{24}{5}\left(\frac{x}{l}\right)^5 + \frac{8}{5}\left(\frac{x}{l}\right)^6\right]\right\}.$$

Die größte Durchbiegung in der Mitte $\left(x = \frac{l}{2}\right)$ beträgt

$$y_{\max} = \frac{5 p l^4}{384 E J_m}\left(1 + \frac{3}{25}\alpha\right),$$

oder wenn man $\frac{1}{8} p l^2 = M_{\max}$ einführt,

$$y_{\max} = \frac{5}{48}\frac{M_{\max} l^2}{E J_m}\left(1 + \frac{3}{25}\alpha\right). \qquad (3)$$

Diese Formel gibt in der Regel etwas zu große Werte für y_{max}. α ist gemäß Gl. (2) aus den Trägheitsmomenten J_m und J_0 zu berechnen.

81. Der durchlaufende Gelenkbalken (Gerberträger).

Die Berechnung der Kragträger erfolgt am zweckmäßigsten mittels der Einflußlinien. In der Abb. 345 ist die bekannte Konstruktion der Einflußlinien für das Moment M_x dargestellt. Abb. 345a zeigt den Verlauf der Einflußlinie für einen Quer-

[1]) Melan, Der Brückenbau; III. Bd., 1. Hälfte, 2. Auflage S. 128. Leipzig und Wien 1921.

trägeranschlußpunkf x des Kragträgers, der zwischen den Stützen A und B liegt. Sein Einflußbereich erstreckt sich bis auf die beiden eingehängten Nachbarfelder. Abb. 345 b ist die Momenten-Einflußlinie für einen Punkt x' des Kragarmes. Man zeichnet diese Einflußlinien für alle Punkte, in denen die Querträger angeschlossen sind. In der Abb. 345c und d sind die Einflußlinien für die Querkräfte in einem Querträgerfelde des Kragträgers zwischen den Stützen A und B und in einem Felde außerhalb derselben dargestellt. Abb. 345e veranschaulicht endlich die Einflußlinien der Auflagerkraft A. Die Berechnung der Schwebeträger kann mittels der max-Momentenlinie, wie in **80** angegeben, durchgeführt werden. Hat man Einflußlinien aufgetragen, so berechne man auch die Wirkung der ständigen Last mittels derselben, da sich die Flächen rasch auswerten lassen.

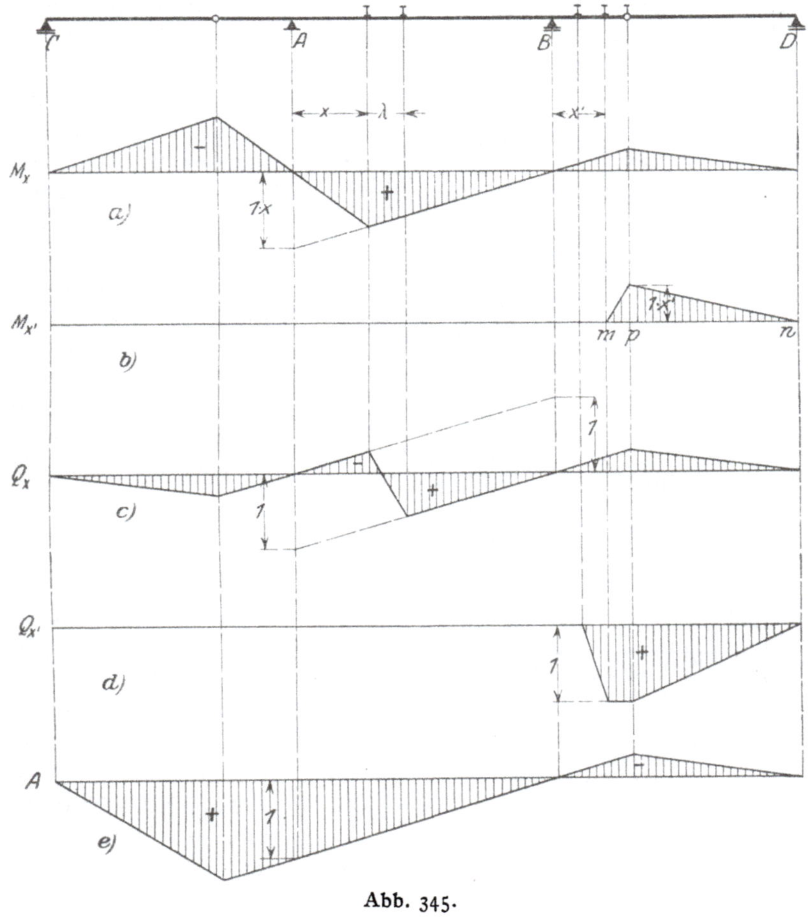

Abb. 345.

Bei der Ermittlung der Momente kann man meist der Einflußlinien entraten. Die einzelnen Einflußlinienzweige sind einfache Dreiecke, stimmen also mit der Momenteneinflußlinie eines Balkens, dessen Stützweite gleich der Basis dieses Dreiecks ist, überein. Damit ist die maßgebende Laststellung für jeden Querschnitt gegeben. Für den Punkt x' des Kragarmes z. B. (Abb. 345b) sind die Lasten so aufzustellen, als wäre mn ein Balken, in dessen Querschnitt p das Größtmoment zu ermitteln ist. Sind die maßgebenden Laststellungen einmal bekannt, so macht die Ausrechnung der Momente keine Schwierigkeiten.

82. Durchlaufende Balken ohne Gelenke.

Diese in einer früheren Periode des Eisenbrückenbaues sehr beliebte Trägerart wird in der Jetztzeit nur mehr selten angewendet. Bei gutem Baugrund ist aber ihre Anwendung unbedenklich und bietet neben wirtschaftlichen Vorteilen auch die Möglichkeit einfacher und sparsamer Aufstellungsweisen. Die Kontinuität soll sich aber auf nicht mehr als auf drei Felder erstrecken, um so mehr als mit zunehmender Felderzahl die weiteren Ersparnisse an Baustoff nicht mehr nennenswert sind. Bei kleinen Spannweiten, die wir in diesen Paragraphen im Auge haben, ist der kontinuierliche Träger dem Gerberbalken, dessen Gelenke unter den Stoßwirkungen meist sehr leiden, vorzuziehen. Die Verringerung der Momente gegenüber dem einfachen Balkenträger macht es möglich, bei schwersten Lasten vollwandige durchgehende Balkenträger bis 35 oder gar 40 m Spannweite billiger zu erstellen als Fachwerkträger.

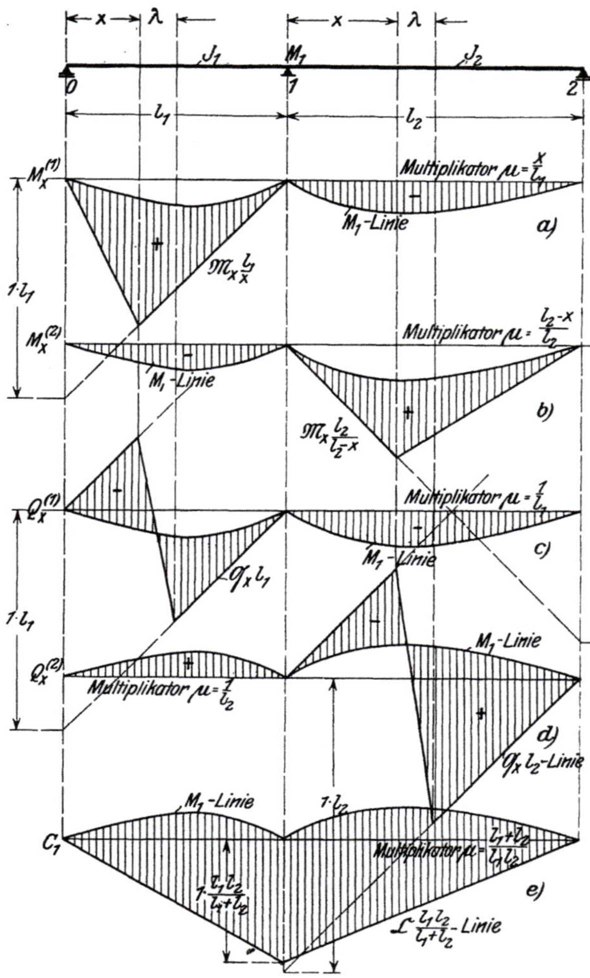

Abb. 346.

Die Berechnung wird meist unter der Annahme konstanten Querschnittes innerhalb einer Öffnung durchgeführt. Bei genaueren Untersuchungen ist es aber angezeigt, vornehmlich dann, wenn die Trägerhöhe veränderlich ist, was oft der Fall ist, die Änderung des Trägheitsmomentes zu berücksichtigen. Zunächst soll die Berechnung bei unveränderlichem Querschnitt innerhalb eines Feldes erörtert werden, worauf auf die Berechnung bei stetig veränderlichem Querschnitt eingegangen werden soll.

a) Träger auf drei festen Stützen (Abb. 346).

Aus der Dreimomentengleichung[1])

$$2\,M_1\,(l_1' + l_2') = N,$$

wobei

$$l_1' = l_1 \quad \text{und} \quad l_2' = l_2\,\frac{J_1}{J_2}$$

[1]) Siehe: Bleich, Die Berechnung statisch unbestimmter Tragwerke nach der Methode des Viermomentensatzes. Berlin 1918.

und N das von der Belastung abhängige Glied ist, erhält man die einzige Überzählige M_1

$$M_1 = \frac{N}{2\left(l_1 + l_2 \frac{J_1}{J_2}\right)} \quad \ldots \ldots \ldots \ldots \quad (4)$$

Ist M_1 bekannt, so ist es leicht, Moment und Querkraft für einen beliebigen Punkt oder die Auflagerkräfte zu bestimmen. Man benützt hierzu folgende allgemeinen Beziehungen für den Träger mit beliebig vielen Stützen[1]):

Moment:

$$M_x = \mathfrak{M}_x + M_{k-1} + \frac{M_k - M_{k-1}}{l_k} x; \quad \ldots \ldots \ldots \quad (5)$$

Querkraft:

$$Q_x = \mathfrak{Q}_x + \frac{M_k - M_{k-1}}{l_k} \quad \ldots \ldots \ldots \ldots \quad (6)$$

$\mathfrak{M}_x$ und $\mathfrak{Q}_x$ sind Moment und Querkraft an der Stelle x (x Abstand von der linken Stütze) infolge der gegebenen Belastung, wenn das Feld l_k als frei aufliegender Träger angesehen wird.

Auflagerkraft:

$$C_k = \mathfrak{C}_k + \frac{M_{k+1} - M_k}{l_{k+1}} - \frac{M_k - M_{k-1}}{l_k} \quad \ldots \ldots \ldots \quad (7)$$

$\mathfrak{C}_k$ ist die Summe der Auflagerkräfte der beiden über der Stütze k zusammenstoßenden Felder, falls man diese beiden Felder als frei aufliegende Balken ansieht. k ist hier 0, 1, 2 zu setzen.

Für eine Einzellast 1 im Abstande a von der linken Stütze (Einflußlinie) gilt nun:

wenn das erste Feld belastet ist:

$$N_1 = -\frac{a}{l_1}\left[1 - \frac{a^2}{l_1^2}\right] l_1^2 = -f_l l_1^2;$$

wenn das zweite Feld belastet ist:

$$N_2 = -\frac{l_2 - a}{l_2}\left[1 - \left(\frac{l_2 - a}{l_2}\right)^2\right] l_2^2 \frac{J_1}{J_2} = -f_r l_2^2 \frac{J_1}{J_2}. \quad \ldots \ldots \quad (8)$$

Man gewinnt damit schließlich aus (4) die Gleichungen für die Einflußlinienzweige des Momentes M_1,

für das erste Feld:

$$M_1^{(1)} = -\frac{l_1}{2\left(1 + \frac{l_2}{l_1}\frac{J_1}{J_2}\right)} f_l;$$

für das zweite Feld:

$$M_1^{(2)} = -\frac{l_2}{2\left(1 + \frac{l_1}{l_2}\frac{J_2}{J_1}\right)} f_r.$$

Die Stammfunktionen f_r und f_l, die nur von der Stellung der Last im Felde abhängen, sind in der Tafel 39 für eine Reihe von Werten $\frac{a}{l}$ angegeben[2]).

[1]) Die erste Stütze links ist mit 0 beziffert, das erste Feld links hat die Bezeichnung l_1.

[2]) Siehe die in der Fußnote S. 416 angegebene Quelle.

Tafel 39.

Stammfunktionen f_r und f_l.

$\frac{a}{l}$	f_r	f_l	$\frac{a}{l}$	f_r	f_l	$\frac{a}{l}$	f_r	f_l	$\frac{a}{l}$	f_r	f_l
0	0	0									
0,05	0,0926	0,0499	0,30	0,3570	0,2730	0,55	0,3589	0,3836	0,80	0,1920	0,2880
0,10	0,1710	0,0990	0,35	0,3754	0,3071	0,60	0,3360	0,3840	0,85	0,1466	0,2359
0,15	0,2359	0,1466	0,40	0,3840	0,3360	0,65	0,3071	0,3754	0,90	0,0990	0,1710
0,20	0,2880	0,1920	0,45	0,3836	0,3589	0,70	0,2730	0,3570	0,95	0,0499	0,0926
0,25	0,3281	0,2344	0,50	0,3750	0,3750	0,75	0,2344	0,3281	1,00	0	0

Es ist nun leicht, für eine Reihe von Trägerquerschnitten (Querträgeranschlußpunkte) die Einflußlinien für Momente und Querkräfte zu zeichnen.

Abb. 346a zeigt die Einflußlinie von M_x, für einen Punkt des ersten Feldes gemäß Gl. (5). Da M_0 und M_2 Null sind, so nimmt M_x für das erste Feld die Form an:

$$M_x^{(1)} = \mathfrak{M}_x + M_1 \frac{x}{l_1} = \frac{x}{l_1}\left(\mathfrak{M}_x \frac{l_1}{x} + M_1\right). \quad . \quad . \quad . \quad . \quad . \quad . \quad . \quad . \quad . \quad (9)$$

Für einen Punkt x des zweiten Feldes gilt ähnlich (Abb. 346b):

$$M_x^{(2)} = \mathfrak{M}_x + M_1 \frac{l_2 - x}{l_2} = \frac{l_2 - x}{l_2}\left(\mathfrak{M}_x \frac{l_2}{l_2 - x} + M_1\right) \quad . \quad . \quad . \quad . \quad . \quad . \quad . \quad (9')$$

Für die Querkraft im ersten Felde ist (Abb. 346c):

$$Q_x^{(1)} = \mathfrak{Q}_x + \frac{M_1}{l_1} = \frac{1}{l_1}(\mathfrak{Q}_x l_1 + M_1) \quad . \quad . \quad . \quad . \quad . \quad . \quad . \quad . \quad . \quad . \quad (10)$$

und im zweiten Felde (Abb. 346d):

$$Q_x^{(2)} = \mathfrak{Q}_x - \frac{M_1}{l_2} = \frac{1}{l_2}(\mathfrak{Q}_x l_2 - M_1). \quad . \quad . \quad . \quad . \quad . \quad . \quad . \quad . \quad . \quad (10')$$

Für die Auflagerkräfte C_0, C_1, C_2 gelten die Beziehungen:

$$\left.\begin{aligned} C_0 &= \mathfrak{C}_0 + \frac{M_1}{l_1} = \frac{1}{l_1}(\mathfrak{C}_0 l_1 + M_1), \\ C_1 &= \mathfrak{C}_1 - M_1 \frac{l_1 + l_2}{l_1 l_2} = \frac{l_1 + l_2}{l_1 l_2}\left(\mathfrak{C}_1 \frac{l_1 l_2}{l_1 + l_2} - M_1\right), \\ C_2 &= \mathfrak{C}_2 + \frac{M_1}{l_2} = \frac{1}{l_2}(\mathfrak{C}_2 l_2 + M_1). \end{aligned}\right\} \quad . \quad . \quad . \quad . \quad . \quad (11)$$

Abb. 340e veranschaulicht die Einflußlinie für C_1.

b) Träger auf 4 festen Stützen.

Zur Berechnung der Einflußlinien der Stützenmomente M_1 und M_2, Abb. 347, stehen jetzt zwei Dreimomentengleichungen zur Verfügung, nämlich

$$2 M_1 (l_1' + l_2') + M_2 l_2' = N_1,$$
$$M_1 l_2' + 2 M_2 (l_2' + l_3') = N_2.$$

Hierin ist

$$l_1' = l_1, \qquad l_2' = l_2 \frac{J_1}{J_2}, \qquad l_3' = l_3 \frac{J_1}{J_3}$$

zu setzen. Die Auflösung liefert

$$M_1 = \frac{2 N_1 (l_2' + l_3') - N_2 l_2'}{4 (l_1' + l_2')(l_2' + l_3') - l_2'^2} \quad \text{und} \quad M_2 = \frac{2 N_2 (l_1' + l_2') - N_1 l_2'}{4 (l_1' + l_2')(l_2' + l_3') - l_2'^2} \quad . \quad (12)$$

Die Größen N selbst sind wie folgt durch die Funktionen f_r und f_l bestimmt:

$$\left.\begin{array}{ll} \text{Belastung des ersten Feldes:} & \\ N_1 = -f_l l_1 l_1', & N_2 = 0; \\ \text{Belastung des zweiten Feldes:} & \\ N_1 = -f_r l_2 l_2', & N_2 = -f_l l_2 l_2'; \\ \text{Belastung des dritten Feldes:} & \\ N_1 = 0, & N_2 = -f_r l_3 l_3'. \end{array}\right\} \quad \ldots\ldots\ldots \quad (13)$$

Führt man diese Ausdrücke für N_1 und N_2 in die Gleichung für M_1 und M_2 ein, so nehmen nach der Ausrechnung diese Gleichungen die allgemeine Gestalt

$$M_{1,2} = \alpha f_r + \beta f_l$$

an, wobei in den Außenfeldern entweder α oder β Null wird. Man kann dann mittels der Tafel 39 genügend Zwischenpunkte für die Einflußlinien M_1 und M_2 bestimmen.

Sind diese bekannt, dann ermittelt man nach den Vorschriften der Gl. (5), (6) und (7) die Einflußlinien für die Feldmomente, Querkräfte und Auflagerdrücke.

Beispiel. Die Stützweiten seien $l_1 = 24$ m, $l_2 = 36$ m, $l_3 = 24$ m. Weiters werde $J_1 = J_3$ und $\frac{J_1}{J_2} = \frac{2}{3}$ angenommen. Man erhält damit die reduzierten Stützweiten

$$l_1' = l_3' = 24 \text{ m}, \qquad l_2' = 36 \cdot \frac{2}{3} = 24 \text{ m},$$

so daß die Größen l_1', l_2' und l_3' untereinander gleich werden.
Man gewinnt damit nach (12)

$$M_1 = \frac{4N_1 - N_2}{15 \cdot 24}, \qquad M_2 = \frac{4N_2 - N_1}{15 \cdot 24}$$

und unter Benützung der Gl. (13), die jetzt die Form annehmen

$$\begin{array}{lll} \text{1. Feld:} & N_1 = -24 \cdot 24 \cdot f_l, & N_2 = 0, \\ \text{2. Feld:} & N_1 = -36 \cdot 24 \cdot f_r, & N_2 = -36 \cdot 24 f_l, \\ \text{3. Feld:} & N_1 = 0, & N_2 = -24 \cdot 24 f_r, \end{array}$$

folgende einfachen Formeln für M_1

$$\text{1. Feld: } M_1 = -\frac{32}{5} f_l, \quad \text{2. Feld: } M_1 = -\frac{12}{5}(4f_r - f_l), \quad \text{3. Feld: } M_1 = +\frac{8}{5} f_r.$$

Die Einflußlinie von M_2 ist hier spiegelbildlich gleich der M_1-Linie und braucht daher nicht besonders berechnet werden. In Abb. 347 ist die nach den oben angegebenen Formeln unter Benützung der Tafel 39 berechnete M_1-Linie aufgetragen.

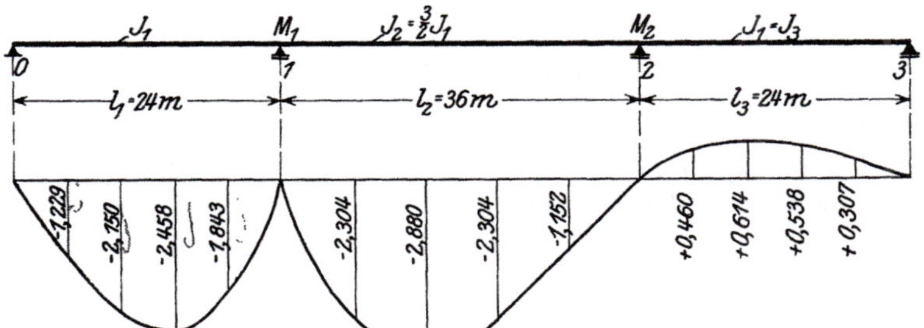

Abb. 347.

Zur Ermittlung der Einflußlinienordinaten der Feldmomente M_x bringt man die Gl. (5) zweckmäßigerweise auf die Form:

$$\text{1. Feld: } M_x^{(1)} = \frac{x}{l_1}\left[\mathfrak{M}_x \frac{l_1}{x} + M_1\right], \qquad \text{2. Feld: } M_x^{(2)} = \frac{x}{l_2}\left[\mathfrak{M}_x \frac{l_2}{x} + M_1 \frac{l_2}{x} + M_2 - M_1\right].$$

$\frac{x}{l}$ betrachte man als Multiplikator der Einflußlinie. Es genügt, da der Träger symmetrisch ist, die Berechnung der Momente auf Punkte im ersten Felde und auf solche in der linken Hälfte des zweiten Feldes zu beschränken.

Gleiches gilt für die Querkraftlinien, die man in der Form

1. Feld: $Q_x^{(1)} = \frac{1}{l_1}\left(\mathfrak{Q}_x\, l_1 + M_1\right)$ und 2. Feld: $Q_x^{(2)} = \frac{1}{l_2}\left(\mathfrak{Q}_x l_2 + M_2 - M_1\right)$

aufträgt. $\frac{1}{l_1}$ bzw. $\frac{1}{l_2}$ sind dann Multiplikatoren dieser Einflußlinien.

c) Untersuchung bei veränderlichem Querschnitt innerhalb eines Feldes.

Der Einfluß der Querschnittsveränderlichkeit auf die Stützenmomente ist größer als gemeiniglich angenommen wird. Der vorangehende geschilderte Berechnungsgang kann daher im Brückenbau nur als Überschlagsrechnung zur erstmaligen Bestimmung der Querschnitte gewertet werden, besonders dann, wenn die Trägerhöhen veränderlich sind. Abweichend von der üblichen meist zeichnerischen Berechnungsweise mittels Biegelinien soll hier ein analytisches Verfahren dargelegt werden, das rascher zum Ziele führt und im wesentlichen den gleichen Rechnungsgang ermöglicht, wie der unter a) und b) entwickelte. Wir benutzen zu diesem Zwecke eine verallgemeinerte Dreimomentengleichung, die der Veränderlichkeit des Trägheitsmomentes innerhalb eines Feldes, wenigstens näherungsweise, Rechnung trägt und die Ermittlung der Stützmomente mit einer für den Vorentwurf ausreichenden Genauigkeit (Fehler $< 5\%$) gestattet.

Die nachstehend angegebenen Dreimomentengleichungen wurden unter folgenden Voraussetzungen abgeleitet[1]):

1. Das wirkliche Gesetz, nach welchem sich die Trägheitsmomente innerhalb eines Feldes ändern, sei gleichgültig, maßgebend sei nur das Verhältnis des kleinsten zum größten Trägheitsmoment in diesem Felde.

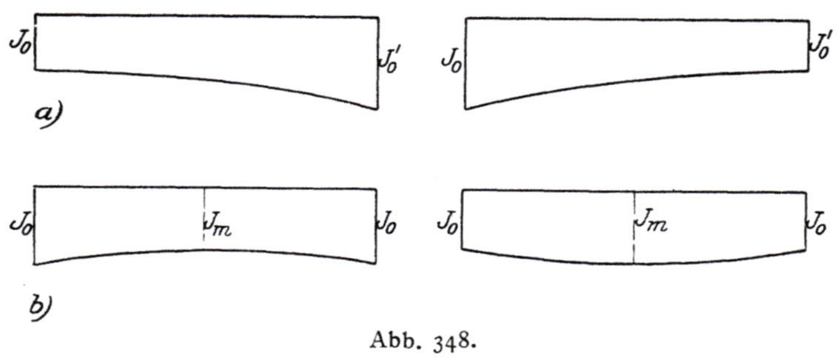

Abb. 348.

2. Die Rechnung selbst werde unter der Annahme durchgeführt, daß die Änderung von $\frac{1}{J}$ bei unsymmetrischen Trägerfeldern, Abb. 348a, nach dem Geradeliniengesetz, bei symmetrischen Feldern, Abb. 348b, nach dem Parabelgesetz erfolge.

α) *Unsymmetrische Trägerfelder.*

Wir bezeichnen mit J_m ein ideelles mittleres Trägheitsmoment, das aus den Trägheitsmomenten J_0 und J_0', wobei immer J_0 das linke, J_0' das rechte Endträgheitsmoment bedeuten soll, nach der Formel

$$J_m = \frac{2\, J_0 J_0'}{J_0 + J_0'} \quad \ldots\ldots\ldots\ldots\ldots \quad (14)$$

bestimmt wurde. Weiters mit α eine Querschnittsziffer, die durch die Gleichung

$$\alpha = \frac{J_m - J_0}{J_0} \quad \ldots\ldots\ldots\ldots\ldots \quad (15)$$

[1]) Die Ableitung findet der Leser in meinem Buche: Die Berechnung statisch unbestimmter Tragwerke nach der Methode des Viermomentensatzes. Berlin 1918.

definiert ist. α kann positiv oder negativ sein, je nachdem $J_m \gtrless J_0$ ist, es nimmt alle Werte zwischen $+1$ und -1 an.

$\alpha = 0$ entspricht $J_0 = J_0'$, dem Stab mit unveränderlichem Querschnitt.

Die Dreimomentengleichung lautet in diesem Falle:

$$M_{k-1} l_k' + (2 - \alpha_k) M_k l_k' + (2 + \alpha_{k+1}) M_k l_{k+1}' + M_{k+1} l_{k+1}' = N \quad . \quad . \quad . \quad . \quad (16)$$

α_k und α_{k+1} sind die dem Felde l_k bzw. l_{k+1} zugeordneten Werte von α. l_k' und l_{k+1}' sind die reduzierten Längen: $l_k' = \frac{J_c}{J_m^k} l_k$ und $l_{k+1}' = \frac{J_c}{J_m^{k+1}} l_{k+1}$. Mit J_m^k und J_m^{k+1} bezeichnen wir die nach Formel (14) bestimmten mittleren Trägheitsmomente des Feldes l_k bzw. l_{k+1}. J_c ist ein beliebig gewähltes Trägheitsmoment.

Das von der Belastung abhängige Glied N ist für eine wandernde Einzellast 1 durch eine Gleichung von der Form

$$N = -\varphi l l' \quad . \quad . \quad . \quad . \quad . \quad . \quad . \quad . \quad . \quad . \quad . \quad . \quad . \quad . \quad . \quad (17)$$

definiert. Für φ gelten die beiden Verknüpfungen:

$$\left.\begin{aligned} \varphi_r &= \frac{a}{l}\left(1 - \frac{a}{l}\right)\left[\left(2 - \frac{a}{l}\right) + \alpha\left(1 - \frac{a}{l}\right)^2\right], \\ \varphi_l &= \frac{a}{l}\left(1 - \frac{a}{l}\right)\left[\left(1 + \frac{a}{l}\right) - \alpha\left(\frac{a}{l}\right)^2\right]. \end{aligned}\right\} \quad . \quad . \quad . \quad . \quad . \quad . \quad (17')$$

Hierin ist a der Abstand der Last 1 von der linken Stütze des belasteten Feldes. φ_r ist der Faktor φ des Lastgliedes, wenn der rechte Teil, φ_l wenn der linke Teil, der in der Dreimomentengleichung zusammengefaßten zwei Trägerabschnitte belastet ist. φ_r und φ_l stellen lineare Funktionen der Querschnittsziffer α vor von der Form

$$\varphi_r = A_1 + B_1 \alpha \quad \text{und} \quad \varphi_l = A_2 - B_2 \alpha .$$

A und B konnten ein für allemal berechnet werden und sind in der nachfolgenden Tafel 40 angeführt.

Bei gleichmäßig verteilter Belastung p_k im Felde l_k und p_{k+1} im Felde l_{k+1} lautet das Lastglied N in Gl. (16)

$$N_p = -\frac{p_k}{4} l_k^2 l_k' \left(1 - \frac{\alpha_k}{5}\right) - \frac{p_{k+1}}{4} l_{k+1}^2 l_{k+1}' \left(1 + \frac{\alpha_{k+1}}{5}\right) \quad . \quad . \quad . \quad . \quad (17'')$$

Tafel 40.

Funktionen φ_r und φ_l.

$\varphi_r = A_1 + B_1 \alpha . \qquad \varphi_l = A_2 - B_2 \alpha .$

$\frac{a}{l}$	φ_r		φ_l		$\frac{a}{l}$	φ_r		φ_l	
	A_1	B_1	A_2	B_2		A_1	B_1	A_2	B_2
0	0	0	0	0					
0,05	0,0926	0,0429	0,0499	0,0001	0,55	0,3589	0,0501	c,3836	0,0749
0,10	0,1710	0,0729	0,0990	0,0009	0,60	0,3360	0,0384	0,3840	0,0864
0,15	0,2359	0,0921	0,1466	0,0029	0,65	0,3071	0,0279	0,3754	0,0961
0,20	0,2880	0,1024	0,1920	0,0064	0,70	0,2730	0,0189	0,3570	0,1029
0,25	0,3281	0,1055	0,2344	0,0117	0,75	0,2344	0,0117	0,3281	0,1055
0,30	0,3570	0,1029	0,2730	0,0189	0,80	0,1920	0,0064	0,2880	0,1024
0,35	0,3754	0,0961	0,3071	0,0279	0,85	0,1466	0,0029	0,2359	0,0921
0,40	0,3840	0,0864	0,3360	0,0384	0,90	0,0990	0,0009	0,1710	0,0729
0,45	0,3836	0,0749	0,3589	0,0501	0,95	0,0499	0,0001	0,0926	0,0429
0,50	0,3750	0,0625	0,3750	0,0625	1,00	0	0	0	0

β) Symmetrische Trägerfelder.

J_0 bedeutet jetzt das Trägheitsmoment am Feldende, J_m das in der Mitte, α die Querschnittsziffer

$$\alpha = \frac{J_m - J_0}{J_0}, \quad \ldots \quad (15')$$

wobei α positiv oder negativ ist, je nachdem $J_m \gtrless J_0$ ist. Die Dreimomentengleichung hat jetzt die Gestalt:

$$\left(1+\frac{\alpha_k}{5}\right)M_{k-1}l_k' + 2\left(1+\frac{2\alpha_k}{5}\right)M_k l_k' + 2\left(1+\frac{2\alpha_{k+1}}{5}\right)M_k l_{k+1}'$$
$$+\left(1+\frac{\alpha_{k+1}}{5}\right)M_{k+1}l_{k+1}' = N. \quad \ldots \quad (18)$$

Für die Lastglieder N ist zu setzen:

$$N = -\varphi' l l' \quad \ldots \quad (19)$$

$$\left.\begin{aligned} \varphi_r' &= \frac{a}{l}\left(1-\frac{a}{l}\right)\left[\left(2-\frac{a}{l}\right)\left(1+\frac{\alpha}{5}\right) - \frac{2\alpha}{5}\left(\frac{l-a}{l}\right)^2\left(2-3\frac{l-a}{l}\right)\right], \\ \varphi_l' &= \frac{a}{l}\left(1-\frac{a}{l}\right)\left[\left(1+\frac{a}{l}\right)\left(1+\frac{\alpha}{5}\right) - \frac{2\alpha}{5}\left(\frac{a}{l}\right)^2\left(2-3\frac{a}{l}\right)\right], \end{aligned}\right\} \quad (19')^{1)}$$

wobei φ_r' einzuführen ist, wenn das rechte Feld, φ_l' wenn das linke Feld belastet ist.

Hier haben φ_r' und φ_l' die Form

$$\varphi_r' = A_1' + B_1'\alpha \qquad \text{und} \qquad \varphi_l' = A_2' + B_2'\alpha.$$

Die Beiwerte A' und B' sind der Tafel 41 zu entnehmen.

Tafel 41.

Funktionen φ_r' und φ_l'

$\varphi_r' = A_1' + B_1'\alpha, \qquad \varphi_l' = A_2' + B_2'\alpha.$

$\frac{a}{l}$	φ_r'		φ_l'		$\frac{a}{l}$	φ_r'		φ_l'	
	A_1'	B_1'	A_2'	B_2'		A_1'	B_1'	A_2'	B_2'
0	0	0	0	0					
0,05	0,0926	0,0331	0,0499	0,0099	0,55	0,3589	0,0587	0,3836	0,0662
0,10	0,1710	0,0546	0,0990	0,0192	0,60	0,3360	0,0549	0,3840	0,0699
0,15	0,2359	0,0674	0,1466	0,0276	0,65	0,3071	0,0508	0,3754	0,0732
0,20	0,2880	0,0740	0,1920	0,0348	0,70	0,2730	0,0463	0,3570	0,0755
0,25	0,3281	0,0762	0,2344	0,0410	0,75	0,2344	0,0410	0,3281	0,0762
0,30	0,3570	0,0755	0,2730	0,0463	0,80	0,1920	0,0348	0,2880	0,0740
0,35	0,3754	0,0732	0,3071	0,0508	0,85	0,1466	0,0276	0,2359	0,0674
0,40	0,3840	0,0699	0,3360	0,0549	0,90	0,0990	0,0192	0,1710	0,0546
0,45	0,3836	0,0662	0,3589	0,0587	0,95	0,0499	0,0099	0,0926	0,0331
0,50	0,3750	0,0625	0,3750	0,0625	1,00	0	0	0	0

Für gleichmäßig verteilte Vollbelastung nimmt das Lastglied N die Form an:

$$N_p = -\frac{1}{4}p_k l_k^2 l_k'\left(1+\frac{\alpha_k}{5}\right) - \frac{1}{4}p_{k+1} l_{k+1}^2 l_{k+1}'\left(1+\frac{\alpha_{k+1}}{5}\right) \quad \ldots \quad (19'')$$

γ) Symmetrische und unsymmetrische Felder.

Folgt ein symmetrisches Feld unmittelbar einem unsymmetrischen oder umgekehrt, dann bestehen die ersten zwei Glieder der Dreimomentengleichungen aus den ersten

[1]) In dem oben zitierten Buche sind die Schlußglieder dieser beiden Gleichungen irrtümlicherweise mit $2-3\left(\frac{l-a}{l}\right)^2$ und $2-3\left(\frac{a}{l}\right)^2$ angegeben. Demgemäß sind die Tafelwerte B in Tafel IV, S. 217 des genannten Buches fehlerhaft. Der Einfluß des Fehlers auf φ_r und φ_l ist allerdings gering. Die obenstehende Tafel 41 enthält bereits die richtigen Werte.

beiden Gliedern der Gl. (16), die beiden letzten Glieder aus den beiden letzten Gliedern der Gl. (18) oder umgekehrt. Für N ist $-\varphi l l'$ oder $-\varphi' l l'$ nach Gl. (17) oder (19) zu setzen, je nachdem ein unsymmetrisches oder ein symmetrisches Feld belastet ist.

Mit den hier dargelegten Formeln ist die Berechnung eines durchgehenden Balkens mit beliebiger Felderzahl bei veränderlichem Querschnitt innerhalb des Feldes auf die Auflösung rasch aufzustellender Dreimomentengleichungen zurückgeführt, während die Darstellung der Einflußlinien mit Hilfe der die Stammfunktionen f_r und f_l ersetzenden Funktionen φ_r und φ_l, bzw. φ_r' und φ_l' unter Zuhilfenahme der Tafeln 40 und 41 nur wenig Mühe macht. Der Rechnungsgang ist sonach im wesentlichen der gleiche wie bei einem Träger mit unveränderlichem Querschnitt innerhalb eines Feldes. Er soll an einem Beispiel näher dargelegt werden.

Beispiel. Der in Abb. 349 im Umriß dargestellte Träger habe die gleichen Stützweiten wie der im vorangehenden Beispiel berechnete. Die Anordnung ist auch hinsichtlich der Querschnittsgestaltung zur Trägermitte der Hauptöffnung symmetrisch.

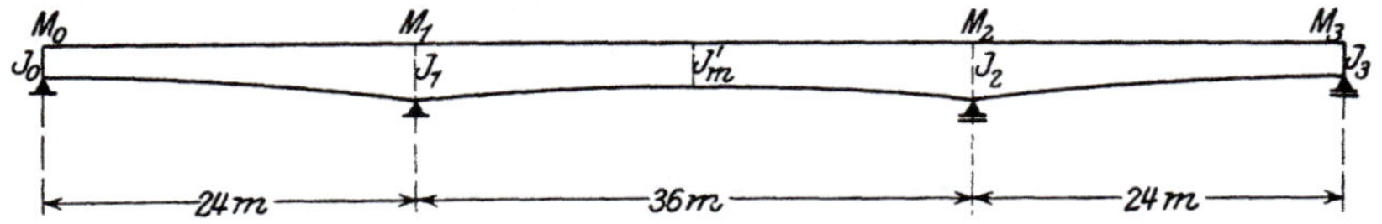

Abb. 349.

Für die Seitenöffnungen gelten:

$$\text{links: } J_1 = 3\,J_0, \qquad \text{rechts: } J_3 = \tfrac{1}{3}\,J_2. \qquad (J_3 = J_0)$$

Für die Mittelöffnung mit symmetrischer Anordung ist:

$$J_m' = 0{,}6\,J_1. \qquad (J_1 = J_2)$$

Nach der Formel (14) erhält man für die Außenfelder

$$\text{links: } J_m = \frac{2\cdot 3\cdot J_0^2}{J_0 + 3\,J_0} = \tfrac{3}{2}\,J_0, \qquad \text{rechts: } J_m = \frac{2\cdot\frac{1}{3}\,J_2^2}{J_2 + \frac{1}{3}\,J_2} = \tfrac{1}{2}\,J_2$$

und nach Formel (15)

$$\text{links: } \alpha_1 = \frac{\frac{3}{2}\,J_0 - J_0}{J_0} = 0{,}5, \qquad \text{rechts: } \alpha_3 = \frac{\frac{1}{2}\,J_2 - J_2}{J_2} = -0{,}5.$$

Für die Mittelöffnung wird nach Formel (15')

$$\alpha_2 = \frac{0{,}6\,J_1 - J_1}{J_1} = -0{,}4.$$

Die beiden Dreimomentengleichungen nehmen somit, wenn man beachtet, daß M_0 und M_3 Null sind, die Form an:

$$(2-\alpha_1)\,M_1 l_1' + 2\left(1+\frac{2\,\alpha_2}{5}\right) M_1 l_2' + \left(1+\frac{\alpha_2}{5}\right) M_2 l_2' = N_1,$$

$$\left(1+\frac{\alpha_2}{5}\right) M_1 l_2' + 2\left(1+\frac{2\,\alpha_2}{5}\right) M_2 l_2' + (2+\alpha_3)\,M_2 l_3' = N_2.$$

Diese Gleichungen wurden, je nachdem es sich um ein symmetrisches oder unsymmetrisches Feld handelt, aus den betreffenden Gliedern der Gl. (16) und (18) zusammengesetzt. Die Einführung der α-Werte liefert schließlich

$$(1{,}5\,l_1' + 1{,}68\,l_2')\,M_1 + 0{,}92\,M_2 l_2' = N_1,$$

$$0{,}92\,M_1 l_2' + (1{,}68\,l_2' + 1{,}5\,l_3')\,M_2 = N_2.$$

Wählt man als J_c das Trägheitsmoment J_m' der Mittelöffnung, so ist

$$l_1' = \frac{J_m'}{\frac{3}{2}\,J_0}\,l_1 = \frac{0{,}6\cdot 3\cdot J_0}{\frac{3}{2}\,J_0} = 1{,}2\,l_1, \qquad l_2' = l_2, \qquad l_3' = \frac{J_m'}{\frac{3}{2}\,J_0}\,l_1 = 1{,}2\,l_1,$$

womit die Dreimomentengleichungen nach Einführen der Stützweiten $l_1 = l_3 = 24$ m, $l_2 = 36$ m übergehen in

$$103{,}68\,M_1 + 33{,}12\,M_2 = N_1,$$

$$33{,}12\,M_1 + 103{,}68\,M_2 = N_2.$$

Die Auflösung führt zu den Stützmomenten:

$$\left.\begin{aligned} M_1 &= 0{,}01074\, N_1 - 0{,}00343\, N_2, \\ M_2 &= 0{,}01074\, N_2 - 0{,}00343\, N_1. \end{aligned}\right\} \quad \ldots \ldots \ldots \ldots (a)$$

Zur Bestimmung der Lastglieder N_1 und N_2 haben wir die Gleichungen (17) bzw. (19), die für Einzellasten gelten, heranzuziehen. Wir betrachten der Reihe nach die Belastung des ersten, zweiten und dritten Feldes und gewinnen so folgende Lastglieder:

Linker Außenzweig der Einflußlinien:

$$N_1 = -\varphi_l l_1 l_1' = -(A_2 - B_2 \alpha_1)\cdot 1{,}2\, l_1^2, \qquad N_2 = 0;$$

Mittlerer Zweig der Einflußlinie:

$$N_1 = -\varphi_r' l_2 l_2' = -(A_1' + B_1' \alpha_2)\, l_2^2, \qquad N_2 = -\varphi_l' l_2 l_2' = -(A_2' + B_2' \alpha_2)\, l_2^2;$$

Rechter Außenzweig der Einflußlinie:

$$N_1 = 0, \qquad N_2 = -\varphi_r l_3 l_3' = -(A_1 + B_1 \alpha_3)\, 1{,}2\, l_1^2.$$

In der folgenden Tafel sind unter Benutzung der Tafeln 40 und 41 die Lastgrößen N_1 und N_2 für je 4 Zwischenpunkte in jeder Öffnung nach den eben angegebenen Formeln berechnet.

Ermittlung der Lastgrößen N_1 und N_2.

$\frac{a}{l}$	Linker Zweig $\alpha_1 = 0{,}5$				Mittelzweig $\alpha_2 = -0{,}4$					Rechter Zweig $\alpha_3 = -0{,}5$			
	A_2	$B_2\alpha_1$	1 — 2	$N_1^{(1)}$	A_1'	$B_1'\alpha_2$	1 + 2	$N_1^{(2)}$	$N_2^{(2)}$ [1]	A_1	$B_1\alpha_3$	1 + 2	$N_2^{(3)}$
	1	2	3	4	1	2	3	4	5	1	2	3	4
0	0	0	0	0	0	0	0	0	0	0	0	0	0
0,2	0,1920	0,0032	0,1888	— 130,5	0,2880	— 0,0296	0,2584	— 334,9	— 230,8	0,2880	— 0,0512	0,2368	— 163,7
0,4	0,3360	0,0192	0,3168	— 219,0	0,3840	— 0,0280	0,3560	— 461,4	— 406,9	0,3840	— 0,0432	0,3408	— 235,6
0,6	0,3840	0,0432	0,3408	— 235,6	0,3360	— 0,0220	0,3140	— 406,9	— 461,4	0,3360	— 0,0192	0,3168	— 219,0
0,8	0,2880	0,0512	0,2368	— 163,7	0,1920	— 0,0139	0,1781	— 230,8	— 334,9	0,1920	— 0,0032	0,1888	— 130,5
1,0	0	0	0	0	0	0	0	0	0	0	0	0	0

Hierin ist: $N_1^{(1)} = 1{,}2 \cdot 24^2 \cdot (1 - 2)$, $N_1^{(2)} = 36^2 \cdot (1 + 2)$, $N_3^{(3)} = 1{,}2 \cdot 24^2 \cdot (1 + 2)$.

Mit den so berechneten N-Werten ermittelt man nach der oben angegebenen Formel (a) die Ordinaten der Einflußlinie von M_1, die in Abb. 350 dargestellt ist. Die Einflußlinie von M_2 ist das Spiegelbild dieser Linie. Zum Vergleiche ist in dieser Abbildung auch die im vorangehenden Beispiele ermittelte M_1-Linie, die unter der Annahme unveränderlicher Trägheitsmomente innerhalb eines Feldes errechnet wurde, gestrichelt eingetragen. Die Unterschiede sind in der Mittelöffnung sehr bedeutend. Sie betragen stellenweise beinahe 20%

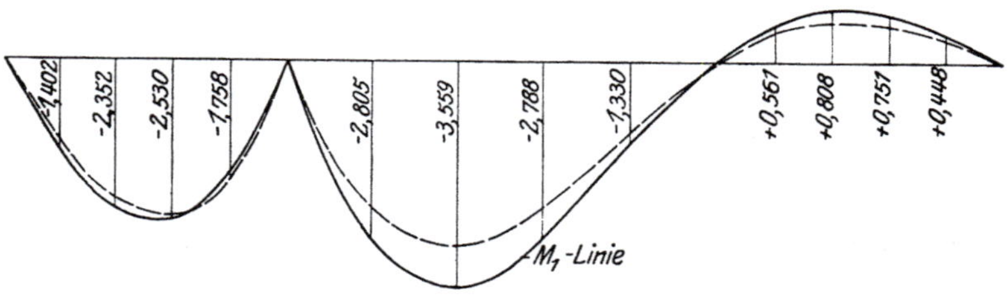

Abb. 350.

Will man sich mit dem eben dargelegten Berechnungsverfahren, das naturgemäß die Querschnittsveränderlichkeit nur beiläufig berücksichtigt, nicht begnügen, dann führe man die Untersuchung nach den bekannten Methoden der Baustatik mittels Aufzeichnung von Biegelinien durch. Es empfiehlt sich aber, dann statt der Stützenmomente die Auflagerdrücke der mittleren Stützen als überzählige Größen einzuführen.

[1] $N_2^{(2)}$ ist das Spiegelbild von $N_1^{(2)}$.

d) Durchbiegung.

Die Durchbiegung in Feldmitte oder in der Nähe derselben wird einen Größtwert erreichen, wenn die schwersten Lasten in dem betreffenden Felde zusammengedrängt werden, während die Nachbarfelder unbelastet bleiben.

Sind die Querschnitte stark veränderlich, dann bestimme man die Verschiebung durch Aufzeichnung von Biegelinien.

Ändern sich die Querschnitte nur wenig oder gar nicht, dann lassen sich einfache Formeln für die Durchbiegung in Feldmitte angeben, die auch in jenen Fällen zu einer beiläufigen Abschätzung der Größe der Durchbiegung dienen können, wo diese Formeln wegen der starken Querschnittsveränderlichkeit nicht mehr ganz zutreffend sind, falls man ein geschätztes mittleres Trägheitsmoment für jedes Trägerfeld einführt.

Da jedes Feld des durchlaufenden Balkens einen an beiden Enden (bei Endfeldern an einem Ende) elastisch eingespannten Balken mit den Endmomenten M_{k-1} und M_k vorstellt, so läßt sich die Durchbiegung in Feldmitte in der Form

$$y = \mathfrak{y} + y_m \quad \ldots \ldots \ldots \ldots \ldots (20)$$

darstellen, wobei

$$\mathfrak{y} = \frac{5\,p\,l^4}{384\,EJ} \quad \ldots \ldots \ldots \ldots \ldots (21)$$

die Durchbiegung des frei aufliegenden Balkens mit der Stützweite l und dem Trägheitsmoment J und

$$y_m = \frac{(M_k + M_{k-1})\,l^2}{16\,EJ} \quad \ldots \ldots \ldots \ldots \ldots (22)$$

die von den Endmomenten herrührende Durchbiegung in Trägermitte ist.

α) Träger auf drei Stützen.

Mit den Feldlängen l_1 und l_2, den Trägheitsmomenten J_1 und J_2 wird das Stützenmoment M_1, für Vollbelastung des linken Feldes

$$M_1^{(1)} = -\frac{1}{8}\,\frac{p\,l_1^3}{l_1 + l_2\dfrac{J_1}{J_2}}\ ^{1)}$$

und bei Vollbelastung des rechten Feldes

$$M_1^{(2)} = -\frac{1}{8}\,\frac{p\,l_2^3}{l_1\dfrac{J_2}{J_1} + l_2}.$$

Somit erhält man y_m bei Belastung von l_1

$$y_m^{(1)} = -\frac{1}{128}\,\frac{p\,l_1^5}{EJ_1\left(l_1 + l_2\dfrac{J_1}{J_2}\right)}$$

und die tatsächliche Durchbiegung in Feldmitte des linken Feldes

$$y^{(1)} = \frac{p\,l_1^4}{128\,EJ_1}\left[\frac{5}{3} - \frac{l_1}{l_1 + l_2\dfrac{J_1}{J_2}}\right] \quad \ldots \ldots \ldots \ldots (23)$$

---

[1]) Wird aus Gleichung (4) S. 417 erhalten, wenn man

$$N = -\tfrac{1}{4}\,p\,l_1^2\,l_1'$$

einführt, wobei der dort getroffenen Annahme gemäß $l_1' = l_1$ ist.

Ebenso die Durchbiegung in Feldmitte des rechten Feldes, wenn man die Zeiger 1 und 2 vertauscht

$$y^{(2)} = \frac{p l_2^4}{128 E J_2}\left[\frac{5}{3} - \frac{l_2}{l_1 \frac{J_2}{J_1} + l_2}\right] \quad \ldots \ldots \ldots \ldots (23')$$

Für die bleibende Last g, die in beiden Feldern gleich groß sein möge, erhält man

im linken Felde:

$$y^{(1)} = \frac{g l_1^4}{128 E J_1}\left[\frac{5}{3} - \frac{l_1 + l_2 \frac{J_1}{J_2}\left(\frac{l_2}{l_1}\right)^2}{l_1 + l_2 \frac{J_1}{J_2}}\right],$$

im rechten Felde:

$$y^{(2)} = \frac{g l_2^4}{128 E J_2}\left[\frac{5}{3} - \frac{l_1 \left(\frac{l_1}{l_2}\right)^2 \frac{J_2}{J_1} + l_2}{l_1 \frac{J_2}{J_1} + l_2}\right]. \quad \ldots \ldots \ldots (24)$$

β) Träger auf vier Stützen.

Durchbiegung im linken Außenfeld.

Bei Vollbelastung des ersten Feldes liefern die Gl. (12) S. 418 mit

$$N_1 = -\tfrac{1}{4} p l_1^2 l_1' \quad \text{und} \quad N_2 = 0$$

$$M_1 = -\frac{1}{2} p l_1^2 \frac{(l_2' + l_3') l_1'}{4(l_1' + l_2')(l_2' + l_3') - l_2'^2},$$

wobei

$$l_1' = l_1, \qquad l_2' = l_2 \frac{J_1}{J_2} \quad \text{und} \quad l_3' = l_3 \frac{J_1}{J_3}.$$

Man erhält nach den Formeln (20), (21) und (22) die Durchbiegung in Feldmitte

$$y^{(1)} = \frac{p l_1^4}{32 E J_1}\left[\frac{5}{12} - \frac{(l_2' + l_3') l_1'}{4(l_1' + l_2')(l_2' + l_3') - l_2'^2}\right]. \quad \ldots \ldots (25)$$

Durchbiegung im Mittelfelde.

Wird bloß das zweite Feld voll mit p belastet, so ist $N_1 = N_2 = -\frac{1}{4} p l_2^2 l_2'$ in die Gl. (12) einzuführen und man gewinnt

$$M_1 = -\frac{1}{4} p l_2^2 \frac{2 l_2'(l_2' + l_3') - l_2'^2}{4(l_1' + l_2')(l_2' + l_3') - l_2'^2} \quad \text{und} \quad M_2 = -\frac{1}{4} p l_2^2 \frac{2 l_2'(l_1' + l_2') - l_2'^2}{4(l_1' + l_2')(l_2' + l_3') - l_2'^2}$$

und damit die Durchbiegung

$$y^{(2)} = \frac{p l_2^4}{32 E J_2}\left[\frac{5}{12} - \frac{l_2'(l_1' + l_2' + l_3')}{4(l_1' + l_2')(l_2' + l_3') - l_2'^2}\right]. \quad \ldots \ldots (25')$$

Schließlich findet man die Durchbiegung im rechten Außenfeld, wenn man in (25) die Zeiger 1 und 3 vertauscht, zu

$$y^{(3)} = \frac{p l_3^4}{32 E J_3}\left[\frac{5}{12} - \frac{(l_1' + l_2') l_3'}{4(l_1' + l_2')(l_2' + l_3') - l_2'^2}\right]. \quad \ldots \ldots (25'')$$

Für die ständige Last g, die in allen Feldern gleich groß angenommen werden kann, berechnet sich die Durchbiegung wie folgt:

Man bestimme die Momente M_{1g} und M_{2g} nach den Gleichungen

$$\left.\begin{aligned} M_{1g} &= -\frac{1}{4} g \frac{2(l_1^2 l_1' + l_2^2 l_2')(l_2' + l_3') - (l_2^2 l_2' + l_3^2 l_3') l_2'}{4(l_1' + l_2')(l_2' + l_3') - l_2'^2}, \\ M_{2g} &= -\frac{1}{4} g \frac{2(l_2^2 l_2' + l_3^2 l_3')(l_1' + l_2') - (l_1^2 l_1' + l_2^2 l_2') l_2'}{4(l_1' + l_2')(l_2' + l_3') - l_2'^2}, \end{aligned}\right\} \quad \ldots (26)$$

ermittle nach den Formeln (22) y_{gm} für die einzelnen Felder und schließlich

$$y_g = \frac{5}{384} \frac{g l^4}{EJ} - y_{gm}.$$

Meist werden die Momente M_{1g} und M_{2g} schon aus der vorangegangenen Auswertung der Einflußlinien bekannt sein, dann erübrigt sich die Ausrechnung der Formeln (26).

83. Der Dreigelenkbogen.

Vollwandige Bogen finden im Brückenbau sehr gerne für mittlere Spannweiten, etwa von 40 bis 80 m, Verwendung. Dreigelenkbogen werden fast nur bei Straßenbrücken benutzt, da die Unstetigkeit der Verformungslinie im Gelenkpunkte bei Eisenbahnbrücken Nachteile zeitigt. Der Dreigelenkbogen bietet den Hauptvorteil, daß er gegen kleine Bewegungen der Widerlager unempfindlich ist.

Die Berechnung erfolgt in der Regel mittelst Einflußlinien. Ihre Darstellung ist sehr einfach, da sie sich durchwegs aus geraden Linien zusammensetzen.

Einflußlinie des Horizontalschubes H.

Diese ist ein Dreieck mit dem Scheitel unter dem Gelenk. Die Endabschnitte sind aus Abb. 351a zu entnehmen.

Einflußlinien der Kernpunktmomente M_o und M_u.

Da die größten Randspannungen nicht den Schwerpunktmomenten, sondern den auf die Kernpunkte o und u bezogenen Momenten der äußeren Kräfte proportional sind, siehe unter **58**, S. 267, so sind für jeden Querschnitt die Einflußlinien der Momente M_o und M_u aufzutragen. Bezeichnet $\mathfrak{M}_0$ und $\mathfrak{M}_u$ das Balkenmoment im Punkte o bzw. u, so liefern die Beziehungen

$$M_o = \mathfrak{M}_o - H y_o \qquad \text{bzw.} \qquad M_u = \mathfrak{M}_u - H y_u$$

die einfachen Vorschriften für die Ermittlung der Einflußlinien von M_o und M_u. Abb. 351b zeigt z. B. die so ermittelte M_o-Linie. Eine zweite für die Auswertung zweckmäßigere Form, die ebenso leicht erhalten wird, zeigt Abb. 351c. Man bestimmt zu diesem Zwecke den Momenten-Nullpunkt, der senkrecht unter dem Schnittpunkt der beiden Linien $A\,o$ und BC liegt, in der in Abb. 351 dargestellten Weise; trägt man noch unter A die Strecke $1 \cdot x_o$ ab, so sind sämtliche Eckpunkte der M_o-Linie bestimmt (Abb. 351c).

Bei flachen Bogen kann man, ohne große Fehler zu begehen, die Punkte o und u senkrecht übereinander annehmen, wodurch sich einige Vereinfachungen bei der Rechnung ergeben.

Einflußlinien der Querkräfte Q_x.

Von der Verknüpfung ausgehend

$$Q_x = \mathfrak{Q}_x \cos\varphi - H(\sin\varphi - \operatorname{tg}\alpha \cos\varphi)$$

ergibt sich die Q_x-Linie (x ist die Abszisse des Querschnittsschwerpunktes) als Differenz der $\mathfrak{Q}_x \cos\varphi$-Linie und der mit $(\sin\varphi - \operatorname{tg}\alpha\cos\varphi)$ multiplizierten H-Linie (Abb. 351d).

Die Einführung der Kernmomente bringt eine Schwierigkeit in die Berechnung dieses statisch bestimmten Systems, die meist ein mehrmaliges Auftragen der Einflußlinien für M_o und M_u nötig macht. Die Lage der Kernpunkte ist zu Beginn der Rechnung, da die Querschnitte noch nicht bestimmt sind, unbekannt. Man führt daher eine erste rohe Vorberechnung in der Weise durch, daß man für die aufeinander folgenden Querschnitte die Schwerpunktsmomente bestimmt und die Querschnitte diesen Momenten und einer für alle Querschnitte konstante Normalkraft $N = H_{max}$ anpaßt. Man gewinnt so eine erste Reihe von Querschnitten, deren Kernpunktlagen man ermittelt, so daß man halbwegs richtige Kernlinien der eigentlichen Rechnung zugrunde legen kann. Jetzt bestimme man in einem zweiten Rechnungsgange die Kernpunktmomente und überprüfe die erstangenommenen Querschnitte. Bei größeren Materialverschiebungen, wodurch die Lage der Kernpunkte stark geändert wird, ist ein neuerliches Auftragen der betreffenden Momenteneinflußlinien notwendig. Der Einfluß einer Verschiebung des Kernpunktes um wenige Zentimeter ist vornehmlich bei flachen Bogen von großem Einfluß auf das Moment. Bei der Bestimmung der Kernpunkte ist mit den Nettoquerschnitten zu rechnen.

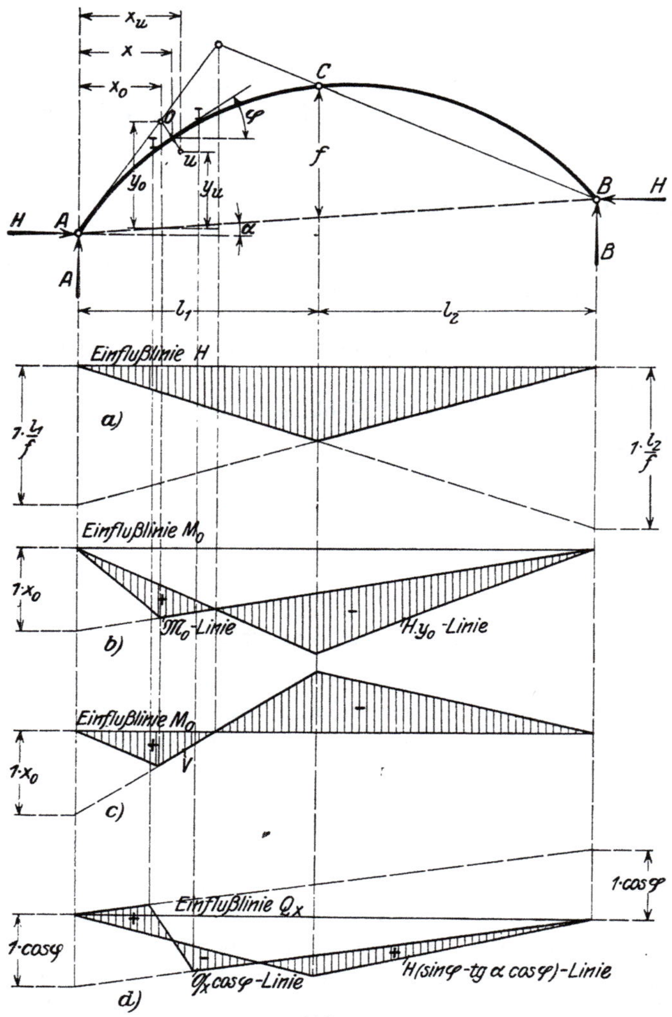

Abb. 351.

Die Querkräfte haben beim Dreigelenkbogen, wie bei allen Bogenträgern, nicht die gleiche Bedeutung für die Bemessung wie bei Balkenträgern, da sie verhältnismäßig klein sind. Nichtsdestoweniger ermittle man sie in einigen Querschnitten, um die Gurtnietteilung danach zu bemessen. Die Stegblechstärke bestimme man unter Berücksichtigung der Ausbeulgefahr nach den Regeln von **55**, Tafel 28, unter Vernachlässigung des Einflusses der Querkräfte. Bei Dreigelenkbogen mit kleinem Pfeil und geringer Trägerhöhe besteht die Gefahr des Ausknickens des ganzen Bogens in seiner Ebene. Man untersuche daher den Bogen auch hinsichtlich seiner Knicksicherheit als Ganzes (siehe **53**).

Für die Berechnung der Widerlager ist die Kenntnis von H_{min} und H_{max} notwendig. Man berechne beide, wobei H_{min} mit H_g (Horizontalschub von der ständigen Last) zusammenfällt und gleichzeitig die den betreffenden Belastungen zugehörenden lotrechten Auflagerkräfte A_g und $A_{H\,max}$, das ist jene Auflagerkraft A, die von der H_{max} erzeugenden Belastung hervorgerufen wird. Sie ist manchmal etwas kleiner als A_{max}.

Außerdem ermittle man noch A_{max} und das von der zugehörenden Belastung hervorgerufene $H_{A\,max}$, so daß für die Untersuchung der Widerlager folgende drei Auflagerkräftegruppen zur Verfügung stehen:

1. A_g und H_g, 2. $A_{H\,max}$ und H_{max}, 3. A_{max} und $H_{A\,max}$.

Der Dreigelenkbogen mit gesprengtem Zugband.

Bei geradem Zugband unterscheiden sich die Einflußlinien dieser Trägerart nicht von denen des Bogens ohne Zugband. Bei gesprengtem Zugband ergeben sich folgende Regeln für die Ermittlung der Einflußlinien:

Einflußlinie des Horizontalschubes H.

Sie ist ein Dreieck mit der Spitze unter dem Gelenkpunkte C. Die Endabschnitte sind durch $1 \cdot \frac{l_1}{f}$ bzw. $1 \cdot \frac{l_2}{f}$ gegeben, wobei jetzt f die in Abb. 352 eingetragene Bedeutung hat. Im übrigen gilt Abb. 351a.

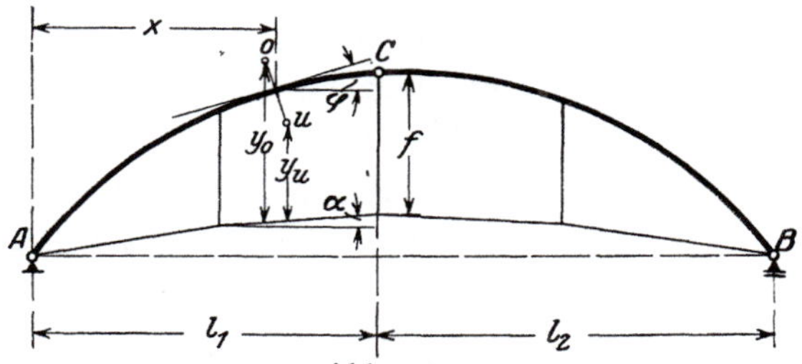

Abb. 352.

Einflußlinie der Kernpunktsmomente M_o und M_u.

Aus

$$M_o = \mathfrak{M}_o - H\,y_o \quad \text{und} \quad M_u = \mathfrak{M}_u - H\,y_u$$

ergibt sich genau wie vor, die in Abb. 351b oder 351c eingetragene Konstruktion der Einflußlinie. Nur ist y_o bzw. y_u von der Zugstange aus zu messen, wie dies in Abb. 352 ersichtlich gemacht ist.

Einflußlinie der Querkräfte Q_x.

Hier gilt die gleiche Beziehung wie oben

$$Q_x = \mathfrak{Q}_x \cos\varphi - H(\sin\varphi - \operatorname{tg}\alpha\cos\varphi).$$

α ist jetzt die Neigung des unterhalb des Querschnittes x befindlichen Zugstangenteiles zur horizontalen Verbindungslinie der Auflagerpunkte. Die Einflußlinie zeigt im übrigen den gleichen Aufbau, wie die in Abb. 351d dargestellte.

Durchbiegung.

Die Durchbiegung des Gelenkpunktes, die in der Regel gesucht wird, wird am besten mittels der Methode der elastischen Gewichte bestimmt. Für den symmetrischen Bogen mit flacher, parabolischer Achse und unveränderlichem J gibt Melan für die Senkung im Scheitelgelenk folgende Einflußliniengleichung an[1]):

$$\Delta y = \frac{l^3}{12EJ}\frac{a}{l}\left[\left(\frac{a}{l}\right)^3 - \left(\frac{a}{l}\right)^2 + \frac{3}{40}\right] - \frac{a\left[8 + 3\left(\frac{l}{f}\right)^2\right]}{24EF} \quad \ldots\ldots (27)$$

Hierin bedeutet:

a den Abstand der Last vom Kämpfergelenk,

l die Spannweite des Bogens,

f die Pfeilhöhe, d. i. der Abstand des Scheitelgelenkes von der wagerechten Verbindunglinie der Kämpfergelenke,

J und F das unveränderliche Trägheitsmoment bzw. die unveränderliche Querschnittsfläche des Bogens.

---

[1]) Handb. d. Ing.-Wissenschaften; Der Brückenbau, 5. Abt.; Eiserne Bogenbrücken und Hängebrücken. 3. Aufl. Leipzig 1906, S. 77.

Gl. (27) gilt für $a < \frac{l}{2}$. Die Einflußlinie ist symmetrisch.

Eine gleichförmig verteilte Vollbelastung g (ständige Last) verursacht im Scheitel eine Senkung

$$\Delta y_g = -\frac{g l^2}{96 E F}\left[8 + 3\left(\frac{l}{f}\right)^2\right]^{1)}$$

84. Der Zweigelenkbogen.

Unter den Bogenträgern wird der Bogen mit Kämpfergelenken am häufigsten ausgeführt. Die Berechnung dieses einfach statisch unbestimmten Systems bietet keine Schwierigkeiten und läßt sich verhältnismäßig rasch durchführen. Selbst bei großem Pfeilverhältnis ist die Bogenkrümmung im Vergleich zur Bogenhöhe nie so groß, daß nicht die Gesetze der Biegung des geraden Stabes bei der Ermittlung der Spannungen angewendet werden könnten.

a) Bogen allgemeinster Form. (Abb. 353.)

Die Einflußlinie des Horizontalschubes H.

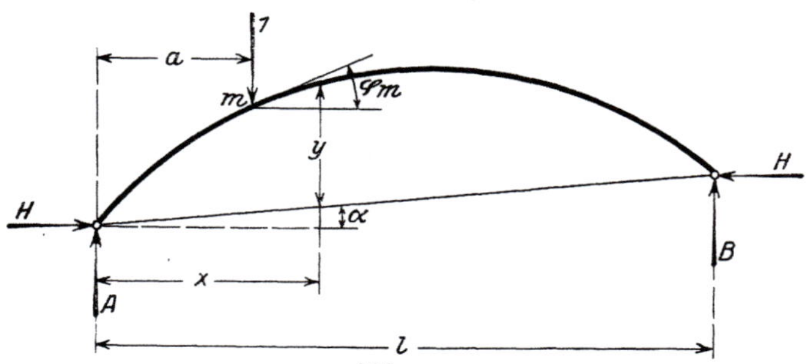

Abb. 353.

Die Elastizitätsbedingung

$$\int_0^l \frac{M M_1}{E J} ds + \int_0^l \frac{N N_1}{E F} ds + \int_0^l N_1 \alpha_t t \, ds = 0,$$

worin M und N die tatsächlich im Bogen auftretenden Momente und Längskräfte, M_1 und N_1 die dem Zustand $H = -1$ entsprechenden Momente und Längskräfte bedeuten, liefert für flache Bogen $\left(\frac{l}{f} > 8\right)$ mit

$$M = \mathfrak{M} - H y, \qquad N = -H \cos\varphi,$$
$$M_1 = -y, \qquad N_1 = -\cos\varphi,$$

für den Horizontalschub H die Gleichung:

$$H = \frac{\int_0^l \frac{\mathfrak{M} y}{E J} ds + \int_0^l \cos\varphi \cdot \alpha_t t \, ds}{\int_0^l \frac{y^2}{E J} ds + \int_0^l \frac{\cos^2\varphi}{E F} ds} = H_p + H_t. \quad \ldots \ldots (28)$$

Deutet man $\int_0^l \frac{\mathfrak{M} y}{E J} ds$ als lotrechte Verschiebung δ_m, die der Angriffspunkt m der lotrechten Last 1, die das Balkenmoment $\mathfrak{M}$ erzeugt, erfährt, wenn auf den als Balken gelagert gedachten Träger die Kräfte $H = -1$ wirken, so nimmt H_p die Form

$$H_p = \frac{\delta_m}{\int_0^l \frac{y^2}{E J} ds + \int_0^l \frac{\cos^2\varphi}{E F} ds} \quad \ldots \ldots \ldots \ldots (28')$$

[1]) Diese Gleichung enthält nur das von den Normalkräften herrührende Glied, da bei Vollbelastung mit g die Momente Null werden.

an, während für H_t die Gleichung

$$H_t = \frac{\int\limits_0^l \cos\varphi \cdot \alpha_t t \, ds}{\int\limits_0^l \frac{y^2}{EJ} ds + \int\limits_0^l \frac{\cos^2\varphi}{EF} ds} \quad \ldots\ldots\ldots\ldots (28'')$$

verbleibt.

H_p ist sonach proportional den Ordinaten δ_m der Biegelinie für den Zustand $H = -1$. Man erhält somit die Einflußlinie für H_p, wenn man die Ordinaten dieser Biegelinie durch den Nenner der Gl. (28') teilt. Die Biegelinie läßt sich nun, wie bekannt, als Momentenlinie zu einer Belastung zeichnen, deren Größe im Abstande x vom Auflager gegeben ist durch

$$z_x = \frac{M^x}{E J_x},$$

wobei im vorliegenden Falle

$$M^x = 1 \cdot y$$

ist, während J_x das mit $\cos\varphi_x$ multiplizierte Trägheitsmoment des Bogenquerschnittes an der Stelle x bedeutet.

In Abb. 354 stellt AB den Bogen, $A'B'$ die Belastungslinie z_x vor. Um die zugehörende Momentenlinie $A''B''$ zu zeichnen, denken wir uns die verteilte Belastung, wie sie durch $A'B'$ dargestellt wird, in eine Reihe von Einzellasten w (elastische Gewichte) aufgelöst, worauf sich die Momentenlinie als Seilpolygon zeichnen läßt; damit ist die gesuchte Biegelinie gefunden.

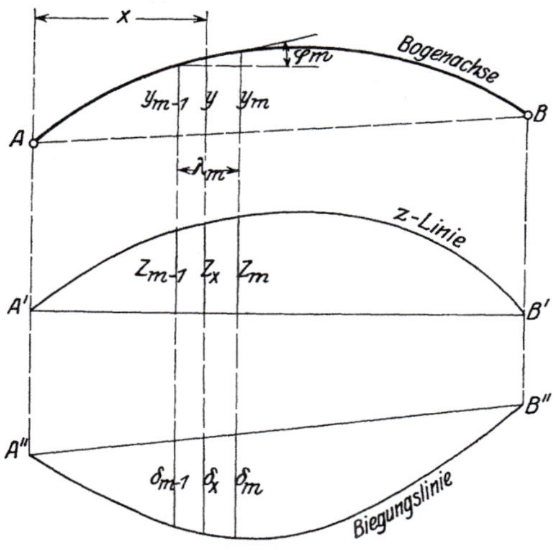

Abb. 354.

Wir bezeichnen mit:

y_m die Ordinate des m-ten Knotenpunktes,
J_m das mittlere Trägheitsmoment für das Bogenstück $m-1$ bis m,
φ_m den Neigungswinkel des Bogenstückes $m-1$ bis m gegen die Horizontale,
λ_m den wagerechten Abstand der beiden Punkte m und $m-1$ (Feldweite),
λ_c eine beliebig angenommene konstante Feldweite,
w_m das elastische Gewicht für den Punkt m.

Als Knotenpunkte wählt man am besten die Querträgeranschlußpunkte. Dann gilt bei J_m = konstant innerhalb eines Abschnittes für w_m die Gleichung[1])

$$w_m = \frac{\lambda_c}{6E}\left[\frac{\lambda_m}{\lambda_c}\frac{y_{m-1} + 2y_m}{J_m \cos\varphi_m} + \frac{\lambda_{m+1}}{\lambda_c}\frac{y_{m+1} + 2y_m}{J_{m+1}\cos\varphi_{m+1}}\right] \quad \ldots\ldots (29)$$

In der Regel können die Feldweiten λ untereinander gleich angenommen werden, so daß $\frac{\lambda_m}{\lambda_c}$ durchwegs 1 ist. Da der in allen Feldern gleiche Wert $\frac{\lambda_c}{6E}$, wie wir sehen werden, auch im Nenner vorkommt, so fällt er aus der Rechnung heraus, weshalb wir als elastisches Gewicht bloß den Klammerausdruck in Gl. (29), den wir mit w'_m bezeichnen, betrachten wollen. Die Gewichte lassen sich sehr rasch und übersichtlich in Form einer Tafel berechnen, die zum Teil auch zur Bestimmung des Nenners von H dienen kann.

1) Siehe Müller-Breslau, Die neueren Methoden der Festigkeitslehre. 4. Auflage, Leipzig 1913.

Es ist nämlich, wenn man die Nennerintegrale in (28′) und (28″) in Summen auflöst,

$$\int_0^l \frac{y^2\,ds}{EJ} = \sum y_m w_m = \frac{\lambda_c}{6E} \sum y_m w'_m \quad \ldots\ldots\ldots\ldots (30)$$

und

$$\int_0^l \frac{\cos^2\varphi}{EF}\,ds = \sum \frac{\lambda_m \cos\varphi_m}{EF_m} = 6 \cdot \frac{\lambda_c}{6E} \sum \frac{\lambda_m}{\lambda_c} \frac{\cos\varphi_m}{F_m}. \quad \ldots\ldots (30')$$

Wie man erkennt, enthalten beide Glieder des Nenners den Faktor $\frac{\lambda_c}{6E}$, weshalb man, falls man nur mit den Gewichten w'_m arbeitet, den Nenner bloß aus den beiden Summen

$$\sum y_m w'_m \quad \text{und} \quad 6 \sum \frac{\lambda_m}{\lambda_c} \frac{\cos\varphi_m}{F_m}$$

zu bilden hat.

In der folgenden Mustertafel ist die zweckmäßige Berechnung der Gewichte w'_m und der Nennersummen gezeigt.

Ermittlung des Horizontalschubes *H*.

Punkt	Abszisse x_m	Ordinate y_m	$\frac{\lambda_m}{\lambda_c}$	Fläche F_m	Trägheitsmoment J_m	$\cos\varphi_m$	$J_m \cos\varphi_m$	$\frac{\lambda_m}{\lambda_c} \frac{y_{m-1} + 2y_m}{J_m \cos\varphi_m}$	$\frac{\lambda_{m+1}}{\lambda_c} \frac{y_{m+1} + 2y_m}{J_{m+1} \cos\varphi_{m+1}}$	w'_m	$w'_m y_m$	$\frac{\lambda_m}{\lambda_c} \frac{\cos\varphi_m}{F_m}$
	in m	in m		m^2	m^4							
0	0	0										
1	1,84	0,70	1	0,193	0,026	0,935	0,0243	57,6	82,6	140,2	98,1	4,74
2	3,68	1,16	1	0,183	0,032	0,968	0.0310	97,4	122,2	219,6	254,6	5,29
3	5,52	1,52	1	0,172	0,032	0,983	0,0314	133,7	.	.	.	5,72
4	.	.	.	.	.	.	.	.	.	.	.	.
									$\Sigma =$			

Bei symmetrisch gebauten Tragwerken genügt es, die Tafel für die eine Hälfte zu berechnen. Die rechnerische oder zeichnerische Darstellung des Seilpolygones der w'-Gewichte sei hier als bekannt vorausgesetzt, weshalb nicht weiter darauf eingegangen wird.

Für H_t gilt, wenn man in (28″) $\int_0^l \cos\varphi\,ds = l$ setzt,

$$H_t = \frac{\alpha_t t \cdot l}{\int_0^l \frac{y^2\,ds}{EJ} + \int_0^l \frac{\cos^2\varphi}{EF}\,ds} \quad \ldots\ldots\ldots\ldots (31)$$

Da der Nenner dieses Bruches bereits bekannt ist, so ist die Berechnung von H_t höchst einfach.

Die Dehnungsziffer α_t beträgt bei Flußeisen und Flußstahl $\alpha_t = 0{,}000\,011\,8$, bei Nickelstahl $\alpha_t = 0{,}000\,011\,9$. Vielfach wird mit $\alpha_t = 1:80\,000$ gerechnet.

Einflußlinie der Kernpunktmomente M_0 und M_u.

Aus den Beziehungen

$$M_o = \mathfrak{M}_o - H y_o = y_o \left(\frac{\mathfrak{M}_o}{y_o} + H \right)$$

und

$$M_u = \mathfrak{M}_u - H y_u = y_u \left(\frac{\mathfrak{M}_u}{y_u} - H \right)$$

folgt die in Abb. 355a veranschaulichte Darstellung der Einflußlinie für M_0 bzw. M_u.

Einflußlinie der Querkräfte Q_x.

Da

$$Q_x = \mathfrak{Q}_x \cos\varphi - H(\sin\varphi - \operatorname{tg}\alpha\cos\varphi) = (\sin\varphi - \operatorname{tg}\alpha\cos\varphi)\left(\mathfrak{Q}_x \frac{\cos\varphi}{\sin\varphi - \operatorname{tg}\alpha\cos\varphi} - H\right),$$

so findet man die Q_x-Linie als Differenz zwischen der mit $\frac{\cos\varphi}{\sin\varphi - \operatorname{tg}\alpha\cos\varphi}$ multiplizierten Balkenquerkraftlinie und der H-Linie, wobei $(\sin\varphi - \operatorname{tg}\alpha\cos\varphi)$ Multiplikator der Einflußlinie wird (Abbildung 355b). Die Einflußlinien der lotrechten Auflagerkräfte sind die gleichen wie beim Balken.

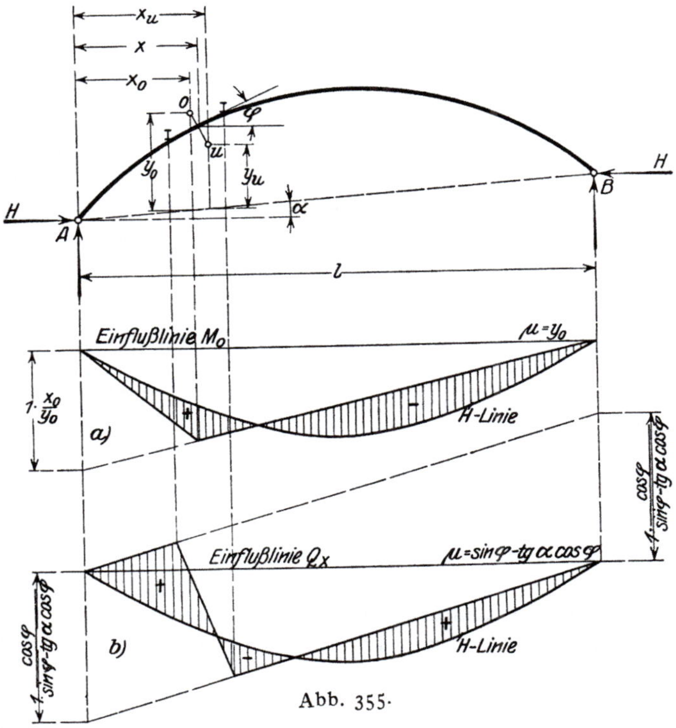

Abb. 355.

Bei der Berechnung der Kernpunktmomente ergeben sich die gleichen Schwierigkeiten wie beim Dreigelenkbogen, zu denen aber noch die Unsicherheit, die der erstmaligen Bestimmung von H anhaftet, hinzukommt. Es empfiehlt sich daher auch hier eine vorläufige Querschnittsbestimmung durchzuführen, um nur halbwegs richtig die Lage der Kernlinien feststellen zu können. Zu dieser Berechnung benütze man eine der nachfolgend unter **d)** und **e)** angegebenen Näherungsformeln für H.

b) Bogen mit aufgehobenem Horizontalschub.

Verbindet ein Zugband die beiden Kämpfer oder zwei über den Kämpfern liegende Knotenpunkte, so kann der Bogen als Balken gelagert werden, ohne daß er seine wesentlichen Eigenschaften als Bogenträger verliert. Ein derartiges System vereinigt die Vorteile des Balkens mit denen des Bogens und in diesem Umstande hauptsächlich liegt der Grund für die Bevorzugung dieser Trägerart in den letzten 3 Jahrzehnten. Allerdings wurde der Vollwandträger mit Zugband verhältnismäßig selten ausgeführt, um so häufiger aber der Fachwerkbogen mit Zugband.

Zu der auf S. 430 aufgestellten Elastizitätsbedingung tritt noch ein weiteres Glied, das die Formänderung des Zugbandes beschreibt, hinzu. Die Gleichung lautet dann

$$\int_0^l \frac{MM_1}{EJ} ds + \int_0^l \frac{NN_1}{EF} ds + \int_0^l N_1 \alpha_t t\, ds + \frac{Hz}{EF_z} = 0,$$

wenn z die Länge des Zugbandes und F_z sein unveränderlicher Querschnitt ist. Im Nenner der Gleichungen (28') und (28") tritt demnach noch ein weiteres Glied $+\frac{z}{EF_z}$ hinzu. H wird etwas kleiner.

Verbindet das Zugband die beiden Kämpfer, so unterscheidet sich die Berechnung und Darstellung von H und den übrigen Größen in keiner Weise von der oben dargelegten. Liegt der Zuggurt über den Kämpfern, Abbildung 356b, so stellt H die Kraft im Zugbande vor. Die elastischen Gewichte w_m, die sich im übrigen genau wie vor berechnen — die Bedeutung von y geht aus Abb. 356b hervor —, hängen nur von Form und Querschnitt des Bogens innerhalb der Strecke ab ab, sie erstrecken sich auch nur auf diesen Bereich. Die Biegelinie δ_m besteht sonach aus einem polygonalen Teil $a'\,b'$ und zwei aus den Schlußseiten des Seilpolygons gebildeten geradlinigen Ästen $A'\,a'$ und $b'\,B'$, die bis zur Schlußlinie reichen, die durch die Auflagerpunkte gegeben ist. Abb. 356c. Die Berechnung kann auch in der gleichen Weise durchgeführt werden, wenn das Zugband schwach gesprengt ist, — große Überhöhungen des Zugbandes kommen im Brückenbau kaum vor, — die Ordinaten y sind dann von der Zugbandachse, wie z. B. beim Dreigelenkbogen in Abb. 352, zu messen.

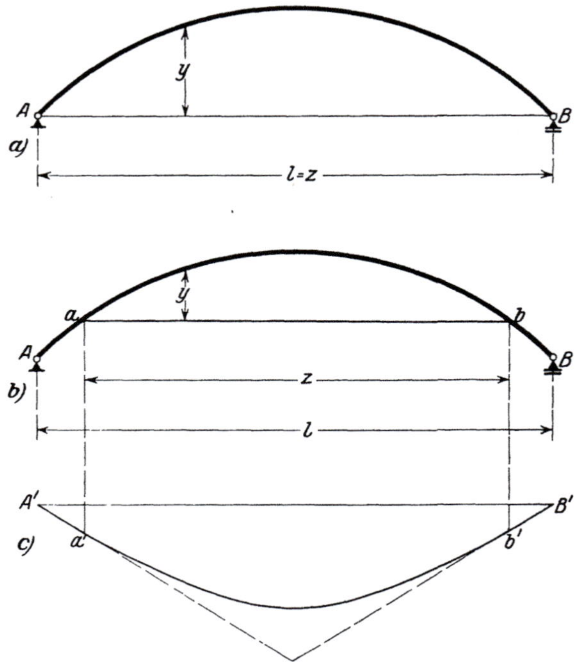

Abb. 356.

c) Zweigelenkbogen mit Kragarm und Schleppträgern. (Abb. 357.)

Die Einflußlinie für H wird zunächst in der gleichen Weise wie beim Bogen ohne Kragarme bestimmt; die tangentielle Verlängerung des Mittelzweiges bis zu den Kragarmenden (Schlußseiten des Seilpolygones) liefert die Seitenzweige der H-Linie (Abb. 357a, S. 435). Die Ermittlung von M_0 und Q_x zeigen die Abbildung 357b und c. Bei der Berechnung von H sind die Ordinaten y von der Kämpferverbindungslinie aus zu messen. Ebenso die Ordinaten y_0 und y_u der Kernpunkte.

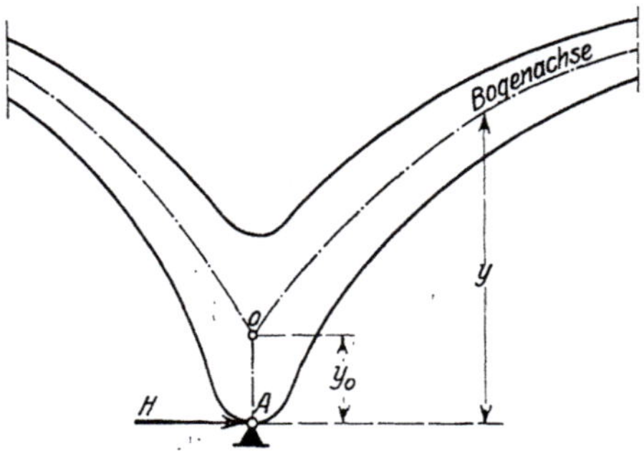

Abb. 358.

Die Formänderung des Bogenstückes $A\,o$, Abb. 358, ist ohne Einfluß auf die Biegungslinie δ_m. Ihr Einfluß macht sich nur im Nenner geltend, dessen erste Summe um ein Glied von der Form

$$\int_0^{y_0} \frac{y^2\,ds}{E\,J_0} = \frac{y_0^3}{3\,E\,J_0} = \frac{\lambda_c}{6\,E} \cdot \frac{2\,y_0^3}{\lambda_c\,J_0}$$

vermehrt erscheint. J_0 ist das mittlere Trägheitsmoment im Abschnitt $A\,o$.

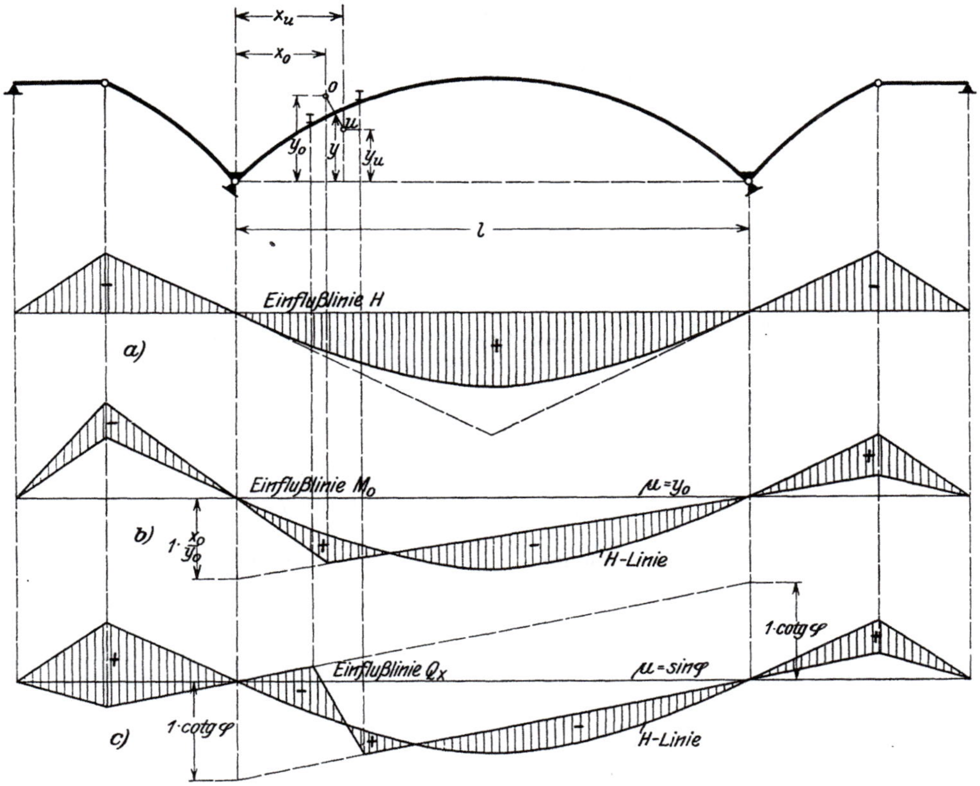

Abb. 357.

d) Symmetrischer Bogen mit flacher parabolischer Achse und unveränderlichem Querschnitt.

Wenn auch im Brückenbau Hauptträger mit unveränderlichem Querschnitt kaum vorkommen dürften, so mögen hier dennoch die einfachen Formeln für den Horizontalschub beim Bogenträger mit parabolischer Achse und annähernd konstantem Querschnitt Platz finden, da sie gerne für überschlägige Berechnungen des Horizontalschubes benützt werden.

Setzt man

$$y = \frac{4\,f}{l^2}\,x\,(l - x), \qquad J \cos\varphi = J_c \quad \text{und} \quad F \cos\varphi = F_c,$$

so nimmt das erste Nennerintegral in Gl. (28) die Form

$$\int_0^l \frac{y^2}{E\,J}\,ds = \int_0^l \frac{y^2}{E\,J_c}\,dx = \frac{8}{15}\,\frac{f^2\,l}{E\,J_c}$$

an. Weiters ist

$$\int_0^l \frac{\cos^2\varphi}{E\,F}\,ds = \frac{l}{E\,F_c},$$

so daß der Nenner die einfache Gestalt

$$\frac{8}{15}\frac{f^2 l}{E J_c} + \frac{l}{E F_c}$$

erhält.

Das Zählerintegral

$$\int_0^l \frac{\mathfrak{M} y}{E J_c} d x$$

geht im Falle der Belastung des Bogens mit einer Einzellast 1 im Abstande a vom linken Kämpfer, mit

$$\mathfrak{M} = x \frac{l-a}{l} \quad \ldots \text{ für } x < a,$$

$$\mathfrak{M} = a \frac{l-x}{l} \quad \ldots \quad " \quad x > a$$

in die zwei Teilintegrale

$$\frac{4f}{E J_c l^2}\left[\int_0^a \frac{l-a}{l} x^2 (l-x) d x + \int_a^l a \frac{l-x}{l} x (l-x) d x\right]$$

über. Die Ausrechnung liefert für den Zähler den einfachen Ausdruck

$$\int_0^l \frac{\mathfrak{M} y}{E J_c} d x = \frac{f l^2}{3 E J_c}\left[\left(\frac{a}{l}\right)^4 - 2\left(\frac{a}{l}\right)^3 + \left(\frac{a}{l}\right)\right]$$

und man erhält schließlich die Gleichung der Einflußlinien für H_p

$$H_p = \frac{\frac{5 l}{8 f}\left[\left(\frac{a}{l}\right)^4 - 2\left(\frac{a}{l}\right)^3 + \left(\frac{a}{l}\right)\right]}{1 + \frac{15}{8}\frac{J_c}{f^2 F_c}} \quad \ldots \ldots \ldots \ldots (32)$$

sowie den Horizontalschub H_t bei Änderung der Temperatur um t^0

$$H_t = \frac{15 E J_c}{8 f^2} \cdot \frac{\alpha_t t}{1 + \frac{15}{8}\frac{J_c}{f^2 F_c}} \quad \ldots \ldots \ldots \ldots (32')$$

Ist ein Zugband vorhanden, daß die Kämpfer verbindet, so lautet der Nenner in Gl. (32)

$$1 + \frac{15}{8 f^2}\left(\frac{J_c}{F_c} + \frac{J_c}{F_z}\right),$$

wobei F_z den Zugbandquerschnitt bedeutet. Der Zähler ist der gleiche wie vor.

Liegt das Zugband in der Höhe h über den Kämpfern, dann bestimme man den Horizontalschub H_p mittels der vorangehenden Formel so, als wenn die Anschlußpunkte a, b des Zugbandes die Kämpfer wären — l ist dann durch die Entfernung a, b zu ersetzen —, und verlängere schließlich die Enden der Einflußlinie von H tangential bis zum Schnitt mit den tatsächlichen Kämpfersenkrechten, genau wie dies in Abb. 356 S. 434 geschehen ist.

e) Symmetrischer Bogen mit parabolischer Achse und stetig veränderlichem Querschnitt.

Wir setzen voraus, daß sich das Trägheitsmoment nach dem Gesetze

$$\frac{1}{J} = \frac{1}{J_m}\left[1 + \alpha\left(1 - 2\frac{x}{l}\right)^2\right] \quad \text{mit} \quad \alpha = \frac{J_m - J_0}{J_0}$$

ändere[1]), wobei für Sichelbogen der Form Abb. 359a $\alpha > 0$ und für Bogen die Form Abb. 359b $\alpha < 0$ ist. Führt man für y den Wert

$$y = \frac{4f}{l^2} x(l - x) + h_0$$

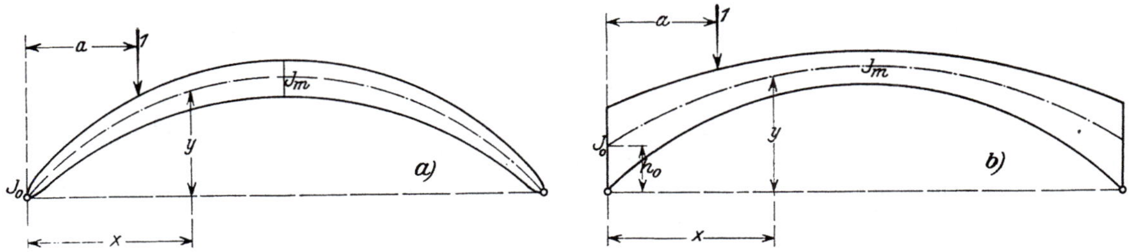

Abb. 359.

in die allgemeinen Gleichungen für H ein, so erhält man zunächst für den Zähler:

$$\delta_m = \int_0^l \frac{\mathfrak{M} y}{E J} ds = \frac{4f}{l^2} \frac{1}{E J_m} \left\{ \frac{l-a}{l} \int_0^a x^2 (l - x) \left[1 + \alpha \left(1 - 2 \frac{x}{l} \right)^2 \right] dx \right.$$

$$+ \left. \frac{a}{l} \int_a^l x(l - x)^2 \left[1 + \alpha \left(1 - 2 \frac{x}{l} \right)^2 \right] dx \right\}$$

$$+ \frac{h_0}{E J_m} \left\{ \frac{l-a}{l} \int_0^a x \left[1 + \alpha \left(1 - 2 \frac{x}{l} \right)^2 \right] dx + \frac{a}{l} \int_a^l (l - x) \left[1 + \alpha \left(1 - 2 \frac{x}{l} \right)^2 \right] dx \right\}$$

und nach der Auswertung:

$$\int_0^l \frac{\mathfrak{M} y}{E J} ds = \frac{f l^2}{3 E J_m} \left\{ \left(\frac{a}{l}\right) - 2 \left(\frac{a}{l}\right)^3 + \left(\frac{a}{l}\right)^4 + \frac{\alpha}{5} \left[\left(\frac{a}{l}\right) - 10 \left(\frac{a}{l}\right)^3 + 25 \left(\frac{a}{l}\right)^4 - 24 \left(\frac{a}{l}\right)^5 + 8 \left(\frac{a}{l}\right)^6 \right] \right\}$$

$$+ \frac{h_0 l^2}{2 E J_m} \left\{ \left(\frac{a}{l}\right) - \left(\frac{a}{l}\right)^2 + \frac{\alpha}{3} \left[\left(\frac{a}{l}\right) - 3 \left(\frac{a}{l}\right)^2 + 4 \left(\frac{a}{l}\right)^3 - 2 \left(\frac{a}{l}\right)^4 \right] \right\}.$$

Für den Nenner berechnet man:

$$\int_0^l \frac{y^2 ds}{E J} = \frac{1}{E J_m} \left\{ \left[\frac{4f}{l^2} x(l - x) + h_0 \right]^2 dx \right.$$

$$= \frac{8}{15} \frac{l}{E J_m} \left\{ f^2 + \frac{5}{2} f h_0 + \frac{15}{8} h_0^2 + \alpha \left[\frac{1}{7} f^2 + \frac{1}{2} f h_0 + \frac{5}{8} h_0^2 \right] \right\},$$

so daß für die Einflußliniengleichung von H_p der Ausdruck entsteht:

$$H_p = \frac{\frac{5l}{8f} \left\{ \left(\frac{a}{l}\right) - 2 \left(\frac{a}{l}\right)^3 + \left(\frac{a}{l}\right)^4 + \frac{\alpha}{5} \left[\frac{a}{l} - 10 \left(\frac{a}{l}\right)^3 + 25 \left(\frac{a}{l}\right)^4 - 24 \left(\frac{a}{l}\right)^5 + 8 \left(\frac{a}{l}\right)^6 \right] \right\} + \frac{15 h_0 l}{16 f^2} \left\{ \left(\frac{a}{l}\right) - \left(\frac{a}{l}\right)^2 + \frac{\alpha}{3} \left[\left(\frac{a}{l}\right) - 3 \left(\frac{a}{l}\right)^2 + 4 \left(\frac{a}{l}\right)^3 - 2 \left(\frac{a}{l}\right)^4 \right] \right\}}{1 + \frac{5}{2} \frac{h_0}{f} + \frac{15}{8} \left(\frac{h_0}{f}\right)^2 + \alpha \left[\frac{1}{7} + \frac{1}{2} \frac{h_0}{f} + \frac{5}{8} \left(\frac{h_0}{f}\right)^2 \right] + \frac{15}{8} \frac{J_m}{F f^2}} \qquad (33)$$

Beim Sichelbogen, dessen Kämpfergelenke in der Bogenachse liegen, ist natürlich $h_0 = 0$.

---

[1]) Siehe die gleiche Annahme in **82c**.

Der Einfluß von Temperaturänderungen ist durch die Gleichung

$$H_t = \frac{15}{8} \cdot \frac{E J_m}{f^2} \frac{\alpha_t t}{1 + \frac{5}{2}\frac{h_0}{f} + \frac{15}{8}\left(\frac{h_0}{f}\right)^2 + \alpha\left[\frac{1}{7} + \frac{1}{2}\frac{h_0}{f} + \frac{5}{8}\left(\frac{h_0}{f}\right)^2\right] + \frac{15}{8}\frac{J_m}{F f^2}} \quad . \; . \; (33')$$

gegeben.

Für den Querschnitt F ist in allen diesen Formeln ein Mittelwert einzuführen.

f) Durchbiegung.

Die genaue Berechnung der Durchbiegung, die sich in allen Fällen empfiehlt, erfolgt mittels Zeichnung von Biegelinien. Bezeichnet δ_B die lotrechten Durchbiegungen des statisch bestimmten Hauptsystems (d. i. ein Balken von der Stützweite l) unter der Wirkung der in Frage stehenden Belastung, H_p der von dieser Belastung hervorgerufene Horizontalschub, δ_m die Ordinaten der dem Zustande $H = -1$ entsprechenden Biegelinie für lotrechte Durchbiegungen, d. i. die bereits bei Ermittlung von H benutzte Biegelinie (δ_m ist der Zähler der Gleichung (28')), so ist die tatsächliche Durchbiegung durch

$$\delta = \delta_B - H_p \delta_m \quad . \; . \; . \; . \; . \; . \; . \; . \; . \; . \; . \; . \; . \; . \; . \; (34)$$

gegeben. Die Bestimmung der lotrechten Verschiebungen erfordert somit bloß die Aufzeichnung einer einzigen neuen Biegelinie, und falls nur die Verschiebung eines einzelnen Punktes gesucht wird, die Ermittlung der Balken-Durchbiegung an der betreffende Stelle nach einem der bekannten Verfahren.

Ist H_t der durch die Temperaturänderung hervorgerufene Horizontalzug, so ist die lotrechte Verschiebung der Bogenachse durch

$$\delta_t = H_t \delta_m \quad . \; . \; . \; . \; . \; . \; . \; . \; . \; . \; . \; . \; . \; . \; . \; . \; (34')$$

festgelegt.

Denkt man sich eine Einzellast $P = 1\,t$ in einem beliebigen Punkte C wirkend und für diese Belastung die Durchbiegung $\delta = \delta_B - H_p \delta_m$ als Differenz der beiden Biegelinien bestimmt, so stellt die so erhaltene Differenzlinie nach dem Satze von der Gegenseitigkeit der Verschiebungen bereits die Einflußlinie für die lotrechte Verschiebung im Punkte C vor.

85. Bogenträger mit mehreren Öffnungen.

a) Die einzelnen Bogenfelder sind gelenkig miteinander verbunden.

In Abb. 360 ist das einfach statisch unbestimmte System, das aus mehreren über den Zwischenpfeilern gelenkig miteinander verbundenen und dort auf längsverschieblichem Lager sitzenden Bogen besteht, dargestellt. Ein Seitenschub H tritt nur in den Endlagern auf.

In gleicher Weise wie beim einfachen Zweigelenkbogen, siehe S. 430, leitet man auch hier aus der Elastizitätsbedingung

$$\sum\int_0^l \frac{M M_1}{E J}\, ds + \sum\int_0^l \frac{N N_1}{E F}\, ds + \sum\int_0^l N_1 \alpha_t t\, ds = 0,$$

die Gleichung für H

$$H = \frac{\sum\int_0^l \frac{\mathfrak{M} y}{E J}\, ds + \sum\int_0^l \cos\varphi\, \alpha_t t\, ds}{\sum\int_0^l \frac{y^2}{E J}\, ds + \sum\int_0^l \frac{\cos^2\varphi}{E F}\, ds} = H_p + H_t \quad . \; . \; . \; . \; . \; (35)$$

ab. Die Bezeichnungen haben die gleiche Bedeutung wie auf S. 430. Jedes Integral erstreckt sich über eine Bogenöffnung, außerdem erscheinen diese Einzelintegrale in der Gleichung für H über alle Öffnungen summiert.

Wird bloß ein einzelner Bogen belastet, so verschwinden im Zähler alle Integrale bis auf eines, während im Nenner die Summe der Einzelintegrale verbleibt. Der Horizontalschub H ist sonach wesentlich geringer als bei einem einfachen Bogen. Sind sämtliche n-Felder einander gleich, dann ist der Horizontalschub H bei Belastung eines Feldes gerade $\frac{1}{n}$ des Schubes, den dieses Feld, für sich allein bestehend, ausüben würde.

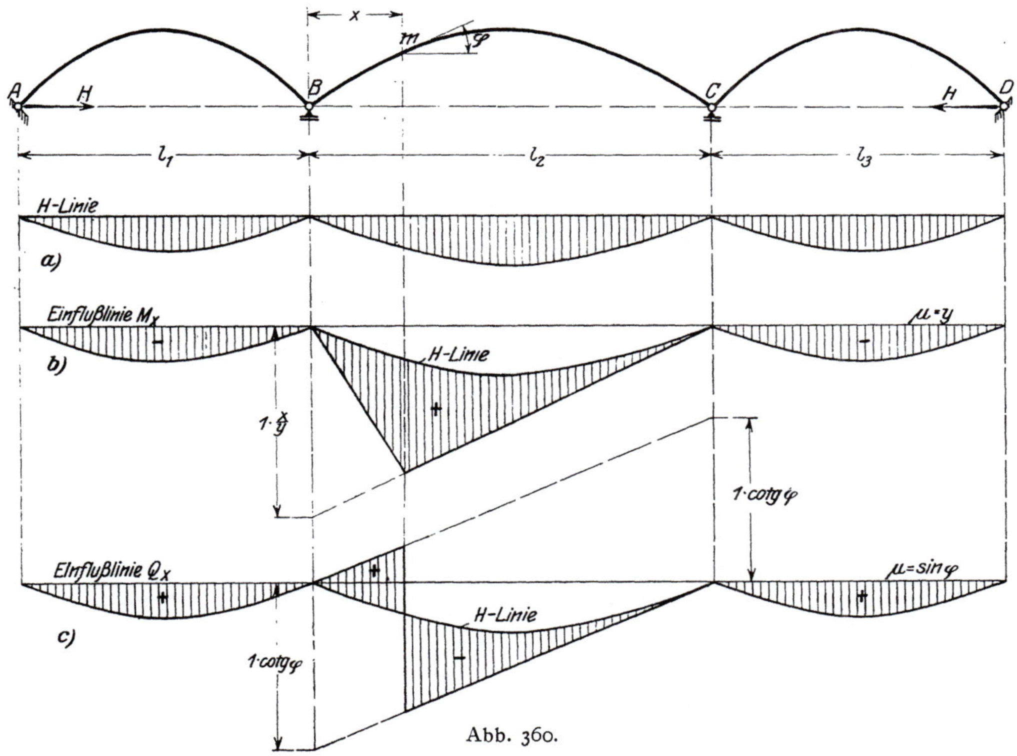

Abb. 360.

Deutet man das erste Glied des Zählers in (35) als lotrechte Verschiebung eines Punktes m unter der Wirkung von $H = -\bar{1}$, so ergibt sich für die Ermittlung der Einflußlinie von H ganz genau der gleiche Vorgang wie wir ihn in **84** eingeschlagen haben. Für jede Öffnung wird der Zähler von H, d. i. die Biegelinie δ_m, wie dort bestimmt, der Nenner von H wird als die Summe aller Nenner bestimmt, die sich ergeben, wenn man jede Öffnung als einen einfachen Zweigelenkbogen auffaßt. Die Einflußlinie von H ist in Abb. 360a dargestellt.

Die Einflußlinien der Momente und Querkräfte ergeben sich genau in der gleichen Weise wie in **84**. Abb. 360b und c. Die größten positiven Momente entstehen bei Vollbelastung jenes Feldes, in dem sich der in Rede stehende Querschnitt befindet, die größten negativen Momente bei Vollbelastung aller übrigen Felder.

b) Die einzelnen Bogenöffnungen sind steif miteinander verbunden.

Wir zeigen den Rechnungsgang für den Fall, wo 3 Öffnungen vorhanden sind. Die Anwendung auf eine kleinere oder größere Zahl von Feldern ist dann leicht. Als überzählige Größen in dem dreifach statisch unbestimmten Systeme benützen wir die Auflagerdrücke C_1 und C_2 und den Horizontalschub H. (Abb. 361.)

Bezeichnet:

δ_{mH} die lotrechte Verschiebung eines Punktes m infolge $H = -1$,

δ_{mC_1} „ „ „ „ „ m „ $C_1 = -1$,

δ_{mC_2} „ „ „ „ „ m „ $C_2 = -1$,

δ_{HH} die Verkürzung der Sehne 0 — 3, infolge Belastung mit $H = -1$,

δ_{C_1H} die lotrechte Verschiebung von 1 infolge $H = -1$,

δ_{C_2H} „ „ „ „ 2 „ $H = -1$,

$\delta_{C_1C_1}$ „ „ „ „ 1 „ $C_1 = -1$,

$\delta_{C_1C_2}$ „ „ „ „ 1 „ $C_2 = -1$,

$\delta_{C_2C_2}$ „ „ „ „ 2 „ $C_2 = -1$,

δ_t die Längenänderung der Sehne 0 — 3 bei Temperaturänderung um t^0,

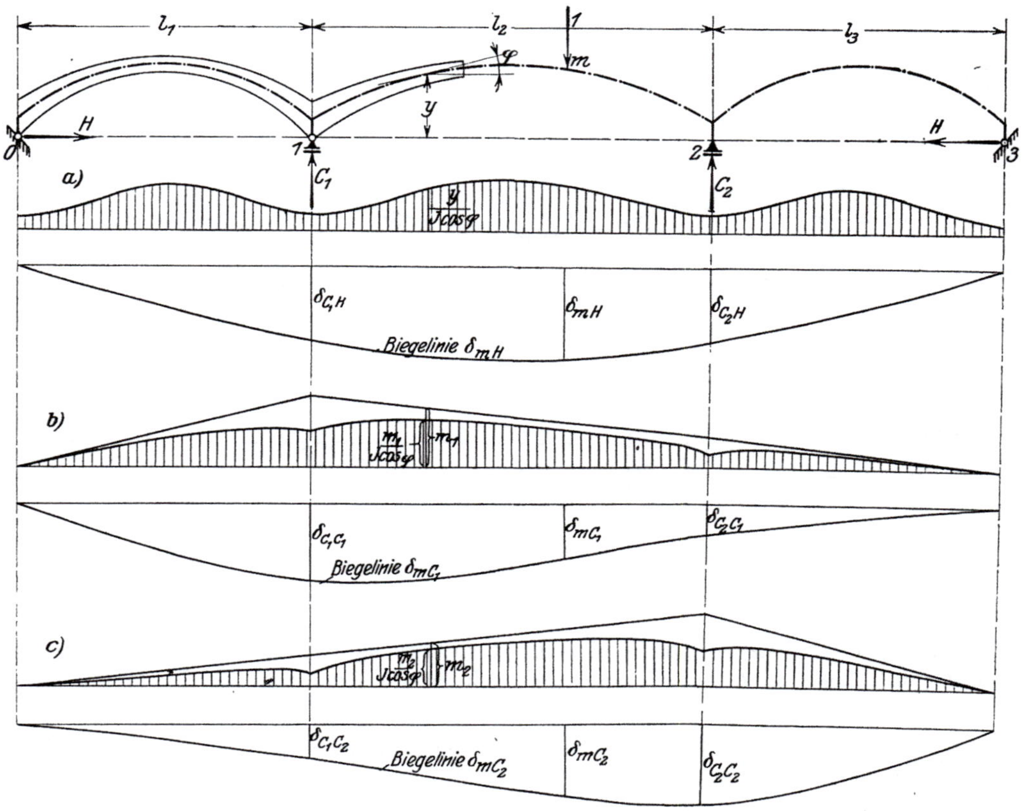

Abb. 361.

so lauten die drei Elastizitätsgleichungen bei Annahme unverschieblicher Auflagerpunkte:

$$\left.\begin{aligned} \sum P_m \delta_{mH} + \delta_t - H\,\delta_{HH} - C_1\,\delta_{C_1H} - C_2\,\delta_{C_2H} &= 0 \\ \sum P_m \delta_{mC_1} \qquad - H\,\delta_{C_1H} - C_1\,\delta_{C_1C_1} - C_2\,\delta_{C_1C_2} &= 0 \\ \sum P_m \delta_{mC_2} \qquad - H\,\delta_{C_2H} - C_1\,\delta_{C_1C_2} - C_2\,\delta_{C_2C_2} &= 0 \end{aligned}\right\} \quad \ldots\ldots (36)$$

Bei der Ermittlung von Einflußlinien ist $P_m = 1$ zu setzen, während das Summenzeichen ganz entfällt.

Die Größen δ_{mH}, δ_{mC_1} und δ_{mC_2} lassen sich sehr leicht als Biegelinien in der bekannten Weise darstellen.

δ_{mH}: Man zeichnet das Seilpolygon zur stetigen Belastung $\frac{y}{J\cos\varphi}$, Abb. 361 a.

δ_{mC_1}: Man zeichnet das Seilpolygon zur Belastung $\frac{m_1}{J\cos\varphi}$, wenn m_1 das Balkenmoment des Balkens 0 — 3 infolge einer Last — 1 in 1 bedeutet. Abb. 361b.

δ_{mC_2}: Man zeichnet das Seilpolygon zur Belastung $\frac{m_2}{J\cos\varphi}$, wobei m_2 das Balkenmoment des Balkens 0 — 3 infolge einer Last — 1 in 2 bedeutet. Abb. 361 c.

Nach Darstellung dieser 3 Biegelinien sind nicht nur die von der Belastung abhängigen Glieder in den Elastizitätsgleichungen, sondern auch die Beiwerte der Unbekannten, ausgenommen δ_{HH}, in diesen Gleichungen gegeben.

δ_{C_1H} und δ_{C_2H} sind die Ordinaten der Biegelinie δ_{mH} in 1 bzw. 2, siehe die Abb. 361 a. $\delta_{C_1C_1}$ und $\delta_{C_1C_2}$ sind aus der Biegelinie δ_{mC_1} zu entnehmen, siehe Abb. 361 b und $\delta_{C_2C_2}$ ist aus der dritten Biegelinie δ_{mC_2} unmittelbar abzulesen. Abb. 361 c.

Bloß δ_{HH} berechne man nach der Formel:

$$\delta_{HH} = \sum\int_0^l \frac{y^2}{J\cos\varphi}\,ds + \sum\int_0^l \frac{\cos^2\varphi}{J}, \qquad (37)$$

wobei das Summenzeichen bedeutet, daß die Integration zunächst über jedes Feld zu erstrecken ist und die Ergebnisse für alle Felder zusammen zu zählen sind.

Bei der Ermittlung der Biegelinien zerlege man die Belastungsflächen in endliche Abschnitte und ersetze die stetigen Lasten durch Einzellasten w (elastische Gewichte) genau so, wie dies in **84** Gl. (29) geschehen ist.

Die Auflösung der Gleichungen (36) liefert schließlich, falls man zunächst $\delta_t = 0$ setzt, die Unbekannten in der Form

$$\left.\begin{aligned} H &= \alpha\,\delta_{mH} + \beta\,\delta_{mC_1} + \gamma\,\delta_{mC_2}, \\ C_1 &= \alpha_1\,\delta_{mH} + \beta_1\,\delta_{mC_1} + \gamma_1\,\delta_{mC_2}, \\ C_2 &= \alpha_2\,\delta_{mH} + \beta_2\,\delta_{mC_2} + \gamma_2\,\delta_{mC_2}. \end{aligned}\right\} \qquad (38)$$

Setzt man die 3 Biegelinien δ_{mH}, δ_{mC_1} und δ_{mC_2} nach der Weisung der Gl. (38) zusammen, so erhält man die Einflußlinien für die 3 Überzähligen H, C_1 und C_2.

Führt man für

$$\delta_t = E\,\alpha_t\,t\,(l_1 + l_2 + l_3)$$

ein und setzt die Belastungsglieder Null, so gewinnt man die von der Temperaturänderung herrührenden Werte für H, C_1 und C_2 in Form dreier linearer Ausdrücke.

Sind die Überzähligen H, C_1 und C_2 bekannt, so lassen sich die Auflagerdrücke A und B, die Kernmomente und Querkräfte bzw. deren Einflußlinien auf Grund einfacher statischer Beziehungen leicht darstellen.

86. Hängebrücken mit vollwandigem Versteifungsbalken.

a) Allgemeines.

Die Tatsache, daß das wichtigste tragende Organ einer Hängebrücke, die Kette, bloß auf Zug beansprucht ist, macht es erklärlich, daß die Hängebrücke, vornehmlich bei großen Stützweiten, in aussichtsreichen Wettbewerb mit anderen Brückensystemen treten kann. Bei sehr großen Spannweiten, etwa über 500 m, dürften die Hängebrücken allen anderen Brückensystemen den Vorrang streitig machen. Die untere Grenze der Wirtschaftlichkeit dürfte bei etwa 200 m liegen und wird im allgemeinen um so tiefer sinken, je geringer die Nutzlast im Vergleich zur ständigen Last ist. Durch geeignete Vorkehrungen bei der Montage trachtet man, einen möglichst großen Teil des Eigengewichts der Brücke von den Hängeketten allein tragen zu lassen, ohne daß der Versteifungsträger hierdurch in Spannung versetzt wird. Auch die gleichmäßig verteilte Vollbelastung durch Verkehrslast wird zum größten Teile von der Kette aufgenommen, während der Versteifungsträger im Mittel etwa 10% dieser Last übernimmt. Dieser Teil des Überbaues tritt überhaupt erst bei örtlicher oder einseitiger Belastung der Brückenbahn so recht in Wirksamkeit, in welchen Fällen — um es kurz auszusprechen — seine Aufgabe darin besteht, die örtlich auftretenden Lasten in eine über die ganze Öffnung gleichförmig verteilte zu verwandeln, die als solche die Hängekette belastet. Über die günstigsten Abmessungen siehe **94**.

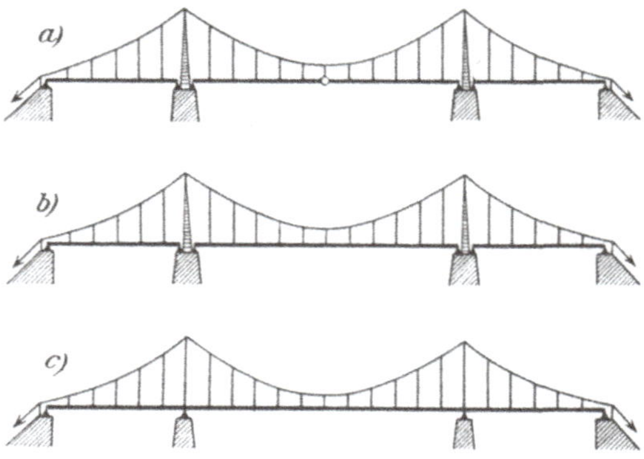

Abb. 362.

Man unterscheidet statisch bestimmte Hängebrücken, die durch Anordnung eines Gelenkes im Versteifungsträger einer der Öffnungen gekennzeichnet sind, Abb. 362a, und statisch unbestimmte, wo dieses Gelenk fehlt oder die Versteifungsträger durchlaufen. Je nachdem die Versteifungsträger in ihrer Gesamtheit statisch bestimmt sind oder n-fach statisch unbestimmt, ist das Hängebrückensystem einfach oder $(n+1)$-fach statisch unbestimmt. (Abb. 362b und c.)

Für den Berechnungsgang ist es gleichgültig, ob die Hängegurte in eigenen Widerlagern verankert sind, oder ob die Horizontalkraft von den Versteifungsträgern selbst aufgenommen wird. (Brücken mit aufgehobenem Horizontalschub)[1]).

b) Die unversteifte Hängebrücke.

Wie bereits oben erwähnt, sollen die bleibenden Lasten tunlichst allein von der Kette getragen werden, was dadurch erreicht wird, daß man die Stöße der Versteifungsträger erst nach dem Ausrüsten, wenn also das Gewicht des Versteifungsträgers und seine Auflast die Kette voll belasten, vernietet. Es ist daher zunächst notwendig, die Kräfte, die in der Kette oder im Seil bei unmittelbarer Belastung desselben entstehen, zu kennen.

Ein zwischen zwei Punkten ausgespanntes Seil wird unter dem Einfluß seines Eigengewichtes die Form einer Kettenlinie annehmen. Treten die gleichmäßig verteilten Lasten der Fahrbahn und des Versteifungsträgers hinzu, so nähert sich die Form des Seiles in dem Maße einer Parabel, als die Lasten der Fahrbahn das Eigengewicht des Seiles überwiegen. Da diese Lasten i. d. R. ein Vielfaches des Seilgewichtes ausmachen, so kann bei den üblichen geringen Pfeilverhältnissen mit großer Genauigkeit die Parabel als Seilform angesehen werden.

---

1) Über Hängebrücken siehe folgende Literatur:

Melan, J.: Theorie der eisernen Bogenbrücken und der Hängebrücken. Handb. d. Ing.-Wiss., II. Bd. 5. Abt. Leipzig 1906.

Bohny, Dr.-Ing. F.: Theorie und Konstruktion versteifter Hängebrücken. Leipzig 1905.

Steinmann, D. B.: Suspension bridges and cantilevers. Their economic proportions and limiting spans. New York 1913.

Sonntag, R.: Wirtschaftliche Gesichtspunkte und Vorschläge für den Bau versteifter Hängebrücken. Eisenbau 1911, S. 187.

Müller-Breslau: Graphische Statik.

Schaper: Eiserne Brücken. 3. Auflage. Berlin 1922.

Mehrtens und Bleich: Der Wettbewerb um den Bau einer Rheinstraßenbrücke in Köln. Eisenbau 1911 und 1912. Der zweite engere Wettbewerb um den Bau einer Rheinstraßenbrücke in Köln. Eisenbau 1913 und 1914.

Ist p die Belastung für die Längeneinheit, so ist die Horizontalkomponente des Seilzugs

$$H = \frac{p l^2}{8 f}. \quad \ldots \ldots \ldots \ldots \ldots \quad (39)$$

Die Bedeutung von l und f geht aus der Abb. 363 hervor.

Reicht die Kette über mehrere Öffnungen (gewöhnlich zwei oder drei), so ordnet man den Durchhang in den einzelnen Öffnungen meist derart an, daß der Horizontalzug H von der bleibenden Last in allen Öffnungen der gleiche ist.

Es muß also

$$\frac{p_1 l_1^2}{8 f_1} = \frac{p_2 l_2^2}{8 f_2} = \ldots, \quad \ldots \ldots \ldots \ldots \quad (40)$$

in welchem Falle das System unter dem Einfluß der Lasten p_1 $p_2 \ldots$, auch bei Fehlen des Versteifungsträgers, im Gleichgewichte ist.

Die Änderung $\triangle f$ des Durchhanges unter der Belastung ergibt sich wie folgt:

Beträgt der Höhenunterschied der beiden Aufhängepunkte einer Öffnung c, so lautet die Parabelgleichung (Abb. 363)

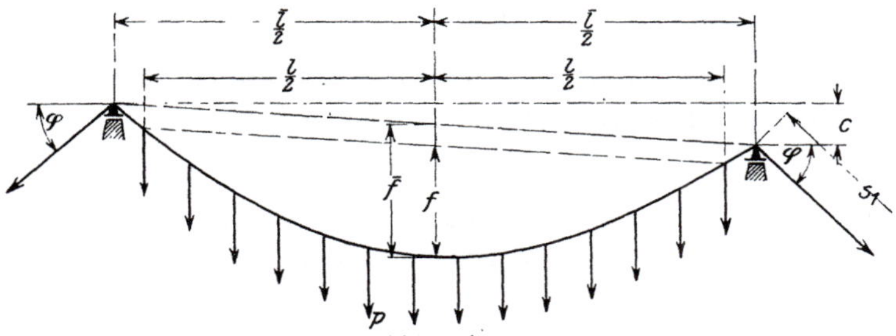

Abb. 363.

$$y = \frac{c x}{\bar{l}} + \frac{4 \bar{f}}{\bar{l}^2} x (\bar{l} - x).$$

Mit dem Bogendifferential

$$d s = d x \sqrt{1 + \left(\frac{d y}{d x}\right)^2} = \left[1 + \frac{1}{2}\left(\frac{d y}{d x}\right)^2\right] d x = \left\{1 + \frac{1}{2}\left[\frac{c + 4 \bar{f}}{\bar{l}} - \frac{8 \bar{f}}{\bar{l}^2} x\right]^2\right\} d x$$

findet man die Bogenlänge s angenähert zu

$$s = \int_0^{\bar{l}} d s = \bar{l}\left[1 + \frac{1}{2}\left(\frac{c}{\bar{l}}\right)^2 + \frac{8}{3}\left(\frac{\bar{f}}{\bar{l}}\right)^2\right].^{1)}$$

Dehnt sich die Kette um $\triangle s$, so ändert sich $\bar{l}$ um $\triangle \bar{l}$ und $\bar{f}$ um $\triangle \bar{f}$. Man findet nun rasch eine Beziehung zwischen $\triangle s$, $\triangle \bar{l}$ und $\triangle \bar{f}$, wenn man die eben gewonnene Gleichung für s, nachdem noch beiderseits mit $\bar{l}$ multipliziert wurde, differentiiert und zwar:

$$s \triangle \bar{l} + \bar{l} \triangle s = 2 \bar{l} \triangle \bar{l} + \frac{16}{3} \bar{f} \triangle \bar{f},$$

woraus

$$\triangle \bar{l} = \frac{\bar{l} \triangle s - \frac{16}{3} \bar{f} \triangle \bar{f}}{2 \bar{l} - s} \quad \ldots \ldots \ldots \ldots \quad (41)$$

erhalten wird. $\triangle s$ ist von Fall zu Fall aus der Kettenspannung und aus dem Kettenquerschnitt zu berechnen.

---

[1]) Ein genauerer Wert ist (mit $c = 0$)

$$s = l\left[1 + \frac{8}{3}\left(\frac{f}{l}\right)^2 - \frac{32}{5}\left(\frac{f}{l}\right)^4\right].$$

Ist die Kette in einem Felde unbelastet, also gerade gestreckt (Rückhaltketten), so gilt

$$\triangle \bar{l} = \triangle s \cos\varphi .$$

Die Bedingung

$$\Sigma \triangle \bar{l} = 0,$$

wobei sich die Summierung über alle Öffnungen einschließlich der Rückhaltketten erstreckt, liefert schließlich eine Gleichung, aus der die $\triangle \bar{f}$ bestimmt werden können, wobei die durch Gl. (40) festgelegten Beziehungen zwischen den einzelnen $\triangle \bar{f}$, nämlich

$$\frac{p_1(\bar{l}_1 + \triangle \bar{l}_1)^2}{\bar{f}_1 + \triangle \bar{f}_1} = \frac{p_2 \bar{l}_2 + \triangle \bar{l}_2}{\bar{f}_2 + \triangle \bar{f}_2} = \ldots$$

oder bei Vernachlässigung der Glieder zweiter Kleinheitsordnung

$$p_1 \bar{l}_1 (2\bar{f}_1 \triangle \bar{l}_1 + \bar{l}_1 \triangle \bar{f}_2) = p_2 \bar{l}_2 (2\bar{f}_1 \triangle \bar{l}_2 + \bar{l}_2 \triangle \bar{f}_1) = \ldots$$

zu beachten sind.

c) Statisch bestimmte Hängebrücke mit einer Öffnung.

Aus der allgemein gültigen Beziehung

$$M_x = \mathfrak{M}_x - H y,$$

wobei M_x das tatsächliche Moment an der Stelle x im Versteifungsbalken, $\mathfrak{M}_x$ das Moment an der gleichen Stelle bedeutet, wenn die Kette nicht vorhanden wäre, folgt mit $M_x = 0$ für $x = \frac{l}{2}$

$$\mathfrak{M}_{\frac{l}{2}} - H f = 0$$

oder

$$H = \frac{\mathfrak{M}_{\frac{l}{2}}}{f}.$$

Für eine Einzellast 1 ist die Einflußlinie für $\mathfrak{M}_{\frac{l}{2}}$ ein Dreieck mit der Spitze unter dem Gelenkpunkt C, dessen Scheitelordinate $\frac{l}{4}$ beträgt. Sonach ist die Scheitelordinate der Einflußlinie von H (Abb. 364a)

$$H_{\frac{l}{2}} = \frac{l}{4f}. \quad (42)$$

Die Einflußlinie der Momente M_x ergibt sich aus der Beziehung

$$M_x = \mathfrak{M}_x - H y$$

(Abb. 364b)

und die Einflußlinie der Querkräfte aus der Gleichung

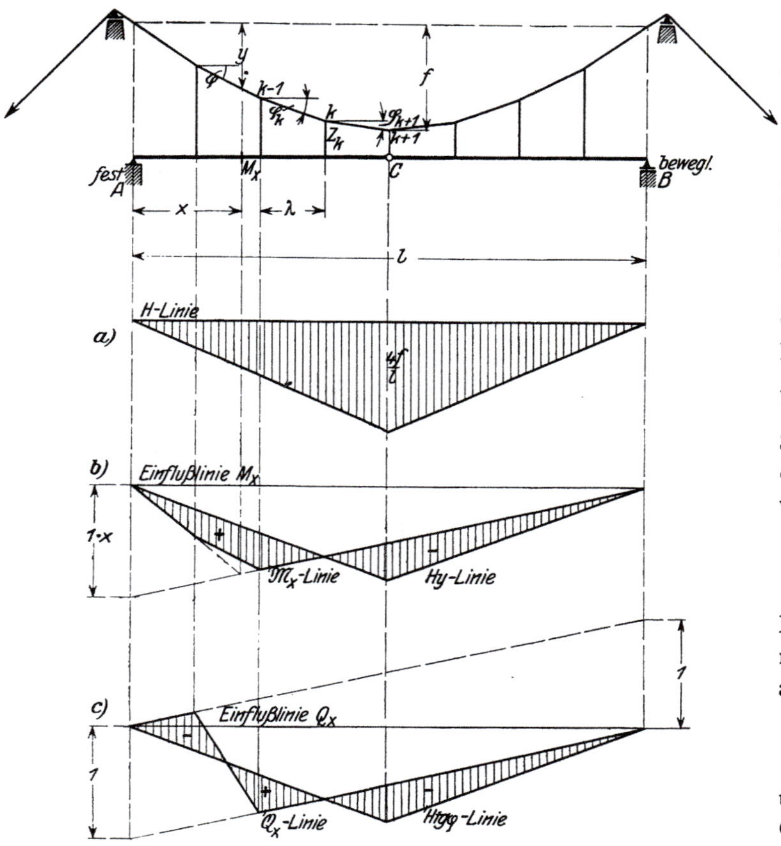

Abb. 364.

$$Q_x = \mathfrak{Q}_x - H \operatorname{tg} \varphi, \quad \text{(Abb. 364 c)}$$

wobei $\mathfrak{Q}_x$ die reine Balkenquerkraft an der Stelle x des Versteifungsträgers bedeutet.

Für die Hängestangenkraft im Punkte k gilt

$$Z_k = H (\operatorname{tg} \varphi_k - \operatorname{tg} \varphi_{k+1})$$

oder wenn λ die Entfernung zweier aufeinanderfolgenden Hängestangen bedeutet

$$Z_k = \frac{8 f \lambda}{l^2} H .$$

Näherungsformeln. Für den Fall gleichförmig verteilter Verkehrslasten (Streckenlasten) erhält man für $M_{\max}$ $\left(\text{Gelenk in } x = \frac{l}{2}\right)$

$$M_{\max} = \pm \frac{p x (l - x)(l - 2x)}{2(3l - 2x)} \quad \text{. . . . . (43)}$$

Dieser Ausdruck wird ein Größtwert für $x = 0{,}234\, l$, womit

$$\max M_{\max} = \pm\, 0{,}0188\, p l^2 .$$

d) Statisch bestimmte Hängebrücke mit drei Öffnungen.

Die Mittelöffnung ist genau in der unter c) geschilderten Weise zu berechnen. Die Seitenöffnungen verhalten sich, wenn bloß diese belastet sind, wie einfache Balken, da die Kettenkraft H Null ist. Bei Lasten in den Mittelöffnungen verursacht H in den Seitenöffnungen negative Momente

$$M_x = -H y \quad \text{. . . . . (44)}$$

und Querkräfte

$$Q_x = -H \frac{y_k - y_{k+1}}{\lambda} \quad \text{. . . . . (45)}$$

Siehe die Abb. 365.

Für den Fall gleichmäßig verteilter Verkehrslast erhält man für die Mittelöffnung wie vor

$$\max M_{\max} = \pm\, 0{,}0188\, p l^2$$

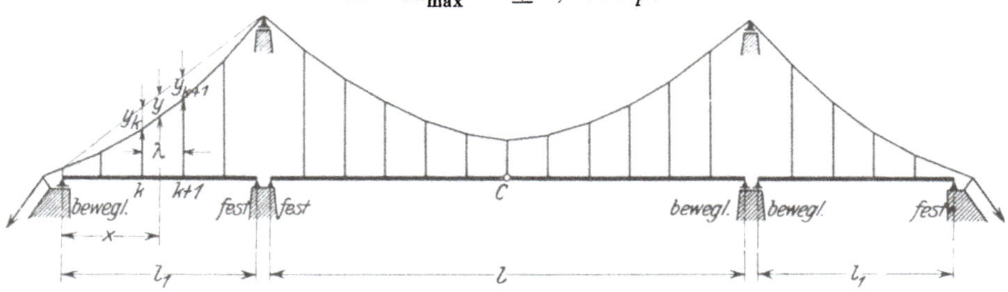

Abb. 365.

und für die Seitenöffnungen

$$M_{\max} = {}^1/_8\, p l_1^2 .$$

Sollen beide Momente gleich groß werden, so müßte

$$0{,}0188\, p l^2 = 0{,}125\, p l_1^2$$

oder

$$l_1 = 0{,}39\, l$$

werden.

e) Statisch unbestimmte Hängebrücke mit einer Öffnung.

Das vorliegende Hauptträgersystem (Abb. 366) unterscheidet sich von dem unter c) behandelten durch das Fehlen des Mittelgelenkes bei C. Wählt man die Horizontalkomponente H des Kettenzuges als Überzählige, so liefert die Elastizitätsbedingung folgende Einflußliniengleichung für H

$$H = \frac{\delta_m}{\int\limits_0^l \frac{y^2}{EJ}\,ds + \sum S'^2 \frac{s}{E'F}} \qquad \qquad (46)$$

δ_m ist die lotrechte Durchbiegung des Punktes m des Versteifungsbalkens im Belastungszustand $H = -1$, S' sind die Spannungen in den Kettengliedern und Hängestangen infolge $H = -1$. Die Summe $\sum$ erstreckt sich über alle Kettenglieder (auch Rückhaltketten) und über alle Hängestangen, das Integral bezieht sich auf den Versteifungsbalken

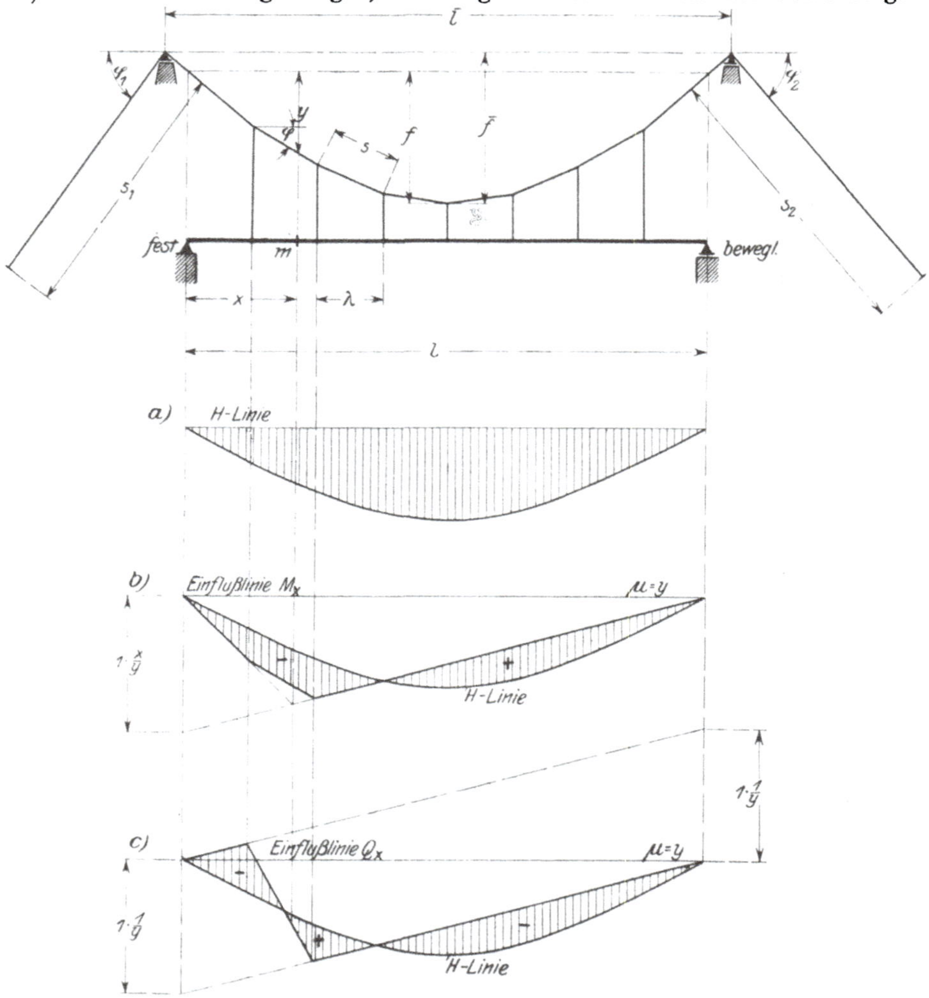

Abb. 366.

mit dem im allgemeinen veränderlichen Trägheitsmoment J. Hierbei wurden die Elastizitätszahlen E für Balken und Kette (Kabel) verschieden angenommen. Die Berechnung von δ_m und $\int\limits_0^l \frac{y^2}{EJ}\,ds$ kann nach Zerlegung in Teilabschnitte mit Hilfe der elastischen Gewichte w genau in der gleichen Weise erfolgen wie dies in **84** dargelegt wurde. Die Gewichte w berechne man nach Formel (29) S. 431. Die H-Linie ist in

Abb. 366a dargestellt. Der Einfluß einer gleichmäßigen Temperaturänderung ist durch die Beziehung

$$H_t = -\frac{\sum \alpha_t t S' s}{\int\limits_0^l \frac{y^2}{EJ} ds + \sum S'^2 \frac{s}{E'F}} \quad \ldots\ldots\ldots\ldots (46')$$

gegeben.

Die Einflußlinien der Momente und Querkräfte des Versteifungsträgers sind durch die Gleichungen

$$M_x = (\mathfrak{M}_x - Hy) = y\left(\frac{\mathfrak{M}_x}{y} - H\right)$$

und

$$Q_x = \mathfrak{Q}_x - H\operatorname{tg}\varphi = \operatorname{tg}\varphi\left(\frac{\mathfrak{Q}_x}{\operatorname{tg}\varphi} - H\right)$$

festgesetzt. Sie sind in Abb. 366b und 366c veranschaulicht.

Näherungsformeln. Unter der Annahme eines konstanten Trägheitsmomentes J und parabolischer Kettenlinie findet man für das Nennerintegral

$$\int\limits_0^l \frac{y^2}{EJ} ds = \frac{8}{15}\frac{f^2 l}{EJ}$$

und für die Nennersumme, wenn man annimmt, daß der Kettenquerschnitt so abgestuft ist, daß in allen Gliedern gleiche Spannung herrscht, bei Vernachlässigung des Einflusses der Hängestangendehnung

$$\sum S'^2 \frac{s}{E'F} = \sum \frac{s\sec^2\varphi}{E'F} = \sum \frac{s\sec\varphi}{E'F_0} = \frac{\bar{l}}{E'F_0}\left(1 + \frac{16}{3}\frac{f^2}{\bar{l}^2} + \frac{s_1\sec\varphi_1}{\bar{l}} + \frac{s_2\sec\varphi_2}{\bar{l}}\right)$$
$$= \frac{\bar{l}}{E'F_0}\mu,$$

wobei $F\sec\varphi = F_0$, dem Scheitelquerschnitt der Kette, gesetzt wurde[1]). Ist der Kettenquerschnitt F unveränderlich, wie bei Kabelbrücken, so gilt

$$\sum S'^2 \frac{s}{E'F} = \sum \frac{s\sec^2\varphi}{E'F} = \frac{\bar{l}}{E'F}\left(1 + 8\frac{f^2}{\bar{l}^2} + \frac{s_1\sec^2\varphi_1}{\bar{l}} + \frac{s_2\sec^2\varphi_2}{\bar{l}}\right) = \frac{\bar{l}}{E'F}\mu'.$$

Für den Zähler

$$\delta_m = \int\limits_0^l \frac{\mathfrak{M}_x y}{EJ} dx$$

ermittelt man durch den gleichen Berechnungsgang wie auf S. 436

$$\delta_m = \frac{fl^3}{3EJ}\left[\left(\frac{a}{l}\right)^4 - 2\left(\frac{a}{l}\right)^3 + \left(\frac{a}{l}\right)\right],$$

wobei a den Abstand der Last 1 vom linken Auflager des Versteifungsträgers bedeutet.

Man erhält schließlich für H die Formel

$$H = \frac{\frac{5}{8}\frac{l}{f}\left[\left(\frac{a}{l}\right)^4 - 2\left(\frac{a}{l}\right)^3 + \left(\frac{a}{l}\right)\right]}{1 + \frac{15}{8}\frac{J}{F_0 f^2}\frac{E}{E'}\frac{\bar{l}}{l}\mu}, \quad \ldots\ldots\ldots (47)$$

[1]) Die Annahme $F\sec\varphi = F_0 =$ konstant dürfte bei eigentlichen Ketten (Flacheisen mit oder ohne Bolzengelenken) gut zutreffen, da der Querschnitt der Kettenkraft angepaßt wird.

und für den Einfluß der Temperaturänderungen mit

$$\alpha_t t \sum S' s = \alpha_t t [\sum s \sec\varphi + s_1 \sec\varphi_1 + s_2 \sec\varphi_2]$$
$$= \alpha_t t \left[\bar{l}\left(1+\frac{16}{3}\frac{f^2}{\bar{l}^2}\right) + s_1 \sec\varphi_1 + s_2 \sec\varphi_2\right] = \alpha_t t \bar{l} \mu,$$

$$H_t = \pm \frac{\frac{15}{8} E \alpha_t t \frac{J\bar{l}}{f^2 l}\mu}{1+\frac{15}{8}\frac{J}{F_0 f^2}\frac{E}{E'}\frac{\bar{l}}{l}\mu} \qquad (47')$$

Mit dem durch Gleichung (47) festgelegten Ausdruck für H ergeben sich für gleichförmig verteilte Verkehrsbelastung folgende Formeln für die Momente:

1. Vollbelastung mit p.

Gleichung (47) liefert nach Integration zwischen den Grenzen 0 und l den Horizontalzug H für Vollbelastung

$$H_{\text{tot}} = \frac{p l^2}{8 f}\nu, \qquad (48)$$

wobei

$$\nu = \frac{1}{1+\frac{15}{8}\frac{J}{F_0 f^2}\frac{E}{E'}\frac{\bar{l}}{l}\mu}$$

gesetzt wurde. Damit gewinnt man

$$M_x^{\text{tot}} = \mathfrak{M}_x - H y = \frac{p}{2} x(l-x) - \frac{p l^2}{8 f}\nu \cdot \frac{4 f}{l^2} x(l-x)$$

oder

$$M_x^{\text{tot}} = \frac{p}{2} x(l-x)(1-\nu). \qquad (49)$$

Da ν nur wenig von 1 abweicht, so sind die Momente im Versteifungsträger bei Vollbelastung sehr gering.

2. Gleichförmig verteilte Streckenlasten p.

Die Nullpunkte der Momenteneinflußlinien werden am raschesten mit Hilfe der Kämpferdrucklinie, die im vorliegenden Falle eine horizontale Gerade im Abstande

$$c = \frac{4 f}{3 \nu}$$

ist, ermittelt[1]) (Abb. 367). Die zu dem Balkenpunkte m gehörenden Momenten-Nullpunkte E und E' werden durch Ziehen der Strahlen $A'm'$ und $B'm'$ gefunden. Die Belastung von A'' bis E' und von B'' bis E ergibt $\min M_x$ im Punkte m, während $\max M_x$ durch Belastung zwischen E und E' erzeugt wird.

Sieht man die H-Linie als quadratische Parabel an, was genau genug zutrifft, so besteht zwischen der Fläche der H-Linie und den in der Abb. 367a schraffierten Flächen F_1 und F_2 die einfache Beziehung

$$F_1 : H_{\text{tot}} = \xi_1^3 : l^3 \quad \text{und} \quad F_2 : H_{\text{tot}} = \xi_2^3 : l^3,$$

woraus unter Benützung der Gl. (48)

$$F_1 = \frac{p \xi_1^3}{8 f l}\nu \quad \text{und} \quad F_2 = \frac{p \xi_2^3}{8 f l}\nu$$

[1]) Siehe Müller-Breslau, Graphische Statik, Bd. II, 1.

folgt, so daß unter Berücksichtigung des Multiplikators y

$$\min M_x = -\frac{p y \nu}{8 f l}(\xi_1^3 + \xi_2^3).$$

Da die min M_x-Linie aus zwei symmetrischen Linien entsteht, so genügt es, eine hiervon zu berechnen. Führt man

$$y = \frac{4f}{l^2}\,x\,(l-x)$$

ein, so wird

$$\frac{p y \nu}{8 f l}\,\xi_2^3 = \frac{p \nu}{2}\,\frac{\xi_2^3}{l^3}\,x\,(l-x),$$

und wenn man noch die aus der Zeichnung, Abb. 367, leicht ablesbare Beziehung

$$(l-\xi_2) : x = \frac{4f}{3\nu} : y,$$

also

$$\xi_2 = l - \frac{4f}{3\nu}\,\frac{x}{y} = l\left(1 - \frac{l}{3\nu\,(l-x)}\right)$$

benützt, so erhält man schließlich

$$\frac{p y \nu}{8 f l}\,\xi_2^3 = \frac{p\,x\,(3\nu\,(l-x) - l)^3}{54\,\nu^2\,(l-x)^2}$$

und die dazu symmetrische Linie

$$\frac{p y \nu}{8 f l}\,\xi_1^3 = \frac{p\,(l-x)\,(3\nu x - l)^3}{54\,\nu^2\,x^2},$$

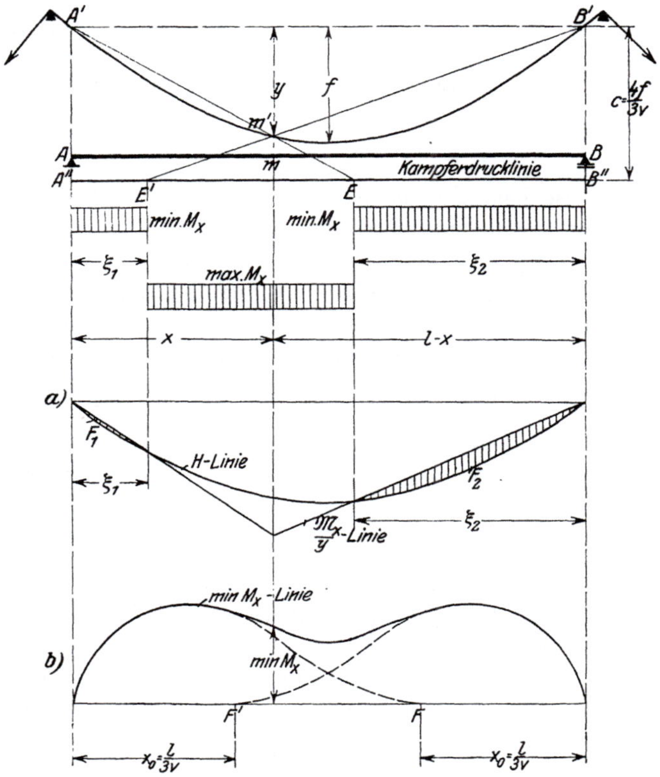

Abb. 367.

so daß

$$\min M_x = -\frac{p}{54\,\nu^2}\left[\frac{x\,(3\nu\,(l-x) - l)^3}{(l-x)^2} + \frac{(l-x)\,(3\nu x - l)^3}{x^2}\right]. \quad . \quad . \quad . \quad (50)$$

Die beiden symmetrischen Teillinien, aus denen die Linie der min M_x zusammengesetzt ist, sowie ihre Summe, die eigentliche min M_x-Linie, sind in Abb. 367b eingetragen. Die linke Teillinie reicht bis zum Punkte F, die rechte bis F', da für Punkte rechts von F bzw. links von F' nur eine Lastscheide besteht. Der Abstand der Punkte F bzw. F' von dem nächstgelegenen Auflager folgt aus der Bedingung

$$3\nu x_0 = l$$

mit

$$x_0 = \frac{l}{3\nu}.$$

Die Linie der max M_x erhält man schließlich aus der Beziehung

$$\max M_x = M_x^{\text{tot}} - \min M_x \quad . \quad . \quad . \quad . \quad . \quad . \quad . \quad . \quad . \quad . \quad . \quad (51)$$

Der Größtwert von max M_x entsteht nahe bei $x = \frac{l}{4}$.

Infolge Temperaturänderung um t^0 entstehen Momente

$$M_t = \mp H_t\,y = \mp \frac{4 f H_t}{l^2}\,x\,(l-x). \quad . \quad . \quad . \quad . \quad . \quad . \quad . \quad . \quad . \quad . \quad (52)$$

Die Kenntnis der Kettenkraft H und der Momente M_x reicht für Vorberechnungen meist aus, weshalb von der Angabe von Formeln für die Querkräfte abgesehen wird.

Nach Dr. Bohny beträgt der Mittelwert der Größtmomente im Versteifungsbalken (Belastung mit Streckenlasten p)

$$\max M_p = \frac{1}{72} p l^2$$

und das Größtmoment von der gleichförmig verteilten ständigen Last g

$$\max M_g = \frac{1}{300} g l^2.$$

Diese beiden Formeln benütze man zur erstmaligen Ermittlung des Trägheitsmomentes J des Versteifungsträgers.

Durchbiegung. Die Durchbiegung des Versteifungsträgers ergibt sich aus der folgenden einfachen Überlegung: Auf den Versteifungsträger als einfachen Balken wirken neben den äußeren Lasten noch die Hängestangenkräfte, die genau genug als stetige, über die ganze Stützweite gleichförmig verteilte Belastung betrachtet werden können. Ist H der Horizontalzug in der Kette, so ist diese nach aufwärts wirkende Belastung $k = H \frac{8f}{l^2}$. Die Durchbiegung setzt sich sonach aus 2 Teilen zusammen, aus der Senkung δ_1 infolge der äußeren Lasten und aus der Hebung δ_2 infolge der Hängestangenkräfte; sonach gilt

$$\delta = \delta_1 - \delta_2 .$$

Die Darstellung der Biegelinien δ_1 und der Durchbiegung δ_2 bei beliebiger Gestaltung des Versteifungsträgers ist eine Aufgabe der Baustatik und sei als bekannt vorausgesetzt.

Zur Berechnung der Einflußliniengleichung für die Durchbiegung in einem beliebigen Punkte x bei konstantem J benütze man die bekannten Gleichungen für δ_1, und zwar:

$$\left.\begin{aligned} a < x \ldots \delta_1 &= \frac{a(l-x)}{6EJl}(2lx - a^2 - x^2) \\ a > x \ldots \delta_1 &= \frac{x(l-a)}{6EJl}(2la - a^2 - x^2) \end{aligned}\right\} \quad \ldots \ldots \ldots \quad (53)$$

a ist der Abstand der Last von der linken Stütze. Und für δ_2:

$$\delta_2 = \frac{k l^4}{24EJ}\left[\frac{x}{l} - 2\left(\frac{x}{l}\right)^3 + \left(\frac{x}{l}\right)^4\right] = H \frac{f l^2}{3EJ}\left[\frac{x}{l} - 2\left(\frac{x}{l}\right)^3 + \left(\frac{x}{l}\right)^4\right], \quad \ldots \quad (54)$$

wobei H als Funktion von a nach Gl. (47) einzuführen ist. x ist nach Festlegung des Punktes, in dem die Senkung bestimmt werden soll, als Festwert zu betrachten.

Die Senkung in Trägermitte bei gleichförmig verteilter Vollbelastung mit p ergibt sich aus Gl. (49) unmittelbar mit

$$\delta_{\text{mitte}} = \frac{5}{384} \frac{p l^4}{EJ}(1 - \nu). \quad \ldots \ldots \ldots \ldots \quad (55)$$

Bei halbseitiger Belastung findet man die Durchbiegung im Viertel der Spannweite der belasteten Seite zu

$$\delta = \frac{1}{12288} \frac{p l^4}{EJ}(62 - 57\nu). \quad \ldots \ldots \ldots \ldots \quad (55')$$

f) Einfach statisch unbestimmte Brücken mit mehreren Öffnungen.

Wenn die Versteifungsträger in den einzelnen Öffnungen voneinander unabhängige einfache Balken vorstellen, dann führt man die Berechnung von H in der gleichen

Weise durch, wie dies unter **e)** dargelegt wurde. Für H besteht entsprechend Formel (46) die Gleichung

$$H = \frac{\delta_m}{\sum \int\limits_0^l \frac{y^2}{EJ} ds + \sum \sum S'^2 \frac{s}{E'F}} \quad . \; . \; . \; . \; . \; . \; . \; . \; . \; . \; (56)$$

Die hinzugefügten Summenzeichen im Nenner beziehen sich auf alle Öffnungen der Brücke, während δ_m im Zähler die gleiche Bedeutung wie unter **e)** hat. Der Kettenzug H wird also um so kleiner, je größer die Zahl der Öffnungen wird. Ebenso ist in Gl. (46') für H_t der Nenner durch den Nenner der Gl. (56) zu ersetzen. Häufigste Anwendung erfährt dieses System bei 2 und 3 Öffnungen (Abb. 368a und b), da in diesen Fällen der Horizontalzug noch groß genug ist, um den Versteifungsträger aus-

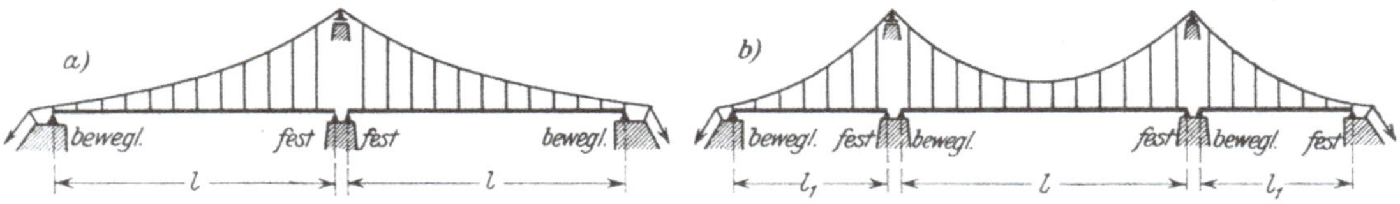

Abb. 368.

reichend entlasten zu können. Bei 3 Öffnungen (Abb. 368b) z. B. ist H nicht wesentlich kleiner als in dem in Absatz **e)** behandelten Falle, da die Nebenöffnungen zu den Nennerintegralen nur kleine Beiträge liefern, während das von der Gesamtkettenlänge abhängige zweite Glied im Nenner sich kaum ändert. Umgekehrt ist aber das Produkt Hy in den Nebenöffnungen, da dort y wegen der geringeren Spannweite (l_1 meist $= \frac{1}{2} l$), bedeutend kleinere Werte hat als in der Mittelöffnung, von geringem Einfluß auf M_x, die Entlastung der Versteifungsträger durch die Kette ist daher dort sehr mäßig. Der Durchhang der Kette in den einzelnen Öffnungen wird meist so gewählt, daß Gl. (40) S. 443 erfüllt ist.

Einfache Näherungsformeln für den Träger mit 3 Öffnungen erhält man, wenn man in den weiter unten abgeleiteten Formeln (62) und (63) den Faktor $m' =$ Null setzt.

Der Verlauf der Einflußlinien für Momente und Querkräfte ist im wesentlichen der gleiche wie bei dem einfach statisch unbestimmten durchlaufenden Bogen, die unter **85a** erörtert wurden, wie überhaupt weitgehende Analogien zwischen dem hier behandelten System und den durchlaufenden Bogenträgern mit Gleitlagern in den Zwischenpunkten besteht.

g) Statisch unbestimmte Hängebrücken mit durchlaufendem Versteifungsträger.

Die Berechnung derartiger Systeme erfolgt am zweckmäßigsten in der Weise, daß man den Versteifungsträger, gleichgültig ob er statisch bestimmt oder unbestimmt ist, als Hauptsystem wählt und die Kettenzugkomponente H als einzige Unbekannte aus einer Elastizitätsbedingung berechnet. Wie wir sehen werden, gestaltet sich die Rechnung selbst in dem Falle, wo der Versteifungsträger mehrfach statisch unbestimmt ist, nicht viel schwieriger als bei der in **e)** dargelegten einfach statisch unbestimmten Hängebrücke. Der Rechnungsgang ist im wesentlichen der gleiche wie dort.

Wir behandeln zunächst die Brücke mit 3 **Öffnungen und durchgehendem Versteifungsbalken** (Abb. 369).

Bezeichnet M_x^0 das Moment an der Stelle x des Versteifungsbalkens, wenn $H = 0$ ist, also im statisch unbestimmten Hauptsystem, so gilt für das tatsächliche Moment im Punkte x des Versteifungsträgers

$$M_x = M_x^0 - M_x' H, \quad . \; . \; . \; . \; . \; . \; . \; . \; . \; . \; . \; . \; (57)$$

wobei M_x' das von $H = -1$ im Querschnitt x erzeugte Biegungsmoment bedeutet. Damit findet man für H die aus der Elastizitätsbedingung leicht ableitbaren Beziehungen

$$H = \frac{\delta_m}{\int \frac{M_x'^2 dx}{EJ} + \sum S'^2 \frac{s}{E'F}} \qquad (58)$$

und

$$H_t = \frac{\alpha_t t \sum S' s}{\int \frac{M_x'^2 dx}{EJ} + \sum S'^2 \frac{s}{E'F}}, \qquad (58')$$

wobei das Integral über den ganzen Versteifungsbalken zu erstrecken ist. Das $\sum$-Zeichen im Nenner bezieht sich auf alle Kettenstäbe. δ_m ist die Durchbiegung des Punktes m des durchlaufenden Versteifungsbalken im Zustande $H = -1$ und kann mit Hilfe der Linie der M_x' leicht gefunden werden.

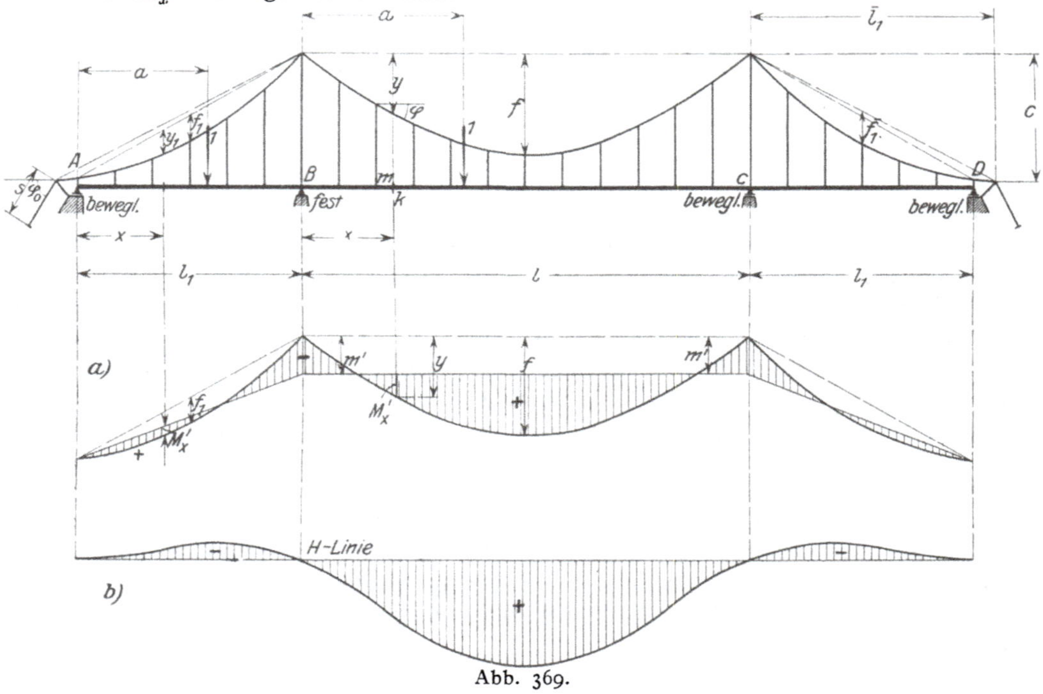

Abb. 369.

Die M_x' sind, wie erwähnt, die Momente infolge $H = -1$, also Momente im durchlaufenden Balken infolge der gleichförmig verteilten Hängestangenkräfte (die Ketten seien nach Parabeln geformt). Bezeichnet m' das von dieser Belastung herrührende Stützenmoment bei B und C, so ist der Verlauf der Momente M_x' durch die in Abb. 369a schraffierte Momentenfläche gegeben. Belastet man nun die Balken AB, BC und CD mit dieser noch durch EJ zu teilenden Momentenfläche, so ist das zugehörende Seilpolygon die gesuchte Durchbiegungslinie δ_m. Die so entstehende Biegelinie (Abb. 369b) liefert den Zähler der Gl. (58). Bei der praktischen Anwendung wird man die Momentenfläche in endliche Teilflächen zerlegen und die Einzelgewichte mittels Formel (29), S. 431, als elastische Gewichte w berechnen. Innerhalb eines solchen Abschnittes (gewöhnlich von Hängestange zu Hängestange) kann das Trägheitsmoment J als konstant angenommen werden.

Die Berechnung von m' ist verhältnismäßig einfach, da es das Stützenmoment eines symmetrischen dreifeldrigen Trägers unter gleichförmig verteilter Vollbelastung[1]) darstellt.

[1]) Wir ersetzen die gleichgroßen Hängestangenkräfte durch eine stetige, über den Träger verteilte Last.

Die Berechnung der Momente M_x^0 im statisch unbestimmten Hauptsystem nach den Regeln des Absatzes **82** liefert aber gewöhnlich auch die Grundlage für die Bestimmung von m'.

Für das Nennerintegral gilt

$$\int \frac{M_x'^2\, dx}{EJ} = \sum w_k M_k',$$

wobei w_k das vorerwähnte, im Hängestangenpunkte k aufzubringende elastische Gewicht und M_k' die Ordinate der M_x'-Linie im Punkte k bedeutet, während die Summe $\sum S'^2 \frac{s}{E'F}$, die sich auf alle Kettenglieder einschließlich der Rückhaltketten bezieht, leicht tafelmäßig berechnet werden kann. Die S' sind hierbei die in den einzelnen Kettengliedern auftretenden Kräfte für den Zustand $H = -1$. Der Einfluß der Formänderung der Hängestangen, der sehr gering ist, ist hierbei vernachlässigt.

Ist die H-Linie bekannt, so ist es leicht, mittels der Gleichung

$$M_x = M_x^0 - H M_x'$$

die Einflußlinien der Momente M_x und mittels der Beziehung

$$Q_x = Q_x^0 - H \operatorname{tg} \varphi$$

die Einflußlinien der Querkräfte Q_x im Versteifungsträger aufzutragen. Q_x^0 sind die Querkräfte im statisch unbestimmten Hauptsystem, d. i. im durchlaufenden Balken (siehe darüber unter **82**).

Näherungsformeln. Die Annahme eines unveränderlichen Querschnitts des Versteifungsträgers gestattet die Aufstellung einer geschlossenen Formel für H[1]).

Wir ermitteln zunächst m' aus der Dreimomentengleichung

$$2m'(l_1 + l) + m' l = -\frac{z_1 l_1^3}{4} - \frac{z l^3}{4},$$

wo z_1 und z die auf die Längeneinheit des Versteifungsträgers in der ersten, bzw. zweiten Öffnung wirkenden Hängestangenkräfte infolge $H = -1$ sind. Da z_1 und z gleichförmig verteilte Lasten sind, so bestehen die bekannten Beziehungen

$$\frac{z_1 l_1^2}{8 f_1} = -1 \quad \text{und} \quad \frac{z l^2}{8 f} = -1.$$

Die Auflösung der Dreimomentengleichung und die Einführung von z_1 und z aus den vorstehenden Verknüpfungen liefert für das Moment m' die einfache Formel

$$m' = \frac{2(f_1 l_1 + f l)}{2 l_1 + 3 l}, \quad \ldots \ldots \ldots \ldots \tag{59}$$

womit auch die Momente M_x' gegeben sind.

Man berechnet nun für die Last 1 im Abstande a in der linken Außenöffnung;

$$\delta_m = \int_0^{l_1} \frac{M_x' \mathfrak{M}_x}{EJ}\, dx = \frac{1}{EJ}\left[\int_0^a \left(y - m'\frac{x}{l_1}\right)\frac{l_1 - a}{l_1}\, x\, dx + \int_a^{l_1}\left(y - m'\frac{x}{l_1}\right)\frac{l_1 - x}{l_1}\, a\, dx\right]$$

$$= \frac{1}{EJ}\int_0^a \left[\frac{4 f_1}{l_1^2} x(l_1 - x) - m'\frac{x}{l_1}\right]\frac{l_1 - a}{l}\, x\, dx + \frac{1}{EJ}\int_a^{l_1}\left[\frac{4 f_1}{l_1^2} x(l_1 - x) - m'\frac{x}{l_1}\right]\frac{l_1 - x}{l_1}\, a\, dx$$

$$= \frac{1}{EJ}\left\{\frac{1}{3} f_1 l_1^2\left[\left(\frac{a}{l_1}\right)^4 - 2\left(\frac{a}{l_1}\right)^3 + \left(\frac{a}{l_1}\right)\right] - \frac{1}{6} m' l_1^2\left[\left(\frac{a}{l_1}\right) - \left(\frac{a}{l_1}\right)^3\right]\right\} \quad \ldots \ldots \tag{60}$$

[1]) Müller-Breslau: Graphische Statik, Bd. II, 1.

und für die Last 1 in der Mittelöffnung:

$$\delta_m = \int_0^l \frac{M_x' \mathfrak{M}_x}{EJ} dx = \frac{1}{EJ}\left[\int_0^a (y-m')\frac{l-a}{l} x\,dx + \int_a^l (y-m')\frac{l-x}{l} a\,dx\right]$$

$$= \frac{1}{EJ}\int_0^a \left[\frac{4f}{l^2}x(l-x)-m'\right]\frac{l-a}{l}x\,dx + \frac{1}{EJ}\int_a^l \left[\frac{4f}{l^2}x(l-x)-m'\right]\frac{l-x}{l}a\,dx$$

$$= \frac{1}{EJ}\left\{\frac{1}{3}fl^2\left[\left(\frac{a}{l}\right)^4 - 2\left(\frac{a}{l}\right)^3 + \left(\frac{a}{l}\right)\right] - \frac{1}{2}m'l^2\left[\frac{a}{l} - \left(\frac{a}{l}\right)^2\right]\right\}. \quad \ldots \ldots \quad (60')$$

Durch die Gleichungen (60) und (60′) sind die Zähler der Einflußlinienzweige für die linke Außenöffnung und für die Mittelöffnung festgelegt.

Die Berechnung des Nenners ist verhältnismäßig einfach. Man findet zunächst für das erste Nennerglied

$$n_1 = \int \frac{M_x'^2 dx}{EJ} = \left[2\int_0^{l_1}\left(y - m'\frac{x}{l_1}\right)^2 dx + \int_0^l (y-m')^2 dx\right]\frac{1}{EJ}$$

$$= \frac{1}{EJ}\left[\frac{8}{15}(2f_1^2 l_1 + f^2 l) + \frac{m'^2}{3}(2l_1 + 3l) - \frac{4}{3}m'(f_1 l_1 + fl)\right]$$

$$= \frac{1}{EJ}\left[\frac{8}{15}(2f_1^2 l_1 + f^2 l) - \frac{m'^2}{3}(2l_1 + 3l)\right], \quad \ldots \ldots \quad (61)$$

wenn man noch die Verknüpfung (59) beachtet.

Für das zweite Nennerglied erhält man unter der gleichen Annahme, daß $F_0 = F\sec\varphi$, wie auf S. 447 und unter Beachtung der Bezeichnungen der Abb. 369[1])

$$n_2 = \sum S'^2 \frac{s}{E'F}$$

$$= \frac{1}{E'F_0}\left[2\bar{l}_1\left(1 + \frac{16}{3}\frac{\bar{f}_1^2}{\bar{l}_1^2} + \frac{c^2}{\bar{l}_1^2}\right) + l\left(1 + \frac{16}{3}\frac{f^2}{l^2}\right) + 2s\sec\varphi_0\right] = \frac{L}{E'F_0} \quad . \ . \quad (61')$$

Für H findet man schließlich folgende Einflußliniengleichungen:

linke Außenöffnung:

$$H = \frac{\frac{1}{3}f_1 l_1^2\left[\left(\frac{a}{l_1}\right)^4 - 2\left(\frac{a}{l_1}\right)^3 + \frac{a}{l_1}\right] - \frac{1}{6}m' l_1^2\left[\frac{a}{l_1} - \left(\frac{a}{l_1}\right)^3\right]}{\frac{8}{15}(2f_1^2 l_1 + f^2 l) - \frac{m'^2}{3}(2l_1+3l) + \frac{E}{E'}\frac{LJ}{F_0}};$$

Mittelöffnung: $\qquad \ldots \quad (62)$

$$H = \frac{\frac{1}{3}fl^2\left[\left(\frac{a}{l}\right)^4 - 2\left(\frac{a}{l}\right)^3 + \frac{a}{l}\right] - \frac{1}{2}m' l^2\left[\frac{a}{l} - \left(\frac{a}{l}\right)^2\right]}{\frac{8}{15}(2f_1^2 l_1 + f^2 l) - \frac{m'^2}{3}(2l_1+3l) + \frac{E}{E'}\frac{LJ}{F_0}}.$$

Der Einfluß einer Temperaturänderung ist durch

$$H_t = \frac{\alpha_t t EJL}{\frac{8}{15}(2f_1^2 l_1 + f^2 l) - \frac{m'^2}{3}(2l_1+3l) + \frac{E}{E'}\frac{LJ}{F_0}} \quad \ldots \ldots \quad (63)$$

beschrieben. Ist F konstant, so ist im Nenner L' statt L zu setzen.

---

[1]) Ist der Kettenquerschnitt F konstant, dann ist

$$n_2 = \frac{1}{E'F}\left[2l_1\left(1 + 8\frac{f_1^2}{l_1^2} + \frac{3}{2}\frac{c^2}{l_1^2}\right) + l\left(1 + 8\frac{f^2}{l^2}\right) + 2s\sec^2\varphi_0\right] = \frac{L'}{E'F}.$$

Es ist nicht schwer, die voranstehend abgeleiteten Näherungsformeln auch dem Falle anzupassen, wo in den Außenfeldern das Trägheitsmoment J_1, im Mittelfelde J ist. Man hat dann nur in Formel (59) für l_1 den Wert

$$l_1' = l_1 \frac{J}{J_1}$$

einzuführen. In Gl. (60) ist dann J durch J_1 zu ersetzen. In (61) sind die l_1 enthaltenden Glieder durch J_1, die l enthaltenden durch J zu teilen.

Sind die Seitenfelder nicht an die Kette gehängt, so ist in sämtlichen Gleichungen von (59) bis (63) $f_1 = 0$ zu setzen.

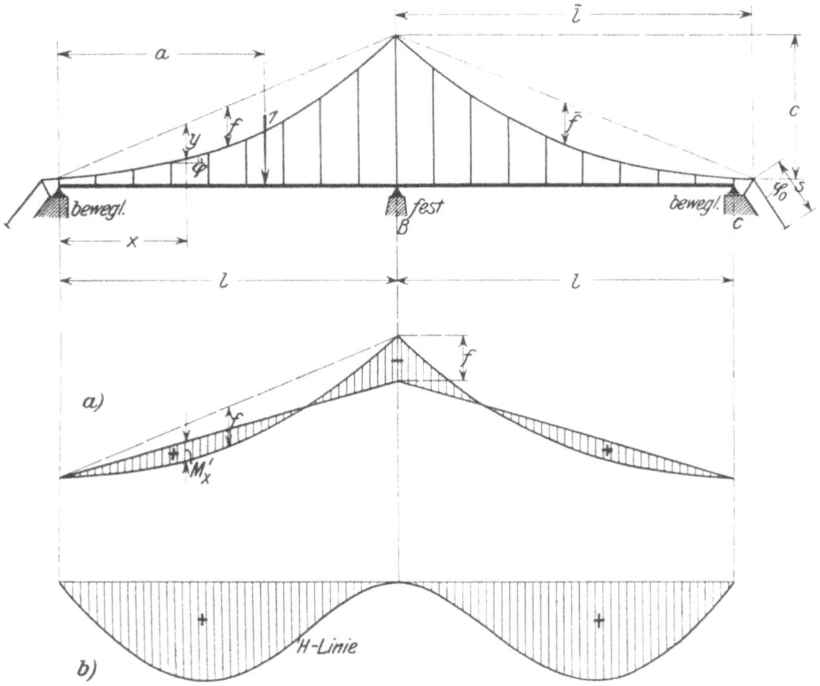

Abb. 370.

Hat die Brücke **zwei symmetrische Öffnungen,** die durch einen durchlaufenden Balken versteift sind, so schmiegt sich der Rechnungsgang dem eben dargelegten genau an (Abb. 370). Bei unveränderlichem J ergeben sich dann folgende **Näherungsformeln.** Aus der Dreimomentengleichung

$$4\,m' l = -\frac{z\,l^3}{4} - \frac{z\,l^3}{4}$$

und aus

$$z = -\frac{8f}{l^2}$$

findet man

$$m' = f, \qquad (64)$$

womit der Verlauf der M_x'-Linie bekannt ist (Abb. 370a). An Hand der Entwicklung der Gl. (60) überprüft man leicht die nachstehende Formel für δ_m in der linken Öffnung:

$$\delta_m = \frac{f l^2}{3EJ}\left\{\left[\left(\frac{a}{l}\right)^4 - 2\left(\frac{a}{l}\right)^3 + \frac{a}{l}\right] - \frac{1}{2}\left[\frac{a}{l} - \left(\frac{a}{l}\right)^3\right]\right\}, \qquad (65)$$

und ähnlich wie bei Formel (61) und (61′) findet man die Ausdrücke

$$n_1 = \int \frac{M_x'^2\,dx}{EJ} = \frac{2}{EJ}\int_0^l \left(y - f\frac{x}{l}\right)^2 dx = \frac{2}{5EJ} f^2 l \quad \ldots\ldots\ldots\ldots \quad (66)$$

$$n_2 = \sum S'^2 \frac{s}{EF} = \frac{1}{EF_0}\left\{2\bar{l}\left(1 + \frac{16}{3}\frac{\bar{f}^2}{\bar{l}^2} + \frac{c^2}{\bar{l}^2}\right) + 2s\sec\varphi_0\right\} = \frac{L}{E'F_0} \quad \ldots \quad (66')$$

Daraus berechnet sich schließlich die Gleichung der H-Linie (Abb. 370b):
linker Zweig:

$$H = \frac{\frac{5}{12}\frac{l}{f}\left\{2\left[\left(\frac{a}{l}\right)^4 - 2\left(\frac{a}{l}\right)^3 + \frac{a}{l}\right] - \left[\frac{a}{l} - \left(\frac{a}{l}\right)^3\right]\right\}}{1 + \frac{5}{2}\frac{J}{F_0 f^2}\frac{E}{E'}\frac{L}{l}} \quad \ldots\ldots \quad (67)$$

und

$$H_t = -\frac{\frac{5}{2}\alpha_t t \frac{EJL}{f^2 l}}{1 + \frac{5}{2}\frac{J}{F_0 f^2}\frac{E}{E'}\frac{L}{l}} \quad \ldots\ldots\ldots\ldots\ldots\ldots \quad (67')$$

Ist der Versteifungsträger ein **Gerberträger,** so ist der Abschnitt m' in der M_x'-Linie durch die Lage der Gelenke bestimmt, da in den Gelenkpunkten $M_x' = 0$ sein muß (Abb. 371a). Im übrigen ist die Rechnung die gleiche wie beim durchlaufenden Versteifungsträger. Bei der Ermittlung des Seilpolygons mit der M_x'-Linie als Belastungslinie (Bestimmung von δ_m) zeichnet man das Seilpolygon für einen Balken von der Gesamtlänge der Brücke (Abb. 371b), zieht die Schlußlinie $B''C''$ und klappt die Äste $A''g''$ bzw. $g''D''$ nach abwärts, damit in A'' bzw. D'' die Auflagerbedingungen erfüllt werden.

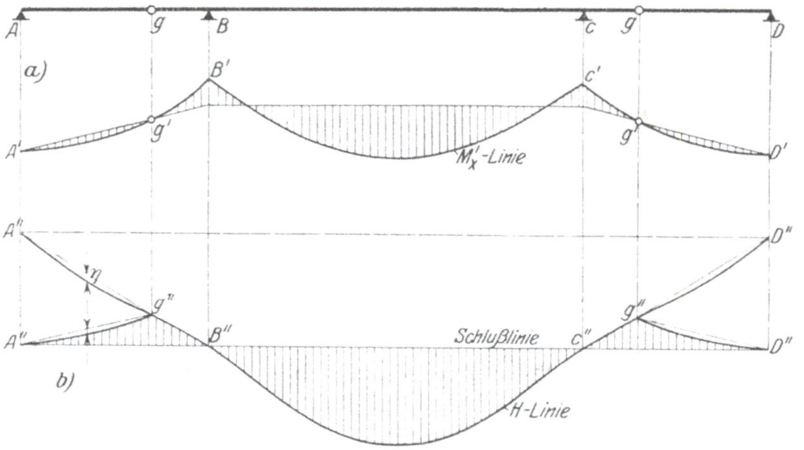

Abb. 371.

Durchbiegung. In der gleichen Weise wie unter **e)** kann auch bei durchgehendem Versteifungsbalken die Durchbiegung δ als Differenz $\delta_1 - \delta_2$ bestimmt werden, wobei δ_1 und δ_2 gleiche Bedeutung wie dort haben. Die Ermittlung der Einflußlinien der Durchbiegung in irgend einem Punkte ist somit zurückgeführt auf die Bestimmung der Einflußlinie der Durchbiegung in einem durchlaufenden Balken oder in einem Gerberträger. Damit ist δ_1 bekannt, δ_2 bestimmt man dann ebenfalls aus dieser Einflußlinie.

h) Hängebrücken mit aufgehobenem Horizontalzug.

Verbindet man die Enden des Versteifungsträgers mit den Hängeketten, so übernimmt dieser den Horizontalzug. Das System wird zu einem auf mehreren Stützen gelagerten Balkenträger. Es bildet das Gegenstück zum Bogen mit Zugband.

Die Berechnung erfolgt genau in der gleichen Art wie bei getrennter Verankerung der Kettenenden, nur ist auf die Formänderung des Versteifungsträgeis durch den Druck H

Rücksicht zu nehmen. Da der Einfluß der Verkürzung des Versteifungsträgers durch den Druck H wegen des großen Querschnittes, den dieser Teil des Tragwerkes besitzt, sehr gering ist, so genügt selbst bei genaueren Berechnungen eine überschlägige Berücksichtigung, indem man im Nenner der vorangehend entwickelten Gleichungen für H

$$\frac{\sum l}{E F_v} \quad \text{bzw.} \quad \frac{J \sum l}{F_v}$$

hinzufügt. Hierin ist $\sum l$ die Gesamtlänge des Versteifungsträgers, F_v ein Mittelwert der Querschnittsfläche dieses Trägers. Hierbei ist vorausgesetzt, daß der Druck H achsenrecht in den Versteifungsträger geleitet wird.

Ist der Versteifungsträger entsprechend der Steigung der Fahrbahn nach aufwärts gesprengt, so wird hierdurch nur der Kettenzug H nennenswert beeinflußt. H kann dann genau genug so berechnet werden, als wenn bei geradem Versteifungsträger der Kettenpfeil $(f+f')$ betragen würde, wobei f der tatsächliche Kettenpfeil, f' der Pfeil des Versteifungsträgers bezogen auf die Stützenverbindungslinie ist. Der Horizontalzug H wird sonach kleiner. Die Biegungsmomente selbst werden durch die Überhöhung des Versteifungsträgers wenig beeinflußt[1]). Bei genauerer Berechnung ist selbstverständlich bei Ermittlung der M_x'-Linien der gebogenen Form des Versteifungsträgers Rechnung zu tragen.

i) Der Einfluß der Formänderungen auf die Größe der inneren Kräfte bei Hängebrücken.

Bei allen bisher betrachteten Tragsystemen, einschließlich der Hängebrücken, haben wir bei der Bestimmung der inneren Kräfte die Änderungen, die die Abmessungen des Systems durch die elastische Verformung erfahren, außer acht gelassen. Bei Balkenbrücken ist die Durchbiegung überhaupt ohne Einfluß auf Moment und Querkraft, da diese Größen nur vom wagerechten Abstand des betrachteten Querschnittes vom Auflager, nicht aber von der Höhenlage des Querschnittes abhängen. Aber schon beim Bogenträger macht sich der Einfluß einer Änderung der Höhenlage des Momentenbezugspunktes durch das Glied Hy bemerkbar. Da aber bei Bogenbrücken die Durchbiegungen in der Regel sehr klein sind, so ist der Fehler, den man dadurch begeht, daß man bei Ermittlung der Momente, statt der richtigen Ordinate y, in der die Senkung des Bogens unter der Belastung berücksichtigt erscheint, das dem spannungslosen Anfangszustand entsprechende y in die Rechnung einführt, gering. Die Biegungsmomente werden, wie eine sehr einfache Überlegung lehrt, meist zu klein erhalten. Bei üblichen Ausführungen dürfte der Fehler aber kaum $1\,^0/_0$ überschreiten.

Hängebrücken mit niedrigem Versteifungsträger, insbesonders bei Verwendung hochbeanspruchter Stahlkabel, zeigen aber in der Regel ganz bedeutende Formänderungen, die unter Umständen in erheblichem Maße die Größe des Horizontalzuges H und noch mehr die Größe der Momente im Versteifungsbalken beeinflussen. Die Änderung des Kettenpfeiles ändert auch den Horizontalzug in der Kette, und es ist leicht einzusehen, daß eine Vergrößerung der Kettenordinate y um Δy das Moment M_x, das in der Form $\mathfrak{M}_x - Hy$, also als Differenz zweier großer Zahlen, auftritt, nennenswert ändern kann. Die für die Bemessung maßgebenden Momente im Versteifungsträger werden fast durchwegs kleiner.

Die genaue Berechnung ist, da das Superpositionsgesetz seine Geltung verliert, sehr schwierig. Melan, dem das Verdienst gebührt, als Erster den nicht unbedeutenden Einfluß erkannt zu haben, den die Formänderungen auf die inneren Kräfte bei Hängebrücken ausüben, hat durch Überschlagsrechnung die Größe des Fehlers der üblichen Be-

---

[1]) Dr.-Ing. W. Schachenmeier, Beitrag zur Theorie der Hängebrücken mit aufgehobenem Horizontalzug. Z. V. d. J. 1915, S. 437.

rechnungsweise festzustellen gesucht[1]). Melan überschätzt allerdings den Einfluß der Durchbiegung auf die Größe der Momente, da er mit dem auf Grund der üblichen Näherungstheorie ermittelten H rechnet, was zu unrichtigen Werten der Versteifungsträgermomente führte. Einzelne Belastungsfälle untersuchte Müller-Breslau und stellte Abweichungen zwischen genauer und genäherter Rechnung bis zu 14% fest[2]).

Vorschläge für ein schrittweises Annäherungsverfahren zur Berechnung von Hängebrücken macht Hoening[3]). Doch erscheint sein Verfahren sehr umständlich und langwierig. Da nun in Wirklichkeit die Verringerung der Balkenmomente im Versteifungsträger, selbst bei sehr nachgiebigen Brücken, wie die nachfolgende Untersuchung zeigen wird, kaum 12% überschreiten dürfte, so wird man wohl daran tun, von einer sehr mühseligen Rechnung Abstand zu nehmen, bestenfalls nur die Größe der Verringerung durch Überschlagsrechnung, wie dies nachfolgend geschehen wird, feststellen, um durch eine entsprechende Erhöhung der zulässigen Beanspruchung im Versteifungsträger den wirtschaftlichen Nutzen aus der Verringerung der Momente zu ziehen.

Die größte Schwierigkeit der Berechnung bietet nämlich die Berücksichtigung der Veränderlichkeit der Trägheitsmomente des Versteifungsträgers, während bei unveränderlichem Querschnitt die Berechnung verhältnismäßig einfach ist. Wir begnügen uns daher bei der folgenden Untersuchung, die uns Aufschluß über die zu erwartenden Unterschiede zwischen Annäherungsrechnung und genauer Rechnung geben soll, mit der Annahme eines überall gleichen Querschnittes im Versteifungsträger. Da das Superpositionsgesetz nicht gilt, so verlieren auch die Einflußlinien ihre Bedeutung und es besteht keine Möglichkeit, die ungünstigsten Laststellungen, wenn man mühselige Versuchsrechnungen nicht in Kauf nehmen will, zu bestimmen.

In Abb. 372 ist eine einfach statisch unbestimmte Hängebrücke mit einer Öffnung und Rückhaltketten zur Darstellung gebracht. Sei H_g der von der bleibenden Last in

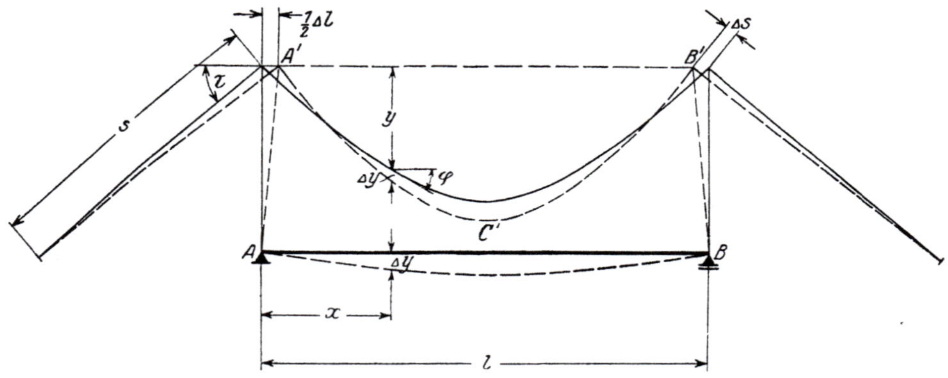

Abb. 372.

der Kette ohne Mitwirkung des Versteifungsträgers hervorgerufene Horizontalzug, H_p der Horizontalzug durch die gleichförmig verteilte Last p in der versteiften Brücke, so beträgt der Gesamtzug

$$H = H_g + H_p .$$

In einem beliebigen Punkte des Versteifungsträgers wirkt somit bei Berücksichtigung der Formänderungen das Biegungsmoment

$$M_x = \mathfrak{M}_x - H_p(y + \Delta y) - H_g \Delta y . \quad \dots\dots\dots\dots \quad \text{(a)}$$

---

[1]) Handb. d. Ing.-Wiss. Brückenbau, 5. Abt.

[2]) Graphische Statik, Bd. II, 2.

[3]) Hoening, Die Berücksichtigung der Formänderungen bei der Berechnung der Hängebrücke mit Fundamentverankerung. Eisenbau 1914, S. 265.

Hierin ist Δy die lotrechte Verschiebung des Punktes x des Versteifungsträgers. Die gleiche Verschiebungsgröße legen wir dem lotrecht darüberliegenden Kettenpunkt bei, da die Längenänderungen der Aufhängestangen als unerheblich vernachlässigt werden dürfen.

Führt man $H_p = H - H_g$ in die Momentengleichung (a) ein, so nimmt die Differentialgleichung der elastischen Linie des Versteifungsträgers die Form an:

$$EJ\frac{d^2\Delta y}{dx^2} = -M_x = -\mathfrak{M}_x + H(y+\Delta y) - H_g y,$$

oder mit

$$\alpha = \sqrt{\frac{H}{EJ}}$$

$$\frac{d^2\Delta y}{dx^2} - \alpha^2\Delta y + \left(\frac{H_g}{EJ} - \alpha^2\right)y + \frac{\mathfrak{M}_x}{EJ} = 0.$$

Die allgemeine Lösung dieser Gleichung lautet:

$$\Delta y = C_1 \operatorname{Sin} \alpha x + C_2 \operatorname{Cof} \alpha x + \left(\frac{H_g}{EJ} - \alpha^2\right)\left(\frac{y}{\alpha^2} + \frac{1}{\alpha^4}\frac{d^2 y}{dx^2} + \dots\right)$$
$$+ \frac{1}{EJ}\left(\frac{\mathfrak{M}_x}{\alpha^2} + \frac{1}{\alpha^4}\frac{d^2\mathfrak{M}_x}{dx^2} + \dots\right).$$

Da nun

$$y = \frac{4f}{l^2}x(l-x) \quad \text{und} \quad \frac{d^2y}{dx^2} = -\frac{8f}{l^2},$$

so nimmt für Belastung mit der Streckenlast p auf der Strecke β, für die also

$$\frac{d^2\mathfrak{M}_x}{dx^2} = -p$$

ist, während die höheren Differentialquotienten der Funktionen y und $\mathfrak{M}_x$ verschwinden, die Lösung Δy die Gestalt an:

$$\Delta y = C_1 \operatorname{Sin} \alpha x + C_2 \operatorname{Cof} \alpha x + \left(\frac{H_g}{EJ\alpha^2} - 1\right)\left(y - \frac{8f}{(\alpha l)^2}\right) + \frac{1}{EJ\alpha^2}\left(\mathfrak{M}_x - \frac{p}{\alpha^2}\right) \quad . \quad . \quad \text{(b)}$$

Aus (b) ergibt sich nach zweimaligen Differentiieren der Ausdruck für das Moment

$$M_x = -H(C_1 \operatorname{Sin} \alpha x + C_2 \operatorname{Cof} \alpha x) - (H - H_g)\frac{8f}{(\alpha l)^2} + \frac{p}{\alpha^2}. \quad . \quad . \quad . \quad . \quad \text{(c)}$$

Die Gleichungen (b) und (c) gelten jeweils innerhalb eines Bereiches, in dem p konstant und $\mathfrak{M}_x$ stetig ist. Die Konstanten C_1 und C_2 sind aus den Grenzbedingungen, denen Δy an den Enden des Bereiches unterworfen ist, zu bestimmen.

Mit Gleichung (b) ist Δy als Funktion von αl, somit also als Funktion des Gesamtzuges H dargestellt. Zur Ermittlung von αl oder H ist sonach noch eine zweite Elastizitätsbedingung notwendig, die wir in der Weise gewinnen, daß wir eine Beziehung zwischen der Dehnung des Hängegurtes, der Verschiebung seiner Auflagerpunkte und der Durchbiegung Δy aufsuchen. Bezeichnet man mit Δl die Verkürzung, die die Sehne der Kette dadurch erfährt, daß die Pylonenstühle infolge der Dehnung der Rückhaltseile gegen die Mitte der Brücke rücken, Abb. 372, und denken wir uns die unter der Last p durchgebogene Kette $A'C'B'$, deren einzelne Elemente ds sich um Δds verlängert haben, auf die Sehne $A'B'$ projiziert, so gilt

$$\int_0^l (ds + \Delta ds)\cos(\varphi + \Delta\varphi) = l - \Delta l,$$

oder wenn man wegen der Kleinheit des Verdrehungswinkels $\Delta\varphi$

setzt,

$$\cos \Delta\varphi = 1, \qquad \sin \Delta\varphi = \Delta\varphi$$

$$\int_0^l (ds + \Delta ds)(\cos\varphi - \Delta\varphi \sin\varphi) = l - \Delta l.$$

Da nun

$$\int_0^l ds \cos\varphi = l,$$

so vereinfacht sich die Gleichung bei gleichzeitiger Vernachlässigung der Glieder zweiter Kleinheitsordnung zu

$$\int_0^l \Delta ds \cos\varphi - \int_0^l \Delta\varphi \sin\varphi \, ds + \Delta l = 0.$$

Mit

$$\Delta\varphi = \frac{d\Delta y}{ds} \cos\varphi$$

erhält man schließlich

$$\int_0^l \Delta ds \cos\varphi - \int_0^l d\Delta y \cos\varphi \sin\varphi + \Delta l = 0 \quad \ldots \ldots \ldots \quad \text{(d)}$$

Wir berechnen zunächst das erste Integral der Gleichung (d) und finden

$$\int_0^l \Delta ds \cos\varphi = \int_0^l \frac{H_p \sec\varphi}{E_k F_k} \cos\varphi \, ds = \frac{H_p B}{E_k F_k},$$

wenn B die Gesamtlänge des Hängegurtes vor Aufbringung der Last p, F_k und E_k unveränderlicher Querschnitt und Elastizitätsmodul desselben sind.

Zur Erleichterung der Auswertung des zweiten Integrales setzen wir

$$\cos\varphi \sin\varphi = \frac{\operatorname{tg}\varphi}{1 + \operatorname{tg}^2\varphi} \sim \operatorname{tg}\varphi (1 - \operatorname{tg}^2\varphi).$$

Führt man für $(1 - \operatorname{tg}^2\varphi)$ einen Mittelwert μ ein, so nimmt das in Rede stehende Integral die Form

$$\int_0^l \cos\varphi \sin\varphi \, d\Delta y = \mu \int_0^l \operatorname{tg}\varphi \, d\Delta y = \mu \int_0^l \frac{dy}{dx} \cdot \frac{d\Delta y}{dx} dx$$

an. Für μ kann man setzen:

bei $\frac{f}{l} = \frac{1}{8}$	$\mu = 1{,}08$
$\frac{1}{10}$	$1{,}05$
$\frac{1}{12}$	$1{,}03.$

Schließlich gilt für Δl

$$\Delta l = \frac{2 H_p s \sec^2\tau}{E_k F_k},$$

so daß Gleichung (d) mit

$$B = l\left[1 + \frac{8}{3}\left(\frac{f}{l}\right)^2\right]$$

die Gestalt erhält:

$$H_p \frac{l\left[1 + \frac{8}{3}\left(\frac{f}{l}\right)^2\right] + 2 s \sec^2\tau}{E_k F_k} - \mu \int_0^l \frac{dy}{dx} \cdot \frac{d\Delta y}{dx} dx = 0 \quad \ldots \ldots \quad \text{(e)}$$

Wir führen die allgemeine Entwicklung nicht weiter, sondern gehen auf zwei Sonderfälle der Belastung über:

1. *Vollbelastung p der ganzen Brücke.*

Wir ermitteln zunächst die Konstanten C_1 und C_2 der Gleichung für Δy.

Aus den Bedingungen, daß für $x = 0$ und $x = l$, $y = 0$ wird, erhält man zunächst

$$C_1 = \frac{1 - \mathfrak{Cof}\,\alpha l}{\mathfrak{Sin}\,\alpha l}\,\frac{1}{(\alpha l)^2}\left(\frac{p l^2 + 8 H_g f}{\alpha^2 E J} - 8 f\right),$$

$$C_2 = \frac{1}{(\alpha l)^2}\left(\frac{p l^2 + 8 H_g f}{\alpha^2 E J} - 8 f\right),$$

und damit schließlich

$$\Delta y = -\left(\frac{p l^4 + 8 H_g f l^2}{E J (\alpha l)^2} - 8 f\right)\left[1 - \frac{\mathfrak{Sin}\,\alpha x + \mathfrak{Sin}\,\alpha (l - x)}{\mathfrak{Sin}\,\alpha l} - \frac{(\alpha l)^2}{2}\,\frac{x}{l}\left(1 - \frac{x}{l}\right)\right]\frac{1}{(\alpha l)^2}. \quad (68)$$

Aus Gleichung (c) berechnet man noch

$$M_x = \frac{1}{(\alpha l)^2}\left[p l^2 - 8 f (H - H_g)\right]\left[1 - \frac{\mathfrak{Sin}\,\alpha x + \mathfrak{Sin}\,\alpha (l - x)}{\mathfrak{Sin}\,\alpha l}\right]. \quad . \quad . \quad . \quad (69)$$

Die Kenntnis von

$$\frac{d y}{d x} = \frac{4 f}{l^2}(l - 2 x)$$

und

$$\frac{d \Delta y}{d x} = -\left(\frac{p l^4 + 8 H_g f l^2}{E J (\alpha l)^2} - 8 f\right)\left[-\alpha\frac{\mathfrak{Cof}\,\alpha x - \mathfrak{Cof}\,\alpha (l - x)}{(\alpha l)^2\,\mathfrak{Sin}\,\alpha l} - \frac{1}{2 l}\left(1 - \frac{2 x}{l}\right)\right]$$

gestattet nun die Ausrechnung des zweiten Gliedes in Gleichung (e). Es zerfällt in zwei Teilintegrale, nämlich

$$\mu \frac{4 f}{l^2}\int_0^l l \frac{d \Delta y}{d x} d x = \mu \frac{4 f}{l}\int_0^l d \Delta y = \mu \frac{4 f}{l}\left|\Delta y\right|_0^l = 0$$

und

$$-\mu \frac{8 f}{l^2}\int_0^l x \frac{d \Delta y}{d x} = -\mu \frac{8 f}{l^2}\left(\frac{p l^4 + 8 H_g f l^2}{E J (\alpha l)^2} - 8 f\right)\int_0^l \left[\alpha\frac{x\,\mathfrak{Cof}\,\alpha x - x\,\mathfrak{Cof}\,\alpha (l - x)}{(\alpha l)^2\,\mathfrak{Sin}\,\alpha l} + \frac{x}{2 l}\left(1 - \frac{2 x}{l}\right)\right] d x$$

$$= -\mu \frac{8 f}{l^2}\left(\frac{p l^4 + 8 H_g f l^2}{E J (\alpha l)^2} - 8 f\right)\left[\frac{x\,\mathfrak{Sin}\,\alpha x - \dfrac{\mathfrak{Cof}\,\alpha x}{\alpha} + x\,\mathfrak{Sin}\,\alpha (l - x) + \dfrac{\mathfrak{Cof}\,\alpha (l - x)}{\alpha}}{(\alpha l)^2\,\mathfrak{Sin}\,\alpha l} + \frac{1}{2 l}\left(\frac{x^2}{2} - \frac{2}{3 l} x^3\right)\right]_0^l$$

$$= -\mu \frac{8 f}{l}\left(\frac{p l^4 + 8 H_g f l^2}{E J (\alpha l)^2} - 8 f\right)\left(\frac{1}{(\alpha l)^2} - \frac{2}{(\alpha l)^3}\,\mathfrak{Tg}\,\frac{\alpha l}{2} - \frac{1}{12}\right).$$

Die Gleichung (e) geht somit über in

$$\left(\frac{p l^4 + 8 H_g f l^2}{E J (\alpha l)^2} - 8 f\right)\left(\frac{1}{(\alpha l)^2} - \frac{2}{(\alpha l)^3}\,\mathfrak{Tg}\,\frac{\alpha l}{2} - \frac{1}{12}\right) + \frac{E J}{E_k F_k}\,\frac{\nu}{l}(\alpha l)^2 - \frac{H_g l}{E_k F_k}\,\nu = 0, \quad (70)$$

wenn zur Vereinfachung

$$\nu = \frac{l\left[1 + \dfrac{8}{3}\left(\dfrac{f}{l}\right)^2\right] + 2 s \sec^2 \tau}{8 \mu f} = \frac{1}{\mu}\left[\frac{1}{8}\,\frac{l}{f} + \frac{1}{3}\left(\frac{f}{l}\right) + \frac{2 s \sec^2 \tau}{8 f}\right]$$

gesetzt wird.

Mit der Aufstellung von Gleichung (70) ist die Aufgabe erledigt. Löst man diese transzendente Gleichung nach αl durch Versuchen auf, so geht mit dem gefundenen αl, aus der Verknüpfung

$$H = \alpha^2 E J,$$

der Wert des gesuchten Horizontalzuges $H = H_g + H_p$ hervor.

Beispiel. Der nachfolgenden Rechnung legen wir folgende Abmessungen und Zahlenwerte einer Kabelbrücke zugrunde: $l = 200$ m, $f = 20$ m, $s = 35{,}3$ m, $\tau = 45^0$, $J = 2{,}0$ m^4, $F_k = 0{,}1$ m^2, $E = 2{,}2 \cdot 10^7$ t/m^2, $E : E_k = 1{,}2$, $H_g = 3000$ t, $p = 6$ t/m.

Mit diesen Zahlen erhält man zunächst in t und m

$$\nu = 2{,}062$$

und

$$\frac{p l^4 + 8 H_g f l^2}{E J} = 654{,}54 \text{ m}.$$

Weiters

$$\frac{E J}{E_k F_k} \frac{\nu}{l} = 0{,}2473 \text{ m} \qquad \text{und} \qquad \frac{H_g l}{E_k F_k} \nu = 0{,}6745 \text{ m}.$$

Die Bedingungsgleichung für αl lautet daher

$$\left(\frac{654{,}54}{(\alpha l)^2} - 160\right)\left(\frac{1}{(\alpha l)^2} - \frac{2}{(\alpha l)^3} \mathfrak{Tg} \frac{\alpha l}{2} - \frac{1}{12}\right) + 0{,}2473\,(\alpha l)^2 - 0{,}6745 = 0.$$

Um einen ersten Anhaltspunkt für die Größe von αl zu erhalten, denken wir uns das System als steifes System in der üblichen Weise nach Formel (48) berechnet. Man findet dann für den Horizontalzug $H_p' = 1249$ t und damit das Moment in Brückenmitte

$$M'_{l/2} = \tfrac{1}{8}\, 6 \cdot 200^2 - 1249 \cdot 20 = 5020 \text{ mt}$$

und in den Viertelpunkten der Spannweite

$$M'_{l/4} = \tfrac{3}{32}\, 6 \cdot 200^2 - 1249 \cdot 15 = 3765 \text{ mt}.$$

Da

$$H' = H_g + H_p' = 3000 + 1249 = 4249,$$

so entspricht dem so berechneten H' ein

$$\alpha l = l \sqrt{\frac{H'}{E J}} = 200 \sqrt{\frac{4249}{2{,}2 \cdot 10^7 \cdot 2}} = 1{,}966.$$

Da nun $H < H'$ sein wird, so versuchen wir zunächst, ob $\alpha l = 1{,}96$ der Bedingungsgleichung für für αl genügt. Wir finden

$$\left(\frac{654{,}54}{1{,}96^2} - 160\right)\left(\frac{1}{1{,}96^2} - \frac{2}{1{,}96^3}\, 0{,}7531 - \frac{1}{12}\right) + 0{,}2473 \cdot 1{,}96^2 - 0{,}6745$$
$$= -\,0{,}2387 + 0{,}9500 - 0{,}6745 = +\,0{,}0368.$$

αl ist noch zu groß angenommen worden. Wir wählen jetzt $\alpha l = 1{,}95$ und berechnen damit

$$\left(\frac{654{,}54}{1{,}95^2} - 160\right)\left(\frac{1}{1{,}95^2} - \frac{2}{1{,}95^3} \cdot 0{,}7509 - \frac{1}{12}\right) + 0{,}2473 \cdot 1{,}95^2 - 0{,}6745$$
$$= -\,0{,}2778 + 0{,}9404 - 0{,}6745 = -\,0{,}0119.$$

Da αl demnach zwischen 1,96 und 1,95 liegen muß, so ergibt die geradlinige Einschaltung

$$\alpha l = \mathbf{1{,}952} \qquad \text{und} \qquad H = \mathbf{4191}\text{ t}.$$

Daraus folgt

$$H_p = 4191 - 3000 = \mathbf{1191}\text{ t}.$$

Nach Gleichung (69) findet man für $M_{l/2}$

$$M_{l/2} = \frac{1}{1{,}952^2}\left[6 \cdot 200^2 - 160 \cdot 1191\right]\left[1 - \frac{2\, \mathfrak{Sin}\, 0{,}976}{\mathfrak{Sin}\, 1{,}952}\right] = \mathbf{4410}\text{ t}$$

und das Moment im Viertelpunkte

$$M_{l/4} = \frac{1}{1{,}952^2}\left[6 \cdot 200^2 - 160 \cdot 1191\right]\left[1 - \frac{\mathfrak{Sin}\frac{1{,}952}{4} + \mathfrak{Sin}\frac{3 \cdot 1{,}952}{4}}{\mathfrak{Sin}\, 1{,}952}\right] = \mathbf{3372}\text{ mt}.$$

Die genaue Berechnung und die Näherungsberechnung weisen somit folgende Ergebnisse auf[1]):

	Näherungswert	Genauer Wert	Unterschied
Horizontalzug H_p	1249 t	1191 t	4,6%
Moment $M_{l/2}$	5020 mt	4410 mt	12,1%
„ $M_{l/4}$	3765 mt	3372 mt	10,4%

Wir untersuchen noch den Fall, wo $p = 2$ t/m. In der gleichen Weise wie vor berechnet man durch versuchsweises Auflösen

$$\alpha l = 1{,}759$$

und damit

$$H = \frac{1{,}759^2 \cdot 2 \cdot 2{,}2 \cdot 10^7}{200^2} = 3392 \text{ t},$$

während das näherungsweise bestimmte

$$H' = 3000 + \frac{1249}{3} = 3416 \text{ t}$$

beträgt. Der Unterschied ist jetzt bloß 0,7%, also sehr gering. Die Unterschiede wachsen sonach, wenn bei gleichbleibenden Verhältnissen p wächst.

2. *Die linke Brückenhälfte ist mit p belastet.*

Da jetzt (Abb. 373)

$$\mathfrak{M}_x = \frac{p}{2}\left(\frac{3}{4} l x - x^2\right) \quad \text{für } 0 < x < \frac{l}{2}$$

$$\mathfrak{M}_x = \frac{p}{8} l (l - x) \quad \text{für } \frac{l}{2} < x < l,$$

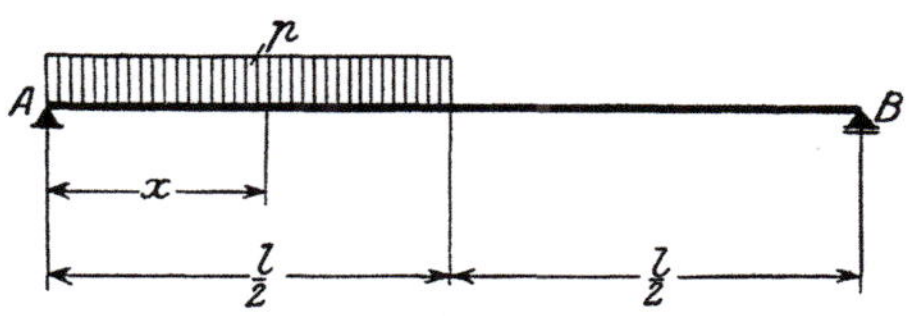

Abb. 373.

so erhält man gemäß Gl. (b)

für $0 < x < \frac{l}{2}$

$$\Delta y = C_1 \mathfrak{Sin}\, \alpha x + C_2 \mathfrak{Cof}\, \alpha x + \left(\frac{H_g}{E J \alpha^2} - 1\right)\left(y - \frac{8 f}{(\alpha l)^2}\right) + \frac{1}{E J \alpha^2}\left[\frac{p}{2}\left(\frac{3}{4} l x - x^2\right) - \frac{p}{\alpha^2}\right],$$

und für $\frac{l}{2} < x < l$, da hier $p = 0$ ist,

$$\Delta \bar{y} = \bar{C}_1 \mathfrak{Sin}\, \alpha x + \bar{C}_2 \mathfrak{Cof}\, \alpha x + \left(\frac{H_g}{E J \alpha^2} - 1\right)\left(y - \frac{8 f}{(\alpha l)^2}\right) + \frac{1}{E J \alpha^2} \cdot \frac{p}{8} l (l - x).$$

Aus den Grenzbedingungen:

$$x = 0 \quad \text{und} \quad x = l: \; y = 0,$$

$$x = \frac{l}{2}: \quad \Delta y = \Delta \bar{y} \quad \text{und} \quad \frac{d \Delta y}{d x} = \frac{d \Delta \bar{y}}{d x}$$

folgen die Festwerte

$$C_1 = -u\, \mathfrak{Cotg}\, \alpha l + \frac{8 f \gamma}{(\alpha l)^2} \frac{1}{\mathfrak{Sin}\, \alpha l} + \frac{p}{2 E J \alpha^4} \frac{1}{\mathfrak{Sin} \frac{\alpha l}{2}},$$

$$C_2 = u,$$

$$\bar{C}_1 = \left(-u + \frac{p}{E J \alpha^4} \mathfrak{Cof} \frac{\alpha l}{2}\right) \mathfrak{Cotg}\, \alpha l + \frac{8 f \gamma}{(\alpha l)^2} \frac{1}{\mathfrak{Sin}\, \alpha l},$$

$$\bar{C}_2 = u - \frac{p}{E J \alpha^4} \mathfrak{Cof} \frac{\alpha l}{2},$$

wobei

$$u = \frac{1}{(\alpha l)^2}\left[\frac{8 H_g f l^2 + p l^4}{E J (\alpha l)^2} - 8 f\right] \quad \text{und} \quad \gamma = \frac{H_g}{E J \alpha^2} - 1.$$

---

[1]) Hätte man nach dem Vorgange Melans in Formel (69) das mit $H' = 1249$ ermittelte $\alpha l = 1{,}966$ eingeführt, so hätte man $M_{l/2} = 3540$ mt erhalten. Der Unterschied betrüge 29%; ebenso hätte man $M_{l/4} = 1852$ mt gefunden, was einen Unterschied von 25,6% ausmacht.

Damit wird

$$\Delta y = \left(\frac{8 H_g f l^2}{EJ(\alpha l)^2} - 8f\right)\frac{1}{(\alpha l)^2}\left[\frac{\mathfrak{Sin}\,\alpha(l-x) + \mathfrak{Sin}\,\alpha x}{\mathfrak{Sin}\,\alpha l} - 1\right]$$
$$+ \frac{p l^4}{EJ(\alpha l)^4}\left[\frac{\mathfrak{Sin}\,\alpha(l-x)}{\mathfrak{Sin}\,\alpha l} + \frac{1}{2}\frac{\mathfrak{Sin}\,\alpha x}{\mathfrak{Sin}\frac{\alpha l}{2}} - 1\right] + \left(\frac{H_g}{EJ\alpha^2} - 1\right)y + \frac{\mathfrak{M}_x}{EJ\alpha^2} \quad (71)$$

und

$$\Delta \bar{y} = \left(\frac{8 H_g f l^2}{EJ(\alpha l)^2} - 8f\right)\frac{1}{(\alpha l)^2}\left[\frac{\mathfrak{Sin}\,\alpha(l-x) + \mathfrak{Sin}\,\alpha x}{\mathfrak{Sin}\,\alpha l} - 1\right]$$
$$+ \frac{p l^4}{EJ(\alpha l)^4}\left(1 - \mathfrak{Cof}\frac{\alpha l}{2}\right)\frac{\mathfrak{Sin}\,\alpha(l-x)}{\mathfrak{Sin}\,\alpha l} + \left(\frac{H_g}{EJ\alpha^2} - 1\right)y + \frac{\mathfrak{M}_x}{EJ\alpha^2} \quad . \; . \; . \; . \; (71')$$

Die zweimalige Differentiation liefert schließlich die Gleichungen für M_x, und zwar:

für $0 < x < \frac{l}{2}$

$$M_x = \frac{8f}{(\alpha l)^2}(H - H_g)\left[\frac{\mathfrak{Sin}\,\alpha(l-x) + \mathfrak{Sin}\,\alpha x}{\mathfrak{Sin}\,\alpha l} - 1\right] - \frac{p l^2}{(\alpha l)^2}\left[\frac{\mathfrak{Sin}\,\alpha(l-x)}{\mathfrak{Sin}\,\alpha l} + \frac{1}{2}\frac{\mathfrak{Sin}\,\alpha x}{\mathfrak{Sin}\frac{\alpha l}{2}} - 1\right], \quad (72)$$

für $\frac{l}{2} < x < l$

$$M_x = \frac{8f}{(\alpha l)^2}(H - H_g)\left[\frac{\mathfrak{Sin}\,\alpha(l-x) + \mathfrak{Sin}\,\alpha x}{\mathfrak{Sin}\,\alpha l} - 1\right] + \frac{p l^2}{(\alpha l)^2}\left(\mathfrak{Cof}\frac{\alpha l}{2} - 1\right)\frac{\mathfrak{Sin}\,\alpha(l-x)}{\mathfrak{Sin}\,\alpha l} \quad (72')$$

Die Ermittlung von H erfolgt ganz in der gleichen Weise wie vorher mittels der Beziehung (e).

Man erhält schließlich die Bedingungsgleichung für H bzw. αl in der Form

$$\frac{1}{(\alpha l)^2}\left\{\left[-\frac{p l^4 + 16 H_g f l^2}{EJ(\alpha l)^3} + \frac{16 f}{(\alpha l)}\right]\mathfrak{Tg}\frac{\alpha l}{2} + \frac{p l^4}{2EJ(\alpha l)^2} - 8f\left(1 - \frac{H_g l^2}{EJ(\alpha l)^2}\right)\right\}$$
$$+ \left(1 - \frac{H_g l^2}{EJ(\alpha l)^2}\right)\frac{2}{3}f - \frac{p l^4}{24 EJ(\alpha l)^2} + \frac{EJ}{E_k F_k}\frac{\nu}{l}(\alpha l)^2 - \frac{H_g l}{E_k F_k}\nu = 0 \quad . \; . \; . \; . \; (73)$$

ν hat die gleiche Bedeutung wie in Gl. (70).

Beispiel: Es gelten die gleichen Zahlenangaben wie im vorangehenden Beispiele, nur sei jetzt die Brücke bloß in der linken Hälfte mit $p = 6$ t/m belastet.

Der Näherungswert des Horizontalzuges H_p beträgt jetzt

$$H_p' = \frac{1249}{2} = 624{,}5 \text{ t},$$

womit man ein vorläufiges αl

$$\alpha l = 200\sqrt{\frac{3624{,}5}{2{,}2 \cdot 10^7 \cdot 2}} = 1{,}815$$

bestimmt. Setzt man $\alpha l = 1{,}80$ in Gl. (73) ein, so erhält man mit

$$\frac{p l^4 + 16 H_g f l^2}{EJ} = 1090{,}90 \text{ m}, \qquad \frac{p l^4}{2EJ} = 109{,}09 \text{ m}, \qquad \frac{H_g l^2}{EJ} = 2{,}7273$$

$$\frac{1}{1{,}80^2}\left\{\left[-\frac{1090{,}90}{1{,}80^3} + \frac{320}{1{,}80}\right]0{,}7163 + \frac{109{,}09}{1{,}80^2} - 160\left(1 - \frac{2{,}7273}{1{,}80^2}\right)\right\}$$
$$+ \left(1 - \frac{2{,}7273}{1{,}80^2}\right)\frac{2 \cdot 20}{3} - \frac{109{,}09}{12 \cdot 1{,}80^2} + 0{,}2473 \cdot 1{,}80^2 - 0{,}6745 = -0{,}043$$

und mit $\alpha l = 1{,}81$

$$\frac{1}{1{,}81^2}\left\{\left[-\frac{1090{,}90}{1{,}81^3} + \frac{320}{1{,}81}\right]0{,}7187 + \frac{109{,}09}{1{,}81^2} - 160\left(1 - \frac{2{,}7273}{1{,}81^2}\right)\right\}$$
$$+ \left(1 - \frac{2{,}7273}{1{,}81^2}\right)\frac{2 \cdot 20}{3} - \frac{109{,}09}{12 \cdot 1{,}81^2} + 0{,}2473 \cdot 1{,}81^2 - 0{,}6745 = +0{,}005.$$

Die geradlinige Einschaltung liefert

$$\alpha l = \mathbf{1{,}809},$$

welchem Werte $H = 3600$ t entspricht; woraus

$$H_p = 3600 - 3000 = 600 \text{ t}$$

folgt.

Wir berechnen nun die Momente in den Punkten

$$x = \frac{l}{4}, \quad \frac{l}{2} \quad \text{und} \quad \frac{3l}{4}$$

und finden nach Formel (72) bzw. (72'), wenn wir beachten, daß $H - H_g = H_p$ ist.

$$M_{l/4} = \frac{8f}{(\alpha l)^2} H_p \left[\frac{\mathfrak{Sin}\frac{3\alpha l}{4} + \mathfrak{Sin}\frac{\alpha l}{4}}{\mathfrak{Sin}\,\alpha l} - 1\right] - \frac{p l^2}{(\alpha l)^2}\left[\frac{\mathfrak{Sin}\frac{3\alpha l}{4}}{\mathfrak{Sin}\,\alpha l} + \frac{1}{2}\frac{\mathfrak{Sin}\frac{\alpha l}{4}}{\mathfrak{Sin}\frac{\alpha l}{2}} - 1\right]$$

und nach Einführen der Zahlenwerte

$$M_{l/4} = 5153 \text{ mt}.$$

Weiters

$$M_{l/2} = \frac{8f}{(\alpha l)^2} H_p \left[\frac{2\,\mathfrak{Sin}\frac{\alpha l}{2}}{\mathfrak{Sin}\,\alpha l} - 1\right] - \frac{p l^2}{(\alpha l)^2}\left[\frac{\mathfrak{Sin}\frac{\alpha l}{2}}{\mathfrak{Sin}\,\alpha l} - \frac{1}{2}\right]$$

und nach der Auswertung

$$M_{l/2} = 2233 \text{ mt}.$$

Schließlich

$$M_{3l/4} = \frac{8f}{(\alpha l)^2} H_p \left[\frac{\mathfrak{Sin}\frac{\alpha l}{4} + \mathfrak{Sin}\frac{3\alpha l}{4}}{\mathfrak{Sin}\,\alpha l} - 1\right] + \frac{p l^2}{(\alpha l)^2}\left(\mathfrak{Cof}\frac{\alpha l}{2} - 1\right)\frac{\mathfrak{Sin}\frac{\alpha l}{4}}{\mathfrak{Sin}\,\alpha l}$$

oder

$$M_{3l/4} = -1756 \text{ mt}.$$

Die folgende Übersicht enthält die oben berechneten Werte von H und M_x und zum Vergleich hierzu die in der üblichen Weise ermittelten Näherungswerte, sowie die Unterschiede in Hundertteilen der Näherungswerte.

	Näherungswert	Genauer Wert	Unterschied
Horizontalzug H_p	624,5 t	600 t	3,9 %
Moment $M_{l/4}$	5633 mt	5153 mt	8,5 %
„ $M_{l/2}$	2510 „	2233 „	11,0 %
„ $M_{3l/4}$ . . .	— 1868 „	— 1756 „	6,0 %

Die Unterschiede sind von der gleichen Größenordnung wie bei Vollbelastung.

Das Ergebnis der vorangehenden Untersuchungen läßt sich wie folgt zusammenfassen: Je nachgiebiger das System ist, um so größer wird der Einfluß der Durchbiegungen auf die Momente im Versteifungsträger. Bei Kabelbrücken, die bedeutend größere Durchbiegungen aufweisen als Kettenbrücken, ist die Abweichung der Näherungswerte vom genauen Wert bedeutend größer als bei Kettenbrücken. Mit wachsender Steifigkeit des Versteifungsträgers nimmt der Einfluß ab. Wächst $\frac{p}{g}$, so werden die Unterschiede zwischen den Ergebnissen der üblichen Annäherungsrechnung und der genauen Berechnung größer. Bei den üblichen Ausführungsverhältnissen dürften selbst bei Kabelbrücken diese Unterschiede den Betrag von beiläufig 10 % kaum überschreiten. Bei Kettenbrücken bleiben sie sicher weit unter diesem Wert.

§ 20. Fachwerkartige Hauptträger.

87. Grundsätze für die bauliche Gestaltung der Fachwerke.

Bevor wir an die Darstellung der Berechnung der Stabkräfte in den gebräuchlichen Fachwerkträgern herantreten, mögen jene Regeln und Grundsätze für die bauliche

Durchbildung der Fachwerke erörtert werden, die sich aus der Betrachtung der örtlichen Spannungsverteilung, insbesonders aus der Kenntnis des Kräftespieles an den Verbindungsstellen der Stäbe, in den Knoten, ergeben[1]). Die Tatsache, daß die Fachwerkelemente nur Zug oder Druck zu übertragen haben, ist für die Wirtschaftlichkeit der Fachwerke maßgebend. Es ist daher begreiflich, daß alle Einzelheiten im Fachwerk so durchgebildet werden müssen, daß Biegungs- und Torsionsmomente vermieden werden, da sonst nennenswerter Mehrverbrauch an Baustoff die Folge wäre, oder, bei Nichtberücksichtigung derartiger Nebenwirkungen, der Sicherheitsgrad des Tragwerkes herabgesetzt würde. Die durch die steife Verbindung der Stäbe in den Knoten entstehenden Zusatzspannungen, die als Fachwerksnebenspannungen bezeichnet werden, und die aus der Theorie dieser Nebenspannungen fließenden Regeln sollen erst im nächsten Absatz behandelt werden. Wir wollen in diesem Abschnitt unser Hauptaugenmerk vornehmlich jenen Maßnahmen zuwenden, die getroffen werden müssen, um im engeren Bereiche des Fachwerkknotens Überlastungen zu verhüten und um Biegungs- und Torsionsspannungen, die aus dem nicht achsenrechten Zusammenschluß der Stäbe entstehen, zu vermeiden, oder wenigstens auf einen Kleinstwert herabzudrücken. Diese Zusatzspannungen dürfen keineswegs als Nebenspannungen im Sinne der Erörterungen des nachfolgenden Absatzes **88** angesehen werden.

1. *Die Achsen sämtlicher Stäbe eines Fachwerkträgers sollen in einer Ebene liegen, und die angreifenden Kräfte sollen tunlichst in dieser Ebene wirken.*

Verwendet man Stäbe, deren Querschnitte eine Symmetrieachse aufweisen, die in die Fachwerksebene fällt, so ist die Bedingung, daß sämtliche Stabachsen in einer Ebene liegen, erfüllt. Einseitige Stäbe müssen unbedingt vermieden werden. Viel schwerer ist die Befolgung des zweiten Teiles dieser Regel. Liegt die Bahn über dem Hauptträger, dann ist eine zentrische Auflagerung der Querträger leicht durchführbar. Bei unten liegender Bahn sind aber bei steifer Verbindung der Querträger mit den Hauptträgern, welche steife Verbindung immer erwünscht ist, (siehe **76**, S. 396) Verdrehungsmomente schwer zu vermeiden. Die so auf den Lastgurt übertragenen Torsionsmomente sind bei einigermaßen steifem Querträger gering; doch darf der Querträger bei zweiwandigen Gurtungen nicht bloß an der innen liegenden Wand angeschlossen werden, sondern es muß durch passende Gestaltung des Eckbleches Sorge dafür getragen werden, daß beide Gurtwände gleichmäßig belastet werden.

Exzentrizitätsmomente bei zweiteiligen Zugstäben. Es ist ein weitverbreiteter Irrtum, zu glauben, daß zweiteilige Zugstäbe, wie sie bei großen Brücken mit doppelwandigen Gurten vorkommen, ohne jede Querverbindung oder mit ganz beliebig ausgeteilter Querverbindung angeordnet werden dürfen, falls die Stabhälften nicht selbst wieder axial an die Knotenbleche angeschlossen sind. Ist gar keine Querverbindung vorhanden, so verhält sich jede Hälfte wie ein einzelner exzentrisch angeschlossener Stab, der am Ende dem Biegungsmoment $\frac{P}{2}e$ zu widerstehen hat, Abb. 374. Sind die Verbindungen, was häufig genug vorkommt, nach Abb. 375a angeordnet, so ändert dies nichts an der Sachlage, im

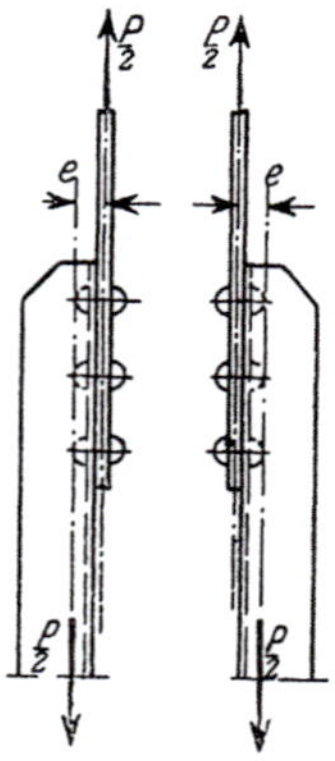

Abb. 374.

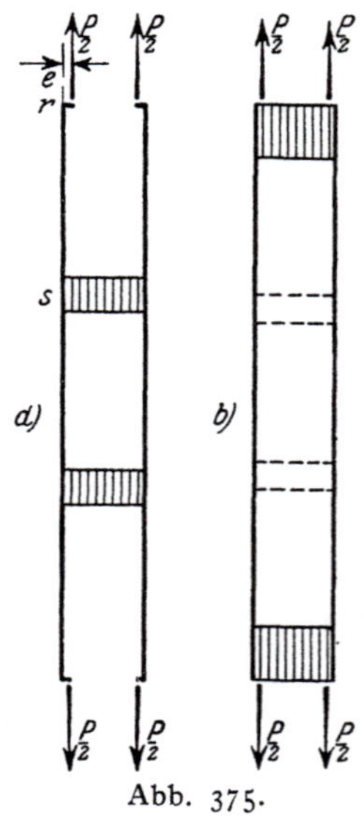

Abb. 375.

[1]) Leider verfügen wir in den meisten hierher gehörenden Fragen weder über die theoretischen Erkenntnisse, noch über aufklärende Versuchsergebnisse.

Bereiche r bis s herrscht das Anschlußmoment $\frac{P}{2}e$. Dieses Moment kann nur durch einen unmittelbar an den Stabenden angeordneten genügend breiten Quersteg unschädlich gemacht werden, Abb. 375b. Der Stab stellt dann einen vierseitigen Rahmen vor, und es ist ohne rechnerischen Nachweis einzusehen, daß bei großer Steifigkeit des Quersteges die Eckmomente dieses Rahmens sehr klein werden. Diese Endquerschotten müssen bis zwischen die Knotenbleche geführt werden, da die sonst überstehenden Stabenden das Moment übernehmen müßten. Abb. 376a zeigt die vielfach übliche, aber wirkungslose, Abb. 376b die richtige Anordnung für den Fall eines aus zwei]-Eisen bestehenden Zugstabes.

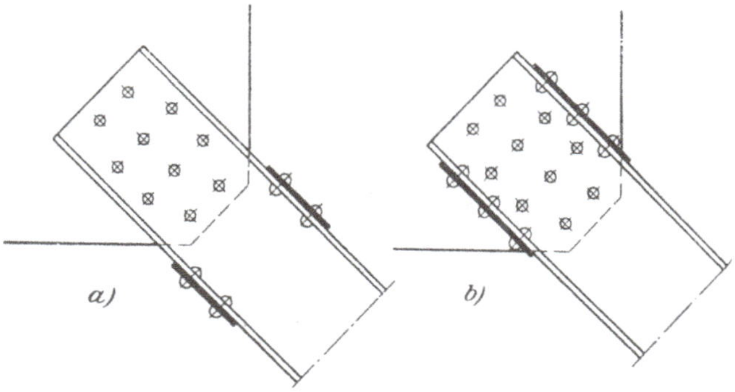

Abb. 376.

2. *Die Stäbe sind im Querschnitt so zu gestalten, daß ein tunlichst großer Teil des Stabes nach der Ebene des Fachwerkes orientiert ist.*

Gegen diesen eigentlich selbstverständlichen Grundsatz wird viel gesündigt. T- oder ╥-Querschnitte in Gurten mit dünnen Stegen und dicken Lamellenpaketen führen vielfach an den Anschlußstellen der Füllstäbe zur Überlastung der schwachen Stege. Die Abb. 377a—j zeigen einige gebräuchliche Gurtquerschnitte von zweckmäßiger Querschnitt

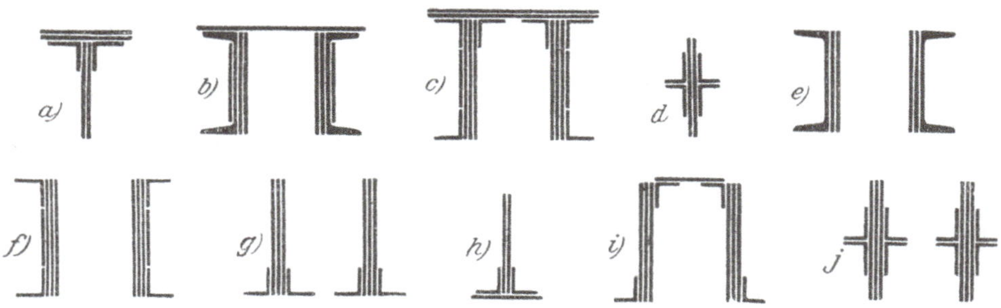

Abb. 377.

gestaltung. Selbst bei großen Gurtkräften dürfte es gelingen, mit höchstens zwei Deckblechen das Auslangen zu finden und den Großteil des tragenden Materials in den Stegen unterzubringen.

3. *Die Schwerachsen der in einem Knotenpunkt zusammentreffenden Stäbe sollen sich in einem Punkte (Systempunkt) schneiden.*

Diese Bedingung ist mit Leichtigkeit in jenen Fällen zu erfüllen, wo durch die Querschnittsverstärkung oder Verminderung in den Gurten keine Verschiebung der Schwerachse eintritt. Dies wird vor allem bei solchen Stäben der Fall sein, die lotrechte und wagerechte Querschnittssymmetrie aufweisen. Aber auch bei T- und ╥-förmigen Gurtungen ist es häufig möglich, durch zweckmäßige Änderung der Steghöhe die durch das Aufsetzen neuer Gurtplatten entstehende Schwerpunktverschiebung wieder wettzumachen. Abb. 378.

Werden die Knotenbleche auf die Stege aufgesetzt, dann vermeidet man den plötzlichen Sprung in der Stegblechhöhe und läßt die Steghöhe von Knoten zu Knoten stetig zu- oder abnehmen. (Abb. 379.) In jedem Felde wird die Steghöhe in Feldmitte so bestimmt, daß der Achsenabstand s in allen Feldern der gleiche ist. Da die wirkliche Schwerachse im Felde nicht genau parallel zur Gurtwinkelaußenkante verläuft, so ergibt sich im Knoten ein allerdings kleiner Sprung a (Abb. 379), der durch den Systempunkt halbiert wird. Die auftretenden Exzentrizitätsmomente sind daher sehr gering.

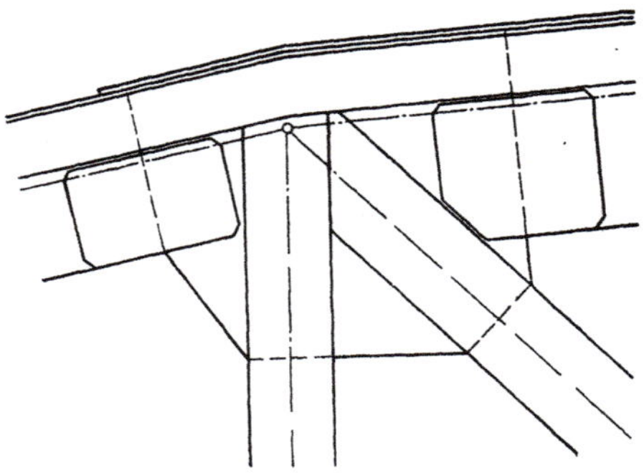

Abb. 378.

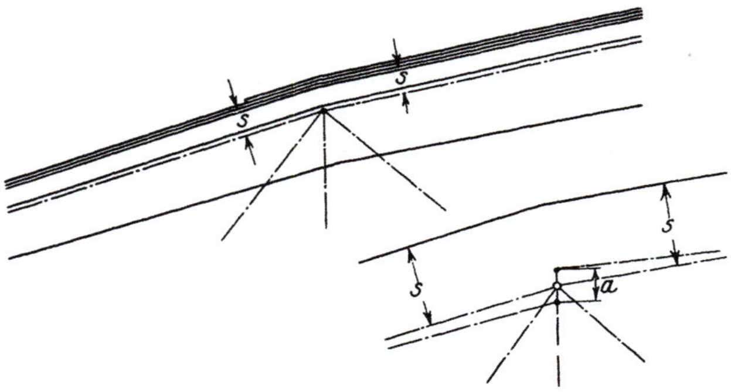

Abb. 379.

Vielfach begnügt man sich aber bei unveränderlicher Steghöhe mit der Feststellung einer mittleren Lage der Schwerachse nach der Formel

$$s = \frac{s_1 + s_2 + s_3 + \cdots + s_n}{n},$$

wobei die s die Abstände der Achse von der äußeren Gurtwinkelkante bedeuten, um die Exzentrizitätsmomente in den Gurten möglichst zu verringern. Diese gemittelte Linie wird dann als Netzlinie des Gurtes aufgefaßt und die Netzlinien der Füllstäbe nach Abb. 380 eingelegt. Dieser Vorgang ist aber nicht zu empfehlen.

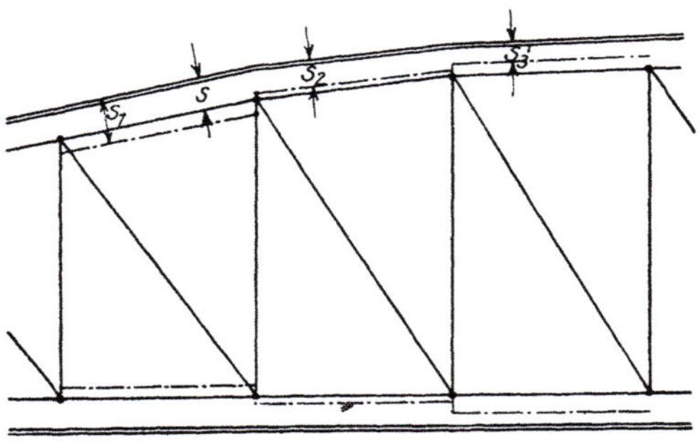

Abb. 380.

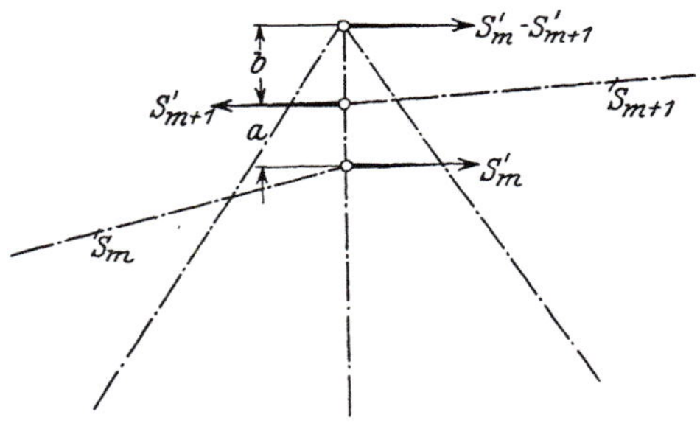

Abb. 381.

Ein anderes Verfahren, um den in den Knoten auftretenden Exzentrizitätsmomenten zu begegnen, besteht in folgendem: Man verschwenkt zu diesem Zwecke die Achsen der Füllstäbe derart, daß die im Schnittpunkt derselben angreifend gedachte wagerechte Summenkraft ein Verdrehungsmoment erzeugt, das dem verdrehenden Moment der Gurtkräfte am Knoten das Gleichgewicht hält. Abb. 381.

Ist $S_m' - S_{m+1}'$ der größte Unterschied in den wagerechten Komponenten der Gurtkräfte, so muß zur Herstellung des Gleichgewichtes

$$S_m' a = (S_m' - S_{m+1}') b$$

sein, woraus

$$b = \frac{S_m' a}{S_m' - S_{m+1}'}$$

folgt. Selbstverständlich kann das Gleichgewicht der Momente nur für eine einzige Laststellung erreicht werden. Es empfiehlt sich für b einen Mittelwert zu wählen, der sich aus dem Belastungsfall für größte Gurtkraft und aus dem Belastungsfall für größte Gurtkraftdifferenz ergibt.

4. *Die Knotenbleche sind so zu bemessen, daß die von den angeschlossenen Stäben eingeleiteten Kräfte ohne Überanstrengung der Bleche ihren Ausgleich erfahren können.*

Die Formgebung der Anschlußbleche hat in erster Linie nach dem Gesichtspunkt zu erfolgen, daß die durch die Niete stufenweise in das Knotenblech übertragene Stabkraft mit Zunahme diese Kraft einen immer breiter werdenden Knotenblechbereich, der tunlichst symmetrisch zur Kraftachse liegt, zur Verfügung hat. Abb. 382. Der Nettoquerschnitt *a* — *a* z. B. darf nicht kleiner sein als der Nutzquerschnitt des angeschlossenen Stabes. Eine einfache Überlegung lehrt, daß das Knotenblech im wesentlichen die Aufgabe hat, den Ausgleich der Füllstabkräfte zu besorgen und daß es meist nicht in der Lage ist, auch noch die Gurtkraft oder Teile derselben zu übernehmen. Abb. 383 zeigt den vereinfachten Verlauf der Linien des größten Zuges oder Druckes, wie er sich auf Grund von unmittelbaren Messungen an Knotenblechen ergeben hat[1]). Gegen den Gurtrand drängen sich die Zuglinien dichter zusammen, was auf eine Überlastung des Gurtes schließen läßt. Es ist daher zweckmäßiger, die Knotenbleche auf die Gurtstehbleche aufzusetzen, als den Gurt durch das Knotenblech zu unterbrechen. Doch ist die erste Lösung nicht immer möglich. Im letzen Falle empfiehlt es sich, um Überlastungen in der Nähe des durchlaufenden Randes zu vermeiden, die Bleche reichlich stark zu machen oder noch besser, den Gurt im Knotenbereich durch eine aufgelegte Platte zu verstärken.

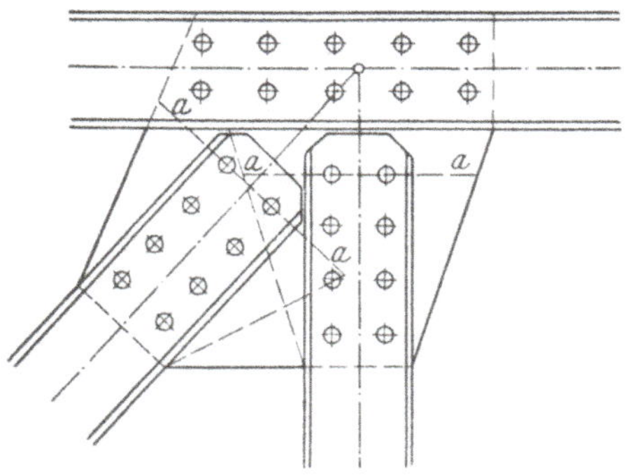

Abb. 382.

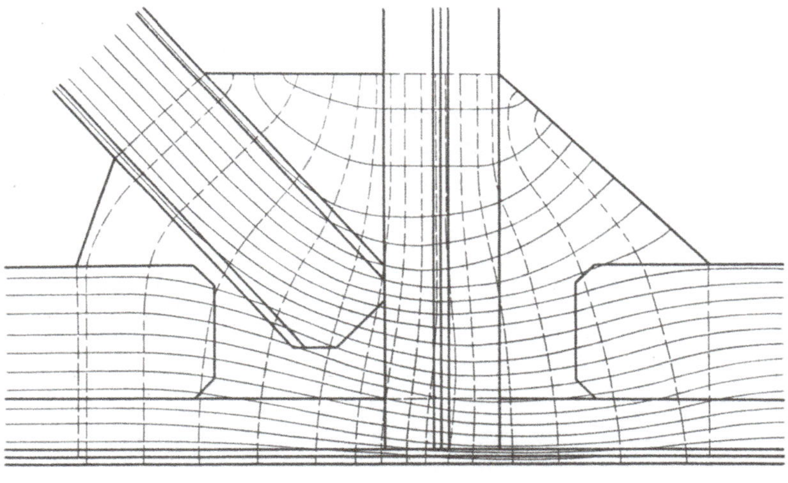
Abb. 383.

Bei großen Brücken geschieht die schrittweise Querschnittsverstärkung nicht nur durch Vermehrung in der Breite, sondern auch durch stufenweise Vergrößerung der Stärke der Stegbleche. Es entsteht so der Stufenanschluß, der die gleichen Vorteile für die gleichmäßigere Belastung der Anschlußniete bietet wie der Stufenstoß Abb. 384. Derartige stufenförmige Anschlüsse ergeben sich überall dort, wo das Stabmaterial vornehmlich in den Vertikalwänden der Stäbe untergebracht ist, wie dies oben in Punkt 2 verlangt wurde.

5. *Der Schwerpunkt der Anschlußnietgruppe soll uach Möglichkeit in der Linie der angeschlossenen Kraft liegen.*

---

[1]) Dr.-Ing. Th. Wyß: Beitrag zur Spannungsuntersuchung eiserner Fachwerke. Berlin 1923.

Wird das Knotenblech, wie in Abb. 385, nur bis an den Gurtwinkel herangeführt, was häufig der Fall ist, so erzeugt die durch das Blech übertragene Anschlußkraft ein Biegungsmoment Re, das neben der Kraft R von den Anschlußnieten aufzunehmen ist. Diese Anordnung ist zu vermeiden, oder die Nietzahl entsprechend zu vermehren. Aus diesem Grunde werden daher die inneren Gurtwinkel bei TT-Querschnitten gerne weggelassen, damit das Knotenblech bis an die Deckbleche reichen kann. Bei Füllstabanschlüssen ist in der Regel die eben aufgestellte Forderung erfüllt; eine Ausnahme macht bloß der Anschluß JL-förmiger Stäbe, Abb. 386a. Die Abweichung e kann nur dadurch behoben werden, daß man mittels eines Beiwinkels (Abb. 386b) einen Teil der Stabkraft in das Anschlußblech leitet. Hierbei soll die Nietzahl im Beiwinkel so groß gewählt werden, daß der Schwerpunkt der gesamten Anschlußnietgruppe beiläufig in die Schwerlinie des Stabes fällt.

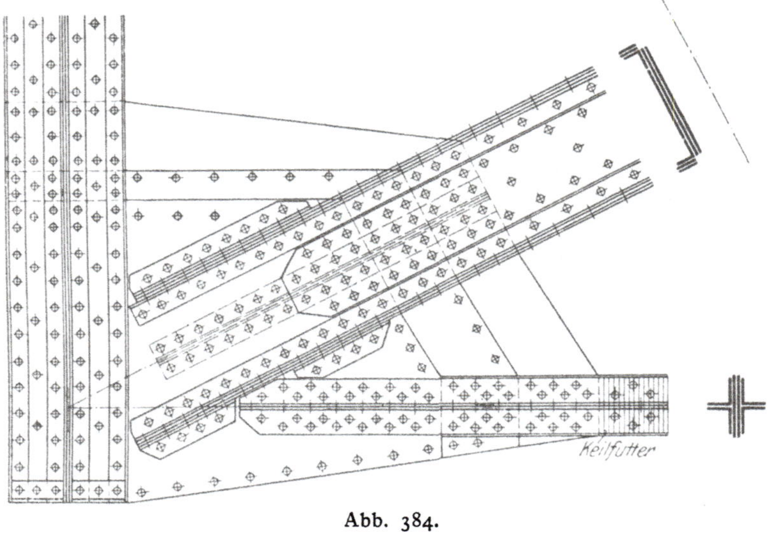

Abb. 384.

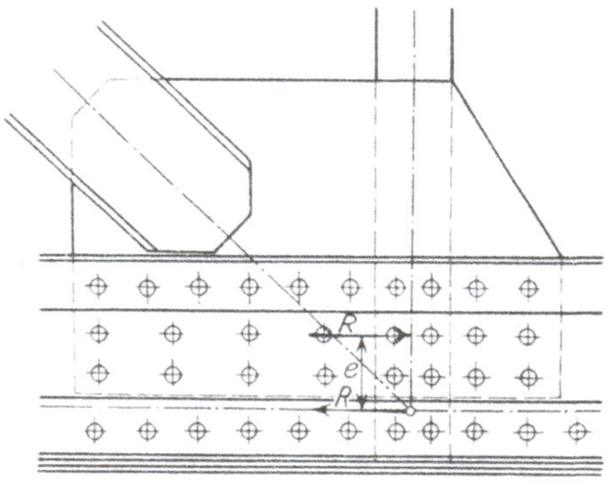

Abb. 385.

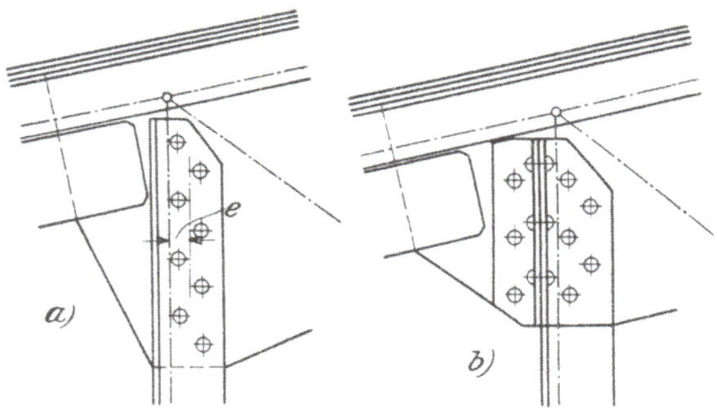

Abb. 386.

88. Fachwerknebenspannungen.

a) Die Berechnung der Nebenspannungen.

Die übliche Berechnungsweise der Fachwerke setzt reibungslose Gelenke in den Knotenpunkten voraus, während in Wirklichkeit entweder Gelenkbolzen mit bedeutender Reibung oder — und das ist die Regel — Knotenbleche mit fest angenieteten Stäben angeordnet werden. Ändert nun das Fachwerk unter der Belastung seine ursprüngliche Form, so können die Stäbe nicht mehr die der Formänderung des Gelenkfachwerkes entsprechenden Verdrehungen ausführen, sie werden verbogen. Die durch diese Verbiegung bewirkten Zusatzspannungen heißen Fachwerknebenspannungen oder Zwängungsspannungen. Sie können z. T. ganz bedeutende Werte bis zu 100%

der Grundspannungen[1]) und mehr erreichen. Die Nebenspannungen infolge steifer Knotenverbindungen wurden zunächst durchwegs von deutschen Forschern berechnet. Wir nennen hier: Manderla 1879, Engesser 1879 und 1888, Asimont 1880, Winkler 1881, Müller-Breslau 1886, Mohr 1892[2]).

Die genaue Berechnung der Zwängungsspannung ist in der Regel eine ziemlich mühevolle Arbeit, vornehmlich dann, wenn man nicht nur mit willkürlich angenommenen Laststellungen arbeiten will, sondern darnach trachtet, die ungünstigsten Werte der Biegungsspannungen zu erhalten, was das Errechnen und Auswerten zahlreicher Einflußlinien notwendig macht. Ob es überhaupt notwendig ist, sich dieser Arbeit in jedem Einzelfalle zu unterziehen oder nicht, die Frage also, ob die Nebenspannungen einen maßgebenden Einfluß auf die Sicherheit des Tragwerkes haben oder nicht, werden wir erst im nachfolgenden Absatz **88b** erörtern.

Betrachtet man eine beliebige Dreieckskette, Abb. 387, so stellt dieselbe ein vielgliederiges Steifrahmengebilde vor, das bei n Knoten und statisch bestimmter Lagerung $3n - 6$fach statisch unbestimmt ist. Enthält das Fachwerk noch f überzählige Stäbe, so ist die Anzahl der Unbekannten $3(n+f) - 6$, da für jeden hinzutretenden Stab zwei Einspannungsmomente und die Stabkraft als neue Unbekannte hinzukommen. Die Berechnung dieses vielfach statisch unbestimmten Systems läßt sich nun nach den Methoden von Engesser oder Mohr, die einander nahe verwandt sind, auf die Auflösung eines linearen Gleichungssystem von n Gleichungen zurückführen.

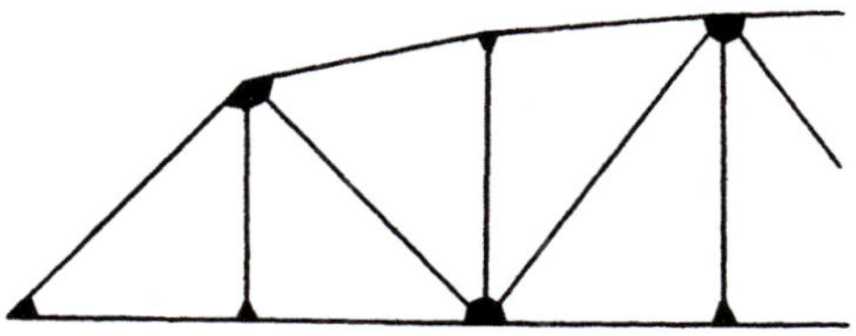

Abb. 387.

Alle Berechnungsverfahren der Fachwerknebenspannungen gehen von der Annahme aus, daß durch die steife Verbindung der Stäbe in den Knoten die Verschiebungen derselben nur unerheblich beeinflußt werden, so daß der Berechnung der Nebenspannungen die Stabverdrehungen des Gelenkfachwerkes als bereits bekannt zugrunde gelegt werden dürfen[3]).

Daß diese Annahme in der Regel gut zutrifft, kann folgendermaßen an einer einfachen Stabverbindung gezeigt werden. Die beiden gleichlangen und gleichstarken Stäbe AC und CB sind in A und B fest eingespannt und in C steif miteinander verbunden. Abb. 388. Berechnet man auf die bekannte Weise die Verschiebung, die der Punkt C z. B. unter der Wirkung einer lotrechten Einzellast P erfährt

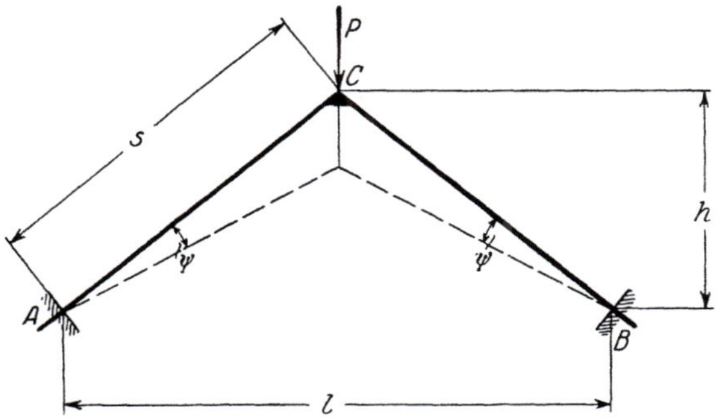

Abb. 388.

[1]) Als Grundspannungen bezeichnen wir die Längsspannungen der Stäbe im Fachwerk mit reibungslosen Gelenken.

[2]) Manderla: Die Berechnung der Sekundärspannungen, welche im einfachen Fachwerke infolge starrer Knotenverbindungen auftreten. Allg. Bauztg. 1880. Engesser: Über die Durchbiegung von Fachwerkträgern und die hierbei auftretenden zusätzlichen Spannungen. Ztschr. für Baukunde 1879. Engesser: Über die Nebenspannungen der Fachwerkstäbe bei steifen Knotenverbindungen. Z. V. d. Ing. 1888. Asimont, G.: Hauptspannung und Sekundärspannung. Ztschr. f. Baukunde 1880. Winkler: Vorträge über Brückenbau, Wien 1881. Müller-Breslau: Theorie der Biegungsspannungen in Fachwerkträgern. Ztschr. Han. Ing. u. Arch.Ver. 1886. Mohr: Die Berechnung der Fachwerke mit starren Knotenverbindungen. Zivilingenieur 1892. Eine übersichtliche Darstellung der verschiedenen Berechnungsverfahren findet man in W. Gehler: Nebenspannungen eiserner Fachwerkbrücken, Berlin 1910.

[3]) Diese Voraussetzung ermöglicht eben die Verringerung der Zahl der Elastizitätsbedingungen.

und daraus die Verdrehung ψ der beiden Stäbe, so findet man mit den Bezeichnungen der Abb. 388 die Gleichung:

$$\psi = \frac{P}{4EF}\frac{ls}{h^2 + 3\frac{J}{F}\frac{l^2}{s^2}}$$

oder mit

$$\frac{J}{F} = i^2$$

$$\psi = \frac{P}{4EF}\frac{ls}{h^2}\frac{1}{1+3\left(\frac{l}{h}\right)^2\left(\frac{i}{s}\right)^2}.$$

Nun ist $3\left(\frac{l}{h}\right)^2\left(\frac{i}{s}\right)^2$ klein gegen 1, da $\frac{s}{i}$ kaum unter 25 und auch $\frac{h}{l}$ bei den üblichen Fachwerken selten unter $\frac{1}{2}$ sinken wird. Der Fehler, den man also bei Vernachlässigung dieses Gliedes begeht, beträgt im ungünstigstem Falle etwa $2\,^0/_0$, ist also kleiner als der wahrscheinliche Fehler bei der Ermittlung der Durchbiegungen, so daß man ψ durch die einfache Formel

$$\psi = \frac{P}{4EF}\frac{ls}{h^2}$$

darstellen kann. Das ist aber jener Wert, den man erhält, wenn man in den Punkten A, B und C Gelenke annimmt. Da sich nun das Fachwerk aus lauter solchen steifverbundenen Stabpaaren zusammensetzt, so folgt, daß sich Stabverdrehungen oder Knotenpunktverschiebungen im Fachwerk mit steifen Knoten nur unwesentlich von jenen im Gelenkfachwerk unterscheiden, womit die oben erwähnte Annahme als berechtigt erwiesen ist. Daraus folgt aber auch, daß zwischen den Stabkräften im Fachwerk mit steifen Knoten und jenen im Gelenkfachwerk nur unerhebliche Unterschiede bestehen.

Wir bezeichnen mit ψ_{ab} den Winkel, um den sich die Stabsehne $a-b$ bei der Verschiebung der Knoten verdreht, mit τ_{ab} den

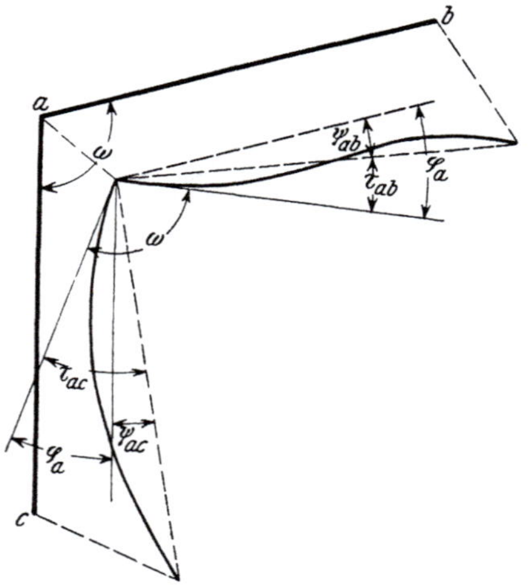

Abb. 389.

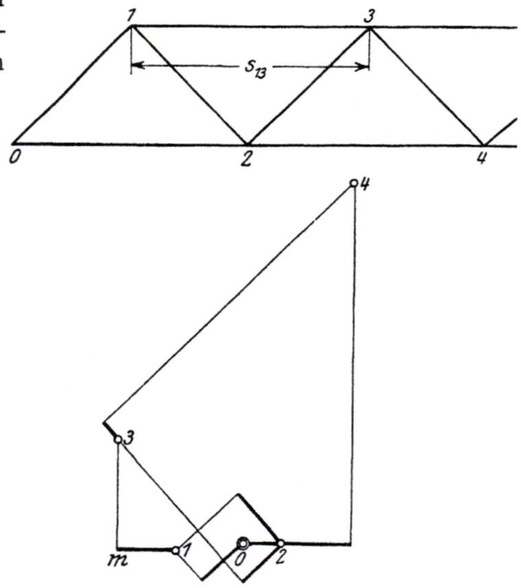

Abb. 390

Winkel, den die Endtangente des verbogenen Stabes in a mit der verdrehten Stabsehne einschließt. Abb. 389. Die gesamte Verdrehung der an den Knoten a angeschlossenen Stäbe besteht somit aus einer Verdrehung um den Winkel ψ und aus einer Ablenkung τ der Endtangente, sonach ist die Gesamtverdrehung für den Stab ab:

$$\varphi_a = \psi_{ab} + \tau_{ab}.$$

Diese Gesamtverdrehung ist für alle an dem Knoten a angeschlossenen Stäbe gleich, da die Dreieckwinkel ω ungeändert bleiben. φ_a kennzeichnet somit den Knoten a und heißt Knotendrehwinkel. Die Winkel ψ und τ werden positiv gezählt, wenn die Verdrehung im Uhrzeigersinne erfolgt.

Man entnimmt die Winkel ψ am besten einem Williotschen Verschiebungsplan. In Abb. 390 ist ein Stück eines Fachwerkträgers gezeichnet und darunter der Verschiebungsplan, wobei Punkt 0 und Richtung 0 — 2 als festgehalten angesehen wurden. Die feingezeichneten Linien im Verschiebungsplane stellen die Relativverschiebungen der Knoten vor. So ist z. B. die Strecke $\overline{m-3}$ die Relativverschiebung des Punktes 3 gegen 1, sonach ist $\psi'_{13} = \frac{\overline{m-3}}{s_{13}}$ die Verdrehung des Stabes 1 — 3, wenn s_{13} seine Länge bedeutet. Die Richtung der Verschiebung von 3 ist durch $m \rightarrow 3$ gegeben, der Stab dreht sich hierbei entgegengesetzt dem Uhrzeigersinne, φ'_{13} ist negativ.

Die dem Verschiebungsplan entnommenen Verdrehungen ψ' bedürfen aber noch einer weiteren Korrektur, da durch das Festhalten eines beliebigen Stabes beim Zeichnen des Williotschen Verschiebungsplanes die Auflagerpunkte aus ihrer festen Höhenlage rücken. Der ganzen Fachwerkscheibe muß daher noch eine Verdrehung um den Winkel ψ_0 erteilt werden, so daß alle aus dem Verschiebungsplan gefundenen ψ' durch Hinzufügen des für alle Stäbe gleichen Winkels ψ_0 zu verbessern sind. Die tatsächlichen Verdrehungswinkel sind demnach

$$\psi_{ab} = \psi'_{ab} + \psi_0 .$$

Sind τ_{ab} und τ_{ba} die Ablenkungen der beiden Stabenden a und b, so sind die diesen Verdrehungen entsprechenden Einspannungsmomente bei der Stablänge l und dem unveränderlichen Trägheitsmoment J gegeben durch die Gleichungen

$$M_{ab} = \frac{2 E J_{ab}}{l_{ab}} (2\tau_{ab} + \tau_{ba}) \quad \text{und} \quad M_{ba} = \frac{2 E J_{ab}}{l_{ab}} (2\tau_{ba} + \tau_{ab})$$

oder nach Ersatz des Winkels τ durch

$$\tau_{ab} = \varphi_a - \psi_{ab} \quad \text{und} \quad \tau_{ba} = \varphi_b - \psi_{ab},$$

$$\left.\begin{aligned} M_{ab} &= \frac{2 E J_{ab}}{l_{ab}} (2\varphi_a + \varphi_b - 3\psi_{ab}) \\ M_{ba} &= \frac{2 E J_{ab}}{l_{ab}} (2\varphi_b + \varphi_a - 3\psi_{ab}) \end{aligned}\right\} \quad \ldots\ldots\ldots\ldots \quad (1)$$

Für jeden Knoten gilt nun die Gleichgewichtsbedingung

$$\Sigma M_{a\nu} = 0, \quad \ldots\ldots\ldots\ldots\ldots\ldots \quad (2)$$

wobei angenommen wird, daß kein äußeres Moment (z. B. ein Exzentrizitätsmoment) in dem betreffenden Knoten angreift und sich die Summierung über alle in den betreffenden Knoten steif angeschlossenen Stäbe erstrecke[1]). Die Einführung der Gleichungen (1) in die Bedingung (2) liefert die n Elastizitätsbedingungen in der Form

$$2\varphi_a \Sigma N_{a\nu} + \Sigma N_{a\nu}\varphi_\nu - 3\Sigma N_{a\nu}\psi_{a\nu} = 0 . \quad \ldots\ldots\ldots \quad (3)$$

Hierin wurde

$$\frac{2 E J_{a\nu}}{l_{a\nu}} = N_{a\nu}$$

gesetzt, wobei $N_{a\nu}$ eine die Steifigkeit des Stabes kennzeichnende Größe ist. Die Summen in jeder der Gleichungen (3) erstrecken sich auf alle Stäbe, die mit dem betreffenden Knoten a, für den die Gleichgewichtsbedingung (3) gilt, steif verbunden

[1]) Ist ein Exzentrizitätsmoment $S \cdot \varepsilon$ vorhanden, so lautet die Gleichung

$$\Sigma M_{a\nu} = S\,\varepsilon .$$

sind. φ_a ist der Knotendrehwinkel des Knotens a, φ_ν die Knotendrehwinkel der an a angeschlossenen Knoten. $\psi_{a\nu}$ sind die als bekannt zu betrachtenden Stabdrehwinkel der an a angeschlossenen Stäbe.

Die strenge Auflösung des Systems der Gleichungen (3) ist sehr mühevoll, weshalb man sich mit einem schrittweisen Annäherungsverfahren begnügt, das in der Regel schon nach dem zweiten oder dritten Schritt zu ausreichend genauen Werten der Unbekannten φ führt. Man ersetzt zu diesem Zwecke zunächst alle φ_ν der für Knoten a

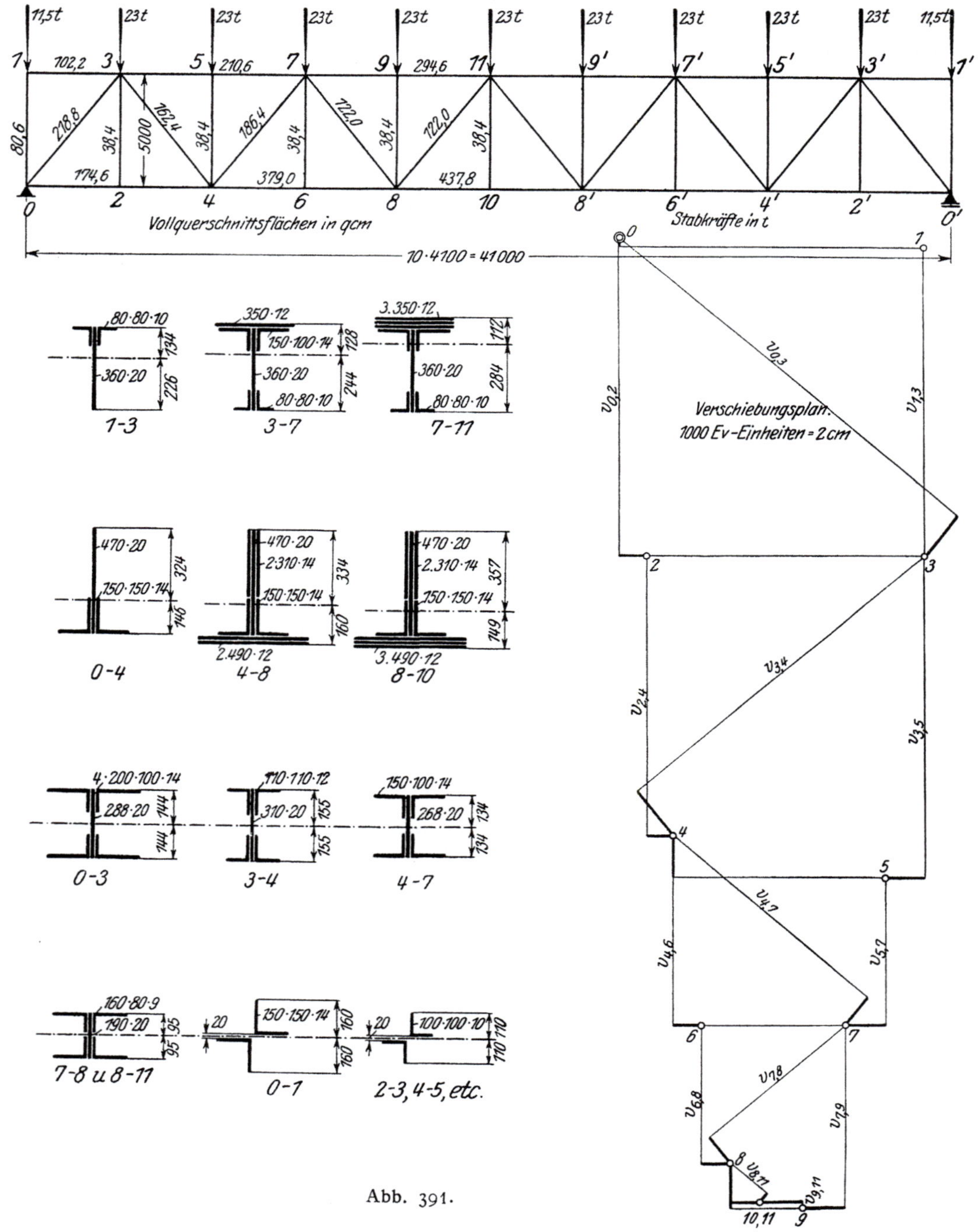

Abb. 391.

geltenden Gleichung (3) durch φ_a und erhält so aus jeder Gleichung einen ersten Annäherungswert

$$\varphi_a' = \frac{\Sigma N_{a\nu} \psi_{a\nu}}{\Sigma N_{a\nu}} \quad \ldots \ldots \ldots \ldots \quad (4)$$

Führt man die so berechneten n-Knotendrehwinkel in die Gleichungen (3) für die φ_ν ein, so erhält man zunächst

$$2\varphi_a'' \Sigma N_{a\nu} + \Sigma N_{a\nu} \varphi_\nu' - 3 \Sigma N_{a\nu} \psi_{a\nu} = 0$$

und daraus den zweiten Näherungswert

$$\varphi_a'' = \frac{1}{2}\left[3 \frac{\Sigma N_{a\nu} \psi_{a\nu}}{\Sigma N_{a\nu}} - \frac{\Sigma N_{a\nu} \varphi_\nu'}{\Sigma N_{a\nu}}\right]$$

oder

$$\varphi_a'' = \frac{1}{2}\left[3 \varphi_a' - \frac{\Sigma N_{a\nu} \varphi_\nu'}{\Sigma N_{a\nu}}\right] \quad \ldots \ldots \ldots \ldots \quad (5)$$

Dieser Rechnungsvorgang kann beliebig oft wiederholt werden, indem man in das zweite Glied von (5) die jeweilig zuletzt berechneten Näherungswerte einsetzt. In den meisten Fällen genügt schon die zweite Näherung. Sind die Knotendrehwinkel bekannt, so berechnet man mittels der Gleichungen (1) die Knotenmomente M_{ab} bzw. M_{ba} und prüft die Richtigkeit der Rechnung an der Bedingung $\Sigma M = 0$. Ein fallweise vorhandener Überschuß über Null wird im Verhältnis der Stabsteifigkeiten $N_{a\nu}$ auf die in Knoten a vereinigten Stäbe aufgeteilt.

Die gute Übereinstimmung der auf dem vorgeschilderten Wege berechneten Nebenspannungen mit den tatsächlich auftretenden Biegungsspannungen wurde insbesondere in jüngster Zeit durch eingehende Messungen an vierzehn Brücken, die die Technische Kommission des Verbandes Schweizer Brücken- und Eisenhochbaufabriken durchgeführt hat, erwiesen[1]).

Die genaue Durchführung des Rechnungsganges wird nachstehend an einem Beispiele gezeigt.

Beispiel. In Abb. 391 ist das Hauptträgernetz einer Flutöffnung der Eisenbahnbrücke über den Rhein unterhalb Duisburg-Ruhrort dargestellt[2]). Die Brücken haben 41 m Stützweite bei obenliegender Fahrbahn. Die Abmessungen der Stabquerschnitte sind aus der Abb. 391 zu entnehmen. Die Bestimmung der Nebenspannungen wurde für den Fall einer gleichmäßig verteilten Belastung (Knotenlast 23 t) durchgeführt, die beiläufig die gleichen Größtmomente erzeugt, wie der seinerzeitige Berechnungslastenzug im Verein mit der bleibenden Last. Der Symmetrieverhältnisse wegen konnte die tafelmäßige Berechnung auf eine Trägerhälfte beschränkt werden.

Tafel I auf Seite 476 zeigt die Berechnung der E-fachen Stabdehnungen (Reihe 5) mit denen der in Abb. 391 dargestellte Verschiebungsplan gezeichnef wurde. Stab 10—11 wurde hierbei als fesfgehalten angesehen, so daß der Verschiebungsplan bereits die tatsächlichen Verschiebungen angibt. ψ_0 ist hier Null. In Reihe 6 der Tafel I findet man die aus dem Verschiebungsplan abgegriffenen Relativverschiebungen $E v$ und in Reihe 7 die E-fachen Stabdrehwinkel $E \psi$ berechnet. Die Reihen 8 und 9 enthalten noch die zur Ermittelung der Knotendrehwinkel notwendigen Werte $\frac{N}{E}$ und $N\psi$.

Tafel II weist zunächst die Ermittelung des ersten Näherungswertes φ' der Knotendrehwinkel auf Grund der Formel (4) auf; Reihe 1, 2, 3. In Reihe 4 erscheint zweckmäßigerweise das zweite Glied der Gl. (5) in entwickelter Form dargestellt. Setzt man in diese Formeln φ' ein, so erhält man unter Benutzung dieser Gleichung die in Reihe 5 dargestellten zweiten Näherungswerte und nach Wiederholung des Verfahrens mit den Werten der Reihe 5 die Beträge der Reihe 6 und schließlich die der Reihe 7. Die Unterschiede zwischen 6 und 7 sind schon ziemlich gering.

Die Ermittelung der Momente zeigt Tafel III. Da die Probe $\Sigma M = 0$ kleine Unstimmigkeiten aufwies, so wurden die Momente im Verhältnis der Stabsteifigkeiten N korrigiert und diese berich-

---

[1]) Schweiz. Bauzg. 1922.

[2]) Siehe die in der Fußnote[1]) auf S. 384 angegebene Quelle.

Tafel I.
Ermittlung der Stabdrehwinkel ψ.

		1	2	3	4	5	6	7	8	9
	Stab	Stabkraft S	Länge l	Querschnitt F	Querschnitt J	$\frac{Sl}{F}$	Relativ-verschiebung Ev	$E\psi = \frac{Ev}{l}$	$\frac{N}{E} = \frac{2J}{l}$	$N\psi$
		t	cm	cm²	cm⁴					
Obergurt	1—3	0	410	102,2	13160	0	2270	5,54	64,2	355,7
	3—5	−150,9	410	210,6	37880	−294	2360	5,76	184,7	1063,9
	5—7	−150,9	410	210,6	37880	−294	1075	2,62	184,7	483,9
	7—9	−226,3	410	294,6	49740	−315	1325	3,23	242,6	783,6
	9—11	−226,3	410	294,6	49740	−315	−45	−0,11	242,6	−26,7
Untergurt	0—2	84,9	410	174,6	35150	199	2340	6,70	171,5	977,6
	2—4	84,9	410	174,6	35150	199	2050	5,00	171,5	857,5
	4—6	198,0	410	379,0	95900	214	1375	3,35	467,8	1567,1
	6—8	198,0	410	379,0	95900	214	995	2,43	467,8	1136,8
	8—10	235,8	410	437,8	109810	221	280	0,68	535,7	364,3
Streben	0—3	−133,9	647	218,8	29190	−396	3220	4,98	90,2	449,2
	3—4	104,2	647	162,4	21400	415	2700	4,17	66,2	276,1
	4—7	−74,4	647	186,4	20050	−258	1860	2,87	62,0	177,9
	7—8	44,6	647	122,0	6700	237	1290	1,99	20,7	41,2
	8—11	−14,9	647	122,0	6700	−79	355	0,55	20,7	11,4
Vertikalen	0—1	−11,5	500	80,6	3870	−71	2240	4,48	7,7	34,5
	2—3	0	500	38,4	915	0	2050	4,10	1,8	7,4
	4—5	−23,0	500	38,4	915	−299	1570	3,14	1,8	5,7
	6—7	0	500	38,4	915	0	1060	2,12	1,8	3,8
	8—9	−23,0	500	38,4	915	−299	530	1,06	1,8	1,9
	10—11	0	500	38,4	915	0	0	0	1,8	0

tigten Momente der Randspannungsbestimmung zugrunde gelegt. Der besseren Übersicht wegen wurde der Verlauf der Nebenspannungsmomente in den Gurten in Abb. 392 zeichnerisch dargestellt.

Die größte Nebenspannung tritt im Obergurt auf, sie beträgt 33% der zulässigen Beanspruchung von 900 kg/cm². Wir kommen auf dieses Beispiel noch einmal ausführlich zurück.

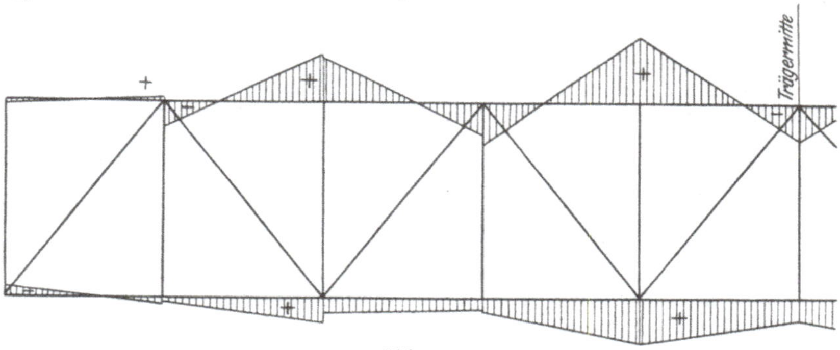

Abb. 392.

Abschätzung der Nebenspannungen. Das vorangehend dargestellte Verfahren gestattet wohl eine genaue Berechnung der Nebenspannungen, ist aber ziemlich umständlich und gewährt erst nach voller Durchführung der Rechnungen einen Überblick über die Größe und Verteilung der Nebenspannungen. Da man bei der Bemessung der Fachwerkglieder aus Gründen, die wir in Absatz b) kennenlernen werden, auf die Nebenspannungen keine Rücksicht nimmt, anderseits aber eine beiläufige Kenntnis der Höhe der Nebenspannungen, vor allem aber der Einflüsse, die für die Größe derselben maßgebend sind, dennoch erwünscht ist, so ist es von Vorteil, ein Verfahren an der Hand zu haben, das wenigstens eine beiläufige Abschätzung der Nebenspannungen ohne viel Rechenarbeit ermöglicht.

Tafel II.
Ermittlung der Knotendrehwinkel φ.

Knoten	1	2	3	4	5	6	7
	$\frac{1}{E}\Sigma N$	$\Sigma N\psi$	$E\varphi' = E\frac{\Sigma N\psi}{\Sigma N}$	$\Sigma N_{a\nu}\varphi_\nu$	$E\varphi''$	$E\varphi'''$	$E\varphi''''$
0	269,4	1461,3	5,42	$7{,}7\,\varphi_1 + 171{,}5\,\varphi_2 + 90{,}2\,\varphi_3$	5,47	5,29	5,30
1	71,9	390,2	5,43	$7{,}7\,\varphi_0 + 64{,}2\,\varphi_3$	5,49	5,33	5,35
2	344,8	1842,5	5,34	$171{,}5\,(\varphi_0 + \varphi_4) + 1{,}8\,\varphi_3$	5,72	5,69	5,76
3	407,1	2152,3	5,29	$64{,}2\,\varphi_1 + 184{,}7\,\varphi_5 + 1{,}8\,\varphi_2 + 90{,}2\,\varphi_0 + 66{,}2\,\varphi_4$	5,64	5,62	5,68
4	769,3	2884,3	3,75	$171{,}5\,\varphi_2 + 467{,}8\,\varphi_6 + 1{,}8\,\varphi_5 + 66{,}2\,\varphi_3 + 62{,}0\,\varphi_7$	3,80	3,70	3,70
5	371,2	1553,5	4,18	$184{,}7\,(\varphi_3 + \varphi_7) + 1{,}8\,\varphi_4$	4,22	4,12	4,12
6	937,4	2707,7	2,89	$467{,}8\,(\varphi_4 + \varphi_8) + 1{,}8\,\varphi_7$	3,03	3,00	3,03
7	511,8	1490,4	2,91	$184{,}7\,\varphi_5 + 242{,}6\,\varphi_9 + 1{,}8\,\varphi_6 + 62{,}0\,\varphi_4 + 20{,}7\,\varphi_8$	2,99	2,95	2,98
8	1046,7	1555,6	1,49	$467{,}8\,\varphi_6 + 535{,}7\,\varphi_{10} + 1{,}8\,\varphi_9 + 20{,}7\,(\varphi_7 + \varphi_{11})$	1,56	1,53	1,53
9	487,0	758,8	1,56	$242{,}6\,(\varphi_7 + \varphi_{11}) + 1{,}8\,\varphi_8$	1,61	1,60	1,60
10	1073,2	0	0	—	0	0	0
11	528,4	0	0	—	0	0	0

Wir benützen zunächst die Biegungslinie der Fachwerkgurtung, um aus ihrer Form auf die Größe der Nebenspannungen in den Gurten zu schließen. Als weiteres Hilfsmittel kann nach Feststellung der Stabdrehwinkel aus dem Verschiebungsplan die Näherungslösung Gl. (4) dienen, die für eine rohe Abschätzung genügend genaue Werte liefert.

Nebenspannungen in den Fachwerkgurten.

Nimmt man an, daß die Gurte sehr viel steifer als die Füllstäbe sind, so werden diese die Verformungslinie der Gurtung, wie sie durch die Knotenverschiebungen bedingt ist, nicht nennenswert beeinflussen. Die örtliche Krümmung der Gurtbiegelinie wird daher ein Maß für die Biegungsbeanspruchung des Gurtes bilden.

Für den mittleren Teil der Fachwerke z. B. wird die oben gemachte Voraussetzung über den geringen Einfluß der Füllstäbe gut zutreffen. Wir setzen weiter voraus, daß die Biegungslinie der Gurtung genau genug durch die Differentialgleichung

$$\frac{d^2 y}{d x^2} = -\mu \frac{M_x}{E J_x} \quad \text{(a)}$$

dargestellt ist, wo

$$J_x = F_o a_o^2 + F_u a_u^2$$

das Trägheitsmoment des Fachwerkträgers an der Stelle x und $\mu > 1$ ein Beiwert ist, der den Einfluß der Füllstäbe auf die Größe der Durchbiegung y berücksichtigen soll. a_o und a_u sind die Abstände der Gurtschwerlinien von der ideellen Schwerachse des Fachwerkes.

Ist J_x' das Trägheitsmoment des Gurtes, M_x' das Biegungsmoment, das der durch die Knotenverschiebung erzwungenen Gurtkrümmung an der Stelle x entspricht, so gilt auch für den Gurt allein die Beziehung

$$\frac{d^2 y}{d x^2} = -\frac{M_x'}{E J_x'} \quad \text{(b)}$$

Die Verknüpfung der Gleichungen (a) und (b) liefert die Gleichung

$$\frac{M_x'}{J_x'} = \mu \frac{M_x}{J_x},$$

Tafel III.
Ermittlung der Nebenspannungen σ_n.

$$M_{av} = \frac{N_{av}}{E}(2\,E\varphi_a + E\,\varphi_v - 3\,E\,\psi_{av}) \quad \text{und} \quad M_{va} = \frac{N_{av}}{E}(2\,E\,\varphi_v + E\,\varphi_a - 3\,E\,\psi_{av}).$$

Stab	M_{av}	M_{va}	Berichtigte Momente M_{av}	Berichtigte Momente M_{va}	Widerstandsmomente W_o	Widerstandsmomente W_u	Nebenspannung σ_n Stabende a	Nebenspannung σ_n Stabende v	Nebensp. in $^0/_0$ der zul. Beanspr.[1])
	tcm		tcm		cm³		kg/cm²		
1—3	− 16,4	− 5,8	− 19,2	− 3,6	980	580	+ 20 − 34	− 4 + 6	4
3—5	− 341	− 620	− 337	− 622	2960	1550	+ 114 − 217	− 210 + 401	24
5—7	+ 620	+ 410	+ 618	+ 412			− 209 + 399	+ 140 − 266	30
7—9	− 517	− 852	− 514	− 855	4440	1750	+ 116 − 293	− 193 + 489	33
9—11	+ 855	+ 468	+ 852	+ 468			− 192 + 487	+ 105 − 267	30
0—2	− 127	− 48,0	− 135	− 47,3	1080	2410	+ 125 − 56	− 44 + 20	14
2—4	+ 37,8	− 316	+ 38,5	− 319			− 36 + 16	− 295 + 132	15
4—6	+ 178	− 139	+ 170	− 143	2870	5990	− 59 + 28	− 50 + 24	3
6—8	+ 141	− 552	+ 138	− 556			− 48 + 23	− 194 + 93	10
8—10	+ 547	− 274	+ 542	− 274	3080	7370	− 176 + 74	− 89 + 37	8
0—3	+ 121	+ 155	+ 116	+ 158	2025		± 57	± 78	9
3—4	+ 169	+ 37,7	+ 171	+ 36,4	1380		± 124	± 26	14
4—7	+ 110	+ 65,0	+ 109	+ 65,7	1495		± 73	± 44	8
7—8	+ 31,4	− 18,2	+ 31,7	− 18,2	705		± 45	± 26	5
8—11	+ 29,2	− 2,40	+ 29,2	− 2,40	705		± 41	± 3	5
0—1	+ 19,3	+ 19,7	+ 19,0	+ 19,2	242		± 78	± 79	9
2—3	+ 8,82	+ 8,68	+ 8,82	+ 8,68	83		± 106	± 105	12
4—5	+ 3,78	+ 4,54	+ 3,78	+ 4,54	83		± 46	± 55	6
6—7	+ 4,82	+ 4,73	+ 4,82	+ 4,73	83		± 58	± 57	7
8—9	+ 2,66	+ 2,79	+ 2,66	+ 2,79	83		± 32	± 34	4
10—11	0	0	0	0	83		0	0	0

woraus die Nebenspannung mit dem Randfaserabstand e

$$\sigma_n = \mu \frac{M_x}{J_x} e \quad \dots\dots\dots\dots\dots \quad (6)$$

folgt.

Diese höchst einfache Formel gilt ganz allgemein für jede beliebige Trägerart und für jede Stelle des Fachwerkes, insoweit die Steifigkeit der Füllstäbe den Gurt nicht zu Gegenkrümmungen zwingt. Letzteres ist aber nur dann der Fall, wenn die Füllstäbe beiläufig gleichen oder gar höheren Steifigkeitsgrad besitzen als die Gurte, was z. B. häufig an den Trägerenden eintreten wird[2]). Die Größtwerte von σ_n werden bei den gleichen Laststellungen auftreten, die $\max M_x$ erzeugen.

[1]) Hier wurden nur jene Randspannungen berücksichtigt, die die Grundspannungen vermehren. $\sigma_{zul} = 900$ kg/cm².

[2]) Man beachte z. B. den Verlauf der Momente im Untergurt des in Abb. 392 dargestellten Parallelträgers. Die Momente sind durchwegs positiv, ausgenommen im Endfelde, wo innerhalb des Feldes ein Wechsel im Vorzeichen eintritt.

Ersetzt man in Gl. (6) $\frac{M_x}{J_x}$ in sehr roher Annäherung durch $\frac{2\sigma}{h}$[1], wobei σ die größte Grundspannung im Gurte ist, so entsteht

$$\sigma_n = \mu \frac{2e}{h} \sigma \; . \; . \; . \; . \; . \; . \; . \; . \; . \; . \; . \; . \; . \; (7)$$

Hierin ist $\mu = 1{,}30$ (Mittelwert) zu setzen[2]. Die Gurtnebenspannung hängt sonach in erster Linie vom Verhältnis $\frac{e}{h}$ ab. *Je größer die Trägerhöhe und je niedriger der Gurt, bzw. je kleiner der Abstand e jener Randfaser ist, in der sich Grundspannung und Biegungsspannung summieren, um so geringer werden die maßgebenden Nebenspannungen.*

Bei Parallelfachwerkträgern werden die Gurtnebenspannungen von der Mitte gegen die Enden hin, soweit Gl. (7) Geltung besitzt, nur wenig abnehmen; bei Halbparabelträgern oder Parabelträgern und sichelförmigen Bogenträgern nehmen die Gurtbiegungsspannungen gegen die Enden hin zu. Bei den üblichen Bogenträgern mit Zugband, deren Fachwerkscheiben über den Auflagern sehr hoch, in der Mitte aber niedrig sind, erreichen die durch Gl. (6) oder (7) dargestellten Nebenspannungen in der Mitte Größtwerte.

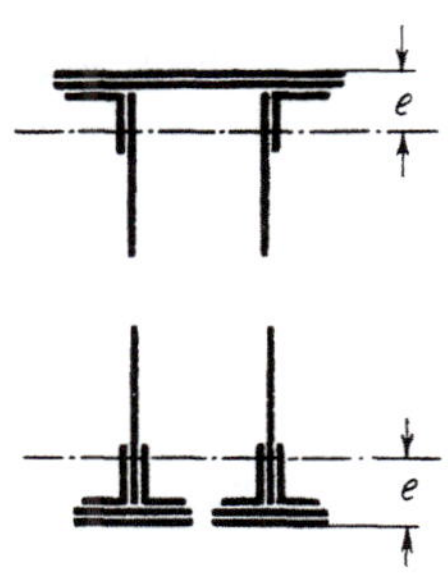

Abb. 393.

Der Einfluß der Querschnittsform des Gurtes macht sich durch den Randfaserabstand e bemerkbar. Bei Balkenträgern z. B. werden sich Grund- und Nebenspannungen σ_n im Untergurt auf der Unterseite, im Obergurt auf der Oberseite summieren. Hier sind sonach unsymmetrische Querschnittsformen (T-Querschnitte) am Platze. Der maßgebende Abstand e, Abb. 393, ist dann klein. Bei Bogenträgern, wo stellenweise beide Gurte gedrückt sind, würde sich für den Obergurt die T-Form, für den Untergurt ein symmetrisch gebauter Querschnitt empfehlen, da bei einem ⊥-Querschnitt der maßgebende Abstand e (oberer Rand des Steges) zu groß werden würde. Die Gurtbiegungsspannungen σ_n sind in der Regel klein (unter 15% der Grundspannungen) und dürften nur bei Bogenträgern mit Zugband, die in Trägermitte geringe Höhe aufweisen, beträchtlichere Wert erreichen.

Zu den nach Formel (6) ermittelten Nebenspannungen treten in einigen Fällen in der Lastgurtung noch weitere Zusatzspannungen hinzu. Dies ist z. B. der Fall, wenn Hilfspfosten oder Zwischensysteme eingeschaltet sind, Abb. 394. Der Einfluß der Hilfspfosten ist, worauf insbesonders **Hartmann** nachdrücklich hingewiesen hat, bei enger Felderteilung ein sehr ungünstiger[3].

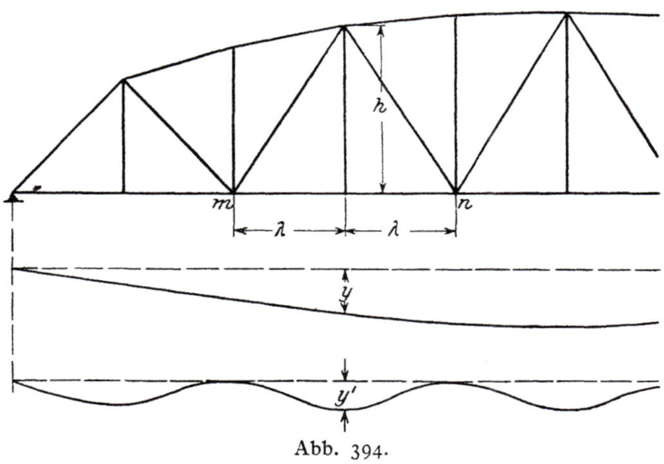

Abb. 394.

---

[1] Die Gurtspannung σ kann in der Form $\sigma = \frac{M_x}{J_x} \frac{h}{2}$ ausgedrückt werden; sonach ist:

$$\frac{M_x}{J_x} = \frac{2\sigma}{h}.$$

[2] μ ist vom Verhältnis $\frac{h}{l}$ abhängig. Siehe **89e**, S. 495.

[3] **Hartmann, Dr. Friedrich**: Über die Erhöhung der zulässigen Materialinanspruchnahme eiserner Brücken. Z. öst. Ing.-V. 1919.

Zu der Durchbiegung des Lastgurtes, die durch die Gesamtbelastung hervorgerufen wird, tritt noch in jedem Felde eine weitere Verformung y' hinzu, die durch die Verlängerung des Hilfspfostens unter der Wirkung der daran gehängten Knotenlast entsteht. Der Pfosten drückt den Lastgurt nach unten durch und erzeugt so in den beiden angrenzenden Hauptknoten Gegenkrümmungen, denen meist bedeutende Biegungsspannungen entsprechen, die insbesondere dann groß sind, wenn der Untergurt ⊥-Form hat. In diesem Falle tritt die Biegungszugspannung auf jener Seite des Gurtes auf, die den größeren Randfaserabstand e aufweist. Bei Trägern mit Hilfsvertikalen empfiehlt es sich daher, wenn man die Nebenspannungen heruntersetzen will, dem Lastgurt symmetrischen Querschnitt zu geben.

Die Berechnung der Spannungen σ_n', die durch die Dehnung der Pfosten hervorgerufen werden, gestaltet sich nach dem Vorgange Hartmanns verhältnismäßig einfach. Betrachtet man den Stab mn in Abb. 392 als beiderseits fest eingespannt, welche Annahme dann gut zutreffen wird, wenn auch die benachbarten Hilfsvertikalen durch Knotenlasten beansprucht sind, so gilt für die Durchbiegung y' die Formel

$$y' = \frac{P(2\lambda)^3}{192\,EJ'} = \frac{1}{24}\frac{P\lambda^3}{EJ'},$$

wenn P die Knotenlast ist und angenommen wird, daß die Verringerung der Pfostenkraft durch die Biegungssteifigkeit des Gurtes, der ja einen Teil der Last selbst trägt, gering ist. Da das Einspannungsmoment in m und n und das Moment im Fußpunkte des Pfostens

$$M = \frac{1}{8}P\cdot 2\lambda = \frac{1}{4}P\lambda$$

beträgt, so wird mit der Pfostenhöhe h und der Beanspruchung σ_v des Pfostens

$$y' = \frac{M\lambda^2}{6\,EJ'} = \frac{\sigma_v h}{E},$$

woraus die Biegungsspannung

$$\sigma_n' = \frac{M}{J'}e = \frac{6\sigma_v h}{\lambda^2}e \quad \ldots\ldots\ldots\ldots (8)$$

folgt.

Die Feldweite ist von ausschlaggebendem Einfluß. Je größer sie ist, desto geringer werden die Nebenspannungen. Unter sehr ungünstigen Verhältnissen können diese ganz bedeutende Beträge erreichen. Sie werden herabgemindert durch große Feldweiten, symmetrischen Querschnitt der Lastgurtung und kräftige Pfosten. Bei genügend weitmaschigen Fachwerken dürften aber die Spannungen σ_n' kaum über 30% der Grundspannungen im voll ausgenützten Gurte anwachsen.

Ist der Untergurt Lastgurt, so addieren sich die Biegungsspannungen σ_n' zu den oben berechneten σ_n im Nebenknoten, während diese beiden Spannungen im Hauptknoten entgegengesetzte Vorzeichen haben. Nichtsdestoweniger werden bei ⊥-förmigen Gurtungen die größten Gesamtinanspruchnahmen in der Regel im Hauptknoten auftreten, da sich dort auf dem oberen Gurtrand die größere Randspannung σ_n' mit der Gurtspannung addiert. Aus den gleichen Gründen wird auch im Obergurt, falls er Lastgurt ist, die größte Gesamtbeanspruchung im Hauptknoten eintreten.

Der vorgeschilderte Einfluß der Zwischenpfosten auf die Biegungsmomente im Lastgurt ist in der Momentenverteilung im Obergurt, Abb. 392, sehr deutlich zu erkennen. Ähnliche Zusatzspannungen σ_n treten auch dann auf, wenn Zwischensysteme eingeschaltet werden, Abb. 395. Da die Zwischenpfosten nur halb so lang sind, wie die Pfosten im vorbetrachteten Falle, so ist ihre Dehnung nur halb so groß und man erhält auf dem gleichen Wege wie vor

$$\sigma_n' = \frac{3\sigma_v h}{\lambda^2}e \quad \ldots\ldots\ldots\ldots (9)$$

Hierbei erscheint die geringe Durchbiegung des Nebenfachwerkes nicht berücksichtigt. Dieser Fehler wird im übrigen durch die Vernachlässigung der Gurtsteifigkeit, die ja σ_n' verkleinert, reichlich aufgehoben.

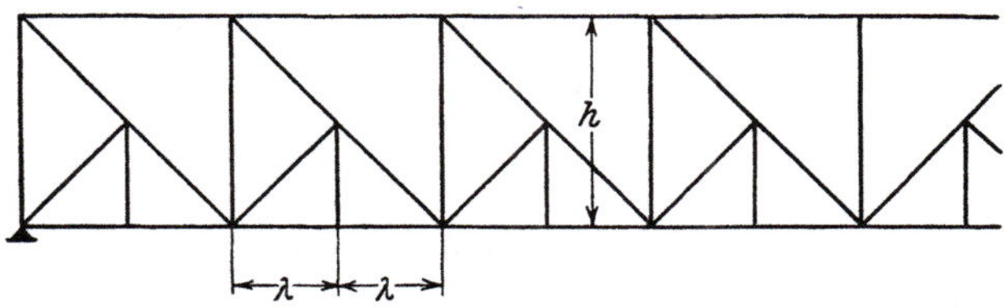

Abb. 395.

Für die in der Nähe der Auflager befindlichen Gurtteile muß wohl immer die Steifigkeit der Füllstäbe mit berücksichtigt werden. Die näherungsweise Ermittlung der Nebenspannungen stützt sich dann auf die Formel (4) S. 475, deren Anwendung aber die Kenntnis der Stabdrehwinkel voraussetzt. Wir denken uns die E-fachen Stabdrehwinkel mit Hilfe eines Williotschen Verschiebungsplanes ermittelt. Gleichung (4) liefert dann unmittelbar die Knotendrehwinkel $E\varphi_a$ und ihre Einführung in die Gleichung (1), die wir in der Form

$$M_{av} = \frac{N_{av}}{E}(2E\varphi_a + E\varphi_v - 3E\psi_{av})$$

schreiben, die Endmomente. Ergibt sich bei der Probe ΣM_{av} ein Überschuß der Summe über Null, so teilt man diesen Überschuß im Verhältnis der Steifigkeiten N_{av} auf die im Knoten a angeschlossenen Stäbe auf.

Nebenspannungen der Füllstäbe.

Da der Großteil der Füllstäbe geringere Steifigkeit als die Gurtstäbe aufweist, so werden ihre Enden von den Gurtstäben gezwungen, deren Verdrehungen mitzumachen, wodurch meist s-förmige Verbiegungen der Füllstäbe entstehen, Abb. 396. Der Unterschied zwischen den Stabdrehwinkeln der Pfosten und der angeschlossenen Gurtstäbe ist meist größer als der zwischen den Stabdrehwinkeln von Gurt und Streben in einem Felde. Die Folge hiervon ist, daß die Pfosten einem größeren Zwang unterworfen sind als die Streben und daher auch größere Nebenspannungen erfahren als diese. Es genügt daher, sich über die Größe der Nebenspannungen der Pfosten Klarheit zu verschaffen, wenn man einen Überblick über die Größe der Füllstabnebenspannungen gewinnen will. Die beiläufige Ermittlung der Biegungsspannungen in den Pfosten gestaltet sich besonders einfach, wenn man die gut zutreffende Annahme macht, daß sich die beiden Anschlußknoten um den gleichen Winkel φ verdrehen (Winkler). Gleichung (1) geht dann in die einfache Beziehung

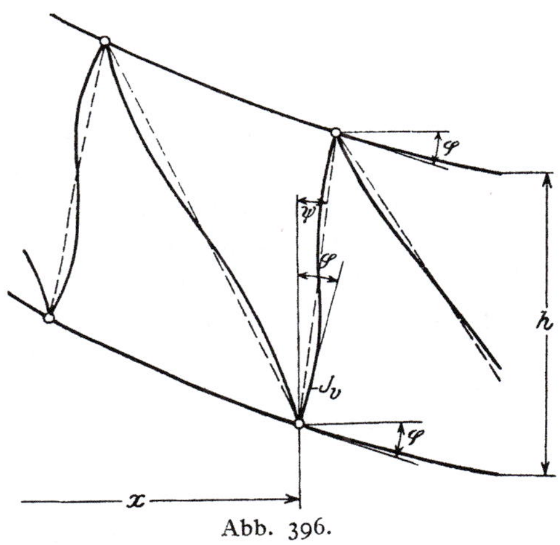

Abb. 396.

$$M_{ab} = \frac{6EJ_v}{h}(\varphi - \psi)$$

über, woraus

$$\sigma_n = \frac{6Ee}{h}(\varphi - \psi) \quad \ldots \ldots \ldots \ldots \quad (10)$$

folgt.

Die Spannungen σ_n nehmen zu, wenn die Differenz $\varphi - \psi$ wächst. Den Winkel φ kann man bei symmetrischer Belastung, die in der Mitte die Durchbiegung y_m erzeugt, mit ausreichender Annäherung aus der als Parabel anzusehenden Biegungslinie ableiten. Aus der Gleichung

$$y = \frac{4\, y_m}{l^2}\, x\,(l - x)$$

berechnet man zunächst

$$\varphi = \frac{dy}{dx} = \frac{4\, y_m}{l^2}(l - 2\,x).$$

Die Verdrehung der Pfosten (Schrägstellung) rührt davon her, daß sich der eine Gurt verkürzt, der andere verlängert, sonach ist

$$\psi = \frac{\varDelta o + \varDelta u}{h},$$

wobei $\varDelta o$ und $\varDelta u$ die Absolutbeträge der Gurtdehnungen von Trägermitte bis zur betrachteten Vertikale sind. Mit der konstanten Gurtspannung σ erhält man

$$\psi = \sigma \frac{2\left(\frac{l}{2} - x\right)}{E\,h} = \sigma \frac{l - 2\,x}{E\,h}$$

und damit schließlich

$$\sigma_n = \frac{6\,E\,e}{h}(l - 2\,x)\left[\frac{4\,y_m}{l^2} - \frac{\sigma}{E\,h}\right] \quad \ldots \ldots \ldots \quad (11)$$

σ_n nimmt von der Mitte gegen die Auflager hin zu. Würde Formel (11) unbeschränkte Geltung besitzen, so würde σ_n am Auflager seinen Größtwert erreichen. In Wirklichkeit reicht der Geltungsbereich dieser Formel nur etwa bis zu den Viertelpunkten oder etwas näher an die Auflager. Der mit dieser Formel bestimmbare Größtwert liegt sonach etwa bei $x = 0{,}2\,l$, mit welchem Betrage man

$$\max \sigma_n = \frac{3{,}6\,e}{h}\left[\frac{4\,E\,y_m}{l} - \frac{\sigma\, l}{h}\right] \quad \ldots \ldots \ldots \quad (12)$$

erhält. Sie gestattet aus der Durchbiegung der Brückenmitte und aus der mittleren Beanspruchung des Gurtes die größte Füllstabnebenspannung beiläufig abzuschätzen. Formel (12) ist nicht sonderlich verläßlich, da sie das Ergebnis als Differenz zweier bloß annähernd festzustellenden Zahlen enthält. Es ist daher besser nach Aufzeichnung eines Verschiebungsplanes die Füllstabnebenspannungen aus Gleichung (10) zu ermitteln, wobei man die Knotendrehwinkel φ aus der Parabelgleichung wie oben bestimmt.

1. Beispiel: Die Nebenspannungen in dem dem vorangehenden Beispiele S. 475 zugrunde gelegten Parallelträger sollen mittels der oben abgeleiteten Faustformeln abgeschätzt werden.

1. Nebenspannungen der Gurte:

Nach Formel (7) findet man mit $h = 500$ cm, $\sigma_{\max} = 770$ kg/cm², $\mu = 1{,}30$

$$\sigma_n = 1{,}30 \frac{2 \cdot 770}{500} e = 4{,}00\, e;$$

damit erhält man in den mittleren Stäben des Obergurtes mit $e_o = 11{,}2$ cm, $e_u = 28{,}4$ cm die Randspannungen:

am oberen Rande: $\sigma_n{}^o = 4{,}00 \cdot 11{,}2 = -\ 45$ kg/cm²

am unteren Rande: $\sigma_n{}^u = 4{,}00 \cdot 28{,}4 = +\ 114$ kg/cm²

und im Untergurt mit $e_u = 14{,}9$ cm, $e_o = 35{,}7$ cm

am unteren Rande: $\sigma_n{}^u = 4{,}00 \cdot 14{,}9 = +$ **60** kg/cm² (+ 93)

am oberen Rande: $\sigma_n{}^o = 4{,}00 \cdot 35{,}7 = -$ **143** kg/cm² (— 176).

In Klammer wurden die entsprechenden Spannungen aus Tafel III, S. 478 zwecks Vergleich beigesetzt.

Die Zusatzwirkung im Obergurt durch die Zwischenpfosten berechnen wir nach Formel (8). Mit $\sigma_v = 690$ kg/cm² erhält man

$$\sigma_n{}' = \frac{6 \cdot 690 \cdot 500}{410^2} e = 12{,}3\, e.$$

Somit

am oberen Rande: $\sigma_n'^{o} = 12{,}3 \cdot 11{,}2 = 138$ kg/cm²,

am unteren Rande: $\sigma_n'^{u} = 12{,}3 \cdot 28{,}4 = 350$ kg/cm².

Die Gesamtbeanspruchungen betragen somit im Obergurt

a) im Nebenknoten (9)

am oberen Rande: $\sigma_n^{o} = -\ 45 - 138 = -\mathbf{183}$ kg/cm² (-193)

am unteren Rande: $\sigma_n^{u} = +\,114 + 350 = +\,\mathbf{464}$ kg/cm² $(+487)$,

b) im Hauptknoten (11)

am oberen Rande: $\sigma_n^{o} = -\ 45 + 138 = +\ \mathbf{93}$ kg/cm² $(+105)$

am unteren Rande: $\sigma_n^{u} = +\,114 - 350 = -\,\mathbf{236}$ kg/cm² (-267).

In den Klammern wurde jeweilig die entsprechende Spannung aus Tafel III beigesetzt. Die Übereinstimmung ist, wenn man die Einfachheit der Rechnung berücksichtigt, ausreichend. Es kommt ja nicht darauf an, den Wert der Nebenspannung auf 10 selbst auf 20% genau zu kennen, wichtig ist nur die Kenntnis des richtigen Vorzeichens und der beiläufigen Größenordnung der Zusatzspannung, sowie die richtige Einschätzung jener Faktoren, die auf die Nebenspannung von Einfluß sind.

Für die Ermittlung der Größtspannung in den Füllstäben benützen wir die Formel (12). Man berechnet mit $y_m = 3{,}3$ cm, $\sigma_m = \frac{540 + 770}{2} = 655$ kg/cm² als Mittelwert der beiden Gurtspannungen

$$\max \sigma_n = \frac{3{,}6e}{500}\left[\frac{4 \cdot 2\,150\,000 \cdot 3{,}3}{4100} - \frac{655 \cdot 4100}{500}\right] = 11{,}2\,e.$$

Für die Mittelvertikalen ist $e = 11$ cm, sonach

$$\max \sigma_n = \pm\,\mathbf{123}\ \text{kg/cm}^2,$$

während nach Tafel III die größte Nebenspannung in den Pfosten 106 kg/cm² beträgt.

2. Beispiel: Bei einer Bogenbrücke mit Zugband von 100 m Spannweite beträgt die Höhe des Fachwerkes im Scheitel 3,20 m. Die Gurtbeanspruchung 1000 kg/cm². Wie groß sind die Nebenspannungen im Zugband in Brückenmitte, wenn dasselbe ++— Querschnitt von 600 mm Höhe besitzt?

Nach Formel (7) erhält man mit $\mu = 1{,}2$, $h = 3{,}2$ m, $\sigma = 1000$ kg/cm², $e = 30$ cm die Nebenspannung

$$\sigma_n = 1{,}2\,\frac{2 \cdot 30}{320}\,1000 = \mathbf{225}\ \text{kg/cm}^2.$$

Die zahlreichen Untersuchungen, die über die Nebenspannungen verschiedener Fachwerksysteme durchgeführt wurden, haben erwiesen, daß genügend weitmaschige Fachwerke mit einfachen Strebensystemen, und nur solche kommen derzeit im Brückenbau für die Hauptträger in Frage, nur mäßige Nebenspannungen aufweisen. Belastete Zwischenpfosten oder Zwischensysteme verursachen unter sonst gleichen Umständen vermehrte Nebenspannungen, die aber bei richtiger Beachtung der oben angegebenen Regeln in bescheidenen Grenzen gehalten werden können.

Verhältnismäßig ungünstig verhalten sich der Fachwerkbogen mit Zugband und der Fachwerkbalken mit Versteifungsbogen, da bei all diesen dreigurtigen Systemen die Fachwerkscheibe, wenigstens in der Mitte, eine im Vergleich zur Spannweite geringe Höhe besitzt. Die Biegungsspannungen werden vornehmlich bei kleinen Stützweiten ins Gewicht fallen. Sehr große Nebenspannungen treten im dritten Gurt auf, wenn die Fachwerkscheibe Mittelgelenke besitzt und zwar an jenen Stellen, die sich lotrecht unter oder über dem Gelenke befinden. Es empfiehlt sich daher, an diesen Stellen im dritten Gurt ein Gelenk einzulegen. Bei Hängebrücken übt neben der geringen Höhe des Versteifungsträgers die große Nachgiebigkeit derartiger Brücken einen ungünstigen Einfluß auf die Höhe der Nebenspannungen aus.

b) Der Einfluß der Nebenspannung auf den Sicherheitsgrad.

Wir haben in diesem Buche bereits an verschiedenen Stellen von Nebenspannungen gesprochen und darauf hingewiesen, daß sich derartige Spannungen in Hinblick auf ihre Bedeutung für den Sicherheitsgrad des Bauwerkes oder eines Bauteiles grundsätzlich von den anderen Spannungen, auf die in der Regel die Bemessung gegründet wird, unterscheiden. Es möge daher an dieser Stelle im Zusammenhange mit der Besprechung der Bedeutung der Zwängungsspannungen für das Fachwerk, das Wesen der Nebenspannungen eingehender erörtert werden.

Betrachtet man irgendeinen Träger, so werden bei Belastung desselben im allgemeinen Spannungen von zweierlei Art auftreten. 1. Spannungen, die unbedingt vorhanden sein müssen, um den Gleichgewichtszustand aufrechtzuerhalten, wir bezeichnen sie nach Engesser als notwendige Spannungen, und 2. Nebenspannungen, die in einzelnen Fällen von Haus aus fehlen, oder wenn sie vorhanden sind, nicht unbedingt zur Aufrechterhaltung des Gleichgewichtes notwendig sind, also ausgeschaltet werden können, ohne daß der Bestand des Bauwerkes gefährdet wird.

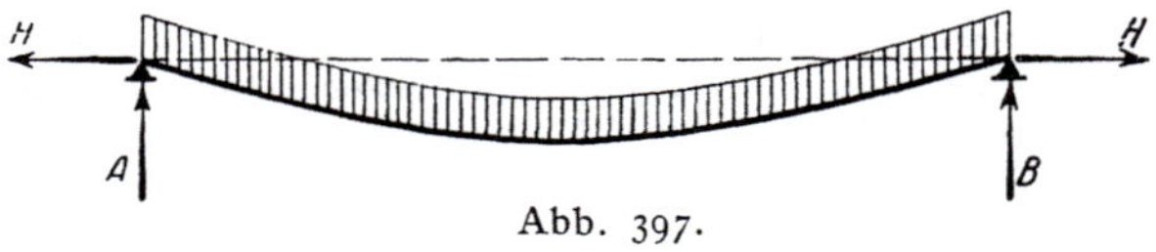

Abb. 397.

Ein dünner, gebogener, zweiseitig gelagerter Blechstreifen, der unter der Wirkung einer gleichmäßig verteilten Last steht, und an beiden Enden drehbar aber unverschieblich festgehalten ist (Abb. 397), wird sehr bedeutende Längsspannungen und daneben noch Biegungsspannungen erfahren. Es ist hier ohne weiteres einzusehen, daß die Biegungsspannungen für die Aufrechterhaltung des Gleichgewichtes nicht unbedingt notwendig sind, da selbst ein vollständig schlaffes Band bei der gleichen Befestigungsweise imstande ist, die gleiche Last bei einer geringen Erhöhung der Längsspannungen zu tragen. Die Längsspannungen sind hier notwendige Spannungen, die Biegungsspannungen nur Nebenspannungen. Sie können z. B. durch übermäßige Dehnung der Randfasern zum Teil oder ganz ausgeschaltet werden, wodurch sich ein etwas geändertes Spannungsbild ergibt, wobei die Längsspannungen etwas anwachsen. Aber solange diese unterhalb der gefährlichen Grenze bleiben, ist der Bestand des Trägers nicht gefährdet.

Ein gelochter, gleichmäßig gezogener Stab weist im Lochquerschnitt eine sehr ungleichmäßige Verteilung der Zugspannungen auf. Das Gleichgewicht kann aber auch durch eine gleichmäßige über den Querschnitt verteilte Spannung, die hier die notwendige Spannung vorstellt, aufrecht erhalten werden (Abb. 398), während der positive oder negative Überschuß über der mittleren Spannung σ_0 als Nebenspannung zu werten ist. Wird die Elastizitätsgrenze in den am stärksten gezogenen Fasern überschritten, so werden diese auf Kosten der weniger beanspruchten entlastet; die Spannungsverteilung wird mit zunehmender Belastung immer gleichförmiger.

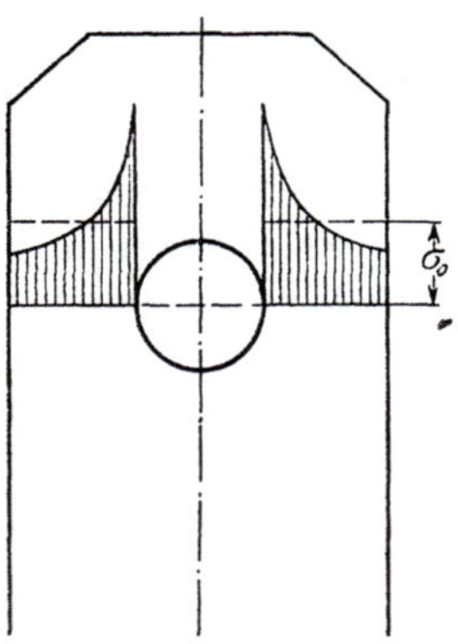

Abb. 398.

Auch im Fachwerk stellen die Normalspannungen in den Stäben, berechnet unter der Annahme gelenkiger Knotenverbindungen, die notwendigen Spannungen vor, während die Biegungsspannungen, die durch die feste Verbindung in den Knoten hervorgerufen werden, als Nebenspannungen auch ausgeschaltet werden können, ohne den Bestand des Tragwerkes zu gefährden. Diese Ausschaltung geschieht auch in mehr oder minder hohem Grad in allen jenen Fällen, wo durch Hinzutreten der Nebenspannungen die Elastizitätsgrenze überschritten wird. Ein weiteres typisches Beispiel für das Auftreten von Nebenspannungen bietet jeder Eisenbetonträger. Als notwendige Spannungen sind außer den Betondruckspannungen nur noch die Eisenzugspannungen anzusehen, während die Zugspannungen im Beton Nebenspannungen vorstellen, die auch bald durch Zugrisse im Beton ausgeschaltet werden. Tatsächlich nimmt auch die gebräuchliche Theorie der Eisenbetontragwerke auf diese Betonzugspannungen keine Rücksicht.

Forscht man nach dem gemeinsamen Kennzeichen aller Arten von Nebenspannungen und nach den Bedingungen, unter denen sie auftreten, so lassen sich deutlich zwei Umstände erkennen, die das Zustandekommen von Nebenspannungen in dem oben erörterten Sinne ermöglichen. Es sind hierzu, soweit Eisenbauwerke in Frage kommen, ganz bestimmte Formänderungsbedingungen einerseits und die eigenartigen Festigkeitseigenschaften des Eisens, vornehmlich seine Zähigkeit, anderseits notwendig [1]).

In allen jenen Fällen, wo die Formänderungen im wesentlichen durch die eine Gruppe von Spannungen, die wir als notwendige Spannungen bezeichnet haben, bestimmt und durch diese begrenzt sind, nehmen die anderen Spannungen die Eigenschaften von Nebenspannungen an, falls auch der Baustoff, und das ist die zweite notwendige Bedingung, ausreichendes plastisches Arbeitsvermögen aufweist. Ist diese Bedingung erfüllt, dann beeinflussen die Nebenspannungen, wie wir noch sehen werden, gar nicht oder nur in sehr geringem Grade die Sicherheit des Tragwerkes.

Untersuchen wir die vorangehenden Beispiele im Lichte der eben gegebenen Erklärung:

Die Durchbiegung eines dünnen Blechstreifens ist in erster Linie durch die Größe der gleichmäßig über den Querschnitt verteilten Längskraft bestimmt. Die Biegungsspannungen, die nur wenig zur Formänderung beitragen, sind durch die von den Längsspannungen erzeugte Durchbiegung bzw. Krümmung begrenzt. Ähnliches gilt für das gelochte Blech. Auch hier kann man sich die Nebenspannungen durch jenes Maß an Dehnung begrenzt denken, das der gleichförmig verteilten Spannung σ_0 entspricht.

Die vorangehende Theorie der Zwängungsspannungen zeigt besonders deutlich die Abhängigkeit der Nebenspannungen von den Formänderungen, die die notwendigen Spannungen hervorrufen. Wir haben ausdrücklich nachgewiesen, daß die Größe der Nebenspannungen in erster Linie durch die Knotenverschiebungen des Gelenkfachwerkes bestimmt ist, und daß umgekehrt eine Rückwirkung der Nebenmomente auf diese Verschiebungen meist äußerst gering ist. Noch deutlicher zeigt die Zugseite eines Eisenbetonträgers, wie durch die Dehnung der Zugbewehrung die Zugspannungen im Beton begrenzt sind.

Das Wesen der Nebenspannungen liegt sonach darin, daß sie einerseits nicht unbedingt zur Aufrechterhaltung des Gleichgewichtes notwendig sind; diese Aufrechterhaltung besorgen die notwendigen Spannungen, während die Nebenspannungen teilweise oder ganz ausgeschaltet werden können, und daß anderseits ihre Größe durch eine vorgeschriebene Dehnung, die von den notwendigen Spannungen abhängt, begrenzt wird.

Da nun die Dehnung ein bestimmtes, von den Grundspannungen abhängiges Maß nicht überschreiten kann, so kann bei zähem Material nie die Bruchdehnung erreicht werden, eine Zerstörung des Tragwerkes durch Mitwirkung der Nebenspannungen nie eintreten. Diese Begrenzung der örtlichen Dehnungen macht es aber auch erklärlich, daß bei wiederholten Beanspruchungen, selbst wenn die Elastizitätsgrenze oder gar die Streckgrenze überschritten wird, das plastische Arbeitsvermögen des Materials erhalten bleibt, also auch in diesem Falle der Bruch nicht herbeigeführt werden kann.

In den meisten Fällen wird infolge der bekannten Eigenschaften der Materialverfestigung die Elastizitätsgrenze nach der erstmaligen Überanstrengung bis an jene Spannung oder gar über diese hinaus gehoben, bei welcher die Streckung vor sich ging [2]). Bei Wiederholung der gleichen Anstrengung ist dann der Vorgang ein umkehrbar elastischer geworden. Bleibt aber die Elastizitätsgrenze unter der örtlichen Streckspannung, dann wird sich der Vorgang, da die Dehnung ε begrenzt ist, etwa nach

---

[1]) Beim Betoneisen ist es die Verbindung von Eisen und Beton, die die notwendigen Festigkeitseigenschaften besitzt.

[2]) Siehe Absatz **22**.

Abb. 399a abspielen. Das Material wird sich zunächst gemäß der Linie 0, 1 dehnen, bei Entlastung nach 1, 2 zurückgehen, bei neuerlicher Belastung gemäß 2, 3 sich dehnen, dann wieder nach 3, 4 zurückgehen usw. Nach einiger Wiederholung von Belastung und Entlastung wird sich der Vorgang, nach Ausbildung eines stationären Zustandes, nach der geschlossenen Linie, Abb. 399b, abspielen. Die schraffierte Fläche stellt dann jenes Arbeitsquantum vor, das nach jedesmaliger Belastung und Entlastung verloren geht[1]). Man bezeichnet diese Erscheinung als elastische Hysteresis.

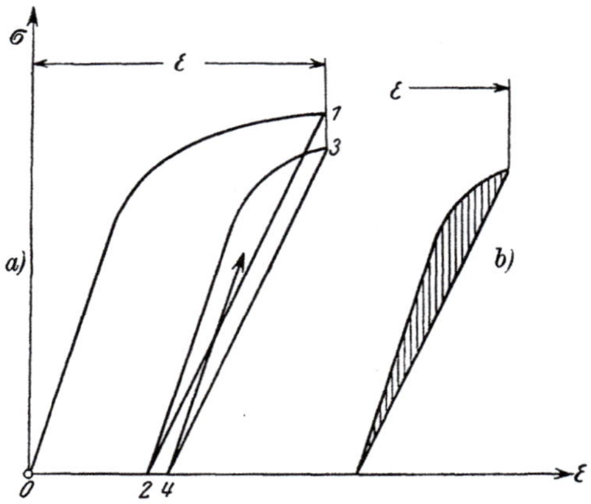

Abb. 399.

Gleichgültig ob die örtlichen Anstrengungen — unter Mitzählung der Nebenspannungen — die Elastizitätsgrenze unter- oder überschreiten, eine Zerstörung des Materiales kann hierdurch, selbst bei unbegrenzter Wiederholung des Spannungswechsels, nicht erfolgen, solange die notwendigen Spannungen innerhalb der in **23** festgelegten Grenzen bleiben. Der durch die Höhe der notwendigen Spannungen bestimmte Sicherheitsgrad wird sonach durch die Größe der Nebenspannungen nicht beeinflußt.

Die Bedeutung der Nebenspannungen wird von mancher Seite stark überschätzt und die Folgerungen, die daraus für die Güte des einen Fachwerksystems und die Verwerflichkeit des anderen gezogen werden, sind daher mit einiger Vorsicht aufzufassen. Allzu große Nebenspannungen führen durch starke Überschreitung der Elastizitätsgrenze zu örtlichen Härtungen des Materiales, haben also beiläufig die gleiche Wirkung, wie Kaltbearbeitung in der Werkstätte. Da sich diese nicht vermeiden läßt, man denke nur an das Richten der Werkstücke, so dürfte neben dieser meist auch nur geringen Beeinträchtigung der Arbeitsfähigkeit des Materials die Beeinträchtigung durch die örtliche Härtung infolge der Nebenspannungen kaum in Frage kommen. Nichtsdestoweniger wird man allzu große Nebenmomente bei Fachwerken mit Rücksicht auf die Nietverbindungen, die zur Aufnahme dieser Momente nicht geeignet sind und leicht locker werden, gerne vermeiden. Dies ist meiner Meinung nach aber der einzige berechtigte Grund, bei der baulichen Gestaltung eiserner Brücken und bei der Auswahl des Fachwerksystems den Einfluß der Nebenspannungen in Erwägung zu ziehen.

89. Zweigurtige Fachwerkbalken.

a) Allgemeines.

Fachwerkbalken auf zwei Stützen sind für mittlere und selbst größere Stützweiten die am häufigsten in Verwendung stehende Trägerart. Die größte eigentliche Balkenbrücke[2]) Deutschlands ist die Eisenbahnbrücke über den Rhein unterhalb Duisburg-Ruhrort mit 186 m Spannweite. Bei kleineren Stützweiten wird der Balken als Parallelträger, manchmal mit abgeschrägten Enden, bei größerer Stützweite mit einem oder gar zwei gekrümmten Gurten ausgeführt. Die verschiedenen Arten der Ausfachung sind in Abb. 400 dargestellt. Bei kleineren Stützweiten empfehlen sich abwechselnd steigende und fallende Streben, Abb. 400a, bei größeren Stützweiten einseitig fallende Streben oder auf- und absteigende, aber mit zwei- oder dreifachem Zwischensystem, Abb. 400b—e. *K*-Fachwerke, Abb. 400f, sind wegen des unruhigen Aussehens nicht zu empfehlen.

[1]) In Wirklichkeit in Molekularenergie verwandelt wird.

[2]) Bogenbrücken mit Zugband und ähnliche Systeme sollen als uneigentliche Balken bezeichnet werden.

Ausfachungen mit mehrfachen Strebensystemen, wie sie früher üblich waren, sollen, gleichgültig ob die Ausfachung statisch bestimmt oder unbestimmt ist, vermieden werden, da sie gegenüber den vorerwähnten Ausfachungsmöglichkeiten keine Vorteile bieten und nur die Nachteile eines unklaren Kräftespieles besitzen.

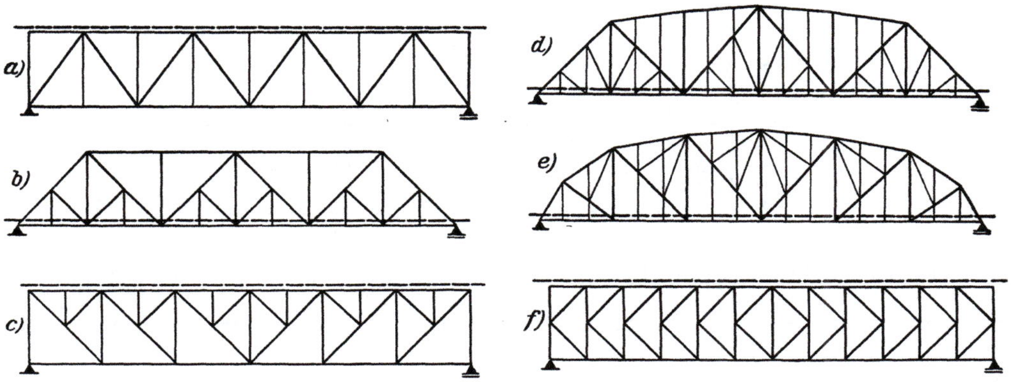

Abb. 400.

Während man früher bei der Linienführung der Gurte gewisse theoretische Forderungen zu erfüllen suchte (z. B. konstante Gurtspannung, Parabelträger, Vermeidung von Druckspannungen in den Streben, Schwedlerträger usw.) ist man in neuerer Zeit zu der Überzeugung gelangt, daß der Einfluß der Linienführung der Gurte auf das Gewicht der Hauptträger verhältnismäßig gering ist. Man bestimmt daher die Gurtform mehr von baukünstlerischen und konstruktiven Gesichtspunkten aus.

Die Trägerhöhe ist tunlichst groß zu wählen. Die günstigste Trägerhöhe liegt erfahrungsgemäß bei Parallelträgern etwa bei $^1/_8\, l$, wenn l die Brückenstützweite bedeutet. Bei Trägern mit einem oder zwei gekrümmten Gurten etwa bei $^1/_7\, l$, doch sind kleine Abweichungen von diesen Verhältnissen ohne großen Einfluß auf das Hauptträgergewicht.

Neben der Höhe des Trägers übt auch die Zahl der Fachwerkfelder einen Einfluß auf das Gewicht der Träger aus. Geringe Felderzahl, also weitmaschige Fachwerke, bedingen meist geringeres Eisengewicht. Anderseits wird aber die Feldweite durch den Einfluß, den das Eisengewicht der Fahrbahn auf das Gesamtgewicht der Brücke hat, begrenzt. Erfahrungsgemäß ergeben Strebenneigungen von beiläufig 45^0—50^0 die günstigsten Trägergewichte.

Melan versuchte auf theoretischem Wege die günstigsten Verhältnisse zwischen Felderzahl, Trägerhöhe und Stützweite abzuleiten[1]). So findet er für den Parallelträger mit steigenden und fallenden Streben ohne Rücksicht auf die noch notwendigen Hilfspfosten, siehe Abb. 401, folgende Formel für das Eisenvolumen V des Fachwerkträgers:

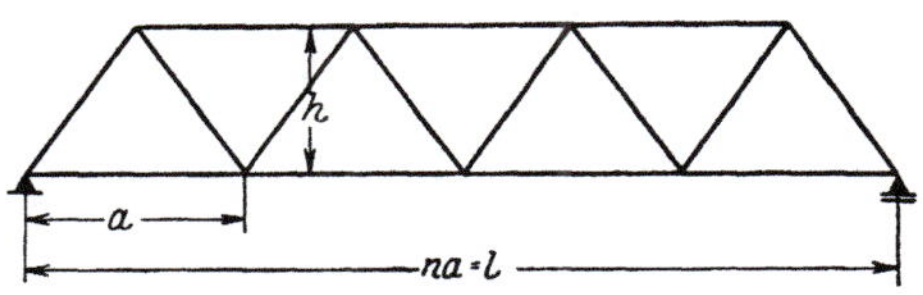

Abb. 401.

$$V = C\,k\,\frac{(g+p)\,l^2}{s}.$$

Hierin sind g und p bleibende Last und Verkehrslast für die Längeneinheit des Trägers, s die zulässige Beanspruchung, k der Konstruktionskoeffizient für die Zugstreben, C ein Zahlenfaktor, der von dem Verhältnis $\frac{h}{l}$, der Felderzahl und den Konstruktionskoeffizienten für die übrigen Stäbe abhängt. Unter gewissen Annahmen über den Zusammenhang dieser Koeffizienten mit der Höhe des Trägers und der Felderzahl n berechnet

[1]) Melan, J.: Fachwerkträger mit weiter Ausfachung. Eisenbau 1914, S. 272.

Melan die in der nachstehenden Tafel 42 angegebenen Beiwerte C als Funktion der Felderzahl und der Verhältnisse $\frac{h}{l}$.

Tafel 42.

n	$\frac{h}{l}=$				
	$\frac{1}{10}$	$\frac{1}{8}$	$\frac{1}{7}$	$\frac{1}{6}$	$\frac{1}{4}$
3	4,100	3,428	3,112	2,819	2,402
4	3,648	3,099	2,850	2,634	2,424
6	3,254	2,855	2,695	2,583	2,694
8	3,126	2,829	2,733	2,700	3,082
10	3,109	2,892	2,847	2,886	3,519

Die Tafel läßt erkennen, daß das Eisengewicht der Hauptträger einen Kleinstwert annimmt, wenn $n=\frac{l}{h}$ ist. Das Eisengewicht nimmt ab mit zunehmender Höhe h. Bei dem am häufigsten vorkommenden Verhältnis $\frac{h}{l}=\frac{1}{8}$ ist aber der Unterschied bei 6, 8 und 10 Feldern keineswegs nennenswert. Ganz kleine Felderzahlen 3 und 4 geben bei den gebräuchlichen Verhältnissen $\frac{h}{l}=\frac{1}{7}-\frac{1}{10}$ höhere Gewichte als mittlere. Die Tafel läßt noch erkennen, daß man geringere Eisengewichte erzielen würde, wenn man bei Parallelträgern die Höhe über das bisher übliche Maß weiter vergrößern würde. Das Volumen der Hilfspfosten ist in der oben angegebenen Formel nicht berücksichtigt.

Hierbei wäre aber noch zu beachten, daß mit zunehmender Trägerhöhe das Gewicht der Hilfspfosten und der Querverbände zunimmt, so daß etwa $h=\frac{l}{6}$ die Grenze darstellen dürfte. Die Beschränkung auf geringe Felderzahl macht es aber bei größeren Spannweiten notwendig, Hilfssysteme einzubauen.

b) Der Parallelträger.

Aus den bekannten Beziehungen:

$$O_m = -\frac{M_m}{h}\ \text{(Druck)} \quad \text{und} \quad U_m = +\frac{M_{m-1}}{h}\ \text{(Zug)} \quad \ldots\ldots \quad (13)$$

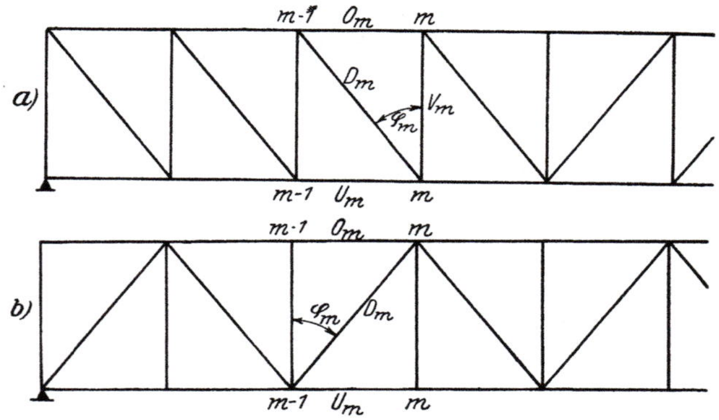

Abb. 402.

folgt, daß die Gurtspannungen proportional den Knotenpunktmomenten sind. Abb. 402. Aus der Linie der Größtmomente, die in der gleichen Weise wie beim vollwandigen Balken gefunden wird, siehe **80**, ermittelt man sonach auf Grund der Gl. (13) ohne Mühe die Größtwerte der Gurtkräfte.

Ebenso einfach ergeben sich die Füllstabkräfte aus der Linie der größten Querkräfte, da der einfache Zusammenhang

$$D_m = Q_m \sec \varphi_m \quad \ldots\ldots\ldots\ldots \quad (14)$$

besteht, wobei Q_m die Querkraft in jenem Felde ist, dem die Strebe D_m angehört. Die

Bestimmung der größten positiven und negativen Querkräfte wird hier als bekannt vorausgesetzt. In der Nähe der Auflager treten in der Regel unter dem Einfluß der bleibenden Last nur positive Querkräfte auf, die Streben im Falle Abb. 402 a sind stets gezogen. In den Mittelfeldern wechselt die Querkraft unter der wandernden Verkehrslast ihr Vorzeichen, die Streben werden dort abwechselnd gezogen und gedrückt, sie sind knicksicher zu gestalten. Bei auf- und absteigenden Streben sind die gegen die Mitte steigenden Streben bei positiver, d. i. nach aufwärts gerichteter, Querkraft gedrückt, die anderen gezogen; bei negativer Querkraft — kommt nur für die mittleren Felder in Frage — ist das Verhalten gerade umgekehrt.

Für die Pfosten des Strebenfachwerkes gilt die einfache Beziehung:

bei obenliegender Fahrbahn:

$$V_m = -Q_m,$$

bei untenliegender Fahrbahn:

$$V_m = -Q_{m+1}.$$

K-Fachwerke. Nach Führung des Schnittes $s-s$, Abb. 403 a, erhält man die auf den Untergurtpunkt $m-1$ bezogene Momentengleichung

$$O_m h + M_{m-1} = 0$$

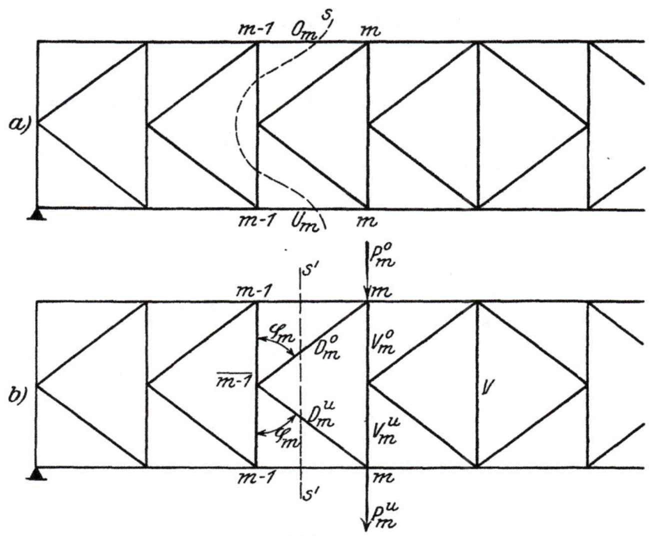

Abb. 403.

und daraus

$$O_m = -\frac{M_{m-1}}{h} \text{ (Druck)};$$

ebenso gewinnt man

$$U_m = +\frac{M_{m-1}}{h} \text{ (Zug)}. \quad \ldots \ldots \ldots \ldots (15)$$

Die Aufstellung der Gleichgewichtsbedingung $\Sigma H = 0$ für den Zwischenknoten $\overline{m-1}$ liefert zunächst, Abb. 403 b

$$(D_m^o + D_m^u) \sin\varphi_m = 0,$$

woraus

$$D_m^o = -D_m^u$$

folgt. Aus der Bedingung $\Sigma V = 0$ für den Schnitt $s'-s'$ erhält man

$$D_m^o \cos\varphi_m - D_m^u \cos\varphi_m + Q_m = 0,$$

so daß nach Einführung von $D_m^o = -D_m^u$

$$D_m^u = \frac{Q_m}{2} \sec\varphi_m \text{ (Zug) und } D_m^o = -\frac{Q_m}{2} \sec\varphi_m \text{ (Druck)} \quad \ldots \ldots (16)$$

entsteht.

Die Gleichgewichtsbedingung $\Sigma V = 0$ für den Knoten m des Obergurtes ergibt schließlich

$$V_m^o = -D_m^o \cos\varphi_m - P_m^o = +\frac{Q_m}{2} - P_m^o,$$

und für den Knoten m des Untergurtes

$$V_m^u = -D_m^u \cos\varphi_m + P_m^u = -\frac{Q_m}{2} + P_m^u. \quad \ldots \ldots \ldots (17)$$

Für den Mittelpfosten V erhält man auf ähnliche Weise:

$$\left.\begin{array}{ll}\text{Bei obenliegender Bahn} & V = -\frac{P}{2}, \\ \text{Bei untenliegender Bahn} & V = +\frac{P}{2}.\end{array}\right\} \quad \ldots \ldots \ldots \ldots (17')$$

Da beim Parallelträger die Stabkräfte in einfachster Weise mit den Momenten und den Querkräften zusammenhängen, so erübrigt sich wohl immer die Verwendung von Einflußlinien.

c) Träger mit gekrümmten Gurten.

Die genaue Berechnung der Balkenfachwerke mit einem oder zwei gebrochenen Gurten geschieht in der Regel mittels Einflußlinien, weshalb wir zunächst die Darstellung derselben besprechen wollen.

Die Einflußlinien der Gurtkräfte folgen aus den Gleichungen

$$O_m = -\frac{M_m}{r_m^o} \quad \text{und} \quad U_m = \frac{M_{m-1}}{r_{m-1}^u}.$$

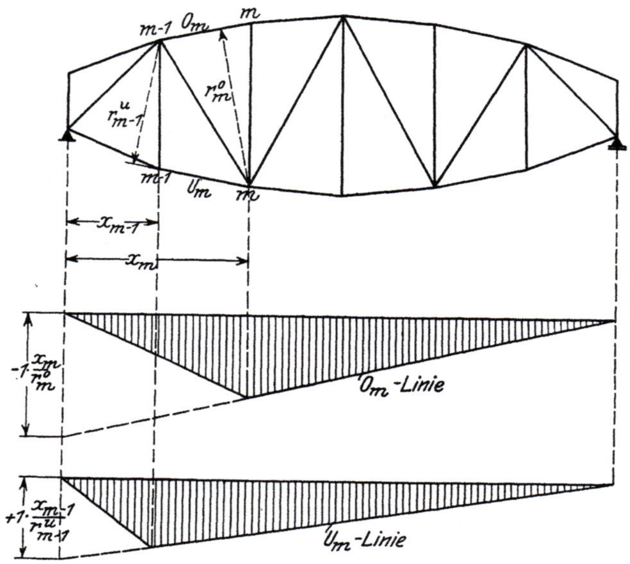

Abb. 404.

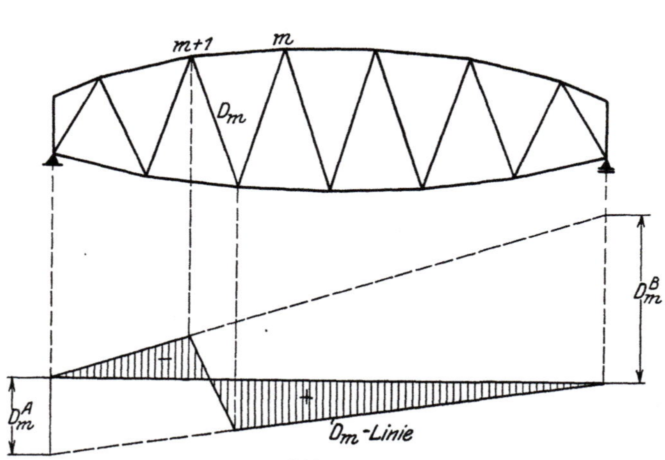

Abb. 405.

Sie sind in Abb. 404b und c dargestellt.

Zur Aufzeichnung der Einflußlinien der Füllstäbe empfiehlt sich die Anwendung des von Müller-Breslau angegebenen Verfahrens. Man bestimmt zu diesem Zwecke die im Fachwerk entstehenden Stabkräfte; einmal wenn am linken Auflager die Last 1, das rechte Ende des Trägers ist als festgehalten anzusehen (Zustand $A = 1$), das andere Mal wenn bei festgehaltenem linken Trägerende am rechten Auflager die Kraft $B = 1$ wirkt. (Zustand $B = 1$.) Die Stabkräfte ermittelt man am besten mit Kräfteplänen. Bei symmetrisch zur Mitte gebauten Trägern, die ja die Regel bilden, genügt die Zeichnung eines einzigen Cremonaplanes.

Trägt man, wie dies in Abb. 405 gezeigt ist, die aus den beiden Kräfteplänen entnommenen Spannkräfte für die Diagonale D_m, die wir mit D_m^A und D_m^B bezeichnen wollen, unter den Auflagersenkrechten ab, so erhält man in der in der Abb. 405 dargestellten Weise die Einflußlinie für D_m. Haben D_m^A und D_m^B

gleiches Vorzeichen, was z. B. dann der Fall sein wird, wenn der Rittersche Momentenpunkt für den fraglichen Füllstab innerhalb der Stützweite liegt, so sind D_m^A und D_m^B nach derselben Seite abzutragen, die Stabkraft in der betreffenden Strebe wechselt dann nie ihr Vorzeichen. Den Einfluß der gewöhnlich gleichmäßig verteilt angenommenen bleibenden Last ermittelt man in der Regel aus einem eigenen Kräfteplan.

Bei der Berechnung von Eisenbahnbrücken benützt man noch gerne ein zeichnerisches Verfahren, das gestattet, aus der Linie der Maximalmomente und aus der sogenannten A-Linie die Größtwerte der Stabkräfte in den Gurten und Füllstäben zu ermitteln, da sich diese beiden Linien mit Hilfe der Zahlentafeln, die den meisten Vorschriften über Eisenbahnbrücken beigegeben sind, rasch auftragen lassen. Die Verwendung der Größtmomentenlinie zur Ermittlung der Gurtstabkräfte braucht keine weitere Erläuterung, da diese Kräfte proportional den Knotenpunktmomenten sind. Die zeichnerische Darstellung der Größtwerte der Füllstabkräfte geht aus den Abb. 406 und 407 hervor.

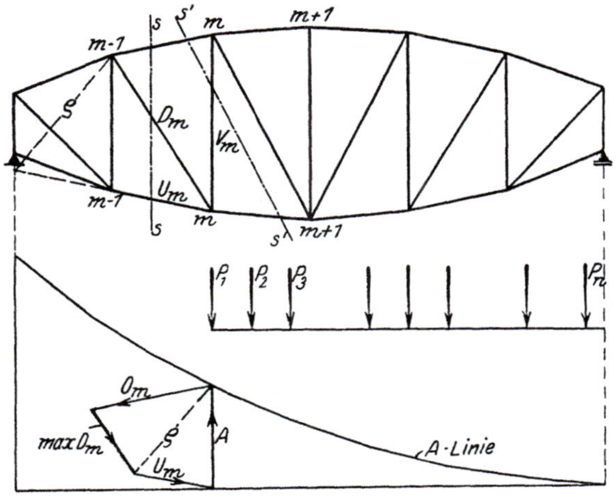

Abb. 406.

Bei kleineren Feldweiten ist die Grundstellung, — erste Last auf Knoten m, — für die Erzielung von max D_m maßgebend. Die unter m gemessene Ordinate der A-Linie stellt die dieser Laststellung entsprechende Auflagerkraft A vor, die die einzige Last links vom Schnitt s—s ist, weshalb die Ermittlung von D_m mittels eines Culmannschen Viereckes sehr einfach ist, s. Abb. 406. Zwecks Ermittlung von max V_m ist die erste Last auf m oder $m+1$ zu stellen, je nachdem der Obergurt oder der Untergurt Lastgurt ist. In der gleichen Weise werden min D_m und min V_m ermittelt, indem man von der spiegelgleichen B-Linie ausgeht.

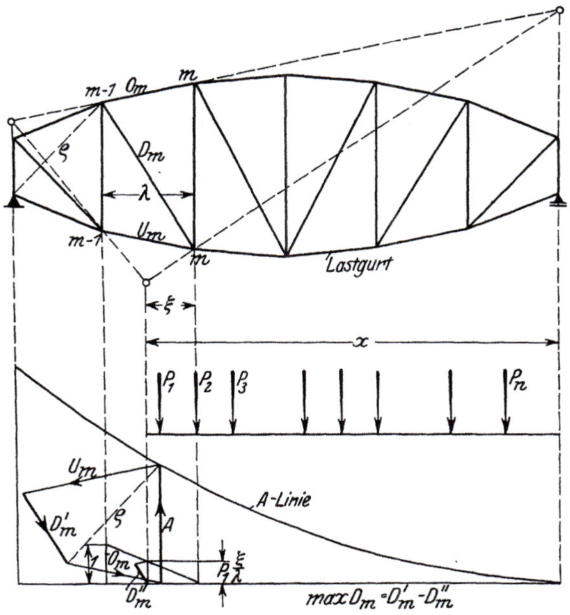

Abb. 407.

Bei größeren Feldweiten kann der Fall eintreten, daß max D_m erst beim Überschreiten der Grundstellung eintritt. Das Kriterium hierfür liegt in der Ungleichung

$$\sum_1^n P > \sum_1^i P \frac{x}{\xi},$$

wobei x den Abstand des in der bekannten Weise gefundenen Nullpunktes der Einflußlinie von D_m von der rechten Stütze, Abb. 407, ξ den Abstand dieses Punktes vom rechts liegenden Knotenpunkt bedeutet. $\sum_1^n P$ ist die Summe aller Lasten, $\sum_1^i P$ die Summe der links vom Knoten m aufgestellten Lasten. Man untersucht zunächst, ob die Bedingung

$$\sum_1^n P > P_1 \frac{x}{\xi}$$

erfüllt ist, und wenn dies der Fall ist, ob nicht auch der Ungleichung

$$\sum_1^n P > (P_1 + P_2) \frac{x}{\xi}$$

Genüge geleistet wird. Ist dies z. B. nicht mehr der Fall, so ist P_1 links vom Knoten m aufzustellen, während P_2 auf dem Knotenpunkt m zu stehen kommt. Anderenfalls ist auch noch eine weitere Ungleichung, die die Summe $P_1 + P_2 + P_3$ enthält, zu Rate zu ziehen. In den meisten Fällen genügt eine einzige Last links von m, um $\max D_m$ zu erzeugen.

In Abb. 407 ist angenommen, daß P_1 allein den Knoten m überschreitet. Die Ermittlung von $\max D_m$ erfolgt nun in der Weise, daß zunächst die Wirkung von A allein in der gleichen Weise wie oben ermittelt wird (D'_m) und daß nachträglich der Einfluß der von P_1 erzeugten Knotenlast in $m-1$, d. i. $P_1 \frac{\xi}{\lambda}$ hiervon in Abzug gebracht wird (D''_m), so daß man D_m in der Form

$$D_m = D'_m - D''_m$$

findet. D''_m wird durch unmittelbare Zerlegung der Last $P \frac{\xi}{\lambda}$, wie dies in Abb. 407 dargestellt ist, erhalten. Das gleiche Verfahren wendet man an, um $\min D_m$ zu finden, wobei an Stelle der A-Linie die B-Linie tritt. Die Ermittlung von $\max V_m$ bei Pfostenfachwerken bedarf nach dem bisher Gesagten keiner weiteren Erläuterung.

d) Balken mit Zwischensystemen.

Die Stäbe des zweifeldrigen Zwischensystems, Abb. 408, werden nur in Spannung versetzt, wenn das betreffende Feld belastet ist. Die Berechnung der Größtwerte von d_m und v_m bedarf keiner weiteren Erklärung, die größtmögliche Knotenlast erzeugt auch Größtwerte der Stabkräfte d_m und v_m. Die Einflußlinie der Lastgurtstäbe U_m bzw. U_{m+1} unterscheidet sich von der des Balkens ohne Zwischensystem bloß durch ein Zusatzdreieck $(m-1)' m' r'$, dessen Scheitel auf der Geraden $A'' B'$ liegt. Der Beweis hierfür ist einfach: Eine im Fußpunkt von v_m stehende Last erzeugt in U_m eine Zusatzspannung

$$u_m = 1 \cdot \frac{\lambda}{2h} \text{ (Zug)}.$$

In Abb. 408a ist nun:

$$\frac{x}{h} : u_m = x : \frac{\lambda}{2},$$

woraus ebenfalls

$$u_m = \frac{\lambda}{2h}$$

folgt. Aus gleichen Überlegungen folgt die U_{m+1}-Linie, siehe Abb. 408b.

Die Einflußlinie für D_m (obere Strebenhälfte) ist durch die Linie $A'(m-1)' m' B'$ in Abb. 408c dargestellt. Die D'_m-Linie (untere Strebenhälfte) ist durch $A'(m-1)' r' B'$ gegeben.

Es ist nämlich die Zusatzspannung d_m infolge Last 1 im Zwischenknoten

$$d_m = -\frac{1}{2} \sec \varphi_m \text{ (Druck)};$$

weiter folgt aus Abb. 408c

$$(m-1)',\ (m-1)'' = D_m^A \frac{l-x'}{l} + D_m^B \frac{x'}{l} = (D_m^B - D_m^A)\frac{x'}{l} + D_m^A.$$

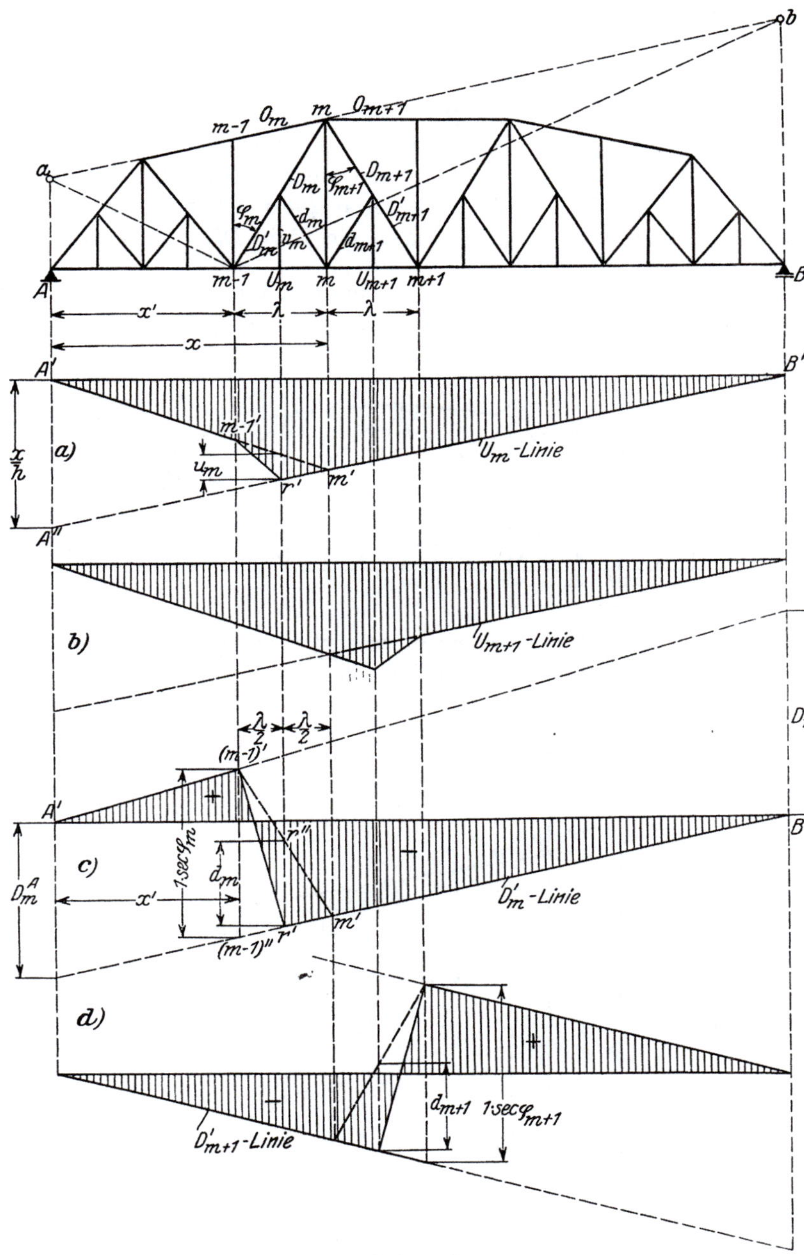

Abb. 408.

Setzt man in der Netzfigur die Höhe des Pfostens $(m-1)\,(m-1)$ gleich der Krafteinheit, so stellen die Auflagersenkrechten Aa und Bb im Netzbilde die Stabkräfte:

$$Aa = D_m^A \cos\varphi_m \quad \text{und} \quad Bb = D_m^B \cos\varphi_m$$

dar. In Abb. 409 sind die hier in Betracht kommenden Linien nochmals herausgezeichnet.

Aus dieser Abbildung folgt aber

$$\left[(D_m^B - D_m^A)\frac{x'}{l} + D_m^A\right]\cos\varphi_m = 1 .$$

Es ist sonach die Strecke

$$(m-1)', \ (m-1)'' = 1 \sec\varphi_m ,$$

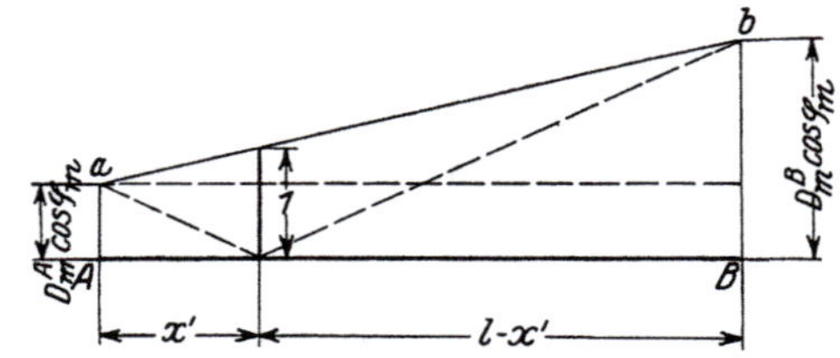

Abb. 409.

daher ist d_m in Abb. 408c gleich $\frac{1}{2}\sec\varphi_m$, womit die Richtigkeit der angegebenen Darstellung der Einflußlinie für D'_m erwiesen ist. In Abb. 408d ist der Vollständigkeit halber auch die Linie D'_{m+1} veranschaulicht.

In Abb. 410 sind die Einflußlinien für ein Pfostenfachwerk mit dreiteiligem Zwischensystem dargestellt. Der Beweis für die Konstruktion der Einflußlinien O_m und D_m läßt sich in ähnlicher Weise führen wie oben.

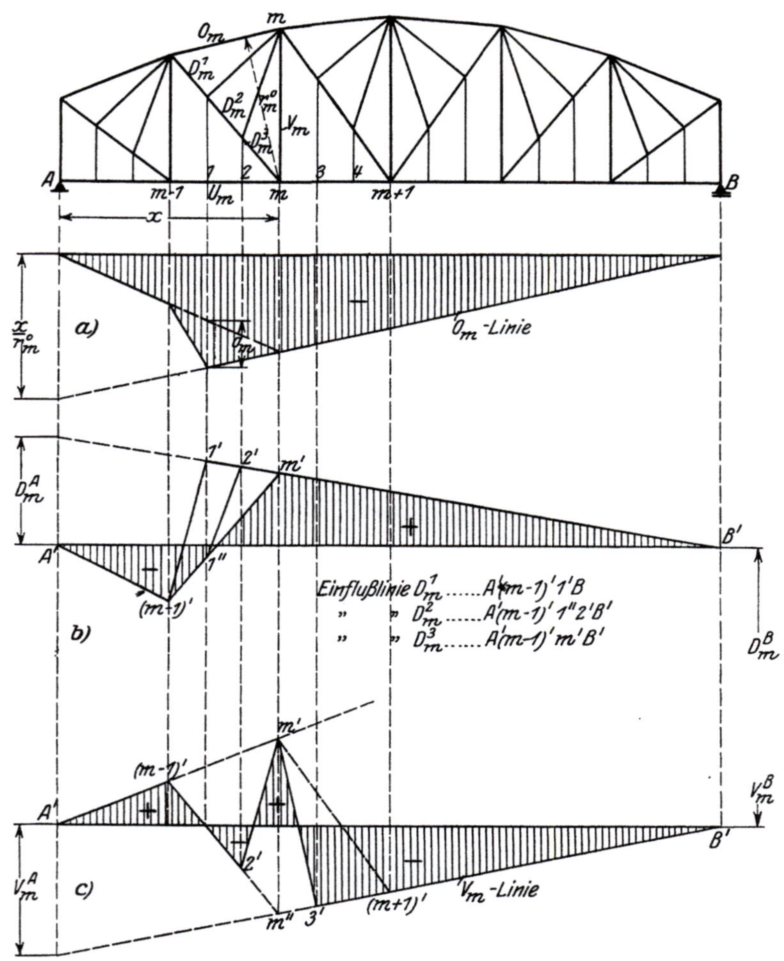

Abb. 410.

Die größte Zusatzspannung O_m erhält der Stab, wenn die Last in 1 steht, siehe Abb. 410a. Der Scheitel der Einflußlinie liegt sonach unter 1.

Bei der Zeichnung der Zusatzdreiecke für die Strebe D_m ist zu beachten, daß eine zwischen $m-1$ und 1 stehende Last in D_m^2 keine Zusatzspannung erzeugt, das Zusatzdreieck beginnt sonach erst im Punkte $1''$.

Eine in den Feldern $(m-1)\,m$ oder $m\,(m+1)$ stehende Last erzeugt durch die Mitwirkung des Zwischensystems eine zusätzliche Knotenlast im Obergurtknoten m, die zusätzliche Druckkräfte in V_m bedingt. Der Einfluß dieser Knotenlast erscheint in Abb. 410c durch die Einflußdreiecke $(m-1)'\,2'\,m'$ und $m'\,3'\,(m+1)'$ berücksichtigt. Da das Zwischensystem, so zu sagen, wie ein Längsträger wirkt, der die Obergurtknoten belastet, so wird dieser zum Lastgurt, und der Verlauf der V_m-Linie ist durch $A'\,(m-1')\,m''\,B'$ gegeben. Steht aber die Last in m, so ist das Zwischensystem ausgeschaltet, der Punkt m', der der Einflußlinie $A'\,m'\,(m+1)'\,B'$ für den Untergurt als Lastgurt angehört, ist ebenfalls ein Punkt der Einflußlinie für V_m. Die V_m-Linie verläuft demnach zwischen 2 und 3 nach den Linien $2'\,m'\,3'$.

e) Durchbiegung der Fachwerkbalken.

Die Ermittlung der Formänderungen geschieht, da man bei sorgfältigen Berechnungen auch den Einfluß der Längenänderungen der Füllstäbe berücksichtigen muß, am besten mit einem Williotschen Verschiebungsplan.

Zwecks Abschätzung der Durchbiegung genügt es, den Fachwerkbalken als Vollwandbalken zu betrachten und die Durchbiegung in der Mitte nach der in **80** abgeleiteten Näherungsformel

$$y_{max} = \frac{5}{48}\,\frac{M_{max}\,l^2}{E\,J_m}\left(1 + \frac{3}{25}\,\alpha\right)\mu$$

zu berechnen. μ ist hier ein Beiwert, durch den der Vergrößerung der Durchbiegung infolge der Dehnung der Füllstäbe Rechnung getragen wird. J_m ist das Trägheitsmoment in Trägermitte, das nach der Formel

$$J_m = F_o\,a_o^2 + F_u\,a_u^2$$

berechnet wird. a_o und a_u sind die Abstände der Gurtschwerachsen von ihrer gemeinsamen Schwerachse, F_o und F_u die Gurtquerschnitte in Trägermitte. In der gleichen Weise berechne man das Trägheitsmoment am Trägerende J_0 und ermittle hieraus die Verhältniszahl

$$\alpha = \frac{J_m - J_0}{J_0}.$$

Der Beiwert μ hängt vom Verhältnis der Trägerhöhe zur Stützweite und von der Gurtform ab. Man kann setzen:

für Parallelträger:

bei $\frac{h}{l} =$	$\frac{1}{12}$	$\frac{1}{10}$	$\frac{1}{8}$	$\frac{1}{7}$
$\mu =$	1,20	1,27	1,35	1,40

für Halbparabelträger:

bei $\frac{h}{l} =$	$\frac{1}{8}$	$\frac{1}{7}$	$\frac{1}{6}$
$\mu =$	1,20	1,25	1,30.

Diese Zahlen sind natürlich nur als beiläufige Mittelwerte zu betrachten.

90. Der durchlaufende Fachwerkbalken mit Gelenken (Gerberträger).

Diese Trägerart gestattet bei großer Wirtschaftlichkeit die Überwindung sehr bedeutender Spannweiten. Die größten bisher erbauten Brücken, die Brücke über den Firth of Forth von 518 m Spannweite und die Brücke über den Lorenzostrom bei Quebeck mit 549 m weiter Hauptöffnung, wurden als Auslegeträger durchgebildet.

Die Vorzüge dieses Trägersystems gegenüber den aneinandergereihten einfachen Balken sind mannigfacher Art. Sie liegen einerseits in einer nennenswerten Verringerung der für die Bemessung der Gurte maßgebenden Biegungsmomente, ohne daß der Vorteil der statischen Bestimmtheit aufgegeben werden muß, und in einer die bauliche Durchbildung erleichternden Verteilung des Materials, anderseits in der Möglichkeit des freien Vorbaues, also einer sparsamen Aufstellungsweise. Die achsenrechte Auflagerung auf den Mittelpfeilern ermöglicht gegenüber den aneinandergereihten Balken geringere Pfeilerbreiten. So tritt der durchlaufende Fachwerkbalken mit Gelenken bei großen Stützweiten in scharfen Wettbewerb mit den Hängebrücken, denen gegenüber er noch den Vorzug größerer Steifigkeit besitzt.

Die Ausführung eines Gerberbalkens über zwei Öffnungen, wobei das Gelenk in einer der beiden Öffnungen angeordnet wird, ist verhältnismäßig selten. Den Regelfall stellen drei Öffnungen vor, wobei die Gelenke entweder in den Außenöffnungen oder in der Mittelöffnung angeordnet werden.

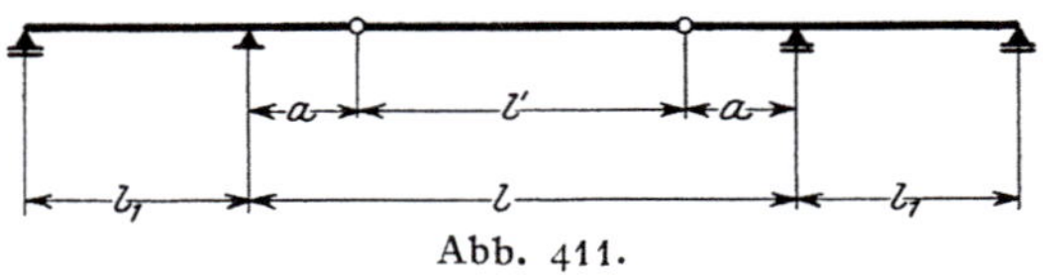

Abb. 411.

Der geringste Materialaufwand ergibt sich nach Steinman[1]), wenn:

$$l' = 0{,}6\,l, \qquad a = 0{,}2\,l, \qquad l_1 = 0{,}4\,l$$

ist. Die Bedeutung der Bezeichnungen ist aus Abb. 411 zu entnehmen. Auf Grund theoretischer Untersuchungen fand Beyer[2]) folgende Ziffern für den kleinsten Baustoffaufwand:

$$l' = 0{,}76\,l, \qquad a = 0{,}12\,l, \qquad l_1 = 0{,}3\,l.$$

Er berücksichtigt aber nicht den Mehraufwand für die gedrückten Stäbe.

Bei großen Stützweiten formt man die Gurte derart, daß mit zunehmendem Moment auch die Trägerhöhe wächst. Es ergeben sich dann die in Abb. 412a und b dargestellten Trägerformen. Strebt man annähernd konstante Gurtquerschnitte an, so erhält man für die Höhen h_0, h, h_1 folgende Formeln (Melan)[3]): h_1 ist hierbei in jenem Punkte gemessen, in dem das größte Moment des Ankerarmes auftritt.

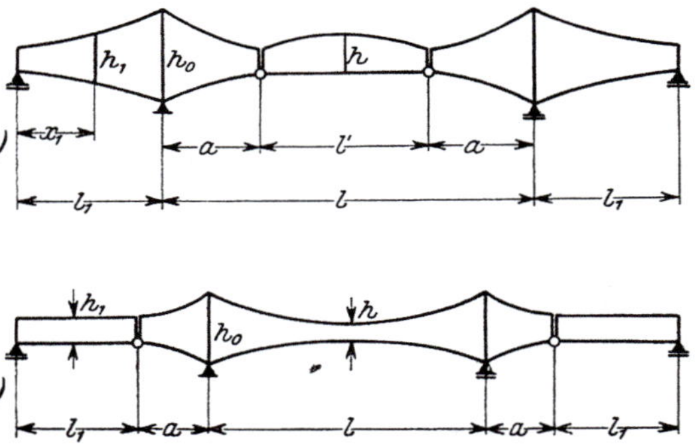

Abb. 412.

a) Gelenke in der Mittelöffnung:

$$\left.\begin{aligned} \frac{h_0}{h} &= \frac{4\alpha(1-\alpha)}{(1-2\alpha)^2} \\ \frac{h_0}{h_1} &= \frac{4\alpha(1-\alpha)\lambda^2}{[1-\gamma\alpha(1-\alpha)\lambda^2]^2} \\ x_1 &= l\sqrt{\alpha(1-\alpha)\frac{h_1}{h_0}} \end{aligned}\right\} \quad . \quad (18)$$

Es bedeuten hierin:

$$\alpha = \frac{a}{l}, \qquad \lambda = \frac{l}{l_1}, \qquad \gamma = \frac{g}{g+p}.$$

b) Gelenke in der Außenöffnung:

$$\left.\begin{aligned} \frac{h_0}{h_1} &= \frac{4\alpha_1}{(1-\alpha_1)^2} \\ \frac{h_0}{h} &= \frac{4\alpha_1}{\lambda^2 - 4\gamma\alpha_1} \quad \text{für } \lambda^2 > 4\alpha_1 \\ \frac{h_0}{h} &= \frac{4\alpha_1}{4\alpha_1 - \gamma\lambda^2} \quad \text{für } \lambda^2 < 4\alpha_1 \end{aligned}\right\} \quad . \; . \; . \; . \; . \; . \; . \; . \quad (19)$$

[1]) Steinman, D. B.: Suspension Bridges and Cantilevers. Their economic proportions and limiting spans. 2. Aufl., New-York 1913.

[2]) Beyer, Dr.-Ing. Kurt: Eigengewicht, günstigste Grundmasse und geschichtliche Entwicklung des Auslegeträgers. Leipzig 1908.

[3]) Melan, J., Dr. techn.: Der Brückenbau, III, 2. Aufl., S. 438. Leipzig 1917.

wobei

$$\alpha_1 = \frac{a}{l_1}, \qquad \lambda = \frac{l}{l_1}, \qquad \gamma = \frac{g}{g+p}.$$

Die Ermittlung der größten Stabkräfte geschieht wohl immer mittels Einflußlinien, die bei parallelen Gurten unmittelbar aus den Einflußlinien der Momente und Querkräfte wie beim Balkenparallelträger abgeleitet werden können. Es sei diesbezüglich auf die Darstellung in **89** verwiesen.

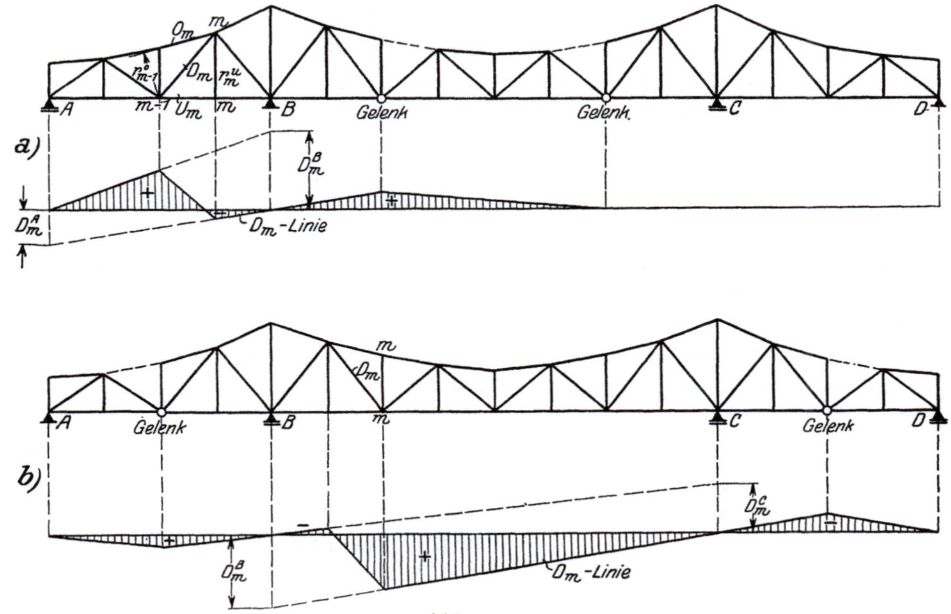

Abb. 413.

Bei gebrochenen Gurten lassen sich die Einflußlinien der Gurtspannkräfte auf die Momenteneinflußlinien mittels der Gleichungen

$$O_m = \frac{M_{m-1}}{r^o_{m-1}}, \qquad U_m = \frac{M_m}{r^u_m}$$

zurückführen (Abb. 413).

Die Einflußlinie für die Strebe D_m einer Außenöffnung bei Gelenken in der Mittelöffnung ist in Abbildung 413a dargestellt. Für Last 1 zwischen A und B stellt diese Außenöffnung einen einfachen Balken vor, weshalb dieser Einflußlinienteil nach den in **89c** angegebenen Regeln zu zeichnen ist. Die Fortsetzung in der Mittelöffnung ist dann ein einfaches Dreieck. Das gleiche gilt, wenn die Gelenke in den Außenöffnungen angeordnet sind (Abb. 413b).

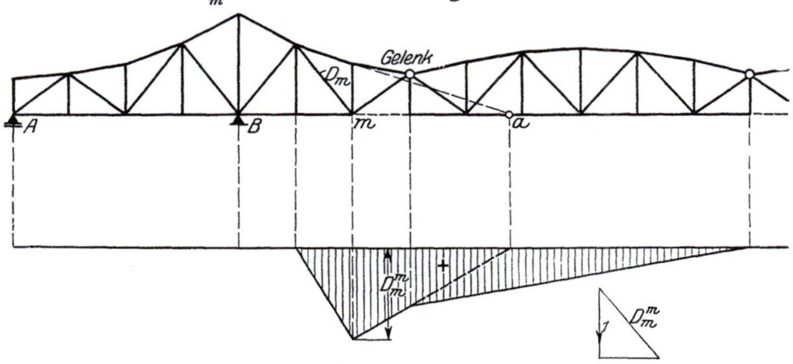

Abb. 414.

Liegt die Strebe D_m in einem Kragarm, dann ermittelt man die Einflußlinie, wie in Abb. 414 dargelegt. Man denkt sich zu diesem Zwecke in m eine Last 1 wirkend, deren Einfluß auf D_m durch eine einfache Zerlegung gefunden wird; Ordinate D_m^m. Einen zweiten Hilfspunkt der D_m-Linie findet man, wenn man sich die Last 1 in a, dem Ritterschen Momentenpunkt der Strebe D_m, aufgestellt denkt. Dann ist $D_m = 0$. Durch diese zwei Punkte ist aber der Gesamtverlauf der D_m-Linie bereits festgelegt.

91. Der durchlaufende Fachwerkbalken ohne Gelenke.

Der Anwendungsbereich dieser Trägerart ist im wesentlichen der gleiche wie der des Balkens mit Gelenken, er hat aber letzterem gegenüber den Nachteil der Empfindlichkeit gegen Stützensenkungen, weshalb er nur dort zur Anwendung gelangen soll, wo guter Baugrund die Sicherheit bietet, daß keine nennenswerten Bewegungen der Auflagerpunkte zu befürchten sind. Siehe auch die Ausführungen in **82**. Bei mittleren Stützweiten empfiehlt es sich, beide Systeme in der Weise zu vereinigen, daß man die bleibende Last von einem Balken mit passend angeordneten Gelenken, die Verkehrslast von einem durchgehenden Balken ohne Gelenke übernehmen läßt. Man gewinnt so den Vorteil, daß der Einfluß von Setzungen der Auflagerpunkte unter der bleibenden Last ausgeschaltet wird und daß umgekehrt die Gelenke, die immer heikle Punkte des Bauwerks vorstellen, nach Fertigstellung der Brücke außer Wirksamkeit gesetzt werden können.

Der Einfluß der Stützensenkung auf die Stabkräfte wächst im allgemeinen mit der Steifigkeit des Tragwerkes, also mit der Trägerhöhe, und nimmt mit wachsender Stützweite ab. Um zu einer beiläufigen Abschätzung dieses Einflusses zu gelangen, betrachten wir einen zweifeldrigen Träger mit unveränderlichem Trägheitsmoment J und den Stützweiten l, dessen Mittelstütze sich um den Betrag δ senke. Abb. 415.

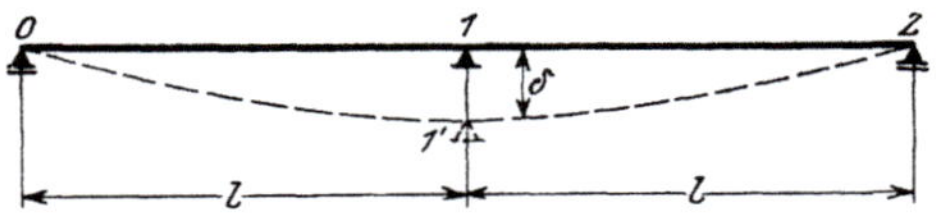

Abb. 415.

Aus der Dreimomentengleichung

$$4 \Delta M_1 l = + 12 E J \frac{\delta}{l}$$

folgt die Verringerung ΔM_1, die das Moment M_1 über der Mittelstütze erfährt,

$$\Delta M_1 = 3 E J \frac{\delta}{l^2}$$

und die Vergrößerung ΔM des positiven Momentes in Abstand $\frac{l}{3}$ vom Punkte 1, wo sich beiläufig der Einfluß der Stützensenkung am ungünstigsten äußern wird,

$$\Delta M = \frac{2}{3} \cdot 3 E J \frac{\delta}{l^2} = 2 E J \frac{\delta}{l^2}.$$

Die hierdurch bewirkte Zusatzspannung im Gurt beträgt bei der Trägerhöhe h

$$\Delta \sigma = \frac{\Delta M}{J} \frac{h}{2} = \frac{E \delta h}{l^2}.$$

Mit dem Mittelwert $\frac{h}{l} = \frac{1}{10}$ und $E = 2000$ t/cm² findet man

$$\Delta \sigma = 200 \frac{\delta}{l} \text{ t/cm}^2.$$

Für je 1 cm Stützensenkung ergibt sich somit:

bei	$l =$	40	60	100	150 m
	$\Delta \sigma =$	0,050	0,033	0,020	0,013 t/cm².

Die Zusatzspannungen sind verhältnismäßig gering, da bei gutem Baugrund nach Fertigstellung der Gründung und Aufmauerung der Pfeiler oder Widerlager größere Setzungen als 1—2 cm kaum vorkommen dürften. Wo noch Bedenken bestehen, können die oben erwähnten Maßnahmen, die den Zweck verfolgen, die Wirkung der unter der bleibenden Last auftretenden Setzungen der Pfeiler unschädlich zu machen, vorgekehrt werden. Ist einmal unter der Last des aufgehenden Mauerwerks und des Tragwerkes samt seiner bleibenden Belastung der Baugrund zur Ruhe gekommen, dann sind örtliche Setzungen unter der Wirkung der Verkehrslast bei gutem Baugrund kaum zu befürchten.

a) Träger auf drei Stützen.

Es empfiehlt sich als Überzählige den mittleren Stützendruck X_C einzuführen. Man erhält dann hierfür die Gleichung

$$X_C = \frac{\delta_m}{\delta_C}, \quad \ldots \ldots \ldots \ldots \quad (20)$$

wobei δ_m die Durchbiegung des Balkens AB an der Stelle m infolge $X_C = -1$ und δ_C die Durchbiegung bei gleichem Belastungszustand an der Stelle C bedeutet; Abb. 416. Man zeichne daher die Biegungslinie des Lastgurtes für den Zustand $X_C = -1$, und diese Linie stellt bereits $\left(\text{mit dem Multiplikator } \frac{1}{\delta_C}\right)$ die Einflußlinie für X_C vor. Da die Formänderungen der Füllstäbe bei Balkenfachwerken bei der Ermittlung von X_C nicht vernachlässigt werden sollen, so ist es zweckmäßig, die Ordinaten der Biegungslinie einem Williotschen Verschiebungsplan zu entnehmen.

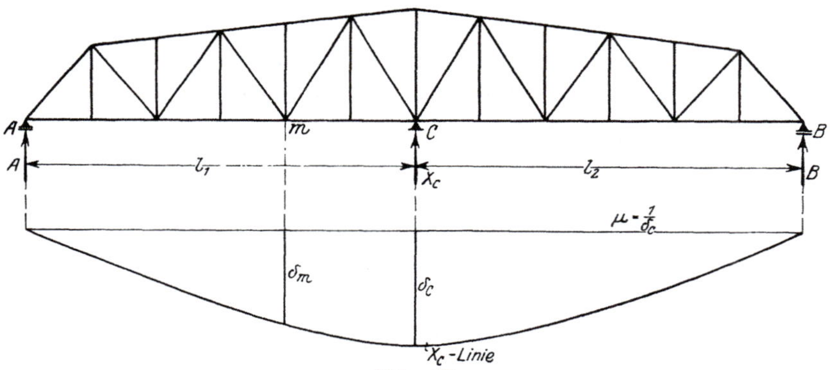

Abb. 416.

Die Einflußlinien der Stabkräfte werden nach der Vorschrift

$$S = S_0 - S_C X_C = S_C \left(\frac{S_0}{S_C} - X_C\right)$$

entwickelt, wobei S_0 die Einflußlinie der Stabkraft im Balken AB, S_C die Stabkraft im Balken AB für den Belastungszustand $X_C = -1$ bedeuten. S_C bestimme man mit Hilfe eines Kräfteplanes, dessen Zeichnung ja auch zur Darstellung des Williotschen Verschiebungsplanes notwendig ist.

Zwecks erstmaliger Ermittlung der Stabquerschnitte fasse man den Fachwerkträger als Vollwandbalken auf und berechne das Stützenmoment nach den in **82** angegebenen Formeln für veränderliche Trägheitsmomente. Hierbei setze man das Verhältnis der Trägheitsmomente an den Enden und in der Mitte gleich dem Verhältnis der betreffenden Trägerhöhen.

b) Träger auf vier Stützen.

Führt man die Stützenwiderstände in C und D als statisch unbestimmbare Größen ein, so ermitteln sich diese Größen aus den beiden Elastizitätsbedingungen

$$1 \cdot \delta_{mC} - X_C \delta_{CC} - X_D \delta_{CD} = 0,$$
$$1 \cdot \delta_{mD} - X_C \delta_{DC} - X_D \delta_{DD} = 0,$$

worin δ_{mC} und δ_{mD} die Durchbiegungen des Lastgurtes in C bzw. D sind, wenn in m die Last 1 steht; Abb. 417. Die Bedeutung der Verschiebungen δ_{CC}, $\delta_{CD} = \delta_{DC}$ und δ_{DD} geht aus der Abb. 417 hervor. Bei der Aufstellung der Elastizitätsbedingungen wurde

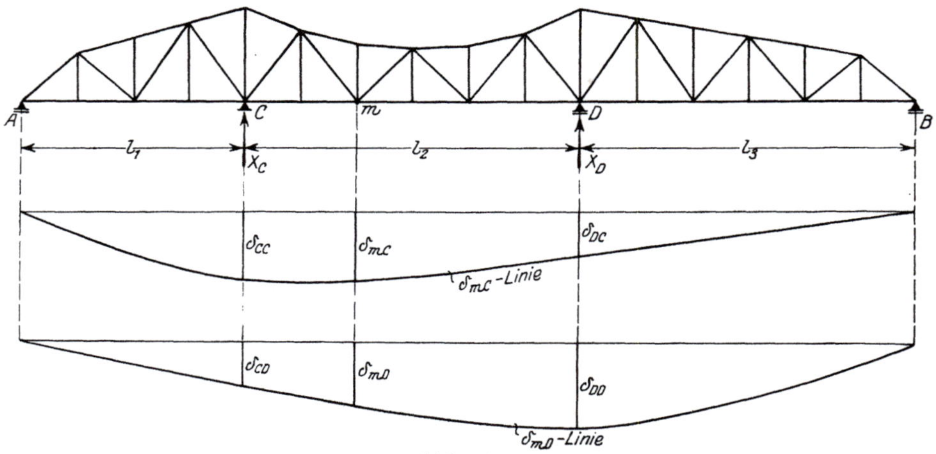

Abb. 417.

hierbei vorausgesetzt, daß weder Stützenverschiebungen noch ungleichmäßige Temperaturänderungen in Betracht kommen. Man gewinnt schließlich die Gleichungen:

$$\left.\begin{aligned} X_C &= \frac{\delta_{mC}\,\delta_{DD} - \delta_{mD}\,\delta_{CD}}{\delta_{CC}\,\delta_{DD} - \delta_{CD}^2} = \alpha\,\delta_{mC} - \beta_{mD}, \\ X_D &= \frac{\delta_{mD}\,\delta_{CC} - \delta_{mC}\,\delta_{CD}}{\delta_{CC}\,\delta_{DD} - \delta_{CD}^2} = \gamma\,\delta_{mD} - \beta\,\delta_{mC}. \end{aligned}\right\} \quad \ldots\ldots \quad (21)$$

α, β und γ sind von der Belastung unabhängige Festwerte.

Zur vorläufigen Bestimmung der Stabquerschnitte benütze man, wie oben, das in **82** angegebene Rechnungsverfahren, indem man den Fachwerkträger zunächst als Vollwandbalken auffaßt. Die Biegelinien δ_{mC} und δ_{mD} leite man unter Berücksichtigung der Formänderungen der Füllstäbe aus Verschiebungsplänen ab. Sind die Einflußlinien von X_C und X_D bekannt, dann ergeben sich die Einflußlinien der Stabkräfte S aus den Balkeneinflußlinien S_0 nach der Beziehung

$$S = S_0 - S_C X_C - S_D X_D,$$

worin S_C und S_D die den Lastzuständen $X_C = -1$ und $X_D = -1$ entsprechenden Stabkräfte im Balken AB bedeuten.

92. Dreigelenkbogenträger.

Die Einflußlinien für die Gurtstäbe ergeben sich unmittelbar aus den Momenteneinflußlinien, die wir in **83** entwickelt haben, nach der Formel

$$S = \frac{M_m}{r_m}.$$

Um die Einflußlinien der Füllstäbe zu entwickeln, gehen wir von folgender Überlegung aus: Steht eine Last 1 im linken Trägerteil, dann sind R_A und R_C die Auflagerkräfte, die wir in die lotrechten Teilkräfte A' und C' und in die in die Sehne AC fallenden Kräfte Z zerlegen (Abb. 418). Die Einflußlinie für D_m z. B. kann jetzt aus zwei Teilen zusammengesetzt werden. Aus der Einflußlinie D_m im Balken AC und aus der Einflußlinie, die die Wirkung von Z auf D_m beschreibt. Da $Z = H \sec \alpha$, so ist nach der Darstellung in 83 dieser Teil von D_m durch ein Dreieck mit der Spitze unter dem Gelenk C gegeben. Die Scheitelordinate dieses Dreiecks findet man, wenn man eine Last 1 in Punkt C annimmt und hierfür D_m bestimmt Man hat daher neben den Hilfswerten D_m^A und D_m^C noch mittels eines Kräfteplanes einen Hilfswert $\overline{D_m^C}$ zu ermitteln. Zu diesem Zwecke denke man sich den Bogen in C mit der Last 1 belastet.

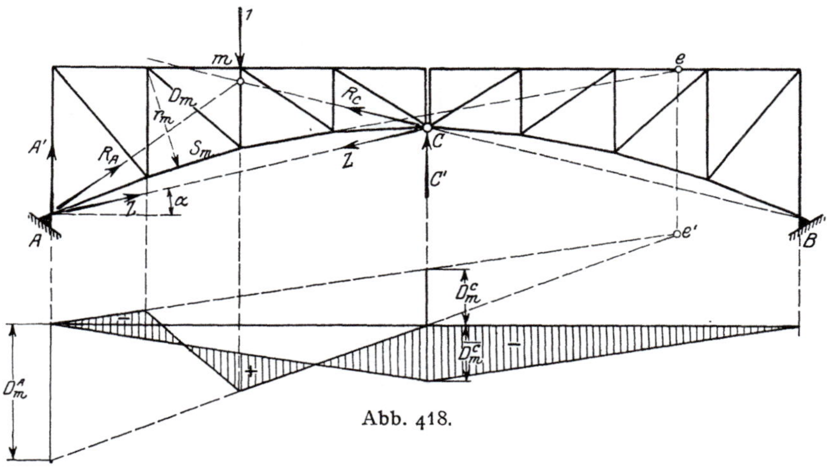

Abb. 418.

Die diesem Lastzustand entsprechenden Stabkräfte sind die gesuchten Hilfsordinaten $\overline{D_m^C}$. Zur Kontrolle benütze man noch den Ritterschen Momentenpunkt e für den Stab D_m, wie dies in Abb. 418 gezeigt ist.

Sehr häufig wird der Dreigelenkbogen als über der Bahn gelegenes Tragwerk ausgeführt und es wird dann zur Aufnahme des Bogenschubes ein Zugband angeordnet. Die Berechnungsweise dieser Trägerart ist die gleiche wie vorbeschrieben. In dem unterhalb des Scheitelgelenkes liegenden Zugbandteil sind die Nebenspannungen meist sehr bedeutend und sind, falls man dem Auftreten dieser Nebenspannungen Bedeutung schenkt, geeignete Maßnahmen zu treffen, um sie abzumindern.

93. Statisch unbestimmte Bogenfachwerke.

Neben dem einfachen Balken spielt der Bogenträger, insbesonders der Bogen mit Kämpfergelenken, im Brückenbau eine hervorragende Rolle. Er wird entweder als unter der Bahn gelegener Bogen ausgeführt, wo dann die Widerlager den Kämpferschub aufnehmen (Abb. 419a) oder das Tragwerk liegt über der Bahn, in welchem Falle der Seitenschub von einem die Kämpfer oder zwei höher gelegene Knoten verbindenden Zugband übernommen wird (Abb. 419b). Zu den Bogenträgern zählen wir auch den Stabbogen mit Versteifungsträger (Abb. 419c und d).

Der wirkliche Bogenträger (Träger ohne Zugband) zeichnet sich durch große Steifigkeit und geringes Eisengewicht aus, während die Widerlagerkosten, wenn nicht felsige Berglehnen zur Verfügung stehen, gegenüber dem einfachen Balken stark anwachsen. Der Bogen mit Zugband, ebenso der versteifte Stabbogen, sind bei mittleren Stützweiten etwa bis 100 m meist schwerer als der zweigurtige Fachwerkbalken, bei größeren Stützweiten kann er mit diesen bei reichlicher Höhe in der Mitte, $\frac{h}{l} = \frac{1}{5} - \frac{1}{6}$, in Wettbewerb treten; auch ist sein Aussehen befriedigender als das des gewöhnlichen Fachwerkbalkens.

Die Theorie des Fachwerkbogenträgers schließt sich eng an die bereits in **84** behandelte Theorie des vollwandigen Bogens an, weshalb wir die Berechnung nur kurz berühren.

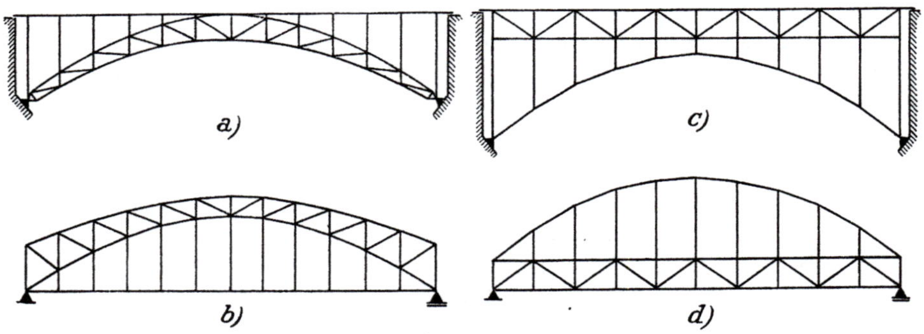

Abb. 419.

a) Zweigelenkbogen.

Für die Einflußlinie des Horizontalschubes gilt die Formel

$$H = \frac{\delta_m}{\sum \frac{S_H^2 s}{E F}}, \qquad (22)$$

wobei δ_m die Ordinaten der Biegungslinie des Lastgurtes für den Zustand $H = -1$, S_H die diesem Zustand entsprechenden Stabkräfte, s die Stablängen, F die Vollquerschnitte der Stäbe sind. Das Summenzeichen erstreckt sich über alle Stäbe des Fachwerkes, also bei Vorhandensein eines Zugbandes, auch über dieses. Der Einfluß der Dehnungen der Füllstäbe auf den Horizontalschub ist nicht übermäßig groß, weshalb man vielfach die Formänderungen der Füllstäbe vernachlässigt. In diesem Falle ermittelt man die Biegungslinie δ_m als Seilpolygon zu den elastischen Knotengewichten:

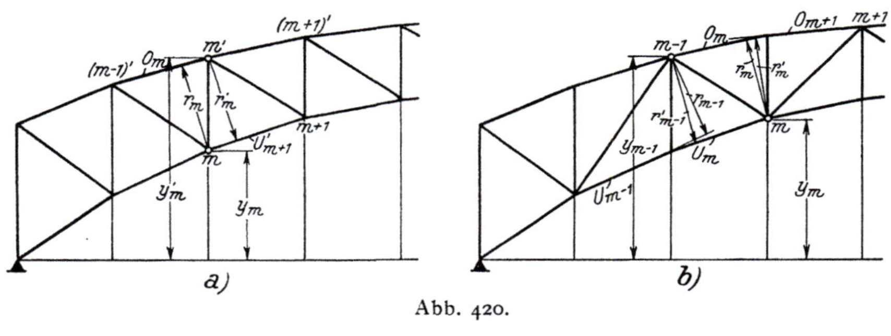

Abb. 420.

Strebenanordnung nach Abb. 420a:

$$w_m = \frac{y_m o_m}{E F_m^0 r_m^2} + \frac{y'_m u_{m+1}}{E F_{m+1}^u r'^2_m};$$

Strebenanordnung nach Abb. 420b:

$$w_{m-1} = \frac{y_{m-1} u_{m-1}}{E F_{m-1}^u r_{m-1}^2} + \frac{y_{m-1} u_m}{E F_m^u r'^2_{m-1}} \quad \text{und} \quad w_m = \frac{y_m o_m}{E F_m^0 r_m^2} + \frac{y_m o_{m+1}}{E F_{m+1}^0 r'^2_m}. \qquad (23)$$

In der Regel wird man E in Zähler und Nenner 1 setzen können.

Will man den Einfluß der Füllstäbe berücksichtigen, dann empfiehlt es sich, die Durchbiegungen der Lastgurtung mit einem Verschiebungsplan zu ermitteln. Man gewinnt dann den Vorteil, den Nenner der Gleichung (22), der nichts anderes als die gegenseitige wagerechte Verschiebung der Kämpfer infolge $H = -1$ darstellt, auch unmittelbar aus dem Verschiebungsplan ablesen zu können.

Die Wirkung einer gleichmäßigen Temperaturerhöhung ist beim Zweigelenkbogen mit festen Kämpfern gegeben durch

$$H_t = \frac{\alpha_t t \Sigma S_H s}{\sum \frac{S_H^2 s}{E F}} \quad \ldots \ldots \ldots \ldots \quad (24)$$

Die Bestimmung der Einflußlinien der Stabkräfte erfolgt nach der Beziehung

$$S = S_0 - S_H H,$$

worin S_H die von der Belastung mit $H = -1$ hervorgerufenen Stabkräfte und S_0 die von der Last hervorgerufenen Stabkräfte im einfachen Balken sind.

Zu einer erstmaligen Berechnung der Gurtquerschnitte benütze man die in **84** angegebenen Näherungsformeln für vollwandige Träger. Bei dem weiteren Berechnungsgange ist auf eine tunlichst genaue Einschätzung der Gurtquerschnitte in Bogenmitte zu achten, da diese Querschnitte, besonders bei geringerer Höhe der Fachwerkscheibe in Brückenmitte, maßgebenden Einfluß auf H haben.

Hinsichtlich der Bogenträger mit Kragarmen und der Bogenträger mit mehreren Öffnungen sei auf die Erörterungen in **84** und **85** verwiesen.

b) Der versteifte Stabbogen.

Als Überzählige H wählt man zweckmäßig die bei lotrechter Belastung überall gleiche wagerechte Teilkraft der Stäbe des Stabbogens. Die Einflußliniengleichung für H ist genau wie vor durch

$$H = \frac{\delta_m}{\sum \frac{S_H^2 s}{E F}} \quad \ldots \quad (25)$$

gegeben. Die Bedeutung der Buchstaben ist die gleiche wie unter **a**).

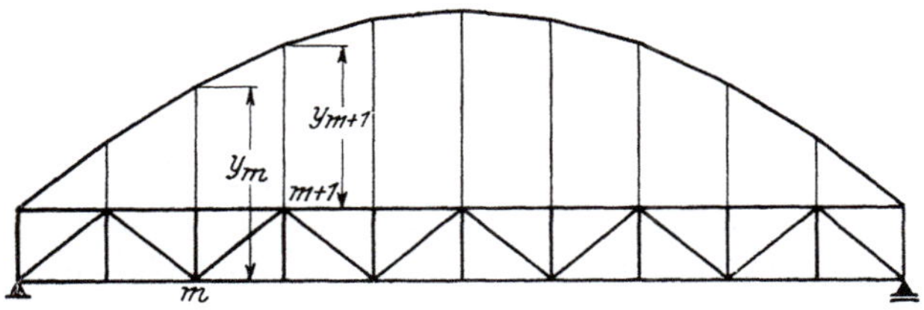

Abb. 421.

Zur Ermittlung der Biegungslinie δ_m benütze man die unter Vernachlässigung der Formänderungen der Füllstäbe aufgestellten Formeln für die elastischen Gewichte (23), wobei die Ordinaten y die in Abb. 421 eingetragene Bedeutung haben.

94. Hängebrücken mit fachwerkartigem Versteifungsträger.

a) Allgemeines.

Wenn genügend Höhe für den Versteifungsträger zur Verfügung steht, so wird dieser als Fachwerkbalken ausgeführt, insbesonders bei Stützweiten über 200 m, da die Ausführung genügend hoher Blechbalken bauliche Schwierigkeiten bietet und der Fachwerkträger bedeutend leichter wird. Wie schon in **86** erwähnt, liegt in der Tatsache, daß das wichtigste tragende Organ, die Kette, bloß auf Zug beansprucht ist, der Hauptgrund für die Wirtschaftlichkeit dieses Trägersystems, vornehmlich dann, wenn durch Anwendung von hochwertigem Baustoff (Stahldrahtkabel) die Ersparnismöglichkeiten in den Zuggliedern des Bauwerkes voll ausgenützt werden.

Während die älteren Hängebrücken meist verhältnismäßig flach gespannte Ketten aufweisen, was größeren Materialaufwand für den Hängebogen und verhältnismäßig große Nachgiebigkeit des Systems zur Folge hat, ist man bei neueren Ausführungen und Entwürfen auf größere Pfeilverhältnisse, $f:l = 1:8$ bis $1:10$, übergegangen. Die Höhe des Versteifungsträgers wird zweckmäßig mit etwa $\frac{1}{40}$ der Spannweite der Mittelöffnung gewählt — neuere Ausführungen schwanken zwischen $\frac{1}{32}$ bis $\frac{1}{50}$ —. Allgemein kann gesagt werden, daß mit zunehmendem Kettenpfeil die Trägerhöhe abnehmen kann, da der Anteil, den der Versteifungsträger vom Moment der äußern Kräfte übernimmt, kleiner wird, wenn der Durchhang der Kette vergrößert wird.

Ein großer Nachteil der Hängebrücken ist ihre Nachgiebigkeit, die in erster Linie von der Dehnung des Hängebogens, somit von der zulässigen Beanspruchung desselben abhängt. Demgemäß ist bei Stahldrahtkabel die Durchbiegung unter der Verkehrslast am größten. Sie nimmt ab, wenn das Verhältnis $\frac{p}{g}$ abnimmt, also im allgemeinen mit wachsender Stützweite. Bei kleineren Stützweiten ist daher der Versteifungsträger möglichst hoch zu machen, um die Durchbiegung der Brücke unter der Wirkung der Verkehrslasten zu verringern. Während bei Balkenträgern die Durchbiegung selten über $^1/_{1500}$ der Spannweite, meist unter $^1/_{2000}$ derselben liegt, beträgt bei ausgeführten Hängebrücken die größte Durchbiegung in der Mitte etwa $^1/_{600}$ der Stützweite. (Bei der Rheinbrücke in Köln beträgt bei $\frac{l}{f} = 10$ der Durchhang $^1/_{578}$ der Stützweite trotz Verwendung von Kettengliedern. Allerdings ist die Höhe des vollwandigen Versteifungsträgers in Brückenmitte bloß $^1/_{57}$ der Spannweite[1]).

b) Statisch bestimmte Hängebrücke.

Ist der Versteifungsbalken ein Parallelträger (Abb. 422a), dann unterscheidet sich die Berechnung in keiner Weise von der Berechnung der Brücke mit Vollwandbalken, **86c**, da die Gurtkräfte den Momenten M_x, die Füllstabkräfte den Querkräften Q_x proportional sind.

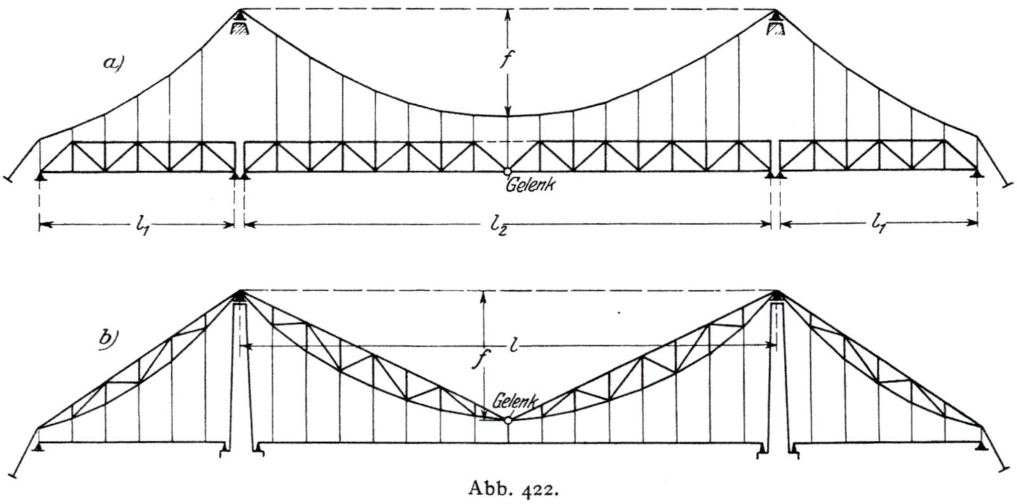

Abb. 422.

Ist der Hängegurt gleichzeitig Gurt des Versteifungsträgers (Abb. 422b), dann stellt das Trägersystem der Mittelöffnung einen umgekehrten Dreigelenkbogen vor, dessen Berechnung genau wie in **92** angegeben durchzuführen ist. Die Außenöffnungen bilden einfache Balken, deren Obergurte bei der Gurtführung nach Abb. 422b bei Belastung der Mittelöffnung den Seilzug aufzunehmen haben.

[1]) Siehe die in der Fußnote auf S. 442 angegebene Literatur.

c) Einfach statisch unbestimmte Hängebrücke.

Für den Horizontalzug H in der Kette infolge einer Einzellast 1 t gilt die Formel

$$H = \frac{\delta_m}{\Sigma S_H^2 \frac{s}{EF}}, \quad \ldots \ldots \ldots \ldots \quad (26)$$

worin δ_m die Durchbiegung des Versteifungsträgers im Lastpunkte für den Zustand $H = -1$ bedeutet. S_H sind die Kräfte in den Stäben des Versteifungsträgers infolge $H = -1$. Das Summenzeichen im Nenner erstreckt sich über alle Stäbe des Tragwerkes, also auch über die Kette (einschließlich Rückhaltketten) und Hängestangen. Vernachlässigt man bei der Ermittlung der Biegelinie δ_m den Einfluß der Füllstäbe, was selbst bei genaueren Rechnungen wegen der geringen Höhe der Versteifungsträger erlaubt ist, so entfallen auch im Nenner der Gleichung (26) die auf die Füllungsstäbe bezüglichen Glieder der Summe. Die Berücksichtigung der Formänderungen der Hängestäbe wird empfohlen, wenn auch ihr Einfluß gering ist. Die Ermittlung der Biegelinie δ_m mit Hilfe der elastischen Gewichte w wird hier als bekannt vorausgesetzt.

Die Wirkung einer gleichmäßigen Änderung der Temperatur ist durch

$$H_t = \frac{\alpha_t t \Sigma S_H s}{\Sigma S_H^2 \frac{s}{EF}} \quad \ldots \ldots \ldots \ldots \quad (26')$$

gegeben. Der Einfluß der Stäbe des Versteifungsträgers auf die Summe $\Sigma S_H s$ ist gering, weshalb es genügt, im Zähler nur die Kettenglieder und die Hängestangen zu berücksichtigen.

Die Einflußlinien der Stabkräfte ergeben sich unmittelbar aus der Beziehung

$$S = S_0 - S_H H = S_H \left(\frac{S_0}{S_H} - H\right),$$

wobei S_0 die von den äußeren Lasten im statisch bestimmten Hauptsystem hervorgerufenen Stabkräfte sind. Die Einflußlinien sind sonach in einfachster Weise als Differenzlinien zwischen den Einflußlinien der Stabkräfte im statisch bestimmten Hauptsystem und der H-Linie zu bilden.

Die vorstehenden Erörterungen gelten für jede Art einfach statisch unbestimmter Hängebrücken, gleichgültig ob es sich um eine Brücke mit einer Öffnung handelt oder um eine Brücke mit mehreren Öffnungen, die entweder durch einzelne Balken oder durch Gerberträger überbrückt sind. Für die Vorberechnung der Gurt- und Kettenquerschnitte benütze man die in **86e** abgeleiteten Näherungsformeln.

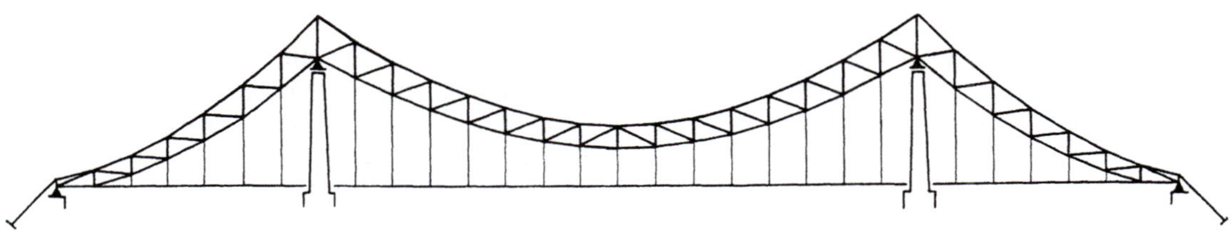

Abb. 423.

Eine hierher gehörende Trägerart, der Girlandenträger, ist in Abb. 423 veranschaulicht. Er stellt das Gegenstück zu dem Bogenträger mit mehreren Öffnungen dar. Während dort der Horizontalschub durch die beiden Kämpfer am Brückenende aufgenommen wird, treten hier die Verankerungen zwecks Übernahme des Kettenzuges an die Stelle der Kämpfer. Über die Berechnung selbst ist mit Rücksicht auf diesen Hinweis nichts Weiteres zu sagen.

d) Statisch unbestimmte Hängebrücken mit kontinuierlich durchlaufenden Versteifungsbalken.

Ebenso wie bei Brücken mit Vollwandbalken erscheint es auch hier zweckmäßig, den durchlaufenden Balken als Hauptsystem zu wählen, siehe **86g**, so daß sich die Einflußlinie der Kettenzugkomponente H aus der Gleichung

$$H = \frac{\delta_m}{\Sigma S_H^2 \frac{s}{EF}} \quad \ldots \ldots \ldots \ldots \ldots \quad (27)$$

wie vorangehend berechnet. δ_m ist die Durchbiegung im Lastpunkte, wenn auf den statisch unbestimmten Versteifungsbalken die Last $H = -1$ wirkt. S_H sind die zugehörenden Stabkräfte im Versteifungsträger, in der Kette und in den Hängestangen. Die Einflußlinien der Stabkräfte selbst ergeben sich dann als Differenz der Einflußlinien für den durchlaufenden Balken, siehe **91**, und der H-Linie nach der Formel

$$S = S_H \left(\frac{S_0}{S_H} - H \right) \ldots \ldots \ldots \ldots \ldots \quad (28)$$

Der durch gleichmäßige Temperaturveränderungen hervorgerufene Horizontalzug beträgt

$$H_t = \frac{\alpha_t \, t \, \Sigma S_H \, s}{\Sigma S_H^2 \frac{s}{EF}} \ldots \ldots \ldots \ldots \ldots \quad (29)$$

Die Summe im Nenner erstreckt sich über alle Stäbe des Tragwerkes. Für den Zähler gilt das gleiche wie unter c).

§ 21. Rahmenartige Hauptträger.

95. Einleitung.

Von den Brücken, die Vierendeel selbst in Belgien ausgeführt hat, abgesehen, hat sich der Rahmenträger, auch Vierendeelträger genannt, im Eisenbrückenbau eigentlich noch nicht recht durchsetzen können. In Deutschland ist diese Trägerart zum ersten Male bei dem Ideenwettbewerb für die Kaiserbrücke in Bremen im Jahre 1911 hervorgetreten[1]). Zwei Entwürfe beim Wettbewerb um die Straßenbrücke in Köln hatten parallelgurtige Versteifungsträger ohne Streben vorgesehen. Ausgeführt wurde der Rahmenträger zum ersten Male gelegentlich des Baues zweier Fußgängerbrücken in Berlin. In beiden Fällen handelt es sich um sichelförmige Bogenträger von 52 und 56 m Stützweite[2]).

Die Gründe für die geringen Fortschritte, die der Bau von Vierendeelträgern in Eisen gemacht hat — außer in Deutschland und in Belgien ist er meines Wissens noch nirgends ausgeführt worden —, sind mannigfacher Art. In erster Linie ist der Mehraufwand an Baustoff und Werkslöhnen gegenüber dem Fachwerkträger oder gar gegenüber dem Vollwandträger einer weiteren Verbreiterung dieser Trägerart hinderlich. Dazu kommt noch die Umständlichkeit der Berechnung dieses vielfach statisch unbestimmten Systems, sowie die Schwierigkeit einer einwandfreien Verbindung von Gurten und Pfosten. Bei gleicher Trägerhöhe erweist sich der Fachwerkträger wesentlich steifer als der Rahmenträger.

Daß der Rahmenträger Vierendeelscher Bauart mehr Baustoff erfordert als der Fachwerkträger, ist leicht einzusehen, wenn man bedenkt, daß neben Längsspannungen

---

[1]) Zum Brückenwettbewerb in Bremen, Entwurf „Vierendeel" Eisenbau 1911, S. 251.

[2]) Neue Brücken der Stadt Berlin, Eisenbau 1916, S. 92.

auch sehr bedeutende Biegungsspannungen übertragen werden müssen, und daß wegen der ungleichen Verteilung der Biegungsspannungen über den Querschnitt keine so vollkommene Ausnützung der Tragfähigkeit des Baustoffes möglich ist, wie beim Fachwerkträger, der — von Nebanspannungen abgesehen — bloß Normalspannungen erfährt. Man hat wohl aus der vermeintlichen Tatsache, daß der Rahmenträger keine Nebenspannungen aufweise, die Zulässigkeit einer höheren Inanspruchnahme für diesen Träger ableiten und damit die Wirtschaftlichkeit dieser Trägerart beweisen wollen. Stellt man sich aber auf den in 88 vertretenen Standpunkt, daß die Nebenspannungen im Fachwerk nichts oder nahezu nichts mit dem Sicherheitsgrad des Bauwerkes zu tun haben, so folgt daraus, daß Fachwerk- und Rahmenträger mit der gleichen zulässigen Beanspruchung zu bemessen sind, was in der Regel beim letzteren zu größerem Eisengewicht führen wird.

Den oben erwähnten Nachteilen des Rahmenträgers steht allerdings ein bedeutender Vorteil vom rein baukünstlerischem Standpunkt gegenüber. Der Vierendeelträger vereint die ruhige Wirkung des Vollwandträgers mit der Durchsichtigkeit und Zierlichkeit des Fachwerks. Er wird daher überall dort am Platze sein, wo bei geringer Wandhöhe, wie beim Bogen z. B., eine bei großer Felderzahl unruhige Fachwerkfüllung vermieden werden soll. Die beiden oben erwähnten Bogenbrücken der Stadt Berlin bieten ein vorzügliches Beispiel für die zweckmäßige Anwendung des Rahmenträgersystems. Die verhältnismäßig geringen Querkräfte beim Bogenträger ermöglichen die Anwendung der Vierendeelbauweise ohne allzu großen Mehraufwand an Material. Beim einfachen Balken wirken die weiten und hohen Rahmenvierecke nichtssagend und unschön, das Auge fordert die Fachwerkfüllung als sinnbildlichen Ausdruck für die Kraftleitung von der Last zu den Stützpunkten.

Ein besonderes Augenmerk verlangt die richtige bauliche Durchbildung der Knotenpunkte des Rahmenträgers. Ist schon beim Fachwerkträger das Kräftespiel im Knotenblech kein einfaches, so wird beim Rahmenträger durch das Hinzutreten der Einspannungsmomente der Spannungsverlauf noch viel undurchsichtiger und, was das entscheidende ist, die Anpassung der baulichen Gestaltung an den richtig erkannten Spannungsverlauf verhältnismäßig schwierig. Dies beweisen die zahlreichen Vorschläge, die für die Lösung dieser Aufgabe bisher gemacht wurden und von denen sich keiner bisher durchsetzen konnte.

Betrachtet man einen beliebigen Knoten eines Vierendeelträgers, Abb. 424, so wirken in den drei Trennungsschnitten neben Längs- und Querkräften Momente M_1, M_2, M_3, wobei die Momente M_1 und M_2 in der Regel gleichsinnig gerichtet sind. Die Folge dieser Gleichsinnigkeit ist, daß in der linken Hälfte der obere Gurtrand gezogen, in der rechten gedrückt ist, während der untere Gurtrand links gedrückt und rechts gezogen ist. Der Wechsel der Spannungen muß sich sonach im Vierecke $abcd$ vollziehen, derart, daß die Hauptzugspannungen von a nach d, die Hauptdruckspannungen von b nach c verlaufen, wie dies durch gestrichelte Linien in Abb. 424 angedeutet ist. Das Gurtstück ac spielt sonach für die Aufnahme der Momente keine Rolle, umsomehr aber der Kern $abcd$ des Knotenbleches.

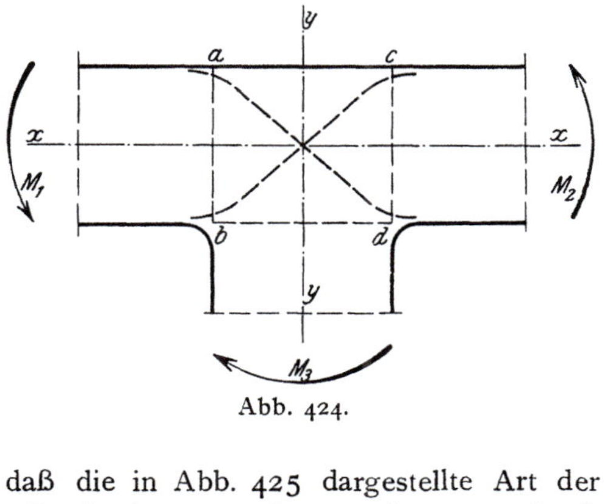

Abb. 424.

Im Lichte dieser Überlegung sieht man ein, daß die in Abb. 425 dargestellte Art der Knotenausbildung, die die Überleitung der Gurtkräfte von oben nach unten durch das meist sehr schwache unverstärkte Gurtstegblech bewerkstelligen will, vollständig falsch ist.

Die Wirkung der Momente auf die Spannungen im Knotenbereiche läßt sich annähernd wie folgt ermitteln[1]). Wir denken uns die vom Pfostenmoment $2P\lambda$ erzeugten Spannungen in der Linie bd als äußere Kräfte angebracht, Abb. 426, und untersuchen nun den Verlauf der Längsspannungen σ_x und der Schubspannungen τ im Bereiche des Viereckes $abcd$. Die wagerechte Schnittkraft im Schnitt bd erscheint hierbei vernachlässigt. Wir legen die x-Achse durch den Schwerpunkt des Gurtes im Bereiche ab bis cd und bezeichnen mit:

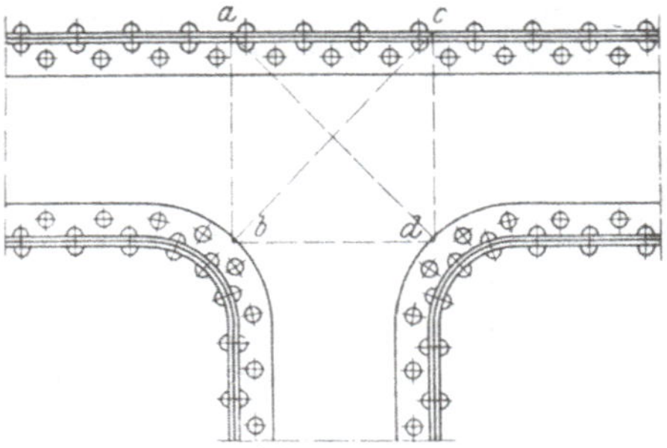

Abb. 425.

J_g das Trägheitsmoment des Gurtes zwischen ab und cd,

J_v das Trägheitsmoment des Pfostens,

S_g das statische Moment des halben Gurtquerschnittes, bezogen auf die wagerechte Schwerachse $x - x$,

S_v das statische Moment des halben Pfostenquerschnittes, bezogen auf die Achse $y - y$,

dF_g ein Flächenelement des in Betracht kommenden Gurtquerschnittes von der Breite dy,

dF_v ein Flächenelement des Pfostenquerschnittes von der Breite dx.

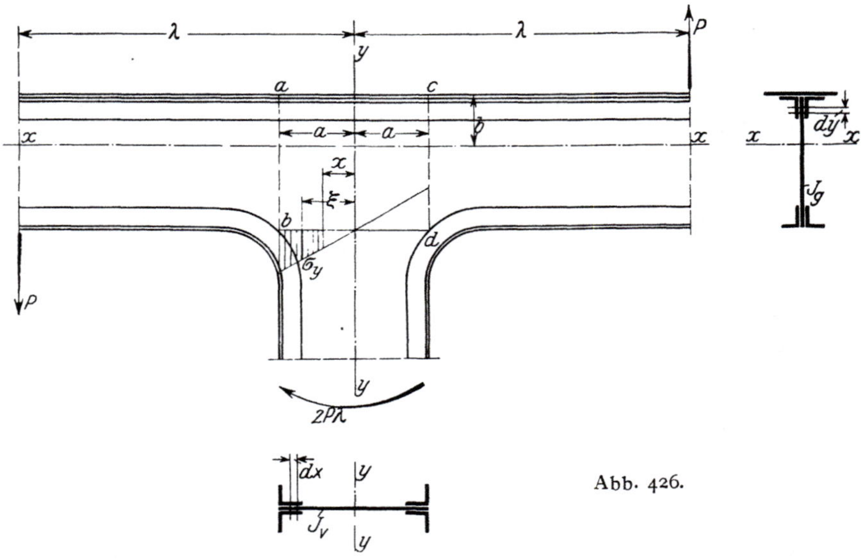

Abb. 426.

Für die zwischen b und d angreifenden Spannungen σ_y gilt, wenn ξ die Abszisse des betreffenden Punktes ist,

$$\sigma_y = -\frac{2P\lambda}{J_v}\xi,$$

es beträgt daher das Moment M_x in einem Gurtquerschnitt zwischen ab und cd mit der Abszisse x

$$M_x = -P(\lambda - x) + \frac{2P\lambda}{J_v}\int_x^a \xi(\xi - x)\,dF_v \quad \ldots\ldots\ldots \quad (1)$$

und die Querkraft

$$-Q_x = \frac{dM_x}{dx} = P - \frac{2P\lambda}{J_v}\int_x^a \xi\,dF_v \ldots\ldots\ldots\ldots \quad (2)$$

[1]) Grüning, M.: Die Spannungen im Knotenpunkt eines Vierendeelträgers. Eisenbau 1914, S. 162.

M_x wird daher ein Maximum für jenes x_0, das der Gleichung

$$\int_{x_0}^{a} \xi \, d F_v = \frac{J_v}{2 \lambda} \quad . \quad . \quad . \quad . \quad . \quad . \quad (3)$$

genügt. x_0 ist gewöhnlich nur wenig kleiner als a. Je größer λ im Vergleich zu a ist, um so näher rückt x_0 an a heran. In der Regel genügt es, bei H-förmigem Querschnitt des Pfostens für x_0 den Abstand des Schwerpunktes eines Pfostengurtes von der Achse $y — y$ zu wählen.

Die Normalspannungen σ_x erreichen sonach knapp hinter a und b ihre Größtwerte, nehmen gegen die Mitte des Bleches rasch ab, um in der y-Achse Null zu sein; von da ab wachsen sie wieder, aber bei entgegengesetztem Vorzeichen. Man erkennt daraus, daß die so oft angestrebte Durchführung des Gurtes zwischen b und d, wenn nicht die Längskräfte damit übertragen werden sollen, wertlos ist.

Die Querkraft Q_x ist bei x_0 Null und erreicht ihren Größtwert für $x = 0$ mit

$$Q_{\max} = P \left(2 \lambda \frac{S_v}{J_v} — 1 \right) . \quad . \quad . \quad . \quad . \quad . \quad (4)$$

Die Schubspannung ist an den Linien ac und bd Null und erreicht ihren Größtwert in der Schwerachse. Mit der Stegblechstärke δ erhält man

$$\tau_{\max} = P \left(2 \lambda \frac{S_v}{J_v} — 1 \right) \frac{S_g}{J_g \delta} \quad . \quad . \quad . \quad . \quad . \quad (5)$$

Die Anschlußniete des Gurtstückes zwischen a und c haben wegen des raschen Abfalles des Momentes in diesem Bereiche bedeutende Schubkräfte zu übertragen. Auf einen Halsniet entfällt

$$T_{\max} = P \left(2 \lambda \frac{S_v}{J_v} — 1 \right) \frac{S_w}{J_g} t, \quad . \quad . \quad . \quad . \quad . \quad (6)$$

wenn S_w das statische Moment des Gurtes bezogen auf die neutrale Achse $x — x$ und t die Nietteilung ist.

Die Hauptaufgabe fällt sonach im Bereich des Knotens den Schubspannungen zu. Dazu kommt, daß mit zunehmender Ausrundung der Steg- bzw. Pfostengurte oder durch die Abbiegung derselben auch der Anteil der Gurtung an der Übertragung der Momente immer geringer wird, welcher Anteil an das Knotenblech übergeht. Das Knotenblech hat sonach nahezu allein für den Ausgleich der Kräfte im Bereich des Knotens aufzukommen und ist demgemäß genügend stark auszubilden. Seine Stärke δ ist nach Gl. (5) zu bemessen. Die Gurtwinkel und Deckbleche sind nur insoweit durchzuführen, als sie zur Übertragung der Längskräfte notwendig sind.

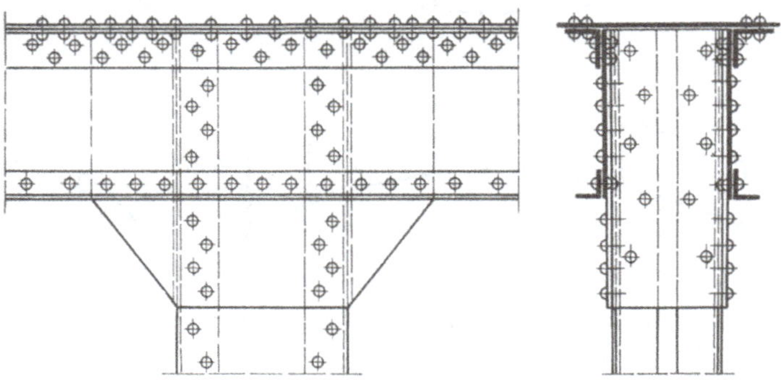
Abb. 427.

Abb. 427 zeigt einen solchen Knoten bei einem doppelwandig ausgebildeten Träger. Derartige Knoten lassen sich, wie leicht einzusehen, aber nur dann zweckmäßig gestalten, wenn die Gurtlängskräfte groß, die Anschlußmomente klein sind, wie es z. B. beim Bogenträger der Fall ist. Man beschränke daher auch aus diesen Gründen die Anwendung des Rahmenträgersystems auf solche Fälle.

Grüning weist in der oben erwähnten Abhandlung noch auf einen beachtenswerten Umstand hin: Die großen Schubspannungen im Knoten verursachen eine Änderung der Winkel, unter denen die Stabachsen zusammenlaufen. Dies erweisen auch die Versuche von Mecklenbeck und Ehrlich mit Vierendeelknoten[1]). Demgemäß besteht eigentlich die Voraussetzung, auf Grund welcher die Momente im Rahmenträger berechnet wurden, daß nämlich diese Winkel unveränderlich seien, nicht mehr zu Recht. Die Behauptung der Verteidiger des Rahmensystems, daß der Rahmenträger bei genügend genauer Berechnung eine genauere Erfassung des Spannungszustandes ermöglicht, als der Fachwerkträger, dessen Nebenspannungen nicht berücksichtigt werden, ist sonach irrtümlich. Auch der Rahmenträger weist Zusatzspannungen auf, die bei dem üblichen Rechnungsgange nicht zu erfassen sind, die sich aber von den Nebenspannungen im Fachwerke dadurch unterscheiden, daß sich ihr Einfluß mit zunehmender Spannung insbesondere nach Überschreiten der Elastizitätsgrenze immer stärker bemerkbar macht, während beim Fachwerkträger gerade das Gegenteil der Fall ist. Diese Zusatzspannungen dürfen sonach beim Rahmenträger nicht als Nebenspannungen sondern müssen als Grundspannungen gewertet werden, sie beeinflussen auch den Sicherheitsgrad des Trägers.

96. Die Berechnung der Rahmenträger[2]).

Die Berechnung des bei n Rahmenfeldern $3n$-fach statisch unbestimmten Systems läßt sich unter einer vereinfachenden Annahme auf die Auflösung von bloß n Elastizitätsgleichungen zurückführen. Die Form der Umrißlinie ist hierbei gleichgültig, sämtliche in Abb. 428 dargestellten Trägerformen können nach dem nachstehend entwickelten Verfahren berechnet werden. Wir machen nur die einzige Einschränkung, daß die Träg-

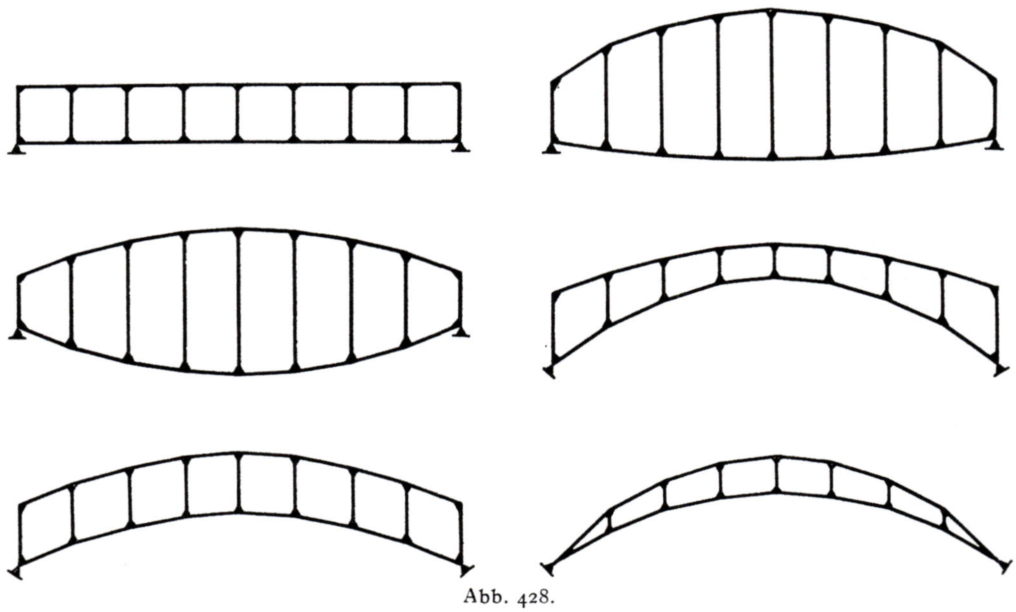

Abb. 428.

[1]) Mecklenbeck u. Ehrlich: Knotenpunkte von Vierendeelträgern und verwandte Gebilde. Eisenbau 1913, S. 19.

[2]) Siehe darüber: Mann, Ludwig: Die Berechnung steifer Vierecknetze. Z. Bauw. 1909, S. 539. Das strebenlose Ständerfachwerk. Festschrift Müller-Breslau gewidmet, Leipzig 1912.

Engesser, Fr.: Die Berechnung der Rahmenträger mit besonderer Rücksicht auf die Anwendung. Z. Bauw. 1913.

Bleich, Fr.: Die Berechnung statisch unbestimmter Tragwerke nach der Methode des Viermomentensatzes. Berlin 1918.

heitsmomente der Gurtstäbe eines Rahmenfeldes sich so verhalten wie die Längen dieser Stäbe, daß also die Bedingung

$$J_o : J_u = o : u$$

in jedem Felde erfüllt ist. Gleichlangen Stäben entsprechen sonach auch gleichgroße Trägheitsmomente. Die geforderte Bedingung trifft in der Regel, wenn nicht der einen Gurtung noch besondere Aufgaben zugewiesen sind, gut zu oder ist mit geringem Mehraufwand an Baustoff leicht zu erfüllen. Kleine Abweichungen hiervon sind ohne Einfluß auf die Überzähligen. Ebenso wie man mehrfache Strebensysteme trotz der baulichen Vorteile, die sie in vielen Fällen bieten, der Unklarheit im Kräftespiel wegen, vermeidet oder Gelenke anordnet um statisch bestimmte Systeme zu erzielen, so erscheint es auch hier wohl begründet, die Freiheit in der baulichen Gestaltung des Rahmenträgers zugunsten einer vereinfachten Berechnungsweise einzuschränken. Wir setzen weiter voraus, daß der Querschnitt eines jeden Rahmenstabes zwischen zwei Knotenpunkten unveränderlich sei und daß die Lasten nur in den Knotenpunkten angreifen. Im übrigen können die Trägheitsmomente von Feld zu Feld beliebig wechseln. Die Pfostenquerschnitte sind keiner Einschränkung unterworfen.

Sieht man von den äußerst geringfügigen Längenänderungen der Pfosten ab, so müssen die lotrechten Verschiebungen zweier übereinander liegender Knoten gleich sein, weshalb auch stets

$$\frac{M^o}{E J_o \cos\alpha} = \frac{M^u}{E J_u \cos\beta},$$

wobei M^o und M^u die Momente in zwei lotrecht übereinander liegenden Punkten des Ober- und Untergurtes sind, Abb. 429. Aus dieser Beziehung folgt

$$\frac{M^o}{M^u} = \frac{J_o \cos\alpha}{J_u \cos\beta} = \frac{J_o u}{J_u o}$$

und da unserer Voraussetzung gemäß $\frac{J_o u}{J_u o} = 1$ ist, so ist

$$M^o = M^u.\,^{1)}$$

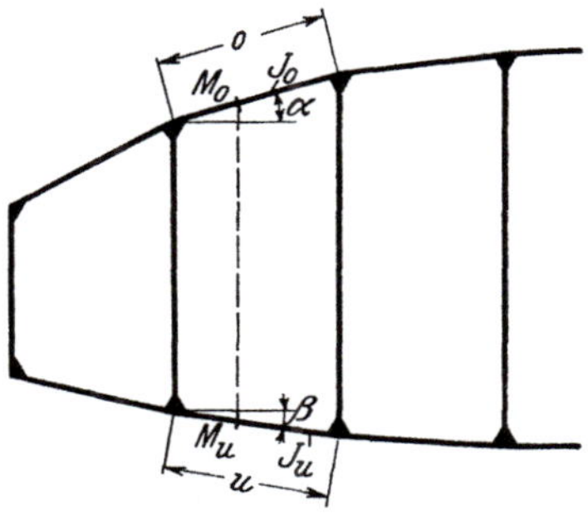

Abb. 429.

Durch diesen einfachen Zusammenhang verringert sich die Zahl der Elastizitätsbedingungen von $3n$ auf n.

Denkt man sich je einen Schnitt unmittelbar rechts und links vom Knoten k geführt, so bestehen zwischen den Schnittkräften und den äußern Lasten die nachfolgend abgeleiteten Beziehungen, wenn man die folgenden Bezeichnungen, Abb. 430, beachtet:

M_k^l und M_k^r sind die Gurtmomente unmittelbar links bzw. rechts vom Knotenpunkt k,

X_k^o, X_k^u sind die wagrechten Schnittkräfte im Ober- bzw. Untergurt für Schnitte links von k,

X_{k+1}^o, X_{k+1}^u die betreffenden Schnittkräfte für Schnitte rechts von k,

T_k^o, T_k^u sowie T_{k+1}^o, T_{k+1}^u die lotrechten Schnittkräfte für die Schnitte links bzw. rechts von k,

$\mathfrak{M}_k$ das Moment der links von k gelegenen äußeren Kräfte, bezogen auf den Punkt k des Obergurtes,

$\mathfrak{Q}_k$ die Summe der lotrechten Teilkräfte der links von k gelegenen äußeren Kräfte (Querkraft),

$\mathfrak{H}_k$ die Summe der wagrechten Teilkräfte der links von k gelegenen äußeren Kräfte, positiv, wenn von links nach rechts gerichtet.

[1] Einen strengen Beweis für die Richtigkeit dieses Satzes habe ich in dem voranstehend angeführten Buche gegeben.

Die Momentengleichung für den Obergurtknoten k lautet sonach (Abb. 430a):

$$-2\,M_k^l + \mathfrak{M}_k - X_k^u\,h_k = 0\,.$$

Daraus folgt:

$$M_k^l = \tfrac{1}{2}(\mathfrak{M}_k - X_k^u\,h_k)\,. \qquad (7)$$

Ebenso aus Abb. 430b:

$$M_k^r = \tfrac{1}{2}(\mathfrak{M}_k - X_{k+1}^u\,h_k)\,. \qquad (7')$$

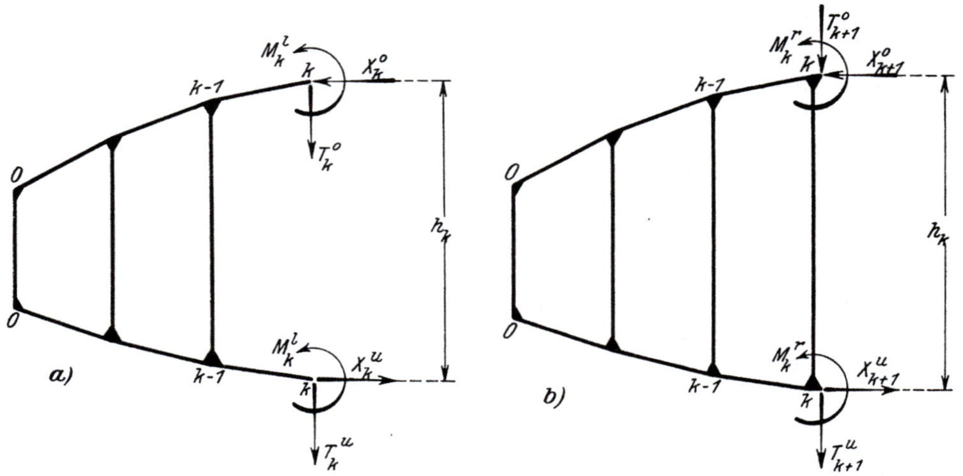

Abb. 430.

Für die an beiden Enden gleichen Anschlußmomente des Pfostens erhält man aus der Bedingung $\Sigma M = 0$ am Knoten k

$$M_k^v - M_k^l + M_k^r = 0$$

oder

$$M_k^v = (X_{k+1}^u - X_k^u)\,\frac{h_k}{2}\,. \qquad (8)$$

Die Schnittkräfte T_k^0 und T_k^u ermittelt man aus zwei Momentengleichungen, die die Punkte $k-1$ des Ober- bzw. Untergurtes zum Bezugspunkt haben. Man erhält dann:

$$\left.\begin{aligned} T_k^0 &= \frac{\mathfrak{Q}_k}{2} + \frac{X_k^u}{2}(\operatorname{tg}\alpha_k - \operatorname{tg}\beta_k) + \frac{\mathfrak{H}_k}{2}\operatorname{tg}\alpha_k \\ T_k^u &= \frac{\mathfrak{Q}_k}{2} - \frac{X_k^u}{2}(\operatorname{tg}\alpha_k - \operatorname{tg}\beta_k) - \frac{\mathfrak{H}_k}{2}\operatorname{tg}\alpha_k \end{aligned}\right\} \qquad (9)$$

Die Gurtlängskräfte sind:

$$\left.\begin{aligned} O_k &= X_k^u\left[\cos\alpha_k + \frac{\sin\alpha_k}{2}(\operatorname{tg}\alpha_k - \operatorname{tg}\beta_k)\right] + \frac{1}{2}\,\mathfrak{Q}_k\sin\alpha_k + \mathfrak{H}_k\,\frac{1+\cos^2\alpha_k}{2\cos\alpha_k} \\ U_k &= X_k^u\left[\cos\beta_k - \frac{\sin\beta_k}{2}(\operatorname{tg}\alpha_k - \operatorname{tg}\beta_k)\right] + \frac{1}{2}\,\mathfrak{Q}_k\sin\beta_k - \frac{\mathfrak{H}_k}{2}\operatorname{tg}\alpha_k\sin\beta_k \end{aligned}\right\} \qquad (10)$$

und die Pfostenlängskraft

$$V_k = \frac{X_{k+1}^u}{2}(\operatorname{tg}\alpha_{k+1} - \operatorname{tg}\beta_{k+1}) - \frac{X_k^u}{2}(\operatorname{tg}\alpha_k - \operatorname{tg}\beta_k) \pm \frac{P_k}{2}\,, \qquad (11)$$

während die Pfostenquerkraft durch

$$Q_k^v = X_{k+1}^u - X_k^u$$

gegeben ist. In diesen Gleichungen sind α_k und β_k die Neigungswinkel der Gurtstäbe des k-ten Feldes gegen die Wagerechte. Siehe Abb. 429.

Das $+$-Zeichen gilt, wenn die Last P_k am Obergurt, das $-$-Zeichen, wenn die Last am Untergurt angreift. Ergibt sich V_k positiv, so ist der Pfosten gedrückt, andernfalls gezogen.

Bei der Einführung der Werte für die Winkelfunktionen sin und tg in den Gl. (9), (10) und (11) ist auf das Vorzeichen der Winkel α und β zu achten. Diese Winkel sind positiv für rechts steigende Obergurte und für rechts fallende Untergurte. Hat einer der Gurte entgegengesetzte Steigung, so ist das Vorzeichen der betreffenden Funktionen sin oder tg umzukehren.

Sind wagrechte äußere Kräfte vorhanden, dann ist X_k^u die horizontale Feldkraft für den Untergurt des k-ten Feldes, während die Schnittkraft für den Obergurt $X_k^u + \mathfrak{H}_k$ beträgt. Nur wenn $\mathfrak{H}_k$ Null ist, ist der absolute Wert der Schnittkraft im Obergurt und im Untergurt gleich. Der Obergurt ist beim Balkenträger gedrückt, der Untergurt gezogen.

In den vorangehend aufgestellten Gleichungen sind die Momente M_k^r, M_k^l und M_k^v, die Stabkräfte O_k, U_k, V_k durch die äußeren Lasten und durch die zunächst noch unbekannten Schnittkräfte des Untergurtes X_k^u ausgedrückt. Die Berechnung der n Größen X_k^u erfolgt mit Hilfe der nachfolgend angegebenen n Elastizitätsbedingungen[1]):

$$\left.\begin{aligned}
&+X_1^u\left[h_0' h_0^2 + 2\,s_1'(h_0^2 + h_0 h_1 + h_1^2) + h_1' h_1^2 + 12\left(o_1 \frac{J_c}{F_1^o} + u_1 \frac{J_c}{F_1^u}\right)\right] - X_2^u h_1' h_1^2 \\
&\qquad = \left[\mathfrak{M}_0 (h_0' h_0 + s_1'(2 h_0 + h_1)) + \mathfrak{M}_1 s_1' (h_0 + 2 h_1) - 12\, o_1 \frac{J_c}{F_1} \mathfrak{H}_1\right] \\
&\cdots\cdots\cdots\cdots\cdots\cdots\cdots\cdots\cdots\cdots \\
&-X_{k-1}^u h_{k-1}' h_{k-1}^2 + X_k^u\left[h_{k-1} h_{k-1}^2 + 2\,s_k'(h_{k-1}^2 + h_{k-1} h_k + h_k^2) + h_k' h_k^2 + 12\left(o_k \frac{J_c}{F_k^o} + u_k \frac{J_c}{F_k^u}\right)\right] \\
&\qquad - X_{k+1}^u h_k' h_k^2 = \left[\mathfrak{M}_{k-1} s_k' (2 h_{k-1} + h_k) + \mathfrak{M}_k s_k' (h_{k-1} + 2 h_k) - 12\, o_k \frac{J_c}{F_k^o} \mathfrak{H}_k\right] \\
&\cdots\cdots\cdots\cdots\cdots\cdots\cdots\cdots\cdots\cdots \\
&-X_{n-1}^u h_{n-1}' h_{n-1}^2 + X_n^u\left[h_{n-1}' h_{n-1}^2 + 2 s_n'(h_{n-1}^2 + h_{n-1} h_n + h_n^2) + h_n' h_n^2 + 12\left(o_n \frac{J_c}{F_n^o} + u_n \frac{J_c}{F_n^u}\right)\right] \\
&\qquad = \left[\mathfrak{M}_{n-1} s_n' (2 h_{n-1} + h_n) + \mathfrak{M}_n (s_n' (2 h_n + h_{n-1}) + h_n h_n') - 12\, o_n \frac{J_c}{F_n^o} \mathfrak{H}_n\right].
\end{aligned}\right\} \quad (12)$$

Hierin bedeuten:

$$h_k' = \frac{J_c}{J_k^v} h_k', \qquad s_k' = \frac{J_c}{J_k^o} o_k = \frac{J_c}{J_k^u} u_k;$$

J_k^o, J_k^u und J_k^v sind die Trägheitsmomente des Obergurtes, des Untergurtes und des Pfostens, J_c ein beliebiges Trägheitsmoment. F_k^o und F_k^u die Gurtquerschnitte.

Das von der Dehnung der Gurtstäbe herrührende Glied

$$12\left(o_k \frac{J_c}{F_k^u} + u_k \frac{J_c}{F_k^u}\right)$$

kann nur in Ausnahmefällen vernachlässigt werden. Doch genügt es meist mit einem für alle Felder gleichen Wert zu rechnen.

Die Vernachlässigung der Gurtdehnungen bei der Ermittlung der Überzähligen ist nicht immer gestattet. Der Einfluß dieser Formänderungen auf die Größen X hängt von zwei Umständen ab. 1. Vom Schlankheitsgrad der Gurtstäbe und zwar derart, daß mit abnehmendem Schlankheitsgrad der Einfluß der Längskräfte größer wird. 2. Vom Verhältnis $\frac{h}{\lambda}$, d. i. das Verhältnis von Fachhöhe zur Fachbreite, in der Weise, daß bei

[1]) Die Ableitung dieser Gleichung findet der Leser in meinem Buche „Die Berechnung statisch unbestimmter Tragwerke nach der Methode des Viermomentensatzes". Berlin 1918.

gleichem Schlankheitsgrad mit zunehmendem Verhältnis $\frac{h}{\lambda}$ der Einfluß der Längskräfte kleiner wird. Sonach wird bei breit gebauten Gurtstäben und geringen Fachhöhen der Einfluß der Normalkräfte auf den Wert der Überzähligen X größer sein, als bei schlanken Stäben und hohen Rahmenfeldern. Eine allgemeine Regel über die zahlenmäßige Grenze, bis zu welcher die Längskräfte in den Gurtungen vernachlässigt werden können, läßt sich nicht angeben, doch ist es sehr leicht, in jedem Sonderfalle sich über die beiläufige Höhe dieses Einflusses Rechenschaft zu geben. Hat man die Beiwerte der mittleren Glieder in den Gleichungen für X ermittelt, so genügt eine überschlägige Bestimmung des von den Flächen F abhängigen Zusatzgliedes, um zu erkennen, ob dieses Zusatzglied genügendes Gewicht hat oder nicht. Ist der Unterschied zwischen dem vollständigen Beiwert von X_k und dem genäherten $n\,^0/_0$, so beträgt der Unterschied zwischen dem richtigen Wert und dem genäherten Wert von X_k ebenfalls etwa $n\,^0/_0$.

Bei der Festsetzung der zulässigen Fehlergrenze der Größen X muß aber noch beachtet werden, daß sich eine Abweichung der X von den richtigen Werten in den Momenten M in erhöhtem Maße geltend macht, da diese als Differenz zweier Zahlen errechnet werden. Man soll daher die Überzähligen X wenigstens auf $1\,^0/_0$ genau bestimmen.

Bezeichnet man die von der Belastung abhängigen rechten Seiten der Gleichungen (12) mit $a_1, a_2, a_3 \ldots$, so nehmen die Größen X nach Auflösung des linearen Gleichungssystems (12) die Form

$$X_k^u = \mu_1 a_1 + \mu_2 a_2 + \cdots + \mu_k a_k + \cdots + \mu_n a_n \quad . \; . \; . \; . \; . \; . \; . \quad (13)$$

an. Einem positivem X_k^u entspricht eine vom Knoten k nach rechts gerichtete Feldkraft, siehe Abb. 430, die für sich genommen im Untergurt Zug erzeugt. Um nun die Einflußlinien der Überzähligen zu finden, belastet man der Reihe nach die einzelnen Knoten mit $P = 1$, bestimmt hierfür die Werte a und mit Hilfe der Lösungen (13) die Einzelwerte der Unbekannten X_k, aus denen dann die Einflußlinien zusammengestellt werden. Bei symmetrischen Trägern genügt natürlich die Berechnung für eine Trägerhälfte.

Da der Beiwert der mittleren Unbekannten in jeder der Gleichung (12) bedeutend größer ist als die Beiwerte der rechts und links hiervon stehenden Unbekannten, so weisen auch die Lösungen (13) die Eigenheit auf, daß der Beiwert μ_k weitaus größer ist als alle anderen Beiwerte. Von $\mu_k a_k$ nehmen die Glieder nach beiden Seiten rasch ab. In der Regel genügt es daher, 5 Glieder der Gleichung (13) zu berücksichtigen, also

$$X_k^u = \mu_{k-2} a_{k-2} + \mu_{k-1} a_{k-1} + \mu_k a_k + \mu_{k+1} a_{k+1} + \mu_{k+2} a_{k+2}$$

zu setzen. Ebenso genügt es, bei der Ausrechnung der Ordinaten der X_k^u-Linie bloß die Punkte $k-2$, $k-1$, k und $k+1$ zu ermitteln, da die Äste $o-(k-2)'$ und $(k+1)'-n$ sich kaum von der Geraden unterscheiden. (Abb. 431.) Oft sind selbst die Knicke $(k-2)'$ und $(k+1)'$ nicht mehr scharf betont.

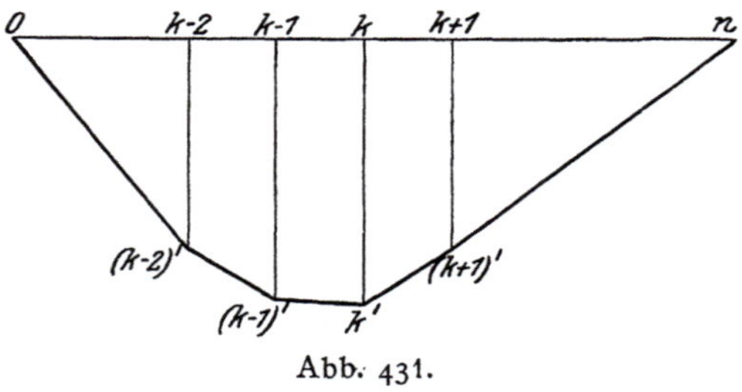

Abb. 431.

Mit Hilfe der Gleichungen (7) bis (11) ist es nun leicht, unter Zuhilfenahme der X-Linien die Einflußlinien der Anschlußmomente M_k^l, M_k^r, M_k^v und der Stabkräfte O_k, U_k, V_k bzw. der betreffenden Kernmomente zu zeichnen.

Zur Darstellung der Kernmomente der Gurte benütze man die entsprechend abgeänderte Gleichung (7) oder (7') in der Form

$$M_k^{\text{Kern}} = \tfrac{1}{2}[\mathfrak{M}_k - X_k(h_k \pm k)], \quad . \; . \; . \; . \; . \; . \; . \; . \; . \; . \quad (14)$$

wenn k der lotrecht gemessene Abstand des betreffenden Kernpunktes von der Schwerachse des Stabes bedeutet.

Für die Kernmomente der Pfosten gilt die Gleichung

$$M_v^{\text{Kern}} = M_k^{\,v} \pm V \cdot k \quad . \quad . \quad . \quad . \quad . \quad . \quad . \quad . \quad . \quad . \quad . \quad . \quad (14')$$

Selbstverständlich entfällt die Berechnung der Stabkräfte O, U und V im Falle die Kernmomente ermittelt wurden, da diese genügen, um die größten Randspannungen zu bestimmen.

Die Randspannungen sind im Bereiche des Knotens am größten. Bei den Gurten sind neben den Momenten auch die Längskräfte vielfach für die Bemessung ausschlaggebend. Bei den Pfosten, ausgenommen die Endpfosten, spielen die Längskräfte fast keine Rolle. Hier genügt es in der Regel, die Einflußlinie des Achsenmomentes zu bestimmen und die geringe Längsspannnng zur Randspannung zuzuschlagen.

Statisch unbestimmte Systeme.

Ist der Rahmenträger derart gelagert, daß überzählige Auflagerkräfte auftreten, so ermittle man die Einflußlinien dieser Überzähligen wie bei einem Fachwerk mittels Biegelinien. Man berechnet zu diesem Behufe den Rahmenträger als einfachen Balken mit Hilfe der oben angegebenen Formeln, bestimmt den Verlauf der Momente in der Lastgurtung für die Zustände $X_1 = -1$, $X_2 = -1$ usw. und zeichnet in der bekannten Weise die Biegelinien für den Lastgurt, der nichts anderes als einen steifen Stabzug darstellt. Es sei hier nur noch auf das unten folgende Beispiel verwiesen.

Näherungsverfahren.

Für die erstmalige Berechnung des Rahmenträgers ist es zweckmäßig, ein einfaches Berechnungsverfahren an der Hand zu haben, das die näherungsweise Ermittlung der Überzähligen ohne vorherige Kenntnis der Querschnittsgrößen ermöglicht. Setzt man nach dem Vorschlage Engessers die Pfostenträgheitsmomente $J_v = \infty$, betrachtet sie also als starr, so werden in den Elastizitätsgleichungen (12) sämtliche Faktoren h' Null und die einzelnen Gleichungen, deren Außenglieder verschwinden, nehmen bei Unterdrückung des Einflusses der Längsdehnung die einfache Form

$$2\,X_k^{\,u}\, s_k'\,(h_{k-1}^2 + h_{k-1}\,h_k + h_k^{\,2})$$
$$= s_k'\,[\mathfrak{M}_{k-1}\,(2\,h_{k-1} + h_k) + \mathfrak{M}_k\,(h_{k-1} + 2\,h_k)]$$

an. Aus dieser Gleichung folgt unmittelbar

$$X_k^{\,u} = \frac{\mathfrak{M}_{k-1}\,(2\,h_{k-1} + h_k) + \mathfrak{M}_k\,(h_{k-1} + 2\,h_k)}{2\,(h_{k-1}^2 + h_{k-1}\,h_k + h_k^{\,2})}. \quad (15)$$

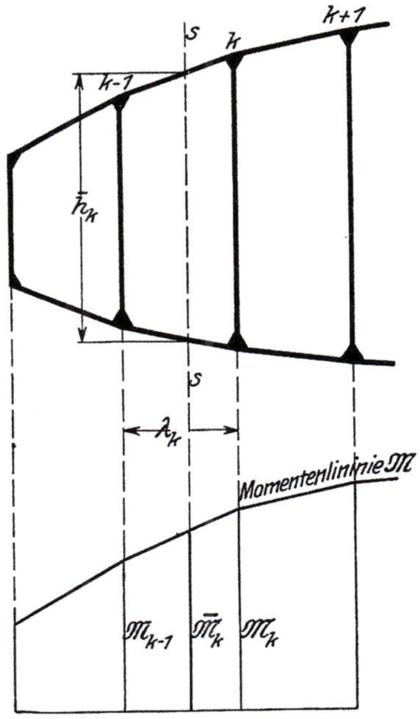

Abb. 432.

Sind außer lotrechten Lasten noch wagerechte Knotenlasten vorhanden, so ist zu beachten, daß $\mathfrak{M}_k$ das Moment der äußeren Kräfte bezogen auf den Obergurtknoten k bedeutet.

Die im Zähler der Gleichung (15) stehende Momentensumme läßt sich als das $3\,(h_{k-1} + h_k)$-fache Moment für jenen Obergurtpunkt deuten, der in der lotrechten Schwerlinie $s - s$ der zwischen $k - 1$ und k befindlichen Trapezfläche liegt (Abb. 432). Für $\bar{\mathfrak{M}}_k$ findet man nach einfacher Rechnung

$$\bar{\mathfrak{M}}_k = \frac{\mathfrak{M}_{k-1}\,(2\,h_{k-1} + h_k) + \mathfrak{M}_k\,(h_{k-1} + 2\,h_k)}{3\,(h_{k-1} + h_k)};$$

sonach ist

$$X_k^u = \frac{3}{2}\,\overline{\mathfrak{M}}_k\,\frac{h_{k-1}+h_k}{h_{k-1}^2+h_{k-1}\,h_k+h_k^2} = \frac{\overline{\mathfrak{M}}_k}{\bar{h}_k}, \qquad \text{(16)}$$

wenn $\bar{h}_k$ die Höhe des Feldes $k-1$, k, in der Schwerlinie gemessen, bedeutet (Abb. 433). Die Einflußlinien für X_k^u sind einfache Vierseite, die aus der Momenteneinflußlinie für den Punkt s in der in Abb. 433a dargestellten Weise entstehen.

Aus der Formel für die Gurtmomente

$$M_k^l = \tfrac{1}{2}(\mathfrak{M}_k - X_k\,h_k)$$

entsteht unter Benützung der Gleichung (16)

$$M_k^l = \frac{1}{2}\left(\mathfrak{M}_k - \overline{\mathfrak{M}}_k\,\frac{h_k}{\bar{h}_k}\right)$$

und ebenso

$$M_k^r = \frac{1}{2}\left(\mathfrak{M}_k - \overline{\mathfrak{M}}_{k+1}\,\frac{h_k}{\bar{h}_{k+1}}\right). \qquad \text{(17)}$$

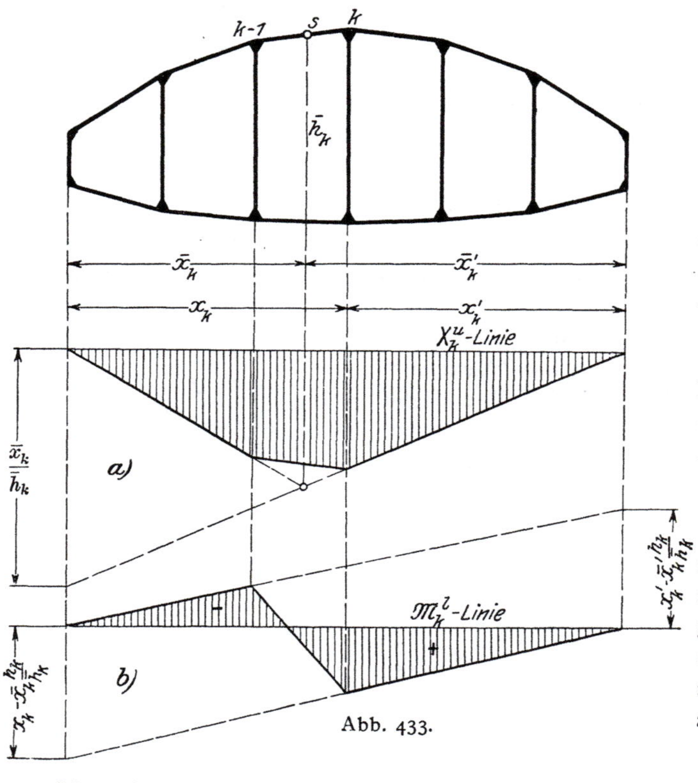

Abb. 433.

Die Einflußlinien der Gurtmomente ergeben sich somit höchst einfach als Differenz zweier Momentenlinien (Abbildung 433b).

Die Gurtlängskräfte O_k und U_k ermittelt man genau genug nach den Formeln

$$O_k = (X_k^u + \mathfrak{H}_k)\sec\alpha_k \quad \text{und} \quad U_k = X_k^u \sec\beta_k. \qquad \text{(18)}$$

Bei den Pfosten genügt es die halbe Knotenlast P_k in Rechnung zu stellen, sonach

$$V_k = \pm\frac{P_k}{2} \qquad \text{(19)}$$

zu setzen. Die Pfostenanschlußmomente selbst ergeben sich als Unterschied der beiden dem Knoten k zugehörenden Gurtmomente, also

$$M_k^v = M_k^l - M_k^r. \qquad \text{(20)}$$

Man wird natürlich auch bei dieser Annäherungsrechnung statt mit Achsenmomenten mit Kernpunktmomenten rechnen. Es gelten demnach die Formeln (17), nur sind die Höhen h nicht von Schwerpunkt zu Schwerpunkt zu messen, sondern vom Schwerpunkt des einen Gurtes bis zum oberen, bzw. unteren Kernpunkt des zweiten Gurtes.

Die genaue Berechnung eines Vierendeelträgers soll in einem Beispiele ausführlich dargelegt werden.

Beispiel. Der in Abb. 434 dargestellte Bogenträger von 60 m Stützweite soll mit Hilfe der Elastizitätsbedingungen (12) berechnet werden. Die Abmessungen können der Abb. 434 entnommen werden[1]). Wir nehmen für diese Berechnung an, daß sämtliche Obergurtstäbe gleiche Querschnitte

[1]) Dieses Beispiel ist meinem in Fußnote[1]) auf S. 513 angeführten Buche entlehnt.

besitzen und wählen das Trägheitsmoment dieses Gurtes als J_c. Die reduzierten Längen s' des Obergurtes sind sonach gleich den Stablängen desselben, und da in jedem Felde, entsprechend den Voraussetzungen der voranstehenden Theorie, die reduzierte Länge s' im Ober- und Untergurt die gleiche sein soll, so denken wir uns die Trägheitsmomente des Untergurtes in jedem Felde entsprechend der Stablänge etwas vergrößert.

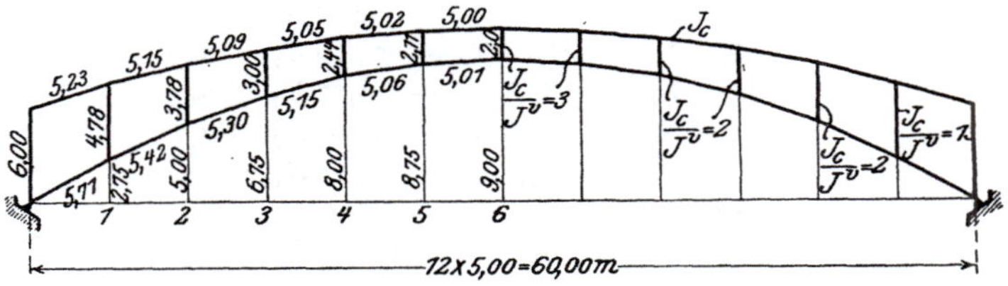

Abb. 434.

Für die Pfosten machen wir folgende Querschnittsannahmen:

$$\frac{J_c}{J_0^v} = \frac{J_c}{J_1^v} = 1, \qquad \frac{J_c}{J_2^v} = \frac{J_c}{J_3^v} = \frac{J_c}{J_4^v} = 2, \qquad \frac{J_c}{J_5^v} = \frac{J_c}{J_6^v} = 3,$$

somit berechnen sich die reduzierten Längen h' der Pfosten wie folgt:

$$h_0' = 6{,}00 \text{ m}, \quad h_1' = 4{,}78 \text{ m}, \quad h_2' = 7{,}56 \text{ m}, \quad h_3' = 6{,}00 \text{ m},$$
$$h_4' = 4{,}88 \text{ m}, \quad h_5' = 6{,}33 \text{ m}, \quad h_6 = 6{,}00 \text{ m}.$$

Wir betrachten das Tragwerk zunächst als statisch bestimmt gelagert und ermitteln die Überzähligen X_k^u für den Fall lotrechter Belastung und für den Lastangriff $H = -1$, um die notwendigen Unterlagen für die Bestimmung des Horizontalschubes H des Bogens zu gewinnen. In Tafel I sind zunächst die Beiwerte der Unbekannten der Elastizitätsbedingungen (12) berechnet. Der Trägersymmetrie wegen wurde die Berechnung nur für die linke Hälfte durchgeführt.

Tafel I.

Beiwerte der Unbekannten in den Elastizitätsbedingungen.

$$v_k = h_{k-1}^2 + h_{k-1} h_k + h_k^2, \qquad B_k = h_{k-1}' h_{k-1}^2 + 2 s_k' v_k + h_k' h_k^2,$$
$$\Delta_k = 12 \left(o_k \frac{J_c}{F_k^o} + u_k \frac{J_c}{F_k^u} \right).$$

k	h_k	h_k'	$h_k' h_k^2$	h_k^2	$h_{k-1} h_k$	v_k	s_k'	B_k	Δ_k	$B_k + \Delta_k$
	m	m	m^3	m^2	m^2	m^2	m	m^3	m^3	m^3
0	6,00	6,00	216,00	36,00						
1	4,78	4,78	109,22	22,85	28,68	87,53	5,23	1240,78	7,5	1248,28
2	3,78	7,56	108,03	14,29	18,07	55,21	5,15	785,91	7,5	793,41
3	3,00	6,00	54,00	9,00	11,34	34,63	5,09	514,56	7,5	522,06
4	2,44	4,88	29,04	5,95	7,32	22,27	5,05	307,97	7,5	315,47
5	2,11	6,33	28,17	4,45	5,15	15,55	5,02	213,33	7,5	220,83
6	2,00	6,00	24,00	4,00	4,22	12,67	5,00	178,87	7,5	186,37

Bei der Ermittlung der von den Gurtlängenänderungen herrührenden Glieder Δ_k wurden diese in allen Feldern gleich angenommen und mit den Abmessungen, die für die mittelsten Gurtstäbe gelten, deren Längenänderungen den größten Einfluß auf die Größen X_k^u ausüben, berechnet.

Setzt man $\sqrt{\frac{J_c}{F_c}} = i_k$, dem Trägheitshalbmesser des mittelsten Gurtstabes, so ist mit $o_k = u_k = \lambda$ (Feldweite)

$$\Delta_k = 24\,\lambda\, i^2 = 24\,\lambda^3 \left(\frac{i}{\lambda}\right)^3;$$

$\frac{\lambda}{i}$ ist das Schlankheitsverhältnis, das wir gleich 20 wählen wollen. Damit erhält man, wenn man noch $\lambda = 5{,}00$ m einführt,

$$\Delta_k = \frac{24 \cdot 5^3}{20^2} = 7{,}5 \text{ m}^3.$$

Die Elastizitätsbedingungen nehmen sonach, wenn man den Zeiger u jetzt wegläßt, die Form an:

$$\begin{array}{rrrl}
 & +1248,3\,X_1 & -109,2\;\;X_2 & = a_1 \\
-109,2\;\;X_1 & +\;\;793,4\,X_2 & -108,0\;\;X_3 & = a_2 \\
-108,0\;\;X_2 & +\;\;522,1\,X_3 & -\;\;54,00\,X_4 & = a_3 \\
-\;\;54,00\,X_3 & +\;\;315,5\,X_4 & -\;\;29,04\,X_5 & = a_4 \\
-\;\;29,04\,X_4 & +\;\;220,8\,X_5 & -\;\;28,17\,X_6 & = a_5 \\
-\;\;28,17\,X_5 & +\;\;186,4\,X_6 & -\;\;24,00\,X_7 & = a_6 \\
-\;\;24,00\,X_6 & +\;\;186,4\,X_7 & -\;\;28,17\,X_8 & = a_7 \\
-\;\;28,17\,X_7 & +\;\;220,8\,X_8 & -\;\;29,04\,X_9 & = a_8 \\
-\;\;29,04\,X_8 & +\;\;315,5\,X_9 & -\;\;54,00\,X_{10} & = a_9 \\
-\;\;54,00\,X_9 & +\;\;522,1\,X_{10} & -108,0\;\;X_{11} & = a_{10} \\
-108,0\;\;X_{10} & +\;\;793,4\,X_{11} & -109,2\;\;X_{12} & = a_{11} \\
-109,2\;\;X_{11} & +1248,3\,X_{12} & & = a_{12}\,.
\end{array}$$

Die Auflösung dieser Gleichungen geschieht am zweckmäßigsten durch schrittweise Aussonderung der Unbekannten von beiden Enden aus, wobei wegen der Symmetrie des Systems die Rechnung bloß für eine Hälfte durchzuführen ist.

Nachstehend ist das Ergebnis des Lösungsvorganges zusammengestellt, wobei bloß je 5 Glieder, da die übrigen wegen ihrer Kleinheit vernachlässigt werden konnten, aufgenommen wurden. Das maßgebende Glied ist durch Fettdruck ausgezeichnet.

$$\begin{array}{l}
1000\,X_1 = \mathbf{0{,}811}\,a_1 + 0{,}115\,a_2 + 0{,}024\,a_3 \\
1000\,X_2 = 0{,}115\,a_1 + \mathbf{1{,}315}\,a_2 + 0{,}277\,a_3 + 0{,}048\,a_4 \\
1000\,X_3 = 0{,}024\,a_1 + 0{,}277\,a_2 + \mathbf{2{,}009}\,a_3 + 0{,}348\,a_4 + 0{,}047\,a_5 \\
1000\,X_4 = 0{,}048\,a_2 + 0{,}348\,a_3 + \mathbf{3{,}269}\,a_4 + 0{,}439\,a_5 + 0{,}068\,a_6 \\
1000\,X_5 = 0{,}047\,a_3 + 0{,}439\,a_4 + \mathbf{4{,}678}\,a_5 + 0{,}719\,a_6 + 0{,}095\,a_7 \\
1000\,X_6 = 0{,}068\,a_4 + 0{,}719\,a_5 + \mathbf{5{,}567}\,a_6 + 0{,}731\,a_7 + 0{,}095\,a_8\,.
\end{array}$$

Die Werte der Unbekannten X_7 bis X_{12} gewinnt man aus diesen Gleichungen, indem man die Zeiger der Unbekannten und der a-Größen durch die Zeiger der symmetrisch gelegenen Größen der rechten Trägerhälfte ersetzt.

Wir schreiten nun an die Berechnung der von der Belastung abhängigen Größen a der Elastizitätsbedingungen (12), die mit $\mathfrak{H}_k = 0$ die allgemeine Form

$$a_k = \alpha_k\,\mathfrak{M}_{k-1} + \beta_k\,\mathfrak{M}_k$$

haben. Tafel II enthält daher zunächst die Berechnung der Beiwerte α_k und β_k.

Tafel II.

Berechnung der Beiwerte α_k und β_k.

$$\alpha_k = s_k'\,(2\,h_{k-1} + h_k)\,, \qquad \beta_k = s_k'\,(h_{k-1} + 2\,h_k)\,.$$

k	s_k' m	h_k m	$2\,h_{k-1} + h_k$ m	$h_{k-1} + 2\,h_k$ m	α_k m²	β_k m²
0		6,00				
1	5,23	4,78	16,78	15,56	123,76[1])	81,37
2	5,15	3,78	13,34	12,34	68,70	63,55
3	5,09	3,00	10,56	9,78	53,75	49,78
4	5,05	2,44	8,44	7,88	42,62	39,79
5	5,02	2,11	6,99	6,66	35,09	33,43
6	5,00	2,00	6,22	6,11	31,10	30,55
7	5,00	2,11	6,11	6,22	30,55	31,10
8	5,02	2,44	6,66	6,99	33,43	35,09
9	5,05	3,00	7,88	8,44	39,79	42,62
10	5,09	3,78	9,78	10,56	49,78	53,75
11	5,15	4,78	12,34	13,34	63,55	68,70
12	5,23	6,00	15,56	16,78	81,37	123,76[1])

In der folgenden Zusammenstellung, Tafel III, S. 519, sind die Beiwerte a_k ausgewiesen und zwar für die Belastung $P = 1$ in den Punkten 1, 2, 3 ... zur Darstellung der Einflußlinien und für den Lastzustand $H = -1$. Diese Tafel enthält zunächst die α_k- und β_k-Werte aus Tafel II und in den nächsten 6 Doppelreihen je die Ordinaten der $\mathfrak{M}_k$-Linie für die betreffende Knotenbelastung und

[1]) Hier wurden noch die Glieder $h_0\,h_0'$ bzw. $h_{12}\,h_{12}' = 36$ hinzugefügt.

Tafel III.
Berechnung der a_k-Werte.

k	α_k m²	β_k m²	$a_k = \alpha_k \mathfrak{M}_{k-1} + \beta_k \mathfrak{M}_k$															
			Last 1 t in 1		Last 1 t in 2		Last 1 t in 3		Last 1 t in 4		Last 1 t in 5		Last 1 t in 6		Lastzustand $H = -1$ t			
			$\mathfrak{M}_k$ mt	a_k m³t	$\mathfrak{M}_k$ mt	a_k m³t	$\mathfrak{M}_k$ mt	a_k m³t	$\mathfrak{M}_k$ mt	a_k m³t	$\mathfrak{M}_k$ mt	a_k m³t	$\mathfrak{M}_k$ mt	a_k m³t	$\mathfrak{M}_k$ mt	a_k' m³t	Δ_k m³t	$a_k' + \Delta_k$ m³t
0	—	—	0	—	0	—	0	—	0	—					6,00	—	—	—
1	123,76	81,37	4,583	372,7	4,167	339,7	3,750	305,0	3,333	271,1					7,53	1355,0	3,8	1358,8
2	68,70	63,55	4,167	579,0	8,333	815,9	7,500	734,2	6,667	652,6	5,833	571,1			8,78	1075,1	3,8	1078,9
3	53,75	49,78	3,750	410,8	7,500	820,9	11,250	962,8	10,000	856,0	8,750	749,0	7,500	642,0	9,75	956,1	3,8	960,7
4	42,62	39,79	3,333	292,3	6,667	585,0	10,000	877,1	13,333	956,5	11,667	837,0	10,000	717,5	10,44	830,6	3,8	834,4
5	35,09	33,43	2,917	214,4	5,833	429,0	8,750	643,3	11,667	857,5	14,583	896,7	12,500	768,7	10,86	729,3	3,8	733,1
6	31,10	30,55			5,000	334.1	7,500	501,2	10,000	668,3	12,500	835,2	15,000	846,9	11,00	673,7	3,8	677,5
7	30,55	31,10					6,250	423,6	8,333	564,7	10,417	705.7	12,500	846,9	10,86	673,7	3,8	677,5
8	33,43	35,09							6,667	512,8	8,333	640,6	10,000	768,7	10,44	729,3	3,8	733,1
9	39,79	42,62									6,250	597,7	7,500	717,5	9,75	830,6	3,8	834,4
10	49,78	53,75											5,000	642,0	8,78	956,9	3,8	960,7
11	63,55	68,70													7,53	1075,1	3,8	1078,9
12	81,37	123,76													6,00	1355,0	3,8	1358,8

daneben das hiermit berechnete a_k. Die Tafel ist nicht vollständig ausgefüllt, da nicht alle Werte a_k gebraucht werden, weil, wie wir schon oben hervorgehoben haben, die einzelnen Unbekannten X_k statt aus 12 Gliedern nur aus etwa 5 Gliedern zusammengesetzt werden, da die anderen ihrer Geringfügigkeit wegen vernachlässigt wurden. In den letzten Reihen ist das dem Lastzustand $H = -1$ entsprechende $\mathfrak{M}_k$, das damit berechnete a_k, sowie das Zusatzglied Δ_k, das den Einfluß von $\mathfrak{H}_k$ darstellt, verzeichnet. Mit $\mathfrak{H}_k = -1$ wird das Zusatzglied

$$\Delta_k = -12\, o_k \frac{J_c}{F_k} = -12\, \lambda^3 \left(\frac{i}{\lambda}\right)^2 = -3{,}8\,.$$

Die Bestimmung der Ordinaten der Einflußlinien von X_k erfolgt nun am besten in kleinen Täfelchen, wie es nachstehend an der Bestimmung von X_4 gezeigt ist.

$$1000\, X_4 = 0{,}048\, a_2 + 0{,}348\, a_3 + 3{,}269\, a_4 + 0{,}439\, a_5 + 0{,}068\, a_6\,.$$

Last in	2	3	4	5
$0{,}048\, a_2$	39	35	31	27
$0{,}348\, a_3$	286	335	298	261
$3{,}269\, a_2$	1912	2867	3127	2736
$0{,}439\, a_5$	188	282	376	394
$0{,}068\, a_6$	23	34	45	57
$1000\, X_4$	2448	3553	3877	3475

Es wurden hierbei nur die Punkte 2, 3, 4, 5 ermittelt, da die restlichen Teile der Einflußlinien genügend genau als Gerade betrachtet werden können. In Abb. 435 S. 520 sind die so berechneten Einflußlinien X_1 bis X_6 übersichtlich dargestellt[1]). Damit ist die Berechnung unseres Rahmenträgers, als Balkenträger, soweit die Ermittlung der statisch unbestimmten Größen in Frage kommt, erledigt. Die X^u sind durchwegs positiv, d. h. bei lotrechter Belastung ist der Untergurt gezogen, der Obergurt gedrückt.

Mit Hilfe der oben angegebenen Formeln (7)—(14) können nun jene Einflußlinien des Rahmenträgers dargestellt werden, die später für die Ermittlung der größten Randspannungen von Bedeutung sind. Damit ist das Grundsystem berechnet und es erübrigt noch den Horizontalschub H als letzte Überzählige zu ermitteln.

Mit Hilfe der Lösungen $1000\, X_k^u$ und der in Tafel III für den Zustand $H = -1$ aufgestellten Werten von $a_k = a_k' + \Delta_k$ wurden die X_k^u berechnet und in Tafel IV eingetragen. Die gleiche Tafel enthält auch die Berechnung der Gurtmomente M_k^l und M_k^r für diesen Lastzustand.

[1]) Die gestrichelt gezeichneten Einflußlinien entsprechen dem Ergebnis einer Berechnung, bei der der Einfluß der Stablängenänderungen vernachlässigt wurde. Die Unterschiede sind, wie man erkennt, z. T. sehr bedeutend.

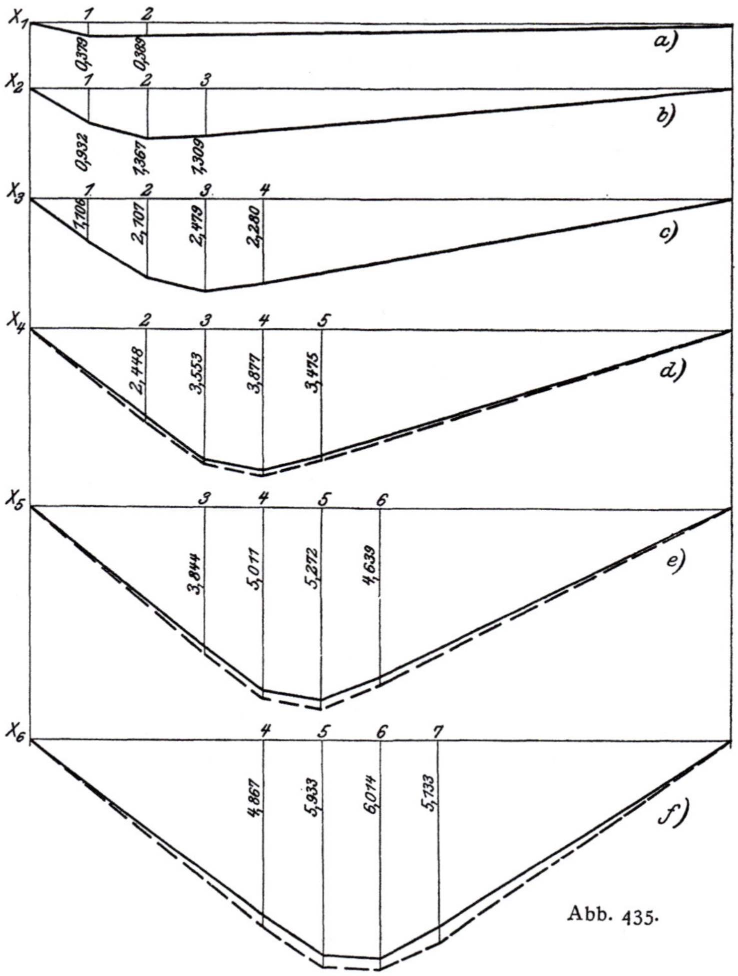

Abb. 435.

Tafel IV.

Berechnung der Gurtmomente M_k^l und M_k^r für den Lastzustand $H = -1$.

$$M_k^l = \tfrac{1}{2}(\mathfrak{M}_k - X_k^u h_k), \qquad M_k^r = \tfrac{1}{2}(\mathfrak{M}_k - X_{k+1}^u h_k).$$

k	X_k^u t	h_k m	$\mathfrak{M}_k$ mt	M_k^l mt	M_k^r mt	s'_k	$6EJ_c w_k$	$6EJ_c \xi_k = \sum_1^{k-1} w_k$	$6EJ_c \vartheta_k$	$6EJ_c \Delta u_k$
0		6,00	+ 6,00	—	− 0,750	—	—	—		
1	+ 1,250	4,78	+ 7,55	+ 0,778	− 0,733	5,23	+ 0,96	—	+ 44,51	+ 6,1
2	+ 1,882	3,78	+ 8,78	+ 0,833	− 0,498	5,15	+ 4,81	0,96	+ 43,55	+ 8,3
3	+ 2,586	3,00	+ 9,75	+ 0,996	− 0,348	5,09	+ 9,00	5,77	+ 38,74	+ 10,9
4	+ 3,482	2,44	+ 10,44	+ 0,972	− 0,151	5,05	+ 10,49	14,77	+ 29,74	+ 13,8
5	+ 4,402	2,11	+ 10,86	+ 0,786	+ 0,233	5,02	+ 12,35	25,26	+ 19,25	+ 16,9
6	+ 4,926	2,00	+ 11,00	+ 0,574	+ 0,574	5,00	+ 13,81	37,61	+ 6,90	+ 18,5
7							+ 12,35	51,42	− 6,90	+ 18,5
8							+ 10,49	63,77	− 19,25	+ 16,9
9							+ 9,00	74,26	− 29,74	+ 13,8
10							+ 4,81	83,26	− 38,74	+ 10,9
1							+ 0,96	88,07	− 43,55	+ 8,3
2							—	89,03	− 44,51	+ 6,1
								534,18		

$$6\,E\,J_c\,\vartheta_1 = \frac{534{,}18}{12} = 44{,}51.$$

Die Einflußlinie des Horizontalschubes bestimmt man aus der bekannten Beziehung

$$H = \frac{\delta_m}{\delta_H},$$

wo δ_m die Ordinaten der Biegungslinie des Lastgurtes (Untergurt) für den Zustand $H = -1$, δ_H die wagerechte Verschiebung des eines Kämpferpunktes gegen den zweiten bei dem gleichen Lastangriff bedeuten. Zwecks Zeichnung der δ_m-Linie sind in Tafel IV die elastischen Gewichte w_k nach der Formel

$$6\,E\,J_e\,w_k = (M^r_{k-1} + 2\,M^l_k)\,s'_k + (2\,M^r_k + M^l_{k+1})\,s'_{k+1}$$

dargestellt. Man könnte nun mit Hilfe der w_k-Gewichte in der bekannten Weise die Biegelinie δ_m des Untergurtes[1]) als Seilpolygon zeichnen; da aber die Darstellung von δ_H auf dem üblichen Wege bei der hier in Betracht kommenden zusammengesetzten Form der Momentenfläche sehr umständlich ist, so möge hier ein anderer Weg gezeigt werden, der in einem Verschiebungsplan die Ordinaten δ_m und δ_H liefert.

Die Gleichung für $6\,E\,J_c\,w_k$ kann auch als Drehwinkeldifferenz $6\,E\,J_c\,(\vartheta_k - \vartheta_{k+1})$ gedeutet werden, wobei ϑ_k, ϑ_{k+1} die Verdrehungen des Stabes $k-1$, k, bzw. k, $k+1$ des betrachteten Stabzuges bei der Belastung mit $H = -1$ bedeuten. Der hier erwähnte Zusammenhang folgt aus den Eigenschaften des Seilpolygons. Wir verfügen somit über $n-1$ Gleichungen zur Berechnung der n Drehwinkel ϑ_k, eine n-te Gleichung wird leicht gefunden, wenn man bedenkt, daß wegen der Unverschieblichkeit der Endpunkte die Bedingung

$$\sum_{k=1}^{n} \vartheta_k\,u_k \cos\beta_k = \lambda \sum_{k=1}^{n} \vartheta_k = 0$$

erfüllt sein muß. Wir erhalten sonach folgendes System von Bestimmungsgleichungen für die ϑ_k

$$n-1 \text{ Gleichungen:}\quad \vartheta_k - \vartheta_{k+1} = w_k,$$

$$1 \text{ Gleichung:}\quad \sum_{k-1}^{n} \vartheta_k = 0.$$

Drückt man sämtliche Drehwinkel durch ϑ_1 aus, so entstehen Gleichungen von der Form

$$\vartheta_k = \vartheta_1 - \xi_k,$$

worin, wie man sich leicht überzeugt,

$$\xi_k = \sum_{1}^{k-1} w_k$$

ist. Man erhält demnach aus der Bedingung $\Sigma\,\vartheta_k = 0$

$$n\,\vartheta_1 - \sum_{k=1}^{n} \xi_k = 0$$

oder

$$\vartheta_1 = \frac{1}{n} \sum_{k=1}^{n} \xi_k.$$

Damit sind auch alle anderen Drehwinkel gegeben. Sind diese aber bekannt, so ist die Relativverschiebung jedes Knoten gegen seinen Nachbarknoten durch die Verschiebungsgröße $s_k\,\vartheta_k$, die senkrecht zur Stabrichtung steht, und durch die Längenänderung $\Delta\,u_k$ der Stäbe gegeben. Es läßt sich somit, wenn man vom festgehaltenen Punkt o ausgeht, ein sehr einfacher Verschiebungsplan zeichnen, der die tatsächlichen Verschiebungen der einzelnen Knoten liefert. Man hat bloß die Verschiebungen $s_k\,\vartheta_k$ und $\Delta\,u_k$ in der Reihenfolge, wie die Knotenpunkte aufeinanderfolgen, aneinanderzureihen[2]). In Tafel IV sind daher nach der oben angegebenen Formel die $6\,E\,J_c$-fachen Drehwinkel ϑ_k ausgewiesen. Die Stablängenänderungen $\Delta\,u_k$ berechne man genähert in folgender Weise. Es ist

$$6\,E\,J_c\,\Delta\,u_k = 6\,E\,J_c\,\frac{X^u_k \sec\beta_k}{E\,F^u_k}\,u_k = 6\,X^u_k\,\frac{J_c}{F^u_k}\,u_k \sec\beta_k = 0{,}75\,X^u_k\,u_k \sec\beta_k.$$

---

[1]) Die Biegelinien des Ober- und Untergurtes sind natürlich identisch.

[2]) Näheres findet der Leser in dem auf Seite 510, Fußnote[2]) zitierten Buche

Der Verschiebungsplan ist in Abb. 436 dargestellt und wohl ohne weitere Erklärungen verständlich. Teilt man die aus dem Plane abzulesenden Ordinaten $6\,E\,J_c\,\delta_k$, die die lotrechten Verschiebungen der Knoten darstellen, durch die wagerechte Verschiebung $6\,E\,J_c\,\delta_h$ des Punktes 12, so erhält man die unterhalb der Verschiebungsfigur verzeichnete H-Linie. Damit ist im wesentlichen

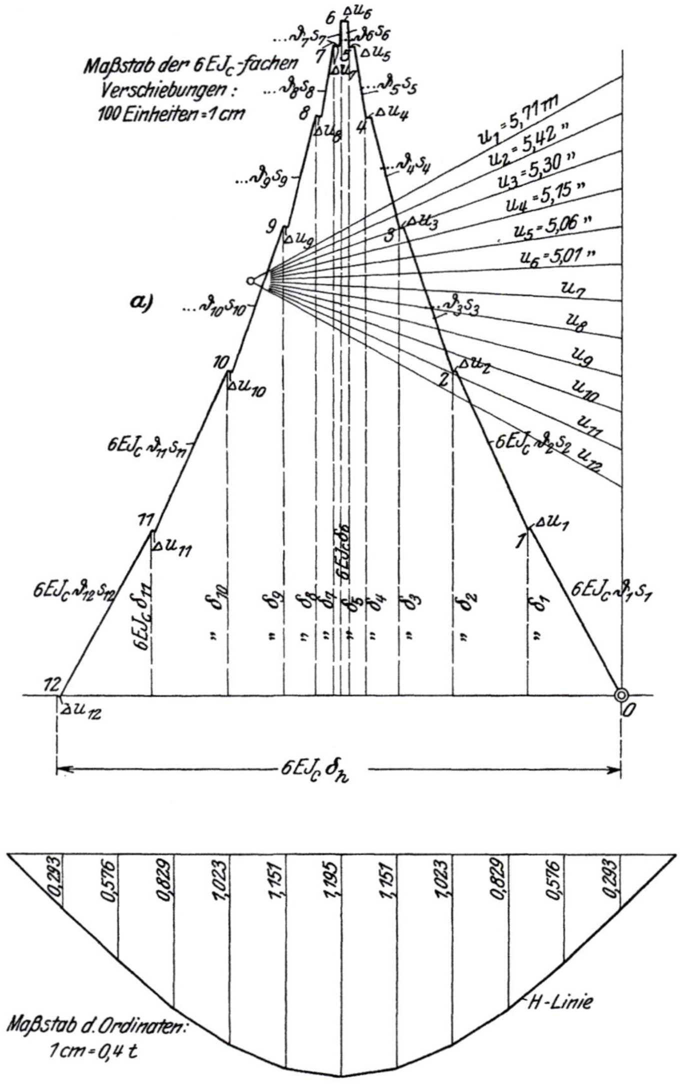

Abb. 436.

die gestellte Aufgabe gelöst. Bezeichnet allgemein S oder M eine Stabkraft oder ein Moment im Bogenträger, S_0 und M_0 die gleichen Größen im Rahmenträger bei statisch bestimmter Lagerung und S_H und M_H die Wirkungen infolge $H = -1$, so gilt

$$S = S_0 - S_H H \quad \text{und} \quad M = M_0 - M_H H.$$

Siebenter Abschnitt.

Die Wind- und Querverbände der eisernen Brücken.

§ 22. Die Windverbände.

97. Die Anordnung der Wind- und Querverbände.

Wir haben bereits in **78** ausgeführt, daß die Hauptträger mit den Wind- und Querverbänden räumliche Systeme darstellen, deren Berechnung genau genommen nach den Regeln der Statik der Raumfachwerke erfolgen sollte. In der Mehrzahl der Fälle aber läßt sich die Berechnung auf die Spannungsermittlung in ebenen Scheiben zurückführen, so daß im wesentlichen die Theorie der Hauptträger getrennt von der Theorie der Wind- und Querverbände behandelt werden konnte. Es erscheint nur notwendig, die Zusatzspannungen, die in den Hauptträgern bei wagerechten Kräften auftreten und die wir im Zusammenhange mit den inneren Kräften der Verbände in diesem Abschnitt erörtern wollen, zu den Wirkungen der lotrechten Lasten hinzuzufügen. In Ausnahmefällen bietet aber erst die Berechnung als räumliches System ein klares Bild von dem Gleichgewicht zwischen inneren und äußeren Kräften. Als Windverbände sollen jene Fachwerke bezeichnet werden, die die Gurte zweier benachbarter Hauptträger verbinden oder in Ebenen parallel zur Fahrbahn liegen, als Querverbände alle jene, die in die Ebenen von Pfosten oder Streben fallen.

Zwei Anordnungen lassen sich, wie wir schon in **78** dargelegt haben, grundsätzlich unterscheiden. 1. Brücken mit einem einzigen Windverband und Querverbänden in allen Querträgerebenen; 2. Brücken mit zwei Windverbänden und nur soviel Querverbänden, als zur räumlichen Sicherung des Systems notwendig sind. Dies sind in der Regel die Querverbände in den Lagerpunkten der Hauptträger, doch können diese auch in anderen Punkten angeordnet werden [1]).

In den meisten Fällen wird der Windverband in die Fläche der Hauptträgergurte gelegt, so daß diese gleichzeitig Gurte der Windverbandscheiben sind. Ist dies ausnahmsweise nicht der Fall, so sind eigene Windgurte vorzusehen. Die Windverbände werden entweder unmittelbar oder unter Zuhilfenahme von Querverstrebungen gegen die Hauptträgerlager abgestützt, so daß diese auch als Lager der Windfachwerke dienen müssen. In einzelnen Fällen erscheint es aber zweckmäßig, den Windträger für sich in entsprechend gebauten Stützpunkten zu lagern.

---

[1]) Die Anordnung von zwei Windverbänden und Querverbänden in jeder Querträgerebene, wie man sie bei älteren Brücken häufig vorfindet, ist nicht zu empfehlen, da hierdurch in die Kräfteverteilung nur Unklarheit gebracht wird, ohne größere Seitensteifigkeit zu erzielen. Diese Querverbände haben bestenfalls den Erfolg, bei stärkerer Belastung eines Hauptträgers den benachbarten zur Entlastung heranzuziehen.

Wenn möglich, soll wenigstens der eine Windverband tunlichst nahe der Fahrbahnebene angeordnet werden, um die von den Lasten geäußerten wagrechten Kräfte auf kürzestem Weg zu den Stützpunkten zu leiten und um die lotrechten Wirkungen der wagerecht angreifenden Kräfte auf ein Kleinstmaß zu beschränken.

Bei steifen Fahrbahndecken, wie Buckelplatten, Hängeblechen, Eisenbetonplatten kann wenigstens bei kleinen Stützweiten der Fahrbahnwindverband entfallen, da diese Abdeckungen wie wagerechte Träger wirken. Bei größeren Stützweiten wird die Fahrbahntafel aus den in **73** angegebenen Gründen unterbrochen; in solchen Fällen ist dann ein eigentlicher fachwerkartiger Windverband in oder in der Nähe der Fahrbahnebene notwendig.

Es ergeben sich sonach folgende Anordnungen der Wind- und Querverbände:

a) Einfache Balkenbrücken.

α) Bei oben liegender Fahrbahn. Hier werden entweder zwei Windverbände in der Höhe eines jeden der beiden Hauptträgergurte mit Querverbänden an den Brückenenden oder ein Windverband im Obergurt und Querverstrebungen in jeder Querträgerebene angeordnet, Abbildung 437a und b. Die erstgenannte Anordnung ist die übliche.

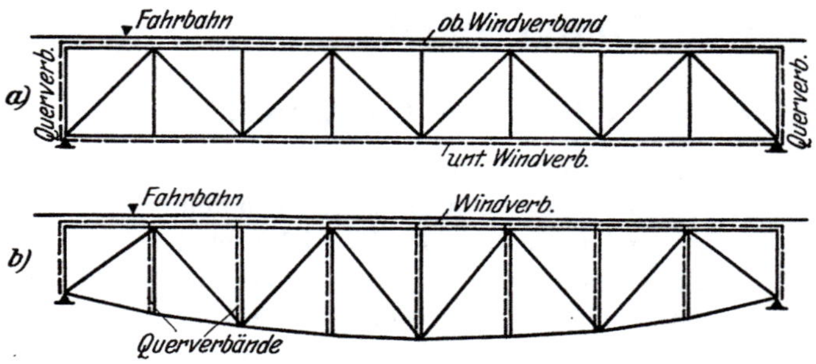

Abb. 437.

β) Bei untenliegender Bahn wird unbedingt ein Verband in der Höhe des Untergurtes angeordnet. Ist genügende Höhe vorhanden, dann ist es zweckmäßig, einen zweiten Windverband in der Obergurtebene vorzusehen, während an den Enden, um die wagerechten Kräfte aus dem oberen Verband in die Stützpunkte zu leiten, Steifrahmen (Portale) eingebaut werden, Abb. 438a. Bei kleineren Stützweiten ist es wegen der notwendigen lichten Höhe über der Bahn nicht mehr möglich, einen oberen Verband vorzusehen, es tritt daher an seine Stelle in jeder Querträgerebene ein steifer Halbrahmen, Abbildung 438b, der die gleiche Wirkung wie eine Querverstrebung hat. Manchmal werden beide Anordnungen vereinigt, indem nur der mittlere höhere Brückenteil einen oberen Windverband erhält, der sich auf zwei geschlossene Steifrahmen in *m* und *n* stützt. In den Endfeldern werden dann Halbrahmen vorgesehen, Abb. 438c. Bei allen einfachen Balkenbrücken sind die Windverbände selbst als Balken auf zwei Stützen aufzufassen.

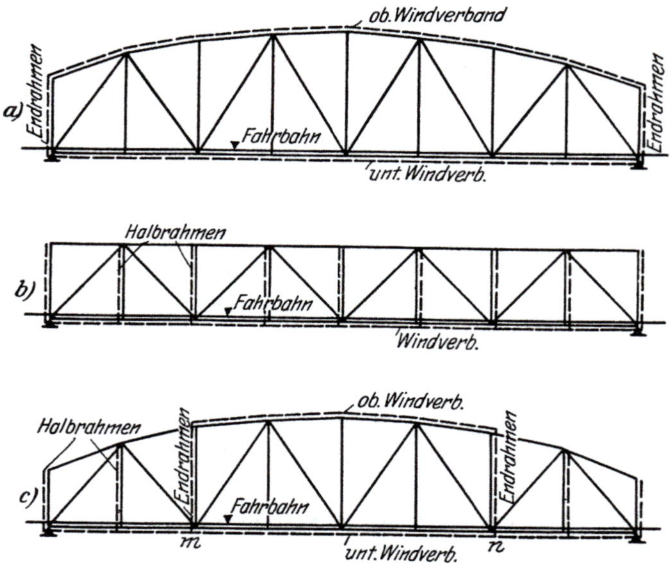

Abb. 438.

b) Mehrfeldrige Balkenbrücken ohne Gelenke.

Sind die Hauptträger durchlaufende Balken ohne Gelenke, so gelten die gleichen Regeln für die Anordnung der Wind- und Querverbände wie bei einfachen Balken. Querverbände müssen zumindest in den Auflagerpunkten vorgesehen werden. Jeder Windverband stellt dann einen durchlaufenden Balken von gleichem Unbestimmtheitsgrad wie der Hauptträger vor, Abb. 439.

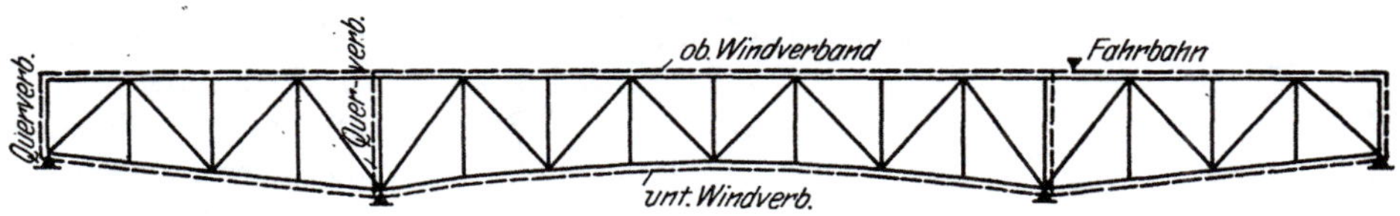

Abb. 439.

c) Gerberbalkenbrücken.

Sind die Hauptträger durchgehende Balken mit Gelenken, dann ist bei der Anordnung der Windverbände darauf zu achten, daß nicht durch die Verbände die Wirkung der Gelenke behindert wird. Die Ebenen oder Flächen, in denen die Windverbände liegen, müssen durch die Gelenkmittelpunkte hindurchgehen, Abb. 440a; außerhalb der Gelenke liegende müssen an diesen Stellen unterbrochen sein, Abb. 440b und c. In statischer Hinsicht können die Verbände selbst einfache Balken, Gelenkträger oder durchgehende Balken ohne Gelenke vorstellen.

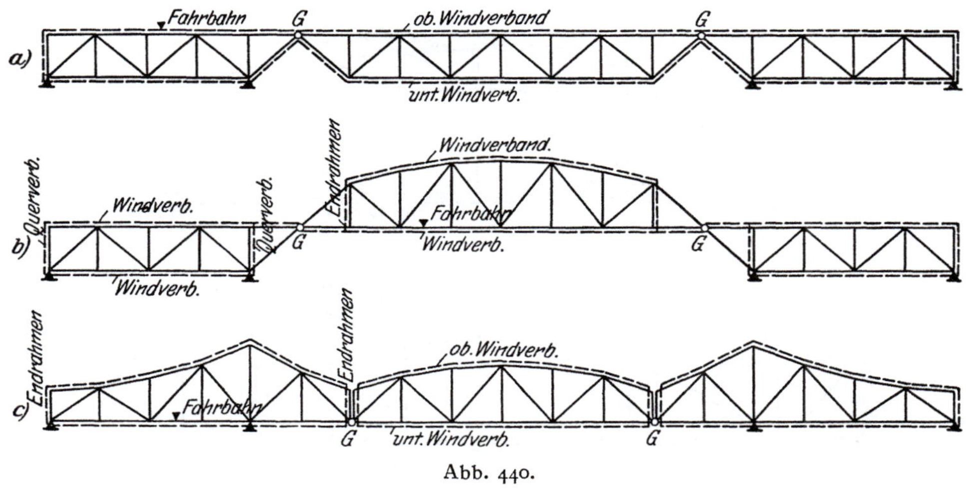

Abb. 440.

d) Bogenbrücken.

α) Die Fahrbahn liegt über dem Tragwerk. In diesem Falle werden fast immer zwei Windverbände, der eine meist in der Untergurtebene des Bogens, der zweite in der Höhe der Fahrbahn, der dann, wenn beide Bogengurten gekrümmt sind, einen eigenen Windgurt, Streckgurt genannt, erhält. Abb. 441a zeigt die Anordnung mit Endquerverbänden, die den oberen Verband stützen. In Abb. 441b ist der obere Verband unmittelbar im Widerlagermauerwerk gelagert. Sind Mittelgelenke vorhanden, so sind die Windverbände an diesen Stellen zu unterbrechen, falls ihre Ebenen nicht durch den Gelenkpunkt gehen, Abb. 441c. In den Fällen Abb. 441a und b werden meist Querrahmen von Bogenhöhe angeordnet, um auch den Obergurt in seitlicher Richtung festzuhalten. Der in Fahrbahnebene liegende Verband ist als Balken mit wagrechter Wirkungsebene zu lagern, der in der Bogengurtung liegende bildet im Verein mit den beiden Hauptträgern einen an beiden Enden eingespannten räumlichen Träger.

β) Bogenbrücken mit tiefliegender Fahrbahn. Hier können sehr mannigfaltige Verhältnisse auftreten. Auf alle Fälle ist ein Windverband in der Fahrbahnebene anzuordnen, falls die Fahrbahntafel nicht selbst steif genug ist, um als wagerechter Träger zu wirken. Ein zweiter Verband liegt in der Regel in der Obergurthöhe des Bogens und verläuft, je nachdem der Bogen vollständig oder zum Teil über der Bahn liegt, von Widerlager zu Widerlager oder nur im mittleren Teil des Bogens. Abbildung 442a und b zeigen den ersten Fall, Abb. 442c den zweiten. Der obere Verband stützt sich auf die beiden Portalrahmen, die ihrerseits im unteren Verband gelagert sind, der an beiden Enden seine wagerechten Auflagerkräfte an Endverstrebungen abgibt oder im Widerlagermauerwerk längsverschieblich gelagert wird. Außerdem sind noch zwei kurze Verbände in der Bogenuntergurtung

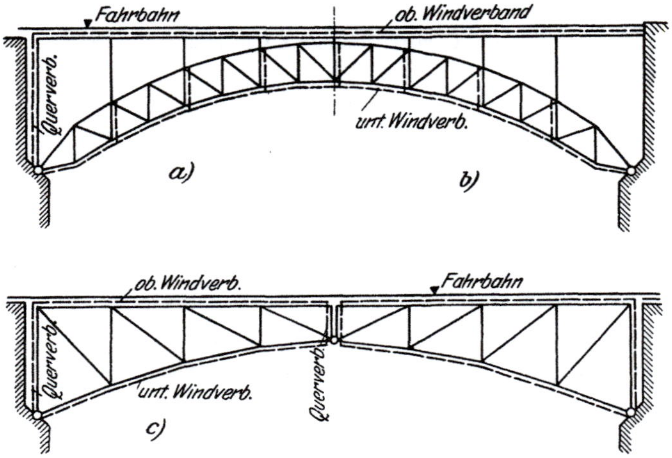

Abb. 441.

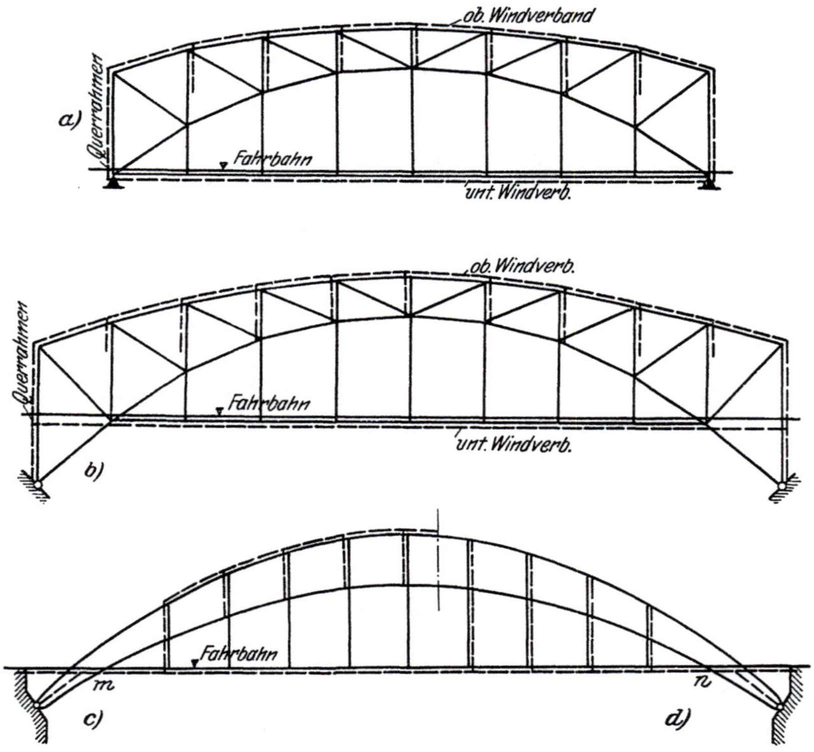

Abb. 442.

in der Nähe der Kämpfer vorgesehen. Sollen die Gurte des unteren Verbandes nicht als Zugband wirken, so darf bei *a* und *b* keine Verbindung des Bogens mit der Windverbandgurtung stattfinden. Bei kleineren Stützweiten ist die Höhe der Bogenobergurte zu gering, um einen oberen Windverband einbauen zu können, in diesem Falle haben steife Halbrahmen die wagerechten Kräfte von den Knoten des Obergurtes in den unteren Verband zu leiten, Abb. 442d.

e) Hängebrücken.

Windverbände werden nur im Versteifungsträger vorgesehen und gelten die für Balkenträger mit einer oder mehreren Öffnungen angegebenen Regeln. Der Wind auf die Kette wird entweder nur an den Pylonenauflagern oder dort und in Brückenmitte aufgenommen. Ein Windverband zwischen den Ketten oder Kabeln wird nicht angeordnet. Man hat wohl versucht, durch Führung der Hängegurte in Schrägebenen den Brücken eine größere seitliche Steifigkeit zu verleihen. Eine einfache Überlegung zeigt aber folgendes: Bei Windangriff wird der windseits gelegene Gurt gedrückt, der leeseits gelegene Windgurt gezogen. Infolge Verkürzung des einen Gurtes hebt sich der vom Winde getroffene Versteifungsträger, während der zweite sich senkt, Abb. 443. Die hierdurch entstehenden Zusatzkräfte in den Hängebogen geben bei schräger Kabellage Seitenkräfte der Bogen, die die Richtung des Winddruckes haben und somit die Durchbiegung des Windträgers vergrößern [1].

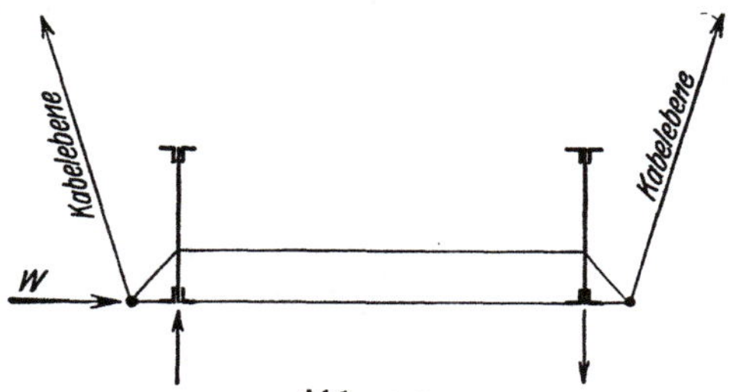

Abb. 443.

Liegen die Versteifungsträger über der Bahn, so wird wegen der großen Windkräfte ein Windverband in der Höhe der Hängegurte nicht zu umgehen sein und darin liegt ein bedeutender Nachteil der Brücken mit hochliegenden Versteifungsträgern.

Füllungssysteme der Windverbände.

In der Abb. 444 sind die gebräuchlichen Füllstabsysteme der Windverbände dargestellt. Nur bei kleineren Brücken begnügt man sich mit einem einfachen Strebensystem gemäß Abb. 444a. In der Überzahl der Fälle wird das in Abb. 444b veranschaulichte gekreuzte Strebensystem angewendet, wobei beide Streben drucksteif ausgebildet werden. Es hat den Nachteil hoher statischer Unbestimmtheit und starker Zusatzspannungen durch die Verkürzung oder Verlängerung der Gurte bei lotrechter Belastung der Hauptträger. Liegt der Windverband in der Höhe eines Druckgurtes, dann vermeidet man besser gekreuzte Strebensysteme, da leicht der Fall eintreten kann, daß beide Strebensysteme gedrückt werden, in welchem Falle diese Anordnung wegen der in Rechnung zu stellenden großen Knicklängen für Ausknicken aus der Trägerebene unwirtschaftlich wird. Besser empfiehlt sich das in Abb. 444c bzw. d dargestellte statisch bestimmte Rhombenfachwerk. Bei breiten Brücken und enger Querträgerstellung wird

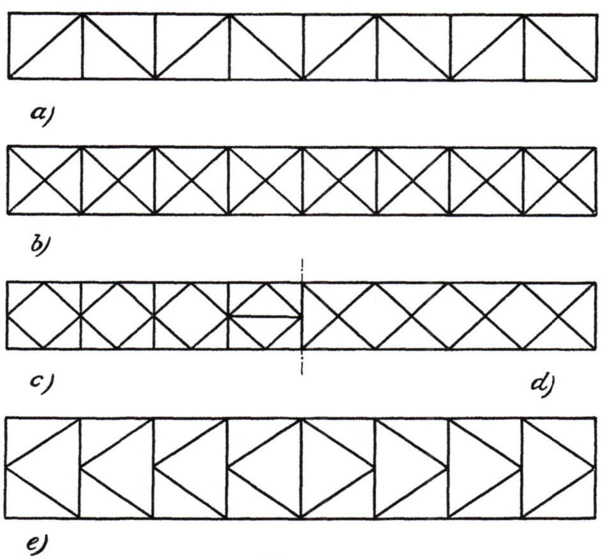

Abb. 444.

[1]) Dohmke, O.: Über den Windverband versteifter Hängebrücken. Festschrift, Müller-Breslau gewidmet, Leipzig 1912, S. 15.

sehr häufig das K-Fachwerk verwendet, Abb. 444e, das ebenfalls den Vorteil besitzt, keine überzähligen Stäbe aufzuweisen. In den letzten beiden Fällen sind die Zusatzspannungen durch die Dehnung der Hauptträgergurte verhältnismäßig gering.

In jenen Fällen, wo die Hauptträgergurte gleichzeitig Windverbandgurte sind — und dies ist die Regel —, treten in den Windverbandstreben infolge der Dehnung oder Verkürzung der Hauptträgergurte bei lotrechter Belastung Zusatzspannungen auf, die, wie bereits erwähnt, vornehmlich bei gekreuzten Streben bedeutende Werte annehmen können.

Verlängert sich der Gurt, so tritt bei einfachen Strebensystemen eine durch Abb. 445a angedeutete Verformung des Fachwerkes ein, da die Streben ihre Länge beizubehalten trachten; die Folge hiervon ist eine wellenförmige Verbiegung des Gurtes, die aber nur geringe Biegungsspannung und in ihrer Rückwirkung auf die Windstreben dort nur geringe Zusatzkräfte erzeugt. Bezeichnet Δs die Gurtverlängerung eines Fachwerkfeldes, so beträgt die Ausbiegung δ (Abb. 445b)

$$\delta = \Delta s \operatorname{tg} \alpha .$$

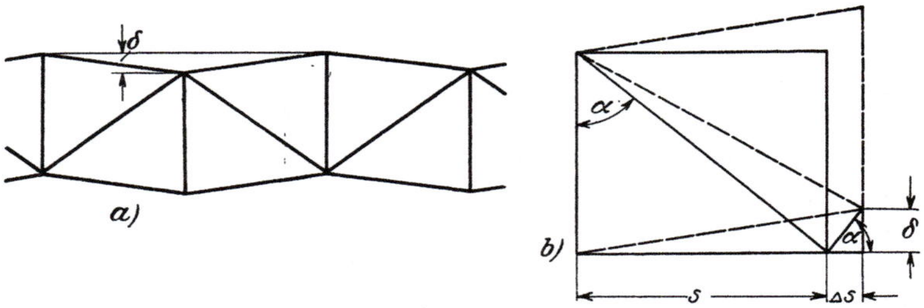

Abb. 445.

Da $\operatorname{tg}\alpha$ in der Regel nicht allzusehr von 1 verschieden ist, so ist δ beiläufig so groß wie die Gurtverlängerung in einem Felde, woraus die oben behauptete Geringfügigkeit der Zusatzspannungen folgt.

Viel ungünstiger liegen die Verhältnisse bei doppelten Strebensystemen. Hier können die Gurte nicht ausweichen, die Windverbandstreben müssen sich entsprechend der Längenänderung der Gurte verkürzen oder strecken. Nun ist, Abb. 446,

$$\Delta d = \frac{s}{d} \Delta s .$$

Vernachlässigt man die Entlastung der Gurte durch die Mitwirkung der Windstreben, da der Querschnitt des Gurtes in der Regel ein mehrfaches des Strebenquerschnittes beträgt, so erhält man für die Zusatzspannung σ_d in den Streben des Windverbandes

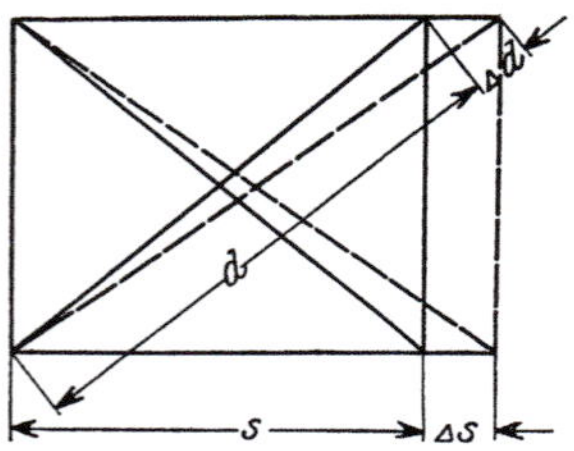

Abb. 446.

$$\sigma_d = E \frac{\Delta d}{d} = E \frac{s \Delta s}{d^2},$$

und da mit der Gurtspannung σ

$$\Delta s = \frac{\sigma s}{E},$$

so folgt

$$\sigma_d = \left(\frac{s}{d}\right)^2 \sigma .$$

σ_d wächst mit der Gurtspannung σ. Um wenigstens den Einfluß der vom Eigengewicht der Brücke erzeugten Gurtspannungen auszuschalten, ist es üblich, die Windverbandstreben erst nach dem Ausrüsten des Tragwerks, wenn also die Hauptträger bereits durch die bleibende Last in Spannung versetzt sind, endgültig mit den Gurten zu vernieten. Die Zusatzspannungen werden bei kleinen Brücken, wo der Einfluß der Verkehrslast überwiegt, größer sein als bei großen Spannweiten. Bei einer mittleren Strebenneigung von 45^0 beträgt $\sigma_d = \frac{1}{2}\sigma$, ist also etwa halb so groß wie die Gurtspannung von der Verkehrslast. Da diese ganz leicht 0,60 t/cm² betragen kann, so wird die Zusatzspannung etwa 0,30 t/cm². Liegt nun der Verband in einer Druckgurtung, so ist es leicht möglich, daß beide Strebenzüge wegen der großen freien Länge schon bei einer Belastung von 0,30 t/cm² ausknicken. Noch gefährdeter erscheint die gedrückte Strebenschar bei Windangriff und gleichzeitiger Vollbelastung der Tragwände, weil die Sicherung der Knicklänge für das Ausknicken senkrecht zur Verbandebene durch die Zugstrebe entfällt, da diese nur wenig gezogen oder gar gedrückt sein kann, während sich die Druckspannungen in den Druckstreben summieren[1]). Es empfiehlt sich daher, wie wir schon oben bemerkt haben, bei Windverbänden, die gedrückte Gurte verbinden, gekreuzte Streben zu vermeiden.

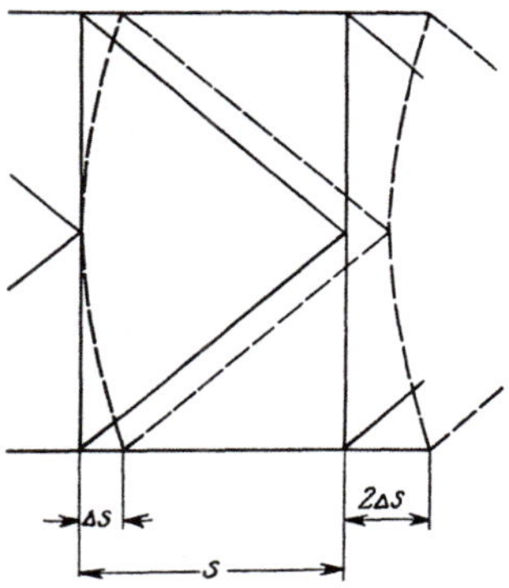

Abb. 447.

Das in Abb. 444c bzw. d dargestellte Rhombenfachwerk verhält sich hinsichtlich der Zusatzspannungen ähnlich wie das einfache Strebensystem. Sehr geringe Zusatzspannungen treten beim K-Fachwerk auf, da die seitliche Biegungssteifigkeit der Querträger oder Querriegel meist so gering ist, daß keine nennenswerten Dehnungen der Streben eintreten können, Abb. 447.

98. Die Berechnung der Windverbände.

a) Die Verteilung der wagrechten Lasten auf die Windverbände und ihre lotrechten Wirkungen.

Die von den wagerechten Lasten, d. s. Winddruck, Seitenpressungen der Lokomotiven und Fliehkräfte, hervorgerufenen Wirkungen im räumlichen Brückentragwerk hängen nicht nur von der Gestaltung des Raumtragwerkes, sondern auch von der Art, wie die Lasten auf dasselbe übertragen werden, ab. In Abb. 448a und b ist ein aus vier Fachwerkscheiben samt Endverbänden bestehendes Raumtragwerk im Querschnitt dargestellt. In Abb. 448a wird die Last W durch einen wagerecht auf dem Obergurt liegenden Querträger in das Raumsystem geleitet und es ist klar, daß in diesem Falle die lotrechte Scheibe ac nach abwärts gedrückt, Scheibe bd nach aufwärts gezogen wird, während die Scheibe ab den vollen Druck W zu übernehmen hat und cd vollständig unbeansprucht bleibt. Wird aber die Last W, wie in Abb. 448b dargestellt, durch einen lotrechten Riegel in das Raumfachwerk eingetragen, so werden nur die Scheiben ab und cd beansprucht, während in den lotrechten Scheiben keine Wandkräfte auftreten.

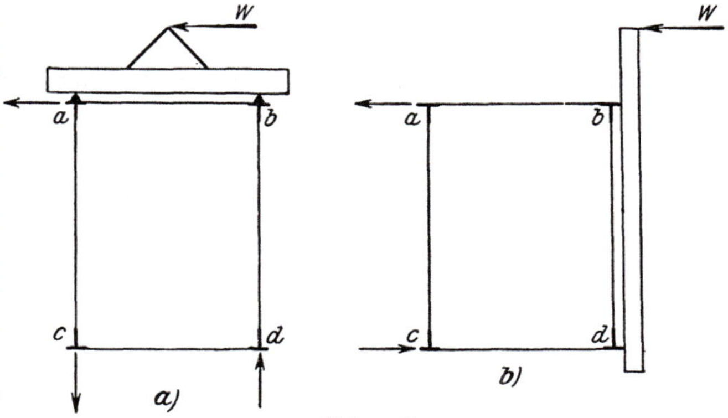

Abb. 448.

Beide Belastungsfälle können bei Brücken in Frage kommen, wenn auch wegen der meist steifen Verbindungen keine so klare Verteilung der Lasten wie in den beiden eben erwähnten Idealfällen eintritt. Der ersterwähnte Fall gilt annähernd für die wagerechten Angriffskräfte der Verkehrslasten und für den Winddruck auf die vorstehenden Teile der

[1]) Siehe 44b S. 180.

Fahrbahntafel, der zweite Fall für den Winddruck auf das Tragwerk. Es ergeben sich somit, wenn wir zunächst nur den Einfluß des Winddruckes und der Seitenpressungen berücksichtigen, folgende Teillasten der einzelnen Tragwerksscheiben:

α) Bei obenliegender Bahn und zwei Windverbänden, Abb. 449a.

In den folgenden Erörterungen bedeuten:

W den Winddruck auf die Hauptträger,
W_1 „ „ auf die vorstehenden Teile der Fahrbahntafel,
W_2 „ „ auf das Verkehrsband,
S die in Schienenhöhe angreifend gedachten Seitenpressungen.

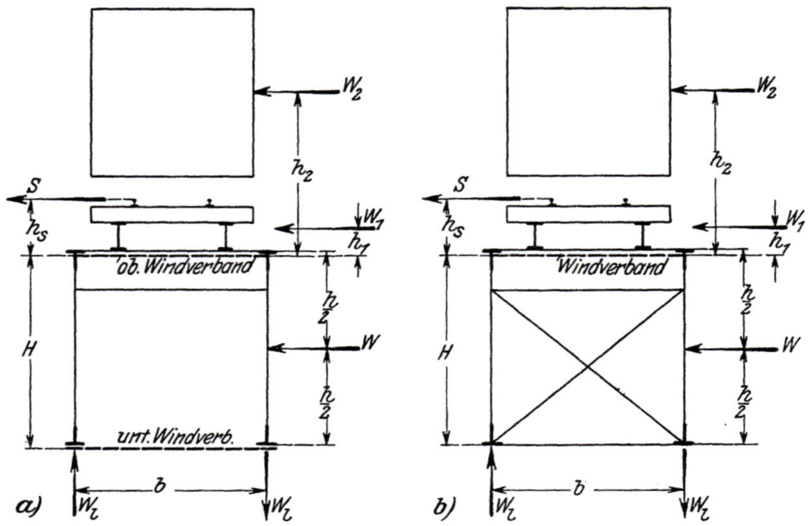

Abb. 449.

Auf den oberen bzw. unteren Verband entfallen die wagerechten Lasten

$$W^o = W\frac{h}{2H} + W_1 + W_2 + S,$$

$$W^u = W\left(1 - \frac{h}{2H}\right),$$

während die lotrechten Zusatzkräfte der Hauptträger

$$W_l = \pm\frac{W_1 h_1 + W_2 h_2 + S h_s}{b}$$

betragen.

In der Regel wird man $H = h$ setzen können, da hier überflüssige Genauigkeit unangebracht wäre.

β) Bei obenliegender Bahn, einem oberen Verband und Querverbänden in jeder Querträgerebene, Abb. 449b.

Sämtliche wagerechten Lasten müssen vom oberen Verband übernommen werden. Die lotrechten Zusatzkräfte betragen

$$W_l = \pm\frac{W_1 h_1 + W_2 h_2 + S h_s - W\left(H - \frac{h}{2}\right)}{b}.$$

γ) Bei untenliegender Fahrbahn und zwei Windverbänden. Abb. 450a.

Die von der Fahrbahn übertragenen wagerechten Kräfte belasten zur Gänze den unteren Verband, während der Winddruck auf das Tragwerk zur Hälfte vom oberen, zur Hälfte vom unteren Verband übernommen wird. Sonach ist

$$W^o = \frac{W}{2},$$

$$W^u = \frac{W}{2} + W_1 + W_2 + S$$

und die lotrechte Belastung der Hauptträger

$$W_l = \pm \frac{W_1 h_1 + W_2 h_2 + S h_s}{b}.$$

W_2 ist jetzt der Winddruck auf die nicht gedeckten Teile der Verkehrslast.

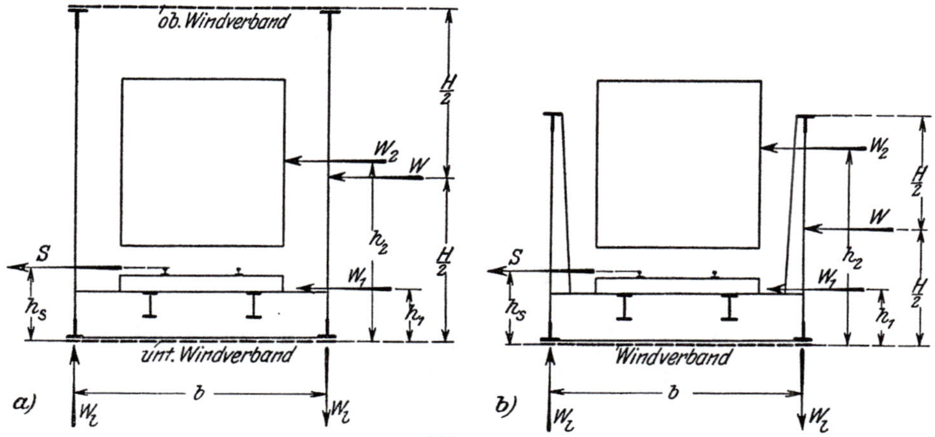

Abb. 450.

δ) Bei untenliegender Bahn und einem unteren Windverband, Abb. 450b. Es ist jetzt

$$W_u = W + W_1 + W_2 + S,$$

$$W_l = \frac{W\frac{H}{2} + W_1 h_1 + W_2 h_2 + S h_s}{b}.$$

Fällt der Windverband, der die Lasten W, W_1 und W_2 übernehmen soll, in die Fläche eines vieleckig geführten Gurtes, so sind die Höhen h, h_1, h_2 und h_s von Knoten zu Knoten veränderlich.

Die Seitenpressungen S kommen nur bei Eisenbahnbrücken in Frage. Ihr Einfluß auf die Wandkräfte der Hauptträger ist, da h_s klein ist, gering, er wird in der Regel nicht ausgewiesen. Bei Eisenbahnbrücken kommen neben der hier in Rechnung gestellten wagerechten Lasten unter Umständen auch noch die Fliehkräfte der Fahrzeuge in Betracht. Sie werden zur Gänze in dem der Fahrbahn näher liegenden Verbande aufgenommen. Die lotrechten Wirkungen derselben auf die Hauptträger werden gemeinsam mit den übrigen lotrechten Lasten berücksichtigt und sei hier auf die ausführliche Darstellung in **79** verwiesen.

b) Berechnung ebener Windverbände.

Die ebenen Windverbände stellen in statischer Hinsicht in wagerechter Ebene gelegene, z. T. eingespannte Balkenträger auf zwei oder mehr Stützen vor. Die Ermittlung der Stababmessungen erfolgt in der Regel nach den gleichen Verfahren, die für die Hauptträger gelten.

Bei einfachen Balkenbrücken, deren Windverbände in der Regel unter Vernachlässigung der fallweise vorhandenen Einspannung der Windverbandscheibe an jenem Ende, das auf Seite der festen Hauptträgerlager liegt, als einfache Balken auf zwei Stützen berechnet werden, genügt die Ermittlung der Größtmomente und Größtquerkräfte, um die Stabkräfte in den Windverbandgurten (Hauptträgergurte) und in den Windstreben nach den in **89** dargestellten Regeln zu finden.

Um einen Überblick zu erlangen, wie groß der Einfluß der Einspannung auf die Stabkräfte des Verbandes ist, betrachten wir den in Abb. 451 a dargestellten Träger, der durch die Windlast w gleichförmig belastet ist. A und A' seien fest, so daß außer den Auflagerwiderständen A und B des einfachen Balken noch die Widerstände H in den

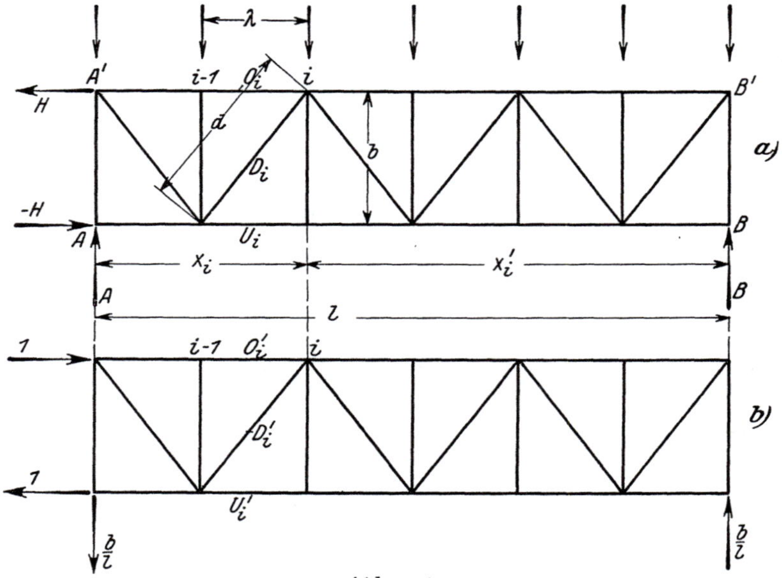

Abb. 451.

Punkten A und A' hinzutreten. Wir wählen den Widerstand H als Überzählige, die aus der Elastizitätsbedingung

$$H = \frac{\sum \frac{S S' s}{E F}}{\sum \frac{S'^2 s}{E F}}$$

berechnet werden kann. Der Zustand $H = -1$ ist in Abb. 451 b veranschaulicht. Man erhält sonach unter Vernachlässigung der Formänderungen der Pfosten für den Zustand $H = -1$:

$$U_i' = \frac{1 \cdot b - \frac{b}{l} x_i}{b} = 1 - \frac{x_i}{l} = \frac{x_i'}{l},$$

$$O_i' = -\frac{1 \cdot b - \frac{b}{l} x_{i-1}}{b} = -\left(1 - \frac{x_{i-1}}{l}\right) = -\frac{x_{i-1}'}{l},$$

$$D_i' = \pm \frac{b}{l} \frac{d}{b} = \pm \frac{d}{l}$$

und für das statisch bestimmte Grundsystem mit $M_i = \frac{w}{2} x_i x_i'$ und $Q_i = \frac{w}{2}(l - 2 x_i + \lambda)$:

$$U_i = -\frac{w}{2}\frac{x_i x_i'}{b},$$

$$O_i = +\frac{w}{2}\frac{x_{i-1} x_{i-1}'}{b},$$

$$D_i = \pm\frac{w}{2}(l - 2x_i + \lambda)\frac{d}{b}.$$

Die Auswertung der Summen liefert: Zunächst für den Nenner, wenn mit F der einheitliche Querschnitt der Gurte, mit F' der der Streben bezeichnet wird:

$$\sum \frac{S'^2 s}{E F} = \frac{1}{E l^2}\left[\sum_{i=1}^{n-1} \frac{2\lambda}{F} x_i'^2 + \sum_{i=1}^{n} \frac{d^3}{F'}\right].$$

Da nun

$$\sum_{i=1}^{n-1} x_i'^2 = \sum_{i=1}^{n-1} x_i^2,$$

so wird mit $x_i = i\lambda$

$$\sum_{i=1}^{n-1} x_i^2 = \lambda^2 \sum_{i=1}^{n-1} i^2 = \frac{\lambda^2}{6}(2n^3 - 3n^2 + n)$$

und bei Vernachlässigung von n gegen n^3

$$\sum_{i=1}^{n} \frac{S'^2 s}{E F} = \frac{1}{E l^2}\left[\frac{2}{3}\frac{n^3\lambda^3}{F} - \frac{n^2\lambda^3}{F} + n\frac{d^3}{F'}\right] = \frac{1}{E l^2}\left[\frac{l^3}{F}\left(\frac{2}{3} - \frac{\lambda}{l}\right) + \frac{l}{\lambda}\frac{d^3}{F'}\right].$$

Die Zählersumme ergibt:

$$\sum \frac{S S' s}{E F} = \frac{w}{2}\frac{2\lambda}{E F}\sum_{i=1}^{n-1}\frac{x_i x_i'^2}{b l} - \frac{w}{2}\frac{d^3}{b l}\frac{1}{E F'}\sum_{i=1}^{n}(l - 2x_i + \lambda) = \frac{w}{12}\frac{\lambda^4}{E F}\frac{1}{b l}\cdot(n^4 - n^2).$$

Man kann nun n^2 gegen n^4 vernachlässigen und erhält somit für den Zähler

$$\frac{w}{12}\frac{l^3}{b}\frac{1}{E F}$$

und schließlich

$$H = \frac{w}{12}\frac{\dfrac{l^5}{bF}}{\left(\dfrac{2}{3} - \dfrac{\lambda}{l}\right)\dfrac{l^3}{F} + \dfrac{l}{\lambda}\dfrac{d^3}{F'}} = \frac{\dfrac{w l^2}{12 b}}{\left(\dfrac{2}{3} - \dfrac{\lambda}{l}\right) + \left(\dfrac{d}{l}\right)^3 \dfrac{l}{\lambda}\dfrac{F}{F'}} \quad \ldots\ldots \quad (1)$$

Da nun F' meist klein gegen F ist, so ist das Einspannungsmoment Hb nicht sehr bedeutend und kann bei der Bemessung der Streben, da die Größe der Querkräfte hierdurch nur wenig geändert wird, vernachlässigt werden.

Setzt man z. B. im vorliegenden Falle

$$\frac{F}{F'} = 10, \quad \frac{l}{\lambda} = 10, \quad b = \lambda \quad \text{und} \quad \left(\frac{d}{l}\right)^3 = 1{,}414^3\left(\frac{b}{l}\right) = 0{,}00283,$$

so wird

$$H = \frac{\dfrac{w l^2}{12 b}}{\frac{2}{3} - 0{,}1 + 0{,}00283\cdot 10\cdot 10} = \frac{w l^2}{10{,}2\, b},$$

somit

$$A = \frac{1}{2} w l + \frac{b}{l}\frac{w l^2}{10{,}2\, b} = 0{,}598\, w l,$$

wobei sich also A gegenüber der üblichen Berechnung um ca. $20^0/_0$ größer ergibt. Bei der Unsicherheit mit der namentlich die Größe des in Rechnung zu stellenden Winddruckes behaftet ist, kann selbst eine so große Abweichung noch mit in Kauf genommen werden, nur ist es notwendig, bei den gegen die Brückenmitte zu liegenden Windstreben Vorsicht walten zu lassen und diese mit einigem Überschuß zu bemessen.

Ist der Windverband ein durchlaufender Balken mit oder ohne Gelenke, dann empfiehlt sich bei großen Brücken das Auftragen von Einflußlinien der Stabkräfte, doch kann auch hier, da es sich um Parallelträger handelt, wenigstens bei Gerberbalken mit Vorteil von Momenten- und Querkraftlinien Gebrauch gemacht werden.

Die Windlasten sind als stetig verteilte Lasten anzusehen. In den meisten Fällen wird es genügen, den Winddruck W auf das Tragwerk und den Winddruck W_1 auf die vom Winde getroffenen Teile der Fahrbahntafel als gleichförmige Lasten w und w_1 für den laufenden Meter, ebenso den Winddruck auf das Verkehrsband als gleichförmige Last w_2 für den laufenden Meter anzusehen. Bei der Ermittlung von w_2 ist jener Teil der Fläche des Verkehrsbandes, der von der windseitig gelegenen Tragwand verdeckt ist, in Abzug zu bringen. Es ergibt sich sonach bei belasteter Brücke der in Abb. 452a dargestellte Belastungszustand: Eine gleichförmig verteilte Last $w + w_1$ über die ganze Stützweite, eine Last w_2 über einen Teil der Stützweite (ungünstigste Stellung), eine Last w' vom Wind auf die rückwärtige Tragwand (bei Fachwerkträgern) und eine Last w'' vom Wind auf die rückwärtige Tragwand im Bereiche der Verkehrslast, soweit diese nicht von dem Verkehrsband verdeckt ist. w' ist von Fall zu Fall nach den in Betracht kommenden Vorschriften (siehe **6**) zu berechnen. Diese Lasten lassen sich nun einfacher zusammenfassen, Abb. 452b, und zwar in eine Vollbelastung mit $w + w' + w_1$, das ist der Wind auf das Tragwerk, und einer restlichen teilweisen Belastung w_2' vom Wind auf das Verkehrsband, die dadurch gefunden wird, daß man von der Fläche des Verkehrsbandes die im Höhenbereich des Verkehrsbandes liegenden Angriffsflächen der beiden Hauptträger (beim leeseitig gelegenen mit dem fallweisen Abminderungsfaktor multipliziert) abzieht. Es kommen somit für die Bemessung der Windverbände folgende Belastungsfälle in Betracht:

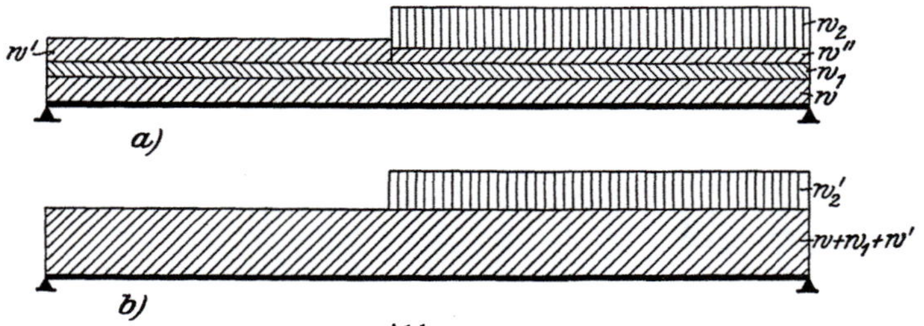

Abb. 452.

1. Bei unbelasteter Brücke (größter Winddruck):

Wind auf das Tragwerk, d. i. auf die Hauptträger und auf die vorstehenden Teile der Fahrbahntafel;

2. Bei belasteter Brücke (verminderter Winddruck):

Wind auf das Tragwerk, d. i. auf die Hauptträger und auf die überstehenden Teile der Fahrbahntafel, sowie Wind auf die Verkehrslast in ungünstigster Stellung. Bei der Verkehrslastfläche sind die Hauptträgerflächen im Sinne der obenstehenden Erörterungen abzuziehen.

Der erste Belastungsfall ist bei Vorhandensein von zwei Verbänden für jenen Windverband maßgebend, der unabhängig von der Windbelastung des Verkehrsbandes ist. Nur bei sehr großen Stützweiten oder hohen Vollwandträgern kann es vorkommen, daß auch der Fahrbahnwindverband bei unbelasteter Brücke höhere Stabkräfte erhält als bei belasteter Brücke. Der zweite Fall ist der Regelfall für Brücken mit einem Verband oder für den Fahrbahnwindverband bei zwei Verbänden. Die lotrechten Wirkungen werden in der Regel nur bei schmalen Brücken (eingleisige Eisenbahnbrücken) berücksichtigt.

Beispiel. Eine Trogbrücke (Eisenbahnbrücke) von 40 m Stützweite habe die in Abb. 453 dargestellten Querschnittsabmessungen. Mit einer Windpressung von 150 kg/m² erhält man nachfolgende Windbelastungen für die Bemessung des Fahrbahnwindverbandes:

Winddruck auf die Fahrbahntafel:

$$w_1 = 0{,}85 \cdot 0{,}150 = 0{,}128 \text{ t/m};$$

Winddruck auf die Hauptträger:

Fläche des vorderen Hauptträgers 1,20 m² für den laufenden Meter, daher Wind auf beide Hauptträger bei einem Abminderungsfaktor $\mu = 0{,}70$

$$w + w' = (1 + 0{,}70)\, 1{,}20 \cdot 0{,}150 = 0{,}306 \text{ t/m};$$

Winddruck auf die Verkehrslast (reduziert):

$$w_2' = 3{,}50 \cdot 0{,}150 - \frac{3}{5}\, 0{,}306 = 0{,}342 \text{ t/m},$$

wobei angenommen wurde, daß das Verkehrsband in der Längeneinheit von beiläufig $\frac{3}{5}$ der Ansichtsfläche des Hauptträgers verdeckt wird.

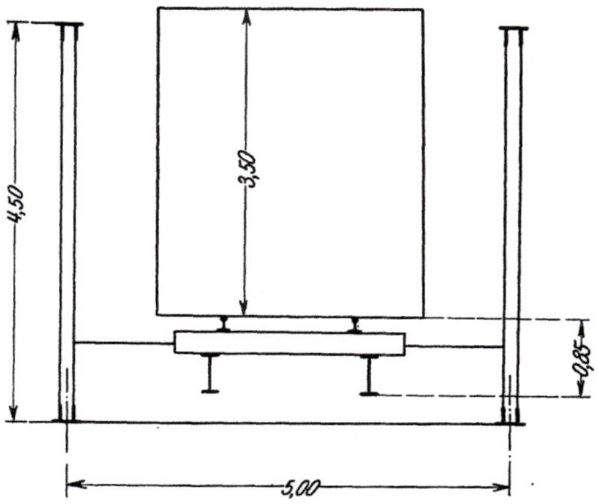

Abb. 453.

Die Berechnung des Verbandes hat somit mit einer Vollbelastung $w + w' + w_1 = 0{,}434$ t/m und mit einer Streckenlast $w_2' = 0{,}342$ t/m in jeweilig ungünstigster Länge und Stellung zu erfolgen.

Der Einfluß der Seitenpressungen der Lokomotiven macht sich nur bei Brücken kleiner Stützweite bei der Bemessung der Verbände bemerkbar, weshalb sie auch nur dort berücksichtigt werden. Ihre lotrechten Wirkungen werden der Einfachheit wegen immer vernachlässigt.

c) Berechnung tonnenförmiger Windverbände [1]).

Ist der Hauptträgergurt gekrümmt oder polygonal geführt, so bildet der durch diesen Gurt gelegte Windverband keine ebene Scheibe mehr und sämtliche Stäbe des Hauptträgers werden durch die Windkräfte mitbeansprucht. Wir können hier nur einige häufig vorkommende typische Fälle betrachten, da sich das Problem in allgemeiner Form nur schwer behandeln läßt.

1. *Windverbände bei Balkenbrücken.*

Wir betrachten zunächst den einfachen Fall des oberen Windverbandes bei einer Brücke mit Halbparabelträgern oder Bogenträgern mit Zugband. Die Brücke besitze einen oberen und einen unteren Verband, Abb. 454a. Die Berechnung des unteren Verbandes kann nach den vorangehenden Regeln als ebener Träger erfolgen. Der obere Verband weise zunächst einfachen Strebenzug auf. In dem Knoten des oberen Verbandes greifen die Windlasten $W_0, W_1, .., W_i, \ldots$ an. Wir denken uns jetzt den oberen Verband durch einen Horizontalschnitt von der unteren Brückenhälfte gelöst und alle geschnittenen Stabkräfte als äußere Kräfte angebracht, Abb. 454b. Das Moment der wagerechten Teilkräfte bezogen auf eine durch B bzw. A gehende lotrechte Achse liefert die von den Endrahmen geäußerten wagerechten Auflagerkräfte A_w bzw. B_w. Die übrigen äußeren Kräfte geben, da sie für sich ein Gleichgewichtssystem bilden, das Moment Null. Somit wird die Windstrebenspannung D, da die Füllstäbe des Hauptträgers keine in die Flächen des Verbandes fallenden Teilkräfte aufweisen, nur von den Lasten W und den

[1]) Siehe Engesser: Die Zusatzkräfte und Nebenspannungen eiserner Fachwerkbrücken I. Zschetzsche: Berechnung von Bogenbrücken bei Wirkung seitlicher Kräfte. Z. Arch. Ing.-Wes. 1897, S. 241. Müller-Breslau: Beiträge zur Theorie der Windverbände eiserner Brücken. Z. Bauw. 1904, S. 115 und 1905, S. 133.

Reaktionen A_w und B_w beeinflußt. Die Gleichgewichtsbedingung für einen Schnitt $n - n$ durch ein Fach des Verbandes liefert daher die Beziehung

$$D_i = Q_i \sec\alpha = Q_i \frac{d_i}{b}, \quad \ldots \ldots \ldots \ldots \quad (2)$$

wobei $Q_i = A_w - \sum_0^{i-1} W$ die Querkraft für das i-te Feld ist.

Die Strebenkräfte D bestimmen sich also genau so, wie bei einem ebenen Verband. d_i ist die wahre Länge der Windstrebe im i-ten Felde.

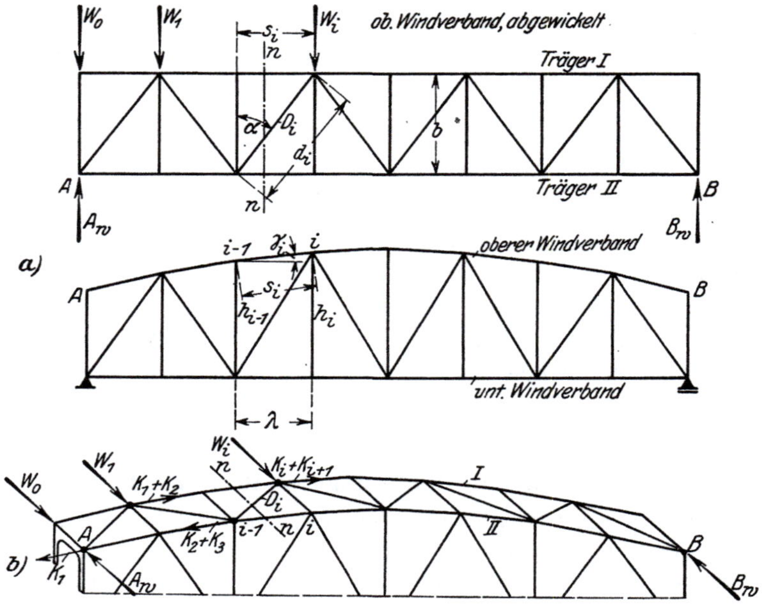

Abb. 454.

Um nun auch die Zusatzspannungen im Hauptträger kennen zu lernen, führen wir einen lotrechten Längsschnitt durch das Tragwerk. In den Knoten des Obergurtes greifen die Füllstabkräfte des oberen Verbandes an, deren in die Gurtstabrichtung fallende Komponenten die lotrechten Tragwände belasten. Bezeichnen wir diese Komponenten mit K, Abb. 454b, so liefern diese nach Zerlegung die lotrechten und wagerechten Knotenlasten K_v und K_h. Wie eine einfache Überlegung an der Hand der Abb. 454b zeigt, sind die von der Strebe D_i herrührenden Lasten K in den Hauptträgern I und II einander gleich, aber entgegengesetzt gerichtet. Mit

$$K_i = D_i \sin\alpha = D_i \frac{s_i}{d_i} = Q_i \frac{s_i}{b}$$

erhält man

$$K_v{}^i = Q_i \frac{s_i}{b} \sin\gamma_i = Q_i \frac{s_i}{b} \frac{h_i - h_{i-1}}{s_i} = Q_i \frac{h_i - h_{i-1}}{b}$$

und

$$K_h{}^i = Q_i \frac{s_i}{b} \cos\gamma_i = Q_i \frac{s_i}{b} \frac{\lambda}{s_i} = Q_i \frac{\lambda}{b}. \quad \ldots \ldots \quad (3)$$

Damit sind die äußeren Lasten für die lotrechten Tragwände festgelegt. Die Spannungsermittlung macht keine weiteren Schwierigkeiten. Von nennenswerter Bedeutung sind meist nur die Obergurtkräfte, die durch die Lasten K_h hervorgerufen werden. Sie werden ein Maximum, wenn die ganze Verbandlänge unter größtem Winddruck steht. Der Obergurt des windseits gelegenen Hauptträgers I wird durch diese Lasten gedrückt, also stärker belastet, der des leeseits gelegenen (II) gezogen, also entlastet. Durch die Lasten K_v wird der Hauptträger I entlastet, Hauptträger II belastet. Man kann daher, wenn man etwas sicher rechnen will, die Zusatzkräfte K_v, die an und für sich klein sind, falls die Neigungen γ der Obergurtstäbe gegen die Wagerechte nicht zu groß sind, vernachlässigen. Vielfach begnügt man sich mit einer ganz näherungsweisen Ermittlung der Obergurtkräfte, indem man die Gurtkräfte K gleich der Summe der links vom Ritterschen Momentenpunkt des betreffenden Gurtstabes liegenden Lasten $K_h^i = Q\frac{\lambda}{b}$, also gleich

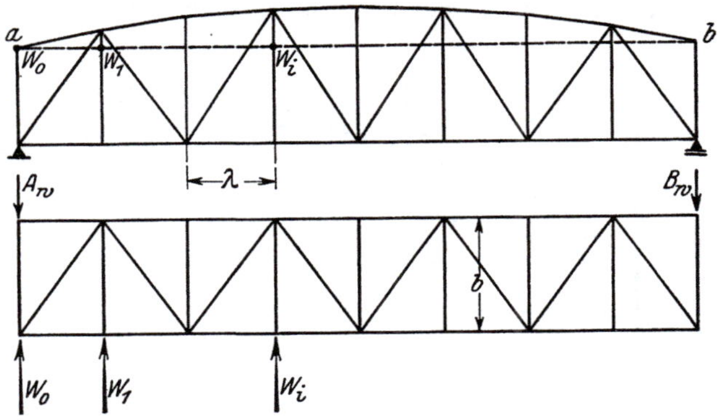

Abb. 455.

$$\sum_1^i Q\frac{\lambda}{b} = \frac{1}{b}\sum_1^i Q\lambda$$

setzt. Denkt man sich nun den Verband auf die durch die Gurtsehne a—b gehende wagerechte Ebene projiziert, Abb. 455, so ist $\sum_1^i Q\lambda$ nichts anderes als das Moment der in die Projektionsebene verschoben gedachten Lasten W, bezogen auf den für den betreffenden Gurtstab geltenden Ritterschen Momentenpunkt, und $\frac{1}{b}\sum_1^i Q\lambda$ die Gurtspannung in diesem Stabe. Man berechnet sonach die Obergurtkräfte so, als würde der Verband in der Ebene a — b liegen. Da es aber nicht viel Mühe kostet, die Kräfte K zu bestimmen, Einflußlinien sind nicht notwendig, da für die Gurtspannungen Vollbelastung maßgebend ist, so ist es geraten, wenigstens bei großen Brücken die genauere Rechnung durchzuführen. Man bestimmt die Stabkräfte im Hauptträger infolge der Lasten K am besten mit Hilfe eines Kräfteplanes.

Ist der obere Windverkand als K-Fachwerk oder als Rhombenfachwerk ausgebildet, so ist der Rechnungsgang der gleiche wie vorgeschildert. Die Strebenkräfte im Windverband sind jetzt durch die Beziehung, Abb. 456,

$$D_i = \frac{1}{2}Q_i \sec\alpha = \frac{1}{2}Q_i\frac{2\,d_i}{b} = Q_i\frac{d_i}{b}$$

gegeben.

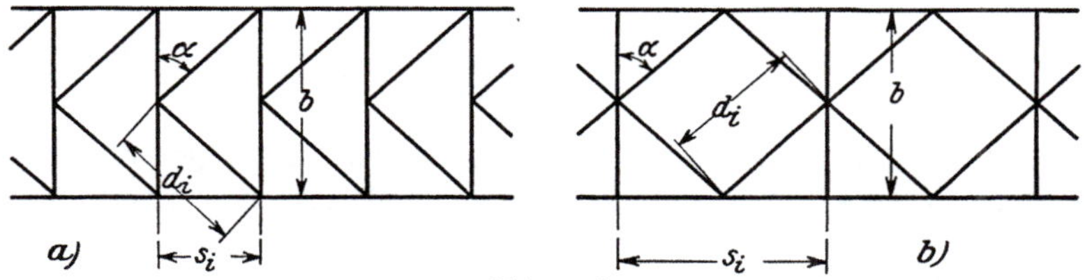

Abb. 456.

Beim K-Fachwerk tritt sonach in jedem Knoten eine in die Gurtachse fallende Kraft

$$K_i = Q_i\frac{s_i}{b}$$

auf, während beim Rhombenfachwerk die nach der gleichen Formel zu bestimmende Achsenkraft in der Mitte jedes Gurtstabes angreift und s_i die in Abb. 455b eingetragene Bedeutung hat.

Bei der üblichen Lagerung der Brücken ist das Brückentragwerk zweifach statisch unbestimmt. Wir haben aber stillschweigend den Einfluß der Formänderungen auf die Stabkräfte, der äußerst gering ist, unberücksichtigt gelassen. Wenn die Windlasten symmetrisch zur Hauptträgermitte wirken, so gelten die oben abgeleiteten Formeln in aller Strenge.

2. *Windverbände bei Bogenbrücken*[1]).

Wir setzen voraus, daß die Brücke einen in der Fahrbahnebene gelegenen oberen Windverband besitze, während der zweite Verband in der Bogengurtung liege und seine Stützung in den Kämpferlagern finde, Abb. 457. Statt des erstgenannten Verbandes können

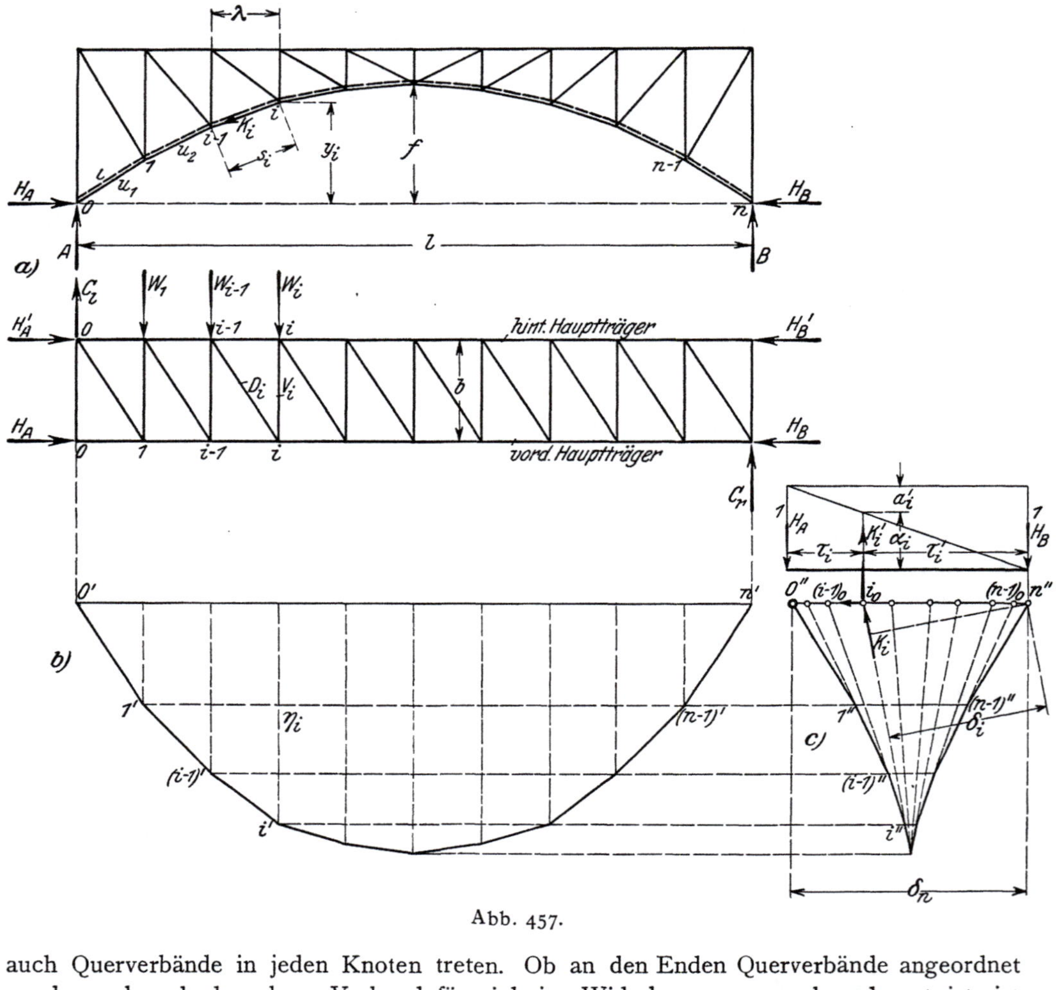

Abb. 457.

auch Querverbände in jeden Knoten treten. Ob an den Enden Querverbände angeordnet werden, oder ob der obere Verband für sich im Widerlagermauerwerk gelagert ist, ist gleichgültig. Es ist auch für die nachfolgende Untersuchung gleichgültig, ob die Hauptträger Zwei- oder Dreigelenkbogen vorstellen. Wesentlich ist nur die Annahme, daß bei Vorhandensein von zwei Windverbänden außer Querverbänden an den Kämpfern keine mittlere Verbindung durch andere Querverbände geschaffen wird und daß, außer den für die Hauptträger notwendigen Auflagerkräften, A, B, A', B', H_A, H_B und H'_A, H'_B, die in die Ebene der Hauptträger fallen, nur noch zwei wagerechte senkrecht zur Hauptträgerebene wirkende Widerstände C_l und C_r auftreten. Das Gesamtsystem ist dann

[1]) Nach Müller-Breslau: Beiträge zur Theorie der Windverbände eiserner Brücken I. Z. Bauw. 1904, S. 115.

vierfach statisch unbestimmt. Setzt man die A, B und H als bekannt voraus, so ermäßigt sich die Zahl der Unbekannten auf eine. Als statisch unbestimmbare Größe des Raumsystems fassen wir die Auflagerkraft C_r auf.

Genau wie oben unter 1. denke man sich das Tragwerk durch einen Horizontalschnitt geteilt und man erhält wie früher für die Querkraft Q_i im Felde $(i-1)$, i

$$Q_i = C_l - \sum_1^{i-1} W$$

und daraus

$$D_i = Q_i \frac{d_i}{b}, \quad \ldots \ldots \ldots \ldots \ldots \quad (4)$$

wobei d_i die wahre Länge der Strebe im i-ten Windverbandfelde ist. Wäre C_l und damit Q_i bekannt, so könnten die Strebenkräfte des Windverbandes berechnet werden.

Am Untergurt des Hauptträgers greifen nun in jedem Knoten die Kräfte D_i und V_i an, deren Resultierende eine in die Gurtstabrichtung fallende Kraft

$$K_i = Q_i \frac{s_i}{b} \quad \ldots \ldots \ldots \ldots \ldots \quad (5)$$

ist. Diese Kräfte belasten den Hauptträger. Für die weitere Untersuchung wird die Annahme gemacht, daß der Hauptträger kein Mittelgelenk besitze, das Hauptträgersystem also, für sich genommen, einfach statisch unbestimmt ist. Die nächste Aufgabe ist demnach die Bestimmung der Einflußlinien der Horizontalschübe H_A und H_B.

Ermittlung von H_A und H_B.

Wir nehmen zu diesem Zwecke an, daß die zu dem Zustand $H_A = H_B = -1$ gehörende Biegelinie der unteren Gurtung des Hauptträgers bekannt ist, Abb. 457b. Zieht man nun von einem Pol 0″ aus, Abb. 457c, eine Senkrechte zum Untergurtstab u_1, bis zum Schnitt 1″ mit der durch den Punkt 1′ der Biegelinie gelegten Wagerechten, so liefert 0″ — 1″ die durch die Verdrehung des Stabes u_1 bewirkte Verschiebung und da 0 fest ist, die wahre Verschiebung des Punktes 1, wobei nur die Längenänderung des Stabes u_1 vernachlässigt erscheint. 1″ — 2″ senkrecht zu Stab u_2 bedeutet die durch die Verdrehung des Stabes u_2 hervorgerufene Verschiebung von 2 gegen 1, daher 0″ — 2″ die gesamte Verschiebung des Untergurtpunktes 2 usw.

Der so erhaltene Verschiebungsplan liefert somit in einfachster Weise die Gesamtverschiebungen der Untergurtknotenpunkte in der Hauptträgerebene. Ist 0 fest, dann betrachte man 0″ als Pol, ist n fest, dann ist n'' der Pol des Verschiebungsplanes.

Der Einfluß von K_i auf H_A ergibt sich nun aus der Elastizitätsbedingung

$$H_A = \frac{K_i \delta_i}{\delta_n},$$

wo δ_i die Projektion der Gesamtverschiebung des Punktes i auf die Richtung von K_i und δ_n die Horizontalverschiebung des Punktes o gegen n ist[1]). Siehe Abb. 457c. Nun kann man das Produkt $K_i \delta_i$ auffassen als Moment der um 90^0 gedrehten Kraft K_i bezogen auf den Drehpunkt n''. Diese Kraftrichtung schneidet die Linie 0″ — n'' im Punkte i_0, wo wir uns K_i in zwei Seitenkräfte zerlegt denken wollen, deren eine K_i' (siehe Abb. 457c) durch die Gleichung

$$K_i' = Q_i \frac{\lambda}{b}$$

definiert ist, wenn λ die konstant eingenommene Feldweite bedeutet. Da nun $K_i \delta_i = K_i' \tau_i'$

[1]) Die zweite Unbekannte C_r hat auf H_A keinen Einfluß, da hier nur Kräfte, die in eine Hauptträgerebene fallen, in Betracht kommen.

ist, so folgt, wenn man sich den Punkt n im statisch bestimmten ebenen Grundsystem festgehalten vorstellt,

$$H_A = + \frac{K_i' \tau_i'}{\delta_n}$$

und ebenso, wenn man Punkt 0 als fest annimmt,

$$H_B = - \frac{K_i' \tau_i}{\delta_n}.$$

H_A und H_B können sonach als die Auflagerkräfte eines einfachen Balkens von der Stützweite δ_n aufgefaßt werden, der an der Stelle i_0 mit K_i' belastet ist. Sie sind demnach durch die Ordinaten α_i bzw. α_i' einer geraden Linie, die die Einflußlinie des Auflagerdruckes des erwähnten Balkens darstellt, gegeben. Siehe Abb. 457c. Man erhält somit für H_A und H_B die einfachen Beziehungen

$$H_A = + K_i' \alpha_i \quad \text{und} \quad H_B = - K_i' \alpha_i'.$$

Sämtliche K-Kräfte erzeugen daher

$$H_A = + \sum_{i=1}^{n} K_i' \alpha_i = \frac{\lambda}{b} \sum_{i=1}^{n} Q_i \alpha_i$$

und

$$H_B = - \sum_{i=1}^{n} K_i' \alpha_i' = - \frac{\lambda}{b} \sum_{i=1}^{n} Q_i \alpha_i'. \qquad (6)$$

Außerdem besteht die Beziehung

$$H_A - H_B = \frac{\lambda}{b} \sum_{i=1}^{n} Q_i.$$

Die gleichen Werte erhält man für die Größen H_A' und H_B' des hinteren Trägers, nur mit entgegengesetzten Vorzeichen. Der Längenmaßstab, in dem man die Ordinate 1 der α-Linie aufträgt, ist willkürlich.

Kann die Einflußlinie für H durch eine Parabel ersetzt werden, was meist der Fall sein wird, so läßt sich unter der Annahme unendlich kleiner Felder für α' der Ausdruck

$$\alpha' = \frac{x^2}{l^2} \left(3 - 2 \frac{x}{l}\right)$$

ableiten, wo x der Abstand von der linken Stütze bedeutet[1]). Es ist dann

$$H_B = - \frac{1}{b} \int_0^l Q_x \frac{x^2}{l^2} \left(3 - 2 \frac{x}{l}\right) dx$$

und

$$H_A = H_B + \frac{1}{b} \int_0^l Q_x \, dx. \qquad (7)$$

Für den Fall einer über der ganzen Brücke gleichförmig verteilten Windlast w für die Längeneinheit, ist $C_l = C_r = w \frac{l}{2}$ und

$$Q_x = w \left(\frac{l}{2} - x\right),$$

womit die Gleichungen (7) die Werte

$$H_A = H_B = 0{,}10 \frac{w l^2}{b} \qquad (8)$$

liefern.

1) Siehe die oben angegebene Quelle.

Einflußlinien für H_A und H_B.

Wirkt nur eine wagerechte Einzellast 1 in einem Knoten m, dann gilt für Fache links von m: $Q = C_l = 1 - C_r$ und für Fache rechts davon: $Q = -C_r$, Abb. 458. Aus Gl. (6) folgt daher

$$H_A = 1 \cdot \frac{\lambda}{b} \sum_1^m \alpha - C_r \frac{\lambda}{b} \sum_1^n \alpha .$$

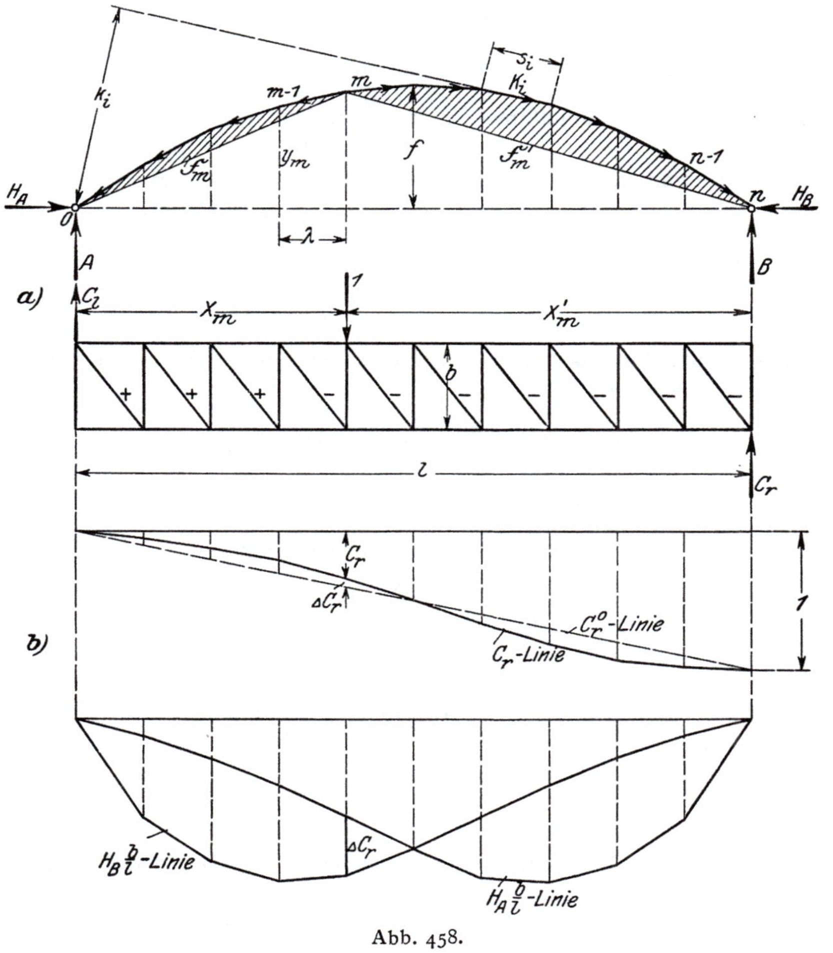

Abb. 458.

Bei symmetrisch angeordneten Tragwerken ist $\sum_1^n \alpha = \sum_1^n \alpha'$. Man findet dann, da $\alpha + \alpha'$ stets 1 ist,

$$\sum_1^n (\alpha + \alpha') = n \quad \text{und daraus} \quad \sum_1^n \alpha = \sum_1^n \alpha' = \frac{n}{2} .$$

Mithin wird

$$\left.\begin{aligned} H_A \frac{b}{\lambda} &= 1 \cdot \sum_1^m \alpha - \frac{C_r}{2} n \\ \text{und} \qquad H_B \frac{b}{\lambda} &= -1 \sum_1^m \alpha' + \frac{C_r}{2} n . \end{aligned}\right\} \quad \ldots \ldots \ldots \ldots (9)$$

Kann man die H-Linie als Parabel auffassen, dann findet man für H_B die geschlossene Formel

$$H_B \frac{b}{l} = \frac{1}{2} C_r - 1 \cdot \frac{x_m^3}{l^3}\left(1 - \frac{1}{2}\frac{x_m}{l}\right). \quad \ldots \ldots \ldots \quad (10)$$

Aus den Gl. (9) folgt noch der Zusammenhang

$$(H_A - H_B)\frac{b}{l} = 1\,\frac{x_m}{l} - C_r = C_r^0 - C_r = \Delta C_r,$$

wenn mit $C_r^0 = 1\,\frac{x_m}{l}$ die rechte Balkenauflagerkraft für Last 1 in m bezeichnet wird. Diese Beziehung ist von Wichtigkeit für symmetrische Tragwerke. Man berechnet dann zunächst die Ordinaten der Einflußlinie für $H_A \frac{b}{l}$ für die eine Hälfte der Brücke, zeichnet dann durch Hinzufügen der ΔC_r die für gleiche Hälfte gültige $H_B \frac{b}{l}$-Linie, Abb. 458 b, und fügt die vollständigen Linien aus den so gezeichneten Hälften zusammen. Die H_A-Linie ist das Spiegelbild der H_B-Linie.

Einflußlinien für die Auflagerdrucke A und B.

Eine wagerechte Einzellast 1 im Punkte m erzeugt im Bogenuntergurt Kräfte K_i, die gemäß Gl. (5) betragen:

$$\text{links von } m\colon\; K_i = C_l \frac{s_i}{b} = (1 - C_r)\frac{s_i}{b},$$

$$\text{rechts von } m\colon\; K_i = -\, C_r \frac{s_i}{b}.$$

Aus der Momentengleichung mit Punkt o als Bezugspunkt, Abb. 458 a, folgt

$$B = -\frac{1}{l}\sum_1^n K_i k_i = 0$$

oder

$$B = -\left[\frac{1}{l}\sum_1^m (1 - C_r)\frac{s_i}{b} k_i - \frac{1}{l}\sum_m^n C_r \frac{s_i}{b} k_i\right] = \frac{1}{l b}\left[C_r \sum_1^n s_i k_i - 1 \sum_1^m s_i k_i\right].$$

Nun stellt $\sum\limits_1^m s_i k_i$ nichts anderes als den doppelten Betrag der in Abb. 458 a schraffierten Fläche $\mathfrak{F}_m$ dar, während $\sum\limits_1^n s_i k_i$ die doppelte Fläche $\mathfrak{F}_n$ zwischen dem Untergurt und der Linie $o\,n$ bedeutet. Man gewinnt somit für B die einfache Darstellung

$$B = \frac{2}{l b}(C_r \mathfrak{F}_n - 1 \cdot \mathfrak{F}_m). \quad \ldots \ldots \ldots \ldots \quad (11)$$

A berechnet man, wenn B bekannt ist, zweckmäßigerweise aus der Momentengleichung

$$(A + B)\, b = 1 \cdot y_m,$$

wo y_m die Bogenordinate des Angriffspunktes m, über der Kämpferverbindungslinie $o\,n$ gemessen, bedeutet. Hierbei wurde die Linie $o - n$ im hinteren Bogen als Momentenachse angenommen. Da weiter mit Bezug auf Abb. 459

$$\mathfrak{F}_m = \tfrac{1}{2}\lambda \sum_2^m y' \quad \text{und} \quad \mathfrak{F}_n = \lambda \sum_1^{n-1} y,$$

so wird

$$B = \frac{1}{n b}\left(2\, C_r \sum_1^{n-1} y - 1 \cdot \sum_2^m y'\right). \quad \ldots \ldots \ldots \ldots \quad (12)$$

Für den hinteren Träger gilt noch

$$A' = -A \quad \text{und} \quad B' = -B.$$

Liegen die Knotenpunkte der Gurtung auf einer Parabel, dann ist annähernd

$$\mathfrak{F}_r = \frac{2}{3} f l \quad \text{und} \quad \mathfrak{F}_m = \mathfrak{F}_n \cdot \frac{x^3}{l^3},$$

woraus

$$B = \frac{4f}{3b}\left(C_r - 1\frac{x^3}{l^3}\right) \quad \ldots\ldots \quad (13)$$

entsteht.

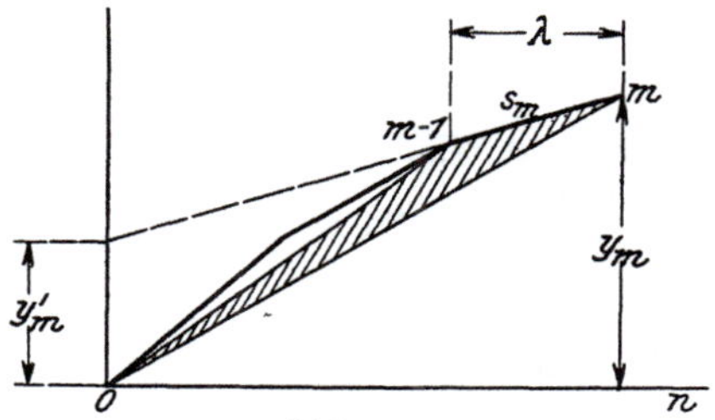

Abb. 459.

Einflußlinien für die Stabkräfte im Hauptträger:

In der Ebene des Hauptträgers wirken, wenn das räumliche System im Punkte m mit der Last $W_m = 1$ belastet ist, die Auflagerkräfte A, B, H_A und H_B, sowie die Kräfte K_i als äußere Kräfte. Das Angriffsmoment für einen Punkt i links von $W_m = 1$ ist nun

$$M_i = A x_i - H \quad y_i - \frac{C_l}{b} 2 \mathfrak{F}_m \text{ [1]}$$

und für die Punkte rechts von m $\ldots\ldots\ldots$ (14)

$$M_i = B x_i' - H_B y_i - \frac{C_r}{b} 2 \mathfrak{F}_m',$$

wobei x_i und x_i' die Abstände des Knoten i vom linken bzw. rechten Auflager bezeichnen.

Führt man einen lotrechten Schnitt durch das i-te Feld und bezeichnet die Summe der wagerechten Teilkräfte, die an der linken Trägerhälfte angreifen, mit $\mathfrak{H}_i$, wobei $\mathfrak{H}_i$ positiv gezählt wird, wenn es die gleiche Richtung wie H_A hat, so gilt, falls der Windverband ein Pfostenfachwerk wie in Abb. 458 darstellt,

für Schnitte links von W_m:

$$\mathfrak{H}_i = H_A - \sum_1^{i-1} K_i' = H_A - \frac{C_l}{b} x_{i-1},$$

für Schnitte rechts von W_m:

$$\mathfrak{H}_i' = H_B - \frac{C_r}{b} x_{i-1}',$$

und für den hinteren Träger: $\ldots\ldots\ldots$ (15)

für Schnitte links von W_m:

$$\bar{\mathfrak{H}}_i = -H_A + \frac{C_l}{b} x_i,$$

für Schnitte rechts von W_m:

$$\bar{\mathfrak{H}}_i' = -H_B + \frac{C_r}{b} x_i',$$

da die Last $K_i' = \frac{C_l}{b}\lambda$ vorne in i, hinten in $i-1$ angreift.

[1] Das Moment der links von m gelegenen Lasten K_i ist $\sum_1^m K_i k_i$, wenn jetzt k_i der Hebelarm von K_i bezogen auf m bedeutet. Mit $K_i = C_l \frac{s_i}{b}$ wird dieses Moment $\frac{C_l}{b} \sum_1^m s_i k_i = \frac{C_l}{b} 2 \mathfrak{F}_m$.

Besitzt der Windverband Halbdiagonalen (K-Fachwerk), dann ist

$$\left.\begin{aligned} &D = Q\frac{d}{b}, \quad K = Q\frac{s}{b} \quad \text{und} \quad K' = Q\frac{\lambda}{b} \\ &\text{und man erhält} \\ &\text{links von } W_m: \\ &\mathfrak{H}_i = -\overline{\mathfrak{H}}_i = H_A - \frac{C_l}{b}x_i, \\ &\text{rechts von } W_m: \\ &\mathfrak{H}_i' = -\overline{\mathfrak{H}}_i' = H_B - \frac{C_r}{b}x_i'. \end{aligned}\right\} \quad \ldots\ldots\ldots (15')$$

Bei den so häufig angewandten gekreuzten steifen Streben gelten die Formeln:

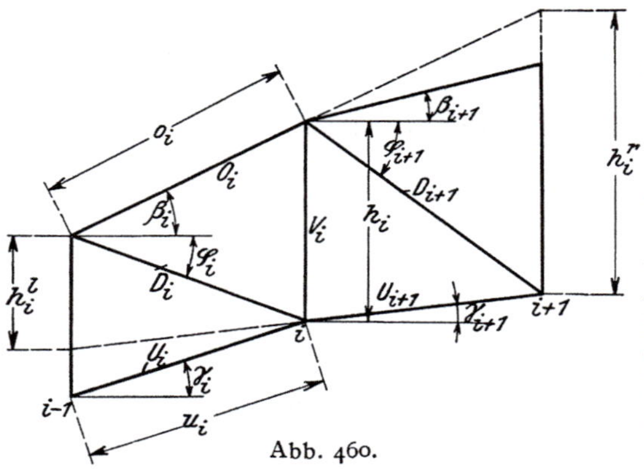

Abb. 460.

$$\left.\begin{aligned} &\text{für Schnitte links von } W_m: \\ &\mathfrak{H}_i = -\overline{\mathfrak{H}}_i = H_A - \frac{C_l}{b}\left(x_{i-1} + \frac{\lambda}{2}\right), \\ &\text{für Schnitte rechts von } W_m: \\ &\mathfrak{H}_i' = -\overline{\mathfrak{H}}_i' = H_B - \frac{C_r}{b}\left(x_i' + \frac{\lambda}{2}\right). \end{aligned}\right\} (15'')$$

Aus den Angriffsmomenten M und den Angriffskräften $\mathfrak{H}$ lassen sich die Stabkräfte der Gurte wie folgt berechnen: Der Windverband liege in der unteren Gurtung, die Streben steigen in der linken Hauptträgerhälfte von rechts nach links, Abb. 460,

$$\left.\begin{aligned} &O_i \cos\beta_i = -\frac{M_i^u}{h_i}, && U_{i+1}\cos\gamma_{i+1} = -O_i\cos\beta_i - \mathfrak{H}_{i+1}, \\ &D_i\cos\varphi_i = +\frac{M_i^u}{h_i} - \frac{M_{i-1}^u}{h_{i-1}}, && V_i\lambda = +M_i^u\frac{h_i^r}{h_i} - M_{i+1}^u. \end{aligned}\right\} \quad \ldots (16)$$

Ermittlung des Stützenwiderstandes C_r.

Den Widerstand C_r ermittelt man aus einer Elastizitätsbedingung von der Form

$$C_r = 1\cdot\frac{\delta_m}{\delta_c}, \quad \ldots\ldots\ldots\ldots\ldots (17)$$

wo δ_m die Verschiebung des Angriffspunktes der Last P_m in der Richtung von P_m infolge $C_r = -b$ (statt -1) und δ_c die Verschiebung von B in der Richtung von C_r bei $C_r = -b$ bedeutet. In Abb. 461 ist der Lastzustand $C_r = -b$ dargestellt. Es entsteht hierdurch

$$Q = +b \quad \text{und} \quad K_i = +s_i \quad \text{(nach Formel (5))}.$$

Wir untersuchen den hinteren Hauptträger und nehmen die Windstreben nach rechts steigend an. Bei symmetrischer Hauptträgeranordnung folgt aus Gl. (6) mit $\sum\limits_1^n \alpha = \frac{n}{2}$

$$H_B' = -H_A' = \frac{l}{2},$$

während die Momentengleichung mit o als Bezugspunkt, die Auflagerkräfte

$$B' = -A' = -\frac{2\,\mathfrak{F}_n}{l}$$

liefert, da $A' + B' = 0$ sein muß.

Bestimmt man noch die Querkraft $\mathfrak{V}_s$ und Horizontalkraft $\mathfrak{H}_s$ für den Bogenscheitel, so wird

$$\mathfrak{V}_s = \frac{2\,\mathfrak{F}_n}{l} - f, \qquad \mathfrak{H}_s = 0,$$

womit die Angriffsmomente für den Knoten m der dem Windverband angehörenden Gurtung erhalten werden, und zwar:

$$M_m = \mathfrak{V}_s x_m'' - 2\,\mathfrak{F}_m'' = \left(\frac{2\,\mathfrak{F}_n}{l} - f\right) x_m'' - 2\,\mathfrak{F}_m'', \qquad \ldots \ldots (18)$$

wobei $\mathfrak{F}_m''$ die in Abb. 461 dargestellte schraffierte Fläche ist, deren Pol am Scheitel liegt und die Abszissen x'' von der Trägermitte aus gezählt werden.

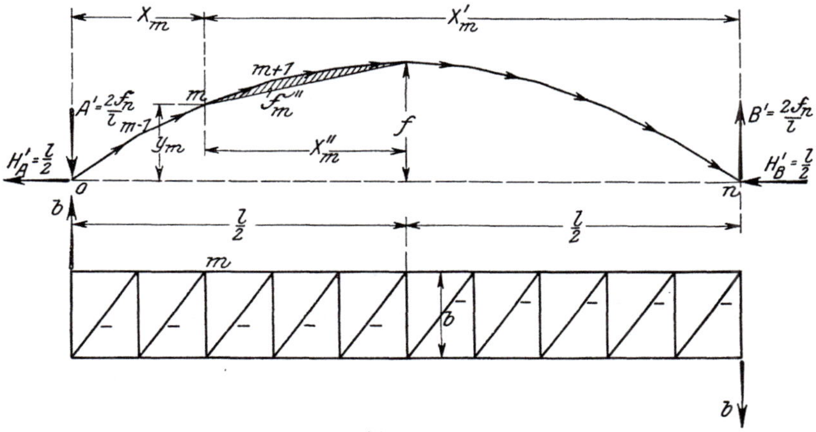

Abb. 461.

Die Momente M_m am vorderen Hauptträger haben die gleichen Werte bei entgegengesetztem Vorzeichen. Ebenso haben die Momente für symmetrisch gelegene Punkte eines und desselben Hauptträgers gleiche Werte, aber entgegengesetztes Vorzeichen. Für die Horizontalkräfte $\mathfrak{H}_m$ kommen folgende Formeln in Betracht.

Für rechtssteigende Streben im Windverband:

$\mathfrak{H}_m = - x_{m-1}''$ für den hinteren Träger

$\mathfrak{H}_m = + x_m''$ „ „ vorderen „

Für gekreuzte Streben im Windverband:

$\mathfrak{H}_m = -\left(x'' + \frac{\lambda}{2}\right)$ für den hinteren Träger

$\mathfrak{H}_m = +\left(x'' + \frac{\lambda}{2}\right)$ „ „ vorderen „ ..... (19)

Für K-förmige Ausfachung des Windverbandes:

$\mathfrak{H}_m = - x_m''$ für den hinteren Träger

$\mathfrak{H}_m = + x_m''$ „ „ vorderen „

In den beiden letzten Fällen unterscheiden sich die Stabkräfte in den beiden lotrechten Tragwänden nur durch das Vorzeichen. Das gleiche gilt auch für die rechte und linke Hälfte einer Tragwand. Dies trifft bei einseitig steigenden Streben nicht mehr genau zu, doch genügt auch in solchen Fällen die Untersuchung einer einzigen Hauptträgerhälfte.

Für parabelförmige Windgurtung gibt Müller-Breslau noch folgende einfache Formeln an:

$$2\,\mathfrak{F}_n = \frac{4fl}{3}, \quad 2\,\mathfrak{F}_m'' = 2\,\mathfrak{F}_n \frac{x''^3}{l^3}, \quad B' = -A' = \frac{4f}{3}, \quad M_m = \frac{1}{3} y_m x_m'' . \quad . \quad . \quad (20)$$

Sind die Stabkräfte im Hauptträger mit Hilfe der Formeln (16) aus den M_m und $\mathfrak{H}_m$ für den Zustand $C_r = -b$ bestimmt, so können die ebenen Verschiebungspläne der Hauptträger gezeichnet werden, wobei, ohne großen Fehler zu begehen, der Einfluß der Dehnungen der Füllstäbe vernachlässigt werden kann. Damit sind die Verschiebungen δ_m in Gl. (17) für lotrechte Belastung des Tragwerkes bekannt. Aus den in die Hauptträgerebene fallenden Verschiebungen und den Stablängenänderungen des Windverbandgurtes,

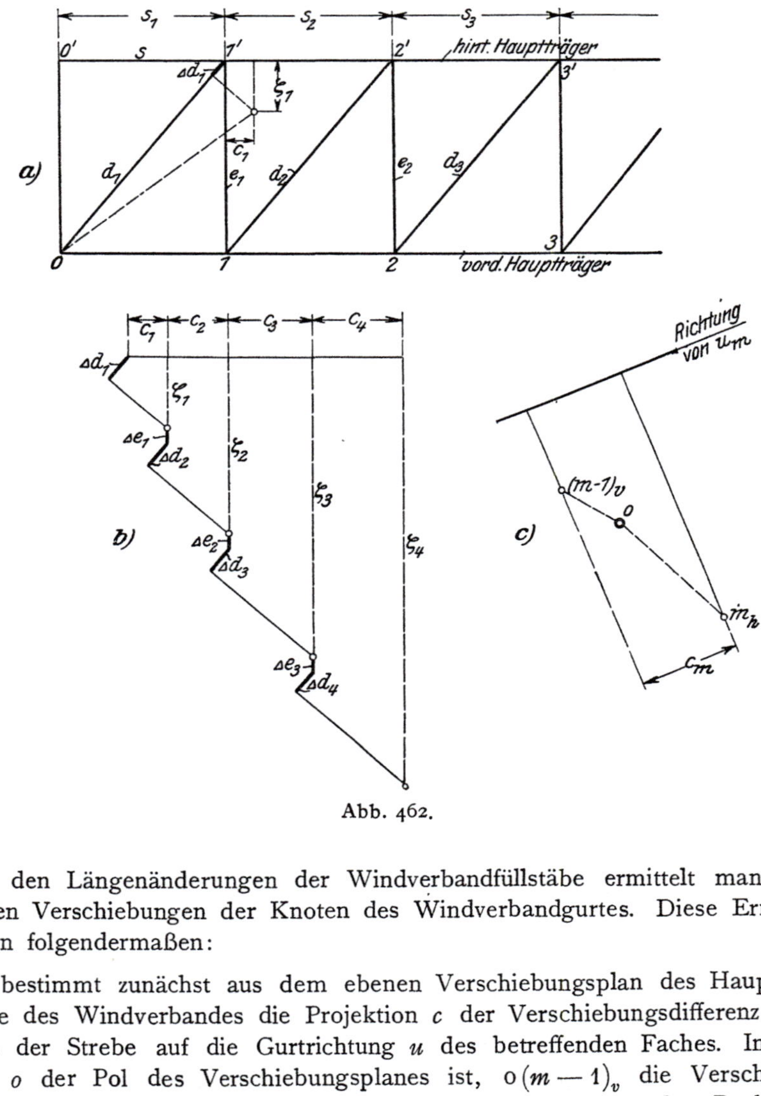

Abb. 462.

sowie aus den Längenänderungen der Windverbandfüllstäbe ermittelt man weiter die wagerechten Verschiebungen der Knoten des Windverbandgurtes. Diese Ermittlung geschieht nun folgendermaßen:

Man bestimmt zunächst aus dem ebenen Verschiebungsplan des Hauptträgers für jede Strebe des Windverbandes die Projektion c der Verschiebungsdifferenz der beiden Endpunkte der Strebe auf die Gurtrichtung u des betreffenden Faches. In Abb. 462c ist, wenn o der Pol des Verschiebungsplanes ist, $o(m-1)_v$ die Verschiebung des Punktes $m-1$ des vorderen Trägers, $o\,m_h$ die Verschiebung des Punktes m' des hinteren Trägers und c_m die Projektion der Relativverschiebung. Diese gegenseitige

Verschiebung der Diagonalendpunkte zwingt die Diagonale auszuweichen, wodurch die wagerechte Verschiebung der Knoten des Windverbandes zustande kommt. In Abb. 462 a ist die Verdrehung der Strebe d_1 infolge der Verschiebung c_1 angedeutet. Man erhält somit die wagerechten Knoten-Verschiebungen auf folgende Art. Man trägt die aus dem Verschiebungsplan entnommenen Strecken $c_1, c_2, \ldots, c_m, \ldots$ auf und ermittelt in der in Abb. 462 b angegebenen Weise die Horizontalverschiebung $\zeta_1, \zeta_2, \ldots, \zeta_m, \ldots$ unter Berücksichtigung der Längenänderung Δd der Streben und Δe der Riegel. Die für den Punkt n, den Angriffspunkt von C_r, gefundene Verschiebung ζ_n stellt die Größe δ_c in Gl. (17) vor, während die Ordinaten ξ_m den gesuchten Ordinaten δ_m des Zählers für wagerechte Knotenlasten W_m entsprechen.

Ist der Hauptträger symmetrisch gebaut, so ist die Verschiebung ζ für den Bogenscheitel halb so groß als die Verschiebung ζ_n. In Abb. 463 ist die Einflußlinie C_r^p (lotrechte Belastung) und in Abb. 458 die Einflußlinie C_r (wagerechte Belastung) in ihrem beiläufigen Verlaufe dargestellt.

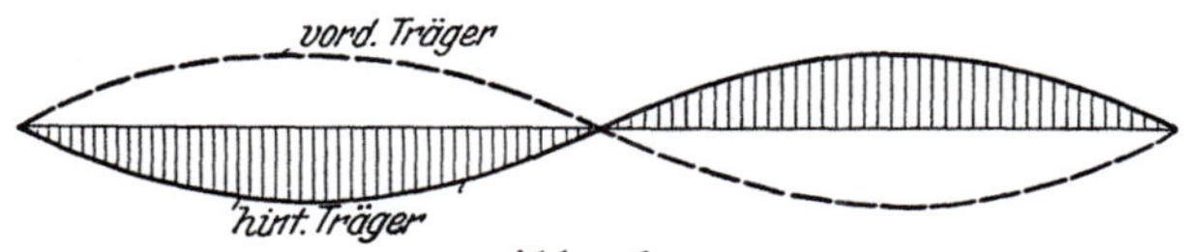

Abb. 463.

Mit der Darstellung der Einflußlinien C_r ist die gestellte Aufgabe im wesentlichen erledigt, da damit alle anderen Einflußlinien aufgetragen werden können.

Aus der C_r^p-Linie ist ersichtlich, daß C_r^p einen Größtwert erreicht, wenn gleichzeitig die linke Hälfte des vorderen Trägers und die rechte Hälfte des hinteren Trägers oder umgekehrt belastet sind. Dies wird z. B. bei zweigleisigen Eisenbahnbrücken dann der Fall sein, wenn sich zwei Züge so auf der Brücke begegnen, daß die Spitzen der beiden Züge gerade in Brückenmitte zusammentreffen. Bei der üblichen Berechnung derartiger Brücken wird aber die Wirkung von C_r^p nicht berücksichtigt. Will man daher die ungünstigsten Werte der Zusatzspannungen, die durch C_r^p entstehen, kennen lernen, so genügt die Berücksichtigung der eben erwähnten Laststellung. In diesem Falle kann man der Einflußlinien entraten und C_r^p aus der Gleichung

$$C_r^p = \frac{\sum \frac{S_0 S_c s}{E F}}{\sum \frac{S_c^2 s}{E F}}$$

bestimmen, wobei sich die Summen über alle Stäbe des Raumtragwerkes erstrecken. Selbstverständlich kann man auch hier die Dehnung der Füllstäbe der Bogenträger vernachlässigen.

Der Einfluß der oben erwähnten ungünstigsten Laststellung auf die Stabkräfte ist ein ganz bedeutender. Müller-Breslau weist in einem zahlenmäßig durchgerechneten Beispiel nach, daß die Endstreben des Windverbandes eine 1,8 mal, die mittleren Streben eine 5,7 mal so große Spannung erhalten als bei alleiniger Berücksichtigung des Winddruckes. Ebenso treten in den Hauptträgern bei dieser Laststellung ganz bedeutende Zusatzkräfte auf. So umständlich sich auch die Rechnung gestaltet, so ist doch zu empfehlen, bei zweigleisigen Eisenbahnbrücken mit Bogenträgern und Windverband in der Bogengurtung wenigstens den Einfluß der vorerwähnten kritischen Belastung, bei der die eine Hälfte des hinteren und die andere Hälfte des vorderen Trägers durch zwei auf der Brücke zusammentreffende Züge belastet sind, in allen Stäben des Tragwerkes zu untersuchen.

Bei parabelförmigen Bogenträgern mit wenig veränderlicher Höhe kann mit Vorteil von folgenden Näherungsformeln für die Einflußlinien Gebrauch gemacht werden.

Für wagerechte Belastung:

$$C_r^w = \frac{1}{2}\frac{x}{l_1}\cdot\frac{\left(\frac{x}{l_1}\right)^2\left(2-\frac{x}{l_1}\right)+\varepsilon\left(\frac{x}{l_1}-\frac{\lambda}{l_1}\right)+\varepsilon'}{1+\varepsilon\left(1-\frac{\lambda}{l_1}\right)+\varepsilon'},$$

wobei

$$\varepsilon = \frac{15}{4}\frac{h_c}{f_u}\frac{f_u+4h_c}{f_u+2h_c} \qquad \ldots\ldots (21)$$

und

$$\varepsilon' = 15\frac{h_c}{f_u}\frac{h_c}{f_u+2h_c}\frac{d^3}{\lambda l_1^2}\frac{F_c}{F_d}$$

ist. In diesen Formeln bedeuten: $l_1 = \frac{l}{2}$, h_c die konstant angenommene mittlere Höhe des Bogens, f_u den Pfeil der Untergurtparabel, F_c den Gurtquerschnitt, F_d den Strebenquerschnitt im Windverband.

Für lotrechte Belastung:

$$C_r^p = \frac{3}{2}\frac{b}{f_u}\frac{1}{1+\varepsilon\left(1+\frac{\lambda}{l_1}\right)+\varepsilon'}x(l_1-x). \qquad \ldots\ldots\ldots (22)$$

Sämtliche Formeln gelten für $0 < x < l_1$.

Weiter gelten für wagerechte Belastungen in den Knoten des bogenförmigen Windverbandes folgende Einflußliniengleichungen:

$$A_w = \frac{y_u}{b}\frac{x'}{l}; \qquad H_A^w = \frac{5l}{16 f_u}A_w. \qquad \ldots\ldots\ldots\ldots (23)$$

y_u sind die Ordinaten der Untergurtparabel mit der Kämpferverbindungslinie als Abszissenachse, x' die Abstände von der rechten Stütze.

§ 23. Die Querverbände.

99. Die Berechnung der Querverbände.

Die Aufgabe der Querverbände ergibt sich aus ihrer Stellung im räumlichen Brückentragwerk, wo sie entweder als Endquerverbände die von dem oberen Verbande geäußerten Auflagerkräfte in die Lagerpunkte zu leiten, oder bei Fehlen eines zweiten Verbandes die Knotenpunkte der freien Hauptträgergurtungen im Raume festzuhalten haben. In jenen, im neueren Brückenbau aber seltenen Fällen, wo Zwischenquerverbände auch bei zwei Windverbänden angeordnet werden, ist die Aufgabe der Querverstrebung weniger klar ausgesprochen, sie wirken hier lastverteilend, d. h. sie zwingen zwei gegenüberliegende Tragwände zu einer gleichmäßigeren Anteilnahme bei Überlastung einer Tragwand.

Die Querverbände werden entweder fachwerkartig, meist als sogenannte Andreaskreuze oder mit Rhombenausfachung oder als rechteckige Steifrahmen, je nach der Lage der Fahrbahn, ausgebildet.

Die Berechnung der Querrahmen bietet, sobald nur die Angriffskräfte des betreffenden Rahmens bekannt sind, in der Regel keine besonders schwierige Aufgabe, weshalb wir uns im nachfolgenden mit einer kurzen Darlegung des Berechnungsganges der häufigst vorkommenden Querverbandformen begnügen wollen.

a) Endquerverband mit Kreuzstreben, Abb. 464.

Bedeutet W die vom oberen Windverband erzeugte Auflagerkraft, so folgen aus der Überlegung, daß die beiden Einzelsysteme, in die sich das Fachwerk zerlegen läßt, bei

Vernachlässigung der Dehnung des oberen Querriegels cd (Querträger) die gleiche Verschiebung in den Punkten c und d aufweisen müssen, die Stabkräfte

$$D_1 = -D_2 = \frac{W}{2} \cdot \frac{d}{b}.$$

In den Endpfosten entstehen die Stabkräfte

$$V_1 = -V_2 = \frac{W}{2} \frac{h}{b}.$$

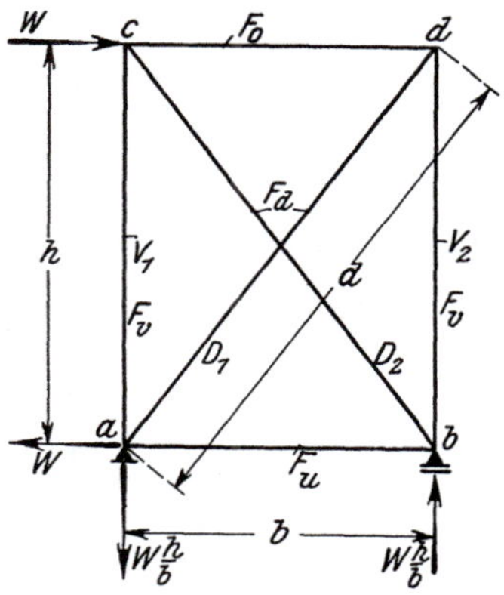

Abb. 464.

Die Riegel haben die Windlast $\frac{W}{2}$ zu übernehmen. Die dieser Rechnung zugrunde gelegten Voraussetzungen sind ziemlich genau erfüllt, wenn der Windverband gekreuzte Streben aufweist und D_1 und D_2 gleichen Querschnitt, was ja in der Regel der Fall sein wird, besitzen.

Treffen die eingangs angeführten Voraussetzungen nicht zu, dann berechne man die Strebenkräfte aus den Formeln:

für die Zugstrebe: $D_1 = +\beta W \frac{d}{b}$,

„ „ Druckstrebe: $D_2 = -(1-\beta) W \frac{d}{b}$,

wobei

$$\beta = \frac{1}{2 + \dfrac{\left(\dfrac{b}{d}\right)^3 \left(\dfrac{F_d}{F_o} + \dfrac{F_d}{F_u}\right)}{1 + \left(\dfrac{h}{d}\right)^3 \cdot \dfrac{F_d}{F_v}}} \quad \ldots \ldots \ldots \ldots \quad (1)$$

b) Zwischenquerverbände mit Kreuzstreben.

Da bei Vorhandensein von zwei Windverbänden durch den Einbau von Zwischenquerverbänden ein vielfach statisch unbestimmtes System entsteht, dessen genaue Berechnung sehr mühevoll ist, so vermeidet man im neueren Brückenbau gerne derartige Zwischenverbände. Immerhin erscheint es notwendig, sich von der Wirkungsweise derartiger Querverstrebungen ein beiläufiges Bild zu machen, da es doch Fälle gibt, wo die Anordnung von Zwischenquerverbänden in Rücksicht gezogen werden kann. Wie wir schon oben betont haben, haben derartige Querverbände die Wirkung, die Verkehrslasten gleichmäßiger auf die beiden lotrechten Tragwände und ebenso die Windlasten gleichmäßiger auf die beiden Windverbände zu verteilen. Sie kommen sonach hauptsächlich bei zweigleisigen Eisenbahnbrücken oder Straßenbrücken, bei welchen Brücken ungleiche Belastung der beiden Hauptträger in Frage kommt, oder bei Maßnahmen zur Entlastung des fahrbahnseitigen Windverbandes in Betracht. Bei Verstärkungsarbeiten an bestehenden Brücken wird man unter Umständen von dem Einbau derartiger Querverbindungen Gebrauch machen können.

Wir nehmen an, daß der eine Hauptträger I um die gleichförmig verteilte Last Δp stärker belastet ist, als der Träger II, so daß bei der Feldweite a der Unterschied der Knotenlasten $\Delta P = a \Delta p$ beträgt. Unter dem Einfluß der größeren Belastung wird sich der Hauptträger I mehr senken als der Träger II, und werden sich in weiterer Folge die Querverbände in der in Abb. 465 dargestellten Weise verformen. Durch die zwangsweisen Lagen- und Längenänderungen der beiden Verbandstreben werden die Strebenkräfte $\pm D$ hervorgerufen, die ihrerseits wieder auf die Haupttragwände zurückwirken. Wie man ohne weiteres erkennt, wird Träger I durch $-D$ entlastet, Träger II durch $+D$ belastet. Eine ähnliche Wirkung üben auch die beiden Streben auf die Windverbände aus, wodurch diese zur Mitwirkung an der Übernahme der lotrechten Lasten herangezogen werden; der obere bzw. untere Verband wird an der Querverbandstelle um die Beträge $+\eta$ bzw. $-\eta$ ausgebogen.

Auf dem Hauptträger I wirken somit außer der Knotenlast $\varDelta P$ noch je eine Last $-D\frac{h}{d}$ im Ober- und Untergurt, sonach beträgt die gesamte Last $\varDelta P - 2D\frac{h}{d}$, während auf Träger II im gleichen Brückenquerschnitt eine Zusatzlast von $+2D\frac{h}{d}$ entfällt. Die Durchbiegungen der beiden Träger betragen somit

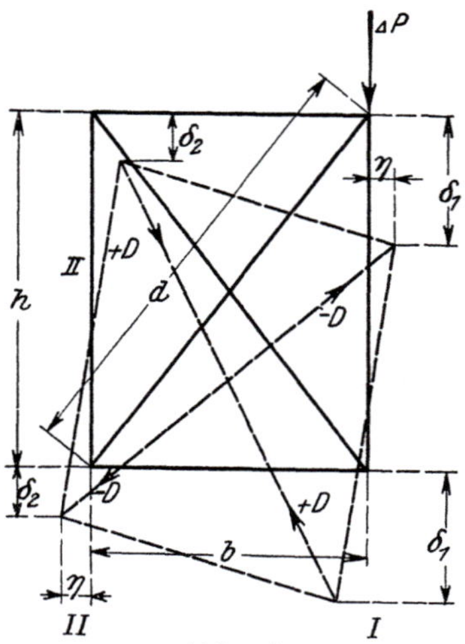

Abb. 465.

$$\delta_1 = \gamma \frac{\varDelta P - 2D\frac{h}{d}}{EFh^2} \quad \text{und} \quad \delta_2 = \gamma \frac{2D\frac{h}{d}}{EFh^2},$$

wenn das Trägheitsmoment des Hauptträgers proportional Fh^2 (F = Gurtquerschnitt) gesetzt wird, und γ ein Faktor ist, der von der Trägerart und von der Lage des Querrahmens abhängt. Auf die Bestimmung von γ kommen wir noch zurück.

Auf die beiden Horizontalverbände wirken die wagerechten Komponenten der Strebenkräfte, das sind die Kräfte $2D\frac{b}{d}$, so daß die Verschiebungen η gegeben sind durch

$$\eta = \gamma' \frac{2D\frac{b}{d}}{Fb^2}.$$

γ' ist der die Durchbiegungen des Windverbandes kennzeichnende Faktor.

Zwischen den Längenänderungen $\pm \varDelta l$ der Streben, der Verschiebungsdifferenz $(\delta_1 - \delta_2)$ und den Verschiebungen η besteht nun die Beziehung

$$\varDelta l = (\delta_1 - \delta_2)\frac{h}{d} - 2\eta\frac{b}{d}.$$

Daher wird unter Benützung der oben angegebenen Durchbiegungsformeln

$$\varDelta l = \gamma \frac{\varDelta P - 4D\frac{h}{d}}{EFh^2}\frac{h}{d} - \gamma' \frac{4D\frac{b}{d}}{EFb^2}\frac{b}{d},$$

und da außerdem, wenn der Strebenquerschnitt mit F_d bezeichnet wird, die Beziehung besteht

$$\varDelta l = \pm \frac{Dd}{EF_d},$$

so folgt aus der Gleichsetzung der beiden Ausdrücke für $\varDelta l$

$$D = \pm \frac{\varDelta P\frac{d}{h}}{4 + 4\frac{\gamma'}{\gamma} + \frac{d^3}{\gamma}\frac{F}{F_d}}. \qquad \text{(2)}$$

Es erübrigt noch die Bestimmung des Beiwertes γ. Bezeichnet δ_m die Durchbiegung der als Balkenträger angenommenen Tragwand in Trägermitte, so gilt, wenn man von der Ab- oder Zunahme der Belastung gegen die Trägerenden durch die

Wirkung der Querverbände absieht[1]), für δ_m die Gleichung

$$\delta_m = \frac{5}{192} \frac{P' l^4}{a \cdot E F h^2} \left(1 + \frac{3}{25} \alpha\right) \mu, \quad \ldots \ldots \ldots \ldots \quad (3)$$

wobei P' die durch die Querverbandwirkung verringerte oder vergrößerte Knotenlast bezeichnet. Hinsichtlich der Bedeutung der Beiwerte α und μ sei auf die Erörterungen in **89e** hingewiesen. Für die Brückenmitte ist sonach

$$\gamma_m = \frac{5}{192} \frac{l^4}{a} \left(1 + \frac{3}{25} \alpha\right) \mu. \quad \ldots \ldots \ldots \ldots \quad (4)$$

Nimmt man an, daß die Verformung der Tragwände in ihrer Ebene genau genug durch eine quadratische Parabel beschrieben ist, so gilt für die Durchbiegung in einem Punkte, der den Abstand x von der linken Stütze hat,

$$\delta_x = \frac{\delta_m}{l^2} x (l - x),$$

und der zugehörende Beiwert γ_x beträgt

$$\gamma_x = \frac{\gamma_m}{l^2} x (l - x). \quad \ldots \ldots \ldots \ldots \quad (5)$$

Somit kann nach Einführung des für den betreffenden Querverband geltenden γ_x in Formel (2) die Strebenkraft für diesen Querverband ermittelt werden. Damit sind auch die auf die Hauptträger und auf die Windverbände einwirkenden Kräfte eindeutig festgelegt. Die entlastende Wirkung der Querverbände auf die Gurte des Hauptträgers I ist größer als auf seine Füllstäbe, da die Gurte auch als Stäbe der Windverbände durch deren Verformung Spannungen erfahren, die entgegengesetzten Sinn haben, wie die Spannungen, die diese Stäbe als Teile der lotrechten Tragwand erhalten. Aus den gleichen Gründen werden die Gurtstäbe des Trägers II stärker belastet, als deren Füllstäbe.

Sind die Hauptträger Parallelfachwerkträger, so ist $\frac{\gamma'}{\gamma} \sim 1$. Vernachlässigt man noch im Nenner das von F_d abhängige Glied, das etwa zwischen 0,2 und 0,5 liegt, so folgt für die Trägermitte

$$D = \pm \frac{\varDelta P}{8} \frac{d}{h} \quad \ldots \ldots \ldots \ldots \ldots \quad (6)$$

Der Träger wird sonach in jedem mittleren Knoten um den Betrag $\frac{\varDelta P}{4}$ entlastet, welche Last der Träger II zu übernehmen hat, während die Windverbände die Knotenlast $\frac{\varDelta P}{4} \cdot \frac{b}{h}$ zu tragen haben. Gegen die Auflager zu, wo γ_x immer kleiner wird, wird der Nenner in Gl. (2) immer größer und es verringert sich dort die lastverteilende Wirkung der Querverbände.

Die gleichen Formeln können natürlich auch zur Anwendung kommen, wenn die beiden Windverbände ungleichmäßig belastet sind. Es ist dann in der vorstehenden Entwicklung bloß h mit b zu vertauschen.

Die voranstehenden Darlegungen können natürlich nur als ein Versuch betrachtet werden, einen beiläufigen Einblick in die Wirkungsweise derartiger Zwischenquerverbände zu gewinnen. Wollte man wirklich die Bemessung des Tragwerkes unter Berücksichtigung der lastverteilenden Wirkungen der Querverbände vornehmen, so müßte bei der Untersuchung dem Einflusse der Formänderungen genauer Rechnung getragen und mittels Einflußlinien die Wirkung veränderlicher Laststellungen untersucht werden. Man wird sich hierbei auf die Anordnung von nur wenigen Querrahmen beschränken müssen, um

[1]) Diese Annahme ist natürlich unzutreffend, da gegen die Auflager hin die verteilende Wirkung der Querverbände immer geringer wird.

die Zahl der Überzähligen nicht zu groß zu erhalten[1]). Bei Balkenbrücken genügen ein bis zwei Zwischenverbände, um eine ausreichende Entlastung herbeizuführen.

c) Geschlossener rahmenförmiger Endquerverband, Abb. 466.

Wir denken uns den Rahmen querverschieblich, also als Balken gelagert, und betrachten zwei Belastungsfälle: 1. wagerechte Last W in einer oberen Ecke; 2. lotrechte Lasten auf dem Querträger.

1. Wagerechte Last W.

Das Rahmensystem ist in Abb. 466a zur Darstellung gebracht, in welcher Figur auch die Bezeichnung der Trägheitsmomente eingetragen erscheint. Da die Last W in Hinsicht auf die übliche Lage des Windverbandes meist außerhalb der Riegelachse angreift, so tragen wir diesem Umstande dadurch Rechnung, daß wir W an einem Kragarm des Pfosten mit dem Hebel c angreifend denken, Abb. 466b. Wir begnügen uns hier mit einer Näherungsrechnung, indem wir die Verschiebung der Last W gegen die Riegel-

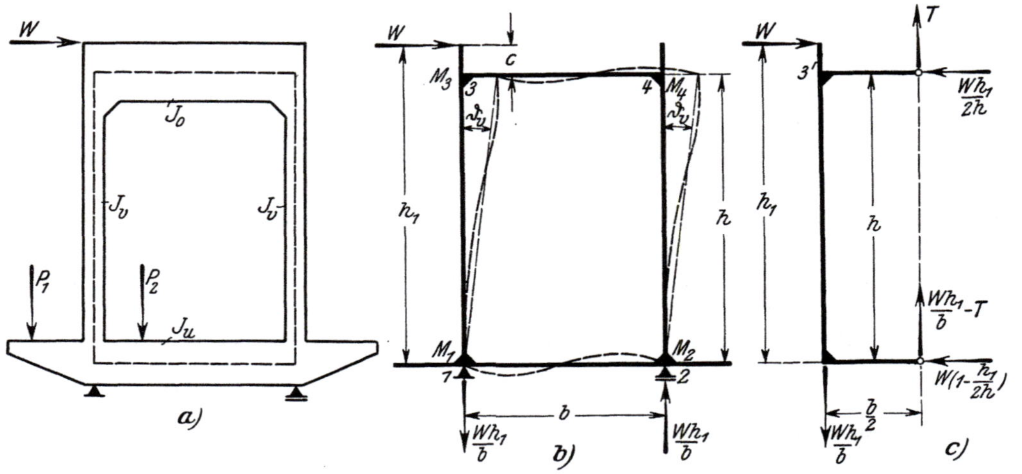

Abb. 466.

achse nur bei der Berechnung der Angriffsmomente berücksichtigen, den Einfluß dieser Verschiebung aber auf die Verformung des Rahmens außer acht lassen. Denkt man sich zunächst W in Punkt 3 wirkend, so folgt aus der Verformungsfigur Abb. 466b, daß, bei Vernachlässigung der geringen Längsdehnung der Riegel, zwischen den vier Eckmomenten die Beziehungen

$$M_1 = -M_2 \quad \text{und} \quad M_3 = -M_4 \quad \dots\dots\dots\dots \text{(a)}$$

gelten. Die Halbierungspunkte des oberen Riegels und des Querträgers sind sonach Momenten-Nullpunkte. Denkt man sich den Rahmen in diesen Punkten entzweigeschnitten, so entsteht das in Abb. 466c veranschaulichte Gleichgewichtssystem der linken Hälfte. Als einzige Unbekannte erscheint die Riegelquerkraft T, die wir wie folgt bestimmen:

Wir fassen die Stäbe 3—4 und 4—2 in einer Dreimomentengleichung und ebenso die Stäbe 4—2 und 2—1 in einer zweiten Dreimomentengleichung zusammen[2]). Unter Beachtung der in Abb. 466b angegebenen Bezeichnungen lauten diese Gleichungen:

[1]) Den Fall eines einzigen Zwischenquerverbandes in Brückenmitte bei Bogenbrücken hat Müller-Breslau behandelt: Beiträge zur Theorie der Windverbände eiserner Brücken II. Z. Bauw. 1905, S. 133. Die gleiche Anordnung bei einer Balkenbrücke mit oberem gekrümmten Gurt wird ausführlich erörtert in dem Buche: Schwyzer: Statische Untersuchung der aus ebenen Tragflächen zusammengesetzten räumlichen Tragwerke. Doktordissertation, Zürich 1920.

[2]) Die allgemeine Form dieser Dreimomentengleichungen findet der Leser in der Fußnote auf S. 194 angegeben.

$$\left.\begin{aligned} M_3 b_o' + 2 M_4 (b_o' + h') + M_2 h' - 6 E J_v (\vartheta_o - \vartheta_v) = 0\,, \\ M_4 h' + 2 M_2 (h' + b_u') + M_1 b_u' - 6 E J_v (\vartheta_v - \vartheta_u) = 0\,, \end{aligned}\right\} \quad \ldots\ldots \quad \text{(b)}$$

wobei

$$h' = h\,, \qquad b_o' = b\frac{J_v}{J_o}\,, \qquad b_u' = b\frac{J_v}{J_u}$$

und ϑ_o, ϑ_u die Drehwinkel des oberen und unteren Riegels, ϑ_v den Drehwinkel der Pfosten bedeuten. Die Momente $M_1 \ldots M_4$ wurden zunächst positiv angenommen, wobei ein Moment dann als positiv bezeichnet wird, wenn sich unter dessen Wirkung der ergriffene Rahmenstab nach innen wölbt. Addiert man beide Gleichungen und berücksichtigt hierbei, daß $M_1 = -M_2$, $M_3 = -M_4$ und $\vartheta_o = \vartheta_u = 0$ ist, so gewinnt man die Elastizitätsbedingung

$$M_1 (b_u' + 3h') + M_3 (b_o' + 3h') = 0 \quad \ldots\ldots\ldots\ldots \quad \text{(c)}$$

Nun folgt aus Abb. 466c

$$\left.\begin{aligned} -M_1 &= \left(W\frac{h_1}{b} - T\right)\frac{b}{2} = \frac{1}{2}(W h_1 - T b) \\ M_3 &= \tfrac{1}{2} T b\,; \end{aligned}\right\} \quad \ldots\ldots\ldots \quad \text{(d)}$$

somit geht Gl. (c) über in

$$-(W h_1 - T b)(b_u' + 3h') + T b (b_o' + 3h') = 0\,,$$

woraus

$$T = W\frac{h_1}{b}\,\frac{b_u' + 3h'}{b_u' + 6h' + b_o'} \quad \ldots\ldots\ldots\ldots \quad (7)$$

folgt. Die Einführung von T in die Gleichungen (d) liefert die Eckmomente, die zugleich die Größtwerte der Momente in den Rahmenstäben vorstellen, da der Momentenverlauf zwischen zwei Eckpunkten geradlinig ist.

Die wagerechte Verschiebung η einer oberen Ecke ermittelt man aus einer der Gleichungen (b). — Aus der ersten Gleichung folgt der Drehwinkel des Pfostens

$$6 E J_v \vartheta_v = M_3 (b_o' + 2h') + M_1 h'\,,$$

und da $\eta = h\vartheta_v$ ist, so folgt

$$\eta = \frac{M_3 (b_o' + 2h') + M_1 h'}{6 E J_v}\, h\,.$$

Die Verknüpfung mit den Gleichungen (d) liefert

$$\eta = \frac{T b (b_o' + 2h') - (W h_1 - T b) h'}{12 E J_v}\, h\,,$$

und schließlich nach Einführen der Formel (7) für T

$$\eta = \frac{W h_1 h}{12 E J_v}\left[\frac{(b_u' + 3h')(b_o' + 3h')}{b_u' + 6h' + b_o'} - h'\right] \quad \ldots\ldots\ldots\ldots \quad (8)$$

2. Lotrechte Belastung des Querträgers. Abb. 467.

Wir betrachten zunächst den Einfluß einer Einzellast 1. Bei beliebiger Stellung der Last sind die 4 Eckmomente voneinander verschieden, weshalb hier der Ansatz von vier Dreimomentengleichungen, aus denen die Elastizitätsbedingungen des dreifach statisch unbestimmten Systems abgeleitet werden, notwendig ist. Die Momentengleichungen lauten, wenn man bei M_1 beginnt:

$$\left.\begin{aligned} M_1 h' + 2 M_3 (h' + b_o') + M_4 b_o' - 6 E J_v \vartheta_v &= 0\,, \\ M_3 b_o' + 2 M_4 (b_o' + h') + M_2 h' + 6 E J_v \vartheta_v &= 0\,, \\ M_4 h' + 2 M_2 (h' + b_u') + M_1 b_u' - 6 E J_v \vartheta_v &= N_1\,, \\ M_2 b_u' + 2 M_1 (b_u' + h') + M_3 h' + 6 E J_v \vartheta_v &= N_2\,. \end{aligned}\right\} \quad \ldots\ldots \quad \text{(e)}$$

Hierin ist $N_1 = 1\,.\, b_u' a \left(1 - \frac{a^2}{b^2}\right)$ und $N_2 = 1\,.\, b_u' a' \left(1 - \frac{a'^2}{b^2}\right)$[1],

[1] In der allgemeinen Form der Momentengleichung auf S. 194 sind die von der Belastung

wobei bei Vernachlässigung der Längenänderungen der Rahmenstäbe die Drehwinkel der beiden Pfosten einander gleich und $\vartheta_o = \vartheta_u = 0$ gesetzt wurden. Nach Aussonderung von ϑ_v bleiben drei voneinander unabhängige Gleichungen zurück, aus denen die drei Überzähligen, wenn man die sämtlichen Eckmomente durch diese und die äußeren Lasten ausdrückt, bestimmt werden können.

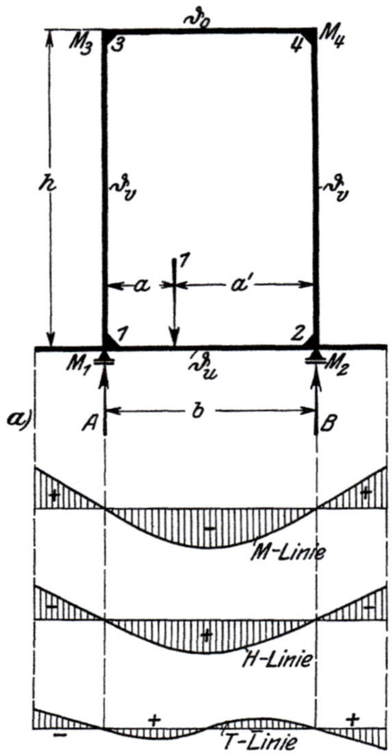

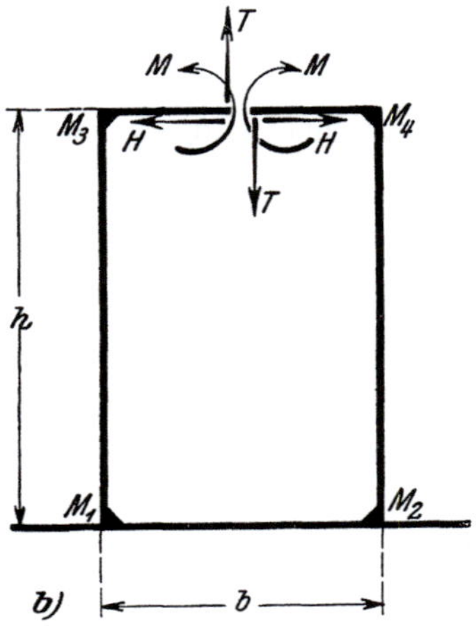

Abb. 467.

Sämtliche Eckmomente wurden bei der Aufstellung der Momentengleichungen positiv angenommen. Positive Momente sind, wie bereits oben erwähnt, solche, welche den Rahmenstab nach innen zu wölben trachten.

Die Zusammenfassung von je zwei Gleichungen (e), und zwar der ersten und zweiten, der dritten und vierten, der zweiten und dritten liefert folgende von ϑ_v freie Elastizitätsbedingungen:

$$(M_1 + M_2)\,h' + (M_3 + M_4)(2h' + 3b_o') = 0\,,$$
$$(M_1 + M_2)(2h' + 3b_u') + (M_3 + M_4)\,h' = N_1 + N_2\,,$$
$$M_1 b_u' + M_2(3h' + 2b_u') + M_3 b_o' + M_4(3h' + 2b_o') = N_1\,.$$

Wählt man als statisch unbestimmbare Größen die Schnittkräfte in der Mitte des oberen Riegels, M, T und H, siehe Abb. 467b, so bestehen die Gleichgewichtsverknüpfungen

$$\left.\begin{aligned} M_1 &= M + T\frac{b}{2} + Hh, & M_2 &= M - T\frac{b}{2} + Hh,\\ M_3 &= M + T\frac{b}{2}, & M_4 &= M - T\frac{b}{2}. \end{aligned}\right\} \quad \ldots\ldots \text{(f)}$$

Ihre Einführung in die voranstehenden 3 Gleichungen ergibt:

$$\left.\begin{aligned} &(M + Hh)\,h' + M(2h' + 3b_o') = 0\,,\\ &Mh' + (M + Hh)(2h' + 3b_u') = \frac{N_1 + N_2}{2}\,,\\ &\left(M + T\frac{b}{2}\right)b_o' + \left(M + Hh + \frac{Tb}{2}\right)b_u' + \left(M - T\frac{b}{2}\right)(2b_o' + 3h')\\ &\quad + \left(M + Hh - T\frac{b}{2}\right)(2b_u' + 3h') = N_1\,. \end{aligned}\right\} \quad \ldots \text{(g)}$$

Die ersten zwei Gleichungen liefern zunächst

$$M = -\frac{1}{2}\,\frac{(N_1 + N_2)\,h'}{(2h' + 3b_o')(2h' + 3b_u') - h'^2} = -\frac{3}{2}\,\frac{a\,a'\,b_u'\,h'}{b\,[(2h' + 3b_o')(2h' + 3b_u') - h'^2]}, \quad (9)$$

abhängigen Glieder negativ. Dieses Vorzeichen gilt, wenn die Last von außen gegen das Rahmeninnere gerichtet ist. Da die Last 1 hier entgegengesetzt gerichtet ist, so wurden die Lastglieder N_1 und N_2 positiv in Rechnung gestellt. Rechts und links gilt jeweils vom Rahmeninnern aus.

$$H = \frac{3}{2}\,\frac{(N_1 + N_2)(h' + b_o')}{h[(2h' + 3b_o')(2h' + 3b_u') - h'^2]} = \frac{9}{2}\,\frac{a\,a'\,b_u'(h' + b_o')}{b\,h[(2h' + 3b_o')(2h' + 3b_u') - h'^2]}, \quad (10)$$

worauf man nach Einführung von M und H in die dritte Gleichung

$$T = \frac{N_2 - N_1}{b(b_o' + 6h' + b_u')} = \frac{2\,a\,a'\left(\frac{b}{2} - a\right)b_u'}{b^3(b_o' + 6h' + b_u')} \quad \ldots\ldots\ldots (11)$$

erhält. Die nach diesen Formeln berechneten Einflußlinien sind in Abb. 467a eingetragen. Damit sind auch die Eckmomente, die zugleich die Größtwerte der Momente in dem oberen Riegel und in den Pfosten darstellen, da der Momentenverlauf in diesen Stäben geradlinig ist, bekannt. Der Querträger, der in der Regel als Balken bemessen wird, wird durch die übrigen Rahmenstäbe entlastet, da in 1 und 2 Einspannungsmomente auftreten. Diese Entlastung wird meist nicht berücksichtigt, da man den Endquerträger gleich den übrigen Querträgern ausbildet. Man berechnet den Rahmen am besten, wenn man mit Hilfe der Formeln (9)—(11) die Einflußlinien der Endmomente aufträgt. Kommen noch Lasten auf den Konsolen in Frage, dann ermittelt man die außerhalb 1 und 2 liegenden Einflußlinienzweige, indem man die Einflußlinien tangential über 1 bzw. 2 hinaus verlängert (siehe Abb. 467a).

Ist der obere Riegel ein Fachwerkträger, dann denke man sich denselben durch einen steifen Stab vom Trägheitsmoment $J = F_o a_o^2 + F_u a_u^2$ ersetzt, wobei F_o und F_u die Querschnittsflächen von Ober- und Untergurt des Riegels, a_o und a_u die Abstände der Gurtschwerlinien von der gemeinsamen Schwerlinie bedeuten, und benütze die vorangehenden entwickelten Formeln. Aus den Anschlußmomenten M_3 und M_4 sowie aus der Längskraft H können dann die Gurtquerschnitte, aus der Querkraft T die Füllstabkräfte in der bekannten Weise abgeleitet werden.

d) Zwischenquerrahmen mit gelenkig angeschlossenem Querriegel, Abb. 468.

Wir betrachten die Längskraft H im oberen Riegel als Überzählige und bestimmen diese aus den Dreimomentengleichungen

$$2M_2(h' + b_u') + M_1 b_u' - 6EJ_v\vartheta_v = 1\cdot b_u' a\left(1 - \frac{a^2}{b^2}\right) = N_1,$$

$$M_2 b_u' + 2M_1(b_u' + h') + 6EJ_v\vartheta_v = 1\cdot b_u' a'\left(1 - \frac{a'^2}{b^2}\right) = N_2,$$

die aus den beiden letzten Gleichungen (e) S. 553 erhalten werden, wenn man M_3 und M_4 gleich Null setzt. Die Summierung liefert die winkelfreie Elastizitätsbedingung

$$(M_1 + M_2)(2h' + 3b_u') = N_1 + N_2.$$

Da nun $M_1 = M_2 = Hh$, so entsteht

$$H = \frac{N_1 + N_2}{2h(2h' + 3b_u')} = \frac{3}{2}\,\frac{b_u'\,a\,a'}{h\,b(2h' + 3b_u')}, \quad (12)$$

womit auch M_1 und M_2 bekannt sind.

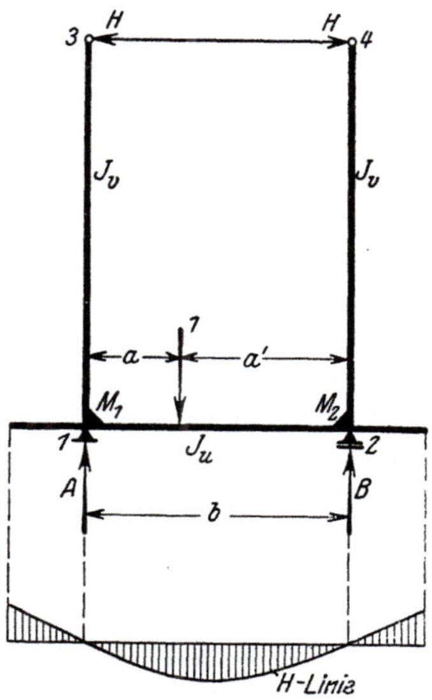

Abb. 468.

Achter Abschnitt.

Lager und Gelenke eiserner Brücken.

§ 24.

100. Theoretische Erörterungen.

Aufgabe der Lager ist es, die vom Brückentragwerk geäußerten Kräfte auf die Widerlager, Pfeiler oder sonstigen Unterstützungen in einer den Voraussetzungen der statischen Berechnung entsprechenden Weise zu übertragen. Diese Voraussetzungen sind im wesentlichen von zweierlei Art: 1. daß die Übertragung der Last in einem ganz bestimmten Punkte — genauer gesagt innerhalb eines sehr engen Flächenbezirkes, dessen Mitte der eben erwähnte Punkt ist, — momentenfrei erfolge und 2. als fallweise hinzutretende Voraussetzung, daß die Auflagerkraft unter allen Umständen, gleichgültig welche äußeren oder inneren Kräfte (Temperaturänderungen) auf das Tragwerk einwirken, ihre Richtung im Raume beibehalte oder aus einer bestimmten Kraftebene nicht heraustrete.

Die erste Forderung wird im wesentlichen dadurch erfüllt, daß man das Lager aus zwei, sich im unbelasteten Zustande in einem Punkte oder in einer Linie berührenden Teilen zusammensetzt, Berührungslager. Hierdurch wird bewirkt, daß die Übertragung der Auflagerkraft innerhalb eines im Vergleich zu den sonstigen Abmessungen des Tragwerkes sehr kleinen Flächenbereiches erfolgt, nämlich innerhalb der kleinen Berührungsfläche, die sich durch die Verformung der beiden aneinandergepreßten Lagerteile ergibt. Diese Berührungsfläche ist z. B. ein kleiner Kreis bei zwei aneinandergedrückten Kugelflächen oder ein von zwei parallelen Linien begrenzter schmaler Flächenstreifen bei zwei unter Druck sich berührenden parallelachsigen Zylindern. Nicht so vollständig wird dieses Ziel durch die vornehmlich bei Bogenbrücken noch in Anwendung stehenden Zapfenlager erreicht, wo die beiden Lagerteile durch einen Zapfen oder Bolzen verbunden sind, der die Druckübertragung vermittelt. Die Druckübertragungsfläche ist hier wesentlich breiter.

Der zweiten Forderung kann leider in viel unvollkommenerer Weise Genüge getan werden. Dadurch, daß der eine Lagerteil auf dem anderen in jenen Richtungen frei gleiten kann, in denen die Auflagerkraft die Seitenkräfte Null aufweisen soll, wird der Auflagerkraft selbst eine bestimmte Richtung vorgeschrieben. Die Wirkung dieser Anordnung wird aber durch die auftretende Reibung stark beeinträchtigt, da hierdurch die von der Rechnung vorausgesetzte Kraftrichtung Abweichungen erfahren kann, die bis an den Reibungswinkel heranreichen. Bei Zapfenlagern treten außerdem infolge der Wirkung der Zapfenreibung Einspannungsmomente auf.

Zwei Fragen kennzeichnen somit das Lagerproblem: Die Übertragung großer Druckkräfte in sehr kleinen Flächenbereichen, ohne daß dauernde oder die Wirkung der Lager schmälernde Formänderungen auftreten und die Verminderung der Reibung in den gegeneinander bewegten Teilen der Lager.

a) Das Berührungsproblem.

Nachdem man sich etwa bis Ende des 7. Jahrzehntes des vorigen Jahrhunderts bei der Bemessung der damals allein in Betracht kommenden Rollen der beweglichen Lager eiserner Brücken mit rohen Erfahrungsregeln, die aber stark voneinander abwichen und nur zum geringsten Teil auf Versuchen gegründet waren, begnügt hatte, machte sich doch endlich das Bedürfnis geltend, besser begründete Formeln für die Errechnung des Rollendurchmessers bei gegebener Last P zur Hand zu haben. Köpcke war 1869 der erste, der den Versuch machte, auf Grund theoretischer Überlegungen den zulässigen Druck P zwischen zwei Zylindern gleichen Halbmessers abzuleiten. Ihm folgte Winkler, der das für das Rollenlager so wichtige Berührungsproblem, Platte und Walze, behandelte. Seine Formeln sind zum Teil noch heute in Verwendung. Der Gedankengang Winklers ist kurz folgender: Unter dem Druck P preßt sich die Rolle in die Unterlage ein. Setzt man nun voraus, daß die lotrechten Verschiebungen y_1 der Walze und y_2 der Platte, Abb. 469, proportional der an dieser Stelle herrschenden lotrechten Pressung p sind, derart, daß für den Zylinder $y_1 = A_1 p$, für die Platte $y_2 = A_2 p$ ist, so folgt mit Vernachlässigung kleiner Größen zweiter Ordnung, für die halbe Breite a der Berührungsfläche

$$a = \sqrt{\frac{3(A_1 + A_2) P r}{2}}$$

und für die größte Pressung in der Mitte der Fläche

$$\sigma_{\max} = \sqrt[3]{\frac{9}{32} \frac{P^2}{(A_1 + A_2) r}}.$$

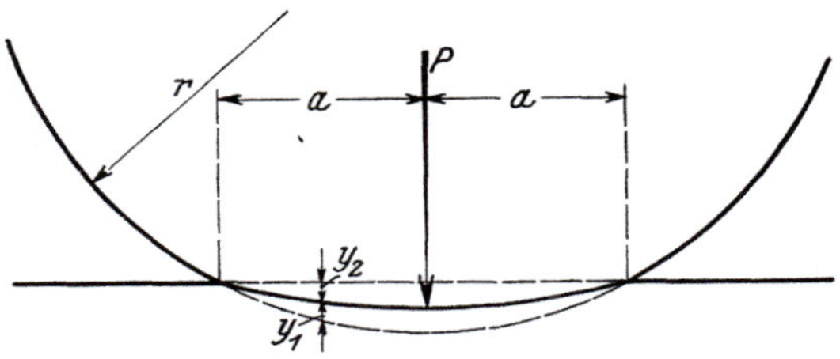

Abb. 469.

Die Beiwerte A_1 und A_2 sind keine reinen Baustoffziffern, da sie von der Form der aneinander gedrückten Körper abhängen, und darin liegt der Mangel der Winklerschen Formeln ebenso wie der Köpckes. Es fehlen auch bis heute die zahlreichen Versuche, die zu einer einigermaßen sicheren Bestimmung von A_1 und A_2 notwendig wären. Winkler hat für die Anwendung $A_1 = A_2 = A$ gesetzt und A auf Grund der Abmessungen ausgeführter Lager bestimmt. Den gleichen Mangel weisen natürlich alle anderen nach Winkler auf Grund ähnlicher Überlegungen entwickelten Formeln auf[1]).

Die strenge Lösung des Berührungsproblems, d. i. die Ermittlung der Spannungen und Formänderungen im Bereiche der Berührungszone zweier beliebig gestalteter Körper, gab der Physiker Heinrich Hertz im Jahre 1881[2]). Hertz ging von der Voraussetzung aus, daß die Berührungsflächen unendlich klein gegen die Körperoberfläche seien und daß die Drucke senkrecht zu den Berührungsflächen übertragen werden, Reibung also ausgeschlossen sei. Da er seine Untersuchungen auf den Differentialgleichungen der Elastizitätstheorie aufbaut, so haben die von ihm gewonnenen Ergebnisse nur insoweit Geltung, als an der Berührungsstelle nicht die Proportionalitätsgrenze überschritten wird.

Wir haben in **67a** eine hierhergehörende Aufgabe bereits kurz erwähnt, als es sich darum handelte, die Ausbreitung der Kraft in einem festen Körper festzustellen. Während wir aber dort unser Augenmerk auf den Spannungszustand in einiger Entfernung von der Laststelle richteten, was in unmittelbarer Nähe der Last oder gar in ihrem Bereiche vor sich ging, war ohne Belang, ist die Sachlage bei der von Hertz behandelten Aufgabe gerade umgekehrt. Wichtig für uns sind jetzt die Verschiebungen und Spannungen im Berührungsbereiche, da diese sicher ein Vielfaches von jenen Verschiebungen und Spannungen betragen, die in einiger Entfernung von der Berührungsstelle auftreten,

[1]) Eine kurze historische Übersicht findet man in dem Buche: Dr.-Ing. A. Kollmar, Auflager und Gelenke. Berlin 1919.

[2]) Über die Berührung fester elastischer Körper. Journ. f. reine u. angew. Math. 1881, S. 156.

weshalb die ersteren für die Bemessung ausschlaggebend sind. Es soll hier, um den Leser einen Einblick in das elastische Verhalten der beiden Körper an der Berührungsstelle zu verschaffen, der Sonderfall behandelt werden, wo sich zwei Kugeln mit den Halbmessern r_1 und r_2 berühren[1]).

Die Berührungsfläche zwischen beiden Kugeln wird aus Gründen der Symmetrie eine kreisförmige Begrenzungslinie haben. Die innerhalb dieses Kreises übertragenen lotrechten Drucke denken wir uns in ein System von unendlich vielen unendlich kleinen Einzeldrücken $p\,df$ aufgelöst. Die Wirkung der Gesamtheit dieser Lasten an irgendeiner Stelle des einen Körpers, z. B. die lotrechte Verschiebung ξ, wird sich sonach aus der Summierung der Wirkungen der Einzellasten ergeben. Damit ist die Aufgabe auf das bereits oben und in **67** erwähnte Problem von Boussinesq zurückgeführt, das die Aufgabe löst, Verschiebungen und Spannungen in einem unendlich großen Körper, der von einer Ebene einseitig begrenzt ist, und durch eine Einzellast senkrecht zu dieser Ebene belastet ist, zu bestimmen.

Da wir die Ergebnisse von Boussinesq nur innerhalb der gegen die Körperabmessungen sehr kleinen Berührungsfläche anwenden wollen, so können wir den Körper als unendlich groß annehmen. Ebenso genügt es, die schwach gekrümmte Berührungsfläche als Ebene anzusehen, während die Oberflächenform des Körpers in einiger Entfernung von der Berührungsstelle ohne nennenswerten Einfluß auf die Formänderungen im Bereiche der Berührungsstelle ist.

Sei $p\,df$ eine unendlich kleine Einzellast, so gilt für die lotrechte Verschiebung $d\xi$ eines beliebigen Körperpunktes A, ausgenommen den Lastpunkt selbst, nach Boussinesq die Gleichung

$$d\xi = \frac{p\,df}{4\pi G}\left(\frac{2(m-1)}{m u} + \frac{x^2}{u^3}\right).$$

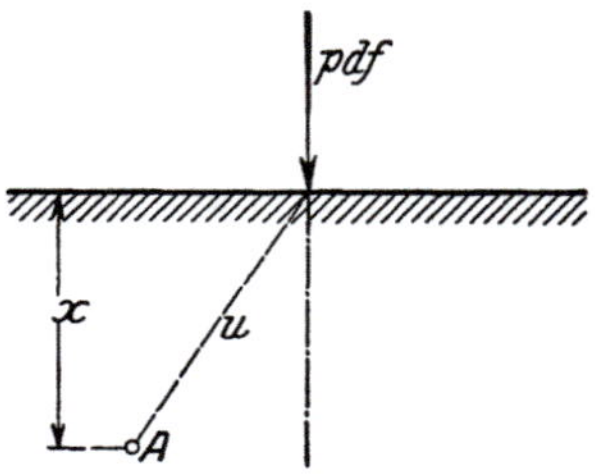

Abb. 470.

Hierin ist u der räumliche Abstand des Punktes A, in dem die Verschiebung $d\xi$ bestimmt werden soll, vom Angriffspunkt der Einzellast $p\,df$, x die Tiefe unter der Oberfläche, Abb. 470, $m = \frac{10}{3}$ das Verhältnis von Längsdehnung zur Querdehnung und $G = 0{,}385\,E$ der Schubelastizitätsmodul. Setzt man $x = 0$ und $u = R$, so erhält man die Verschiebung $d\xi$ im Punkte A der Berührungsfläche

$$d\xi = \frac{m-1}{2\pi m G}\,\frac{p\,df}{R} = \frac{m-1}{2\pi m G}\,p\,d\varphi\,dR, \quad \ldots\ldots\ldots \quad (1)$$

wobei gemäß Abb. 471 das Flächenelement df aus dem Winkelraume der zwei vom Punkte A ausgehenden Strahlen, die den unendlich kleinen Winkel $d\varphi$ einschließen, durch die beiden Kreise mit den Halbmessern R und $R + dR$ abgegrenzt wird. Es ist sonach $df = R\,d\varphi \cdot dR$.

Wir bezeichnen weiters mit p_0 den Größtwert, den der Berührungsdruck in der Mitte der Berührungsfläche annimmt und setzen zunächst voraus, daß der Druck p im Abstande ϱ vom Kreismittelpunkt der Gleichung

$$p = p_0 \frac{\sqrt{a^2 - \varrho^2}}{a} \quad \ldots\ldots\ldots\ldots\ldots \quad (2)$$

folgt. a ist der Halbmesser der Berührungsfläche. Die Richtigkeit dieser Annahme wird später bewiesen werden.

p ist sonach proportional den Ordinaten einer Halbkugel, die man sich über den

[1]) Die nachfolgenden Erörterungen stützen sich im wesentlichen auf die Darstellung dieses Problems in A. Föppl und L. Föppl: Drang und Zwang, Band II. Der Gedanke, das Berührungsproblem für zwei Kugeln mittels der Boussinesqschen Gleichungen für die Verschiebungen ξ zu lösen, rührt von Lorenz her. Siehe Lorenz: Techn. Physik, Bd. 4, S. 636.

Begrenzungskreis der Druckfläche errichtet denken kann. Führt man p in (1) ein und summiert die Einzelwirkungen, die von allen Flächenelementen df herrühren, so erhält man die Verschiebung ξ im Punkte A. Diese Summierung werde zunächst für alle Flächenteile durchgeführt, die zwischen den beiden durch A gehenden Strahlen liegen. Da $d\varphi$ hierbei konstant ist, so wird diese Summe

$$\frac{m-1}{2\pi m G} d\varphi \int p\, dR.$$

Nun ist $\int p\, dR$ nichts anderes als die mit $\frac{p_0}{a}$ multiplizierte Fläche des Halbkreises, den man sich über der Sehne $BC = 2s$ errichtet denken kann; sonach ist

$$\int p\, dR = \frac{p_0}{a} \frac{1}{2} \pi s^2,$$

und da gemäß Abb. 471

$$s^2 = a^2 - v^2 \sin^2\varphi,$$

so geht die Summe der Beiträge aller zunächst ins Auge gefaßten Teillasten $p\,df$ in die Teilsumme

$$\frac{m-1}{4mG} \frac{p_0}{a} (a^2 - v^2 \sin^2\varphi)\, d\varphi$$

über.

Die Integration nach φ zwischen den Grenzen 0 und π liefert schließlich den Gesamtbeitrag aller Elemente der Berührungsfläche. Nun ist

$$\int_0^\pi (a^2 - v^2 \sin^2\varphi)\, d\varphi = a^2\pi - \frac{v^2\pi}{2},$$

sonach die Verschiebung in A:

$$\xi = \frac{m-1}{4mG} p_0 \pi \left(a - \frac{v^2}{2a}\right).$$

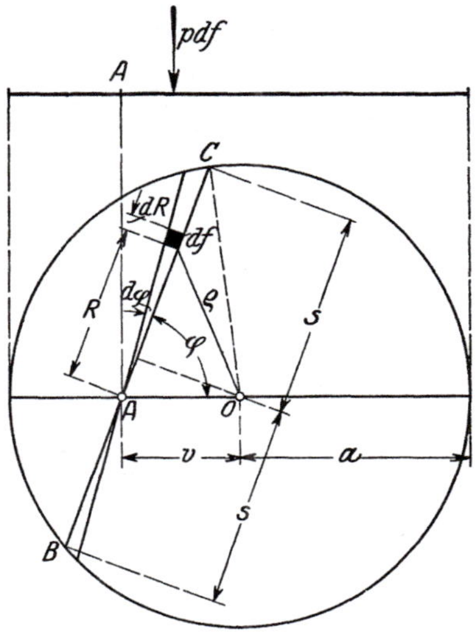

Abb. 471.

Nach Einführung der gesamten in der Berührungsfläche übertragenen Last P mit

$$P = \frac{p_0}{a} \frac{2}{3} \pi a^3,$$

beziehungsweise

$$p_0 = \frac{3}{2} \frac{P}{\pi a^2}$$

erhält man schließlich

$$\xi = \frac{3}{8} \frac{(m-1)}{mG} \cdot \frac{P}{a^2} \left(a - \frac{v^2}{2a}\right) \quad \ldots \ldots \ldots \ldots \quad (3)$$

Mit $v = 0$ wird ξ_0 in der Mitte der Druckfläche

$$\xi_0 = \frac{3}{8} \frac{m-1}{mG} \cdot \frac{P}{a},$$

und ξ_a am Rande der Druckfläche

$$\xi_a = \frac{3}{16} \frac{m-1}{mG} \frac{P}{a},$$

also halb so groß wie in der Mitte.

Dem gleichen Gesetz folgen naturgemäß auch die Verschiebungen der in der Berührungsfläche liegenden Teilchen der zweiten Kugel, da ja wegen der Gleichheit von Wirkung und Gegenwirkung die Verteilung von p dieselbe ist. Gl. (3) gilt sonach auch für diese Verschiebungen, die wir mit ξ' bezeichnen wollen. Sind m', G' die Elastizitätszahlen für die zweite Kugel, so gilt

$$\xi' = \frac{3}{8} \frac{m'-1}{m'G'} \frac{P}{a^2} \left(a - \frac{v^2}{2a}\right). \quad \ldots \ldots \ldots \ldots \quad (4)$$

Um nun die in den Gl. (3) und (4) noch vorkommende Unbekannte a zu ermitteln, betrachten wir den Zusammenhang zwischen ξ und ξ'. In Abb. 472 sind die beiden Körper in ihrer ursprünglichen unbelasteten Stellung und im Berührungszustande dargestellt, sowie die Verschiebungen ξ bzw. ξ' eingetragen. Um die beiden Körper zur Berührung zu bringen, wäre eine Verschiebung V notwendig, die sich gemäß Abbildung 472 aus drei Teilen zusammensetzt: Aus dem Abstand x zweier übereinander liegender Punkte der unverformten Kugelflächen, aus der Verschiebung ξ eines dieser Punkte und aus der Verschiebung ξ' des entsprechenden Punktes der zweiten Kugel, so daß

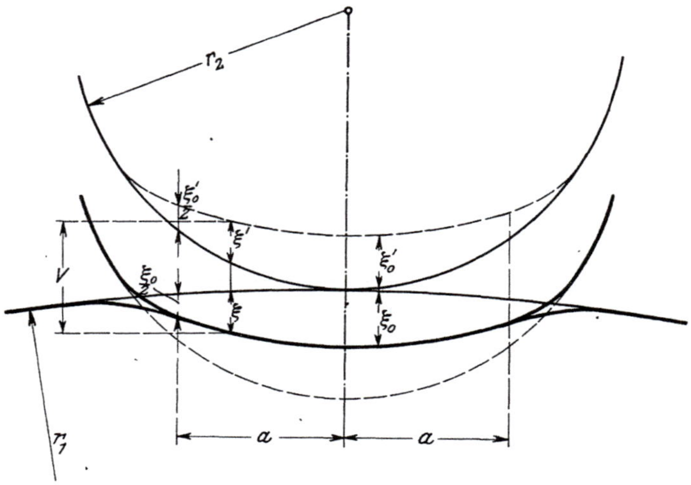

Abb. 472.

$$V = x + \xi + \xi'$$

ist. Nun gilt für x

$$x = r_1 - \sqrt{r_1^2 - v^2} + r_2 - \sqrt{r_2^2 - v^2} = r_1\left(1 - \sqrt{1 - \frac{v^2}{r_1^2}}\right) + r_2\left(1 - \sqrt{1 - \frac{v^2}{r_2^2}}\right)$$

und bei Vernachlässigung kleiner Glieder zweiter Ordnung

$$x = \frac{v^2}{2 r_1} + \frac{v^2}{2 r_2} = \frac{v^2}{2} \frac{r_1 + r_2}{r_1 r_2}.$$

Damit erhält man

$$V = \frac{v^2}{2} \frac{r_1 + r_2}{r_1 r_2} + \frac{3}{8} \frac{P}{a^2}\left(a - \frac{v^2}{2a}\right)\left(\frac{m-1}{mG} + \frac{m'-1}{m'G'}\right), \quad \ldots\ldots \quad (5)$$

und da diese Gleichung für alle Werte von v identisch erfüllt sein soll, so muß

$$\frac{1}{2} \frac{r_1 + r_2}{r_1 r_2} = \frac{3}{16} \frac{P}{a^3}\left(\frac{m-1}{mG} + \frac{m'-1}{m'G'}\right) \quad \ldots\ldots\ldots\ldots \quad (6)$$

sein, so daß

$$V = \frac{3}{8} \frac{P}{a}\left(\frac{m-1}{mG} + \frac{m'-1}{m'G'}\right) \quad \ldots\ldots\ldots\ldots \quad (7)$$

wird. Die Division der beiden letzten Gleichungen liefert die Abplattung V in der einfachen Form

$$V = a^2 \frac{r_1 + r_2}{r_1 r_2} \quad \ldots\ldots\ldots\ldots\ldots\ldots \quad (8)$$

und die Verknüpfung von (7) und (8) den Halbmesser a der Druckfläche

$$a = \sqrt[3]{\frac{3}{8} P \frac{r_1 r_2}{r_1 + r_2}\left(\frac{m-1}{mG} + \frac{m'-1}{m'G'}\right)}. \quad \ldots\ldots\ldots \quad (9)$$

Damit ist die Aufgabe gelöst, da mit a auch die Pressungen p_0 und p bekannt sind. Nach den oben angegebenen Gleichungen für p_0 ist der Druck in der Mitte um die Hälfte größer, als wenn die Last gleichmäßig über die Druckfläche verteilt wäre. Man erhält, wenn man $m' = m$, $G' = G$ setzt und hierfür die eingangs angeführten Werte benützt,

$$a = 1{,}11 \sqrt[3]{\frac{P}{E} \frac{r_1 r_2}{r_1 + r_2}}. \quad \ldots\ldots\ldots\ldots\ldots \quad (10)$$

Ebenso findet man für die Abplattung

$$V = 1{,}23\sqrt[3]{\frac{P^2}{E^2}\,\frac{r_1 + r_2}{r_1 r_2}} \quad \text{. . . . . (11)}$$

und für den größten Druck in der Mitte der Berührungsfläche

$$p_0 = 0{,}388\sqrt[3]{PE^2\frac{(r_1 + r_2)^2}{r_1^2 r_2^2}} \quad \text{. . . . . (12)}$$

Wir kommen nun zurück auf die oben durch den Ansatz (2) gemachte Voraussetzung über die Abhängigkeit der Pressung p vom Fahrstrahl ϱ. In der Möglichkeit der Aufstellung von Gl. (6) liegt bereits der Beweis für die Richtigkeit unserer Annahme, denn für ein anderes Gesetz hätte mit Rücksicht auf die Eindeutigkeit der Lösung elastizitätstheoretischer Aufgaben, die Bedingung, daß Gl. (5) für alle Werte von v identisch befriedigt wird, nicht erfüllt werden können.

Berühren sich die beiden Kugeln von innen, Abb. 473, so gilt für x die Gleichung

$$x = x_1 - x_2 = \frac{v^2}{2}\,\frac{r_2 - r_1}{r_1 r_2}.$$

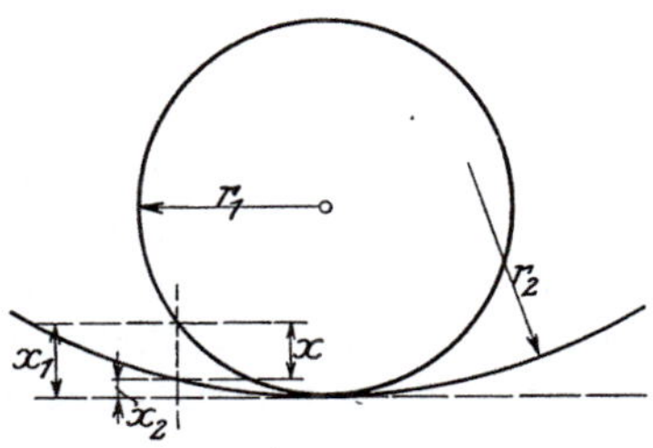

Abb. 473.

Die obigen Gleichungen gelten somit auch in diesem Fall, nur ist r_1 negativ einzuführen.

Die vorstehend entwickelten Formeln stimmen mit den aus den allgemeinen Lösungen von Hertz abgeleiteten Gleichungen genau überein, obwohl Hertz die Aufgabe auf einen ganz anderen Weg gelöst hat. Die Anwendung der entwickelten Gleichungen auf die Bemessung der Lager werden wir in **101** zeigen.

Werden zwei Zylinder so aneinandergepreßt, daß sie sich längs einer Erzeugenden berühren, dann läßt sich das Berührungsproblem auf ein ebenes Problem zurückführen[1]). Wir wollen uns hier auf die Bekanntgabe der den Gl. (10) und (12) analogen Formeln beschränken. Es gilt für die halbe Breite a des Berührungsstreifens, wenn zwei Kreiszylinder mit dem Halbmessern r_1 und r_2 von der Länge l aus gleichem Material sich in einer Erzeugenden berühren:

$$a = 1{,}52\sqrt{\frac{P}{El}\,\frac{r_1 r_2}{r_1 + r_2}}, \quad \text{. . . . . (13)}$$

während der Größtwert des Druckes p_0 in der Mitte der Druckfläche

$$p_0 = \frac{2P}{\pi a l} = 0{,}418\sqrt{\frac{P}{l}E\frac{r_1 + r_2}{r_1 r_2}} \quad \text{. . . . . (14)}$$

beträgt.

Prüft man die Übereinstimmung der Voraussetzungen und der Ergebnisse der Hertzschen Theorie mit den tatsächlichen Verhältnissen bei Brückenlagern, so gelangt man zu folgenden Schlüssen:

1. Die Voraussetzung, daß die Berührungsfläche klein ist im Vergleich zu den Abmessungen des Lagerteiles, trifft gut zu. Setzt man z. B. in Formel (13) $r_1 = \infty$, $r_2 = r$, so erhält man für die halbe Breite a der Druckfläche, wenn eine Walze gegen eine Platte gepreßt wird, mit $l = 1$

$$a = 1{,}52\sqrt{\frac{Pr}{E}} \quad \text{und} \quad p_0 = \frac{2P}{\pi a}.$$

[1]) Siehe darüber A. Föppl: Vorl. ü. techn. Mechanik, Bd. V, Leipzig 1918. Hertz hat die Gleichungen für zylindrische Körper aus seinen allgemeinen Lösungen durch einen Grenzübergang entwickelt.

Führt man in die Gleichung für a: $P = \frac{\pi a p_0}{2}$ ein, so ergibt sich

$$\frac{a}{r} = 3{,}63 \frac{p_0}{E}.$$

Mit $E = 2200$ t/cm² und $p_0 = 6$ t/cm² erhält man z. B. für Stahl

$$a = \frac{r}{99},$$

einen verhältnismäßig kleinen Wert.

2. Solange nur umkehrbar elastische Formänderungen in Betracht kommen, zeigen die Formeln von Hertz gute Übereinstimmung mit Versuchsmessungen. Dies hat Stribeck durch Versuche an kleinen Gußstahlkugeln nachgewiesen[1]). In neuester Zeit wurden durch die Untersuchungen von Prof. Dumas in Lausanne, die auf Veranlassung der Technischen Kommission des Verbandes Schweizerischer Brückenbauanstalten durchgeführt wurden, festgestellt, daß bei kleinen Belastungen, die unterhalb einer gewissen Grenze liegen, die je nach Art des untersuchten Stoffes verschieden ist, die Hertzschen Beziehungen gute Übereinstimmung mit den Versuchsergebnissen zeigen[2]). Die Lausanner Versuche wurden mit einer $5'' = 15{,}24$ cm großen gehärteten Gußstahlkugel durchgeführt, die gegen Platten aus verschiedenem Material, vom gewöhnlichen Bauwerkflußeisen bis zum ölgehärteten Stahl, gepreßt wurden. Die großen Kugeln erlaubten, bereits bei Belastungen von 50 kg die Verformungen zu messen und den mittleren Berührungsdruck festzustellen und die Meßergebnisse mit den Hertzschen Zahlen zu vergleichen. Die Messungen wurden bis zu Kugelbelastungen von 5000 kg fortgeführt.

Die wichtigste noch zu behandelnde Frage ist die nach dem zulässigen größten Druck p_0 in der Berührungsfläche. Nun hängt der zulässige Wert von p_0 nicht bloß von der Elastizitätsgrenze des Baustoffes bei linearem Spannungszustand ab, sondern auch von der Art des Spannungszustandes in der Umgebung des Punktes, in dem die Spannung p_0 eine Hauptspannung ist. In Abb. 474 ist der Spannungszustand nach Hertz in dem Berührungsbereiche dargestellt. Durch Pfeile ist in den einzelnen Feldern die Richtung der Hauptspannungen, ob Zug oder Druck, versinnbildlicht. Die Teilchen im inneren Teil der Berührungsfläche erscheinen allseitig gedrückt, ein örtliches Ausweichen des Stoffes ist daher nicht möglich. Der Spannungszustand wird beiläufig dem hydrostatischen Spannungszustand eines in einer Flüssigkeit eingetauchten Körpers ähneln. Versuche haben aber erwiesen, daß bei homogenen Körpern, trotz starker Formänderungen, eine Zerstörung bei noch so hohen Flüssigkeitsdrücken nicht eintreten kann. Es ist daher verständlich, daß man aus diesem Grunde die zulässige Flächenpressung weit über das übliche Maß der zulässigen Druckbeanspruchung steigern kann. Beachtet man hierbei noch den Umstand, daß in der Oberflächenschicht, in der hauptsächlich die großen

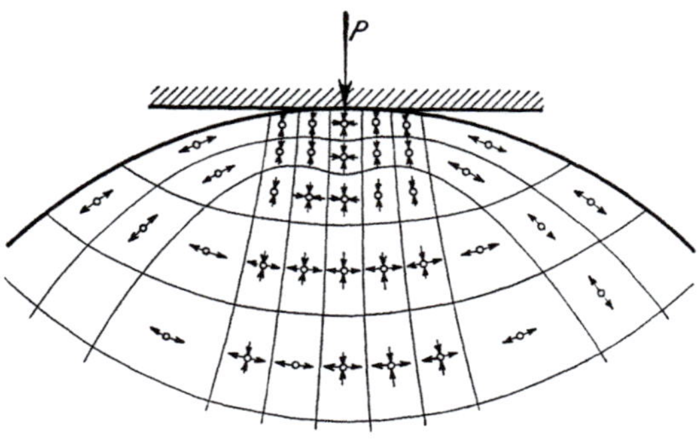

Abb. 474.

[1]) R. Stribeck: Prüfverfahren für gehärteten Stahl unter Berücksichtigung der Kugelform. Z. V. d. I. 1907, S. 1500.

[2]) Die Einsicht in den erst im Januar 1924 fertiggestellten Bericht „Sur les pressions spécifiques dans la région du contact de sphères ou de cylindres et de plans. — Sur la charge limite admissible de cylindres reposant sur un plan" wurde mir in zuvorkommender Weise durch Herrn Ing. Roš, Sekretär der Techn. Kommission d. V. S. B., durch Zusendung einer Berichtsabschrift ermöglicht.

Pressungen p_0 in Frage kommen, das Material infolge der Bearbeitung beim Drehen oder Hobeln eine örtliche Verfestigung, also bedeutende Hebung der Elastizitätsgrenze erfahren hat, daß überhaupt Oberflächenschichten, wie zahlreiche Versuche gelehrt haben, aus Gründen, die sicher in molekularen Verhältnissen zu suchen sind, eine größere Festigkeit aufweisen, als die mehr gegen das Innere des Körpers gelegenen, so wird es begreiflich, daß aus diesen Gründen, auch bei einer gegenüber der üblichen Druckbeanspruchung erhöhten Pressung p_0, noch keine bleibenden Formänderungen eintreten werden. Geht man zunächst von der St. Vénantschen Annahme aus, siehe **56**, daß die größte Hauptdehnung maßgebend für das Überschreiten der Elastizitätsgrenze ist, so findet man auf Grund rein elastizitätstheoretischer Überlegungen, daß die Elastizitätsgrenze erst bei einer Spannung $1{,}92\,\sigma_E \sim 2\,\sigma_E$ im Mittelpunkt der Berührungsfläche erreicht wird. Man kann also die Elastizitätsgrenze etwa 2mal so hoch ansetzen als beim linearen Spannungszustand. Schätzt man die gewöhnliche Elastizitätsgrenze σ_E bei ungehärtetem Stahl mit Rücksicht auf die örtliche Verfestigung der Oberflächenschichten auf 5—6 t/cm², so kann man annehmen, daß die Elastizitätsgrenze für die Spannung p_0 bei 10—12 t/cm² liegt. Bei $1^1/_2$—2facher Sicherheit, die im allgemeinen genügen dürfte, gelangt man zu einer zulässigen Beanspruchung von 5—8 t/cm². Schaper schlägt daher folgende Beanspruchungen vor, die wahrscheinlich noch ausreichende Sicherheit gegen das Überschreiten der Elastizitätsgrenze bieten dürften:

für Gußeisen	4 t/cm²
„ Flußeisen	5 „
„ Flußstahlguß	6,5 „
„ Schmiedestahl	7,5 „

Viel richtiger erscheint es aber mit Rücksicht auf die Eigenart der Verhältnisse beim Berührungsproblem, die übliche aus den Zugversuchen gewonnene Elastizitätsgrenze als Ausgangspunkt für die Festlegung einer zulässigen Beanspruchung zu vermeiden und nach dem Vorbilde des Maschinenbaues von der Härteziffer des Materials, als dem richtigen Maß für das Verhalten des Baustoffes an der Berührungsstelle auszugehen. Wählt man daher, wie dies im Maschinenbau üblich ist, einen Bruchteil der nach dem Kugeldruckverfahren ermittelten Härteziffer[1]) als zulässige größte Flächenpressung p_0, so hat man ein geeignetes Maß für die örtlichen Beanspruchungen an der Berührungsstelle gewonnen.

Prof. Dumas hat auch den Versuch gemacht, bei den von ihm erprobten Stahlsorten jene Grenze zu finden, bis zu welcher im wesentlichen bloß elastische Verformungen an der Berührungsstelle auftreten. Er ging hierhei von dem Gedanken aus, daß diese Grenze mit jenem Punkte zusammenfallen muß, von dem an das Hertzsche Gesetz seine Geltung verliert. In der nachstehenden Tafel 43 sind die Festigkeitsziffern der sechs untersuchten Proben und in der letzten Zeile der Tafel die Grenzbeanspruchungen p_0^e an der Berührungsstelle, die den Eintritt der bleibenden Formänderungen anzeigen, angegeben.

Tafel 43.

Probe Nr.	1	2	3	4	5	6
	Kohlenstoffstahl in Öl gehärtet	Walzstahl	Flußstahl	Flußstahl	Flußstahl	Flußeisen von Handelsqual.
Zugfestigkeit in kg/mm²			70—80	50—60	50—60	
Elastizitätsgrenze in kg/mm² . .			35—40	32—39	25—30	
Bruchdehnung in %			5—8	12—18	12—18	
Härte H_B nach Brinell in kg/mm²	600	336	190	168	162	140
Grenzspannung p_0^e in kg/mm² .	300	180	83	83	72	68

[1]) Die Härteziffer H_B (Brinellhärte) wird wie folgt bestimmt: Man preßt eine gehärtete Gußstahlkugel von 1 cm Durchmesser unter 3000 kg Druck gegen eine Platte des zu untersuchenden

Der Vergleich der beiden letzten Zahlenreihen läßt deutlich erkennen, daß p_0^e etwa halb so groß ist als die Brinellhärte, so daß bei Annahme eines Sicherheitsgrades $\psi = 1{,}5$ in den Hertzschen Formeln

$$p_0^{\text{zul}} = \tfrac{1}{3} H_B$$

gesetzt werden kann. Damit ist ein sehr einfacher Zusammenhang zwischen dem zulässigen größten Berührungsdruck p_0 und einer leicht feststellbaren Materialkonstante, der Kugeldruckhärteziffer H_B gefunden. Auf alle Fälle weisen auch die Versuchsergebnisse von Prof. Dumas, die allerdings der Bestätigung durch weitere Versuche bedürfen, darauf hin, daß bei Verwendung von härterem Stahlmaterial für die Lagerteile bedeutende wirtschaftliche Vorteile zu erzielen wären.

Es sei noch darauf aufmerksam gemacht, daß p_0 nicht proportional der Last P wächst, sondern viel langsamer als diese, so daß, bei Wahl eines Sicherheitsgrades $n = 1{,}5$ bei der Bestimmung von p_0, bei Rollen z. B. eine 2,25fache Sicherheit hinsichtlich Überschreitung der Last P besteht.

b) Die Bemessung der Zapfen in Zapfenlagern.

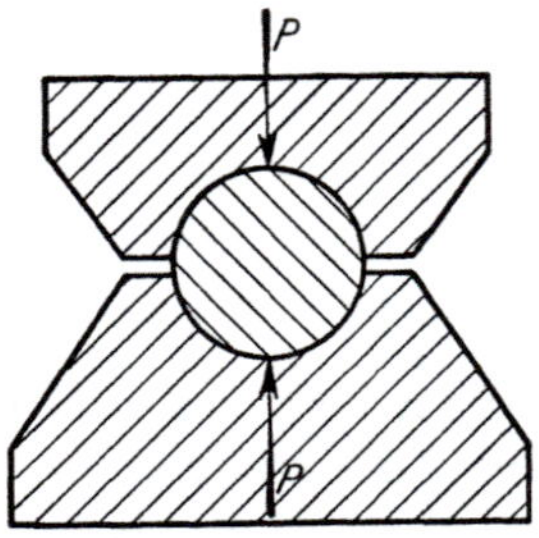

Abb. 475.

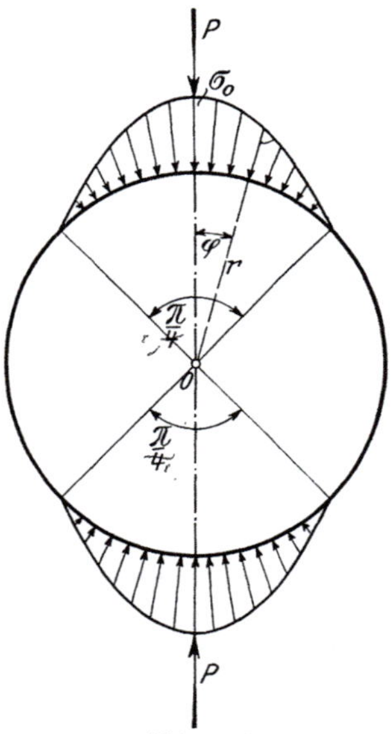

Abb. 476.

Da der Zapfen oder Bolzen von beiden Lagerteilen nahezu vollständig umschlossen wird, wie dies Abb. 475 schematisch andeutet, so hängt die Verteilung des Druckes P über den Umfang des Bolzens von den Formänderungen desselben und den Formänderungen der umschließenden Teile ab. Eine elastizitätstheoretische Erörterung des Spannungszustandes hat aber — selbst wenn sie möglich wäre — nicht viel Bedeutung, da die wichtigste Voraussetzung, vollkommen genauer Schluß zwischen Bolzen und umschließenden Lagerteilen in Wirklichkeit nicht zu erfüllen ist. Sicher ist, daß bei einiger Sorgfalt bei der Herstellung, ein Aufsitzen an den Enden des lotrechten Durchmessers zu erzielen ist, und daß der Druck dann von diesen zwei Scheitelpunkten nach beiden Seiten mehr oder weniger stetig, je nachdem der Bolzen mehr oder weniger satt sitzt, abnehmen wird. Man beschränkt sich daher auf die Annahme, daß die Kraft P, wie dies Abb. 476 veranschaulicht, über einen Bogen von 90^0 übertragen wird.

Setzt man den radialen Druck

$$\sigma = \sigma_0 \cos 2\varphi ,$$

so daß bei $\varphi = 0$, $\sigma = \sigma_0$ und bei $\varphi = \frac{\pi}{4}$, $\sigma = 0$ ist, so gilt, wenn l die Länge des Bolzens ist, die Gleichgewichtsbeziehung

$$P = l \int_{-\frac{\pi}{4}}^{+\frac{\pi}{4}} \sigma \cos\varphi \cdot r\, d\varphi = 2 r l \sigma_0 \int_0^{\frac{\pi}{4}} \cos 2\varphi \cos\varphi\, d\varphi = 0{,}943\, r l \sigma_0 .$$

Man erhält daraus den notwendigen Durchmesser des Bolzens

$$r = 1{,}06 \frac{P}{l\sigma_{\text{zul}}}, \quad . \quad . \quad . \quad . \quad . \quad . \quad . \quad . \quad (15)$$

Baustoffes und bestimmt die Größe f der kreisförmigen Berührungsfläche, in mm². Der Quotient

$$H_B = \frac{3000}{f}$$

heißt die Härteziffer. Sie gibt die durchschnittliche Pressung an der Berührungsstelle in kg/mm² an.

wobei σ_{zul} der zulässige Größtwert des Flächendruckes bedeutet. Da hinsichtlich des Spannungszustandes ähnliche Verhältnisse wie beim Berührungsproblem herrschen, so kann auch hier ein größerer Wert für den zulässigen Druck gewählt werden, obwohl man wegen der Unsicherheit, mit der Gl. (15) behaftet ist, mit σ_{zul} nicht über 2 t/cm² hinausgehen wird. Es ergibt sich mit diesem Werte die Bemessungsregel

$$r = 0{,}53 \frac{P}{l} \quad \text{(in t und cm)} \qquad (16)$$

c) Die beweglichen Lager.

Bei der Anordnung und baulichen Gestaltung der Lager ist auf die Formänderungen des Tragwerkes unter dem Einfluß der äußeren Kräfte und der Wärmeschwankungen Rücksicht zu nehmen. Nun darf bei einem Brückentragwerk nicht bloß die voraussetzungsgemäße Lagerung der Hauptträger ins Auge gefaßt werden, sondern es müssen auch, wo dies notwendig erscheint, Bewegungsmöglichkeiten senkrecht zur Hauptträgerebene vorgesehen werden. Daher muß z. B. eine Balkenbrücke gemäß Abb. 477 gelagert werden, die dann ein festes Lager, ein in der Längsrichtung, ein in der Querrichtung und ein allseitig verschiebliches Lager zu erhalten hat. Die Möglichkeit einer Querbewegung ist selbstverständlich auch bei allen anderen Brückensystemen, wie Bogenträgern, durchlaufenden Balken usw. ins Auge zu fassen. Statt des doppelt beweglichen Lagers in 4, Abb. 477, hat man sich häufig begnügt, ein einfach bewegliches Lager mit diagonaler Bewegungsrichtung 1—4 vorzusehen. Bei gleichmäßiger Temperaturänderung in allen Brückenteilen erlaubt diese Anordnung ungehinderte Formänderung, entspricht aber in statischer Hinsicht nicht ganz einem zweifach beweglichen Lager, so daß meist kleine Zusatzkräfte auftreten.

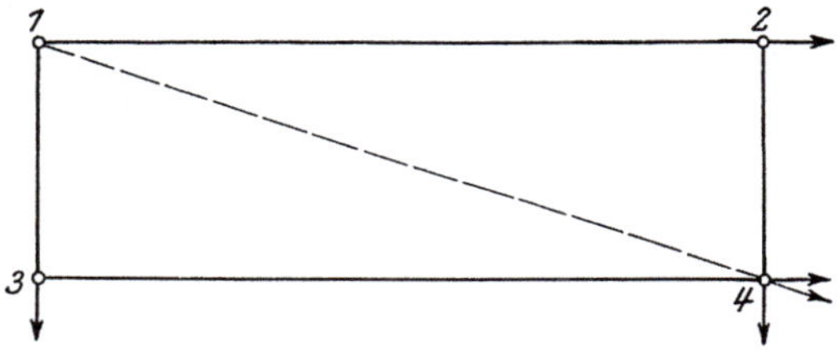

Abb. 477.

Für das Bewegungsspiel der Lagervorrichtungen sind sowohl die Formänderungen unter der Belastung als auch die Längenänderungen infolge Temperaturschwankungen maßgebend.

Bedeutet l die Stützweite einer Balkenbrücke, α_t den Ausdehnungskoeffizient für 1° Temperaturerhöhung gegen die Aufstellungstemperatur, so ist die Änderung der Stützweite bei t^0 Wärmeänderung

$$\Delta l_t = \alpha_t t l.$$

Mit $t = \pm 35^0$, $\alpha_t = \frac{1}{80\,000}$ erhält man

$$\Delta l_t = 0{,}00044\, l. \qquad (17)$$

Liegen beide Lager in der Höhe der neutralen Achse des Hauptträgers, dann ist der Einfluß der Formänderungen auf die Stützweite Null oder sehr gering, je nachdem die neutrale Achse eine Gerade oder schwach gekrümmte Linie ist. Meistens liegen die Lager in der Höhe des Untergurtes, in welchen Fällen — bei gerader Gurtung — die Ausweichung der Lager

$$\Delta l_b = \frac{\sigma_v l}{E} \qquad (18)$$

beträgt, wobei σ_v die von der Verkehrslast erzeugte durchschnittliche Untergurtspannung bedeutet. Hierbei wurde angenommen, daß das Eigengewicht der Brücke mit Rücksicht auf den Aufstellungsvorgang keine Bewegung in den Lagern erzeugt. Bei bogenförmiger Untergurtung mit dem Pfeil f ist

$$\Delta l_b = \frac{\sigma_v l}{E} \pm \frac{16}{3} \frac{f}{l} \delta, \quad \ldots \ldots \ldots \ldots \quad (18')$$

je nachdem der Gurt nach oben oder unten gesprengt ist. δ ist die Durchbiegung der Hauptträger unter der Verkehrslast.

Die Gesamtverschiebung beläuft sich sonach auf

$$\Delta l = \Delta l_b + \Delta l_t \quad \text{in der einen Richtung}$$

und

$$\Delta l = \Delta l_t \quad \text{„ „ anderen „}$$

Setzt man für σ_v einen Mittelwert, etwa 0,5 t/cm² ein, so erhält man, geraden Gurt und $E = 2000$ t/cm² vorausgesetzt,

$$\Delta l_b = \frac{0{,}5}{2000} l = 0{,}00025\, l.$$

Daher wird

$$\Delta l \sim 0{,}00070\, l \quad \text{in der einen Richtung,}$$

$$\Delta l \sim 0{,}00045\, l \quad \text{„ „ anderen „}$$

Kommen durchlaufende Balken in Betracht, so ist unter l die größte Entfernung eines beweglichen Lagers vom festen Lager verstanden.

Bei größeren Brücken stellt man die Lager bei der Errichtung der Brücke so ein, daß das Rollenmittel bei einer Temperatur von 10° C und bei halber Verkehrslast gerade unter der Mitte des Lageroberteiles zu stehen kommt. Dann ist die größtmögliche Bewegung nach beiden Seiten die gleiche, nämlich

$$\Delta l = \Delta l_t + \frac{\Delta l_b}{2} \quad \ldots \ldots \ldots \ldots \ldots \quad (19)$$

101. Die Berechnung der Lager und Gelenke.

a) Plattenförmige Lager.

Bei kleinen Brücken mit geringem Auflagerdruck gestaltet man sowohl die festen als auch die beweglichen Lager als sogenannte Gleitlager aus, die aus einer oben gewölbten gußeisernen Platte a bestehen, auf der die Auflagerplatte b der Hauptträger gleitet oder kippt, Abb. 478a. Das feste Lager unterscheidet sich vom Gleitlager nur

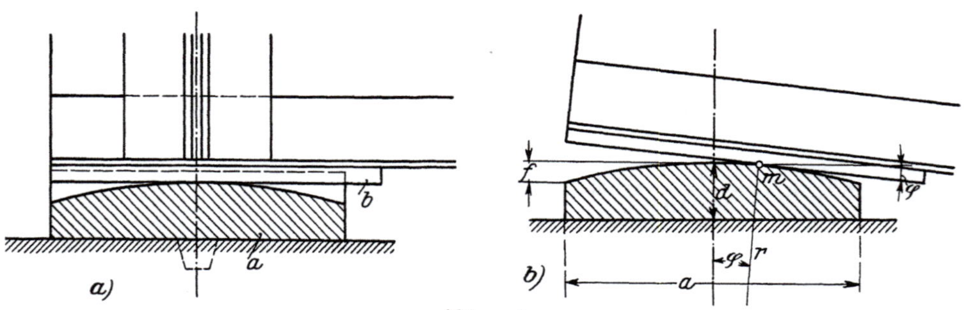

Abb. 478.

durch seitlich angegossene Nasen, die in entsprechende Ausschnitte der Platte b greifen. Die Wölbung der Platte muß so groß gemacht werden, daß der Berührungspunkt m zwischen Hauptträger und Lagerplatte bei der Durchbiegung der Brücke nicht außerhalb des Kerns der Druckfläche gerät, da sich sonst die Lagerplatte abheben würde. Wählt man, wie üblich, den Stich f zu $\frac{a}{25}$, so ist der Krümmungsradius r annähernd

$$r = \frac{a^2}{8f}$$

und mit $f = \frac{a}{25}$

$$r = \frac{25}{8} a \sim 3a.$$

Bei einem Balkenträger, der mit q für den laufenden Meter belastet ist (Eigengewicht + Verkehrslast) beträgt die Neigung des geraden Auflagergurtes gegen die Wagerechte infolge der Verformung

$$\operatorname{tg} \varphi = \frac{q l^3}{24 E J}$$

oder mit $M = \frac{q l^2}{8}$ und $J = W \frac{h}{2} = \frac{M}{\sigma} \frac{h}{2}$

$$\operatorname{tg} \varphi = \frac{2}{3} \frac{\sigma l}{E h}.$$

Mit $\sigma = 0{,}8$ t/cm², $\frac{l}{h} = 10$, $E = 2150$ t/cm² erhält man

$$\operatorname{tg} \varphi \sim \varphi = 0{,}0025.$$

Der Berührungspunkt liegt sonach um

$$r \varphi = 3a \cdot 0{,}0025 = 0{,}0075\, a$$

aus der Mitte verschoben, um einen Betrag, der so gering ist, daß man den Angriffspunkt der Auflagerkraft als unveränderlich ansehen kann.

Da die gleitende Reibung ziemlich bedeutend ist, man muß mit einem Reibungsbeiwert

$$\mu = 0{,}2$$

rechnen, so tritt eine in Lagerhöhe wirkende Längskraft $H = 0{,}2\, A$ (wenn A die lotrechte Auflagerkraft ist) auf, die im Untergurt eineZusatzkraft hervorruft, die im Mittel etwa 8% der Gurtkraft ausmacht.

Die Berechnung der Plattenstärke erfolgt unter der Annahme, daß der Auflagerdruck durch die Platte gleichmäßig verteilt auf den Auflagerstein übertragen wird. Demgemäß ergibt sich, wenn a die Länge, b die Breite und d die Stärke der Platte ist,

$$\max M = \frac{A a}{8}$$

und da $W = \frac{1}{6} b d^2$, aus

$$\sigma_{zul} = \frac{M}{W} = \frac{3}{4} \frac{A a}{b d^2}$$

$$d = \frac{1}{2} \sqrt{\frac{3 A a}{b \sigma_{zul}}} \quad \ldots \ldots \ldots \ldots \quad (20)$$

Für σ_{zul} ist die zulässige Biegungsbeanspruchung für Gußeisen oder Gußstahl einzuführen. Die größte Pressung an der Berührungsstelle beträgt nach Hertz, Formel (14) mit $r_1 = 3a$ und $r_2 = \infty$

$$p_0 = 0{,}42 \sqrt{\frac{P E}{3 a b}} \quad \ldots \ldots \ldots \ldots \quad (21)$$

Nimmt man $\frac{P}{ab}$, die Flächenpressung des Auflagersteines mit dem Größtwert 50 kg/cm² an, so wird mit $E = 2200$ t/cm² für Stahlguß:

$$p_0 = 0{,}42 \sqrt{\frac{0{,}050 \cdot 2200}{3}} = 2{,}54 \text{ t/cm}^2$$

und für Gußeisen mit $E = 1000$ t/cm²

$$p_0 = 0{,}42 \sqrt{\frac{0{,}050 \cdot 1000}{3}} = 1{,}72 \text{ t/cm}^2.$$

Die Werte liegen weit unterhalb der zulässigen Pressungen, die wir oben in **100** angegeben haben. Im Einzelfalle erübrigt sich sonach der Nachweis der Flächenpressung p_0.

b) Festes Kipplager mit Linienberührung.

α) Lagerunterteil. Die größte Biegungsbeanspruchung tritt im Querschnitt $s - s$ auf, der die in Abb. 479b dargestellte Form besitzt. Das Angriffsmoment beträgt dort, ungünstig gerechnet,

$$M = \frac{A(a-\delta)^2}{8a} \quad \ldots \quad (22)$$

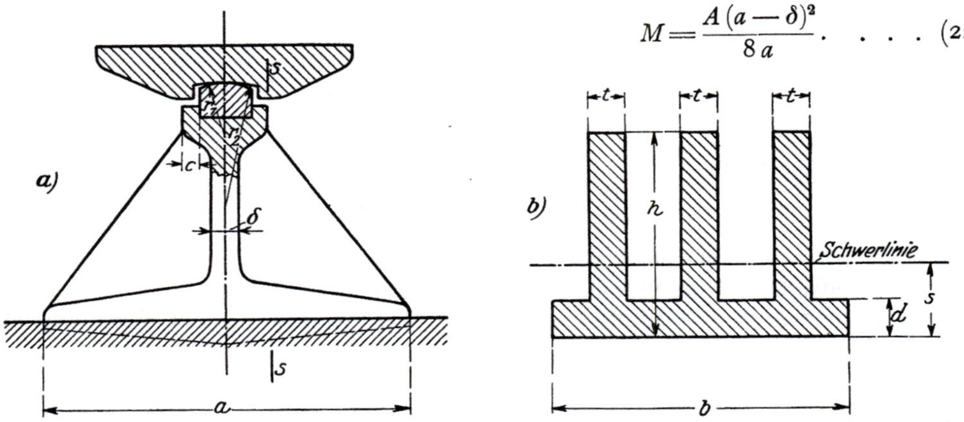

Abb. 479.

Das Trägheitsmoment des ⊥-förmigen Querschnittes beträgt mit den Bezeichnungen der Abb. 479b und mit $b' = \nu t$ der Gesamtbreite der Rippen

$$J = \tfrac{1}{3} b' h^3 + \tfrac{1}{3}(b - b') d^3 - [h b' + (b - b') d]\, s^2,$$

wobei der Abstand s der Schwerlinie durch

$$s = \frac{1}{2} \frac{b' h^2 + (b - b') d^2}{b' h + (b - b') d}$$

gegeben ist. Setzt man

$$\frac{b'}{b} = \alpha \quad \text{und} \quad \frac{d}{h} = \beta,$$

so nehmen die Gleichungen für J und s die Form an:

$$\left.\begin{aligned} J &= \tfrac{1}{3} b h^3 (\alpha + (1-\alpha)\beta^3) - b h s^2 [\alpha + (1-\alpha)\beta], \\ s &= \frac{h}{2} \frac{\alpha + (1-\alpha)\beta^2}{\alpha + (1-\alpha)\beta}. \end{aligned}\right\} \quad \ldots \ldots \quad (23)$$

Aus J gewinnt man schließlich die Widerstandsmomente

$$W_o = \frac{J}{h - s} \quad \text{und} \quad W_u = \frac{J}{s}.$$

In der folgenden Tafel 44 sind für eine Reihe von Wertverhältnissen α und β die Schwerpunktslagen s, Trägheitsmomente J und Widerstandsmomente W_o und W_u angegeben.

Die Stärke c der Einfassung des Kippbolzens Abb. 479a muß so groß sein, daß der überstehende Materialstreifen unter dem Einfluß der wagerechten Kräfte, z. B. der Bremskräfte, nicht abgeschert werden kann.

β) Lageroberteil. Der gefährdete Querschnitt liegt in der Mitte, wo das Angriffsmoment, unter der Annahme, daß der Auflagerdruck gleichmäßig verteilt auf der Breite a_1 wirkt, Abb. 480, den Wert

$$\max M = \frac{A a_1}{8} \quad \text{. . . . . (24)}$$

annimmt.

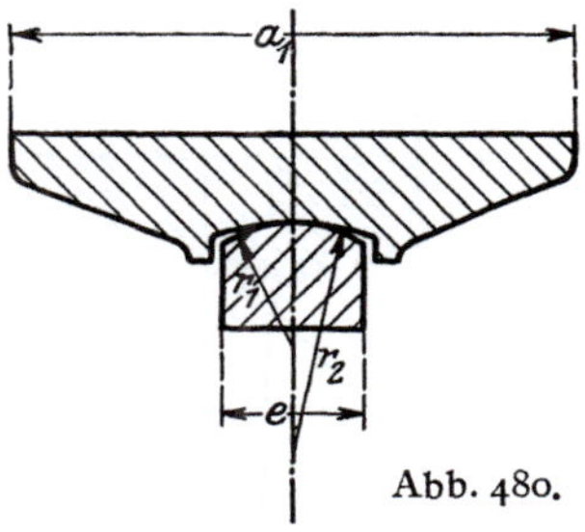

Abb. 480.

Tafel 44.

Trägheits- und Widerstandsmomente für ⊥-förmige Lagerkörper nach Abb. 479 b.

$\alpha = \frac{b'}{b}$	$\beta = \frac{d}{h}$	Schwerpunkts-abstand s	Trägheits-moment J	Widerstandsmomente W_o	Widerstandsmomente W_u
0 2	0,15	0,3406	0,03044	0,04616	0,08937
	0,20	0,3222	0,03142	0,04636	0,09751
	0,25	0,3125	0,03177	0,04621	0,10166
	0,30	0,3091	0,03183	0,04607	0,10298
0,25	0,15	0,3681	0,03506	0,05548	0,09525
	0,20	0,3500	0,03633	0,05589	0,10380
	0,25	0,3393	0,03688	0,05582	0,10870
	0,30	0,3342	0,03701	0,05559	0,11074
0,30	0,15	0,3923	0,03847	0,06330	0,09807
	0,20	0,3727	0,04074	0,06495	0,10930
	0,25	0,3618	0,04146	0,06496	0,11458
	0,30	0,3559	0,04171	0,06476	0,11720
0,35	0,15	0,4074	0,04312	0,07276	0,10584
	0,20	0,3917	0,04477	0,07360	0,11431
	0,25	0,3811	0,04561	0,07370	0,11968
	0,30	0,3748	0,04597	0,07353	0,12266
Multiplikator		h	$b h^3$	$b h^2$	$b h^2$

γ) Den Kippbolzen der zweckmäßigerweise wie der Oberteil aus härterem Material bestehen soll, macht man so breit, daß der in der Unterfläche auf den Lagerunterteil übertragene Flächendruck etwa 2 t/cm² beträgt. Der in der Berührungsstelle zwischen Bolzen und Oberteil übertragene Druck berechnet sich mit den Zylinderhalbmessern r_1 und r_2 nach Formel (14), wobei statt $r_1 + r_2$, die Differenz $r_2 - r_1$ zu setzen ist. Mit $E = 2150$ t/cm² für Flußeisen und 2200 t/cm² für Flußstahlguß erhält man die Bemessungsformeln

für Flußeisen:

$$15 A = \frac{r_1 r_2}{r_2 - r_1} l,$$

für Flußstahl:

$$9 A = \frac{r_1 r_2}{r_2 - r_1} l, \quad \text{(in t und cm)} \quad \text{. . . . . . . (25)}$$

wobei $\sigma_{zul} = 5$ t/cm² bzw. 6,5 t/cm² gesetzt wurde.

c) Festes Kipplager mit Punktberührung.

α) Der Lagerunterteil. Man denke sich bei der in Abb. 481 dargestellten Anordnung die Auflagerfläche in acht gleiche Teile geteilt, bestimme den Schwerpunkt der in Abb. 481 im Grundriß schraffierten Fläche und bemesse den aus Grundplatte und Rippe bestehenden Querschnitt $s - s$ mit dem Angriffsmoment $\frac{A e}{8}$. Die Kugel-

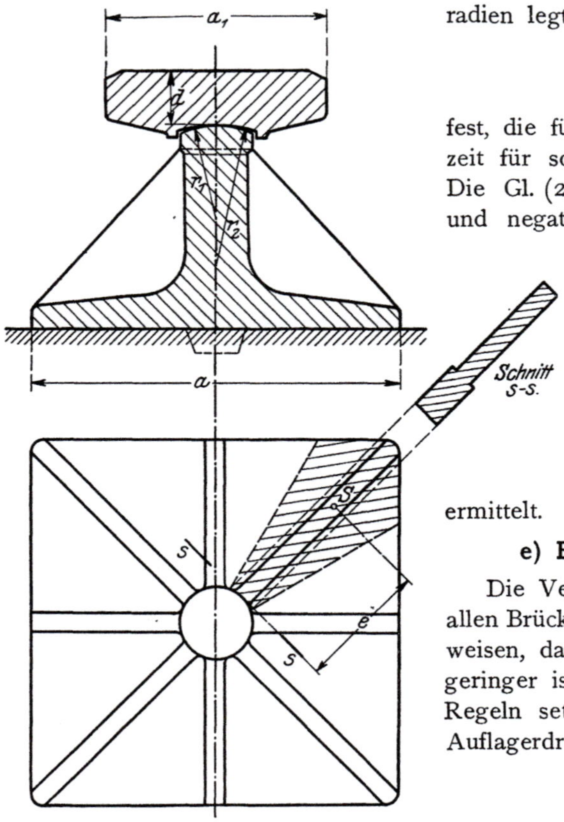

Abb. 481.

radien legt man mit Hilfe der Formel

$$1030\,A = \left(\frac{r_1 r_2}{r_2 - r_1}\right)^2 \quad \text{(in t und cm)} \qquad (26)$$

fest, die für Stahlguß gilt, da anderes Material derzeit für solche Lagerkörper nicht in Frage kommt. Die Gl. (26) ist aus Gl. (12) mit $E = 2200$ t/cm² und negativem r_1 abgeleitet.

d) Festes Kipplager mit Zylinderbolzen.

Die Berechnung erfolgt genau wie unter b). Der Bolzendurchmesser wird aus der Gl. (16), die hier nochmals angeführt werde,

$$r = 0{,}53\,\frac{P}{l} \quad \text{(in t und cm)}$$

ermittelt.

e) Bewegliches Kipplager (Abb. 482).

Die Verwendung von Rollen empfiehlt sich bei allen Brücken, die mehr als 15 t Auflagerdruck aufweisen, da der Reibungswiderstand um ein Vielfaches geringer ist als bei der Gleitbewegung. Nach älteren Regeln setzt man den Reibungswiderstand R beim Auflagerdruck A

$$R = \frac{0{,}015\,A}{d} \quad \text{(in t und cm)} \quad \ldots\ldots (27)$$

wo d der Rollendurchmesser bedeutet. Neuere Versuche des Vereines deutscher Ingenieure haben gezeigt[1]), daß der Reibungsbeiwert proportional mit der Belastung der Rollen steigt, und daß ein gesetzmäßiger Einfluß des Rollendurchmessers auf die Größe der Reibungsbeiwertes nicht zu erkennen war. Bei den Versuchen, die sich leider nur auf Flußeisen erstreckten, wurden folgende Mittelwerte[2]) gefunden:

Belastung $\frac{P}{l}$ in t =	0,2	0,4	0,6	0,8	1,0	1,2	1,4	1,6
Reibungszahl μ =	0,0055	0,0093	0,0123	0,0150	0,0193	0,0230	0,0266	0,0302.

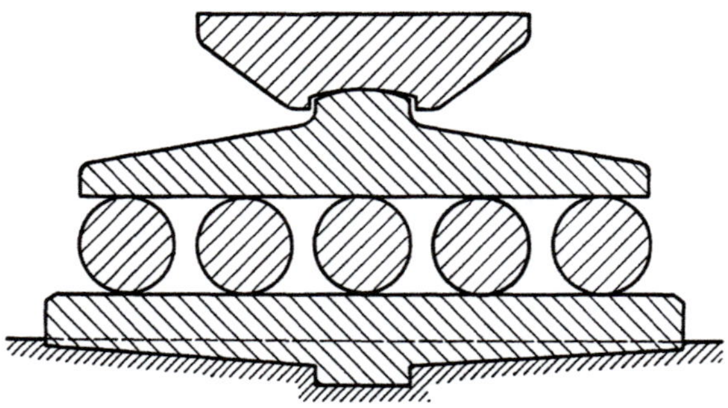

Abb. 482.

Diese Zahlenreihe wird durch die lineare Beziehung

$$\mu = 0{,}0020 + 0{,}00178\,\frac{P}{l}$$

gut dargestellt.

Somit ergibt sich der Reibungswiderstand beim Auflagerdruck A

$$R = \left(0{,}0020 + 0{,}00178\,\frac{A}{l}\right)\frac{A}{d} \quad (28)$$

(in t und cm),

ein Wert, der meist größer ist, als der nach Gleichung (27) ermittelte.

1) Stamer: Versuche mit Rollenlagern. Forschungsarb. herausg. v. V. d. I., H. 178, 179. Berlin 1915.

2) Die Einzelversuche geben oft stark abweichende Ergebnisse.

Die Berechnung der über den Rollen liegenden Lagerteile erfolgt ebenso wie beim festen Lager, nur ist der Gegendruck der Unterlage, der dort gleichförmig verteilt angenommen wurde in Einzeldrücke, entsprechend der Anordnung der Rollen, aufzulösen. Hierbei ist die Verschiebung der Rollen mit in Rechnung zu stellen. Ist Δl die beispielsweise nach Formel (19) ermittelte größtmögliche Verschiebung des Lageroberteiles gegen die Grundplatte, so ist $\frac{\Delta l}{2}$ die zugehörende Verschiebung der Rollenmittelpunkte, so daß sich bei drei Rollen z. B. der in Abb. 483 dargestellte Lastangriff ergibt.

Für die Rechnung wird eine gleichmäßige Aufteilung des Auflagerdruckes auf alle Rollen angenommen, weil es keinen Sinn hätte, die Platte bei mehr als zwei Rollen als durchlaufenden Balken auf festen oder gar nachgiebigen Stützen anzusehen, da die hierbei in Rechnung gestellten Formänderungen bei noch so sorgfältiger Herstellung weitaus kleiner sind, als die Abweichungen der Rollendurchmesser vom Plane[1]). Die wirkliche Verteilung des Rollendruckes ist daher eigentlich unbekannt. Man trägt diesem Umstand dadurch Rechnung, daß man bei der Bemessung des über den Rollen liegenden Lagerteiles, mit Rücksicht auf eine nicht vorherzusehende Lastverteilung, mit einer etwa 30% geringeren zulässigen Beanspruchung rechnet.

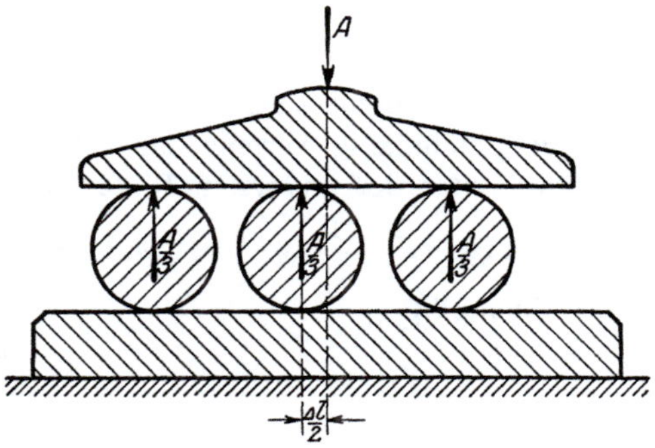

Abb. 483.

Zwecks Bemessung der Rollendurchmesser gehen wir von der Formel (14) aus, die mit $r_2 = \infty$ in

$$p_0 = 0{,}418 \sqrt{\frac{PE}{rl}}$$

übergeht. Sind nicht mehr als zwei Rollen vorhanden, so erhält jede Rolle unter allen Umständen $\frac{A}{2}$. Der Anteil jeder Rolle am Auflagerdruck ist genau bestimmt. Nach Einsetzen der Zahlenwerte für $p_0 = \sigma_{zul} = 5{,}0$ bzw. $6{,}5\ \mathrm{t/cm^2}$ und $E = 2150$ bzw. $2200\ \mathrm{t/cm^2}$ für Flußeisen bzw. Stahlguß erhält man die folgenden einfachen Bemessungsregeln für zwei Rollen:

---

[1]) Die Zusammendrückung einer Rolle vom Durchmesser $2r$ unter der Last P beträgt nach Föppl, Vorl. ü. techn. Math. Bd. V, S. 345

$$w = 2\frac{m^2 - 1}{m^2 E}\,\frac{P}{l\pi}\left(1{,}207 + \lg\frac{rlE}{P}\right),$$

wo l die Walzenlänge bedeutet. Mit $m = \frac{10}{3}$ geht diese Formel in

$$w = 0{,}58\frac{P}{El}\left(1{,}207 + \lg\frac{rlE}{P}\right)$$

über. Setzt man in diese Gleichung die weiter unten aufgestellte Beziehung für Stahlguß

$$P = \frac{rl}{9} \quad \text{und} \quad E = 2200\ \mathrm{t/cm^2}$$

ein, so erhält man

$$w = 0{,}58\,\frac{r}{9E}(1{,}207 + \lg 9E) = 0{,}000325\,r.$$

Die Zusammendrückung ist also äußerst gering. Bei $r = 15$ cm wird z. B. $w = 0{,}005$ cm, während die Genauigkeit der Anarbeitung kaum 0,01 cm beträgt.

$$\left.\begin{array}{ll}\text{für Flußeisen:} & 15\,A = 2\,r\,l,\\ \text{für Stahlguß:} & 9\,A = 2\,r\,l\end{array}\right\}\text{(in t und cm)} \quad \ldots \ldots \ldots (29)$$

Sind mehr als zwei Rollen vorhanden, dann ermäßigt man die zulässigen Flächenpressungen etwa auf zwei Drittel der oben angegebenen Werte.

Mit $\sigma_{zul} = 3{,}5$ bzw. $4{,}5$ t/cm² erhält man

$$\left.\begin{array}{ll}\text{für Flußeisen:} & 31\,A = n\,r\,l,\\ \text{für Stahlguß:} & 19\,A = n\,r\,l,\end{array}\right\}\text{(in t und cm)} \quad \ldots \ldots \ldots (30)$$

wo n die Anzahl der Rollen bedeutet.

Bei der Bemessung der Unterlagsplatte wird angenommen, daß sich der Auflagerdruck gleichmäßig verteilt auf den Stein überträgt. Das Größtmoment tritt im Querschnitt unter der äußersten Rolle auf, wenn der Rollensatz gerade um das größte Verschiebungsmaß $\frac{\Delta l}{2}$ aus der Mittellage rückt. Man hat dann mit den Bezeichnungen der Abb. 484

$$M = \frac{A}{a}\,\frac{c^2}{2},$$

mit welchem Moment die Plattenstärke d zu bemessen ist.

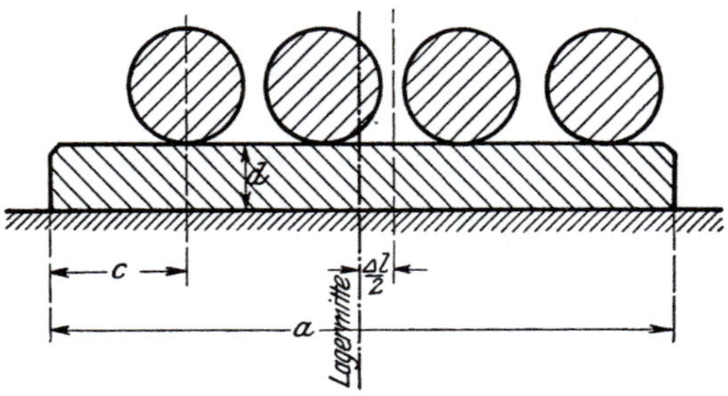

Abb. 484.

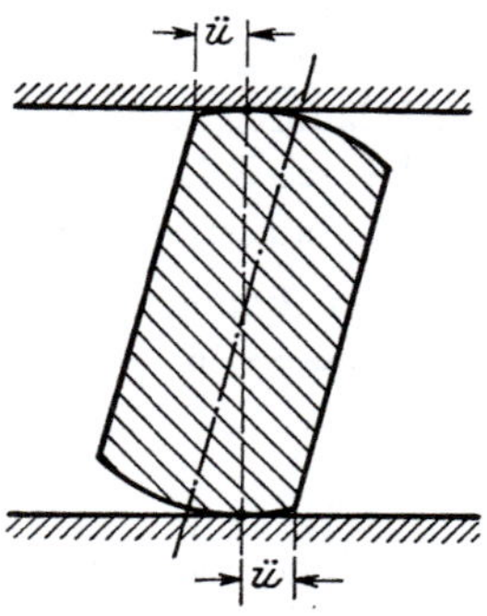

Abb. 485.

Werden statt der Rollen, Stelzen verwendet, so ist der Rechnungsgang genau der oben geschilderte. Nur muß bei der Ermittlung der Breite der Stelzen darauf geachtet werden, daß bei geneigter Stellung der Berührungspunkt nicht zu nahe an den Rand rückt, da sonst die bei der Berechnung des Flächendruckes gemachte Voraussetzung, daß die Berührungsfläche allseitig von Material umschlossen ist, nicht mehr erfüllt ist. Man mache den Überstand $\ddot{u}$ mindestens 25 mm, Abb. 485.

f) Pendellager.

Mit der Darlegung des Berechnungsganges des in Abb. 486 dargestellten Lagers können wir uns in Hinsicht auf die vorangehenden Erörterungen kurz fassen:

Abb. 486.

Ober- und Unterplatte werden einerseits durch die Last A als Einzellast, anderseits durch die gleiche Last gleichmäßig verteilt über die ganze Breite belastet. Das Größtmoment

$$M = \frac{A\,a}{8}$$

tritt in der Mitte auf. Die Berechnung des Bolzendurchmessers erfolgt nach Formel (16). Die Ermittlung des Zylinderhalbmessers des Pendels nach der Formel

$$\text{für Stahlguß:} \quad 9\,A = r\,l \text{ (in t und cm)} \quad \ldots (31)$$

g) Zwischengelenke.

Die bauliche Gestaltung der Zwischengelenke ist sehr mannigfacher Art. Bei Dreigelenkbogenbrücken wird das Scheitelgelenk meist nach Art der Kämpfergelenke als Kipplager mit Zylinderbolzen ausgebildet und gelten die unter d) angegebenen Berechnungsregeln. Zweckmäßiger wäre es, das Scheitelgelenk als Berührungskipplager zu gestalten, um den großen Reibungsmomenten zu begegnen, die in allen Bolzengelenken auftreten. Nur muß in solchen Fällen auf einwandfreie Weise für die Aufnahme der Querkräfte vorgesorgt werden.

Die bei Gerberträgern vorkommenden Zwischengelenke werden entweder als Bolzengelenke wie beim Dreigelenkbogen oder wie gewöhnliche Brückenlager ausgeführt und erfordern daher an dieser Stelle keine neue Erörterung. Wird das längsbewegliche Lager als Zugpendel ausgestaltet, dann gelangen bei der Bemessung der Bolzen und des Zugpendels, der einen Augenstab vorstellt, die in **57** und **65** angegebenen Berechnungsregeln zur Anwendung.

Anhang.

Tafeln zum dritten Abschnitt.

Tafel I.

Knickspannungen σ_k in t/cm² für Flußeisen nach Tetmajer.

$\frac{l}{i} < 105$: $\sigma_k = 3{,}100 - 0{,}0114\,\frac{l}{i}$ $\frac{l}{i} > 105$: $\sigma_k = 21220\left(\frac{i}{l}\right)^2$

$\frac{l}{i}$	σ_k	Δ	$\frac{l}{i}$	σ_k	Δ	$\frac{l}{i}$	σ_k	Δ	$\frac{l}{i}$	σ_k	Δ	$\frac{l}{i}$	σ_k	Δ
10	2,986	11												
11	2,975	12	51	2,519	12	91	2,063	12	131	1,237	19	171	0,725	8
12	2,963	11	52	2,507	11	92	2,051	11	132	1,218	18	172	0,717	8
13	2,952	12	53	2,496	12	93	2,040	12	133	1,200	18	173	0,709	8
14	2,940	11.	54	2,484	11	94	2,028	11	134	1,232	18	174	0,701	8
15	2,929	11	55	2,473	11	95	2,017	11	135	1,164	17	175	0,693	8
16	2,918	12	56	2,462	12	96	2,006	12	136	1,147	17	176	0,685	8
17	2,906	11	57	2,450	11	97	1,994	11	137	1,130	16	177	0,677	8
18	2,895	12	58	2,439	12	98	1,983	12	138	1,114	16	178	0,669	7
19	2,883	11	59	2,427	11	99	1,971	11	139	1,098	16	179	0,662	7
20	2,872	11	**60**	2,416	11	**100**	1,960	11	**140**	1,082	15	**180**	0,655	7
21	2,861	12	61	2,405	12	101	1,949	12	141	1,067	15	181	0,648	7
22	2,849	11	62	2,393	11	102	1,937	11	142	1,052	15	182	0,641	7
23	2,838	12	63	2,382	12	103	1,926	12	143	1,037	14	183	0,634	7
24	2,826	11	64	2,370	11	104	1,914	11	144	1,023	14	184	0,627	7
25	2,815	11	65	2,359	11	105	1,903	14	145	1,009	14	185	0,620	7
26	2,804	12	66	2,348	12	106	1,889	36	146	0,995	13	186	0,613	7
27	2,792	11	67	2,336	11	107	1,853	34	147	0,982	13	187	0,606	6
28	2,781	12	68	2,325	12	108	1,819	33	148	0,969	13	188	0,600	6
29	2,769	11	69	2,313	11	109	1,786	32	149	0,956	13	189	0,594	6
30	2,758	11	**70**	2,302	11	**110**	1,754	32	**150**	0,943	13	**190**	0,588	6
31	2,747	12	71	2,291	12	111	1,722	30	151	0,930	12	191	0,582	6
32	2,735	11	72	2,279	11	112	1,692	30	152	0,918	12	192	0,576	6
33	2,724	12	73	2,268	12	113	1,662	29	123	0,906	12	193	0,570	6
34	2,712	11	74	2,256	11	114	1,633	28	154	0,894	11	194	0,564	6
35	1,701	11	75	2,245	11	115	1,605	28	155	0,883	11	195	0,558	6
36	2,690	12	76	2,234	12	116	1,577	27	156	0,872	11	196	0,552	6
37	2,678	11	77	2,222	11	117	1,550	26	157	0,861	11	197	0,546	5
38	2,667	12	78	2,211	12	118	1,524	26	158	0,850	11	198	0,541	5
39	2,655	11	79	2,199	11	119	1,498	24	159	0,839	10	199	0,536	5
40	2,644	11	**80**	2,188	11	**120**	1,474	24	**160**	0,829	10	**200**	0,531	6
41	2,633	12	81	2,177	12	121	1,450	24	161	0,819	10	201	0,525	5
42	2,621	11	82	2,165	11	122	1,426	23	162	0,809	10	202	0,520	5
43	2,610	12	83	2,154	12	123	1,403	23	163	0,799	10	203	0,515	5
44	2,598	11	84	2,142	11	124	1,380	22	164	0,789	10	204	0,510	5
45	2,587	11	85	2,131	11	125	1,358	21	165	0,779	9	205	0,505	5
46	2,576	12	86	2,120	12	126	1,337	21	166	0,770	9	206	0,500	5
47	2,564	11	87	2,108	11	127	1,316	21	167	0,761	9	207	0,495	5
48	2,553	12	88	2,097	12	128	1,295	20	168	0,752	9	208	0,490	5
49	2,541	11	89	2,085	11	129	1,275	19	169	0,743	9	209	0,485	4
50	2,530	11	**90**	2,074	11	**130**	1,256	19	**170**	0,734	9	**210**	0,481	

Tafel II.

Knickbeiwerte ω für Flußeisen nach Tetmajer.

$\frac{l}{i} < 105$: $\omega = \frac{3{,}8}{3{,}10 - 0{,}0114\,\frac{l}{i}}$ $\qquad$ $\frac{l}{i} > 105$: $\omega = \frac{3{,}8}{21220 \cdot \left(\frac{i}{l}\right)^2}$

$\frac{l}{i}$	ω	Δ	$\frac{l}{i}$	ω	Δ	$\frac{l}{i}$	ω	Δ	$\frac{l}{i}$	ω	Δ	$\frac{l}{i}$	ω	Δ
10	1,2726	49												
11	1,2775	49	51	1,5088	68	91	1,8423	103	131	3,0731	471	171	5,2364	614
12	1,2824	50	52	1,5156	70	92	1,8526	103	132	3,1202	475	172	5,2978	618
13	1,2874	49	53	1,5226	69	93	1,8629	105	133	3,1677	478	173	5,3596	621
14	1,2923	51	54	1,5295	71	94	1,8734	106	134	3,2155	482	174	5,4217	625
15	1,2974	50	55	1,5366	71	95	1,8840	107	135	3,2637	485	175	5,4842	629
16	1,3024	51	56	1,5437	72	96	1,8947	108	136	3,3122	489	176	5,5471	632
17	1,3075	52	57	1,5509	72	97	1,9055	110	137	3,3611	492	177	5,6103	636
18	1,3127	52	58	1,5581	74	98	1,9165	110	138	3,4103	496	178	5,6739	639
19	1,3179	52	59	1,5655	73	99	1,9275	112	139	3,4599	500	179	5,7378	643
20	1,3231	53	**60**	1,5728	75	**100**	1,9387	114	**140**	3,5099	503	**180**	5,8021	646
21	1,3284	53	61	1,5803	75	101	1,9501	115	141	3,5602	507	181	5,8667	650
22	1,3337	54	62	1,5878	76	102	1,9616	116	142	3,6109	510	182	5,9317	654
23	1,3391	54	63	1,5954	77	103	1,9732	118	143	3,6619	514	183	5,9971	657
24	1,3445	54	64	1,6031	78	104	1,9850	118	144	3,7133	518	184	6,0628	661
25	1,3499	55	65	1,6109	78	105	1,9968	153	145	3,7651	521	185	6,1289	664
26	1,3554	55	66	1,6187	79	106	2,0121	381	146	3,8172	525	186	6,1953	668
27	1,3609	56	67	1,6266	79	107	2,0502	385	147	3,8697	528	187	6,2621	672
28	1,3665	56	68	1,6345	81	108	2,0887	389	148	3,9225	532	188	6,3293	675
29	1,3721	57	69	1,6426	81	109	2,1276	392	149	3,9757	535	189	6,3968	679
30	1,3778	57	**70**	1,6507	83	**110**	2,1668	396	**150**	4,0292	539	**190**	6,4647	682
31	1,3835	58	71	1,6590	83	111	2,2064	399	151	4,0831	543	191	6,5329	686
32	1,3893	58	72	1,6673	83	112	2,2463	403	152	4,1374	546	192	6,6015	689
33	1,3951	59	73	1,6756	85	113	2,2866	407	153	4,1920	550	193	6,6704	693
34	1,4010	59	74	1,6841	86	114	2,3273	410	154	4,2470	553	194	6,7397	697
35	1,4069	59	75	1,6927	86	115	2,3683	414	155	4,3023	557	195	6,8094	700
36	1,4128	61	76	1,7013	87	116	2,4097	417	156	4,3580	561	196	6,8794	704
37	1,4189	60	77	1,7100	88	117	2,4514	421	157	4,4141	564	197	6,9498	707
38	1,4249	61	78	1,7188	89	118	2,4935	424	158	4,4705	567	198	7,0205	711
39	1,4310	62	79	1,7277	90	119	2,5359	428	159	4,5272	572	199	7,0916	715
40	1,4372	62	**80**	1,7367	91	**120**	2,5787	432	**160**	4,5844	574	**200**	7,1631	718
41	1,4434	63	81	1,7458	92	121	2,6219	435	161	4,6418	579	201	7,2349	721
42	1,4497	64	82	1,7550	93	122	2,6654	438	162	4,6997	582	202	7,3070	726
43	1,4561	63	83	1,7643	94	123	2,7092	443	163	4,7579	585	203	7,3796	728
44	1,4624	65	84	1,7737	95	124	2,7535	446	164	4,8164	590	204	7,4524	733
45	1,4689	65	85	1,7832	96	125	2,7981	449	165	4,8754	592	205	7,5257	736
46	1,4754	65	86	1,7928	97	126	2,8430	453	166	4,9346	597	206	7,5993	739
47	1,4819	67	87	1,8025	98	127	2,8883	457	167	4,9943	600	207	7,6732	744
48	1,4886	66	88	1,8123	99	128	2,9340	460	168	5,0543	603	208	7,7476	746
49	1,4952	68	89	1,8222	100	129	2,9800	464	169	5,1146	607	209	7,8222	751
50	1,5020	68	**90**	1,8322	101	**130**	3,0264	467	**170**	5,1753	611	**210**	7,8973	754

Tafel III.

Werte der Knickzahl τ.

σ_k	τ	σ_k	τ	σ_k	τ	σ_k	τ	σ_k	τ	σ_k	τ
1905	1,000										
1910	0,982	2110	0,749	2310	0,523	2510	0,317	2710	0,1497	2910	0,0382
1920	0,971	2120	0,738	2320	0,512	2520	0,308	2720	0,1427	2920	0,0343
1930	0,960	2130	0,726	2330	0,501	2530	0,298	2730	0,1358	2930	0,0307
1940	0,948	2140	0,714	2340	0,491	2540	0,289	2740	0,1290	2940	0,0273
1950	0,937	2150	0,703	2350	0,480	2550	0,280	2750	0,1223	2950	0,0242
1960	0,925	2160	0,692	2360	0,460	2560	0,271	2760	0,1159	2960	0,0211
1970	0,914	2170	0,681	2370	0,458	2570	0,263	2770	0,1096	2970	0,0183
1980	0,902	2180	0,670	2380	0,447	2580	0,254	2780	0,1035	2980	0,0156
1990	0,890	2190	0,659	2390	0,436	2590	0,245	2790	0,0974	2990	0,0132
2000	0,879	2200	0,648	2400	0,425	2600	0,236	2800	0,0915	3000	0,0110
2010	0,867	2210	0,636	2410	0,415	2610	0,227	2810	0,0858	3010	0,0089
2020	0,855	2220	0,624	2420	0,406	2620	0,219	2820	0,0802	3020	0,0071
2030	0,843	2230	0,613	2430	0,396	2630	0,211	2830	0,0749	3030	0,0054
2040	0,831	2240	0,602	2440	0,386	2640	0,202	2840	0,0698	3040	0,0040
2050	0,819	2250	0,590	2450	0,376	2650	0,194	2850	0,0648	3050	0,0028
2060	0,808	2260	0,579	2460	0,366	2660	0,187	2860	0,0599	3060	0,0018
2070	0,796	2270	0,568	2470	0,356	2670	0,180	2870	0,0552	3070	0,0010
2080	0,784	2280	0,557	2480	0,346	2680	0,172	2880	0,0507	3080	0,0005
2090	0,772	2290	0,546	2490	0,336	2690	0,164	2890	0,0463	3090	0,0001
2100	0,760	2300	0,534	2500	0,327	2700	0,157	2900	0,0421	3100	0

Tafel IV.

$$s(\varphi)=\frac{1}{\varphi^2}\left(\frac{\varphi}{\sin\varphi}-1\right),\qquad c(\varphi)=\frac{1}{\varphi^2}(1-\varphi\,\mathrm{cotg}\,\varphi),\qquad t(\varphi)=\frac{\mathrm{tg}\,\varphi}{\varphi}.$$

φ	$s(\varphi)$	Δ	$c(\varphi)$	Δ	$t(\varphi)$	Δ	φ	$s(\varphi)$	Δ	$c(\varphi)$	Δ	$t(\varphi)$	Δ
0	0,1667	4	0,3333	5	1,0000	83							
$0{,}05\,\pi$	0,1671	15	0,3338	18	1,0083	260	$1{,}05\,\pi$	— 2,0298	10096	— 1,8221	10152	0,0480	460
$0{,}10\,\pi$	0,1685	25	0,3356	28	1,0343	470	$1{,}10\,\pi$	— 1,0202	3339	— 0,8069	3403	0,0940	470
$0{,}15\,\pi$	0,1711	36	0,3384	40	1,0813	750	$1{,}15\,\pi$	— 0,6863	1647	— 0,4666	1719	0,1410	517
$0{,}20\,\pi$	0,1746	48	0,3424	55	1,1563	1169	$1{,}20\,\pi$	— 0,5216	966	— 0,2947	1049	0,1927	620
$0{,}25\,\pi$	0,1795	62	0,3479	70	1,2732	1873	$1{,}25\,\pi$	— 0,4250	624	— 0,1898	719	0,2547	823
$0{,}30\,\pi$	0,1857	79	0,3549	88	1,4605	3243	$1{,}30\,\pi$	— 0,3626	424	— 0,1179	534	0,3370	1258
$0{,}35\,\pi$	0,1936	99	0,3637	110	1,7848	6643	$1{,}35\,\pi$	— 0,3202	294	— 0,0645	423	0,4628	2370
$0{,}40\,\pi$	0,2035	123	0,3747	136	2,4491	20170	$1{,}40\,\pi$	— 0,2908	203	— 0,0222	356	0,6998	6862
$0{,}45\,\pi$	0,2158	155	0,3883	170	4,4661		$1{,}45\,\pi$	— 0,2705	133	0,0134	316	1,3860	
$0{,}50\,\pi$	0,2313	197	0,4053	213	$\pm\infty$		$1{,}50\,\pi$	— 0,2572	71	0,0450	297	$\pm\infty$	
$0{,}55\,\pi$	0,2510	254	0,4266	272	— 3,6541	20214	$1{,}55\,\pi$	— 0,2501	13	0,0747	295	— 1,2966	6843
$0{,}60\,\pi$	0,2764	334	0,4538	355	— 1,6327	6716	$1{,}60\,\pi$	— 0,2488	49	0,1042	313	— 0,6123	2337
$0{,}65\,\pi$	0,3098	455	0,4893	479	— 0,9611	3352	$1{,}65\,\pi$	— 0,2537	128	0,1355	358	— 0,3786	1209
$0{,}70\,\pi$	0,3553	648	0,5372	673	— 0,6259	2016	$1{,}70\,\pi$	— 0,2665	238	0,1711	439	— 0,2577	758
$0{,}75\,\pi$	0,4201	985	0,6045	1015	— 0,4243	1352	$1{,}75\,\pi$	— 0,2903	418	0,2150	597	— 0,1819	534
$0{,}80\,\pi$	0,5186	1660	0,7060	1692	— 0,2891	983	$1{,}80\,\pi$	— 0,3321	785	0,2747	926	— 0,1285	408
$0{,}85\,\pi$	0,6846	3348	0,8752	3384	— 0,1908	759	$1{,}85\,\pi$	— 0,4086	1616	0,3673	1764	— 0,0877	333
$0{,}90\,\pi$	1,0194	10102	1,2136	10142	— 0,1149	618	$1{,}90\,\pi$	— 0,5702	4999	0,5437	5136	— 0,0544	285
$0{,}95\,\pi$	2,0296		2,2278		— 0,0531	531	$1{,}95\,\pi$	— 1,0701		1,0573		— 0,0259	259
π	$\pm\infty$		$\pm\infty$		0		$2\,\pi$	$-\infty$		∞		0	

Namen- und Sachverzeichnis.

Druck von Oscar Brandstetter in Leipzig.

Die Berechnung statisch unbestimmter Tragwerke nach der Methode des Viermomentensatzes. Von Dr.-Ing. **Friedrich Bleich,** Wien. Zweite, neubearbeitete Auflage. In Vorbereitung.

Der Brückenbau. Bearbeitet von **Karl Bernhard,** Regierungsbaumeister, Zivilingenieur und Privatdozent an der Technischen Hochschule zu Berlin. Bd. I: Eiserne Brücken. Mit etwa 700 Abbildungen im Text und 13 Tafeln. (XVIII u. 545 S.) 1911.
14 Goldmark; gebunden 16 Goldmark / 3.35 Dollar; gebunden 3.85 Dollar

---

Der Eingelenkbogen für massive Straßenbrücken. Eine statisch-wirtschaftliche Untersuchung von Dr. sc. techn. **Ernst Burgdorfer,** Diplom-Ingenieur. Mit 51 Abbildungen im Text und 10 Tafeln. (VII u. 160 S.) 1924. 7.50 Goldmark / 1.80 Dollar

---

Eisen im Hochbau. Ein Taschenbuch mit Zeichnungen, Zusammenstellungen, technischen Vorschriften und Angaben über die Verwendung von Eisen im Hochbau. Herausgegeben vom **Stahlwerks-Verband A.-G.,** Abteilung Technisches Büro, Düsseldorf. Sechste, umgearbeitete und erweiterte Auflage. (XIX u. 586 S.) 1924.
Gebunden 12 Goldmark / Gebunden 2.90 Dollar

Repetitorium für den Hochbau. Für den Gebrauch an Technischen Hochschulen und in der Praxis. Von Geh. Hofrat Prof. Dr.-Ing. E. h. **Max Foerster,** Dresden.

1. Heft: **Graphostatik und Festigkeitslehre.** Mit 146 Textfiguren. (VI u. 139 S.) 1919. 3.75 Goldmark / 0.90 Dollar
2. Heft: **Abriß der Statik der Hochbaukonstruktionen.** Mit 157 Textfiguren. (VI u. 152 S.) 1920. 3.75 Goldmark / 0.90 Dollar
3. Heft: **Grundzüge der Eisenkonstruktionen des Hochbaues.** Mit 283 Textfiguren. (VI u. 195 S.) 1920. 3.80 Goldmark / 0.95 Dollar

---

Taschenbuch für Bauingenieure. Unter Mitwirkung von Fachleuten herausgegeben von Geh. Hofrat Prof. Dr.-Ing. E. h. **M. Foerster,** Dresden. Vierte, verbesserte und erweiterte Auflage. Mit 3196 Textfiguren. In zwei Teilen. (XVI u. 2399 S.) 1921.
Gebunden 20 Goldmark / Gebunden 4.80 Dollar

Die Theorie elastischer Gewebe und ihre Anwendung auf die Berechnung biegsamer Platten unter besonderer Berücksichtigung der trägerlosen Pilzdecken. Von Dr.-Ing. **H. Marcus.** Mit 123 Textabbildungen. (VIII u. 368 S.) 1924.
21 Goldmark; gebunden 21.80 Goldmark / 5 Dollar; gebunden 5.20 Dollar

---

Studien über strebenlose Raumfachwerke und verwandte Gebilde. Von Dr.-Ing. **Henri Marcus.** Mit 48 Textabbildungen. (VII u. 94 S.) 1914.
5.60 Goldmark / 1.35 Dollar

Theorie und Berechnung der statisch unbestimmten Tragwerke. Elementares Lehrbuch. Von **H. Buchholz.** Mit 303 Textabbildungen. (VI u. 212 S.) 1921.
8 Goldmark / 1.95 Dollar

Mehrteilige Rahmen. Verfahren zur einfachen Berechnung von mehrstieligen, mehrstöckigen und mehrteiligen geschlossenen Rahmen (Rahmenbalkenträgern). Von Ingenieur **Gustav Spiegel.** Mit 107 Textabbildungen. (VII u. 191 S.) 1920. 7 Goldmark / 1.70 Dollar

---

Die Berechnung des symmetrischen Stockwerkrahmens mit geneigten und lotrechten Ständern mit Hilfe von Differenzengleichungen. Von Dr. techn. **Josef Fritsche,** Ingenieur, Prag. Mit 17 Abbildungen. (VI u. 90 S.) 1923. 4 Goldmark / 0.95 Dollar

---

Die linearen Differenzengleichungen und ihre Anwendung in der Theorie der Baukonstruktionen. Von Dr. **Paul Funk,** Privatdozent an der Deutschen Universität und an der Technischen Hochschule in Prag. Mit 24 Textabbildungen. (VII u. 84 S.) 1920. 3 Goldmark / 0.75 Dollar

---

Theorie des Trägers auf elastischer Unterlage und ihre Anwendung auf den Tiefbau nebst einer Tafel der Kreis- und Hyperbelfunktionen. Von japanisch. Dr.-Ing. **Keiichi Hayashi,** Professor an der Kaiserlichen Kyushu-Universität Fukuoka-Hakosaki, Japan. Mit 150 Textfiguren. (X u. 302 S.) 1921. 11 Goldmark / 2.65 Dollar

---

Zur Berechnung des beiderseits eingemauerten Trägers unter besonderer Berücksichtigung der Längskraft. Von **Fukuhei Takabeya,** japanischer a. o. Professor und Dr.-Ing. an der Kaiserlichen Kyushu-Universität in Japan. Mit 28 Textabbildungen und 2 Formeltafeln. (IV u. 52 S.) 1924. 3 Goldmark / 0.75 Dollar

---

Die Knickfestigkeit. Von Dr.-Ing. **Rudolf Mayer,** Privatdozent an der Technischen Hochschule in Karlsruhe. Mit 280 Textabbildungen und 87 Tabellen. (VIII u. 502 S.) 1921. 20 Goldmark / 4.80 Dollar

---

Elastizität und Festigkeit. Die für die Technik wichtigsten Sätze und deren erfahrungsmäßige Grundlage. Von **C. Bach** und **R. Baumann.** Neunte, vermehrte Auflage. Mit in den Text gedruckten Abbildungen, 2 Buchdrucktafeln und 25 Tafeln in Lichtdruck. (XXVIII u. 687 S.) 1924. Gebunden 24 Goldmark / Gebunden 5.75 Dollar

---

Festigkeitseigenschaften und Gefügebilder der Konstruktionsmaterialien. Von Dr.-Ing. **C. Bach** und **R. Baumann,** Professoren an der Technischen Hochschule Stuttgart. Zweite, stark vermehrte Auflage. Mit 936 Figuren. (IV u. 190 S.) 1921. Gebunden 15 Goldmark / Gebunden 3.60 Dollar

---

Der Aufbau des Mörtels im Beton. Beitrag zur Vorausbestimmung der Festigkeitseigenschaften des Betons auf der Baustelle. Untersuchungen über die zweckmäßige Zusammensetzung des Zementmörtels im Beton, namentlich über den Einfluß der Korngröße des Sandes auf die Druckfestigkeit und das Raumgewicht des Zementmörtels. Versuchsergebnisse und Erfahrungen aus der Materialprüfungsanstalt der Technischen Hochschule Stuttgart. Von **Otto Graf.** Mit 41 Textabbildungen. (IV u. 63 S.) 1923. 3 Goldmark / 0.75 Dollar

Kompendium der Statik der Baukonstruktionen. Von Dr.-Ing. **I. Pirlet,** Privatdozent an der Technischen Hochschule zu Aachen. In zwei Bänden.

Zuerst erschien:

Zweiter Band: **Die statisch unbestimmten Systeme.**

I. Teil: **Die allgemeinen Grundlagen zur Berechnung statisch unbestimmter Systeme:** Die Untersuchung elastischer Formänderungen. Die Elastizitätsgleichungen und deren Auflösung. Mit 136 Textfiguren. (XII u. 206 S.) 1921.
6.50 Goldmark; gebunden 8.50 Goldmark / 1.55 Dollar; gebunden 2.05 Dollar

II. Teil: **Berechnung der einfacheren statisch unbestimmten Systeme:** Grade Balken mit Endeinspannungen und mehr als zwei Stützen. — Einfache Rahmengebilde. — Zweigelenkbogen. — Gewölbe. — Armierte Balken. Mit 298 Textfiguren. (VIII u. 314 S.) 1923. 8.50 Goldmark; gebunden 10 Goldmark / 2.05 Dollar; gebunden 2.40 Dollar

In Vorbereitung befinden sich:

III. Teil: **Die hochgradig statisch unbestimmten Systeme:** Durchlaufende Träger auf starren und elastischen Stützen. Fachwerke mit starren Knotenpunktsverbindungen. — Stockwerkrahmen. — Vierendeelträger und verwandte Rahmengebilde.

IV. Teil: **Das statisch unbestimmte Fachwerk.** Aufgaben des Brücken- und Eisenhochbaues.

Erster Band: **Die statisch bestimmten Systeme:** Vollwandige Systeme und Fachwerke.

Statik der Vierendeelträger. Von Dr.-Ing. **Karl Kriso.** Mit 185 Textfiguren und 11 Tabellen. (X u. 288 S.) 1922.
13 Goldmark; gebunden 15 Goldmark / 3.10 Dollar; gebunden 3.60 Dollar

---

Statik. Von Dr.-Ing. **Walther Kaufmann,** o. Professor an der Technischen Hochschule zu Hannover. (Handbibliothek für Bauingenieure. Herausgegeben von Geh. Reg.-Rat Professor Robert Otzen, Hannover. IV. Teil. Brücken- und Ingenieurhochbau, 1. Band.) Mit 385 Textabbildungen. (VIII u. 352 S.) 1923.
Gebunden 8.40 Goldmark / Gebunden 2 Dollar

Die Eisenkonstruktionen. Ein Lehrbuch für Schule und Zeichentisch nebst einem Anhang mit Zahlentafeln zum Gebrauch beim Berechnen und Entwerfen eiserner Bauwerke. Von Dipl.-Ing. Prof. **L. Geusen,** Studienrat in Dortmund. Dritte, verbesserte Auflage. Mit 522 Figuren im Text und auf 2 farbigen Tafeln. (VIII u. 282 S.) 1921.
Gebunden 12 Goldmark / Gebunden 2.90 Dollar

Leitfaden für den Unterricht in Stein-, Holz- und Eisenkonstruktionen an maschinentechnischen Fachschulen. Von Prof. Dipl.-Ing. **L. Geusen,** Studienrat an den Staatl. Vereinigten Maschinenbauschulen in Dortmund. Zweite, vermehrte und verbesserte Auflage. Mit 173 Textabbildungen. (61 S.) 1923.
Kart. 2.40 Goldmark / Kart. 0.60 Dollar

Handbibliothek für Bauingenieure

Ein Hand- und Nachschlagebuch für Studium und Praxis

Herausgegebon von

Robert Otzen

Geheimer Regierungsrat, Professor an der Technischen Hochschule zu Hannover

Übersicht des Gesamtwerkes:

I. Teil: Hilfswissenschaften. In 5 Bänden.

II. Teil: Eisenbahnwesen und Städtebau. In 9 Bänden.

III. Teil: Wasserbau. In 8 Bänden.

IV. Teil: Brücken- und Ingenieurhochbau. In 4 Bänden.

Bisher sind erschienen:

I. Teil: Hilfswissenschaften.

1. Band: **Mathematik.** Von **H. E. Timerding,** Dr. phil., o. Professor an der Technischen Hochschule zu Braunschweig. Mit 192 Textabbildungen. (VIII u. 242 S.) 1922.
Gebunden 6.40 Goldmark / Gebunden 1.60 Dollar

2. Band: **Mechanik.** Von Dr.-Ing. **Fritz Rabbow,** Hannover. Mit 237 Textfiguren. (VIII u. 204 S.) 1922. Gebunden 6.40 Goldmark / Gebunden 1.60 Dollar

3. Band: **Maschinenkunde.** Von **H. Weihe,** o. Professor an der Technischen Hochschule zu Berlin. Mit 445 Textabbildungen. (VIII u. 232 S.) 1923.
Gebunden 6.40 Goldmark / Gebunden 1.60 Dollar

4. Band: **Vermessungskunde.** Von Dr.-Ing. **Martin Näbauer,** Professor an der Technischen Hochschule zu Karlsruhe. Mit 344 Textabbildungen. (X u. 338 S.) 1922.
Gebunden 11 Goldmark / Gebunden 2.65 Dollar

II. Teil: Eisenbahnwesen und Städtebau.

1. Band: **Städtebau.** Von Professor Dr.-Ing. **Otto Blum,** Hannover, Professor **G. Schimpff †,** Aachen, Stadtbauinspektor Dr.-Ing. **W. Schmidt,** Stettin. Mit 482 Textabbildungen. (XIV u. 478 S.) 1921. Gebunden 15 Goldmark / Gebunden 3.60 Dollar

3. Band: **Unterbau.** Von **W. Hoyer,** Professor an der Technischen Hochschule Hannover. Mit 162 Textabbildungen. (VIII u. 187 S.) 1923. Gebunden 8 Goldmark / Gebunden 1.95 Dollar

6. Band: **Eisenbahn-Hochbauten.** Von **C. Cornelius,** Regierungs- und Baurat in Berlin. Mit 157 Textabbildungen. (VIII u. 128 S.) 1921.
Gebunden 6.40 Goldmark / Gebunden 1.60 Dollar

7. Band: **Sicherungsanlagen im Eisenbahnbetriebe** auf Grund gemeinsamer Vorarbeit mit Dr.-Ing. **M. Oder †,** weiland Professor an der Technischen Hochschule zu Danzig, verfaßt von Dr.-Ing. **W. Cauer,** Geh. Baurat, Professor an der Technischen Hochschule zu Berlin. Mit einem Anhang: Fernmelde-Anlagen und Schranken von Dr.-Ing. **F. Gerstenberg,** Regierungsbaurat, Privatdozent an der Technischen Hochschule zu Berlin. Mit 484 Abbildungen im Text und auf 4 Tafeln. (XVI u. 460 S.) 1922.
Gebunden 15 Goldmark / Gebunden 3.60 Dollar

III. Teil: Wasserbau.

2. Band: **See- und Seehafenbau.** Von Regierungs- und Baurat **H. Proetel,** Magdeburg. Mit 292 Textabbildungen. (X u. 221 S.) 1921. Gebunden 7.50 Goldmark / Gebunden 1.80 Dollar

4. Band: **Kanal- und Schleusenbau.** Von **Friedrich Engelhard,** Regierungs- und Baurat an der Regierung zu Oppeln. Mit 303 Textabbildungen und 1 farbigen Übersichtskarte. (VIII u. 261 S.) 1921. Gebunden 8.50 Goldmark / Gebunden 2.05 Dollar

7. Band: **Kulturtechnischer Wasserbau.** Von **E. Krüger,** Geh. Regierungsrat, ord. Professor der Kulturtechnik an der Landwirtschaftlichen Hochschule zu Berlin. Mit 197 Textabbildungen. (X u. 290 S.) 1921. Gebunden 9.50 Goldmark / Gebunden 2.30 Dollar

IV. Teil: Brücken- und Ingenieurhochbau.

1. Band: **Statik.** Von **Walther Kaufmann,** Dr.-Ing., o. Professor an der Technischen Hochschule zu Hannover. Mit 385 Textabbildungen. (VIII u. 352 S.) 1923.
Gebunden 8.40 Goldmark / Gebunden 2 Dollar

GPSR Compliance

The European Union's (EU) General Product Safety Regulation (GPSR) is a set of rules that requires consumer products to be safe and our obligations to ensure this.

If you have any concerns about our products, you can contact us on ProductSafety@springernature.com

In case Publisher is established outside the EU, the EU authorized representative is:

Springer Nature Customer Service Center GmbH
Europaplatz 3
69115 Heidelberg, Germany

Batch number: 10684808

Printed by Printforce, the Netherlands